DIN-DVS-Taschenbuch 191

Für das Fachgebiet Schweißtechnik bestehen folgende DIN- bzw. DIN-DVS-Taschenbücher:

DIN-DVS-Taschenbuch 8
Schweißtechnik 1
Schweißzusätze, Zerstörende Prüfung von Schweißverbindungen.
Normen, Merkblätter

DIN-Taschenbuch 65
Schweißtechnik 2
Autogenverfahren, Thermisches Schneiden, Thermisches Spritzen und Arbeitsschutz.
Normen

DIN-DVS-Taschenbuch 145
Schweißtechnik 3
Begriffe, Zeichnerische Darstellung.
Normen

DIN-DVS-Taschenbuch 191
Schweißtechnik 4
Auswahl von Normen für die Ausbildung des schweißtechnischen Personals.

DIN-DVS-Taschenbuch 196
Schweißtechnik 5
Löten
Hartlöten, Weichlöten, gedruckte Schaltungen.
Normen

DIN-DVS-Taschenbuch 215
Schweißtechnik in Luft- und Raumfahrt.
Normen, Richtlinien, Merkblätter

DIN-DVS-Taschenbuch 283
Schweißtechnik 6
Widerstandsschweißen, Strahlschweißen, Reibschweißen, Bolzenschweißen.
Normen

DIN-DVS-Taschenbuch 284*)
Schweißtechnik 7
Schweißtechnische Fertigung, Schweißverbindungen.
Normen, Merkblätter

DIN-DVS-Taschenbuch 290
Schweißtechnik 8
Europäische Normung
Schweißtechnisches Personal, Verfahrensprüfung, Qualitätsanforderungen.
Normen, Richtlinien, Merkblätter

Außerdem liegen weitere Publikationen vor, die diesen Bereich berühren:

Loseblattsammlung
Qualitätssicherung in der Schweißtechnik – Schmelzschweißen.

Beuth-Kommentar
Verbindungselement Schweißnaht.

Beuth-Kommentar
Sicherung der Güte von Schweißarbeiten.

DIN-TERM
Begriffe aus DIN-Normen. Schweißtechnik

---

*) In Bearbeitung

DIN-Taschenbücher sind vollständig oder nach verschiedenen thematischen Gruppen auch im Abonnement erhältlich.
Für Auskünfte und Bestellungen wählen Sie bitte im Beuth Verlag Tel.: (0 30) 26 01 - 22 60 und im DVS-Verlag Tel.: (02 11) 15 91 - 1 60.

DIN

DIN-DVS-Taschenbuch 191

Schweißtechnik 4
Auswahl von Normen für die Ausbildung des schweißtechnischen Personals

5. Auflage
Stand der abgedruckten Normen: Mai 1998

Herausgeber: DIN Deutsches Institut für Normung e.V.
DVS – Deutscher Verband für Schweißen und verwandte Verfahren e.V.

Beuth
Beuth Verlag GmbH · Berlin · Wien · Zürich

DVS
Verlag für Schweißen und verwandte Verfahren DVS-Verlag GmbH · Düsseldorf

Die Deutsche Bibliothek – CIP-Einheitsaufnahme

Schweißtechnik
Hrsg.: DIN, Deutsches Institut für Normung e.V.
DVS - Deutscher Verband für Schweißen und Verwandte Verfahren e.V.
Berlin ; Wien ; Zürich : Beuth
Düsseldorf : Verl. für Schweißen und Verwandte Verfahren, DVS-Verl.
    (DIN-Taschenbuch ; ...)

4. Auswahl von Normen für die Ausbildung des schweißtechnischen Personals.
5. Aufl., Stand der abgedr. Normen: April 1998
1998

Auswahl von Normen für die Ausbildung des schweißtechnischen Personals
Hrsg.: DIN, Deutsches Institut für Normung e.V.
DVS, Deutscher Verband für Schweißen und Verwandte Verfahren e.V.
5. Aufl., Stand der abgedr. Normen: April 1998
Berlin ; Wien ; Zürich : Beuth
Düsseldorf : Dt. Verl. für Schweißtechnik, DVS-Verl.
1998
    (Schweißtechnik ; 4)
    (DIN-DVS-Taschenbuch ; 191)
    ISBN 3-410-14255-X (Beuth)
    ISBN 3-87155-850-8 (DVS-Verl.)

Titelaufnahme nach RAK entspricht DIN V 1505-1.
ISBN nach DIN ISO 2108.
Übernahme der CIP-Einheitsaufnahme auf Schrifttumskarten durch Kopieren oder Nachdrucken frei.
544 Seiten, A5, brosch.
ISSN 0342-801X
(ISBN 3-410-13132-9 8. Aufl. Beuth Verlag)

© DIN Deutsches Institut für Normung e.V. 1998
Das Werk einschließlich aller seiner Teile ist urheberrechtlich geschützt. Jede Verwertung außerhalb der engen Grenzen des Urheberrechtsgesetzes ist ohne Zustimmung des Verlages unzulässig und strafbar. Das gilt insbesondere für Vervielfältigungen, Übersetzungen, Mikroverfilmungen und die Einspeicherung und Verarbeitung in elektronischen Systemen.
Printed in Germany. Druck: Oskar Zach GmbH & Co. KG, Berlin

Inhalt

	Seite
Die deutsche Normung	VI
Geleitwort	VII
Vorwort	XIII
Hinweise für das Anwenden des DIN-DVS-Taschenbuches	IX
Hinweise für den Anwender von DIN-Normen	IX
DIN-Nummernverzeichnis	X
Verzeichnis abgedruckter Normen und Norm-Entwürfe	XI
Abgedruckte Normen und Norm-Entwürfe (nach steigenden DIN-Nummern geordnet)	1
Verzeichnis nicht abgedruckter Normen und Norm-Entwürfe (nach Sachgebieten geordnet)	463
Verzeichnis nicht abgedruckter Verordnungen, technischer Vorschriften, Richtlinien und Merkblätter	495
Verzeichnis über Europäische Normen und Norm-Entwürfe, die überwiegend im CEN/TC 121 "Schweißen" und im CEN/TC 240 "Thermisches Spritzen und thermisch gespritzte Schichten" erstellt wurden, sowie deren Zusammenhang mit DIN- und ISO-Normen	503
Druckfehlerberichtigungen abgedruckter DIN-Normen	520
Stichwortverzeichnis	522

Die in den Verzeichnissen in Verbindung mit einer DIN-Nummer verwendeten Abkürzungen bedeuten:

E	Entwurf
EN	Europäische Norm (EN), deren Deutsche Fassung den Status einer Deutschen Norm erhalten hat
E ISO	Entwurf für eine Deutsche Norm, in die eine Internationale Norm der ISO unverändert übernommen werden soll
EN ISO	Europäische Norm (EN), die identisch ist mit der Internationalen Norm und deren Deutsche Fassung den Status einer Deutschen Norm hat
V	Vornorm
VDE	Norm, die nach DIN 820-1 zugleich VDE-Bestimmung oder VDE-Leitlinie ist

---

Maßgebend für das Anwenden jeder in diesem DIN-DVS-Taschenbuch abgedruckten Norm ist deren Fassung mit dem neuesten Ausgabedatum. Bei den abgedruckten Norm-Entwürfen wird auf den Anwendungswarnvermerk verwiesen.
Vergewissern Sie sich bitte im aktuellen DIN-Katalog mit neuestem Ergänzungsheft oder fragen Sie: (0 30) 26 01 - 22 60.

Die deutsche Normung

Grundsätze und Organisation

Normung ist das Ordnungsinstrument des gesamten technisch-wissenschaftlichen und persönlichen Lebens. Sie ist integrierender Bestandteil der bestehenden Wirtschafts-, Sozial- und Rechtsordnungen.

Normung als satzungsgemäße Aufgabe des DIN Deutsches Institut für Normung e.V.*) ist die planmäßige, durch die interessierten Kreise gemeinschaftlich durchgeführte Vereinheitlichung von materiellen und immateriellen Gegenständen zum Nutzen der Allgemeinheit. Sie fördert die Rationalisierung und Qualität in Wirtschaft, Technik, Wissenschaft und Verwaltung. Normung dient der Sicherheit von Menschen und Sachen, der Qualitätsverbesserung in allen Lebensbereichen sowie einer sinnvollen Ordnung und der Information auf dem jeweiligen Normungsgebiet. Die Normungsarbeit wird auf nationaler, regionaler und internationaler Ebene durchgeführt.

Träger der Normungsarbeit ist das DIN, das als gemeinnütziger Verein Deutsche Normen (DIN-Normen) erarbeitet. Sie werden unter dem Verbandszeichen

vom DIN herausgegeben.

Das DIN ist eine Institution der Selbstverwaltung der an der Normung interessierten Kreise und als die zuständige Normungsorganisation für das Bundesgebiet durch einen Vertrag mit der Bundesrepublik Deutschland anerkannt.

Information

Über alle bestehenden DIN-Normen und Norm-Entwürfe informieren der jährlich neu herausgegebene DIN-Katalog für technische Regeln und die dazu monatlich erscheinenden kumulierten Ergänzungshefte.

Die Zeitschrift DIN-MITTEILUNGEN + elektronorm – Zentralorgan der deutschen Normung – berichtet über die Normungsarbeit im In- und Ausland. Deren ständige Beilage "DIN-Anzeiger für technische Regeln" gibt sowohl die Veränderungen der technischen Regeln sowie die neu in das Arbeitsprogramm aufgenommenen Regelungsvorhaben als auch die Ergebnisse der regionalen und internationalen Normung wieder.

Auskünfte über den jeweiligen Stand der Normungsarbeit im nationalen Bereich sowie in den europäisch-regionalen und internationalen Normungsorganisationen vermittelt: Deutsches Informationszentrum für technische Regeln (DITR) im DIN, Postanschrift: 10772 Berlin, Hausanschrift: Burggrafenstraße 6, 10787 Berlin; Telefon: (0 30) 26 01 - 26 00, Telefax: (0 30) 26 28 125.

Bezug der Normen und Normungsliteratur

Sämtliche Deutsche Normen und Norm-Entwürfe, Europäische Normen, Internationale Normen sowie alles weitere Normen-Schrifttum sind beziehbar durch den organschaftlich mit dem DIN verbundenen Beuth Verlag GmbH, Postanschrift: 10772 Berlin, Hausanschrift: Burggrafenstraße 6, 10787 Berlin; Telefon: (0 30) 26 01 - 22 60, Telex: 184 273 din d, Telefax: (0 30) 26 01 - 12 36.

DIN-Taschenbücher

In DIN-Taschenbüchern sind für einen Fach- oder Anwendungsbereich wichtige DIN-Normen, auf Format A5 verkleinert, zusammengestellt. Die DIN-Taschenbücher haben in der Regel eine Laufzeit von drei Jahren, bevor eine Neuauflage erscheint. In der Zwischenzeit kann ein Teil der abgedruckten DIN-Normen überholt sein: Maßgebend für das Anwenden jeder Norm ist jeweils deren Fassung mit dem neuesten Ausgabedatum.

---

*) Im folgenden in der Kurzform DIN verwendet

Geleitwort

Normung stellt nach wie vor auch im Bereich der Schweißtechnik einen unverzichtbaren Ordnungs- und Rationalisierungsfaktor dar. Zudem gibt sie für die Verfügbarkeit und Sicherheit geschweißter Konstruktionen die notwendigen Maßstäbe vor. Zahlreiche Gemeinschaftsausschüsse des Normenausschusses Schweißtechnik (NAS) im DIN Deutsches Institut für Normung e.V. und des Ausschusses für Technik (AfT) im DVS – Deutscher Verband für Schweißen und verwandte Verfahren e.v. sowie die Zusammenarbeit des DVS mit anderen DIN-Normenausschüssen sorgen seit vielen Jahrzehnten für ein gut funktionierendes Normenwesen auf dem Gebiet des Schweißens sowie der verwandten Verfahren wie Löten, thermisches Spritzen, thermisches Schneiden und Wärmebehandeln. Diese ehrenamtliche technisch-wissenschaftliche Gemeinschaftsarbeit ist vor allem auch vor dem Hintergrund der weiter fortschreitenden Harmonisierung des Regelwerks in Europa ein wesentlicher Garant dafür, daß in der Schweißtechnik auch künftig die notwendigen Voraussetzungen für ein sicheres, sinnvolles und wirtschaftliches Fertigen gegeben sind.

Die DIN-DVS-Taschenbücher Schweißtechnik enthalten zwar alle für Hersteller- und Anwenderfirmen der Schweißtechnik wichtigen Normen, für die tägliche Arbeit der Schweißaufsichtspersonen vor Ort und bei der Ausbildung von Schweißfachingenieuren, Schweißtechnikern und Schweißfachmännern sind sie aber zu umfangreich. 1983 wurde daher erstmals ein speziell auf die Belange der Bildungseinrichtungen und ihrer Teilnehmer abgestellter Sonderband zur Auswahl von Normen für die Ausbildung des schweißtechnischen Personals herausgegeben. Dieses DIN-DVS-Taschenbuch 191 umfaßt nur die von der Arbeitsgruppe Schulung und Prüfung im Ausschuß für Bildung des DVS ausgewählten schweißtechnischen Normen, die für den Unterricht in Lehrgängen und darüber hinaus für die Tätigkeit als Schweißaufsichtsperson im Betrieb von besonderer Bedeutung sind.

Ziel dieses Sonderbandes ist es, die späteren Schweißaufsichtspersonen bereits während ihrer Ausbildung mit den für ihre Arbeitsbereiche wesentlichen Normen bekanntzumachen. Als Arbeitsunterlage in der Hand der verantwortlichen Mitarbeiter in den Schweißbetrieben unterstützt er zudem das Streben nach Arbeitssicherheit, Qualität, Wirtschaftlichkeit und Wettbewerbsfähigkeit.

Es bleibt zu hoffen, daß auch die jetzt vorliegende 5. Auflage auf ein gleich positives Echo stößt und erneut weite Verbreitung in Industrie und Handwerkswirtschaft findet. Eine gute Resonanz wäre wiederum das beste Zeichen dafür, daß die erfolgreiche Zusammenarbeit von DIN und DVS auf dem Gebiet der schweißtechnischen Normung in ihren Zielen und Ergebnissen auch von der Praxis als richtig und nutzbringend anerkannt wird.

Düsseldorf, im Mai 1998　　　　　　　　　　Deutscher Verband für Schweißen und
　　　　　　　　　　　　　　　　　　　　　　verwandte Verfahren e.V.

Dipl.-Ing. H. Geiss　　　　　　　　　　　　　Dr.-Ing. G. Kraume
Obmann der Arbeitsgruppe　　　　　　　　Geschäftsführer des Ausschusses für
"Schulung und Prüfung" des　　　　　　　 Technik und des Ausschusses für
Ausschusses für Bildung　　　　　　　　　Bildung

Vorwort

DIN-Normen sichern den allgemeingültigen Erfahrungsstand und schaffen Grundlagen zur Beurteilung des Standes der Technik zum Nutzen im eigenen Bereich, im gegenseitigen Verkehr und als Maßstab für fachgerechtes Handeln. Freiwilligkeit, Öffentlichkeit, Sachbezogenheit, Wirtschaftlichkeit der Normungsarbeit und Beteiligung der interessierten Kreise machen diesen Nutzen für jeden verfügbar, der um so größer ist, je bessere Normen bestehen, je uneingeschränkter sie gelten und je konsequenter sie angewendet werden.

Durch die Schaffung des europäischen Binnenmarktes ist die Normung in einem starken Wandel begriffen. Der Binnenmarkt verlangt Europäische Normen, die aufgrund der Übernahmeverpflichtung in allen 19 Ländern der gemeinsamen europäischen Normungsorganisation (CEN/CENELEC) gelten.

Dies bedeutet, daß für Europäische Normen eine verläßliche Gleichwertigkeit innerhalb der CEN-Mitgliedsländer gegeben ist, d. h., der deutsche Normenanwender, der z. B. die griechische oder dänische Sprache nicht beherrscht, kann darauf vertrauen, daß die für ihn lesbare DIN EN in Griechenland oder in Dänemark ihre identische Entsprechung hat.

Es gelang, die Europäischen Normen in wichtigen Bereichen, z. B. Verständigungsgrundlagen, Prüfung des schweißtechnischen Personals, der Verfahrensbeherrschung und der Schweißverbindungen sowie Qualitätsanforderungen, mit den vergleichbaren Internationalen Normen zu verknüpfen, wodurch die entwickelten Normen weitgehend auch für Weltmärkte Anwendung finden können (siehe auch Seiten 41 bis 56).

Für die Ausbildung des schweißtechnischen Personals – dies sind die Schweißer, Schweißfachmänner, Schweißtechniker und Schweißingenieure –, aber auch für Studierende erwies es sich als notwendig und richtig, die Auswahl wichtiger schweißtechnischer Planungs- und Ausführungsnormen in dem vorliegenden DIN-DVS-Taschenbuch zusammenzufassen.

Darüber hinaus ist dieses Taschenbuch sehr geeignet zur Nutzung für die schweißtechnische Praxis vor allem für die übliche schweißtechnische Fertigung von Stahlbauteilen.

Die 5. Auflage dieses DIN-DVS-Taschenbuches enthält insgesamt 38 Normen und 1 Norm-Entwurf, von denen 30 identisch sind mit Europäischen Normen.

Die Wiedergabe von weiteren Normen über den Bereich der Schweißtechnik hinaus ist wegen Überschneidung mit bestehenden DIN-Taschenbüchern und bei Beachtung des verfügbaren Umfangs nicht möglich.

Neben diesem DIN-DVS-Taschenbuch sind noch weitere Taschenbücher auf dem Gebiet der Schweißtechnik – zusammengestellt nach Sachgebieten – erschienen (siehe Seite II).

Diese Auflage entspricht dem Stand der Normung bis Mai 1998.

Ein bedeutender Anteil der abgedruckten DIN-Normen wurde in Zusammenarbeit mit den Arbeitsausschüssen des Ausschusses für Technik im Deutschen Verband für Schweißen und verwandte Verfahren (DVS) unter Federführung des Normenausschusses Schweißtechnik (NAS) im DIN Deutsches Institut für Normung e.V. aufgestellt. Für die enge und erfolgreiche Gemeinschaftsarbeit zwischen dem NAS und dem DVS sei allen, die sich daran beteiligten, sie unterstützten und förderten, an dieser Stelle besonders gedankt.

Berlin, im Juli 1998   Dr. B. Schambach und F. Zentner

Hinweise für das Anwenden des DIN-DVS-Taschenbuches

Eine **Norm** ist das herausgegebene Ergebnis der Normungsarbeit.

Deutsche Normen (DIN-Normen) sind vom DIN Deutsches Institut für Normung e.V. unter dem Zeichen DIN herausgegebene Normen.

Sie bilden das Deutsche Normenwerk.

Eine **Vornorm** war bis etwa März 1985 eine Norm, zu der noch Vorbehalte hinsichtlich der Anwendung bestanden und nach der versuchsweise gearbeitet werden konnte. Seit April 1985 wird eine Vornorm nicht mehr als Norm herausgegeben. Damit können auch Arbeitsergebnisse, zu deren Inhalt noch Vorbehalte bestehen oder deren Aufstellungsverfahren gegenüber dem einer Norm abweicht, als Vornorm herausgegeben werden (Einzelheiten siehe DIN 820-4).

Eine **Auswahlnorm** ist eine Norm, die für ein bestimmtes Fachgebiet einen Auszug aus einer anderen Norm enthält, jedoch ohne sachliche Veränderungen oder Zusätze.

Eine **Übersichtsnorm** ist eine Norm, die eine Zusammenstellung aus Festlegungen mehrerer Normen enthält, jedoch ohne sachliche Veränderungen oder Zusätze.

Teil (früher Blatt) kennzeichnete bis Juni 1994 eine Norm, die den Zusammenhang zu anderen Teilen mit gleicher Hauptnummer dadurch zum Ausdruck brachte, daß sich die DIN-Nummern nur in den Zählnummern hinter dem Zusatz "Teil" voneinander unterschieden haben. Das DIN hat sich bei der Art der Nummernvergabe der internationalen Praxis angeschlossen. Es entfällt deshalb bei der DIN-Nummer die Angabe "Teil"; diese Angabe wird in der DIN-Nummer durch "-" ersetzt. Das Wort "Teil" wird dafür mit in den Titel übernommen. In den Verzeichnissen dieses DIN-DVS-Taschenbuches wird deshalb für alle ab Juli 1994 erschienenen Normen die neue Schreibweise verwendet.

Ein **Beiblatt** enthält Informationen zu einer Norm, jedoch keine zusätzlichen genormten Festlegungen.

Ein **Norm-Entwurf** ist das vorläufig abgeschlossene Ergebnis einer Normungsarbeit, das in der Fassung der vorgesehenen Norm der Öffentlichkeit zur Stellungnahme vorgelegt wird.

Die Gültigkeit von Normen beginnt mit dem Zeitpunkt des Erscheinens (Einzelheiten siehe DIN 820-4). Das Erscheinen wird im DIN-Anzeiger angezeigt.

Hinweise für den Anwender von DIN-Normen

Die Normen des Deutschen Normenwerkes stehen jedermann zur Anwendung frei.

Festlegungen in Normen sind aufgrund ihres Zustandekommens nach hierfür geltenden Grundsätzen und Regeln fachgerecht. Sie sollen sich als "anerkannte Regeln der Technik" einführen. Bei sicherheitstechnischen Festlegungen in DIN-Normen besteht überdies eine tatsächliche Vermutung dafür, daß sie "anerkannte Regeln der Technik" sind. Die Normen bilden einen Maßstab für einwandfreies technisches Verhalten; dieser Maßstab ist auch im Rahmen der Rechtsordnung von Bedeutung. Eine Anwendungspflicht kann sich aufgrund von Rechts- oder Verwaltungsvorschriften, Verträgen oder sonstigen Rechtsgründen ergeben. DIN-Normen sind nicht die einzige, sondern eine Erkenntnisquelle für technisch ordnungsgemäßes Verhalten im Regelfall. Es ist auch zu berücksichtigen, daß DIN-Normen nur den zum Zeitpunkt der jeweiligen Ausgabe herrschenden Stand der Technik berücksichtigen können. Durch das Anwenden von Normen entzieht sich niemand der Verantwortung für eigenes Handeln. Jeder handelt insoweit auf eigene Gefahr.

Jeder, der beim Anwenden einer DIN-Norm auf eine Unrichtigkeit oder eine Möglichkeit einer unrichtigen Auslegung stößt, wird gebeten, dies dem DIN unverzüglich mitzuteilen, damit etwaige Mängel beseitigt werden können.

DIN-Nummernverzeichnis

Hierin bedeuten:
- ● Neu aufgenommen gegenüber der 4. Auflage des DIN-DVS-Taschenbuches 191
- ☐ Geändert gegenüber der 4. Auflage des DIN-DVS-Taschenbuches 191
- ○ Zur abgedruckten Norm besteht ein Norm-Entwurf
- (en) Von dieser Norm gibt es auch eine vom DIN herausgegebene englische Übersetzung

Dok.	Seite	Dok.	Seite
DIN V 1738 ●	1	DIN EN 756 ● (en)	225
DIN 1910-1 (en)	13	DIN EN 757 ● (en)	233
DIN 1910-2 (en)	17	DIN EN 760 ● (en)	241
DIN 1910-4 (en)	29	DIN EN 1011-1 ●	249
DIN 1910-11	37	DIN EN 1418 ● (en)	262
DIN 1912-1 (en)	41	DIN EN 1600 ● (en)	271
DIN 8528-1 (en)	52	DIN EN 10020 ○ (en)	279
DIN 15018-2 (en)	55	DIN EN 10025 [1]) ○ (en)	294
DIN 18800-1 [1]) (en)	64	DIN EN 10028-1 ○ (en)	320
DIN 18800-1/A1 ● (en)	113	DIN EN 10028-2 [1]) (en)	329
DIN 18800-7 (en)	114	DIN EN 10028-3 (en)	341
DIN EN 287-1 ☐	123	DIN EN 10113-1 (en)	350
DIN EN 288-1 ☐ (en)	148	DIN EN 10113-2 (en)	365
DIN EN 288-2 ☐	157	DIN EN 10204 ● (en)	372
DIN EN 288-3 [1]) ☐	164	DIN EN 22553 ☐ (en)	377
DIN EN 439 ☐ (en)	192	DIN EN 25817 (en)	411
DIN EN 440 (en)	197	DIN EN 29692 (en)	421
DIN EN 499 (en)	203	DIN EN ISO 9013 ● (en)	435
DIN EN 719 (en)	211	DIN EN ISO 13920 ● (en)	443
DIN EN 729-1 (en)	217	E ISO/FDIS 4063 ☐	450

[1]) Siehe Druckfehlerberichtigungen Seite 520 und 521

Gegenüber der letzten Auflage nicht mehr abgedruckte Normen

Dokument	Ersetzt durch
DIN 8556-1	DIN EN 1600
DIN 8557-1	DIN EN 756
E DIN 8560-100	DIN EN 1418
DIN 32522	DIN EN 760
DIN 50049	DIN EN 10204
DIN EN 24063	ISO/FDIS 4063[1])

[1]) Erwartete Fassung der Folgenorm für DIN EN 24063 (später DIN EN ISO 4063).

Verzeichnis abgedruckter Normen und Norm-Entwürfe

Dokument	Ausgabe	Titel	Seite
DIN V 1738	1996-04	Schweißen – Richtlinien für eine Gruppeneinteilung von Werkstoffen zum Schweißen (CR 12187 : 1995)	1
DIN 1910-1	1983-07	Schweißen – Begriffe, Einteilung der Schweißverfahren	13
DIN 1910-2	1977-08	Schweißen – Schweißen von Metallen, Verfahren	17
DIN 1910-4	1991-04	Schweißen – Schutzgasschweißen – Verfahren	29
DIN 1910-11	1979-02	Schweißen – Werkstoffbedingte Begriffe für Metallschweißen	37
DIN 1912-1	1976-06	Zeichnerische Darstellung, Schweißen, Löten – Begriffe und Benennungen für Schweißstöße, -fugen, -nähte	41
DIN 8528-1	1973-06	Schweißbarkeit – Metallische Werkstoffe, Begriffe	52
DIN 15018-2	1984-11	Krane – Stahltragwerke – Grundsätze für die bauliche Durchbildung und Ausführung	55
DIN 18800-1	1990-11	Stahlbauten – Bemessung und Konstruktion	64
DIN 18800-1/A1	1996-02	Stahlbauten – Teil 1: Bemessung und Konstruktion – Änderung A1	113
DIN 18800-7	1983-05	Stahlbauten – Herstellen, Eignungsnachweise zum Schweißen	114
DIN EN 287-1	1997-08	Prüfung von Schweißern – Schmelzschweißen – Teil 1: Stähle (enthält Änderung A1 : 1997); Deutsche Fassung EN 287-1 : 1992 + A1 : 1997	123
DIN EN 288-1	1997-09	Anforderung und Anerkennung von Schweißverfahren für metallische Werkstoffe – Teil 1: Allgemeine Regeln für das Schmelzschweißen (enthält Änderung A1 : 1997); Deutsche Fassung EN 288-1 : 1992 + A1 : 1997	148
DIN EN 288-2	1997-10	Anforderung und Anerkennung von Schweißverfahren für metallische Werkstoffe – Teil 2: Schweißanweisung für das Lichtbogenschweißen (enthält Änderung A1 : 1997); Deutsche Fassung EN 288-2 : 1992 + A1 : 1997	157
DIN EN 288-3	1997-10	Anforderung und Anerkennung von Schweißverfahren für metallische Werkstoffe – Teil 3: Schweißverfahrensprüfungen für das Lichtbogenschweißen von Stählen (enthält Änderung A1 : 1997); Deutsche Fassung EN 288-3 : 1992 + A1 : 1997	164
DIN EN 439	1995-05	Schweißzusätze – Schutzgase zum Lichtbogenschweißen und Schneiden; Deutsche Fassung EN 439 : 1994	192
DIN EN 440	1994-11	Schweißzusätze – Drahtelektroden und Schweißgut zum Metall-Schutzgasschweißen von unlegierten Stählen und Feinkornstählen – Einteilung; Deutsche Fassung EN 440 : 1994	197

Dokument	Ausgabe	Titel	Seite
DIN EN 499	1995-01	Schweißzusätze – Umhüllte Stabelektroden zum Lichtbogenhandschweißen von unlegierten Stählen und Feinkornstählen – Einteilung; Deutsche Fassung EN 499 : 1994	203
DIN EN 719	1994-08	Schweißaufsicht – Aufgaben und Verantwortung; Deutsche Fassung EN 719 : 1994	211
DIN EN 729-1	1994-11	Schweißtechnische Qualitätsanforderungen – Schmelzschweißen metallischer Werkstoffe – Teil 1: Richtlinien zur Auswahl und Verwendung; Deutsche Fassung EN 729-1 : 1994	217
DIN EN 756	1995-12	Schweißzusätze – Drahtelektroden und Draht-Pulver-Kombinationen zum Unterpulverschweißen von unlegierten Stählen und Feinkornstählen – Einteilung; Deutsche Fassung EN 756 : 1995	225
DIN EN 757	1997-05	Schweißzusätze – Umhüllte Stabelektroden zum Lichtbogenhandschweißen von hochfesten Stählen – Einteilung; Deutsche Fassung EN 757 : 1997	233
DIN EN 760	1996-05	Schweißzusätze – Pulver zum Unterpulverschweißen – Einteilung; Deutsche Fassung EN 760 : 1996	241
DIN EN 1011-1	1998-04	Schweißen – Empfehlungen zum Schweißen metallischer Werkstoffe – Teil 1: Allgemeine Anleitungen für Lichtbogenschweißen; Deutsche Fassung EN 1011-1 : 1998	249
DIN EN 1418	1998-01	Schweißpersonal – Prüfung von Bedienern von Schweißeinrichtungen zum Schmelzschweißen und von Einrichtern für das Widerstandsschweißen für vollmechanisches und automatisches Schweißen von metallischen Werkstoffen; Deutsche Fassung EN 1418 : 1997	262
DIN EN 1600	1997-10	Schweißzusätze – Umhüllte Stabelektroden zum Lichtbogenhandschweißen von nichtrostenden und hitzebeständigen Stählen – Einteilung; Deutsche Fassung EN 1600 : 1997	271
DIN EN 10020	1989-09	Begriffsbestimmungen für die Einteilung der Stähle; Deutsche Fassung EN 10020 : 1988	279
DIN EN 10025	1994-03	Warmgewalzte Erzeugnisse aus unlegierten Baustählen; Technische Lieferbedingungen (enthält Änderung A1 : 1993); Deutsche Fassung EN 10025 : 1990	294
DIN EN 10028-1	1993-04	Flacherzeugnisse aus Druckbehälterstählen – Teil 1: Allgemeine Anforderungen; Deutsche Fassung EN 10028-1 : 1992	320
DIN EN 10028-2	1993-04	Flacherzeugnisse aus Druckbehälterstählen – Teil 2: Unlegierte und legierte warmfeste Stähle; Deutsche Fassung EN 10028-2 : 1992	329

Dokument	Ausgabe	Titel	Seite
DIN EN 10028-3	1993-04	Flacherzeugnisse aus Druckbehälterstählen – Teil 3: Schweißgeeignete Feinkornbaustähle, normalgeglüht; Deutsche Fassung EN 10028-3 : 1992	341
DIN EN 10113-1	1993-04	Warmgewalzte Erzeugnisse aus schweißgeeigneten Feinkornbaustählen – Teil 1: Allgemeine Lieferbedingungen; Deutsche Fassung EN 10113-1 : 1993	350
DIN EN 10113-2	1993-04	Warmgewalzte Erzeugnisse aus schweißgeeigneten Feinkornbaustählen – Teil 2: Lieferbedingungen für normalgeglühte/normalisierend gewalzte Stähle; Deutsche Fassung EN 10113-2 : 1993	365
DIN EN 10204	1995-08	Metallische Erzeugnisse – Arten von Prüfbescheinigungen (enthält Änderung A1 : 1995); Deutsche Fassung EN 10204 : 1991 + A1 : 1995	372
DIN EN 22553	1997-03	Schweiß- und Lötnähte – Symbolische Darstellung in Zeichnungen (ISO 2553 : 1992); Deutsche Fassung EN 22553 : 1994	377
DIN EN 25817	1992-09	Lichtbogenschweißverbindungen an Stahl – Richtlinie für die Bewertungsgruppen von Unregelmäßigkeiten (ISO 5817 : 1992); Deutsche Fassung EN 25817 : 1992	411
DIN EN 29692	1994-04	Lichtbogenhandschweißen, Schutzgasschweißen und Gasschweißen, Schweißnahtvorbereitung für Stahl (ISO 9692 : 1992); Deutsche Fassung EN 29692 : 1994	421
DIN EN ISO 9013	1995-05	Schweißen und verwandte Verfahren – Güteeinteilung und Maßtoleranzen für autogene Brennschnittflächen (ISO 9013 : 1992); Deutsche Fassung EN ISO 9013 : 1995	435
DIN EN ISO 13920	1996-11	Schweißen – Allgemeintoleranzen für Schweißkonstruktionen – Längen- und Winkelmaße – Form und Lage (ISO 13920 : 1996); Deutsche Fassung EN ISO 13920 : 1996	443
E ISO/FDIS 4063	1998-05	Schweißen und verwandte Prozesse – Liste der Prozesse und Ordnungsnummern	450

April 1996

Schweißen

Richtlinien für eine Gruppeneinteilung von Werkstoffen zum Schweißen
(CR 12187 : 1995)

Vornorm

DIN V 1738

Diese Vornorm enthält die Deutsche Fassung des CEN-Berichtes **CR 12187**

ICS 25.160.00

Deskriptoren: Schweißen, Werkstoff, Schweißtechnik, Richtlinie, Gruppeneinteilung

Welding — Guidelines for a grouping system of materials for welding purposes (CR 12187 : 1995)
Soudage — Lignes directrices pour un groupement des matériaux pour le soudage (CR 12187 : 1995)

Eine Vornorm ist das Ergebnis einer Normungsarbeit, das wegen bestimmter Vorbehalte zum Inhalt oder wegen des gegenüber einer Norm abweichenden Aufstellungsverfahrens vom DIN noch nicht als Norm herausgegeben wird.
Zur vorliegenden Vornorm ist kein Entwurf veröffentlicht worden.
Es wird gebeten, Erfahrungen mit dieser Vornorm dem Normenausschuß Schweißtechnik (NAS) im DIN Deutsches Institut für Normung e.V., 10772 Berlin (Hausanschrift: Burggrafenstraße 6, 10787 Berlin) mitzuteilen.

Nationales Vorwort

Der CEN-Bericht ist erstellt worden, um für die schweißgeeigneten Werkstoffe Gruppen mit vergleichbaren sie kennzeichnenden Eigenschaften zu schaffen.
Diese Gruppeneinteilung soll anwendungsübergreifend für vergleichbare Festlegungen genutzt werden, z. B. für Anwendungsnormen über Druckbehälter, Rohrleitungen, Gasversorgung, Großwasserraumbehälter, Hochbau und Fahrzeugbau.
Um auch besondere Eigenschaften wie Verhalten bei Wärmebehandlung und Umformung zu erfassen, sind die Gruppen fein gestuft. Es ist jedoch ausdrücklich beabsichtigt, für Nachweise an Werkstoffen mit vergleichbarem Eigenschaftsprofil Werkstoffgruppen zusammenzufassen, z. B. für Schweißerprüfungen, Verfahrensprüfungen.
Mit der in den Anhängen enthaltenen Zuordnung der Gruppen zu den europäischen Bezugsnormen und Bezeichnungen gibt der CEN-Bericht auch eine hilfreiche Übersicht und Unterstützung für die praktische Anwendung.
Es ist beabsichtigt, den CEN-Bericht in regelmäßigen Abständen zu überarbeiten und zu vervollständigen.

Fortsetzung Seite 2 bis 12

Normenausschuß Schweißtechnik (NAS) im DIN Deutsches Institut für Normung e.V.

**BERICHT
REPORT
RAPPORT**

CR 12187 : 1995

November 1995

Deutsche Fassung

Schweißen

Richtlinien für eine Gruppeneinteilung von Werkstoffen zum Schweißen

Welding — Guidelines for a grouping system of materials for welding purposes

Soudage — Lignes directrices pour un groupement des matériaux pour le soudage

Dieser CEN-Bericht wurde vom Technischen Komitee CEN/TC 121 "Schweißen" verfaßt und vom CEN am 1995-09-20 angenommen.

CEN-Mitglieder sind die nationalen Normungsinstitute von Belgien, Dänemark, Deutschland, Finnland, Frankreich, Griechenland, Irland, Island, Italien, Luxemburg, Niederlande, Norwegen, Österreich, Portugal, Schweden, Schweiz, Spanien und dem Vereinigten Königreich.

CEN

EUROPÄISCHES KOMITEE FÜR NORMUNG
European Committee for Standardization
Comité Européen de Normalisation

Zentralsekretariat: rue de Stassart 36, B-1050 Brüssel

© 1995. Das Copyright ist den CEN-Mitgliedern vorbehalten.

Ref. Nr. CR 12187 : 1995 D

Inhalt

	Seite
Vorwort	3
0 Einleitung	3
1 Anwendungsbereich	3
2 Normative Verweisungen	3
3 Gruppeneinteilung für Stähle	4
4 Gruppeneinteilung für Aluminium und Aluminiumlegierungen	6
5 Gruppeneinteilung für Kupfer und Kupferlegierungen	6
6 Gruppeneinteilung für Nickel und Nickellegierungen	7
7 Gruppeneinteilung für Titan und Titanlegierungen	7
8 Gruppeneinteilung für Zirkonium und Zirkoniumlegierungen	7
Anhang A (informativ) Stahlsorten in Übereinstimmung mit der Gruppeneinteilung nach Tabelle 1	8
Anhang B (informativ) Aluminium und Aluminiumlegierungen in Übereinstimmung mit der Gruppeneinteilung nach Tabelle 2	11
Anhang C (informativ) Kupfer und Kupferlegierungen in Übereinstimmung mit der Gruppeneinteilung nach Tabelle 3	12

Vorwort

Dieser CEN-Bericht wurde vom Technischen Komitee CEN/TC 121 "Schweißen" erarbeitet, dessen Sekretariat vom DS betreut wird.

Das Technische Komitee hat beschlossen, diesen CEN-Bericht zu veröffentlichen.

0 Einleitung

Dieser CEN-Bericht ist erstellt worden, damit für die zu schweißenden Werkstoffe eine einheitliche Gruppeneinteilung zur Verfügung steht, die von der jeweiligen Anwendung unabhängig ist.

Er baut auf den Gruppeneinteilungen auf, die in den entsprechenden Teilen der EN 288 für die Schweißverfahrensprüfung aufgeführt sind und ändert nicht die in diesen Normen festgelegten Geltungsbereiche.

Die Absicht ist, ein einheitliches System für die Unterteilung der Werkstoffgruppen zur Verfügung zu stellen, wenn dies für Wärmebehandlungen, Umformungsvorhaben usw. erforderlich ist.

Es können Untergruppen für spezielle Zwecke kombiniert werden, z. B. für Schweißerprüfungen, Schweißverfahrensprüfungen.

Die Anwendung dieser Richtlinien soll die Vereinheitlichung von Festlegungen für das Schweißen und der mit dem Schweißen verbundenen Verfahren (z. B. Wärmebehandlung, Umformen, Prüfen) für gleichartige Werkstoffe unterstützen.

1 Anwendungsbereich

Dieser CEN-Bericht enthält Gruppeneinteilungen für alle Formen folgender Werkstoffe:
— Stahl;
— Aluminium und seine Legierungen;
— Nickel und seine Legierungen;
— Kupfer und seine Legierungen;
— Titan und seine Legierungen;
— Zirkonium und seine Legierungen.

2 Normative Verweisungen

Dieser Europäische CEN-Bericht enthält durch datierte oder undatierte Verweisungen Festlegungen aus anderen Publikationen. Diese normativen Verweisungen sind an den jeweiligen Stellen im Text zitiert, und die Publikationen sind nachstehend aufgeführt. Bei datierten Verweisungen gehören spätere Änderungen oder Überarbeitungen dieser Publikationen nur zu diesem Europäischen CEN-Bericht, falls sie durch Änderung oder Überarbeitung eingearbeitet sind. Bei undatierten Verweisungen gilt die letzte Ausgabe der in Bezug genommenen Publikation.

EN 288
Anforderung und Anerkennung von Schweißverfahren für metallische Werkstoffe

EN 573-1 : 1994
Aluminium und Aluminiumlegierungen — Chemische Zusammensetzung und Form von Halbzeug — Teil 1: Numerische Bezeichnungssysteme

EN 573-2 : 1994
Aluminium und Aluminiumlegierungen — Chemische Zusammensetzung und Form von Halbzeug — Teil 2: Bezeichnungssystem mit chemischen Symbolen

EN 573-3 : 1994
Aluminium und Aluminiumlegierungen — Chemische Zusammensetzung und Form von Halbzeug — Teil 3: Chemische Zusammensetzung

prEN 1412 : 1994
Kupfer und Kupferlegierungen — Europäisches Werkstoffnummernsystem

prEN 1652 : 1994
Kupfer und Kupferlegierungen — Platten, Bleche, Bänder, Streifen und Ronden zur allgemeinen Verwendung

pren 1653 : 1994
Kupfer und Kupferlegierungen — Platten, Bleche und Ronden für Kessel, Druckbehälter und Warmwasserspeicheranlagen

prEN 1654 : 1994
Kupfer und Kupferlegierungen — Federbänder für Blattfedern und Steckverbinder

EN 10025 : 1993
Warmgewalzte Erzeugnisse aus unlegierten Baustählen — Technische Lieferbedingungen (enthält Änderung A1 : 1993)

EN 10028-2 : 1992
Flacherzeugnisse aus Druckbehälterstählen — Teil 2: Unlegierte und legierte warmfeste Stähle

EN 10028-3 : 1992
Flacherzeugnisse aus Druckbehälterstählen — Teil 3: Schweißgeeignete Feinkornbaustähle, normalgeglüht

EN 10028-4 : 1994
Flacherzeugnisse aus Druckbehälterstählen — Teil 4: Nickellegierte kaltzähe Stähle

prEN 10028-5 : 1993
Flacherzeugnisse aus Druckbehälterstählen — Teil 5: Schweißgeeignete Feinkornbaustähle, thermomechanisch gewalzt

prEN 10028-6 : 1993
Flacherzeugnisse aus Druckbehälterstählen — Teil 6: Schweißgeeignete Feinkornbaustähle, vergütet

prEN 10088-1 : 1993
Nichtrostende Stähle — Teil 1: Verzeichnis der nichtrostenden Stähle

EN 10113-2 : 1993
Warmgewalzte Erzeugnisse aus schweißgeeigneten Feinkornbaustählen — Teil 2: Lieferbedingungen für normalgeglühte/normalisierend gewalzte Stähle

EN 10113-3 : 1993
Warmgewalzte Erzeugnisse aus schweißgeeigneten Feinkornbaustählen — Teil 3: Lieferbedingungen für thermomechanisch gewalzte Stähle

prEN 10120 : 1994
Stahlblech und -band für geschweißte Gasflaschen

prEN 10137-2 : 1993
Blech- und Breitflachstahl aus Baustählen mit höherer Streckgrenze im vergüteten oder im ausscheidungsgehärteten Zustand — Teil 2: Lieferbedingungen für vergütete Stähle

prEN 10137-3 : 1993
Blech- und Breitflachstahl aus Baustählen mit höherer Streckgrenze im vergüteten oder im ausscheidungsgehärteten Zustand — Teil 3: Lieferbedingungen für ausscheidungsgehärtete Stähle

prEN 10149-2 : 1993
Warmgewalzte Flacherzeugnisse aus Stählen mit hoher Streckgrenze zum Kaltumformen — Teil 2: Lieferbedingungen für thermomechanisch gewalzte Stähle

prEN 10149-3 : 1993
Warmgewalzte Flacherzeugnisse aus Stählen mit hoher Streckgrenze zum Kaltumformen — Teil 3: Lieferbedingungen für normalgeglühte/normalisierend gewalzte Stähle

EN 10155 : 1993
Wetterfeste Baustähle — Technische Lieferbedingungen

EN 10207 : 1991
Stähle für einfache Druckbehälter — Technische Lieferbedingungen für Blech, Band und Stabstahl

prEN 10213-1 : 1993
Technische Lieferbedingungen für Stahlguß für Druckbehälter — Teil 1: Allgemeines

prEN 10213-2 : 1993
Technische Lieferbedingungen für Stahlguß für Druckbehälter — Teil 2: Stahlsorten für die Verwendung bei Raumtemperatur und erhöhten Temperaturen

prEN 10213-3 : 1993
Technische Lieferbedingungen für Stahlguß für Druckbehälter — Teil 3: Stahlsorten für die Verwendung bei tiefen Temperaturen

prEN 10213-4 : 1993
Technische Lieferbedingungen für Stahlguß für Druckbehälter — Teil 4: Austenitische und austenitisch-ferritische Stahlsorten

prEN 10222-3 : 1994
Schmiedestücke aus Stahl für Druckbehälter — Teil 3: Ferritische und martensitische Stähle mit festgelegten Eigenschaften bei erhöhter Temperatur

prEN 10222-4 : 1994
Schmiedestücke aus Stahl für Druckbehälter — Teil 4: Nickelstähle mit festgelegten Eigenschaften bei niedrigen Temperaturen

prEN 10222-5 : 1994
Schmiedestücke aus Stahl für Druckbehälter — Teil 5: Feinkornbaustähle mit hoher Dehngrenze

prEN 10222-6 : 1994
Schmiedestücke aus Stahl für Druckbehälter — Teil 6: Nichtrostende austenitische, martensitische und Duplexstähle

prEN 10225 : 1994
Schweißgeeignete Baustähle für feststehende Offshore-Konstruktionen

prEN 10248-1 : 1995
Warmgewalzte Spundbohlen aus unlegierten Stählen — Teil 1: Technische Lieferbedingungen

3 Gruppeneinteilung für Stähle

Die Stähle werden in Gruppen gemäß Tabelle 1 zusammengefaßt.

Tabelle 1: Gruppeneinteilung für Stähle

Gruppe	Stahlsorte [1]
1	Stähle mit einer Mindeststreckgrenze $R_{eH} \leq 360$ N/mm² und mit einer Analyse, die die folgenden Werte in Prozent nicht überschreitet: C = 0,24 (0,25 für Guß) Si = 0,60 Mn = 1,70 Mo = 0,70 S = 0,045 P = 0,045 Andere Einzelelemente = 0,3 (0,4 für Guß) Alle anderen Elemente zusammen = 0,8 (1,0 für Guß)
1.1	Stähle mit einer Mindeststreckgrenze $R_{eH} \leq 275$ N/mm² und einer Zusammensetzung, wie unter 1 aufgeführt
1.2	Stähle mit einer Mindeststreckgrenze 275 N/mm² $< R_{eH} \leq 360$ N/mm² und einer Zusammensetzung, wie unter 1 aufgeführt
1.3	Stähle mit einem höheren Widerstand gegen atmosphärische Korrosion, deren Zusammensetzung die Anforderung für "Andere Einzelelemente" oder für "Alle anderen Elemente zusammen" überschreiten kann
2	Normalisierte oder thermomechanisch behandelte Feinkornstähle und Stahlguß mit einer Mindeststreckgrenze $R_{eH} > 360$ N/mm²
2.1	Normalisierte Feinkornstähle und Stahlguß, wie unter 2 aufgeführt
2.2	Thermomechanisch behandelte Feinkornstähle, wie unter 2 aufgeführt
3	Vergütete Stähle und ausscheidungsgehärtete Stähle, jedoch ohne nichtrostende Stähle
3.1	Vergütete Stähle mit einer Mindeststreckgrenze von $R_{eH} \leq 500$ N/mm²
3.2	Vergütete Stähle mit einer Mindeststreckgrenze von 500 N/mm² $< R_{eH} \leq 690$ N/mm²
3.3	Vergütete Stähle mit einer Mindeststreckgrenze $R_{eH} > 690$ N/mm²
3.4	Ausscheidungsgehärtete Stähle, jedoch ohne nichtrostende Stähle
4	Stähle mit Cr max. 0,75 %, Mo max. 0,6 %, V max. 0,3 %
4.1	MnMo-, MnMoV- oder (bei erhöhter Temperatur) MnNiMo-Stähle bis zu 1,3 % Mn, 0,5 % Mo, 0,75 % Ni und 0,05 % V
4.2	CrMoV-Stähle bis zu 0,5 % Cr, 0,6 % Mo und 0,3 % V
4.3	MnCrNiMoV- und NiMnMoCrNb-Stähle bis zu 1,3 % Mn, 1 % Ni, 0,75 % Cr, 0,3 % Mo und 0,1 % V
5	Stähle mit Cr max. 10 %, Mo max. 1,2 %
5.1	Stähle mit Cr $\leq 1,5$ %
5.2	Stähle mit 1,5 % $<$ Cr $\leq 3,0$ %
5.3	Stähle mit 3,0 % $<$ Cr $\leq 6,0$ %
5.4	Stähle mit 6,0 % $<$ Cr $\leq 10,0$ %
6	CrMoV-Stähle mit Cr max. 12,2 %, Mo max. 1,2 % und V max. 0,5 %
7	Nickellegierte Stähle mit Ni max. 10 %
7.1	Nickellegierte Stähle mit Ni $\leq 2,0$ %
7.2	Nickellegierte Stähle mit 2,0 % $<$ Ni $\leq 4,0$ %
7.3	Nickellegierte Stähle mit 4,0 % $<$ Ni ≤ 10 %
8	Ferritische oder martensitische nichtrostende Stähle mit 10,5 % $\leq$ Cr ≤ 30 %
8.1	Martensitische nichtrostende Stähle
8.2	Ferritische nichtrostende Stähle
9	Austenitische Stähle
9.1	Austenitische nichtrostende Stähle
9.2	Vollaustenitische nichtrostende und/oder wärmebeständige Stähle
9.3	Ausscheidungsgehärtete nichtrostende Stähle
9.4	Mangan-austenitische nichtrostende Stähle mit Mangangehalten über 2 %
10	Austenitisch-ferritische nichtrostende Stähle (Duplex)
11	Stähle, die nicht in den Gruppen 1 bis 10 aufgeführt sind und 0,25 % $<$ C $\leq 0,5$ % enthalten
11.1	Stähle mit 0,25 % $<$ C $\leq 0,35$ %
11.2	Stähle mit 0,35 % $<$ C $\leq 0,5$ %

[1] In Übereinstimmung mit der Definition in den Werkstoffnormen kann R_{eH} durch $R_{p0,2}$ ersetzt werden.

4 Gruppeneinteilung für Aluminium und Aluminiumlegierungen

Aluminium und Aluminiumlegierungen werden in Gruppen gemäß Tabelle 2 zusammengefaßt.

Tabelle 2: Gruppeneinteilung für Aluminium und Aluminiumlegierungen

Gruppe	Aluminium und Aluminiumlegierungen
21	Reinaluminium Reinaluminium ≤ 1,5 % Verunreinigungen oder Legierungsbestandteile
22 22.1 22.2	Nichtwarmaushärtende Legierungen Aluminium-Magnesium-Legierungen ≤ 3,5 Mg Aluminium-Magnesium-Legierungen mit 4 % < Mg ≤ 5,6 %
23	Warmaushärtende Legierungen Aluminium-Magnesium-Silicium-Legierungen und Aluminium-Zink-Magnesium-Legierungen, die wärmeaushärtbar sind und eine kontrollierte Wärmeeinbringung und Wärmenachbehandlung oder Aushärtung nach dem Schweißen erfordern
24 24.1 24.2	Aluminium-Silicium-Gußlegierungen mit Cu ≤ 1 % Aluminium-Silicium-Gußlegierungen mit Cu ≤ 1 % und 5 % < Si ≤ 15 % Aluminium-Silicium-Magnesium-Gußlegierungen mit Cu ≤ 1 %, 5 % < Si ≤ 15 % und 0,1 % < Mg ≤ 0,80 %
25	Aluminium-Silicium-Kupfer-Gußlegierungen mit 1 % < Si ≤ 14 % und 1 % < Cu ≤ 5 %
26	Aluminium-Magnesium-Gußlegierungen mit 2 % < Mg ≤ 12 %
27	Aluminium-Kupfer-Gußlegierungen mit 2 % < Cu ≤ 6 %

5 Gruppeneinteilung für Kupfer und Kupferlegierungen

Kupfer und Kupferlegierungen werden in Gruppen gemäß Tabelle 3 zusammengefaßt.

Tabelle 3: Gruppeneinteilung für Kupfer und Kupferlegierungen

Gruppe	Kupfer und Kupferlegierungen
31	Reinkupfer
32 32.1 32.2	Kupfer-Zink-Legierungen Kupfer-Zink-Legierungen, Zweistofflegierungen Kupfer-Zink-Legierungen, Mehrstofflegierungen
33	Kupfer-Zinn-Legierungen
34	Kupfer-Nickel-Legierungen
35	Kupfer-Aluminium-Legierungen
36	Kupfer-Nickel-Zink-Legierungen
37	Kupfer-Legierungen, niedrig legiert (weniger als 5 % anderer Legierungselemente), soweit sie nicht in den Gruppen 31 bis 36 enthalten sind
38	Sonstige Kupfer-Legierungen (5 % und mehr von anderen Legierungselementen), soweit sie nicht in den Gruppen 31 bis 36 enthalten sind

6 Gruppeneinteilung für Nickel und Nickellegierungen

Nickel und Nickellegierungen werden in Gruppen gemäß Tabelle 4 zusammengefaßt.

Tabelle 4: Gruppeneinteilung für Nickel und Nickellegierungen

Gruppe	Nickel und Nickellegierungen
41	Reinnickel
42	Nickel-Kupfer-Legierungen, Ni $\geq$ 45%, Cu $\geq$ 10%
43	Nickel-Chrom-Legierungen (Ni/Fe/Cr/Mo) Ni $\geq$ 40%
44	Nickel-Molybdän-Legierungen (Ni/Mo) Ni $\geq$ 45%, Mo $\leq$ 30%
45	Nickel-Eisen-Chrom-Legierungen (Ni/Fe/Cr) Ni $\geq$ 45%
46	Nickel-Chrom-Kobalt-Legierungen (Ni/Cr/Co) Ni $\geq$ 45%, Co $\geq$ 10%
47	Nickel-Eisen-Chrom-Legierungen (Ni/Fe/Cr/Cu) Ni $\geq$ 45%

7 Gruppeneinteilung für Titan und Titanlegierungen

Titan und Titanlegierungen werden in Gruppen gemäß Tabelle 5 zusammengefaßt.

Tabelle 5: Gruppeneinteilung für Titan und Titanlegierungen

Gruppe	Titan und Titanlegierungen
51	Reintitan
51.1	Titan mit O_2 < 0,20%
51.2	0,20% < O_2 $\leq$ 0,25%
51.3	0,25% < O_2 $\leq$ 0,35%
51.4	0,35% < O_2 $\leq$ 0,40%
52	Alpha-Legierungen [1])
53	Alpha-Beta-Legierungen [2])
54	Ähnlich Beta- und Beta-Legierungen [3])

[1]) In der Gruppe 52 sind folgende Legierungen enthalten:
Ti-0,2Pd; Ti-2,5Cu; Ti-5Al-2,5Sn; Ti-8Al-1Mo-1V; Ti-6Al-2Sn-4Zr-2Mo; Ti-6Al-2Nb-1Ta-0,8Mo.

[2]) In der Gruppe 53 sind folgende Legierungen enthalten:
Ti-3Al-2,5V; Ti-6Al-4V; Ti-6Al-6V-2Sn; Ti-7Al-4Mo.

[3]) In der Gruppe 54 sind folgende Legierungen enthalten:
Ti-10V-2Fe-3Al; Ti-13V-11Cr-3Al; Ti-11,5Mo-6Zr-4,5Sn; Ti-3Al-8V-6Cr-4Zr-4Mo.

8 Gruppeneinteilung für Zirkonium und Zirkoniumlegierungen

Zirkonium und Zirkoniumlegierungen werden in Gruppen gemäß Tabelle 6 zusammengefaßt.

Tabelle 6: Gruppeneinteilung für Zirkonium und Zirkoniumlegierungen

Gruppe	Zirkonium und Zirkoniumlegierungen
61	Reinzirkonium
62	Zirkonium mit 2,5% Nb

Anhang A (informativ)

Stahlsorten in Übereinstimmung mit der Gruppeneinteilung nach Tabelle 1
Siehe Tabelle A.1.
Tabelle A.1 berücksichtigt nicht die Normen für Rohre.

Tabelle A.1: Europäische Gruppeneinteilung für Stähle

Gruppe	Bezugsnorm	Bezeichnung Kurzname	Bezeichnung Nummer	Gruppe	Bezugsnorm	Bezeichnung Kurzname	Bezeichnung Nummer
1.1	EN 10025	S235JR	1.0037	1.2	EN 10025	S355K2G3	1.0595
		S235JRG1	1.0036			S355K2G4	1.0596
		S235JRG2	1.0038			S355J2G3C	1.0569
		S235J0	1.0114			S355J2G4C	1.0579
		S235J2G3	1.0116			S355K2G3C	1.0593
		S235J2G4	1.0117			S355K2G4C	1.0594
		S235J2G3C	1.0118		EN 10028-2	P295GH	1.0481
		S235J2G4C	1.0119			P355GH	1.0473
		S275JR	1.0044		EN 10028-3	P355N	1.0562
		S275J0	1.0143			P355NH	1.0565
		S275J2G3	1.0144			P355NL1	1.0566
		S275J2G4	1.0145			P355NL2	1.1106
		S275J2G3C	1.0141		EN 10028-5	P355M	1.8821
		S275J2G4C	1.0142			P355ML	1.8832
	EN 10028-2	P235GH	1.0345		EN 10113-2	S355N	1.0545
		P265GH	1.0425			S355NL	1.0546
		16Mo3	1.5415		EN 10113-3	S355M	1.8823
	EN 10028-3	P275N	1.0486			S355ML	1.8834
		P275NH	1.0487		prEN 10120	P310NB	1.0437
		P275NL1	1.0488			P355NB	1.0557
		P275NL2	1.1104		prEN 10149-2	S315MC	1.0972
	EN 10113-2	S275N	1.0490			S355MC	1.0976
		S275NL	1.0491		prEN 10149-3	S315NC	1.0973
	EN 10113-3	S275M	1.8818			S355NC	1.0977
		S275ML	1.8819		prEN 10213	GP280GH	1.0625
	prEN 10120	P245NB	1.0111			G20Mn5	1.1138
		P265NB	1.0243			G18Mo5	1.5422
	prEN 10149-3	S260NC	1.0971		prEN10222-3	17Mo3	...
	EN 10207	SPH235	...			14Mo6	...
		SPH265	...		prEN 10222-5	P285NH	...
		SPHL275	...			P285QH	...
	prEN 10213	GP240GR	1.0621			P355NH	...
		GP240GH	1.0619			P355QH	...
		G17Mn5	1.1131		prEN 10225	S355N01	...
	prEN 10222-5	P260H	...			S355NL01	...
	prEN 10248-1	S240GP	1.0021			S355M01	...
		S270GP	1.0023			S355ML01	...
1.2	EN 10025	S355JR	1.0045			S355NL01	...
		S355J2G3	1.0570			S355NL02	...
		S355J2G4	1.0577			S355NL04	...

(fortgesetzt)

Tabelle A.1 (fortgesetzt)

Gruppe	Bezugsnorm	Bezeichnung Kurzname	Nummer	Gruppe	Bezugsnorm	Bezeichnung Kurzname	Nummer
1.2	prEN 10225	S355NL03	...	3.1	prEN 10137-2	S460Q	1.8908
		S355NL05	...			S460QL	1.8906
	prEN 10248-1	S320GP	1.0046			S460QL1	1.8916
		S355GP	1.0083			S500Q	1.8924
						S500QL	1.8909
1.3	EN 10155	S235J0W	1.8958			S500QL1	1.8984
		S275J2W	1.8961		prEN 10222-5	P420QH	...
		S355J0W	1.8959				
		S355J2G1W	1.8963	3.2	prEN 10028-6	P500Q	1.8876
		S355J2G2W	1.8965			P500QH	1.8877
		S355K2G1W	1.8966			P500QL	1.8878
		S355K2G2W	1.8967			P690Q	1.8879
						P690QH	1.8880
2.1	EN 10028-3	P460N	1.8905			P690QL	1.8881
		P460NH	1.8935				
		P460NL1	1.8915		prEN 10120	S420QL02	...
		P460NL2	1.8918			420QL04	...
	EN 10113-2	S420N	1.8902			S460QL02	...
		S420NL	1.8912			S460QL04	...
		S460N	1.8901		prEN 10137-2	S550Q	1.8904
		S460NL	1.8903			S550QL	1.8926
						S550QL1	1.8986
	prEN 10149-3	S420NC	1.0981			S620Q	1.8914
						S620QL	1.8927
	prEN 10248-1	S390GP	1.0522			S620QL1	1.8987
		S420GP	1.0523			S690Q	1.8931
2.2	prEN 10028-5	P420M	1.8824			S690QL	1.8928
		P420ML	1.8835			S690QL1	1.8988
		P460M	1.8826	3.3	prEN 10137-2	S890Q	1.8940
		P460ML	1.8837			S890QL	1.8983
		P550M	1.8830			S890QL1	1.8925
						S960Q	1.8941
	EN 10113-3	S420M	1.8825			S960QL	1.8933
		S420ML	1.8836	3.4	prEN 10137-3	S500A	1.8980
		S460M	1.8827			S500AL	1.8990
		S460ML	1.8838			S550A	1.8991
	prEN 10149-2	S420MC	1.0980			S550AL	1.8992
		S460MC	1.0982			S620A	1.8993
		S500MC	1.0984			S620AL	1.8994
		S550MC	1.0986			S690A	1.8995
		S600MC	1.8969			S690AL	1.8996
		S650MC	1.8976	4.2	prEN 10213	G12MoCrV5-2	1.7720
		S700MC	1.8974	5.1	EN 10028-2	13CrMo4-5	1.7335
	prEN 10222-5	P420NH	...		prEN 10213	G17CrMo5-5	1.7357
3.1	prEN 10028-6	P460Q	1.8870			G17CrMoV5-10	1.7706
		P460QH	1.8871		prEN 10222-3	14CrMo4-5	...
		P460QL	1.8872	5.2	EN 10028-2	10CrMo9-10	1.7390
		P500Q	1.8873			11CrMo9-10	1.7383
		P500QH	1.8874				
		P500QL	1.8875				

(fortgesetzt)

Tabelle A.1 (fortgesetzt)

Gruppe	Bezugsnorm	Bezeichnung Kurzname	Bezeichnung Nummer	Gruppe	Bezugsnorm	Bezeichnung Kurzname	Bezeichnung Nummer
5.2	prEN 10213	G17CrMo9-10	1.7379	8.2	prEN 10088-1 Tabelle 1	X6CrNiTi12	1.4516
	prEN 10222-3	12CrMo9-10	...			X6Cr13	1.4000
5.3	prEN 10213	GX15CrMo5	1.7365			X6CrAl13	1.4002
						X2CrTi17	1.4520
	prEN 10222-3	X16CrMo5-1	...			X6Cr17	1.4016
5.4	prEN 10222-3	X10CrMoV9-1	...			X3CrTi17	1.4510
						X3CrNb17	1.4511
6	prEN 10222-3	X20CrMoV11-1	...			X6CrMo17-1	1.4113
						X6CrMoS17	1.4105
	prEN 10213	GX23CrMoV12-1	1.4931			X2CrMoTi17-1	1.4513
						X2CrMoTi18-2	1.4521
7.1	EN 10028-4	11MnNi5-3	1.6212			X2CrMoTiS18-2*)	1.4523*)
		13MnNi6-3	1.6217			X6CrNi17-1*)	1.4017*)
		15NiMn6	1.6228			X6CrMoNb17-1	1.4526
	prEN 10222-4	13MnNi6-3	1.6217			X2CrNbZr17*)	1.4590*)
						X2CrAlTi18-2	1.4605
7.2	EN 10028-4	12Ni14	1.5637			X2CrTiNb18	1.4509
						X2CrMoTi29-4	1.4592
	prEN 10213	G17NiCrMo13-6	1.6781	9.1	prEN 10088-1 Tabelle 3	X10CrNi18-8	1.4310
		G9Ni10	1.5636			X2CrNiN18-7	1.4318
	prEN 10222-4	12Ni14	1.5637			X2CrNi18-9	1.4307
						X2CrNi19-11	1.4306
7.3	EN 10028-4	12Ni19	1.5680			X2CrNiN18-10	1.4311
						X5CrNi18-10	1.4301
	prEN 10213	G9Ni14	1.5638			X8CrNiS18-9	1.4305
						X6CrNiTi18-10	1.4541
	prEN 10222-4	12Ni19	1.5680			X6CrNiNb18-10	1.4550
		X8Ni9	1.5662			X4CrNi18-12	1.4303
		X7Ni9	1.5663			X1CrNi25-21	1.4335
8.1	prEN 10088-1 Tabelle 2	X12Cr13	1.4006			X2CrNiMo17-12-2	1.4404
		X12CrS13	1.4005			X2CrNiMoN17-11-2	1.4406
		X20Cr13	1.4021			X5CrNiMo17-12-2	1.4401
		X30Cr13	1.4028			X6CrNiMoTi17-12-2	1.4571
		29CrS13	1.4029			X6CrNiMoNb17-12-2	1.4580
		X39Cr13	1.4031			X2CrNiMo17-12-3	1.4432
		X46Cr13	1.4034			X2CrNiMoN17-13-3	1.4429
		X50CrMoV15	1.4116			X3CrNiMo17-13-3	1.4436
		X70CrMo15	1.4109			X2CrNiMo18-14-3	1.4435
		X14CrMoS17	1.4104			X2CrNiMoN18-12-4	1.4434
		X39CrMo17-1	1.4122			X2CrNiMo18-15-4	1.4438
		X105CrMo17	1.4125			X2CrNiMoN17-13-5	1.4439
		X90CrMoV18	1.4112			X1CrNiSi18-15-4	1.4361
		X17CrNi16-2	1.4057			X3CrNiCu19-9-2	1.4560
		X3CrNiMo13-4	1.4313			X6CrNiCuS18-9-2	1.4570
		X4CrNiMo16-5-1	1.4418			X3CrNiCu18-9-4	1.4567
						X3CrNiCuMo17-11-3-2	1.4578
	prEN 10213	GX8CrNi12	1.4107		prEN 10213	GX2CrNi19-11	1.4309
		GX3CrNi13-4	1.6982			GX5CrNi19-10	1.4308
		GX4CrNi13-4	1.4317			GX5CrNiNb19-11	1.4552
						GX2CrNiMo19-11-2	1.4409
8.2	prEN 10088-1 Tabelle 1	X2CrNi12	1.4003			GX5CrNiMo19-11-2	1.4408
		X2CrTi12	1.4512			GX5CrNiMoNb19-11-2	1.4581

(fortgesetzt)

Seite 11
DIN V 1738 : 1996-04

Tabelle A.1 (abgeschlossen)

Gruppe	Bezugsnorm	Bezeichnung Kurzname	Nummer	Gruppe	Bezugsnorm	Bezeichnung Kurzname	Nummer
9.1	prEN 10222-6	X7CrNiNb18-10	...	9.4	prEN 10088-1	X12CrMnNiN17-7-5	1.4372
		X7CrNiTi18-10	...		Tabelle 3	X2CrMnNiN17-7-5	1.4371
9.2	prEN 10088-1	X1CrNiMoN25-22-2	1.4466			X12CrMnNiN18-9-5	1.4373
	Tabelle 3	X1NiCrMoCu31-27-4	1.4563	10	prEN 10088-1	X2CrNi23-4*)	1.4362*)
		X1NiCrMoCu25-20-5	1.4539		Tabelle 4	X3CrNiMoN27-5-2	1.4460
		X1CrNiMoCuN25-25-5	1.4537			X2CrNiMoN22-5-3	1.4462
		X1CrNiMoCuN20-18-7*)	1.4547*)			X2CrNiMoCuN25-6-3	1.4507
		X1NiCrMoCuN25-20-7	1.4529			X2CrNiMoN25-7-4*)	1.4410*)
	prEN 10213	GX2NiCrMo28-20-2	1.4458			X2CrNiMoCuWN25-7-4	1.4501
9.3	prEN 10088-1	X5CrNiCuNb16-4	1.4542		prEN 10213	GX2CrNiMoN22-5-3	1.4470
	Tabelle 2	X7CrNiAl17-7	1.4568			GX2CrNiMoCuN25-6-3-3	1.4517
		X8CrNiMoAl15-7-2	1.4532			GX2CrNiMoN26-7-4	1.4469
		X5CrNiMoCuNb14-5	1.4594	*) Patentierte Stahlart			

Anhang B (informativ)

Aluminium und Aluminiumlegierungen in Übereinstimmung mit der Gruppeneinteilung nach Tabelle 2
Siehe Tabelle B.1.

Tabelle B.1: Europäische Gruppeneinteilung für Knetaluminium und Aluminiumknetlegierungen nach EN 573-3 : 1994

Gruppe	Bezeichnung Chemische Symbole[1]	Nummer[2]	Gruppe	Bezeichnung Chemische Symbole[1]	Nummer[2]
21	EN AW-Al 99,98	EN AW-1198	22.1	EN AW-Al Mg3,5(A)	EN AW-5154A
	EN AW-Al 99,98A	EN AW-1198A		EN AW-Al Mg3,5Mn0,3	EN AW-5154B
	EN AW-Al 99,90	EN AW-1190		EN AW-Al Mg2	EN AW-5251
	EN AW-Al 99,85	EN AW-1085		EN AW-Al Mg3Mn(A)	EN AW-5454
	EN AW-Al 99,5Ti	EN AW-1450		EN AW-Al Mg3	EN AW-5754
	EN AW-Al 99,5	EN AW-1050A		EN AW-Al Mg2Mn0,8(A)	EN AW-5149
	EN AW-Al 99,6	EN AW-1060		EN AW-Al Mg2Mn0,8Zr	EN AW-5249
	EN AW-Al 99,7	EN AW-1070A			
	EN AW-Al 99,8(A)	EN AW-1080A	22.2	EN AW-Al Mg4,5Mn0,7	EN AW-5083
	EN AW-Al 99,0Cu	EN AW-1100		EN AW-Al Mg4	EN AW-5086
	EN AW-Al 99,0	EN AW-1200		EN AW-Al Mg5Mn1(A)	EN AW-5456A
				EN AW-Al Mg5	EN AW-5056A
22.1	EN AW-Al Mn1Cu	EN AW-3003			
	EN AW-Al Mn1Mg1	EN AW-3004	23	EN AW-Al Mg1SiCu	EN AW-6061
	EN AW-Al Mn1Mg0,5	EN AW-3005		EN AW-Al Mg0,7Si	EN AW-6063
	EN AW-Al Mn0,5Mg0,5	EN AW-3105		EN AW-Al Si0,9MgMn	EN AW-6081
	EN AW-Al Mg1(B)	EN AW-5005		EN AW-Al Si1MgMn	EN AW-6082
	EN AW-Al Mg1,5(C)	EN AW-5050		EN AW-Al Zn4,5Mg1	EN AW-7020
	EN AW-Al Mg2,5	EN AW-5052		EN AW-Al Zn5,5MgCu	EN AW-7075

[1] Nach EN 573-2
[2] Nach EN 573-1

Anhang C (informativ)

Kupfer und Kupferlegierungen in Übereinstimmung mit der Gruppeneinteilung nach Tabelle 3
Siehe Tabelle C.1.

Tabelle C.1: Europäische Gruppeneinteilung für Kupfer und Kupferlegierungen nach prEN 1652, prEN 1653 und prEN 1654

Gruppe	Bezeichnung[1] Chemische Symbole	Nummer	Gruppe	Bezeichnung[1] Chemische Symbole	Nummer
31	Cu-ETP	CW004A	34	CuNi25	CW350H
	Cu-FRTP	CW006A		CuNi9Sn2	CW351H
	Cu-OF	CW008A		CuNi10Fe1Mn	CW352H
	Cu-DLP	CW023A		CuNi30Mn1Fe	CW354H
	Cu-DHP	CW024A	35	CuAl8Fe3	CW303G
32.1	CuZn5	CW500L		CuAl9Ni3Fe2	CW304G
	CuZn10	CW501L		CuAl10Ni5Fe4	CW307G
	CuZn15	CW502L	36	CuNi10Zn27	CW401J
	CuZn20	CW503L		CuNi12Zn24	CW403J
	CuZn30	CW505L		CuNi12Zn25Pb1	CW404J
	CuZn33	CW506L		CuNi12Zn29	CW405J
	CuZn36	CW507L		CuNi18Zn20	CW409J
	CuZn37	CW508L		CuNi18Zn27	CW410J
	CuZn40	CW509L	37	CuBe1,7	CW100C
32.2	CuZn20Al2As	CW702R		CuBe2	CW101C
	CuZn23Al2Co	CW703R		CuCo2Be	CW104C
	CuZn38AlFeNiPbSn	CW715R		CuFe2P	CW107C
	CuZn38Sn1As	CW717R		CuNi2Be	CW110C
	CuZn39Sn1	CW719R		CuNi2Si	CW111C
33	CuSn4	CW450K		CuZn0,5	CW119C
	CuSn5	CW451K			
	CuSn6	CW452K			
	CuSn8	CW453K			
	CuSn3Zn9	CW454K			

[1] Nach prEN 1412

DK 621.791 : 001.4   Juli 1983

Schweißen
Begriffe, Einteilung der Schweißverfahren

DIN 1910
Teil 1

Welding; definitions, classification of welding processes   Ersatz für Ausgabe 12.74

Zusammenhang mit der von der International Organization for Standardization (ISO) herausgegebenen Internationalen Norm ISO 857 – 1979 siehe Erläuterungen.

Diese Norm wurde in Zusammenarbeit mit dem Deutschen Verband für Schweißtechnik (DVS) aufgestellt.

Das Schweißen gehört nach DIN 8580 Teil 2 (z. Z. Entwurf) zu den in der graphischen Darstellung angegebenen Gruppen:

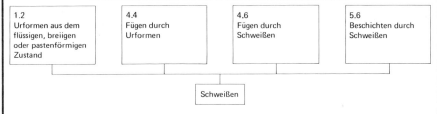

Gruppen nach DIN 8580 Teil 2 (z. Z. Entwurf) (mit Ordnungsnummern)

1.2 Urformen aus dem flüssigen, breiigen oder pastenförmigen Zustand

4.4 Fügen durch Urformen

4.6 Fügen durch Schweißen

5.6 Beschichten durch Schweißen

Schweißen

1 Grundbegriff
Schweißen ist das Vereinigen von Werkstoffen in der Schweißzone unter Anwendung von Wärme und/oder Kraft mit oder ohne Schweißzusatz. Es kann durch Schweißhilfsstoffe, z. B. Schutzgase, Schweißpulver oder Pasten, ermöglicht oder erleichtert werden. Die zum Schweißen notwendige Energie wird von außen zugeführt.
Begriff „Schweißzone" siehe DIN 1910 Teil 11
Begriff „Schweißzusatz" und „Schweißhilfsstoffe" siehe DIN 8571

2 Einteilung der Schweißverfahren
Die Schweißverfahren werden eingeteilt nach der Art des von außen auf das Werkstück einwirkenden Energieträgers, der Art des Grundwerkstoffes, dem Zweck des Schweißens, dem physikalischen Ablauf des Schweißens und der Art der Fertigung.

2.1 Einteilung nach der Art des von außen auf das Werkstück einwirkenden Energieträgers
Unterschieden wird zwischen Schweißen durch
festen Körper, Flüssigkeit, Gas, elektrische Gasentladung, Strahl, Bewegung oder elektrischen Strom.

2.2 Einteilung nach der Art des Grundwerkstoffes
Unterschieden wird zwischen Schweißen von Metallen (siehe DIN 1910 Teil 2, Teil 4 und Teil 5), Schweißen von Kunststoffen (siehe DIN 1910 Teil 3) sowie Schweißen von anderen Werkstoffen oder von Werkstoffkombinationen.

2.3 Einteilung nach dem Zweck des Schweißens
2.3.1 Verbindungsschweißen
Fügen (siehe DIN 8580) eines Werkstückes, z. B. Rohrlängsnaht, oder mehrerer Werkstücke durch Schweißen (siehe DIN 8580 Teil 2, z. Z. Entwurf).

2.3.2 Auftragschweißen
Beschichten [1] (siehe DIN 8580) eines Werkstückes durch Schweißen (siehe DIN 8580 Teil 2, z. Z. Entwurf). Sofern Grund- und Auftragwerkstoff artfremd (siehe DIN 1910 Teil 11) sind, wird z. B. unterschieden zwischen:

---
[1] Das Auftragschweißen wird auch zum Urformen und zum Fügen durch Urformen angewendet.

Fortsetzung Seite 2 bis 4

Normenausschuß Schweißtechnik (NAS) im DIN Deutsches Institut für Normung e.V.

Seite 2 DIN 1910 Teil 1

2.3.2.1 Auftragschweißen von Panzerungen (Schweißpanzern) [2])
Auftragschweißen mit gegenüber dem Grundwerkstoff vorzugsweise verschleißfesterem Auftragwerkstoff.

2.3.2.2 Auftragschweißen von Plattierungen (Schweißplattieren) [2])
Auftragschweißen mit gegenüber dem Grundwerkstoff vorzugsweise chemisch beständigerem Auftragwerkstoff.

2.3.2.3 Auftragschweißen von Pufferschichten (Puffern) [2])
Auftragschweißen mit einem Auftragwerkstoff solcher Eigenschaften, daß zwischen nicht artgleichen Werkstoffen eine beanspruchungsgerechte Bindung erzielt werden kann (siehe auch DIN 1910 Teil 11).

2.4 Einteilung nach dem physikalischen Ablauf des Schweißens

2.4.1 Preßschweißen
Schweißen unter Anwendung von Kraft ohne oder mit Schweißzusatz; örtlich begrenztes Erwärmen (unter Umständen bis zum Schmelzen) ermöglicht oder erleichtert das Schweißen (siehe DIN 1910 Teil 2, Teil 3 und Teil 5).

2.4.2 Schmelzschweißen
Schweißen bei örtlich begrenztem Schmelzfluß ohne Anwendung von Kraft mit oder ohne Schweißzusatz (siehe DIN 1910 Teil 2, Teil 4 und Teil 5).

2.5 Einteilung nach dem Grad der Mechanisierung (siehe Tabelle)

Beispiele zur Einteilung nach dem Grad der Mechanisierung

Benennung Kurzzeichen	Beispiele Schutzgasschweißen		Bewegungs-/Arbeitsabläufe		
	WIG	MSG	Brenner-/ Werkstück- führung	Zusatz- vorschub	Werkstück- hand- habung
Handschweißen (manuelles Schweißen) m	m-WIG	–	von Hand	von Hand	von Hand
Teilmecha- nisches Schweißen t	t-WIG	t-MSG	von Hand	mecha- nisch	von Hand
Vollmecha- nisches Schweißen v	v-WIG	v-MSG	mecha- nisch	mecha- nisch	von Hand
Automatisches Schweißen a	a-WIG	a-MSG	mecha- nisch	mecha- nisch	mecha- nisch

[2]) Panzerungen, Plattierungen und Pufferschichten können auch durch Verbindungsschweißen mehrerer Werkstücke aus nicht artgleichen Werkstoffen hergestellt werden, z. B. durch Sprengschweißen.

2.5.1 Handschweißen (manuelles Schweißen), Kurzzeichen: m
Sämtliche den Bewegungsablauf des Schweißens kennzeichnenden Vorgänge werden von Hand ausgeführt.

2.5.2 Teilmechanisches Schweißen [3]), Kurzzeichen: t
Ein Teil der den Bewegungsablauf des Schweißens kennzeichnenden Vorgänge läuft mechanisch ab.

2.5.3 Vollmechanisches Schweißen [3]), Kurzzeichen: v
Sämtliche den Bewegungsablauf des Schweißens kennzeichnenden Vorgänge laufen mechanisch ab.

2.5.4 Automatisches Schweißen [3]), Kurzzeichen: a
Sämtliche den Bewegungsablauf des Schweißens kennzeichnenden Vorgänge einschließlich aller Nebentätigkeiten, z. B. Wechseln, Positionieren, Spannen der Werkstücke, laufen selbsttätig nach einem Programm ab.

3 Kombinationen von Verfahrensbenennungen und -kurzzeichen

Die Verfahrensbenennungen und -kurzzeichen nach DIN 1910 Teil 1 bis Teil 5 können — auch mit den Benennungen der Schweißzusätze und Schweißhilfsstoffe nach DIN 8571 und DIN 1910 Teil 10 — wie folgt kombiniert werden:

Beispiele:
- Unterpulververbindungsschweißen
- Plasmaauftragschweißen
- MIG-Schweißen von Plattierungen
- manuelles Gasschweißen (Kurzzeichen: m-G)
- teilmechanisches Metall-Aktivgasschweißen (Kurzzeichen: t-MAG)
- vollmechanisches Plasmaschweißen (Kurzzeichen: v-WP)
- automatisches Widerstandspunktschweißen (Kurzzeichen: a-RP)
- Unterpulverschweißen mit Bandelektrode
- Fülldrahtelektrodenschweißen
- Wolfram-Inertgasschweißen mit Heißdrahtelektrode
- vollmechanisches Gasschweißen mit Schweißdraht

Zitierte Normen

DIN 1910 Teil 2	Schweißen; Schweißen von Metallen; Verfahren
DIN 1910 Teil 3	Schweißen; Schweißen von Kunststoffen; Verfahren
DIN 1910 Teil 4	Schweißen; Schutzgasschweißen; Verfahren
DIN 1910 Teil 5	Schweißen; Schweißen von Metallen; Widerstandsschweißen, Verfahren
DIN 1910 Teil 10	Schweißen; Mechanisierte Lichtbogenschmelzschweißverfahren; Benennungen
DIN 1910 Teil 11	Schweißen; Werkstoffbedingte Begriffe für Metallschweißen
DIN 8571	Schweißzusätze und Schweißhilfsstoffe zum Metallschweißen; Begriffe, Einteilung
DIN 8580	Fertigungsverfahren; Einteilung
DIN 8580 Teil 2	(z. Z. Entwurf) Fertigungsverfahren; Übersicht

Weitere Normen

DIN 8593 Fertigungsverfahren Fügen; Einordnung, Unterteilung, Begriffe

Frühere Ausgaben

DIN 1910: 04.27; DIN 1910 Teil 1: 08.54, 03.67, 12.74

Änderungen

Gegenüber der Ausgabe Dezember 1974 wurden folgende Änderungen vorgenommen:
Aufbau und Inhalt weitgehend belassen, Zuordnung zu den Fertigungsverfahren mit DIN 8580 Teil 2 (z. Z. Entwurf) abgeglichen, Einteilung nach Energieträger ergänzt, siehe auch Erläuterungen.

---

[3]) Die Begriffe teilmechanisches, vollmechanisches und automatisches Schweißen können auch unter dem Begriff „mechanisches Schweißen" zusammengefaßt werden.

Erläuterungen

Der Grundbegriff „Schweißen" stimmt sachlich überein mit der von der International Organization for Standardization (ISO) herausgegebenen Norm ISO 857 – 1979

E: Definitions of welding processes
F: Definition des procédés de soudage
D: Begriffsbestimmungen für Schweißverfahren

Zwar wird in der genannten ISO-Norm auch nach Schmelzschweißen und Preßschweißen unterschieden, jedoch werden abweichend hiervon in dieser Norm nur dem Schmelzschweißen solche Verfahren zugeordnet, bei denen keine Kraft angewendet wird.

Die Überarbeitung der Norm DIN 1910 Teil 1 Schweißen; Begriffe, Einteilung der Schweißverfahren, Ausgabe Dezember 1974, wurde aus folgenden Gründen notwendig:

a) Inzwischen ist das Ordnungssystem in DIN 8580 Teil 2 Fertigungsverfahren, Übersicht (z. Z. Entwurf) um die Gruppen „Fügen durch Schweißen" (mit den Untergruppen „Preßschweißen" und „Schmelzschweißen") und „Beschichten durch Schweißen" (mit den Untergruppen „Preßauftragschweißen" und „Schmelzauftragschweißen") erweitert worden.

b) Als weiteres Merkmal für die Einteilung der Schweißverfahren wurde der zum Schweißen verwendete Energieträger eingeführt.

c) Einige der in der Ausgabe Dezember 1974 von DIN 1910 Teil 1 festgelegten Begriffe wurden in andere Begriffsnormen übernommen.

Der bisherige Aufbau der Norm ist beibehalten worden. Die Zuordnung der Schweißverfahren zur Gesamtgruppe der Fertigungsverfahren kommt dabei in der vorangehenden stammbaumartigen Übersicht zum Ausdruck. Hier wurden alle die Hauptgruppen der Fertigungsverfahren entsprechend DIN 8580 Teil 2 (z. Z. Entwurf) aufgenommen, denen auch das Schweißen zuzuordnen ist, unabhängig vom Anwendungsumfang der jeweiligen Schweißmethode. So wird beispielsweise das „Urformen" aus dem flüssigen, breiigen oder pastenförmigen Zustand bei der Herstellung von reinen Schweißgutproben durch Abschmelzen von Schweißzusatz angewandt, das „Fügen durch Urformen" etwa durch Abschmelzen eines Schweißzusatzes in einer Form, zum Beispiel um einen Körper bestimmter Form zu erzielen.

Entgegen der bisherigen Festlegung wurde bei der Kombination von Kurzzeichen von Verfahrensbenennungen für die Einteilung nach der Art der Fertigung (Handschweißen – Kurzzeichen: m – usw.) und dem physikalischen Ablauf des Schweißens (Schmelzschweißen, z. B. Gasschweißen – Kurzzeichen: G – usw.) der Datenverarbeitung insofern Rechnung getragen, als beide Kurzzeichengruppen durch einen Bindestrich voneinander getrennt worden sind, z. B. m-G. Dadurch werden Verwechslungen mit anderen Kurzzeichen von Schweißverfahren, die sich in der Datenverarbeitung aufgrund der Schreibweise von nur kleinen oder großen Buchstaben ergeben können, ausgeschaltet.

Internationale Patentklassifikation

B 23 K 35-38

DK 621.791 : 669.1/.8 : 001.4 August 1977

Schweißen
Schweißen von Metallen, Verfahren

DIN
1910
Teil 2

Welding; welding of metals, processes

Diese Norm wurde in Zusammenarbeit mit dem Deutschen Verband für Schweißtechnik (DVS) aufgestellt.
Die übrigen Normen von DIN 1910 behandeln:
DIN 1910 Teil 1   Schweißen, Begriffe, Einteilung der Schweißverfahren
DIN 1910 Teil 3   Schweißen, Schweißen von Kunststoffen, Verfahren
DIN 1910 Teil 4   Schweißen, Schutzgasschweißen, Verfahren
DIN 1910 Teil 5   Schweißen, Widerstandsschweißen, Verfahren
Zusammenhang mit DIN 8580 „Fertigungsverfahren, Einteilung" siehe DIN 1910 Teil 1.

Fremdsprachige Benennungen sind nicht Bestandteil dieser Norm; für ihre Richtigkeit kann keine Gewähr übernommen werden.
Die schematischen Bildbeispiele dienen der Erläuterung der Schweißverfahren. Zum Teil ist die Ausgangsform und die Endform des Werkstücks in einem Bild dargestellt.
In den Darstellungen bedeuten:

    Bewegungsrichtung des Werkzeugs

    Bewegungsrichtung des Werkstücks

    Richtung der Kraft

Inhalt
                                Seite
1 Preßschweißen 2
2 Schmelzschweißen 6
3 Graphische Darstellung der Einteilung der Verfahren zum Fügen durch Schweißen
   von Metallen mit Angabe der Ordnungsnummern 11
4 Verzeichnis der Schweißverfahren in deutscher, englischer und französischer Sprache;
   Kurzzeichen, Ordnungsnummern, Kennzahlen 12

Fortsetzung Seite 2 bis 13
Erläuterungen Seite 10

Normenausschuß Schweißtechnik (NAS) im DIN Deutsches Institut für Normung e.V.

1 Preßschweißen[1])

Schweißen unter Anwendung von Kraft ohne oder mit Schweißzusatz (siehe DIN 1910 Teil 1); örtlich begrenztes Erwärmen (u. U. bis zum Schmelzen) ermöglicht oder erleichtert das Schweißen.

1.1 Heizelementschweißen

Die Werkstücke werden im Bereich des Schweißstoßes durch das Schweißwerkzeug und/oder die Werkstückaufnahme, die dauernd oder impulsartig beheizt sind, erwärmt und unter Anwendung von Kraft ohne Schweißzusatz geschweißt. Die Kraft wird über ein keilförmiges Werkzeug (**Heizkeilschweißen**, siehe Bild 1) oder über eine Düse, durch die eines der Werkstücke geführt wird (**Düsenschweißen**, siehe Bild 2), aufgebracht.

Nagelkopfschweißen ist eine Variante des Düsenschweißens, bei der die Stoßfläche des durch die Düse geführten Werkstücks durch Schmelzen mit einer Flamme eine Kugel bildet, die sich unter Einwirkung der Kraft nagelkopfartig verbreitert (siehe Bild 3).

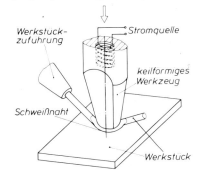

Bild 1. Heizkeilschweißen

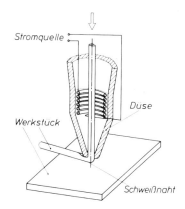

Bild 2. Düsenschweißen

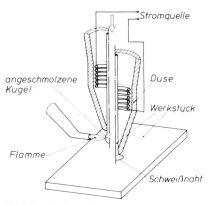

Bild 3. Nagelkopfschweißen

1.2 Gießpreßschweißen

Die Werkstücke werden am eingeformten Schweißstoß durch Umgießen mit einem flüssigen Energieträger erwärmt und an den Stoßflächen unter Anwendung von Kraft ohne Schweißzusatz geschweißt (siehe Bild 4).

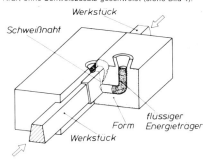

Bild 4. Gießpreßschweißen

1.3 Gaspreßschweißen

Die Werkstücke werden an den Stoßflächen mit oder ohne Stirnflächenabstand durch Brenngas-Sauerstoff-Flammen erwärmt und unter Anwendung von Kraft ohne oder mit Schweißzusatz geschweißt (siehe Bild 5).

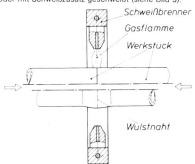

Geschlossenes Gaspreßschweißen

---

[1]) Preßschweißverfahren, bei denen die Wärme von außen zugeführt oder durch elektrischen Strom erzeugt wird, können unter der Benennung **Warmpreßschweißen** zusammengefaßt werden.

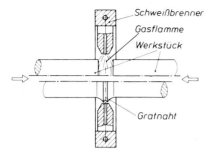

Offenes Gaspreßschweißen
Bild 5. Gaspreßschweißen

1.4 Walzschweißen

Die Werkstücke werden durchgreifend erwärmt und durch gemeinsames Walzen (siehe DIN 8583 Teil 2) vorzugsweise ohne Schweißzusatz geschweißt. Die Kraft wird über die Walzen aufgebracht (siehe Bild 6).

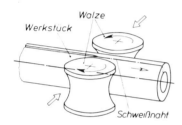

Bild 6. Walzschweißen

1.5 Feuerschweißen

Die Werkstücke werden an den Stoßflächen oder durchgreifend im Feuer oder im Ofen erwärmt und durch Freiformen, Gesenkformen oder Durchdrücken (siehe DIN 8583 Teil 3, Teil 4 und Teil 6) ohne Schweißzusatz geschweißt. Im Bereich des Schweißstoßes treten erhebliche plastische Verformungen auf (siehe Bild 7).

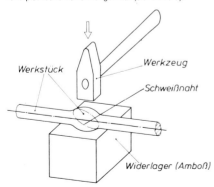

Bild 7. Feuerschweißen

1.6 Diffusionsschweißen

Die Werkstücke werden an den Stoßflächen oder durchgreifend im Vakuum, unter Schutzgas oder in einer Flüssigkeit erwärmt und unter Anwendung stetiger Kraft vorzugsweise ohne Schweißzusatz geschweißt. Die Verbindung entsteht durch Diffusion der Atome über die Stoßflächen hinweg. Im Bereich des Schweißstoßes treten nur geringe plastische Verformungen auf (siehe Bild 8).

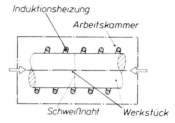

Bild 8. Diffusionsschweißen

1.7 Lichtbogenpreßschweißen

Die Werkstücke werden an den Stoßflächen durch einen kurzzeitig zwischen diesen brennenden Lichtbogen erwärmt und unter Anwendung von Kraft vorzugsweise ohne Schweißzusatz geschweißt.

(Lichtbogen-)Preßschweißen mit magnetisch bewegtem Lichtbogen ist eine Variante des Lichtbogenpreßschweißens, bei der der Lichtbogen durch ein ablenkendes Magnetfeld entlang dem Schweißstoß geführt wird.

1.7.1 Lichtbogenbolzenschweißen

Die Werkstücke, von denen eines ein Bolzen oder bolzenförmig ist, werden nach Anschmelzen der Stoßflächen durch den Lichtbogen unter Anwendung von Kraft ohne Schweißzusatz geschweißt.

1.7.1.1 Lichtbogenbolzenschweißen mit Hubzündung

Der Lichtbogen wird durch Anheben des Bolzens vom anderen Werkstück gezündet. Durch einen Keramikring kann der Lichtbogen gebündelt und die Naht geformt werden (siehe Bild 9).

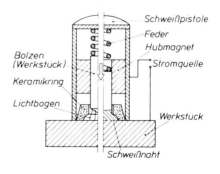

Bild 9. Lichtbogenbolzenschweißen mit Hubzündung

1.7.1.2 Lichtbogenbolzenschweißen mit Spitzenzündung

Der Lichtbogen wird durch Schmelzen und Verdampfen der besonders ausgebildeten Bolzenspitze bei hohem Strom gezündet (siehe Bild 10).

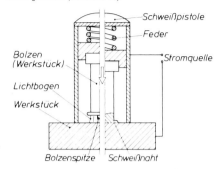

Bild 10. Lichtbogenbolzenschweißen mit Spitzenzündung

1.7.1.3 Lichtbogenbolzenschweißen mit Ringzündung

Der Lichtbogen wird über einen auf den Bolzen aufgesteckten Ring (Zündring) gezündet (siehe Bild 11).

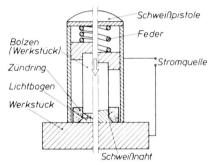

Bild 11. Lichtbogenbolzenschweißen mit Ringzündung

1.8 Kaltpreßschweißen

Die Werkstücke werden an den Stoßflächen ohne Wärmezufuhr unter Anwendung stetiger (nicht schlagartiger) Kraft vorzugsweise ohne Schweißzusatz geschweißt. Im Bereich des Schweißstoßes treten erhebliche plastische Verformungen auf (siehe Bild 12), und zwar ist der Verformungsgrad beim Fließpreßschweißen größer als beim Anstauchschweißen.

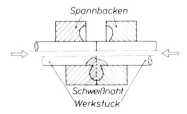

Anstauchschweißen

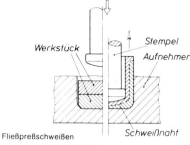

Fließpreßschweißen
Bild 12. Kaltpreßschweißen

1.9 Schockschweißen

Die Werkstücke werden an den Stoßflächen ohne Wärmezufuhr unter Anwendung schlagartiger Kraft vorzugsweise ohne Schweißzusatz geschweißt. Die beim Zusammenprallen der Werkstücke entstehende Wärme erleichtert das Schweißen.

1.9.1 Sprengschweißen

Die Kraft entsteht durch die bei der Detonation von Sprengstoff auftretende Druckwelle (siehe Bild 13).

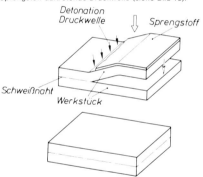

Bild 13. Sprengschweißen

Sprengbolzenschweißen ist eine Variante des Sprengschweißens, bei der ein Bolzen oder ein bolzenförmiges Werkstück auf ein anderes geschweißt wird (siehe Bild 14).

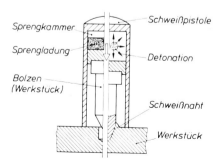

Bild 14. Sprengbolzenschweißen

1.9.2 Magnetimpulsschweißen

Die Kraft entsteht durch das Magnetfeld, das ein Stromstoß in einer hochstrombelasteten Spule erzeugt (siehe Bild 15).

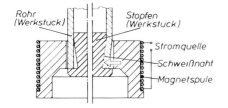

Bild 15. Magnetimpulsschweißen

1.10 Ultraschallschweißen

Die Werkstücke werden an den Stoßflächen durch Einwirkung von Ultraschall ohne oder mit gleichzeitiger Wärmezufuhr unter Anwendung von Kraft vorzugsweise ohne Schweißzusatz geschweißt. Schwingungsrichtung des Ultraschalls und Kraftrichtung verlaufen zueinander senkrecht, wobei die Stoßflächen der Werkstücke aufeinander reiben. Die Kraft wird im allgemeinen über das schwingende Werkzeug aufgebracht (siehe Bild 16). Je nach Ausbildung des Werkzeugs sowie der Art der Berührung zwischen Werkzeug und Werkstück können z. B. Punkte oder Liniennähte geschweißt werden.

Ultraschallwarmschweißen ist eine Variante des Ultraschallschweißens, bei der durch gleichzeitige Einwirkung von getrennt zugeführter Wärme und Ultraschall geschweißt wird (siehe Bild 17).

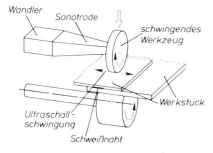

Bild 16. Ultraschallschweißen

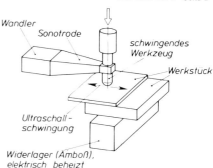

Bild 17. Ultraschallwarmschweißen

1.11 Reibschweißen

Die Werkstücke werden an den Stoßflächen gegeneinander bewegt und unter Nutzen der hierbei entstehenden Reibungswärme unter Anwendung von Kraft vorzugsweise ohne Schweißzusatz geschweißt (siehe Bild 18). An die Stelle eines Werkstücks kann Schweißzusatz treten.

Schwungradreibschweißen ist eine Variante des Reibschweißens, bei der die Reibungsenergie durch eine Schwungmasse aufgebracht wird.

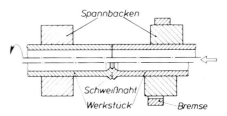

Bild 18. Reibschweißen

Reibbolzenschweißen ist eine Variante des Reibschweißens, bei der ein Bolzen oder bolzenförmiges Werkstück auf ein anderes geschweißt wird (siehe Bild 19).

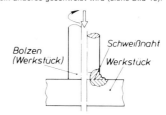

Bild 19. Reibbolzenschweißen

1.12 Widerstandspreßschweißen

Siehe DIN 1910 Teil 5.

2 Schmelzschweißen

Schweißen bei örtlich begrenztem Schmelzfluß ohne Anwendung von Kraft mit oder ohne Schweißzusatz (siehe DIN 1910 Teil 1).

2.1 Gießschmelzschweißen

Die Wärme wird durch Gießen von flüssigem Schweißzusatz in die eingeformte Schweißstelle übertragen, wobei die Stoßflächen bzw. Auftragflächen anschmelzen (siehe Bild 20).

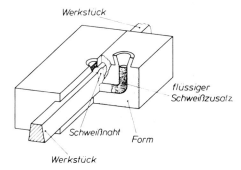

Bild 20. Gießschmelzschweißen

2.2 Gasschmelzschweißen (Gasschweißen)

Das Schweißbad entsteht durch unmittelbares, örtlich begrenztes Einwirken einer Brenngas-Sauerstoff- oder Brenngas-Luft-Flamme. Wärme und Schweißzusatz werden im allgemeinen getrennt zugeführt (siehe Bild 21).

Gas-Pulver-Schweißen ist eine Variante des Gasschmelzschweißens, bei der pulverförmiger Schweißzusatz durch die Flamme zugeführt wird (siehe Bild 22).

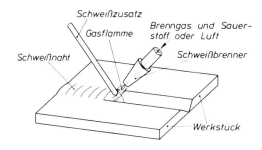

Bild 21. Gasschmelzschweißen (Gasschweißen)

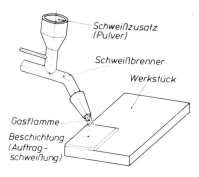

Bild 22. Gas-Pulver-Schweißen

2.3 Lichtbogenschmelzschweißen (Lichtbogenschweißen)

Das Schweißbad entsteht durch Einwirken eines Lichtbogens oder mehrerer Lichtbögen. Der Lichtbogen brennt zwischen einer Elektrode und dem Werkstück, zwischen zwei Elektroden und/oder zwischen den Werkstücken. Bei Verwendung einer abschmelzenden Elektrode ist diese gleichzeitig Schweißzusatz.

(Lichtbogen-)Schmelzschweißen mit magnetisch bewegtem Lichtbogen ist eine Variante des Lichtbogenschmelzschweißens, bei der der Lichtbogen durch ein ablenkendes Magnetfeld entlang dem Schweißstoß geführt wird.

2.3.1 Funkenschweißen

Durch Entladungsfunken zwischen einer Elektrode, die gleichzeitig Schweißzusatz ist, und dem Werkstück werden Metallteilchen auf das Werkstück aufgetragen (siehe Bild 23).

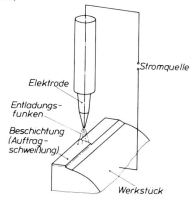

Bild 23. Funkenschweißen

2.3.2 Metallichtbogenschweißen

Der Lichtbogen brennt zwischen einer abschmelzenden Elektrode und dem Werkstück. Lichtbogen und Schweißbad werden vor dem Zutritt der Atmosphäre nur durch Gase und/oder Schlacken abgeschirmt, die von der Elektrode stammen.

Varianten des Metallichtbogenschweißens sind z. B.:

Lichtbogenhandschweißen – die Stabelektrode wird manuell zugeführt (siehe Bild 24),

Schwerkraftlichtbogenschweißen – die Stabelektrode wird durch Schwerkraft zugeführt (siehe Bild 25),

Federkraftlichtbogenschweißen – die Stabelektrode wird durch Federkraft zugeführt (siehe Bild 26),

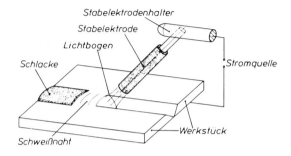

Bild 24. Lichtbogenhandschweißen

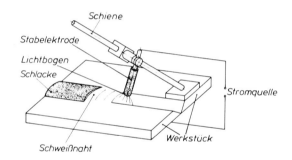

Bild 25. Schwerkraftlichtbogenschweißen

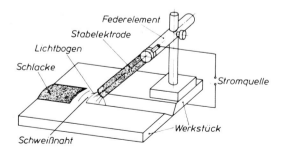

Bild 26. Federkraftlichtbogenschweißen

Seite 8 DIN 1910 Teil 2

Metallichtbogenschweißen mit Fülldrahtelektrode – die Fülldrahtelektrode wird ohne zusätzlich zugeführtes Schutzgas abgeschmolzen (siehe Bild 27).

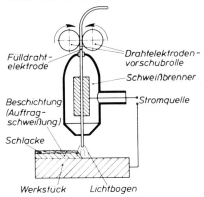

Bild 27. Metallichtbogenschweißen mit Fülldrahtelektrode

Unterschieneschweißen – die umhüllte Stabelektrode wird unter einer die Naht formenden Schiene durch einen unsichtbar brennenden Lichtbogen abgeschmolzen (siehe Bild 28).

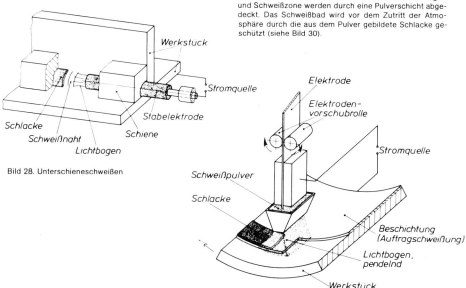

Bild 28. Unterschieneschweißen

2.3.3 Kohlelichtbogenschweißen

Der Lichtbogen brennt sichtbar zwischen einer nichtabschmelzenden Kohleelektrode (Dauerelektrode) und dem Werkstück oder zwischen zwei Kohleelektroden. Es wird mit oder ohne Schweißzusatz geschweißt. Etwaiger Schweißzusatz wird im allgemeinen stromlos zugeführt (siehe Bild 29).

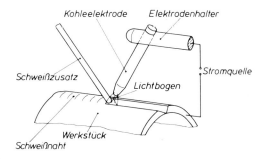

Bild 29. Kohlelichtbogenschweißen

2.3.4 Unterpulverschweißen

Der Lichtbogen brennt unsichtbar zwischen einer abschmelzenden Elektrode und dem Werkstück oder zwischen zwei abschmelzenden Elektroden. Lichtbogen und Schweißzone werden durch eine Pulverschicht abgedeckt. Das Schweißbad wird vor dem Zutritt der Atmosphäre durch die aus dem Pulver gebildete Schlacke geschützt (siehe Bild 30).

Bild 30. Unterpulverschweißen

2.3.5 Schutzgasschweißen
Siehe DIN 1910 Teil 4.

2.4 Strahlschweißen

Die Wärme entsteht durch Umwandlung gebündelter energiereicher Strahlung bei ihrem Auftreffen auf bzw. Eindringen in das Werkstück. Geschweißt wird im Vakuum, unter Schutzgas oder an freier Atmosphäre vorzugsweise ohne Schweißzusatz.

2.4.1 Lichtstrahlschweißen

Die Energie eines nicht kohärenten Strahls eines Frequenzbands wird in Wärme umgewandelt (siehe Bild 31).

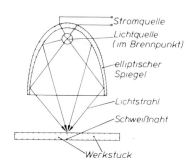

Bild 31. Lichtstrahlschweißen

2.4.2 Laserstrahlschweißen

Die Energie eines kohärenten Strahls angenähert einer Frequenz wird in Wärme umgewandelt (siehe Bild 32).

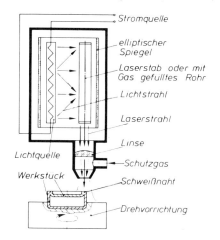

Bild 32. Laserstrahlschweißen

2.4.3 Elektronenstrahlschweißen

Die Energie eines Elektronenstrahls wird in Wärme umgewandelt (siehe Bild 33).

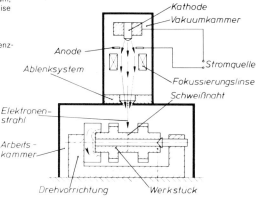

Bild 33. Elektronenstrahlschweißen

2.5 Widerstandsschmelzschweißen

Siehe DIN 1910 Teil 5.

Erläuterungen

Die Überarbeitung von DIN 1910 Teil 2 wurde erforderlich, da es zahlreiche Schweißverfahren gibt, deren Benennung bisher nicht oder nicht eindeutig festgelegt war. Außerdem erschien es notwendig, für die Schweißverfahren ein Ordnungsnummernsystem zu schaffen, das „nahtlos" an das von DIN 8580 „Fertigungsverfahren; Einteilung" anschließt. Die Abstimmung mit DIN 1910 Teil 4 „Schweißen; Schutzgasschweißen, Verfahren" und DIN 1910 Teil 5 „Schweißen; Widerstandsschweißen, Verfahren" wurde dadurch erreicht, daß in DIN 1910 Teil 2 bei den Verfahren Widerstandspreß-, Widerstandsschmelz- und Schutzgasschweißen auf den jeweiligen Folgeteil von DIN 1910 verwiesen ist. Damit ist der Zusammenhang gegeben, die Normen können aber jeweils unabhängig voneinander überarbeitet werden. Die in der Praxis eingeführte Einteilung in Preß- und Schmelzschweißverfahren wurde beibehalten (dem Preßschweißen sind alle die Verfahren zugeordnet, bei denen für das Entstehen der Verbindung eine Kraft erforderlich ist). Begünstigt wurde dies dadurch, daß – abweichend von bzw. ergänzend zu DIN 8580, Ausgabe Juni 1974, und zu DIN 8593, Ausgabe Dezember 1967, – in Abstimmung mit dem Ausschuß Begriffe der Fertigungsverfahren im DIN e.V. für die Ordnungsnummern (ON) der beiden Gruppen nach DIN 8580, zu denen das Schweißen vorzugsweise gehört (siehe auch DIN 1910 Teil 1 „Schweißen; Begriffe, Einteilung der Schweißverfahren"), die Gliederung

    4.6   Schweißen (anstelle von Stoffverbinden)
    4.6.1 Preß-Verbindungsschweißen
    4.6.2 Schmelz-Verbindungsschweißen
bzw.
    5.2   Beschichten
    5.2.1 Preß-Auftragschweißen
    5.2.2 Schmelz-Auftragschweißen

festgelegt werden konnte. Hierauf aufbauend kennzeichnet die vierte Ziffer den zum Schweißen verwendeten Energieträger, und zwar:

Schweißen durch ... 1 .. festen Körper
                ... 2 .. Flüssigkeit
                ... 3 .. Gas
                ... 4 .. elektrische Gasentladung
                ... 5 .. Strahl
                ... 6 .. Bewegung
                ... 7 .. elektrischen Strom.

Die fünfte und sechste Ziffer sind zweistellige Zählnummern für die einzelnen Schweißverfahren; auf eine weitergehende systematische Gliederung wurde mit Rücksicht auf die praktische Handhabung verzichtet. Oberbegriffen sind keine Ordnungsnummern zugeordnet worden, so daß alle „angewendeten" Schweißverfahren mit sechs Ziffern gekennzeichnet werden können. In speziellen Arbeitsunterlagen und dergleichen können – wenn Irrtümer oder Verwechslungen ausgeschlossen sind – die Ordnungsnummern um die genannten ersten drei Ziffern gekürzt und auch ohne Zwischenpunkte geschrieben werden. Beispiel: Lichtbogenhandschweißen, ON: 462408 oder 408.

Die Einteilung der Verfahren nach den zum Schweißen verwendeten Energieträgern ist ebenfalls abgestimmt mit dem Ausschuß Begriffe der Fertigungsverfahren und soll für vergleichbare Einteilungen von thermischen Fertigungsverfahren (z. B. für Wärmen nach DIN 32 527, für thermisches Spritzen nach DIN 32 530, für thermisches Abtragen nach DIN 8590 und DIN 2310 und Löten nach DIN 8505) zugrunde gelegt werden. Beim Schweißen durch festen Körper, Flüssigkeit, Gas und elektrische Gasentladung wird die Wärme dem Werkstück von außen zugeführt, während beim Schweißen durch Strahl, Bewegung und durch elektrischen Strom die für das Schweißen erforderliche Wärme (bzw. Energie beim Kaltpreßschweißen) über Energieumsetzung im Werkstück entsteht.

Die Funktion der Schweißverfahren ist an schematischen Bildbeispielen erläutert. Die Norm ist durch eine graphische Einteilung der Schweißverfahren ergänzt, gegliedert nach dem Ablauf des Schweißens (Preß- und Schmelzschweißen) und den zum Schweißen verwendeten Energieträgern, sowie ein Verzeichnis der Schweißverfahren in deutscher, englischer und französischer Sprache.

3 Graphische Darstellung der Einteilung der Verfahren zum Fügen durch Schweißen von Metallen mit Angabe der Ordnungsnummern[1])

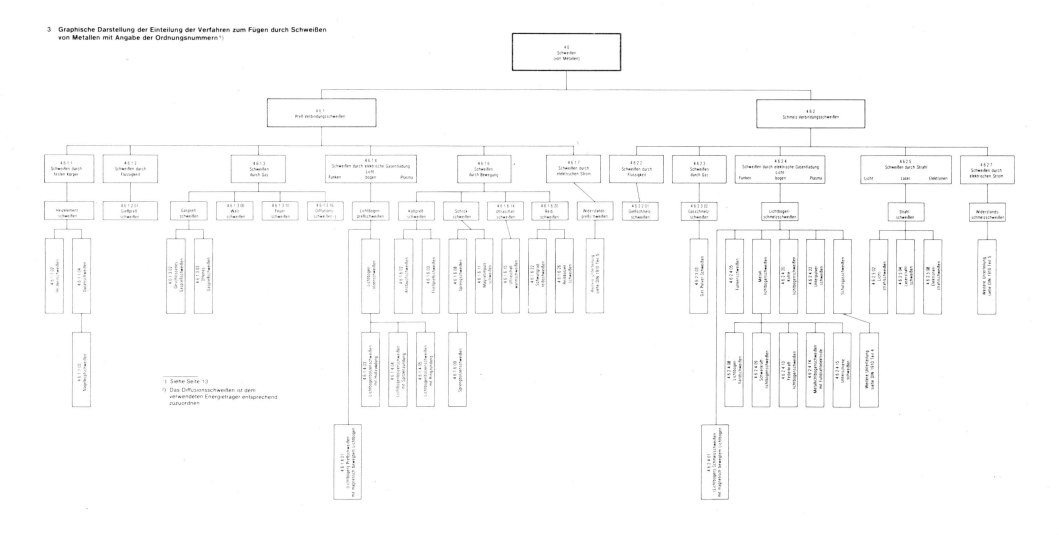

[1]) Siehe Seite 13
[2]) Das Diffusionsschweißen ist dem verwendeten Energieträger entsprechend zuzuordnen

4 Verzeichnis der Schweißverfahren in deutscher, englischer und französischer Sprache; Kurzzeichen, Ordnungsnummern, Kennzahlen

Ab-schnitt	Benennung in Deutsch	Benennung in Englisch	Benennung in Französisch	Kurz-zeichen	Ordnungs-nummer [1]	Kennzahl nach ISO/DIS 4063-1976
1	Preßschweißen	Pressure welding	Soudage par pression	–	4.6.1	4
1	Warmpreßschweißen	Hot pressure welding	Soudage par pression à chaud	–	–	
1.1	Heizelementschweißen	Heated tool welding; Thermo-compression welding	Soudage par éléments chauffants	H	–	
1.1	Heizkeilschweißen	Heated wedge pressure welding	Soudage par pression avec cale chauffante	KS	4.6.1.1.02	
1.1	Düsenschweißen	Orifice welding	Soudage par buse	DS	4.6.1.1.04	
1.1	Nagelkopfschweißen	Nail-head welding	Soudage à tête de clou	NS	4.6.1.1.05	
1.2	Gießpreßschweißen	Pressure welding by thermo-chemical energy, using a liquid as means of heat transfer	Soudage par pression et par énergie thermo-chimique, utilisant un liquide pour trans-férer la chaleur	AP	4.6.1.2.01	
1.3	Gaspreßschweißen	Pressure gas welding	Soudage aux gaz par pression	GP	–	47
1.3	Geschlossenes Gaspreßschweißen	Closed square pressure gas welding	Soudage aux gaz par pression sans espace entre les faces à souder	GPG	4.6.1.3.02	
1.3	Offenes Gaspreßschweißen	Open square pressure gas welding	Soudage aux gaz par pression avec un espace entre les faces à souder	GPO	4.6.1.3.03	
1.4	Walzschweißen	Roll welding	Soudage par laminage	PL	4.6.1.3.06	
1.5	Feuerschweißen	Forge welding	Soudage à forge	FS	4.6.1.3.10	43
1.6	Diffusionsschweißen	Diffusion welding	Soudage par diffusion	D	4.6.1.3.16 [2]	45
1.7	Lichtbogenpreßschweißen	Arc pressure welding	Soudage à l'arc avec percussion	–	–	
1.7	(Lichtbogen)-Preßschweißen mit magnetisch bewegtem Lichtbogen	Arc pressure welding using a magnetically moved arc	Soudage à l'arc avec percussion et mouvement magnétique de l'arc	MBP	4.6.1.4.01	
1.7.1	Lichtbogenbolzenschweißen	Arc stud welding	Soudage à l'arc des goujons	B	–	781
1.7.1.1	Lichtbogenbolzenschweißen mit Hubzündung	Drawn arc stud welding	Soudage à l'arc des goujons avec amorçage de l'arc par rupture de contact des éléments du joint	BH	4.6.1.4.03	
1.7.1.2	Lichtbogenbolzenschweißen mit Spitzenzündung	Condenser-discharge arc stud welding	Soudage à l'arc des goujons avec amorçage de l'arc au moyen d'une pointe fusible	BS	4.6.1.4.04	
1.7.1.3	Lichtbogenbolzenschweißen mit Ringzündung	Arc stud welding with initiation by means of a collar	Soudage à l'arc des goujons avec collertte	BR	4.6.1.4.05	
1.8	Kaltpreßschweißen	Cold pressure welding	Soudage à froid	KP	–	48
1.8	Anstauchschweißen	Cold pressure upset welding	Soudage à froid par refoulement	KPA	4.6.1.6.02	
1.8	Fließpreßschweißen	Cold pressure extrusion welding	Soudage à froid par extrusion	KPF	4.6.1.6.03	
1.9	Schockschweißen	Shock welding	Soudage par choc	–	–	
1.9.1	Sprengschweißen	Explosive welding	Soudage par explosion	S	4.6.1.6.08	441
1.9.1	Sprengbolzenschweißen	Explosive stud welding	Soudage des goujons par explosion	SB	4.6.1.6.09	
1.9.2	Magnetimpulsschweißen	Magnetic pulse welding	Soudage par impulsions magnétiques	MI	4.6.1.6.11	

[1] Siehe Seite 13   [2] Siehe Seite 11

DIN 1910 Teil 2 Seite 13

Ab-schnitt	Benennung in Deutsch	Benennung in Englisch	Benennung in Französisch	Kurz-zeichen	Ordnungs-nummer[1])	Kennzahl nach ISO/DIS 4063-1976
1.10	Ultraschallschweißen	Ultrasonic welding	Soudage par ultrasons	US	4.6.1.6.14	41
1.10	Ultraschallwarm-schweißen	Ultrasonic hot welding	Soudage par ultrasons à chaud	USW	4.6.1.6.15	
1.11	Reibschweißen	Friction welding	Soudage par friction	FR	4.6.1.6.20	42
1.11	Schwungradreib-schweißen	Inertia welding	Soudage par friction avec volant	SR	4.6.1.6.22	
1.11	Reibbolzen-schweißen	Friction stud welding	Soudage des goujons par friction	FB	4.6.1.6.26	
1.12	Widerstandspreß-schweißen	Resistance welding	Soudage par résistance	–	–	2
2	Schmelzschweißen	Fusion welding	Soudage par fusion	–	4.6.2	
2.1	Gießschmelz-schweißen	Fusion welding by thermo-chemical energy, using a liquid as means of heat transfer	Soudage par fusion et par énergie thermo-chimique, utilisant un liquide pour transférer la chaleur	AS	4.6.2.2.01	
2.2	Gasschmelzschweißen (Gasschweißen)	Gas welding	Soudage aux gaz	G	4.6.2.3.02	3
2.2	Gas-Pulver-Schweißen	Gas powder welding	Soudage aux gaz à la poudre	GS	4.6.2.3.03	
2.3	Lichtbogenschmelz-schweißen (Licht-bogenschweißen)	Arc welding	Soudage à l'arc	–	–	1
2.3	(Lichtbogen)-Schmelzschweißen mit magnetisch be-wegtem Lichtbogen	Arc welding using a magnetically moved arc	Soudage à l'arc avec mouvement magnéti-que de l'arc	MBS	4.6.2.4.01	
2.3.1	Funkenschweißen	Percussion welding	Soudage électrique avec percussion	FE	4.6.2.4.05	77
2.3.2	Metallichtbogen-schweißen	Metal-arc welding	Soudage à l'arc avec électrode métallique	–	–	11
2.3.2	Lichtbogenhand-schweißen	Manual arc welding with covered elec-trode	Soudage à l'arc manu-el avec électrode enrobée	E	4.6.2.4.08	111
2.3.2	Schwerkraftlicht-bogenschweißen	Gravity arc welding with covered electrode	Soudage à l'arc par gravité avec élec-trode enrobée	SK	4.6.2.4.09	112
2.3.2	Federkraftlicht-bogenschweißen	Arc welding with electrode fed by spring pressure	Soudage à l'arc avec électrode appliquée par ressort	FK	4.6.2.4.10	
2.3.2	Metallichtbogen-schweißen mit Füll-drahtelektrode	Flux cored metal-arc welding	Soudage à l'arc au fil fourré	MF	4.6.2.4.14	114
2.3.2	Unterschiene-schweißen	Firecracker welding	Soudage avec élec-trode couchée	U	4.6.2.4.15	118
2.3.3	Kohlelichtbogen-schweißen	Carbon-arc welding	Soudage à l'arc avec électrode au carbone	KL	4.6.2.4.20	181
2.3.4	Unterpulver-schweißen	Submerged arc welding	Soudage à l'arc sous flux en poudre	UP	4.6.2.4.22	12
2.3.5	Schutzgasschweißen	Gas-shielded metal-arc welding	Soudage à l'arc sous protection gazeuse avec électrode fusible	SG	–	13
2.4	Strahlschweißen	Beam welding	Soudage par rayonne-ment	–	–	
2.4.1	Lichtstrahl-schweißen	Light radiation welding	Soudage par radiation lumineuse	LI	4.6.2.5.02	75
2.4.2	Laserstrahlschweißen	Laser welding	Soudage au laser	LA	4.6.2.5.04	751
2.4.3	Elektronenstrahl-schweißen	Electron beam welding	Soudage par bombar-dement électronique	EB	4.6.2.5.08	76
2.5	Widerstandsschmelz-schweißen	Resistance fusion welding	Soudage par résis-tance par fusion	–	–	

[1]) Für die ersten drei Ziffern wurde als Beispiel das Preß- bzw. Schmelz-Verbindungsschweißen gewählt (siehe Erläute-rungen). Sofern das Schweißverfahren im jeweiligen Anwendungsfall einer anderen Haupt- bzw. Untergruppe nach DIN 8580 (siehe auch DIN 1910 Teil 1) zugeordnet werden muß, sind die das Preß- bzw. Schmelz-Verbindungsschweißen kennzeichnenden Ziffern durch die jeweils zutreffenden zu ersetzen.

DK 621.791.754 April 1991

Schweißen
Schutzgasschweißen
Verfahren

DIN
1910
Teil 4

Welding; gas-shielded welding, processes

Ersatz für Ausgabe 08.79

Diese Norm wurde in Zusammenarbeit mit dem Deutschen Verband für Schweißtechnik (DVS) aufgestellt.
Zusammenhang mit der von der International Organization for Standardization (ISO) herausgegebenen Norm ISO 4063 : 1990 siehe Erläuterungen.
Zusammenhang mit DIN 8580 (z.Z. Entwurf) siehe DIN 1910 Teil 1.
Schutzgasschweißverfahren sind dem Energieträger „Elektrische Gasentladung" zugeordnet (siehe DIN 1910 Teil 2).
Fremdsprachige Benennungen sind nicht Bestandteil dieser Norm; für ihre Richtigkeit kann keine Gewähr übernommen werden.
Die schematischen Bildbeispiele dienen der Erläuterung der Schweißverfahren. In den Darstellungen bedeutet:

⟶ Bewegungsrichtung des Werkzeugs

1 Schutzgasschweißen

Kurzzeichen: SG

Das Schweißbad entsteht durch Einwirken eines Lichtbogens oder mehrerer Lichtbögen. Der Lichtbogen brennt sichtbar zwischen einer Elektrode und dem Werkstück oder zwischen zwei Elektroden. Elektrode, Lichtbogen und Schweißbad werden gegen die Atmosphäre durch ein eigens zugeführtes inertes, aktives oder reduzierendes Schutzgas (siehe DIN 32526) abgeschirmt. Geschweißt werden kann auch mit magnetisch bewegtem Lichtbogen (siehe DIN 1910 Teil 2).
Die Schweißverfahren werden nach der Art von Elektrode und Schutzgas eingeteilt sowie nach der Art des Lichtbogens unterschieden.

1.1 Einteilung nach der Art von Elektrode und Schutzgas

1.1.1 Metall-Schutzgasschweißen

Kurzzeichen: MSG

Der Lichtbogen brennt zwischen einer mechanisch transportierten abschmelzenden Elektrode, die gleichzeitig Schweißzusatz ist, und dem Werkstück (siehe Bild 1). Das Schutzgas ist inert oder aktiv.

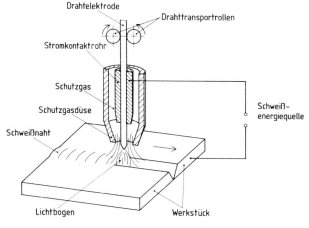

Bild 1. Metall-Schutzgasschweißen

Fortsetzung Seite 2 bis 8

Normenausschuß Schweißtechnik (NAS) im DIN Deutsches Institut für Normung e.V.

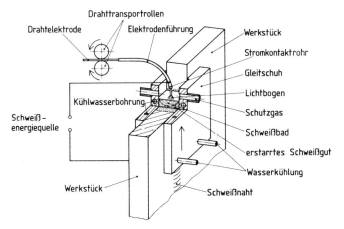

Bild 2. Elektrogasschweißen

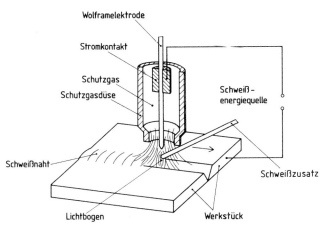

Bild 3. Wolfram-Inertgasschweißen

Metall-Schutzgas-Engspaltschweißen (Kurzzeichen: MSGE) ist eine Variante des Metall-Schutzgasschweißens, bei der eine Steilflankennaht mit relativ zur Werkstückdicke geringer Fugenbreite geschweißt wird.

Elektrogasschweißen (Kurzzeichen: MSGG) ist eine Variante des Metall-Schutzgasschweißens in Schweißposition s, bei der das Schutzgas über nahtformende Gleitschuhe zugeführt wird (siehe Bild 2).

Plasma-Metall-Schutzgasschweißen (Kurzzeichen: MSGP) ist eine Kombination von Metall-Schutzgas- und Plasmaschweißen.

1.1.1.1 Metall-Inertgasschweißen
Kurzzeichen: MIG
Das Schutzgas ist inert wie Argon, Helium oder ihre Gemische.

1.1.1.2 Metall-Aktivgasschweißen
Kurzzeichen: MAG
Das Schutzgas ist aktiv. Es besteht z.B. beim CO_2-Schweißen (Kurzzeichen: MAGC) aus Kohlendioxid oder beim Mischgasschweißen (Kurzzeichen: MAGM) aus Gasgemischen mit inerten und aktiven (oxidierenden) Bestandteilen.

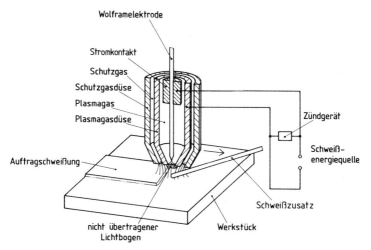

Bild 4. Plasmastrahlschweißen

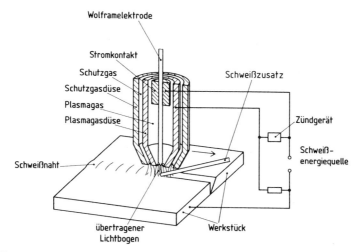

Bild 5. Plasmalichtbogenschweißen

1.1.2 Wolfram-Schutzgasschweißen
Kurzzeichen: WSG

Der Lichtbogen brennt frei oder eingeschnürt zwischen einer nichtabschmelzenden Elektrode (Dauerelektrode), im allgemeinen aus Wolfram, und dem Werkstück bzw. der Innenwand einer Düse oder zwischen zwei nichtabschmelzenden Elektroden. Etwaiger Schweißzusatz wird vorwiegend stromlos zugeführt. Das Schutzgas ist im allgemeinen inert und kann geringe Anteile reduzierender Gase enthalten.

1.1.2.1 Wolfram-Inertgasschweißen
Kurzzeichen: WIG

Der Lichtbogen brennt frei zwischen Wolframelektrode und Werkstück (siehe Bild 3). Das Schutzgas ist inert wie Argon, Helium oder ihre Gemische. Zusätzlich kann es reduzierende Anteile von Wasserstoff enthalten.

WIG-Engspaltschweißen (Kurzzeichen: WIGE) ist eine Variante des WIG-Schweißens, bei der eine Naht mit relativ zur Werkstückdicke geringer Fugenbreite geschweißt wird.

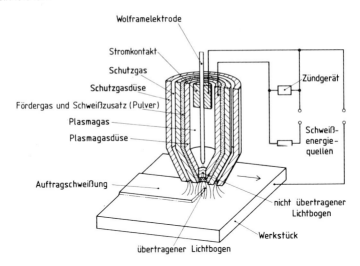

Bild 6. Plasmastrahl-Plasmalichtbogenschweißen

1.1.2.2 (Wolfram-)Plasmaschweißen
Kurzzeichen: WP
Der Lichtbogen ist eingeschnürt. Er brennt beim **Plasmastrahlschweißen** (Kurzzeichen: WPS) zwischen Wolframelektrode und Innenwand der Plasmadüse (nicht übertragener Lichtbogen; siehe Bild 4) oder beim **Plasmalichtbogenschweißen** (Kurzzeichen: WPL) zwischen Wolframelektrode und Werkstück (übertragener Lichtbogen, siehe Bild 5). Das Plasmagas ist inert, z.B. Argon, das Schutzgas ist inert (Argon oder Helium), reduzierend (Wasserstoff) oder ein Gemisch aus inerten und reduzierenden Gasen.
Plasmastrahl-Plasmalichtbogenschweißen (Kurzzeichen: WPSL) ist eine Variante des Plasmaschweißens, bei der mit nicht übertragenem und übertragenem Lichtbogen gearbeitet wird (siehe Bild 6).

1.2 Unterscheidung nach Art des Lichtbogens
Tabelle.

Nr	Benennung	Werkstoffübergang beim Metall-Schutzgasschweißen und seine zeitliche Folge	Kurzzeichen
1.2.1	Sprühlichtbogen(-schweißen)	praktisch kurzschlußfrei, gleichmäßig, fein- bis feinsttropfig	s
1.2.2	Langlichtbogen(-schweißen) [1]	unregelmäßig im Kurzschluß, grobtropfig	l
1.2.3	Übergangslichtbogen(-schweißen) [1]	teils im Kurzschluß, teils kurzschlußfrei, fein- bis grobtropfig	ü
1.2.4	Kurzlichtbogen(-schweißen)	nur im Kurzschluß, gleichmäßig, feintropfig	k
1.2.5	Impulslichtbogen(-schweißen) [2]	praktisch kurzschlußfrei, gleichmäßig im Takt der Impulsfrequenz gesteuert, feintropfig	p

[1] Siehe Erläuterungen
[2] Auch beim Wolfram-Schutzgasschweißen anwendbar

2 Kombination von Verfahrensbenennungen und -kurzzeichen
Die Verfahrensbenennungen und -kurzzeichen können kombiniert werden.
Beispiel: Metall-Inertgasschweißen (MIG) mit
Sprühlichtbogen (s):
MIG-Sprühlichtbogenschweißen oder MIGs

DIN 1910 Teil 4 Seite 5

3 Graphische Darstellung der Einteilung der Schutzgasschweißverfahren mit Angabe der Ordnungsnummer [1]

Schutzgasschweißen
├── Metall-Schutzgasschweißen
│   ├── 4.6.2.4.28 Metall-Schutzgas-Engspaltschweißen
│   ├── 4.6.2.4.30 Elektrogasschweißen
│   ├── 4.6.2.4.32 Plasma-Metall-Schutzgasschweißen
│   └── 4.6.2.4.34 Metall-Inertgasschweißen
│   └── Metall-Aktivgasschweißen
│   ├── 4.6.2.4.36 CO_2-Schweißen
│   └── 4.6.2.4.38 Mischgasschweißen
└── Wolfram-Schutzgasschweißen
    ├── 4.6.2.4.42 Wolfram-Inertgasschweißen
    │   ├── 4.6.2.4.43 Wolfram-Inertgas-Engspaltschweißen
    │   └── 4.6.2.4.44 Plasmastrahlschweißen
    └── (Wolfram-)Plasmaschweißen
        ├── 4.6.2.4.46 Plasmalichtbogenschweißen
        └── 4.6.2.4.48 Plasmastrahl-Plasmalichtbogenschweißen

---
[1] Siehe Seite 6

33

4 Verzeichnis der Schutzgasschweißverfahren in deutscher, englischer und französischer Sprache; Kurzzeichen, Ordnungsnummern, Kennzahlen

Abschnitt	Benennungen in Deutsch	Benennungen in Englisch	Benennungen in Französisch	Kurzzeichen	Ordnungsnummer [1]	Kennzahl nach ISO 4063 : 1990
1	Schutzgasschweißen	gas-shielded arc welding (shielded arc welding)	soudage à l'arc sous protection gazeuse	SG	–	–
1.1.1	Metall-Schutzgasschweißen	gas-shielded metal-arc welding	soudage à l'arc sous protection gazeuse avec fil-électrode fusible	MSG	–	13
1.1.1	Metall-Schutzgas-Engspaltschweißen	narrow-gap welding	soudage avec faible écartement des bords	MSGE	4.6.2.4.28	–
1.1.1	Elektrogasschweißen	electro-gas welding	soudage vertical en moule sous gaz de protection	MSGG	4.6.2.4.30	73
1.1.1	Plasma-Metall-Schutzgasschweißen	plasma MIG welding	soudage au plasma MIG	MSGP	4.6.2.4.32	151
1.1.1.1	Metall-Inertgasschweißen	Metal-arc inert gas welding; MIG welding	soudage à l'arc sous protection de gaz inerte avec fil-électrode fusible; soudage MIG	MIG	4.6.2.4.34	131
1.1.1.2	Metall-Aktivgasschweißen	metal-arc active gas welding; MAG welding	soudage à l'arc sous protection de gaz actif avec fil-électrode fusible; soudage MAG	MAG	–	135
1.1.1.2	CO_2-Schweißen	CO_2-welding, CO_2 shielded metal-arc welding	soudage à l'arc avec fil électrode sous CO_2	MAGC	4.6.2.4.36	–
1.1.1.2	Mischgasschweißen	gas-mixture shielded metal-arc welding	soudage à l'arc avec fil électrode sous mélange gazeux	MAGM	4.6.2.4.38	–
1.1.2	Wolfram-Schutzgasschweißen	gas- shielded welding with non-consumable electrode	soudage sous protection gazeuse avec électrode réfractaire	WSG	–	14
1.1.2.1	Wolfram-Inertgasschweißen	tungsten inert gas arc welding; TIG welding	soudage à l'arc en atmosphère inerte avec électrode de tungstène; soudage TIG	WIG	4.6.2.4.42	141
1.1.2.1	Wolfram-Inertgas-Engspaltschweißen	narrow gap tungsten inert gas arc welding	soudage TIG avec faible écartement des bords	WIGE	4.6.2.4.43	–
1.1.2.2	(Wolfram-)Plasmaschweißen	plasma arc welding	soudage au plasma	WP	–	15
1.1.2.2	Plasmastrahlschweißen	plasma jet welding, plasma flame welding	soudage au plasma avec arc non transféré	WPS	4.6.2.4.44	–

[1] Für die ersten drei Ziffern wurde als Beispiel das Schmelz-Verbindungsschweißen gewählt (siehe auch DIN 1910 Teil 2). Sofern das Schweißverfahren im jeweiligen Anwendungsfall einer anderen Haupt- bzw. Untergruppe nach DIN 8580 (z. Z. Entwurf) (siehe auch DIN 1910 Teil 1) zugeordnet werden muß, sind die das Schmelz-Verbindungsschweißen kennzeichnenden Ziffern durch die jeweils zutreffenden zu ersetzen.

Abschnitt	Benennungen in Deutsch	Benennungen in Englisch	Benennungen in Französisch	Kurz-zeichen	Ordnungs-nummer [1]	Kennzahl nach ISO 4063 : 1990
1.1.2.2	Plasmalichtbogen-schweißen	plasma arc welding, transferred arc welding	soudage au plasma avec arc transféré	WPL	4.6.2.4.46	—
1.1.2.2	Plasmastrahl-Plasmalichtbogen-schweißen	plasma jet plasma arc welding	soudage au plasma avec arc semi transféré	WPSL	4.6.2.4.48	—
1.2.1	Sprühlichtbogen(-schweißen)	spray-arc(welding)	soudage à l'arc avec transfert par pulvérisation axiale	s	—	—
1.2.2	Langlichtbogen(-schweißen)	drawn-arc(welding)	(soudage à l')arc long	l	—	—
1.2.3	Übergangslichtbogen(-schweißen)	transition-arc-(welding)	—	ü	—	—
1.2.4	Kurzlichtbogen(-schweißen)	short-arc(welding)	(soudage à l')arc court	k	—	—
1.2.5	Impulslichtbogen(-schweißen)	pulsed-arc(welding)	(soudage à l')arc pulsé	p	—	—

[1]) Siehe Seite 6

Zitierte Normen

DIN 1910 Teil 1   Schweißen; Begriffe, Einteilung der Schweißverfahren
DIN 1910 Teil 2   Schweißen; Schweißen von Metallen, Verfahren
DIN 8580   (z. Z. Entwurf) Fertigungsverfahren; Begriffe, Einteilung
DIN 32526   Schutzgase zum Schweißen
ISO 4063 : 1990   Schweißen, Hartlöten, Weichlöten und Fugenlöten von Metallen; Liste der Verfahren für zeichnerische Darstellung

Weitere Normen

DIN 1910 Teil 3   Schweißen; Schweißen von Kunststoffen, Verfahren
DIN 1910 Teil 5   Schweißen; Schweißen von Metallen, Widerstandsschweißen, Verfahren
DIN 1910 Teil 10   Schweißen; Mechanisierte Lichtbogenschmelzschweißverfahren, Benennungen
DIN 1910 Teil 11   Schweißen; Werkstoffbedingte Begriffe für Metallschweißen
DIN 1910 Teil 12   Schweißen; Fertigungsbedingte Begriffe für Schmelzschweißen von Metallen

Frühere Ausgaben

DIN 1910 Teil 4: 04.70, 08.79

Änderungen

Gegenüber der Ausgabe August 1979 wurden folgende Änderungen vorgenommen:
Norm redaktionell überarbeitet und dem Stand der Technik angepaßt, speziell Abschnitt 1.2 zur Unterscheidung der Schutzgasschweißverfahren nach der Art des Lichtbogens.

Erläuterungen

Schutzgasschweißverfahren sind dem Energieträger „Elektrische Gasentladung" zugeordnet. Sie sind nach der Art von Elektrode und Schutzgas eingeteilt, und die Funktion der Schweißverfahren ist an schematischen Bildbeispielen erläutert. Zusätzlich ist nach Art des Lichtbogens unterschieden.

Hierzu enthielt die bisherige Ausgabe von DIN 1910 Teil 4 (08.79) in Tabelle 1.2 die Benennung „Langlichtbogen(-schweißen)" als üblichen Begriff für MAGC-Schweißen im oberen Leistungsbereich, das kein Kurzlichtbogenschweißen mehr ist.

Für Lichtbogen, die sich unter Argon bzw. argonreichen Mischgasen im Einstellbereich zwischen Kurz- und Sprühlichtbogen ausbilden, fehlte eine Benennung. Für diese durch den Mechanismus des Werkstoffüberganges gekennzeichneten Lichtbogenarten wird in dieser Folgeausgabe die Benennung „Übergangslichtbogen" verwendet, da es sich um Übergangsformen vom reinen Kurzlichtbogen (Werkstoffübergang nur im Kurzschluß) zum reinen Sprühlichtbogen handelt (Werkstoffübergang praktisch kurzschlußfrei).

Da in der Praxis das Erfordernis besteht, bestimmten Lichtbogenarten entsprechende Bereiche der Abschmelzleistung zuzuordnen, was zwar nicht zwingend, aber zweckmäßig ist, wurde die umstrittene Benennung „Langlichtbogen" beibehalten. Diese Benennung ist nach heutiger Erkenntnis zwar physikalisch unzutreffend, da die Lichtbogenlänge dabei eher relativ gering ist. Dennoch wurde die Benennung „Langlichtbogen" beibehalten, da sie für das MAGC-Schweißen im oberen Leistungsbereich eingeführt ist. Die als Ersatz dafür vorgeschlagene Benennung „Mischlichtbogen" wurde nicht in die Norm aufgenommen, da sie im Sprachgebrauch zu leicht mit „Übergangslichtbogen" verwechselt werden könnte.

In Abstimmung mit DIN 1910 Teil 2 sind für die Verfahren Ordnungsnummern festgelegt. Ergänzt ist die Norm durch eine graphische Darstellung der Schweißverfahren, durch Kurzzeichen (Buchstabenkombination) und ein Verzeichnis der Schweißverfahren in deutscher, englischer und französischer Sprache sowie durch Kennzahlen für Schweißverfahren, die übereinstimmen mit der ISO-Norm ISO 4063 : 1990

en: Welding, brazing, soldering and braze welding of metals; List of processes and reference numbers for symbolic representation on drawings

fr: Soudage, brasage fort, brasage tendre et soudobrasage des métaux; Liste des procédés et des numérations pour representation symbolique sur les dessins

de: Schweißen, Hartlöten, Weichlöten und Fugenlöten von Metallen; Liste der Verfahren und Ordnungsnummern für zeichnerische Darstellung.

Internationale Patentklassifikation

B 23 K 9/16
B 23 K 10/00

DK 621.791 : 001.4 : 620.22   Februar 1979

Schweißen
Werkstoffbedingte Begriffe für Metallschweißen

DIN 1910
Teil 11

Welding; terms dependent on materials for metal welding

Diese Norm wurde in Zusammenarbeit mit dem Deutschen Verband für Schweißtechnik (DVS) aufgestellt.

Fremdsprachige Benennungen sind nicht Bestandteil dieser Norm; für ihre Richtigkeit kann trotz aufgewendeter Sorgfalt keine Gewähr übernommen werden.

1 Geltungsbereich

In dieser Norm sind im Zusammenhang mit dem Metallschweißen (siehe DIN 1910 Teil 1) vorkommende werkstoffbedingte Begriffe zusammengestellt und einheitliche Benennungen hierfür festgelegt. Sie können sinngemäß für die dem Schweißen verwandten Verfahren angewendet werden.

2 Begriffe

2.1 Aufmischen
Unvermeidbares Aufnehmen von Grundwerkstoff, Schweißzusatzwerkstoff oder von Werkstoff aus bereits geschweißten Raupen oder Lagen in der Schweißzone. Die aufgenommenen Elemente können auch aus Beschichtungen der zu schweißenden Werkstücke stammen.

2.2 Auflegieren
Beabsichtigtes Aufnehmen von Grundwerkstoff, Schweißzusatzwerkstoff oder von Werkstoff aus bereits geschweißten Raupen oder Lagen in der Schweißzone, um eine gewünschte Zusammensetzung zu erzielen. Legierungselemente können auch aus Hilfsstoffen oder aus Beschichtungen der zu schweißenden Werkstücke stammen.

2.3 Abbrand (Abbrandverlust)
Unterschied zwischen dem höheren Legierungsgehalt des Schweißzusatzwerkstoffes vor dem Schweißen und dem niedrigeren des reinen Schweißgutes bzw. negative Differenz zwischen tatsächlicher und theoretischer Schweißgutzusammensetzung.

2.4 Zubrand (Zubrandgewinn)
Unterschied zwischen dem niedrigeren Legierungsgehalt des Schweißzusatzwerkstoffes vor dem Schweißen und dem höheren des reinen Schweißgutes bzw. positive Differenz zwischen tatsächlicher und theoretischer Schweißgutzusammensetzung.

2.5 Ausbrand (Ausbrandverlust)
Unterschied zwischen dem Legierungsgehalt des Grundwerkstoffes vor und nach dem Schweißen ohne Schweißzusatz in der Schweißzone.

2.6 Aufschmelzgrad
Verhältnis der Flächen- oder Massenanteile von aufgeschmolzenem Grundwerkstoff zum Schweißgut, im allgemeinen in Prozenten ausgedrückt.

2.7 Schweißzone
Örtlich begrenzter Bereich, in dem der Werkstoff während des Schweißens in den flüssigen Zustand versetzt wird bzw. in dem die Bindung zustande kommt.

2.8 Grundwerkstoff
Werkstoff, aus dem das zu schweißende Werkstück besteht, wobei Beschichtungen nicht berücksichtigt sind.

2.9 Schweißzusatzwerkstoff
Werkstoff, aus dem der Schweißzusatz (siehe DIN 8571) besteht, wobei Hilfsstoffe nicht berücksichtigt sind. Bei umhüllten oder gefüllten Schweißzusätzen wird der Schweißzusatzwerkstoff durch die Zusammensetzung des reinen Schweißgutes angegeben.

Fortsetzung Seite 2 bis 4
Erläuterungen Seite 4

Normenausschuß Schweißtechnik (NAS) im DIN Deutsches Institut für Normung e.V.

2.10 Artfremde (nicht artgleiche) Werkstoffe
Werkstoffe, die sich in ihrer chemischen Zusammensetzung oder ihrer Schweißeignung (siehe DIN 8528 Teil 1) wesentlich unterscheiden.

2.11 Artgleiche Werkstoffe
Werkstoffe, die sich in ihrer chemischen Zusammensetzung oder ihrer Schweißeignung (siehe DIN 8528 Teil 1) nicht wesentlich unterscheiden.

2.12 Schweißbad
Durch das Wärme- bzw. Energieeinbringen beim Schweißen in der Schweißzone verflüssigter Werkstoff.

2.13 Schweißgut
Nach dem Schweißen erstarrter Werkstoff, bestehend aus Grundwerkstoff oder Schweißzusatzwerkstoff und Grundwerkstoff. Elemente können auch aus Beschichtungen und/oder Hilfsstoffen stammen.

2.14 Reines Schweißgut
Nach dem Schweißen erstarrter Schweißzusatzwerkstoff. Elemente können auch aus zum Schweißen verwendeten Hilfsstoffen stammen.

2.15 Pufferschicht (Pufferlage)
Schicht aus Grundwerkstoff und/oder Schweißzusatzwerkstoff solcher Eigenschaften, daß zwischen nicht artgleichen Werkstoffen eine beanspruchungsgerechte Bindung erzielt werden kann. Elemente können auch aus Beschichtungen und/oder Hilfsstoffen stammen.

2.16 Schweißverbindung [1]
Durch Schweißen hergestellte Verbindung. Sie besteht aus Schweißnaht oder Schweißpunkt, Bindezone (Bindefläche), Schmelzlinie (nur vorhanden, wenn Werkstoff aufgeschmolzen wird), Wärmeeinflußzone (nur vorhanden, wenn durch die beim Schweißen eingebrachte Energie im fest gebliebenen Grundwerkstoff thermische Gefügeänderungen aufgetreten sind) und unbeeinflußtem Grundwerkstoff (siehe Bild 1).

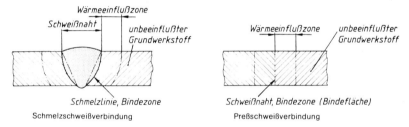

Bild 1. Schweißverbindungen (schematisch)

Anmerkung: Schweißnaht, Bindezone und Schmelzlinie können identisch sein.

2.17 Schweißnaht [1]
Bereich der Schweißverbindung, in dem das Werkstück oder die Werkstücke am Schweißstoß vereinigt sind. Die Schweißnaht besteht aus Grundwerkstoff und/oder Schweißzusatzwerkstoff. Elemente können auch aus Beschichtungen und/oder Hilfsstoffen stammen.

2.18 Schweißpunkt [1]
Bereich der Schweißverbindung, in dem das Werkstück oder die Werkstücke am Schweißstoß vereinigt sind. Der Schweißpunkt besteht aus Grundwerkstoff oder Schweißzusatzwerkstoff und Grundwerkstoff. Elemente können auch aus Beschichtungen und/oder Hilfsstoffen stammen.

2.19 Bindezone (Bindefläche)
Grenze zwischen vereinigten Werkstoffen.

2.20 Schmelzlinie
Grenze zwischen dem beim Schweißen geschmolzenen Werkstoff und dem fest gebliebenen.

[1] Die Benennung „Schweißung" kann sich auf die Schweißverbindung, die Schweißnaht, den Schweißpunkt, die Auftragschweißung oder die aufgetragene Schicht beziehen.

2.21 Wärmeeinflußzone (Kurzzeichen: WEZ)
Bereich des fest gebliebenen Grundwerkstoffes, der durch die beim Schweißen eingebrachte Energie thermische Gefügeänderungen erfahren hat. Wärmeeinflußzonen treten auch in bereits geschweißten Raupen oder Lagen auf.

2.22 Unbeeinflußter Grundwerkstoff
Bereich des Grundwerkstoffes, der durch die beim Schweißen eingebrachte Energie keine Gefügeänderungen erfahren hat.

2.23 Auftragschweißung [1])
Durch Schweißen hergestellte Beschichtung. Sie besteht aus aufgetragener Schicht, Schmelzlinie (nur vorhanden, wenn Werkstoff aufgeschmolzen wird), Wärmeeinflußzone (nur vorhanden, wenn durch die beim Schweißen eingebrachte Energie im fest gebliebenen Grundwerkstoff thermische Gefügeänderungen aufgetreten sind) und unbeeinflußtem Grundwerkstoff (siehe Bild 2).

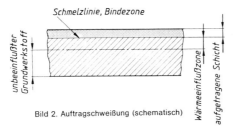

Bild 2. Auftragschweißung (schematisch)

---

[1]) Siehe Seite 2

Weitere Normen

DIN 1910 Teil 1   Schweißen; Begriffe, Einteilung der Schweißverfahren
DIN 8528 Teil 1   Schweißbarkeit; metallische Werkstoffe, Begriffe
DIN 8571   (z. Z. noch Entwurf)   Schweißzusätze zum Metallschweißen; Begriffe, Einteilung

Verzeichnis der Benennungen in deutscher, englischer und französischer Sprache und alphabetischer Reihenfolge

Benennung in			Abschnitt
Deutsch	Englisch	Französisch	
Abbrand	burn-off	perte en éléments d'alliage	2.3
Abbrandverlust	burn-off loss	perte en éléments d'alliage	2.3
Auflegieren	element decovery	transfert d'un élément	2.2
Aufmischen	fusion	dilution	2.1
Aufschmelzgrad	fusion rate	pourcentage de métal fondu	2.6
Auftragschweißung	overlay weld	rechargement	2.23
Ausbrand	burn-off	perte en éléments d'alliage	2.5
Ausbrandverlust	burn-off loss	perte en éléments d'alliage	2.5
Bindefläche	fusion surface (interface)	surface de liaison	2.19
Bindezone	fusion zone (interface region)	zone de liaison	2.19
Grundwerkstoff	parent metal	métal de base	2.8
Grundwerkstoff, unbeeinflußter	uneffected parent metal	métal de base non affecté	2.22
Pufferlage	buffer layer	couche intermédiaire	2.15
Pufferschicht	buffer layer	couche intermédiaire	2.15
Schmelzlinie	fusion line	zone de raccordement	2.20
Schweißbad	molten pool	bain de fusion	2.12
Schweißgut	deposited metal	métal fondu	2.13
Schweißgut, reines	all-weld-metal	métal déposé	2.14
Schweißnaht	weld seam	soudure	2.17
Schweißpunkt	spot weld	point de soudure	2.18
Schweißung	weld	soudure	2.16 bis 2.18/ 2.23
Schweißverbindung	weldment	joint soudé	2.16
Schweißzone	weld zone	zone de soudure	2.7
Schweißzusatzwerkstoff	filler metal	métal d'apport	2.9
Wärmeeinflußzone	heat affected zone (HAZ)	zone de transformation	2.21
Werkstoffe, artfremde	dissimilar materials	matériaux dissemblables	2.10
Werkstoffe, artgleiche	similar materials	matériaux semblables	2.11
Werkstoffe, nicht artgleiche	dissimilar materials	matériaux dissemblables	2.10
Zubrand	pick-up	enrichissement du métal déposé en un élément provenant du métal de base	2.4
Zubrandgewinn	element increase by pick-up	einrichissement du métal déposé en un élément provenant du métal de base	2.4

Erläuterungen

Diese Norm enthält im Zusammenhang mit dem Metallschweißen vorkommende werkstoffbedingte Begriffe und einheitliche Benennungen hierfür. Sie gelten für das Verbindungs- und Auftragschweißen, sind unabhängig vom Werkstoff und können sinngemäß für die dem Schweißen verwandten Verfahren angewendet werden. Ergänzt ist die Norm durch eine alphabetische Zusammenstellung der Benennungen einschließlich ihrer Übersetzung ins Englische und Französische.

DK 621.791.05 : 001.4 : 003.62   Juni 1976

Zeichnerische Darstellung
Schweißen, Löten
Begriffe und Benennungen für Schweißstöße, -fugen, -nähte

DIN 1912
Teil 1

Graphical representation of welds, soldering and brazing joints; notions and designations of weldings

Mit DIN 1912 Teil 5 und Teil 6 Ersatz für DIN 1911 und mit DIN 1912 Teil 5, Teil 6 und DIN 8563 Teil 3 Ersatz für DIN 1912 Teil 1, Ausgabe Juli 1960

Weitere bisher erarbeitete Teile von DIN 1912 enthalten:

Teil 2   Zeichnerische Darstellung, Schweißen, Löten; Schweißpositionen, Nahtneigungswinkel, Nahtdrehwinkel (Folgeausgabe z. Z. noch Entwurf)
Teil 3   Metallschweißen; Schmelzschweißen, Auftragschweißen
Teil 5   Zeichnerische Darstellung, Schweißen, Löten; Grundsätze für Schweiß- und Lötverbindungen, Symbole
Teil 6   Zeichnerische Darstellung, Schweißen, Löten; Grundsätze für die Bemaßung

Zusammenhang mit entsprechenden Vereinbarungen in der International Organization for Standardization (ISO) siehe Erläuterungen.

Die dargestellten Bilder dienen lediglich der Erläuterung der Begriffe; die umrahmten Benennungen beziehen sich auf Flächen. In den einzelnen Darstellungen werden die bereits festgelegten Benennungen nur teilweise wiederholt.

1 Geschweißte Teile

Zu schweißende Teile werden am Schweißstoß durch Schweißnähte zu einem Schweißteil vereinigt. Eine S c h w e i ß g r u p p e entsteht durch Schweißen von S c h w e i ß t e i l e n.
Das fertige Bauteil kann aus einer oder mehreren Schweißgruppen bestehen.

2 Schweißstoß

Der Schweißstoß ist der Bereich, in dem die Teile miteinander durch Schweißen vereinigt werden.
Die Stoßart wird durch die konstruktive Anordnung der Teile zueinander (Verlängerung, Verstärkung, Abzweigung) bestimmt.

3 Schweißnaht

Die Schweißnaht vereinigt die Teile am Schweißstoß.

3.1 Nahtart

Die Nahtart wird bestimmt z. B. durch
a) Art des Schweißstoßes
b) Art und Umfang der Vorbereitung, z. B. Fugenform
c) den Werkstoff
d) das Schweißverfahren

3.1.1 Stumpfnaht

Die Teile liegen in einer Ebene, bilden eine Fuge und werden durch Schweißen vereinigt.
Beispiele für Stumpfnähte siehe Bilder 1 bis 6.

Tabelle 1. **Stoßarten**

	Stoßart	Lage der Teile	Beschreibung
2.1	Stumpfstoß		Die Teile liegen in einer Ebene und stoßen stumpf **gegen**einander.
2.2	Parallelstoß		Die Teile liegen parallel **auf**einander.
2.3	Überlappstoß		Die Teile liegen parallel **auf**einander und überlappen sich.
2.4	T-Stoß		Die Teile stoßen rechtwinklig (T-förmig) **auf**einander.
2.5	Doppel-T-Stoß		Zwei in einer Ebene liegende Teile stoßen rechtwinklig (doppel-T-förmig) **auf** ein dazwischenliegendes drittes.
2.6	Schrägstoß		Ein Teil stößt schräg **gegen** ein anderes.
2.7	Eckstoß		Zwei Teile stoßen unter beliebigem Winkel **an**einander (Ecke).
2.8	Mehrfachstoß		Drei oder mehr Teile stoßen unter beliebigem Winkel **an**einander.
2.9	Kreuzungsstoß		Zwei Teile liegen kreuzend **über**einander.

Fortsetzung Seite 2 bis 11
Erläuterungen Seite 11

Normenausschuß Schweißtechnik (FNS) im DIN Deutsches Institut für Normung e.V.
Fachnormenausschuß Zeichnungen (FZ) im DIN

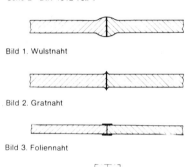

Bild 1. Wulstnaht

Bild 2. Gratnaht

Bild 3. Foliennaht

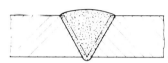

Bild 4. Bördelnaht

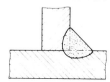

Bild 5. I-Naht

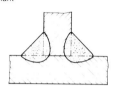

Bild 6. V-Naht

3.1.2 Kehlnaht
Die Teile liegen in zwei Ebenen rechtwinklig zueinander, bilden eine Kehl-Fuge und werden durch Schweißen vereinigt. Man unterscheidet zwischen Kehlnaht und Doppelkehlnaht.
Beispiele für Kehlnähte siehe Bilder 7 und 8.

Bild 7. Kehlnaht

Bild 8. Doppelkehlnaht

3.1.3 Sonstige Nähte
Nähte, die weder der Stumpfnaht noch der Kehlnaht zugeordnet werden können oder Kombinationen aus beiden sind, werden als sonstige Nähte bezeichnet.

Beispiele für sonstige Nähte siehe Bilder 9 bis 13

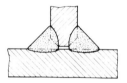

Bild 9. Doppel-HY-Naht mit Doppelkehlnaht
(K-Stegnaht mit Doppelkehlnaht)

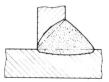

Bild 10. HV-Naht mit Kehlnaht am T-Stoß

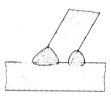

Bild 11. HY-Naht mit Kehlnähten am Schrägstoß

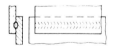

Bild 12. Liniennaht am Überlappstoß (Rollennaht)

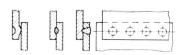

Bild 13. Buckelnaht (Vorbereitung) und Punktnaht am Überlappstoß

3.2 Formen der Nahtvorbereitung
3.2.1 Fuge, Spalt
3.2.1.1 Die Fuge ist die Stelle, an der die Teile am Schweißstoß durch Schweißen vereinigt werden sollen. Sie kann sich ohne Bearbeitung ergeben, z. B. I- oder Kehl-Fuge, oder kann bearbeitet sein, z. B. V-, U- oder Y-Fuge.

3.2.1.2 Der Spalt ist der Bereich zwischen zwei parallelen Flächen oder Kanten. Je nach Fugenform wird der Spalt durch Stirnflächenabstand und Werkstückdicke oder durch Stegabstand, Kantenabstand, Stirnseitenabstand und Steghöhe (siehe Bilder) bestimmt.

3.2.2 Fugenformen

Beispiele siehe Bilder 14 bis 18.

Die obere Werkstückfläche des Schweißstoßes ist die Fläche, die der ersten Schweißoperation zugewandt ist. Die Werkstück-Gegenfläche liegt der „Oberen Werkstückfläche" gegenüber.

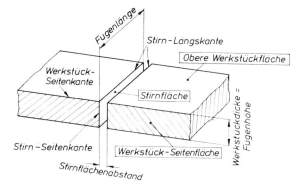

Bild 14. Fugenform für I-Naht (I-Fuge)

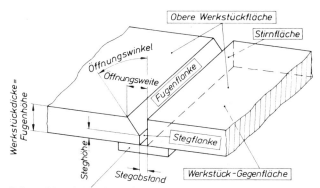

Beilage: ist nach dem Schweißen
der Naht unlösbar
Unterlage: ist nach dem Schweißen
der Naht lösbar

Bild 15. Fugenform für Sondernaht

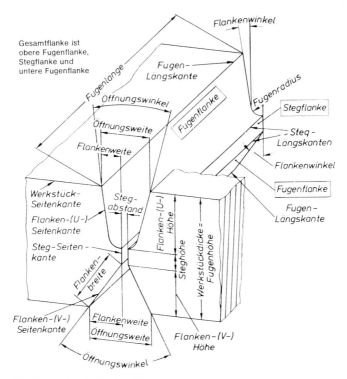

Bild 16. Fugenform für Sondernaht[1])

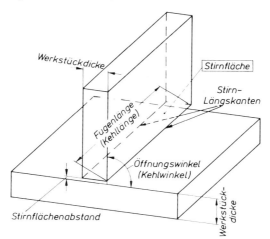

Bild 17. Fugenform für Kehlnähte (Kehl-Fuge)

---

[1]) Die Darstellung dient der Erläuterung der Benennungen und ist nicht als Ausführungsform einer Naht gedacht.

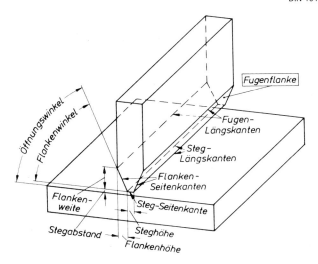

Bild 18. Fugenform für Sondernaht

3.2.3 Sonstige Formen
Beispiele siehe Bilder 19 bis 22.

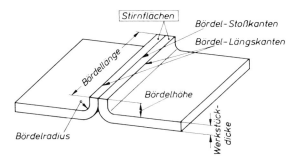

Bild 19. Form für Bördelnaht

45

Die Benennungen an vorbereiteten Buckeln gibt Bild 20 wieder.

A Rundbuckel

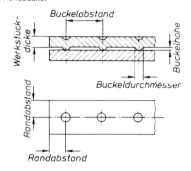

B Langbuckel

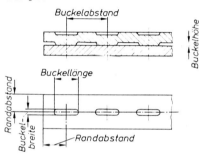

C Ringbuckel

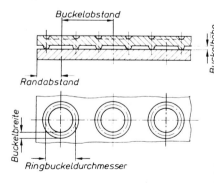

Bild 20. Formen für Buckelnaht

Bei Liniennähten, z. B. Quetsch-, Rollen- und Punktnähten liegen die Teile flächig aufeinander, es wird mit oder ohne Zusatzwerkstoff gearbeitet. Bei der Quetschnaht wird die Überlappung durch Druck eingeebnet.

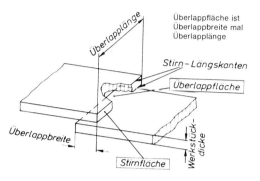

Bild 21. Form für Quetsch-, Rollen- oder Punktnaht

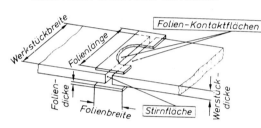

Bild 22. Form für Folien-Stumpfnaht

3.3 Nahtform und -ausführung

3.3.1 Nähte mit Zusatz hergestellt

3.3.1.1 Nahtaufbau und Lagenfolge

Die Schweißnähte werden durch einzelne Raupen in einer Schweißlage oder in mehreren Schweißlagen aufgebaut. Der Zusatz kann gesondert eingebracht werden oder aus niedergeschmolzenem Grundwerkstoff bestehen, der durch entsprechende Nahtvorbereitung (z. B. Bördel) bereitgestellt wird. Die wichtigsten Benennungen gehen aus den Bildern 23 bis 30 hervor.

3.3.1.1.1 Stumpfnaht

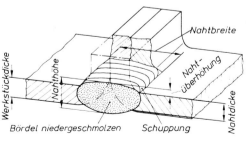

Bild 23. Bördelnaht

DIN 1912 Teil 1 Seite 7

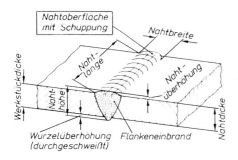

Bild 24. I-Naht, einseitig

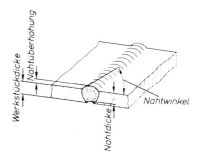

Bild 25. I-Naht, einseitig

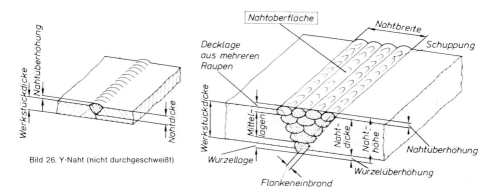

Bild 26. Y-Naht (nicht durchgeschweißt)

Bild 27. V-Naht

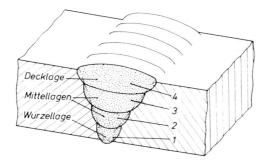

Bild 28. Lagenfolge für V-Naht, einseitig durchgeschweißt (Beispiel). Die Zahlen geben die Lagenfolge an.

47

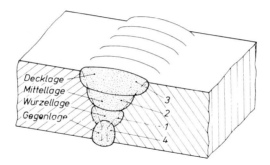

Bild 29. Lagenfolge für Y-Naht mit Gegenlage (Beispiel). Die Zahlen geben die Lagenfolge an. Gegenlage mit oder ohne Ausarbeiten der Wurzellage geschweißt.

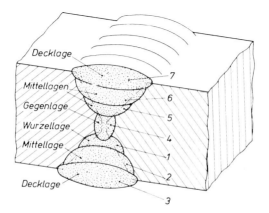

Bild 30. Lagenfolge für Doppel-V-Naht (X-Naht). Die Zahlen geben die Lagenfolge an. Gegenlage mit oder ohne Ausarbeitung der Wurzellage geschweißt.

3.3.1.1.2 Kehlnaht

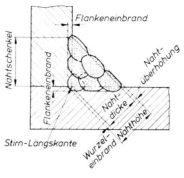

Bild 31. Kehlnaht

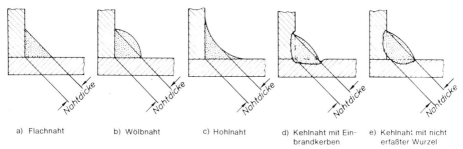

a) Flachnaht   b) Wölbnaht   c) Hohlnaht   d) Kehlnaht mit Einbrandkerben   e) Kehlnaht mit nicht erfaßter Wurzel

Bild 32. Nahtdicke bei gleichschenkligen Kehlnähten

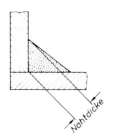

Bild 33. Nahtdicke bei ungleichschenkliger Kehlnaht

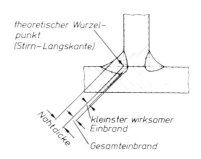

Bild 34. Kehlnähte mit tiefem Einbrand[2])

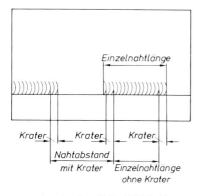

a) Unterbrochene Kehlnaht (einlagig)

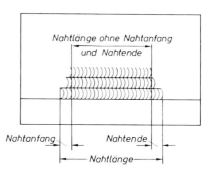

b) Kehlnaht (mehrlagig)

Bild 35. Kehlnaht

---

[2]) Bedeutung für Berechnung von Kehlnähten mit tiefem Einbrand siehe u. a. DIN 4100.

3.3.1.1.3 Sonstige Nähte

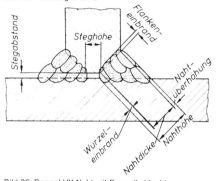

Bild 36. Doppel-HY-Naht mit Doppelkehlnaht
(K-Stegnaht mit Doppelkehlnaht)

3.3.2 Nähte ohne Zusatz hergestellt
Je nach Schweißverfahren ergeben sich verschieden ausgebildete Nähte, für die folgende Benennungen gebräuchlich sind, siehe Bilder 37 bis 39.

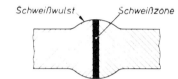

Bild 37. Wulstnaht

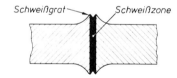

Bild 38. Gratnaht

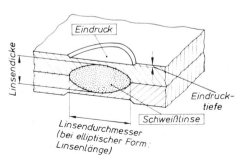

Bild 39. Schweißpunkt (Widerstandsschweißung)

Für Überlappnähte, die besonders beim Widerstandsschweißen gebräuchlich sind, gelten die folgenden Benennungen in den Bildern 40 und 41.

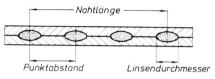

Bild 40. Punktnaht

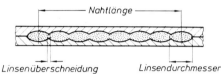

Bild 41. Liniennaht

3.4 Nahtverlauf
3.4.1 Nicht unterbrochene Nähte
Die Nähte sind in ihrer ganzen Länge geschweißt.

3.4.2 Unterbrochene Nähte
Die Nähte sind in ihrer Länge teilweise geschweißt.

3.4.2.1 Unterbrochene Nähte gegenüberliegend
Die geschweißten Längen der Doppelkehlnähte liegen einander gegenüber.

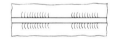

Bild 42. Unterbrochene Naht, gegenüberliegend

3.4.2.2 Unterbrochene Nähte, versetzt
Die geschweißten Längen von Doppelkehlnähten sind gegeneinander versetzt.

Bild 43. Unterbrochene Naht, versetzt

3.4.2.3 Punktnaht
Punktnähte können verschieden angeordnet sein, siehe Bilder 44 bis 46.

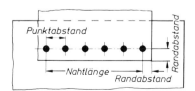

Bild 44. Einreihige Punktnaht

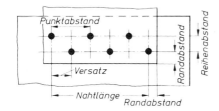
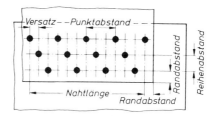

Bild 45. Zweireihige, versetzte Punktnaht

Bild 46. Dreireihige, versetzte Punktnaht

Erläuterungen

Der Inhalt von DIN 1911, Ausgabe Oktober 1959, und von DIN 1912 Teil 1, Ausgabe Juli 1960, wurde zusammengefaßt, der Geltungsbereich auf Löten erweitert und unter DIN 1912 in einzelne Teile gegliedert, um in Zukunft die erforderliche Anpassung an den Stand der Kenntnisse besser durchführen zu können.

Die vorliegende Norm enthält die Begriffe und Benennungen für Schweißstöße, -fugen und -nähte, deren Kenntnis im Zusammenhang mit der graphischen Darstellung von Schweißnähten in Zeichnungen wichtig ist.

Der Überarbeitung liegt die Berücksichtigung der ISO-Norm ISO 2553-1974

E: Welds – Symbolic representation on drawings
F: Soudures – Représentation symbolique sur les dessins
D: Graphische Darstellung von Schweißnähten in Zeichnungen

und des geänderten Sprachgebrauchs zugrunde.

Die vorliegende Norm beschränkt sich auf die Begriffe und Benennungen für durch Schweißen gefügte Teile. Für das Löten ist wegen der unterschiedlichen, verfahrensbedingten Terminologie ein eigener Teil von DIN 1912 vorgesehen.

Der Geltungsbereich von DIN 1912 Teil 1 und Folgeteile erstreckt sich zukünftig auch nur noch auf die für die zeichnerische Darstellung von Schweiß- und Lötnähten wichtigen Festlegungen. Gegenüber der bisherigen Ausgabe sind deshalb die Angaben über die Güte der Schweißnähte entfallen. Diese – die Bewertung der Schweißnähte betreffenden – Festlegungen enthält nunmehr DIN 8563 Teil 3 über die Sicherung der Güte von Schweißarbeiten.

DK 621.791.011 : 669.1/.8 : 001.4 Juni 1973

Schweißbarkeit
metallische Werkstoffe, Begriffe

DIN 8528
Blatt 1

Weldability; metallic materials, definitions

Zusammenhang mit der von der International Organization for Standardization (ISO) herausgegebenen Empfehlung ISO/R 581-1967 siehe Erläuterungen.

DIN 8528 Blatt 2*) behandelt die Schweißeignung der allgemeinen Baustähle zum Schmelzschweißen.

1. Schweißbarkeit

Die Schweißbarkeit eines Bauteils aus metallischem Werkstoff ist vorhanden, wenn der Stoffschluß durch Schweißen mit einem gegebenen Schweißverfahren bei Beachtung eines geeigneten Fertigungsablaufes erreicht werden kann. Dabei müssen die Schweißungen hinsichtlich ihrer örtlichen Eigenschaften und ihres Einflusses auf die Konstruktion, deren Teil sie sind, die gestellten Anforderungen erfüllen [1]). Die Schweißbarkeit (siehe Bild 1) hängt von drei Einflußgrößen Werkstoff, Konstruktion, Fertigung ab, die im wesentlichen gleiche Bedeutung für die Schweißbarkeit haben.

Zwischen den Einflußgrößen und der Schweißbarkeit stehen die Eigenschaften

Schweißeignung des Werkstoffs
Schweißsicherheit der Konstruktion und
Schweißmöglichkeit der Fertigung.

Jede dieser Eigenschaften hängt — wie die Schweißbarkeit — von Werkstoff, Konstruktion und Fertigung ab, jedoch ist die Bedeutung der Einflußgrößen für die drei Eigenschaften unterschiedlich.

2. Schweißeignung, Schweißsicherheit, Schweißmöglichkeit

Für die Eigenschaften Schweißeignung, Schweißsicherheit und Schweißmöglichkeit gelten die folgenden Abhängigkeiten:

a) Schweißeignung
Schweißeignung ist eine Werkstoffeigenschaft. Sie wird im wesentlichen von der Fertigung und in geringem Maße von der Konstruktion beeinflußt.

b) Schweißsicherheit
Schweißsicherheit (konstruktionsbedingte Schweißsicherheit) ist eine Konstruktionseigenschaft. Sie wird im wesentlichen vom Werkstoff und in geringem Maße von der Fertigung beeinflußt.

c) Schweißmöglichkeit
Schweißmöglichkeit (fertigungsbedingte Schweißsicherheit) ist eine Fertigungseigenschaft. Sie wird im wesentlichen von der Konstruktion und in geringem Maße vom Werkstoff beeinflußt.

Zunehmender Aufwand zur Verbesserung einer der 3 Eigenschaften, z. B. der Schweißeignung, gestattet eine Minderung der Eigenschaften Schweißsicherheit und Schweißmöglichkeit. Um die erforderliche Schweißbarkeit befriedigend beurteilen zu können, ist anzustreben, den Einfluß der jeweils weniger genau bestimmbaren Eigenschaft so klein wie möglich zu halten.

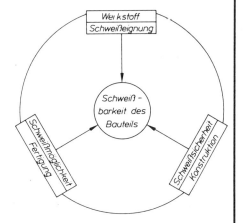

Bild 1. Darstellung der Schweißbarkeit

2.1. Schweißeignung

Die Schweißeignung eines Werkstoffes ist vorhanden, wenn bei der Fertigung aufgrund der werkstoffgegebenen chemischen, metallurgischen und physikalischen Eigenschaften eine den jeweils gestellten Anforderungen entsprechende Schweißung hergestellt werden kann. Die Schweißeignung eines Werkstoffes innerhalb einer Werkstoffgruppe ist um so besser, je weniger die werkstoffbedingten Faktoren beim Festlegen der schweißtechnischen Fertigung für eine bestimmte Konstruktion beachtet werden müssen.

Die Schweißeignung wird u. a. von folgenden Faktoren beeinflußt:

a) chemische Zusammensetzung, z. B. bestimmend für:
Sprödbruchneigung
Alterungsneigung
Härteneigung
Warmrißneigung
Schmelzbadverhalten

---
*) Z. Z. noch Entwurf
[1]) Dieser Text stimmt mit der ISO-Empfehlung R 581-1967 sinngemäß überein.

Fortsetzung Seite 2
Erläuterungen Seite 2 und 3

Fachnormenausschuß Schweißtechnik (FNS) im Deutschen Normenausschuß (DNA)

b) metallurgische Eigenschaften bedingt durch Herstellungsverfahren, z. B. Erschmelzungs- und Desoxydationsart, Warm- und Kaltformgebung, Wärmebehandlung, bestimmend für:
Seigerungen
Einschlüsse
Anisotropie
Korngröße
Gefügeausbildung

c) Physikalische Eigenschaften, z. B.
Ausdehnungsverhalten
Wärmeleitfähigkeit
Schmelzpunkt
Festigkeit und Zähigkeit

2.2. Schweißsicherheit (konstruktionsbedingte Schweißsicherheit)

Die Schweißsicherheit einer Konstruktion ist vorhanden, wenn mit dem verwendeten Werkstoff das Bauteil aufgrund seiner konstruktiven Gestaltung unter den vorgesehenen Betriebsbedingungen funktionsfähig bleibt.

Die Schweißsicherheit der Konstruktion eines bestimmten Bauwerks oder Bauteils ist um so größer, je weniger die konstruktionsbedingten Faktoren bei der Auswahl des Werkstoffs für eine bestimmte schweißtechnische Fertigung beachtet werden müssen.

Die Schweißsicherheit wird u. a. von folgenden Faktoren beeinflußt:

a) Konstruktive Gestaltung, z. B.
Kraftfluß im Bauteil
Anordnung der Schweißnähte
Werkstückdicke
Kerbwirkung
Steifigkeitsunterschied

b) Beanspruchungszustand, z. B.
Art und Größe der Spannungen im Bauteil
Räumlichkeitsgrad der Spannungen
Beanspruchungsgeschwindigkeit
Temperaturen
Korrosion

2.3. Schweißmöglichkeit (fertigungsbedingte Schweißsicherheit)

Die Schweißmöglichkeit in einer schweißtechnischen Fertigung ist vorhanden, wenn die an einer Konstruktion vorgesehenen Schweißungen unter den gewählten Fertigungsbedingungen fachgerecht hergestellt werden können.

Die Schweißmöglichkeit einer für ein bestimmtes Bauwerk oder Bauteil vorgesehenen Fertigung ist um so besser, je weniger die fertigungsbedingten Faktoren beim Entwurf der Konstruktion für einen bestimmten Werkstoff beachtet werden müssen.

Die Schweißmöglichkeit wird u. a. von folgenden Faktoren beeinflußt:

a) Vorbereitung zum Schweißen, z. B.
Schweißverfahren
Art der Zusatzwerkstoffe und Hilfsstoffe
Stoßarten
Fugenformen
Vorwärmung
Maßnahmen bei ungünstigen Witterungsverhältnissen

b) Ausführung der Schweißarbeiten, z. B.
Wärmeführung
Wärmeeinbringung
Schweißfolge

c) Nachbehandlung, z. B.
Wärmebehandlung
Schleifen
Beizen

Erläuterungen

Die Bemühungen der Fachleute, die von vielen Faktoren abhängige Eigenschaft „Schweißbarkeit" zu definieren, haben sich auch in der ISO-Empfehlung ISO/R 581-1967

„Definition of weldability"

„Definition de la soudabilite"

„Begriffsbestimmung der Schweißbarkeit"

die in der International Organization for Standardization erarbeitet worden ist, niedergeschlagen. Die Beschreibung der Schweißbarkeit ist in deutscher Übersetzung sinngemäß in Abschnitt 1 Absatz 1 dieser Norm wiedergegeben. Die genannte ISO-Empfehlung kann durch den Beuth-Vertrieb bezogen werden.

Zwei Gründe haben zur vorliegenden Norm geführt: die Unsicherheit über den Begriff im Zusammenhang mit der Schweißbarkeit und das komplexe Zusammenwirken der verschiedenen, die Schweißbarkeit beeinflussenden Faktoren.

Seit 2 Jahrzehnten definieren Fachleute die Begriffe „Schweißbarkeit", „Schweißsicherheit", „Schweißeignung". Übersichtlich hat Rädeker 1965[2]) die bis dahin zusammen-

---

[2]) Rädeker, W.: Einflußnahme des Konstrukteurs auf die Korrosionssicherheit bei Schweißverbindungen, Vortrag auf der Dechema-Jahrestagung am 25.6.1965 in Frankfurt (Main).

getragenen Meinungen wiedergegeben. Seine Darstellung (Bild 2) wird mit den vom Arbeitsausschuß 11 eingeführten Begriffen benutzt.

Die wesentliche Aufgabe beim Errichten von Konstruktionen ist, die für den Verwendungszweck erforderliche Belastbarkeit bei ausreichender Sicherheit und geringsten Kosten zu erzielen. Wenn dies gelingt, ist die Schweißbarkeit der Konstruktion oder des Bauteils gewährleistet. Um diese Grundbedingung zu erfüllen, müssen drei Einflußgrößen berücksichtigt werden, von denen jede für sich entscheidend sein kann: der Werkstoff, die Konstruktion und die Fertigung. Ein Raumdiagramm verdeutlicht, wie diese drei Einflußgrößen die Schweißbarkeit (Resultierende R) bestimmen (siehe Bild 2).

Sie ist als Resultierende der drei Einflußgrößen dargestellt. Ihre Größe ist von der Länge der drei einzelnen Einflußgrößen abhängig. Mit diesem Schema läßt sich untersuchen, wie man die angegebenen Möglichkeiten einsetzt, um eine optimale Schweißbarkeit zu erzielen.

Die Abbildung zeigt eindringlich die gegenseitige Abhängigkeit der Einflüsse. „So ist es sinnlos, wenn man die Schweißbarkeit durch einen geeigneten Werkstoff anhebt und sie gleichzeitig durch nicht-werkstoffgerechte Fertigung wieder schwächt, oder wenn man durch ungeschickte Konstruktion gefährliche Spannungsspitzen erzeugt. Die Resultierende kann in derartigen Fällen verkürzt werden".

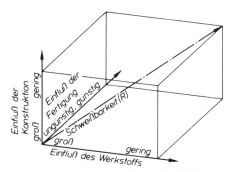

Bild 2. Schweißbarkeit als Resultierende der Einflußgrößen Werkstoff, Konstruktion und Fertigung

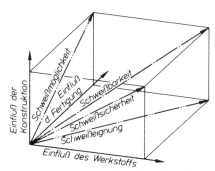

Bild 3. Schweißbarkeit als Resultierende der Eigenschaften Schweißeignung, Schweißsicherheit und Schweißmöglichkeit.

Bild 2 ist wohl anschaulich, erleichtert aber die Bestimmung der Schweißbarkeit nur wenig. Gerade hierfür soll jedoch DIN 8528 Blatt 1 Hinweise geben. Deshalb wurden zwischen die Schweißbarkeit und die Einflußgrößen die Eigenschaften Schweißeignung, Schweißsicherheit und Schweißmöglichkeit gestellt. Für die Werkstoffeigenschaft kann dabei der Begriff Schweißeignung als eingeführt gelten. Schweißsicherheit wird dagegen entweder nur auf die Konstruktion oder auf die Konstruktion und die Fertigung bezogen. Zur Klarstellung wurde deshalb der neue Begriff Schweißmöglichkeit – einem Vorschlag der SLV Duisburg folgend – eingeführt, die die Ausführbarkeit der Schweißarbeit und damit die fertigungsbezogene Schweißsicherheit der Konstruktion kennzeichnet. Der Arbeitsausschuß ist sich bewußt, daß der neue Begriff ungewöhnlich wirken muß. Er hat deshalb – auf Vorschlag von Einsprechern – mit dem Begriff „fertigungsbezogene Schweißsicherheit" eine Alternative angeboten. Folgerichtig muß dann die von der Konstruktion abhängige Schweißsicherheit als „konstruktionsbezogene Schweißsicherheit" bezeichnet werden.

In der Vektordarstellung von Rädeker können Schweißeignung, Schweißsicherheit und Schweißmöglichkeit als die Flächendiagonalen dargestellt werden (siehe Bild 3).

Die Übersichtlichkeit der Vektordarstellung (siehe Bild 2 und Bild 3) wird mit einer Vernachlässigung erkauft. Streng genommen hängen nämlich auch die Eigenschaften Schweißeignung, Schweißsicherheit und Schweißmöglichkeit je von allen drei Einflußgrößen ab. Da sie aber zu (erheblich) ungleichen Teilen von den Einflußgrößen abhängig sind, besteht die Berechtigung, jeweils den Einfluß nicht zu berücksichtigen, dessen Bedeutung nur klein ist. Zum Beispiel wird die Werkstoffeigenschaft „Schweißeignung" beurteilt in Abhängigkeit von der Fertigung und praktisch unabhängig von der Konstruktion. Dies geschieht dadurch, daß z. B. zur Bestimmung der Schweißeignung keine Proben verwendet werden, die eine Konstruktion repräsentieren und Schweißungen an den Proben so wenig wie möglich durch Eigenspannungen beansprucht werden.

Es liegt nahe, die Flächendiagonalen vor den Raumdiagonalen zu bestimmen oder die Frage nach der Schweißbarkeit erst dann zu beantworten, wenn die folgenden drei Teilfragen beantwortet sind:
Ist der Werkstoff zum Schweißen geeignet? (Ist die Schweißeignung des Werkstoffs vorhanden?)
Ist die Sicherheit einer Konstruktion gewährleistet, deren Teile aus einem bestimmten Werkstoff durch Schweißen verbunden werden sollen? (Ist die Schweißsicherheit der Konstruktion gewährleistet?)

Besteht die Möglichkeit, mit dem gewählten Schweißverfahren bei gegebenem Werkstoff eine sichere Konstruktion herzustellen? (Ist die – konstruktionsbedingte – Schweißmöglichkeit mit dem Verfahren in der Fertigung gegeben? – Ist die fertigungsbedingte Schweißsicherheit der Konstruktion gewährleistet?)

Auch im Bild 1 der vorliegenden Norm, das in seinen Grundzügen von der SLV Duisburg entworfen wurde (siehe Abschnitt 1), soll deutlich gemacht werden, daß die Schweißbarkeit von der Werkstoffeigenschaft Schweißeignung, der Konstruktionseigenschaft Schweißsicherheit (konstruktionsbedingte Schweißsicherheit) und der Fertigungseigenschaft Schweißmöglichkeit (fertigungsbedingte Schweißsicherheit) gebildet wird. Es ist also zweckmäßig, zunächst Detailfragen zu beantworten, bevor die Schweißbarkeit bestimmt wird.

Der Leitgedanke war, Definitionen zu schaffen, die es nahelegen, an ihnen ein Beurteilungssystem für die Schweißbarkeit auszurichten. Deshalb wurde Wert darauf gelegt, die Schweißbarkeit in Eigenschaften aufzuteilen, die überschaubar sind. Aus diesen Gründen hatte der Arbeitsausschuß 11 des FNS keine Bedenken, Schweißeignung, Schweißsicherheit und Schweißmöglichkeit als Eigenschaften zu definieren, die je von nur zwei Einflußgrößen abhängen. Eine Anzahl von Einsprechern hat sich diesen Vorstellungen nicht angeschlossen. Ihnen lag daran, die Definitionen so aufzustellen, daß die Abhängigkeit von Schweißeignung, Schweißsicherheit und Schweißmöglichkeit von je 3 Einflußgrößen erkennbar bleibt. Deshalb wurde als Kompromiß in Abschnitt 2 gewählten Begriffserklärungen gewählt, aus denen diese ungleiche Bedeutung der Einflußgrößen für die jeweilige Eigenschaft hervorgeht. Auch diese Definitionen gestatten es, die Frage nach der Schweißeignung, Schweißsicherheit und Schweißmöglichkeit vor der Frage nach der Schweißbarkeit zu beantworten, wenn Beurteilungssysteme für diese Teilfragen aufgestellt werden, bei denen jeweils eine der drei Einflußgrößen als konstant angesetzt werden kann.

Es ist zweckmäßig, keine absolute Bewertungsskala für die Schweißbarkeit aller Werkstoffe aufzustellen, weil Einflußfaktoren, die z. B. für die Werkstoffgruppe der allgemeinen Baustähle sehr bedeutungsvoll sind, für austenitische Werkstoffe keine Rolle spielen. Deshalb werden die Stähle nur innerhalb ihrer Werkstoffgruppe nach ihrer Schweißeignung geordnet (siehe auch Schönherr, M.: „Über die Eignung der Werkstoffe zum Schweißen und thermischen Trennen", Schweißen und Schneiden 23 (1971) H. 11, S. 441/42, Abschnitt 2.1).

DK 621.873.3 : 624.96.014.2.002 November 1984

Krane
Stahltragwerke
Grundsätze für die bauliche Durchbildung und Ausführung

DIN
15 018
Teil 2

Cranes, structures of steel, design principles
Appareils de levage; charpentes en acier, principes pour la construction et réalisation

Ersatz für Ausgabe 04.74

Maße in mm

DIN 15 018 Teil 1 und Teil 2 wurden im Kurzverfahren nach DIN 820 Teil 4 als berichtigte Folgeausgaben herausgegeben. Diese Vorgehensweise und die beabsichtigten Berichtigungen wurden in den DIN-Mitteilungen 61. 1982, Nr. 8, Seiten 496 bis 498, angekündigt und begründet.

Eine inhaltliche Überarbeitung der Norm wäre zum gegenwärtigen Zeitpunkt unzweckmäßig gewesen im Hinblick auf die Anerkennung, die die Norm gefunden hat, vor allem aber wegen der laufenden Beratungen zu den nationalen Grundnormen im Stahlbaubereich (DIN 18 800) und den Bemühungen des ISO/TC 96, eine international anerkannte Regelung für die im Kranbau beim rechnerischen Nachweis der Gebrauchseigenschaften anzunehmenden Lasten und Lastkombinationen zu schaffen.

Die wesentlichen Berichtigungen, auch diejenigen, die sich nach der Bearbeitung der eingegangenen Stellungnahmen ergeben haben, werden erläutert.

Inhalt

	Seite
1 Anwendungsbereich	2
2 Normen und Richtlinien	2
3 Allgemeine Angaben	2
3.1 Statische Systeme	2
3.2 Tragende Bauteile und wesentliche Verbindungen	2
3.3 Überhöhungen	2
4 Werkstoffe	3
4.1 Gütegruppen der Stähle für geschweißte Bauteile	3
4.2 Bezeichnungen in den Unterlagen	3
4.3 Bauteile mit verschiedenen Stahlsorten	3
5 Bauteile	3
5.1 Schwerachsen und Systemlinien	3
5.2 Herstellbarkeit und Zugänglichkeit	3
5.3 Mindestmaße	4
5.4 Mindestabstände	4
5.5 Krafteinleitungen, Krümmungen, Ausschnitte	4
5.6 Güte der Schnittflächen beim Brennschneiden	4
6 Verbindungen	4
6.1 Anschlüsse, Stöße und sonstige Verbindungen	4
6.1.1 Anordnung	4
6.1.2 Schwerachsen	4
6.1.3 Anteilige Anschlußkräfte	4
6.1.4 Futterstücke	4
6.1.5 Zusammenwirken von Verbindungsmitteln	4
6.1.6 Beiwinkel und angeschweißte Beibleche	4
6.2 Schweißverbindungen	4
6.2.1 Bedingungen für Betriebe und Fachkräfte	4
6.2.1.1 Betriebe	4
6.2.1.2 Schweißaufsicht	4
6.2.1.3 Schweißer	4
6.2.1.4 Zerstörungsfreie Prüfung	4
6.2.2 Herstellung	4
6.2.2.1 Schweißzusatzwerkstoffe	4
6.2.2.2 Art und Güte der Schweißnähte	4
6.2.2.3 Ausführung	4
6.2.2.4 Reinheit der Oberfläche	4

	Seite
6.2.2.5 Fertigungsbedingungen	4
6.2.2.6 Schrumpfbehinderung und Abkühlungsgeschwindigkeit	5
6.2.2.7 Zünden an Bauteilen	5
6.2.2.8 Dicke der Nähte	5
6.2.3 Stöße in Gurtplatten und Stäben	5
6.2.4 Schweißen in kaltgeformten Bereichen	5
6.3 Niet- und Schraubverbindungen	5
6.3.1 Kleinste Niete und Schrauben	5
6.3.2 Nietarten	5
6.3.3 Klemmlängen und Schaftlängen	5
6.3.4 Paßschrauben	5
6.3.5 Rohe Schrauben	5
6.3.6 Lochabstände	5
6.3.7 Herstellen von Löchern	5
6.3.8 Anzahl der Niete und Schrauben	5
6.3.9 Mittelbare Deckung	5
6.3.10 Schraubensicherungen	5
7 Schienen und Schienenbefestigungen	5
7.1 Schweißverfahren und Schweißbedingungen	5
7.2 Stumpfschweißungen	5
7.3 Schubfest verbundene Schienen	5
7.4 Nicht schubfest verbundene Schienen	5
8 Korrosionsschutz	6
8.1 Allgemeines	6
8.2 Besondere Maßnahmen	6
8.2.1 Außenflächen	6
8.2.2 Innenflächen in Hohlbauteilen	6
8.2.3 Verbindungen mit Nieten	6
8.2.4 Verbindungen mit Paßschrauben oder Schrauben ohne Passung	6
8.2.5 Verbindungen mit HV-Schrauben	6
8.2.6 Fugenabdichtung	7
8.3 Betonumhüllung	7
8.4 Andere Korrosionsschutzarten	7
9 Halte- und Abspannseile	7
9.1 Seilkonstruktion und Korrosionsschutz	7
9.2 Verankerungen und Verbindungen	7
9.3 Seil-Endverbindung	7
9.4 Seilsättel und Poller	7

Fortsetzung Seite 2 bis 9

Normenausschuß Maschinenbau (NAM) im DIN Deutsches Institut für Normung e. V.
Normenausschuß Bauwesen (NABau) im DIN

1 Anwendungsbereich

Die Norm gilt für Stahltragwerke von Kranen aller Art und kann auch für fahrbare Stahltragwerke mit Stetigförderern, außer Schwingförderern, angewendet werden. Sie gilt nicht für Kranbahnen, Bagger, Drahtseilbahnen und Wagenkipper.

2 Normen und Richtlinien

Die nachstehend genannten Normen und Richtlinien sind zu beachten, soweit in dieser Norm nichts anderes vorgesehen ist:

DIN 4115	Stahlleichtbau und Stahlrohrbau im Hochbau, Richtlinien für die Zulassung, Ausführung, Bemessung
DIN 8563 Teil 2	Sicherung der Güte von Schweißarbeiten; Anforderungen an den Betrieb
DIN 8563 Teil 3	Sicherung der Güte von Schweißarbeiten; Schmelzschweißverbindungen an Stahl, Anforderungen, Bewertungsgruppen
DIN 15 018 Teil 1	Krane; Grundsätze für Stahltragwerke, Berechnung
DIN 17 100	Allgemeine Baustähle; Gütenorm
DASt-Richtlinie 009	Empfehlung zur Wahl der Stahlgütegruppen für geschweißte Stahlbauten[1]
DASt-Richtlinie 010	Anwendung hochfester Schrauben im Stahlbau[1]

Auf folgende andere Normen oder bestimmte Abschnitte oder Begriffe daraus ist im Text hingewiesen:

DIN 124	Halbrundniete, Nenndurchmesser 10 bis 36 mm
DIN 127	Federringe, aufgebogen oder glatt mit rechteckigem Querschnitt
DIN 128	Federringe, gewölbt oder gewellt (Hochspann-Federringe)
DIN 302	Senkniete, Nenndurchmesser 10 bis 36 mm
DIN 407 Teil 1	Sinnbilder für Niete, Schrauben und Lochdurchmesser bei Stahlkonstruktionen
DIN 601	Sechskantschrauben ohne Sechskantmutter — mit Sechskantmutter, Ausführung g
DIN 609	Sechskant-Paßschrauben mit langem Gewindezapfen
DIN 660	Halbrundniete, 1 bis 9 mm Durchmesser
DIN 741	Drahtseilklemmen für Seil-Endverbindungen bei untergeordneten Anforderungen
DIN 997	Anreißmaße (Wurzelmaße) für Formstahl und Stabstahl
DIN 998	Lochabstände in ungleichschenkligen Winkelstählen
DIN 999	Lochabstände in gleichschenkligen Winkelstählen
DIN 1080 Teil 1	Begriffe, Formelzeichen und Einheiten im Bauingenieurwesen; Grundlagen
DIN 1080 Teil 2	Begriffe, Formelzeichen und Einheiten im Bauingenieurwesen; Statik
DIN 1080 Teil 4	Begriffe, Formelzeichen und Einheiten im Bauingenieurwesen; Stahlbau; Stahlverbundbau und Stahlträger in Beton
DIN 1142	Drahtseilklemmen für Seil-Endverbindungen bei sicherheitstechnischen Anforderungen
DIN 1912	Zeichnerische Darstellung, Schweißen, Löten
DIN 1913 Teil 1	Stabelektroden für das Verbindungsschweißen von Stahl unlegiert und niedrig legiert; Einteilung, Bezeichnung, Technische Lieferbedingungen
DIN 2078	Stahldrähte für Drahtseile
DIN 2310 Teil 1	Thermisches Schneiden; Begriffe und Benennungen
DIN 2310 Teil 3	Thermisches Schneiden; Autogenes Brennschneiden, Verfahrensgrundlagen, Güte, Maßabweichungen
DIN 3092	Metallische Drahtseil-Vergusse in Seilhülsen; Sicherheitstechnische Anforderungen und Prüfung
DIN 3093 Teil 1	Preßklemmen aus Aluminium-Knetlegierungen; Rohlinge aus Flachovalrohren mit gleichbleibender Wanddicke, Technische Lieferbedingungen
DIN 3093 Teil 2	Preßklemmen aus Aluminium-Knetlegierungen; Preßverbindungen aus Rohlingen mit gleichbleibender Wanddicke, Formen, Zuordnung
DIN 3093 Teil 3	Preßklemmen aus Aluminium-Knetlegierungen; Preßverbindungen aus Rohlingen mit gleichbleibender Wanddicke, Herstellung, Güteanforderungen, Prüfung
DIN 6914	Sechskantschrauben mit großen Schlüsselweiten für HV-Verbindungen in Stahlkonstruktionen[2]
DIN 6916	Scheiben, rund, für HV-Verbindungen in Stahlkonstruktionen
DIN 6917	Scheiben, vierkant, für HV-Verbindungen an I-Profilen in Stahlkonstruktionen
DIN 6918	Scheiben, vierkant, für HV-Verbindungen an U-Profilen in Stahlkonstruktionen
DIN 6935	Kaltbiegen von Flacherzeugnissen aus Stahl
Beiblatt 1 zu DIN 6935	Kaltbiegen von Flacherzeugnissen aus Stahl; Faktoren für Ausgleichswert v zur Berechnung der gestreckten Länge
DIN 7968	Sechskant-Paßschrauben ohne Mutter — mit Sechskantmutter, für Stahlkonstruktionen
DIN 7989	Scheiben für Stahlkonstruktionen
DIN 7990	Sechskantschrauben mit Sechskantmuttern für Stahlkonstruktionen
DIN 8551 Teil 1	Schweißnahtvorbereitung; Fugenformen an Stahl, Gasschweißen, Lichtbogenhandschweißen und Schutzgasschweißen
DIN 8557 Teil 1	Schweißzusätze für das Unterpulverschweißen; Verbindungsschweißen von unlegierten und legierten Stählen; Bezeichnung, Technische Lieferbedingungen
DIN 8559 Teil 1	Schweißzusatz für das Schutzgasschweißen; Drahtelektroden und Schweißdrähte für das Metall-Schutzgasschweißen von unlegierten und niedrig legierten Stählen
DIN 8560	Prüfung von Stahlschweißern
DIN 8565	Korrosionsschutz von Stahlbauten durch thermisches Spritzen von Zink und Aluminium; Allgemeine Grundsätze
DIN 18 364	VOB Verdingungsordnung für Bauleistungen Teil C: Allgemeine Technische Vorschriften für Bauleistungen, Korrosionsschutzarbeiten an Stahl- und Aluminiumbauten
DIN 18 800 Teil 7	Stahlbauten; Herstellen, Eignungsnachweise zum Schweißen
DIN 55 928	Korrosionsschutz von Stahlbauten durch Beschichtungen und Überzüge
DIN 83 318	Spleiße für Drahtseile

3 Allgemeine Angaben

3.1 Statische Systeme

Bei der baulichen Durchbildung der Bauteile und Verbindungen müssen die der Berechnung zugrunde gelegten statischen Systeme nach den anerkannten Regeln der Technik verwirklicht werden.

3.2 Tragende Bauteile und wesentliche Verbindungen

Tragende Bauteile und wesentliche Verbindungen im Sinne dieser Norm sind solche, die einer Berechnung nach DIN 15 018 Teil 1 bedürfen.

3.3 Überhöhungen

Überhöhungen und andere Vorformen, die für den Kranbetrieb erforderlich sein können, sind in den Fertigungsunterlagen anzugeben.

---
[1] Stahlbau-Verlag, Köln
[2] In dieser Norm als „HV-Schrauben" bezeichnet.

DIN 15018 Teil 2 Seite 3

Tabelle 1. **Mindestmaße**

Nr	Korrosions-gefährdung	Mindestdicken tragender Bauteile		Loch-durch-messer	Gewinde
		Bleche, Flachstähle, Breitflachstähle, Stabstähle und Stege von Formstählen in allseitig der Korrosion ausgesetzten Bauteilen	Wände von geschlossenen Bauteilen und Rohren	min.	min.
1	gering	3	2	6,4	M 6
2	mittel	5	4	8,5	M 8
3	groß	7	6	11	M 10

4 Werkstoffe

4.1 Gütegruppen der Stähle für geschweißte Bauteile
Bei geschweißten Bauteilen sind die Gütegruppen der Stähle nach DASt-Richtlinie 009 zu bestimmen.

4.2 Bezeichnungen in den Unterlagen
In den Fertigungsunterlagen sind die Werkstoffe eindeutig zu bezeichnen.

4.3 Bauteile mit verschiedenen Stahlsorten
Verschiedene Stahlsorten im gleichen Bauteil und im gleichen Tragwerk sind zulässig.

5 Bauteile

5.1 Schwerachsen und Systemlinien
Die Schwerachsen der Stäbe sollen mit den Systemlinien möglichst übereinstimmen. Bei Gurten aus Stäben mit unterschiedlicher Lage der Schwerachsen ist die gemittelte Schwerachse in die Systemlinie zu legen; siehe auch Abschnitt 6.1.2.

5.2 Herstellbarkeit und Zugänglichkeit
Bauteile sind so durchzubilden, daß sich alle Teile einfach bearbeiten, zusammenbauen und unterhalten lassen.
Wasser muß abfließen können; Wassersäcke sind zu vermeiden.
Verbindungen sollen einwandfrei herstellbar und auch am fertigen Bauwerk soweit wie möglich zugänglich sein.
Günstige Schweißpositionen sind anzustreben.

Tabelle 2. **Mindestabstände**

Beschreibung und Bild	h	e_{min}	Schaubild $e = f(h)$
Abstand zwischen den Flanschkanten von U-Stählen oder ähnlichen Querschnitten	—	120	—
Abstand zwischen den Gurtkanten von mehrteiligen Stäben oder von Stäben mit Hutquerschnitt	≤ 300	120	
	> 300 ≤ 600	$120 + 0{,}767(h - 300)$	
	> 600	350	
Abstand zwischen den Wänden von mehrteiligen Stäben	≤ 100	15	
	> 100 ≤ 600	$15 + 0{,}21(h - 100)$	
	> 600 ≤ 1200	$120 + 0{,}383(h - 600)$	
	> 1200	350	

5.3 Mindestmaße

Wegen der Folgen möglicher Querschnittsverluste in den Bauteilen während der Lebensdauer sind die Mindestmaße nach Tabelle 1 einzuhalten; siehe auch Abschnitt 8. Die Korrosionsgefährdung hängt ab von Umwelteinflüssen und dem gewählten Korrosionsschutz.

5.4 Mindestabstände

Zwischen benachbarten Kanten und Wänden sind die Mindestabstände nach Tabelle 2 einzuhalten, sofern Korrosionsschutz und Zugänglichkeit für Unterhaltungsarbeiten nicht anderweitig gesichert sind, siehe auch Abschnitt 8.2.

5.5 Krafteinleitungen, Krümmungen, Ausschnitte

Im Bereich von Krafteinleitungen, Krümmungen oder Knicken, Ausschnitten und Durchbrüchen sind die dadurch geänderten Spannungs- und Stabilitätszustände durch geeignete bauliche Maßnahmen zu berücksichtigen.

5.6 Güte der Schnittflächen beim Brennschneiden

Für die Schnittflächen beim Brennschneiden ist nach DIN 2310 Teil 1 und Teil 3 mindestens die Güte II einzuhalten, mit Ausnahme der Teile nach den Kerbfällen W 01 und W 11, gemäß DIN 50 018 Teil 1 (Ausgabe 11.84).

6 Verbindungen

6.1 Anschlüsse, Stöße und sonstige Verbindungen

6.1.1 Anordnung

Alle geschweißten, genieteten oder geschraubten Verbindungen sind möglichst gedrängt anzuordnen.

6.1.2 Schwerachsen

Die Schwerachsen der Naht-, Niet- oder Schraubengruppen sollen möglichst mit den Schwerachsen der Stäbe und Anschlußteile übereinstimmen, siehe auch Abschnitt 5.1.

6.1.3 Anteilige Anschlußkräfte

Die einzelnen Teile eines Stabes usw. sind je für sich entsprechend ihren nachgewiesenen Anteilen an den Schnittgrößen anzuschließen oder zu stoßen und zu decken.

Ausgenommen hiervon sind Seile; siehe Abschnitt 9.

6.1.4 Futterstücke

Kraftübertragende Futterstücke, ausgenommen in HV-Verbindungen, mit Dicken größer als 6 mm und größer als $1/3$ des zu unterfutternden Teiles sind mit mindestens 2 Nieten oder 2 Schrauben oder entsprechenden Schweißnähten (unter Beachtung des Kerbfalles) vorzubinden. Bei mittelbarem Anschluß eines unterfutterten Teiles ist nach Abschnitt 6.3.9 zu verfahren.

6.1.5 Zusammenwirken von Verbindungsmitteln

Die Übertragung der Schnittgröße eines Bauteiles gemeinsam durch Schweißnähte, Niete und HV-Paßschrauben ist zulässig, wenn die Anteile der Schnittgröße in den einzelnen Querschnittsteilen eindeutig ermittelbar sind und in jedem Querschnittsteil durch eine Verbindungsart übertragen werden.

6.1.6 Beiwinkel und angeschweißte Bleche

Bei genieteten und bei geschraubten Anschlüssen sind Beiwinkel entweder in einem Schenkel mit dem 1,5fachen und im anderen Schenkel mit dem einfachen oder in beiden Schenkeln mit dem 1,25fachen Wert, angeschweißte Bleche mit dem 1,5fachen Wert für anteilige Schnittgröße anzuschließen.

6.2 Schweißverbindungen

6.2.1 Bedingungen für Betriebe und Fachkräfte

6.2.1.1 Betriebe

Die Betriebe müssen den „Großen Eignungsnachweis" nach DIN 18 800 Teil 7, Ausgabe Mai 1983, Abschnitt 6.2, und für Rohrkonstruktionen nach DIN 4115, sowie die nach diesen Normen erforderlichen Fachkräfte und Einrichtungen besitzen.

Für die Herstellung und Instandsetzung einfacher und typisierter Stahltragwerke von Kranen und Kranausrüstungen können als Unter-Lieferanten unter der Verantwortung des Schweißfachingenieurs eines Betriebes mit dem „Großen Eignungsnachweis" auch Betriebe des „Kleinen Eignungsnachweises" nach DIN 18 800 Teil 7, Ausgabe Mai 1983, Abschnitt 6.3, herangezogen werden.

6.2.1.2 Schweißaufsicht

Der im Rahmen des „Großen Eignungsnachweises" des Betriebes mit der Schweißaufsicht beauftragte Schweißfachingenieur muß die Anforderungen nach DIN 8563 Teil 2 erfüllen und zusätzlich nach DIN 15 018 Teil 1 (Ausgabe 11.84), davon namentlich die Einteilung der Kranarten in Beanspruchungsgruppen nach Tabelle 23 und die Zusammenhänge zwischen Nahtgüten und Kerbfällen nach Tabellen 25 bis 32, beherrschen und beachten. Der Schweißfachingenieur eines Unterlieferbetriebes muß ebenfalls ausreichende Kenntnisse über die Zusammenhänge zwischen Nahtgüten und Kerbfällen nach DIN 15 018 Teil 1 und Erfahrungen in der baulichen Ausführung von Kran-Stahltragwerken im Sinne der DIN 15 018 Teil 2 besitzen.

6.2.1.3 Schweißer

Die Schweißer müssen nach DIN 8560, Prüfgruppe B II, von den mit der Schweißaufsicht beauftragten Schweißfachingenieuren geprüft sein und überwacht werden. Sofern in tragenden Bauteilen nur Kehlnähte ausgeführt werden, genügt Prüfgruppe B I. Schweißer, die Rohrkonstruktionen schweißen, sind nach Prüfgruppe R I zu prüfen.

6.2.1.4 Zerstörungsfreie Prüfung

Die Betriebe müssen Einrichtungen für zerstörungsfreie Prüfungen entsprechend DIN 15 018 Teil 1 besitzen oder anderweitig benutzen können.

6.2.2 Herstellung

6.2.2.1 Schweißzusatzwerkstoffe

Schweißzusatzwerkstoffe müssen DIN 1913 Teil 1, DIN 8557 Teil 1 und DIN 8559 Teil 1 entsprechen.

6.2.2.2 Art und Güte der Schweißnähte

Die Schweißnähte sind nach Art, Form, Vorbereitung, Bearbeitung und Prüfung in den Fertigungsunterlagen entsprechend DIN 1912, DIN 8551 Teil 1, DIN 8563 Teil 3 und DIN 15 018 Teil 1 zu bezeichnen.

Die den Kerbfällen nach DIN 15 018 Teil 1 zugeordneten Nahtgüten sind einzuhalten.

6.2.2.3 Ausführung

Die Ausführung muß den Fertigungsunterlagen und DIN 18 800 Teil 7, Ausgabe Mai 1983, Abschnitte 3.4.2 und 3.4.3 entsprechen.

6.2.2.4 Reinheit der Oberfläche

Schmutz, Rost, Zunder, Schlacke vom Brennschneiden und Farbe müssen vor dem Schweißen entfernt sein.

Hiervon ausgenommen sind Fertigungsanstriche, die zum Überschweißen geeignet sind.

6.2.2.5 Fertigungsbedingungen

Um fachgerechtes Schweißen zu ermöglichen, sind geeignete Vorkehrungen zum Schutz der Schweißer und der Schweißstellen zu treffen, z. B. Schutz gegen Wind, Regen, Schnee und besonders gegen Kälte.

Bei niedrigen Temperaturen am Arbeitsplatz sind einwandfreie Schweißbedingungen zu schaffen, z. B. durch Vorwärmen der Teile und Verhindern zu rascher Abkühlung.

6.2.2.6 Schrumpfbehinderung und Abkühlungsgeschwindigkeit
Schrumpfbehinderung und große Abkühlungsgeschwindigkeit sind nach Möglichkeit zu vermeiden; soweit erforderlich, sind die Teile im Bereich der Nähte vorzuwärmen.

6.2.2.7 Zünden an Bauteilen
Der Lichtbogen darf nur in der Nahtfuge gezündet werden.

6.2.2.8 Dicke der Nähte
Die kleinsten Dicken von Kehlnähten nach Bild 1 und K-Stegnähten mit großer Steghöhe c nach Bild 2 sind begrenzt auf den größeren der Werte:

$$a_{min} = \sqrt{max\ t} - 0{,}5\ mm \quad (1)$$
$$a_{min} = 2\ mm \quad (2)$$

Die größte Dicke von Flankenkehlnähten und Nähten nach Bild 2 bei T-Stößen und bei solchen Kreuzstößen, bei denen das durchgehende Blech das dünnere ist $(t_2 < t_1)$, beträgt:

$$a_{max} = 0{,}7 \cdot min\ t \quad (3)$$

Bei den Nähten nach Bild 2 ist einzusetzen:

$$a = a_1 + \frac{t_1 - c}{2} \quad (4)$$

In den Gleichungen (1) bis (4) bedeuten:

a die Nahtdicke in mm

max t die größere } der Blechdicken t_1 oder t_2 in mm
min t die kleinere

c die Steghöhe ohne Einbrand in mm

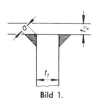

Bild 1.

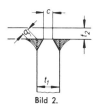

Bild 2.

6.2.3 Stöße von Gurtplatten und Stäben
Gurtplatten und Stäbe sollen rechtwinklig gestoßen werden.

6.2.4 Schweißen in kaltgeformten Bereichen
In kaltgeformten Bereichen darf nur dann geschweißt werden, wenn mindestens die Stahlgütegruppe 2 nach DIN 17100 verwendet wird, die Bauteildicke 8 mm nicht übersteigt und das Verhältnis des Biegeradius r der inneren Rundung zur Blechdicke t nicht kleiner als 1,5 ist.

6.3 Niet- und Schraubverbindungen

6.3.1 Kleinste Niete und Schrauben
Die kleinsten zulässigen Lochdurchmesser und kleinsten zulässigen Gewinde sind in Tabelle 1 angegeben.

6.3.2 Nietarten
In tragenden Bauteilen und wesentlichen Verbindungen sind in der Regel Halbrundniete nach DIN 124 Teil 1 und DIN 660, in Sonderfällen Senkniete nach DIN 302, zu verwenden.

6.3.3 Klemmlängen und Schaftlängen
Die größte Klemmlänge für Niete beträgt $s_{max} = 0{,}2 \cdot d^2$. Dabei sind der Lochdurchmesser d und die Klemmlänge s in mm einzusetzen.

Bei Verwendung von Schrauben nach DIN 7990 sind Scheiben nach DIN 7989 zu verwenden und die Schaftlängen so zu wählen, daß das Gewinde nicht in die zu verbindenden Teile reicht. Für HV-Schrauben müssen Scheiben nach DIN 6916, DIN 6917 und DIN 6918 verwendet werden.

6.3.4 Paßschrauben
Die Passung von Paßschrauben muß bei Schwellspannungen in den Bauteilen H 11/h 11, bei Wechselspannungen in den Bauteilen H 11/k 6 oder kleiner sein.

6.3.5 Rohe Schrauben
Rohe Schrauben dürfen zur Kraftübertragung nur für untergeordnete Bauteile verwendet werden.

6.3.6 Lochabstände
Die Grenzwerte der Lochabstände sind in Tabelle 3 enthalten.

6.3.7 Herstellen von Löchern
Löcher in tragenden Teilen sind zu bohren.

6.3.8 Anzahl der Niete und Schrauben
In Anschlüssen und Stößen müssen mindestens 2 Niete oder Schrauben angeordnet sein. Für ein Querschnittsteil dürfen in Kraftrichtung höchstens 5 Niete, Paßschrauben oder rohe Schrauben hintereinander je Reihe angeordnet sein.

6.3.9 Mittelbare Deckung
Bei mittelbarer Deckung über m Zwischenlagen ist die Anzahl n' der Niete oder Schrauben, nicht aber Schrauben für HV-Verbindungen, gegenüber der bei unmittelbarer Deckung rechnerisch erforderlichen Anzahl n zu erhöhen auf

$$n' = n(1 + 0{,}3 \cdot m)$$

6.3.10 Schraubensicherungen
Schrauben und Muttern sind gegen Lösen zu sichern. Bei HV-Schrauben gilt die Vorspannung als Sicherung.

7 Schienen- und Schienenbefestigungen

7.1 Schweißverfahren und Schweißbedingungen
Beim Schweißen der Schienen müssen Schweißverfahren und Schweißbedingungen den Eigenschaften des Schienenwerkstoffes entsprechen.

7.2 Stumpfschweißungen
Stumpfschweißungen müssen den ganzen Querschnitt erfassen.

7.3 Schubfest verbundene Schienen
Ist in der Berechnung schubfeste Verbindung der Schienen mit dem Schienenträger vorausgesetzt, dann müssen die Schienen mit entsprechenden Verbindungsmitteln angeschlossen werden. Niete dürfen hierfür nicht verwendet werden.

7.4 Nicht schubfest verbundene Schienen
Bei Schienen, die mit dem Schienenträger nicht schubfest verbunden sind, ist das Wandern zu begrenzen. Bei Kranen der Beanspruchungsgruppe B 4 bis B 6 sind Schleißunterlagen vorzusehen.

Tabelle 3. Lochabstände

Lfd. Nr	Art der Mittenabstände von Niet- oder Schraubenlöchern [1])		Mittenabstand max. [1])		min.
1	Endabstand in Kraftrichtung		4 d	8 t	2 d
2	Randabstand senkrecht zur Kraftrichtung		4 d	8 t [2])	1,5 d
3	Abstand in tragenden Bauteilen und wesentlichen Verbindungen		6 d	12 t	
4	Abstand in tragenden Bauteilen mit Druckspannungen	Spannungen in Nieten und Schrauben unter 50 % der zulässigen Werte	7 d	14 t	3 d
5	Abstand in tragenden Bauteilen mit Zugspannungen		8 d	16 t	
6	Abstand in untergeordneten Bauteilen	von Kranen im Freien	10 d	50 √t	
7		von Kranen in geschlossenen Hallen	15 d	75 √t	

d Lochdurchmesser
t Kleinere Dicke der außenliegenden Teile

In breiten Bauteilen mit mehr als zwei Niet- oder Schraubenreihen sind die äußeren Reihen nach obigen Regeln anzuordnen. In den inneren Reihen sind die doppelten Abstände zulässig; siehe Bild 3.

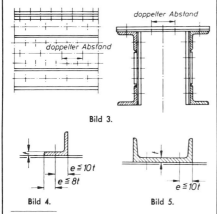

Bild 3.

Bild 4.   Bild 5.

[1]) Der kleinere Wert ist maßgebend.
[2]) Bei Stab- und Formstählen darf am versteiften Rand der Randabstand 10 t betragen; siehe Bilder 4 und 5.

8 Korrosionsschutz

8.1 Allgemeines

Alle Bauteile sind ausreichend gegen Korrosion zu schützen, sofern nicht der Korrosionsschutz durch die verwendete Stahlsorte gegeben ist. Es ist ein den Korrosionsbedingungen entsprechendes Anstrichsystem (Oberflächenvorbereitung, Grundierung, Verträglichkeit der Stoffe, Schichtdicke, zeitlicher Ablauf) zu wählen (siehe DIN 18 364 und DIN 55 928) oder ein anderes Schutzsystem (z. B. Metallüberzüge). Die Erneuerung des Korrosionsschutzes von Krantragwerken ist wegen fest angebauter mechanischer und elektrischer Ausrüstungsteile schwierig und kann zur Beschädigung dieser Teile führen. Deshalb ist der erstmalige Korrosionsschutz besonders sorgfältig durchzuführen.

Die Oberflächenvorbereitung und der erste Grundanstrich sind im allgemeinen im Herstellerwerk vorzunehmen. Bei Transport und Aufstellung sind Schäden am Grundanstrich möglichst zu vermeiden; etwaige Schäden sind auszubessern.

Für den Korrosionsschutz von Seilen ist auch Abschnitt 9.1 zu beachten.

8.2 Besondere Maßnahmen
8.2.1 Außenflächen

Die Mindestabstände der Tabelle 2 sind einzuhalten, damit der Korrosionsschutz leicht aufgebracht und unterhalten werden kann.

8.2.2 Innenflächen in Hohlbauteilen

a) Luftdicht geschlossene Hohlbauteile, z. B. Kästen oder Rohre, erhalten im Inneren keinen Korrosionsschutz.

b) Geschlossene Hohlbauteile mit Zugang, der in der Regel durch einen Mannloch- oder Handlochdeckel dicht verschlossen ist, benötigen im Inneren im allgemeinen ebenfalls keinen Korrosionsschutz. Für innen begehbare Bauteile ist im Inneren ein gegenüber dem äußeren Korrosionsschutz vereinfachter Korrosionsschutz zu empfehlen.

c) Hohlbauteile, die einen mit Laschen gedeckten Niet- oder Schraubstoß aufweisen, sind nicht luftdicht und erhalten im Inneren einen Korrosionsschutz aus quellfesten, z. B. bituminösen Anstrichstoffen. Außerdem sind Wasserabflußlöcher von mindestens 25 mm Durchmesser vorzusehen, die so anzuordnen sind, daß in den Hohlraum unter Umständen eingedrungenes Wasser bei allen planmäßig möglichen Lagen des Bauteiles abfließen, aber keines eindringen kann. Bei Kranen in geschlossenen Hallen sind Wasserabflußlöcher unnötig.

8.2.3 Verbindungen mit Nieten

In Nietverbindungen erhalten die sich überdeckenden Flächen der Bauteile vor dem Zusammenbau einen bleifreien Anstrich, z. B. Eisenoxydrot-Zinkoxyd.

8.2.4 Verbindungen mit Paßschrauben oder Schrauben ohne Passung

In Schraubverbindungen — ausgenommen HV-Verbindungen (siehe Abschnitt 8.2.5) — erhalten die sich überdeckenden Flächen der Bauteile vor dem Zusammenbau den gleichen Grundanstrich wie die Außenflächen nach Abschnitt 8.1.

8.2.5 Verbindungen mit HV-Schrauben

HV-Verbindungen sind nach der DASt-Richtlinie 010 zu behandeln.

8.2.6 Fugenabdichtung

In Verbindungen nach den Abschnitten 8.2.3 bis 8.2.5 sind alle Fugen gegen das Eindringen von Feuchtigkeit abzudichten.

8.3 Betonumhüllung

Von Beton teilweise umhüllte Stahlteile sind an ihren Austrittsstellen gegen Witterungseinflüsse zu schützen, z. B. durch Abdichten mit bituminösen Stoffen oder Kunststoffen, wie Polysulfid.

8.4 Andere Korrosionsschutzarten

Schutzsysteme aus Metallüberzügen mit zusätzlichem Anstrich oder ohne solchen sind zulässig, z. B. Feuerverzinkung oder Spritzverzinkung nach DIN 8565. Auch Kunststoffüberzüge dürfen angewendet werden, wenn ihre Eignung nachgewiesen ist.

9 Halte- und Abspannseile
9.1 Seilkonstruktion und Korrosionsschutz

Als Halte- und Abspannseile sind vorzugsweise Drahtseile aus dick-verzinkten oder normal-verzinkten Stahldrähten nach DIN 2078 zu verwenden. Die Seile sind zusätzlich durch mindestens zwei Deckanstriche zu schützen. Vollverschlossene oder offene Spiralseile sollen bevorzugt werden.

Jedes Halte- und Abspannseil soll in der Länge aus einem Stück bestehen.

Parallel geschaltete Seile zum Abspannen eines Bauteiles müssen von gleicher Seilkonstruktion sein.

Bei Kranen, die zum planmäßigen und häufigen Standortwechsel bestimmt und eingerichtet sind, können auch dickverzinkte ein- oder mehrlagige Litzenseile mit Stahleinlage verwendet werden. Die Deckanstriche dürfen dabei entfallen.

9.2 Verankerungen und Verbindungen

Seile sind durch bauliche Maßnahmen, z. B. gelenkigen Anschluß, möglichst biegungsfrei zu verankern. Die Seile müssen im allgemeinen nachspannbar sein, z. B. mit Spannschloß, ohne sie dabei auf Verdrehen zu beanspruchen.

9.3 Seil-Endverbindung

Seile können je nach Konstruktion und Durchmesser mit Seilösen (gespleißt, z. B. nach DIN 83 318 oder verpreßt nach DIN 3093 Teil 1, Teil 2 und Teil 3), gepreßten Stahlhülsen, kegeligen Hülsen (verkeilt oder vergossen) oder mit Seilschloß befestigt werden. Vollverschlossene oder offene Spiralseilenden in Seilschlössern sind gegen Herausziehen zu sichern, wenn sich der Keil bei schlaffem Seil lösen kann. Seilenden in Seilschlössern sind in der Regel nach DIN 3092 zu vergießen. Seil-Endverbindungen mit Knoten sind nicht zulässig. Drahtseilklemmen (z. B. nach DIN 1142) sind nur ausnahmsweise und nur für vorübergehende Verbindung bei sorgfältigster Ausführung und strengster Überwachung zulässig.

9.4 Seilsättel und Poller

Die Mindesthalbmesser von Seilsätteln und Mindestdurchmesser von Pollern nach Tabelle 4 sind einzuhalten.

Tabelle 4. Seilsättel und Poller

Seilaufbau	Mindestwerte	
	Halbmesser von Seilsätteln R	Durchmesser von Pollern D
Vollverschlossene Spiralseile	25 d	—
Offene Spiralseile	20 d	40 d
Litzenseile	15 d	30 d

Seilsättel sollen möglichst eine dem Seildurchmesser d angepaßte Rille haben.

Erläuterungen zur Ausgabe 04.74

Die Norm DIN 120 Teil 1, Ausgabe November 1936, wurde in mehrere Blätter aufgeteilt. Die vorliegende DIN 15018 Teil 2 ergänzt DIN 15018 Teil 1 — Krane, Grundsätze für Stahltragwerke, Berechnung.

Die Grundlagen für die Herstellung von Stahltragwerken und deren Ausführung in Schweiß-, Niet- und Schraubbauweise werden als bekannt vorausgesetzt.

DIN 4100 — Geschweißte Stahlbauten mit vorwiegend ruhender Belastung, Berechnung und bauliche Durchbildung — ist soweit berücksichtigt, wie es für die Krane mit vorwiegend veränderlichen, häufig wiederholten schwellenden oder wechselnden Beanspruchungen angewendet werden darf.

Anwendungsbereich

In den Anwendungsbereich fallen außer Krane und Kranausrüstungen auch fahrbare Tragwerke mit Stetigförderern, jedoch nicht Kranbahnen, Bagger, Wagen-Kipper und Bergwerksmaschinen.

Normen und Richtlinien

Als außerdem zu beachtende Normen und Richtlinien sind solche angegeben, die ohne jeweilige Nennung stets mitgelten und solche, die nur für den im Text genannten Bezug wichtig sind.
Besonders wichtig ist für die Hersteller und Betreiber von Kranen die genaue Kenntnis der Betriebsgruppen und Kerbfälle nach DIN 15018 Teil 1.

Allgemeine Angaben

Die Tragwerke sind so auszubilden, daß ihre Systeme der Berechnung entsprechen.
Als tragend gelten alle Teile und Verbindungen, für die Nachweise nach DIN 15018 Teil 1 geführt werden müssen.
Überhöhungen und andere Vorformen werden nicht auf bestimmte Maße begrenzt. Die Steifigkeiten (Schwingungen) brauchen nur ausgeglichen oder verringert zu werden, weil sonst der Kranbetrieb behindert wäre.

Werkstoffe

In DIN 15018 Teil 1, Ausgabe April 1974, Abschnitt 6.4, sind die verwendbaren Stähle genannt. Die Gütegruppen, Erschmelzungs- und Vergießungsarten der Stähle sind aus DIN 17100 „Allgemeine Baustähle, Gütevorschriften", zu entnehmen.
Für geschweißte Bauteile sind die Stahlsorten nach den „Empfehlungen zur Wahl der Stahlgütegruppen für geschweißte Stahlbauten" des Deutschen Ausschusses für Stahlbau, DASt-Richtlinie 009, zu bestimmen.
Verschiedene Stahlsorten im gleichen Bauteil sind zugelassen. In den übrigen Unterlagen für die Fertigung sind die Stahlsorten genau zu bezeichnen.

Bauteile

Bei der Durchbildung der Bauteile und Verbindungen ist auf gute Herstellbarkeit, Zugänglichkeit und ggf. Schweißbarkeit zu achten. Soweit für Schutz gegen Korrosion (siehe Abschnitt 8) und für Möglichkeiten zu Unterhaltungsarbeiten nicht anderweitig gesorgt wird, sind in der Tabelle 2 Mindestabstände zwischen benachbarten Kanten und Wänden je nach Form und Höhe der Bauteile festgesetzt.
Für Schnittflächen beim Brennschneiden wird ausdrücklich mindestens die Güte II nach DIN 2310 Teil 1 gefordert, mit Ausnahme der Teile nach den Kerbfällen W 01 und W 11, gemäß DIN 15018 Teil 1.

Verbindungen

Alle Verbindungen sollen gedrängt angeordnet werden, wobei die Schwerachsen der Naht-, Niet- oder Schraubgruppen mit den Schwerachsen der Stäbe und Anschlußteile übereinstimmen sollen, damit zusätzliche Spannungen vermieden werden.
Die für die Forderungen an Betriebe, Schweißfachingenieure und Schweißer einzuhaltenden Normen, DIN 8563, DIN 4100, DIN 15018 Teil 1 (wegen der Einteilung der Krane in Betriebsgruppen, Kenntnis der Nahtgüten und der Zusammenhänge mit den Kerbfällen) sind genannt. Die Schweißer müssen der Prüfgruppe B II nach DIN 8560 genügen. Sofern in tragenden Bauteilen nur für Kehlnähte verwendet werden, genügt Prüfgruppe B I. Schweißer, die Rohrkonstruktionen schweißen, sind nach Prüfgruppe R I zu prüfen.
Eine ständige Überwachung der Schweißer durch anerkannte Schweißfachingenieure ist notwendig. Einrichtungen zur zerstörungsfreien Prüfung der Nähte mittels Durchstrahlung, Durchschallung und/oder Durchlüftung müssen vorhanden oder anderweitig benutzbar sein.

Schienen und Schienenbefestigungen

Beim Verschweißen von Schienen sind die Verfahren von Bedingungen auf die besonderen chemischen und mechanischen Eigenschaften des Schienenstahls abzustimmen. Die Schweißungen müssen den ganzen Querschnitt erfassen. Die Schienen können a) „schubfest", b) „nicht schubfest" mit dem Schienenträger verbunden werden.
Im Falle a) dürfen keine Lücken verbleiben werden; im Falle b) ist das Wandern und bei Beanspruchungsgruppen B 4 bis B 6 auch der Verschleiß durch entsprechende Vorrichtungen und Unterlagen zu begrenzen.

Korrosionsschutz

Alle Bauteile sind ausreichend gegen Korrosion zu schützen, sofern nicht der Korrosionsschutz durch die verwendete Stahlsorte gegeben ist.

Halte- und Abspannseile

Vorgeschrieben sind Macharten aus Stahldrähten nach DIN 2078 nach der Art des Korrosionsschutzes, wobei verschlossene Seile oder Spiralseile zu bevorzugen sind. Höchstens bei häufig den Standort wechselnden Kranen, z. B. Turmdrehkranen für den Baubetrieb, dürfen auch stark verzinkte ein- oder mehrlagige Litzenseile mit Stahlseele, notfalls ohne Deckanstrich, verwendet werden. Mehrere zusammenwirkende, parallelgeschaltete Abspannseile müssen gleiche Machart haben.

Zitierte Normen und andere Unterlagen
Siehe Abschnitt 2

Frühere Ausgaben
DIN 120 Teil 2: 11.36
DIN 15018 Teil 2: 04.74

Änderungen
Gegenüber der Ausgabe April 1974 wurden folgende Änderungen vorgenommen:
Die Berichtigungen, wie in den DIN-Mitteilungen 61. 1982, Nr. 8, Seiten 496 bis 498, angekündigt, wurden eingearbeitet.

Abschnitt 2 Normen und Richtlinien
Die zu beachtenden Normen und Richtlinien und jene, auf die im Text hingewiesen wird, wurden auf den neuesten Stand gebracht. Insbesondere sind dies:
DIN 8563 Teil 2 und Teil 3
DIN 17 100
DASt-Richtlinie 009
DASt-Richtlinie 010

Die Maßnormen der mechanischen Verbindungselemente und
DIN 2310 Teil 1 und Teil 3
DIN 6935
DIN 8551 Teil 1
DIN 8557 Teil 1
DIN 8559 Teil 1
DIN 8560
DIN 8565
DIN 18 364
DIN 55 928

Die Hinweise auf die Normen DIN 741, DIN 4100 und DIN 83 315 sind entfallen. (Diese Normen wurden zurückgezogen.)
DIN 1142, DIN 3092 und DIN 3093 Teil 1 bis Teil 3 wurden aufgenommen, da im Text des Abschnittes 9.3 auf diese Normen hingewiesen wird.

DIN 18 800 Teil 7 wurde aufgenommen, da im Text auf deren Abschnitte 3.4.2, 3.4.3, 6.2 und 6.3 hingewiesen wird. (Ersatz der Bezugnahme auf DIN 8563 und DIN 4100 in DIN 15 018 Teil 2, Ausgabe April 1974, Abschnitt 6.2.1.1 und auf DIN 4100 in Abschnitt 6.2.2.3 derselben Norm.)

Abschnitt 4.1 Gütegruppen der Stähle für geschweißte Bauteile
Der zweite Absatz wurde gestrichen. (Die Gütegruppe 1 nach DIN 17 100 ist entfallen.)

**Abschnitt 6.2.1.1 Betriebe und
Abschnitt 6.2.1.2 Schweißaufsicht**
Die Eignung der Betriebe zur Ausführung von Schweißarbeiten wird nach DIN 18 800 Teil 7, Abschnitte 6.2 und 6.3, festgelegt. Dementsprechend unterscheidet man den „Großen Eignungsnachweis" und den „Kleinen Eignungsnachweis"; die Begriffe und Bezugsnormen wurden angepaßt.

Abschnitt 9 Halte- und Abspannseile
Die Begriffe wurden auf den neuesten Stand gebracht.

Erläuterungen zur Folgeausgabe November 1984
Diese Norm wurde im Kurzverfahren entsprechend der Ankündigung in den DIN-Mitteilungen 61. 1982, **Nr. 8,** Seiten 496 bis 498, berichtigt und weitgehend dem neuesten Stand der einschlägigen Normen angepaßt. Hierbei wurden Hinweise und Druckfehler verbessert sowie redaktionelle Änderungen und inhaltliche Klarstellungen vorgenommen.
Stellungnahmen und weitergehende Änderungsvorschläge wurden erörtert und berücksichtigt, sofern im Rahmen des Kurzverfahrens durchführbar.
Die verbleibenden Vorschläge wurden vermerkt und einvernehmlich bis zu der später beabsichtigten inhaltlichen Beratung der Norm zurückgestellt.

Internationale Patentklassifikation
B 66 C 5-02

DK 693.814.014.2   November 1990

Stahlbauten
Bemessung und Konstruktion

DIN
18 800
Teil 1

Steel structures; design and construction   Ersatz für Ausgabe 03.81
Constructions métalliques; calcul et construction

Neben dieser Norm gilt DIN 18 800 Teil 1/03.81 noch bis zum Erscheinen einer europäischen (EN-)Norm über die Bemessung und Konstruktion von Stahlbauten.
Diese Norm wurde im NABau-Fachbereich 08 Stahlbau — Deutscher Ausschuß für Stahlbau e. V. ausgearbeitet.
Mit den vorliegenden neuen Normen der Reihe DIN 18 800 wurde erstmals das Sicherheits- und Bemessungskonzept der im Jahre 1981 vom NABau herausgegebenen „Grundlagen zur Festlegung von Sicherheitsanforderungen an bauliche Anlagen" (GruSiBau) verwirklicht. Darüber hinaus ist auch den laufenden Entwicklungen hinsichtlich der europäischen Vereinheitlichungsbemühungen (Stichwort: EUROCODES) Rechnung getragen worden.
Alle Verweise auf die Normen DIN 18 800 Teil 2 und Teil 3 beziehen sich auf die Ausgabe 11.90.

Inhalt

	Seite
1 Allgemeine Angaben	2
2 Bautechnische Unterlagen	2
3 Begriffe und Formelzeichen	2
3.1 Grundbegriffe	2
3.2 Weitere Begriffe	3
3.3 Häufig verwendete Formelzeichen	3
4 Werkstoffe	4
4.1 Walzstahl und Stahlguß	4
4.2 Verbindungsmittel	6
4.2.1 Schrauben, Niete, Kopf- und Gewindebolzen	6
4.2.2 Schweißzusätze, Schweißhilfsstoffe	7
4.3 Hochfeste Zugglieder	7
4.3.1 Drähte von Seilen	7
4.3.2 End- und Zwischenverankerungen	7
4.3.3 Zugglieder aus Spannstählen	7
4.3.4 Qualitätskontrolle	7
4.3.5 Charakteristische Werte für mechanische Eigenschaften von hochfesten Zuggliedern	7
5 Grundsätze für die Konstruktion	8
5.1 Allgemeine Grundsätze	8
5.2 Verbindungen	9
5.2.1 Allgemeines	9
5.2.2 Schrauben- und Nietverbindungen	9
5.2.3 Schweißverbindungen	11
5.3 Hochfeste Zugglieder	12
5.3.1 Querschnitte	12
5.3.2 Verankerungen	12
5.3.3 Umlenklager und Schellen für Spiralseile	13
5.3.4 Umlenklager und Schellen für Zugglieder aus Spannstählen	14
6 Annahmen für die Einwirkungen	14
7 Nachweise	15
7.1 Erforderliche Nachweise	15
7.2 Berechnung der Beanspruchungen aus den Einwirkungen	15
7.2.1 Einwirkungen	15
7.2.2 Beanspruchungen beim Nachweis der Tragsicherheit	16
7.2.3 Beanspruchungen beim Nachweis der Gebrauchstauglichkeit	17
7.3 Berechnung der Beanspruchbarkeiten aus den Widerstandsgrößen	17

	Seite
7.3.1 Widerstandsgrößen	17
7.3.2 Beanspruchbarkeiten	17
7.4 Nachweisverfahren	17
7.5 Verfahren beim Tragsicherheitsnachweis	20
7.5.1 Abgrenzungskriterien und Detailregelungen	20
7.5.2 Nachweis nach dem Verfahren Elastisch-Elastisch	23
7.5.3 Nachweis nach dem Verfahren Elastisch-Plastisch	26
7.5.4 Nachweis nach dem Verfahren Plastisch-Plastisch	20
7.6 Nachweis der Lagesicherheit	30
7.7 Nachweis der Dauerhaftigkeit	31
8 Beanspruchungen und Beanspruchbarkeiten der Verbindungen	32
8.1 Allgemeine Regeln	32
8.2 Verbindungen mit Schrauben oder Nieten	32
8.2.1 Nachweise der Tragsicherheit	32
8.2.2 Nachweis der Gebrauchstauglichkeit	34
8.2.3 Verformungen	34
8.3 Augenstäbe und Bolzen	35
8.4 Verbindungen mit Schweißnähten	36
8.4.1 Verbindungen mit Lichtbogenschweißen	36
8.4.2 Andere Schweißverfahren	41
8.5 Zusammenwirken verschiedener Verbindungsmittel	42
8.6 Druckübertragung durch Kontakt	42
9 Beanspruchbarkeit hochfester Zugglieder beim Nachweis der Tragsicherheit	42
9.1 Allgemeines	42
9.2 Hochfeste Zugglieder und ihre Verankerungen	42
9.2.1 Tragsicherheitsnachweise	42
9.2.2 Beanspruchbarkeit von hochfesten Zuggliedern	42
9.2.3 Beanspruchbarkeit von Verankerungsköpfen	44
9.3 Umlenklager, Klemmen und Schellen	44
9.3.1 Grenzquerpressung und Teilsicherheitsbeiwert	44
9.3.2 Gleiten	45
Anhang A	45
Zitierte Normen und andere Unterlagen	46
Frühere Ausgaben	48
Änderungen	48
Erläuterungen	49

Fortsetzung Seite 2 bis 49

Diese Neuauflage von DIN 18 800 Teil 1 enthält gegenüber der Erstauflage Druckfehlerberichtigungen, die an den entsprechenden Stellen durch einen Balken am Rand gekennzeichnet sind.

Normenausschuß Bauwesen (NABau) im DIN Deutsches Institut für Normung e.V.

1 Allgemeine Angaben

(101) Anwendungsbereich
Diese Norm ist anzuwenden für die Bemessung und Konstruktion von Stahlbauten.

(102) Mitgeltende Normen
Die anderen Grundnormen der Reihe DIN 18800 sind zu beachten. Für die verschiedenen Anwendungsgebiete sind die entsprechenden Fachnormen zu beachten. In ihnen können zusätzliche oder abweichende Festlegungen getroffen sein.

Anmerkung: Soweit Fachnormen noch nicht an das in dieser Grundnorm verwendete Bemessungskonzept angepaßt sind, kann zur Beurteilung DIN 18800 Teil 1/03.81 herangezogen werden (vergleiche auch Vorbemerkungen).

(103) Anforderungen
Stahlbauten müssen standsicher und gebrauchstauglich sein. Ausreichende räumliche Steifigkeit und Stabilität sind sicherzustellen.

Anmerkung: Standsicherheit wird hier als Oberbegriff für Trag- und Lagesicherheit verwendet.

2 Bautechnische Unterlagen

(201) Nutzungsbedingungen
Die bautechnischen Unterlagen müssen Angaben zu den maßgeblichen Nutzungsbedingungen in einer allgemein verständlichen Form enthalten.

(202) Inhalt
Die bautechnischen Unterlagen müssen den Nachweis ausreichender Standsicherheit und Gebrauchstauglichkeit der baulichen Anlage während des Bau- und Nutzungszeitraumes enthalten.

Anmerkung: Zu den bautechnischen Unterlagen gehören unter anderem die Baubeschreibung, die Statische Berechnung einschließlich der Positionspläne, gegebenenfalls Versuchsberichte zu experimentellen Nachweisen, Zeichnungen mit allen für die Prüfung, Nutzung und Dauerhaftigkeit wesentlichen Angaben, Montage- und Schweißfolgepläne und gegebenenfalls Zulassungsbescheide.

(203) Baubeschreibung
Alle für die Prüfung der Statischen Berechnungen und Zeichnungen wichtigen Angaben sind in die Baubeschreibung aufzunehmen, insbesondere auch solche, die für die Bauausführung wesentlich sind und aus den Nachweisen und Zeichnungen nicht unmittelbar oder nicht vollständig entnommen werden können. Hierzu gehören auch Angaben zum Korrosionsschutz.

(204) Statische Berechnung
In der Statischen Berechnung sind Tragsicherheit und Gebrauchstauglichkeit vollständig, übersichtlich und prüfbar für alle Bauteile und Verbindungen nachzuweisen. Der Nachweis muß in sich geschlossen sein und eindeutige Angaben für die Ausführungszeichnungen enthalten.

(205) Quellenangaben und Herleitungen
Die Herkunft außergewöhnlicher Gleichungen und Berechnungsverfahren ist anzugeben. Sofern Gleichungen und Berechnungsverfahren nicht veröffentlicht sind, sind Voraussetzungen und Ableitungen soweit anzugeben, daß ihre Eignung geprüft werden kann.

(206) Elektronische Rechenprogramme
Für die Verwendung von Rechenprogrammen ist die „Richtlinie für das Aufstellen und Prüfen EDV-unterstützter Standsicherheitsnachweise" zu beachten.

(207) Versuchsberichte
Versuchsberichte müssen Angaben über das Versuchsziel, die Planung, Einrichtung, Durchführung und Auswertung der Versuche in einer Form enthalten, die eine Beurteilung erlaubt und die eine unabhängige Wiederholung der Versuche ermöglicht.

(208) Zeichnungen
In den Zeichnungen sind alle für die Prüfung von bautechnischen Unterlagen sowie für die Bauausführung und -abnahme wichtigen Bauteile eindeutig, vollständig und übersichtlich darzustellen.

Anmerkung: Zur eindeutigen und vollständigen Beschreibung der Bauteile gehören unter anderem
— Werkstoffangaben, wie z.B. Stahlsorte von Bauteilen und Festigkeitsklasse von Schrauben,
— Darstellung und Bemaßung der Systeme und Querschnitte,
— Darstellung der Anschlüsse, z.B. durch Angabe der Lage der Schwerachsen von Stäben zueinander, der Anordnung der Verbindungsmittel und der Stoßteile sowie Angaben zum Lochspiel von Verbindungsmitteln,
— Angaben zur Ausführung, z.B. Vorspannung von Schrauben und Nahtvorbereitung von Schweißnähten,
— Angaben über Besonderheiten, die bei der Montage zu beachten sind und
— Angaben zum Korrosionsschutz.

3 Begriffe und Formelzeichen

3.1 Grundbegriffe

(301) Einwirkungen, Einwirkungsgrößen
Einwirkungen sind Ursachen von Kraft- und Verformungsgrößen im Tragwerk.
Einwirkungsgrößen sind die zur Beschreibung der Einwirkungen verwendeten Größen.

Anmerkung: Einwirkungen sind z.B. Schwerkraft, Wind, Verkehrslast, Temperatur und Stützensenkungen. Siehe hierzu auch Abschnitt 7.2.1, Element 706.

(302) Widerstand, Widerstandsgrößen
Unter Widerstand wird hier der Widerstand eines Tragwerkes, seiner Bauteile und Verbindungen gegen Einwirkungen verstanden.
Widerstandsgrößen sind aus geometrischen Größen und Werkstoffkennwerten abgeleitete Größen; ihre Streuungen sind zu berücksichtigen.
In dieser Norm sind Festigkeiten und Steifigkeiten Widerstandsgrößen.

Anmerkung 1: Vereinfachend werden alle Streuungen des Widerstandes den Festigkeiten und Steifigkeiten zugeordnet, sofern in anderen Normen der Reihe DIN 18800 nichts anderes geregelt ist.

Anmerkung 2: Werkstoffkennwerte sind z.B. die obere Streckgrenze R_{eH} und die Zugfestigkeit R_m.

Anmerkung 3: Festigkeiten und Steifigkeiten beinhalten Werkstoffkennwerte und Querschnittswerte.
Die charakteristischen Werte von Festigkeiten sind auf die Nennwerte der Querschnittswerte bezogene Festigkeiten. Die wichtigsten Festigkeiten

DIN 18 800 Teil 1   Seite 3

sind die Streckgrenze f_y und die Zugfestigkeit f_u, denen die Werkstoffkennwerte obere Streckgrenze R_{eH} und die Zugfestigkeit R_m zugeordnet sind.
Ein Beispiel für eine Steifigkeit ist die Biegesteifigkeit ($E \cdot I$). Sie beinhaltet die streuende Werkstoffkenngröße Elastizitätsmodul und die streuende geometrische Größe Flächenmoment 2. Grades.

(303) Bemessungswerte

Bemessungswerte sind diejenigen Werte der Einwirkungsgrößen und Widerstandsgrößen, die für die Nachweise anzunehmen sind. Sie beschreiben einen Fall ungünstiger Einwirkungen auf Tragwerke mit ungünstigen Eigenschaften. Ungünstigere Fälle sind in der Realität nur mit sehr geringer Wahrscheinlichkeit zu erwarten.
Bemessungswerte werden im allgemeinen durch den Index d gekennzeichnet.
Anmerkung 1: Die Bemessungswerte dieser Norm sind so festgelegt, daß die Nachweise zu der angestrebten Versagenswahrscheinlichkeit führen.
Anmerkung 2: Für statische Berechnungen ist es wichtig, Bemessungswerte von charakteristischen Werten (siehe Element 304) zu unterscheiden, z.B. durch Verwendung der Indizes d (Bemessungswerte) und k (charakteristische Werte).

(304) Charakteristische Werte

Die charakteristischen Werte für Einwirkungsgrößen und Widerstandsgrößen sind die Bezugsgrößen für die Bemessungswerte der Einwirkungsgrößen und Widerstandsgrößen.
Charakteristische Werte werden durch den Index k gekennzeichnet.
Anmerkung: Charakteristische Werte der als streuend anzunehmenden Größen der Einwirkung und des Widerstandes sind nach der dieser Norm zugrundeliegenden Sicherheitstheorie als $p\%$-Fraktilwerte der Verteilungsfunktionen dieser Größen festzulegen, z.B. als 5 %-Fraktile. Damit ließe die Sicherheitstheorie die Berechnung der für die angestrebte Versagenswahrscheinlichkeit erforderlichen Teilsicherheitsbeiwerte zu. Da aus praktischen Gründen zuerst Teilsicherheitsbeiwerte vereinbart wurden, ergeben sich unterschiedliche und von [1] abweichende Werte für p. Aufgrund nicht ausreichender Kenntnisse (Daten) über Einwirkungen und Widerstände sind diese Werte für p teilweise nur angenähert bekannt. Die Absicherung der Festlegungen dieser Norm stützt sich diesbezüglich auf globale Kalibrierung an der bisherigen Erfahrung.

(305) Teilsicherheitsbeiwerte

Die Teilsicherheitsbeiwerte γ_F und γ_M sind die Sicherheitselemente, die die Streuungen der Einwirkungen F und Widerstandsgrößen M berücksichtigen.
Anmerkung 1: Der Teilsicherheitsbeiwert γ_F setzt sich aus folgenden Anteilen zusammen:

$\gamma_F = \gamma_f \cdot \gamma_{f,sys}$

γ_f bezieht sich ausschließlich auf die Einwirkung und setzt z.B. ihre räumliche und zeitliche Streuung ab.

$\gamma_{f,sys}$ berücksichtigt Unsicherheiten im mechanischen und stochastischen Modell und dient z.B. der Erfassung besonderer Systemempfindlichkeiten.

Angaben zur Bestimmung von γ_F können z.B. [1] entnommen werden.

Anmerkung 2: Der Teilsicherheitsbeiwert γ_M setzt sich aus folgenden Anteilen zusammen:

$\gamma_M = \gamma_m \cdot \gamma_{m,sys}$

γ_m berücksichtigt die Streuung der jeweiligen Widerstandsgröße.

$\gamma_{m,sys}$ deckt Ungenauigkeiten im mechanischen Modell zur Berechnung der Beanspruchbarkeiten und Systemempfindlichkeiten ab.

Angaben zur Bestimmung von γ_M können z.B. [1] entnommen werden.

(306) Kombinationsbeiwerte

Die Kombinationsbeiwerte ψ sind die Sicherheitselemente, die die Wahrscheinlichkeit des gleichzeitigen Auftretens veränderlicher Einwirkungen berücksichtigen.

(307) Beanspruchungen

Beanspruchungen S_d sind die von den Bemessungswerten der Einwirkungen F_d verursachten Zustandsgrößen im Tragwerk. Sie werden auch als vorhandene Größen bezeichnet.
Wenn zur Vermeidung von Verwechslungen Beanspruchungen gekennzeichnet werden müssen, ist dafür der Index S,d zu verwenden. Hier wird im folgenden auf eine solche Kennzeichnung der Beanspruchungen verzichtet.
Anmerkung: Beanspruchungen sind z.B. Spannungen, Schnittgrößen, Scherkräfte von Schrauben, Dehnungen und Durchbiegungen.

(308) Grenzzustände

Grenzzustände sind Zustände des Tragwerkes, die den Bereich der Beanspruchung, in dem das Tragwerk tragsicher bzw. gebrauchstauglich ist, begrenzen. Grenzzustände können auch auf Bauteile, Querschnitte, Werkstoffe und Verbindungsmittel bezogen sein.

(309) Beanspruchbarkeiten

Beanspruchbarkeiten R_d sind die zu Grenzzuständen gehörenden Zustandsgrößen des Tragwerkes. Sie sind mit den Bemessungswerten der Widerstandsgrößen M_d zu berechnen und werden auch als Grenzgrößen bezeichnet.
Wenn zur Vermeidung von Verwechslungen Beanspruchbarkeiten zu kennzeichnen sind, ist dafür im allgemeinen der Index R,d zu verwenden.
Wenn keine Verwechslungen mit Beanspruchungen möglich sind, darf der Index R entfallen.
Anmerkung: Beanspruchbarkeiten sind z.B. Grenzspannungen, Grenzschnittgrößen, Grenzabscherkräfte von Schrauben und Grenzdehnungen.

3.2 Weitere Begriffe

(310) Weitere Begriffe werden im Normtext erläutert.

3.3 Häufig verwendete Formelzeichen

(311) Koordinaten, Verschiebungs- und Schnittgrößen, Spannungen sowie Imperfektionen

x Stabachse

y, z Hauptachsen des Querschnitts
Die Zeichen sind bei einteiligen Stäben so gewählt, daß $I_y \geq I_z$ ist.

u, v, w Verschiebungen in Richtung der Achsen x, y, z

N Normalkraft, als Zug positiv

M_y, M_z Biegemomente

M_x Torsionsmoment

V_y, V_z Querkräfte

σ Normalspannung

τ Schubspannung
$\Delta\sigma$ Spannungsschwingbreite
φ_0 Stabdrehwinkel des vorverformten (imperfekten) Tragwerks im einwirkungslosen Zustand

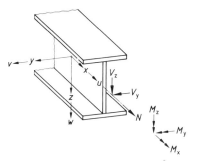

Bild 1. Koordinaten, Verschiebungs- und Schnittgrößen

Anmerkung: Das Formelzeichen V für Querkraft anstelle von Q wird in Übereinstimmung mit internationalen Regelwerken, z.B. ISO 3898 : 1987, gewählt.

(312) Physikalische Kenngrößen, Festigkeiten
E Elastizitätsmodul (E-Modul)
G Schubmodul
α_T lineare Temperaturdehnzahl
f_y Streckgrenze
f_u Zugfestigkeit
μ Reibungszahl

(313) Querschnittsgrößen
t Erzeugnisdicke, Blechdicke
b Breite von Querschnittsteilen
A Querschnittsfläche
A_{Steg} Stegfläche, nach Abschnitt 7.5.2, Element 752
S Statisches Moment
I Flächenmoment 2. Grades (früher: Trägheitsmoment)
W elastisches Widerstandsmoment
N_{pl} Normalkraft im vollplastischen Zustand
M_{pl} Biegemoment im vollplastischen Zustand
M_{el} Biegemoment, bei dem die Spannung σ_x an der ungünstigsten Stelle des Querschnitts f_y erreicht

$\alpha_{pl} = \dfrac{M_{pl}}{M_{el}}$ plastischer Formbeiwert

V_{pl} Querkraft im vollplastischen Zustand
d Durchmesser
d_L Lochdurchmesser
d_{Sch} Schaftdurchmesser
Δd Nennlochspiel
a rechnerische Schweißnahtdicke

Anmerkung: Die Benennung „vollplastischer Zustand" bezieht sich auf die volle Ausnutzung der Plastizität. In Sonderfällen (z.B. Winkel-, U-Profile) können hierbei elastische Restquerschnitte vorhanden sein, vgl. z.B. [7].

(314) Systemgrößen
l Systemlänge eines Stabes
N_{Ki} Normalkraft unter der kleinsten Verzweigungslast nach der Elastizitätstheorie, als Druck positiv

$s_K = \sqrt{\dfrac{\pi^2 (E \cdot I)}{N_{Ki}}}$ zu N_{Ki} gehörende Knicklänge eines Stabes

(315) Einwirkungen, Widerstandsgrößen und Sicherheitselemente
F Einwirkung (allgemeines Formelzeichen)
G ständige Einwirkung
Q veränderliche Einwirkung
F_A außergewöhnliche Einwirkung
F_E Erddruck
M Widerstandsgröße (allgemeines Formelzeichen)
γ_F Teilsicherheitsbeiwert für die Einwirkungen
γ_M Teilsicherheitsbeiwert für die Widerstandsgrößen
ψ Kombinationsbeiwert für Einwirkungen
S_d Beanspruchung (allgemeines Formelzeichen)
R_d Beanspruchbarkeit (allgemeines Formelzeichen)

Anmerkung: Die Formelzeichen sind zum Teil aus der englischen Sprache abgeleitet: z.B. Force, Stress, Resistance, design.

(316) Nebenzeichen
Index k charakteristischer Wert einer Größe
Index d Bemessungswert einer Größe
Index R,d Beanspruchbarkeit
Index S,d Beanspruchung
Index w Schweißen
Index b Schrauben, Niete, Bolzen
vers vorangestelltes Nebenzeichen zur Kennzeichnung eines Versuchswertes

Anmerkung 1: Nebenzeichen sind zum Teil aus der englischen Sprache abgeleitet: z.B. **w**eld, **b**olt.

Anmerkung 2: Diese Nebenzeichen sind zu verwenden, wenn die Gefahr von Verwechselungen besteht.

Anmerkung 3: Es ist z.B. $f_{u,b}$ die Zugfestigkeit eines Schraubenwerkstoffes.

4 Werkstoffe
4.1 Walzstahl und Stahlguß
(401) Übliche Stahlsorten
Es sind folgende Stahlsorten zu verwenden:
1. Von den allgemeinen Baustählen nach DIN 17100 die Stahlsorten St 37-2, USt 37-2, RSt 37-2, St 37-3 und St 52-3, entsprechende Stahlsorten für kaltgefertigte geschweißte quadratische und rechteckige Rohre (Hohlprofile) nach DIN 17119 sowie für geschweißte bzw. nahtlose kreisförmige Rohre nach DIN 17120 bzw. DIN 17121.
2. Von den schweißgeeigneten Feinkornbaustählen nach DIN 17102 die Stahlsorten StE 355, WStE 355, TStE 355 und EStE 355, entsprechende Stahlsorten für quadratische und rechteckige Rohre (Hohlprofile) nach DIN 17125 sowie für geschweißte bzw. nahtlose kreisförmige Rohre nach DIN 17123 bzw. DIN 17124.
3. Stahlguß GS-52 nach DIN 1681 und GS-20 Mn 5 nach DIN 17182 sowie Vergütungsstahl C 35 N nach DIN 17200 für stählerne Lager, Gelenke und Sonderbauteile.

(402) Andere Stahlsorten

Andere als in Element 401 genannte Stahlsorten dürfen nur verwendet werden, wenn

- die chemische Zusammensetzung, die mechanischen Eigenschaften und die Schweißeignung in den Lieferbedingungen des Stahlherstellers festgelegt sind und diese Eigenschaften einer der in Element 401 genannten Stahlsorten zugeordnet werden können oder
- sie in den Fachnormen vollständig beschrieben und hinsichtlich ihrer Verwendung geregelt sind oder
- ihre Brauchbarkeit auf andere Weise nachgewiesen worden ist.

Anmerkung 1: Die Einschränkungen bei der Wahl des Nachweisverfahrens nach Abschnitt 7.4, Element 726, sind zu beachten.

Anmerkung 2: Die Brauchbarkeit kann z.B. durch eine allgemeine bauaufsichtliche Zulassung oder Zustimmung im Einzelfall nachgewiesen werden.

(403) Stahlauswahl

Die Stahlsorten sind entsprechend dem vorgesehenen Verwendungszweck und ihrer Schweißeignung auszuwählen.

Die „Empfehlungen zur Wahl der Stahlgütegruppen für geschweißte Stahlbauten" (DASt-Richtlinie 009) und „Empfehlungen zum Vermeiden von Terrassenbrüchen in geschweißten Konstruktionen aus Baustahl" (DASt-Richtlinie 014) dürfen für die Wahl der Werkstoffgüte herangezogen werden.

(404) Bescheinigungen

Für die verwendeten Erzeugnisse müssen Bescheinigungen nach DIN 50049 vorliegen.

Für nicht geschweißte Konstruktionen aus Stahl der Sorten St 37-2, USt 37-2, RSt 37-2 und St 37-3 und für untergeordnete Bauteile darf hierauf verzichtet werden, wenn die Beanspruchungen nach der Elastizitätstheorie ermittelt werden.

Werden die Beanspruchungen nach der Plastizitätstheorie ermittelt, sind die Werkstoffeigenschaften mindestens durch ein Werksprüfzeugnis zu belegen.

Für Blech und Breitflachstahl in geschweißten Bauteilen mit Dicken über 30 mm, die im Bereich der Schweißnähte auf Zug beansprucht werden, muß der Aufschweißbiegeversuch nach SEP 1390 durchgeführt und durch ein Abnahmeprüfzeugnis belegt sein.

Anmerkung: SEP : Stahl-Eisen-Prüfblatt

(405) Charakteristische Werte für Walzstahl und Stahlguß

Bei der Ermittlung von Beanspruchungen und Beanspruchbarkeiten sind für Walzstahl und Stahlguß die in Tabelle 1 angegebenen charakteristischen Werte zu verwenden.

Die Veränderung der charakteristischen Werte in Abhängigkeit von der Temperatur ist bei Temperaturen über 100 °C zu berücksichtigen.

Tabelle 1. Als charakteristische Werte für Walzstahl und Stahlguß festgelegte Werte

	1	2	3	4	5	6	7
	Stahl	Erzeugnisdicke t^*) mm	Streckgrenze $f_{y,k}$ N/mm²	Zugfestigkeit $f_{u,k}$ N/mm²	E-Modul E N/mm²	Schubmodul G N/mm²	Temperaturdehnzahl α_T K⁻¹
1	Baustahl St 37-2 USt 37-2	$t \leq 40$	240	360	210 000	81 000	$12 \cdot 10^{-6}$
2	R St 37-2 St 37-3	$40 < t \leq 80$	215				
3	Baustahl	$t \leq 40$	360	510			
4	St 52-3	$40 < t \leq 80$	325				
5	Feinkornbaustahl StE 355	$t \leq 40$	360	510			
6	WStE 355 TStE 355 EStE 355	$40 < t \leq 80$	325				
7	Stahlguß GS-52		260	520			
8	GS-20 Mn 5	$t \leq 100$	260	500			
9	Vergütungsstahl	$t \leq 16$	300	480			
10	C 35 N	$16 < t \leq 80$	270				

*) Für die Erzeugnisdicke werden in Normen für Walzprofile auch andere Formelzeichen verwendet, z.B. in den Normen der Reihe DIN 1025 s für den Steg.

Anmerkung: Vergleiche hierzu auch Abschnitt 7.3.1, Element 718.

4.2 Verbindungsmittel

4.2.1 Schrauben, Niete, Kopf- und Gewindebolzen

(406) Schrauben, Muttern, Scheiben
Es sind Schrauben der Festigkeitsklassen 4.6, 5.6, 8.8 und 10.9 nach DIN ISO 898 Teil 1, zugehörige Muttern der Festigkeitsklassen 4, 5, 8 und 10 nach DIN ISO 898 Teil 2 und Scheiben, die mindestens die Festigkeit der Schrauben haben, zu verwenden.

(407) Verzinkte Schrauben
Es sind nur komplette Garnituren (Schrauben, Muttern und Scheiben) eines Herstellers zu verwenden.
Feuerverzinkte Schrauben der Festigkeitsklassen 8.8 und 10.9 sowie zugehörige Muttern und Scheiben dürfen nur verwendet werden, wenn sie vom Schraubenhersteller im Eigenbetrieb oder unter seiner Verantwortung im Fremdbetrieb verzinkt wurden.
Andere metallische Korrosionsschutzüberzüge dürfen verwendet werden, wenn
— die Verträglichkeit mit dem Stahl gesichert ist und
— eine wasserstoffinduzierte Versprödung vermieden wird und
— ein adäquates Anziehverhalten nachgewiesen wird.

Anmerkung 1: Ein anderer metallischer Korrosionsschutzüberzug ist z. B. die galvanische Verzinkung.

Anmerkung 2: Zur Vermeidung wasserstoffinduzierter Versprödung siehe auch DIN 267 Teil 9.

(408) Charakteristische Werte für Schraubenwerkstoffe
Bei der Ermittlung der Beanspruchbarkeiten von Schraubenverbindungen sind für die Schraubenwerkstoffe die in Tabelle 2 angegebenen charakteristischen Werte zu verwenden.

Tabelle 2. Als charakteristische Werte für Schraubenwerkstoffe festgelegte Werte

	1	2	3
	Festigkeitsklasse	Streckgrenze $f_{y,b,k}$ N/mm²	Zugfestigkeit $f_{u,b,k}$ N/mm²
1	4.6	240	400
2	5.6	300	500
3	8.8	640	800
4	10.9	900	1000

Anmerkung: Vergleiche hierzu auch Abschnitt 7.3.1, Element 718.

(409) Niete
Es sind Niete der Stahlsorten USt 36 und RSt 38 nach DIN 17111 zu verwenden.

(410) Charakteristische Werte für Nietwerkstoffe
Bei der Ermittlung der Beanspruchbarkeiten von Nietverbindungen sind für die Nietwerkstoffe die in Tabelle 3 angegebenen charakteristischen Werte zu verwenden.

Tabelle 3. Als charakteristische Werte für Nietwerkstoffe festgelegte Werte

	1	2	3
	Werkstoff	Streckgrenze $f_{y,b,k}$ N/mm²	Zugfestigkeit $f_{u,b,k}$ N/mm²
1	USt 36	205	330
2	RSt 38	225	370

Anmerkung: Vergleiche hierzu auch Abschnitt 7.3.1, Element 718.

(411) Kopf- und Gewindebolzen
Es sind Kopf- und Gewindebolzen nach Tabelle 4 zu verwenden.
Bei der Ermittlung der Beanspruchbarkeiten von Verbindungen mit Kopf- und Gewindebolzen sind für die Bolzenwerkstoffe die in Tabelle 4 angegebenen charakteristischen Werte zu verwenden.

Tabelle 4. Als charakteristische Werte für Werkstoffe von Kopf- und Gewindebolzen festgelegte Werte

	1		2	3
	Bolzen		Streckgrenze $f_{y,b,k}$ N/mm²	Zugfestigkeit $f_{u,b,k}$ N/mm²
		d in mm		
1	nach DIN 32500 Teil 1 Festigkeitsklasse 4.8		320	400
2	nach DIN 32500 Teil 3 mit der chemischen Zusammensetzung des St 37-3 nach DIN 17100		350	450
3	aus St 37-2, St 37-3 nach DIN 17100	$d \leq 40$	240	360
		$40 < d \leq 80$	215	
4	aus St 52-3 nach DIN 17100	$d \leq 40$	360	510
		$40 < d \leq 80$	325	

Anmerkung: Vergleiche hierzu auch Abschnitt 7.3.1, Element 718.

(412) Bescheinigungen über Schrauben, Niete und Bolzen
Für Schrauben der Festigkeitsklassen 8.8 und 10.9 sowie Muttern der Festigkeitsklassen 8 und 10 muß durch laufende Abschreibungen des Herstellerwerkes nachgewiesen sein, daß die Anforderungen hinsichtlich der mechanischen Eigenschaften, Oberflächenbeschaffenheit, Maße und Anziehverhalten für diese Schrauben erfüllt sind. Dieses muß unter anderem durch ein Werkszeugnis nach DIN 50049 belegt sein.

Schrauben der anderen Festigkeitsklassen und Niete müssen nach DIN ISO 898 Teil 1 und Teil 2 geprüft sein. **Auf die Vorlage einer Bescheinigung hierüber darf verzichtet werden.**

Für Kopf- und Gewindebolzen sind die mechanischen Eigenschaften durch eine Bescheinigung nach DIN 50049, mindestens durch ein Werkszeugnis zu belegen.

(413) Andere dornartige Verbindungsmittel
Für die Verwendung von Verbindungsmitteln aus anderen als den zuvor genannten Werkstoffen gelten Abschnitt 4.1, Element 402, und Abschnitt 4.2.1, Element 412, sinngemäß.

4.2.2 Schweißzusätze, Schweißhilfsstoffe
(414) Es dürfen nur Schweißzusätze und Schweißhilfsstoffe verwendet werden, die nach den „Rahmenbedingungen für die Zulassung von Schweißzusätzen und Schweißhilfsstoffen für den bauaufsichtlichen Bereich" zugelassen[1]) sind.
Anmerkung: Schweißhilfsstoffe sind z.B. Schweißpulver und Schutzgase.

4.3 Hochfeste Zugglieder
4.3.1 Drähte von Seilen
(415) Für Drähte von Seilen sind Qualitätsstähle nach DIN 17140 Teil 1 oder nichtrostende Stähle nach DIN 17440 zu verwenden.

4.3.2 End- und Zwischenverankerungen
(416) Verankerungsköpfe
Für Verankerungsköpfe sind Stahlguß nach DIN 1681, DIN 17182 und SEW 685 oder geschmiedeter Stahl nach DIN 17100, DIN 17103 oder DIN 17200 zu verwenden.
Anmerkung: SEW: Stahl-Eisen-Werkstoffblätter

(417) Verankerungen mit Verguß
Für Vergußverankerungen sind
— metallische Vergüsse nach DIN 3092 Teil 1 oder
— Kunststoffe nach ISO Report TR 7596 oder
— Kugel-Epoxidharz-Verguß nach Element 418
zu verwenden.

(418) Verankerung mit Kugel-Epoxidharz-Verguß
Die Druckfestigkeit $f_{D,k}$ und die Biegezugfestigkeit $f_{B,k}$ des Kugel-Epoxidharz-Vergusses, gemessen an Prismen 4 cm × 4 cm × 16 cm nach DIN 1164 Teil 2, muß nach 48 Stunden sein:
$$f_{D,k} \geq 100 \text{ N/mm}^2 \quad (1)$$
$$f_{B,k} \geq 40 \text{ N/mm}^2 \quad (2)$$
Anmerkung: In DIN 1164 Teil 2 werden die Festigkeiten mit dem Formelzeichen β bezeichnet.

(419) Kauschen
Für Kauschen sind die in DIN 3090 und DIN 3091 angegebenen Werkstoffe zu verwenden.

(420) Reibschluß-Verankerungen
Für reibschlüssige Verbindungen sind für Seilklemmen und Kabelschellen Werkstoffe nach DIN 1142, DIN 1681, DIN 17100, DIN 17103, DIN 17200 oder SEW 685 sowie für Preßklemmen Aluminium-Knetlegierungen nach DIN 3093 Teil 1 oder Stähle nach DIN 3095 Teil 1 zu verwenden.

4.3.3 Zugglieder aus Spannstählen
(421) Für Spanndrähte, Spannlitzen und Spannstähle sind die in den allgemeinen bauaufsichtlichen Zulassungen genannten Werkstoffe zu verwenden.

4.3.4 Qualitätskontrolle
(422) Bescheinigung
Die Eigenschaften der verwendeten Werkstoffe sind durch eine Bescheinigung nach DIN 50049, mindestens durch ein Werkszeugnis, zu belegen.

(423) Verankerungsköpfe
Jeder Verankerungskopf ist durch Magnetpulverprüfung auf Oberflächenfehler zu prüfen. Für die äußere Beschaffenheit gelten als höchstzulässige Anzeigenmerkmale die Gütestufe DIN 1690 — MS 3 und für eventuell vorhandene Gabelbereiche DIN 1690 — MS 2.
Köpfe aus Stahlguß sind außerdem einer Ultraschallprüfung zu unterziehen. Für die innere Beschaffenheit gilt als höchstzulässiges Anzeigemerkmal die Gütestufe DIN 1690 — UV 2.
Fertigungsschweißungen nach DIN 1690 Teil 1 und Teil 2 sind erlaubt.

(424) Zugglieder aus Spannstählen
Für die Qualitätskontrolle gelten die Angaben in den entsprechenden allgemeinen bauaufsichtlichen Zulassungen.

4.3.5 Charakteristische Werte für mechanische Eigenschaften von hochfesten Zuggliedern
(425) Festigkeiten von Drähten
Als charakteristische Werte der 0,2-Grenze $f_{0,2}$ und der Zugfestigkeit f_u sind die Nennwerte nach DIN 3051 Teil 4 zu verwenden.
Der charakteristische Wert $f_{u,k}$ der Zugfestigkeit soll 1770 N/mm^2 nicht überschreiten. Alle Drähte eines Zuggliedes sollen den gleichen charakteristischen Wert der Zugfestigkeit haben.

(426) Dehnsteifigkeit
Die Dehnsteifigkeit von hochfesten Zuggliedern ist im allgemeinen durch Versuche zu bestimmen.
Bei der Bestimmung des Verformungsmoduls von Seilen ist zu beachten, daß sich an kurzen Versuchsseilen — Probenmaß ≤ 10facher Schlaglänge — ein geringeres Kriechmaß als bei langen Seilen ergibt.
Falls keine genaueren Werte bekannt sind, darf dieser Effekt bei der Ablängung von Spiralseilen durch eine zusätzliche Verkürzung von 0,15 mm/m berücksichtigt werden.
Anmerkung 1: Die Dehnsteifigkeit ist das Produkt von Verformungsmodul und metallischem Querschnitt. Anhaltswerte für die Verformungsmoduln von hochfesten Zuggliedern aus Stahl nach DIN 17140 Teil 1 können Bild 2 und Tabelle 5 entnommen werden.
Anmerkung 2: Die in Tabelle 5 angegebenen Verformungsmoduln E_Q gelten nach mehrmaligem Be- und Entlasten zwischen 30% und 40% der rechnerischen Bruchkraft.
Anmerkung 3: Da nichtvorgereckte Seile bei Erstbelastung außer elastischen auch bleibende Dehnungen haben, kann es vorteilhaft sein, diese Seile vor oder nach dem Einbau bis höchstens 0,45 $f_{u,k}$ zu recken.

---
[1]) Die amtliche Zulassungsstelle ist das Bundesbahn-Zentralamt Minden. (Die DS 920 01 „Verzeichnis der von der Deutschen Bundesbahn zugelassenen Schweißzusätze, Schweißhilfsstoffe und Hilfsmittel für das Lichtbogen- und Gasschmelzschweißen" kann bei der Drucksachenzentrale der Deutschen Bundesbahn, Stuttgarter Str. 61 a, 7500 Karlsruhe 1, bezogen werden.)

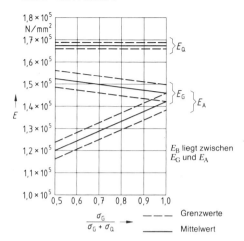

Bild 2. Anhaltswerte für die Verformungsmoduln vollverschlossener, nichtvorgereckter Spiralseile aus Stählen nach DIN 17 140 Teil 1

In Bild 2 bedeuten:
E_G Verformungsmodul nach erstmaliger Belastung bis σ_G
E_Q Verformungsmodul im Bereich veränderlicher Einwirkungen
E_A Verformungsmodul maßgebend für das Ablängen
E_B Verformungsmodul während der Bauzustände
σ_G Beanspruchung aus ständigen Einwirkungen
σ_Q Beanspruchung aus veränderlichen Einwirkungen
Voraussetzung für die Verformungsmoduln nach Bild 2 sind:
— die Schlaglänge ist etwa gleich dem 10fachen Durchmesser der jeweiligen Lage;
— die Grundspannung ist 40 N/mm².

Die Grundspannung beim Ablängen entspricht der Unterlast in den Ablängversuchen, bei der die Seile keine Welligkeit mehr aufweisen und der Seilverband praktisch geschlossen ist (untere Grenzlast des elastischen Bereichs).

(427) Berechnungsannahme für die Dehnsteifigkeit
Wenn die durch Versuche an dem zum Einbau bestimmten Zugglied festgestellte Dehnsteifigkeit mehr als 10 % von dem der Berechnung zugrunde gelegten Wert abweicht, ist dies zu berücksichtigen.

(428) Temperaturdehnzahl
Die Temperaturdehnzahl für Zugglieder aus Stählen nach DIN 17 140 Teil 1 ist

$$\alpha_T = 12 \cdot 10^{-6} K^{-1} \quad (3)$$

Die Werte für nichtrostende Stähle sind DIN 17 440 zu entnehmen.

(429) Reibungszahlen
Für die Reibung zwischen vollverschlossenen Spiralseilen untereinander sowie zwischen vollverschlossenen Spiralseilen und Stahl (Seilklemmen, Kabelschellen,

Tabelle 5. Anhaltswerte für den Verformungsmodul E_Q im Bereich veränderlicher Einwirkungen von hochfesten Zuggliedern

1	2	3	4
	Hochfestes Zugglied nach Element 523		E_Q N/mm²
1	Offene Spiralseile		$0{,}15 \cdot 10^6$
2	Vollverschlossene Spiralseile		$0{,}17 \cdot 10^6$
	Rundlitzenseile mit Stahleinlage		
	Mindestseildurchmesser mm	Anzahl der Außenlitzen	Drahtanzahl je Außenlitze
3	7	6	6 bis 8	$0{,}12 \cdot 10^6$
	8	8	6 bis 8	$0{,}11 \cdot 10^6$
	17	6	15 bis 26	$0{,}11 \cdot 10^6$
	19	8	15 bis 26	$0{,}10 \cdot 10^6$
	23	6	27 bis 49	$0{,}10 \cdot 10^6$
	30	8	27 bis 49	$0{,}09 \cdot 10^6$
	25	6	50 bis 75	$0{,}10 \cdot 10^6$
	32	8	50 bis 75	$0{,}09 \cdot 10^6$
4	Bündel aus parallelen Spanndrähten und -stäben		$0{,}20 \cdot 10^6$
5	Bündel aus parallelen Spannlitzen		$0{,}19 \cdot 10^6$

Umlenklager oder ähnlichen Bauteilen) ist eine Reibungszahl $\mu = 0{,}1$ anzusetzen, falls nicht durch Versuche ein anderer Wert nachgewiesen wird.
Für alle anderen hochfesten Zugglieder sind die Reibungszahlen durch Versuche zu bestimmen.

5 Grundsätze für die Konstruktion
5.1 Allgemeine Grundsätze
(501) Mindestdicken
Die Mindestdicken sind den Fachnormen zu entnehmen.

(502) Verschiedene Stahlsorten
Die Verwendung verschiedener Stahlsorten in einem Tragwerk und in einem Querschnitt ist zulässig.

(503) Krafteinleitungen
Es ist zu prüfen, ob im Bereich von Krafteinleitungen oder -umlenkungen, an Knicken, Krümmungen und Ausschnitten konstruktive Maßnahmen erforderlich sind.
Bei geschweißten Profilen und Walzprofilen mit I-förmigem Querschnitt dürfen Kräfte ohne Aussteifungen eingeleitet werden, wenn
— der Betriebsfestigkeitsnachweis nicht maßgebend ist und
— der Trägerquerschnitt gegen Verdrehen und seitliches Ausweichen gesichert ist und
— der Tragsicherheitsnachweis nach Abschnitt 7.5.1, Element 744, geführt wird.
Anmerkung: Ein Beispiel für konstruktive Maßnahmen ist die Anordnung von Steifen.

5.2 Verbindungen

5.2.1 Allgemeines

(504) Stöße und Anschlüsse

Stöße und Anschlüsse sollen gedrungen ausgebildet werden. Unmittelbare und symmetrische Stoßdeckung ist anzustreben.

Die einzelnen Querschnittsteile sollen für sich angeschlossen oder gestoßen werden.

Knotenbleche dürfen zur Stoßdeckung herangezogen werden, wenn ihre Funktion als Stoß- und als Knotenblech berücksichtigt wird.

Anmerkung: Querschnittsteile sind z.B. Flansche oder Stege.

(505) Kontaktstoß

Wenn Kräfte aus druckbeanspruchten Querschnitten oder Querschnittsteilen durch Kontakt übertragen werden, müssen
- die Stoßflächen der in den Kontaktfugen aufeinandertreffenden Teile eben und zueinander parallel und
- lokale Instabilitäten infolge herstellungsbedingter Imperfektionen ausgeschlossen oder unschädlich sein und
- die gegenseitige Lage der miteinander zu stoßenden Teile nach Abschnitt 8.6, Element 837, gesichert sein.

Bei Kontaktstößen, deren Lage durch Schweißnähte gesichert wird, darf der Luftspalt nicht größer als 0,5 mm sein.

Anmerkung 1: Herstellungsbedingte Imperfektionen können z.B. Versatz oder Unebenheiten sein. Lokale Instabilitäten können insbesondere bei dünnwandigen Bauteilen auftreten, siehe z.B. [2], [3].

Anmerkung 2: Die Anforderung an die Begrenzung des Luftspaltes gilt z.B. für den Anschluß druckbeanspruchter Flansche an Stirnplatten.

5.2.2 Schrauben- und Nietverbindungen

(506) Schraubenverbindungen

Die Ausführungsformen für Schraubenverbindungen sind nach Tabelle 6 zu unterscheiden.

Für planmäßig vorgespannte Verbindungen sind Schrauben der Festigkeitsklassen 8.8 oder 10.9 zu verwenden.

Gleitfeste Verbindungen mit Schrauben der Festigkeitsklasse 8.8 und 10.9 sind planmäßig vorzuspannen; die Reibflächen sind nach DIN 18800 Teil 7 vorzubehandeln.

Zugbeanspruchte Verbindungen mit Schrauben der Festigkeitsklassen 8.8 oder 10.9 sind planmäßig vorzuspannen.

Auf planmäßiges Vorspannen darf verzichtet werden, wenn Verformungen (Klaffungen) beim Tragsicherheitsnachweis berücksichtigt werden und im Gebrauchszustand in Kauf genommen werden können.

Anmerkung 1: GV-Verbindungen sichern die Formschlüssigkeit der Verbindungen bis zur Grenzgleitkraft, SLP-, SLVP- und GVP-Verbindungen bis zur Grenzabscher- bzw. Grenzlochleibungskraft.

Anmerkung 2: Planmäßiges Vorspannen von zugbeanspruchten Verbindungen (z.B. von überstehenden Stirnplatten-Verbindungen) verhindert das Klaffen der Verbindung unter den Einwirkungen für den Gebrauchstauglichkeitsnachweis. Dadurch wird auch die Betriebsfestigkeit der Verbindung erhöht.

Anmerkung 3: In der Literatur werden GV- und GVP-Verbindungen auch als gleitfeste vorgespannte Verbindungen bezeichnet, siehe z.B. [4].

Tabelle 6. Ausführungsformen von Schraubenverbindungen

	1	2	3	4
	Nennlochspiel $\Delta d = d_L - d_{Sch}$ mm	nicht planmäßig vorgespannt	planmäßig vorgespannt ohne gleitfeste Reibfläche	planmäßig vorgespannt mit gleitfester Reibfläche
1	$0{,}3 < \Delta d \leq 2{,}0^*)$	SL	SLV	GV
2	$\Delta d \leq 0{,}3$	SLP	SLVP	GVP

SL	Scher-Lochleibungsverbindungen
SLP	Scher-Lochleibungs-Paßverbindungen
SLV	planmäßig vorgespannte Scher-Lochleibungsverbindungen
SLVP	planmäßig vorgespannte Scher-Lochleibungs-Paßverbindungen
GV	gleitfeste planmäßig vorgespannte Verbindungen
GVP	gleitfeste planmäßig vorgespannte Paßverbindungen

*) Der Größtwert des Nennlochspiels Δd in Verbindungen mit Senkschrauben beträgt im Bauteil mit dem Senkkopf $\Delta d = 1{,}0$ mm.

(507) Schrauben, Muttern und Unterlegscheiben

Schrauben nach DIN 7990, Paßschrauben nach DIN 7968 und Senkschrauben nach DIN 7969 sind mit Muttern nach DIN 555 und gegebenenfalls mit Unterlegscheiben nach DIN 7989 oder mit Keilscheiben nach DIN 434 bzw. DIN 435 zu verwenden.

Schrauben nach DIN 6914 und Paßschrauben nach DIN 7999 sind mit Muttern nach DIN 6915 und Unterlegscheiben nach DIN 6916 bis DIN 6918 zu verwenden.

Bei hochfesten Schrauben sind Unterlegscheiben kopf- und mutterseitig anzuordnen.

Auf die kopfseitige Unterlegscheibe darf bei nicht planmäßig vorgespannten hochfesten Schrauben verzichtet werden, wenn das Nennlochspiel 2 mm beträgt.

Die Auflageflächen am Bauteil dürfen planmäßig nicht mehr als 2 % gegen die Auflageflächen von Schraubenkopf und Mutter geneigt sein.

Anmerkung 1: Als nicht planmäßig vorgespannt gelten Schrauben bzw. Verbindungen, wenn die Schrauben entsprechend der gängigen Montagepraxis ohne Kontrolle des Anziehmomentes angezogen werden.

Anmerkung 2: Größere Neigungen können z.B. durch Keilscheiben ausgeglichen werden.

(508) Niete

Für Nietverbindungen sind Halbrundniete nach DIN 124 oder Senkniete nach DIN 302 zu verwenden.

(509) Zugkräfte in Nieten

Planmäßige Zugkräfte in Nieten infolge von Einwirkungen sollen vermieden werden.

(510) Mittelbare Stoßdeckung

Bei mittelbarer Stoßdeckung über m Zwischenlagen zwischen der Stoßlasche und dem zu stoßenden Teil ist die Anzahl der Schrauben oder Niete gegenüber der bei unmittelbarer Deckung rechnerisch erforderlichen Anzahl n auf $n' = n(1 + 0{,}3\,m)$ zu erhöhen (siehe Bild 3).

In GVP-Verbindungen darf auf ein Erhöhen der Schraubenanzahl verzichtet werden.

} 2 Zwischenlagen

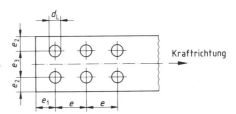

Kraftrichtung

Bild 3. Erhöhung der Anzahl der Verbindungsmittel bei mittelbarer Stoßdeckung

(511) Endanschlüsse zusätzlicher Gurtplatten mit Schrauben oder Nieten

Wenn der Einfluß des Schlupfes im Nachweis nicht berücksichtigt wird, darf das Lochspiel geschraubter Endanschlüsse zusätzlicher Gurtplatten von Vollwandträgern höchstens 1 mm betragen.

Die Endanschlüsse sind mit der größten Querkraft zwischen dem Gurtplattenende und dem Querschnitt mit der größten Beanspruchung zu bemessen.

Ist die rechnerisch erforderliche Anschlußlänge größer als dieser Bereich, so ist die Gurtplatte über den rechnerischen Anschlußpunkt hinauszuziehen; ist sie kleiner, so ist die Gurtplatte in dem übrigen Bereich konstruktiv anzuschließen.

(512) Futter

Stoßteile dürfen in Verbindungen höchstens um 2 mm verzogen sein.

Futterstücke von mehr als 6 mm Dicke sind als Zwischenlagen nach Element 510 zu behandeln, wenn sie nicht mit mindestens einer Schrauben- bzw. Nietreihe oder durch entsprechende Schweißnähte vorgebunden werden.

Für GVP-Verbindungen darf auf das Vorbinden verzichtet werden.

(513) Schrauben- und Nietabstände

Für die Abstände von Schrauben und Nieten gilt Tabelle 7. Dabei ist t die Dicke des dünnsten der außenliegenden Teile der Verbindung.

Bei Anschlüssen mit mehr als 2 Lochreihen in und rechtwinklig zur Kraftrichtung brauchen die größten Lochabstände e und e_3 nach Tabelle 7, Zeile 5 nur für die äußeren Reihen eingehalten zu werden.

Wenn ein freier Rand z.B. durch die Profilform versteift wird, darf der maximale Randabstand $8\,t$ betragen.

Bild 4. Randabstände e_1 und e_2 und Lochabstände e und e_3

Anmerkung 1: Die Abstände werden von Lochmitte aus gemessen.

Anmerkung 2: Die Beanspruchbarkeit auf Lochleibung ist von den gewählten Rand- und Lochabständen abhängig. Die größtmögliche, rechnerisch nutzbare Beanspruchbarkeit wird nach Abschnitt 8.2.1.2, Element 805, mit den in Tabelle 8 angegebenen Rand- und Lochabständen erreicht. Für die Mindestabstände nach Tabelle 7 beträgt die Beanspruchbarkeit nur etwa die Hälfte der größtmöglichen Werte.

Tabelle 8. **Rand- und Lochabstände, für die die größtmögliche Beanspruchbarkeit auf Lochleibung erreicht wird**

Abstand	e_1	e_2	e	e_3
	$3{,}0 \cdot d_L$	$1{,}5 \cdot d_L$	$3{,}5 \cdot d_L$	$3{,}0 \cdot d_L$

Anmerkung 3:

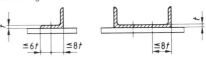

Bild 5. Beispiele für die Versteifung freier Ränder im Bereich von Stößen und Anschlüssen

Anmerkung 4: Ausreichender Korrosionsschutz kann z.B. durch planmäßiges Vorspannen biegesteifer Stirnplattenverbindungen oder durch Abdichten der Fugen erreicht werden.

Tabelle 7. **Rand- und Lochabstände von Schrauben und Nieten**

	1	2	3	4	5	6
1		Randabstände			Lochabstände	
2	Kleinster Randabstand	In Kraftrichtung e_1	$1{,}2\,d_L$	Kleinster Lochabstand	In Kraftrichtung e	$2{,}2\,d_L$
3		Rechtwinklig zur Kraftrichtung e_2	$1{,}2\,d_L$		Rechtwinklig zur Kraftrichtung e_3	$2{,}4\,d_L$
4	Größter Randabstand	In und rechtwinklig zur Kraftrichtung e_1 bzw. e_2	$3\,d_L$ oder $6\,t$	Größter Lochabstand, e bzw. e_3	Zur Sicherung gegen lokales Beulen	$6\,d_L$ oder $12\,t$
5					wenn lokale Beulgefahr nicht besteht	$10\,d_L$ oder $20\,t$
Bei gestanzten Löchern sind die kleinsten Randabstände $1{,}5\,d_L$, die kleinsten Lochabstände $3{,}0\,d_L$. Die Rand- und Lochabstände nach Zeile 5 dürfen vergrößert werden, wenn durch besondere Maßnahmen ein ausreichender Korrosionsschutz sichergestellt ist.						

DIN 18800 Teil 1 Seite 11

5.2.3 Schweißverbindungen
(514) Allgemeine Grundsätze
Die Bauteile und ihre Verbindungen müssen schweißgerecht konstruiert werden, Anhäufungen von Schweißnähten sollen vermieden werden.

Anmerkung: Für die Stahlauswahl siehe Abschnitt 4.1, Element 403.

(515) Stumpfstoß von Querschnittsteilen verschiedener Dicken
Wechselt an Stumpfstößen von Querschnittsteilen die Dicke, so sind bei Dickenunterschieden von mehr als 10 mm die vorstehenden Kanten im Verhältnis 1 : 1 oder flacher zu brechen.

Anmerkung:

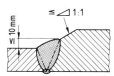

a) Einseitig bündiger Stoß

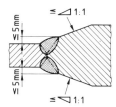

b) Zentrischer Stoß
Bild 6. Beispiele für das Brechen von Kanten bei Stumpfstößen von Querschnittsteilen mit verschiedenen Dicken

(516) Obere Begrenzung von Gurtplattendicken
Gurtplatten, die mit Schweißverbindungen angeschlossen oder gestoßen werden, sollen nicht dicker sein als 50 mm. Gurtplatten von mehr als 50 mm Dicke dürfen verwendet werden, wenn ihre einwandfreie Verarbeitung durch entsprechende Maßnahmen sichergestellt ist.

Anmerkung: Entsprechende Maßnahmen siehe DIN 18800 Teil 7/05.83, Abschnitt 3.4.3.6.

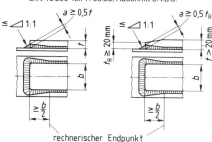

a) b)
Bild 7. Vorbinden zusätzlicher Gurtplatten

(517) Geschweißte Endanschlüsse zusätzlicher Gurtplatten
Sofern kein Nachweis für den Gurtplattenanschluß geführt wird, ist die zusätzliche Gurtplatte nach Bild 7 a) vorzubinden.

Bei Gurtplatten mit $t > 20$ mm darf der Endanschluß nach Bild 7 b) ausgeführt werden.

(518) Gurtplattenstöße
Wenn aufeinanderliegende Gurtplatten an derselben Stelle gestoßen werden, ist der Stoß mit Stirnfugennähten vorzubereiten.

Anmerkung:

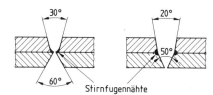

Bild 8. Beispiele für die Nahtvorbereitung eines Stumpfstoßes aufeinanderliegender Gurtplatten

(519) Grenzwerte für Kehlnahtdicken
Bei Querschnittsteilen mit Dicken $t \geq 3$ mm sollen folgende Grenzwerte für die Schweißnahtdicke a von Kehlnähten eingehalten werden:

$$2 \text{ mm} \leq a \leq 0{,}7 \min t \quad (4)$$

$$a \geq \sqrt{\max t} - 0{,}5 \quad (5)$$

mit a und t in mm.

In Abhängigkeit von den gewählten Schweißbedingungen darf auf die Einhaltung von Bedingung (5) verzichtet werden, jedoch sollte für Blechdicken $t \geq 30$ mm die Schweißnahtdicke mit $a \geq 5$ mm gewählt werden.

Anmerkung: Der Richtwert nach Bedingung (5) vermeidet ein Mißverhältnis von Nahtquerschnitt und verbundenen Querschnittsteilen, siehe auch [5].

(520) Schweißnähte bei besonderer Korrosionsbeanspruchung
Bei besonderer Korrosionsbeanspruchung dürfen unterbrochene Nähte und einseitige nicht durchgeschweißte Nähte nur ausgeführt werden, wenn durch besondere Maßnahmen ein ausreichender Korrosionsschutz sichergestellt ist.

Anmerkung: Besondere Korrosionsbeanspruchung liegt z.B. im Freien vor. Als besondere Maßnahme kann z.B. die Anordnung einer zusätzlichen Beschichtung im Bereich des Spaltes angesehen werden.

(521) Schweißnähte in Hohlkehlen von Walzprofilen
In Hohlkehlen von Walzprofilen aus unberuhigt vergossenen Stählen sind Schweißnähte in Längsrichtung nicht zulässig.

(522) Schweißen in kaltgeformten Bereichen
Wenn in kaltgeformten Bereichen einschließlich der angrenzenden Bereiche der Breite $5\ t$ geschweißt wird, sind die Grenzwerte min r/t nach Tabelle 9 einzuhalten. Zwischen den Werten der Zeilen 1 bis 5 darf linear interpoliert werden.

Die Werte der Umformgrade nach Tabelle 9 brauchen nicht eingehalten zu werden, wenn kaltgeformte Teile vor dem Schweißen normalgeglüht werden.

Tabelle 9. **Grenzwerte min (r/t) für das Schweißen in kaltgeformten Bereichen**

	1	2	3
	max t mm	min (r/t)	
1	50	10	
2	24	3	
3	12	2	
4	8	1,5	
5	4*)	1	
6	< 4*)	1	
*) Für Bauteile aus St 37-3 darf dieser Wert auf 6 mm erhöht werden.			

5.3 Hochfeste Zugglieder
5.3.1 Querschnitte
(523) Einteilung

Folgende hochfeste Zugglieder werden unterschieden:
a) Seile
— Offene Spiralseile; sie bestehen nur aus Runddrähten.
— Vollverschlossene Spiralseile; sie bestehen in der äußeren Lage oder den äußeren Lagen aus Formdrähten und in den inneren Lagen aus Runddrähten.
— Rundlitzenseile; sie bestehen aus einer oder mehreren Lagen von Litzen.
b) Zugglieder aus Spannstählen; Bündel aus parallel zur Bündelachse verlaufenden
— Spanndrähten,
— Spannlitzen,
— Spannstäben.
Anmerkung:

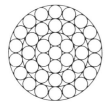 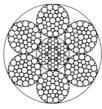 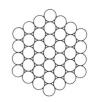

Offenes Spiralseil   Vollverschlossenes Spiralseil   Rundlitzenseil   Bündel aus parallelen Spanndrähten, -litzen oder -stäben

Bild 9. Beispiele für hochfeste Zugglieder

(524) **Grenzen für Drahtdurchmesser**
Der Drahtdurchmesser d und die Formdrahthöhe h für Drähte von Seilen nach DIN 779 sind zu begrenzen auf

$0,7 \text{ mm} \leq d \leq 7,0 \text{ mm}$ und   (6)

$3,0 \text{ mm} \leq h \leq 7,0 \text{ mm}$.   (7)

Für Zugglieder aus Spannstählen gelten die allgemeinen bauaufsichtlichen Zulassungen.

5.3.2 Verankerungen
(525) **Arten**

Seile sind mit Vergußverankerungen, Kauschen und Klemmen oder anderen Verankerungen nach Element 527 anzuschließen.
Für die Verankerungen von Zuggliedern aus Spannstählen gelten die allgemeinen bauaufsichtlichen Zulassungen.
Anmerkung 1: Die Art der Verankerung richtet sich nach der Art und dem Durchmesser der gewählten Zugglieder, nach der anschließenden Konstruktion und nach den möglichen Verformungen, z.B. infolge Windschwingungen.
Anmerkung 2: Die äußere Form der Verankerungen kann z.B. durch die Montage- oder die Spannvorrichtungen bestimmt sein, siehe z.B. DIN 83313.
Anmerkung 3: Anhaltswerte für die Abmessungen üblicher Vergußverankerungen sind in Bild 10 angegeben.

Paralleldrahtbündel und Parallellitzenbündel

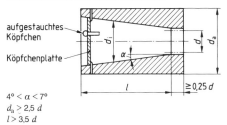

aufgestauchtes Köpfchen
Köpfchenplatte

$4° < \alpha < 7°$
$d_a > 2,5\ d$
$l > 3,5\ d$
d Durchmesser des Bündels ohne Korrosionsschutz

Seile mit $d > 40$ mm

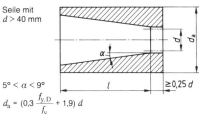

$5° < \alpha < 9°$
$d_a = (0,3\ \dfrac{f_{y,D}}{f_y} + 1,9)\ d$
l 5 d bzw. 50 $d_D < l < 7\ d$ bei Drahtseilen mit weniger als 50 Drähten
d Seilnenndurchmesser
d_D größter Drahtdurchmesser ≤ 7 mm (bei Formdrähten die Profilhöhe)
$f_{y,D}$ Streckgrenze der Drähte
f_y Streckgrenze der Verankerungsköpfe

Bild 10. Anhaltswerte für die Abmessungen zylindrischer Verankerungsköpfe

(526) **Kauschen und Klemmen**
Wenn offene Spiralseile oder Rundlitzenseile mit Kauschen und Klemmen verankert werden sollen, müssen die Seile ausreichend biegsam sein.
Es sind Kauschen nach DIN 3090 oder DIN 3091 zu verwenden.

Das um die Kausche gelegte Seilende muß durch
— flämische Augen mit Stahlpreßklemmen nach DIN 3095 Teil 2 oder
— Preßklemmen aus Aluminium-Knetlegierungen nach DIN 3093 Teil 2 oder
— Drahtseilklemmen nach DIN 1142
befestigt werden.
Bei offenen Spiralseilen sind mindestens 2 Preßklemmen nach DIN 3093 Teil 2 anzuordnen, oder es ist die nach DIN 1142/01.82 erforderliche Anzahl der Klemmen um eins zu erhöhen.
Zur Verankerung von vollverschlossenen Spiralseilen dürfen Kauschen und Klemmen nicht verwendet werden.
Preßklemmen und Drahtseilklemmen dürfen für Gleichschlagseile nicht verwendet werden.

(527) **Andere Verankerungen**
Die Eignung anderer Verankerungen ist durch Versuche nachzuweisen.
Anmerkung: Andere Verankerungen sind z.B. Preßklemmen aus Stahl, Seilschlösser, Spleißungen, Endlosseile oder Abspannspiralen.

5.3.3 Umlenklager und Schellen für Spiralseile
(528) **Umlenklager**
Der Radius der Auflagerfläche von Umlenklagern muß mindestens gleich dem 30fachen Seildurchmesser sein. Wenn eine formtreue Lagerung des Seiles auf einer Breite von mindestens 60% des Seildurchmessers und einer Weichmetalleinlage oder Spritzverzinkung von mindestens 1 mm Dicke vorhanden ist, darf der Radius auf das 20fache des Seildurchmessers verringert werden.
Kleinere Krümmungsradien dürfen verwendet werden, wenn die Umlenklänge l_2 nach Bild 11 ein ganzzahliges Vielfaches der Schlaglänge ist, wenn der Durchmesser bzw. die Höhe des Einzeldrahtes $\leq 0,005\ r$ ist und die Bruchkraft des gekrümmten Seiles durch mindestens einen Versuch einer von der Bauaufsicht anerkannten Prüfstelle mit Prüfstücken, die der Ausführung im Bauwerk entsprechen, nachgewiesen ist.

Die Bogenlänge l_1 des Umlenklagers nach Bild 11 muß $l_1 \geq 1,06\ l_2$ betragen.

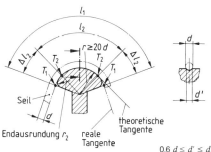

Bild 11. Endausrundung von Umlenklagern

Die Radien r_2 der Endausrundungen der Auflagerfläche, die innerhalb der Bogenlänge l_1 liegen können, müssen mindestens 20 mm betragen.
Die Lage der beiden Punkte T_2 nach Bild 11 ist für die jeweils ungünstigsten Lastfälle zu ermitteln, wobei die Bewegung des Lagers und der Durchhang des vollverschlossenen Spiralseils zu berücksichtigen sind.
Bei Kabeln aus mehreren vollverschlossenen Spiralseilen ist die Auflagerfläche der Querschnittsform anzupassen; wo es erforderlich ist, sind zum Übertragen der Querpressungen Formstücke vorzusehen.

Anmerkung 1: Die hier angegebenen geometrischen Verhältnisse stellen sicher, daß die Grenzzugkraft des umgelenkten Seiles um nicht mehr als 3% unter der des geraden Seiles liegt.

Anmerkung 2: Die Verschiebung der Punkte T_2 in Richtung auf T_1 ergibt sich aufgrund der Einschnürung des Spiralseiles im Lagerbereich infolge der Querpressung zu $\Delta l_2 = 0,03\ l_2$. Daraus folgt $l_1 \geq l_2 + 2\ \Delta l_2 = 1,06\ l_2$.

(529) **Schellen**
Seil- und Kabelschellen sind im allgemeinen auszufuttern. Für Spreizschellen ist diese Festlegung sinngemäß zu beachten. Die Eignung der gewählten Konstruktion ist durch Versuche nachzuweisen.

Seite 14   DIN 18 800 Teil 1

Schellen sind so auszubilden, daß die Seile formtreu gepreßt werden, wobei lokale Spannungsspitzen zwischen Schelle und Seil und scharfe Kanten zu vermeiden sind. Trotzdem ist die Querpressung möglichst hoch zu wählen bzw. der Übergangsbereich zur freien Seilstrecke so kurz wie möglich zu halten.

Anmerkung 1: Das Ausfuttern ist im allgemeinen notwendig, um die erforderliche Reibung zwischen Seil oder Kabel und Schelle zu erreichen, damit ein Wandern oder Rutschen vermieden wird.

Anmerkung 2: Spannungsspitzen können den Drahtverband stören, scharfe Kanten die metallische Schutzschicht zerstören und große Biegebeanspruchungen im Draht hervorrufen.

Anmerkung 3: Kurze Schellen werden gefordert, um die Relativbewegungen zwischen Draht und Schelle infolge von Spannungsänderungen kleinzuhalten.

5.3.4 Umlenklager und Schellen für Zugglieder aus Spannstählen

(530) Die Eignung der gewählten konstruktiven Ausbildung von Umlenklagern und Schellen für Zugglieder aus Spannstählen ist durch Versuche nachzuweisen.

6 Annahmen für die Einwirkungen

(601) **Charakteristische Werte**

Als charakteristische Werte der Einwirkungen gelten die Werte der einschlägigen Normen über Lastannahmen.

Für Einwirkungen, die nicht oder nicht vollständig in Normen angegeben sind, müssen entsprechende charakteristische Werte festgelegt werden. Diese sind als $p\%$-Fraktile der Verteilungen der Einwirkungen für einen vorgesehenen Bezugszeitraum festzulegen. Reichen die dafür erforderlichen statistischen Daten nicht aus, sind Schätzwerte für die Fraktilwerte anzunehmen.

Anmerkung: Zu den festzulegenden charakteristischen Werten von Einwirkungen gehören z.B. die von Lasten in Bauzuständen, z.B. aus Montagegerät.

(602) **Eigenlast von Seilen und Zuggliedern aus Spannstählen**

Der charakteristische Wert der Eigenlast von Seilen und Zuggliedern aus Spannstählen ist

$$g_k = A_m \cdot w \quad (8)$$

mit
A_m metallischer Querschnitt in mm^2
w Eigenlastfaktor nach Tabelle 10 in kN/(m · mm^2)

A_m darf nach Gleichung (9) berechnet werden.

$$A_m = \frac{\pi \, d^2}{4} f \quad (9)$$

mit
f Füllfaktor nach Tabelle 10
d Seil- oder Bündeldurchmesser in mm

Anmerkung: Der Eigenlastfaktor w ist ein Rechenwert, der außer dem Gewichtsanteil der Drähte auch die Gewichtsanteile des Korrosionsschutzes berücksichtigt.

Tabelle 10.   **Eigenlast- und Füllfaktoren**

1	2	3	4	5	6	7	8	9
	Füllfaktor f							Eigenlastfaktor $w \cdot 10^4$ $\frac{kN}{m \cdot mm^2}$
Seilarten	Runddrahtkern + 1 Lage Profildrähte	Runddrahtkern + 2 Lagen Profildrähte	Runddrahtkern + mehr als 2 Lagen Profildrähte	Anzahl der um den Kerndraht angeordneten Drahtlagen				
				1	2	3 bis 6	> 6	
1 Offene Spiralseile	—	—	—	0,77	0,76	0,75	0,73	0,83
2 Vollverschlossene Spiralseile	0,81	0,84	0,88	—				0,83
3 Rundlitzenseile mit Stahleinlage	—			0,55				0,93
4 Zugglieder aus Spannstählen mit Korrosionsschutz durch Verzinken und Beschichten	—			0,78	0,76	0,75		0,85
5 Zugglieder aus Spannstählen mit Korrosionsschutz mit zementinjiziertem Kunststoffrohr	—			0,60				1,05

7 Nachweise

7.1 Erforderliche Nachweise

(701) Umfang

Die Trag- und die Lagesicherheit sowie die Gebrauchstauglichkeit für das Tragwerk, seine Teile und Verbindungen sowie seiner Lager sind nachzuweisen.

Anmerkung 1: Mit dem Nachweis der Tragsicherheit wird belegt, daß das Tragwerk und seine Teile während der Errichtung und geplanten Nutzung gegen Versagen (Einsturz) ausreichend sicher sind. Dieses setzt voraus, daß während der Nutzung des Bauwerks keine die Standsicherheit beeinträchtigenden Veränderungen, z.B. Korrosion, eintreten können.

Anmerkung 2: Der Nachweis der Lagesicherheit betrifft in der Regel nur Lagerfugen. In vielen Fällen ist von vornherein erkennbar, daß ein solcher Nachweis entbehrlich ist, z.b. für Abheben eines Einfeld-Deckenträgers.

Anmerkung 3: Die Gebrauchstauglichkeit des Bauwerkes kann je nach Anwendungsbereich Beschränkungen, z.B. von Formänderungen oder von Schwingungen, erforderlich machen. Ihr Nachweis kann insbesondere bei Anwendung des Nachweisverfahrens Plastisch-Plastisch bemessungsbestimmend sein.

(702) Allgemeine Anforderungen

Es ist nachzuweisen, daß die Beanspruchungen S_d die Beanspruchbarkeiten R_d nicht überschreiten:

$$S_d / R_d \leq 1 \tag{10}$$

Die Beanspruchungen S_d sind mit den Bemessungswerten der Einwirkungen F_d und gegebenenfalls den Bemessungswerten der Widerstandsgrößen M_d zu bestimmen. Die Beanspruchbarkeiten R_d sind mit den Bemessungswerten der Widerstandsgrößen M_d zu bestimmen.

Anmerkung 1: In Abhängigkeit vom gewählten Nachweisverfahren und den betrachteten Tragwerksteilen können die Nachweise als Spannungsnachweise, Schnittgrößennachweise, Bauteil- oder Tragwerksnachweise geführt werden.

Anmerkung 2: Die Beanspruchungen können auch von Widerstandsgrößen abhängig sein, wie z.B. von den Steifigkeiten bei Zwängungen in statisch unbestimmten Tragwerken.

(703) Grenzzustände für den Nachweis der Tragsicherheit

Die Tragsicherheit ist für einen oder mehrere der folgenden, vom gewählten Nachweisverfahren abhängigen Grenzzustände nachzuweisen:

— Beginn des Fließens
— Durchplastizieren eines Querschnittes
— Ausbilden einer Fließgelenkkette
— Bruch

Weitere Grenzzustände sind gegebenenfalls anderen Grundnormen und Fachnormen zu entnehmen.

Anmerkung 1: Ob die Grenzzustände Biegeknicken, Biegedrillknicken, Platten- oder Schalenbeulen sowie Ermüdung maßgebend sein können, ergibt sich aus Abschnitt 7.5, Elemente 739, 740, 741 und den Tabellen 12, 13 und 14.

Anmerkung 2: Die Nachweisverfahren sind in Abschnitt 7.4, Element 726 mit Tabelle 11, angegeben.

Anmerkung 3: Angelehnt an den allgemeinen Sprachgebrauch werden nebeneinander die Begriffe Fließen und Plastizieren verwendet. In der Regel wird in den rechnerischen Nachweisen von Bauteilen von der Verfestigung kein Gebrauch gemacht.

(704) Grenzzustände für den Nachweis der Gebrauchstauglichkeit

Grenzzustände für den Nachweis der Gebrauchstauglichkeit sind, soweit sie nicht in anderen Grundnormen oder Fachnormen geregelt sind, zu vereinbaren.

(705) Nachweis der Gebrauchstauglichkeit bei Gefährdung von Leib und Leben

Wenn mit dem Verlust der Gebrauchstauglichkeit eine Gefährdung von Leib und Leben verbunden sein kann, gelten für den Nachweis der Gebrauchstauglichkeit die Regeln für den Nachweis der Tragsicherheit.

Anmerkung: Der Nachweis der Gebrauchstauglichkeit, z.B. der Dichtigkeit von Leitungen, ist dann als Tragsicherheitsnachweis zu führen, wenn es sich beim Inhalt der Leitungen z.B. um giftige Gase handelt.

7.2 Berechnung der Beanspruchungen aus den Einwirkungen

7.2.1 Einwirkungen

(706) Einteilung

Die Einwirkungen F sind nach ihrer zeitlichen Veränderlichkeit einzuteilen in

— ständige Einwirkungen G,
— veränderliche Einwirkungen Q und
— außergewöhnliche Einwirkungen F_A.

Wahrscheinliche Baugrundbewegungen sind wie ständige Einwirkungen zu behandeln.

Temperaturänderungen sind in der Regel den veränderlichen Einwirkungen zuzuordnen.

Anmerkung: Außergewöhnliche Einwirkungen sind z.B. Lasten aus Anprall von Fahrzeugen.

(707) Bemessungswerte

Die Bemessungswerte F_d der Einwirkungen sind die mit einem Teilsicherheitsbeiwert γ_F und gegebenenfalls mit einem Kombinationsbeiwert ψ vervielfachten charakteristischen Werte F_k der Einwirkungen:

$$F_d = \gamma_F \cdot \psi \cdot F_k \tag{11}$$

Anmerkung: Die Zahlenwerte für die Teilsicherheitsbeiwerte γ_F und die Kombinationsbeiwerte ψ sind für den Nachweis der Tragsicherheit im Abschnitt 7.2.2 und für den Nachweis der Gebrauchstauglichkeit im Abschnitt 7.2.3 geregelt.

(708) Charakteristische Werte

Die charakteristischen Werte F_k der Einwirkungen F sind nach Abschnitt 6 zu bestimmen.

(709) Dynamische Erhöhung der Einwirkung

Dynamische Erhöhungen der Beanspruchungen sind zu berücksichtigen.

Handelt es sich um eine nichtperiodische Einwirkung, darf sie durch Einwirkungsfaktoren erfaßt werden.

Anmerkung 1: Bei veränderlichen Einwirkungen tritt in Abhängigkeit von der Schnelle der Einwirkungen und der dynamischen Reaktion des Bauwerkes eine Erhöhung der Beanspruchung gegenüber dem statischen Wert ein. Beispiele für Einwirkungsfaktoren sind: Stoßfaktor, Schwingfaktor, Böenreaktionsfaktor; sie können z.B. Fachnormen entnommen werden.

Anmerkung 2: Periodische Einwirkungen erfordern im allgemeinen baudynamische Untersuchungen, insbesondere wenn Bauwerksresonanzen entstehen können.

7.2.2 Beanspruchungen beim Nachweis der Tragsicherheit

(710) Grundkombinationen

Für den Nachweis der Tragsicherheit sind Einwirkungskombinationen aus
- den ständigen Einwirkungen G und **allen** ungünstig wirkenden veränderlichen Einwirkungen Q_i
- den ständigen Einwirkungen G und jeweils **einer** der ungünstig wirkenden veränderlichen Einwirkungen Q_i

zu bilden.

Für die Bemessungswerte der ständigen Einwirkungen G gilt

$$G_d = \gamma_F \cdot G_k \quad (12)$$
mit $\gamma_F = 1{,}35$.

Für die Bemessungswerte der veränderlichen Einwirkungen Q gilt
- bei Berücksichtigung **aller** ungünstig wirkenden veränderlichen Einwirkungen Q_i

$$Q_{i,d} = \gamma_F \cdot \psi_i \cdot Q_{i,k} \quad (13)$$
mit $\gamma_F = 1{,}5$ und $\psi_i = 0{,}9$,
- bei Berücksichtigung nur jeweils **einer** der ungünstig wirkenden veränderlichen Einwirkungen Q_i

$$Q_{i,d} = \gamma_F \cdot Q_{i,k} \quad (14)$$
mit $\gamma_F = 1{,}5$.

Die Definitionen von Einwirkungen Q_i sind den Fachnormen zu entnehmen.

Für 2 und mehr veränderliche Einwirkungen dürfen in Gleichung (13) auch Kombinationsbeiwerte $\psi_i < 0{,}9$ verwendet werden, wenn die Kombinationsbeiwerte zuverlässig ermittelt sind.

Für kontrollierte veränderliche Einwirkungen dürfen in den Gleichungen (13) und (14) kleinere Teilsicherheitsbeiwerte γ_F eingesetzt werden. Sie dürfen jedoch nicht kleiner als 1,35 sein, sofern nicht in Sonderfällen in Fachnormen kleinere Werte angegeben sind.

Anmerkung 1: In den Fachnormen können abweichende Einwirkungskombinationen vereinbart sein.

Anmerkung 2: In den einschlägigen Normen über Lastannahmen werden die Formelzeichen G_k, Q_k und $F_{E,k}$ zur Zeit noch nicht verwendet.

Anmerkung 3: Einwirkungen Q_i können aus mehreren Einzeleinwirkungen bestehen; z.B. sind in der Regel alle vertikalen Verkehrslasten nach DIN 1055 Teil 3 **eine** Einwirkung Q_i.

Anmerkung 4: Untersuchungen zu den Kombinationsbeiwerten ψ_i sind in der Fachliteratur zu finden, z.B. in [6].

Anmerkung 5. Kontrollierte veränderliche Einwirkungen sind solche mit geringer Streuung ihrer Extremwerte, wie z.B. Flüssigkeitslasten in offenen Behältern und betriebsbedingte Temperaturänderungen.

(711) Ständige Einwirkungen, die Beanspruchungen verringern

Wenn ständige Einwirkungen Beanspruchungen aus veränderlichen Einwirkungen verringern, gilt für die Bemessungswert der ständigen Einwirkung

$$G_d = \gamma_F \cdot G_k \quad (15)$$
mit $\gamma_F = 1{,}0$.

Falls die Einwirkung Erddruck die vorhandenen Beanspruchungen verringert, so gilt für den Bemessungswert des Erddruckes

$$F_{E,d} = \gamma_F \cdot F_{E,k} \quad (16)$$
mit $\gamma_F = 0{,}6$.

Anmerkung: Die Regel bezüglich Gleichung (15) gilt z.B. für den Tragsicherheitsnachweis von Dächern bei Windsog oder Unterwind.

(712) Ständige Einwirkungen, von denen Teile Beanspruchungen verringern

Wenn Teile ständiger Einwirkungen Beanspruchungen aus veränderlichen Einwirkungen verringern, sind zusätzlich zu Element 710 Grundkombinationen zu bilden. In Gleichung (12) ist anstelle von $\gamma_F = 1{,}35$ zu setzen
- für die Teile, die diese Beanspruchungen vergrößern $\gamma_F = 1{,}1$,
- für die Teile, die diese Beanspruchungen verringern $\gamma_F = 0{,}9$.

Bei Rahmen und Durchlaufträgern darf auf diese zusätzliche Grundkombination verzichtet werden.

Wenn durch Kontrolle die Unter- bzw. Überschreitung von ständigen Lasten mit hinreichender Zuverlässigkeit ausgeschlossen ist, darf mit $\gamma_F = 1{,}05$ bzw. 0,95 gerechnet werden.

Anmerkung: Diese zusätzlichen Grundkombinationen können nur bei Tragwerken vom Typ Waagebalken maßgebend werden. Bei diesen Tragwerken ergibt sich die Beanspruchung aus ständigen Einwirkungen aus der Differenz der sie vergrößernden und verringernden Einwirkungen.

(713) Erhöhung relativ kleiner Beanspruchung

Ergeben sich lokal vergleichsweise geringe Beanspruchungen, muß geprüft werden, ob sich durch kleine Veränderungen des Systems oder Lastbildes größere Beanspruchungen von solchen mit anderen Vorzeichen ergeben. Gegebenenfalls sind additive Zuschläge zu den Beanspruchungen vorzusehen.

Anmerkung: Beispiele sind Biegemomente in Stößen im Bereich von Momentennullpunkten und kleine Normalkräfte in Fachwerkstäben, bei denen eine Vorzeichenumkehr möglich ist.

(714) Außergewöhnliche Kombinationen

Die Beanspruchungen S_d sind mit den Bemessungswerten $\mathbf{F}_d$ der Einwirkungen zu berechnen. Dafür sind Einwirkungskombinationen aus den ständigen Einwirkungen G, allen ungünstig wirkenden veränderlichen Einwirkungen Q_i und einer außergewöhnlichen Einwirkung F_A zu bilden.

Für die Bemessungswerte gelten dabei für
- ständige Einwirkungen G und veränderliche Einwirkungen Q
  die Gleichungen (12) und (13) jedoch
  mit $\gamma_F = 1{,}0$ und
- die außergewöhnliche Einwirkung F_A

$$F_{A,d} = \gamma_F \cdot F_{A,k} \quad (17)$$
mit $\gamma_F = 1{,}0$.

7.2.3 Beanspruchungen beim Nachweis der Gebrauchstauglichkeit

(715) Vereinbarungen

Teilsicherheitsbeiwerte, Kombinationsbeiwerte und Einwirkungskombinationen für den Nachweis der Gebrauchstauglichkeit sind, soweit sie nicht in anderen Grundnormen oder Fachnormen geregelt sind, zu vereinbaren.

Anmerkung: Der Nachweis der Gebrauchstauglichkeit ist in den meisten Fällen ein Nachweis der Größe der Verformungen. Bei der Verformungsberechnung ist gegebenenfalls auch das plastische Verhalten zu berücksichtigen; dies gilt insbesondere bei Tragwerken, deren Tragsicherheitsnachweis nach dem Verfahren Plastisch-Plastisch (siehe Tabelle 11) geführt wird.

(716) Verlust der Gebrauchstauglichkeit verbunden mit der Gefährdung von Leib und Leben

Wenn der Verlust der Gebrauchstauglichkeit mit einer Gefährdung von Leib und Leben verbunden ist, sind die Beanspruchungen nach Abschnitt 7.2.2 zu berechnen.

7.3 Berechnung der Beanspruchbarkeiten aus den Widerstandsgrößen

7.3.1 Widerstandsgrößen

(717) Bemessungswerte

Die Bemessungswerte M_d der Widerstandsgrößen sind im allgemeinen (Ausnahmen siehe Abschnitt 7.5.4, Element 759) aus den charakteristischen Größen M_k der Widerstandsgrößen durch Dividieren durch den Teilsicherheitsbeiwert γ_M zu berechnen.

$$M_d = M_k / \gamma_M \qquad (18)$$

Anmerkung: Der Nachweis mit den $\gamma_M$fachen Bemessungswerten der Einwirkungen und den charakteristischen Werten der Widerstandsgrößen führt zum gleichen Ergebnis wie der Nachweis mit den Bemessungswerten der Einwirkungen und der Widerstandsgrößen, wenn für alle Widerstandsgrößen derselbe Wert γ_M gilt.

(718) Charakteristische Werte der Festigkeiten

Die charakteristischen Werte der Festigkeiten $f_{y,k}$ und $f_{u,k}$ sind Abschnitt 4 zu entnehmen oder anderenfalls den 5%-Fraktilen der zugeordneten Werkstoffkennwerte R_{eH} und R_m gleichzusetzen.

(719) Charakteristische Werte der Steifigkeiten

Die charakteristischen Werte der Steifigkeiten sind aus den Nennwerten der Querschnittswerte und den charakteristischen Werten für den Elastizitäts- oder den Schubmodul zu berechnen.

Für die in Tabelle 1 aufgeführten Werkstoffe dürfen die dort angegebenen Werte als charakteristische Werte verwendet werden.

(720) Teilsicherheitsbeiwerte γ_M zur Berechnung der Bemessungswerte der Festigkeiten beim Nachweis der Tragsicherheit

Falls in anderen Normen nichts anderes geregelt ist, gilt für den Teilsicherheitsbeiwert

$$\gamma_M = 1{,}1 \qquad (19)$$

(721) Teilsicherheitsbeiwerte γ_M zur Berechnung der Bemessungswerte der Steifigkeiten beim Nachweis der Tragsicherheit

Falls in anderen Normen nichts anderes geregelt ist, gilt für den Teilsicherheitsbeiwert

$$\gamma_M = 1{,}1 \qquad (20)$$

Falls sich eine abgeminderte Steifigkeit weder erhöhend auf die Beanspruchungen noch ermäßigend auf die Beanspruchbarkeiten auswirkt, darf mit

$$\gamma_M = 1{,}0 \qquad (21)$$

gerechnet werden.

Falls nach Abschnitt 7.5.1, Elemente 739 und 740, keine Nachweise der Biegeknick- oder Biegedrillknicksicherheit erforderlich sind, darf immer mit $\gamma_M = 1{,}0$ gerechnet werden.

Anmerkung: Bei der Berechnung von Schnittgrößen aus Zwängungen nach der Elastizitätstheorie würde ein Teilsicherheitsbeiwert $\gamma_M = 1{,}1$ bei der Berechnung der Bemessungswerte der Steifigkeit zu einer Ermäßigung der Zwängungsbeanspruchungen führen. Daher gilt in diesem Fall $\gamma_M = 1{,}0$.

(722) Teilsicherheitsbeiwerte γ_M beim Nachweis der Gebrauchstauglichkeit

Für den Nachweis der Gebrauchstauglichkeit gilt im allgemeinen

$$\gamma_M = 1{,}0, \qquad (22)$$

falls nicht in anderen Grundnormen oder Fachnormen andere Werte festgelegt sind.

(723) Verlust der Gebrauchstauglichkeit, verbunden mit der Gefährdung von Leib und Leben

Wenn der Verlust der Gebrauchstauglichkeit mit einer Gefährdung von Leib und Leben verbunden ist, sind die Beanspruchbarkeiten nach Element 720 zu berechnen.

7.3.2 Beanspruchbarkeiten

(724) Ermittlung der Beanspruchbarkeiten

Die Beanspruchbarkeiten R_d sind aus den Bemessungswerten der Widerstandsgrößen M_d zu berechnen oder durch Versuche zu bestimmen.

Anmerkung: Die Planung, Durchführung und Auswertung von Versuchen setzt besondere Kenntnisse und Erfahrungen voraus, so daß dafür nur qualifizierte und erfahrene Institute in Frage kommen. Vergleiche hierzu auch Abschnitt 2, Element 207.

(725) Einwirkungsunempfindliche Systeme

Falls Beanspruchungen gegen Änderungen von Einwirkungen wenig empfindlich sind, ist die Beanspruchungen mit den 0,9fachen Bemessungswerten der Einwirkungen zu berechnen, und der Tragsicherheitsnachweis ist mit dem Teilsicherheitsbeiwert $\gamma_M = 1{,}2$ zu führen.

Anmerkung 1: Wenn Änderungen bei den Einwirkungen sich auf die Beanspruchungen wenig auswirken, muß zum Erzielen einer ausreichenden Gesamtsicherheit der Teilsicherheitsbeiwert auf der Widerstandsseite erhöht werden.

Anmerkung 2: In weichen Seilsystemen und in Stabsystemen, die seilähnlich wirken, können die Zugkräfte stark unterlinear mit den Einwirkungen zunehmen. Bei vorwiegend biegebeanspruchten Stäben ist dies nicht der Fall.

7.4 Nachweisverfahren

(726) Einteilung der Verfahren

Die Nachweise sind nach einem der drei in Tabelle 11 genannten Verfahren zu führen.

Tabelle 11. Nachweisverfahren, Bezeichnungen

	Nachweisverfahren	Berechnung der Beanspruchungen S_d nach	Berechnung der Beanspruchbarkeiten R_d nach	Geregelt in Abschnitt
1	Elastisch-Elastisch	Elastizitätstheorie	Elastizitätstheorie	7.5.2
2	Elastisch-Plastisch	Elastizitätstheorie	Plastizitätstheorie	7.5.3
3	Plastisch-Plastisch	Plastizitätstheorie	Plastizitätstheorie	7.5.4

Die nachfolgenden Regeln für die Nachweisverfahren Elastisch-Plastisch und Plastisch-Plastisch gelten nur für Baustähle, deren Verhältnis von Zugfestigkeit zu Streckgrenze größer als 1,2 ist.

Anmerkung 1: Üblicherweise wird der Nachweis beim Verfahren
— Elastisch-Elastisch mit Spannungen
— Elastisch-Plastisch mit Schnittgrößen und
— Plastisch-Plastisch mit Einwirkungen oder Schnittgrößen
geführt.

Anmerkung 2: Im Stahlbetonbau werden die drei Nachweisverfahren nach Tabelle 11 auch wie folgt bezeichnet:
Zeile 1 linearelastisch — linearelastisch
Zeile 2 linearelastisch — nichtlinear
Zeile 3 bilinear — nichtlinear

Anmerkung 3: Für die in Abschnitt 4.1, Element 401, Nummer 1 und 2 genannten Stähle ist das Verhältnis von Zugfestigkeit zu Streckgrenze größer als 1,2.

(727) Allgemeine Regeln
Beim Nachweis sind grundsätzlich zu berücksichtigen:
— Tragwerksverformungen (Element 728)
— geometrische Imperfektionen (Elemente 729 ff.)
— Schlupf in Verbindungen (Element 733)
— planmäßige Außermittigkeiten (Element 734)

(728) Tragwerksverformungen
Tragwerksverformungen sind zu berücksichtigen, wenn sie zur Vergrößerung der Beanspruchungen führen.
Bei der Berechnung sind die Gleichgewichtsbedingungen am verformten System aufzustellen (Theorie II. Ordnung). Der Einfluß der sich nach Theorie II. Ordnung ergebenden Verformungen auf das Gleichgewicht darf vernachlässigt werden, wenn der Zuwachs der maßgebenden Schnittgrößen infolge der nach Theorie I. Ordnung ermittelten Verformungen nicht größer als 10 % ist.

Anmerkung: Verformungen können zu einer Vergrößerung der Beanspruchungen führen, wenn durch sie
— Abtriebskräfte entstehen (Theorie II. Ordnung, siehe DIN 18800 Teil 2).
— eine Vergrößerung der planmäßigen Lasten eintritt, z.B. bei Bildung von Schnee- oder Wassersäcken auf Flachdächern.

(729) Geometrische Imperfektionen von Stabwerken
Geometrische Imperfektionen in Form von Vorverdrehungen der Stabachsen gegenüber den planmäßigen Stabachsen sind zu berücksichtigen, wenn sie zur Vergrößerung der Beanspruchung führen.

Vorverdrehungen sind für solche Stäbe und Stabzüge anzunehmen, die am verformten Stabtragwerk Stabdrehwinkel aufweisen können und die durch Druckkräfte beansprucht werden.

Von den möglichen Imperfektionen sind diejenigen anzunehmen, die sich auf die jeweils betrachtete Beanspruchung am ungünstigsten auswirken.

Als für ein bestimmtes Stabwerk mögliche Vorverdrehungen gelten solche, die bei der vorgesehenen Art und Weise von Herstellung und Montage durch Abweichung von planmäßigen Maßen verursacht werden können. Die Imperfektionen brauchen dabei nicht mit den geometrischen Randbedingungen des Systems verträglich zu sein.

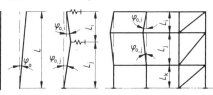

a) Systeme von perfekten (unterbrochen dargestellt) und infolge Vorverdrehung von Stäben möglichen imperfekten Stabwerken (ausgezogen dargestellt)

L_i, L_j, L_k Länge der Stäbe i, j, k
$\varphi_{0,i}, \varphi_{0,j}$ Winkel der Vorverdrehung der Stäbe i, j

b) Systeme von perfekten (unterbrochen dargestellt) und infolge Vorverdrehung von Stabzügen möglichen imperfekten Stabwerken (ausgezogen dargestellt)

L_r Länge des Stabzuges r
$\varphi_{0,r}$ Winkel der Vorverdrehung des Stabzuges r

Bild 12. Zu den Begriffen für die geometrischen Imperfektionen von Stabwerken

Anmerkung: Durch den Ansatz von Imperfektionen in Form von Vorverdrehungen nach den Elementen 729 bis 732 sollen mögliche Abweichungen von der planmäßigen Geometrie des Tragwerkes berücksichtigt werden.

DIN 18800 Teil 2 fordert zusätzlich Imperfektionen in Form von Vorkrümmungen, weil die Ersatzimperfektionen nach DIN 18800 Teil 2 auch den Einfluß struktureller Imperfektionen, z.B. von Eigenspannungen, und den Einfluß von Unsicherheiten der Rechenmodelle, z.B. die Nichtberücksichtigung teilplastischer Verformungen bei der Fließgelenktheorie, berücksichtigen.

Ursachen für imperfekte Stabwerke können z.B. sein: Abweichungen von den planmäßigen Stablängen, von den planmäßigen Winkeln zwischen Stäben in Verbindungen und von den planmäßigen Lagen von Auflagerpunkten.

Unplanmäßiger Versatz von Stäben in Knoten ist im allgemeinen nicht anzunehmen.

(730) Art und Größe der Imperfektionen

Für den bzw. die größten Stabdrehwinkel der Vorverformung einer Imperfektionsfigur gilt Gleichung (23).

$$\varphi_0 = \frac{1}{400} \cdot r_1 \cdot r_2 \qquad (23)$$

Hierin bedeuten:

$r_1 = \sqrt{\dfrac{5}{L}}$ Reduktionsfaktor für Stäbe oder Stabzüge mit $L > 5$ m, wobei L die Länge des vorverdrehten Stabes bzw. Stabzuges in m ist. Maßgebend ist jeweils derjenige Stab oder Stabzug, dessen Vorverdrehung sich auf die betrachtete Beanspruchung am ungünstigsten auswirkt.

$r_2 = \dfrac{1}{2}\left(1 + \sqrt{\dfrac{1}{n}}\right)$ Reduktionsfaktor zur Berücksichtigung von n voneinander unabhängigen Ursachen für Vorverdrehungen von Stäben und Stabzügen.

Bei der Berechnung des Reduktionsfaktors r_2 für Rahmen darf in der Regel für n die Anzahl der Stiele des Rahmens je Stockwerk in der betrachteten Rahmenebene eingesetzt werden. Stiele mit geringer Normalkraft zählen dabei nicht. Als Stiele mit geringer Normalkraft gelten solche, deren Normalkraft kleiner als 25% der Normalkraft des maximal belasteten Stieles im betrachteten Geschoß und der betrachteten Rahmenebene ist.

Anmerkung 1: Bei der Berechnung der Geschoßquerkraft in einem mehrgeschossigen Stabwerk sind Vorverdrehungen für die Stäbe des betrachteten Geschosses am ungünstigsten. Daher ist in r_1 für sie die Systemlänge L der Geschoßstiele einzusetzen. In den übrigen Geschossen darf in r_1 für die Systemlänge L die Gebäudehöhe L_r gesetzt werden (siehe Bild 13).

Anmerkung 2: Imperfektionen können auch durch den Ansatz gleichwertiger Ersatzlasten berücksichtigt werden (vergleiche hierzu auch DIN 18800 Teil 2, Bild 7).

(731) Reduktion der Grenzwerte der Stabdrehwinkel

Abweichend von Element 730 dürfen geringere Imperfektionen angesetzt werden, wenn die vorgesehenen Herstellungs- und Montageverfahren dies rechtfertigen und nachgewiesen wird, daß die Annahmen für die Imperfektionen eingehalten werden.

(732) Stabwerke mit geringen Horizontallasten

Sofern auf das Tragwerk als ganzes oder auf seine stabilisierenden Bauteile nur geringe Horizontallasten einwirken, die in der Summe nicht mehr als 1/400 der das Tragwerk ungünstig beanspruchenden Vertikallasten betragen, sind die Imperfektionen nach Element 730 zu verdoppeln, wenn entsprechend Element 728 nach Theorie I. Ordnung gerechnet werden darf.

Anmerkung: Diese Regelung betrifft z.B. sogenannte „Haus in Haus"-Konstruktionen, die keine Windbelastung erhalten.

(733) Schlupf in Verbindungen

Der Schlupf in Verbindungen ist zu berücksichtigen, wenn nicht von vornherein erkennbar ist, daß er vernachlässigbar ist.

Bei Fachwerkträgern darf der Schlupf im allgemeinen vernachlässigt werden.

Anmerkung 1: Bei Durchlaufträgern, die über der Innenstütze mittels Flanschlaschen gestoßen sind, kann die Durchlaufwirkung durch zur Trägerhöhe relativ großes Lochspiel stark beeinträchtigt werden.

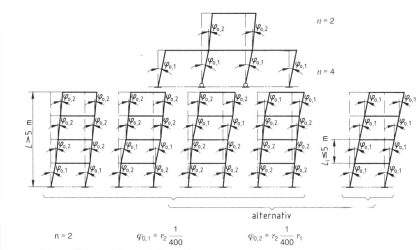

Bild 13. Beispiele für Vorverdrehungen in Stabwerken

Seite 20   DIN 18 800 Teil 1

Anmerkung 2: Bei Fachwerkträgern, die der Stabilisierung dienen, kann die Vernachlässigung des Schlupfes unzulässig sein, dies gilt z.B. bei kurzen Stäben.

Anmerkung 3: Zur Nachgiebigkeit von Verbindungen im Unterschied zum Schlupf vergleiche Element 737.

(734)   Planmäßige Außermittigkeiten
Planmäßige Außermittigkeiten sind zu berücksichtigen.
Bei Gurten von Fachwerken mit einem über die Länge veränderlichen Querschnitt darf in der Regel die Außermittigkeit des Kraftangriffs im Einzelstab unberücksichtigt bleiben, wenn die gemittelte Schwerachse der Einzelquerschnitte in die Systemlinie des Fachwerkgurtes gelegt wird.
Anmerkung: Planmäßige Außermittigkeiten sind vielfach konstruktionsbedingt, z.B. an Anschluß- oder Stoßstellen.

Beispiel nach Bild 14: Knotenblechfreies Fachwerk, bei dem der Schnittpunkt der Schwerachsen der Diagonalen nicht auf der Schwerachse des Gurtes liegt.

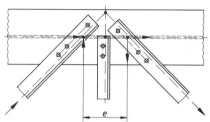

Bild 14.   Berücksichtigung planmäßiger Außermittigkeiten in der Bildebene

(735)   Spannungs-Dehnungs-Beziehungen
Bei der Berechnung nach der Elastizitätstheorie ist linearelastisches Werkstoffverhalten (Hookesches Gesetz) anzunehmen, bei der Berechnung nach der Plastizitätstheorie linearelastisch—idealplastisches Werkstoffverhalten.
Die Verfestigung des Werkstoffes darf berücksichtigt werden, wenn sich diese nur auf lokal eng begrenzte Bereiche erstreckt.
Anmerkung: Die Verfestigung wird z.B. in Bereichen von Fließgelenken oder Löchern von Zugstäben ausgenutzt.

(736)   Kraftgrößen-Weggrößen-Beziehungen für Stabquerschnitte
Für die Kraftgrößen-Weggrößen-Beziehungen dürfen die üblichen vereinfachten Annahmen getroffen werden, soweit ohne weiteres erkennbar ist, daß diese berechtigt sind.
Anmerkung 1: Nicht berechtigt ist z.B. die Annahme des Ebenbleibens der Querschnitte (Bernoulli-Hypothese),
— wenn Stäbe schubweiche Elemente enthalten,
— wenn Träger sehr kurz sind und deshalb die Schubverzerrung nicht vernachlässigt werden darf,
— im Fall der Wölbkrafttorsion.
Anmerkung 2: Für Querschnitte mit plastischen Formbeiwerten $\alpha_{pl} > 1,25$ ist Abschnitt 7.5.3, Element 755, zu beachten.

(737)   Kraftgrößen-Weggrößen-Beziehungen für Verbindungen
Die Nachgiebigkeit der Verbindung ist zu berücksichtigen, wenn nicht von vornherein erkennbar ist, daß sie vernachlässigbar ist. Sie ist durch Kraftgrößen-Weggrößen-Beziehungen zu beschreiben.
Kraftgrößen-Weggrößen-Beziehungen dürfen bereichsweise linearisiert werden.
Wenn in Verbindungen abhängig von der Einwirkungssituation Schnittgrößen mit wechselndem Vorzeichen auftreten, ist gegebenenfalls der Einfluß von Wechselbewegungen (Schlupf) und Wechselplastizierungen auf die Steifigkeit und Festigkeit zu berücksichtigen.
Anmerkung 1: Damit können z.B. steifenlose Trägerverbindungen in ihrem Einfluß erfaßt werden.
Anmerkung 2: Zum Schlupf in Verbindungen vergleiche Element 733.

(738)   Einfluß von Eigen-, Neben- und Kerbspannungen
Eigenspannungen aus dem Herstellungsprozeß (wie Walzen, Schweißen, Richten), Nebenspannungen und Kerbspannungen brauchen nicht berücksichtigt zu werden, wenn nicht ein Betriebsfestigkeitsnachweis zu führen ist (siehe Abschnitt 7.5.1, Element 741).
Anmerkung: Es dürfen z.B. die Stabkräfte von Fachwerkträgern unter Annahme reibungsfreier Gelenke in den Knotenpunkten berechnet werden.

7.5   Verfahren beim Tragsicherheitsnachweis
7.5.1   Abgrenzungskriterien und Detailregelungen
(739)   Biegeknicken
Für Stäbe und Stabwerke ist der Nachweis der Biegeknicksicherheit nach DIN 18 800 Teil 2 zu führen.
Der Einfluß der sich nach Theorie II. Ordnung ergebenden Verformungen auf das Gleichgewicht darf vernachlässigt werden, wenn der Zuwachs der maßgebenden Biegemomente infolge der nach Theorie I. Ordnung ermittelten Verformungen nicht größer als 10% ist.
Diese Bedingung darf als erfüllt angesehen werden, wenn
a) die Normalkräfte N des Systems nicht größer als 10% der zur idealen Knicklast gehörenden Normalkräfte $N_{Ki,d}$ des Systems sind (bei Anwendung der Fließgelenktheorie ist hierbei das statische System unmittelbar vor Ausbildung des letzten Fließgelenks zugrunde zu legen), oder

b) die bezogenen Schlankheitsgrade $\bar{\lambda}_K$ nicht größer als 0,3 $\sqrt{f_{y,d}/\sigma_N}$ sind mit $\sigma_N = N/A$, $\bar{\lambda}_K = \lambda_K/\lambda_a$, $\lambda_K = s_K/i$, $\lambda_a = \pi \sqrt{E/f_{y,k}}$, oder

c) die mit den Knicklängenbeiwerten $\beta = s_K/l$ multiplizierten Stabkennzahlen $\varepsilon = l \sqrt{N/(E \cdot I)_d}$ aller Stäbe nicht größer als 1,0 sind.

Bei veränderlichen Querschnitten oder Normalkräften sind $(E \cdot I)$, N_{Ki} usw. für die Stelle zu ermitteln, für die der Tragsicherheitsnachweis geführt wird. Im Zweifelsfall sind mehrere Stellen zu untersuchen.
Anmerkung: In den Bedingungen a), b) und c) ist die Normalkraft N entsprechend den Regelungen in DIN 18 800 Teil 2 als Druckkraft positiv anzusetzen, vergleiche auch Abschnitt 3.3, Element 314.

(740)   Biegedrillknicken
Für Stäbe und Stabwerke ist der Nachweis der Biegedrillknicksicherheit nach DIN 18 800 Teil 2 zu führen.

DIN 18800 Teil 1 Seite 21

Der Nachweis darf entfallen bei
— Stäben mit Hohlquerschnitt oder
— Stäben mit I-förmigem Querschnitt bei Biegung um die z-Achse oder
— Stäben mit I-förmigem, zur Stegachse symmetrischem Querschnitt bei Biegung um die y-Achse, wenn der Druckgurt dieser Stäbe in einzelnen Punkten im Abstand c nach Bedingung (24) seitlich unverschieblich gehalten ist.

$$c \leq 0{,}5 \, \lambda_a \cdot i_{z,g} \cdot \frac{M_{pl,y,d}}{M_y} \qquad (24)$$

mit
M_y größter Absolutwert des maßgebenden Biegemomentes
$\lambda_a = \pi \sqrt{E/f_{y,k}}$ Bezugsschlankheitsgrad
$i_{z,g}$ Trägheitsradius um die Stegachse z der aus Druckgurt und ⅕ des Steges gebildeten Querschnittsfläche

Anmerkung: In DIN 18800 Teil 2, Abschnitt 3.3.3, Element 310, ist zusätzlich ein Druckkraftbeiwert k_c berücksichtigt, der hier aus Vereinfachungsgründen auf der sicheren Seite zu 1 gesetzt worden ist.

(741) **Betriebsfestigkeit**
Ein Betriebsfestigkeitsnachweis ist zu führen.
Der Nachweis darf entfallen, wenn als veränderliche Einwirkungen nur Schnee, Temperatur, Verkehrslasten nach DIN 1055 Teil 3/06.71, Abschnitt 1.4 und Windlasten ohne periodische Anfachung des Bauwerks auftreten.
Weiterhin darf auf einen Betriebsfestigkeitsnachweis verzichtet werden, wenn Bedingung (25) oder (26) erfüllt ist.

$$\Delta\sigma < 26 \text{ N/mm}^2 \qquad (25)$$
$$n < 5 \cdot 10^6 \, (26/\Delta\sigma)^3 \qquad (26)$$

mit
$\Delta\sigma = \max \sigma - \min \sigma$ Spannungsschwingbreite in N/mm² unter den Bemessungswerten der veränderlichen Einwirkungen für den Tragsicherheitsnachweis nach Abschnitt 7.2.2
n Anzahl der Spannungsspiele
Bei der Berechnung von $\Delta\sigma$ brauchen die im ersten Absatz genannten veränderlichen Einwirkungen nicht berücksichtigt zu werden.
Bei mehreren veränderlichen Einwirkungen darf $\Delta\sigma$ für die einzelnen Einwirkungen getrennt berechnet werden.

Anmerkung: Die Bedingung (26) ist orientiert am Betriebsfestigkeitsnachweis für das ungünstigst vorgesehene Kerbfall und volles Kollektiv. Sie erfaßt den ungünstigen Fall, in dem das für den Kerbfall maßgebende Bauteil für Überwachung und Instandhaltung schlecht zugänglich ist und sein Ermüdungsversagen den katastrophalen Zusammenbruch des Tragsystemes zur Folge haben kann. Da in Bedingung (26) — abweichend von den Regelungen für Betriebsfestigkeitsnachweise — die Spannungen σ des Tragsicherheitsnachweises verwendet werden, liegt sie auf der sicheren Seite.

(742) **Lochschwächungen**
Lochschwächungen sind bei der Berechnung der Beanspruchbarkeiten zu berücksichtigen.
Im Druckbereich und bei Schub darf der Lochabzug entfallen, wenn

— bei Schrauben das Lochspiel höchstens 1,0 mm beträgt oder bei größerem Lochspiel die Tragwerksverformungen nicht begrenzt werden müssen oder
— die Löcher mit Nieten ausgefüllt sind.
In zugbeanspruchten Querschnittsteilen darf der Lochabzug entfallen, wenn die Bedingung (27) erfüllt ist.

$$\frac{A_{\text{Brutto}}}{A_{\text{Netto}}} \leq \begin{cases} 1{,}2 \text{ für St 37} \\ 1{,}1 \text{ für St 52} \end{cases} \qquad (27)$$

In Querschnitten oder Querschnittsteilen aus anderen Stählen mit gebohrten Löchern darf die Grenzzugkraft $N_{R,d}$ im Nettoquerschnitt unter Zugrundelegung der Zugfestigkeit des Werkstoffes nach Gleichung (28) berechnet werden.

$$N_{R,d} = A_{\text{Netto}} \cdot f_{u,k}/(1{,}25 \cdot \gamma_M) \qquad (28)$$

Wenn in zugbeanspruchten Querschnittsteilen die Beanspruchbarkeiten mit der Streckgrenze berechnet werden oder Bedingung (27) erfüllt ist, darf der durch die Lochschwächung verursachte Versatz der Querschnittsschwerachsen unberücksichtigt bleiben.
Bei der Berechnung der Schnittgrößen und der Formänderungen dürfen Lochabzüge unberücksichtigt bleiben.
Anmerkung: Wenn das Lochspiel größer als 1,0 mm ist, können größere Verformungen z.B. durch Zusammenquetschen im Bereich der Löcher entstehen.

(743) **Unsymmetrische Anschlüsse**
Bei Zugstäben mit unsymmetrischem Anschluß durch nur eine Schraube ist in Gleichung (28) als Nettoquerschnitt der zweifache Wert des kleineren Teils des Nettoquerschnittes einzusetzen, falls kein genauerer Nachweis geführt wird.

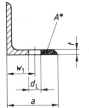

$A_{\text{Netto}} = 2\,A^*$ für Gleichung (28)

Bild 15. Nettoquerschnitt eines Winkelanschlusses

(744) **Krafteinleitungen**
Werden in Walzprofile mit I-förmigem Querschnitt Kräfte ohne Aussteifung unter den in Abschnitt 5.1, Element 503, genannten Voraussetzungen eingeleitet, ist die Grenzkraft $F_{R,d}$ wie folgt zu berechnen:
— für σ_x und σ_z mit unterschiedlichen Vorzeichen und $|\sigma_x| > 0{,}5 \, f_{y,k}$

$$F_{R,d} = \frac{1}{\gamma_M} \, s \cdot l \cdot f_{y,k} \, (1{,}25 - 0{,}5 \, |\sigma_x|/f_{y,k}) \qquad (29)$$

— für alle anderen Fälle

$$F_{R,d} = \frac{1}{\gamma_M} \, s \cdot l \cdot f_{y,k} \qquad (30)$$

Hierin bedeuten:
σ_x Normalspannung im Träger im maßgebenden Schnitt nach Bild 16
s Stegdicke des Trägers
l mittragende Länge nach Bild 16

Die Grenzkraft $F_{R,d}$ darf für geschweißte Profile mit I-förmigem Querschnitt nach den Gleichungen (29) bzw. (30) berechnet werden, wenn die Stegschlankheit $h/s \leq 60$ ist. Bei Stegschlankheiten $h/s > 60$ ist zusätzlich ein Beulsicherheitsnachweis für den Steg zu führen. Für die Berechnung von c und l ist für geschweißte I-förmige Querschnitte der Wert $r = a$ (Schweißnahtdicke) zu setzen.

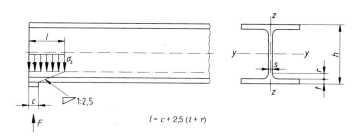

$$l = c + 2,5\,(t + r)$$

a) Einleitung einer Auflagerkraft am Trägerende

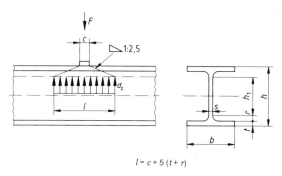

$$l = c + 5\,(t + r)$$

b) Einleitung einer Einzellast im Feld (gleichbedeutend mit Einleitung einer Auflagerkraft an einer Zwischenstütze)

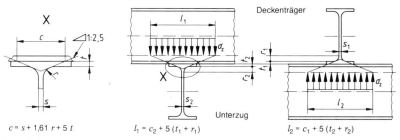

$c = s + 1,61\,r + 5\,t \qquad l_1 = c_2 + 5\,(t_1 + r_1) \qquad l_2 = c_1 + 5\,(t_2 + r_2)$

c) Träger auf Träger

Bild 16. Rippenlose Lasteinleitung bei Walz- und geschweißten Profilen mit I-Querschnitt

Anmerkung 1: In den Gleichungen (25) und (30) wird von einer konstanten Spannung σ_z über die Bereiche der Längen l bzw. l_i ausgegangen.

Anmerkung 2: Ein Tragsicherheitsnachweis nach Abschnitt 7.5.2, Element 748, ist im Bereich der Krafteinleitungen nicht erforderlich.

Anmerkung 3: In die Bilder 16 a und c sind nicht alle Kraftgrößen, die zum Gleichgewicht gehören, eingetragen.

7.5.2 Nachweis nach dem Verfahren Elastisch-Elastisch

(745) Grundsätze

Die Beanspruchungen und die Beanspruchbarkeiten sind nach der Elastizitätstheorie zu berechnen. Es ist nachzuweisen, daß
1. das System im stabilen Gleichgewicht ist und
2. in allen Querschnitten die nach Abschnitt 7.2 berechneten Beanspruchungen höchstens den Bemessungswert $f_{y,d}$ der Streckgrenze erreichen und
3. in allen Querschnitten entweder die Grenzwerte grenz (b/t) und grenz (d/t) nach den Tabellen 12 bis 14 eingehalten sind oder ausreichende Beulsicherheit nach DIN 18800 Teil 3 bzw. DIN 18800 Teil 4 nachgewiesen wird.

Anmerkung 1: Als Grenzzustand der Tragfähigkeit wird der Beginn des Fließens definiert. Daher werden plastische Querschnitts- und Systemreserven nicht berücksichtigt.

Anmerkung 2: Beim Tragsicherheitsnachweis nach dem Verfahren Elastisch-Elastisch mit Spannungen ist die Forderung, daß die Beanspruchungen höchstens die Streckgrenze erreichen, gleichbedeutend damit, daß die Vergleichspannung $\sigma_v \leq f_{y,k}/\gamma_M$ ist.

Anmerkung 3: Bei den Grenzwerten grenz (b/t) in Tabelle 12 wird die ψ-abhängige Erhöhung der Abminderungsfaktoren nach DIN 18800 Teil 3, Tabelle 1, Zeile 1 berücksichtigt. Hierauf wird in DIN 18800 Teil 2, Abschnitt 7, verzichtet, um zu einfachen Regeln und zu einer Übereinstimmung mit anderen nationalen und internationalen Regelwerken zu kommen.

Anmerkung 4: Auf den Beulsicherheitsnachweis für Einzelfelder darf unter den in DIN 18800 Teil 3, Abschnitt 2, Element 205 angegebenen Bedingungen verzichtet werden.

Tabelle 12. Grenzwerte (b/t) für beidseitig gelagerte Plattenstreifen für volles Mittragen unter Druckspannungen σ_x beim Tragsicherheitsnachweis nach dem Verfahren Elastisch-Elastisch mit zugehörigen Beulwerten k_σ
σ_1 = Größtwert der Druckspannungen σ_x in N/mm² und $f_{y,k}$ in N/mm²

	1	2	3
1	Lagerung:		grenz (b/t) allgemein: — Bereich $0 < \psi \leq 1$ grenz $(b/t) = 420{,}4 \cdot (1 - 0{,}278\,\psi - 0{,}025\,\psi^2) \cdot \sqrt{\dfrac{k_\sigma}{\sigma_1 \cdot \gamma_M}}$ — Bereich $\psi \leq 0$ grenz $(b/t) = 420{,}4 \cdot \sqrt{\dfrac{k_\sigma}{\sigma_1 \cdot \gamma_M}}$
2	Randspannungsverhältnis ψ	Beulwert k_σ in Abhängigkeit vom Randspannungsverhältnis ψ	grenz (b/t) für Sonderfälle des Randspannungsverhältnisses ψ
3	1	4	$37{,}8 \cdot \sqrt{\dfrac{240}{\sigma_1 \cdot \gamma_M}}$
4	$1 > \psi > 0$	$\dfrac{8{,}2}{\psi + 1{,}05}$	$27{,}1\,(1 - 0{,}278\,\psi - 0{,}025\,\psi^2) \cdot \sqrt{\dfrac{8{,}2}{\psi + 1{,}05}} \cdot \sqrt{\dfrac{240}{\sigma_1 \cdot \gamma_M}}$
5	0	7,81	$75{,}8 \cdot \sqrt{\dfrac{240}{\sigma_1 \cdot \gamma_M}}$
6	$0 > \psi > -1$	$7{,}81 - 6{,}29\,\psi + 9{,}78\,\psi^2$	$27{,}1 \cdot \sqrt{7{,}81 - 6{,}29\,\psi + 9{,}78\,\psi^2} \cdot \sqrt{\dfrac{240}{\sigma_1 \cdot \gamma_M}}$
7	-1	23,9	$133 \cdot \sqrt{\dfrac{240}{\sigma_1 \cdot \gamma_M}}$
	Für $\sigma_1 \cdot \gamma_M = f_{y,k}$ gilt für St 37 $\sqrt{\dfrac{240}{\sigma_1 \cdot \gamma_M}} = 1$ und für St 52 $\sqrt{\dfrac{240}{\sigma_1 \cdot \gamma_M}} = \sqrt{\dfrac{1}{1{,}5}} = 0{,}82$		

Tabelle 13. **Grenzwerte (b/t) für einseitig gelagerte Plattenstreifen für volles Mittragen unter Druckspannungen σ_x beim Tragsicherheitsnachweis nach dem Verfahren Elastisch-Elastisch mit zugehörigen Beulwerten k_σ**
σ_1 = Größtwert der Druckspannungen σ_x in N/mm² und $f_{y,k}$ in N/mm²

	1	2	3
1	Lagerung:		grenz (b/t) allgemein: $305 \cdot \sqrt{\dfrac{k_\sigma}{\sigma_1 \cdot \gamma_M}}$
2	Randspannungsverhältnis ψ	Beulwert k_σ in Abhängigkeit vom Randspannungsverhältnis ψ	grenz (b/t) für Sonderfälle des Randspannungsverhältnisses ψ
3	Größte Druckspannung am gelagerten Rand		
4	1	0,43	$12{,}9 \cdot \sqrt{\dfrac{240}{\sigma_1 \cdot \gamma_M}}$
5	$1 > \psi > 0$	$\dfrac{0{,}578}{\psi + 0{,}34}$	$19{,}7 \cdot \sqrt{\dfrac{0{,}578}{\psi + 0{,}34}} \cdot \sqrt{\dfrac{240}{\sigma_1 \cdot \gamma_M}}$
6	0	1,70	$25{,}7 \cdot \sqrt{\dfrac{240}{\sigma_1 \cdot \gamma_M}}$
7	$0 > \psi > -1$	$1{,}70 - 5 \cdot \psi + 17{,}1 \cdot \psi^2$	$19{,}7 \cdot \sqrt{1{,}70 - 5 \cdot \psi + 17{,}1 \cdot \psi^2} \cdot \sqrt{\dfrac{240}{\sigma_1 \cdot \gamma_M}}$
8	-1	23,8	$96{,}1 \cdot \sqrt{\dfrac{240}{\sigma_1 \cdot \gamma_M}}$
9	Größte Druckspannung am freien Rand		
10	1	0,43	$12{,}9 \cdot \sqrt{\dfrac{240}{\sigma_1 \cdot \gamma_M}}$
11	$0 > \psi > 0$	$0{,}57 - 0{,}21 \cdot \psi + 0{,}07 \cdot \psi^2$	$19{,}7 \cdot \sqrt{0{,}57 - 0{,}21 \cdot \psi + 0{,}07 \cdot \psi^2} \cdot \sqrt{\dfrac{240}{\sigma_1 \cdot \gamma_M}}$
12	0	0,57	$14{,}9 \cdot \sqrt{\dfrac{240}{\sigma_1 \cdot \gamma_M}}$
13	$0 > \psi > -1$	$0{,}57 - 0{,}21 \cdot \psi + 0{,}07 \cdot \psi^2$	$19{,}7 \cdot \sqrt{0{,}57 - 0{,}21 \cdot \psi + 0{,}07 \cdot \psi^2} \cdot \sqrt{\dfrac{240}{\sigma_1 \cdot \gamma_M}}$
14	-1	0,85	$18{,}2 \cdot \sqrt{\dfrac{240}{\sigma_1 \cdot \gamma_M}}$

Für $\sigma_1 \cdot \gamma_M = f_{y,k}$ gilt für St 37 $\sqrt{\dfrac{240}{\sigma_1 \cdot \gamma_M}} = 1$ und für St 52 $\sqrt{\dfrac{240}{\sigma_1 \cdot \gamma_M}} = \sqrt{\dfrac{1}{1{,}5}} = 0{,}82$

DIN 18800 Teil 1 Seite 25

Tabelle 14. Grenzwerte grenz (d/t) für Kreiszylinderquerschnitte für volles Mittragen unter Druckspannungen σ_x beim Tragsicherheitsnachweis nach dem Verfahren Elastisch-Elastisch
σ_1 = Größtwert der Druckspannungen σ_x in N/mm² und $f_{y,k}$ in N/mm²
σ_N = Druckspannungsanteil aus Normalkraft in N/mm²

1	2
Spannungsverteilung:	$\text{grenz}\,(d/t) = \left(90 - 20\,\dfrac{\sigma_N}{\sigma_1}\right) \cdot \dfrac{240}{\sigma_1 \cdot \gamma_M}$
Für $\sigma_1 \cdot \gamma_M = f_{y,d}$ gilt für St 37 $\dfrac{240}{\sigma_1 \cdot \gamma_M} = 1$	
und für St 52 $\dfrac{240}{\sigma_1 \cdot \gamma_M} = \dfrac{1}{1,5} = 0,67$	

(746) **Grenzspannungen**
Für die Grenzspannungen gilt:
— Grenznormalspannung
$$\sigma_{R,d} = f_{y,d} = f_{y,k}/\gamma_M \quad (31)$$
— Grenzschubspannung
$$\tau_{R,d} = f_{y,d}/\sqrt{3} \quad (32)$$

(747) **Nachweise**
Der Nachweis ist mit den Bedingungen (33) bis (35) zu führen:
— für die Normalspannungen σ_x, σ_y, σ_z
$$\dfrac{\sigma}{\sigma_{R,d}} \leq 1 \quad (33)$$
— für die Schubspannungen τ_{xy}, τ_{xz}, τ_{yz}
$$\dfrac{\tau}{\tau_{R,d}} \leq 1 \quad (34)$$
— für die gleichzeitige Wirkung mehrerer Spannungen
$$\dfrac{\sigma_v}{\sigma_{R,d}} \leq 1 \quad (35)$$
mit σ_v Vergleichsspannung nach Element 748.

Bedingung (35) gilt für die alleinige Wirkung von σ_x und τ oder σ_y und τ als erfüllt, wenn $\sigma/\sigma_{R,d} \leq 0,5$ oder $\tau/\tau_{R,d} \leq 0,5$ ist.

(748) **Vergleichsspannung**
Die Vergleichsspannung σ_v ist mit Gleichung (36) zu berechnen.
$$\sigma_v = \sqrt{\begin{array}{l}\sigma_x^2 + \sigma_y^2 + \sigma_z^2 - \sigma_x \cdot \sigma_y - \sigma_x \cdot \sigma_z - \sigma_y \cdot \sigma_z \\ + 3\,\tau_{xy}^2 + 3\,\tau_{xz}^2 + 3\,\tau_{yz}^2\end{array}} \quad (36)$$

(749) **Erlaubnis örtlich begrenzter Plastizierung, allgemein**
In kleinen Bereichen darf die Vergleichsspannung σ_v die Grenzspannung $\sigma_{R,d}$ um 10% überschreiten.
Für Stäbe mit Normalkraft und Biegung kann ein kleiner Bereich unterstellt werden, wenn gleichzeitig gilt:
$$\left|\dfrac{N}{A} + \dfrac{M_y}{I_y}\,z\right| \leq 0,8\,\sigma_{R,d} \quad (37\,\text{a})$$
$$\left|\dfrac{N}{A} + \dfrac{M_z}{I_z}\,y\right| \leq 0,8\,\sigma_{R,d} \quad (37\,\text{b})$$

Anmerkung: Tragsicherheitsnachweise nach den Elementen 749 und 750 nutzen bereits teilweise die plastische Querschnittstragfähigkeit aus; eine vollständige Ausnutzung ermöglicht das Verfahren Elastisch-Plastisch (siehe Abschnitt 7.5.3).

(750) **Erlaubnis örtlich begrenzter Plastizierung für Stäbe mit I-Querschnitt**
Für Stäbe mit doppeltsymmetrischem I-Querschnitt, die die Bedingungen nach Tabelle 15 erfüllen, darf die Normalspannung σ_x nach Gleichung (38) berechnet werden.
$$\sigma_x = \left|\dfrac{N}{A} \pm \dfrac{M_y}{\alpha_{pl,y}^* \cdot W_y} \pm \dfrac{M_z}{\alpha_{pl,z}^* \cdot W_z}\right| \quad (38)$$

In Gleichung (38) ist für α_{pl}^* der jeweilige plastische Formbeiwert α_{pl}, jedoch nicht mehr als 1,25 einzusetzen.
Für gewalzte I-förmige Stäbe darf $\alpha_{pl,y}^* = 1,14$ und $\alpha_{pl,z}^* = 1,25$ gesetzt werden.

(751) **Vereinfachung für Stäbe mit Winkelquerschnitt**
Werden bei der Berechnung der Beanspruchungen von Stäben mit Winkelquerschnitt schnittparallele Querschnittsachsen als Bezugsachsen anstelle der Trägheitshauptachsen benutzt, so sind die ermittelten Beanspruchungen um 30% zu erhöhen.

(752) Vereinfachung für Stäbe mit I-förmigem Querschnitt

Bei Stäben mit I-förmigem Querschnitt und ausgeprägten Flanschen, bei denen die Wirkungslinie der Querkraft V_z mit dem Steg zusammenfällt, darf die Schubspannung τ im Steg nach Gleichung (39) berechnet werden.

$$\tau = \left| \frac{V_z}{-A_{\text{Steg}}} \right| \qquad (39)$$

Anmerkung 1: Nach der Theorie der dünnwandigen Querschnitte ist A_{Steg} gleich dem Produkt aus dem Abstand der Schwerlinien der Flansche und der Stegdicke.

Anmerkung 2: Von ausgeprägten Flanschen kann bei doppeltsymmetrischen I-Querschnitten ausgegangen werden, wenn das Verhältnis $A_{\text{Gurt}}/A_{\text{Steg}}$ größer als 0,6 ist. Beim doppeltsymmetrischen I-Träger ist für $A_{\text{Gurt}}/A_{\text{Steg}} = 0,6$ die maximale Schubspannung im Steg

$$\max \tau = \frac{1,5 \cdot V_z}{A_{\text{Steg}}} \cdot \frac{4 \cdot A_{\text{Gurt}} + A_{\text{Steg}}}{6 \cdot A_{\text{Gurt}} + A_{\text{Steg}}}$$

rd. 10 % größer als die mittlere Schubspannung.

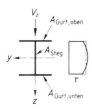

Bild 17. Ersatzweise geradlinig angenommene Verteilung der Schubspannung nach Gleichung (39) für $A_{\text{Gurt, oben}} = A_{\text{Gurt, unten}}$

7.5.3 Nachweis nach dem Verfahren Elastisch-Plastisch

(753) Die Beanspruchungen sind nach der Elastizitätstheorie, die Beanspruchbarkeiten unter Ausnutzung plastischer Tragfähigkeiten der Querschnitte zu berechnen. Es ist nachzuweisen, daß
1. das System im stabilen Gleichgewicht ist und
2. in keinem Querschnitt die nach Abschnitt 7.2 berechneten Beanspruchungen unter Beachtung der Interaktion zu einer Überschreitung der Grenzschnittgrößen im plastischen Zustand führen und
3. in allen Querschnitten die Grenzwerte grenz (b/t) und grenz (d/t) nach Tabelle 15 eingehalten sind.

Für die Bereiche des Tragwerkes, in denen die Schnittgrößen nicht größer als die elastischen Grenzschnittgrößen nach Abschnitt 7.5.2, Element 745, Nummer 2 sind, gilt Element 745, Nummer 3.

Anmerkung: Beim Verfahren Elastisch-Plastisch wird bei der Berechnung der Beanspruchungen linearelastisches Werkstoffverhalten, bei der Berechnung der Beanspruchbarkeiten linearelastisch-idealplastisches Werkstoffverhalten angenommen. Damit werden die plastischen Reserven des Querschnitts ausgenutzt, nicht jedoch die des Systems.

(754) Momentenumlagerung

Wenn nach Abschnitt 7.5.1, Element 739, Biegeknicken und nach Abschnitt 7.5.1, Element 740, Biegedrillknicken nicht berücksichtigt werden müssen, dürfen die nach der Elastizitätstheorie ermittelten Stützmomente um bis zu 15 % ihrer Maximalwerte vermindert oder vergrößert werden, wenn bei der Bestimmung der zugehörigen Feldmomente die Gleichgewichtsbedingungen eingehalten werden. Zusätzlich sind für die Bemessung der Verbindungen Abschnitt 7.5.4, Element 759, Abschnitt 8.4.1.4, Element 831 und Element 832, zu beachten.

Anmerkung 1: Bei der Momentenumlagerung werden die Formänderungsbedingungen der Elastizitätstheorie nicht erfüllt. Eine Umlagerung erfordert im Tragwerk bereichsweise Plastizierungen.

Anmerkung 2: Der Tragsicherheitsnachweis unter Berücksichtigung der Regelung dieses Elementes nutzt für Sonderfälle bereits teilweise Systemreserven statisch unbestimmter Systeme aus. Eine vollständige Ausnutzung bei statisch unbestimmten Systemen ermöglicht das Nachweisverfahren Plastisch-Plastisch (siehe Abschnitt 7.5.4).

(755) Grenzschnittgrößen im plastischen Zustand, allgemein

Für die Berechnung der Grenzschnittgrößen von Stabquerschnitten im plastischen Zustand sind folgende Annahmen zu treffen:
1. Linearelastische-idealplastische Spannungs-Dehnungs-Beziehung für den Werkstoff mit der Streckgrenze $f_{y,d}$ nach Gleichung (31).
2. Ebenbleiben der Querschnitte.
3. Fließbedingung nach Gleichung (36).

Die Gleichgewichtsbedingungen am differentiellen oder finiten Element (Faser) sind einzuhalten.

Die Dehnungen ε_x dürfen beliebig groß angenommen werden, jedoch sind die Grenzbiegemomente im plastischen Zustand auf den 1,25fachen Wert des elastischen Grenzbiegemomentes zu begrenzen.

Auf diese Reduzierung darf bei Einfeldträgern und bei Durchlaufträgern mit über die gesamte Länge gleichbleibendem Querschnitt verzichtet werden.

Anmerkung 1: In der Literatur werden auch Grenzschnittgrößen angegeben, bei denen die Gleichgewichtsbedingungen verletzt werden; sie sind in vielen Fällen dennoch als Näherung berechtigt.

Anmerkung 2: Als plastische Zustände eines Querschnittes werden die Zustände bezeichnet, in denen Querschnittsbereiche plastiziert sind. Als vollplastische Zustände werden diejenigen plastischen Zustände bezeichnet, bei denen eine Vergrößerung der Schnittgrößen nicht möglich ist. Dabei muß der Querschnitt nicht durchplastiziert sein. Dies kann z.B. bei ungleichschenkligen Winkelquerschnitten der Fall sein, die durch Biegemomente M_y und M_z beansprucht sind; siehe hierzu z.B. [7].

Grenzschnittgrößen im plastischen Zustand sind gleich den Schnittgrößen im vollplastischen Zustand, berechnet mit dem Bemessungswert der Streckgrenze $f_{y,d}$ und gegebenenfalls mit dem Faktor $1,25/\alpha_{pl}$ reduziert.

DIN 18800 Teil 1   Seite 27

(756)   Schnittgrößen im vollplastischen Zustand für doppeltsymmetrische I-Querschnitte
Die Schnittgrößen im vollplastischen Zustand sind Bild 18 zu entnehmen.

(757)   Interaktion von Grenzschnittgrößen im plastischen Zustand für I-Querschnitte
Für doppeltsymmetrische I-Querschnitte mit konstanter Streckgrenze über den Querschnitt darf
— für einachsige Biegung, Querkraft und Normalkraft mit den Bedingungen in den Tabellen 16 und 17,
— für zweiachsige Biegung und Normalkraft mit den Bedingungen (41) und (42), wenn für die Querkräfte $V_z \leq 0{,}33\ V_{pl,z,d}$ und $V_y \leq 0{,}25\ V_{pl,y,d}$ gilt,
nachgewiesen werden, daß die Grenzschnittgrößen im plastischen Zustand nicht überschritten sind.

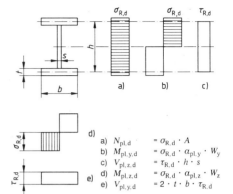

a) $N_{pl,d}$ = $\sigma_{R,d} \cdot A$
b) $M_{pl,y,d}$ = $\sigma_{R,d} \cdot \alpha_{pl,y} \cdot W_y$
c) $V_{pl,z,d}$ = $\tau_{R,d} \cdot h \cdot s$
d) $M_{pl,z,d}$ = $\sigma_{R,d} \cdot \alpha_{pl,z} \cdot W_z$
e) $V_{pl,y,d}$ = $2 \cdot t \cdot b \cdot \tau_{R,d}$

Bild 18.   Spannungsverteilung für doppeltsymmetrische I-Querschnitte für Schnittgrößen im vollplastischen Zustand

Tabelle 15.   Grenzwerte grenz (b/t) und grenz (d/t) für volles Mitwirken von Querschnittsteilen unter Druckspannungen σ_x beim Tragsicherheitsnachweis nach dem Verfahren Elastisch-Plastisch. $f_{y,k}$ in N/mm²

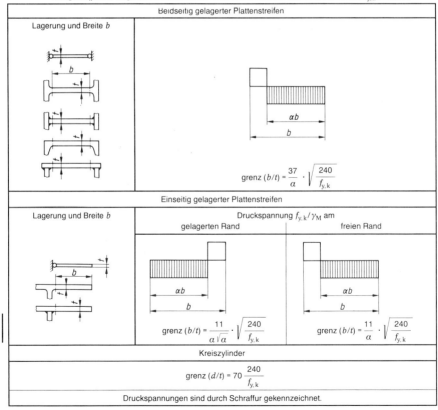

Seite 28 DIN 18 800 Teil 1

Tabelle 16. Vereinfachte Tragsicherheitsnachweise für doppeltsymmetrische I-Querschnitte mit N, M_y, V_z

Momente um y-Achse	Gültigkeits-bereich	$\dfrac{V}{V_{pl,d}} \leq 0,33$		$0,33 < \dfrac{V}{V_{pl,d}} \leq 0,9$	
	$\dfrac{N}{N_{pl,d}} \leq 0,1$	$\dfrac{M}{M_{pl,d}} \leq 1$		$0,88 \dfrac{M}{M_{pl,d}} + 0,37 \dfrac{V}{V_{pl,d}} \leq 1$	
	$0,1 < \dfrac{N}{N_{pl,d}} \leq 1$	$0,9 \dfrac{M}{M_{pl,d}} + \dfrac{N}{N_{pl,d}} \leq 1$		$0,8 \dfrac{M}{M_{pl,d}} + 0,89 \dfrac{N}{N_{pl,d}} + 0,33 \dfrac{V}{V_{pl,d}} \leq 1$	

Tabelle 17. Vereinfachte Tragsicherheitsnachweise für doppeltsymmetrische I-Querschnitte mit N, M_z, V_y

Momente um z-Achse	Gültigkeits-bereich	$\dfrac{V}{V_{pl,d}} \leq 0,25$	$0,25 < \dfrac{V}{V_{pl,d}} \leq 0,9$
	$\dfrac{N}{N_{pl,d}} \leq 0,3$	$\dfrac{M}{M_{pl,d}} \leq 1$	$0,95 \dfrac{M}{M_{pl,d}} + 0,82 \left(\dfrac{V}{V_{pl,d}}\right)^2 \leq 1$
	$0,3 < \dfrac{N}{N_{pl,d}} \leq 1$	$0,91 \dfrac{M}{M_{pl,d}} + \left(\dfrac{N}{N_{pl,d}}\right)^2 \leq 1$	$0,87 \dfrac{M}{M_{pl,d}} + 0,95 \left(\dfrac{N}{N_{pl,d}}\right)^2 + 0,75 \left(\dfrac{V}{V_{pl,d}}\right)^2 \leq 1$

Mit
$$M_y^* = [1 - (N/N_{pl,d})^{1,2}] \cdot M_{pl,y,d} \qquad (40)$$
gilt
— für $M_y \leq M_y^*$:
$$\dfrac{M_z}{M_{pl,z,d}} + c_1 + c_2 \left(\dfrac{M_y}{M_{pl,y,d}}\right)^{2,3} \leq 1 \qquad (41)$$
mit
$c_1 = (N/N_{pl,d})^{2,6}$
$c_2 = (1 - c_1)^{-N_{pl,d}/N}$

— für $M_y > M_y^*$:
$$\dfrac{1}{40} \left(\dfrac{M_z}{M_{pl,z,d}} - \dfrac{M_z^*}{M_{pl,z,d}}\right) + \left(\dfrac{N}{N_{pl,d}}\right)^{1,2} + \dfrac{M_y}{M_{pl,y,d}} \leq 1 \qquad (42)$$

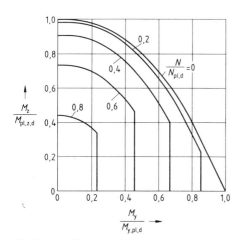

Bild 19. Interaktion für die Normalkraft N und die Biegemomente M_y und M_z nach den Bedingungen (41) und (42)

Anmerkung 1: Andere Interaktionsgleichungen können der Literatur, z. B. [8], entnommen werden.

Anmerkung 2: Vereinfachend sind die Faktoren in den Tabellen 16 und 17 auf 2 Ziffern gerundet. Aus diesem Grunde ergeben sich geringfügig veränderte Zahlenwerte, wenn man in Grenzfällen von den allgemeinen Interaktionsgleichungen mit allen drei Schnittkräften M, N, V auf die Sonderfälle übergeht.

Anmerkung 3: Querschnitte mit nicht konstanter Streckgrenze sind z.B. solche mit unterschiedlicher Erzeugnisdicke nach Tabelle 1 oder unterschiedlicher Streckgrenze für die Querschnittsteile.

Anmerkung 4: Die Schnittgrößen im vollplastischen Zustand nach Bild 18 können nicht alle als Grenzschnittgrößen im plastischen Zustand verwendet werden; offensichtlich ist dies z.B. für $V_{pl,y,d}$.

Anmerkung 5: $M_{pl,d}$, $N_{pl,d}$ und $V_{pl,d}$ in Tabelle 16 und 17 sind Grenzschnittgrößen.
Es ist $M_{pl,z,d} = 1,25 \cdot \sigma_{R,d} \cdot W_z$.

7.5.4 Nachweis nach dem Verfahren Plastisch-Plastisch

(758) Grundsätze

Die Beanspruchungen sind nach der Fließgelenk- oder Fließzonentheorie, die Beanspruchbarkeiten unter Ausnutzung plastischer Tragfähigkeiten der Querschnitte und des Systems zu berechnen. Es ist nachzuweisen, daß

1. das System im stabilen Gleichgewicht ist und
2. in allen Querschnitten die Beanspruchungen unter Beachtung der Interaktion nicht zu einer Überschreitung der Grenzschnittgrößen im plastischen Zustand führen und
3. in den Querschnitten im Bereich der Fließgelenke bzw. Fließzonen die Grenzwerte grenz (b/t) und grenz (d/t) nach Tabelle 18 eingehalten sind.

Für die Querschnitte in den übrigen Bereichen des Tragwerkes gilt Abschnitt 7.5.3, Element 753, Nummer 3.

Anmerkung 1: Beim Verfahren Plastisch-Plastisch werden plastische Querschnitts- und Systemreserven ausgenutzt.

Anmerkung 2: Zur Berechnung der plastischen Beanspruchbarkeit siehe Abschnitt 7.5.3, Elemente 755 bis 757.

Tabelle 18. **Grenzwerte grenz (b/t) und grenz (d/t) für volles Mitwirken von Querschnittsteilen unter Druckspannungen σ_x beim Tragsicherheitsnachweis nach dem Verfahren Plastisch-Plastisch.** $f_{y,k}$ in N/mm²

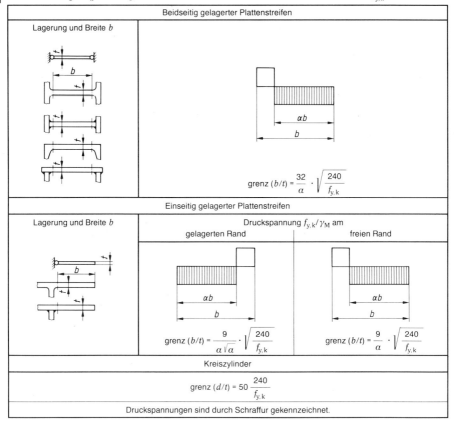

(759) **Berücksichtigung oberer Grenzwerte der Streckgrenze**

Wenn für einen Nachweis eine Erhöhung der Streckgrenze zu einer Erhöhung der Beanspruchung führt, die nicht gleichzeitig zu einer proportionalen Erhöhung der zugeordneten Beanspruchbarkeit führt, ist für die Streckgrenze auch ein oberer Grenzwert

$$\sigma_{R.d}^{(oben)} = 1,3 \cdot \sigma_{R.d} \qquad (43)$$

anzunehmen.

Bei durch- oder gegengeschweißten Nähten kann die Erhöhung der Beanspruchbarkeit unterstellt werden (vergleiche hierzu auch Abschnitt 8.4.1.4, Element 832).

Bei üblichen Tragwerken darf die Erhöhung von Auflagerkräften infolge der Annahme des oberen Grenzwertes der Streckgrenze unberücksichtigt bleiben.

Auf die Berücksichtigung des oberen Grenzwertes der Streckgrenze darf verzichtet werden, wenn für die Beanspruchungen aller Verbindungen die 1,25fachen Grenzschnittgrößen im plastischen Zustand der durch sie verbundenen Teile angesetzt werden und die Stäbe konstanten Querschnitt über die Stablänge haben.

Anmerkung 1: Beim Zweifeldträger mit über die Länge konstantem Querschnitt unter konstanter Gleichlast erhöht sich die Auflagerkraft an der Innenstütze vom Grenzzustand nach dem Verfahren Plastisch-Plastisch infolge der Annahme des oberen Grenzwertes der Streckgrenze nur um rund 4 %.

Anmerkung 2: Bei Anwendung der Fließgelenktheorie werden in den Fließgelenken die Schnittgrößen auf die Grenzschnittgrößen im plastischen Zustand begrenzt. Nimmt die Streckgrenze in der Umgebung eines Fließgelenkes einen höheren Wert an als die Grenznormalspannung $\sigma_{R.d}$ nach Gleichung (31) (dieser Wert ist ein unterer Grenzwert), dann wird die am Fließgelenk auftretende Schnittgröße (Beanspruchung) größer als die untere Grenzschnittgröße. Für den Stab selbst bedeutet dies keine Gefährdung, da ja auch die Beanspruchbarkeit im selben Maße zunimmt. Für Verbindungen, die sich nicht durch Verformung der zunehmenden Beanspruchung entziehen können, kann die Berücksichtigung der oberen Grenzwerte der Streckgrenzen bemessungsbestimmend werden. Dies ist bei Verbindungen ohne ausreichende Rotationskapazität möglich.

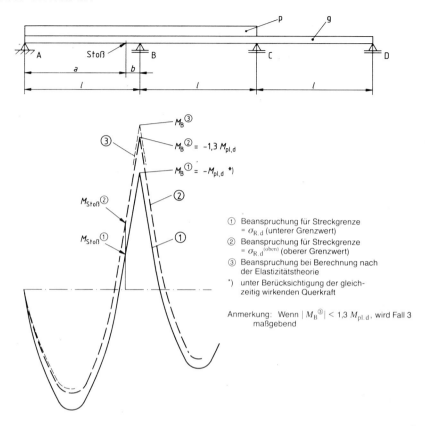

Bild 20. Beispiel zur Berücksichtigung des oberen Grenzwertes der Streckgrenze

(760) Vereinfachte Berechnung der Beanspruchungen

Für den Tragsicherheitsnachweis nach Element 758 darf bei unverschieblichen Systemen die Lage der Fließgelenke beliebig angenommen werden, wenn die Grenzwerte grenz (b/t) und grenz (d/t) nach Tabelle 18 überall eingehalten sind.

7.6 Nachweis der Lagesicherheit

(761) Grundsätze

Die Sicherheit gegen Gleiten, Abheben und Umkippen von Tragwerken und Tragwerksteilen ist nach den Regeln für den Nachweis der Tragsicherheit nachzuweisen.

Zwischenzustände sind zu berücksichtigen, wenn das Nachweisverfahren Plastisch-Plastisch angewendet wird.

Anmerkung 1: Die Nachweise der Lagesicherheit sind Nachweise der Tragsicherheit, die sich auf unverankerte und verankerte Lagerfugen beziehen.

Anmerkung 2: Im allgemeinen genügt es, nur die Zustände unter den Bemessungswerten der Einwirkungen zu betrachten. Für den Nachweis der Lagesicherheit können Zwischenzustände maßgebend werden, bei denen alle oder einige Einwirkungen noch nicht ihren Bemessungswert erreicht haben.

(762) Beanspruchungen

Die Beanspruchungen sind nach Abschnitt 7.2.2 zu berechnen; im allgemeinen gilt Element 711.

Wenn nach Abschnitt 7.4, Element 728, ein Nachweis nach Theorie II. Ordnung notwendig ist, gelten die so ermittelten Schnittkräfte auch für den Lagesicherheitsnachweis.

(763) Beanspruchbarkeit von Verankerungen

Die Beanspruchbarkeiten von Lagerfugen und deren Verankerungen sind nach den Abschnitten 7.3 und 8 zu berechnen.

(764) Gleiten

Es ist nachzuweisen, daß in der Fugenebene die Gleitkraft nicht größer als die Grenzgleitkraft ist.

Für die Berechnung der Grenzgleitkraft dürfen Reibwiderstand und Scherwiderstand von mechanischen Schubsicherungen als gleichzeitig wirkend angesetzt werden.

Die Sicherheit gegen Gleiten darf nach DIN 4141 Teil 1/ 09.84, Abschnitt 6, nachgewiesen werden.

(765) Abheben
Für unverankerte Lagerfugen ist nachzuweisen, daß die Beanspruchung keine abhebende Kraftkomponente rechtwinklig zur Lagerfuge aufweist.
Für verankerte Lagerfugen ist nachzuweisen, daß die Beanspruchung der Verankerung nicht größer als deren Beanspruchbarkeit ist.
Anmerkung: Charakteristische Werte für Festigkeiten von Verankerungsteilen aus Stahl sind im Abschnitt 4, Grenzwerte im Abschnitt 8 zu finden.

(766) Umkippen
Für den Nachweis gegen Umkippen sind die Normaldruckspannungen gleichverteilt über eine Teilfläche der Lagerfugenfläche anzunehmen. Dabei darf die Teilfläche beliebig angenommen werden. Es ist nachzuweisen, daß die Drucknormalspannungen (Pressungen) nicht größer als die Grenzpressungen der angrenzenden Bauteile sind.
Für verankerte Lagerfugen ist außerdem nachzuweisen, daß die Beanspruchung der Verankerung nicht größer als deren Beanspruchbarkeit ist.
Anmerkung 1: Das anzunehmende Tragmodell hat Ähnlichkeit mit dem der Fließgelenktheorie. Die Teilfläche ist eine „Fließfläche" und entspricht dem Fließgelenk.
Anmerkung 2: Der Nachweis von Kantenpressungen, z.B. für Mauerwerk bei Auflagerung von Stahlträgern, ist hiervon nicht berührt.

(767) Grenzwerte für Lagerfugen
Die Grenzpressung für Beton ist $\beta_R/1,3$ mit β_R nach DIN 1045/07.88.
Falls die Pressung als Teilflächenpressung auftritt, darf der Wert $\beta_R/1,3$ in Anlehnung an DIN 1045/07.88, Abschnitt 17.3.3, erhöht werden.
Die charakteristischen Werte für die Reibungszahl sind DIN 4141 Teil 1/09.84, Abschnitt 6, zu entnehmen. Der Teilsicherheitsbeiwert ist $\gamma_M = 1,1$.
Anmerkung: Werden Reibungszahlen entsprechend Abschnitt 7.3.2, Element 724, durch Versuche ermittelt, sind auch langzeitige Einflüsse zu berücksichtigen.

7.7 Nachweis der Dauerhaftigkeit

(768) Grundsätze
Die Dauerhaftigkeit erfordert bei der Herstellung der Stahlbauten Maßnahmen gegen Korrosion, die der zu erwartenden Beanspruchung genügen.
Die Erhaltung der Dauerhaftigkeit erfordert eine sachgemäße Instandhaltung der Stahlbauten. Sie ist auf die bei der Herstellung getroffenen Maßnahmen abzustimmen oder bei veränderter Beanspruchung dieser anzupassen.

(769) Maßnahmen gegen Korrosion
Stahlbauten müssen gegen Korrosionsschäden geschützt werden. Während der Nutzungsdauer darf keine Beeinträchtigung der erforderlichen Tragsicherheit durch Korrosion eintreten.
Maßnahmen gegen Korrosion müssen neben dem allgemeinen Schutz gegen flächenhafte Korrosion auch den besonderen Schutz gegen lokal erhöhte Korrosion einschließen.

Anstelle von Maßnahmen gegen Korrosion darf die Auswirkung der Korrosion durch Dickenzuschläge berücksichtigt werden, wenn sie auf den Korrosionsabtrag und die Nutzungsdauer abgestimmt sind.
Anmerkung: Maßnahmen gegen Korrosion können sein:
— Beschichtungen und/oder Überzüge nach Normen der Reihe DIN 55928
— Kathodischer Korrosionsschutz
— Wahl geeigneter nichtrostender Werkstoffe (nicht geeignet sind diese z.B. in chlorhaltiger und chlorwasserstoffhaltiger Atmosphäre, vergleiche hierzu z.B. die allgemeinen bauaufsichtlichen Zulassungen für nichtrostende Stähle)
— Umhüllung mit geeigneten Baustoffen
Besondere Maßnahmen gegen Korrosion können erforderlich sein z.B.
— bei hochfesten Zuggliedern,
— in Fugen und Spalten,
— an Berührungsflächen mit anderen Baustoffen,
— an Berührungsflächen mit dem Erdreich und
— an Stellen möglicher Kontaktkorrosion.

(770) Korrosionsschutzgerechte Konstruktion
Die Konstruktion soll so ausgebildet werden, daß Korrosionsschäden weitgehend vermieden, frühzeitig erkannt und Erhaltungsmaßnahmen während der Nutzungsdauer einfach durchgeführt werden können.
Anmerkung: Grundregeln zur korrosionsschutzgerechten Gestaltung sind in DIN 55928 Teil 2 enthalten.

(771) Unzugängliche Bauteile
Sind Bauteile zur Kontrolle und Wartung nicht mehr zugänglich und kann ihre Korrosion zu unangekündigtem Versagen mit erheblichen Gefährdungen oder erheblichen wirtschaftlichen Auswirkungen führen, müssen die Maßnahmen gegen Korrosion so getroffen werden, daß keine Instandhaltungsarbeiten während der Nutzungsdauer nötig sind. In diesem Fall ist das Korrosionsschutzsystem Bestandteil des Tragsicherheitsnachweises.
Anmerkung 1: Beispiele solcher Bauteile sind Haltekonstruktionen hinterlüfteter Fassaden, verkleidete Stahlbauteile, Verankerungen und ähnliches.
Anmerkung 2: Sichtbares Auftreten von Korrosionsprodukten kann im allgemeinen als Ankündigung der Möglichkeit eines Versagens gewertet werden.
Anmerkung 3: Nach Bauteil und Nutzungsdauer unterschiedliche Maßnahmen gegen Korrosion werden in den entsprechenden Fachnormen oder bauaufsichtlichen Zulassungen geregelt.

(772) Kontaktkorrosion
Zur Vermeidung von Kontaktkorrosion an Berührungsflächen von Stahlteilen mit Bauteilen aus anderen Metallen ist DIN 55928 Teil 2 zu beachten.

(773) Hochfeste Zugglieder
Der Korrosionsschutz aus Verfüllung und Beschichtung muß der Konstruktionsart und den Einsatzbedingungen der hochfesten Zugglieder angepaßt sein. Bei der konstruktiven Ausbildung von Klemmen, Schellen und Verankerungen sind Schutzmaßnahmen für die Zugglieder zu berücksichtigen.

(774) Überwachung des Korrosionsschutzes
Wird eine besondere Überwachung des Korrosionsschutzes während der Nutzungsdauer des Bauwerkes vorgesehen, so sind in den Entwurfsunterlagen die Zeitabstände und die zu überprüfenden Bauteile festzulegen.

8 Beanspruchungen und Beanspruchbarkeiten der Verbindungen

8.1 Allgemeine Regeln

(801) Die Beanspruchung der Verbindungen eines Querschnittsteiles soll aus den Schnittgrößenanteilen dieses Querschnittsteiles bestimmt werden.

Es ist zu beachten, daß in Schraubenverbindungen Abstützkräfte entstehen können und dadurch die Beanspruchungen in der Verbindung beeinflußt werden.

In doppeltsymmetrischen I-förmigen Biegeträgern mit Schnittgrößen N, M_y und V_z dürfen die Verbindungen vereinfacht mit folgenden Schnittgrößenanteilen nachgewiesen werden.

Zugflansch: $N_Z = N/2 + M_y/h_F$ (44)
Druckflansch: $N_D = N/2 - M_y/h_F$ (45)
Steg: $V_{St} = V_z$,   (46)

wobei h_F der Schwerpunktabstand der Flansche ist. Vorausgesetzt ist, daß in den Flanschen die Beanspruchungen N_Z und N_D nicht größer als die Beanspruchbarkeiten nach Abschnitt 7 sind.

Anmerkung 1: Die Regel des ersten Absatzes folgt aus Abschnitt 5.2.1, Element 504, zweiter Absatz.

Anmerkung 2: Ein Beispiel für die Beeinflussung der Beanspruchungen einer Verbindung ist der T-Stoß von Zugstäben: Abhängig von den Abmessungen der Schrauben und der Stirnplatte können im Bereich der Stirnplattenkante Abstützkräfte K entstehen. Die Abstützkräfte K und die Zugkraft F stehen mit den Schraubenzugkräften im Gleichgewicht, siehe z. B. [4].

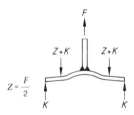

Bild 21. T-Stoß

8.2 Verbindungen mit Schrauben oder Nieten

8.2.1 Nachweise der Tragsicherheit

8.2.1.1 Allgemeines

(802) Anwendungsbereich

Die in Abschnitt 8.2.1.2, Elemente 804 bis 805, genannten Tragsicherheitsnachweise gelten für alle Ausführungsformen von Schraubenverbindungen nach Tabelle 6 und für Nietverbindungen.

(803) Begrenzung der Anzahl von Schrauben und Nieten

Bei unmittelbaren Laschen- und Stabanschlüssen dürfen in Kraftrichtung hintereinanderliegend höchstens 8 Schrauben oder Niete für den Nachweis berücksichtigt werden.

Anmerkung: Bei kontinuierlicher Krafteinleitung ist eine obere Begrenzung nicht erforderlich.

8.2.1.2 Abscheren und Lochleibung
(804) Abscheren

Die Grenzabscherkraft ist nach Gleichung (47) zu ermitteln.

$$V_{a,R,d} = A \cdot \tau_{a,R,d} = A \cdot \alpha_a \cdot f_{u,b,k}/\gamma_M \quad (47)$$

mit $\alpha_a = 0{,}60$ für Schrauben der Festigkeitsklassen 4.6, 5.6 und 8.8

    $\alpha_a = 0{,}55$ für Schrauben der Festigkeitsklasse 10.9

Als maßgebender Abscherquerschnitt A ist dabei einzusetzen

— der Schaftquerschnitt A_{Sch}, wenn der glatte Teil des Schaftes in der Scherfuge liegt, oder

— der Spannungsquerschnitt A_{Sp}, wenn der Gewindeteil des Schaftes in der Scherfuge liegt.

Es ist mit Bedingung (48) nachzuweisen, daß die vorhandene Abscherkraft V_a je Scherfuge und je Schraube die Grenzabscherkraft $V_{a,R,d}$ nicht überschreitet.

$$\frac{V_a}{V_{a,R,d}} \leq 1 \quad (48)$$

Beim Nachweisverfahren Plastisch-Plastisch ist Element 808 zu beachten.

Bei einschnittigen ungestützten Verbindungen ist Element 807 zu beachten.

Die Grenzabscherkräfte der Schrauben einer Verbindung dürfen innerhalb eines Anschlusses addiert werden.

Anmerkung 1: Der Faktor α_a resultiert aus dem Verhältnis Abscherfestigkeit zu Zugfestigkeit.

Anmerkung 2: Die Grenzabscherkraft einer zweischnittigen Schraubenverbindung, bei der in einer Scherfuge der Schaft- und in der anderen der Gewindequerschnitt liegt, ergibt sich beispielsweise als Summe der einzelnen Grenzabscherkräfte in den beiden Scherfugen.

(805) Lochleibung

Die Grenzlochleibungskraft ist nach Gleichung (49) zu ermitteln; sie gilt für Blechdicken $t \geq 3$ mm.

$$V_{l,R,d} = t \cdot d_{Sch} \cdot \sigma_{l,R,d}$$
$$= t \cdot d_{Sch} \cdot \alpha_l \cdot f_{y,k}/\gamma_M \quad (49)$$

Der Wert α_l ist nach den Gleichungen (50 a) bis (50 d) zu berechnen. Dabei darf der Randabstand in Kraftrichtung e_1 höchstens mit 3,0 d_L und der Lochabstand in Kraftrichtung e höchstens mit 3,5 d_L in Rechnung gestellt werden.

— Für $e_2 \geq 1{,}5\, d_L$ und $e_3 \geq 3{,}0\, d_L$ gilt,
wenn der Randabstand in Kraftrichtung maßgebend ist,

$\alpha_l = 1{,}1\, e_1/d_L - 0{,}30$ (50 a)

und, wenn der Lochabstand in Kraftrichtung maßgebend ist,

$\alpha_l = 1{,}08\, e/d_L - 0{,}77$ (50 b)

— Für $e_2 \geq 1{,}2\, d_L$ und $e_3 \geq 2{,}4\, d_L$ gilt,
wenn der Randabstand in Kraftrichtung maßgebend ist,

$\alpha_l = 0{,}73\, e_1/d_L - 0{,}20'$ (50 c)

und, wenn der Lochabstand in Kraftrichtung maßgebend ist,

$\alpha_l = 0{,}72\, e/d_L - 0{,}51$ (50 d)

Die Bezeichnungen für die Loch- und Randabstände sind Bild 22 zu entnehmen.

DIN 18800 Teil 1 Seite 33

Für Zwischenwerte von e_2 und e_3 darf geradlinig interpoliert werden.

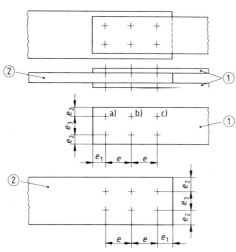

① Außenlaschen ② Innenlasche

Bild 22. Randabstände e_1 und e_2 und Lochabstände e und e_3

Die Grenzlochleibungskräfte der Schrauben einer Verbindung dürfen innerhalb eines Anschlusses addiert werden, wenn die einzelnen Schraubenkräfte beim Nachweis auf Abscheren berücksichtigt werden.

Sofern beim Tragsicherheitsnachweis des Nettoquerschnittes die Grenznormalspannung $\sigma_{R,d}$ des Bauteilwerkstoffes nach Gleichung (31) nicht erreicht wird, darf bei GV- und GVP-Verbindungen eine erhöhte Grenzlochleibungskraft $V_{l,R,d}$ eingesetzt werden:

$$V_{l,R,d} = \min \begin{cases} (\alpha_1 + 0{,}5) \, t \cdot d_{Sch} \cdot f_{y,k}/\gamma_M \\ 3{,}0 \, t \cdot d_{Sch} \cdot f_{y,k}/\gamma_M \end{cases} \quad (51)$$

Es ist mit Bedingung (52) nachzuweisen, daß die vorhandene Lochleibungskraft V_l einer Schraube an einer Lochwandung die Grenzlochleibungskraft $V_{l,R,d}$ nicht überschreitet.

$$\frac{V_l}{V_{l,R,d}} \leq 1 \quad (52)$$

Anmerkung: Für die von einer Schraube auf Lochleibung und Abscheren zu übertragenden Kräfte sind selbstverständlich die Gleichgewichtsbedingungen einzuhalten. Daraus folgt:
Für jede einzelne Schraube sind
— die Summe der Grenzabscherkräfte $V_{a,R,d}$, die Summe der für die maßgebenden Rand- und Lochabstände für eine Kraftrichtung ermittelten Grenzlochleibungskräfte $V_{l,R,d}$ und
— die entsprechende Summe für die entgegengesetzte Kraftrichtung
zu berechnen. Der Kleinstwert ist die Beanspruchbarkeit der betrachteten Schraube. Die Beanspruchung der Verbindung ist die Summe der Beanspruchbarkeiten der einzelnen Schrauben.
Für die Schraube a nach Bild 22 z.B. sind die Summe der Grenzabscherkräfte für die beiden

Scherfugen, die Summe der Grenzlochleibungskräfte für die beiden Außenlaschen (1) mit dem Randabstand e_1 sowie die Grenzlochleibungskraft für die Innenlasche (2) mit dem Lochabstand e zu berechnen. Der kleinste Wert der drei berechneten Größen ist die Beanspruchbarkeit der Schraube a).

Im allgemeinen ergeben sich nicht für alle Schrauben einer Verbindung dieselben Werte für die maßgebenden Grenzkräfte. Dies ist gleichbedeutend mit einer ungleichmäßigen Aufteilung der Scherkraft der Verbindung (Beanspruchung der Verbindung) auf die einzelnen Schrauben. Mit der Annahme gleichmäßiger Aufteilung liegt man jedoch beim Nachweis immer auf der „sicheren Seite".

(806) **Senkschrauben und -niete**
Bei der Berechnung der Grenzlochleibungskraft für Bauteile, die mit Senkschrauben oder -nieten verbunden sind, ist auf der Seite des Senkkopfes anstelle der Querschnittsteildicke der größere der beiden folgenden Werte einzusetzen: 0,8 t oder t_s (Bild 23).

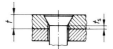

Bild 23. Verbindung mit Senkschraube oder -niet
Anmerkung: Bei Senkschrauben- und Senknietverbindungen treten infolge der Verdrehung des Senkkopfes größere gegenseitige Verschiebungen der Bauteile auf als bei Verbindungen mit Schrauben, Bolzen oder Nieten.

(807) **Einschnittige ungestützte Verbindungen**
Bei einschnittigen ungestützten Verbindungen mit nur einer Schraube in Kraftrichtung muß anstelle von Bedingung (52) Bedingung (53) erfüllt sein.

$$V_l / V_{l,R,d} \leq 1/1{,}2 \quad (53)$$

Für die Randabstände gilt: $e_1 \geq 2{,}0 \, d_L$ und
$e_2 \geq 1{,}5 \, d_L$

Anmerkung: Die Gültigkeit des Nachweises der Verbindung für kleinere als die angegebenen Randabstände e_1 und e_2 ist nicht belegt.

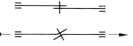

Bild 24. Tragverhalten einschnittiger ungestützter Schraubenverbindungen

(808) **Zusätzliche Bedingung für das Berechnungsverfahren Plastisch-Plastisch**
Wenn
— die Schnittgrößen nach dem Nachweisverfahren Plastisch-Plastisch berechnet und
— Schrauben der Festigkeitsklassen 8.8 oder 10.9 in SL-Verbindungen mit mehr als 1 mm Lochspiel verwendet werden und
— die Beanspruchbarkeit der Verbindung kleiner ist als die der anzuschließenden Querschnitte und

— der Ausnutzungsgrad auf Abscheren $V_a/V_{a,R,d} > 0{,}5$ ist,

muß für alle Schrauben der Verbindung Bedingung (54) erfüllt sein:

$$V_l/V_{l,R,d} \geq V_a/V_{a,R,d} \qquad (54)$$

Anmerkung: Durch Bedingung (54) wird abgesichert, daß in den genannten Verbindungen plastische Verformungen durch Ovalisierung der Schraubenlöcher und nicht durch Scherversatz der Schrauben entstehen, planmäßiges Tragen aller Schrauben erreicht wird und ausreichende Duktilität der Gesamtverbindung vorhanden ist.

8.2.1.3 Zug

(809) Die Grenzzugkraft ist nach Gleichung (55) zu ermitteln.

$$N_{R,d} = \min \begin{cases} A_{Sch} \cdot \sigma_{1,R,d} \\ A_{Sp} \cdot \sigma_{2,R,d} \end{cases} \qquad (55)$$

Hierin bedeutet:

$\sigma_{1,R,d} = f_{y,b,k}/(1{,}1\,\gamma_M)$ \hfill (56 a)

$\sigma_{2,R,d} = f_{u,b,k}/(1{,}25\,\gamma_M)$ \hfill (56 b)

Für Gewindestangen, Schrauben mit Gewinde bis annähernd zum Kopf und aufgeschweißte Gewindebolzen ist in Gleichung (55) anstelle des Schaftquerschnittes A_{Sch} der Spannungsquerschnitt A_{Sp} einzusetzen. Das gleiche gilt für Schrauben, wenn die beim Fließen der Schrauben auftretenden Verformungen nicht zulässig sind.

Es ist mit Bedingung (57) nachzuweisen, daß die in der Schraube vorhandene Zugkraft N die Grenzzugkraft $N_{R,d}$ nicht überschreitet.

$$\frac{N}{N_{R,d}} \leq 1 \qquad (57)$$

Anmerkung: Die in der Schraube vorhandene Zugkraft ist z.B. die anteilige auf die Schraube entfallende Zugkraft, gegebenenfalls erhöht durch die Abstützkraft K nach Bild 21.

8.2.1.4 Zug und Abscheren

(810) Für Beanspruchung von Schrauben auf Zug und Abscheren in gestützten Verbindungen ist der Tragsicherheitsnachweis nach Abschnitt 8.2.1.3, Element 809 und zusätzlich nach Bedingung (58) zu führen, wobei in Bedingung (58) für $N_{R,d}$ derjenige Querschnitt zugrunde zu legen ist, der in der Scherfuge liegt.

$$\left(\frac{N}{N_{R,d}}\right)^2 + \left(\frac{V_a}{V_{a,R,d}}\right)^2 \leq 1 \qquad (58)$$

Auf den Interaktionsnachweis darf verzichtet werden, wenn $N/N_{R,d}$ oder $V_a/V_{a,R,d}$ kleiner als 0,25 ist.

8.2.1.5 Betriebsfestigkeit

(811) Für den Betriebsfestigkeitsnachweis zugbeanspruchter Schrauben gilt Abschnitt 7.5.1, Element 741, wobei in den Bedingungen (25) und (26) für $\Delta\sigma$ die Spannungsschwingbreite im Spannungsquerschnitt einzusetzen ist.

Für Schrauben, die auf Abscheren beansprucht werden, gilt Abschnitt 7.5.1, Element 741, jedoch sind hier an die Stelle der Bedingungen (25) und (26) die Bedingungen (59 a) und (59 b) zu setzen.

$\Delta\tau_a \leq 46\ \text{N/mm}^2$ \hfill (59 a)

$n \leq 10^8\,(46/\Delta\tau_a)^5$ \hfill (59 b)

mit

$\Delta\tau_a = \max\tau_a - \min\tau_a$ in N/mm²
  Scherspannungs-Schwingbreite im Schaftquerschnitt

46 N/mm² Dauerfestigkeit bei 10^8 Spannungsspielen

n Anzahl der Spannungsspiele

Bei schwingender Beanspruchung auf Abscheren darf das Gewinde nicht in die zu verbindenden Teile hineinreichen.

Anmerkung 1: Die Spannungsschwingbreite $\Delta\sigma$ in den Bedingungen (25) und (26) bezieht sich bei planmäßig vorgespannten, zugbeanspruchten Schrauben auf die Schwingbreite der Schraubenkraft und nicht auf die der anteiligen Anschlußkraft.

Anmerkung 2: Die Bedingung (25) ist wegen des sehr geringen Wertes $\Delta\sigma$ für nichtplanmäßig vorgespannte Schrauben im allgemeinen nicht erfüllbar.

8.2.2 Nachweis der Gebrauchstauglichkeit

(812) Für gleitfeste planmäßig vorgespannte Verbindungen (GV, GVP) ist mit Bedingung (60) nachzuweisen, daß die im Gebrauchstauglichkeitsnachweis auf eine Schraube in einer Scherfuge entfallende Kraft V_g die Grenzgleitkraft $V_{g,R,d}$ nach Gleichung (61) nicht überschreitet.

$$\frac{V_g}{V_{g,R,d}} \leq 1 \qquad (60)$$

$$V_{g,R,d} = \mu \cdot F_v\,(1 - N/F_v)/(1{,}15\,\gamma_M) \qquad (61)$$

Hierin bedeuten:

$\mu = 0{,}5$ Reibungszahl nach Vorbehandlung der Reibflächen nach DIN 18800 Teil 7/05.83, Abschnitt 3.3.3.1

F_v Vorspannkraft nach Anhang A bzw. DIN 18800 Teil 7/05.83, Tabelle 1

N die anteilige auf die Schraube entfallende Zugkraft für den Gebrauchstauglichkeitsnachweis

$\gamma_M = 1{,}0$

Es dürfen Reibungszahlen $\mu > 0{,}5$ verwendet werden, wenn sie belegt werden.

Anmerkung 1: Für nicht zugbeanspruchte Schrauben folgt:

$$V_{g,R,d} = \mu \cdot F_v/(1{,}15\,\gamma_M)$$

Anmerkung 2: Zugkräfte in vorgespannten Verbindungen reduzieren die Klemmkraft zwischen den Berührungsflächen, so daß die Gleitlasten ebenfalls reduziert werden.

Anmerkung 3: Der Faktor 1,15 ist ein Korrekturfaktor. Die Zugbeanspruchung aus äußerer Belastung wird rechnerisch ausschließlich den Schrauben zugewiesen, dabei der tatsächlich eintretende Abbau der Klemmkraft in den Berührungsflächen der zu verbindenden Bauteile sowie die Vergrößerung der Pressung in den Auflageflächen von Schraubenkopf und Mutter werden nicht berücksichtigt.

8.2.3 Verformungen

(813) Muß nach Abschnitt 7.4, Element 733, der Schlupf von Schraubenverbindungen bei der Tragwerksverformung berücksichtigt werden, ist er mit dem 1,0fachen Nennlochspiel Δd nach Tabelle 6 anzusetzen. Dabei ist von deckungsgleichen Löchern auszugehen.

8.3 Augenstäbe und Bolzen

(814) Grenzabmessungen

Falls für Bolzen mit einem Lochspiel $\Delta d \leq 0{,}1\ d_L$, höchstens jedoch 3 mm, auf einen genaueren Tragsicherheitsnachweis verzichtet wird, müssen die Grenzabmessungen (Mindestwerte) der Augenstäbe nach Form A oder Form B eingehalten werden.

Form A nach Bild 25:

$$\text{grenz } a = \frac{F}{2\,t \cdot f_{y,k}/\gamma_M} + \frac{2}{3}\,d_L \quad (62)$$

$$\text{grenz } c = \frac{F}{2\,t \cdot f_{y,k}/\gamma_M} + \frac{1}{3}\,d_L \quad (63)$$

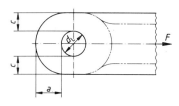

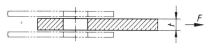

Bild 25. Augenstababmessungen Form A

Form B nach Bild 26:

$$\text{grenz } t = 0{,}7\sqrt{\frac{F}{f_{y,k}/\gamma_M}} \quad (64)$$

$$\text{grenz } d_L = 2{,}5\ \text{grenz } t \quad (65)$$

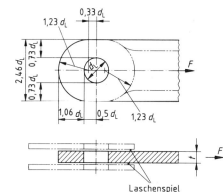

Bild 26. Augenstababmessungen Form B

(815) Grenzscherkraft

Der Nachweis auf Abscheren ist nach Abschnitt 8.2.1.2, Element 804, zu führen.

(816) Grenzlochleibungskraft

Falls auf eine genauere Berechnung verzichtet wird, ist der Nachweis mit Bedingung (52) zu führen.

Für Bolzen mit einem Lochspiel $\Delta d \leq 0{,}1\ d_L$, höchstens jedoch 3 mm, ist dabei die Grenzlochleibungskraft wie folgt zu ermitteln:

$$V_{l,R,d} = t \cdot d_{Sch} \cdot 1{,}5\ f_{y,k}/\gamma_M \quad (66)$$

(817) Grenzbiegemoment

Für Bolzen mit einem Lochspiel $\Delta d \leq 0{,}1\ d_L$, höchstens jedoch 3 mm, ist das Grenzbiegemoment wie folgt zu ermitteln:

$$M_{R,d} = W_{Sch} \cdot \frac{f_{y,b,k}}{1{,}25 \cdot \gamma_M} \quad (67)$$

mit W_{Sch} = Widerstandsmoment des Bolzenschaftes

Falls auf eine genauere Berechnung verzichtet wird, ist mit Bedingung (68) nachzuweisen, daß das vorhandene Biegemoment M das Grenzbiegemoment $M_{R,d}$ nicht überschreitet.

$$\frac{M}{M_{R,d}} \leq 1 \quad (68)$$

Anmerkung: Ein auf der sicheren Seite liegendes Beispiel für die Ermittlung des Biegemomentes in einem Bolzen ist in Bild 27 dargestellt.

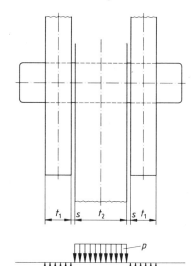

$$\max M = \frac{p \cdot t_2}{8}(t_2 + 4s + 2t_1)$$

Bild 27. Ermittlung des Biegemomentes in einem Bolzen

(818) Biegung und Abscheren

Es ist nachzuweisen, daß in den maßgebenden Schnitten Bedingung (69) eingehalten ist.

$$\left(\frac{M}{M_{R,d}}\right)^2 + \left(\frac{V_a}{V_{a,R,d}}\right)^2 \leq 1 \quad (69)$$

Auf den Interaktionsnachweis darf verzichtet werden, wenn $M/M_{R,d}$ oder $V_a/V_{a,R,d}$ kleiner als 0,25 ist.

Seite 36 DIN 18 800 Teil 1

8.4 Verbindungen mit Schweißnähten
8.4.1 Verbindungen mit Lichtbogenschweißen
8.4.1.1 Maße und Querschnittswerte

(819) Rechnerische Schweißnahtdicke a

Die rechnerische Schweißnahtdicke a für verschiedene Nahtarten ist Tabelle 19 zu entnehmen. Andere als die dort aufgeführten Nahtarten sind sinngemäß einzuordnen.

(820) Rechnerische Schweißnahtlänge l

Die rechnerische Schweißnahtlänge l einer Naht ist ihre geometrische Länge. Für Kehlnähte ist sie die Länge der Wurzellinie. Kehlnähte dürfen beim Nachweis nur berücksichtigt werden, wenn $l \geq 6{,}0\ a$, mindestens jedoch 30 mm, ist.

Anmerkung: Größte Nahtlänge siehe Element 823.

(821) Rechnerische Schweißnahtfläche A_w

Die rechnerische Schweißnahtfläche A_w ist

$$A_w = \Sigma a \cdot l. \tag{70}$$

Beim Nachweis sind nur die Flächen derjenigen Schweißnähte anzusetzen, die aufgrund ihrer Lage vorzugsweise imstande sind, die vorhandenen Schnittgrößen in der Verbindung zu übertragen.

(822) Rechnerische Schweißnahtlage

Für Kehlnähte ist die Schweißnahtfläche konzentriert in der Wurzellinie anzunehmen.

(823) Unmittelbarer Stabanschluß

In unmittelbaren Laschen- und Stabanschlüssen darf als rechnerische Schweißnahtlänge l der einzelnen Flankenkehlnähte maximal 150 a angesetzt werden.

Wenn die rechnerische Schweißnahtlänge nach Tabelle 20 bestimmt wird, dürfen die Momente aus den Außermittigkeiten des Schweißnahtschwerpunktes zur Stabachse unberücksichtigt bleiben. Das gilt auch dann, wenn andere als Winkelprofile angeschlossen werden.

Anmerkung 1: Mindestnahtlänge siehe Element 820.

Anmerkung 2: Bei kontinuierlicher Krafteinleitung über die Schweißnaht ist eine obere Begrenzung nicht erforderlich.

(824) Mittelbarer Anschluß

Bei zusammengesetzten Querschnitten ist auch die Schweißverbindung zwischen mittelbar und unmittelbar angeschlossenen Querschnittsteilen nachzuweisen.

Wenn Teile von Querschnitten im Anschlußbereich von Stäben zur Aufnahme von Schnittgrößen nicht erforderlich sind, brauchen deren Anschlüsse in der Regel nicht nachgewiesen zu werden.

Anmerkung: Ein Beispiel für eine Schweißverbindung zwischen dem unmittelbar (Flansch) und dem mittelbar angeschlossenen Querschnittsteil (Steg) ist in Bild 28 dargestellt. Diese Schweißverbindung wird in diesem Fall mittelbarer Anschluß genannt. Als rechnerische Nahtlänge des mittelbaren Anschlusses gilt die Nahtlänge l vom Beginn des unmittelbaren Anschlusses bis zum Ende des mittelbaren Anschlusses.

8.4.1.2 Schweißnahtspannungen

(825) Nachweis für Stumpf- und Kehlnähte

Für Schweißnähte nach Tabelle 19 ist mit Bedingung (71) nachzuweisen, daß der Vergleichswert $\sigma_{w,v}$ der vorhandenen Schweißnahtspannungen nach Bild 29 die Grenzschweißnahtspannung $\sigma_{w,R,d}$ nicht überschreitet.

$$\frac{\sigma_{w,v}}{\sigma_{w,R,d}} \leq 1 \tag{71}$$

mit $\sigma_{w,v} = \sqrt{\sigma_\perp^2 + \tau_\perp^2 + \tau_\parallel^2}$ (72)

und $\sigma_{w,R,d}$ nach Abschnitt 8.4.1.3, Elemente 829 und 830.

Die Schweißnahtspannung $\sigma_\parallel$ in Richtung der Schweißnaht braucht nicht berücksichtigt zu werden.

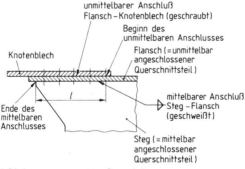

Bild 28. Mittelbarer Anschluß bei zusammengesetzten Querschnitten

DIN 18800 Teil 1 Seite 37

Tabelle 19. **Rechnerische Schweißnahtdicken** a

		1 Nahtart[1])		2 Bild	3 Rechnerische Nahtdicke a
1		Stumpfnaht			$a = t_1$
2		D(oppel)HV-Naht (K-Naht)			
3	Durch- oder gegenge- schweißte Nähte	HV-Naht	Kapplage gegenge- schweißt		$a = t_1$
4			Wurzel durchge- schweißt		
5		HY-Naht mit Kehl- naht[2])			
6		HY-Naht[2])			
7	Nicht durchge- schweißte Nähte	D(oppel)HY-Naht mit Doppelkehlnaht[2])			Die Nahtdicke a ist gleich dem Abstand vom theoretischen Wurzelpunkt zur Nahtoberfläche
8		D(oppel)HY-Naht[2])			
9		Doppel I-Naht ohne Nahtvorbe- reitung (Vollmech. Naht)			Nahtdicke a mit Verfahrens- prüfung festlegen Spalt b ist verfahrensabhängig UP-Schweißung: $b = 0$
Fußnoten siehe Seite 38					

100

Tabelle 19. (Fortsetzung)

	1 Nahtart[1])		2 Bild	3 Rechnerische Nahtdicke a		
10	Kehlnaht		theoretischer Wurzelpunkt	Nahtdicke ist gleich der bis zum theoretischen Wurzelpunkt gemessenen Höhe des einschreibbaren gleichschenkligen Dreiecks		
11	Doppelkehlnaht		theoretische Wurzelpunkte			
	Kehlnähte					
12	Kehlnaht	mit tiefem Einbrand	theoretischer Wurzelpunkt	$a = \bar{a} + e$ $\bar{a}$: entspricht Nahtdicke a nach Zeile 10 und 11 e: mit Verfahrensprüfung festlegen (siehe DIN 18800 Teil 7/05.83, Abschnitt 3.4.3.2 a)		
13	Doppel- kehlnaht		theoretischer Wurzelpunkt			
14	Dreiblechnaht Steilflankennaht		$b \geq 6$ mm	Kraft- über- tragung	Von A nach B	$a = t_2$ für $t_2 < t_3$
15					Von C nach A und B	$a = b$

[1]) Ausführung nach DIN 18800 Teil 7/05.83, Abschnitt 3.4.3.
[2]) Bei Nähten nach Zeilen 5 bis 8 mit einem Öffnungswinkel < 45° ist das rechnerische a-Maß um 2 mm zu vermindern oder durch eine Verfahrensprüfung festzulegen. Ausgenommen hiervon sind Nähte, die in Position w (Wannenposition) und h (Horizontalposition) mit Schutzgasschweißung ausgeführt werden.

DIN 18800 Teil 1 Seite 39

Tabelle 20. **Rechnerische Schweißnahtlängen Σl bei unmittelbaren Stabanschlüssen**

1	2	3
Nahtart	Bild	Rechnerische Nahtlänge Σl
1 Flankenkehlnähte		$\Sigma l = 2\, l_1$
2 Stirn- und Flankenkehlnähte	Endkrater unzulässig	$\Sigma l = b + 2\, l_1$
3 Ringsumlaufende Kehlnaht — Schwerachse näher zur längeren Naht		$\Sigma l = l_1 + l_2 + 2\, b$
4 Ringsumlaufende Kehlnaht — Schwerachse näher zur kürzeren Naht		$\Sigma l = 2\, l_1 + 2\, b$
5 Kehlnaht oder HV-Naht bei geschlitztem Winkelprofil	A–B	$\Sigma l = 2\, l_1$

Seite 40 DIN 18 800 Teil 1

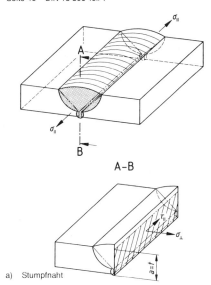

a) Stumpfnaht

Bild 29 a. Schweißnahtspannungen in Stumpfnähten

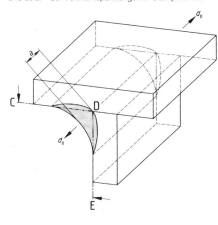

b) Kehlnaht

Bild 29 b. Schweißnahtspannungen in Kehlnähten

(826) Schweißnahtschubspannungen bei Biegeträgern

Die Schweißnahtschubspannung $\tau_\parallel$ in Längsnähten von Biegeträgern ist nach Gleichung (73) zu berechnen.

$$\tau_\parallel = \frac{V \cdot S}{I \cdot \Sigma a} \qquad (73)$$

Bei unterbrochenen Nähten nach Bild 30 ist sie mit dem Faktor $(e + l)/l$ zu erhöhen.

Bild 30. Zur Berechnung von Schweißnahtschubspannungen $\tau_\parallel$ in unterbrochenen Längsnähten

Anmerkung: Regelungen für unterbrochene Nähte zur Verbindung gedrückter Bauteile enthalten DIN 18800 Teil 2 und Teil 3.

(827) Exzentrisch beanspruchte Nähte

Bei exzentrisch beanspruchten Nähten ist die Exzentrizität rechnerisch zu berücksichtigen, wenn die angeschlossenen Teile ungestützt sind.

(828) Nichttragende Schweißnähte

Nähte, die — z.B. wegen erschwerter Zugänglichkeit — nicht einwandfrei ausgeführt werden können, dürfen bei der Berechnung nicht berücksichtigt werden.

8.4.1.3 Grenzschweißnahtspannungen

(829) $\sigma_{w,R,d}$ für alle Nähte

Die Grenzschweißnahtspannung $\sigma_{w,R,d}$ ist mit $f_{y,k}$ nach Tabelle 1, Zeile 1, 3 oder 5 und α_w nach Tabelle 21 mit Gleichung (74) zu ermitteln.

$$\sigma_{w,R,d} = \alpha_w \cdot f_{y,k}/\gamma_M \qquad (74)$$

Für Schweißnähte in Bauteilen mit Erzeugnisdicken über 40 mm gilt hier jeweils als charakteristischer Wert der Streckgrenze $f_{y,k}$ der Wert für Erzeugnisdicken bis 40 mm.

(830) Stumpfstöße von Formstählen

Für Stumpfstöße von Formstählen aus St 37-2 und USt 37-2 mit einer Erzeugnisdicke $t > 16$ mm ist bei Zugbeanspruchung die Grenzschweißnahtspannung nach Gleichung (75) zu ermitteln.

$$\sigma_{w,R,d} = 0{,}55 \cdot f_{y,k}/\gamma_M \qquad (75)$$

(831) Nicht erlaubte Schweißnähte

Werden die Schnittgrößen nach dem Nachweisverfahren Elastisch-Plastisch mit Umlagerung von Momenten nach Abschnitt 7.5.3, Element 754, oder nach dem Nachweisverfahren Plastisch-Plastisch ermittelt, so dürfen die Schweißnähte nach Tabelle 19, Zeilen 5, 6, 10, 12 und 15, in Bereichen von Fließgelenken nicht verwendet werden, wenn sie durch Spannungen $\sigma_\perp$ oder $\tau_\perp$ beansprucht werden. Dies gilt auch für Nähte nach Zeile 4, wenn diese Nähte nicht prüfbar sind, es sei denn, daß durch eine entsprechende Überhöhung (Kehlnaht) das mögliche Defizit ausgeglichen ist.

103

DIN 18800 Teil 1 Seite 41

Tabelle 21. α_w-Werte für Grenzschweißnahtspannungen

	1	2	3	4	5
	Nähte nach Tabelle 19	Nahtgüte	Beanspruchungsart	St 37-2 USt 37-2, RSt 37-2	St 52-3 StE 355, WStE 355 TStE 355, EStE 355
1	Zeile 1 — 4	alle Nahtgüten	Druck	1,0¹)	1,0¹)
2		Nahtgüte nachgewiesen	Zug		
3		Nahtgüte nicht nachgewiesen		0,95	0,80
4	Zeile 5 — 15	alle Nahtgüten	Druck, Zug		
5	Zeile 1 — 15		Schub		

¹) Diese Nähte brauchen im allgemeinen rechnerisch nicht nachgewiesen zu werden, da der Bauteilwiderstand maßgebend ist.

(832) **Schweißnähte mit Nachweis der Nahtgüte**
Werden die Schnittgrößen nach dem Nachweisverfahren Elastisch-Plastisch mit Umlagerung von Momenten nach Abschnitt 7.5.3, Element 754, oder dem Nachweisverfahren Plastisch-Plastisch ermittelt, so darf bei Schweißnähten nach Tabelle 19, Zeilen 1 bis 4, der Tragsicherheitsnachweis nach Abschnitt 7.5.4, Element 759, entfallen, sofern bei Zugbeanspruchung die Nahtgüte nachgewiesen wird.

(833) **Anschluß oder Querstoß von Walzträgern mit I-Querschnitt und I-Trägern mit ähnlichen Abmessungen**
Der Anschluß oder Querstoß eines Walzträgers mit I-Querschnitt oder eines I-Trägers mit ähnlichen Abmessungen darf ohne weiteren Tragsicherheitsnachweis nach Bild 31 und Tabelle 22 ausgeführt werden.

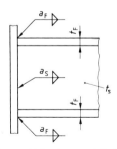

Bild 31. Trägeranschluß oder -querstoß ohne weiteren Tragsicherheitsnachweis
Für die Stahlauswahl ist Abschnitt 4.1, Element 403, zu beachten.
Anmerkung 1: Diese Regelung gilt für alle Nachweisverfahren nach Tabelle 11.
Anmerkung 2: Walzträger sind hier warmgewalzte Träger mit I-Querschnitt nach den Normen der Reihe DIN 1025; I-Träger mit ähnlichen Abmessungen

sind geschweißte Träger, die in ihrer Form und in ihren Abmessungen nur unwesentlich von den Walzträgern nach den Normen der Reihe DIN 1025 abweichen.

Tabelle 22. **Nahtdicken beim Anschluß nach Bild 31**

Werkstoff	Nahtdicken
St 37	$a_F \geq 0{,}5\ t_F$ $a_S \geq 0{,}5\ t_S$
St 52 StE 355	$a_F = 0{,}7\ t_F$ $a_S = 0{,}7\ t_S$

8.4.2 Andere Schweißverfahren
(834) **Widerstandsabbrennstumpfschweißen, Reibschweißen**
Bei Anwendung des Widerstandsabbrennstumpfschweißens oder des Reibschweißens ist ein Gutachten einer anerkannten Stelle²) vorzulegen. Darin ist die Beanspruchbarkeit der Schweißverbindung anzugeben.

(835) **Bolzenschweißen**
Für Kopf- und Gewindebolzen, die durch Stumpfschweißen mit Stahlbauteilen verbunden sind, gelten die Grenzspannungen nach den Gleichungen (76) und (77) sowohl für die Schweißnaht als auch für den Bolzen.

$$\sigma_{b,R,d} = f_{y,b,k} / \gamma_M \qquad (76)$$
$$\tau_{b,R,d} = 0{,}7\ f_{y,b,k} / \gamma_M \qquad (77)$$

mit $f_{y,b,k}$ nach Tabelle 4.

Die Bezugsfläche ist bei Kopfbolzen der Schaftquerschnitt und bei Gewindebolzen der Spannungsquerschnitt.

---
²) Anerkannte Stellen siehe z.B. Mitteilungen des Instituts für Bautechnik, 1987, Heft 1, Seite 19.

8.5 Zusammenwirken verschiedener Verbindungsmittel

(836) Werden verschiedene Verbindungsmittel in einem Anschluß oder Stoß verwendet, ist auf die Verträglichkeit der Formänderungen zu achten.
Gemeinsame Kraftübertragung darf angenommen werden bei
— Nieten und Paßschrauben oder
— GVP-Verbindungen und Schweißnähten oder
— Schweißnähten in einem oder in beiden Gurten und Niete oder Paßschrauben in allen übrigen Querschnittsteilen bei vorwiegender Beanspruchung durch Biegemomente M_y.

Die Grenzschnittgrößen ergeben sich in diesen Fällen durch Addition der Grenzschnittgrößen der einzelnen Verbindungsmittel.
SL- und SLV-Verbindungen dürfen nicht mit SLP-, SLVP-, GVP- und Schweißnahtverbindungen zur gemeinsamen Kraftübertragung herangezogen werden.

8.6 Druckübertragung durch Kontakt

(837) Druckkräfte normal zur Kontaktfuge dürfen vollständig durch Kontakt übertragen werden, wenn seitliches Ausweichen der Bauteile am Kontaktstoß ausgeschlossen ist.
Die Grenzdruckspannungen in der Kontaktfuge sind gleich denen des Werkstoffes der gestoßenen Bauteile.
Beim Nachweis der zu stoßenden Bauteile müssen Verformungen, Toleranzen und eventuelles Bilden einer klaffenden Fuge berücksichtigt werden.
Die ausreichende Sicherung der gegenseitigen Lage der Bauteile ist nachzuweisen. Dabei dürfen Reibungskräfte nicht berücksichtigt werden.
Anmerkung 1: Verformungen können hierbei Vorverformungen, elastische Verformungen und lokale plastische Verformungen sein.
Anmerkung 2: Toleranzen können einen Versatz in der Schwerlinie von Querschnittsteilen bewirken.
Anmerkung 3: Hinweise können der Literatur entnommen werden, z.B. [2] und [3].

9 Beanspruchbarkeit hochfester Zugglieder beim Nachweis der Tragsicherheit

9.1 Allgemeines

(901) Beanspruchbarkeiten von Zuggliedern, Verankerungen, Umlenklagern, Klemmen und Schellen sind durch Versuche zu ermitteln, wenn im folgenden keine anderen Regeln gegeben sind.
Die Prüfkörper müssen mit der Ausführung im Bauwerk übereinstimmen.
Anmerkung: Auch scheinbar geringe konstruktive Unterschiede können die Beanspruchbarkeit nachhaltig beeinflussen.

9.2 Hochfeste Zugglieder und ihre Verankerungen
9.2.1 Tragsicherheitsnachweise

(902) Es ist mit Bedingung (78) nachzuweisen, daß die vorhandene Zugkraft Z die Grenzzugkraft $Z_{R,d}$ nicht überschreitet.

$$\frac{Z}{Z_{R,d}} \leq 1 \qquad (78)$$

9.2.2 Beanspruchbarkeit von hochfesten Zuggliedern
(903) **Grenzzugkraft**
Die Grenzzugkraft hochfester Zugglieder ist mit Gleichung (79) zu ermitteln.

$$Z_{R,d} = \min \begin{cases} Z_{B,k}/(1{,}5\ \gamma_M) \\ Z_{D,k}/(1{,}0\ \gamma_M) \end{cases} \qquad (79)$$

mit
$Z_{B,k}$ Bruchkraft nach Element 904 oder 905
$Z_{D,k}$ Dehnkraft nach Element 906
Anmerkung: Bei hochfesten Zuggliedern wird im allgemeinen gegenüber der Bruchkraft $Z_{B,k}$ abgesichert. Bei Seilen kann aber auch der Nachweis gegen Fließen maßgebend werden.

(904) **Durch Versuch bestimmte Bruchkraft**
Wird die Bruchkraft von hochfesten Zuggliedern durch Versuche bestimmt (wirkliche Bruchkraft), ist eine ausreichende Zahl von Eignungs- oder Überwachungsversuchen zwischen den am Bau Beteiligten zu vereinbaren. Die Versuche sind von oder unter Aufsicht einer anerkannten Prüfstelle durchzuführen oder zu überwachen und zu bescheinigen. Die Probestücke müssen derjenigen Lieferung entnommen werden, die für das Bauwerk, für das der Nachweis erbracht wird, bestimmt ist. Sie müssen mindestens an einem Ende mit der für das Bauwerk vorgesehenen Verankerung und Lagerung versehen sein.
Bei Eignungsversuchen ist als charakteristischer Wert der wirklichen Bruchkraft vers $Z_{B,k}$ die 5%-Fraktile der Versuchswerte zu verwenden.
Bei Überwachungsversuchen muß mindestens die durch Rechnung ermittelte Bruchkraft nach Element 905 erreicht werden.
Anmerkung: Der Versuchswert vers $Z_{B,k}$ wird in DIN 3051 Teil 3 wirkliche Bruchkraft genannt. Bei der Ermittlung der 5%-Fraktile dürfen Vorinformationen zwecks Reduzierung des Versuchsumfanges benutzt werden (vergleiche z.B. [9]).

(905) **Durch Rechnung ermittelte Bruchkraft**
Die Bruchkraft hochfester Zugglieder darf nach Gleichung (80) ermittelt werden, wenn
— die Ausführung des Zuggliedes mit seiner Endausbildung den einschlägigen DIN-Normen entspricht und die rechnerischen Bruchkräfte cal $Z_{B,k}$ daraus entnommen werden können oder
— Versuchsergebnisse für eine vergleichbare Ausführung mit etwa gleichen Abmessungen bereits vorliegen.

$$\text{cal } Z_{B,k} = A_m \cdot f_{u,k} \cdot k_S \cdot k_e \qquad (80)$$

mit
A_m metallischer Querschnitt
$f_{u,k}$ charakteristischer Wert der Zugfestigkeit der Drähte bzw. Spanndrähte oder Spannstäbe
k_S Verseilfaktor nach Tabelle 23
k_e Verlustfaktor nach Tabelle 24

Tabelle 23. **Verseilfaktoren** k_S

	1	2	3	4
		Verseilfaktor k_S		
	Art des hochfesten Zuggliedes nach Element (523)	Anzahl der um den Kerndraht angeordneten Drahtlagen		
		1	2	≥ 3
1	Offene Spiralseile	0,90	0,88	0,87
2	Vollverschlossene Spiralseile	—		0,95
3	Rundlitzenseile mit Stahleinlage			

Höchstseildurchmesser in mm	Anzahl der Außenlitzen	Drahtanzahl je Außenlitze	
7	6	6 bis 8	0,84
8	8	6 bis 8	0,78
17	6	15 bis 26	0,80
19	8	15 bis 26	0,75
23	6	27 bis 49	0,77
30	8	27 bis 49	0,73
25	6	50 bis 75	0,72
32	8	50 bis 75	0,70

4	Zugglieder aus Spannstählen	1,00

Tabelle 24. **Verlustfaktor** k_e

	1	2	3
	Art der Verankerung	nach Norm	Verlustfaktor k_e
1	Metallischer Verguß	DIN 3092 Teil 1	1,00
2	Kunststoff oder Kugel-Epoxidharz-Verguß	—*)	1,00
3	Flämische Augen mit Stahlpreßklemmen	DIN 3095 Teil 2	1,00
4	Preßklemme aus Aluminium-Knetlegierungen	DIN 3093 Teil 2	0,90
5	Drahtseilklemme	DIN 1142	0,85

Für hier nicht aufgeführte Verankerungen sind die Werte k_e durch Versuche zu ermitteln.

*) Siehe Abschnitt 4.3.2, Element 418.

Anmerkung 1: Einschlägige DIN-Normen sind z.B. die Normen der Reihe DIN 3051 und DIN 83313.

Anmerkung 2: Der metallische Querschnitt A_m ist die Summe der Querschnitte aller Drähte bzw. Spanndrähte oder Spannstäbe.

$$A_m = f \: \frac{d^2 \cdot \pi}{4} \qquad (81)$$

Hierin ist d der Nenndurchmesser des umschreibenden Kreises und der Füllfaktor f das Verhältnis des metallischen Querschnittes zum Flächeninhalt des umschreibenden Kreises, siehe Tabelle 10.

Anmerkung 3: Der charakteristische Wert der Zugfestigkeit der Drähte wird in den einschlägigen Seilnormen auch als Nennfestigkeit bezeichnet.

Anmerkung 4: Der Verseilfaktor k_S berücksichtigt den Einfluß des Verseilens auf die Bruchkraft ohne den Einfluß der Verankerung.

Anmerkung 5: Der Verlustfaktor k_e berücksichtigt den Einfluß der Verankerung auf die Bruchkraft.

(906) Dehnkraft von Seilen

Die Dehnkraft (0,2%-Dehngrenze) von Seilen ist durch Versuche unter Beachtung der Belastungsgeschichte und des eventuellen Vorreckens zu bestimmen. Als charakteristischer Wert vers $Z_{D,k}$ der Dehnkraft ist die 5%-Fraktile der Versuchswerte vers Z_D zu verwenden. Abschnitt 4.3.5, Element 426, ist zu beachten.

Anmerkung: Die Dehnkraft ist kein Maß für die Sicherheit des Seiles selbst. Die Forderung ausreichender Sicherheit gegen die 0,2%-Dehngrenze bedeutet lediglich, daß sich das Seil auch unter — kurzzeitig wirkend gedachter — γ_F-facher Belastung elastisch verhält und sich somit keine Lastumlagerung auf andere Bauteile ergibt. Bei vollverschlossenen Spiralseilen ist die Dehnkraft $\geq 0,66 \cdot$ Bruchkraft und deshalb für den Nachweis nicht maßgebend.

9.2.3 Beanspruchbarkeit von Verankerungsköpfen

(907) Allgemeines

Die Beanspruchbarkeit von Verankerungsköpfen ist durch Versuch oder Berechnung zu bestimmen.

(908) Berechnung der Grenzfließkraft

Bei der Berechnung der Grenzfließkraft sind Verankerungsköpfe als dickwandige Rohre mit Innendruck anzunehmen. Es ist mit den Bedingungen (82) und (83) nachzuweisen, daß die vorhandene Längsspannung σ_l und die vorhandene Ringzugspannung $\sigma_{r,i}$ die Grenzspannung $\sigma_{R,d}$ nach Gleichung (84) nicht überschreiten.

$$\frac{\sigma_l}{\sigma_{R,d}} \leq 1 \qquad (82)$$

$$\frac{\sigma_{r,i}}{\sigma_{R,d}} \leq 1 \qquad (83)$$

$$\sigma_{R,d} = f_{y,k}/\gamma_M \qquad (84)$$

Vereinfachend darf für zylindrische Verankerungsköpfe, die auf der Austrittsfläche ringförmig und zentrisch gelagert sind, angenommen werden, daß
— die größte Längsspannung

$$\sigma_l = \frac{1,5\,Z}{A} \qquad (85)$$

ist,
— die Ringzugkraft

$$P_r = \frac{Z}{2\,\pi \cdot \tan(\varrho + \alpha)} \qquad (86)$$

ist und sich entsprechend Bild 32 über die Länge des Verankerungskopfes verteilt und
— die größte Ringzugspannung auf der Innenseite des Verankerungskopfes

$$\sigma_{r,i} = 1,5\,\frac{\max p_r}{(d_a - d_i)/2} \qquad (87)$$

ist.

Hierin bedeuten:
Z vorhandene Zugkraft
A Aufstandfläche des Verankerungskopfes
α Neigungswinkel des Verankerungskonus (siehe Bild 10)
l Hülsenlänge (siehe Bild 10)
ϱ Wandreibungswinkel. Für Kugel-Epoxidharzverguß ist ϱ = 22°, und für Metallvergüsse mit Legierung Z 610 ist ϱ = 17° zu setzen
d_a, d_i Außen- bzw. Innendurchmesser des Verankerungskopfes

$\max p_r = 1,2\,\dfrac{P_r}{l}$ für Kugel-Epoxidharzverguß

$\max p_r = 1,5\,\dfrac{P_r}{l}$ für Metallverguß

Anmerkung 1: Die angegebenen Gleichungen und die Zahlenwerte für den Wandreibungswinkel beruhen auf der Auswertung zahlreicher Zerreißversuche.

Anmerkung 2: Der Faktor 1,5 bei der Ermittlung der Längsspannung σ_l berücksichtigt das Einspannmoment infolge Innendruck.

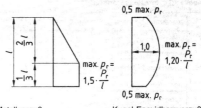

Metallverguß Kugel-Epoxidharzverguß

Bild 32. Verteilung der Ringzugkraft über die Länge des Verankerungskopfes

Anmerkung 3: Der Faktor 1,5 bei der Ermittlung der Ringzugspannung $\sigma_{r,i}$ berücksichtigt die ungleichförmige Spannungsverteilung über die Wanddicke.

9.3 Umlenklager, Klemmen und Schellen

9.3.1 Grenzquerpressung und Teilsicherheitsbeiwert

• **(909) Nachweis**

Es ist mit Bedingung (88) nachzuweisen, daß die vorhandene mittlere Querpressung q aus Klemmen- oder Schellendruck die Grenzquerpressung $q_{R,d}$ nicht überschreitet.

$$\frac{q}{q_{R,d}} \leq 1 \qquad (88)$$

mit

$$q = D/d' \qquad (89)$$

D Klemmen- oder Schellendruck (Kraft je Längeneinheit)
d' Auflagerungsbreite nach Bild 11; $0,6\,d \leq d' \leq d$
d Seildurchmesser

Anmerkung: Bei der Berechnung der Querpressung braucht der Umlenkdruck nicht berücksichtigt zu werden, da dieser über die Begrenzung des Umlenkradius nach Abschnitt 5.3.3, Element 528, begrenzt ist.

(910) Grenzquerpressung

Die Grenzquerpressung $q_{R,d}$ von vollverschlossenen Spiralseilen ist für
— Lagerung auf Stahl

$$q_{R,d} = \frac{40}{\gamma_M}\ \text{N/mm}^2, \qquad (90)$$

— Lagerung auf Weichmetalleinlage oder Spritzverzinkung mit einer Dicke von mindestens 1 mm

$$q_{R,d} = \frac{100}{\gamma_M}\ \text{N/mm}^2, \qquad (91)$$

— den Runddrahtkern

$$q_{R,d} = \frac{200}{\gamma_M}\ \text{N/mm}^2, \qquad (92)$$

Für andere hochfeste Zugglieder ist die Grenzquerpressung durch Versuche zu bestimmen.

Anmerkung: Bei der angegebenen Grenzquerpressung ist die Bruchlast des Seils auf dem Umlenklager gegenüber der Bruchlast des freien Seiles ohne Querpressung um nicht mehr als 3 % abgemindert.

9.3.2 Gleiten
(911) Nachweis
Für das Gleiten von hochfesten Zuggliedern auf Sattellagern sowie von Klemmen und Schellen auf hochfesten Zuggliedern ist mit Bedingung (93) nachzuweisen, daß die vorhandene Gleitkraft G die Grenzgleitkraft $G_{R,d}$ nicht überschreitet.

$$\frac{G}{G_{R,d}} \leq 1 \qquad (93)$$

(912) Grenzgleitkraft von Seilen
Die Grenzgleitkraft $G_{R,d}$ von Seilen auf Sattellagern und von Klemmen und Schellen auf Seilen ist

$$G_{R,d} = \mu\,(U \cdot \alpha_u + K \cdot \alpha_k)/\gamma_M \qquad (94)$$

mit
U Summe der Umlenkkräfte
K Summe der Klemmkräfte
α_u Umlenkkraftbeiwert
α_k Klemmkraftbeiwert
μ Reibungszahl nach Abschnitt 4.3.5, Element 429

Der Abbau der Klemmkräfte durch elastische und plastische Seileinschnürung ist zu berücksichtigen. Die Dicke der Klemmen und Schellen im Scheitelbereich ist so zu begrenzen, daß dieser Abbau möglichst gering ist.
Bei der Berechnung der Grenzgleitkraft ist
γ_M = 1,65 für Gleiten auf Sattellagern
γ_M = 1,1 für Gleiten von Klemmen und Schellen
zu setzen.
Anmerkung: Die Beiwerte α_u und α_k berücksichtigen, daß durch die entsprechende Formgebung der Sattellager, Klemmen und Schellen die Umlenk- bzw. Klemmkräfte mehrfach aktiviert werden können.

(913) Grenzgleitkraft für andere hochfeste Zugglieder
Die Grenzgleitkraft für andere hochfeste Zugglieder ist durch Versuche zu bestimmen.

Anhang A
Dieser Anhang enthält Regelungen, die ihrem Sachinhalt entsprechend eigentlich anderen Normen zuzuordnen sind. Sie können, sobald sie dort enthalten und damit zitierfähig sind, hier entfallen.

Sonderregelung für die Stahlsorte St 52-3
A1 — Für Erzeugnisse aus Stahlsorte St 52-3 sind bei Einhaltung der Festlegungen in DIN 17100/01.80, Abschnitt 8.3.1, für die Elemente C, Si, Mn, P, S, Al, B, Cr, Cu, Mo, Ni, Nb, Ti und V die Gehalte der chemischen Zusammensetzung nach der Schmelzanalyse zu prüfen und bekanntzugeben (siehe Element 404). An Stelle der Angabe der tatsächlichen Gehalte der Elemente Nb, Ti und V genügen auch Prüfung und Bestätigung, daß in der Schmelzenanalyse folgende Höchstwerte eingehalten werden:
Nb: 0,02 %
Ti : 0,02 %
V : 0,03 %.
Stähle in den Grenzen der chemischen Zusammensetzung und in Übereinstimmung mit allen weiteren Festlegungen für die Stahlsorte St 52-3 nach DIN 17100 mit Höchstgehalten an Niob von 0,05 %, an Titan von 0,05 % und an Vanadin von 0,10 % dürfen verwendet werden, wenn der Kohlenstoffgehalt für Nenndicken bis 30 mm 0,18 % nicht überschreitet. Die Begrenzung des Kohlenstoffgehaltes gilt, wenn auch nur eines der genannten Elemente den unteren Grenzwert überschreitet.
Bei geschweißten Bauteilen müssen für Erzeugnisse aus der Stahlsorte St 52-3 im Abnahmeprüfzeugnis Angaben zu den oben aufgeführten Elementen enthalten sein.
Anmerkung: DIN 17100 wird überarbeitet und künftig diese Regelung für den St 52-3 ersetzen.

Bescheinigungen
A2 — Für Deckenträger, Pfetten und Unterzüge, die nach DIN 18801/06.83, Abschnitt 6.1.2.3 bemessen werden, ist ein Werkszeugnis ausreichend.
Anmerkung: Element A2 soll in DIN 18801 übernommen werden; erst wenn es dort enthalten ist, kann es hier entfallen.

Kennzeichnung der Erzeugnisse
A3 — Die zu verwendenden Stahlerzeugnisse müssen gegen Verwechslung gekennzeichnet sein. Vor der Trennung ist die Kennzeichnung auf die Einzelteile zu übertragen.
Anmerkung: Element A3 soll in DIN 18800 Teil 7 übernommen werden; erst wenn es dort enthalten ist, kann es hier entfallen.

Verankerung von hochfesten Zuggliedern
A4 — Bis zur Fertigstellung von DIN 3092 Teil 2 sind bei Kugel-Expoxidharz-Verguß Stahlkugeln mit einem Durchmesser von 1 bis 2 mm und einer mittleren HV1 = 3500 N/mm^2 sowie Epoxidharz mit einer Aushärttemperatur von ca 100° zu verwenden.
Anmerkung: Der Kugel-Epoxidharz-Verguß besteht aus
— harten Stahlkügelchen als Traggerüst,
— Epoxidharz als Bindemittel und
— Füllern, z. B Zinkstaub.

Einwirkungen
A5 — Die kombinierten Einwirkungen Schnee und Wind

$$\left(s + \frac{w}{2}\right) \text{ und } \left(w + \frac{s}{2}\right)$$

im Sinn von DIN 1055 Teil 5/06.75, Abschnitt 5, gelten als **eine** veränderliche Einwirkung.
Anmerkung: Element A5 ist eine Behelfsregelung, da noch keine korrekten Kombinationsbeiwerte für diesen Lastfall vorhanden sind.

Ausführungen

A6 — Sollen Berührungsflächen von Stahlteilen untereinander sowie mit anderen Baustoffen ungeschützt bleiben, sind die Spalten gegen das Eindringen von Feuchtigkeit abzusichern.

Anmerkung: Element A6 soll in DIN 18800 Teil 7 übernommen werden; erst wenn es dort enthalten ist, kann es hier entfallen.

Nachweis der Nahtgüte

A7 — Der Nachweis der Nahtgüte gilt als erbracht, wenn bei der Durchstrahlungs- oder Ultraschalluntersuchung von mindestens 10 % der Nähte ein einwandfreier Befund festgestellt wird. Dabei ist die Arbeit aller beteiligter Schweißer gleichmäßig zu erfassen. Beim einwandfreien Befund muß die Freiheit von Rissen, Binde- und Wurzelfehlern und Einschlüssen, ausgenommen vereinzelte und unbedeutende Schlackeneinschlüsse und Poren, mit einer Dokumentation nachgewiesen sein.

Anmerkung: Element A7 soll in DIN 18800 Teil 7 übernommen werden; erst wenn es dort enthalten ist, kann es hier entfallen.

Fertigungsbeschichtungen

A8 — Beim Überschweißen von Fertigungsbeschichtungen ist die DASt-Richtlinie 006 — „Überschweißen von Fertigungsbeschichtungen (FB) im Stahlbau" zu beachten.

Anmerkung: Element A8 soll in DIN 18800 Teil 7 übernommen werden; erst wenn es dort enthalten ist, kann es hier entfallen.

Zitierte Normen und andere Unterlagen

DIN 124	Halbrundniete, Nenndurchmesser 10 bis 36 mm
DIN 267 Teil 9	Mechanische Verbindungselemente; Technische Lieferbedingungen; Teile mit galvanischen Überzügen
DIN 302	Senkniete, Nenndurchmesser 10 bis 36 mm
DIN 434	Scheiben, vierkant, keilförmig für U-Träger
DIN 435	Scheiben, vierkant, keilförmig für I-Träger
DIN 555	Sechskantmuttern; Gewinde M 5 bis M 100 × 6; Produktklasse C
DIN 779	Formstahldrähte für vollverschlossene Spiralseile; Maße und Technische Lieferbedingungen
DIN 1025 Teil 1	Formstahl; Warmgewalzte I-Träger; Schmale I-Träger, I-Reihe, Maße, Gewichte, zulässige Abweichungen, statische Werte
DIN 1025 Teil 2	Formstahl; Warmgewalzte I-Träger; Breite I-Träger, IPB- und IB-Reihe, Maße, Gewichte, zulässige Abweichungen, statische Werte
DIN 1025 Teil 3	Formstahl; Warmgewalzte I-Träger; Breite I-Träger, leichte Ausführung, IPBl-Reihe, Maße, Gewichte, zulässige Abweichungen, statische Werte
DIN 1025 Teil 4	Formstahl; Warmgewalzte I-Träger; Breite I-Träger, verstärkte Ausführung, IPBv-Reihe, Maße, Gewichte, zulässige Abweichungen, statische Werte
DIN 1025 Teil 5	Formstahl; Warmgewalzte I-Träger; Mittelbreite I-Träger, IPE-Reihe, Maße, Gewichte, zulässige Abweichungen, statische Werte
DIN 1045	Beton und Stahlbeton; Bemessung und Ausführung
DIN 1055 Teil 3	Lastannahmen für Bauten; Verkehrslasten
DIN 1055 Teil 5	Lastannahmen für Bauten; Verkehrslasten, Schneelast und Eislast
DIN 1142	Drahtseilklemmen für Seil-Endverbindungen bei sicherheitstechnischen Anforderungen
DIN 1164 Teil 2	Portland-, Eisenportland-, Hochofen- und Traßzement; Überwachung (Güteüberwachung)
DIN 1681	Stahlguß für allgemeine Verwendungszwecke; Technische Lieferbedingungen
DIN 1690 Teil 1	Technische Lieferbedingungen für Gußstücke aus metallischen Werkstoffen; Allgemeine Bedingungen
DIN 1690 Teil 2	Technische Lieferbedingungen für Gußstücke aus metallischen Werkstoffen; Stahlgußstücke; Einteilung nach Gütestufen aufgrund zerstörungsfreier Prüfungen
DIN 3051 Teil 1	Drahtseile aus Stahldrähten; Grundlagen; Übersicht
DIN 3051 Teil 2	Drahtseile aus Stahldrähten; Grundlagen; Seilarten, Begriffe
DIN 3051 Teil 3	Drahtseile aus Stahldrähten; Grundlagen; Berechnung, Faktoren
DIN 3051 Teil 4	Drahtseile aus Stahldrähten; Grundlagen; Technische Lieferbedingungen
DIN 3090	Kauschen; Formstahlkauschen für Drahtseile
DIN 3091	Kauschen; Vollkauschen für Drahtseile
DIN 3092 Teil 1	Drahtseil-Vergüsse in Seilhülsen; Metallische Vergüsse; Sicherheitstechnische Anforderungen und Prüfung
DIN 3093 Teil 1	Preßklemmen aus Aluminium-Knetlegierungen; Rohlinge aus Flachovalrohren mit gleichbleibender Wanddicke, Technische Lieferbedingungen
DIN 3093 Teil 2	Preßklemmen aus Aluminium-Knetlegierungen; Preßverbindungen; Sicherheitstechnische Anforderungen
DIN 3095 Teil 1	Flämische Augen mit Stahlpreßklemmen; Stahlpreßklemmen; Sicherheitstechnische Anforderungen, Prüfung
DIN 3095 Teil 2	Flämische Augen mit Stahlpreßklemmen; Formen, Sicherheitstechnische Anforderungen, Prüfung

DIN 18800 Teil 1   Seite 47

DIN 4141 Teil 1	Lager im Bauwesen; Allgemeine Regelungen
DIN 6914	Sechskantschrauben mit großen Schlüsselweiten, HV-Schrauben in Stahlkonstruktionen
DIN 6915	Sechskantmuttern mit großen Schlüsselweiten, für Verbindungen mit HV-Schrauben in Stahlkonstruktionen
DIN 6916	Scheiben, rund, für HV-Schrauben in Stahlkonstruktionen
DIN 6917	Scheiben, vierkant, keilförmig, für HV-Schrauben an I-Profilen in Stahlkonstruktionen
DIN 6918	Scheiben, vierkant, keilförmig, für HV-Schrauben an U-Profilen in Stahlkonstruktionen
DIN 7968	Sechskant-Paßschrauben, ohne Mutter oder mit Sechskantmutter für Stahlkonstruktionen
DIN 7969	Senkschrauben mit Schlitz, ohne Mutter oder mit Sechskantmutter, für Stahlkonstruktionen
DIN 7989	Scheiben für Stahlkonstruktionen
DIN 7990	Sechskantschrauben mit Sechskantmuttern für Stahlkonstruktionen
DIN 7999	Sechskant-Paßschrauben, hochfest, mit großen Schlüsselweiten für Stahlkonstruktionen
DIN 17100	Allgemeine Baustähle; Gütenorm
DIN 17102	Schweißgeeignete Feinkornbaustähle, normalgeglüht; Technische Lieferbedingungen für Blech, Band, Breitflach-, Form- und Stabstahl
DIN 17103	Schmiedestücke aus schweißgeeigneten Feinkornbaustählen; Technische Lieferbedingungen
DIN 17111	Kohlenstoffarme unlegierte Stähle für Schrauben, Muttern und Niete; Technische Lieferbedingungen
DIN 17119	Kaltgefertigte geschweißte quadratische und rechteckige Stahlrohre (Hohlprofile) für den Stahlbau; Technische Lieferbedingungen
DIN 17120	Geschweißte kreisförmige Rohre aus allgemeinen Baustählen für den Stahlbau; Technische Lieferbedingungen
DIN 17121	Nahtlose kreisförmige Rohre aus allgemeinen Baustählen für den Stahlbau; Technische Lieferbedingungen
DIN 17123	Geschweißte kreisförmige Rohre aus Feinkornbaustählen für den Stahlbau; Technische Lieferbedingungen
DIN 17124	Nahtlose kreisförmige Rohre aus Feinkornbaustählen für den Stahlbau; Technische Lieferbedingungen
DIN 17125	Quadratische und rechteckige Rohre (Hohlprofile) aus Feinkornbaustählen für den Stahlbau; Technische Lieferbedingungen
DIN 17140 Teil 1	Walzdraht zum Kaltziehen; Technische Lieferbedingungen für Grundstahl und unlegierte Qualitätsstähle
DIN 17182	Stahlgußsorten mit verbesserter Schweißeignung und Zähigkeit für allgemeine Verwendungszwecke
DIN 17200	Vergütungsstähle; Technische Lieferbedingungen
DIN 17440	Nichtrostende Stähle, Technische Lieferbedingungen für Blech, Warmband, Walzdraht, gezogenen Draht, Stabstahl, Schmiedestücke und Halbzeug
DIN 18800 Teil 2	Stahlbauten; Stabilitätsfälle, Knicken von Stäben und Stabwerken
DIN 18800 Teil 3	Stahlbauten; Stabilitätsfälle, Plattenbeulen
DIN 18800 Teil 4	Stahlbauten; Stabilitätsfälle, Schalenbeulen
DIN 18800 Teil 6	(z.Z. Entwurf) Stahlbauten; Bemessung und Konstruktion bei häufig wiederholten Beanspruchungen
DIN 18800 Teil 7	Stahlbauten; Herstellen, Eignungsnachweise zum Schweißen
DIN 18801	Stahlhochbau; Bemessung, Konstruktion, Herstellung
DIN 32500 Teil 1	Bolzen für Bolzenschweißen mit Hubzündung; Gewindebolzen
DIN 32500 Teil 3	Bolzen für Bolzenschweißen mit Hubzündung; Betonanker und Kopfbolzen
DIN 50049	Bescheinigungen über Materialprüfungen
DIN 55928 Teil 1	Korrosionsschutz von Stahlbauten durch Beschichtungen und Überzüge; Allgemeines
DIN 55928 Teil 2	Korrosionsschutz von Stahlbauten durch Beschichtungen und Überzüge; Korrosionsgerechte Gestaltung
DIN 55928 Teil 3	Korrosionsschutz von Stahlbauten durch Beschichtungen und Überzüge; Planung der Korrosionsschutzarbeiten
DIN 55928 Teil 4	Korrosionsschutz von Stahlbauten durch Beschichtungen und Überzüge; Vorbereitung und Prüfung der Oberflächen
DIN 55928 Teil 5	Korrosionsschutz von Stahlbauten durch Beschichtungen und Überzüge; Beschichtungsstoffe und Schutzsysteme
DIN 55928 Teil 6	Korrosionsschutz von Stahlbauten durch Beschichtungen und Überzüge; Ausführung und Überwachung der Korrosionsschutzarbeiten
DIN 55928 Teil 7	Korrosionsschutz von Stahlbauten durch Beschichtungen und Überzüge; Technische Regeln für Kontrollflächen
DIN 55928 Teil 8	Korrosionsschutz von Stahlbauten durch Beschichtungen und Überzüge; Korrosionsschutz von tragenden dünnwandigen Bauteilen (Stahlleichtbau)
DIN 55928 Teil 9	Korrosionsschutz von Stahlbauten durch Beschichtungen und Überzüge; Bindemittel und Pigmente für Beschichtungsstoffe
DIN 83313	Seilhülsen

DIN ISO 898 Teil 1	Mechanische Eigenschaften von Verbindungselementen; Schrauben, identisch mit ISO 898-1: 1988
DIN ISO 898 Teil 2	Mechanische Eigenschaften von Verbindungselementen; Muttern mit festgelegten Prüfkräften
DASt-Richtlinie 006	Überschweißen von Fertigungsbeschichtungen (FB) im Stahlbau[3])
DASt-Richtlinie 009	Empfehlungen zur Wahl der Stahlgütegruppen für geschweißte Stahlbauten[3])
DASt-Richtlinie 014	Empfehlungen zum Vermeiden von Terrassenbrüchen in geschweißten Konstruktionen aus Baustahl[3])
ISO 3898 : 1987	Bases for design of structures; Notations; General symbols (Berechnungsgrundlagen für Bauten; Begriffe, Allgemeine Symbole)
ISO Report TR 7596	Socketing procedures for wire ropes — Resin socketing
SEP 1390	Aufschweißbiegeversuch[4])
SEW 685	Kaltzäher Stahlguß; Gütevorschriften[4])

Mitteilungen des Instituts für Bautechnik, 1987, Heft 1[5])

Richtlinie für das Aufstellen und Prüfen EDV-unterstützter Standsicherheitsnachweise[6])

[1] DIN: Grundlagen zur Festlegung von Sicherheitsanforderungen für bauliche Anlagen. Berlin, Köln: Beuth Verlag, 1981.
[2] Scheer, J., Peil U. und Scheibe, H.-J.: Zur Übertragung von Kräften durch Kontakt im Stahlbau. Bauingenieur **62** (1987), S. 419—424.
[3] Lindner, J. und Gietzelt, R.: Kontaktstöße in Druckstäben. Stahlbau **57** (1988), S. 39—50, S. 384.
[4] Valtinat, G.: Schraubenverbindungen. Stahlbau Handbuch Band 1. Köln: Stahlbau-Verlag 1982, dort S. 402—425.
[5] Fischer, M. und Wenk, P.: Zur Frage der Abhängigkeit der Kehlnahtdicke von der Blechdicke beim Verschweißen von Baustählen. Stahlbau **54** (1985), S. 239—242.
[6] SIA 160 Einwirkungen auf Tragwerke. Zürich: Schweizerischer Ingenieur- und Architekten-Verein 1970.
[7] Scheer, J. und Bahr, G.: Interaktionsdiagramme für die Querschnittstraglasten außermittig längsbelasteter, dünnwandiger Winkelprofile. Bauingenieur **56** (1981), S. 459—466.
[8] Rubin, H.: Interaktionsbeziehungen ... Stahlbau **47** (1978), S. 76—85, S. 145—151, S. 174—281.
[9] Grundlagen zur Beurteilung von Baustoffen, Bauteilen und Bauarten im Prüf- und Zulassungsverfahren. Berlin: Institut für Bautechnik, 1986.

Frühere Ausgaben
DIN 18800 Teil 1: 03.81

Änderungen
Gegenüber der Ausgabe März 1981 wurden folgende Änderungen vorgenommen:
— Inhalt dem Stand der Technik angepaßt und unter Berücksichtigung der vom NABau herausgegebenen „Grundlagen zur Festlegung von Sicherheitsanforderungen an baulichen Anlagen" (GruSiBau) vollständig überarbeitet.

---

[3]) Zu beziehen bei: Deutscher Ausschuß für Stahlbau, Ebertplatz 1, 5000 Köln 1
[4]) Zu beziehen bei: Verlag Stahleisen mbH, Postfach 82 29, 4000 Düsseldorf 1
[5]) Zu beziehen bei: Verlag Ernst & Sohn, Hohenzollerndamm 170, 1000 Berlin 31
[6]) Zu beziehen bei: Bundesvereinigung der Prüfingenieure für Baustatik, Teckstraße 44, 7000 Stuttgart 1

Erläuterungen

Neben der inhaltlichen Neugestaltung der Normen der Reihe DIN 18800 wurde auch versucht, ihnen äußerlich ein anderes Erscheinungsbild zu geben und damit zu einer leichteren, einfacheren Handhabung der Norm beizutragen. Damit folgten der NABau-Fachbereich 08 und seine für die Erarbeitung dieser Normen zuständigen Arbeitsausschüsse einem Beschluß des NABau-Beirats aus dem Jahre 1981, eine solche neue Struktur probeweise anzuwenden. Im folgenden wird dieses Konzept erläutert und dem Anwender damit gewissermaßen eine Art „Gebrauchsanweisung" an die Hand gegeben.

Grundgedanken dieser neuen Struktur sind die — im Rahmen der Normenerstellung eigentlich schon immer erhobenen — Forderungen nach

— Eindeutigkeit, Überschaubarkeit und Transparenz der verschiedenen Aussagen,
— leichter Ansprechbarkeit, Adressierbarkeit und Austauschbarkeit der einzelnen Inhaltsteile,
— einfacher, widerspruchsfreier Fortschreibung der Einzelregelungen,
— einfacher Anwendung.

Um dies zu erreichen, wurde ausgehend von und aufbauend auf dem Anforderungsprofil der Deutschen Bundesbahn für die Erstellung ihrer bautechnischen Regelwerke sowie in Übereinstimmung mit dem nach den Regeln von DIN 820 „Machbarem" das hiermit nunmehr vorliegende Erscheinungsbild gefunden.

Im Rahmen der üblichen, allgemein bekannten Gliederung in Abschnitte und Unterabschnitte nach dem Dezimalsystem ist darüber hinaus der gesamte Text in überschaubare, (abschnittsweise) durchgehend benummerte, sogenannte „Elemente" gegliedert, deren jedes eine in sich geschlossene Aussage enthält und damit auch bei Übernahme in eine andere Norm verständlich bleibt. Zu jedem Element gehört eine Überschrift, welche den wesentlichen Inhalt in Kurzform erkennen läßt.

Die Aussagewertigkeit der Regelungen wird unterschieden nach

— **verbindlichen Regelungen** in Form von Geboten, Verboten, Grundsätzen (Regeln),
— **nicht verbindlichen Regelungen** in Form von Empfehlungen sowie Erlaubnissen unter konkret beschriebenen Bedingungen,
— **Erläuterungen** in Form von Beispielen, Hinweisen, Skizzen und Bildern.

Die eindeutige Formulierung des jeweiligen Verbindlichkeitsgrades jeder Regelung ergibt sich aus der konsequenten Anwendung der modalen Hilfsverben nach DIN 820 Teil 23. Zur Verbesserung der Übersicht wird der Verbindlichkeitsgrad jedoch nicht nur verbal beschrieben, sondern auch durch ein entsprechendes Druckbild optisch unterschieden. Danach sind die „nicht verbindlichen Regelungen" mit einem Raster unterlegt, und die „Erläuterungen" stehen eingerückt als Anmerkung unmittelbar hinter dem jeweiligen Element.

Internationale Patentklassifikation

G 04 B 1/24
G 01 L 5/00
G 01 N 3/00

Februar 1996

	Stahlbauten Bemessung und Konstruktion Änderung A1	**DIN** **18800-1/A1**

ICS 91.080.10

Deskriptoren: Stahlbau — Tragwerk — Bemessung — Konstruktion

Änderung von
DIN 18800-1 : 1990-11

Steel structures — design and construction — Amendment A1
Constructions métalliques — calcul et construction — Amendement A1

Diese Änderung zu DIN 18800-1 : 1990-11 wurde vom NABau-Fachbereich 08 "Stahlbau, Verbundbau, Aluminiumbau — Deutscher Ausschuß für Stahlbau e.V." beschlossen. Mit ihr werden die im folgenden aufgeführten Änderungen vorgenommen. Der übrige Normtext bleibt unverändert.

Der erste Satz der Vorbemerkungen ist wie folgt zu ändern:
Für die Bemessung und Konstruktion von Stahlbrückenbauten (DIN 18809) sowie von Verbundbauten (DIN 18806-1 und "Richtlinien für Stahlverbundträger") gilt neben der vorliegenden Norm bis zum Erscheinen einer Europäischen Norm hierüber noch DIN 18800-1 : 1981-03.

Der Norm ist folgender Anhang B hinzuzufügen:

Anhang B (normativ)
Nachweis der Tragsicherheit in einfachen Fällen
Falls
— die Tragsicherheit nach dem Verfahren Elastisch-Elastisch (siehe 7.5.2) nachgewiesen wird und
— keine Nachweise nach DIN 18800-2 bis DIN 18800-4 geführt werden müssen und
— beim Nachweis nicht von Möglichkeiten der Elemente (749) oder (750) Gebrauch gemacht wird,
dürfen in den Nachweisgleichungen (33) bis (35) im Element (747) die Beanspruchbarkeiten (Grenzspannungen $\sigma_{R,d}$, $\tau_{R,d}$) um 10% erhöht werden.

ANMERKUNG 1: Daß kein Nachweis nach DIN 18800-2 geführt werden muß, setzt u.a. voraus, daß die Abgrenzungskriterien nach Element (739) — kein Nachweis nach Theorie II. Ordnung erforderlich — und Element (740) — kein Nachweis der Biegedrillknicksicherheit erforderlich — erfüllt sind.

ANMERKUNG 2: Daß kein Nachweis nach DIN 18800-3 geführt werden muß, setzt u.a. voraus, daß die Grenzwerte für (b/t)-Verhältnisse nach den Tabellen 12 und 13 eingehalten sind.

ANMERKUNG 3: Daß kein Nachweis nach DIN 18800-4 geführt werden muß, setzt u.a. voraus, daß die Grenzwerte für (d/t)-Verhältnisse nach Tabelle 14 eingehalten sind.

Normenausschuß Bauwesen (NABau) im DIN Deutsches Institut für Normung e.V.

DK 693.814 : 624.014.2 : 624.07 : 371.27 : 621.791-05

Mai 1983

Stahlbauten
Herstellen, Eignungsnachweise zum Schweißen

DIN 18 800
Teil 7

Steel structures; construction, certification for welding
Structures en acier; construction, certification pour le soudage

Ersatz für DIN 1000/12.73 und
Beiblatt 1 und 2 zu
DIN 4100/12.68
Mit DIN 18 800 T 1/03.81 und
DIN 18 801
Ersatz für DIN 4100/12.68

Diese Norm wurde im Fachbereich „Stahlbau" des NABau ausgearbeitet. Sie ist den Obersten Bauaufsichtsbehörden vom Institut für Bautechnik, Berlin, zur bauaufsichtlichen Einführung empfohlen worden.

Inhalt

	Seite		Seite
1 Anwendungsbereich	1	4 Zusammenbau	6
2 Werkstoffe	1	5 Abnahme	6
3 Herstellen von Stahlbauten	1	6 Eignungsnachweise zum Schweißen	6
3.1 Bautechnische Unterlagen	1	6.1 Allgemeines	6
3.2 Bearbeiten von Werkstoffen und Bauteilen	1	6.2 Großer Eignungsnachweis	7
3.3 Schrauben- und Nietverbindungen	2	6.3 Kleiner Eignungsnachweis	7
3.4 Schweißverbindungen	4	Zitierte Normen und andere Unterlagen	9

1 Anwendungsbereich

Diese Norm ist anzuwenden für das Herstellen tragender Bauteile aus Stahl mit
a) vorwiegend ruhender Beanspruchung und
b) nicht vorwiegend ruhender Beanspruchung.

Die Einstufung der Bauteile nach den Aufzählungen a) oder b) dieses Abschnittes ist in den bautechnischen Unterlagen nach entsprechenden Regelungen in den Fachnormen festzulegen.

2 Werkstoffe

Es gilt DIN 18 800 Teil 1.

3 Herstellen von Stahlbauten

Für Bauteile mit vorwiegend ruhender Beanspruchung gelten die nachfolgenden Bestimmungen ohne die zusätzlichen Anforderungen.
Bei Bauteilen mit nicht vorwiegend ruhender Beanspruchung werden mit Rücksicht auf die Betriebsfestigkeit zum Teil schärfere Anforderungen bezüglich der Güte des Herstellers gestellt. Diese sind jeweils am Schluß der einzelnen Abschnitte aufgeführt und durch einen seitlich angeordneten senkrechten Strich kenntlich gemacht.

3.1 Bautechnische Unterlagen

Mit dem Herstellen von Stahlbauten darf erst begonnen werden, wenn die bautechnischen Unterlagen (siehe DIN 18 800 Teil 1, Ausgabe März 1981, Abschnitt 1.2) nach denen Stahlbauteile zu fertigen sind soweit erforderlich in geprüfter Form vorliegen.
In den bautechnischen Unterlagen sind auch Verbindungen an tragenden Bauteilen zu berücksichtigen, die nur Montagezwecken dienen, auch wenn sie nach erfolgtem Zusammenbau wieder entfernt werden.
Werden beim Herstellen Änderungen gegenüber den bautechnischen Unterlagen nötig, so sind diese zu berichtigen.

3.2 Bearbeiten von Werkstoffen und Bauteilen

3.2.1 Der Werkstoff darf nur im kalten oder rotwarmen Zustand umgeformt werden, nicht aber im Blauwärmebereich. Abschrecken ist nicht gestattet.

3.3.2 Die Berührungsflächen von Stahlbauteilen sind so vorzubereiten, daß diese beim Zusammenbau auch im Hinblick auf den Korrosionsschutz aufeinander liegen. Grate und erhabene Walzzeichen sind abzuarbeiten.

3.2.3 Grobe Fehler an der Oberfläche, z. B. Kerben, sind durch geeignete Bearbeitungsverfahren, z. B. Hobeln, Fräsen, Schleifen oder Feilen, zu beseitigen.

Fortsetzung Seite 2 bis 9

Normenausschuß Bauwesen (NABau) im DIN Deutsches Institut für Normung e.V.
Normenausschuß Schweißtechnik (NAS) im DIN

Bei Fehlern im Werkstoff (z. B. Schlackeneinschlüsse, Blasen, Doppelungen) sind die erforderlichen Maßnahmen mit dem Statiker und Konstrukteur sowie bei Schweißarbeiten auch mit der Schweißaufsicht festzulegen, oder das fehlerhafte Teil ist zu ersetzen. Die durchgeführten Maßnahmen sind in den bautechnischen Unterlagen zu vermerken.

**Zusätzliche Anforderungen
für nicht vorwiegend ruhend beanspruchte Bauteile:**
Wird bei festgestellten Fehlerstellen im Werkstoff das betroffene Teil nicht ersetzt, so muß dazu und zu den zu treffenden Maßnahmen auch das Einverständnis der für die Bauaufsicht zuständigen Stelle eingeholt werden.

3.2.4 Trennschnitte sind fehlerfrei herzustellen, z. B. mit Sägeschnitten, und sind gegebenenfalls nachzuarbeiten. Anderenfalls ist der neben dem Schnitt befindliche Werkstoff, soweit er verletzt ist, durch geeignete Bearbeitungsverfahren (siehe Abschnitt 3.2.3) zu beseitigen.

Die durch autogenes Brennschneiden oder Plasma-Schmelzschneiden entstandenen Schnittflächen müssen mindestens der Güte II nach DIN 2310 Teil 3 oder der Güte I nach DIN 2310 Teil 4 entsprechen.

Bei gescherten Schnitten und gestanzten Ausklinkungen in zugbeanspruchten Bauteilen über 16 mm Dicke sind deren Schnittflächen abzuarbeiten.

**Zusätzliche Anforderungen
für nicht vorwiegend ruhend beanspruchte Bauteile:**
Die durch autogenes Brennschneiden entstandenen Schnittflächen müssen Güte I nach DIN 2310 Teil 3 aufweisen. Die Kanten sind zu brechen.
Bei gescherten Schnitten und gestanzten Ausklinkungen sind die neben dem Schnitt befindlichen verletzten und verfestigten Zonen in der Schnittfläche spanend, z. B. durch Hobeln, Fräsen, Schleifen oder Feilen, abzuarbeiten, es sei denn, daß durch das Schweißen diese Zonen aufgeschmolzen werden. Die Kanten der bearbeiteten Flächen sind zu entgraten.

3.2.5 Als Markierungen sind Schlagzahlen oder Körner zulässig, nicht jedoch Meißelkerben.

**Zusätzliche Anforderungen
für nicht vorwiegend ruhend beanspruchte Bauteile:**
Bauteilbereiche, in denen keine Schlagzahlen angebracht werden dürfen, sind in den bautechnischen Unterlagen entsprechend zu kennzeichnen.

3.2.6 Einspringende Ecken und Ausklinkungen sind auszurunden.

**Zusätzliche Anforderungen
für nicht vorwiegend ruhend beanspruchte Bauteile:**
Einspringende Ecken und Ausklinkungen sind mit mindestens 8 mm Halbmesser auszurunden.

3.2.7 Berührungsflächen von Kontaktstößen sollen so hergestellt werden, daß die Kraft planmäßig über den gesamten Querschnitt übertragen wird. Bei zusammengesetzten Querschnitten genügt im allgemeinen das Herstellen gegen einen Anschlag.

**Zusätzliche Anforderungen
für nicht vorwiegend ruhend beanspruchte Bauteile:**
Bei zusammengesetzten Querschnitten sind die Kontaktflächen der Querschnittsteile einzeln oder insgesamt zu bearbeiten.

3.3 Schrauben- und Nietverbindungen

3.3.1 Allgemeines

3.3.1.1 Schrauben- und Nietlöcher dürfen nur gebohrt, gestanzt oder maschinell gebrannt (Güte nach Abschnitt 3.2.4) werden. In zugbeanspruchten Bauteilen über 16 mm Dicke ist das gestanzte Loch vor dem Zusammenbau im Durchmesser um mindestens 2 mm aufzureiben. Dieses ist in den Ausführungsunterlagen festzulegen. Zusammengehörige Löcher müssen aufeinanderpassen; bei Versatz der Löcher ist der Durchgang für Schrauben und Niete aufzubohren oder aufzureiben, jedoch nicht aufzudornen.

**Zusätzliche Anforderungen
für nicht vorwiegend ruhend beanspruchte Bauteile:**
Die Schrauben- und Nietlöcher müssen entgratet sein. Außenliegende Lochränder sind zu brechen.
Das Stanzen von Löchern ist nur zulässig, wenn die Löcher vor dem Zusammenbau im Durchmesser um mindestens 2 mm aufgerieben werden.

3.3.1.2 Die Einzelteile sollen möglichst zwangsfrei zusammengebaut werden.

3.3.1.3 Bei tragenden Schrauben darf das Gewinde nur soweit in das zu verbindende Bauteil hineinragen, daß die Ist-Länge des darin verbleibenden Schraubenschaftes mindestens das 0,4fache des Schraubendurchmessers beträgt.

**Zusätzliche Anforderungen
für nicht vorwiegend ruhend beanspruchte Bauteile:**
Das Schraubengewinde darf nicht in das zu verbindende Bauteil hineinragen, ausgenommen bei Schrauben nach DIN 6914 in gleitfesten Verbindungen.

3.3.1.4 Schraubenköpfe und Muttern müssen mit der zur Anlage bestimmten Fläche aufliegen. Bei schiefen Auflageflächen sind die Schraubenköpfe ebenso wie die Muttern mit keilförmigen Unterlegscheiben zu versehen.

**Zusätzliche Anforderungen
für nicht vorwiegend ruhend beanspruchte Bauteile:**
Die Muttern von Schraubenverbindungen sind gegen unbeabsichtigtes Lösen zu sichern, z. B. durch Federringe oder Vorspannen der Schrauben.

3.3.1.5 Bei Verwendung von Paßschrauben ist beim Herstellen der Schraubenlöcher ein Toleranzfeld von H 11 nach DIN 7154 Teil 1 einzuhalten.

3.3.2 Scher-/Lochleibungsverbindungen

3.3.2.1 Berührungsflächen sind durch Grundbeschichtungen mit Pigmenten nach DIN 55928 Teil 5 zu schützen. Hierauf darf verzichtet werden, wenn die Berührungsflächen eine entsprechende Fertigungsbeschichtungen [1]) aufweisen. Bei Nietverbindungen sind Bleimennige und Zinkchromatpigmente nicht zulässig. Die Oberflächen sind nach DIN 55928 Teil 4 vorzubereiten.

---
[1]) Siehe DASt-Ri 006 „Überschweißen von Fertigungsbeschichtungen (FB) im Stahlbau", Ausgabe Januar 1980. Zu beziehen bei der Stahlbau-Verlags GmbH, Ebertplatz 1, 5000 Köln 1.

**Zusätzliche Anforderungen
für nicht vorwiegend ruhend beanspruchte Bauteile:**
Als Zwischenbeschichtung für die Berührungsflächen in genieteten Verbindungen von Stäben und Knotenblechen bei Fachwerkträgern aus St 52, ausgenommen Verbände, sind ausschließlich gleitfeste Beschichtungen aus Alkalisilikat-Zinkstaubfarben nach den Technischen Lieferbedingungen (TL) 918 300 Blatt 85 der Deutschen Bundesbahn [2]) zu verwenden. Etwaige bereits auf den Oberflächen vorhandene Fertigungsbeschichtungen [1]) dürfen nicht belassen werden. Die Oberflächen sind nach DIN 55 928 Teil 4 vorzubereiten.

3.3.2.2 Niete sind so einzuschlagen, daß die Nietlöcher ausgefüllt werden. Der Schließkopf ist voll auszuschlagen; dabei dürfen keine schädlichen Eindrücke im Werkstoff entstehen. Die geschlagenen Niete sind auf festen Sitz zu überprüfen.

Beim Auswechseln fehlerhafter Niete sind aufgeweitete Lochwandungen auf den nächstgrößeren Nietlochdurchmesser aufzureiben und Beschädigungen am Bauteil auszubessern (siehe Abschnitt 3.2.3). In keinem Fall ist es zulässig, Niete im kaltem Zustand nachzutreiben.

3.3.3 Gleitfeste Verbindungen mit hochfesten Schrauben

3.3.3.1 Vorbereitung

Schrauben, Muttern und Unterlegscheiben sind vor ihrer Verwendung geschützt zu lagern.

Die Reibflächen in gleitfesten Verbindungen sind vor dem Zusammenbau durch Strahlen mit den zur Oberflächenvorbereitung von Stahlbauten üblichen Strahlmitteln (ausgenommen Drahtkorn) und Korngrößen (Norm-Reinheitsgrad mindestens Sa 2 1/2) oder durch zweimaliges Flammstrahlen (Norm-Reinheitsgrad Fl) nach DIN 55 928 Teil 4 zu reinigen.

Soll die Reibfläche beschichtet werden, sind Alkalisilikat-Zinkstaubfarben nach der TL 918 300 Blatt 85 der Deutschen Bundesbahn [2]) zu verwenden. Hierfür ist mindestens der Norm-Reinheitsgrad Sa 2 1/2 erforderlich.

3.3.3.2 Vorspannen der Schrauben

Das Vorspannen kann durch Anziehen der Mutter, gegebenenfalls auch des Schraubenkopfes, nach dem Drehmoment-, Drehimpuls- oder Drehwinkel-Verfahren erfolgen. Hierfür sind Drehmomentenschlüssel, Schlagschrauber und ähnliche Anziehgeräte zu verwenden.

[1]) Siehe Seite 2
[2]) Zu beziehen beim Drucksachenlager der BD Hannover, Schwarzer Weg 8, 4950 Minden.

Tabelle 1. Erforderliche Anziehmomente, Vorspannkräfte und Drehwinkel

1	2	3	4	5	6
		\multicolumn{4}{c}{Vorspannen der Schraube nach dem}			
		a) Drehmoment-Verfahren		b) Drehimpuls-Verfahren	c) Drehwinkel-Verfahren
Schraube	erforderliche Vorspannkraft F_V	Aufzubringendes Anziehmoment M_V MoS$_2$ geschmiert [1])	leicht geölt	Aufzubringende Vorspannkraft F_V [2])	Aufzubringendes Voranziehmoment M_V [2])	
	kN	Nm	Nm	kN	Nm	
1	M 12	50	100	120	60	10	Drehwinkel φ und Umdrehungsmaß U siehe Tabelle 2
2	M 16	100	250	350	110	50	
3	M 20	160	450	600	175	50	
4	M 22	190	650	900	210	100	
5	M 24	220	800	1100	240	100	
6	M 27	290	1250	1650	320	200	
7	M 30	350	1650	2200	390	200	
8	M 36	510	2800	3800	560	200	

[1]) Da die Werte M_V sehr stark vom Schmiermittel des Gewindes abhängen, ist die Einhaltung dieser Werte vom Schraubenhersteller zu bestätigen.
[2]) Unabhängig von Schmierung des Gewindes und der Auflagerflächen von Muttern und Schraube.

Für das Aufbringen einer teilweisen Vorspannkraft $\geq 0,5 \cdot F_V$ genügen jeweils die halben Werte nach Tabelle 1, Spalten 3 bis 5 sowie handfester Sitz nach Spalte 6.

Tabelle 2. **Erforderlicher Drehwinkel φ und Umdrehungsmaße U**

	1	2	3	4	5	6	7	8	9
	l_k mm		$l_k \leq 50$		$51 < l_k \leq 100$		$101 < l_k \leq 170$		$171 < l_k \leq 240$
			φ	U	φ	U	φ	U	φ	U
1	M 12 bis M 22	180°	1/2	240°	2/3	270°	3/4	360°	1
2	M 24 bis M 36	180°	1/2	240°	2/3	270°	3/4	270°	3/4

Für das Aufbringen einer teilweisen Vorspannkraft $\geq 0{,}5 \cdot F_V$ genügen jeweils die halben Werte nach Tabelle 2, Spalten 2 bis 9.

a) Beim Anziehen nach dem Drehmoment-Verfahren mit handbetriebenen Drehmomentenschlüsseln wird die erforderliche Vorspannkraft F_V durch ein meßbares Drehmoment erzeugt. Die aufzubringenden Werte M_V sind je nach Schmierung des Gewindes und der Auflagerflächen von Schraube und Mutter in Tabelle 1, Spalte 3 und 4 angegeben. Drehmomentenschlüssel müssen ein zuverlässiges Ablesen der erforderlichen Anziehmomente M_V ermöglichen oder bei einem mit genügender Genauigkeit einstellbaren Anziehmoment ausklinken. Die Fehlergrenze beim Einstellen oder Ablesen darf $\pm 0{,}1\,M_V$ nicht überschreiten. Dies ist vor Verwendung und während des Einsatzes mindestens halbjährlich zu überprüfen.

b) Beim Anziehen nach dem Drehimpuls-Verfahren mit maschinellen Schlagschraubern wird die erforderliche Vorspannkraft F_V durch Drehimpulse erzeugt. Die vom Schlagschrauber aufzubringenden Werte F_V sind in Tabelle 1, Spalte 5, angegeben. Der Schlagschrauber ist an Hand von mindestens 3 der zum Einbau vorgeschriebenen Schrauben (Durchmesser, Klemmlängen) mit Hilfe geeigneter Meßvorrichtungen, z. B. Tensimeter, auf diese Vorspannkräfte einzustellen. Die im Kontrollgerät erreichten Werte sind in ein Kontrollbuch einzutragen.

Es dürfen nur typengeprüfte Schlagschrauber verwendet werden.

c) Das Vorspannen der Schrauben nach dem Drehwinkel-Verfahren erfolgt in 2 Schritten. Zuerst sind die Schrauben mit den in Tabelle 1, Spalte 6, angegebenen Voranziehmomenten M_V und anschließend durch Aufbringen eines Drehwinkels φ nach Tabelle 2, um den die Mutter und Schraube gegeneinander weiter anzuziehen sind, vorzuspannen. Der Drehwinkel φ bzw. das Umdrehungsmaß U sind abhängig von der Klemmlänge l_k, jedoch unabhängig vom Schraubendurchmesser sowie von der Schmierung des Gewindes und der Auflagerflächen von Schraube und Mutter.

Bei Verbindungen mit feuerverzinkten, hochfesten Schrauben ist beim Anziehen der Mutter entweder die komplette Mutter oder das Gewinde der Schraube und die Unterlegscheibe, dort wo angezogen wird, grundsätzlich mit Molybdändisulfid (MoS_2), z. B. Molykote zu schmieren. Beim Anziehen des Schraubenkopfes ist bei Verwendung einer komplett geschmierten Mutter zusätzlich auch die Unterlegscheibe unter dem Schraubenkopf zu schmieren. Beim Vorspannen nach dem Drehmoment-Verfahren können dafür die Werte nach Tabelle 1, Spalte 3, unter Beachtung der Fußnote 1 dieser Tabelle benutzt werden. Beim Vorspannen nach dem Drehimpuls- und Drehwinkel-Verfahren gelten unverändert die Werte nach Tabelle 1, Spalten 5 bzw. 6 und Tabelle 2, Spalten 2 bis 9.

3.3.3.3 Überprüfen der gleitfesten Verbindungen

Die Wirksamkeit der gleitfesten Verbindungen ist neben dem Reibbeiwert der Berührungsflächen der zu verbindenden Bauteile hauptsächlich von der Vorspannkraft der Schrauben abhängig. Die Überprüfung der Vorspannkraft erstreckt sich auf 5 % aller Schrauben in der Verbindung. Sie ist mit einem Anziehgerät entsprechender Prüfgenauigkeit vorzunehmen, d. h. handangezogene Schrauben sind mit einem Handschlüssel, maschinell angezogene mit einem maschinellen Anziehgerät zu prüfen. Die Prüfung erfolgt ausschließlich durch Weiteranziehen.

a) Bei allen mit handbetriebenen Drehmomentenschlüsseln nach dem Drehmoment-Verfahren angezogenen und zu prüfenden Schrauben ist das Drehmoment 10 % höher als nach Tabelle 1, Spalte 3 bzw. 4 angegeben, einzustellen.

b) Bei allen mit auf F_V geeichten Schlagschraubern angezogenen Schrauben genügt zur Überprüfung das Wiederansetzen und Betätigen eines auf F_V nach Tabelle 1, Spalte 5, eingestellten Schlagschraubers.

c) Bei allen nach dem Drehwinkel-Verfahren angezogenen, zu prüfenden Schrauben ist je nach dem verwendeten Anziehverfahren das Prüfverfahren nach Abschnitt 3.3.3.3, Aufzählung a) oder b) anzuwenden, d. h. die Prüfgeräte sind fallweise auf die Werte nach Tabelle 1, Spalten 3 bzw. 4 oder 5, einzustellen.

Tabelle 3 enthält Angaben darüber, wann die Vorspannkraft der Schraube als ausreichend nachgewiesen gilt, gegebenenfalls weitere Schrauben zusätzlich zu überprüfen oder auszuwechseln sind.

3.4 Schweißverbindungen

3.4.1 Allgemeines

Der ausführende Betrieb hat für das Schweißen einen Eignungsnachweis nach Abschnitt 6 zu erbringen.

Der notwendige Prüfumfang für die Schweißnähte muß aus den bautechnischen Unterlagen hervorgehen.

Zusätzliche Anforderungen
für nicht vorwiegend ruhend beanspruchte Bauteile:
Im allgemeinen dürfen nur die Lichtbogenschweißverfahren angewandt werden. Die Schweißarbeiten sind, soweit erforderlich, nach einem Schweißplan auszuführen.

Tabelle 3. Überprüfen der Vorspannung

	1	2
1		< 30°	Vorspannung ausreichend
2	Weiterdrehwinkel der Mutter (bzw. Schraube) bis zum Erreichen des nach Abschnitt 3.3.3.3, Aufzählungen a) bis c) eingestellten Prüfmomentes:	30 bis 60°	Vorspannung ausreichend, zusätzlich 2 weitere Schrauben im gleichen Stoß prüfen
3		> 60°	Schraube auswechseln, zusätzlich 2 weitere Schrauben im gleichen Stoß prüfen

3.4.2 Vorbereitung

3.4.2.1 Die zu verbindenden Teile sind so zu lagern und zu halten, daß beim Schweißen möglichst geringe Schrumpfspannungen entstehen und die Bauteile die planmäßige Form erhalten. Hierzu kann die Angabe einer bestimmten Schweißfolge erforderlich werden.

3.4.2.2 Von den Oberflächen im Schweißbereich und den Berührungsflächen sind Schmutz, Fette, Öle, Feuchtigkeit, Rost, Zunder zu entfernen sowie Beschichtungen[1]), soweit diese die Schweißnahtgüte ungünstig beeinflussen.

3.4.2.3 Die Schweißzusätze sind auf die zu schweißenden Grundwerkstoffe, auf etwa vorhandene Fertigungsbeschichtungen und bei Sortenwechsel der Grundwerkstoffe untereinander abzustimmen. Bei allen Schweißverfahren müssen außerdem die Schweißzusätze und die Schweißhilfsstoffe (z. B. Schweißpulver, Schutzgase) untereinander sowie auf das Schweißverfahren abgestimmt sein. Die Güte des Schweißgutes soll den Grundwerkstoffgüten weitgehend entsprechen.

Unter diesen Voraussetzungen ist der Nahtaufbau mit verschiedenen Schweißzusätzen statthaft, auch wenn hierbei die Schweißverfahren wechseln.

Schweißzusätze müssen DIN 1913 Teil 1, Schweißpulver DIN 8557 Teil 1 und DIN 32 522 und Schutzgase DIN 8559 Teil 1 und DIN 32 526 entsprechen und zugelassen sein[3]).

3.4.2.4 Form und Vorbereitung der Schweißfugen sind auf das Schweißverfahren abzustimmen (siehe z. B. DIN 8551 Teil 1 und Teil 4).

3.4.3 Schweißen

Beim Herstellen tragender Schweißnähte sind die Bedingungen nach den Abschnitten 3.4.3.1 bis 3.4.3.7 einzuhalten, sofern nicht je nach Art der Konstruktion davon abgewichen werden darf.

3.4.3.1 Stumpfnaht, D(oppel)-HV-Naht, HV-Naht (Nahtarten nach DIN 18800 Teil 1, Ausgabe März 1981, Tabelle 6, Zeile 1 bis 4)

a) Einwandfreies Durchschweißen der Wurzeln
Damit eine einwandfreie Schweißverbindung sichergestellt ist, soll die Wurzellage in der Regel ausgearbeitet und gegengeschweißt werden. Beim Schweißen nur von einer Seite muß mit geeigneten Mitteln einwandfreies Durchschweißen erreicht sein.

b) Maßhaltigkeit der Nähte (siehe Abschnitt 3.4.3.3).

c) Kraterfreies Ausführen der Nahtenden bei Stumpfnähten mit Auslaufblechen oder anderen geeigneten Maßnahmen.

d) Flache Übergänge zwischen Naht und Blech ohne schädigende Einbrandkerben.

e) Freiheit von Rissen, Binde- und Wurzelfehlern sowie Einschlüssen.

**Zusätzliche Anforderungen
für nicht vorwiegend ruhend beanspruchte Bauteile:**

f) Die nach den technischen Unterlagen zu bearbeitenden Schweißnähte dürfen in der Naht und im angrenzenden Werkstoff eine Dickenunterschreitung bis 5 % aufweisen.

g) Freiheit von Kerben.

h) Die Wurzellage muß im allgemeinen ausgearbeitet und gegengeschweißt werden.

3.4.3.2 D(oppel)-HY-Naht, HY-Naht, Kehlnähte, Dreiblechnaht (Nahtarten nach DIN 18800 Teil 1, Ausgabe März 1981, Tabelle 6, Zeile 5 bis 14); andere Nahtformen sind sinngemäß einzuordnen.

a) Genügender Einbrand
Bei Kehlnähten ist durch konstruktive oder fertigungstechnische Maßnahmen sicherzustellen, daß die notwendige Nahtdicke erreicht wird. Hierbei ist anzustreben, daß der theoretische Wurzelpunkt erfaßt wird.
Bei Schweißverfahren, für die ein über den theoretischen Wurzelpunkt hinausgehender Einbrand sichergestellt ist, z. B. teilmechanische oder vollmechanische UP- oder Schutzgasverfahren (CO_2, Mischgas) muß das Maß min e (siehe DIN 18800 Teil 1, Ausgabe März 1981, Tabelle 6, Zeile 9 und 10) für jedes Schweißverfahren in einer Verfahrensprüfung bestimmt sein.

b) Maßhaltigkeit der Nähte (siehe Abschnitt 3.4.3.3).

c) Weitgehende Freiheit von Kerben und Kratern.

d) Freiheit von Rissen; Sichtprüfung ist im allgemeinen ausreichend.

---

[1]) Siehe Seite 2

[3]) Die amtliche Zulassungsstelle ist das Bundesbahn-Zentralamt Minden (Zulassungsverzeichnis DS 920/I zu beziehen beim Drucksachenlager der BD Hannover, Schwarzer Weg 8, 4950 Minden)

**Zusätzliche Anforderungen
für nicht vorwiegend ruhend beanspruchte Bauteile:**
e) Schweißnähte kerbfrei bearbeiten, wenn dies in den Ausführungsunterlagen angegeben ist.
f) Bei Nahtansätzen, z. B. bei Elektrodenwechsel, darf die zusätzliche Nahtüberhöhung 2 mm nicht überschreiten.

3.4.3.3 Bezüglich der Maßhaltigkeit von Schweißnähten sind folgende Werte zulässig:
a) Überschreitungen bis zu 25 % der Nahtdicke für alle Nahtarten.
b) Stellenweise Unterschreitung der Nahtdicke von 5 % bei Stumpfnähten sowie 10 % bei Kehlnähten, sofern die geforderte durchschnittliche Nahtdicke erreicht wird.

3.4.3.4 Beim Schweißen in mehreren Lagen ist die Oberfläche vorhergehender Lagen von Schlacken zu reinigen. Risse, Löcher und Bindefehler dürfen nicht überschweißt werden.

3.4.3.5 Der Lichtbogen darf nur an solchen Stellen gezündet werden, an denen anschließend Schweißlagen aufgebracht werden.

3.4.3.6 Bei zu geringem Wärmeeinbringen und zu schneller Wärmeableitung sowie bei niedrigen Werkstücktemperaturen ist in Abhängigkeit vom Werkstoff im Bereich der Schweißzonen ausreichend vorzuwärmen.
Schutzvorrichtungen gegen Witterungseinflüsse, z. B. Wind, können erforderlich werden.

3.4.3.7 Während des Schweißens und Erkaltens der Schweißnaht (Blauwärme) sind Erschütterungen und Schwingungen der geschweißten Teile zu vermeiden.

3.4.4 Nachbearbeiten
Schweißnähte, die den Anforderungen nach Abschnitt 3.4.3.1 bis Abschnitt 3.4.3.2 nicht entsprechen, sind auszubessern. Dabei darf der Grundwerkstoff beiderseits der Naht durch Schweißgut ersetzt werden. Dieses gilt auch für das Ausbessern von Terrassenbrüchen (siehe DASt-Ri. 014)[4]. Hierbei ist Abschnitt 3.2.3 besonders zu beachten.

Werkstücke und Schweißnähte sind von Schlacken zu säubern.

Um in besonderen Fällen innere Spannungen und beim Schweißen aufgetretene Aufhärtungen in Naht und Übergangszonen abzubauen, kann eine Behandlung nach dem Schweißen, z. B. Spannungsarmglühen oder Entspannen durch örtliche Wärme, zweckmäßig sein. Art und Umfang dieser zusätzlichen Behandlung ist im Einzelfall festzulegen und in den bautechnischen Unterlagen zu vermerken.

**Zusätzliche Anforderungen
für nicht vorwiegend ruhend beanspruchte Bauteile:**
Von Werkstücken und Schweißnähten sind Schweißspritzer, Schweißtropfen und Schweißperlen zu entfernen.

4 Zusammenbau

4.1 Die Abschnitte 4.2 bis 4.6 gelten für den Zusammenbau von Stahlbauteilen sowohl in der Werkstatt als auch auf der Baustelle.

4.2 Stahlbauteile dürfen beim Lagern, Ein- und Ausladen, Transport und Aufstellen nicht überbeansprucht werden. Sie sind an den Anschlagstellen vor Beschädigungen zu schützen.

4.3 Werden an tragenden Bauteilen für den Transport oder für die Montage oder aus sonstigen Gründen Veränderungen erforderlich, die nicht in bautechnischen Unterlagen vorgesehen sind, z. B. Anschweißen von Hilfslaschen, Bohren von Anschlaglöchern, so dürfen diese nur unter sinngemäßer Beachtung des Abschnittes 3.2.3 ausgeführt werden.

Montagelöcher dürfen nicht durch Schweißgut geschlossen werden.

4.4 Mit dem endgültigen Nieten, Schrauben und Schweißen der Stahlbauteile darf erst begonnen werden, wenn deren planmäßige Form, gegebenenfalls unter Berücksichtigung noch eintretender Verformungen, hergestellt ist. Insbesondere ist beim Freisetzen der mögliche Einfluß von Verformungen des Haupttragwerkes auf andere Bauteile, z. B. Verbände, Anschlüsse, zu berücksichtigen.

4.5 Für den Einbau beweglicher Auflagerteile gelten DIN 4141 Teil 1 bis Teil 3 (z. Z. Entwürfe) oder die „Besonderen Bestimmungen" in den Zulassungsbescheiden für Lager.

4.6 Beim Aufstellen des Stahltragwerkes ist auf Stabilität und Tragfähigkeit besonders zu achten, weil im Bauzustand andere Verhältnisse vorliegen können als im Endzustand.

5 Abnahme

5.1 Zulässige Werte für Maßabweichungen, welche die Gebrauchsfähigkeit der Bauteile beeinflussen können, sind rechtzeitig vor dem Aufstellen der bautechnischen Unterlagen mit dem Besteller festzulegen.

5.2 Für die Abnahmen müssen Schrauben, Niete und Schweißnähte zugänglich sein. Für Verbindungen, die bei der Endabnahme nicht mehr zugänglich sind, ist eine Zwischenabnahme vorzusehen. Schweißnähte dürfen vor der Abnahme keine oder nur eine durchsichtige Beschichtung erhalten.

6 Eignungsnachweise zum Schweißen

6.1 Allgemeines

Das Herstellen geschweißter Bauteile aus Stahl erfordert in außergewöhnlichem Maße Sachkenntnisse und Erfahrungen der damit betrauten Personen sowie eine besondere Ausstattung der Betriebe mit geeigneten Einrichtungen.

Betriebe, die Schweißarbeiten in der Werkstatt oder auf der Baustelle – auch zur Instandsetzung – ausführen, müssen ihre Eignung nachgewiesen haben. Der Nachweis gilt als erbracht, wenn auf der Grundlage von DIN 8563 Teil 1 und Teil 2 je nach Anwendungsbereich der
– Große Eignungsnachweis nach Abschnitt 6.2 oder der
– Kleine Eignungsnachweis nach Abschnitt 6.3
geführt wurde.

---

[4] Zu beziehen bei der Stahlbau-Verlags GmbH, Ebertplatz 1, 5000 Köln 1

Geschweißte Bauteile, die von Betrieben ohne diese Eignungsnachweise hergestellt werden, gelten als nicht normgerecht ausgeführt.

6.2 Großer Eignungsnachweis

6.2.1 Anwendungsbereiche

Der große Eignungsnachweis ist von Betrieben zu erbringen, die geschweißte Stahlbauten mit „vorwiegend ruhender Beanspruchung" herstellen wollen.

Für Stahlbauten mit nicht vorwiegend ruhender Beanspruchung, z. B. Brücken, Krane, wird der Große Eignungsnachweis entsprechend den zusätzlichen Anforderungen erweitert.

In besonderen Fällen kann der Große Eignungsnachweis eingeschränkt oder erweitert erbracht werden, z. B. für das Überschweißen von Fertigungsbeschichtungen [1]).

Dies gilt auch für das Verarbeiten von Werkstoffen, die nicht in DIN 18 800 Teil 1, Ausgabe März 1981, Abschnitt 2.1.1 aufgeführt sind, z. B. nichtrostende Stähle, hochfeste Feinkornbaustähle, sowie für den Einsatz vollmechanischer oder automatischer Schweißverfahren; in solchen Fällen können Verfahrensprüfungen notwendig werden.

6.2.2 Anforderungen an den Betrieb
6.2.2.1 Betriebliche Einrichtungen
Es gilt DIN 8563 Teil 2.

6.2.2.2 Schweißtechnisches Personal
— Schweißaufsicht

Der Betrieb muß für die Schweißaufsicht zumindest einen dem Betrieb ständig angehörenden, auf dem Gebiet des Stahlbaus erfahrenen Schweißfachingenieur haben. Seine Ausbildung und Prüfung muß mindestens den Richtlinien des Deutschen Verbandes für Schweißtechnik (DVS) entsprechen. Er hat in Übereinstimmung mit den in DIN 8563 Teil 2 genannten Aufgaben auch die Prüfung der Schweißer nach DIN 8560 durchzuführen oder bei einer in DIN 8560 genannten Prüfstelle zu veranlassen.

Bei der laufenden Beaufsichtigung der Schweißarbeiten darf sich der Schweißfachingenieur durch betriebszugehörige, schweißtechnisch besonders ausgebildete und als geeignet befundene Personen unterstützen lassen; er ist für die richtige Auswahl dieser Personen verantwortlich.

Zur uneingeschränkten Vertretung des Schweißfachingenieurs ist nur ein dafür bestätigter Schweißfachingenieur befugt.

— Schweißer

Mit Schweißarbeiten dürfen nur Schweißer beschäftigt werden, die für die erforderliche Prüfgruppe nach DIN 8560 und für das jeweilig angewendete Schweißverfahren eine gültige Prüfbescheinigung haben.

Das Bedienungspersonal vollmechanischer Schweißeinrichtungen muß an diesen Einrichtungen ausgebildet und in Anlehnung an DIN 8560 überprüft sein.

6.2.3 Nachweis der Eignung
Im Rahmen einer Betriebsprüfung durch die anerkannte Stelle [5]) hat der Betrieb den Nachweis zu erbringen, daß er über die erforderlichen betrieblichen Einrichtungen und das erforderliche schweißtechnische Personal verfügt.

Bei der Betriebsprüfung hat die Schweißaufsicht nachzuweisen, daß sie in der Lage ist, ihren Aufgaben gerecht zu werden, und daß sie Schweißer nach DIN 8560 überprüfen kann.

6.2.4 Bescheinigung
Nachdem der Eignungsnachweis geführt wurde, stellt die anerkannte Stelle dem Betrieb eine Bescheinigung über den Großen Eignungsnachweis aus.

Die Bescheinigung gilt höchstens 3 Jahre. Nach einer erfolgreichen Verlängerungsprüfung kann die Bescheinigung jeweils auf weitere 3 Jahre ausgestellt werden.

Die Eignungsbescheinigung wird ungültig, wenn die Voraussetzungen, unter denen sie ausgestellt wurde, nicht mehr erfüllt sind.

Beabsichtigt ein Betrieb während der Geltungsdauer den Anwendungsbereich oder die Schweißverfahren zu ändern oder ergibt sich ein Wechsel in der Schweißaufsicht, so hat der Betrieb dies der anerkannten Stelle mitzuteilen.

6.3 Kleiner Eignungsnachweis
6.3.1 Anwendungsbereich
Der Kleine Eignungsnachweis ist von Betrieben zu erbringen, die geschweißte Stahlbauten mit „vorwiegend ruhender Beanspruchung" in dem nachfolgend genannten Umfang herstellen wollen.

6.3.1.1 Bauteile aus St 37
— Vollwand- und Fachwerkträger bis 16 m Stützweite,
— Maste und Stützen bis 16 m Länge,
— Silos bis 8 mm Wanddicke,
— Gärfutterbehälter nach DIN 11 622 Teil 4,
— Treppen über 5 m Länge in Lauflinie gemessen,
— Geländer mit Horizontallast in Holmhöhe $\geq 0{,}5$ kN/m
— andere Bauteile vergleichbarer Art und Größenordnung.

Dabei gelten folgende Begrenzungen:
— Verkehrslast ≤ 5 kN/m^2
— Einzeldicke im tragenden Querschnitt
 im allgemeinen ≤ 16 mm
 bei Kopf- und Fußplatten ≤ 30 mm

6.3.1.2 Erweiterungen des Anwendungsbereiches des Kleinen Eignungsnachweises
Der Anwendungsbereich kann, sofern geeignete betriebliche Einrichtungen und entsprechend qualifiziertes schweißtechnisches Personal vorhanden sind, erweitert werden auf
a) Bauteile aus Hohlprofilen nach DIN 18 808 (z. Z. Entwurf),
b) Bolzenschweißverbindungen bis 16 mm Bolzendurchmesser nach DIN 8536 Teil 10 (z. Z. Entwurf)
c) Bauteile nach Abschnitt 6.3.1.1 aus St 52 ohne Beanspruchung auf Zug und Biegezug mit folgender Begrenzung:
— Kopf- und Fußplatten ≤ 25 mm,
— keine Stumpfstöße in Formstählen.

---
[1]) Siehe Seite 2
[5]) Das Verzeichnis der anerkannten Stellen ist dem Mitteilungsblatt des Instituts für Bautechnik zu entnehmen. Zu beziehen beim IfBt, Reichpietschufer 72—76, 1000 Berlin 30.

6.3.1.3 Bei Betrieben, die mindestens 3 Jahre lang geschweißte Bauteile mit Erfolg und in ausreichendem Umfang ausgeführt haben, darf die anerkannte Stelle für den Kleinen Eignungsnachweis in technischer Abstimmung mit der zuständigen anerkannten Stelle für den Großen Eignungsnachweis den Anwendungsnachweis auf eine über Abschnitt 6.3.1.1 und Abschnitt 6.3.1.2 hinausgehende Serienfertigung (mit eindeutiger Festlegung von Tragwerksform, Stahlsorten, Art der Schweißverbindungen und Fertigungsprogramm) erweitern. Dafür ist in einer Zusatzprüfung mit hierfür typischen Prüfstücken die dafür notwendige Beherrschung der Bauweise und des Schweißens nachzuweisen.

6.3.2 Anforderungen an den Betrieb

6.3.2.1 Betriebliche Einrichtungen
Es gilt DIN 8563 Teil 2.

6.3.2.2 Schweißtechnisches Personal
— Schweißaufsicht
Der Betrieb muß für die Schweißaufsicht zumindest einen dem Betrieb ständig angehörenden, auf dem Gebiet des Stahlbaus erfahrenen Schweißfachmann oder Schweißtechniker haben. Deren Ausbildung und Prüfung muß mindestens den Richtlinien des Deutschen Verbandes für Schweißtechnik (DVS) entsprechen.
Die Schweißaufsicht muß in dem in der Fertigung vorwiegend eingesetzten Schweißverfahren praktisch ausgebildet sein und einmal eine entsprechende Prüfung nach DIN 8560 abgelegt haben.
Die Schweißaufsicht muß den in DIN 8563 Teil 2 gestellten Anforderungen gerecht werden und die Fähigkeit besitzen, alle ihrer Stellung entsprechenden Aufgaben zu erfüllen. Sie ist für die Güte der Schweißarbeiten in der Werkstatt und auf der Baustelle verantwortlich.
Die Schweißaufsicht darf bei Schweißerprüfungen nach DIN 8560 das Schweißen der Prüfstücke überwachen und den fachkundigen Teil der Prüfung durchführen. Die Bewertung der Prüfstücke und Proben ist jedoch bei einer der in DIN 8560 genannten Prüfstellen zu veranlassen.
Bei der laufenden Beaufsichtigung der Schweißarbeiten darf sich die Schweißaufsicht durch betriebszugehörige schweißtechnisch besonders ausgebildete und als geeignet befundenen Personen unterstützen lassen; sie ist für die richtige Auswahl dieser Personen verantwortlich.
Zur uneingeschränkten Vertretung der Schweißaufsicht ist nur eine dafür bestätigte Schweißaufsichtsperson befugt.

— Schweißer
Mit Schweißarbeiten dürfen nur Schweißer beschäftigt werden, die für die erforderliche Prüfgruppe nach DIN 8560 und für das jeweilig angewendete Schweißverfahren eine gültige Prüfbescheinigung haben.
Das Bedienungspersonal vollmechanischer Schweißeinrichtungen muß an diesen Einrichtungen ausgebildet und in Anlehnung an DIN 8560 überprüft sein.

6.3.3 Nachweis der Eignung

Im Rahmen einer Betriebsprüfung durch die anerkannte Stelle [5] hat der Betrieb den Nachweis zu erbringen, daß er über die erforderlichen betrieblichen Einrichtungen und das erforderliche schweißtechnische Personal verfügt.
Bei der Betriebsprüfung hat die Schweißaufsicht nachzuweisen, daß sie in der Lage ist, ihren Aufgaben gerecht zu werden. Dabei sind unter der Anleitung der Schweißaufsicht auch Prüfstücke in Anlehnung an DIN 8560 zu schweißen. Die Schweißaufsicht muß dabei ausreichend Kenntnisse im Beurteilen und Vermeiden von Schweißfehlern nachweisen.

6.3.4 Bescheinigung

Nachdem der Eignungsnachweis geführt wurde, stellt die anerkannte Stelle dem Betrieb eine Bescheinigung über den Kleinen Eignungsnachweis aus.
Die Bescheinigung gilt höchstens 3 Jahre. Nach einer erfolgreichen Verlängerungsprüfung kann die Bescheinigung jeweils auf weitere 3 Jahre ausgestellt werden.
Die Eignungsbescheinigung wird ungültig, wenn die Voraussetzungen, unter denen sie ausgestellt wurde, nicht mehr erfüllt sind.
Beabsichtigt ein Betrieb während der Geltungsdauer den Anwendungsbereich oder die Schweißverfahren zu ändern oder ergibt sich ein Wechsel in der Schweißaufsicht, so hat der Betrieb dies der anerkannten Stelle mitzuteilen.

---

[5] Siehe Seite 7

Zitierte Normen und andere Unterlagen

DIN	1913 Teil 1	Stabelektroden für das Verbindungsschweißen von Stahl, unlegiert und niedriglegiert; Einteilung, Bezeichnung, technische Lieferbedingungen
DIN	2310 Teil 3	Thermisches Schneiden; Autogenes Brennschneiden, Verfahrensgrundlagen, Güte, Maßabweichungen
DIN	2310 Teil 4	Thermisches Schneiden; Plasma-Schmelzschneiden, Verfahrensgrundlagen, Begriffe, Güte, Maßabweichungen
DIN	4141 Teil 1	(z. Z. Entwurf) Lager im Bauwesen; Allgemeine Richtlinien für Lager
DIN	4141 Teil 2	(z. Z. Entwurf) Lager im Bauwesen; Richtlinien für die Lagerung von Brücken und vergleichbaren Bauwerken
DIN	4141 Teil 3	(z. Z. Entwurf) Lager im Bauwesen; Richtlinien für die Lagerung im Hoch- und Industriebau
DIN	6914	Sechskantschrauben mit großen Schlüsselweiten, für HV-Verbindungen in Stahlkonstruktionen
DIN	7154 Teil 1	ISO-Passungen für Einheitsbohrung; Toleranzfelder, Abmaße in μm
DIN	8551 Teil 1	Schweißnahtvorbereitung; Fugenformen an Stahl, Gasschweißen, Lichtbogenhandschweißen und Schutzgasschweißen
DIN	8551 Teil 4	Schweißnahtvorbereitung; Fugenformen an Stahl, Unter-Pulver-Schweißen
DIN	8557 Teil 1	Schweißzusätze für das Unterpulverschweißen; Verbindungsschweißen von unlegierten und legierten Stählen; Bezeichnungen, technische Lieferbedingungen
DIN	8559 Teil 1	Schweißzusatz für das Schutzgasschweißen; Drahtelektroden und Schweißdrähte für das Metall-Schutzgasschweißen von unlegierten und niedriglegierten Stählen
DIN	8560	Prüfung von Stahlschweißern
DIN	8563 Teil 1	Sicherung der Güte von Schweißarbeiten; Allgemeine Grundsätze
DIN	8563 Teil 2	Sicherung der Güte von Schweißarbeiten; Anforderungen an den Betrieb
DIN	8563 Teil 10	(z. Z. Entwurf) Sicherung der Güte von Schweißarbeiten; Bolzenschweißverbindungen an Stahl, Bolzenschweißen mit Hub- und Ringzündung
DIN	11 622 Teil 4	Gärfutterbehälter; Bemessung, Ausführung, Beschaffenheit; Gärfutterbehälter aus Stahl
DIN	18 800 Teil 1	Stahlbauten; Bemessung und Konstruktion
DIN	18 808	(z. Z. Entwurf) Stahlbauten; Tragwerke aus Hohlprofilen unter vorwiegend ruhender Beanspruchung
DIN	32 522	Schweißpulver zum Unterpulverschweißen; Bezeichnung, Technische Lieferbedingungen
DIN	32 526	Schutzgase zum Schweißen
DIN	55 928 Teil 4	Korrosionsschutz von Stahlbauten durch Beschichtungen und Überzüge; Vorbereitung und Prüfung der Oberflächen
DIN	55 928 Teil 5	Korrosionsschutz von Stahlbauten durch Beschichtungen und Überzüge; Beschichtungsstoffe und Schutzsysteme
DASt-Ri. 006		Überschweißen von Fertigungsbeschichtungen (FB) im Stahlbau [4]
DASt-Ri. 014		Empfehlungen zur Vermeidung von Terrassenbrüchen in geschweißten Konstruktionen aus Baustahl [4]

Technische Lieferbedingungen (TL) für Anstrichstoffe Nr. 918 300 der Deutschen Bundesbahn, Blatt 85 [2]

Frühere Ausgaben

DIN 1000: 03.21; 10.23; 07.30; 03.56x, 12.73
DIN 4100: 05.31, 07.33, 08.34xxxx, 12.56, 12.68
Beiblatt 1 zu DIN 4100: 12.56x, 12.68
Beiblatt 2 zu DIN 4100: 12.56x, 12.68

Änderungen

Gegenüber DIN 1000/12.73, DIN 4100/12.68, Beiblatt 1 zu DIN 4100/12.68 und Beiblatt 2 zu DIN 4100/12.68 wurden folgende Änderungen vorgenommen:
Im Rahmen der Neuordnung der Normen von Stahlbauten, Inhalt von DIN 1000 neu gegliedert, dem Stand der Technik angepaßt und zum Teil mit überarbeiteten Regelungen aus DIN 4100 zusammengefaßt. Inhalt von DIN 4100 Beiblatt 1 und Beiblatt 2 überarbeitet und dem Stand der Technik angepaßt und als Norm vereinbart.

Internationale Patentklassifikation

E 04 B 1/08

---

[2] Siehe Seite 3
[4] Siehe Seite 6

	Prüfung von Schweißern	**DIN**
	Schmelzschweißen Teil 1: Stähle (enthält Änderung A1 : 1997) Deutsche Fassung EN 287-1 : 1992 + A1 : 1997	**EN 287-1**

August 1997

ICS 25.160.10   Ersatz für Ausgabe 1992-04

Deskriptoren: Schweißtechnik, Schweißerprüfung, Schmelzschweißen, Stahl

Approval testing of welders — Fusion welding —
Part 1: Steels (includes amendment A1 : 1997);
German version EN 287-1 : 1992 + A 1 : 1997

Epreuve de qualification des soudeurs — Soudage par fusion —
Partie 1: Aciers (inclut l'amendement A1 : 1997);
Version allemande EN 287-1 : 1992 + A 1 : 1997

Die Europäische Norm EN 287-1 : 1992 hat den Status einer Deutschen Norm einschließlich der eingearbeiteten Änderung A1 : 1997, die von CEN getrennt verteilt wurde.

Nationales Vorwort

Die Europäische Norm EN 287-1 ist vom Unterkomitee 2 "Abnahmefestlegungen für das Personal für Schweißen und verwandte Verfahren" (Sekretariat: Deutschland) im Technischen Komitee CEN/TC 121 "Schweißen" (Sekretariat: Dänemark) des Europäischen Komitees für Normung (CEN) erarbeitet worden.

Die vorliegende Fassung faßt den Inhalt der bestehenden Ausgabe von 1992 und die Änderung A 1 von 1997 in einer Ausgabe zusammen zwecks besserer und irrtumsfreier Handhabung. Die Änderungen berücksichtigen Erfahrungen mit der bisherigen Ausgabe mit deutlicher Unterdrückung sachlicher Änderungen.

Die Begriffserläuterung für Bediener (Abschnitt 3.2) ist noch nicht abgestimmt mit EN 1418 und EN 288-1 : 1992/A1 : 1997. Sie ist wie folgt zu ändern: Bediener: Eine Person, die vollmechanische oder automatische Schweißungen ausführt.

Eine inhaltliche und sachliche Überarbeitung von EN 287-1 wird gegenwärtig beraten; sie ist jedoch nicht vor Ablauf von drei Jahren zu erwarten.

Identisch mit EN 287-1 : 1992 ist die ISO-Norm ISO 9606-1 : 1994 veröffentlicht worden. Für die ISO-Norm wird ebenfalls die Überarbeitung mit den identischen Änderungen zu EN 287-1 angestrebt. Gemäß übergeordneter Absprache ist festgelegt, daß bei identischen Inhalten von Europäischen und internationalen Normen die Europäische Norm die Nummer der ISO-Norm übernimmt. Im vorliegenden Fall wird sich nach Überarbeitung die Nummer der Folgeausgabe ändern von EN 287-1 in EN ISO 9606-1.

Zweck der Norm

Mit dieser Norm wird sichergestellt, daß die Handfertigkeitsprüfung nach einheitlichen Bestimmungen und an vereinheitlichten Prüfstücken unter gleichen Bedingungen — unabhängig vom Anwendungsbereich — durchgeführt wird. Die bestandene Prüfung nach dieser Norm beweist, daß der Schweißer das notwendige Mindestmaß an handwerklicher Fertigkeit für seinen betrieblichen Einsatz nachgewiesen hat.

Diese Norm gibt damit die technischen Voraussetzungen für die gegenseitige Anerkennung vergleichbarer Schweißerprüfungen durch die für die verschiedenen Anwendungsbereiche zuständigen Stellen.

Fortsetzung Seite 2 und 3
und 22 Seiten EN

Normenausschuß Schweißtechnik (NAS) im DIN Deutsches Institut für Normung e.V.

Prüfstellen und Prüfer

In der vorliegenden EN 287-1 sind die Prüfstellen und Prüfer für die Abnahme von Schweißerprüfungen nicht genannt. Sie werden für die verschiedenen Anwendungsbereiche in jeweils maßgebenden Rechtsvorschriften, Anwendungsnormen, Richtlinien oder Liefervereinbarungen angegeben.

Zur Zeit kommen als anerkannte Prüfstellen und Prüfer in Betracht:
— Schweißtechnische Lehr- und Versuchsanstalten;
— Schweißtechnische Lehranstalten;
— Prüfungs- und Zertifizierungsausschüsse des Deutschen Verbandes für Schweißtechnik (DVS);
— Technische Überwachungs-Vereine (TÜV);
— Amt für Arbeitsschutz Hamburg, Technische Aufsicht;
— Staatliche Technische Überwachung Hessen;
— Deutsche Bahn AG;
— Germanischer Lloyd (GL);
— von den zuständigen Bundes- und Landesbehörden hierfür anerkannte Prüfstellen, Materialprüfungsämter und -anstalten (MPA);
— Schweißingenieure, die aufgrund der maßgebenden Rechtsvorschriften, Richtlinien und Anwendungsnormen anerkannt sind.

In Rechtsvorschriften, Richtlinien und Anwendungsnormen können Einschränkungen oder zusätzliche Regelungen bezüglich der genannten Prüfer und Prüfstellen, z. B. Akkreditierung nach DIN EN 45013, enthalten sein.

Bezeichnung

Nach Abschnitt 6.2 ist die Möglichkeit gegeben, eine Schweißerprüfung durchzuführen, bei der die Naht mit einem Kombinationsprozeß hergestellt wird.

BEISPIEL:
Schweißerprüfung für einen Kombinationsprozeß

Schweißerprüfung EN 287-1 141 T BW W01 wm t03 D 168,3 PF ss nb
Schweißerprüfung EN 287-1 111 T BW W01 B t09,5 D168,3 PF ss mb

Hierfür kann es ergänzend zu den Bezeichnungen für die einzelnen Schweißprozesse sinnvoll sein, eine Bezeichnung des Kombinationsprozesses wie folgt anzuwenden:

Schweißerprüfung EN 287-1 141/111 T BW W01 wm/B t12,5 D 168,3 PF ss nb/mb

Erläuterung

Schweißprozesse: Wolfram-Inertgasschweißen/Lichtbogenhandschweißen		141/111
Wurzellage:	Wolfram-Inertgasschweißen	141
	Dicke ≈ 3 mm	
Füll- und Decklagen:	Lichtbogenhandschweißen	111
	Dicke ≈ 9,5 mm	
Rohr		T
Stumpfnaht		BW
Werkstoffgruppe: unlegierter kohlenstoffarmer Stahl		W 01
Schweißzusätze: mit Zusatzwerkstoff/basisch umhüllt		wm/B
Wurzellage:	mit Zusatzwerkstoff	
Füll- und Decklagen:	basisch umhüllte Stabelektroden	
Prüfstückabmessung:		
Dicke 12,5 mm		t12,5
Rohrdurchmesser 168,3 mm		D168,3
Schweißposition: Stumpfnaht am Rohr, feste waagerechte Achse, Steigposition		PF
Nahtausführung:		ss nb/mb
Wurzellage:	einseitig ohne Schweißbadsicherung	
Füll- und Decklagen:	einseitig mit Schweißbadsicherung	

Geltungsbereich

Der Geltungsbereich für die in der Fertigung angewendeten Prozesse ergibt sich dann wie folgt:

allein für Prozeß 141 (Wurzellage: Dicke ≈ 3 mm)	t: > 3 ≤ 6 mm ss nb
allein für Prozeß 111 (Füll- und Decklagen: Dicke ≈ 9,5 mm)	t: > 3 ≤ 19 mm ss mb
Kombinationsprozeß 141/111:	t: ≥ 5 mm ss nb

Prüfungsbescheinigungen

Bestehende gültige Prüfungsbescheinigungen über Schweißerprüfungen, die nach DIN EN 287-1 : 1992 abgelegt worden sind, werden mit Erscheinen der vorliegenden DIN EN 287-1 nicht außer Kraft gesetzt. Nach Ablauf der Gültigkeitsdauer der Prüfungsbescheinigung, spätestens jedoch nach zwei Jahren, ist die Prüfungsbescheinigung nach dieser Norm umzuschreiben. Dabei kann es erforderlich sein, daß für die Aufrechterhaltung des gleichen Geltungsbereiches zusätzliche Prüfstücke zu schweißen und zu prüfen sind.

Fachkundliche Prüfung

Die nach Anhang D vorgesehene fachkundliche Prüfung wird für Schweißer, welche in der Bundesrepublik Deutschland die Prüfung ablegen, verlangt.

Schweißer, die in der Bundesrepublik Deutschland beschäftigt werden und keine fachkundliche Prüfung abgelegt haben, müssen aufgrund der derzeit geltenden Rechtsvorschriften mindestens Kenntnisse auf dem Gebiet der Arbeitssicherheit und Unfallverhütung nachweisen.

Für die im Abschnitt 2 zitierten Europäischen Normen, soweit die Norm-Nummer geändert ist, und Internationalen Normen wird im folgenden auf die entsprechenden Deutschen Normen hingewiesen:

ISO 857	siehe E DIN ISO 857 sowie DIN 1910-1 und DIN 1910-2
ISO 3580	siehe DIN 8575-1
ISO 3581	siehe DIN 8556-1
ISO 4063	siehe DIN EN 24063
ISO 6947	siehe DIN EN ISO 6947

Änderungen

Gegenüber der Ausgabe April 1992 wurden folgende Änderungen vorgenommen:

a) Schweißpositionen PA, Rohr rotierend und J-L045, Rohr fest mit geneigter Achse ergänzt;

b) Abschnitt 9.2 gestrichen;

c) Normungsstand aktualisiert — vor allem die Bezugnahme auf die Prüfnormen — und die Anwendung der Norm verbessernde — vorwiegend redaktionelle — Änderungen übernommen.

Frühere Ausgaben

DIN 8560-1: 1959-01
DIN 8560: 1968-08, 1978-01, 1982-05
DIN EN 287-1: 1992-04

Nationaler Anhang (NA)   (informativ)

Literaturhinweise

DIN 1910-1
Schweißen — Begriffe, Einteilung der Schweißverfahren

DIN 1910-2
Schweißen — Schweißen von Metallen, Verfahren

DIN 8556-1
Schweißzusätze für das Schweißen nichtrostender und hitzebeständiger Stähle — Bezeichnung — Technische Lieferbedingungen

DIN 8575-1
Schweißzusätze zum Lichtbogenschweißen warmfester Stähle — Einteilung, Bezeichnung, Technische Lieferbedingungen

DIN EN 24063
Schweißen und verwandte Prozesse — Liste der Prozesse und Ordnungsnummern (ISO 4063 : 1990); Deutsche Fassung EN 24063 : 1992

DIN EN ISO 6947
Schweißen — Arbeitspositionen — Definitionen der Winkel von Neigung und Drehung (ISO 6947 : 1993); Deutsche Fassung EN ISO 6947 : 1997

E DIN ISO 857
Schweißen und verwandte Prozesse — Schweißen und Lötprozesse — Begriffe (ISO/DIS)

EUROPÄISCHE NORM
EUROPEAN STANDARD
NORME EUROPÉENNE

EN 287-1

Februar 1992
+A1
Januar 1997

ICS 25.160.10

Deskriptoren: Schweißen, Schmelzschweißen, Stähle, Schweißer, Anerkennung, Anforderung, Kontrolle, Prüfung, Annehmbarkeit, Prüfungsbescheinigung

Deutsche Fassung

Prüfung von Schweißern

Schmelzschweißen

Teil 1: Stähle
(enthält Änderung A1 : 1997)

Approval testing of welders — Fusion welding — Part 1: Steels (includes amendment A1 : 1997)

Epreuve de qualification des soudeurs — Soudage par fusion — Partie 1: Aciers (inclut l'amendement A1 : 1997)

Diese Europäische Norm wurde von CEN am 1992-02-21 und die Änderung A1 am 1997-01-11 angenommen.

Die CEN-Mitglieder sind gehalten, die CEN/CENELEC-Geschäftsordnung zu erfüllen, in der die Bedingungen festgelegt sind, unter denen dieser Europäischen Norm ohne jede Änderung der Status einer nationalen Norm zu geben ist.

Auf dem letzten Stand befindliche Listen dieser nationalen Normen mit ihren bibliographischen Angaben sind beim Zentralsekretariat oder bei jedem CEN-Mitglied auf Anfrage erhältlich.

Diese Europäische Norm besteht in drei offiziellen Fassungen (Deutsch, Englisch, Französisch). Eine Fassung in einer anderen Sprache, die von einem CEN-Mitglied in eigener Verantwortung durch Übersetzung in seine Landessprache gemacht und dem Zentralsekretariat mitgeteilt worden ist, hat den gleichen Status wie die offiziellen Fassungen.

CEN-Mitglieder sind die nationalen Normungsinstitute von Belgien, Dänemark, Deutschland, Finnland, Frankreich, Griechenland, Irland, Island, Italien, Luxemburg, Niederlande, Norwegen, Österreich, Portugal, Schweden, Schweiz, Spanien und dem Vereinigten Königreich.

CEN

EUROPÄISCHES KOMITEE FÜR NORMUNG
European Committee for Standardization
Comité Européen de Normalisation

Zentralsekretariat: rue de Stassart 36, B-1050 Brüssel

© 1997 CEN. Alle Rechte der Verwertung, gleich in welcher Form und in welchem Verfahren, sind weltweit den nationalen Mitgliedern von CEN vorbehalten.

Ref. Nr. EN 287-1 : 1992 + A1 : 1997 D

Inhalt

	Seite
Einleitung	3
1 Anwendungsbereich	3
2 Normative Verweisungen	3
3 Begriffe	4
3.1 Handschweißer	4
3.2 Bediener von Schweißeinrichtungen	4
3.3 Prüfer oder Prüfstelle	4
3.4 Schweißanweisung (WPS)	4
3.5 Geltungsbereich	4
3.6 Prüfstück	4
3.7 Probe	4
3.8 Prüfung	4
4 Kurzzeichen und Kennbuchstaben	4
4.1 Allgemeines	4
4.2 Prüfstück	4
4.3 Schweißzusatz (einschließlich Hilfsstoffe, z.B. Schutzgas, Pulver)	4
4.4 Sonstiges	4
5 Wesentliche Einflußgrößen für die Schweißerprüfung	4
5.1 Allgemeines	4
5.2 Schweißprozesse	4
5.3 Nahtarten (Stumpf- und Kehlnähte)	5
5.4 Werkstoffgruppen	5
5.5 Schweißzusätze	5
5.6 Maße	5
5.7 Schweißpositionen	6
6 Geltungsbereich der Schweißerprüfung	8
6.1 Allgemeines	8

	Seite
6.2 Schweißprozeß	8
6.3 Nahtarten	8
6.4 Werkstoffgruppen	8
6.5 Umhüllte Stabelektroden	10
6.6 Schweißzusätze	10
6.7 Maße	10
6.8 Schweißpositionen	10
7 Durchführung und Prüfung	12
7.1 Aufsicht	12
7.2 Form und Maße der Prüfstücke	12
7.3 Schweißbedingungen	13
7.4 Prüfverfahren	14
7.5 Prüfstücke und Proben	14
8 Bewertungsbedingungen für die Prüfstücke	16
9 Ersatzprüfungen	16
9.1 Allgemeines	16
10 Gültigkeitsdauer	16
10.1 Erstprüfung	16
10.2 Verlängerung	17
11 Prüfungsbescheinigung	17
12 Bezeichnung	17
Anhang A (normativ) Vergleich der Stahlgruppen	18
Anhang B (informativ) Schweißer-Prüfungsbescheinigung	19
Anhang C (informativ) Schweißanweisung des Herstellers (WPS)	20
Anhang D (informativ) Fachkunde	21

Vorwort

Diese Norm wurde von der Arbeitsgruppe 2 "Anforderungen an die Eignung des Personals für das Schweißen und verwandte Verfahren" des CEN/TC 121 "Schweißen" erstellt.

Als Grundlage diente der Norm-Entwurf ISO/DIS 9606-1 "Prüfung von Schweißern — Schmelzschweißen — Teil 1: Stähle". Aufgrund der Auswertung von Erfahrungen und der zuletzt gewonnenen Erkenntnisse waren jedoch Änderungen notwendig.

In Übereinstimmung mit den Gemeinsamen CEN/CENELEC-Regeln, die Teil der Geschäftsordnung des CEN sind, sind folgende Länder gehalten, diese Europäische Norm zu übernehmen:

Belgien, Dänemark, Deutschland, Finnland, Frankreich, Griechenland, Irland, Island, Italien, Luxemburg, Niederlande, Norwegen, Österreich, Portugal, Schweden, Schweiz, Spanien und das Vereinigte Königreich.

Vorwort der Änderung A1

Diese Änderung EN 287-1 : 1992/A1 : 1997 zur EN 287-1 : 1992 wurde vom Technischen Komitee CEN/TC 121 "Schweißen" erarbeitet, dessen Sekretariat vom DS gehalten wird.

Diese Änderung zur europäischen Norm EN 287-1 : 1992 muß den Status einer nationalen Norm erhalten, entweder durch Veröffentlichung eines identischen Textes oder durch Anerkennung bis Oktober 1997, und etwaige entgegenstehende nationale Normen müssen bis Oktober 1997 zurückgezogen werden.

Entsprechend der CEN/CENELEC-Geschäftsordnung sind die nationalen Normungsinstitute der folgenden Länder gehalten, diese Europäische Norm zu übernehmen:

Belgien, Dänemark, Deutschland, Finnland, Frankreich, Griechenland, Irland, Island, Italien, Luxemburg, Niederlande, Norwegen, Österreich, Portugal, Schweden, Schweiz, Spanien und das Vereinigte Königreich.

Einleitung

Diese Norm enthält die Grundlagen, die für die Anerkennung der Prüfungen von Schmelzschweißern an Stählen zu beachten sind.

Die Qualität von Schweißarbeiten hängt wesentlich von der Handfertigkeit des Schweißers ab.

Die Fähigkeit des Schweißers, mündlichen oder schriftlichen Anweisungen zu folgen, und die Prüfung seiner Handfertigkeit sind demzufolge wichtige Bedingungen, um die Qualität geschweißter Produkte sicherzustellen.

Die Prüfung der Handfertigkeit nach dieser Norm ist abhängig von den Schweißprozessen. Es sind einheitliche Regeln und Prüfbedingungen einzuhalten und genormte Prüfstücke zu verwenden.

Diese Norm gilt für Schweißprozesse, bei denen die Handfertigkeit des Schweißers einen entscheidenden Einfluß auf die Qualität der Schweißung hat.

Mit dieser Norm ist beabsichtigt, die Grundlage für die gegenseitige Anerkennung von Prüfungen über das Können der Schweißer in den verschiedenen Anwendungsgebieten durch die zuständigen Stellen zu schaffen.

Die Prüfungen sind in Übereinstimmung mit dieser Norm durchzuführen, es sei denn, daß gemäß der in Betracht kommenden Anwendungsnorm schwierigere Prüfungen verlangt werden.

Die Prüfung kann sowohl für die Eignung eines Schweißverfahrens als auch für die eines Schweißers benutzt werden, vorausgesetzt, daß alle entsprechenden Anforderungen, z.B. Maße der Prüfstücke, erfüllt sind (siehe EN 288-3).

Die Handfertigkeit des Schweißers und seine Fachkenntnisse bleiben nur dann erhalten, wenn er regelmäßig Schweißarbeiten innerhalb des Zulassungsbereiches ausführt.

Alle neuen Schweißerprüfungen müssen vom Tag der Veröffentlichung dieser Norm mit ihr übereinstimmen.

Diese Norm setzt jedoch bestehende Schweißerprüfungen, die nach früheren nationalen Normen oder Regeln abgelegt worden sind, nicht außer Kraft, vorausgesetzt, die technischen Anforderungen sind erfüllt und die früheren Prüfungen entsprechen der Anwendung und der Fertigung, in der sie verwendet werden.

Wenn zusätzliche Prüfungen verlangt werden, um die Schweißerprüfung an die technischen Gegebenheiten anzupassen, sind nur zusätzliche Prüfungen an einem Prüfstück notwendig, das in Übereinstimmung mit dieser Norm hergestellt werden sollte.

Bestehende Prüfungen nach früheren nationalen Normen oder Regeln sollten zum Zeitpunkt der Anfrage bzw. Bestellung berücksichtigt und zwischen den Vertragsparteien anerkannt werden.

1 Anwendungsbereich

In dieser Norm werden die wesentlichen Anforderungen, Geltungsbereiche, Prüfbedingungen und Bewertungsanforderungen sowie die Prüfungsbescheinigung über die durchgeführte Prüfung des Schweißers für Stahlschweißungen festgelegt. Im Anhang B ist der empfohlene Vordruck für die Prüfungsbescheinigung des Schweißers wiedergegeben.

Für die Schweißerprüfung sollte der Nachweis gefordert werden, daß der Schweißer eine angemessene praktische Erfahrung und Fachkenntnisse (Prüfung nicht obligatorisch) hinsichtlich des Schweißprozesses, Werkstoffe und Sicherheitsanforderungen hat, für die er zugelassen werden soll; Hinweise dafür sind im Anhang D enthalten.

Diese Norm ist anzuwenden, wenn eine Schweißerprüfung vom Kunden, durch Abnahmeorganisationen oder von sonstigen Stellen verlangt wird.

Diese Norm gilt für die Prüfung von Schweißern für das Schmelzschweißen von Stählen.

In dieser Norm sind die Schmelzschweißprozesse erfaßt, die von Hand oder teilmechanisch ausgeführt werden. Sie gilt nicht für vollmechanische und automatische Schweißprozesse (siehe 5.2).

Diese Norm bezieht sich auf Schweißerprüfungen an Halbzeugen und Fertigprodukten aus gewalzten, geschmiedeten oder gegossenen Werkstoffen, soweit sie in 5.4 aufgeführt sind.

Die Schweißer-Prüfungsbescheinigung wird unter der alleinigen Verantwortung des Prüfers oder der Prüfstelle ausgestellt.

2 Normative Verweisungen

Diese Europäische Norm enthält durch datierte oder undatierte Verweisungen Festlegungen aus anderen Publikationen. Diese normativen Verweisungen sind an den jeweiligen Stellen im Text zitiert, und die Publikationen sind nachstehend aufgeführt. Bei starren Verweisungen gehören spätere Änderungen oder Überarbeitungen dieser Publikationen nur zu dieser Europäischen Norm, falls sie durch Änderung oder Überarbeitung eingearbeitet sind. Bei undatierten Verweisungen gilt die letzte Ausgabe der in Bezug genommenen Publikationen.

EN 288-2
Anforderung und Anerkennung von Schweißverfahren für metallische Werkstoffe; Teil 2: Schweißanweisung für das Lichtbogenschweißen

EN 288-3
Anforderung und Anerkennung von Schweißverfahren für metallische Werkstoffe; Teil 3: Schweißverfahrensprüfungen für das Lichtbogenschweißen von Stählen

EN 499
Einteilung von umhüllten Stabelektroden zum Lichtbogenschweißen von unlegierten und mikrolegierten Stählen

EN 571-1
Zerstörungsfreie Prüfung — Eindringverfahren — Teil 1: Allgemeine Grundlagen für die Durchführung

EN 910
Zerstörende Prüfung von Schweißnähten an metallischen Werkstoffen — Biegeprüfungen

prEN 1290
Zerstörungsfreie Prüfung von Schweißverbindungen — Magnetpulverprüfung von Schweißverbindungen — Verfahren

EN 1320
Zerstörende Prüfung von Schweißverbindungen an metallischen Werkstoffen — Bruchprüfungen

EN 1321
Zerstörende Prüfung von Schweißverbindungen an metallischen Werkstoffen — Makroskopische und mikroskopische Untersuchung von Schweißnähten

prEN 1435
Zerstörungsfreie Prüfung von Schweißverbindungen — Durchstrahlungsprüfung von Schmelzschweißverbindungen

EN 25817
Lichtbogenschweißverbindungen an Stahl — Richtlinie für Bewertungsgruppen für Unregelmäßigkeiten (ISO 5817 : 1992)

EN 26520
Einteilung und Erklärung für Unregelmäßigkeiten beim Schmelzschweißen von Metallen

ISO 857 : 1990
Schweiß- und Lötverfahren; Begriffe

ISO 3580 : 1975
 Umhüllte Stabelektroden zum Lichtbogenhandschweißen von warmfesten Stählen; Schema zur Symbolisierung

ISO 3581 : 1976
 Umhüllte Stabelektroden zum Lichtbogenhandschweißen von nichtrostenden und anderen ähnlich hochlegierten Stählen; Schema zur Symbolisierung

ISO 4063 : 1990
 Schweißen, Hartlöten, Weichlöten und Fugenlöten von Metallen; Liste der Verfahren und Ordnungsnummern für zeichnerische Darstellung

ISO 6947 : 1990
 Schweißnähte; Arbeitspositionen, Begriffe der Winkel von Neigung und Drehung

3 Begriffe

3.1 Handschweißer
Ein Schweißer, der den Stabelektrodenhalter, die Schweißpistole oder den Schweißbrenner mit der Hand hält und führt.

3.2 Bediener von Schweißeinrichtungen
Ein Schweißer, der teilmechanisierte Schweißeinrichtungen bedient. Der Stabelektrodenhalter, die Schweißpistole oder der Schweißbrenner werden relativ zum Werkstück bewegt.

3.3 Prüfer oder Prüfstelle
Die Person oder Organisation, die die Übereinstimmung mit der angewendeten Norm bestätigt. Der Prüfer/die Prüfstelle muß für die Vertragsparteien akzeptierbar sein.

3.4 Schweißanweisung (WPS)
Eine Arbeitsunterlage, die die notwendigen Angaben über die Einflußgrößen für eine bestimmte Anwendung enthält und so die Wiederholbarkeit sicherstellt.

3.5 Geltungsbereich
Der Umfang einer Anerkennung für eine wesentliche Einflußgröße.

3.6 Prüfstück
Ein Schweißteil, das für die Prüfung zur Anerkennung derselben verwendet wird.

3.7 Probe
Das Teil oder Stück, das aus dem Prüfstück herausgeschnitten wird, um eine verlangte zerstörende Prüfung durchzuführen.

3.8 Prüfung
Eine Folge von Tätigkeiten, die das Herstellen eines geschweißten Prüfstückes und die nachfolgende zerstörungsfreie und/oder zerstörende Prüfung sowie die Berichterstattung einschließt.

4 Kurzzeichen und Kennbuchstaben

4.1 Allgemeines
Wenn die volle Benennung nicht verwendet wird, sind folgende Kurzzeichen und Kennbuchstaben zu verwenden, um die Prüfungsbescheinigung zu vervollständigen (siehe Anhang B).

4.2 Prüfstück
a Soll-Kehlnahtdicke
BW   Stumpfnaht
D Rohraußendurchmesser
FW   Kehlnaht
P Blech
t Blech- oder Rohrwanddicke
T Rohr
z Kehlnaht-Schenkellänge

4.3 Schweißzusatz (einschließlich Hilfsstoffe, z. B. Schutzgas, Pulver)
nm   kein Zusatzwerkstoff
wm   mit Zusatzwerkstoff
A   sauerumhüllt
B   basischumhüllt
C   zelluloseumhüllt
R   rutilumhüllt
RA   rutilsauer-umhüllt
RB   rutilbasisch-umhüllt
RC   rutilzellulose-umhüllt
RR   rutilumhüllt (dick)
S   andere Arten

4.4 Sonstiges
bs   beidseitiges Schweißen
gg   Ausfugen oder Ausschleifen der Wurzellage
mb   Schweißen mit Schweißbadsicherung
nb   Schweißen ohne Schweißbadsicherung
ng   ohne Ausfugen oder Ausschleifen
ss   einseitiges Schweißen

5 Wesentliche Einflußgrößen für die Schweißerprüfung

5.1 Allgemeines
Die in diesem Abschnitt genannten Kriterien sind zu überprüfen, um die Fähigkeiten des Schweißers in den jeweiligen Bereichen zu ermitteln. Dabei ist jeder aufgeführte Einfluß ein entscheidendes Merkmal für die Schweißerprüfung.

Die Schweißerprüfung ist an Prüfstücken durchzuführen; sie ist unabhängig von der Art der Bauteile.

5.2 Schweißprozesse
Die Schweißprozesse sind in ISO 857 erläutert; die Verfahrensnummern für die zeichnerische Darstellung sind in ISO 4063 aufgeführt.

Die Norm bezieht sich auf die folgenden Schweißprozesse:

111   Lichtbogenhandschweißen
114   Metall-Lichtbogenschweißen mit Fülldrahtelektrode
121   Unterpulverschweißen mit Drahtelektrode
131   Metall-Inertgasschweißen (MIG)
135   Metall-Aktivgasschweißen (MAG)
136   Metall-Aktivgasschweißen mit Fülldrahtelektrode
137   Metall-Inertgasschweißen mit Fülldrahtelektrode
141   Wolfram-Inertgasschweißen (WIG)
15   Plasmaschweißen
311   Gasschweißen mit Sauerstoff-Acetylen-Flamme

Andere Schmelzschweißprozesse nach Vereinbarung.

Seite 5
EN 287-1 : 1992 + A1 : 1997

5.3 Nahtarten (Stumpf- und Kehlnähte)

Die Stumpfnaht(BW)- und Kehlnaht(FW)-Prüfstücke an Blechen (P) und Rohren[1] (T) sind für die Schweißerprüfungen in Übereinstimmung mit 7.2 herzustellen.

5.4 Werkstoffgruppen

5.4.1 Allgemeines

Um die Zahl technisch gleichartiger Prüfungen möglichst klein zu halten, sind für die Schweißerprüfung Stähle mit ähnlichen metallurgischen und schweißtechnischen Eigenschaften in Gruppen zusammengefaßt (siehe 5.4.2).

Im allgemeinen muß bei der Schweißerprüfung die chemische Zusammensetzung des Schweißgutes auf einen der Stähle der Grundwerkstoffgruppe(n) abgestimmt sein.

Das Schweißen eines Werkstoffes in einer Gruppe schließt für die Schweißerprüfung alle anderen Werkstoffe derselben Gruppe ein.

Wenn Grundwerkstoffe aus zwei verschiedenen Gruppen zu schweißen sind, die sich nach den Tabellen 4 und 5 (siehe 6.4) nicht gegenseitig einschließen, ist eine Prüfung für diese Verbindung als Sondergruppe notwendig.

Wenn sich der Zusatzwerkstoff von der Grundwerkstoffgruppe unterscheidet, ist für diese Kombination aus Grund- und Zusatzwerkstoff eine Prüfung notwendig, es sei denn, sie ist nach den Tabellen 4 und 5 zulässig.

5.4.2 Stahlgruppen des Grundwerkstoffes

5.4.2.1 Allgemeines

Im Anhang A ist der Vergleich der Stahlgruppen für die Schweißerprüfung und der Schweißverfahrensprüfung nach EN 288-3 wiedergegeben.

5.4.2.2 Gruppe W 01

Unlegierte kohlenstoffarme (Kohlenstoff-Mangan-)Stähle und/oder niedriglegierte Stähle. Diese Gruppe schließt auch Feinkornbaustähle mit einer Streckgrenze $R_{eH} \leq 360$ N/mm^2 ein.

5.4.2.3 Gruppe W 02

Chrom-Molybdän(CrMo)-Stähle und/oder kriechfeste Chrom-Molybdän-Vanadium(CrMoV)-Stähle.

5.4.2.4 Gruppe W 03

Normalisierte, vergütete Feinkornbaustähle und thermomechanisch behandelte Stähle mit einer Streckgrenze $R_{eH} > 360$ N/mm^2 sowie ähnlich schweißgeeignete Nickelstähle mit 2 % bis 5 % Nickelgehalt.

5.4.2.5 Gruppe W 04

Nichtrostende ferritische oder martensitische Stähle mit 12 % bis 20 % Chromgehalt.

5.4.2.6 Gruppe W 11

Rostfreie ferritisch-austenitische oder rein austenitische Chrom-Nickel(CrNi)-Stähle.

5.5 Schweißzusätze

5.5.1 Allgemeines

Es wird davon ausgegangen, daß Zusatzwerkstoff und Grundwerkstoff bei den meisten Schweißerprüfungen gleichartig sind. Wenn eine Schweißerprüfung unter Verwendung von Zusatzwerkstoffen, Schutzgasen oder Schweißpulvern, die für diese Prüfung geeignet sind, ausgeführt wird, erlaubt diese Prüfung den Einsatz anderer gleichartiger Schweißzusätze (Zusatzwerkstoff, Schutzgas oder Schweißpulver) für die gleiche Werkstoffgruppe.

---

[1] Das Wort "Rohr" allein oder in Kombination bedeutet jede Art von "Rohr" oder "Hohlprofil".

5.5.2 Lichtbogenhandschweißen

Die Stabelektroden für das Lichtbogenhandschweißen sind hinsichtlich der wichtigsten Eigenschaften nach EN 499 wie folgt eingeteilt:
— A sauerumhüllt
— B basischumhüllt
— C zelluloseumhüllt
— R rutilumhüllt
— RA rutilsauer-umhüllt
— RB rutilbasisch-umhüllt
— RC rutilzellulose-umhüllt
— RR rutilumhüllt (dick)
— S andere.

ANMERKUNG: Weitere Einzelheiten für die umhüllten Stabelektroden können je nach verwendeten Stählen nach EN 499, ISO 3580 oder ISO 3581 angegeben werden.

5.6 Maße

Der Schweißerprüfung sollten die Werkstückdicke (d.h. Blechdicke oder Rohrwanddicke) und die Rohrdurchmesser zugrundegelegt werden, die der Schweißer in der Fertigung verarbeitet. In den Tabellen 1 und 2 ist festgelegt, wie die Prüfung in einen der jeweils drei Bereiche für die Blech- und Rohrwanddicke sowie den Rohrdurchmesser einzuordnen ist.

Eine genaue Messung der Dicken oder Durchmesser ist nicht beabsichtigt; vielmehr sollten die grundsätzlichen Überlegungen, die den Werten der Tabellen 1 und 2 zugrunde liegen, angewendet werden.

Tabelle 1: Prüfstück (Blech oder Rohr) und Geltungsbereich

Prüfstück Dicke t mm	Geltungsbereich
$t \leq 3$	t bis 2 t [1]
$3 < t \leq 12$	3 mm bis 2 t [2]
$t > 12$	$\geq$ 5 mm

[1] Für Gasschweißen (311): t bis 1,5 t
[2] Für Gasschweißen (311): 3 mm bis 1,5 t

Tabelle 2: Durchmesser des Prüfstückes und Geltungsbereich

Prüfstück Durchmesser D [1] mm	Geltungsbereich
$D \leq 25$	D bis 2 D
$25 < D \leq 150$	0,5 D bis 2 D (25 mm min.)
$D > 150$	$\geq$ 0,5 D

[1] Bei Hohlprofilen bedeutet "D" die Abmessung der kleinsten Seite.

5.7 Schweißpositionen

Für diese Norm sind die in den Bildern 1 und 2 angegebenen Schweißpositionen anzuwenden (nach ISO 6947).
Die Angaben für die Nahtneigungs- und Nahtdrehwinkel gerader Nähte müssen mit den Schweißpositionen nach ISO 6947 übereinstimmen.

Für die Schweißerprüfung gelten die gleichen Toleranzen für die Schweißpositionen und Winkel, die in der Fertigung gebräuchlich sind.

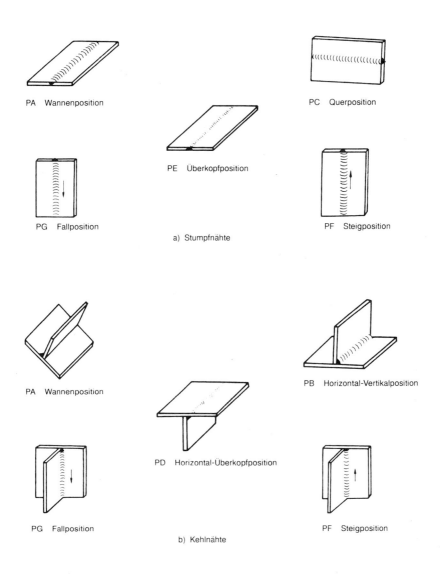

Bild 1: Schweißpositionen für Bleche

PA Rohr: rotierend
    Achse: waagerecht
    Schweißung: Wanne

PA Rohr: rotierend
    Achse: geneigt
    Schweißung: Wanne

PG Rohr: fest
    Achse: waagerecht
    Schweißung: fallend

PC Rohr: fest
    Achse: senkrecht
    Schweißung: quer

PF Rohr: fest
    Achse: waagerecht
    Schweißung: steigend

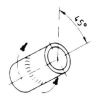

H-L045 Rohr: fest
        Achse: geneigt
        Schweißung: steigend

J-L045 Rohr: fest
        Achse: geneigt
        Schweißung: fallend

a) Stumpfnähte

PB Rohr: rotierend
    Achse: waagerecht
    Schweißung: horizontal-
    vertikal

PF Rohr: fest
    Achse: waagerecht
    Schweißung: steigend

PG Rohr: fest
    Achse: waagerecht
    Schweißung: fallend

PB Rohr: fest
    Achse: senkrecht
    Schweißung: horizontal-
    vertikal

PD Rohr: fest
    Achse: senkrecht
    Schweißung: horizontal-
    überkopf

b) Kehlnähte

Bild 2: Schweißpositionen für Rohre

6 Geltungsbereich der Schweißerprüfung

6.1 Allgemeines

Als allgemeiner Grundsatz gilt, daß durch das Prüfstück nicht nur das Können des Schweißers für die Bedingungen, unter denen die Prüfung durchgeführt wurde, bestätigt wird; sie schließt auch alle Verbindungen ein, die als einfacher zu schweißen angesehen werden. Der Geltungsbereich für jede Prüfungsart ist in den entsprechenden Unterabschnitten und Tabellen aufgeführt. In diesen Tabellen ist der Geltungsbereich in der jeweiligen waagerechten Zeile angegeben.

6.2 Schweißprozeß

Normalerweise gilt jede Prüfung für einen Schweißprozeß. Eine Änderung des Schweißprozesses erfordert eine neue Prüfung. Es ist jedoch möglich, daß ein Schweißer für mehr als einen Schweißprozeß durch eine einzige Prüfung oder durch zwei getrennte Prüfungen seine Fähigkeit beweist, Schweißnähte mit mehreren Prozessen herzustellen. Zum Beispiel für den Fall, daß eine Prüfung an einseitigen Stumpfnähten mit Wurzellagen durch WIG-Schweißen (141) ohne Schweißbadsicherung und Auffüllen durch Lichtbogenhandschweißen (111) erforderlich ist, kann der Schweißer durch eine der folgenden Möglichkeiten geprüft werden:

a) Erfolgreiche Durchführung einer Schweißerprüfung, bei der die Naht mit einem Kombinationsprozeß hergestellt wird, z. B. die Wurzel mit WIG-Schweißen (141) ohne Schweißbadsicherung und nachfolgende Schweißraupen oder -lagen mit Lichtbogenhandschweißen (111) innerhalb des jeweiligen Geltungsbereiches für jeden Schweißprozeß.

b) Erfolgreiche Durchführung von entsprechenden getrennten Schweißerprüfungen, eine für das WIG-Schweißen (141) ohne Schweißbadsicherung für die Wurzellage und eine weitere Prüfung für das Auffüllen durch das Lichtbogenhandschweißen (111) mit Schweißbadsicherung oder beidseitiges Schweißen mit oder ohne Ausfugen oder Schleifen.

6.3 Nahtarten

In Abhängigkeit vom Prüfstück wird der Bereich der Schweißnähte, für die der Schweißer anerkannt ist, in Tabelle 3 wiedergegeben. Folgende Kriterien sind anzuwenden:

a) Prüfungen für Stumpfnähte an Rohren schließen Stumpfnähte an Blechen ein.

b) Prüfungen für Stumpfnähte an Blechen schließen Stumpfnähte an Rohren mit einem Außendurchmesser ≥ 500 mm in den jeweiligen Schweißpositionen ein, es sei denn, daß Absatz c) ebenfalls anzuwenden ist.

c) Prüfungen für Stumpfnähte an Blechen in Wannenposition (PA) oder in Querposition (PC) schließen Stumpfnähte an Rohren mit einem Außendurchmesser ≥ 150 mm für die gleichen Positionen ein, siehe Tabelle 7.

d) Schweißungen von einer Seite ohne Schweißbadsicherung gelten für einseitiges Schweißen mit Schweißbadsicherung und beidseitiges Schweißen mit und ohne Ausfugen.

e) Schweißungen an Blechen oder Rohren mit Schweißbadsicherung gelten für beidseitiges Schweißen, jedoch nicht für Schweißungen ohne Schweißbadsicherung.

f) Schweißungen von Stumpfnähten gelten für Kehlnähte bei gleichartigen Schweißbedingungen.

g) Werden in der Fertigung überwiegend Kehlnähte geschweißt, wird empfohlen, daß der Schweißer seine Fähigkeit durch eine geeignete Kehlnahtprüfung beweist, d. h. am Blech, am Rohr oder an Rohrabzweigungen (siehe EN 288-3).

h) Beidseitiges Schweißen ohne Ausfugen gilt auch für einseitiges Schweißen ohne Schweißbadsicherung und beidseitiges Schweißen mit Ausfugen.

i) Prüfungen für Stumpfnähte an Rohren ohne Schweißbadsicherung schließen Prüfungen an Rohrabzweigungen aus dem gleichen Geltungsbereich entsprechend den Tabellen 3 bis 7 ein. Für eine Naht an der Rohrabzweigung bezieht sich der Geltungsbereich auf den Durchmesser des abzweigenden Rohres.

j) Besteht die Fertigung überwiegend aus Rohrabzweigungen oder komplizierten Rohrverbindungen, wird für den Schweißer eine entsprechende Sonderausbildung empfohlen. In einigen Fällen können Schweißerprüfungen an Rohrabzweigungen erforderlich sein.

6.4 Werkstoffgruppen

Entsprechend der Werkstoffgruppe des Prüfstückes wird der Bereich der Werkstoffe, für den ein Schweißer anerkannt ist, in den Tabellen 4 und 5 angegeben (siehe 5.4). Für Stähle, die nicht in einer der aufgeführten Stahlgruppen enthalten sind, hat der Schweißer eine Sonderprüfung abzulegen, die nur für diesen Stahl gilt.

Tabelle 3: Geltungsbereich der Prüfungen für Stumpfnähte (Nahtausführung)

Nahtausführung				Geltungsbereich					
				Stumpfnähte am Blech				Stumpfnähte am Rohr	
				einseitiges Schweißen ss		beidseitiges Schweißen bs		einseitiges Schweißen ss	
				mit Schweißbadsicherung mb	ohne Schweißbadsicherung nb	mit Ausfugen gg	ohne Ausfugen ng	mit Schweißbadsicherung mb	ohne Schweißbadsicherung nb
Stumpfnaht am Blech	einseitiges Schweißen ss	mit Schweißbadsicherung	mb	*	—	x	—	¹)	—
		ohne Schweißbadsicherung	nb	x	*	x	x	¹)	¹)
	beidseitiges Schweißen bs	mit Ausfugen	gg	x	—	*	—	¹)	—
		ohne Ausfugen	ng	x	—	x	*	¹)	—
Stumpfnaht am Rohr	einseitiges Schweißen ss	mit Schweißbadsicherung	mb	x	—	x	—	*	—
		ohne Schweißbadsicherung	nb	x	x	x	x	x	*

¹) Siehe 6.3 b) und 6.3 c)

Zeichenerklärung:
* gibt die Naht an, in der die Prüfung ausgeführt wurde
x gibt die Nähte an, für die die Prüfung ebenfalls gilt
— gibt die Nähte an, für die die Prüfung nicht gilt

Tabelle 4: Geltungsbereich für Grundwerkstoffe

Werkstoffgruppe des Prüfstückes	Geltungsbereich				
	W 01	W 02	W 03	W 04	W 11
W 01	*	—	—	—	—
W 02	x	*	—	—	—
W 03	x	x	*	—	—
W 04	x	x	—	*	—
W 11	x¹⁾	x¹⁾	x¹⁾	x¹⁾	*

¹⁾ Bei Verwendung von Zusatzwerkstoffen aus Gruppe W 11.

Zeichenerklärung:
* gibt die Werkstoffgruppe an, in der die Prüfung ausgeführt wurde
x gibt die Werkstoffgruppe an, für die die Prüfung ebenfalls gilt
— gibt die Werkstoffgruppe an, für die die Prüfung nicht gilt

ANMERKUNG: Diese Tabelle gilt nur, wenn der Grundwerkstoff, der mit * angegeben ist, und der Zusatzwerkstoff zur gleichen Werkstoffgruppe gehören.

Tabelle 5: Geltungsbereich für Verbindungen von unterschiedlichen Werkstoffgruppen

Werkstoffgruppe des Prüfstückes	Geltungsbereich
W 02	W 02 geschweißt mit W 01¹⁾
W 03	W 02 geschweißt mit W 01¹⁾ W 03 geschweißt mit W 01¹⁾ W 03 geschweißt mit W 02¹⁾
W 04	W 02 geschweißt mit W 01¹⁾ W 04 geschweißt mit W 01¹⁾ W 04 geschweißt mit W 02¹⁾
W 11	W 11 geschweißt mit W 01²⁾ W 11 geschweißt mit W 02²⁾ W 11 geschweißt mit W 03²⁾ W 11 geschweißt mit W 04²⁾

¹⁾ Bei Verbindungen aus unterschiedlichen Werkstoffgruppen muß der Zusatzwerkstoff einer Gruppe der zu verbindenden Grundwerkstoffe entsprechen.
²⁾ Bei Verwendung von Zusatzwerkstoff der Werkstoffgruppe W 11.

6.5 Umhüllte Stabelektroden

Eine Änderung des Umhüllungstyps der Elektroden kann eine Änderung der Arbeitstechnik des Schweißers erfordern. Wie in Tabelle 6 festgelegt, kann eine Schweißerprüfung mit einer Umhüllungsart auch Schweißerprüfungen mit anderen Umhüllungen einschließen.

Tabelle 6: Geltungsbereich für die Art der Stabelektrodenumhüllung

Umhüllungstyp der Stabelektrode des Prüfstückes	Geltungsbereich				
	A; RA	R; RB; RC; RR	B	C	S
A; RA	*	—	—	—	—
R; RB; RC; RR	x	*	—	—	—
B	x	x	*	—	—
C	—	—	—	*	—
S¹⁾	—	—	—	—	*

¹⁾ S gilt nur für den Umhüllungstyp der Sonderelektrode, der bei der Prüfung verwendet wurde.

Zeichenerklärung:
* gibt den Umhüllungstyp der Stabelektroden für das Lichtbogenhandschweißen an, mit der die Prüfung ausgeführt wurde
x gibt die Stabelektrodengruppen an, für die die Prüfung ebenfalls gilt
— gibt die Stabelektrodengruppen an, für die die Prüfung nicht gilt

6.6 Schweißzusätze

Ein Wechsel des Schutzgases oder des Schweißpulvers ist zulässig (siehe 5.5.1).

6.7 Maße

Der Geltungsbereich für die Blechdicke oder Rohrwanddicke sowie für den Rohrdurchmesser ist in Tabelle 1 und Tabelle 2 enthalten.

6.8 Schweißpositionen

Tabelle 7 enthält den Geltungsbereich für jede Schweißposition. Die Schweißpositionen und Kurzzeichen beziehen sich auf die Bilder 1 und 2 (nach ISO 6947).

Seite 11
EN 287-1 : 1992 + A1 : 1997

Tabelle 7: Geltungsbereich für die Schweißpositionen

				Geltungsbereich																		
				Bleche										Rohre (Rohrachse und -winkel)								
				Stumpfnähte					Kehlnähte					Stumpfnähte						Kehlnähte		
														rotier. 0°	fest				rotier. 45°	(1)	fest	
Schweißposition des Prüfstückes				PA	PC	PG	PF	PE	PA	PB	PG	PF	PD	PA	PG / 0°	PF / 0°	PC / 90°	H-L045 / 45°	J-L045 / 45°	PA	PB	PG / 0°	PF / 0°	PD(2) / 90°
Bleche	Stumpfnähte		PA	★	–	–	–	–	×	×	–	–	–	×	–	–	×	–	–	×	×	–	–	–
			PC	×	★	–	–	–	×	×	–	–	–	×	–	–	×	–	–	×	×	–	–	–
			PG	–	–	★	–	–	–	–	×	–	–	–	–	–	–	–	–	–	–	×	–	–
			PF	×	–	–	★	–	×	×	×	×	–	×	–	–	×	–	–	×	×	×	×	×
			PE	×	×	–	×	★	×	×	×	×	×	×	–	–	×	–	–	×	×	×	×	×
	Kehlnähte		PA	–	–	–	–	–	★	×	–	–	–	★	–	–	–	–	–	×	×	–	–	–
			PB	–	–	–	–	–	×	★	–	–	–	×	–	–	–	–	–	×	×	–	–	–
			PG	–	–	–	–	–	–	–	★	–	–	–	–	–	–	–	–	–	–	×	–	–
			PF	–	–	–	×	–	×	×	×	★	–	×	–	×	×	–	–	×	×	×	×	×
			PD	–	–	–	×	–	×	×	×	×	★	×	–	×	×	–	–	×	×	×	×	×
Rohre	Stumpfnähte	rotierend 0°	PA	×	×	–	×	–	×	×	–	–	–	★	–	–	★	–	–	×	×	–	–	–
		fest 90°	PG	–	–	×	–	–	–	–	×	–	–	–	★	–	–	–	–	–	–	×	–	–
			PF	×	–	–	×	–	×	×	×	×	–	×	–	★	×	–	–	×	×	×	×	×
			PC	×	×	–	×	–	×	×	–	–	–	×	–	×	★	–	–	×	×	–	–	–
		fest 45°	H-L045	–	–	–	–	–	–	–	–	–	–	–	–	–	–	★	–	–	–	–	–	–
			J-L045	–	–	–	–	–	–	–	–	–	–	–	–	–	–	–	★	–	–	–	–	–
		rotierend 45°	PA	×	–	–	–	–	×	×	–	–	–	×	–	–	×	–	–	★	×	–	–	–
	Kehlnähte	(1) 45°	PB	–	–	–	–	–	–	–	–	–	–	–	–	–	–	–	–	–	★	–	–	–
		fest 0°	PG	–	–	×	–	–	–	–	×	–	–	–	×	–	–	–	–	–	–	★	–	–
			PF	–	–	–	×	–	×	×	×	×	×	×	–	×	×	–	–	×	×	×	★	×

Zeichenerklärung:
★ gibt die Schweißposition an, in der die Prüfung durchgeführt wurde
× gibt die Schweißposition an, für die die Prüfung ebenfalls gilt
– gibt die Schweißposition an, für die die Prüfung nicht gilt

[1]) PB an Rohren kann auf zwei Arten geschweißt werden:
  (1) Rohr: rotierend; Achse: waagerecht; Schweißung: horizontal-vertikal
  (2) Rohr: fest; Achse: senkrecht; Schweißung: horizontal-vertikal
[2]) Dies ist eine mitgeltende Position, sie wird durch andere vergleichbare Prüfungen erfaßt.

7 Durchführung und Prüfung
7.1 Aufsicht
Das Schweißen und Prüfen der Prüfstücke ist in Anwesenheit eines Prüfers oder einer Prüfstelle durchzuführen.

Die Prüfstücke sind vor dem Schweißen mit den Kennzeichen des Prüfers und des Schweißers zu versehen.

Der Prüfer oder die Prüfstelle können die Prüfung abbrechen, wenn die Schweißbedingungen nicht stimmen oder falls ersichtlich ist, daß der Schweißer nicht die technische Fähigkeit besitzt, die Anforderungen dieser Norm zu erfüllen, z.B. wenn übermäßige und/oder systematische Ausbesserungen notwendig sind.

7.2 Form und Maße der Prüfstücke
Form und Maße der geforderten Prüfstücke (siehe 5.6) sind in den Bildern 3 bis 6 wiedergegeben.

Maße in mm

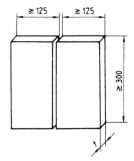

Bild 3: Maße des Prüfstückes für eine Stumpfnaht am Blech

Maße in mm

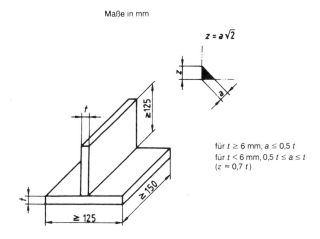

für $t \geq 6$ mm, $a \leq 0{,}5\, t$
für $t < 6$ mm, $0{,}5\, t \leq a \leq t$
($z \approx 0{,}7\, t$)

Bild 4: Maße des Prüfstückes für Kehlnaht/-nähte am Blech

Maße in mm

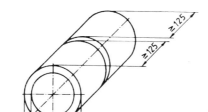

Bild 5: Maße des Prüfstückes für eine Stumpfnaht am Rohr

Maße in mm

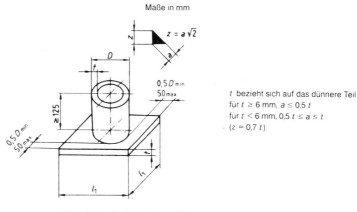

t bezieht sich auf das dünnere Teil
für $t \geq 6$ mm, $a \leq 0,5\,t$
für $t < 6$ mm, $0,5\,t \leq a \leq t$
$(z \approx 0,7\,t)$

Bild 6: Maße des Prüfstückes für eine Kehlnaht am Rohr

7.3 Schweißbedingungen

Die Bedingungen für die Schweißerprüfung müssen mit denen, die in der Fertigung angewendet werden, übereinstimmen und einer WPS oder pWPS (siehe 3.4) entsprechen, die in Übereinstimmung mit EN 288-2 vorzubereiten ist. Einen Vordruck für die WPS oder pWPS enthält Anhang C.

Bei der Vorbereitung der WPS sind die folgenden Bedingungen zu beachten:

a) Die Prüfung ist mit dem (den) Schweißprozeß(ssen) durchzuführen, der (die) in der Praxis eingesetzt wird (werden).

b) Der (die) Zusatzwerkstoff(e) muß(müssen) auf den(die) in Betracht kommenden Schweißprozeß(sse) und die Schweißposition(en) abgestimmt sein.

c) Die Fugenvorbereitung der Bleche und/oder Rohre für das Prüfstück muß der in der Fertigung angewendeten entsprechen.

d) Die Maße für das Prüfstück müssen den Angaben der Tabellen und Bilder dieser Norm entsprechen (siehe Tabellen 1 und 2 sowie Bilder 3 bis 6).

e) Die Schweißerprüfung ist in der(den) in der Fertigung üblichen Schweißposition(en) und Winkel(n) der Rohrabzweigung(en) durchzuführen (siehe Bilder 1 und 2).

f) Die Schweißnaht ist nach Abschnitt 8 zu beurteilen.

g) Die Zeit für das Schweißen des Prüfstückes muß mit der Arbeitszeit bei üblichen Fertigungsbedingungen übereinstimmen.

h) Das Prüfstück muß in der Wurzel- und in der Decklage zumindest eine Schweißunterbrechung mit einem Wiederansatz haben, der in der Prüflänge nachzuweisen und zu prüfen ist.

i) Jede Art von Vorwärmung oder kontrollierter Wärmeeinbringung, die entsprechend der WPS oder pWPS verlangt wird, ist unbedingt auch beim Schweißen des Prüfstückes einzuhalten.

j) Jede Art von Wärmenachbehandlung, die entsprechend der WPS oder pWPS verlangt wird, kann entfallen, es sei denn, daß Biegeprüfungen gefordert werden.

k) Kennzeichnung des Prüfstückes.

l) Außer in der Decklage darf der Schweißer kleinere Unregelmäßigkeiten durch Schleifen, Ausfugen oder andere in der Fertigung eingesetzte Verfahren beseitigen. Dafür ist die Genehmigung des Prüfers oder der Prüfstelle einzuholen.

7.4 Prüfverfahren

Jede fertiggestellte Schweißnaht ist vor jeder weiteren Behandlung einer Sichtprüfung zu unterziehen. Falls erforderlich (siehe Tabelle 8), kann die Sichtprüfung durch Magnetpulverprüfung (siehe EN 1290), Eindringprüfung (siehe EN 571-1) oder andere Prüfverfahren sowie Makroschliffe (siehe EN 1321) an Stumpfnähten ergänzt werden.

Nach erfolgreicher Sichtprüfung sind zusätzliche Durchstrahlungs-, Bruchprüfungen und/oder Makroschliffe nach Tabelle 8 erforderlich.

Tabelle 8: Prüfverfahren

Prüfverfahren	Stumpfnaht Blech	Stumpfnaht Rohr	Kehlnaht
Sichtprüfung	*	*	*
Durchstrahlungsprüfung	*[1])[5])	*[1])[5])	+
Biegeprüfung	*[2])	*[2])	+
Bruchprüfung	*[1])	*[1])	*[3])[4])
Makroschliff (ohne zu polieren)	+	+	+[4])
Magnetpulver-/ Eindringprüfung	+	+	+

[1]) Es sind entweder Durchstrahlungs- oder Bruchprüfungen, jedoch nicht beide, durchzuführen.

[2]) Wenn Durchstrahlungsprüfungen durchgeführt werden, sind für die Prozesse 131, 135 und 311 Biegeprüfungen erforderlich.

[3]) Die Bruchprüfung sollte durch Magnetpulver-/Eindringprüfung ergänzt werden, wenn diese vom Prüfer oder von der Prüfstelle gefordert wird.

[4]) Die Bruchprüfung kann durch die Prüfung von mindestens 4 Makroschliffen ersetzt werden, von denen einer aus der Wiederansatzstelle zu entnehmen ist.

[5]) Nur bei ferritischen Stählen mit einer Prüfstückdicke ≥ 8 mm kann die Durchstrahlungsprüfung durch eine Ultraschallprüfung ersetzt werden.

Zeichenerklärung:
* * gibt an, daß das Prüfverfahren verbindlich gefordert wird
* + gibt an, daß das Prüfverfahren nicht verbindlich gefordert wird

Die Makroschliffproben sind auf einer Seite so vorzubereiten und zu ätzen, daß die Schweißnähte einwandfrei zu bewerten sind.

Bei Durchstrahlungsprüfungen von Stumpfnähten, die durch MIG/MAG-Schweißen (131, 135) oder Gasschweißen (311) hergestellt wurden, sind zusätzlich Biegeprüfungen erforderlich.

Vor den mechanischen Prüfungen sind eventuell verwendete Schweißbadsicherungen zu entfernen. Das Prüfstück kann durch thermisches oder mechanisches Trennen aufgeteilt werden. Hierbei sind an beiden Enden des Prüfstückes jeweils 25 mm als Abfall zu entfernen (Bilder 7 und 8).

7.5 Prüfstücke und Proben

7.5.1 Allgemeines

In 7.5.2 bis 7.5.5 sind Angaben über Art, Größe und Vorbereitung der Prüfstücke und Proben enthalten. Außerdem sind die Anforderungen für die mechanischen Prüfungen angegeben.

7.5.2 Stumpfnähte am Blech

Wenn Durchstrahlungsprüfungen angewendet werden, ist die Prüflänge der Schweißnaht im Prüfstück (siehe Bild 7a) ohne Nacharbeit nach EN 1435, Prüfklasse B, zu durchstrahlen.

Wenn Bruchprüfungen nach EN 1320 durchgeführt werden, ist die gesamte Prüflänge zu untersuchen. Hierzu ist das Prüfstück in mehrere Proben aufzuteilen (siehe Bild 7a). Die Länge der Proben beträgt ~ 50 mm. Falls notwendig, kann eine zu große Schweißnahtüberhöhung der Probe entfernt und zusätzlich können die Schweißnahtenden bis zu einer Tiefe von ~ 5 mm eingekerbt werden (siehe Bild 7b), um den Bruch im Schweißgut zu erzielen. Bei einseitigem Schweißen (ss) ohne Schweißbadsicherung (nb) ist die halbe Prüflänge gegen die Oberseite und die andere Hälfte gegen die Wurzelseite zu prüfen (siehe Bilder 7c und 7d).

Wenn Querbiegeprüfungen nach EN 910 ausgeführt werden, ist je 2 Proben wurzelseitig und oberseitig auf Zug zu prüfen. Bei einem Durchmesser des Biegedorns oder der Biegerolle von 4 × t muß ein Biegewinkel von mindestens 120° erreicht werden, es sei denn, daß aufgrund einer geringen Verformungsfähigkeit der Grundwerkstoffes oder des Zusatzwerkstoffes andere Grenzen gelten. Während der Prüfung darf in der Probe kein einzelner Fehler > 3 mm in irgendeiner Richtung erkennbar sein. Fehler, die an den Kanten einer Probe während der Prüfung auftreten, sind bei der Beurteilung nicht zu berücksichtigen.

Bei Blechdicken ≥ 12 mm können die Querbiegeprüfungen durch 4 Seitenbiegeprüfungen ersetzt werden.

7.5.3 Kehlnaht am Blech

Für die Bruchprüfung nach EN 1320 kann das Prüfstück, falls erforderlich, in mehrere Proben aufgeteilt werden (siehe Bild 8a). Jede Probe ist für die Bruchprüfung nach Bild 8b zu positionieren und nach dem Bruch zu untersuchen.

Wenn Makroschliffe verwendet werden, sind diese nach EN 1321 auszuführen.

7.5.4 Stumpfnaht am Rohr

Wenn Durchstrahlungsprüfungen angewendet werden, ist die Prüflänge der Schweißnaht im Prüfstück ohne Nacharbeit nach EN 1435, Prüfklasse B, zu durchstrahlen, es sei denn, daß eine Doppelwanddurchstrahlung notwendig ist.

Wenn Bruchprüfungen nach EN 1320 angewendet werden, ist die gesamte Prüflänge zu untersuchen. Hierzu ist das Prüfstück in mindestens 4 Proben aufzuteilen (siehe Bild 9a).

Für das Prüfen von Rohren ist eine Mindestschweißnahtlänge von 150 mm erforderlich. Falls der Umfang kleiner als 150 mm ist, sind zusätzliche Prüfstücke, jedoch höchstens drei Prüfstücke, zu schweißen.

Die Prüflänge der Probe beträgt ~ 40 mm. Falls notwendig, kann eine zu große Schweißnahtüberhöhung der Probe entfernt und zusätzlich können die Schweißnahtenden bis zu einer Tiefe von ~ 5 mm eingekerbt werden (siehe Bild 9b), um den Bruch im Schweißgut zu erzielen. Bei einseitigem Schweißen (ss) ohne Schweißbadsicherung (nb) ist die halbe Prüflänge gegen die Oberseite und die andere Hälfte gegen die Wurzelseite zu prüfen (siehe Bilder 9c und 9d).

Seite 15
EN 287-1 : 1992 + A1 : 1997

Maße in mm

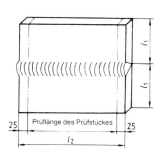

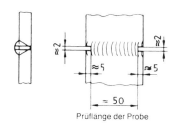

a) Aufteilen in eine geradzahlige Anzahl von Proben

b) Vorbereitung

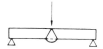

c) Oberseitige Bruchprüfung

d) Wurzelseitige Bruchprüfung

Bild 7: Probenvorbereitung und Bruchprüfung für eine Stumpfnaht am Blech

Maße in mm

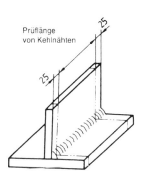

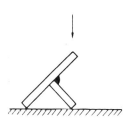

a) Aufteilen in eine geradzahlige Anzahl von Proben

b) Bruchprüfung
(Falls notwendig, kann die Kehlnaht eingekerbt werden.)

Bild 8: Probenvorbereitung und Bruchprüfung für eine Kehlnaht am Blech

Wenn Querbiegeprüfungen ausgeführt werden, sind je 2 Proben wurzelseitig und oberseitig auf Zug nach EN 910 zu prüfen. Bei einem Durchmesser des Biegedorns oder der Biegerolle von $4 \times t$ muß ein Biegewinkel von mindestens 120° erreicht werden, es sei denn, daß aufgrund einer geringen Verformungsfähigkeit des Grundwerkstoffes oder des Zusatzwerkstoffes andere Grenzen gelten.

Beim Aufteilen der Prüfstücke, die in den Schweißpositionen PF, PG, H-L045 und J-L045 (siehe Bilder 2 und 9a) geschweißt wurden, sind die Proben aus verschiedenen Schweißpositionen zu entnehmen.

Während der Prüfung darf in der Probe kein einzelner Fehler > 3 mm in irgendeiner Richtung erkennbar sein.

Fehler, die an den Kanten einer Probe während der Prüfung auftreten, sind bei der Beurteilung nicht zu berücksichtigen.

Für Blechdicken ≥ 12 mm können die Querbiegeprüfungen durch 4 Seitenbiegeprüfungen ersetzt werden.

7.5.5 Kehlnaht am Rohr

Für Bruchprüfungen nach EN 1320 ist das Prüfstück in 4 oder mehr Proben aufzuteilen und zu brechen (siehe Bild 10).

Wenn Makroschliffe nach EN 1321 vorgesehen werden, sind zumindest 4 Proben, gleichmäßig über den Rohrumfang verteilt, zu entnehmen.

Position 1   für 1 wurzelseitige Biegeprobe oder 1 Seitenbiegeprobe
Position 2   für 1 oberseitige Biegeprobe oder 1 Seitenbiegeprobe
Position 3   für 1 wurzelseitige Biegeprobe oder 1 Seitenbiegeprobe
Position 4   für 1 oberseitige Biegeprobe oder 1 Seitenbiegeprobe

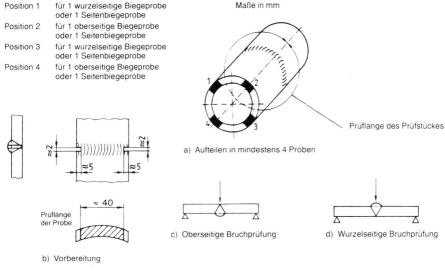

Maße in mm

Bild 9: Probenvorbereitung und Bruchprüfung für eine Stumpfnaht am Rohr

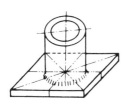

Bild 10: Probenvorbereitung und Bruchprüfung für eine Kehlnaht am Rohr

8 Bewertungsbedingungen für die Prüfstücke

Die Prüfstücke sind hinsichtlich der Bewertungsbedingungen, die für die einzelnen Merkmale der Unregelmäßigkeiten gelten, zu untersuchen. Eine vollständige Erklärung der Unregelmäßigkeiten enthält EN 26520. Die Bewertungsbedingungen für die Unregelmäßigkeiten, die für diese Norm gelten und die durch die entsprechenden Prüfverfahren gefunden werden, müssen mit EN 25817 übereinstimmen, wenn nicht anders festgelegt. Ein Schweißer hat die Prüfung bestanden, wenn die Unregelmäßigkeiten im Prüfstück innerhalb der festgelegten Grenzen der Bewertungsgruppe B nach EN 25817 liegen.

Ausgenommen sind die Unregelmäßigkeiten: zu große Nahtüberhöhung (Stumpfnaht), zu große Nahtüberhöhung (Kehlnaht), zu große Kehlnahtdicke, zu große Wurzelüberhöhung, für die Bewertungsgruppe C gilt.

Falls im Prüfstück des Schweißers die festgelegten zulässigen Höchstwerte für die Unregelmäßigkeiten überschritten werden, hat der Schweißer die Prüfung nicht bestanden.

Bezug sollte auch auf die entsprechenden Bewertungsmerkmale für die zerstörungsfreie Prüfung genommen werden.

Für die zerstörende und zerstörungsfreie Prüfung sind die festgelegten Verfahren anzuwenden.

9 Ersatzprüfungen

Falls ein Prüfstück die Anforderungen nach dieser Norm nicht erfüllt, hat der Schweißer ein neues Prüfstück herzustellen.

Wenn erkennbar ist, daß das Versagen an der mangelnden Handfertigkeit des Schweißers liegt, ist der Schweißer als nicht fähig zu betrachten, die Anforderungen dieser Norm ohne eine weitere Schulung vor der Ersatzprüfung zu erfüllen.

Wenn erkennbar ist, daß das Versagen auf metallurgischen oder anderen äußeren Ursachen beruht und nicht direkt an der Handfertigkeit des Schweißers liegt, sind eine zusätzliche Prüfung oder zusätzliche Proben erforderlich, um die Qualität und die Eignung des neuen Prüfwerkstoffes und/oder der neuen Prüfbedingungen festzustellen.

10 Gültigkeitsdauer

10.1 Erstprüfung

Die Gültigkeit der Schweißerprüfung beginnt mit dem Tage, an dem die verlangten Prüfungen zufriedenstellend bestanden sind. Dieses Datum kann sich von dem auf der Prüfungsbescheinigung angegebenen Ausgabedatum unterscheiden.

Die Schweißerprüfung bleibt zwei Jahre gültig, vorausgesetzt, daß die folgenden Bedingungen erfüllt sind und dies im Zeitraum von jeweils 6 Monaten durch den Arbeitgeber oder die Aufsichtsperson auf der entsprechenden Prüfungsbescheinigung bestätigt wird:

a) Der Schweißer muß möglichst regelmäßig mit Schweißarbeiten im geltenden Prüfungsbereich beschäftigt sein. Eine Unterbrechung von höchstens 6 Monaten ist zulässig.

b) Die Arbeit des Schweißers muß im allgemeinen mit den technischen Bedingungen, unter denen die Schweißerprüfung durchgeführt wurde, übereinstimmen.

c) Es besteht kein triftiger Grund, die Handfertigkeit und die Kenntnisse des Schweißers in Frage zu stellen.

Wenn eine dieser Bedingungen nicht erfüllt wird, ist die Schweißerprüfung für ungültig zu erklären.

10.2 Verlängerung

Die Gültigkeit der Schweißerprüfung kann auf der Prüfungsbescheinigung für Zeitspannen von jeweils zwei Jahren innerhalb des ursprünglichen Geltungsbereiches verlängert werden, wenn jede der folgenden Bedingungen nach 10.1 erfüllt ist:

— die Fertigungsschweißungen, die vom Schweißer hergestellt wurden, entsprechen der geforderten Qualität;

— die Prüfberichte, z.B. halbjährliche Dokumentationen über Durchstrahlungs- oder Ultraschallprüfungen oder Prüfberichte über Bruchprüfungen sind mit der Schweißer-Prüfungsbescheinigung verfügbar aufzubewahren.

Der Prüfer oder die Prüfstelle hat die Übereinstimmung mit den vorgenannten Bedingungen zu überprüfen und die Verlängerung auf der Prüfungsbescheinigung des Schweißers zu bestätigen.

11 Prüfungsbescheinigung

Es ist zu bescheinigen, daß der Schweißer die Schweißerprüfung erfolgreich bestanden hat. Alle entscheidenden Prüfbedingungen sind auf der Prüfungsbescheinigung aufzuführen. Wenn der Schweißer eine der vorgeschriebenen Prüfungen nicht bestanden hat, wird keine Prüfungsbescheinigung ausgestellt.

Die Prüfungsbescheinigung wird unter der alleinigen Verantwortung des Prüfers oder der Prüfstelle ausgestellt und muß alle in Anhang B aufgeführten Angaben enthalten. Es wird empfohlen, den Vordruck gemäß Anhang B als Prüfungsbescheinigung für die Schweißerprüfung zu verwenden.

Falls andere Vordrucke für die Prüfungsbescheinigung des Schweißers verwendet werden, müssen sie die in Anhang B verlangten Angaben enthalten. Die WPS des Herstellers, siehe Anhang C, muß die Informationen über Werkstoffe, Schweißpositionen, Schweißprozesse sowie Geltungsbereich usw. entsprechend dieser Norm enthalten.

Die Prüfungsbescheinigung des Schweißers ist zumindest in einer der offiziellen CEN-Sprachen (Englisch, Französisch, Deutsch) auszustellen.

Die praktische Prüfung und die Fachkundeprüfung (siehe Anhang D) sind mit "bestanden" oder "nicht geprüft" zu kennzeichnen.

Jede Änderung der wesentlichen Einflußgrößen für die Schweißerprüfung außerhalb des zulässigen Geltungsbereiches erfordert eine neue Prüfung und Prüfungsbescheinigung.

12 Bezeichnung

Die Bezeichnung für eine Schweißerprüfung muß die folgenden Angaben in der vorgeschriebenen Reihenfolge enthalten (Das System ist so aufgebaut, daß es EDV-geeignet ist.):

— Norm-Nummer:
— die wesentlichen Einflußgrößen:
  — Schweißprozess: siehe 5.2 und ISO 4063
  — Halbzeug: Blech (P), Rohr (T), siehe 5.3
  — Nahtart: Stumpfnaht (BW), Kehlnaht (FW), siehe 5.3
  — Werkstoffgruppe: siehe 5.4
  — Zusatzwerkstoff: siehe 5.5
  — Maße des Prüfstückes: Dicke (t), Rohrdurchmesser (D), siehe 5.6
  — Schweißpositionen: siehe 5.7, Bilder 1 und 2 und ISO 6947
  — Nahtausführung: siehe 6.3 und Tabelle 3 sowie für die Kennbuchstaben 4.4.

Die Bezeichnung beim EDV-Einsatz lautet wie folgt:
"xx xxxxx", "xxx", "x", "xx", "xxx", "xx", "xxxx", "xxxxxx", "xx", "xx"

Beispiel:
"EN 287-1", "111", "P", "BW", "W11", "RB", "t10", "D200", "H-L045", "ss", "nb"

Sind weitere Angaben für die Bezeichnung der Schweißerprüfung nach Abschnitt 4 notwendig, sind diese getrennt durch "," anzugeben. Diese Angaben sind nicht Bestandteil des EDV-Datensatzes.

Bezeichnungsbeispiel 1:

Schweißerprüfung
EN 287-1 111 P BW W11 B t09 PF ss nb

Erläuterung

Schweißprozeß: Lichtbogenhandschweißen	111
Blech:	P
Stumpfnaht:	BW
Werkstoffgruppe: austenitischer Stahl	W11
Zusatzwerkstoff: basischumhüllt	B
Prüfstückabmessung: Dicke 9 mm	$t09$
Schweißposition: Stumpfnaht am Blech, Steigposition	PF
Nahtausführung: einseitig	ss
ohne Schweißbadsicherung	nb

Bezeichnungsbeispiel 2:

Schweißerprüfung
EN 287-1 311 T BW W01 nm t02 D20 PA ss nb

Erläuterung

Schweißprozeß: Gasschweißen mit Sauerstoff-Acetylen-Flamme	311
Rohr:	T
Stumpfnaht:	BW
Werkstoffgruppe: unlegierter kohlenstoffarmer Stahl	W01
Zusatzwerkstoff: keiner	nm
Prüfstückabmessung: Dicke 2 mm	$t02$
Rohrdurchmesser 20 mm	$D20$
Schweißposition: Stumpfnaht am Rohr, rotierend, waagerechte Achse, Wannenposition	PA
Nahtausführung: einseitig	ss
ohne Schweißbadsicherung	nb

ANMERKUNG: Die in den Bezeichnungsbeispielen verwendeten Kurzzeichen und Kennbuchstaben sind in Abschnitt 4 aufgeführt.

Anhang A (normativ)
Vergleich der Stahlgruppen

Vergleich der Stahlgruppen für die Schweißerprüfung nach EN 287-1 mit den Stahlgruppen für Schweißverfahrensprüfung nach EN 288-3

Stahlgruppen Schweißerprüfung	Schweißverfahrensprüfung nach EN 288-3
W01	1
W02	4, 5, 6
W03	2, 3, 7 Stahl mit Nickelgehalt $5 < Ni\% \leq 9$ ist nicht eingeschlossen[1])
W04	8
W11	9

[1]) Sonderprüfung für Schweißer ist erforderlich (siehe 6.4).

Anhang B (informativ)

Schweißer-Prüfungsbescheinigung

Bezeichnung: ....

Prüfer oder Prüfstelle
Beleg-Nr

Hersteller-Schweißanweisung
Beleg-Nr (falls verfügbar):
Name des Schweißers:
Legitimation:
Art der Legitimation:
Geburtsdatum und -ort:
Beschäftigt bei:
Vorschrift/Prüfnorm:

Foto
(falls nötig)

Fachkunde: Bestanden/Nicht geprüft (Unzutreffendes durchstreichen)

	Prüfdaten-Angaben	Geltungsbereich
Schweißprozeß		
Blech oder Rohr		
Nahtart		
Werkstoffgruppe(n)		
Art des Zusatzwerkstoffes/Bezeichnung		
Schutzgase		
Hilfsstoffe		
Prüfstückdicke (mm)		
Rohraußendurchmesser (mm)		
Schweißposition		
Ausfugen/Schweißbadsicherung		

Zusätzliche Hinweise siehe beigefügtes Blatt und/oder Schweißanweisungs-Nr:

Art der Prüfung	ausgeführt und bestanden	nicht verlangt
Sichtprüfung		
Durchstrahlungsprüfung		
Magnetpulverprüfung		
Eindringprüfung		
Makroschliff		
Bruchprüfung		
Biegeprüfung		
Zusätzliche Prüfungen*)		

*) Falls notwendig, Angaben auf Zusatzblatt

Verlängerung der Prüfung durch Prüfer oder Prüfstelle
für die folgenden 2 Jahre (siehe 10.2)

Datum	Unterschrift	Dienststellung oder Titel

Name, Datum und Unterschrift
Prüfer oder Prüfstelle

Tag der Ausgabe
Ort
gültig bis

Verlängerung durch Bestätigung des(r) Arbeitgebers oder
Aufsichtsperson für die folgenden 6 Monate (siehe 10.2)

Datum	Unterschrift	Dienststellung oder Titel

Seite 20
EN 287-1 : 1992 + A1 : 1997

Anhang C (informativ)

Schweißanweisung des Herstellers (WPS)
(siehe EN 288-2)

Ort: _____
Schweißverfahren des Herstellers: _____
Beleg-Nr: _____
WPAR-Nr: _____
Hersteller: _____
Schweißprozeß: _____
Nahtart: _____
Einzelheiten der Fugenvorbereitung
(Zeichnung)*): _____

Prüfer oder Prüfstelle: _____
Art der Vorbereitung und Reinigung: _____
Spezifikation des Grundwerkstoffs: _____

Werkstückdicke (mm): _____
Außendurchmesser (mm): _____
Schweißposition: _____

Gestaltung der Verbindung	Schweißfolge

Einzelheiten für das Schweißen

Schweiß-raupe	Prozeß	Durchmesser des Zusatz-werkstoffes	Stromstärke A	Spannung V	Stromart/ Polung	Draht-vorschub	Ausziehlänge/ Vorschubge-schwindigkeit*)	Wärmeein-bringung*)

Schweißzusatz
    — Bezeichnung und Markenname: _____
Sondervorschriften für Trocknung: _____
Schutzgas/ Schweißpulver
    — Schutzgas: _____
    — Wurzelschutz: _____
Gasdurchflußmenge
    — Schutzgas: _____
    — Wurzelschutz: _____
Wolframelektrodenart/Durchmesser: _____
Einzelheiten über Ausfugen/Schweißbadsicherung: ____
Vorwärmtemperatur: _____
Zwischenlagentemperatur: _____

Wärmenachbehandlung und/oder Aushärten: _____
Zeit, Temperatur, Verfahren: _____
Erwärmungs- und Abkühlungsrate*): _____

Weitere Informationen*): _____
z. B.: Pendeln (maximale Raupenbreite): _____
    Pendeln: Amplitude, Frequenz, Verweilzeit: _____
    Einzelheiten für das Pulsschweißen: _____
    Kontaktdüsenabstand/Werkstück: _____
    Einzelheiten für das Plasmaschweißen: _____
    Brenneranstellwinkel: _____

Hersteller

Prüfer oder Prüfstelle

_____
Name, Datum und Unterschrift

_____
Name, Datum und Unterschrift

*) Falls gefordert

Anhang D (informativ)
Fachkunde

D.1 Allgemeines

Die Fachkundeprüfung wird empfohlen, ist aber nicht vorgeschrieben.

Einige Länder können jedoch verlangen, daß sich der Schweißer einer Fachkundeprüfung unterzieht. Wenn die Fachkundeprüfung durchgeführt wird, sollte dies auf der Prüfungsbescheinigung vermerkt werden.

Dieser Anhang erfaßt die Fachkunde, die ein Schweißer haben sollte, um sicherzustellen, daß die Verfahrensvorgaben befolgt und die üblichen Praktiken erfüllt werden. Bei der Fachkunde, auf die in diesem Anhang hingewiesen wird, handelt es sich nur um die notwendigen Grundkenntnisse.

Infolge der unterschiedlichen Ausbildungsprogramme in den verschiedenen Ländern können nur allgemeine Ziele und Kategorien der Fachkunde zur Vereinheitlichung vorgeschlagen werden. Die tatsächlich gestellten Fragen sollten von jedem einzelnen Land aufgestellt werden, jedoch sollten sie die Fragen entsprechend der anstehenden Prüfung des Schweißers aus dem Bereich des Abschnittes D.2 enthalten.

Die tatsächlichen Prüfungen über die fachkundlichen Kenntnisse eines Schweißers können nach einer der folgenden Methoden oder Kombination aus diesen durchgeführt werden:
 a) schriftliche Zielsetzungsprüfung (Auswahlfragen),
 b) mündliche Befragung entsprechend einem schriftlichen Fragenkatalog,
 c) Prüfung entsprechend EDV-Programm,
 d) Vorführungs-/Beobachtungsprüfung entsprechend einem schriftlichen Merkmalskatalog.

Die Fachkundeprüfung beschränkt sich inhaltlich auf den in der Prüfung benutzten Schweißprozeß.

D.2 Anforderungen
D.2.1 Schweißeinrichtungen
D.2.1.1 Gasschweißen mit Sauerstoff-Acetylen-Flamme
 a) Kennzeichnung der Gasflaschen
 b) Kennzeichnung und Zusammenbau der wesentlichen Bestandteile
 c) Auswahl der richtigen Düsen und Schweißbrenner

D.2.1.2 Lichtbogenschweißen
 a) Kennzeichnung und Zusammenbau der wichtigen Bestandteile und Einrichtungen
 b) Schweißstromart
 c) Richtiger Anschluß der Schweißstromrückleitung

D.2.2 Schweißprozesse[1]
D.2.2.1 Gasschweißen mit Sauerstoff-Acetylen-Flamme (311)
 a) Gasdruck
 b) Auswahl der Düsengröße
 c) Art der Gasflamme
 d) Auswirkung durch Überhitzung

D.2.2.2 Lichtbogenhandschweißen (111)
 a) Handhabung und Trocknung der Stabelektroden
 b) Unterschiede der Stabelektrodentypen

D.2.2.3 Schutzgasschweißen (114, 131, 135, 136, 141,15)
 a) Typ und Durchmesser der Elektroden
 b) Schutzgas: Kennzeichnung und Durchflußmenge (ohne 114)
 c) Typ, Größe und Wartung der Gas-/Kontakt-Düse
 d) Auswahl und Grenzen der Art des Werkstoffüberganges
 e) Schutz des Lichtbogens vor Zugluft

D.2.2.4 Unterpulverschweißen (12)
 a) Trocknung, Zufuhr und richtige Wiederaufbereitung des Pulvers
 b) Richtige Ausrichtung und Vorschub des Schweißkopfes

D.2.3 Grundwerkstoffe
 a) Bestimmung des Werkstoffs
 b) Verfahren und Überwachung der Vorwärmung
 c) Überwachung der Zwischenlagentemperatur

D.2.4 Schweißzusätze
 a) Bestimmung der Schweißzusätze
 b) Lagerung, Handhabung und Beschaffenheit der Schweißzusätze
 c) Auswahl der richtigen Abmessungen
 d) Sauberkeit der Stabelektroden und Zusatzdrahte
 e) Überwachung der Drahtspulung
 f) Überwachung und Beobachtung der Gasdurchflußmenge und Qualität

D.2.5 Sicherheit und Unfallverhütung
D.2.5.1 Allgemeines
 a) Verfahren für sicheren Aufbau, Ein- und Ausschalten
 b) Sicherheitsüberwachung der Schweißrauche und -gase
 c) Persönlicher Schutz
 d) Feuergefahr
 e) Schweißen in engen Räumen
 f) Erkenntnisse über die Umgebung des Schweißens

D.2.5.2 Gasschweißen mit Sauerstoff-Acetylen-Flamme
 a) Sichere Lagerung, Handhabung und Verwendung der verdichteten Gase
 b) Lecknachweis an Gasschläuchen und Zubehör
 c) Maßnahmen bei Flammenrückschlag

---

[1] Die Ziffern beziehen sich auf ISO 4063.

D.2.5.3 Alle Lichtbogenschweißprozesse
a) Erhöhte elektrische Gefährdung
b) Lichtbogenstrahlung
c) Vagabundierende Lichtbögen

D.2.5.4 Schutzgasschweißen
a) Sichere Lagerung, Handhabung, Verwendung der verdichteten Gase
b) Lecknachweis an Gasschläuchen und Zubehör

D.2.6 Schweißfolge/Verfahrensbeschreibung
Verständnis für die Anforderungen an das Schweißverfahren und den Einfluß der Schweißparameter.

D.2.7 Fugenvorbereitung und Darstellung der Schweißnaht
a) Übereinstimmung der Fugenvorbereitung mit den Anforderungen der Schweißanweisung (WPS)
b) Sauberkeit der Fugenflanken

D.2.8 Schweißnaht-Unregelmäßigkeiten
a) Bestimmung der Unregelmäßigkeiten
b) Gründe
c) Verhüten und Abhilfemaßnahmen

D.2.9 Schweißerprüfung
Der Schweißer muß über den Geltungsbereich unterrichtet sein.

September 1997

	Anforderung und Anerkennung von Schweißverfahren für metallische Werkstoffe Teil 1: Allgemeine Regeln für das Schmelzschweißen (enthält Änderung A1 : 1997) Deutsche Fassung EN 288-1 : 1992 + A1 : 1997	**DIN** **EN 288-1**

ICS 25.160.10

Ersatz für Ausgabe 1992-04

Deskriptoren: Schweißverfahren, Schmelzschweißen, Metallwerkstoff, Regel

Specification and approval of welding procedures for metallic materials —
Part 1: General rules for fusion welding (includes amendment A1 : 1997);
German version EN 288-1 : 1992 + A1 : 1997

Descriptif et qualification d'un mode opératoire de soudage pour les matériaux métalliques — Partie 1: Règles générales pour le soudage par fusion (inclut l'amendement A1 : 1997); Version allemande EN 288-1 : 1992 + A1 : 1997

Die Europäische Norm EN 288-1 : 1992 hat den Status einer Deutschen Norm, einschließlich der eingearbeiteten Änderung A1 : 1997, die von CEN getrennt verteilt wurde.

Nationales Vorwort

Schweißverfahrensprüfungen dienen dem Nachweis, daß Fertigungsbetriebe den bestimmungsgemäßen Einsatz des Schweißverfahrens einschließlich der Vor- und Nachbehandlung sicher beherrschen.

Bevor ein bestimmtes Schweißverfahren in einem Fertigungsbetrieb zum Einsatz kommt, soll der Hersteller die Eignung des Verfahrens für den vorgesehenen Zweck in geeigneter Weise feststellen und dokumentieren.

Die europäische Harmonisierung der Festlegungen für Schweißverfahrensprüfungen und Schweißanweisungen wird durch Europäische und Internationale Normen angestrebt.

Die vorliegenden Normen der Reihe DIN EN 288 schaffen einheitliche Grundlagen, um die ausführenden Betriebe beurteilen und die Qualität der ausgeführten Schweißarbeiten nach gleichen Merkmalen bewerten und dokumentieren zu können. Diese Nachweise dienen gleichzeitig als Grundlage für die gegenseitige Anerkennung nachgewiesener Leistungen durch zuständige Stellen.

Da die Benennung "Schweißverfahren" eine unterschiedliche Bedeutung hat, wurde notwendig, dem englischen und französischen Sprachgebrauch entsprechend eine Unterscheidung vorzunehmen in:

— Schweißprozeß (welding prozess), der auf das eigentliche Schweißen beschränkt ist;

— Schweißverfahren (welding procedure), mit dem alle das Schweißergebnis beeinflussenden Tätigkeiten erfaßt werden, wie Vorbereitung/Vorbehandlung, Durchführung und Nachbehandlung/Nacharbeiten.

Aufgrund von Erfahrungen beim Anwenden der Europäischen Norm EN 288-1 : 1992 sind im CEN/TC 121/SC 1 sehr umfangreiche Änderungswünsche eingereicht worden, die bewertet wurden nach Änderungen, die das Verstehen der Norm verbessern und kurzfristig mit der Änderung A1 bekannt gemacht werden sollen, und nach technischen Änderungen, die im Rahmen einer technischen Überarbeitung der Norm längerfristig erfaßt werden sollen.

Die Norm DIN EN 288-1 : 1992 wurde mit der Änderung A1 vorrangig redaktionell überarbeitet. Folgende Abschnitte sind betroffen:

— 2 Normative Verweisungen;

— 3 Begriffe;

— 5 Anerkennung von Schweißverfahren sowie

— Anhang A.

Die Änderungen in den Abschnitten 3 und 5 sind durch doppelte senkrechte Linien am linken Rand des Textes gekennzeichnet.

Des weiteren wurde von CEN/TC 121/SC 1 ein neues, im CEN und in der ISO, abgestimmtes Nummernsystem für Normen zur Anforderung und Anerkennung von Schweißverfahren beschlossen, das für Europäische und Internationale Normen dieselbe Norm-Nummer zugrunde legt und die Normungsinhalte systematisch erfaßt. Die zur Zeit bestehenden Norm-Nummern der Serien EN 288 und EN ISO 9956 sollen bei anstehenden Überarbeitungen durch neue Norm-Nummern ersetzt werden, die mit EN ISO 15607 beginnen und bei EN ISO 15614 zur Zeit enden. Die vorliegende Europäische Norm EN 288-1 wird später die Norm-Nummer EN ISO 15607 erhalten.

Fortsetzung Seite 2
und 7 Seiten EN

Normenausschuß Schweißtechnik (NAS) im DIN Deutsches Institut für Normung e.V.

Änderungen

Gegenüber der Ausgabe April 1992 wurden folgende Änderungen vorgenommen:
- dritte Absatz im Anwendungsbereich gestrichen.
- Begriffe unter 3.5, 3.11, 3.26 bis 3.36 überarbeitet bzw. ergänzt.
- Abschnitt 5 vollständig überarbeitet.
- im vierten und fünften Absatz des Anhangs A jeweils den zweiten Satz gestrichen.

Frühere Ausgaben

DIN EN 288-1: 1992-04

EUROPÄISCHE NORM
EUROPEAN STANDARD
NORME EUROPÉENNE

EN 288-1
Februar 1992
+ A1
Juni 1997

DK 621.791.75(083.1)
ICS 25.160.10

Deskriptoren: Schweißen, Schweißverbindung, Verfahren, Anerkennung, Begriffe, Allgemeines

Deutsche Fassung

Anforderung und Anerkennung von Schweißverfahren für metallische Werkstoffe
Teil 1: Allgemeine Regeln für das Schmelzschweißen
(enthält Änderung A1 : 1997)

Specification and approval of welding procedures for metallic materials — Part 1: General rules for fusion welding (includes amendment A1 : 1997)

Descriptif et qualification d'un mode opératoire de soudage pour les matériaux métalliques — Partie 1: Règles générales pour le soudage par fusion (inclut l'amendement A1 : 1997)

Diese Europäische Norm wurde von CEN am 1992-02-21 und die Änderung A1 am 1996-12-11 angenommen.

Die CEN-Mitglieder sind gehalten, die CEN/CENELEC-Geschäftsordnung zu erfüllen, in der die Bedingungen festgelegt sind, unter denen dieser Europäischen Norm ohne jede Änderung der Status einer nationalen Norm zu geben ist.

Auf dem letzten Stand befindliche Listen dieser nationalen Normen mit ihren bibliographischen Angaben sind beim Zentralsekretariat oder bei jedem CEN-Mitglied auf Anfrage erhältlich.

Diese Europäische Norm besteht in drei offiziellen Fassungen (Deutsch, Englisch, Französisch). Eine Fassung in einer anderen Sprache, die von einem CEN-Mitglied in eigener Verantwortung durch Übersetzung in seine Landessprache gemacht und dem Zentralsekretariat mitgeteilt worden ist, hat den gleichen Status wie die offiziellen Fassungen.

CEN-Mitglieder sind die nationalen Normungsinstitute von Belgien, Dänemark, Deutschland, Finnland, Frankreich, Griechenland, Irland, Island, Italien, Luxemburg, Niederlande, Norwegen, Österreich, Portugal, Schweden, Schweiz, Spanien, Tschechische Republik und dem Vereinigten Königreich.

CEN

EUROPÄISCHES KOMITEE FÜR NORMUNG
European Committee for Standardization
Comité Européen de Normalisation

Zentralsekretariat: rue de Stassart 36, B-1050 Brüssel

© 1997 CEN — Alle Rechte der Verwertung, gleich in welcher Form und in welchem Verfahren, sind weltweit den nationalen Mitgliedern von CEN vorbehalten.

Ref. Nr. EN 288-1 : 1992
+ A1 : 1997 D

Inhalt

	Seite
Einleitung	3
1 Anwendungsbereich	3
2 Normative Verweisungen	3
3 Begriffe	3
3.1 Schweißverfahren	3
3.2 Schweißprozesse	4
3.3 Vorläufige Schweißanweisung (pWPS)	4
3.4 Schweißanweisung (WPS)	4
3.5 Arbeitsanweisung	4
3.6 Anerkannte Schweißanweisung	4
3.7 Bericht über die Anerkennung des Schweißverfahrens (WPAR)	4
3.8 Vorliegende schweißtechnische Erfahrung	4
3.9 Anerkannter Schweißzusatz	4
3.10 Schweißverfahrensprüfung	4
3.11 Normschweißverfahren	4
3.12 Schweißprüfung vor Fertigungsbeginn	4
3.13 Schweißzusätze	4
3.14 Schweißtechnische Einflußgröße	4
3.15 Geltungsbereich	4
3.16 Grundwerkstoff	4
3.17 Prüfstück	4
3.18 Probe	4
3.19 Prüfung	4
3.20 Homogenes Schweißteil	5
3.21 Heterogenes Schweißteil	5
3.22 Mischverbindung	5
3.23 Unregelmäßigkeit	5
3.24 Metallurgische Abweichung	5

	Seite
3.25 Hersteller	5
3.26 Schweißer	5
3.27 Bediener	5
3.28 Prüfer oder Prüfstelle	5
3.29 Lieferant der Schweißzusätze	5
3.30 Schweißaufsicht	5
3.31 Wärmeeinbringung	5
3.32 Ausziehlänge	5
3.33 Dicke des Grundwerkstoffes	5
3.34 Dicke des Schweißgutes	5
3.35 Kehlnahtdicke	5
3.36 Teilweise durchgeschweißte Naht	5
4 Anforderung an die Schweißverfahren	5
5 Anerkennung von Schweißverfahren	6
5.1 Allgemeines	6
5.2 Anerkennung durch Schweißverfahrensprüfungen	5
5.3 Anerkennung durch zugelassene Schweißzusätze	6
5.4 Anerkennung durch vorliegende schweißtechnische Erfahrung	6
5.5 Anerkennung durch ein Normschweißverfahren	6
5.6 Anerkennung durch eine Schweißprüfung vor Fertigungsbeginn	6
Anhang A (informativ) Richtlinien für die Anwendung und die daraus folgende Auswahl der Art der Anerkennung	7

Vorwort

Diese Norm wurde durch die Arbeitsgruppe 1 "Anforderung und Anerkennung von Schweißverfahrensprüfungen für metallische Werkstoffe" des CEN/TC 121 "Schweißen" erstellt.

Basis für diese Norm war Dokument ISO/TC 44/SC 10 N 175.

Aufgrund der Auswertung von Erfahrungen und der zuletzt gewonnenen Erkenntnisse waren jedoch Änderungen notwendig.

Diese Norm besteht aus mehreren Teilen. Die bereits fertigen Teile dieser Norm sind im Abschnitt 2 aufgeführt.

Weitere Teile werden im CEN/TC 121 vorbereitet, deren Inhalt kurz im Anhang A dieser Norm beschrieben wird.

In Übereinstimmung mit den Gemeinsamen CEN/CENELEC-Regeln, die Teil der Geschäftsordnung des CEN sind, sind folgende Länder gehalten, diese Europäische Norm zu übernehmen:

Belgien, Dänemark, Deutschland, Finnland, Frankreich, Griechenland, Irland, Island, Italien, Luxemburg, Niederlande, Norwegen, Österreich, Portugal, Schweden, Schweiz, Spanien und das Vereinigte Königreich.

Vorwort der Änderung A1

Diese Änderung EN 288-1 : 1992/A1 : 1997 zur EN 288-1 : 1992 wurde vom Technischen Komitee CEN/TC 121 "Schweißen" erarbeitet, dessen Sekretariat von DS gehalten wird.

Diese Änderung zur Europäischen Norm EN 288-1 : 1992 muß den Status einer nationalen Norm erhalten, entweder durch Veröffentlichung eines identischen Textes oder durch Anerkennung bis Dezember 1997, und etwaige entgegenstehende nationale Normen müssen bis Dezember 1997 zurückgezogen werden.

Entsprechend der CEN/CENELEC-Geschäftsordnung sind die nationalen Normungsinstitute der folgenden Länder gehalten, diese Europäische Norm zu übernehmen:

Belgien, Dänemark, Deutschland, Finnland, Frankreich, Griechenland, Irland, Island, Italien, Luxemburg, Niederlande, Norwegen, Österreich, Portugal, Schweden, Schweiz, Spanien, die Tschechische Republik und das Vereinigte Königreich.

Seite 3
EN 288-1 : 1992 + A1 : 1997

Einleitung

Schweißanweisungen werden zur sorgfältigen Feststellung von Planungen schweißtechnischer Vorgänge und von Qualitätsüberwachungen während des Schweißens benötigt. Schweißen ist als spezieller Prozeß in der Terminologie der Normen für Qualitätssicherungssysteme anzusehen. Die Normen für Qualitätssicherungssysteme verlangen gewöhnlich, daß spezielle Prozesse entsprechend einer schriftlichen Verfahrensbeschreibung ausgeführt werden.

Teil 2 dieser Norm bestimmt den Rahmen für die Schweißanweisungen für das Lichtbogenschweißen metallischer Werkstoffe, bei deren Beachtung die Anforderungen in den bestehenden Normen für Qualitätssysteme bezüglich der Verfahrensanweisung erfüllt werden.

Die Aufstellung einer Schweißanweisung gibt die erforderliche Grundlage dafür, stellt allein jedoch nicht sicher, daß die Schweißverbindungen die Anforderungen erfüllen. Einige Abweichungen, vor allem Unregelmäßigkeiten und Verformungen, können durch zerstörungsfreie Prüfungen am fertigen Erzeugnis beurteilt werden.

Metallurgische Abweichungen bilden jedoch ein besonderes Problem, weil eine zerstörungsfreie Beurteilung der mechanischen Eigenschaften bei dem gegenwärtigen Stand der zerstörungsfreien Prüftechnologie unmöglich ist. Dies hat zur Aufstellung einer Reihe von Regeln für die Anerkennung von Schweißverfahren vor ihrer Freigabe für die tatsächliche Fertigung geführt. Teil 1 dieser Norm legt diese Regeln fest.

1 Anwendungsbereich

Diese Norm legt allgemeine Regeln für die Anforderung und Anerkennung von Schweißverfahren für metallische Werkstoffe fest. Diese Norm nimmt auch Bezug auf verschiedene andere Normen hinsichtlich ins einzelne gehender Regelungen bei besonderen Anwendungen.

Es wird vorausgesetzt, daß die Schweißanweisungen in der Fertigung von befähigten Schweißern angewendet werden, die nach dem entsprechenden Teil von EN 287 anerkannt sind.

Diese Norm ist anzuwenden, wenn die Anerkennung des Schweißverfahrens verlangt wird, z. B. entweder durch Vertrag, Normen, Regeln oder durch gesetzliche Forderungen.

Die Verwendung einer besonderen Art der Anerkennung eines Schweißverfahrens wird oft durch eine Anwendungsnorm zwingend gefordert. Beim Fehlen einer derartigen Bedingung ist die Art der Anerkennung zwischen den Vertragspartnern zum Zeitpunkt der Anfrage oder Bestellung zu vereinbaren.

2 Normative Verweisungen

Diese Europäische Norm enthält durch datierte oder undatierte Verweisungen Festlegungen aus anderen Publikationen. Diese normativen Verweisungen sind an den jeweiligen Stellen im Text zitiert, und die Publikationen sind nachstehend aufgeführt. Bei datierten Verweisungen gehören spätere Änderungen oder Überarbeitungen dieser Publikationen nur zu dieser Europäischen Norm, falls sie durch Änderung oder Überarbeitung eingearbeitet sind. Bei undatierten Verweisungen gilt die letzte Ausgabe der in Bezug genommenen Publikation.

EN 287-1
Prüfung von Schweißern — Schmelzschweißen — Teil 1: Stähle

EN 287-2
Prüfung von Schweißern — Schmelzschweißen — Teil 2: Aluminium und Aluminiumlegierungen

EN 288-2
Anforderung und Anerkennung von Schweißverfahren für metallische Werkstoffe — Teil 2: Schweißanweisung für das Lichtbogenschweißen

EN 288-3
Anforderung und Anerkennung von Schweißverfahren für metallische Werkstoffe — Teil 3: Schweißverfahrensprüfungen für das Lichtbogenschweißen von Stählen

EN 288-4
Anforderung und Anerkennung von Schweißverfahren für metallische Werkstoffe — Teil 4: Schweißverfahrensprüfungen für das Lichtbogenschweißen von Aluminium und seinen Legierungen

EN 288-5
Anforderung und Anerkennung von Schweißverfahren für metallische Werkstoffe — Teil 5: Anerkennung durch Einsatz anerkannter Schweißzusätze für das Lichtbogenschweißen

EN 288-6
Anforderung und Anerkennung von Schweißverfahren für metallische Werkstoffe — Teil 6: Anerkennung durch vorliegende Erfahrung

EN 288-7
Anforderung und Anerkennung von Schweißverfahren für metallische Werkstoffe — Teil 7: Anerkennung durch Normschweißverfahren für das Lichtbogenschweißen

EN 288-8
Anforderung und Anerkennung von Schweißverfahren für metallische Werkstoffe — Teil 8: Anerkennung durch eine Schweißprüfung vor Fertigungsbeginn

prEN 1011
Schweißen — Empfehlungen zum Schweißen metallischer Werkstoffe

prEN 12345
Schweißen — Bildliche Darstellung von Begriffen für Schweißverbindungen

EN 24063
Schweißen, Hartlöten, Weichlöten und Fugenlöten von Metallen — Liste der Verfahren und Ordnungsnummern für zeichnerische Darstellung (ISO 4063 : 1990)

EN 26520
Einteilung und Erklärung von Unregelmäßigkeiten in Schmelzschweißungen an Metallen (ISO 6520 : 1982)

ISO 857 : 1990
Schweiß- und Lötverfahren — Begriffe

3 Begriffe

3.1 Schweißverfahren

Ein vorgeschriebener Ablauf von Tätigkeiten zur Herstellung einer Schweißung einschließlich der Hinweise auf die Werkstoffe, die Vorbereitung, die Vorwärmung (falls notwendig), die Art und Überwachung des Schweißens und die Wärmenachbehandlung (falls von Bedeutung) sowie die notwendigen Einrichtungen, die eingesetzt werden.

3.2 Schweißprozesse

Die Nomenklatur und die Definitionen der Schweißprozesse nach ISO 857 werden in dieser Norm übernommen. Das Numerierungssystem für die Schweißprozesse nach EN 24063 wird beibehalten.

3.3 Vorläufige Schweißanweisung (pWPS)

Eine versuchsweise Schweißanweisung, von der angenommen wird, daß sie vom Hersteller als ausreichend anzusehen ist, die jedoch noch nicht anerkannt ist. Das Schweißen von Prüfstücken zur Anerkennung einer Schweißanweisung ist auf der Grundlage einer vorläufigen Schweißanweisung (pWPS) durchzuführen.

3.4 Schweißanweisung (WPS)

Ein Dokument, in dem die geforderten Einflußgrößen im einzelnen aufgeführt sind, um die Wiederholbarkeit sicherzustellen.

3.5 Arbeitsanweisung

Eine vereinfachte (schriftliche oder mündliche) Beschreibung eines Schweißverfahrens, das für die direkte Anwendung in der Werkstatt geeignet ist.

3.6 Anerkannte Schweißanweisung

Eine Schweißanweisung, die die Übereinstimmung des Schweißverfahrens mit den Vorschriften dieser Norm anerkennt.

3.7 Bericht über die Anerkennung des Schweißverfahrens (WPAR)

Ein Bericht, der sowohl alle wesentlichen Daten für das Schweißen eines Prüfstückes, das für die Anerkennung einer Schweißanweisung benötigt wird, als auch alle Ergebnisse aus der Prüfung der Prüfungsschweißung enthält.

ANMERKUNG 1: Ein oder mehrere Berichte über die Schweißverfahrensprüfung können zur Anerkennung einer Schweißanweisung erforderlich sein. In gewissen Fällen gilt die Anerkennung für mehr als eine Schweißanweisung.

ANMERKUNG 2: WPAR wurde früher als WPQR bezeichnet.

3.8 Vorliegende schweißtechnische Erfahrung

Wenn durch zuverlässige Prüfungsunterlagen belegbar ist, daß die vom Hersteller eingerichtete schweißtechnische Fertigung über eine Zeitspanne imstande war, Schweißungen gleichmäßiger und einwandfreier Qualität herzustellen.

3.9 Anerkannter Schweißzusatz

Ein Schweißzusatz oder eine Kombination aus Schweißzusätzen, von einem unabhängigen Prüfer oder einer unabhängigen Prüfstelle geprüft und zertifiziert.

3.10 Schweißverfahrensprüfung

Herstellung und Prüfung einer Schweißverbindung, repräsentativ derjenigen, die in der Fertigung angewendet wird, um die Durchführbarkeit eines Schweißverfahrens nachzuweisen.

3.11 Normschweißverfahren

Ein Schweißverfahren, das von einem Prüfer oder von einer Prüfstelle geprüft und zertifiziert wurde und das anschließend für jeden Hersteller verfügbar ist.

3.12 Schweißprüfung vor Fertigungsbeginn

Eine schweißtechnische Prüfung, die die gleiche Aufgabe wie eine Schweißverfahrensprüfung hat, jedoch nicht genormten Prüfstücken aufbaut, um die Herstellungsbedingungen nachzuahmen.

3.13 Schweißzusätze

Werkstoffe, die zur Herstellung einer Schweißung verwendet werden; sie schließen Zusatzwerkstoffe, Schweißpulver und Gase ein.

3.14 Schweißtechnische Einflußgröße

3.14.1 Wesentliche Einflußgröße

Eine Einflußgröße, die die mechanischen und/oder metallurgischen Eigenschaften der Schweißverbindung beeinflußt.

3.14.2 Zusätzliche Einflußgröße

Eine Einflußgröße, die die mechanischen und/oder metallurgischen Eigenschaften der Schweißnaht beeinflußt.

3.15 Geltungsbereich

Der Umfang einer Anerkennung für eine wesentliche Einflußgröße.

3.16 Grundwerkstoff

3.16.1 Normwerkstoff

Grundwerkstoff mit festgelegter chemischer Zusammensetzung, mechanischen Eigenschaften, Wärmebehandlung usw., der entsprechend einer Norm oder ähnlichen umfassenden Bedingungen hergestellt und geliefert wurde.

3.16.2 Gruppe von Normwerkstoffen

Eine bestimmte Anzahl gleichartiger Normwerkstoffe.

3.16.3 Los von Normwerkstoffen

Grundwerkstoffe mit gleicher chemischer Zusammensetzung, mechanischen Eigenschaften, Wärmebehandlung usw., die als Einheit von einem einzigen Hersteller (z. B. Walzwerk) geliefert wurden. Das Los ist auf eine einzige Charge beschränkt.

3.17 Prüfstück

Das Schweißteil, das für die Prüfung zur Anerkennung benutzt wird.

3.18 Probe

Das Teil oder Stück, das aus dem Prüfstück herausgeschnitten wird, um eine verlangte zerstörende Prüfung durchzuführen.

3.19 Prüfung

Eine Folge von Tätigkeiten, die das Herstellen eines geschweißten Prüfstücks und die nachfolgende zerstörungsfreie und/oder zerstörende Prüfung sowie die Berichterstellung einschließt.

3.20 Homogenes Schweißteil

Ein Schweißteil, bei dem das Schweißgut und der Grundwerkstoff keine entscheidenden Unterschiede in den mechanischen Eigenschaften und/oder in der chemischen Zusammensetzung aufweisen.

ANMERKUNG: Ein Schweißteil aus gleichartigen Grundwerkstoffen ohne Zusatzwerkstoff ist als homogen anzusehen.

3.21 Heterogenes Schweißteil

Ein Schweißteil, bei dem das Schweißgut und der Grundwerkstoff entscheidende Unterschiede in den mechanischen Eigenschaften und/oder in der chemischen Zusammensetzung aufweisen.

3.22 Mischverbindung

Ein Schweißteil, bei dem die Grundwerkstoffe entscheidende Unterschiede in den mechanischen Eigenschaften und/oder der chemischen Zusammensetzung aufweisen.

3.23 Unregelmäßigkeit

Mängel in der Schweißung oder eine Abweichung von der vorgesehenen Geometrie. Unregelmäßigkeiten schließen z.B. ein: Risse, ungenügender Einbrand, Porosität, Schlackeneinschlüsse.

ANMERKUNG: EN 26520 enthält eine umfassende Liste der Unregelmäßigkeiten.

3.24 Metallurgische Abweichung

Änderungen der mechanischen Eigenschaften und/oder des metallurgischen Gefüges des Schweißgutes oder der Wärmeeinflußzonen verglichen mit den Eigenschaften des Grundwerkstoffes.

ANMERKUNG: Metallurgische Änderungen schließen ein: Verminderte Festigkeit, verminderte Verformungsfähigkeit, verminderte Bruchzähigkeit usw. im Schweißgut und in den Wärmeeinflußzonen. Die metallurgischen Änderungen sind durch die Temperaturveränderung während des Schweißens in Verbindung mit der sich ergebenden chemischen Zusammensetzung und dem Gefüge des Schweißgutes bedingt.

3.25 Hersteller

Die Person oder Organisation, die verantwortlich für die schweißtechnische Fertigung (Schweißwerkstatt) ist.

3.26 Schweißer

Ein Schweißer, der den Stabelektrodenhalter, die Schweißpistole oder den Schweißbrenner mit der Hand hält und führt.

3.27 Bediener

Eine Person, die vollmechanische oder automatische Schweißungen ausführt.

3.28 Prüfer oder Prüfstelle

Die Person oder die Organisation, die die Übereinstimmung mit der angewendeten Norm bestätigt. Der Prüfer/die Prüfstelle muß für die Vertragspartner akzeptabel sein.

3.29 Lieferant der Schweißzusätze

Die Gesellschaft, die die Schweißzusätze herstellt oder liefert.

3.30 Schweißaufsicht

Personal eines Betriebes, das die Verantwortung für die Herstellungsaufgaben beim Schweißen und den damit verbundenen Tätigkeiten hat und dessen Fähigkeit und Wissen z. B. durch Unterweisung, Ausbildung und/oder entsprechende Fertigungserfahrung bewiesen wurde.

3.31 Wärmeeinbringung

Die Energie, die in den Schweißbereich durch Schweißen einer Raupe eingebracht wurde, sie bezieht sich auf die Längeneinheit der Raupe.

ANMERKUNG: Für die Berechnung der Wärmeeinbringung siehe prEN 1011.

3.32 Ausziehlänge

Die Länge einer Raupe, die durch Abschmelzen einer umhüllten Stabelektrode erzeugt wird.

ANMERKUNG: Für die Berechnung der Ausziehlänge siehe prEN 1011.

3.33 Dicke des Grundwerkstoffes

Die Solldicke des Grundwerkstoffes, der zu schweißen ist.

3.34 Dicke des Schweißgutes

Siehe prEN 12345.

3.35 Kehlnahtdicke

Siehe prEN 12345.

3.36 Teilweise durchgeschweißte Naht

Siehe prEN 12345.

4 Anforderung an die Schweißverfahren

Schweißtechnische Tätigkeiten sind vor Beginn der Fertigung angemessen zu planen; die Planung muß die Schweißanweisungen für alle Schweißverbindungen umfassen. Die WPS muß mit Teil 2 dieser Norm übereinstimmen. Die Höhe der Anforderungen ist auf die gewählte Art der Anerkennung abzustimmen.

Die WPS ist als pWPS anzusehen, bis sie in Übereinstimmung mit den Regeln dieser Norm anerkannt ist.

Der Hersteller kann zusätzlich zur WPS ausführliche Arbeitsanweisungen usw. erstellen, die während der tatsächlichen Fertigung angewendet werden. Arbeitsanweisungen sind nicht zwingend, es sei denn, sie werden vom Hersteller verlangt. Falls Arbeitsanweisungen aufgestellt werden, sind

— sie auf der Grundlage einer anerkannten WPS zu erstellen;

— definierte Werte für den Schweißprozeß anzugeben, die vom Schweißer für alle wesentlichen Einflußgrößen zu beachten sind, soweit sie unter der direkten Überwachung durch den Schweißer stehen. Die Werte können als Maschineneinstelldaten angegeben werden, vorausgesetzt, es besteht eine klar definierte Übereinstimmung zwischen den Maschineneinstelldaten und den Werten für die wesentlichen und zusätzlichen Einflußgrößen, wie sie in der WPS definiert sind.

5 Anerkennung von Schweißverfahren

5.1 Allgemeines

5.1.1 Art der Anerkennung

Die Norm definiert eine Anzahl von Arten zur Anerkennung von Schweißverfahren. Jede Art der Anerkennung hat bestimmte Anwendungsgrenzen hinsichtlich des Schweißprozesses, des Grundwerkstoffes und der Schweißzusätze (falls verwendet). Einschränkungen für die Anwendung der verschiedenen Arten der Anerkennung sind in dieser Norm und den weiteren Teilen dieser Norm angegeben.

Jede WPS ist nur nach einem Verfahren anzuerkennen. Die Anwendung eines bestimmten Verfahrens zur Anerkennung eines Schweißverfahrens wird oft zwingend durch eine Anwendungsnorm gefordert. Fehlt eine derartige Bedingung, ist das Verfahren zur Anerkennung zwischen den Vertragspartnern zum Zeitpunkt der Anfrage oder Bestellung festzulegen.

Die Anerkennung ist durch eines der folgenden Verfahren zu erreichen:
— Schweißverfahrensprüfung nach EN 288-3 oder -4, siehe 5.2;
— anerkannte Schweißzusätze nach EN 288-5, siehe 5.3;
— vorliegende schweißtechnische Erfahrung nach EN 288-6, siehe 5.4;
— Normschweißverfahren nach EN 288-7, siehe 5.5;
— Schweißprüfung vor Fertigungsbeginn nach EN 288-8, siehe 5.6;

Im Anhang A werden einige Richtlinien für die Anwendung der einzelnen Verfahren zur Anerkennung gegeben.

5.1.2 Anwendung

Der Hersteller hat eine pWPS in Übereinstimmung mit den Regeln des Abschnittes 4 zu erstellen. Die Werkstatt hat sicherzustellen, daß die pWPS für die tatsächliche Fertigung verwendbar ist, indem sie die Erfahrung aus früheren Fertigungen und die allgemeinen Kenntnisse der Schweißtechnik benutzt. Anschließend ist die pWPS durch eines der nach 5.1.1 genannten Verfahren anzuerkennen.

Wenn die Anerkennung das Schweißen von Prüfstücken beinhaltet, dann sind die Prüfstücke entsprechend der pWPS zu schweißen.

Die Schweißverfahren sind vor Beginn der eigentlichen Schweißung in der Fertigung anzuerkennen.

5.2 Anerkennung durch Schweißverfahrensprüfungen

Dieses Verfahren legt fest, wie eine pWPS durch das Schweißen und Prüfen eines genormten Prüfstücks anerkannt werden kann.

5.3 Anerkennung durch zugelassene Schweißzusätze

Einige Werkstoffe beeinträchtigen die Wärmeeinflußzone nicht entscheidend, vorausgesetzt, daß Wärmeeinbringungen innerhalb der vorgegebenen Grenzen bleiben. Für derartige Werkstoffe wird eine Anerkennung der Bedingung anerkannt, daß die Schweißzusätze anerkannt sind und alle wesentlichen Einflußgrößen innerhalb des Geltungsbereiches liegen.

Alle Tätigkeiten im Zusammenhang mit dem Schweißen, Prüfen und Überwachen der Prüfstücke liegen in der Verantwortung eines Prüfers oder einer Prüfstelle. Der Prüfer oder die Prüfstelle legen den zulässigen Geltungsbereich im Hinblick auf die wesentlichen Einflußgrößen für anerkannte Schweißzusätze fest.

5.4 Anerkennung durch vorliegende schweißtechnische Erfahrung

Dem Hersteller kann eine WPS unter Bezugnahme auf vorliegende Erfahrung unter der Bedingung anerkannt werden, wenn er durch geeignete zuverlässige Unterlagen unabhängiger Art beweisen kann, daß er bereits früher derartige Verbindungen und Werkstoffe zufriedenstellend geschweißt hat.

Der zulässige Geltungsbereich für eine WPS, die durch Bezug auf vorliegende Erfahrung anerkannt ist, ist begrenzt auf Normwerkstoff(e), Schweißprozeß(esse), Zusatzwerkstoff(e) und Bereiche der wesentlichen Einflußgrößen, die durch ausreichende, vorliegende Erfahrung belegt werden können.

5.5 Anerkennung durch ein Normschweißverfahren

Eine vom Hersteller angefertigte WPS ist anerkannt, wenn die Bereiche für alle Einflußgrößen im zulässigen Bereich für das Normschweißverfahren bleiben.

Ein Normschweißverfahren kann als Vorschrift in Form einer WPS oder WPAR auf der Grundlage des entsprechenden Teils der EN 288 ausgestellt werden. Ausstellung und Änderungen von Normschweißverfahren müssen über den Prüfer oder über die Prüfstelle, die die Verantwortung für die ursprüngliche Anerkennung hatte, erfolgen.

Der Einsatz eines Normschweißverfahrens unterliegt auch den Randbedingungen, die vom Anwender zu erfüllen sind.

5.6 Anerkennung durch eine Schweißprüfung vor Fertigungsbeginn

Die Anerkennung durch eine Schweißprüfung vor Fertigungsbeginn kann angewandt werden, wenn Form und Maße der genormten Prüfstücke (z.B. solchen nach 6.2 von EN 288-3) der zu schweißenden Verbindung nicht angemessen entsprechen, z.B. Anschweißenden an ein dünnwandiges Rohr.

In solchen Fällen sind ein oder mehrere besondere Prüfstücke herzustellen, um die geforderten Fertigungsschweißbedingungen in allen wesentlichen Punkten nachzuahmen, z.B. Maße, Verzug, Abkühlungsfolgen. Die Prüfung ist vor Beginn der Fertigung und unter den vorliegenden Fertigungsbedingungen durchzuführen.

Die Überwachung und Prüfung des Prüfstückes ist, soweit möglich, entsprechend den Anforderungen dieser Norm, z.B. EN 288-3 und EN 288-4, durchzuführen. Diese Prüfung kann, falls notwendig, durch besondere Prüfungen entsprechend der verlangten Schweißverbindung ergänzt oder ersetzt werden und muß vom Prüfer oder von der Prüfstelle genehmigt werden.

Anhang A (informativ)

Richtlinien für die Anwendung und die daraus folgende Auswahl der Art der Anerkennung

Es gibt eine große Anzahl von nationalen Normen für die Anforderungen und Anerkennung von Schweißverfahren. Obgleich in der Art ähnlich, unterscheiden sich die Anforderungen in vielen Einzelheiten. Die vorliegenden Teile der Normen (Teil 1 und weitere Teile) stellen ein europäisch genormtes System für die Beschreibung und Anerkennung von Schweißverfahren dar. Das europäische System sollte mit den Grundsätzen der meisten nationalen Normen übereinstimmen und sollte einen schrittweisen Übergang zu einem wirklich europäischen System erlauben.

Die Anerkennung durch Bezug auf **vorliegende schweißtechnische Erfahrung** (siehe 5.4) hat eine große Anzahl von Anwendungen. In solchen Fällen sollten nur Schweißverfahren angewendet werden, die aus Erfahrung zuverlässig einsetzbar sind.

Die Anerkennung durch Verwendung von **anerkannten Schweißzusätzen** (siehe 5.3) wurde über viele Jahre in einigen Industriebereichen angewendet. Die Anerkennung von Schweißzusätzen wird entsprechend nationalen Regeln bis zur Aufstellung eines europäischen Zertifizierungsverfahrens durchgeführt.

Die Anerkennung durch eine **Schweißverfahrensprüfung** (siehe 5.2) ist in einer Vielzahl nationaler Normen festgelegt und wird in vielen Ländern weitgehend angewendet. Eine Verfahrensprüfung ist immer dann erforderlich, wenn die Eigenschaften des Werkstoffes im Schweißgut und in der Wärmeeinflußzone für die Anwendung kritisch sind.

Die Anerkennung durch Bezug auf ein **Normschweißverfahren** (siehe 5.5) wird gegenwärtig nur in sehr beschränktem Umfang angewendet; es gilt nur in wenigen nationalen Regeln.

Nationale Entwürfe für Normschweißverfahren werden gegenwärtig in einigen Ländern entwickelt. Die vorliegenden Teile von Europäischen Normen sollten solchen nationalen Entwürfen entsprechen.

Die Anerkennung durch eine **Schweißprüfung vor Fertigungsbeginn** (siehe 5.6) ist in den nationalen Normen kaum erwähnt. Sie wird jedoch für einige besondere Schweißverfahren benötigt.

Die Anerkennung durch eine Schweißprüfung vor Fertigungsbeginn ist die einzige zuverlässige Art der Anerkennung, wenn sich die ergebenden Eigenschaften der Schweißung von bestimmten Bedingungen abhängen, die nicht durch genormte Prüfstücke wiedergegeben werden können, solche sind: Bauteil, besondere Verzugsbedingungen, Abkühlung usw.

> ANMERKUNG 1: Die Prüfung von Prüfstücken oder ganzen Werkstücken kann **während** der tatsächlichen Fertigung als Teil eines Programms für die statistische Qualitätskontrolle durchgeführt werden, das auf der zerstörenden Prüfung beruht. Eine solche Fertigungsprüfung ist nicht als Ersatz für die Prüfung vor Fertigungsbeginn anzusehen, und eine Forderung nach einer Prüfung vor Fertigungsbeginn sollte **nicht** dazu benutzt werden, um daraus auf die Fertigungsprüfungen zu schließen.

> ANMERKUNG 2: In vielen Fällen wird sogar eine Prüfung der Durchführbarkeit vor Aufnahme der Fertigung erfolgen, obwohl das Schweißverfahren anerkannt ist. Beispiele sind die Anlaufprüfungen bei neuen Schweißmaschinen und Prüfungen von bestehenden (und anerkannten) Schweißverfahren für ungebräuchliche Verbindungen oder Schweißpositionen. Prüfstücke, die zur Prüfung der Durchführbarkeit geschweißt wurden, werden gewöhnlich nur auf Unregelmäßigkeiten geprüft. Ein Verweis auf diese Norm sollte weder als eine Forderung für eine Prüfung der Durchführbarkeit noch als eine Forderung zur Anerkennung des Schweißverfahrens durch eine Schweißprüfung vor Fertigungsbeginn ausgelegt werden.

Oktober 1997

Anforderung und Anerkennung von Schweißverfahren
für metallische Werkstoffe
Teil 2: Schweißanweisung für das Lichtbogenschweißen
(enthält Änderung A1 : 1997) Deutsche Fassung EN 288-2 : 1992 + A1 : 1997

DIN EN 288-2

ICS 25.160.10   Ersatz für Ausgabe 1992-04

Deskriptoren: Schweißverfahren, Lichtbogenschweißen, Metallwerkstoff, Schweißanweisung

Specification and approval of welding procedures for metallic materials —
Part 2 : Welding procedure specification for arc welding, (includes amendment A1 : 1997), German version EN 288-2 : 1992 + A1 : 1997
Descriptif et qualification d'un mode opératoire de soudage sur les matériaux métalliques — Partie 2 : Descriptif d'un mode opératoire de soudage pour le soudage à l'arc, (inclut l'amendement A1 : 1997), Version allemande EN 288-2 : 1992 + A1 : 1997

Die Europäische Norm EN 288-2 : 1992 hat den Status einer Deutschen Norm, einschließlich der eingearbeiteten Änderung A1 : 1997, die von CEN getrennt verteilt wurde.

Nationales Vorwort

Schweißverfahrensprüfungen dienen dem Nachweis, daß Fertigungsbetriebe den bestimmungsgemäßen Einsatz des Schweißverfahrens einschließlich der Vor- und Nachbehandlung sicher beherrschen.

Bevor ein bestimmtes Schweißverfahren in einem Fertigungsbetrieb zum Einsatz kommt, soll der Hersteller die Eignung des Verfahrens für den vorgesehenen Zweck in geeigneter Weise feststellen und dokumentieren.

Die europäische Harmonisierung der Festlegungen für Schweißverfahrensprüfungen und Schweißanweisungen wird durch Europäische und Internationale Normen angestrebt.

Die vorliegenden Normen der Reihe DIN EN 288 schaffen einheitliche Grundlagen, um die ausführenden Betriebe beurteilen und die Qualität der ausgeführten Schweißarbeiten nach gleichen Merkmalen bewerten und dokumentieren zu können. Diese Nachweise dienen gleichzeitig als Grundlage für die gegenseitige Anerkennung nachgewiesener Leistungen durch zuständige Stellen.

Da die Benennung „Schweißverfahren" eine unterschiedliche Bedeutung hat, wurde notwendig, dem englischen und französischen Sprachgebrauch entsprechend eine Unterscheidung vorzunehmen in

- Schweißprozeß (welding process), der auf das eigentliche Schweißen beschränkt ist;
- Schweißverfahren (welding procedure), mit dem alle das Schweißergebnis beeinflussenden Tätigkeiten erfaßt werden, wie Vorbereitung/Vorbehandlung, Durchführung und Nachbehandlung/Nacharbeiten.

Aufgrund von Erfahrungen beim Anwenden der Europäischen Norm EN 288-2 : 1992 sind im CEN/TC 121/SC 1 sehr umfangreiche Änderungswünsche eingereicht worden, die bewertet wurden nach Änderungen, die das Verstehen der Norm verbessern und kurzfristig mit der Änderung A1 bekannt gemacht werden sollen, und nach technischen Änderungen, die im Rahmen einer technischen Überarbeitung der Norm längerfristig erfaßt werden sollen.

Die Norm DIN EN 288-2 : 1992 wurde mit der Änderung A1 vorrangig redaktionell überarbeitet. Folgende Abschnitte sind betroffen:

- 4.4 Gemeinsam für alle Schweißverfahren;
- 4.5 Besondere Anforderungen für eine Gruppe von Schweißprozessen.

Des weiteren wurde von CEN/TC 121/SC 1 ein neues, mit CEN und in der ISO, abgestimmtes Nummernsystem für Normen über Anforderung und Anerkennung von Schweißverfahren beschlossen, das für Europäische und Internationale Normen dieselbe Norm-Nummer zugrunde legt und die Normungsinhalte systematisch erfaßt. Die zur Zeit bestehenden Norm-Nummern der Reihe EN 288 und EN ISO 9956 sollen bei anstehenden Überarbeitungen durch neue Norm-Nummern ersetzt werden, die mit EN ISO 15607 beginnen und bei EN ISO 15614 zur Zeit enden. Die vorliegende Europäische Norm EN 288-2 wird später die Norm-Nummer EN ISO 15609-1 erhalten.

Fortsetzung Seite 2
und 5 Seiten EN

Normenausschuß Schweißtechnik (NAS) im DIN Deutsches Institut für Normung e. V.

Änderungen

Gegenüber der Ausgabe April 1992 wurden folgende Änderungen vorgenommen:
a) redaktionelle Änderungen in den Abschnitten 4.4.1, 4.4.3, 4.4.8, 4.4.9, 4.4.13 und 4.4.16 durchgeführt.
b) Abschnitt 4.5 vollständig überarbeitet.

Frühere Ausgaben
DIN EN 288-2 : 1992-04

EUROPÄISCHE NORM
EUROPEAN STANDARD
NORME EUROPÉENNE

EN 288-2
Februar 1992
+A1
Juni 1997

ICS 25.160.10; DK 621.791.75(083.1).669

Deskriptoren: Schweißen, Lichtbogenschweißen, Metall, Verfahren, Anerkennung, Beschreibung, Anforderung

Deutsche Fassung

Anforderung und Anerkennung von Schweißverfahren für metallische Werkstoffe

Teil 2: Schweißanweisung für das Lichtbogenschweißen
(enthält Änderung A1 : 1997)

Specification and approval of welding procedures for metallic materials — Part 2 : Welding procedure specification for arc welding, (includes amendment A1 : 1997)

Descriptif et qualification d'un mode opératoire de soudage sur les matériaux métalliques — Partie 2 : Descriptif d'un mode opératoire de soudage pour le soudage à l'arc, (inclut l'amendement A1 : 1997)

Diese Europäische Norm wurde von CEN am 1992-02-21 und die Änderung A1 am 1996-12-11 angenommen.

Die CEN-Mitglieder sind gehalten, die CEN/CENELEC-Geschäftsordnung zu erfüllen, in der die Bedingungen festgelegt sind, unter denen dieser Europäischen Norm ohne jede Änderung der Status einer nationalen Norm zu geben ist.

Auf dem letzten Stand befindliche Listen dieser nationalen Normen mit ihren bibliographischen Angaben sind beim Zentralsekretariat oder bei jedem CEN-Mitglied auf Anfrage erhältlich.

Diese Europäische Norm besteht in drei offiziellen Fassungen (Deutsch, Englisch, Französisch). Eine Fassung in einer anderen Sprache, die von einem CEN-Mitglied in eigener Verantwortung durch Übersetzung in seine Landessprache gemacht und dem Zentralsekretariat mitgeteilt worden ist, hat den gleichen Status wie die offiziellen Fassungen.

CEN-Mitglieder sind die nationalen Normungsinstitute von Belgien, Dänemark, Deutschland, Finnland, Frankreich, Griechenland, Irland, Island, Italien, Luxemburg, Niederlande, Norwegen, Österreich, Portugal, Schweden, Schweiz, Spanien, Tschechische Republik und dem Vereinigten Königreich.

CEN

EUROPÄISCHES KOMITEE FÜR NORMUNG
European Committee for Standardization
Comité Européen de Normalisation

Zentralsekretariat: rue de Stassart 36, B-1050 Brüssel

© 1997 CEN — Alle Rechte der Verwertung, gleich in welcher Form und in welchem Verfahren, sind weltweit den nationalen Mitgliedern von CEN vorbehalten.

Ref.-Nr. EN 288-2 + A1 : 1997 D

Seite 2
EN 288-2 : 1992 + A1 : 1997

Inhalt

	Seite
Vorwort	2
Vorwort der Änderung A1	2
1 Anwendungsbereich	3
2 Normative Verweisungen	3
3 Begriffe	3
4 Technischer Inhalt der Schweißanweisungen (WPS)	3
4.1 Allgemeines	3
4.2 Bezogen auf den Hersteller	3
4.3 Bezogen auf den Grundwerkstoff	3
4.4 Gemeinsam für alle Schweißverfahren	3
4.5 Besondere Anforderungen für eine Gruppe von Schweißprozessen	4
Anhang A (informativ) Schweißanweisung des Herstellers (WPS)	5

Vorwort

Diese Norm wurde durch die Arbeitsgruppe 1 „Anforderung und Anerkennung von Schweißverfahrensprüfungen für metallische Werkstoffe" des CEN/TC 121 „Schweißen" erstellt.

Basis für diese Norm war Dokument ISO/TC 44/SC 10 N 176. Aufgrund der Auswertung von Erfahrungen und der zuletzt gewonnenen Erkenntnisse waren jedoch Änderungen notwendig.

In Übereinstimmung mit den Gemeinsamen CEN/CENELEC-Regeln, die Teil der Geschäftsordnung des CEN sind, sind folgende Länder gehalten, diese Europäische Norm zu übernehmen:

Belgien, Dänemark, Deutschland, Finnland, Frankreich, Griechenland, Irland, Island, Italien, Luxemburg, Niederlande, Norwegen, Österreich, Portugal, Schweden, Schweiz, Spanien und das Vereinigte Königreich.

Vorwort der Änderung A1

Diese Änderung EN 288-2 : 1992/A1 : 1997 zur EN 288-2 : 1992 wurde vom Technischen Komitee CEN/TC 121 „Schweißen" erarbeitet, dessen Sekretariat vom DS gehalten wird.

Diese Änderung zur Europäischen Norm EN 288-2 : 1992 muß den Status einer nationalen Norm erhalten, entweder durch Veröffentlichung eines identischen Textes oder durch Anerkennung bis Dezember 1997, und etwaige entgegenstehende nationale Normen müssen bis Dezember 1997 zurückgezogen werden.

Entsprechend der CEN/CENELEC-Geschäftsordnung sind die nationalen Normungsinstitute der folgenden Länder gehalten, diese Europäische Norm zu übernehmen: Belgien, Dänemark, Deutschland, Finnland, Frankreich, Griechenland, Irland, Island, Italien, Luxemburg, Niederlande, Norwegen, Österreich, Portugal, Schweden, Schweiz, Spanien, Tschechische Republik und das Vereinigte Königreich.

1 Anwendungsbereich

Diese Norm legt die Anforderungen für den Inhalt der Schweißanweisungen für das Lichtbogenschweißen fest. Die Prinzipien dieser Norm können auch auf andere Schmelzschweißprozesse übertragen werden, wenn sie Gegenstand einer Vereinbarung zwischen den Vertragsparteien sind.

Die in dieser Norm aufgeführten Einflußgrößen sind diejenigen, die die Metallurgie, die mechanischen Eigenschaften und die Geometrie des Schweißteils beeinflussen.

2 Normative Verweisungen

Diese Europäische Norm enthält durch datierte oder undatierte Verweisungen Festlegungen aus anderen Publikationen. Diese normativen Verweisungen sind an den jeweiligen Stellen im Text zitiert, und die Publikationen sind nachstehend aufgeführt. Bei datierten Verweisungen gehören spätere Änderungen oder Überarbeitungen dieser Publikationen nur zu dieser Europäischen Norm, falls sie durch Änderung oder Überarbeitung eingearbeitet sind. Bei undatierten Verweisungen gilt die letzte Ausgabe der in Bezug genommenen Publikation.

EN 288-1
Anforderung und Anerkennung von Schweißverfahren für metallische Werkstoffe — Teil 1: Allgemeine Regeln für das Schmelzschweißen

EN 439
Schweißzusätze — Schutzgase zum Lichtbogenschweißen und Schneiden

EN 24063
Schweißen, Hartlöten, Weichlöten und Fugenlöten von Metallen — Liste der Verfahren und Ordnungsnummern für zeichnerische Darstellung (ISO 4063 : 1990)

EN 26848
Wolframelektroden für Wolfram-Schutzgasschweißen und für Plasmaschneiden und -schweißen — Einteilung (ISO 6848:1984)

EN ISO 6947
Schweißnähte — Arbeitspositionen — Definitionen der Winkel von Neigung und Drehung (ISO 6947 : 1990)

3 Begriffe

Für die Anwendung dieser Norm gelten die in EN 288-1 aufgeführten Begriffe.

4 Technischer Inhalt der Schweißanweisung (WPS)

4.1 Allgemeines

In der WPS sind die Einzelheiten anzugeben, wie eine Schweißarbeit durchzuführen ist. Sie muß alle entsprechenden Angaben über die Schweißaufgabe enthalten.

Die Schweißanweisungen können für einen bestimmten Dickenbereich der zu verbindenden Teile sowie für einen Bereich der Grundwerkstoffe und der Zusatzwerkstoffe gelten. Einige Hersteller können zusätzlich das Erstellen von Arbeitsanweisungen für jede besondere Arbeitsaufgabe als Teil der einzelnen Fertigungsplanung bevorzugen.

Die in 4.2 bis 4.5 aufgeführten Angaben sind für die meisten Schweißverfahren angemessen. Für einige Anwendungsfälle kann eine Ergänzung oder Verringerung der Liste notwendig sein. Die entsprechenden Angaben sind in der WPS festzulegen.

Bereiche und Grenzabmaße sind, wenn dies zweckmäßig ist, nach der Erfahrung des Herstellers festzulegen.

Anhang A enthält einen Vordruck für die WPS.

4.2 Bezogen auf den Hersteller

4.2.1 Kennzeichnung des Herstellers

4.2.2 Kennzeichnung der WPS

4.2.3 Verweis auf den Bericht über die Schweißverfahrensprüfung (WPAR) oder auf andere Dokumente, soweit erforderlich.

4.3 Bezogen auf den Grundwerkstoff

4.3.1 Art des Grundwerkstoffes

Kennzeichnung des Werkstoffes, vorzugsweise durch Verweis auf eine geeignete Norm.

Eine WPS kann eine Gruppe von Werkstoffen erfassen.

4.3.2 Werkstückmaße

- Die Dickenbereiche der Verbindung.
- Die Bereiche der Außendurchmesser für Rohre.

4.4 Gemeinsam für alle Schweißverfahren

4.4.1 Schweißprozeß

Der/die angewendete(n) Schweißprozeß(esse) sind nach EN 24063 zu bezeichnen.

4.4.2 Gestaltung der Verbindung

Eine Skizze der Verbindung, die die Anordnung und Maße zeigt.

Einzelheiten können durch Verweis auf eine zweckentsprechende Norm für die Gestaltung von Verbindungen angegeben werden.

Die Raupenfolge ist auf der Skizze, wenn sie für die Schweißeigenschaften wichtig ist, anzugeben.

4.4.3 Schweißposition

Die anzuwendenden Schweißpositionen sind nach EN ISO 6947 festzulegen.

4.4.4 Fugen- oder Nahtvorbereitung

- Säubern der Fuge, Entfetten, Spannen und Heftschweißung.
- Anzuwendende Verfahren.

4.4.5 Schweißmethode

- Ohne Pendeln.
- Pendeln:
  a) größte Breite der Raupe beim Handschweißen.
  b) größte Pendelung oder Amplitude, Frequenz und Verweilzeit bei der Oszillation für das mechanische Schweißen.
- Anstellwinkel für den Brenner, Stab- und/oder Drahtelektrode.

4.4.6 Ausfugen

Anzuwendendes Verfahren.

4.4.7 Schweißbadsicherung

- Verfahren und Art der Schweißbadsicherung, Werkstoffe und Maße.
- Für Wurzelschutz sind 4.5.3 bis 4.5.5 zu beachten.

4.4.8 Schweißzusatz, Bezeichnung
Bezeichnung, Hersteller und Markenname.

4.4.9 Schweißzusatz, Maße
Durchmesser von Stab-/Drahtelektrode oder Breite und Dicke von Bandelektroden.

4.4.10 Zusatzwerkstoff und Schweißpulver, Behandlung
Falls ein Zusatzwerkstoff oder Schweißpulver zu trocknen oder vor Verwendung zu behandeln ist, ist dies festzulegen. Verweis auf eine entsprechende Norm ist zulässig.

4.4.11 Elektrische Parameter
- Stromart (Wechselstrom oder Gleichstrom) und Polung.
- Pulsschweißen: Pulsdauer, Pulsstrom, Pulsfrequenz, Grundstrom und -spannung sind festzulegen.
- Bereich der Stromstärke.
- Bereich der Lichtbogenspannung.

4.4.12 Mechanisches Schweißen
- Bereich der Vorschubgeschwindigkeit.
- Bereich der Drahtvorschubgeschwindigkeit.

ANMERKUNG: zu 4.4.11 und 4.4.12: Falls die Schweißeinrichtung eine Überwachung einer dieser Einflußgrößen nicht zuläßt, sind dafür die Einstelldaten der Maschine anzugeben. Der Anwendungsbereich der WPS ist dann auf diese besondere Art der Einrichtung beschränkt.

4.4.13 Vorwärmtemperatur
- Die Solltemperatur, die bei Beginn des Schweißprozesses anzuwenden ist.
- Die niedrigste Temperatur des Werkstücks, unmittelbar vor dem Schweißen, wenn keine Vorwärmung erforderlich ist.

4.4.14 Zwischenlagentemperatur
Die höchste Zwischenlagentemperatur.

4.4.15 Wärmenachbehandlung
Für jede Wärmenachbehandlung oder jedes Aushärten ist das Verfahren oder der Hinweis auf eine besondere Wärmenachbehandlung oder Aushärtungsvorschrift anzugeben.

4.4.16 Schutzgas
Bezeichnung nach EN 439, Hersteller und Markenname.

4.5 Besondere Anforderungen für eine Gruppe von Schweißprozessen

4.5.1 Prozeßgruppe 11 (Metall-Lichtbogenschweißen ohne Gasschutz)
Für Prozeß 111 die Ausziehlänge der verwendeten Elektrode.

4.5.2 Prozeßgruppe 12 (Unterpulverschweißen)
- Bei Mehrdrahtschweißen die Anzahl und Anordnung der Drahtelektroden und der elektrischen Anschlüsse.
- Kontaktdüsenabstand/Werkstück: Der Abstand der Kontaktdüse von der Werkstückoberfläche bei mechanischem Schweißen.
- Schweißpulver: Bezeichnung; Hersteller und Markenname.
- Zusätzlicher Zusatzwerkstoff.

4.5.3 Prozeßgruppe 13 (Metall-Schutzgasschweißen)
- Gasdurchflußmenge und Düsendurchmesser.
- Anzahl der Drahtelektroden.
- Drahtvorschubgeschwindigkeit.
- Zusätzlicher Zusatzwerkstoff.
- Kontaktdüsenabstand/Werkstück: Der Abstand der Kontaktdüse von der Werkstückoberfläche bei mechanischem Schweißen.

4.5.4 Prozeßgruppe 14 (Wolfram-Schutzgasschweißen)
- Wolframelektroden: Durchmesser und Kurzname nach EN 26848.
- Gasdurchflußmenge und Düsendurchmesser.

4.5.5 Prozeßgruppe 15 (Plasmaschweißen)
- Bedingungen für das Plasmagas, z. B. Art, Düsendurchmesser, Durchflußmenge.
- Brennerart.
- Plasmastromstärke.
- Kontaktdüsenabstand.

Anhang A (informativ)

Schweißanweisung des Herstellers (WPS)

Ort: _____ Prüfer oder Prüfstelle: _____
Schweißverfahren des Herstellers: _____ Art der Vorbereitung und Reinigung: _____
Beleg Nr: _____ Spezifikation des Grundwerkstoffs: _____
WPAR Nr: _____
Hersteller: _____
Schweißprozeß: _____
Nahtart: _____ Werkstückdicke (mm): _____
Einzelheiten der Fugenvorbereitung   Außendurchmesser (mm): _____
(Zeichnung)*): _____ Schweißposition: _____

Gestaltung der Verbindung	Schweißfolge

Einzelheiten für das Schweißen

Schweiß-raupe	Prozeß	Durchmesser des Zusatz-werkstoffes	Stromstärke A	Spannung V	Stromart/ Polung	Draht-vorschub	Ausziehlänge/ Vorschubge-schwindigkeit*)	Wärmeein-bringung*)

Schweißzusatz
   — Bezeichnung und Markenname: _____
Sondervorschriften für Trocknung: _____
Schutzgas/Schweißpulver
   — Schutzgas: _____
   — Wurzelschutz: _____
Gasdurchflußmenge
   — Schutzgas: _____
   — Wurzelschutz: _____
Wolframelektrodenart/Durchmesser: _____
Einzelheiten über Ausfugen/Schweißbadsicherung: _____
Vorwärmtemperatur: _____
Zwischenlagentemperatur: _____

Wärmenachbehandlung und/oder Aushärten: _____
Zeit, Temperatur, Verfahren: _____
Erwärmungs- und Abkühlungsrate*): _____

Weitere Informationen*): _____
  z. B.: Pendeln (maximale Raupenbreite): _____
  Pendeln: Amplitude, Frequenz, Verweilzeit: ____
  Einzelheiten für das Pulsschweißen: _____
  Kontaktdüsenabstand/Werkstück: _____
  Einzelheiten für das Plasmaschweißen: _____
  Brenneranstellwinkel: _____

Hersteller   Prüfer oder Prüfstelle

_____   _____
Name, Datum und Unterschrift   Name, Datum und Unterschrift

*) Falls gefordert

Oktober 1997

Anforderung und Anerkennung von Schweißverfahren
für metallische Werkstoffe
Teil 3: Schweißverfahrensprüfungen für das Lichtbogenschweißen von Stählen
(enthält Änderung A1 : 1997) Deutsche Fassung EN 288-3 : 1992 + A1 : 1997

DIN
EN 288-3

ICS 25.160.10

Ersatz für Ausgabe 1992-04

Deskriptoren: Schweißverfahren, Lichtbogenschweißen, Stahl, Prüfverfahren

Specification and approval of welding procedures for metallic materials —
Part 3: Welding procedure tests for the arc welding of steels, (includes amendment A1 . 1997); German version EN 288-3 : 1992 + A1 : 1997
Descriptif et qualification d'un mode opératoire de soudage pour les matériaux métalliques — Partie 3 : Epreuve de qualification d'un mode opératoire de soudage à l'arc sur acier, (inclut l'amendement A1 : 1997); Version allemande EN 288-3 : 1992 + A1 : 1997

Die Europäische Norm EN 288-3 : 1992 hat den Status einer Deutschen Norm, einschließlich der eingearbeiteten Änderung A1 : 1997, die von CEN getrennt verteilt wurde.

Nationales Vorwort

Schweißverfahrensprüfungen dienen dem Nachweis, daß Fertigungsbetriebe den bestimmungsgemäßen Einsatz des Schweißverfahrens einschließlich der Vor- und Nachbehandlung sicher beherrschen.

Bevor ein bestimmtes Schweißverfahren in einem Fertigungsbetrieb zum Einsatz kommt, soll der Hersteller die Eignung des Verfahrens für den vorgesehenen Zweck in geeigneter Weise feststellen und dokumentieren.

Die europäische Harmonisierung der Festlegungen für Schweißverfahrensprüfungen und Schweißanweisungen wird durch Europäische und Internationale Normen angestrebt.

Die einheitlichen Normen der Reihe DIN EN 288 schaffen einheitliche Grundlagen, um die ausführenden Betriebe beurteilen und die Qualität der ausgeführten Schweißarbeiten nach gleichen Merkmalen bewerten und dokumentieren zu können. Diese Nachweise dienen gleichzeitig als Grundlage für die gegenseitige Anerkennung nachgewiesener Leistungen durch zuständige Stellen.

Da die Benennung „Schweißverfahren" eine unterschiedliche Bedeutung hat, wurde notwendig, dem englischen und französischen Sprachgebrauch entsprechend eine Unterscheidung vorzunehmen in

- Schweißprozeß (welding process), der auf das eigentliche Schweißen beschränkt ist;
- Schweißverfahren (welding procedure), mit dem alle das Schweißergebnis beeinflussenden Tätigkeiten erfaßt werden, wie Vorbereitung/Vorbehandlung, Durchführung und Nachbehandlung/Nacharbeiten.

Aufgrund von Erfahrungen beim Anwenden der Europäischen Norm EN 288-3 : 1992 sind im CEN/TC 121/SC 1 sehr umfangreiche Änderungswünsche eingereicht worden, die bewertet wurden nach Änderungen, die das Verstehen der Norm verbessern und kurzfristig mit der Änderung A1 bekannt gemacht werden sollen, und nach technischen Änderungen, die im Rahmen einer technischen Überarbeitung der Norm längerfristig erfaßt werden sollen.

Die Norm DIN EN 288-3 : 1992 wurde mit der Änderung A1 vorrangig redaktionell überarbeitet. Folgende Hauptabschnitte sind betroffen:

- 2 Normative Verweisungen;
- 6 Prüfstück;
- 7 Untersuchung und Prüfung;
- 8 Geltungsbereich.

Des weiteren wurde von CEN/TC 121/SC 1 ein neues, im CEN und in der ISO, abgestimmtes Nummernsystem für Normen über Anforderung und Anerkennung von Schweißverfahren beschlossen, das für Europäische und Internationale Normen dieselbe Norm-Nummer zugrunde legt und die Normungsinhalte systematisch erfaßt. Die zur Zeit bestehenden Norm-Nummern der Reihe EN 288 und EN ISO 9956 sollen bei anstehenden Überarbeitungen durch neue Norm-Nummern ersetzt werden, die mit EN ISO 15607 beginnen und bei EN ISO 15614 zur Zeit enden. Die vorliegende Europäische Norm EN 288-3 wird später die Norm-Nummer EN ISO 15614-1 erhalten.

Fortsetzung Seite 2
und 26 Seiten EN

Normenausschuß Schweißtechnik (NAS) im DIN Deutsches Institut für Normung e. V.

Änderungen

Gegenüber der Ausgabe April 1992 wurden folgende Änderungen vorgenommen:

a) Schweißprozesse 122 und 137 im Anwendungsbereich zusätzlich aufgenommen.
b) Abschnitte 6.2, 6.2.3, 8.3.2.3, 8.4.2, 8.4.10, 8.5.4 und Tabelle 1 teilweise überarbeitet.
c) Proben bzw. Prüfungen, dargestellt in den Bildern 6, 7, 8 und 9, teilweise geändert.
d) Abschnitte 7.4.1, 7.4.2, 7.4.5, 8.4.1, 8.4.4 und 8.4.7 vollständig überarbeitet.
e) Tabellen 2 bis 5 erweitert.

Frühere Ausgaben
DIN EN 288-3: 1992-04

EUROPÄISCHE NORM
EUROPEAN STANDARD
NORME EUROPÉENNE

EN 288-3
Februar 1992
+A1
Juni 1997

ICS 25.160.10; DK 621.791.75(083.1).669.14 : 620.1

Deskriptoren: Schweißen, Lichtbogenschweißen, Stahl, Verfahren, Anerkennung, Prüfung, Beschreibung, Anforderung, Ausführungsbedingungen

Deutsche Fassung

Anforderung und Anerkennung von Schweißverfahren für metallische Werkstoffe

Teil 3: Schweißverfahrensprüfungen für das Lichtbogenschweißen von Stählen
(enthält Änderung A1 : 1997)

Specification and approval of welding procedures for metallic materials — Part 3: Welding procedure tests for the arc welding of steels, (includes amendment A1 : 1997)

Descriptif et qualification d'un mode opératoire de soudage pour les matériaux métalliques — Partie 3 : Epreuve de qualification d'un mode opératoire de soudage à l'arc sur acier, (inclut l'amendement A1 : 1997)

Diese Europäische Norm wurde von CEN am 1992-02-21 und die Änderung A1 am 1996-12-11 angenommen.

Die CEN-Mitglieder sind gehalten, die CEN/CENELEC-Geschäftsordnung zu erfüllen, in der die Bedingungen festgelegt sind, unter denen dieser Europäischen Norm ohne jede Änderung der Status einer nationalen Norm zu geben ist.

Auf dem letzten Stand befindliche Listen dieser nationalen Normen mit ihren bibliographischen Angaben sind beim Zentralsekretariat oder bei jedem CEN-Mitglied auf Anfrage erhältlich.

Diese Europäische Norm besteht in drei offiziellen Fassungen (Deutsch, Englisch, Französisch). Eine Fassung in einer anderen Sprache, die von einem CEN-Mitglied in eigener Verantwortung durch Übersetzung in seine Landessprache gemacht und dem Zentralsekretariat mitgeteilt worden ist, hat den gleichen Status wie die offiziellen Fassungen.

CEN-Mitglieder sind die nationalen Normungsinstitute von Belgien, Dänemark, Deutschland, Finnland, Frankreich, Griechenland, Irland, Island, Italien, Luxemburg, Niederlande, Norwegen, Österreich, Portugal, Schweden, Schweiz, Spanien, Tschechische Republik und dem Vereinigten Königreich.

EUROPÄISCHES KOMITEE FÜR NORMUNG
European Committee for Standardization
Comité Européen de Normalisation

Zentralsekretariat: rue de Stassart 36, B-1050 Brüssel

© 1997 CEN — Alle Rechte der Verwertung, gleich in welcher Form und in welchem Verfahren, sind weltweit den nationalen Mitgliedern von CEN vorbehalten.

Ref.-Nr. EN 288-3 :1992 + A1 : 1997 D

Seite 2
EN 288-3 : 1992 + A1 : 1997

Inhalt

	Seite
Vorwort	2
Vorwort der Änderung A1	2
1 Anwendungsbereich	3
2 Normative Verweisungen	3
3 Begriffe	4
4 Vorläufige Schweißanweisung (pWPS)	4
5 Schweißverfahrensprüfung	4
6 Prüfstück	4
6.1 Allgemeines	4
6.2 Form und Maße der Prüfstücke	4
6.3 Schweißen der Prüfstücke	5
7 Untersuchung und Prüfung	5
7.1 Prüfumfang	5
7.2 Lage und Entnahme der Proben	5
7.3 Zerstörungsfreie Prüfung	6
7.4 Zerstörende Prüfung	8
7.5 Ersatzprüfung	10
8 Geltungsbereich	10
8.1 Allgemeines	10
8.2 Bezogen auf den Hersteller	10
8.3 Bezogen auf den Werkstoff	10
8.4 Gültig für alle Schweißverfahren	12
8.5 Besonderheiten für Schweißprozesse	13
9 Bericht über die Anerkennung des Schweißverfahrens (WPAR)	15
Anhang A (informativ) Anerkennung eines Schweißverfahrens, Berichtsvordruck (WPAR)	16
Anhang B (informativ) Stahlsorten entsprechend der Gruppeneinteilung nach Tabelle 3	19

Vorwort

Diese Norm wurde durch die Arbeitsgruppe 1 „Anforderung und Anerkennung von Schweißverfahrensprüfungen für metallische Werkstoffe" des CEN/TC 121 „Schweißen" erstellt.

Basis für diese Norm war Dokument ISO/TC 44/SC 10 N 177. Aufgrund der Auswertung von Erfahrungen und der zuletzt gewonnenen Erkenntnisse waren jedoch Änderungen notwendig.

In Übereinstimmung mit den Gemeinsamen CEN/CENELEC-Regeln, die Teil der Geschäftsordnung des CEN sind, sind folgende Länder gehalten, diese Europäische Norm zu übernehmen:

Belgien, Dänemark, Deutschland, Finnland, Frankreich, Griechenland, Irland, Island, Italien, Luxemburg, Niederlande, Norwegen, Österreich, Portugal, Schweden, Schweiz, Spanien und das Vereinigte Königreich.

Vorwort der Änderung A1

Diese Änderung EN 288-3 : 1992/A1 : 1997 zur EN 288-3 : 1992 wurde vom Technischen Komitee CEN/TC 121 „Schweißen" erarbeitet, dessen Sekretariat vom DS gehalten wird.

Diese Änderung zur Europäischen Norm EN 288-3 : 1992 muß den Status einer nationalen Norm erhalten, entweder durch Veröffentlichung eines identischen Textes oder durch Anerkennung bis Dezember 1997, und etwaige entgegenstehende nationale Normen müssen bis Dezember 1997 zurückgezogen werden.

Entsprechend der CEN/CENELEC-Geschäftsordnung sind die nationalen Normungsinstitute der folgenden Länder gehalten, diese Europäische Norm zu übernehmen: Belgien, Dänemark, Deutschland, Finnland, Frankreich, Griechenland, Irland, Island, Italien, Luxemburg, Niederlande, Norwegen, Österreich, Portugal, Schweden, Schweiz, Spanien, Tschechische Republik und das Vereinigte Königreich.

Einleitung

Alle neuen Schweißverfahrensprüfungen müssen vom Tag der Veröffentlichung mit dieser Norm übereinstimmen.

Diese Norm setzt jedoch bestehende Schweißverfahrensprüfungen, die nach früheren nationalen Normen oder Regeln abgelegt worden sind, nicht außer Kraft, vorausgesetzt, die technischen Anforderungen sind erfüllt, und sie entsprechen den Bedingungen und der Fertigung, in der sie angewendet werden.

Auch wo zusätzliche Prüfungen verlangt werden, um die Verfahrensprüfung den technischen Gegebenheiten anzupassen, sind nur zusätzliche Prüfungen an einem Prüfstück notwendig, das mit dieser Norm übereinstimmen sollte.

Bestehende Prüfungen nach früheren nationalen Normen oder Regeln sollten zum Zeitpunkt der Anfrage bzw. Bestellung berücksichtigt und zwischen den Vertragspartnern vereinbart werden.

1 Anwendungsbereich

Diese Norm legt fest, wie eine Schweißanweisung durch Schweißverfahrensprüfungen anerkannt wird.

Sie erklärt die Bedingungen für die Durchführung der Schweißverfahrensprüfungen und die Grenzen der Gültigkeit eines anerkannten Schweißverfahrens für alle praktischen schweißtechnischen Tätigkeiten innerhalb des Bereiches der Einflußgrößen nach Abschnitt 8.

Die Prüfungen sind nach dieser Norm durchzuführen, es sei denn, daß durch die entsprechende Anwendungsnorm oder durch den Vertrag schärfere Prüfungen festgelegt werden und diese anzuwenden sind.

Diese Norm gilt für das Lichtbogenschweißen von Stählen. Die Grundgedanken dieser Norm können auf andere Schmelzschweißprozesse angewendet werden, wenn sie Inhalt einer Vereinbarung zwischen den Vertragspartnern sind.

ANMERKUNG: Bestimmte Einsatz-, Werkstoff- oder Herstellbedingungen können umfassendere Prüfungen, als sie in dieser Norm festgelegt sind, erfordern, um mehr Informationen zu erhalten und um die Wiederholung von Schweißverfahrensprüfungen zu einem späteren Zeitpunkt für die Gewinnung zusätzlicher Werte zu vermeiden.

Solche Prüfungen können umfassen:
- Längszugprüfung im Schweißgut
- Schweißgut-Biegeprüfung
- Kerbschlagbiegeprüfung
- Streckgrenze oder 0,2 %-Grenze
- Dehnung
- Chemische Analyse
- Mikroschliff
- Deltaferritbestimmung in nichtrostenden austenitischen Stählen.

Lichtbogenschweißen umfaßt die folgenden Schweißprozesse nach EN 24063:

111 Lichtbogenhandschweißen
114 Metall-Lichtbogenschweißen mit Fülldrahtelektrode
121 Unterpulverschweißen mit Drahtelektrode
122 Unterpulverschweißen mit Bandelektrode
131 Metall-Inertgasschweißen; MIG-Schweißen
135 Metall-Aktivgasschweißen; MAG-Schweißen
136 Metall-Aktivgasschweißen mit Fülldrahtelektrode
137 Metall-Inertgasschweißen mit Fülldrahtelektrode
141 Wolfram-Inertgasschweißen; WIG-Schweißen
15 Plasmaschweißen.

Andere Schmelzschweißprozesse entsprechend Vereinbarung, z. B. Metall-Lichtbogenschweißen mit Fülldrahtelektrode (metallgefüllt).

2 Normative Verweisungen

Diese Europäische Norm enthält durch datierte oder undatierte Verweisungen Festlegungen aus anderen Publikationen. Diese normativen Verweisungen sind an den jeweiligen Stellen im Text zitiert, und die Publikationen sind nachstehend aufgeführt. Bei datierten Verweisungen gehören spätere Änderungen oder Überarbeitungen dieser Publikationen nur zu dieser Europäischen Norm, falls sie durch Änderung oder Überarbeitung eingearbeitet sind. Bei undatierten Verweisungen gilt die letzte Ausgabe der in Bezug genommenen Publikation.

EN 287-1
Prüfung von Schweißern — Schmelzschweißen — Teil 1: Stähle

EN 288-1
Anforderung und Anerkennung von Schweißverfahren für metallische Werkstoffe — Teil 1: Allgemeine Regeln für das Schmelzschweißen

EN 288-2
Anforderung und Anerkennung von Schweißverfahren für metallische Werkstoffe — Teil 2: Schweißanweisung für das Lichtbogenschweißen

EN 571-1
Zerstörungsfreie Prüfung — Eindringprüfung — Teil 1: Allgemeine Grundlagen

EN 875
Zerstörende Prüfung von Schweißverbindungen an metallischen Werkstoffen — Kerbschlagbiegeversuch — Probenlage, Kerbrichtung und Beurteilung

EN 895
Zerstörende Prüfung von Schweißverbindungen an metallischen Werkstoffen — Querzugversuch

EN 910
Zerstörende Prüfung von Schweißverbindungen an metallischen Werkstoffen — Biegeprüfungen

EN 970
Zerstörungsfreie Prüfung von Schmelzschweißnähten — Sichtprüfung

EN 1043-1
Zerstörende Prüfung von Schweißverbindungen an metallischen Werkstoffen — Härteprüfung — Teil 1: Härteprüfung für Lichtbogenschweißverbindungen

prEN 1290
Zerstörungsfreie Prüfung von Schweißverbindungen — Magnetpulverprüfung von Schweißverbindungen

EN 1321
Zerstörende Prüfung von Schweißverbindungen an metallischen Werkstoffen — Makroskopische und mikroskopische Untersuchungen von Schweißnähten

EN 1435
Zerstörungsfreie Prüfung von Schweißverbindungen —

Durchstrahlungsprüfung von Schmelzschweißverbindungen

EN 1714
Zerstörungsfreie Prüfung von Schweißverbindungen — Ultraschallprüfung von Schweißverbindungen

EN ISO 6947
Schweißnähte — Arbeitspositionen — Definitionen der Winkel von Neigung und Drehung (ISO 6947:1990)

EN 24063
Schweißen, Hartlöten, Weichlöten und Fugenlöten von Metallen — Liste der Verfahren und Ordnungsnummern für zeichnerische Darstellung (ISO 4063:1990)

EN 25817
Lichtbogenschweißverbindungen an Stahl — Richtlinie für die Bewertungsgruppen von Unregelmäßigkeiten (ISO 5817:1992)

CEN CR 12187
Schweißen — Richtlinien für eine Gruppeneinteilung von Werkstoffen zum Schweißen

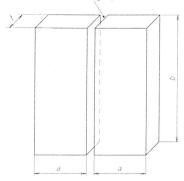

$a = 3t$, Mindestmaß 150 mm
$b = 6t$, Mindestmaß 350 mm

Bild 1: Prüfstück für eine Stumpfnaht am Blech

3 Begriffe

Für diese Norm gelten die in EN 288-1 aufgeführten Begriffe.

4 Vorläufige Schweißanweisung (pWPS)

Die vorläufige Schweißanweisung ist nach EN 288-2 anzufertigen. Sie muß den Bereich für alle wesentlichen Parameter festlegen.

5 Schweißverfahrensprüfung

Herstellung und Prüfung eines Prüfstücks mit dem Schweißverfahren, das in der Fertigung eingesetzt wird und den Abschnitten 6 und 7 dieser Norm entspricht.
Der Schweißer, der die Schweißverfahrensprüfung in Übereinstimmung mit dieser Norm erfolgreich durchgeführt hat, ist für den entsprechenden Geltungsbereich des in Betracht kommenden Teils von EN 287 anerkannt.

6 Prüfstück

6.1 Allgemeines

Das Schweißteil, auf das sich das Schweißverfahren, mit dem gefertigt wird, bezieht, wird durch ein genormtes Prüfstück oder genormte Prüfstücke, wie in 6.2 festgelegt, repräsentiert.

6.2 Form und Maße der Prüfstücke

Die Prüfstücke müssen eine ausreichende Größe haben, um eine angemessene Wärmeverteilung sicherzustellen. In den Bildern 1 bis 5 ist „t" die Dicke des dickeren Teils von t_1 und t_2.
Wenn $t > 100$ mm ist, kann vereinbart werden, die Prüfstückmaße a und b zu verkleinern.
Zusätzliche Prüfstücke können über die Mindestgröße hinausgehende Prüfstücke können für zusätzliche und/oder Ersatzproben angefertigt werden (siehe 7.5).
Falls es durch eine Anwendungsnorm gefordert wird, ist die Walzrichtung auf dem Prüfstück zu kennzeichnen und die Kerbschlagbiegeproben aus der Wärmeeinflußzone (WEZ) zu entnehmen sind.
Die Wanddicke und/oder der Rohraußendurchmesser der Prüfstücke sind nach 8.3.2.1 bis 8.3.2.4 auszuwählen.

a = Mindestmaß 150 mm
D = Außendurchmesser

Bild 2: Prüfstück für eine Stumpfnaht am Rohr

Sofern nicht anders vereinbart wurde, sind Form und Mindestmaße der Prüfstücke wie folgt festzulegen.

6.2.1 Stumpfnaht am Blech

Das Prüfstück muß Bild 1 entsprechen. Die Länge des Prüfstücks muß so groß sein, damit die entsprechenden Proben nach Tabelle 1 entnommen werden können.

6.2.2 Stumpfnaht am Rohr

Das Prüfstück muß Bild 2 entsprechen. Wenn kleine Rohrdurchmesser verwendet werden, können mehrere Prüfstücke erforderlich sein.

ANMERKUNG: Das Wort „Rohr" allein oder in Verbindung bedeutet jede Art von „Rohr" oder „Hohlprofil".

6.2.3 Durchgeschweißter T-Stumpfstoß

Das Prüfstück muß Bild 3 entsprechen. Ein T-Stumpfstoß ist als eine voll durchgeschweißte Verbindung anzusehen.

Seite 5
EN 288-3 : 1992 + A1 : 1997

Tabelle 1: Untersuchung und Prüfung der Prüfstücke

Prüfstück	Prüfart	Prüfumfang	Fußnote
Stumpfnaht Bilder 1 und 2	Sichtprüfung Durchstrahlungs- oder Ultraschallprüfung Oberflächenrißprüfung Querzugprüfung Querbiegeprüfung Kerbschlagbiegeprüfung Härteprüfung Makroschliff	100 % 100 % 100 % 2 Proben 2 wurzelseitige und 2 oberseitige Proben 2 Sätze erforderlich 1 Probe	— 4 1 — 2 6 3 —
T-Stumpfstoß[5)] Bild 3 Rohrabzweigung[5)] Bild 4	Sichtprüfung Oberflächenrißprüfung Durchstrahlungs- oder Ultraschallprüfung Härteprüfung Makroschliff	100 % 100 % 100 % erforderlich 2 Proben	— 1 4 und 7 3 —
Kehlnaht am Blech[5)] Bild 5 Kehlnaht am Rohr[5)] Bild 4	Sichtprüfung Oberflächenrißprüfung Makroschliff Härteprüfung	100 % 100 % 2 Proben erforderlich	— 1 — 3

[1)] Eindringprüfung oder Magnetpulverprüfung. Für nichtmagnetische Werkstoffe nur Eindringprüfung.
[2)] Je 2 wurzelseitige und oberseitige Biegeproben können vorzugsweise durch 4 Seitenbiegeproben bei $t \geq 12$ mm ersetzt werden.
[3)] Nicht gefordert für Grundwerkstoffe:
  – ferritische Stähle mit $R_m \leq 430 \text{N/mm}^2$ ($R_{eH} \leq 275 \text{N/mm}^2$);
  – Stähle der Gruppe 9.
[4)] Ultraschallprüfung nur für ferritische Stähle und für $t \geq 8$ mm.
[5)] Die aufgeführten Prüfungen geben keine Informationen über die mechanischen Eigenschaften der Verbindung. Wenn derartige Eigenschaften für die Anwendung wichtig sind, muß eine zusätzliche Anerkennung, z. B. durch Prüfung einer Stumpfnaht, erfolgen.
[6)] 1 Satz im Schweißgut und 1 Satz in der WEZ. Ist nur für Wanddicken $t \geq 12$ mm und nur für Grundwerkstoffe mit festgelegter Kerbschlagzähigkeit erforderlich, oder wenn dies durch eine Anwendungsnorm gefordert wird. Falls keine Prüftemperatur vorgeschrieben ist, erfolgt die Prüfung bei Raumtemperatur. Siehe auch 7.4.4.
[7)] Für Außendurchmesser ≤ 50 mm wird keine Ultraschallprüfung gefordert. Wenn bei Rohraußendurchmesser > 50 mm die Anwendung einer Ultraschallprüfung technisch nicht möglich ist, ist eine Durchstrahlungsprüfung durchzuführen, vorausgesetzt, die Verbindungsform ermöglicht aussagekräftige Ergebnisse.

6.2.4 Rohrabzweigung

Das Prüfstück muß Bild 4 entsprechen. Der Winkel α ist der kleinste, der in der Fertigung vorkommt.

Eine Rohrabzweigung ist als voll durchgeschweißte Verbindung anzusehen (aufgesetzte, eingesetzte oder durchgesetzte Verbindung).

6.2.5 Kehlnaht am Blech oder Rohr

Das Prüfstück muß den Bildern 4 oder 5 entsprechen.

Diese können auch für teilweise durchgeschweißte Verbindungen (mit oder ohne Nahtvorbereitung) verwendet werden.

6.3 Schweißen der Prüfstücke

Die Vorbereitung und das Schweißen der Prüfstücke ist in Übereinstimmung mit einer pWPS und den allgemeinen Bedingungen für die Schweißungen in der Fertigung auszuführen. Die Schweißpositionen und die Grenzwerte für Neigungs- und Drehwinkel des Prüfstückes müssen EN ISO 6947 entsprechen.

Falls Heftschweißungen in der endgültigen Verbindung überschweißt werden, sind sie im Prüfstück zu berücksichtigen.

Das Schweißen und Prüfen von Prüfstücken sind von einem Prüfer oder einer Prüfstelle zu bestätigen.

7 Untersuchung und Prüfung

7.1 Prüfumfang

Die Prüfung umfaßt sowohl die zerstörungsfreie (NDE) als auch die zerstörende Prüfung und muß den Anforderungen der Tabelle 1 entsprechen.

7.2 Lage und Entnahme der Proben

Die Probenlage entspricht den Bildern 6, 7, 8 und 9.

Die Proben sind nach der zerstörungsfreien Prüfung zu entnehmen (NDE), wenn diese zufriedenstellende Ergebnisse ergab. Es ist zulässig, die Proben an solchen Stellen zu entnehmen, die keine unzulässigen Unregelmäßigkeiten aufweisen.

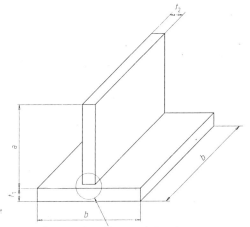

Fugenvorbereitung und Anordnung
entsprechend der vorläufigen
Schweißanweisung (pWPS)

$a = 3\,t$, Mindestmaß 150 mm
$b = 6\,t$, Mindestmaß 350 mm

Bild 3: Prüfstück für einen T-Stumpfstoß

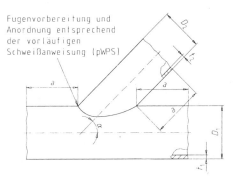

Fugenvorbereitung und
Anordnung entsprechend
der vorläufigen
Schweißanweisung (pWPS)

a = Mindestmaß 150 mm
D_1 = Außendurchmesser des Hauptrohres
t_1 = Wanddicke des Hauptrohres
D_2 = Außendurchmesser des abzweigenden Rohres
t_2 = Wanddicke des abzweigenden Rohres

Bild 4: Prüfstück für eine Rohrabzweigung oder eine Kehlnaht am Rohr

7.3 Zerstörungsfreie Prüfung

7.3.1 Verfahren

Falls eine Wärmenachbehandlung verlangt wird, sind alle Prüfstücke vor ihrer Aufteilung in Proben einer Sichtprüfung und einer zerstörungsfreien Prüfung nach 7.1 zu unterziehen.

Prüfstücke, die nach dem Schweißen nicht wärmenachbehandelt werden, sollten bei Werkstoffen, die empfindlich gegen wasserstoffinduzierte Risse sind, entsprechend später zerstörungsfrei geprüft werden.

Abhängig von der Nahtgeometrie, den Werkstoffen und den Fertigungsanforderungen ist die NDE nach folgenden Normen durchzuführen: EN 970 (Sichtprüfung), EN 1435 (Durchstrahlungsprüfung), EN 1714 (Ultraschallprüfung), EN 571-1 (Eindringprüfung) und EN 1290 (Magnetpulverprüfung).

Seite 7
EN 288-3 : 1992 + A1 : 1997

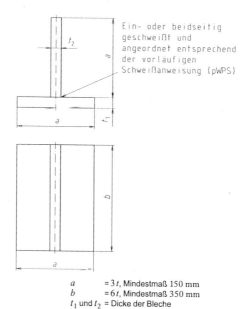

a = $3\,t$, Mindestmaß 150 mm
b = $6\,t$, Mindestmaß 350 mm
t_1 und t_2 = Dicke der Bleche

Bild 5: Prüfstück für eine Kehlnaht am Blech

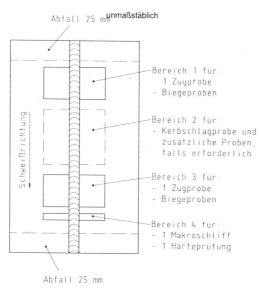

Bild 6: Probenlage für eine Stumpfnaht am Blech

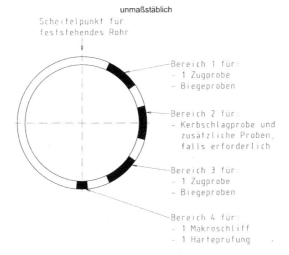

Bild 7: Probenlage für eine Stumpfnaht am Rohr

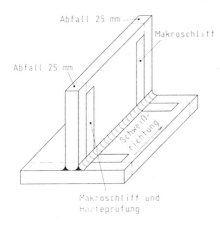

Bild 8: Probenlage für einen T-Stumpfstoß und für eine Kehlnaht am Blech

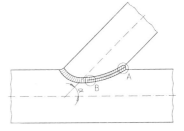

Aus Position A sind Makroschliff und Härteprüfung vorzunehmen.
Aus Position B ist nur ein Makroschliff vorzunehmen.

Bild 9: Probenlage bei einer Rohrabzweigung für eine Kehlnaht am Rohr

Für Rohre mit einem Außendurchmesser > 50 mm ist die Nahtüberhöhung auf beiden Seiten abzuarbeiten, damit die Probe die gleich Dicke wie die Rohrwand hat.

Für Rohre mit einem Außendurchmesser ≤ 50 mm, und wenn der Gesamtquerschnitt kleiner Rohre verwendet wird, kann die Nahtüberhöhung im Innern des Rohres unbearbeitet bleiben.

Die Zugfestigkeit der Probe darf normalerweise nicht kleiner als der entsprechende Wert für die Mindestzugfestigkeit des Grundwerkstoffs sein.

Wenn der zu ermittelnde Wert kleiner als der festgelegte Mindestwert für den Grundwerkstoff ist, muß dies vor der Prüfung festgelegt und in der pWPS enthalten sein.

7.3.2 Bewertungsgruppen

Ein Schweißverfahren ist anerkannt, wenn die Unregelmäßigkeiten im Prüfstück in den festgelegten Grenzen der Bewertungsgruppe B nach EN 25817 liegen, ausgenommen sind die folgenden Unregelmäßigkeiten: zu große Nahtüberhöhung (Stumpfnaht), zu große Nahtüberhöhung (Kehlnaht), zu große Kehlnahtdicke und zu große Wurzelüberhöhung, für die Bewertungsgruppe C gilt.

7.4 Zerstörende Prüfungen

7.4.1 Querzugprüfung

Die Proben und die Durchführung der Querzugprüfung an Stumpfnähten müssen mit EN 895 übereinstimmen.

7.4.2 Biegeprüfung

Die Proben und die Durchführung der Biegeprüfung an Stumpfnähten müssen mit EN 910 übereinstimmen.

Seite 9
EN 288-3 : 1992 + A1 : 1997

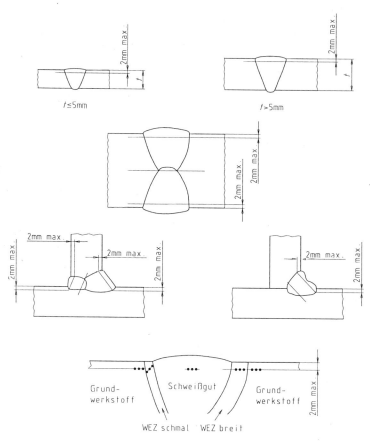

Bild 10: Typische Beispiele für die Härteprüfung

Für Mischverbindungen und heterogene Stumpfstöße an Blechen kann eine wurzelseitige und eine oberseitige Längsbiegeprüfung durch vier Querbiegeprüfungen ersetzt werden.

Bei einem Durchmesser des Biegedorns oder der Biegerolle von $4t$ muß ein Biegewinkel von mindestens $120°$ erreicht werden, es sei denn, daß infolge geringer Verformungsfähigkeit des Grund- oder des Zusatzwerkstoffes andere Grenzwerte festzulegen sind.

Während der Prüfung darf bei den Proben kein einzelner Fehler > 3 mm in irgendeiner Richtung auftreten. Fehler, die während der Prüfung an der Probenkante auftreten, sind bei der Bewertung nicht zu berücksichtigen.

7.4.3 Makroschliff

Die Proben sind nach EN 1321 vorzubereiten und auf einer Seite anzuätzen, um die Schmelzlinie, die WEZ und den Nahtaufbau deutlich zu zeigen.

Der Makroschliff muß den unbeeinflußten Grundwerkstoff einschließen.

Die in 7.3.2 festgelegten Bewertungsgruppen sind anzuwenden.

7.4.4 Kerbschlagbiegeprüfung

Die Proben und die Durchführung der Kerbschlagbiegeprüfung an Stumpfnähten müssen hinsichtlich der Lage sowie der Prüftemperatur der Proben mit dieser Norm und der Maße sowie hinsichtlich des Prüfverfahrens mit EN 875 übereinstimmen.

Für Schweißgut ist die Probe Typ VWT (V: Charpy-V-Kerb - W: Kerb im Schweißgut -T: Kerb durch die Dicke) und für die Wärmeeinflußzone die Probe Typ VHT (V: Charpy-V-Kerb -H: Kerb in der Wärmeeinflußzone -T: Kerb durch die Dicke) anzuwenden. Jeder Prüfsatz besteht aus 3 Proben.

Es sind Proben mit V-Kerb anzuwenden, die höchstens 2 mm unterhalb der Oberfläche des Grundwerkstoffes und quer zur Schweißnaht zu entnehmen sind.

Der V-Kerb ist senkrecht zur Oberfläche der Schweißnaht einzuschneiden.

Tabelle 2: Zulässige höchste Härtewerte, HV 10

Stahlgruppen	Einzelraupe, Stumpf- und Kehlnähte		Mehrlagige Stumpf- und Kehlnähte	
	nicht wärmebehandelt	wärmebehandelt	nicht wärmebehandelt	wärmebehandelt
1[1)], 2	380	320	350	320
3[2)]	450	3)	420	3)
4, 5	3)	320	3)	320
6	3)	350	3)	350
7 Ni ≤ 4 % Ni > 4 %	3) 3)	300 3)	320 400	300 3)
8	3)	3)	3)	3)

[1)] Falls Härteprüfungen gefordert werden.
[2)] Für Stähle mit min. $R_e > 885 \text{N/mm}^2$ sind Sondervereinbarungen erforderlich.
[3)] Sondervereinbarungen sind erforderlich.

In der WEZ muß der Kerb 1 mm bis 2 mm von der Schmelzlinie entfernt sein und im Schweißgut auf der Schweißnahtmittellinie liegen.

Für Dicken > 50 mm müssen 2 zusätzliche Probensätze, einer aus dem Schweißgut und einer aus der WEZ jeweils unterhalb der Mitte der Nahtdicke oder aus dem Wurzelbereich der Schweißnaht entnommen werden.

Die Prüftemperatur und die verbrauchte Schlagarbeit müssen mit den festgelegten Konstruktionsanforderungen für das betreffende Gesamterzeugnis übereinstimmen. Wenn derartige Anforderungen in der Anwendungsnorm aufgeführt sind, müssen sie eingehalten werden.

Bei Mischverbindungen sind die Kerbschlagbiegeprüfungen an Proben aus jeder WEZ von jedem Grundwerkstoff durchzuführen.

7.4.5 Härteprüfung

Die Härteprüfung ist nach EN 1043-1 durchzuführen.

Für die Härteprüfung ist HV 10 nach Vickers anzuwenden. Die Eindrücke sind in der Schweißnaht, in den WEZs und im Grundwerkstoff zwecks Messung und Aufzeichnung der Meßwertbereiche in der Schweißverbindung vorzunehmen. Bei Werkstückdicken gleich oder kleiner 5 mm ist eine Härtereihe in einem Abstand von höchstens 2 mm unterhalb der Oberfläche auszuführen. Typische Beispiele zeigen die Bilder 1 a, b, e und f der EN 1043-1.

In jeder Härtereihe müssen mindestens 3 einzelne Eindrücke jeweils in der Schweißnaht, in der WEZ (beide Seiten) und im Grundwerkstoff (beide Seiten) enthalten sein. Ein typisches Beispiel ist in Bild 10 wiedergegeben.

In der WEZ ist der erste Eindruck so nah wie möglich an die Schmelzlinie zu setzen.

Die Ergebnisse der Härteprüfung müssen die Anforderungen der Tabelle 2 erfüllen.

7.5 Ersatzprüfung

Falls das Prüfstück eine der Anforderungen an die Sichtprüfung oder an die NDE, die in 7.3.2 festgelegt sind, nicht erfüllt, ist ein zusätzliches Prüfstück zu schweißen und der gleichen Prüfung zu unterziehen. Falls dieses zusätzliche Prüfstück den entsprechenden Anforderungen nicht genügt, ist die pWPS ungeeignet, den Anforderungen dieser Norm ohne Änderung zu genügen.

Falls eine Probe den entsprechenden Anforderungen nach 7.4 nur infolge von Unregelmäßigkeiten nicht genügt, müssen die Anforderungen von 2 weiteren Proben für jede versagte Probe erreicht werden. Diese können aus dem gleichen Prüfstück, falls genügend Werkstoff verfügbar ist, oder aus einem neuen Prüfstück entnommen werden. Sie sind der gleichen Prüfung zu unterziehen.

Falls eine dieser zusätzlichen Proben die entsprechenden Anforderungen nicht erfüllt, ist die pWPS ungeeignet, den Anforderungen dieser Norm ohne Änderung zu genügen.

8 Geltungsbereich

8.1 Allgemeines

Alle nachfolgend genannten Bedingungen für die Gültigkeit sind unabhängig voneinander zu erfüllen.

Änderungen außerhalb der festgelegten Bereiche erfordern eine neue Schweißverfahrensprüfung.

8.2 Bezogen auf den Hersteller

Die Anerkennung einer WPS, die ein Hersteller erlangt hat, gilt für das Schweißen in Werkstätten und auf Baustellen, die der gleichen technischen und qualitativen Überwachung dieses Herstellers unterstehen.

8.3 Bezogen auf den Werkstoff

8.3.1 Grundwerkstoff

8.3.1.1 Gruppeneinteilung

Um die Anzahl von Schweißverfahrensprüfungen auf ein Minimum zu reduzieren, werden Stähle, wie Tabelle 3 zeigt, in Gruppen zusammengefaßt.

Eine Verfahrensprüfung, die an einem Stahl einer Gruppe durchgeführt wurde, schließt sowohl die niedriger legierten Stähle der gleichen Gruppe ein (dies gilt für die absichtlich zugefügten Elemente, aber nicht für die zufälligen Verunreinigungen) als auch Stähle dieser Gruppe mit gleicher oder niedriger Streckgrenze, solange die Schweißzusätze, die

Tabelle 3: Gruppeneinteilung für Stähle

Gruppe	Stahlsorte[1]
1	Stähle mit einer gewährleisteten Mindeststreckgrenze von $R_{eH} \leq 360$ N/mm^2 und mit einer Analyse, die die folgenden Werte in % nicht überschreitet :C = 0,24 (0,25 für Guß), Si = 0,60, Mn = 1,70, Mo = 0,70, S = 0,045, P = 0,045 Andere Einzelelemente = 0,3 (0,4 für Guß) Alle anderen Elemente zusammen = 0,8 (1,0 für Guß)
2	Normalisierte oder thermomechanisch behandelte Feinkornbaustähle und Stahlguß mit einer Mindeststreckgrenze $R_{eH} > 360$N/mm^2
3	Vergütete Stähle und ausscheidungsgehärtete Stähle, jedoch ohne nichtrostende Stähle
4	Stähle mit Cr max. 0,75 %, Mo max. 0,6 %, V max. 0,3 %
5	Stähle mit Cr max. 10 %, Mo max. 1,2 %
6	CrMoV-Stähle mit Cr max. 12,2 %, Mo max. 1,2 %, V max. 0,5 %
7	Nickellegierte Stähle mit Ni max. 10 %
8	Ferritische und martensitische nichtrostende Stähle mit $10,5\% \leq$ Cr $\leq 30\%$
9	Austenitische Stähle
10	Austenitisch-ferritische nichtrostende Stähle (Duplex)
11	Stähle, die nicht in den Gruppen 1 bis 10 aufgeführt sind und $0,25\% <$ C $\leq 0,5\%$ enthalten

[1] In Übereinstimmung mit der Definition in den Werkstoffnormen kann R_{eH} durch $R_{p0,2}$ ersetzt werden.

bei der Prüfung verwendet wurden, auch für die anderen Stähle dieser Gruppe eingesetzt werden können. Gruppe 2 schließt Gruppe 1 ein. Verbleibender Werkstoff einer Schweißbadsicherung (Beilage) wird wie der Grundwerkstoff betrachtet.

Eine besondere Anerkennung einer Schweißverfahrensprüfung ist für jeden Stahl oder jede Stahlkombination notwendig, die nicht in der Gruppeneinteilung enthalten sind.

Falls ein Stahl zu zwei Gruppen gehört, sollte er immer der niedrigeren Gruppe zugeordnet werden.

8.3.1.2 Mischverbindungen

Für Mischverbindungen ist der Geltungsbereich in Tabelle 4 enthalten.

Jede Mischverbindung, die nicht in Tabelle 4 enthalten ist, erfordert eine besondere Prüfung ohne Geltungsbereich.

8.3.2 Dicke des Grundwerkstoffes und Rohrdurchmesser

8.3.2.1 Allgemeines

Die Nennmaßdicke t hat folgenden Bedeutungen:

a) für eine Stumpfnaht: bei Verbindungen zwischen Teilen unterschiedlicher Dicke ist die Dicke des Grundwerkstoffes in die dünneren Teiles;

b) für eine Kehlnaht: bei Verbindungen zwischen Teilen unterschiedlicher Dicke gilt die Dicke des dickeren Teiles des Grundwerkstoffes. Für jeden Dickenbereich, der nach Tabelle 5 anerkannt ist, besteht auch ein zugehöriger anerkannter Bereich für die Nahtdicken, der in 8.3.2.3 enthalten ist;

c) für die Verbindung einer aufgesetzten Rohrabzweigung: die Dicke des Rohrabzweiges;

d) für die Verbindung einer eingesetzten oder durchgesetzten Rohrabzweigung: die Dicke des Hauptrohres;

e) für einen T-Stumpfstoß am Blech: die Dicke des vorbereiteten Bleches.

8.3.2.2 Geltungsbereich für Stumpfnähte und T-Stumpfstöße

Die Anerkennung von Schweißverfahrensprüfungen, bezogen auf die Dicke t, schließt die Anerkennung für die folgenden Dickenbereiche, die in Tabelle 5 aufgeführt sind, ein.

8.3.2.3 Geltungsbereich für Kehlnähte

Zusätzlich zu den Bedingungen der Tabelle 5 beträgt der Geltungsbereich für die Nahtdicke „a" $0,75 a$ bis $1,5 a$. Jedoch erfüllt eine Prüfung mit einer Nahtdicke ≥ 10 mm eine Anerkennung für alle Nahtdicken ≥ 10 mm. Wenn eine Kehlnaht durch Ablegen einer Stumpfnahtprüfung anerkannt wird, bildet die Dicke des vollständig abgeschmolzenen Schweißgutes im Stumpfstoß die Grundlage für den Geltungsbereich der Kehlnahtdicke.

8.3.2.4 Geltungsbereich für den Rohrdurchmesser und für Rohrabzweigungen

Die Anerkennung eines Schweißverfahrens für den Durchmesser D schließt den Geltungsbereich für die Durchmesser nach Tabelle 6 ein.

8.3.3 Winkel der Rohrabzweigung

Eine Verfahrensprüfung an einer Rohrabzweigung mit einem Winkel α gilt für alle Abzweigungswinkel α_1 im Bereich $\alpha \leq \alpha_1 \leq 90°$.

Seite 12
EN 288-3 : 1992 + A1 : 1997

Tabelle 4: Geltungsbereich für Mischverbindungen

Vorhandene Anerkennung einer Schweißverfahrensprüfung für eine Stahlgruppe oder Mischverbindungen	Geltungsbereich
2	2 geschweißt mit 1
3	3 geschweißt mit 1 3 geschweißt mit 2
8 geschweißt mit 2	8 geschweißt mit 1 8 geschweißt mit 2
8 geschweißt mit 3	8 geschweißt mit 1 8 geschweißt mit 2 8 geschweißt mit 3
9 geschweißt mit 2	9 geschweißt mit 1 9 geschweißt mit 2
9 geschweißt mit 3	9 geschweißt mit 1 9 geschweißt mit 2 9 geschweißt mit 3

ANMERKUNG: Bei den Mischverbindungen müssen die Bedingungen für die Streckgrenzen und für die Legierungselemente, die in 8.3.1.1 aufgeführt sind, bei jeder Werkstoffgruppe eingehalten werden.

Tabelle 5: Geltungsbereich für die Dicke Maße in Millimeter

Dicke des Prüfstückes t[1]	Geltungsbereich[2]	
	Stumpfstoß, T-Stumpfstoß und Rohrabzweigungen für Einzelraupen und Einzelraupen von beiden Seiten	Stumpfstoß, T-Stumpfstoß und Rohrabzweigungen für mehrlagiges Schweißen und für alle Kehlnähte
$t \leq 3$	$0,8\,t$ bis $1,1\,t$	t bis $2\,t$
$3 < t \leq 12$	$0,8\,t$ bis $1,1\,t$	$3\,t$ bis $2\,t$
$12 < t \leq 100$	$0,8\,t$ bis $1,1\,t$	$0,5\,t$ bis $2\,t$ (max. 150)
$t > 100$	$0,8\,t$ bis $1,1\,t$	$0,5\,t$ bis $1,5\,t$

1) Bei Kombinationsprozessen kann die dokumentierte Dickenverteilung eines jeden Prozesses als Grundlage für den Geltungsbereich der einzelnen Schweißprozesse dienen.
2) Bei geforderten Kerbschlagbiegeprüfungen an Grenzdicken für Kerbschlagproben (12 mm), gilt die Anerkennung bei < 12 mm ohne Kerbschlagprüfung.

8.4 Gültig für alle Schweißverfahren

8.4.1 Schweißprozeß

Die Anerkennung gilt nur für den Schweißprozeß, der in der Schweißverfahrensprüfung angewendet wurde. Bei einem vorgegebenen Prozeß ist eine Änderung im Schweißnahtaufbau mit mehreren Raupen in einen mit nur einer Raupe (oder mit einzelnen Raupen von jeder Seite) bzw. umgekehrt nicht zulässig. Bei einer Prüfung durch einen Kombinationsprozeß gilt die Anerkennung nur für die Reihenfolge der einzelnen Prozesse, die bei der Verfahrensprüfung angewendet wurde.

ANMERKUNG: Bei einem Kombinationsprozeß kann jeder Prozeß einzeln oder gemeinsam mit anderen Prozessen anerkannt werden. Ebenso können ein oder mehrere Prozesse aus einer anerkannten WPS weggelassen werden, vorausgesetzt die Nahtdicke liegt im anerkann-

Tabelle 6: Geltungsbereich für Rohr und Rohrabzweigung

Durchmesser des Prüfstückes D mm[1], [2]	Geltungsbereich
D	$0,5\,D$ bis $2\,D$
$D \geq 168,3$	$\geq 0,5\,D$ und Bleche[3]

1) D ist der Außendurchmesser des Rohres und des Rohrabzweiges.
2) Anerkennung, die für Bleche erteilt wurde, gilt auch für Rohre mit dem Außendurchmesser > 500 mm.
3) Siehe auch 8.4.2.

ten Bereich des (der) jeweiligen anzuwendenden Schweißprozesses(esse).

8.4.2 Schweißpositionen

Wenn weder Anforderungen an die Kerbschlagzähigkeit noch an die Härte gestellt werden, wird durch das Schweißen in einer Position (Rohr oder Blech) die Anerkennung für das Schweißen in allen Positionen erreicht (Rohr oder Blech).

Wenn Anforderungen entweder für die Kerbschlagzähigkeit und/oder die Härte verlangt werden, dann müssen Kerbschlagprüfungen an Schweißnähten aus der Position mit der höchsten Wärmeeinbringung und Härteprüfungen an Schweißnähten aus der Position mit der niedrigsten Wärmeeinbringung durchgeführt werden, um alle Positionen anzuerkennen.

Um die Anforderungen sowohl für die Härte als auch für die Kerbschlagzähigkeit zu erfüllen, sind zwei Prüfstücke aus verschiedenen Schweißpositionen erforderlich, es sei denn, daß die Anerkennung nur für eine Position gefordert wird. Wenn die Anerkennung für alle Positionen gefordert wird, müssen beide Prüfstücke einer vollständigen Sichtprüfung und zerstörungsfreien Prüfung unterworfen werden, siehe Tabelle 1.

ANMERKUNG: Weitere zerstörende Prüfungen können an jedem der beiden Prüfstücke durchgeführt werden. Eines der Prüfstücke kann eine verkürzte Länge haben.

8.4.3 Nahtart

Der Geltungsbereich für die Art der Schweißverbindungen, die in der Verfahrensprüfung angewendet wurden, ist in Tabelle 7 enthalten. In dieser Tabelle ist der Geltungsbereich in der jeweiligen waagerechten Zeile angegeben.

8.4.4 Zusatzwerkstoff, Einteilung

Wenn die Bezeichnung des Zusatzwerkstoffes auf der Grundlage der Zugfestigkeit oder Streckgrenze beruht, gilt die Anerkennung eines Zusatzwerkstoffes auch für andere innerhalb der gleichen vorgeschriebenen Gruppe, es sei denn, daß die geforderten Kerbschlageigenschaften zu beweisen sind.

Wenn die Bezeichnung des Zusatzwerkstoffes auf der Grundlage der chemischen Zusammensetzung beruht, gilt die Anerkennung eines Zusatzwerkstoffes auch für die Gruppe mit der gleichen chemischen Zusammensetzung.

Ein Wechsel der Umhüllungsart oder der Art des Schweißpulvers, z. B. basisch/rutil/zellulose, bedingt eine neue Anerkennung des Schweißverfahrens.

8.4.5 Zusatzwerkstoff, Herstellart

Wenn eine Kerbschlagprüfung verlangt wird, ist die erteilte Anerkennung des Schweißverfahrens nur für die besondere Herstellart, die in der Verfahrensprüfung verwendet wurde, anwendbar. Es ist zulässig, die besondere Herstellart des Schweißzusates mit einem der gleichen verbindlichen Teils der Einteilung zu tauschen, wenn ein zusätzliches Prüfstück geschweißt wird.

Dieses Prüfstück ist mit den gleichen Schweißparametern wie in der ursprünglichen Schweißverfahrensprüfung zu schweißen, wobei nur die Kerbschlagzähigkeit des Prüfstücks geprüft wird.

ANMERKUNG: Dies gilt nicht für Drahtelektroden und Schweißstäbe mit der gleichen Einteilung und chemischen Sollzusammensetzung.

8.4.6 Stromart

Die Anerkennung wird auf die Stromart (Wechselstrom, Gleichstrom, Pulsstrom) und Polarität, die bei der Schweißverfahrensprüfung angewendet wurde, bezogen.

8.4.7 Wärmeeinbringung

Die Bedingungen dieses Abschnittes sind nur dann zu beachten, wenn die Überwachung der Wärmeeinbringung verlangt wird.

Wenn Anforderungen an die Kerbschlagzähigkeit bestehen, ist für die Wärmeeinbringung eine obere Grenze von 25 % über dem beim Schweißen der Prüfstücke angewendeten Wert zulässig.

Wenn Anforderungen an die Härte bestehen, ist für die Wärmeeinbringung eine untere Grenze von 25 % unter dem beim Schweißen der Prüfstücke angewendeten Wert zulässig.

8.4.8 Vorwärmtemperatur

Die untere Grenze für die Anerkennung ist die Vorwärmtemperatur, die bei Beginn der Schweißverfahrensprüfung angewendet wird.

8.4.9 Zwischenlagentemperatur

Die obere Grenze für die Anerkennung ist die Zwischenlagentemperatur, die bei der Schweißverfahrensprüfung erreicht wird.

8.4.10 Wärmenachbehandlung

Eine zusätzliche Wärmenachbehandlung oder der Verzicht auf diese ist nicht zulässig.

Der anerkannte Temperaturbereich, der bei der Schweißverfahrensprüfung angewendet wurde, entspricht der Haltetemperatur ± 20 °C, es sei denn, daß anderes festgelegt wurde. Wenn es gefordert wird, müssen das Aufheiz- und Abkühlungsraten sowie die Haltezeit auf das Bauteil abgestimmt werden.

8.5 Besonderheiten für Schweißprozesse

8.5.1 Schweißprozesse 111 und 114

Die Anerkennung wird für den Elektrodendurchmesser erteilt, der in der Schweißverfahrensprüfung angewendet wurde, sowie für jeweils einen Durchmessersprung nach oben oder nach unten für jede Schweißraupe; davon ist das Schweißen der Wurzellage bei einseitigem Schweißen von Stumpfnähten ohne Schweißbadsicherung ausgenommen, hierbei sind keine Maßänderungen zulässig.

8.5.2 Schweißprozeß 121

8.5.2.1 Die erteilte Anerkennung ist auf das Drahtzuführungssystem, das bei der Schweißverfahrensprüfung angewendet wurde, beschränkt (z. B. Einzeldraht- oder Mehrdrahtzuführungssystem).

8.5.2.2 Die erteilte Anerkennung ist auf die Herstellart und Einteilung des Schweißpulvers, das in der Schweißverfahrensprüfung angewendet wurde, beschränkt.

8.5.3 Schweißprozesse 131, 135 und 136

8.5.3.1 Die erteilte Anerkennung des Schutzgases für die Oberseite und/oder für die Wurzelseite ist auf die Gasart (Sollzusammensetzung), die in der Schweißverfahrensprüfung angewendet wurde, beschränkt.

8.5.3.2 Die erteilte Anerkennung ist auf das Drahtführungssystem, das bei der Schweißverfahrensprüfung angewendet wurde, beschränkt (z. B. Einzel- oder Mehrdrahtzuführung).

Seite 14
EN 288-3 : 1992 + A1 : 1997

Tabelle 7: Geltungsbereich für die Nahtarten

Verbindungsart im anerkannten Prüfstück		Geltungsbereich									
		Stumpfnaht am Blech				T-Stumpfnaht am Blech		Kehlnaht am Blech	Stumpfnähte am Rohr		Kehlnähte am Rohr
		Stumpfnaht von einer Seite		geschweißt von beiden Seiten		geschweißt von einer Seite	geschweißt von beiden Seiten		geschweißt von einer Seite		
		mit Schweiß-badsiche-rung	ohne Schweiß-badsiche-rung	mit Ausfugen	ohne Ausfugen				mit Schweiß-badsiche-rung	ohne Schweiß-badsiche-rung	
Stumpfnaht am Blech	mit Schweißbadsicherung	*	—	x	x	—	x	x	—	—	x
	ohne Schweißbadsicherung	x	*	x	x	x	x	x	—	—	x
	mit Ausfugen	—	—	*	x	x	x	x	—	—	x
	ohne Ausfugen	—	—	—	*	—	x	x	—	—	x
Stumpfnaht am Rohr	mit Schweißbadsicherung	x	—	x	x	—	x	x	*	—	x
	ohne Schweißbadsicherung	x	x	x	x	x	x	x	x	*	x
T-Stumpfnaht am Blech	geschweißt von einer Seite	—	—	—	—	*	x	x	—	—	x
	geschweißt von beiden Seiten	—	—	—	—	—	*	x	—	—	x
Kehlnaht	Blech	—	—	—	—	—	—	*	—	—	x
	Rohr	—	—	—	—	—	—	x	—	—	*

Zeichenerklärung:

* gibt die Naht an, für die die WPS durch Schweißverfahrensprüfung anerkannt ist.
x gibt die Naht an, für die die WPS ebenfalls anerkannt ist.
— gibt die Naht an, für die die WPS nicht anerkannt ist.

8.5.4 Schweißprozeß 141

Die erteilte Anerkennung des Schutzgases für die Oberseite und/oder für die Wurzelseite ist auf die Gasart (Sollzusammensetzung), die in der Schweißverfahrensprüfung angewendet wurde, beschränkt.

Eine Prüfung, die ohne Schutzgas auf der Wurzelseite durchgeführt wurde, schließt die mit Wurzelschutz ein.

8.5.5 Schweißprozeß 15

8.5.5.1 Die erteilte Anerkennung ist auf die Art des Plasmagases, die in der Schweißverfahrensprüfung angewendet wurde, beschränkt.

8.5.5.2 Die erteilte Anerkennung des Schutzgases für die Oberseite und/oder für die Wurzelseite ist auf die Gasart (Sollzusammensetzung), die in der Schweißverfahrensprüfung angewendet wurde, beschränkt.

9 Bericht über die Anerkennung des Schweißverfahrens (WPAR)

Der Bericht über die Anerkennung des Schweißverfahrens (WPAR) ist eine Darstellung der Beurteilungsergebnisse eines jeden Prüfstückes einschließlich der Ersatzprüfungen. Es müssen die entsprechenden Einflußgrößen für die WPS nach EN 288-2 einschließlich der Einzelheiten jener Merkmale, die nach Abschnitt 7 zu verwerfen sind, enthalten sein. Falls keine zu verwerfenden Merkmale oder keine unannehmbaren Prüfergebnisse gefunden werden, ist eine WPAR mit Beschreibung der Prüfergebnisse der Schweißverfahrensprüfung anzuerkennen und einschließlich des Datums vom Prüfer oder von der Prüfstelle zu unterschreiben.

Es ist ein WPAR-Vordruck zu benutzen, um Einzelheiten des Schweißverfahrens und der Prüfergebnisse wiederzugeben sowie um eine gleichartige Darstellung und Beurteilung der Angaben zu erleichtern.

Anhang A enthält ein Beispiel für einen WPAR-Vordruck.

Anhang A (informativ)
Anerkennung eines Schweißverfahrens, Berichtsvordruck (WPAR)

Anerkennung eines Schweißverfahrens — Prüfungsbescheinigung

Schweißverfahrensprüfung des Herstellers   Prüfer oder Prüfstelle: _____

Beleg-Nr: _____   Beleg-Nr: _____

Hersteller: _____

Anschrift: _____

Regel/Prüfnorm: _____

Datum der Schweißung: _____

Prüfumfang: _____

Schweißprozeß: _____

Nahtart: _____

Grundwerkstoff(e): _____

Dicke des Grundwerkstoffes (mm): _____

Außendurchmesser (mm): _____

Art des Zusatzwerkstoffes: _____

Schutzgas/Pulver: _____

Stromart: _____

Schweißpositionen: _____

Vorwärmung: _____

Wärmenachbehandlung und/oder Aushärtung: _____

Sonstige Angaben: _____

Hiermit wir bestätigt, daß die Prüfungsschweißungen in Übereinstimmung mit den Bedingungen der vorbezeichneten Regelr bzw. Prüfnorm zufriedenstellend vorbereitet, geschweißt und geprüft wurden.

Ort   Prüfer oder Prüfstelle

Datum der Ausstellung   Name, Datum und Unterschrift

Einzelheiten zur Prüfung der Schweißnaht

Ort: _____ Prüfer oder Prüfstelle: _____
Schweißverfahren des Herstellers: _____ Art der Vorbereitung und Reinigung: _____
Beleg-Nr: _____ Spezifikation des Grundwerkstoffs: _____
WPAR-Nr: _____
Hersteller: _____
Name des Schweißers: _____
Schweißprozeß: _____
Nahtart: _____ Werkstückdicke (mm): _____
Einzelheiten der Fugenvorbereitung   Außendurchmesser (mm): _____
(Zeichnung)*): _____ Schweißposition: _____

Gestaltung der Verbindung	Schweißfolge

Einzelheiten für das Schweißen

Schweiß-raupe	Prozeß	Durchmesser des Zusatz-werkstoffes	Stromstärke A	Spannung V	Stromart/ Polung	Draht-vorschub	Vorschubge-schwindigkeit*)	Wärmeein-bringung*)

Zusatzwerkstoff   Weitere Informationen*): _____
 — Einteilung und Markenname: _____   z. B.: Pendeln (maximale Raupenbreite): ____
Sondervorschriften für Trocknung: _____   Pendeln: Amplitude, Frequenz, Verweilzeit: __
Schutzgas/Schweißpulver
 — Schutzgas: _____   Einzelheiten für das Pulsschweißen: _____
 — Wurzelschutz. _____   Kontaktdüsenabstand/Werkstück: _____
Gasdurchflußmenge   Einzelheiten für das Plasmaschweißen: ____
 — Schutzgas: _____   Brenneranstellwinkel: _____
 — Wurzelschutz: _____
Wolframelektrodenart/Durchmesser: _____
Einzelheiten über Ausfugen/Schweißbadsicherung: _____
Vorwärmtemperatur: _____
Zwischenlagentemperatur: _____

Wärmenachbehandlung und/oder Aushärten: _____
Zeit, Temperatur, Verfahren: _____
Erwärmungs- und Abkühlungsrate*): _____

Hersteller   Prüfer oder Prüfstelle

_____   _____
Name, Datum und Unterschrift   Name, Datum und Unterschrift

*) Falls gefordert

Prüfergebnisse

Schweißverfahrensprüfung des Herstellers: _____
Beleg-Nr: _____
Sichtprüfung: _____
Eindring-/Magnetpulverprüfung *): _____

Prüfer oder Prüfstelle: _____
Beleg-Nr: _____
Durchstrahlungsprüfung *): _____
Ultraschallprüfung *): _____
Temperatur: _____

Zugprüfungen

Art/Nr	R_e N/mm²	R_m N/mm²	A %	Z %	Bruchlage	Bemerkungen
Anforderung						

Biegeprüfungen   Biegedorn- oder Biegerollendurchmesser:

Art/Nr	Biegewinkel	Dehnung *)	Ergebnis

Makroschliff:
Mikroschliff *):

Kerbschlagbiegeprüfung *)   Art: _____   Maße: _____   Anforderung: _____

Kerblage/Richtung	Temperatur °C	Werte 1 2 3	Mittelwert	Bemerkungen

Härteprüfungen *)   Lage der Messung (Skizze *))
  Art/Last: _____
    Grundwerkstoff: _____
    WEZ: _____
    Schweißgut: _____
Sonstige Prüfungen: _____
Bemerkungen: _____
Die Prüfungen wurden ausgeführt in Übereinstimmung mit den Anforderungen des: _____
  Labor-Bericht-Nr: _____
Die Prüfergebnisse sind
  zufriedenstellend
  nicht zufriedenstellend (Nicht Zutreffendes streichen)

Die Prüfungen wurden ausgeführt in Anwesenheit von: _____

Prüfer oder Prüfstelle

Name, Datum und Unterschrift

*) Falls gefordert

Seite 19
EN 288-3 : 1992 + A1 : 1997

Anhang B (informativ)

Stahlsorten entsprechend der Gruppeneinteilung nach Tabelle 3

Viele Stahlsorten, die in diesem Anhang aufgeführt sind, beziehen sich auf frühere nationale Normen und dienen nur der Information.
CEN CR 12187 enthält eine aktualisierte Stahlliste.

Tabelle B.1: Deutsche Gruppeneinteilung für Stähle nach DIN-Normen

Gruppe	Stahl				
1	USt34-1 RSt34-1 USt34-2 RSt34-2 USt37-1 RSt37-1 USt37-2 RSt37-2 St37-3 St52-3	St35 St45 St52 St35-4 St45-4 St52-4 St35-8 St45-8 15Mo-3	St35-8 St45-8 17Mn4 19Mn5 19Mn6 16Mo5	C16-8 C22-3 C22-8 C21 H1 H11 H111 17Mn4 19Mn5 15Mo3	StE26 WStE26 StE29 WStE29 StE32 WStE32 StE36 WStE36
2	StE39 WStE39 StE43 WStE43	StE47 WStE47 StE51 WStE51			
3	N-A-XTRA56 N-A-XTRA63 N-A-XTRA70	XABO90			
4	144MoV63				
5	13CrMo44	10CrMo9-10 12CrMo19-5 X9CrMo9-1	13CrMo4-4 10CrMo9-10		
6	X20CrMoV12-1				
7	X8Ni9	14Ni6	10Ni14	12Ni9	
8	X7Cr13	X7Cr14	X7CrAl13X	X6Cr17	X22CrNi17
9		X5CrNi18-9 X5CrNi19-11 X2CrNi18-9 X10CrNiTi18-9 X10CrNiN618-9 X5CrNiMo18-10 X2CrNiMo18-10 X10CrNiMoTi18-10 X10CrNiMoNb18-10 X5CrNiMo18-12 X2CrNiMo18-12	X2CrNiMo18-16 X2CrNiN18-10 X2CrNiMoN18-12 X2CrNiMoN18-13 X10CrNiMoN618-12 X10CrNiMoTi18-12 X5CrNiMo17-13 X3CrNiMoN17-13-5 X5CrNiMoTi25-25 X5NiCrMoCuN20-18	X5NiCrMoCuTi20-18 X5NiCr18-10 X12CrNi18-9 X10CrNiTi18-10 X10CrNiNb18-10 X8CrNiNb16-13 X8CrNiMoMn16-16 X8CrNiMoMb16-13	

184

Tabelle B.2: Französische Gruppeneinteilung für Stähle nach AFNOR-Normen

Gruppe	NF	Stahl	NF	Stahl
1	A36-205 A36-601 A49-296 A36-207 A49-281 A35-501 A36-201 A36-203 A36-520 A49-210 A49-230 A49-211 A49-230 A49-212 A49-213 A49-310 A49-321 A49-322 A49-323 A49-326 A49-327 A49-411 A36-612 A32-051 A32-053	A37CP, AP, FP A42CP, AP, FP A48CP, AP, FP A52CP, AP, FP A510; A530 AE220; AE250 AE275 E24; E28 E36; A50 E355 E275D; E335D E240SP; E270SP E320SP; E360S TU37B – TU42B TU42BT TUE220 – TUE250 TUE275 – TUE290 TUE320 – TUE360 TU37C – TU42C TU42CR – TU52C TU37-b TU52-b TU52BT TU17MU5 TUE290; TUE320 TUE360 F37 – F42 F48 – F52 230 – 400M 280 – 480M FA-M; FB-M; FC-M FB1-M; FC1-M FC2-M; FC2-1-M FC3-M	A35-052 A35-554 A37-503 A36-211 A36-212 A49-240 A49-241 A49-400 A49-242 A49-243 A49-245 A49-252 A49-253 A49-341 A49-343 A49-401 A49-643 A49-645 A49-501 A49-541	TSA; TSB XC10; XC18S XC15; XC18 BS 1; BS 2; BS 3 PF24; PF28; PF36 TS42BT TSE220 – TSE250 TSE275 – TSE355 TSE360 TS37C TS42C TS48C TS52C TS37CP – TS42CP TS48CP – TS52CP TS30-0; TS-30a TS34-a; TS37-a TS42-a; TS47-a TS37b; TS18M5 TSE220b; TSE250b TSE290b; TSE320b TSE360b TS30; TS34; TS37 TS42; TS47; TS335D TU/TS; E235; E275 TU/TS; E295; E355
2	A35-504 A36-201 A36-207 A36-201 A36-256 A36-411 A49-501 A49-541 A49-643 A49-645	E375 E420 A550; A590 A460 TH520 TUE415; TUE450 TUE485 TU/TS; E450 TS390D TS445D	A36-203 A35-016 A35-018 A35-520 A35-612	E390D; E430D E445D; E490D Fe400 Fe500 E390-SP; E430-SP F60
3	A35-210 A36-210 A36-612	16MND5 14MNDV5 20MND5 12CD9-10 F70	A36-204 A33-101 A32-054	E420T; E460T; E500T E550T; E620T; E690T AF34C10; AF37C12 AF42C20; AF50 20M6 – M; 12MDV6M

fortgesetzt

Seite 21
EN 288-3 : 1992 + A1 : 1997

Tabelle B.2 (abgeschlossen)

Gruppe	NF	Stahl	NF	Stahl
4	A36-206 A36-602 A36-606 A49-213 A49-215 A49-243 A49-253	15D3	A37-503 A49-321	15C2 TU18MDV5
5	A36-206 A36-602 A36-606 A32-058 A49-213 A49-242 A49-245	18MD4-5 15MDV4-05 15CD 2-05 15CD4-05 10CD9-10 210CD5-05 18CDB2-M 16MCDV6-M TUZ10CDNbV9-2 TSE24W3 TSE36WB3	A36-210 A35-502 A35-554 A37-503	16MND5 20MND5 14MNDV5 12CD9-10 E24W; E36W 25CD4S; 15CDV6 16MC5; 20MC5 18CD4; 16NC6
6	—	—	—	—
7	A36-208	0,5Ni; 10N2 1,5Ni; 15N6 3,5Ni; 12N14 5Ni; 10N05 9Ni; Z8N09	A49-230 A49-330 A49-240 A49-245	TU17N2; TU10N9 TU10N14; TUZ6N9 TS17N2 TS10N9
8	A35-573 A35-574 A36-613 A49-217	Z6C13 Z6ND16-04-01 Z6CA13 Z6CT12; Z8C17 Z2CT18 Z8CD17-01 Z12C13 Z8CT17 Z10C17 Z8CNb17 Z20C13	A32-056	Z6CNDU; 20-08-M
9	A35-573 A35-574 A35-582 A36-209 A49-207 A49-214 A49-217 A49-247 A49-249 A49-296 A49-317 A49-647 A32-056	Z2CN18-10 Z5CN18-09 Z6CN18-09 Z6CNT18-10 Z6CNNb18-10 Z10CN18-09 Z12CN17-07 Z6CNT18-10 Z6CNNB18-10 Z2CND17-12 Z6CND17-11 Z6CNDT17-12 Z6CNDNb17-12 Z2CND17-13 Z2CND19-15 Z2CN18-10-M Z6CN18-10-M Z6CNNb18-10-M Z2CND18-12-M Z6CND18-12-M Z6CNDNb18-12-M Z8CN25-20-M Z6CNDU25-20-04-M	A35-584 A36-219 A36-209 A35-580 A35-584	Z5CNDU21-08 Z2CN23-4AZ Z2CND22-5AZ Z2CNDU25-7AZ Z2CNDU22-7 Z2CNDU21-08 Z6CND18-13 Z6CNDNb18-13 Z2CN18-10AZ Z5CN18-09AZ Z2CND17-12AZ Z3CMN18-08-07AZ Z2CN23-04AZ Z6MCND17-12B Z6CNDNb17-13B Z6CNNb18-12B Z1NCDU25-20 Z2CNNb25-20 Z2CNDU17-16 Z5CNDU21-08 Z1CNS18-15 Z01CD26-01 Z1CDNb26-1

Tabelle B.3: Finnische Gruppeneinteilung für Stähle nach SFS-Normen

Gruppe	Stahl	Gruppe	Stahl
1	—	7	—
2	SFS 255 Stahlsorten FE355C	8	SFS 815 Stahl X2CrMoTi182
	SFS 255 Stahlsorten FE355D SFS 256 Stahlsorten FE390C SFS 256 Stahlsorten FE390D	9	SFS 720 Stahl X2CrNi1810 SFS 721 Stahl X2CrNiN1810 SFS 725 Stahl X4CrNi189
3	—		SFS 750 Stahl X2CrNiMo17122 SFS 752 Stahl X2CrNiMo17133
4	—		SFS 753 Stahl X2CrNiMoN17113 SFS 757 Stahl X4CrNiMo17123
5	—		SFS 770 Stahl X2CrNiMo19134 SFS 772 Stahl X2CrNiMoN18145
6	—		SFS 773 Stahl X2CrNiMo17145

Tabelle B.4: Gruppeneinteilung für Stähle des Vereinigten Königreiches nach BSI-Normen

Gruppe	Stahl		
1	BS 970	Sorten	040A04, 040A10, 040A12, 080A15, 080A20, 055M15, 080M15, 070M20, 120M19
	BS 1449	Sorten	1, 2, 3, 4 (bis H3-Beschaffenheit), 10 (HR oder A), 12, 15, 17, 20CS/A, 34/20, 37/23, 43/25, 50/35, 40/30, 43/35
	BS 1501 BS 1502 BS 1503	Sorten	141, 154, 151, 161, 164 223, 224, 225, 221, 245 245
	BS 3059 BS 3601 BS 3602 BS 3603	Sorten	243, 320, 360, 410, 460, 490Nb
	BS 4360	Sorten	40 A, B, C, D, DD, E, EE, 43 A, B, C, D, DD, E, 50 A, B, C, D, DD, E
2	BS 1449	Sorten	46/40, 50/45, 60/55
	BS 4360	Sorten	55C, EE, F
3		Sorten	RQT501, RQT601, RQT701, QT445
4	BS 1501 BS 1502	Sorten	261, 271, 281, 282 660
5	BS 1501 BS 1502 BS 1503 BS 3059 BS 3604	Sorten	620, 621, 622 623, 625, 626, 629
6	BS 3059	Sorten	762
7	BS 1501 BS 1502 BS 1503 BS 3603	Sorten	503, 509, 510

fortgesetzt

Tabelle B.4 (abgeschlossen)

Gruppe	Stahl		
8	BS 970 BS 1449 BS 1501 BS 1503	Sorten	403S, 405S, 409S, 410S, 420S, 416S, 430S, 434S, 431S29, 460S52
9	BS 970 BS 1449 BS 1501 BS 1502 BS 1503 BS 3059 BS 3604	Sorten	301S, 302S, 303S, 304S, 305S, 309S, 310S, 315S, 316S, 317S, 320S, 321S, 347S

Tabelle B.5: Schwedische Gruppeneinteilung für Stähle nach SIS-Normen

Gruppe	SS-Stahl	SS-Stahl	Gruppe	SS-Stahl	SS-Stahl	SS-Stahl	SS-Stahl
1	1311 1312 1412	1330 1331 1430 1431	3	2614 2615 2624 2625			
	1414	1432	4	2912			
	2172 2174	2101 2102	5	2216 2218			
	2632	2103	6	—			
	2634		7	—			
	2642 2644		8	2301 2302			
2	2132 2134 2135	2106 2107 2116		2320 2325 2326			
	2142 2144 2145 2652 2654 2662 2664	2117	9	2331 2332 2333 2337 2338 2340	2343 2347 2348 2350 2352	2353 2361 2366 2367 2368 2371	2275 2378 2562 2564 2584

Tabelle B.6: Italienische Gruppeneinteilung für Stähle nach UNI-Normen

Gruppe	UNI	Stahl	UNI	Stahl
1	5869	Fe3601KW Fe3602KW Fe3601KG Fe3602KG Fe4101KW Fe4102KW Fe4101KG Fe4102KG Fe4601KW Fe4602KW Fe4601KG Fe4602KG Fe5101KW, 2KG Fe5101KG, 2KG	Rohre: 6363 6363 7287 7288 UNI ISO 3183 5462 663	Fe360 Fe410 Fe320 Fe320 E17 E21 E24 – 1 C14 C18 Fe35 – 1 Fe35 – 2 Fe45 – 1 Fe45 – 2 Fe52 – 2
	UNI EU 28	FeE225-1 FeE235 FeE265 FeE295 FeE355-2 FeE255-3 FeE285KG, KW, KT FeE315KG, KW, KT	5949	C15, C20
	7070	Fe360B, C, D Fe430B, C, D Fe510B, C, D	7660 7660 (geschmiedete Rohre) 7316 (Guß)	Fe410KW, KG, KT FeC42
	7382	FeE285KG, KW, KT FeE315KG, KW, KT FeE355KG, KW, KT		
2	7832	FeE390KG, KW, KT FeE420KG, KW, KT FeE460KG, KW, KT	—	—
3	UNI EU 137	FeE550VKG, KW, KT FeE620VKG, KW, KT FeE690VKG, KW, KT	—	—
4	5869 UNI EU28	16Mo3 16Mo5 14MnMo55 16Mo	7317 (Guß) 7660 (geschmiedete Rohre) 5462 (Rohre)	C22Mo5 16Mo3KW, KG 16Mo5KW, KG 16Mo5
5	5869 UNI EU 28 5462 (Rohre) 7660 (geschmiedete Rohre)	14CrMo45 12CrMo910 10CrMo910 11CrMo910 14CrMo3 12CrMo910 A12CrMo910KW, KG A16CrMo205KW, KG A18CrMo45KW, KG	—	—

fortgesetzt

Tabelle B.6 (abgeschlossen)

Gruppe	UNI	Stahl	UNI	Stahl
6	—	—	—	—
7	UNI EU129 7660 (geschmiedete Rohre)	FeE245Ni2 FeE285Ni2 FeE355Ni2 FeE285Ni6 FeE355Ni6 FeE285Ni14 FeE355Ni14 FeE390Ni20 FeE490Ni36 FeE585Ni36 10Mi2KT 14Mi8KT 18Mi14KT X10Mi9KT	5949 (Rohre) 7317 (Guß)	18Ni9 18Ni14 X12Ni09 C22Ni10 C12Ni14
8	—	—	—	—
9	7500	X5CrNi1811 X5CrNi1810 X6CrNiTi1811 X6CrNiNb1811 X2CrNiMo1712 X5CrNiMo1712 X6CrNiMoTi1712 X2CrNiMo1713 X5CrNiMo1713 X2CrNiMo1815 X5CrNiMo1815 X2CrNiN1811 X5CrNiN1810 X2CrNiMoN1712 X2CrNiMoN1713 X6CrNi2314 X6CrNi2520	7660 (geschmiedete Rohre)	X2CrNi1811KW, KG X5CrNi1810KW, KG, KT X6CrNiNb1811KW, KG, KT X6CrNiTi1811KW, KG, KT X5CrNiMo1712KW, KC X6CrNiMoTi1712KW, KG X2CrNiMo1713KW, KG X6CrNi2521KW, KG

Tabelle B.7: Österreichische Gruppeneinteilung für Stähle nach ON-Normen

Gruppe	ON-Stahl	ON-Stahl
1	St360C St360CE St360D St430C St430D St510C St510D	St35KW St35KK St35KKW St41KW St41KKW 17Mn4KW 17Mn4KK 17Mn4KKW 19Mn6KW 19Mn6KK 19Mn6KKW 15Mo3KW
2	(W, T)StE380 (W, T)StE420 (W, T)StE460	
3	StE690TM, StE550V StE890TM, StE620V	
4	15MmMiMoV53	
5	13CrMo44KW 10CrMo910KW	
6	—	
7	14NiMn6KK 10Ni14KK 12Ni19KK X8Ni9KK	
8	X3CrNi134	
9	X5CrNi1810KKW X5CrNi1812KKW X2CrNi1911KKW X6CrNiTi1810KKW X6CrNiNb1810KKW X5CrNiMo17122KKW X2CrNiMo17132KKW X6CrNiMoTi17122KKW X6CrNiMoTi17122KKW	X6CrNiMoNb17122KKW X5CrNiMo17133KW X2CrNiMo18143KW X2CrNiMo18164KW X2CrNiN1810KKW X2CrNiMoN17121KKW X2CrNiMoN17133KKW X2CrNiMoN17133KKW X2CrNiMoN17135KW

Mai 1995

Schweißzusätze
Schutzgase zum Lichtbogenschweißen und Schneiden
Deutsche Fassung EN 439 : 1994

DIN EN 439

ICS 25.160.10

Deskriptoren: Lichtbogenschweißen, Schweißtechnik, Schutzgas, Schneiden

Welding consumables — Shielding gases for arc welding and cutting; German version EN 439 : 1994

Produits consommables pour le soudage — Gaz de protection pour le soudage et le coupage à l'arc; Version allemande EN 439 . 1994

Ersatz für Ausgabe 1994-10

Die Europäische Norm EN 439 : 1994 hat den Status einer Deutschen Norm.

Nationales Vorwort

Die Änderungen oder Ergänzungen der vorliegenden Fassung gegenüber der ersetzten DIN 32 526 resultieren zum einen aus Erfahrungen und zum anderen aus Forderungen anderer CEN-Partner.

Sie ist bezüglich Aussage und Anwendung klarer und eindeutiger, ohne vom Inhalt her umfangreicher zu sein.

Trotz der Erweiterung der Mischgasgruppen M1 und M2 von früher drei auf jetzt vier Untergruppen bleibt die Tabelle 2 mit der Einteilung der Schutzgase übersichtlich. Hinzuweisen ist darauf, daß die Mischgasbezeichnungen in Abhängigkeit von der Zusammensetzung nicht mehr in jedem Fall mit der alten Form übereinstimmen.

Bei möglichem Ersatz von Argon durch Helium (Fußnote 2 in Tabelle 2) wird die Höhe des Heliumanteils durch eine Zusatzkennzahl in der Schutzgasbezeichnung angegeben.

Mit dieser Norm sind durch entsprechende Formulierungen in Abschnitt 5 alle möglichen Gasgemische erfaßt, also auch solche, die u.U. erst künftig auf den Markt kommen.

Die Abweichungen für die Mischgenauigkeit beziehen sich nun auf jedes Mischungsverhältnis, und die Höhe der zulässigen Abweichungen richtet sich nach der Höhe des Komponentenanteils.

Bei der Angabe von Mindestwerten für Reinheit und Taupunkt sind auch die Mischgase berücksichtigt.

Künftig werden die Gasflaschen mit einem Aufkleber versehen sein, der die für Inhalt und Transport wichtigsten Daten enthält.

Änderungen

Gegenüber DIN 32 526 : 1978-08 wurden folgende Änderungen vorgenommen:

— Bei erhaltenem Konzept, die Schutzgase nach ihrem Reaktionsverhalten einzuteilen, ist der Inhalt dem Stand der Technik und der europäischen Normung angepaßt, siehe auch Nationales Vorwort.

Gegenüber der Ausgabe Oktober 1994 wurden folgende Berichtigungen vorgenommen:

— Für Mischgas M 24 Sauerstoffanteil von > 3 bis 8 Vol.-% in > 0 bis 8 Vol.-% geändert.

Frühere Ausgaben
DIN 8559 : 1964-08
DIN 32 526 : 1978-08
DIN EN 439 : 1994-10

Fortsetzung 4 Seiten EN

Normenausschuß Schweißtechnik (NAS) im DIN Deutsches Institut für Normung e.V.

EUROPÄISCHE NORM
EUROPEAN STANDARD
NORME EUROPÉENNE

EN 439

August 1994

DK 621.791.04-403 : 621.791.754

Deskriptoren: Schweißen, Lichtbogenschweißen, Schutzgasschweißen, Gas, Mischgas, Einteilung, Bezeichnung, Chemische Eigenschaft

Deutsche Fassung

Schweißzusätze

Schutzgase zum Lichtbogenschweißen und Schneiden

Welding consumables — Shielding gases for arc welding and cutting

Produits consommables pour le soudage — Gaz de protection pour le soudage et le coupage à l'arc

Diese Europäische Norm wurde von CEN am 1994-08-17 angenommen.

Die CEN-Mitglieder sind gehalten, die CEN/CENELEC-Geschäftsordnung zu erfüllen, in der die Bedingungen festgelegt sind, unter denen dieser Europäischen Norm ohne jede Änderung der Status einer nationalen Norm zu geben ist.

Auf dem letzten Stand befindliche Listen dieser nationalen Normen mit ihren bibliographischen Angaben sind beim Zentralsekretariat oder bei jedem CEN-Mitglied auf Anfrage erhältlich.

Diese Europäische Norm besteht in drei offiziellen Fassungen (Deutsch, Englisch, Französisch). Eine Fassung in einer anderen Sprache, die von einem CEN-Mitglied in eigener Verantwortung durch Übersetzung in die Landessprache gemacht und dem Zentralsekretariat mitgeteilt worden ist, hat den gleichen Status wie die offiziellen Fassungen.

CEN-Mitglieder sind die nationalen Normungsinstitute von Belgien, Dänemark, Deutschland, Finnland, Frankreich, Griechenland, Irland, Island, Italien, Luxemburg, Niederlande, Norwegen, Österreich, Portugal, Schweden, Schweiz, Spanien und dem Vereinigten Königreich.

CEN

EUROPÄISCHES KOMITEE FÜR NORMUNG
European Committee for Standardization
Comité Européen de Normalisation

Zentralsekretariat: rue de Stassart 36, B-1050 Brüssel

© 1994. Das Copyright ist den CEN-Mitgliedern vorbehalten.

Ref. Nr. EN 439 : 1994 D

Inhalt

	Seite
Vorwort	2
1 Anwendungsbereich	2
2 Eigenschaften der Gase	2
3 Einteilung der Schutzgase	2
4 Bezeichnung	2

	Seite
5 Mischgenauigkeit	4
6 Reinheiten und Taupunkte der Gase	4
7 Lieferformen	4
7.1 Gasflaschen	4
7.2 Flüssig	4
8 Bezeichnung des Schutzgases	4

Vorwort

Diese Europäische Norm wurde vom Technischen Komitee CEN/TC 121 "Schweißen", dessen Sekretatiat von DS geführt wird, erarbeitet.

Diese Europäische Norm muß den Status einer nationalen Norm erhalten, entweder durch Veröffentlichung eines identischen Textes oder durch Anerkennung bis Februar 1995, und etwaige entgegenstehende nationale Normen müssen bis Februar 1995 zurückgezogen werden.

Entsprechend der CEN/CENELEC-Geschäftsordnung sind folgende Länder gehalten, diese Europäische Norm zu übernehmen:

Belgien, Dänemark, Deutschland, Finnland, Frankreich, Griechenland, Irland, Island, Italien, Luxemburg, Niederlande, Norwegen, Österreich, Portugal, Schweden, Schweiz, Spanien und das Vereinigte Königreich.

1 Anwendungsbereich

Diese Norm gilt für Schutzgasschweiß- und Schneidprozesse mit Gasen und Mischgasen, die im folgenden beschrieben sind.

Gebräuchliche, jedoch nicht hierauf begrenzte Anwendungsgebiete sind:

Wolfram-Inertgasschweißen (WIG)
Metall-Aktivgasschweißen (MAG)
Metall-Inertgasschweißen (MIG)
Plasmaschweißen
Plasmaschneiden
Wurzelschutz

Der Zweck dieser Norm ist die Einteilung der Schutzgase in Übereinstimmung mit ihren chemischen Eigenschaften als Grundlage für die Zulassung von Draht-Schutzgas-Kombinationen.

Die Reinheiten der Gase und die Mischgenauigkeit von Mischgasen sind ebenfalls festgelegt.

2 Eigenschaften der Gase

Die physikalischen und chemischen Eigenschaften enthält Tabelle 1.

3 Einteilung der Schutzgase

Tabelle 2 enthält die Einteilung der verschiedenen Gase und Mischgase in Gruppen nach ihrem Reaktionsverhalten.

Die Kurzbezeichnungen für die Gruppen sind:
- R = Reduzierende Mischgase
- I = Inerte Gase und inerte Mischgase
- M = Oxidierende Mischgase auf Argon-Basis, die Sauerstoff, Kohlendioxid oder beides enthalten
- C = Stärker oxidierende Gase und Mischgase
- F = Reaktionsträges Gas oder reduzierende Mischgase

Gase, die bezüglich ihrer Zusammensetzung nicht in Tabelle 2 aufgeführt sind, werden als Spezialgas bezeichnet und erhalten den Buchstaben S.

Einzelheiten zur Klassifizierung der Spezialgase siehe Abschnitt 4.

4 Bezeichnung

Schutzgase werden mit der Benennung "Schutzgas", der Norm-Nummer, der Gruppe und der Kennzahl nach Tabelle 2 bezeichnet.

BEISPIEL 1:
Ein Mischgas mit 30 % Helium und Rest Argon wird bezeichnet:

Schutzgas EN 439 — I3

BEISPIEL 2:
Ein Mischgas mit 10 % Kohlendioxid, 3 % Sauerstoff und Rest Argon wird bezeichnet:

Schutzgas EN 439 — M24

Wird Argon zum Teil durch Helium ersetzt, so ist der Heliumanteil durch eine zusätzliche Kennzahl bezeichnet, siehe Tabelle 3. Diese Kennzahl steht in Klammern am Ende der Bezeichnung.

BEISPIEL 3:
Ein Mischgas der Gruppe M21, das 25 % Helium enthält, wird bezeichnet:

Schutzgas EN 439 — M21 (1)

Spezialgase werden bezeichnet mit dem Buchstaben S, gefolgt von der Kurzbezeichnung für das Basisgas oder Gemisch (siehe Tabelle 2) denn Anteil in Vol.-% sowie den chemischen Kurzzeichen des Zusatzgases:

S (Kurzbezeichnung) + %-Anteil
und chemisches Kurzzeichen

BEISPIEL 4:
Ein Spezialgas, das 10 % Kohlendioxid, 3 % Sauerstoff und Rest Argon, Kurzbezeichnung M24, aber auch 2,5 % Neon enthält, wird bezeichnet:

Schutzgas EN 439 — S M24 + 2,5Ne

Seite 3
EN 439 : 1994

Tabelle 1: Eigenschaften der Gase

Gasart	Chemisches Zeichen	Spezifische Eigenschaften bei 0°C und 1,013 bar (0,101 MPa)		Siedetemperatur bei 1,013 bar	Reaktionsverhalten während des Schweißens
		Dichte (Luft=1,293) kg/m³	Relative Dichte zu Luft		
Argon	Ar	1,784	1,380	−185,9	inert
Helium	He	0,178	0,138	−268,9	inert
Kohlendioxid	CO_2	1,977	1,529	− 78,5[1]	oxidierend
Sauerstoff	O_2	1,429	1,105	−183,0	oxidierend
Stickstoff	N_2	1,251	0,968	−195,8	reaktionsträge[2]
Wasserstoff	H_2	0,090	0,070	−252,8	reduzierend

[1]) Sublimationstemperatur (Übergangstemperatur vom festen in den gasförmigen Zustand).
[2]) Das Verhalten von Stickstoff verändert sich je nach Werkstoff. Mögliche negative Einflüsse sind zu beachten.

Tabelle 2: Einteilung der Schutzgase für Lichtbogenschweißen und Schneiden

Kurzbezeichnung[1])		Komponenten in Volumen-Prozent						Übliche Anwendung	Bemerkungen
Gruppe	Kennzahl	oxidierend		inert		reduzierend	reaktionsträge		
		CO_2	O_2	Ar	He	H_2	N_2		
R	1			Rest[2])		> 0 bis 15		WIG, Plasmaschweißen, Plasmaschneiden, Wurzelschutz	reduzierend
R	2			Rest[2])		> 15 bis 35			
I	1			100				MIG, WIG, Plasmaschweißen, Wurzelschutz	inert
I	2				100				
I	3			Rest	> 0 bis 95				
M1	1	> 0 bis 5		Rest[2])		> 0 bis 5		MAG	schwach oxidierend
M1	2	> 0 bis 5		Rest[2])					
M1	3		> 0 bis 3	Rest[2])					
M1	4	> 0 bis 5	> 0 bis 3	Rest[2])					
M2	1	> 5 bis 25		Rest[2])					
M2	2		> 3 bis 10	Rest[2])					
M2	3	> 0 bis 5	> 3 bis 10	Rest[2])					
M2	4	> 5 bis 25	> 0 bis 8	Rest[2])					
M3	1	>25 bis 50		Rest[2])					
M3	2		>10 bis 15	Rest[2])					
M3	3	> 5 bis 50	> 8 bis 15	Rest[2])					
C	1	100							stark oxidierend
C	2	Rest	> 0 bis 30						
F	1						100	Plasmaschneiden, Wurzelschutz	reaktionsträge
F	2					> 0 bis 50	Rest		reduzierend

[1]) Wenn Komponenten zugemischt werden, die nicht in der Tabelle aufgeführt sind, so wird das Mischgas als Spezialgas und mit dem Buchstaben S bezeichnet. Einzelheiten zur Bezeichnung S enthält Abschnitt 4.
[2]) Argon kann bis zu 95% durch Helium ersetzt werden. Der Helium-Anteil wird mit einer zusätzlichen Kennzahl nach Tabelle 3 angegeben, siehe Abschnitt 4.

Seite 4
EN 439 : 1994

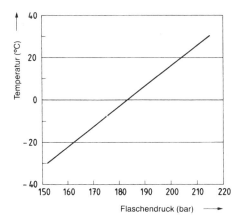

Bild 1: Flaschendruck-Temperatur-Diagramm für Argon (I1) bei konstantem Flascheninhalt

5 Mischgenauigkeit

Für Gemischkomponenten bis zu 5 Vol.-% darf die zulässige Abweichung vom Sollwert ± 0,5 Vol.-% betragen. Bei Gemischanteilen mit mehr als 5 Vol.-% bis 50 Vol.-% ist eine Abweichung von ± 10 % vom Sollwert zulässig.

6 Reinheiten und Taupunkte der Gase

Die Mindestreinheiten und Höchstwerte für die Taupunkte der Gase — geliefert in Flaschen oder isolierten Tanks — enthält Tabelle 4 in Übereinstimmung mit der Einteilung nach Tabelle 2. Reinheiten und Taupunkte für Spezialgase müssen den Einzelkomponenten nach Tabelle 4 entsprechen.
Für besondere Werkstoffe, z.B. Titan und Tantal, für die höhere Reinheiten verlangt werden können, sind besondere Vereinbarungen zwischen Hersteller und Verbraucher zu vereinbaren. Das Gasversorgungssystem des Verbrauchers sollte so ausgelegt sein und instandgehalten werden, daß sich die Reinheit des gelieferten Gases bis zur Verbrauchsstelle nicht verändert.

7 Lieferformen

Schutzgase werden gasförmig oder flüssig geliefert, als Einzelgase oder als Mischgase.
Werden Mischgase durch eine Mischeinrichtung hergestellt, ist die Einrichtung so auszulegen und zu warten, daß die zulässigen Abweichungen und Reinheiten nach den Abschnitten 5 und 6 eingehalten werden.

7.1 Gasflaschen

Außer Kohlendioxid sind alle in Tabelle 2 aufgeführten Gase und Mischgase bei Flaschenlieferung in gasförmigem Aggregatzustand.
Die Gasflaschen für Gase und Mischgase nach Tabelle 2 sind mit einem Volumen und Druck gefüllt, der vom Hersteller angegeben wird. Der Druck ist abhängig von der Umgebungstemperatur, z.B. wie in Bild 1 für Argon (I1) dargestellt.
Vor Gebrauch müssen die Gasflaschen mit geeigneten Druckminderern versehen sein.

7.2 Flüssig

Flüssiggase werden bei entsprechend niedriger Temperatur in isolierten Tanks geliefert. Kohlendioxid wird bei Umgebungstemperatur flüssig in Gasflaschen geliefert. Vor der Verwendung müssen die flüssigen Gase in den gasförmigen Aggregatzustand umgewandelt werden.
Zur Herstellung von Mischgasen sind die flüssigen Gaskomponenten vor dem Mischen in den gasförmigen Zustand umzuwandeln. Argon-Sauerstoffgemische können auch vorgemischt flüssig gelagert werden, ohne ein Mischgerät für die Versorgung zu verwenden.

ANMERKUNG: Beim Plasmaschneiden kann die Mischeinrichtung für Einzelkomponenten oder Mischgase innerhalb der Plasmaanlage sein.

8 Bezeichnung des Schutzgases

Die Bezeichnung des Schutzgases nach Abschnitt 4 ist mit oder ohne die Benennung "Schutzgas" anzugeben.

Tabelle 3: Kennzahlen für Gase in den Gruppen R und M, die Helium enthalten

Kennzahl	Helium-Mischgasegehalt in Vol.-%
(1)	> 0 bis 33
(2)	> 33 bis 66
(3)	> 66 bis 95

Tabelle 4: Reinheiten und Taupunkte von Gasen und Mischgasen

Gruppe[1]	Reinheit Vol.-% min.	Taupunkt bei 1,013 bar °C max.	Feuchte ppm max.
R	99,95	-50	40
I	99,99	-50	40
M1	99,70	-50	40
M2	99,70	-44	80
M3	99,70	-40	120
C	99,70	-35	200
F	99,50	-50	40
Sauerstoff	99,50	-35	200
Wasserstoff	99,50	-50	40

[1]) Die Werte für Sauerstoff und Wasserstoff sind in der Tabelle mit aufgeführt.

November 1994

Schweißzusätze
Drahtelektroden und Schweißgut zum Metall-Schutzgasschweißen von unlegierten Stählen und Feinkornstählen
Einteilung
Deutsche Fassung EN 440 : 1994

DIN EN 440

ICS 25.160.10; 25.160.20

Ersatz für
DIN 8559-1 : 1984-07

Deskriptoren: Schweißen, Schutzgasschweißen, Stahlschweißen, Drahtelektrode, Schweißgut

Welding consumables — wire electrodes and deposits for gas-shielded metal arc welding of non-alloy and fine grain steels — Classification; German version EN 440 : 1994
Produits consommables pour le soudage — fils électrodes et des dépôts pour le soudage à l'arc sous gaz des aciers non alliés et des aciers à grain fin — Classification; Version allemande EN 440 : 1994

Die Europäische Norm EN 440 : 1994 hat den Status einer Deutschen Norm.

Nationales Vorwort

Das Ziel der Norm ist, Grundlagen zu schaffen für anwendungsbezogene Festlegungen der Massivdrahtelektroden durch Symbolisierung ihrer chemischen Zusammensetzung und der physikalischen Eigenschaften des Schweißgutes. Diese Symbolisierung entspricht einem allgemeinen Konzept zur Einteilung von Schweißzusätzen.

Gegenüber DIN 8559-1 sind

— nur Massivdrahtelektroden aufgenommen mit deutlicher Erweiterung der Sorten. Zusätze zum Wolfram-Schutzgasschweißen und Fülldrahtelektroden werden durch gesonderte Europäische Normen erfaßt;

— technische Lieferbedingungen und Maße für Spulenkörper nicht mehr aufgenommen, sondern gesondert erfaßt in EN 759;

— Angaben über Anwendungsbereiche der Draht-Gas-Kombination nicht mehr Inhalt dieser Norm. Die Zuordnung des Schweißgutes der Draht-Gas-Kombination zu den vergleichbaren Stahlsorten entfiel nicht zuletzt deswegen, weil einheitliche Bezeichnungen für die Stahlsorten auf europäischer Ebene noch nicht bestehen.

Für die im Abschnitt 2 zitierten Internationalen und Europäischen Normen wird im folgenden auf die entsprechenden Deutschen Normen hingewiesen:

prEN 759 siehe E DIN 8559-102
prEN 1597-1 siehe E DIN 32525-1
ISO 31-0 siehe DIN 1313

Änderungen

Gegenüber DIN 8559-1 : 1984-07 wurden folgende Änderungen vorgenommen:
— Inhalt der Europäischen Norm übernommen. Siehe Nationales Vorwort.

Frühere Ausgaben
DIN 8559: 1964-08
DIN 8559-1: 1976-06, 1984-07

Nationaler Anhang NA (informativ)
Literaturhinweise in nationalen Zusätzen

DIN 1313	Physikalische Größen und Gleichungen — Begriffe, Schreibweisen
E DIN 8559-102	Technische Lieferbedingungen für Stahl-Schweißzusätze — Art des Produktes, Maße, Grenzabmaße und Kennzeichnung (Vorschlag für eine Europäische Norm)
E DIN 32525-1	Prüfung von Schweißzusätzen — Prüfstück zur Entnahme von Schweißgutproben an Stahl, Nickel und Nickellegierungen (Vorschlag für eine Europäische Norm)

Internationale Patentklassifikation
B 23 K 035/00
B 23 K 009/16
B 23 K 009/24
G 01 N 033/20

Fortsetzung 5 Seiten EN

Normenausschuß Schweißtechnik (NAS) im DIN Deutsches Institut für Normung e.V.

EUROPÄISCHE NORM
EUROPEAN STANDARD
NORME EUROPÉENNE

EN 440

September 1994

DK

Deskriptoren: Schweißen, Lichtbogenschweißen, Schutzgasschweißen, Schweißelektrode, Draht, Unlegierter Stahl, Niedriglegierter Stahl, Manganstahl, Einteilung, Kurzzeichen, Chemische Zusammensetzung, Mechanische Eigenschaft

Deutsche Fassung

Schweißzusätze

Drahtelektroden und Schweißgut zum Metall-Schutzgasschweißen von unlegierten Stählen und Feinkornstählen

Einteilung

Welding consumables — wire electrodes and deposits for gas-shielded metal arc welding of non-alloy and fine grain steels — Classification

Produits consommables pour le soudage — fils électrodes et dépôts pour le soudage à l'arc sous gaz des aciers non alliés et des aciers à grain fin — Classification

Diese Europäische Norm wurde von CEN am 1994-09-09 angenommen.

Die CEN-Mitglieder sind gehalten, die CEN/CENELEC-Geschäftsordnung zu erfüllen, in der die Bedingungen festgelegt sind, unter denen dieser Europäischen Norm ohne jede Änderung der Status einer nationalen Norm zu geben ist.

Auf dem letzten Stand befindliche Listen dieser nationalen Normen mit ihren bibliographischen Angaben sind beim Zentralsekretariat oder bei jedem CEN-Mitglied auf Anfrage erhältlich.

Diese Europäische Norm besteht in drei offiziellen Fassungen (Deutsch, Englisch, Französisch). Eine Fassung in einer anderen Sprache, die von einem CEN-Mitglied in eigener Verantwortung durch Übersetzung in seine Landessprache gemacht und dem Zentralsekretariat mitgeteilt worden ist, hat den gleichen Status wie die offiziellen Fassungen.

CEN-Mitglieder sind die nationalen Normungsinstitute von Belgien, Dänemark, Deutschland, Finnland, Frankreich, Griechenland, Irland, Island, Italien, Luxemburg, Niederlande, Norwegen, Österreich, Portugal, Schweden, Schweiz, Spanien und dem Vereinigten Königreich.

CEN

EUROPÄISCHES KOMITEE FÜR NORMUNG
European Committee for Standardization
Comité Européen de Normalisation

Zentralsekretariat: rue de Stassart 36, B-1050 Brüssel

© 1994. Das Copyright ist den CEN-Mitgliedern vorbehalten.

Ref. Nr. EN 440 : 1994 D

Inhalt

	Seite
Vorwort	2
0 Einleitung	2
1 Anwendungsbereich	3
2 Normative Verweisungen	3
3 Einteilung	3
4 Kennzeichen und Anforderungen	3
4.1 Kurzzeichen für das Produkt/ den Schweißprozeß	3
4.2 Kennziffer für die Festigkeits- und Dehnungseigenschaften des Schweißgutes	3
4.3 Kennzeichen für die Kerbschlagarbeit des Schweißgutes	3
4.4 Kennzeichen für Schutzgase	3
4.5 Kurzzeichen für die chemische Zusammensetzung der Drahtelektroden	3
5 Mechanische Prüfungen	5
5.1 Vorwärm- und Zwischenlagentemperaturen	5
5.2 Schweißbedingungen und Lagenfolge	5
6 Chemische Analyse	5
7 Technische Lieferbedingungen	5
8 Bezeichnungsbeispiele	5
Anhang A (informativ) Bibliographie	5

Vorwort

Diese Europäische Norm wurde vom Technischen Komitee CEN/TC 121 "Schweißen" erarbeitet, dessen Sekretariat von DS betreut wird.

Der Anhang A ist informativ und enthält "Bibliographie".

Diese Europäische Norm muß den Status einer nationalen Norm erhalten; entweder durch Veröffentlichung eines identischen Textes oder durch Anerkennung bis März 1995, und etwaige entgegenstehende nationale Normen müssen bis März 1995 zurückgezogen werden.

Entsprechend der CEN/CENELEC-Geschäftsordnung sind folgende Länder gehalten, diese Europäische Norm zu übernehmen:

Belgien, Dänemark, Deutschland, Finnland, Frankreich, Griechenland, Irland, Island, Italien, Luxemburg, Niederlande, Norwegen, Österreich, Portugal, Schweden, Schweiz, Spanien und das Vereinigte Königreich.

0 Einleitung

Diese Norm enthält eine Einteilung zur Bezeichnung von Drahtelektroden mit Hilfe ihrer chemischen Zusammensetzung und, wenn gefordert, der Streckgrenze, der Zugfestigkeit und der Zähigkeit des Schweißgutes. Das Verhältnis von Streckgrenze zur Zugfestigkeit des Schweißgutes ist im allgemeinen höher als das für den Grundwerkstoff. Anwender sollten daher beachten, daß ein Schweißgut, das die Mindeststreckgrenze des Grundwerkstoffes erreicht, nicht unbedingt dessen Mindestzugfestigkeit erreicht. Wenn bei der Anwendung eine bestimmte Mindestzugfestigkeit gefordert wird, muß daher bei der Auswahl des Schweißzusatzes die Spalte 3 in Tabelle 1 berücksichtigt werden.

Es sollte beachtet werden, daß die für die Einteilung der Drahtelektroden benutzten mechanischen Eigenschaften des reinen Schweißgutes abweichen können von denen, die an Fertigungsschweißungen erreicht werden. Dies ist bedingt durch Unterschiede bei der Durchführung des Schweißens, wie z.B. Elektrodendurchmesser, Pendelung, Schweißposition und Werkstoffzusammensetzung.

1 Anwendungsbereich

Diese Norm legt Anforderungen für die Einteilung von Drahtelektroden und Schweißgut im Schweißzustand für das Metall-Schutzgasschweißen von unlegierten und Feinkornstählen mit einer Mindeststreckgrenze bis zu 500 N/mm^2 fest. Eine Drahtelektrode kann mit verschiedenen Gasen geprüft und eingeteilt werden. Die Einteilung des Schweißgutes basiert auf Prüfungen des reinen Schweißgutes.

2 Normative Verweisungen

Diese Europäische Norm enthält durch datierte oder undatierte Verweisungen Festlegungen aus anderen Publikationen. Diese normativen Verweisungen sind an den jeweiligen Stellen im Text zitiert, und die Publikationen sind nachstehend aufgeführt. Bei starren Verweisungen gehören spätere Änderungen oder Überarbeitungen dieser Publikation nur zu dieser Europäischen Norm, falls sie durch Änderung oder Überarbeitung eingearbeitet sind. Bei undatierten Verweisungen gilt die letzte Ausgabe der in Bezug genommenen Publikation.

EN 439
    Schutzgase zum Lichtbogenschweißen und Schneiden

prEN 759
    Schweißzusätze — Technische Lieferbedingungen — Art des Produktes, Maße, Grenzmaße und Kennzeichnung

prEN 1597-1
    Schweißzusätze — Prüfung zur Einteilung — Teil 1: Prüfstück zur Entnahme von Schweißgutproben an Stahl, Nickel und Nickellegierungen

ISO 31-0 : 1992
    de: Größen und Einheiten — Teil 0: Allgemeine Grundsätze
    en: Quantities and units — Part 0: General principles

3 Einteilung

Eine Drahtelektrode wird nach ihrer chemischen Zusammensetzung in Tabelle 3 eingeteilt. Ein Schweißgut wird mit zusätzlichen Kennzeichen nach seinen mechanischen Eigenschaften eingeteilt, wobei ein Schutzgas einer bestimmten Gruppe verwendet wird. Die Einteilung des Schweißgutes besteht aus fünf Merkmalen:

1) Das erste Merkmal besteht aus dem Kurzzeichen für das Produkt/den Schweißprozeß.
2) Das zweite Merkmal besteht aus der Kennziffer für die Festigkeitseigenschaften und die Bruchdehnung des Schweißgutes.
3) Das dritte Merkmal enthält das Kennzeichen für die Kerbschlagarbeit des Schweißgutes.
4) Das vierte Merkmal enthält den Kennbuchstaben für das Schutzgas.
5) Das fünfte Merkmal enthält das Kurzzeichen für die chemische Zusammensetzung der Drahtelektrode.

4 Kennzeichen und Anforderungen

4.1 Kurzzeichen für das Produkt/den Schweißprozeß

Das Kurzzeichen für eine Drahtelektrode für das Metall-Schutzgasschweißen und/oder das entsprechende Schweißgut ist der Buchstabe G, der am Anfang der Normbezeichnung steht.

4.2 Kennziffer für die Festigkeits- und Dehnungseigenschaften des Schweißgutes

Die Kennziffer in Tabelle 1 erfaßt die Streckgrenze, Zugfestigkeit und Bruchdehnung des Schweißgutes im Schweißzustand, die nach den Bedingungen des Abschnittes 5 bestimmt werden.

Tabelle 1: Kennziffer für die Festigkeits- und Dehnungseigenschaften des Schweißgutes

Kennziffer	Mindeststreckgrenze[1]) N/mm^2	Zugfestigkeit N/mm^2	Mindestbruchdehnung[2]) %
35	355	440 bis 570	22
38	380	470 bis 600	20
42	420	500 bis 640	20
46	460	530 bis 680	20
50	500	560 bis 720	18

[1]) Es gilt die untere Streckgrenze (R_{eL}). Bei nicht eindeutig ausgeprägter Streckgrenze ist die 0,2%-Dehngrenze ($R_{p\,0,2}$) anzuwenden.

[2]) Meßlänge ist gleich dem fünffachen Probendurchmesser.

4.3 Kennzeichen für die Kerbschlagarbeit des Schweißgutes

Das Kennzeichen nach Tabelle 2 erfaßt die Temperatur, bei der eine Kerbschlagarbeit von 47J erreicht wird. Bedingungen siehe Abschnitt 5.
Es sind drei Proben zu prüfen. Nur ein Einzelwert darf 47J unterschreiten und muß mindestens 32J betragen. Wenn ein Schweißgut für eine bestimmte Temperatur eingestuft ist, eignet es sich folglich für jede höhere Temperatur nach Tabelle 2.

Tabelle 2: Kennzeichen für die Kerbschlagarbeit des Schweißgutes

Kennzeichen	Temperatur für Mindestkerbschlagarbeit 47J °C
Z	keine Anforderungen
A	+20
0	0
2	−20
3	−30
4	−40
5	−50
6	−60

4.4 Kennzeichen für Schutzgase

Die Kennzeichen M und C entsprechen den Angaben für Schutzgase, die in EN 439 festgelegt sind.
Das Kennzeichen M für Mischgase ist anzuwenden, wenn die Einteilung mit einem Schutzgas EN 439-M2, jedoch ohne Helium, durchgeführt worden ist.
Das Kennzeichen C ist anzuwenden, wenn die Einteilung mit einem Schutzgas EN 439-C1, Kohlendioxid, durchgeführt worden ist.

4.5 Kurzzeichen für die chemische Zusammensetzung der Drahtelektroden

Das Kurzzeichen in Tabelle 3 erfaßt die chemische Zusammensetzung der Drahtelektrode und enthält Angaben über die kennzeichnenden Legierungsbestandteile.

Tabelle 3: Kurzzeichen für die chemische Zusammensetzung für Drahtelektroden

Kurzzeichen	Chemische Zusammensetzung in % (m/m) [1] [2] [3]							
	C	Si	Mn	P	S	Ni	Mo	Al	Ti und Zr
G0	Jede andere vereinbarte Zusammensetzung								
G2Si1	0,06 bis 0,14	0,50 bis 0,80	0,90 bis 1,30	0,025	0,025	0,15	0,15	0,02	0,15
G3Si1	0,06 bis 0,14	0,70 bis 1,00	1,30 bis 1,60	0,025	0,025	0,15	0,15	0,02	0,15
G4Si1	0,06 bis 0,14	0,80 bis 1,20	1,60 bis 1,90	0,025	0,025	0,15	0,15	0,02	0,15
G3Si2	0,06 bis 0,14	1,00 bis 1,30	1,30 bis 1,60	0,025	0,025	0,15	0,15	0,02	0,15
G2Ti	0,04 bis 0,14	0,40 bis 0,80	0,90 bis 1,40	0,025	0,025	0,15	0,15	0,05 bis 0,20	0,05 bis 0,25
G3Ni1	0,06 bis 0,14	0,50 bis 0,90	1,00 bis 1,60	0,020	0,020	0,80 bis 1,50	0,15	0,02	0,15
G2Ni2	0,06 bis 0,14	0,40 bis 0,80	0,80 bis 1,40	0,020	0,020	2,10 bis 2,70	0,15	0,02	0,15
G2Mo	0,08 bis 0,12	0,30 bis 0,70	0,90 bis 1,30	0,020	0,020	0,15	0,40 bis 0,60	0,02	0,15
G4Mo	0,06 bis 0,14	0,50 bis 0,80	1,70 bis 2,10	0,025	0,025	0,15	0,40 bis 0,60	0,02	0,15
G2Al	0,08 bis 0,14	0,30 bis 0,50	0,90 bis 1,30	0,025	0,025	0,15	0,15	0,35 bis 0,75	0,15

[1] Falls nicht festgelegt: Cr ≤ 0,15, Cu ≤ 0,35 und V ≤ 0,03. Der Anteil an Kupfer im Stahl plus Umhüllung darf 0,35 % nicht überschreiten.
[2] Einzelwerte in der Tabelle sind Höchstwerte.
[3] Die Ergebnisse sind auf dieselbe Stelle zu runden, wie die festgelegten Werte unter Anwendung von ISO 31-0, Anhang B, Regel A.

5 Mechanische Prüfungen

Zug- und Kerbschlagbiegeversuche sowie alle geforderten Nachprüfungen sind mit Schweißgut im Schweißzustand nach prEN 1597-1, Form 3, unter Verwendung von Drahtelektroden mit Durchmesser von 1,2 mm und unter Schweißbedingungen, wie in 5.1 und 5.2 beschrieben, durchzuführen.

5.1 Vorwärm- und Zwischenlagentemperaturen

Vorwärmen wird nicht verlangt. Schweißen darf bei Raumtemperatur begonnen werden.

Die Zwischenlagentemperatur ist mit Temperaturanzeigestifte, Oberflächen-Thermometer oder Thermoelementen zu messen.

Zwischenlagentemperaturen dürfen 250 °C nicht überschreiten. Wenn die Zwischenlagentemperatur überschritten wird, muß das Prüfstück an ruhender Luft bis unter diese Grenze abgekühlt sein, bevor die nächste Raupe geschweißt werden darf.

Tabelle 4: Schweißbedingungen

Durchmesser mm	Schweißstrom A	Schweißspannung V	Kontaktrohrabstand mm	Zwischenlagentemperatur °C max.
1,2	280 ± 20	*)	20	250

*) Die Schweißspannung richtet sich nach der Wahl des Schutzgases.

Tabelle 5: Lagenfolge

Drahtelektroden-Durchmesser mm	Lagenaufbau		
	Lagen-Nr	Raupen je Lage	Anzahl der Lagen
1,2	1 bis oben	2[1]	6 bis 10

[1]) Die beiden oberen Lagen dürfen aus 3 Raupen bestehen.

5.2 Schweißbedingungen und Lagenfolge

Die Schweißbedingungen nach Tabelle 4 sind mit der Lagenfolge Tabelle 5 anzuwenden.

Die Schweißrichtung zur Herstellung einer aus zwei Raupen bestehenden Lage darf nicht geändert werden, aber nach jeder Lage ist die Richtung zu wechseln.

6 Chemische Analyse

Die chemische Analyse wird an Drahtproben durchgeführt. Im Zweifelsfall muß sie nach eingeführten veröffentlichten Verfahren vorgenommen werden.

ANMERKUNG: Siehe A.1 und A.2.

7 Technische Lieferbedingungen

Die Technischen Lieferbedingungen müssen den Anforderungen nach EN 759 entsprechen.

8 Bezeichnungsbeispiele

Bezeichnung eines Schweißgutes, das unter Mischgas (siehe 4.4) mit einer Drahtelektrode G3Si1 durch Metall-Schutzgasschweißen hergestellt wurde und das eine Mindeststreckgrenze von 460 N/mm^2 (46) sowie eine Mindestkerbschlagarbeit von 47J bei −30 °C (3) aufweist:

EN 440 — G 46 3 M G3Si1

Bezeichnung einer Drahtelektrode mit der chemischen Zusammensetzung von G3Si1 nach Tabelle 3:

EN 440 — G3Si1

Hierbei bedeuten:

EN 440	= Norm-Nummer;
G	= Metall-Schutzgasschweißen;
46	= Festigkeit und Bruchdehnung (siehe Tabelle 1);
3	= Kerbschlagarbeit (siehe Tabelle 2);
M	= Schutzgas (siehe 4.4);
G3Si1	= Chemische Zusammensetzung (siehe Tabelle 3).

Anhang A (informativ)

Bibliographie

A.1 Handbuch für das Eisenhüttenlaboratorium

A.2 BS 6200-3 Probenahme und Analyse von Eisen, Stahl und anderen Eisenmetallen — Teil 3: Analyseverfahren

Januar 1995

Schweißzusätze
Umhüllte Stabelektroden zum Lichtbogenhandschweißen von unlegierten Stählen und Feinkornstählen
Einteilung
Deutsche Fassung EN 499 : 1994

DIN
EN 499

ICS 25.160.20

Ersatz für
DIN 1913-1 : 1984-06

Deskriptoren: Lichtbogenhandschweißen, Schweißzusatz, Stabelektrode, Schweißgut, Einteilung

Welding consumables — Covered electrodes for manual metal arc welding of non alloy and fine grain steels — Classification; German version EN 499 : 1994

Produits consommables pour le soudage — Electrodes enrobées pour le soudage manuel à l'arc des aciers non alliés et des aciers à grain fin — Classification; Version allemande EN 499 : 1994

Die Europäische Norm EN 499 : 1994 hat den Status einer Deutschen Norm.

Nationales Vorwort

Mit dieser Norm werden die bisher in DIN 1913-1 enthaltenen Festlegungen zur Kennzeichnung der Eigenschaften von Stabelektroden und des damit hergestellten Schweißgutes notwendigen Einzelheiten erfaßt. Die Stabelektroden werden wie alle anderen Schweißzusätze für das Lichtbogenschweißen nach einem einheitlichen Schema eingeteilt. Dieses Bezeichnungsschema besteht aus Kennzeichen für das Schweißverfahren, die mechanischen Eigenschaften des Schweißgutes sowie den Umhüllungstyp. Es enthält ferner Angaben über Ausbringung und Stromart sowie die Schweißpositionen, für welche die jeweilige Stabelektrode geeignet ist.

Die bisher in DIN 1913-1 benutzte Kennzahl für die Zugfestigkeit wird durch eine Kennzahl für die Mindeststreckgrenze ersetzt. Jedem Streckgrenzenwert ist ein Festigkeitsbereich und eine Mindestdehnung zugeordnet. Entgegen der allgemein üblichen Gepflogenheit, für den Streckgrenzenwert die obere Streckgrenze einzusetzen, hat sich die Mehrheit der CEN-Mitglieder für die untere Streckgrenze entschieden. Es bleibt abzuwarten, wie sich diese Entscheidung bewähren wird.

Die Kerbschlagarbeit des Schweißgutes wird nur noch mit einem Kennzeichen, und zwar für eine Mindestkerbschlagarbeit von 47 J, angegeben. Die Kennziffer für 28 J entfällt also. Beibehalten wird das „offene System", d. h., das jeweilige Kennzeichen bezieht sich auf abgestufte Temperaturen von Raumtemperatur bis –60 °C.

Mit dem Anwendungsbereich der Norm bis 500 N/mm^2 ergab sich die Notwendigkeit, wie in DIN 8529-1 ein Analysenkurzzeichen einzuführen. Dieses Kurzzeichen erscheint, wenn das Schweißgut außer mit Mangan auch mit Nickel und/oder Molybdän legiert ist.

Die Kurzzeichen für den Umhüllungstyp entsprechen weitgehend denen, wie sie aus DIN 1913-1 bekannt sind. Die geringfügigen Änderungen vereinfachen die Typ-Kurzzeichen, was sich vor allem bei verschiedenen Kurzzeichen durch das Entfallen der Klammern ausdrückt.

Die Kombination der Stabelektroden-Eigenschaften Ausbringung und Stromeignung sowie ihre Eignung für Schweißpositionen wird je durch eine Kennziffer ausgedrückt. Die Kennziffern ersetzen die in DIN 1913-1 benutzte Klassen-Kennziffer.

Entsprechend dem Konzept, gleichlautende Normenfestlegungen in eigenen Normen zu erfassen, enthält die Norm keine Angaben über Prüfung und technische Lieferbedingungen. Die hierfür zutreffenden Normen sind in Abschnitt 2 angegeben.

Angaben über die bevorzugten Anwendungsbereiche der Stabelektroden durch Zuordnung der Stabelektroden zu entsprechenden Stahlsorten — wie sie in DIN 1913-1 als Hilfe enthalten waren — sind vorläufig noch nicht möglich, weil einheitliche europäische Stahlbezeichnungen noch nicht verfügbar sind.

Für die im Abschnitt 2 zitierten Europäischen und Internationalen Normen wird im folgenden auf die entsprechenden Deutschen Normen hingewiesen:

prEN 759	siehe E DIN 8559-102
EN 22401	siehe DIN EN 22401
EN 26847	siehe DIN EN 26847
prEN 1597-1	siehe E DIN 32525-1
prEN 1597-3	siehe E DIN 32525-101
ISO 31-0	siehe DIN 1313
ISO 3690	siehe DIN 8572-1

Fortsetzung Seite 2
und 6 Seiten EN

Normenausschuß Schweißtechnik (NAS) im DIN Deutsches Institut für Normung e.V.

Änderungen

Gegenüber DIN 1913-1 : 1984-06 wurden folgende Änderungen vorgenommen:

a) Bei erhaltenem Konzept, die Stabelektroden durch sie kennzeichnende Eigenschaften einzuteilen, Inhalt dem Stand der europäischen Normung angepaßt.

b) Technische Lieferbedingungen entfielen, da sie durch eine gesonderte Europäische Norm (prEN 759) erfaßt werden. Angaben zur Zuordnung von Schweißgut und Stahlsorten sind nicht mehr aufgenommen.

Frühere Ausgaben

DIN 1913: 1934-03, 1937-11, 1942-06
DIN 1913-1: 1954-12, 1960-05, 1967-11, 1976-01, 1984-06
DIN 1913-2: 1954-12, 1960-05, 1968-12, 1976-05

Nationaler Anhang NA (informativ)

Literaturhinweise in nationalen Zusätzen

DIN 1313	Physikalische Größen und Gleichungen — Begriffe, Schreibweisen
DIN 8529-1	Stabelektroden für das Verbindungsschweißen von hochfesten Feinkornbaustählen — Basischumhüllte Stabelektroden — Einteilung, Bezeichnung, Technische Lieferbedingungen
E DIN 8559-102	Technische Lieferbedingungen für Stahl-Schweißzusätze — Art des Produktes, Maße, Grenzabmaße und Kennzeichnung
DIN 8572-1	Bestimmung des diffusiblen Wasserstoffs im Schweißgut — Lichtbogenhandschweißen
E DIN 32525-1	Prüfung von Schweißzusätzen — Prüfstück zur Entnahme von Schweißgutproben an Stahl, Nickel und Nickellegierungen
E DIN 32525-101	Schweißzusätze — Prüfung zur Einteilung — Teil 3: Eignung für Schweißpositionen an Kehlnahtschweißungen
DIN EN 22401	Umhüllte Stabelektroden — Bestimmung der Ausbringung, der Gesamtausbringung und des Abschmelzkoeffizienten (ISO 2401 : 1982); Deutsche Fassung EN 22401 : 1994
DIN EN 26847	Umhüllte Stabelektroden für das Lichtbogenhandschweißen — Auftragung von Schweißgut zur Bestimmung der chemischen Zusammensetzung (ISO 6847 : 1985); Deutsche Fassung EN 26847 : 1994

Internationale Patentklassifikation

B 23 K 035/04
B 23 K 035/22

EUROPÄISCHE NORM
EUROPEAN STANDARD
NORME EUROPÉENNE

EN 499

Dezember 1994

ICS 25.160.20

Deskriptoren: Metallichtbogenschweißen, Schweißelektrode, Mantelelektrode, Unlegierter Stahl, Manganstahl, Legierter Stahl, Einteilung, Symbol

Deutsche Fassung

Schweißzusätze

Umhüllte Stabelektroden zum Lichtbogenhandschweißen von unlegierten Stählen und Feinkornstählen

Einteilung

Welding consumables — Covered electrodes for manual metal arc welding of non alloy and fine grain steels — Classification

Produits consommables pour le soudage — Electrodes enrobées pour le soudage manuel à l'arc des aciers non alliés et des aciers à grain fin — Classification

Diese Europäische Norm wurde von CEN am 1994-12-05 angenommen.

Die CEN-Mitglieder sind gehalten, die CEN/CENELEC-Geschäftsordnung zu erfüllen, in der die Bedingungen festgelegt sind, unter denen dieser Europäischen Norm ohne jede Änderung der Status einer nationalen Norm zu geben ist.

Auf dem letzten Stand befindliche Listen dieser nationalen Normen mit ihren bibliographischen Angaben sind beim Zentralsekretariat oder bei jedem CEN-Mitglied auf Anfrage erhältlich.

Diese Europäische Norm besteht in drei offiziellen Fassungen (Deutsch, Englisch, Französisch). Eine Fassung in einer anderen Sprache, die von einem CEN-Mitglied in eigener Verantwortung durch Übersetzung in seine Landessprache gemacht und dem Zentralsekretariat mitgeteilt worden ist, hat den gleichen Status wie die offiziellen Fassungen.

CEN-Mitglieder sind die nationalen Normungsinstitute von Belgien, Dänemark, Deutschland, Finnland, Frankreich, Griechenland, Irland, Island, Italien, Luxemburg, Niederlande, Norwegen, Österreich, Portugal, Schweden, Schweiz, Spanien und dem Vereinigten Königreich.

CEN

EUROPÄISCHES KOMITEE FÜR NORMUNG
European Committee for Standardization
Comité Européen de Normalisation

Zentralsekretariat: rue de Stassart 36, B-1050 Brüssel

© 1994. Das Copyright ist den CEN-Mitgliedern vorbehalten.

Ref. Nr. EN 499 : 1994 D

Inhalt

	Seite
Vorwort	2
0 Einleitung	2
1 Anwendungsbereich	2
2 Normative Verweisungen	2
3 Einteilung	3
4 Kennzeichen und Anforderungen	3
4.1 Kurzzeichen für das Produkt/den Schweißprozeß	3
4.2 Kennziffer für die Festigkeits- und Dehnungseigenschaften des Schweißgutes	3
4.3 Kennzeichen für die Kerbschlagarbeit des Schweißgutes	3
4.4 Kurzzeichen für die chemische Zusammensetzung des Schweißgutes	4
4.5 Kurzzeichen für den Umhüllungstyp	4
4.6 Kennziffer für Ausbringen und Stromart	4
4.7 Kennziffer für die Schweißposition	4
4.8 Kennzeichen für Wasserstoffgehalt des Schweißgutes	4
5 Mechanische Prüfungen	5
5.1 Vorwärm- und Zwischenlagentemperaturen	5
5.2 Lagenfolge	5
6 Chemische Analyse	5
7 Technische Lieferbedingungen	5
8 Bezeichnungsbeispiele	5
Anhang A (informativ) Beschreibung der Umhüllungstypen	6
Anhang B (informativ) Bibliographie	6

Vorwort

Diese Europäische Norm wurde vom CEN/TC 121 "Schweißen" erarbeitet, dessen Sekretariat vom DS betreut wird.

CEN/TC 121 hat gemäß Resolution 132/1992 beschlossen, den Schluß-Entwurf zur formellen Abstimmung vorzulegen. Das Ergebnis war positiv.

Anhang A ist informativ und enthält "Beschreibung der Umhüllungstypen".

Anhang B ist ebenfalls informativ und enthält "Bibliographie".

In den normativen Verweisungen wird auf ISO 3690 Bezug genommen. Es sollte beachtet werden, daß eine Europäische Norm (00122129) zum selben Thema im CEN/TC 121/SC 3 in Vorbereitung ist.

Diese Europäische Norm muß den Status einer nationalen Norm erhalten; entweder durch Veröffentlichung eines identischen Textes oder durch Anerkennung bis Juni 1995, und etwaige entgegenstehende nationale Normen müssen bis Juni 1995 zurückgezogen werden.

Entsprechend der CEN/CENELEC-Geschäftsordnung sind folgende Länder gehalten, diese Europäische Norm zu übernehmen:

Belgien, Dänemark, Deutschland, Finnland, Frankreich, Griechenland, Irland, Island, Italien, Luxemburg, Niederlande, Norwegen, Österreich, Portugal, Schweden, Schweiz, Spanien und das Vereinigte Königreich.

0 Einleitung

Diese Norm enthält eine Einteilung zur Bezeichnung von umhüllten Stabelektroden mit Hilfe der Streckgrenze, der Zugfestigkeit und der Zähigkeit des Schweißgutes. Das Verhältnis von Streckgrenze zur Zugfestigkeit des Schweißgutes ist im allgemeinen höher als das für den Grundwerkstoff. Anwender sollten daher beachten, daß ein Schweißgut, das die Mindeststreckgrenze des Grundwerkstoffes erreicht, nicht unbedingt dessen Mindestzugfestigkeit erreicht. Wenn bei der Anwendung eine bestimmte Mindestzugfestigkeit gefordert wird, muß daher bei der Auswahl des Schweißzusatzes die Spalte 3 in Tabelle 1 berücksichtigt werden.

Es sollte beachtet werden, daß die für die Einteilung der Stabelektroden bestimmten mechanischen Eigenschaften des reinen Schweißgutes abweichen können von denen, die an Fertigungsschweißungen erreicht werden. Dies ist bedingt durch Unterschiede bei der Durchführung des Schweißens, wie z.B. Stabelektrodendurchmesser, Pendelung, Schweißposition und Werkstoffzusammensetzung.

1 Anwendungsbereich

Diese Norm legt Anforderungen für die Einteilung von umhüllten Stabelektroden und des Schweißgutes im Schweißzustand für das Lichtbogenhandschweißen von unlegierten Stählen und Feinkornstählen mit einer Mindeststreckgrenze bis zu 500 N/mm² fest.

2 Normative Verweisungen

Diese Europäische Norm enthält durch datierte oder undatierte Verweisungen Festlegungen aus anderen Publikationen. Diese normativen Verweisungen sind an den jeweiligen Stellen im Text zitiert, und die Publikationen sind nachstehend aufgeführt. Bei starren Verweisungen gehören spätere Änderungen oder Überarbeitungen dieser Publikation zu dieser Europäischen Norm, falls sie durch Änderung oder Überarbeitung eingearbeitet sind. Bei undatierten Verweisungen gilt die letzte Ausgabe der in Bezug genommenen Publikation.

prEN 759
Schweißzusätze — Technische Lieferbedingungen — Art des Produktes, Maße, Grenzabmaße und Kennzeichnung

prEN 1597-1
Schweißzusätze — Prüfung zur Einteilung — Teil 1: Prüfstück zur Entnahme von Schweißgutproben an Stahl, Nickel und Nickellegierungen

prEN 1597-3
Schweißzusätze — Prüfung zur Einteilung — Teil 3: Prüfung der Eignung für Schweißpositionen an Kehlnahtschweißungen

EN 22401
Umhüllte Stabelektroden — Bestimmung der Ausbringung, der Gesamtausbringung und des Abschmelzkoeffizienten

EN 26847
Umhüllte Stabelektroden für das Lichtbogenhandschweißen — Auftragung von Schweißgut zur Bestimmung der chemischen Zusammensetzung

ISO 31-0
de: Größen und Einheiten — Teil 0: Allgemeine Grundsätze
en: Quantities and units — Part 0: General principles

ISO 3690
de: Schweißen — Bestimmung des Wasserstoffs im Schweißgut unlegierter und niedriglegierter Stähle
en: Welding — Determination of hydrogen in deposited weld metal arising from the use of covered electrodes for welding mild and low alloy steels

3 Einteilung

Die Einteilung enthält die Eigenschaften des Schweißgutes, die mit einer umhüllten Stabelektrode erreicht werden, wie unten beschrieben. Der Einteilung liegt der Stabelektrodendurchmesser von 4 mm zugrunde, mit Ausnahme der Kennziffer für die Schweißpositionen, die auf prEN 1597-3 basiert.

Die Einteilung besteht aus acht Merkmalen:
1) Das erste Merkmal besteht aus dem Kurzzeichen für das Produkt/den Schweißprozeß;
2) das zweite Merkmal besteht aus der Kennziffer für die Festigkeitseigenschaften und die Bruchdehnung des Schweißgutes;
3) das dritte Merkmal enthält das Kennzeichen für die Kerbschlagarbeit des Schweißgutes;
4) das vierte Merkmal enthält das Kennzeichen für die chemische Zusammensetzung des Schweißgutes;
5) das fünfte Merkmal besteht aus dem Kurzzeichen für den Umhüllungstyp;
6) das sechste Merkmal besteht aus der Kennziffer für das Ausbringen und die Stromart;
7) das siebte Merkmal besteht aus der Kennziffer für die Schweißposition;
8) das achte Merkmal besteht aus der Kennziffer für den Wasserstoffgehalt des Schweißgutes.

Die Normbezeichnung ist in zwei Teile gegliedert, um den Gebrauch dieser Norm zu erleichtern.
a) Verbindlicher Teil
Dieser Teil enthält die Kennzeichen für die Art des Produktes, die Festigkeits-, Dehnungs- und Zähigkeitseigenschaften, die chemische Zusammensetzung und den Umhüllungstyp, d.h. die Kennzeichen, die in 4.1, 4.2, 4.3, 4.4 und 4.5 beschrieben sind.
b) Nicht verbindlicher Teil
Dieser Teil enthält die Kennzeichen für das Ausbringen, die Stromart, die Schweißpositionen, für die die Stabelektrode geeignet ist, und die Kennzeichen für den Wasserstoffgehalt, d.h. die Kennziffern/Kennzeichen, die in 4.6, 4.7 und 4.8 beschrieben sind.

Die vollständige Normbezeichnung (siehe Abschnitt 8) ist auf Verpackungen und in den Unterlagen sowie Datenblättern des Herstellers anzugeben.

4 Kennzeichen und Anforderungen

4.1 Kurzzeichen für das Produkt/den Schweißprozeß

Das Kurzzeichen der Stabelektroden für das Lichtbogenhandschweißen ist der Buchstabe "E", der am Anfang der Normbezeichnung steht.

4.2 Kennziffer für die Festigkeits- und Dehnungseigenschaften des Schweißgutes

Die Kennziffer in Tabelle 1 erfaßt die Streckgrenze, Zugfestigkeit und Bruchdehnung des Schweißgutes im Schweißzustand, die nach den Bedingungen des Abschnittes 5 bestimmt werden.

Tabelle 1: Kennziffer für die Festigkeits- und Dehnungseigenschaften des Schweißgutes

Kennziffer	Mindeststreckgrenze[1] N/mm^2	Zugfestigkeit N/mm^2	Mindestbruchdehnung[2] %
35	355	440 bis 570	22
38	380	470 bis 600	20
42	420	500 bis 640	20
46	460	530 bis 680	20
50	500	560 bis 720	18

[1] Es gilt die untere Streckgrenze (R_{eL}). Bei nicht eindeutig ausgeprägter Streckgrenze ist die 0,2%-Dehngrenze ($R_{p\,0,2}$) anzuwenden.

[2] Meßlänge ist gleich dem fünffachen Probendurchmesser.

4.3 Kennzeichen für die Kerbschlagarbeit des Schweißgutes

Das Kennzeichen in Tabelle 2 erfaßt die Temperatur, bei der eine Kerbschlagarbeit von 47 J erreicht wird. Bedingungen siehe Abschnitt 5.
Es sind drei Proben zu prüfen. Nur ein Einzelwert darf 47 J unterschreiten und muß mindestens 32 J betragen. Wenn ein Schweißgut für eine bestimmte Temperatur eingestuft ist, eignet es sich folglich für jede höhere Temperatur nach Tabelle 2.

Tabelle 2: Kennzeichen für die Kerbschlagarbeit des Schweißgutes

Kennzeichen	Temperatur für Mindestkerbschlagarbeit 47 J °C
Z	keine Anforderungen
A	+20
0	0
2	−20
3	−30
4	−40
5	−50
6	−60

Seite 4
EN 499 : 1994

4.4 Kurzzeichen für die chemische Zusammensetzung des Schweißgutes

Das Kurzzeichen in Tabelle 3 erfaßt die chemische Zusammensetzung des Schweißgutes nach den in Abschnitt 6 angegebenen Bedingungen.

Tabelle 3: Kurzzeichen für die chemische Zusammensetzung des Schweißgutes

Legierungs-Kurzzeichen	Chemische Zusammensetzung [1] [2] [3]		
	Mn	Mo	Ni
Kein Kurzzeichen	2,0	—	—
Mo	1,4	0,3 bis 0,6	—
MnMo	>1,4 bis 2,0	0,3 bis 0,6	—
1Ni	1,4	—	0,6 bis 1,2
2Ni	1,4	—	1,8 bis 2,6
3Ni	1,4	—	>2,6 bis 3,8
Mn1Ni	>1,4 bis 2,0	—	0,6 bis 1,2
1NiMo	1,4	0,3 bis 0,6	0,6 bis 1,2
Z	Jede andere vereinbarte Zusammensetzung		

[1] Falls nicht festgelegt:
Mo < 0,2, Ni < 0,3, Cr < 0,2,
V < 0,05, Nb < 0,05, Cu < 0,3

[2] Einzelwerte in der Tabelle sind Höchstwerte.

[3] Die Ergebnisse sind auf dieselbe Stelle zu runden wie die festgelegten Werte unter Anwendung von ISO 31-0, Anhang B, Regel A.

4.5 Kurzzeichen für den Umhüllungstyp

Der Umhüllungstyp einer Stabelektrode hängt hauptsächlich von den schlackenbildenden Bestandteilen ab. Die Kurzzeichen für den Umhüllungstyp werden durch die folgenden Buchstaben bzw. Buchstabengruppen gebildet:

A = saueremhüllt
C = zelluloseumhüllt

R = rutilumhüllt
RR = dick rutilumhüllt
RC = rutilzellulose-umhüllt
RA = rutilsauer-umhüllt
RB = rutilbasisch-umhüllt

B = basischumhüllt

ANMERKUNG: Anhang A enthält eine Beschreibung der Merkmale jedes Umhüllungstyps.

4.6 Kennziffer für Ausbringen und Stromart

Die Kennziffer in Tabelle 4 erfaßt das Ausbringen nach EN 22401 und die Stromart nach Tabelle 4.

Tabelle 4: Kennziffer für Ausbringen und Stromart

Kennziffer	Ausbringen %	Stromart [1]
1	≤ 105	Wechsel- und Gleichstrom
2	≤ 105	Gleichstrom
3	>105 ≤ 125	Wechsel- und Gleichstrom
4	>105 ≤ 125	Gleichstrom
5	>125 ≤ 160	Wechsel- und Gleichstrom
6	>125 ≤ 160	Gleichstrom
7	>160	Wechsel- und Gleichstrom
8	>160	Gleichstrom

[1] Um die Eignung für Wechselstrom nachzuweisen, sind die Prüfungen mit einer Leerlaufspannung von max. 65 V durchzuführen.

4.7 Kennziffer für die Schweißposition

Die Schweißpositionen, für die eine Stabelektrode nach prEN 1597-3 überprüft wurde, werden durch eine Kennziffer wie folgt angegeben:

1 alle Positionen;
2 alle Positionen außer Fallposition;
3 Stumpfnaht in Wannenposition, Kehlnaht in Wannen- und Horizontalposition;
4 Stumpfnaht in Wannenposition, Kehlnaht in Wannenposition;
5 Fallposition und Positionen wie Kennziffer 3.

4.8 Kennzeichen für Wasserstoffgehalt des Schweißgutes

Das Kennzeichen nach Tabelle 5 enthält den Wasserstoffgehalt, der an Schweißgut mit Stabelektrodendurchmesser 4 mm nach ISO 3690 bestimmt wird. Die Stromstärke beträgt 90 % des höchsten, vom Hersteller empfohlenen Wertes. Stabelektroden, die für Wechselstrom empfohlen werden, sind an Wechselstrom zu prüfen. Bei Eignung der Stabelektroden nur für Gleichstrom ist mit Gleichstrom unter Benutzung der empfohlenen Polarität zu prüfen.
Um die Wasserstoffgehalte richtig zu bewerten, sind die Herstellerangaben über Stromart und Rücktrocknungsbedingungen zu beachten.

Tabelle 5: Kennzeichen für Wasserstoffgehalt des Schweißgutes

Kennzeichen	Wasserstoffgehalt in ml / 100 g Schweißgut max.
H5	5
H10	10
H15	15

ANMERKUNG 1: Andere Meßverfahren zur Bestimmung des diffusiblen Wasserstoffs können für Chargenprüfungen unter der Voraussetzung angewendet werden, daß sie entsprechend reproduzierbar sind und gegen die Methode nach ISO 3690 kalibriert sind. Der Wasserstoff wird durch die Stromart beeinflußt.

ANMERKUNG 2: Risse in Schweißverbindungen können durch Wasserstoff verursacht oder maßgeblich beeinflußt werden. Die Gefahr für wasserstoffinduzierte Risse erhöht sich mit zunehmendem Legierungsgehalt und der Höhe der Spannungen. Solche Risse entstehen im allgemeinen nach dem Erkalten der Verbindung, sie werden deshalb auch als Kaltrisse bezeichnet.

Wasserstoff im Schweißgut entsteht bei einwandfreien äußeren Bedingungen (saubere und trockene Nahtbereiche) aus wasserstoffhaltigen Verbindungen der Zusatzstoffe, wozu bei basischen Stabelektroden vor allem das von der Umhüllung aufgenommene Wasser zählt.

Das Wasser dissoziiert im Lichtbogen, es entsteht dabei atomarer Wasserstoff, der vom Schweißgut aufgenommen wird.

Unter gegebenen Werkstoff- und Spannungsbedingungen ist die Gefahr für Kaltrisse um so geringer, je niedriger der Wasserstoffgehalt des Schweißgutes ist.

ANMERKUNG 3: In der Praxis hängt der zulässige Wasserstoffgehalt von der einzelnen Anwendung ab. Um den zulässigen Wasserstoffgehalt einzuhalten, sollen die Empfehlungen des Stabelektrodenherstellers bezüglich Handhabung, Lagerung und Rücktrocknung eingehalten werden.

5 Mechanische Prüfungen

Zug- und Kerbschlagbiegeversuche sowie alle geforderten Nachprüfungen sind mit Schweißgut im Schweißzustand nach prEN 1597-1, Form 3, unter Verwendung von Stabelektroden mit Kernstabdurchmesser von 4 mm und unter Schweißbedingungen, wie in 5.1 und 5.2 beschrieben, durchzuführen.

5.1 Vorwärm- und Zwischenlagentemperaturen

Vorwärmen wird nicht verlangt. Das Schweißen darf bei Raumtemperatur begonnen werden.

Die Zwischenlagentemperatur ist mit Temperaturanzeigestiften, Oberflächen-Thermometern oder Thermoelementen zu messen.

Zwischenlagentemperaturen dürfen 250 °C nicht überschreiten. Wenn die Zwischenlagentemperatur überschritten wird, muß das Prüfstück an ruhender Luft bis unter diese Grenze abgekühlt sein, bevor die nächste Raupe geschweißt werden darf.

5.2 Lagenfolge

Die Lagenfolge ist in Tabelle 6 angegeben.

Die Schweißrichtung zur Herstellung einer aus 2 Raupen bestehenden Lage darf nicht geändert werden, aber nach jeder Lage ist die Richtung zu ändern. Jede Lage ist mit 90 % der höchsten, vom Hersteller empfohlenen Stromstärke zu schweißen. Unabhängig vom Umhüllungstyp ist mit Wechselstrom zu schweißen, wenn sowohl Wechsel- als auch Gleichstrom empfohlen wird, und mit Gleichstrom unter Benutzung der empfohlenen Polarität, wenn nur Gleichstrom verlangt wird.

Tabelle 6: Lagenfolge

Stabelektroden-Durchmesser mm	Lagenaufbau		
	Lagen-Nr	Raupen je Lage	Anzahl der Lagen
4,0	1 bis oben	2[1]	7 bis 9

[1]) Die beiden oberen Lagen dürfen aus 3 Raupen bestehen.

6 Chemische Analyse

Die chemische Analyse darf an jedem geeigneten Prüfstück durchgeführt werden. Im Zweifelsfall sind Proben nach EN 26847 zu benutzen. Jede analytische Methode darf angewendet werden. Im Zweifelsfall muß sie nach eingeführten veröffentlichten Verfahren vorgenommen werden.

ANMERKUNG: Siehe B.1 und B.2.

7 Technische Lieferbedingungen

Die Technischen Lieferbedingungen müssen den Anforderungen nach prEN 759 entsprechen.

8 Bezeichnungsbeispiele

Bezeichnung einer umhüllten Stabelektrode für das Lichtbogenhandschweißen, deren Schweißgut eine Mindeststreckgrenze von 460 N/mm^2 (46) aufweist und für das eine Mindestkerbschlagarbeit von 47 J bei −30 °C (3) erreicht wird und mit einer chemischen Zusammensetzung von 1,1 % Mn und 0,7 % Ni (1Ni). Die Stabelektrode ist basischumhüllt (B), verschweißbar an Wechsel- und Gleichstrom, Ausbringen 140 % (5), und ist geeignet für Stumpf- und Kehlnähte in Wannenposition (4).

Der Wasserstoffgehalt wird bestimmt nach ISO 3690 und überschreitet nicht 5 ml/100 g deponiertes Schweißgut (H5).

Die Normbezeichnung ist wie folgt:

EN 499 − E 46 3 1Ni B 54 H5

Der verbindliche Teil der Normbezeichnung ist:

EN 499 − E 46 3 1Ni B

Hierbei bedeuten:

EN 499	=	Norm-Nummer;
E	=	Umhüllte Stabelektrode/Lichtbogenhandschweißen (siehe 4.1);
46	=	Festigkeit und Bruchdehnung (siehe Tabelle 1);
3	=	Kerbschlagarbeit (siehe Tabelle 2);
1Ni	=	Chemische Zusammensetzung (siehe Tabelle 3);
B	=	Umhüllungstyp (siehe 4.5);
5	=	Ausbringen und Stromart (siehe Tabelle 4);
4	=	Schweißposition (siehe 4.7);
H5	=	Wasserstoffgehalt (siehe Tabelle 5).

Anhang A (informativ)
Beschreibung der Umhüllungstypen

A.1 Allgemein

Sowohl die Schweißeigenschaften einer umhüllten Stabelektrode als auch die mechanischen Eigenschaften des Schweißgutes werden durch die Umhüllung entscheidend beeinflußt. Diese homogene Mischung enthält im allgemeinen die folgenden fünf Hauptbestandteile:
— schlackenbildende Stoffe,
— desoxidierende Stoffe,
— schutzgasbildende Stoffe,
— lichtbogenstabilisierende Stoffe,
— Bindemittel und, falls nötig,
— Legierungsbestandteile.

Zusätzlich kann Eisenpulver hinzugefügt werden, um das Schweißgutausbringen zu erhöhen (siehe 4.6). Dadurch kann das Schweißen in verschiedenen Schweißpositionen beeinflußt werden.

Im Folgenden bedeutet eine dicke Umhüllung, daß sie einem Verhältnis von Umhüllung zu Kernstabdurchmesser von ≥ 1,6 entspricht.

A.2 Sauerumhüllte Stabelektroden

Die Umhüllung dieses Typs wird durch hohe Eisenoxidanteile gekennzeichnet und — infolge des hohen Sauerstoffpotentials — durch desoxidierende Stoffe (Ferromangan). Bei einer dicken Umhüllung verursacht die saure Schlacke einen sehr feinen Tropfenübergang und flache und glatte Schweißnähte. Sauerumhüllte Stabelektroden sind nur begrenzt für das Schweißen in Zwangsposition geeignet und sind empfindlicher für das Entstehen von Erstarrungsrissen als Stabelektroden anderer Umhüllungstypen.

A.3 Zelluloseumhüllte Stabelektroden

Stabelektroden dieses Typs enthalten einen großen Anteil verbrennbarer organischer Substanzen in der Umhüllung, insbesonders Zellulose. Aufgrund des intensiven Lichtbogens eignen sich derartig umhüllte Stabelektroden besonders für das Schweißen in Fallposition.

A.4 Rutilumhüllte Stabelektroden

Stabelektroden dieses Typs ergeben einen groberen Tropfenübergang als die dick rutilumhüllten. Sie sind damit für das Schweißen von dünnen Blechen geeignet. Stabelektroden des Rutiltyps sind für alle Schweißpositionen — ausgenommen Fallposition — geeignet.

A.5 Dick rutilumhüllte Stabelektroden

Bei Stabelektroden dieses Typs ist das Verhältnis von Umhüllungs- zu Kernstabdurchmesser gleich oder größer 1,6. Charakteristisch sind der hohe Rutilgehalt der Umhüllung, das gute Wiederzünden und die feinschuppigen, gleichmäßigen Nähte.

A.6 Rutilzellulose-umhüllte Stabelektroden

Die Zusammensetzung der Umhüllung dieser Stabelektroden ist ähnlich der rutilumhüllter Stabelektroden, sie enthält jedoch größere Zellulose-Anteile. Stabelektroden dieses Typs können daher auch für das Schweißen in Fallposition verwendet werden.

A.7 Rutilsauer-umhüllte Stabelektroden

Das Schweißverhalten von Stabelektroden dieses Mischtyps ist mit sauerumhüllten Stabelektroden vergleichbar. In der Umhüllung dieser Stabelektroden sind jedoch wesentliche Anteile an Eisenoxid durch Rutil ersetzt. Daher können diese meist dickumhüllten Stabelektroden für das Schweißen in allen Positionen — ausgenommen Fallposition — eingesetzt werden.

A.8 Rutilbasisch-umhüllte Stabelektroden

Charakteristisch für die Umhüllung dieses Typs sind die hohen Anteile an Rutil zusammen mit angehobenen basischen Anteilen. Diese meist dickumhüllten Stabelektroden besitzen — neben guten mechanischen Eigenschaften des Schweißgutes — gute Schweißeigenschaften in allen Schweißpositionen — außer Fallposition.

A.9 Basischumhüllte Stabelektroden

Charakteristisch für die dicke Umhüllung dieser Stabelektroden ist der große Anteil an Erdalkali-Carbonaten, z. B. Calciumcarbonat und Flußspat. Um die Schweißeigenschaften, besonders für das Schweißen mit Wechselstrom, zu verbessern, können größere Mengen nichtbasischer Bestandteile (z. B. Rutil und/oder Quarz) erforderlich sein.

Basischumhüllte Stabelektroden haben zwei herausragende Eigenschaften: Die Kerbschlagarbeit des Schweißgutes ist, besonders bei tiefen Temperaturen, höher und ihre Rißsicherheit ist besser als bei allen anderen Typen. Die Sicherheit hinsichtlich Heißrissen ergibt sich aus dem hohen metallurgischen Reinheitsgrad des Schweißgutes, während die geringe Kaltrißempfindlichkeit trockene Stabelektroden vorausgesetzt — im geringen Wasserstoffgehalt begründet ist. Er ist niedriger als bei anderen Typen und sollte als Obergrenze H = 15 ml/100 g Schweißgut nicht überschreiten.

Basischumhüllte Stabelektroden sind für das Schweißen in allen Positionen — ausgenommen Fallposition — geeignet. Speziell für das Schweißen in Fallposition geeignete basische Stabelektroden haben eine besondere Zusammensetzung der Umhüllung.

Anhang B (informativ)
Bibliographie

B.1
Handbuch für das Eisenhüttenlaboratorium

B.2
BS 6200-3 Probenahme und Analyse von Eisen, Stahl und anderen Eisenmetallen — Teil 3: Analyseverfahren

August 1994

Schweißaufsicht
Aufgaben und Verantwortung
Deutsche Fassung EN 719 : 1994

DIN EN 719

ICS 25.160.10

Deskriptoren: Schweißaufsicht, Schweißen, Schweißtechnik, Qualitätssicherung

Teilweise Ersatz für
DIN 8563-2 : 1978-10

Welding coordination — Tasks and responsibilities
German version EN 719 : 1994
Coordination en soudage — Tâches et responsibilités
Version allemande EN 719 : 1994

Die Europäische Norm 719 : 1994 hat den Status einer Deutschen Norm.

Nationales Vorwort

In gegenüber DIN 8563-2 ausführlicheren Beschreibungen werden für Schweißaufsichtspersonen die Aufgaben und Verantwortlichkeiten geregelt. Dabei konnte die bewährte Gliederung in Personen mit umfassenden technischen Kenntnissen im Sinne eines Schweißingenieurs, mit speziellen technischen Kenntnissen im Sinne eines Schweißtechnikers und mit technischen Basiskenntnissen im Sinne eines Schweißfachmannes beibehalten werden.

Hilfreich sind die im Europäischen Verband für Schweißtechnik (EWF) erarbeiteten Mindestanforderungen für die Ausbildung, Prüfung und Zertifizierung des Schweißaufsichtspersonals, die einen europäisch abgestimmten Kenntnisstand vorgeben. Die eindeutige und klare Beschreibung der Aufgaben und Verantwortlichkeiten der Schweißaufsichtspersonen ist ein wichtiges Element im Konzept der Sicherung der Qualität geschweißter Produkte. Geübte Schweißer, erfahrene Schweißaufsichtspersonen und das angemessene Schweißverfahren sind wichtige Voraussetzungen dafür, das Schweißen als speziellen Prozeß sicher zu beherrschen.

Änderungen

Gegenüber DIN 8563-2 : 1978-10 wurden folgende Änderungen vorgenommen:

— Bei erhaltenem Konzept, die Aufgaben von Schweißaufsichtspersonen zu beschreiben und nach dem Umfang der Kenntnisse in drei Personengruppen zu gliedern, Inhalt der Europäischen Norm übernommen. Hierbei sind Aufgaben und Verantwortung klar getrennt.

Frühere Ausgaben
DIN 8563-2: 1964-06, 1978-10

Internationale Patentklassifikation
B 23 K 037/00

Fortsetzung 5 Seiten EN

Normenausschuß Schweißtechnik (NAS) im DIN Deutsches Institut für Normung e.V.

EUROPÄISCHE NORM
EUROPEAN STANDARD
NORME EUROPÉENNE

EN 719

Juni 1994

DK 621.791-057.17 : 658.562

Deskriptoren:

Deutsche Fassung

Schweißaufsicht
Aufgaben und Verantwortung

Welding coordination — Tasks and responsibilities

Coordination en soudage — Tâches et responsibilités

Diese Europäische Norm wurde von CEN am 1994-06-06 angenommen.

Die CEN-Mitglieder sind gehalten, die CEN/CENELEC-Geschäftsordnung zu erfüllen, in der die Bedingungen festgelegt sind, unter denen dieser Europäischen Norm ohne jede Änderung der Status einer nationalen Norm zu geben ist.

Auf dem letzten Stand befindliche Listen dieser nationalen Normen mit ihren bibliographischen Angaben sind beim Zentralsekretariat oder bei jedem CEN-Mitglied auf Anfrage erhältlich.

Diese Europäische Norm besteht in drei offiziellen Fassungen (Deutsch, Englisch, Französisch). Eine Fassung in einer anderen Sprache, die von einem CEN-Mitglied in eigener Verantwortung durch Übersetzung in seine Landessprache gemacht und dem Zentralsekretariat mitgeteilt worden ist, hat den gleichen Status wie die offiziellen Fassungen.

CEN-Mitglieder sind die nationalen Normungsinstitute von Belgien, Dänemark, Deutschland, Finnland, Frankreich, Griechenland, Irland, Island, Italien, Luxemburg, Niederlande, Norwegen, Österreich, Portugal, Schweden, Schweiz, Spanien und dem Vereinigten Königreich.

EUROPÄISCHES KOMITEE FÜR NORMUNG
European Committee for Standardization
Comité Européen de Normalisation

Zentralsekretariat: rue de Stassart 36, B-1050 Brüssel

© 1994. Das Copyright ist den CEN-Mitgliedern vorbehalten.

Ref.-Nr. EN 719 : 1994 D

Seite 2
EN 719 : 1994

Vorwort

Diese Europäische Norm wurde vom CEN/TC 121 "Schweißen" erarbeitet, dessen Sekretariat vom DS betreut wird.

Das CEN/TC 121 hat gemäß Resolution 165/1993 beschlossen, den Schluß-Entwurf zur formellen Abstimmung vorzulegen. Das Ergebnis war positiv.

Diese Europäische Norm muß den Status einer nationalen Norm erhalten; entweder durch Veröffentlichung eines identischen Textes oder durch Anerkennung bis Dezember 1994, und etwaige entgegenstehende nationale Normen müssen bis Dezember 1994 zurückgezogen werden.

Entsprechend der CEN/CENELEC-Geschäftsordnung sind folgende Länder gehalten, diese Europäische Norm zu übernehmen:

Belgien, Dänemark, Deutschland, Finnland, Frankreich, Griechenland, Irland, Island, Italien, Luxemburg, Niederlande, Norwegen, Österreich, Portugal, Schweden, Schweiz, Spanien und das Vereinigte Königreich.

Inhalt

		Seite
0	Einleitung	2
1	Anwendungsbereich	2
2	Definitionen	2
3	Aufgaben und Verantwortung	3
4	Arbeitsbeschreibungen	5
5	Technische Kenntnisse	5
Anhang A	(informativ) Empfehlungen für technische Kenntnisse	5

0 Einleitung

Schweißen ist ein spezieller Prozeß, für den eine Abstimmung der schweißtechnischen Tätigkeiten erforderlich ist, um Vertrauen in die schweißtechnische Fertigung und in die zuverlässige Funktion im Betrieb sicherzustellen. Die Aufgaben und Verantwortung des Personals, das die mit der Schweißtechnik verbundenen Tätigkeiten beeinflußt, z. B. Planung, Ausführung, Überwachung und Überprüfung, sind eindeutig festzulegen.

1 Anwendungsbereich

Diese Norm legt die qualitätsbezogene Verantwortung und die Aufgaben einschließlich Koordinierung der schweißtechnischen Tätigkeiten fest.

In jeder Herstellerorganisation kann die Schweißaufsicht durch eine oder mehrere Personen ausgeübt werden.

Anforderungen an die Schweißaufsicht können durch einen Hersteller, einen Vertrag oder durch eine Anwendungsnorm festgelegt werden.

2 Definitionen

Für die Anwendung dieser Norm gelten die nachfolgenden Definitionen.

2.1 Herstellerorganisation

Herstellerorganisation bedeutet, daß die Schweißwerkstätten oder -baustellen demselben technischen Management und Qualitätsmanagement unterstehen.

2.2 Schweißaufsichtspersonal

Personal, das bei der Herstellung die Verantwortung für die Schweißtechnik und für die mit dem Schweißen verbundenen Tätigkeiten hat und deren Eignung und Kenntnisse, z. B. durch Schulung, Ausbildung und/oder entsprechende Herstellungserfahrung, bewiesen worden sind.

Schweißaufsichtsperson wird als Benennung für eine Person verwendet, die eine oder mehrere Koordinierungsaufgaben ausübt.

2.3 Schweißtechnische Überprüfung

Untersuchung, Prüfung und Messung von schweißtechnisch beeinflußten Gegebenheiten.

3 Aufgaben und Verantwortung

3.1 Qualitätsbezogene Tätigkeiten

Tabelle 1 ist als Leitfaden für die Festlegung der qualitätsbezogenen Aufgaben und der Verantwortung des Schweißaufsichtspersonals zu verwenden. Sie kann für besondere Anwendungen ergänzt werden. Es ist nicht notwendig, daß für alle Herstellerorganisationen oder für alle Anforderungen an die Qualitätssysteme sämtliche aufgeführten Punkte angewendet werden. Deshalb sollte eine geeignete Auswahl getroffen werden, z. B., wenn keine zerstörende oder zerstörungsfreie Prüfung gefordert wird, gilt Punkt 1.8.2 von Tabelle 1 nicht.

3.2 Festlegung der Aufgaben und der Verantwortung

Jede einzelne Tätigkeit nach Tabelle 1 kann mit einer Anzahl von Aufgaben und Verantwortungen verknüpft sein wie:

— genaue Angaben oder Vorbereitung;
— Koordinierung;
— Überwachung;
— Überprüfung, Nachprüfung oder Beglaubigung.

Wo die Schweißaufsicht von mehreren Personen ausgeübt wird, sind die Aufgaben und die Verantwortung für jede Person festzulegen.

Der Hersteller hat mindestens eine befugte Schweißaufsichtsperson zu benennen.

Die Schweißaufsicht liegt in der Verantwortung der Herstellerorganisation.

Für einige Tätigkeiten in der Fertigung können die Aufgaben und die Verantwortung durch Unterbeauftragte wahrgenommen werden. Tätigkeiten, die von Unterbeauftragten ausgeführt werden, unterliegen ebenfalls der Schweißaufsicht in Übereinstimmung mit dieser Norm.

Tabelle 1: Zu beachtende schweißtechnische Tätigkeiten, soweit zutreffend

Nr	Tätigkeiten
1.1	**Vertragsüberprüfung** — Eignung der Herstellerorganisation für das Schweißen und für zugeordnete Tätigkeiten
1.2	**Konstruktionsüberprüfung** — Entsprechende schweißtechnische Normen — Lage der Schweißverbindung im Zusammenhang mit den Konstruktionsanforderungen — Zugänglichkeit zum Schweißen, Überprüfen und Prüfen — Einzelangaben für die Schweißverbindung — Qualitäts- und Bewertungsanforderungen an die Schweißnähte
1.3	**Werkstoffe**
1.3.1	**Grundwerkstoff** — Schweißeignung des Grundwerkstoffes — Etwaige Zusatzanforderungen für die Lieferbedingungen der Grundwerkstoffe, einschließlich der Art des Werkstoffzeugnisses — Kennzeichnung, Lagerung und Handhabung des Grundwerkstoffes — Rückverfolgbarkeit
1.3.2	**Schweißzusätze** — Eignung — Lieferbedingungen — Etwaige Zusatzanforderungen für die Lieferbedingungen der Schweißzusätze, einschließlich der Art des Zeugnisses für die Schweißzusätze — Kennzeichnung, Lagerung und Handhabung der Schweißzusätze

(fortgesetzt)

Tabelle 1 (abgeschlossen)

Nr	Tätigkeiten
1.4	**Untervergabe** — Eignung eines Unterlieferanten
1.5	**Herstellungsplanung** — Eignung der Schweißanweisungen (WPS) und der Anerkennungen (WPAR) — Arbeitsunterlagen — Spann- und Schweißvorrichtungen — Eignung und Gültigkeit der Schweißerprüfung — Schweiß- und Montagefolgen für das Bauteil — Prüfungsanforderungen an die Schweißungen in der Herstellung — Anforderungen an die Überprüfung der Schweißungen — Umgebungsbedingungen — Gesundheit und Sicherheit
1.6	**Einrichtungen** — Eignung der Schweiß- und Zusatzeinrichtungen — Bereitstellung, Kennzeichnung und Handhabung von Hilfsmitteln und Einrichtungen — Gesundheit und Sicherheit
1.7	**Schweißtechnische Arbeitsvorgänge**
1.7.1	**Vorbereitende Tätigkeiten** — Zurverfügungstellung von Arbeitsunterlagen — Nahtvorbereitung, Zusammenstellung und Reinigung — Vorbereitung zum Prüfen bei der Herstellung — Eignung des Arbeitsplatzes einschließlich der Umgebung
1.7.2	**Schweißen** — Einsatz der Schweißer und Anweisungen für die Schweißer — Brauchbarkeit oder Funktion von Einrichtungen und Zubehör — Schweißzusätze und -hilfsmittel — Anwendung von Heftschweißungen — Anwendung der Schweißparameter — Anwendung etwaiger Zwischenprüfungen — Anwendung und Art der Vorwärmung und Wärmenachbehandlung — Schweißfolge — Nachbehandlung
1.8	**Prüfung**
1.8.1	**Sichtprüfung** — Vollständigkeit der Schweißungen — Maße der Schweißungen — Form, Maße und Grenzabmaße der geschweißten Bauteile — Nahtaussehen
1.8.2	**Zerstörende und zerstörungsfreie Prüfung** — Anwendung von zerstörenden und zerstörungsfreien Prüfungen — Sonderprüfungen
1.9	**Bewertung der Schweißung** — Beurteilung der Überprüfungs- und Prüfergebnisse — Ausbesserung von Schweißungen — Erneute Beurteilung der ausgebesserten Schweißungen — Verbesserungsmaßnahmen
1.10	**Dokumentation** — Vorbereitung und Aufbewahrung der notwendigen Berichte (einschließlich der Tätigkeiten von Unterbeauftragten)

4 Arbeitsbeschreibungen

4.1 Allgemeines
Wenn eine Arbeitsbeschreibung für das Schweißaufsichtspersonal gefordert wird, z. B. von den Vertragsparteien oder durch eine Anwendungsnorm, soll diese die Aufgaben und die Verantwortung enthalten.

4.2 Aufgaben
Festlegung der zugewiesenen Aufgaben siehe 3.2.

4.3 Verantwortung
Festlegung der zugewiesenen Verantwortung:
— Stellung in der Herstellerorganisation und Verantwortung;
— Umfang der Befugnisse, die Annahme zugewiesener Aufgaben im Namen der Herstellerorganisation gegenzuzeichnen, soweit es zu deren Erfüllung notwendig ist, z. B. für Verfahrensanweisungen, Aufsichtsberichte;
— Umfang der Befugnisse, um die zugewiesenen Aufgaben auszuführen.

5 Technische Kenntnisse

5.1 Allgemeines für die gesamte Schweißaufsicht
Für alle zugewiesenen Aufgaben muß das Schweißaufsichtspersonal fähig sein, die entsprechenden technischen Kenntnisse nachzuweisen, die ihm ermöglichen, diese Aufgaben zufriedenstellend auszuführen.
Die nachfolgend genannten Punkte sollten beachtet werden:
— allgemeine technische Kenntnisse;
— besondere technische Kenntnisse entsprechend der zugewiesenen Aufgaben. Diese können durch eine Verbindung aus theoretischem Wissen, Schulung und/oder Erfahrung erworben werden.
Der Umfang der geforderten Herstellungserfahrung, der Ausbildung und des technischen Wissens sollte durch die Herstellerorganisation festgelegt werden; sie ist von den zugewiesenen Aufgaben und der Verantwortung abhängig.

5.2 Befugtes Schweißaufsichtspersonal

5.2.1 Allgemeines
Befugtes Schweißaufsichtspersonal (siehe 3.2) sollte normalerweise einer der nachfolgend genannten Gruppen zugeordnet werden. Dies hängt von der Art und/oder Komplexität der Fertigung ab. Einschlägige Herstellungserfahrungen von mehr als 3 Jahren brauchen nicht unbedingt vorzuliegen.

5.2.2 Umfassende technische Kenntnisse
Schweißaufsichtspersonal mit vollen technischen Kenntnissen nach 5.1 für die Planung, Ausführung, Beaufsichtigung und Prüfung aller Aufgaben und der Verantwortung für die schweißtechnische Herstellung (siehe Anhang A).

5.2.3 Spezielle technische Kenntnisse
Schweißaufsichtspersonal, dessen technische Kenntnisse für die Planung, Ausführung, Beaufsichtigung und Prüfung für Aufgaben und die Verantwortung innerhalb eines ausgewählten oder eingeschränkten Bereiches ausreichen (siehe Anhang A).

5.2.4 Technische Basiskenntnisse
Schweißaufsichtspersonal, dessen Kenntnisse für die Planung, Ausführung, Beaufsichtigung und Prüfung innerhalb eines eingeschränkten Bereiches ausreichen, der nur einfache geschweißte Konstruktionen einschließt (siehe Anhang A).

Anhang A (informativ)
Empfehlungen für technische Kenntnisse

Der Europäische Verband für Schweißtechnik (EWF) hat auf freiwilliger Basis Empfehlungen für die Mindestanforderungen für die Ausbildung, Prüfung und Zertifizierung des Schweißaufsichtspersonals erstellt.
Die Empfehlungen sind in folgenden Dokumenten enthalten:
— Europäischer Schweißingenieur   Doc. EWF 02-409-93;
— Europäischer Schweißtechniker   Doc. EWF 02-410-93;
— Europäischer Schweißfachmann   Doc. EWF 02-411-93.

Beim Schweißaufsichtspersonal, das die Anforderungen dieser Dokumente erfüllt oder anerkannte nationale Qualifikationen besitzt, kann davon ausgegangen werden, daß die entsprechenden Anforderungen nach 5.2.2, 5.2.3 und 5.2.4 erfüllt sind.

November 1994

Schweißtechnische Qualitätsanforderungen
Schmelzschweißen metallischer Werkstoffe
Teil 1: Richtlinien zur Auswahl und Verwendung
Deutsche Fassung EN 729-1 : 1994

DIN
EN 729-1

ICS 25.160.10

Ersatz für
DIN 8563-1978-10

Deskriptoren: Qualitätsanforderung, Richtlinie, Auswahl, Verwendung, Schweißtechnik

Quality requirements for welding — Fusion welding of metallic materials — Part 1:
Guidelines for selection and use;
German version EN 729-1 : 1994
Exigences de qualité en soudage — Soudage par fusion des matériaux métalliques —
Partie 1: Lignes directrices pour la sélection et l'utilisation;
Version allemande EN 729-1 : 1994

Die Europäische Norm EN 729-1 : 1994 hat den Status einer Deutschen Norm.

Nationales Vorwort

Ausgehend davon, daß Schweißen im Sinne von DIN EN ISO 9001 als spezieller Prozeß anzusehen ist, dessen Ergebnis durch nachträgliche Prüfungen am Produkt nicht in vollem Umfang sicherstellen kann, daß die geforderten Qualitätsnormen erfüllt wurden, war es notwendig, die mit den Normen der Reihe DIN EN ISO 9000 geschaffenen Vorgaben über Qualitätssicherungssysteme für die Schweißtechnik zu übertragen und dabei die bestehende Praxis eigenverantwortlicher Qualitätssicherung zu berücksichtigen.

Mit Teil 1 wird ein übergeordnetes Rahmendokument mit allgemeinen Grundsätzen für die Auswahl und den Gebrauch von Qualitätssicherungsanforderungen beim Schweißen erstellt, das durch weitere 3 Teile ergänzt wird mit Beschreibungen von Qualitätsanforderungen unterschiedlichen Umfanges für verschiedene Anwendungen. Der Inhalt dieser Europäischen Norm ist identisch mit der Internationalen Norm ISO 3834-1.

Die abgestuften schweißtechnischen Anforderungen in den Teilen 2 bis 4 bieten Lösungen für verschiedene Anwendungsgebiete oder für unterschiedliche Abschätzungen von Beanspruchung und Gefährdung. Sie schaffen keineswegs eine unterschiedliche Qualität, wohl aber eine unterschiedliche Zwangsläufigkeit für das Erreichen der angestrebten Qualität.

Die drei weiteren Teile enthalten:

Teil 2: Umfassende Qualitätsanforderungen
Teil 3: Standard-Qualitätsanforderungen
Teil 4: Elementar-Qualitätsanforderungen

Für die im Abschnitt 2 zitierten Europäischen Normen, soweit die Norm-Nummer geändert ist, und Internationalen Normen wird im folgenden auf die entsprechenden Deutschen Normen hingewiesen:

ISO 8402 siehe DIN 55350-11
EN 29000 siehe DIN EN ISO 9000-1
EN 29001 siehe DIN EN ISO 9001
EN 29002 siehe DIN EN ISO 9002

Fortsetzung Seite 2
und 6 Seiten EN

Normenausschuß Schweißtechnik (NAS) im DIN Deutsches Institut für Normung e.V.

Seite 2
DIN EN 729-1 : 1994-11

Änderungen

Gegenüber DIN 8563-1 : 1978-10 wurden folgende Änderungen vorgenommen:
— Mit Übernahme des Inhalts der Europäischen Norm wurden die Grundsätze schweißtechnischer Qualitätsanforderungen abgestimmt mit den allgemeinen Forderungen an das Qualitätssicherungssystem nach der Normenreihe DIN ISO 9000.

Frühere Ausgaben
DIN 8563-1: 1964.06, 1973-03, 1978-10

Nationaler Anhang NA (informativ)

Literaturhinweise in nationalen Zusätzen

DIN 55350-11	Begriffe der Qualitätssicherung und Statistik — Grundbegriffe der Qualitätssicherung
DIN EN ISO 9000-1	Normen zum Qualitätsmanagement und zur Qualitätssicherung/QM-Darlegung — Teil 1: Leitfaden zur Auswahl und Anwendung (ISO 9000-1 : 1994); Dreisprachige Fassung EN ISO 9000-1 : 1994
DIN EN ISO 9001	Qualitätsmanagementsysteme — Modell zur Qualitätssicherung/QM-Darlegung in Design, Entwicklung, Produktion, Montage und Wartung (ISO 9001 : 1994); Dreisprachige Fassung EN ISO 9001 : 1994
DIN EN ISO 9002	Qualitätsmanagementsysteme — Modell zur Qualitätssicherung/QM-Darlegung in Produktion, Montage und Wartung (ISO 9002 : 1994); Dreisprachige Fassung EN ISO 9002 : 1994

Internationale Patentklassifikation
B 23 K 005/00
B 23 K 009/00

EUROPÄISCHE NORM
EUROPEAN STANDARD
NORME EUROPÉENNE

EN 729-1

September 1994

ICS 25.160.10

Deskriptoren: Schweißen, Schweißkonstruktion, Qualität, Qualitätssicherung, Auswahl, Nutzung, Herstellung, Beziehung zwischen Verbraucher und Hersteller

Deutsche Fassung

Schweißtechnische Qualitätsanforderungen

Schmelzschweißen metallischer Werkstoffe
Teil 1: Richtlinien zur Auswahl und Verwendung

Quality requirements for welding — Fusion welding of metallic materials — Part 1: Guidelines for selection and use

Exigences de qualité en soudage — Soudage par fusion des matériaux métalliques — Partie 1: Lignes directrices pour la sélection et l'utilisation

Diese Europäische Norm wurde von CEN am 1994-09-06 angenommen.

Die CEN-Mitglieder sind gehalten, die CEN/CENELEC-Geschäftsordnung zu erfüllen, in der die Bedingungen festgelegt sind, unter denen dieser Europäischen Norm ohne jede Änderung der Status einer nationalen Norm zu geben ist.

Auf dem letzten Stand befindliche Listen dieser nationalen Normen mit ihren bibliographischen Angaben sind beim Zentralsekretariat oder bei jedem CEN-Mitglied auf Anfrage erhältlich.

Diese Europäische Norm besteht in drei offiziellen Fassungen (Deutsch, Englisch, Französisch). Eine Fassung in einer anderen Sprache, die von einem CEN-Mitglied in eigener Verantwortung durch Übersetzung in seine Landessprache gemacht und dem Zentralsekretariat mitgeteilt worden ist, hat den gleichen Status wie die offiziellen Fassungen.

CEN-Mitglieder sind die nationalen Normungsinstitute von Belgien, Dänemark, Deutschland, Finnland, Frankreich, Griechenland, Irland, Island, Italien, Luxemburg, Niederlande, Norwegen, Österreich, Portugal, Schweden, Schweiz, Spanien und dem Vereinigten Königreich.

CEN

EUROPÄISCHES KOMITEE FÜR NORMUNG
European Committee for Standardization
Comité Européen de Normalisation

Zentralsekretariat: rue de Stassart 36, B-1050 Brüssel

© 1994. Das Copyright ist den CEN-Mitgliedern vorbehalten.

Ref. Nr. EN 729-1 : 1994 D

Inhalt

	Seite
Vorwort	2
0 Einleitung	2
1 Anwendungsbereich	3
2 Normative Verweisungen	3
3 Definitionen	3
4 Auswahl der schweißtechnischen Qualitätsanforderungen	4
Anhang A (informativ) Flußdiagramm für die Auswahl der schweißtechnischen Qualitätsanforderungen	5
Anhang B (informativ) Gesamtübersicht über die schweißtechnischen Qualitätsanforderungen mit Bezug auf EN 729-2, EN 729-3 und EN 729-4	6

Vorwort

Diese Europäische Norm wurde vom Technischen Komitee CEN/TC 121 "Schweißen" erarbeitet, dessen Sekretariat vom DS betreut wird.

Das CEN/TC 121 hat gemäß Resolution 173/1993 beschlossen, den Schluß-Entwurf zur formellen Abstimmung vorzulegen. Das Ergebnis war positiv.

EN 729 setzt sich aus vier Teilen wie folgt zusammen:

— EN 729-1 Schweißtechnische Qualitätsanforderungen — Schmelzschweißen metallischer Werkstoffe — Teil 1: Richtlinien zur Auswahl und Verwendung;

— EN 729-2 Schweißtechnische Qualitätsanforderungen — Schmelzschweißen metallischer Werkstoffe — Teil 2: Umfassende Qualitätsanforderungen;

— EN 729-3 Schweißtechnische Qualitätsanforderungen — Schmelzschweißen metallischer Werkstoffe — Teil 3: Standard-Qualitätsanforderungen;

— EN 729-4 Schweißtechnische Qualitätsanforderungen — Schmelzschweißen metallischer Werkstoffe — Teil 4: Elementar-Qualitätsanforderungen.

Diese Europäische Norm wurde unter einem Mandat erarbeitet, welches dem CEN von der Kommission der Europäischen Gemeinschaften und der Europäischen Freihandelszone erteilt wurde, und unterstützt wesentliche Anforderungen der EG-Richtlinie(n).

Diese Europäische Norm muß den Status einer nationalen Norm erhalten; entweder durch Veröffentlichung eines identischen Textes oder durch Anerkennung bis März 1995, und etwaige entgegenstehende nationale Normen müssen bis März 1995 zurückgezogen werden.

Entsprechend der CEN/CENELEC-Geschäftsordnung sind folgende Länder gehalten, diese Europäische Norm zu übernehmen:

Belgien, Dänemark, Deutschland, Finnland, Frankreich, Griechenland, Irland, Island, Italien, Luxemburg, Niederlande, Norwegen, Österreich, Portugal, Schweden, Schweiz, Spanien und das Vereinigte Königreich.

0 Einleitung

Schweißprozesse werden im großen Umfang zur Herstellung industrieller Erzeugnisse eingesetzt und nehmen in vielen Firmen eine Schlüsselstellung in der Fertigung ein. Derartige Konstruktionen können von Druckbehältern bis zu Hauswirtschafts- und Landwirtschaftsgeräten reichen und schließen auch Krane, Brücken und andere geschweißte Bauteile ein. Damit übt das Schweißen einen entscheidenden Einfluß auf die Fertigungskosten und die Qualität des Erzeugnisses aus. Daher ist wichtig sicherzustellen, daß die Schweißungen in der effektivsten Weise ausgeführt und daß für alle Vorgänge geeignete Überwachungen vorgesehen werden.

In den Normen der Reihe EN 29000 für die Qualitätssicherungssysteme wird das Schweißen als "spezieller Prozeß" ausgewiesen, da durch die nachfolgenden Qualitäts- und Erzeugnisprüfungen nicht endgültig bestätigt werden kann, daß für die Schweißungen die geforderten Qualitätsnormen eingehalten werden.

Qualität kann nicht in ein Erzeugnis hineingeprüft, sondern muß in ihm erzeugt werden. Selbst die umfassendste und höchstentwickelte zerstörungsfreie Prüfung verbessert nicht die Qualität der Schweißungen.

Damit die geschweißten Konstruktionen zweckentsprechend verwendbar sind und sowohl während der Fertigung als auch im Einsatz keine ernsthaften Probleme auftreten, sind notwendige Überwachungen von Konstruktionsstadium über die Werkstoffauswahl, Fertigung und nachfolgende Prüfung vorzusehen. Zum Beispiel kann eine schlechte Auslegung der Schweißkonstruktion ernsthafte und kostenträchtige Schwierigkeiten in der Werkstatt, auf der Baustelle oder während des Einsatzes hervorrufen. Eine falsche Werkstoffauswahl kann zu Problemen beim Schweißen, z.B. zu Rissen, führen. Die Schweißverfahren sind einwandfrei zu beschreiben und müssen anerkannt sein, um Unregelmäßigkeiten zu vermeiden. Die Einbeziehung einer Überwachung ist nötig, um sicherzustellen, daß die vorgegebene Qualität eingehalten wird.

Um eine einwandfreie schweißtechnische Fertigung sicherzustellen und Quellen möglicher Schwierigkeiten zu erkennen, benötigt das Management die Einführung eines geeigneten Verfahrens zur Qualitätssicherung.

1 Anwendungsbereich

Diese Richtlinien sind erstellt worden, um geeignete Qualitätsanforderungen für Hersteller zu beschreiben, die die Schweißtechnik innerhalb der Fertigung einsetzen. Sie sind so gegliedert, daß sie für jede Art geschweißter Konstruktionen angewendet werden können. Diese Richtlinien beziehen sich nur auf solche Qualitätsaspekte der fertigen Konstruktionen, die durch das Schweißen und verwandte Prozesse beeinflußt werden können.

Diese Richtlinien legen verschiedene Grundsätze für Qualitätsanforderungen an die schweißtechnische Fertigung sowohl in den Werkstätten als auch auf Baustellen fest und vermitteln Anweisungen zur Beschreibung eines Herstellers über seine Eignung, geschweißte Konstruktionen in vorgeschriebener Qualität zu fertigen.

Diese Richtlinien sind als Leitfaden anzusehen, um regelsetzende oder vertragliche Anforderungen vorzubereiten, sowie für die Leitung des Herstellers, schweißtechnische Anforderungen für Qualitätssicherungssysteme festzulegen, soweit sie sich auf die Art des geschweißten Bauteiles beziehen. Diese Richtlinien sind nicht so gestaltet, daß sie allein als Teil von regelsetzenden, vertraglichen oder geschäftlichen Anforderungen verwendet werden.

Diese Richtlinien sind für folgende Zwecke vorgesehen:

a) Erstellung von Erläuterungen für die Anforderungen innerhalb der Normen der Reihe EN 29000 und als Richtlinie für Festlegungen und die Erstellung desjenigen Teils des Qualitätssicherungssystems, der sich auf die Überwachung des Schweißens als ein "spezieller Prozeß" bezieht.

b) Erstellung von Richtlinien für Festlegungen und schweißtechnische Qualitätsanforderungen, wenn das Qualitätssicherungssystem von EN 29001 und EN 29002 nicht erfaßt wird.

c) Beurteilung der schweißtechnischen Qualitätsanforderungen, wie unter a) und b) erwähnt.

Übliche Anwendungen dieser Norm sind folgende Fälle:

— bei Vertragsverhandlungen: Festlegungen für schweißtechnische Qualitätsanforderungen innerhalb von Qualitätssicherungssystemen;

— für Hersteller: Festlegungen und Aufrechterhaltung der schweißtechnischen Qualitätsanforderungen;

— für Ausschüsse, die Bauvorschriften oder andere Anwendungsnormen vorbereiten: Festlegungen für schweißtechnische Qualitätsanforderungen;

— für Beteiligte, z. B. unabhängige Prüfstellen, Kunden oder Leitung des Herstellers: Beurteilung von schweißtechnischen Qualitätsanforderungen.

2 Normative Verweisungen

Diese Europäische Norm enthält durch datierte oder undatierte Verweisungen Festlegungen aus anderen Publikationen. Diese normativen Verweisungen sind an den jeweiligen Stellen im Text zitiert, und die Publikationen sind nachstehend aufgeführt. Bei starren Verweisungen gehören spätere Änderungen oder Überarbeitungen dieser Publikationen nur zu dieser Europäischen Norm, falls sie durch Änderung oder Überarbeitung eingearbeitet sind. Bei undatierten Verweisungen gilt die letzte Ausgabe der in Bezug genommenen Publikation.

EN 729-2
Schweißtechnische Qualitätsanforderungen — Schmelzschweißen metallischer Werkstoffe — Teil 2: Umfassende Qualitätsanforderungen

EN 729-3
Schweißtechnische Qualitätsanforderungen — Schmelzschweißen metallischer Werkstoffe — Teil 3: Standard-Qualitätsanforderungen

EN 729-4
Schweißtechnische Qualitätsanforderungen — Schmelzschweißen metallischer Werkstoffe — Teil 4: Elementar-Qualitätsanforderungen

EN 29000 : 1987
Qualitätsmanagement- und Qualitätssicherungsnormen — Leitfaden zur Auswahl und Anwendung

EN 29001 : 1987
Qualitätssicherungssysteme — Modell zur Darlegung der Qualitätssicherung in Design/Entwicklung, Produktion, Montage und Kundendienst

EN 29002 : 1987
Qualitätssicherungssysteme — Modell zur Darlegung der Qualitätssicherung in Produktion und Montage

ISO 8402 : 1994
en: Quality management and quality assurance — Vocabulary
de: Qualitätsmanagement und Qualitätssicherung — Begriffe

3 Definitionen

Für die Anwendung dieser Norm gelten die folgenden Definitionen.

3.1 Vertrag

Ein Vertrag enthält

— entweder die vereinbarten Konstruktionsanforderungen, die vom Kunden gestellt werden,

— oder die Konstruktionsgrundlagen des Herstellers bei der Serienfertigung für mehrere Kunden, wobei diese dem Hersteller zum Zeitpunkt der Konstruktionserstellung oder der Fertigung unbekannt sind.

Vom Vertrag wird in beiden Fällen vorausgesetzt, daß er alle betreffenden Anforderungen einschließt, die zu regeln sind.

ANMERKUNG: Die Funktion einer unabhängigen Prüfstelle ist eine Angelegenheit, die durch die Beteiligten und/oder durch die Anwendungsnorm festgelegt wird.

3.2 Spezieller Prozeß

Dies sind Prozesse, deren Ergebnisse durch nachfolgende Qualitäts- und Erzeugnisprüfungen nicht vollständig bestätigt werden können und bei denen sich z. B. Fertigungsmängel erst zeigen, nachdem das Erzeugnis in Betrieb ist. Entsprechend werden ständige Überwachung und/oder Befolgung der dokumentierten Verfahrensanweisungen gefordert, um sicherzustellen, daß die festgelegten Anforderungen erfüllt werden (nach 4.9.2 in EN 29001 : 1987 und 4.8.2 in EN 29002 : 1987).

3.3 Herstellerorganisation

Herstellerorganisation bedeutet, daß die Schweißwerkstätten und/oder -baustellen demselben technischen Management und Qualitätsmanagement unterstehen.

3.4 Qualifizierte Person

Eine Person, die ihre Fähigkeit und ihr Wissen durch Schulung, Ausbildung und/oder praktische Erfahrung erlangt hat.

3.5 Konstruktion

Der Begriff "Konstruktion" wird in dieser Norm als Synonym für Erzeugnis, Bauteil oder andere durch Schweißen gefertigte Teile verwendet.

3.6 Qualitätssystem

Siehe ISO 8402

Seite 4
EN 729-1 : 1994

4 Auswahl der schweißtechnischen Qualitätsanforderungen

Bei der Anwendung dieser Norm können die schweißtechnischen Qualitätsanforderungen so ausgewählt werden, daß sie der in Betracht kommenden Art geschweißter Konstruktionen entsprechen. In Übereinstimmung mit den nachfolgend genannten Teilen von EN 729 ist der geeignete auszuwählen:
— Teil 2: Umfassende Qualitätsanforderungen;
— Teil 3: Standard-Qualitätsanforderungen;
— Teil 4: Elementar-Qualitätsanforderungen.

Anleitungen für die Auswahl enthält Tabelle 1. Anhang A und Anhang B geben weitere Informationen für die Auswahl und den Inhalt von EN 729-2, EN 729-3 und EN 729-4.

Tabelle 1: Auswahl von schweißtechnischen Qualitätsanforderungen

Schweißtechische Anforderungen entsprechend Vertrag	Qualitätsanforderungen	
	Wenn ein Qualitätssicherungssystem[1]) nach EN 29001 und EN 29002 gefordert ist, benutze	Wenn ein Qualitätssicherungssystem nach EN 29001 und EN 29002 nicht gefordert ist, benutze
Umfassende Qualitätsanforderungen	EN 729-2[1])	EN 729-2
Standard Qualitätsanforderungen	EN 729-2[1])	EN 729-3
Elementare Qualitätsanforderungen	EN 729-2[1])	EN 729-4

[1]) Innerhalb des Anwendungsbereiches von EN 29001 und EN 29002 können die Anforderungen von EN 729-2 entsprechend der Art der geschweißten Konstruktion verringert werden.

Anhang A (informativ)

Flußdiagramm für die Auswahl der schweißtechnischen Qualitätsanforderungen

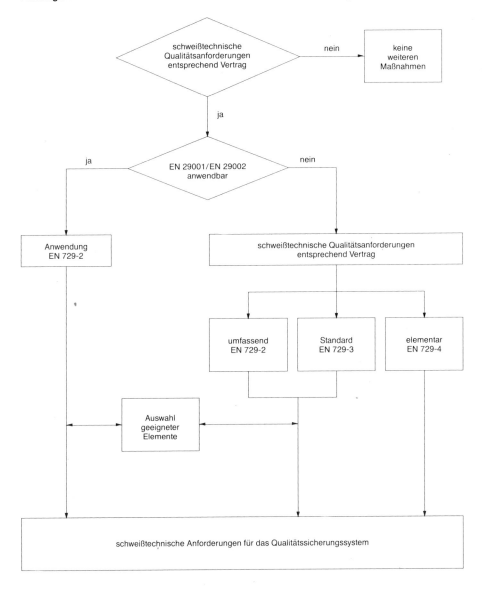

Anhang B (informativ)

Gesamtübersicht über die schweißtechnischen Qualitätsanforderungen mit Bezug auf EN 729-2, EN 729-3 und EN 729-4

Tabelle B.1: Gesamtübersicht

Elemente \ Teile von EN 729	EN 729-2	EN 729-3	EN 729-4
Vertragsüberprüfung	voll dokumentierte Überprüfung	weniger ausführliche Überprüfung	Nachweis, daß Eignung und Information vorhanden sind
Konstruktionsüberprüfung	Konstruktionsunterlagen für die Schweißungen sind zu bestätigen		
Unterlieferant	behandeln wie Hauptlieferant		muß Norm erfüllen
Schweißer, Bediener	anerkannt nach dem entsprechenden Teil von EN 287 oder EN 1418		
Schweißaufsicht	Schweißaufsichtspersonal mit entsprechenden technischen Kenntnissen nach EN 719 oder Personen mit gleichartigen Kenntnissen		keine Forderung, aber persönliche Verantwortung des Herstellers
Personal für Qualitätsprüfungen	ausreichendes und befähigtes Personal muß verfügbar sein		ausreichendes und befähigtes Personal notwendig; Zugang für unabhängige Prüfstelle, wenn gefordert
Fertigungseinrichtung	gefordert für Vorbereitung, Schneiden, Schweißen, Transport, Heben, zusammen mit Sicherheitseinrichtungen und Schutzkleidung		keine besondere Forderung
Instandhaltung der Einrichtung	ist durchzuführen, Instandhaltungsplan ist notwendig	keine besondere Forderung, muß angemessen sein	keine Forderung
Fertigungsplan	notwendig	eingeschränkter Plan notwendig	keine Forderung
Schweißanweisungen (WPS)	Anweisungen für die Schweißer müssen verfügbar sein, siehe den entsprechenden Teil von EN 288		keine Forderung
Anerkennung der Schweißverfahren	nach dem entsprechenden Teil von EN 288, Anerkennung durch Anwendungsnorm oder Vertragsbedingungen		keine besondere Forderung
Arbeitsanweisung	Schweißanweisungen (WPS) oder geeignete Arbeitsanweisungen müssen verfügbar sein		keine Forderung
Dokumentation	notwendig	nicht vorgeschrieben	keine Forderung
Losprüfung von Schweißzusätzen	nur, wenn im Vertrag vorgeschrieben	nicht vorgeschrieben	keine Forderung
Lagerung und Handhabung der Schweißzusätze	mindestens, wie vom Lieferanten empfohlen		
Lagerung der Grundwerkstoffe	Schutz gegen Umwelteinflüsse erforderlich; Kennzeichnung muß erhalten bleiben		keine Forderung
Wärmenachbehandlung	Festlegung und vollständiger Bericht notwendig	Bestätigung der Festlegung notwendig	keine Forderung
Qualitätsprüfung vor, während, nach dem Schweißen	wie für festgelegte Verfahren gefordert		Verantwortung, wie im Vertrag festgelegt
Mangelnde Übereinstimmung	Verfahren müssen verfügbar sein		
Kalibrierung	Verfahren müssen verfügbar sein	nicht festgelegt	
Kennzeichnung	gefordert, wenn geeignet	gefordert, wenn geeignet	nicht festgelegt
Rückverfolgbarkeit			nicht festgelegt
Qualitätsberichte	müssen verfügbar sein, um die Haftungsregeln für das Erzeugnis zu erfüllen		wie im Vertrag gefordert
	mindestens 5 Jahre aufbewahren		

Dezember 1995

Schweißzusätze
Drahtelektroden und Draht-Pulver-Kombinationen zum Unterpulverschweißen von unlegierten Stählen und Feinkornstählen
Einteilung
Deutsche Fassung EN 756 : 1995

DIN EN 756

ICS 25.160.20

Ersatz für
DIN 8557-1 : 1981-04

Deskriptoren: Schweißzusatz, Drahtelektrode, Unterpulverschweißen, Stahl, Schweißtechnik

Welding consumables — Wire electrodes and wire-flux combinations for submerged arc welding of non alloy and fine grain steels — Classification;
German version EN 756 : 1995
Produits consommables pour le soudage — Fils-électrodes et couples fils-flux pour le soudage à l'arc sous flux des aciers non alliés et à grains fins — Classification;
Version allemande EN 756 : 1995

Die Europäische Norm EN 756 : 1995 hat den Status einer Deutschen Norm.

Nationales Vorwort

DIN EN 756 ersetzt die bisherige DIN 8557-1. Sie gilt wie diese für Drahtelektroden und Dreh-Pulver-Kombinationen zum Unterpulverschweißen von unlegierten Stählen und Feinkornstählen, allerdings mit einem erweiterten Anwendungsbereich. Dieser ist, wie bei den vergleichbaren Normen für das Lichtbogenhand-, MAG-, WIG- und Fülldrahtschweißen, bis zu einer Streckgrenze von 500 N/mm festgelegt. Anders als bei DIN 8557-1, in der im Anwendungsbereich beispielhaft einzelne Stahlnormen aufgeführt sind, werden in DIN EN 756 keine Hinweise auf entsprechende Grundwerkstoffnormen gegeben.

Im zweiten Absatz der Einleitung wird eingeschränkt, daß — abweichend vom bisherigen deutschen Regelwerk — Drahtelektroden und Schweißpulver gleicher Bezeichnung verschiedener Anbieter nicht austauschbar sind. Mit der Ergänzung "ohne Überprüfung nach dieser Norm" ist aus deutscher Sicht ein Austausch von Drahtelektroden und Pulvern nach dieser Norm sehr wohl möglich. Art und Umfang der dazu erforderlichen Überprüfung sind allerdings nicht näher geregelt.

Im Abschnitt "Kennzeichen und Anforderungen" sind in Tabelle 1 die Kennziffern für die Festigkeitseigenschaften von Mehrlagenschweißgut aufgeführt. CEN/TC 121/SC 3 hat sich mehrheitlich — wie auch z. B. bei DIN EN 440 — für die Festlegung der unteren Streckgrenze statt der sonst allgemein üblichen oberen Streckgrenze als Mindestwert entschieden. Im Gegensatz zu DIN 8557-1 geht DIN EN 756 ausdrücklich auf die Lage/Gegenlage-Schweißung ein und gibt auch dafür entsprechende Festigkeitskennzeichen an. Wie bei den vergleichbaren Normen ist auch in DIN EN 756 nur für Werte für die Mindestkerbschlagarbeit vorgegeben, und zwar 47 J.

Außer den Kennbuchstaben Z und A sowie der Kennziffer 0 entsprechen die Kennziffern jeweils einem Zehntel der betreffenden Prüftemperatur. Die in Tabelle 4 aufgeführten Schweißpulver sind gegenüber DIN 32522 um mehrere Typen ergänzt worden. Die Anzahl der Drahtqualitäten ist im Vergleich zu DIN 8557-1 erhöht, die Analysenspannen sind zum Teil verändert bzw. erweitert worden (siehe Tabelle 5).

Grundsätzlich entspricht DIN EN 756 dem CEN-Konzept, d. h. es handelt sich um eine reine Produktnorm, in der auf getrennte DIN-EN- oder ISO-Normen für Schweißhilfsstoffe, für technische Lieferbedingungen, Prüfbedingungen usw. verwiesen wird. Die Normbezeichnungen der Produkte entsprechen dem gewählten Schema, das bei allen Normen für Schweißzusätze einheitlich angewendet wird.

Für die im Abschnitt 2 zitierten Europäischen Norm-Entwürfe, soweit die Norm-Nummer geändert ist, und Internationale Normen wird im folgenden auf die entsprechenden Deutschen Normen hingewiesen:

prEN 759	siehe E DIN 8559-102
prEN 1258 (zukünftig EN ISO 13916)	siehe DIN 32524
prEN 1597-1	siehe E DIN 32525-1
prEN 1597-2	siehe E DIN 32525-100
ISO 31-0	siehe DIN 1313

Änderungen

Gegenüber DIN 8557-1 : 1981-04 wurden folgende Änderungen vorgenommen:
— Inhalt der Europäischen Norm übernommen. Siehe Nationales Vorwort.

Frühere Ausgaben

DIN 8557: 1961-08
DIN 8557-1: 1981-04

Fortsetzung Seite 2
und 6 Seiten EN

Normenausschuß Schweißtechnik (NAS) im DIN Deutsches Institut für Normung e.V.

Nationaler Anhang NA (informativ)

Literaturhinweise

DIN 1313
  Physikalische Größen und Gleichungen — Begriffe, Schreibweisen

E DIN 8559-102 (zukünftig DIN EN 759)
  Technische Lieferbedingungen für Stahl-Schweißzusätze — Teil 102: Art des Produktes, Maße, Grenzabmaße und Kennzeichnung (Vorschlag für eine Europäische Norm)

DIN 32524 (zukünftig DIN EN ISO 13916)
  Messung der Vorwärm-, Zwischenlagen- und Haltetemperatur beim Schweißen

E DIN 32525-1 (zukünftig DIN EN 1597-1)
  Prüfung von Schweißzusätzen — Teil 1: Prüfstück zur Entnahme von Schweißgutproben an Stahl, Nickel und Nickellegierungen (Vorschlag für eine Europäische Norm)

E DIN 32525-100 (zukünftig DIN EN 1597-2)
  Schweißzusätze — Prüfung zur Einteilung — Teil 100: Vorbereitung eines Prüfstückes von Einlagen- und Lage/Gegenlage-Schweißungen an Stahl (Vorschlag für eine Europäische Norm)

EUROPÄISCHE NORM
EUROPEAN STANDARD
NORME EUROPÉENNE

EN 756

Oktober 1995

ICS 25.160.20

Deskriptoren: Lichtbogenschweißen, Schweißpulver, Schweißelektrode, legierter Stahl, unlegierter Stahl, Manganstahl, Einteilung, Kennzeichen, mechanische Prüfung, chemische Zusammensetzung

Deutsche Fassung

Schweißzusätze
Drahtelektroden und Draht-Pulver-Kombinationen zum Unterpulverschweißen von unlegierten Stählen und Feinkornstählen
Einteilung

| Welding consumables — Wire electrodes and wire-flux combinations for submerged arc welding of non alloy and fine grain steels — Classification | Produits consommables pour le soudage — Fils-électrodes et couples fils-flux pour le soudage à l'arc sous flux des aciers non alliés et à grains fins — Classification |

Diese Europäische Norm wurde von CEN am 1995-08-27 angenommen.

Die CEN-Mitglieder sind gehalten, die CEN/CENELEC-Geschäftsordnung zu erfüllen, in der die Bedingungen festgelegt sind, unter denen dieser Europäischen Norm ohne jede Änderung der Status einer nationalen Norm zu geben ist.

Auf dem letzten Stand befindliche Listen dieser nationalen Normen mit ihren bibliographischen Angaben sind beim Zentralsekretariat oder bei jedem CEN-Mitglied auf Anfrage erhältlich.

Diese Europäische Norm besteht in drei offiziellen Fassungen (Deutsch, Englisch, Französisch). Eine Fassung in einer anderen Sprache, die von einem CEN-Mitglied in eigener Verantwortung durch Übersetzung in seine Landessprache gemacht und dem Zentralsekretariat mitgeteilt worden ist, hat den gleichen Status wie die offiziellen Fassungen.

CEN-Mitglieder sind die nationalen Normungsinstitute von Belgien, Dänemark, Deutschland, Finnland, Frankreich, Griechenland, Irland, Island, Italien, Luxemburg, Niederlande, Norwegen, Österreich, Portugal, Schweden, Schweiz, Spanien und dem Vereinigten Königreich.

CEN

EUROPÄISCHES KOMITEE FÜR NORMUNG
European Committee for Standardization
Comité Européen de Normalisation

Zentralsekretariat: rue de Stassart 36, B-1050 Brüssel

© 1995. Das Copyright ist den CEN-Mitgliedern vorbehalten.

Ref. Nr. EN 756 : 1995 D

Inhalt

	Seite
Vorwort	2
0 Einleitung	2
1 Anwendungsbereich	2
2 Normative Verweisungen	2
3 Einteilung	3
4 Kennzeichen und Anforderungen	3
4.1 Kurzzeichen für das Produkt/den Schweißprozeß	3
4.2 Kennziffer für die Festigkeitseigenschaften	3
4.3 Kennzeichen für die Kerbschlagarbeit des reinen Schweißgutes oder der Lage/Gegenlage-Schweißverbindung	3
4.4 Kennzeichen für das Schweißpulver	4
4.5 Kurzzeichen für die chemische Zusammensetzung der Drahtelektrode	5
5 Mechanische Prüfungen	5
5.1 Mehrlagenschweißen	5
5.2 Lage/Gegenlage-Schweißen	5
6 Chemische Analyse	5
7 Technische Lieferbedingungen	5
8 Bezeichnung	5
Anhang A (informativ) Literaturhinweise	6

Vorwort

Diese Europäische wurde vom Technischen Komitee CEN/TC 121 "Schweißen" erarbeitet, dessen Sekretariat vom DS betreut wird.

Diese Europäische Norm muß den Status einer nationalen Norm erhalten, entweder durch Veröffentlichung eines identischen Textes oder durch Anerkennung bis April 1996, und etwaige entgegenstehende nationale Normen müssen bis April 1996 zurückgezogen werden.

Entsprechend der CEN/CENELEC-Geschäftsordnung sind folgende Länder gehalten, diese Europäische Norm zu übernehmen:

Belgien, Dänemark, Deutschland, Finnland, Frankreich, Griechenland, Irland, Island, Italien, Luxemburg, Niederlande, Norwegen, Österreich, Portugal, Schweden, Schweiz, Spanien und das Vereinigte Königreich.

0 Einleitung

Diese Norm enthält eine Einteilung zur Bezeichnung von Drahtelektroden mit Hilfe ihrer chemischen Zusammensetzung und Draht-Pulver-Kombination nach der Streckgrenze, der Zugfestigkeit und der Dehnung des Schweißgutes. Das Verhältnis von Streckgrenze zur Zugfestigkeit des reinen Schweißgutes ist im allgemeinen höher als das für den Grundwerkstoff. Anwender sollten daher beachten, daß ein Schweißgut, das die Mindeststreckgrenze des Grundwerkstoffes erreicht, nicht unbedingt auch dessen Mindestzugfestigkeit erreicht. Wenn bei der Anwendung eine bestimmte Mindestzugfestigkeit gefordert wird, muß daher bei der Auswahl des Schweißzusatzes die Spalte 3 in Tabelle 1 berücksichtigt werden.

Obwohl Draht-Pulver-Kombinationen verschiedener Anbieter die gleiche Einstufung haben können, sind die einzelnen Drähte und Pulver verschiedener Firmen nicht ohne Überprüfung nach dieser Norm austauschbar.

Es sollte beachtet werden, daß die für die Einteilung der Draht-Pulver-Kombination benutzten mechanischen Eigenschaften des reinen Schweißgutes abweichen können von denen, die bei Fertigungsschweißungen erreicht werden. Dies ist bedingt durch Unterschiede bei der Durchführung des Schweißens, z. B. Drahtelektrodendurchmesser und Werkstoffzusammensetzung.

1 Anwendungsbereich

Diese Norm legt Anforderungen für die Einteilung von Draht-Pulver-Kombinationen und reinem Schweißgut im Schweißzustand für das Unterpulverschweißen von unlegierten Stählen und Feinkornstählen mit einer Mindeststreckgrenze bis zu 500 N/mm^2 fest. Ein Pulver kann mit verschiedenen Drahtelektroden eingestuft werden. Die Drahtelektrode wird ebenfalls getrennt nach ihrer chemischen Zusammensetzung eingeteilt.

Pulver, die für Einlagen- und Lage/Gegenlage-Schweißen geeignet sind, werden entsprechend dem Lage/Gegenlage-Schweißen eingeteilt.

2 Normative Verweisungen

Diese Europäische Norm enthält durch datierte oder undatierte Verweisungen Festlegungen aus anderen Publikationen. Diese normativen Verweisungen sind an den jeweiligen Stellen im Text zitiert, und die Publikationen sind nachstehend aufgeführt. Bei datierten Verweisungen gehören spätere Änderungen oder Überarbeitungen dieser Publikationen nur zu dieser Europäischen Norm, falls sie durch Änderung oder Überarbeitung eingearbeitet sind. Bei undatierten Verweisungen gilt die letzte Ausgabe der in Bezug genommenen Publikation.

prEN 759
  Schweißzusätze — Technische Lieferbedingungen — Art des Produktes, Maße, Grenzmaße und Kennzeichnung

prEN 760
  Schweißzusätze — Pulver zum Unterpulverschweißen — Einteilung

prEN 1258
  Schweißen — Messung der Vorwärm-, Zwischenlagen- und Haltetemperatur beim Schweißen

prEN 1597-1
  Schweißzusätze — Prüfung zur Einteilung — Teil 1: Prüfstück zur Entnahme von Schweißgutproben aus Stahl, Nickel und Nickellegierungen

Tabelle 1: Kennziffer für Festigkeitseigenschaften von Mehrlagenschweißverbindungen

Kennziffer	Mindeststreckgrenze[1] N/mm^2	Zugfestigkeit N/mm^2	Mindestbruchdehnung[2] %
35	355	440 bis 570	22
38	380	470 bis 600	20
42	420	500 bis 640	20
46	460	530 bis 680	20
50	500	560 bis 720	18

[1] Es gilt die untere Streckgrenze (R_{eL}). Bei nicht eindeutig ausgeprägter Streckgrenze ist die 0,2%-Dehngrenze ($R_{p0,2}$) anzuwenden.
[2] Die Meßlänge ist gleich dem fünffachen Probendurchmesser.

prEN 1597-2
Schweißzusätze — Prüfung zur Einteilung — Teil 2: Vorbereitung eines Prüfstücks für die Prüfung von Einlagen- und Lage/Gegenlage-Schweißungen an Stahl
ISO 31-0
de: Größen und Einheiten — Teil 0: Allgemeine Grundsätze
en: Quantities and units — Part 0: General principles

3 Einteilung

Die Einteilung enthält die Eigenschaften des reinen Schweißgutes, die mit einer bestimmten Draht-Pulver-Kombination eines Herstellers erreicht werden, wie unten beschrieben. Eine Drahtelektrode kann gesondert durch das Kurzzeichen für die chemische Zusammensetzung nach Tabelle 5 angegeben werden.
Die Einteilung besteht aus 5 Merkmalen:
1) Das erste Merkmal besteht aus dem Kurzzeichen für das Produkt/den Schweißprozeß.
2) Das zweite Merkmal besteht aus einer Kennziffer, entweder für die Festigkeitseigenschaften und die Bruchdehnung des reinen Schweißgutes beim Mehrlagenschweißen oder die Festigkeitseigenschaften des verwendeten Grundwerkstoffes beim Lage/Gegenlage-Schweißen.
3) Das dritte Merkmal enthält das Kennzeichen für die Kerbschlagarbeit des reinen Schweißgutes oder der Schweißverbindung.
4) Das vierte Merkmal enthält das Kennzeichen für den verwendeten Pulvertyp.
5) Das fünfte Merkmal enthält das Kurzzeichen für die chemische Zusammensetzung der Drahtelektrode.

4 Kennzeichen und Anforderungen

4.1 Kurzzeichen für das Produkt/ den Schweißprozeß

Das Kurzzeichen für eine Drahtelektrode und/oder eine Draht-Pulver-Kombination für das Unterpulverschweißen ist der Buchstabe S.

4.2 Kennziffer für die Festigkeitseigenschaften

4.2.1 Mehrlagenschweißen

Die Kennziffer in Tabelle 1 erfaßt die Streckgrenze, Zugfestigkeit und Bruchdehnung des reinen Schweißgutes im Schweißzustand, die nach den Bedingungen nach 5.1 bestimmt werden.

4.2.2 Lage/Gegenlage-Schweißen

Das Kennzeichen erfaßt die Festigkeit der Schweißverbindung bezogen auf den verwendeten Grundwerkstoff für Lage/Gegenlage-Schweißungen, die unter den Bedingungen nach 5.2 erfolgreich geprüft wurden.

Tabelle 2: Kennzeichen für die Festigkeitseigenschaften von Lage/Gegenlage-Schweißverbindungen

Kennzeichen	Mindeststreckgrenze des Grundwerkstoffes N/mm^2	Mindestzugfestigkeit der Schweißverbindung N/mm^2
2T	275	370
3T	355	470
4T	420	520
5T	500	600

4.3 Kennzeichen für die Kerbschlagarbeit des reinen Schweißgutes oder der Lage/Gegenlage-Schweißverbindung

Das Kennzeichen nach Tabelle 3 erfaßt die Temperatur, bei der eine durchschnittliche Kerbschlagarbeit von 47 J erreicht wird. Bedingungen siehe Abschnitt 5.
Es sind drei Proben zu prüfen. Nur ein Einzelwert darf 47 J unterschreiten und muß mindestens 32 J betragen.
Wenn ein Schweißgut für eine bestimmte Temperatur eingestuft ist, eignet es sich folglich für jede höhere Temperatur nach Tabelle 3.

Tabelle 3: Kennzeichen für die Kerbschlagarbeit des reinen Schweißgutes oder der Lage/Gegenlage-Schweißverbindung

Kennzeichen	Temperatur für Mindestkerbschlagarbeit 47 J °C
Z	keine Anforderungen
A	+ 20
0	0
2	− 20
3	− 30
4	− 40
5	− 50
6	− 60
7	− 70
8	− 80

4.4 Kennzeichen für das Schweißpulver

Das Kennzeichen nach Tabelle 4 erfaßt den Pulvertyp nach EN 760.

Tabelle 4: Kennzeichen für den Pulvertyp

Pulvertyp	Kennzeichen
Mangan-Silikat	MS
Calcium-Silikat	CS
Zirkon-Silikat	ZS
Rutil-Silikat	RS
Aluminat-Rutil	AR
Aluminat-basisch	AB
Aluminat-Silikat	AS
Aluminat-Fluorid-basisch	AF
Fluorid-basisch	FB
Andere Typen	Z

Tabelle 5: Chemische Zusammensetzung von Drahtelektroden zum Unterpulverschweißen, Massenanteil in Prozent

Kurz-zeichen	Chemische Zusammensetzung in % $(m/m)^{1)2)3)}$							
	C	Si	Mn	P	S	Mo	Ni	Cr
S0	Jede vereinbarte chemische Zusammensetzung							
S1	0,05 bis 0,15	0,15	0,35 bis 0,60	0,025	0,025	0,15	0,15	0,15
S2	0,07 bis 0,15	0,15	0,80 bis 1,30	0,025	0,025	0,15	0,15	0,15
S3	0,07 bis 0,15	0,15	> 1,30 bis 1,75	0,025	0,025	0,15	0,15	0,15
S4	0,07 bis 0,15	0,15	> 1,75 bis 2,25	0,025	0,025	0,15	0,15	0,15
S1Si	0,07 bis 0,15	0,15 bis 0,40	0,35 bis 0,60	0,025	0,025	0,15	0,15	0,15
S2Si	0,07 bis 0,15	0,15 bis 0,40	0,80 bis 1,30	0,025	0,025	0,15	0,15	0,15
S2Si2	0,07 bis 0,15	0,40 bis 0,60	0,80 bis 1,30	0,025	0,025	0,15	0,15	0,15
S3Si	0,07 bis 0,15	0,15 bis 0,40	> 1,30 bis 1,85	0,025	0,025	0,15	0,15	0,15
S4Si	0,07 bis 0,15	0,15 bis 0,40	> 1,85 bis 2,25	0,025	0,025	0,15	0,15	0,15
S1Mo	0,05 bis 0,15	0,05 bis 0,25	0,35 bis 0,60	0,025	0,025	0,45 bis 0,65	0,15	0,15
S2Mo	0,07 bis 0,15	0,05 bis 0,25	0,80 bis 1,30	0,025	0,025	0,45 bis 0,65	0,15	0,15
S3Mo	0,07 bis 0,15	0,05 bis 0,25	> 1,30 bis 1,75	0,025	0,025	0,45 bis 0,65	0,15	0,15
S4Mo	0,07 bis 0,15	0,05 bis 0,25	> 1,75 bis 2,25	0,025	0,025	0,45 bis 0,65	0,15	0,15
S2Ni1	0,07 bis 0,15	0,05 bis 0,25	0,80 bis 1,30	0,020	0,020	0,15	0,80 bis 1,20	0,15
S2Ni1,5	0,07 bis 0,15	0,05 bis 0,25	0,80 bis 1,30	0,020	0,020	0,15	> 1,20 bis 1,80	0,15
S2Ni2	0,07 bis 0,15	0,05 bis 0,25	0,80 bis 1,30	0,020	0,020	0,15	> 1,80 bis 2,40	0,15
S2Ni3	0,07 bis 0,15	0,05 bis 0,25	0,80 bis 1,30	0,020	0,020	0,15	> 2,80 bis 3,70	0,15
S2Ni1Mo	0,07 bis 0,15	0,05 bis 0,25	0,80 bis 1,30	0,020	0,020	0,45 bis 0,65	0,80 bis 1,20	0,20
S3Ni1,5	0,07 bis 0,15	0,05 bis 0,25	> 1,30 bis 1,70	0,020	0,020	0,15	> 1,20 bis 1,80	0,20
S3Ni1Mo	0,07 bis 0,15	0,05 bis 0,25	> 1,30 bis 1,80	0,020	0,020	0,45 bis 0,65	0,80 bis 1,20	0,20
S3Ni1,5Mo	0,07 bis 0,15	0,05 bis 0,25	1,20 bis 1,80	0,020	0,020	0,30 bis 0,50	1,20 bis 1,80	0,20

[1] Chemische Zusammensetzung des Fertigproduktes, Cu einschließlich Kupfer-Überzug ≤ 0,30 %, Al ≤ 0,030 %.
[2] Einzelwerte in der Tabelle sind Höchstwerte.
[3] Die Ergebnisse sind auf dieselbe Stelle zu runden wie die festgelegten Werte unter Anwendung von ISO 31-0, Anhang B, Regel A.

4.5 Kurzzeichen für die chemische Zusammensetzung der Drahtelektrode

Das Kurzzeichen in Tabelle 5 erfaßt die chemische Zusammensetzung der Drahtelektrode und enthält Angaben über die kennzeichnenden Legierungsbestandteile.
Die chemische Zusammensetzung des reinen Schweißgutes ist von der chemischen Zusammensetzung der Drahtelektrode und dem metallurgischen Verhalten des Pulvers abhängig (siehe EN 760).

5 Mechanische Prüfungen

5.1 Mehrlagenschweißen

Zug- und Kerbschlagbiegeversuche sowie alle geforderten Nachprüfungen sind an reinem Schweißgut im Schweißzustand nach EN 1597-1, Typ 3 durchzuführen. Es sind Drahtelektroden von 4,0 mm oder 3,2 mm (3,0 mm) Durchmesser zu verwenden, wobei stets der größte gefertigte Durchmesser zu benutzen ist.
Die Schweißbedingungen (Eindrahtschweißen) und Einzelheiten für das Prüfstück enthält Tabelle 6.
Vorwärmen wird nicht verlangt. Das Schweißen darf bei Raumtemperatur begonnen werden.
Die Zwischenlagentemperatur ist mit Temperaturanzeigestiften, Oberflächen-Thermometer oder Thermoelementen zu messen, siehe EN 1258.
Die Zwischenlagentemperaturen nach Tabelle 6 dürfen nicht überschritten werden. Wenn die Zwischenlagentemperatur überschritten wird, muß das Prüfstück an ruhender Luft bis unter diese Grenze abgekühlt sein, bevor die nächste Raupe geschweißt werden darf.

5.2 Lage/Gegenlage-Schweißen

Zug- und Kerbschlagbiegeversuche sowie geforderte Nachprüfungen sind an reinem Schweißgut im Schweißzustand nach prEN 1597-2, Typ 4 durchzuführen. Die Schweißbedingungen müssen den Empfehlungen des Herstellers entsprechen und sind zum Nachweis der Übereinstimmung mit dieser Norm aufzuzeichnen.

6 Chemische Analyse

Die chemische Analyse wird an Drahtproben durchgeführt. Jede analytische Methode darf angewendet werden. Im Zweifelsfall muß sie nach eingeführten veröffentlichten Verfahren vorgenommen werden.

ANMERKUNG: Siehe Anhang A.

7 Technische Lieferbedingungen

Die Technischen Lieferbedingungen müssen den Anforderungen nach EN 759 entsprechen.

8 Bezeichnung

Die Bezeichnung der Drahtelektrode oder Draht-Pulver-Kombination muß den Grundsätzen gemäß nachfolgender Beispiele entsprechen.

BEISPIEL 1:
Eine Draht-Pulver-Kombination für das Mehrlagen-Unterpulverschweißen, deren Schweißgut eine Mindeststreckgrenze von 460 N/mm^2 (46) und eine Mindestkerbschlagarbeit von 47 J bei $-30\,°C$ (3) aufweist, hergestellt mit einem aluminat-basischen Pulver (AB) und einem Draht S2 wird bezeichnet:

Draht-Pulver-Kombination
EN 756 — S 46 3 AB S2

Hierbei bedeuten:

EN 756	= Norm-Nummer
S	= Drahtelektrode und/oder Draht-Pulver-Kombination/Unterpulverschweißen (siehe 4.1)
46	= Festigkeit und Bruchdehnung (Tabelle 1 und 2)
3	= Kerbschlagarbeit (Tabelle 3)
AB	= Pulvertyp (Tabelle 4)
S2	= Chemische Zusammensetzung der Drahtelektrode (Tabelle 5)

BEISPIEL 2:
Eine Draht-Pulver-Kombination, für das Lage/Gegenlage-Unterpulverschweißen, deren Eignung in Übereinstimmung mit der Herstellerempfehlung an einem Grundwerkstoff mit einer Mindeststreckgrenze von 420 N/mm^2 nach einer Querzugprobe nachgewiesen wurde, deren Schweißgut eine Mindestzugfestigkeit von > 520 N/mm^2 (4T) und eine Mindestkerbschlagarbeit von 47 J bei $-20\,°C$ (2) aufweist, hergestellt mit einem aluminat-basischen Pulver (AB) und einer Drahtelektrode S2Mo wird bezeichnet:

Draht-Pulver-Kombination
EN 756 — S 4T 2 AB S2Mo

BEISPIEL 3:
Eine Drahtelektrode entsprechend der chemischen Zusammensetzung für S2Mo nach Tabelle 5 wird bezeichnet:

Drahtelektrode EN 756 — S2Mo

Tabelle 6: Schweißbedingungen für das Mehrlagen-Eindrahtschweißen

Bedingungen[1)][2)]	Drahtdurchmesser mm	
	3,2	4,0
Länge der Schweißgutprobe mm	min. 200	min. 200
Stromart	DC	DC
Schweißstromstärke A	440 ± 20	580 ± 20
Schweißspannung V	27 ± 1	29 ± 1
Schweißgeschwindigkeit mm/min	400 ± 50	550 ± 50
Zwischenlagentemperatur °C (ohne Vorwärmen)	150 ± 50	150 ± 50
Freie Drahtelektrodenlänge	30 ± 5	30 ± 5

[1)] Wird AC und DC angegeben, ist die Schweißung des Prüfstücks nur mit AC durchzuführen.
[2)] AC Wechselstrom, DC Gleichstrom.

Seite 6
EN 756 : 1995

Anhang (informativ)
Literaturhinweise
A.1 Handbuch für das Eisenhüttenlaboratorium, VdEh, Düsseldorf

A.2 BS 6200-3   Sampling and analysis of iron, steel and other ferrous metals — Part 3: Methods of analysis (Probenahme und Analyse von Eisen, Stahl und anderen Eisenmetallen — Teil 3: Analysenverfahren)

A.3 CEN-CR 10261   ECISS-Mitteilung 11 — Eisen und Stahl — Überblick von verfügbaren chemischen Analysenverfahren

Mai 1997

Schweißzusätze
Umhüllte Stabelektroden zum Lichtbogenhandschweißen von hochfesten Stählen
Einteilung
Deutsche Fassung EN 757 : 1997

DIN
EN 757

ICS 25.160.20

Ersatz für
DIN 8529-1 : 1981-04

Deskriptoren: Schweißzusatz, Stabelektrode, Lichtbogenhandschweißen, hochfester Stahl

Welding consumables — Covered electrodes for manual metal arc welding of high strength steels — Classification;
German version EN 757 : 1997
Produits consommables pour le soudage —
Electrodes enrobées pour le soudage manuel à l'arc des aciers à haute résistance — Classification;
Version allemande EN 757 : 1997

Die Europäische Norm EN 757 : 1997 hat den Status einer Deutschen Norm.

Nationales Vorwort

Form und Aufbau dieser Norm entsprechen dem einheitlichen Konzept der Einteilung und Bezeichnung von Schweißzusätzen, welches u. a. in der DIN EN 499 "Umhüllte Stabelektroden zum Lichtbogenschweißen von unlegierten Stählen und Feinkornstählen" angewandt wird. Sie kann als deren Fortsetzung zu höheren Streckgrenzen hin, vorwiegend für den Bereich der wasservergüteten Feinkornstähle, angesehen werden. Die DIN EN 757 ersetzt damit den entsprechenden Teil der DIN 8529-1.

Grundlage zur Kennzeichnung der Festigkeits- und Dehnungseigenschaften (siehe Abschnitt 4.2) ist die Streckgrenze des Schweißgutes im Schweißzustand. Werden mit der Bezeichnung auch die mechanischen Gütewerte im spannungsarm geglühten Zustand erfaßt, wird dies durch Zusatz des Buchstabens T am Ende der Bezeichnung angegeben (siehe Abschnitt 4.6). Zur eindeutigen Einstufung der Stabelektroden sind der Kennziffer für die Mindeststreckgrenze ein Zugfestigkeitsbereich und eine Mindestbruchdehnung zugeordnet. Diese sind jedoch nicht Bestandteil der Bezeichnung.

Für die Bezeichnung der Kerbschlagzähigkeit des Schweißgutes wird nur noch ein Kennzeichen, und zwar für eine Mindest-Schlagarbeit von 47 Joule, benutzt. Das Kennzeichen für eine Kerbschlagarbeit von 28 Joule entfällt also. Dem Kennzeichen ist jeweils eine Temperatur zugeordnet ("offenes System"), wobei die Kennziffer von 0 bis $-80\,°C$ durchgehend als ein Zehntel der Temperatur gewählt wurde:
BEISPIEL: Kennziffer 6 entspricht $-60\,°C$.
Die Identifizierung wird dadurch erheblich erleichtert.

Die Bezeichnung der mechanischen Eigenschaften des Schweißgutes wird wie in DIN 8529-1 durch ein Legierungs-Kurzzeichen ergänzt. In Tabelle 3 werden allerdings nur die für den Anwendungsbereich (Re > 500 N/mm^2) relevanten chemischen Zusammensetzungen berücksichtigt. Für Schweißgut mit Streckgrenzen bis 500 N/mm^2 sind die Legierungstypen in DIN EN 499 angegeben.

Entsprechend dem Anwendungsbereich werden nur basischumhüllte Stabelektroden — Kurzzeichen B — berücksichtigt. Auf eine Beschreibung der besonderen Eigenschaften dieses Umhüllungstyps konnte im Hinblick auf die ausführlichen Angaben in DIN EN 499 verzichtet werden.

Zur Wahrung der Einheitlichkeit der Bezeichnung werden für die hochfesten Stabelektroden, wie in DIN EN 499, Kennziffern für Ausbringung und Stromart sowie für die Schweißposition angegeben. Diese Kennziffern sind Bestandteil des nicht verbindlichen Teils der Einteilung.

Fortsetzung Seite 2
und 6 Seiten EN

Normenausschuß Schweißtechnik (NAS) im DIN Deutsches Institut für Normung e.V.

Zum nicht verbindlichen Teil gehört auch das Kennzeichen für den Wasserstoffgehalt. Hier wird allerdings auf das Kennzeichen H15 gemäß DIN 8529-1 verzichtet, da Wasserstoffgehalte $> 10 \leq 15$ ml/100 g bei wasservergüteten Feinkornbaustählen bereits Kaltrisse verursachen können. Die Anmerkungen bezüglich Wasserstoff im Schweißgut entsprechen weitgehend DIN 8529-1.

Im Abschnitt 5 der Norm "Mechanische Prüfungen" sind die zur Realisierung von reproduzierbaren Festigkeits- und Zähigkeitswerten des Schweißgutes notwendigen Angaben enthalten. Die Zwischenlagentemperatur wurde mit $(150 \pm 25)\,°C$ festgelegt, auf Angaben zur Streckenenergie wurde — abweichend von DIN 8529-1 — verzichtet. An deren Stelle wird für die Herstellung des Schweißgutprüfstücks (EN 1597-1) eine Lagenzahl von 6–10 angegeben.

Weitere Angaben über technische Lieferbedingungen fehlen. Diese sind einheitlich in EN 759 zusammengefaßt.

Für die im Abschnitt 2 zitierten Internationalen Normen wird im folgenden auf die entsprechenden Deutschen Normen hingewiesen:

ISO 31-0 siehe DIN 1313
ISO 3690 siehe DIN 8572-1

Änderungen

Gegenüber DIN 8529-1 : 1981-04 wurden folgende Änderungen vorgenommen:

a) Inhalt der Europäischen Norm wurde übernommen (siehe nationales Vorwort).

b) Bei vergleichbarer Erfassung und Einteilung nach den kennzeichnenden Eigenschaften der Stabelektroden bzw. ihres Schweißgutes wurden Kurzzeichen und Bezeichnung geändert.

c) Die Zuordnung geeigneter Stabelektrodentypen zu hochfesten Feinkornbaustählen ist in der Norm nicht mehr enthalten.

Frühere Ausgaben

DIN 8529-1: 1981-04

Nationaler Anhang NA   (informativ)

Literaturhinweise

DIN 1313
 Physikalische Größen und Gleichungen — Begriffe, Schreibweisen

DIN 8572-1
 Bestimmung des diffusiblen Wasserstoffs im Schweißgut — Lichtbogenhandschweißen

EUROPÄISCHE NORM
EUROPEAN STANDARD
NORME EUROPÉENNE

EN 757

Februar 1997

ICS 25.160.20

Deskriptoren: Lichtbogenschweißen, Lichtbogenhandschweißen, Schweißelektrode, umhüllte Stabelektrode, Schweißzusatzwerkstoff, Schweißgut, hochfester Stahl, Einteilung, Kennzeichen

Deutsche Fassung

Schweißzusätze

Umhüllte Stabelektroden zum Lichtbogenhandschweißen von hochfesten Stählen

Einteilung

Welding consumables — Covered electrodes for manual metal arc welding of high strength steels — Classification

Produits consommables pour le soudage — Electrodes enrobées pour le soudage manuel à l'arc des aciers à haute résistance — Classification

Diese Europäische Norm wurde von CEN am 1997-01-19 angenommen.

Die CEN-Mitglieder sind gehalten, die CEN/CENELEC-Geschäftsordnung zu erfüllen, in der die Bedingungen festgelegt sind, unter denen dieser Europäischen Norm ohne jede Änderung der Status einer nationalen Norm zu geben ist.

Auf dem letzten Stand befindliche Listen dieser nationalen Normen mit ihren bibliographischen Angaben sind beim Zentralsekretariat oder bei jedem CEN-Mitglied auf Anfrage erhältlich.

Diese Europäische Norm besteht in drei offiziellen Fassungen (Deutsch, Englisch, Französisch). Eine Fassung in einer anderen Sprache, die von einem CEN-Mitglied in eigener Verantwortung durch Übersetzung in seine Landessprache gemacht und dem Zentralsekretariat mitgeteilt worden ist, hat den gleichen Status wie die offiziellen Fassungen.

CEN-Mitglieder sind die nationalen Normungsinstitute von Belgien, Dänemark, Deutschland, Finnland, Frankreich, Griechenland, Irland, Island, Italien, Luxemburg, Niederlande, Norwegen, Österreich, Portugal, Schweden, Schweiz, Spanien und dem Vereinigten Königreich.

CEN

EUROPÄISCHES KOMITEE FÜR NORMUNG
European Committee for Standardization
Comité Européen de Normalisation

Zentralsekretariat: rue de Stassart 36, B-1050 Brüssel

© 1997. Das Copyright ist den CEN-Mitgliedern vorbehalten.

Ref. Nr. EN 757 : 1997 D

Inhalt

	Seite
Vorwort	2
Einleitung	2
1 Anwendungsbereich	2
2 Normative Verweisungen	2
3 Einteilung	3
4 Kennzeichen und Anforderungen	3
4.1 Kurzzeichen für das Produkt/den Schweißprozeß	3
4.2 Kennziffer für die Festigkeitseigenschaften	3
4.3 Kennziffer für die Kerbschlagarbeit des reinen Schweißgutes	4
4.4 Kurzzeichen für die chemische Zusammensetzung des reinen Schweißgutes	4
4.5 Kurzzeichen für den Umhüllungstyp	5
4.6 Kurzzeichen für den spannungsarm geglühten Zustand	5
4.7 Kennziffer für Ausbringen und Stromart	5
4.8 Kennziffer für die Schweißposition	5
4.9 Kennzeichen für den Wasserstoffgehalt des aufgetragenen Schweißgutes	5
5 Mechanische Prüfungen	5
5.1 Vorwärm- und Zwischenlagentemperaturen	5
5.2 Lagenfolge	6
6 Chemische Analyse	6
7 Technische Lieferbedingungen	6
8 Bezeichnung	6
Anhang A (informativ) Literaturhinweise	6

Vorwort

Diese Europäische Norm wurde von CEN/TC 121 "Schweißen" erarbeitet, dessen Sekretariat vom DS gehalten wird.

Diese Europäische Norm muß den Status einer nationalen Norm erhalten, entweder durch Veröffentlichung eines identischen Textes oder durch Anerkennung bis August 1997, und etwaige entgegenstehende nationale Normen müssen bis August 1997 zurückgezogen werden.

Anhang A ist informativ und enthält "Literaturhinweise".

In den normativen Verweisungen wird auf ISO 3690 Bezug genommen. Es sollte beachtet werden, daß eine Europäische Norm zum gleichen Thema im CEN/TC 121/SC 3 in Vorbereitung ist.

Entsprechend der CEN/CENELEC-Geschäftsordnung sind die nationalen Normungsinstitute der folgenden Länder gehalten, diese Europäische Norm zu übernehmen:

Belgien, Dänemark, Deutschland, Finnland, Frankreich, Griechenland, Irland, Island, Italien, Luxemburg, Niederlande, Norwegen, Österreich, Portugal, Schweden, Schweiz, Spanien und das Vereinigte Königreich.

Einleitung

Diese Norm enthält eine Einteilung zur Bezeichnung von umhüllten Stabelektroden mit Hilfe der Streckgrenze, der Zugfestigkeit und der Dehnung des reinen Schweißgutes. Das Verhältnis von Streckgrenze zu Zugfestigkeit des Schweißgutes ist im allgemeinen höher als das für den Grundwerkstoff. Anwender sollten daher beachten, daß ein Schweißgut, das die Mindeststreckgrenze des Grundwerkstoffes erreicht, nicht unbedingt auch dessen Mindestzugfestigkeit erreicht. Wenn bei der Anwendung eine bestimmte Mindestzugfestigkeit gefordert wird, sollte daher bei der Auswahl des Schweißzusatzes die Spalte 3 in Tabelle 1 berücksichtigt werden.

Es sollte beachtet werden, daß die für die Einteilung der Stabelektroden benutzten mechanischen Eigenschaften des reinen Schweißgutes abweichen können von denen, die an Fertigungsschweißungen erreicht werden. Dies ist bedingt durch Unterschiede bei der Durchführung des Schweißens, wie z. B. Stabelektrodendurchmesser, Pendelung, Schweißposition und Grundwerkstoffzusammensetzung.

1 Anwendungsbereich

Diese Norm legt Anforderungen für die Einteilung von umhüllten Stabelektroden basierend auf dem reinen Schweißgut im Schweißzustand oder im spannungsarm geglühten Zustand für das Lichtbogenhandschweißen von Stählen mit einer Mindeststreckgrenze über 500 N/mm^2 fest.

2 Normative Verweisungen

Diese Europäische Norm enthält durch datierte oder undatierte Verweisungen Festlegungen aus anderen Publikationen. Diese normativen Verweisungen sind an den jeweiligen Stellen im Text zitiert, und die Publikationen sind nachstehend aufgeführt. Bei datierten Verweisungen gehören spätere Änderungen oder Überarbeitungen dieser Publikation nur zu dieser Europäischen Norm, falls sie durch Änderung oder Überarbeitung eingearbeitet sind. Bei undatierten Verweisungen gilt die letzte Ausgabe der in Bezug genommenen Publikation.

EN 499
Schweißzusätze — Umhüllte Stabelektroden zum Lichtbogenhandschweißen von unlegierten Stählen und Feinkornstählen — Einteilung

EN 759
Schweißzusätze — Technische Lieferbedingungen für Schweißzusätze — Art des Produktes, Maße, Grenzabmaße und Kennzeichnung

EN 1597-1
Schweißzusätze — Prüfung zur Einteilung — Teil 1: Prüfstück zur Entnahme von Schweißgutproben an Stahl, Nickel und Nickellegierungen

EN 1597-3
Schweißzusätze — Prüfung zur Einteilung — Teil 3: Prüfung der Eignung für Schweißpositionen an Kehlnahtschweißungen

EN ISO 13916
Schweißen — Anleitung zur Messung der Vorwärm-, Zwischenlagen- und Haltetemperatur (ISO 13916 : 1996)

EN 22401
Umhüllte Stabelektroden — Bestimmung der Ausbringung, der Gesamtausbringung und des Abschmelzkoeffizienten (ISO 2401 : 1972)

ISO 31-0 : 1992
de: Größen und Einheiten — Teil 0: Allgemeine Grundsätze
en: Quantities and units — Part 0: General principles

ISO 3690
de: Schweißen — Bestimmung des Wasserstoffs im Schweißgut niedergeschmolzener Stabelektroden zum Schweißen unlegierter und niedriglegierter Stähle
en: Welding — Determination of hydrogen in deposited weld metal arising from the use of covered electrodes for welding mild and low alloy steels

3 Einteilung

Die Einteilung enthält die Eigenschaften des reinen Schweißgutes, die mit einer umhüllten Stabelektrode erreicht werden, wie unten beschrieben. Der Einteilung liegt der Stabelektrodendurchmesser von 4 mm zugrunde mit Ausnahme der Kennziffer für die Schweißpositionen, die auf EN 1597-3 basiert.

Die Einteilung besteht aus neun Merkmalen:

1) Das erste Merkmal besteht aus dem Kurzzeichen für das Produkt/den Schweißprozeß.

2) Das zweite Merkmal besteht aus der Kennziffer für die Festigkeitseigenschaften und die Bruchdehnung des reinen Schweißgutes.

3) Das dritte Merkmal besteht aus dem Kennzeichen für die Kerbschlagarbeit des reinen Schweißgutes.

4) Das vierte Merkmal enthält das Kurzzeichen für die chemische Zusammensetzung des reinen Schweißgutes.

5) Das fünfte Merkmal besteht aus dem Kurzzeichen für den Umhüllungstyp.

6) Das sechste Merkmal enthält das Kennzeichen für den spannungsarm geglühten Zustand, falls zutreffend.

7) Das siebte Merkmal besteht aus einer Kennziffer für das Ausbringen und die Stromart.

8) Das achte Merkmal besteht aus der Kennziffer für die Schweißposition.

9) Das neunte Merkmal enthält das Kennzeichen für den Wasserstoffgehalt des aufgetragenen Schweißgutes.

Die Normbezeichnung ist in zwei Teile gegliedert, um den Gebrauch dieser Norm zu erleichtern:

a) Verbindlicher Teil

Dieser Teil enthält die Kennzeichen für die Art des Produktes, die Festigkeits-, Dehnungs- und Kerbschlageigenschaften, die chemische Zusammensetzung und den Umhüllungstyp, d. h. die Kennzeichen, die in 4.1, 4.2, 4.3, 4.4 und 4.5 beschrieben sind.

b) Nicht verbindlicher Teil

Dieser Teil enthält die Kennziffern für den spannungsarm geglühten Zustand, das Ausbringen, die Stromart, die Schweißpositionen, für die die Stabelektrode geeignet ist, und die Kennzeichen für den Wasserstoffgehalt, d. h. die Kennziffern/Kennzeichen, die in 4.6, 4.7, 4.8 und 4.9 beschrieben sind.

Die vollständige Normbezeichnung (siehe Abschnitt 8) ist auf Verpackungen und in den Unterlagen sowie Datenblättern des Herstellers anzugeben.

4 Kennzeichen und Anforderungen

4.1 Kurzzeichen für das Produkt/den Schweißprozeß

Das Kurzzeichen für die umhüllte Stabelektrode zum Lichtbogenhandschweißen ist der Buchstabe E.

4.2 Kennziffer für die Festigkeitseigenschaften

Die Kennziffer in Tabelle 1 erfaßt die Streckgrenze, Zugfestigkeit und Bruchdehnung des reinen Schweißgutes im Schweißzustand oder — wenn ein T in der Bezeichnung hinzugefügt ist — im spannungsarm geglühten Zustand nach 4.6, bestimmt gemäß Abschnitt 5.

ANMERKUNG: Spannungsarmglühen kann die Festigkeitswerte des Schweißgutes gegenüber denen im Schweißzustand verändern.

Tabelle 1: Kennziffer für die Festigkeitseigenschaften

Kennziffer	Mindeststreckgrenze[1]) N/mm^2	Zugfestigkeit N/mm^2	Mindestbruchdehnung[2]) %
55	550	610 bis 780	18
62	620	690 bis 890	18
69	690	760 bis 960	17
79	790	880 bis 1 080	16
89	890	980 bis 1 180	15

[1]) Es gilt die untere Streckgrenze (R_{eL}). Bei nicht eindeutig ausgeprägter Streckgrenze ist die 0,2%-Dehngrenze ($R_{p0,2}$) anzuwenden.

[2]) Die Meßlänge ist gleich dem fünffachen Probendurchmesser.

4.3 Kennzeichen für die Kerbschlagarbeit des reinen Schweißgutes

Das Kennzeichen in Tabelle 2 erfaßt die Temperatur, bei der eine durchschnittliche Kerbschlagarbeit von 47 J erreicht wird. Bedingungen siehe Abschnitt 5. Es sind drei Proben zu prüfen. Nur ein Einzelwert darf 47 J unterschreiten und muß mindestens 32 J betragen. Wenn ein reines Schweißgut für eine bestimmte Temperatur eingestuft ist, eignet es sich folglich für jede höhere Temperatur nach Tabelle 2.

Tabelle 2: Kennzeichen für die Kerbschlagarbeit des reinen Schweißgutes

Kennzeichen	Temperatur für die durchschnittliche Mindestkerbschlagarbeit 47 J °C
Z	keine Anforderungen
A	+20
0	0
2	−20
3	−30
4	−40
5	−50
6	−60
7	−70
8	−80

ANMERKUNG: Spannungsarmglühen kann die Kerbschlagarbeit des Schweißgutes gegenüber der im Schweißzustand verändern.

4.4 Kurzzeichen für die chemische Zusammensetzung des reinen Schweißgutes

Das Kurzzeichen in Tabelle 3 erfaßt die chemische Zusammensetzung des reinen Schweißgutes nach den in Abschnitt 6 angegebenen Bedingungen.

Tabelle 3: Kurzzeichen für die chemische Zusammensetzung des reinen Schweißgutes

Kurzzeichen	Chemische Zusammensetzung [1] [2] [3] % (m/m)			
	Mn	Ni	Cr	Mo
MnMo	1,4 bis 2,0	—	—	0,3 bis 0,6
Mn1Ni	1,4 bis 2,0	0,6 bis 1,2	—	—
1NiMo	1,4	0,6 bis 1,2	—	0,3 bis 0,6
1,5NiMo	1,4	1,2 bis 1,8	—	0,3 bis 0,6
2NiMo	1,4	1,8 bis 2,6	—	0,3 bis 0,6
Mn1NiMo	1,4 bis 2,0	0,6 bis 1,2	—	0,3 bis 0,6
Mn2NiMo	1,4 bis 2,0	1,8 bis 2,6	—	0,3 bis 0,6
Mn2NiCrMo	1,4 bis 2,0	1,8 bis 2,6	0,3 bis 0,6	0,3 bis 0,6
Mn2Ni1CrMo	1,4 bis 2,0	1,8 bis 2,6	0,6 bis 1,0	0,3 bis 0,6
Z	Jede andere vereinbarte Zusammensetzung			

[1] Falls nicht festgelegt: C 0,03 % bis 0,10 %, Ni < 0,3 %, Cr < 0,2 %, Mo < 0,2 %, V < 0,05 %, Nb < 0,05 %, Cu < 0,3 %, P < 0,025 %, S < 0,020 %.
[2] Einzelwerte in der Tabelle sind Höchstwerte.
[3] Die Ergebnisse sind auf dieselbe Stelle zu runden wie die festgelegten Werte unter Anwendung Anhang B, Regel A von ISO 31-0 : 1992.

4.5 Kurzzeichen für den Umhüllungstyp

Diese Stabelektroden sind basischumhüllt. Das Kurzzeichen ist B.
Für zelluloseumhüllte und andere Umhüllungstypen siehe EN 499.

4.6 Kurzzeichen für den spannungsarm geglühten Zustand

Der Buchstabe T gibt an, daß Festigkeits-, Dehnungs- und Kerbschlageigenschaften für die Einteilung des aufgetragenen Schweißgutes für den spannungsarm geglühten Zustand, 1 h zwischen 560 °C und 600 °C, gelten. Das Prüfstück ist zum Abkühlen auf 300 °C im Ofen zu lagern.

4.7 Kennziffer für Ausbringen und Stromart

Die Kennziffer in Tabelle 4 erfaßt das Ausbringen nach EN 22401 und die Stromart nach Tabelle 4.

Tabelle 4: Kennziffer für Ausbringen und Stromart

Kennziffer	Ausbringen %	Stromart[1])
1	≤ 105	Wechsel- und Gleichstrom
2	≤ 105	Gleichstrom
3	> 105 ≤ 125	Wechsel- und Gleichstrom
4	> 105 ≤ 125	Gleichstrom
5	> 125 ≤ 160	Wechsel- und Gleichstrom
6	> 125 ≤ 160	Gleichstrom
7	>160	Wechsel- und Gleichstrom
8	>160	Gleichstrom

[1]) Um die Eignung für Wechselstrom nachzuweisen, sind die Prüfungen mit einer Leerlaufspannung von max. 65 V durchzuführen.

4.8 Kennziffer für die Schweißposition

Die Schweißpositionen, für die eine Stabelektrode nach prEN 1597-3 überprüft wurde, werden durch eine Kennziffer wie folgt angegeben:

1 alle Positionen;
2 alle Positionen, außer Fallposition;
3 Stumpfnaht in Wannenposition, Kehlnaht in Wannen- und Horizontalposition;
4 Stumpfnaht in Wannenposition, Kehlnaht in Wannenposition;
5 Fallposition und Positionen wie Kennziffer 3.

4.9 Kennzeichen für den Wasserstoffgehalt des aufgetragenen Schweißgutes

Das Kennzeichen nach Tabelle 5 enthält den Wasserstoffgehalt, der auf aufgetragenem Schweißgut mit Stabelektrodendurchmesser 4 mm nach ISO 3690 bestimmt wird. Die Stromstärke beträgt 90 % des höchsten vom Hersteller empfohlenen Wertes. Stabelektroden, die für Wechselstrom empfohlen werden, sind an Wechselstrom zu prüfen. Bei Eignung der Stabelektroden nur für Gleichstrom ist diese mit Gleichstrom und positiver Polarität zu prüfen.

Um die Wasserstoffgehalte richtig zu bewerten, sind die Herstellerangaben über Stromart und Rücktrocknungsbedingungen zu beachten.

Tabelle 5: Kennzeichen für den Wasserstoffgehalt des aufgetragenen Schweißgutes

Kennzeichen	Wasserstoffgehalt ml/100 g aufgetragenes Schweißgut max.
H5	5
H10	10

ANMERKUNG 1: Andere Meßverfahren zur Bestimmung des diffusiblen Wasserstoffs können für Chargenprüfungen unter der Voraussetzung angewendet werden, daß sie reproduzierbar sind und gegen die Methode nach ISO 3690 kalibriert sind. Der Wasserstoff wird durch die Stromart beeinflußt.

ANMERKUNG 2: Risse in Schweißverbindungen können durch Wasserstoff verursacht oder maßgeblich beeinflußt werden. Die Gefahr für wasserstoffinduzierte Risse erhöht sich mit zunehmendem Legierungsgehalt und der Höhe der Spannungen. Solche Risse entstehen im allgemeinen nach dem Erkalten der Verbindung, sie werden deshalb auch als Kaltrisse bezeichnet.

Wasserstoff im Schweißgut entsteht bei einwandfreien äußeren Bedingungen (saubere und trockene Nahtbereiche) aus wasserstoffhaltigen Verbindungen der Zusatzstoffe, wozu bei basischen Stabelektroden vor allem das von der Umhüllung aufgenommene Wasser zählt.

Das Wasser dissoziiert im Lichtbogen, es entsteht dabei atomarer Wasserstoff, der vom Schweißgut aufgenommen wird.

Unter gegebenen Werkstoff- und Spannungsbedingungen ist die Gefahr für Kaltrisse um so geringer, je niedriger der Wasserstoffgehalt des Schweißgutes ist.

ANMERKUNG 3: In der Praxis hängt der zulässige Wasserstoffgehalt von der einzelnen Anwendung ab. Um den zulässigen Wasserstoffgehalt einzuhalten, sollten die Empfehlungen des Stabelektrodenherstellers bezüglich Handhabung, Lagerung und Rücktrocknung eingehalten werden.

5 Mechanische Prüfungen

Zug- und Kerbschlagbiegeversuche sowie alle geforderten Nachprüfungen sind mit Schweißgut im Schweißzustand oder im spannungsarm geglühten Zustand an Prüfstücken nach EN 1597-1 Form 3 unter Verwendung von Stabelektroden mit Kernstabdurchmesser 4 mm und unter Schweißbedingungen, wie in 5.1 und 5.2 beschrieben, durchzuführen.

5.1 Vorwärm- und Zwischenlagentemperaturen

Das Prüfstück für reines Schweißgut ist bei Temperaturen im Bereich von 125 °C bis 175 °C zu schweißen mit Ausnahme der ersten Lage, die ohne Vorwärmtemperatur geschweißt werden darf.

Die Zwischenlagentemperatur ist mit Temperaturanzeigestiften, Oberflächen-Thermometern oder Thermoelementen zu messen, siehe EN ISO 13916.

Seite 6
EN 757 : 1997

5.2 Lagenfolge

Die Lagenfolge ist in Tabelle 6 angegeben.

Die Schweißrichtung zur Herstellung einer aus zwei Raupen bestehenden Lage darf nicht geändert werden, aber nach jeder Lage ist die Richtung zu wechseln. Jede Lage ist mit 90% der höchsten, vom Hersteller empfohlenen Stromstärke zu schweißen. Es ist mit Wechselstrom zu schweißen, wenn sowohl Wechsel- als auch Gleichstrom empfohlen wird, und mit Gleichstrom unter Benutzung der empfohlenen Polarität, wenn nur Gleichstrom empfohlen wird.

Tabelle 6: Lagenfolge

Stab-elektroden-Durchmesser mm	Lagenaufbau		
	Lagen Nr	Raupen je Lage	Anzahl der Lagen
4,0	1 bis oben	2[1]	6 bis 10

[1]) Die beiden oberen Lagen dürfen aus drei Raupen bestehen.

6 Chemische Analyse

Die chemische Analyse wird an jeder geeigneten Schweißgut-Probe durchgeführt. Jede analytische Methode kann angewendet werden. Im Zweifelsfall muß sie nach eingeführten, veröffentlichten Verfahren vorgenommen werden.

ANMERKUNG: Siehe Anhang A.

7 Technische Lieferbedingungen

Die technischen Lieferbedingungen müssen den Anforderungen nach EN 759 entsprechen.

8 Bezeichnung

Die Bezeichnung einer umhüllten Stabelektrode muß den Grundsätzen gemäß nachfolgenden Beispielen entsprechen.

BEISPIEL 1:
Bezeichnung einer basischumhüllten Stabelektrode für das Lichtbogenhandschweißen, deren Schweißgut eine Mindeststreckgrenze von 620 N/mm² (62) aufweist, eine durchschnittliche Mindestkerbschlagarbeit von 47 J bei $-70\,°C$ (7) und eine chemische Zusammensetzung von 1,8% Mn und 0,6% Ni (Mn1Ni) hat. Die basischumhüllte Stabelektrode (B) ist verschweißbar an Wechsel- oder Gleichstrom, Ausbringen 120% (3), und ist geeignet für Stumpf- und Kehlnähte in Wannenposition (4). Der Wasserstoffgehalt wird bestimmt nach ISO 3690 und überschreitet nicht 5 ml/100 g aufgetragenes Schweißgut (H5).

Die Normbezeichnung ist wie folgt:
  Umhüllte Stabelektrode EN 757-E 62 7 Mn1Ni B 3 4 H5
Der verbindliche Teil der Normbezeichnung ist:
  Umhüllte Stabelektrode EN 757-E 62 7 Mn1Ni B
oder nach Spannungsarmglühen:
  Umhüllte Stabelektrode EN 757-E 62 7 Mn1Ni B T
Hierbei bedeuten:

  EN 757 = Norm-Nummer;
  E = Umhüllte Stabelektrode/Lichtbogenhandschweißen (siehe 4.1);
  62 = Festigkeit und Bruchdehnung (siehe Tabelle 1);
  7 = Kerbschlagarbeit (siehe Tabelle 2);
  Mn1Ni = Chemische Zusammensetzung des reinen Schweißgutes (siehe Tabelle 3);
  B = Umhüllungstyp (siehe 4.5);
  T = Spannungsarmglühen (siehe 4.6);
  3 = Ausbringen und Stromart (siehe Tabelle 4);
  4 = Schweißposition (siehe 4.8);
  H5 = Wasserstoffgehalt (siehe Tabelle 5).

BEISPIEL 2:
Bezeichnung einer basischumhüllten Stabelektrode zum Lichtbogenhandschweißen, deren Schweißgut eine Mindeststreckgrenze von 890 N/mm² (89) aufweist, eine durchschnittliche Mindestkerbschlagarbeit von 47 J bei $-50\,°C$ (5) erbringt und eine chemische Zusammensetzung außerhalb der in Tabelle 3 enthaltenen Grenzen hat (Z). Die basischumhüllte Stabelektrode (B) ist verschweißbar an Wechsel- oder Gleichstrom, Ausbringen 120% (3), und ist geeignet für Stumpf- und Kehlnähte in Wannenposition (4). Der Wasserstoffgehalt wird bestimmt nach ISO 3690 und überschreitet nicht 5 ml/100 g aufgetragenes Schweißgut (H5).

Die Normbezeichnung ist wie folgt:
  Umhüllte Stabelektrode EN 757-E 89 5 Z B 3 4 H5
Der verbindliche Teil der Normbezeichnung ist:
  Umhüllte Stabelektrode EN 757-E 89 5 Z B
oder nach Spannungsarmglühen:
  Umhüllte Stabelektrode EN 757-E 89 5 Z B T

Anhang A (informativ)

Literaturhinweise

A.1 Handbuch für das Eisenhüttenlaboratorium, VdEh, Düsseldorf

A.2 BS 6200-3 Sampling and analysis of iron, steel and other ferrous metals — Part 3: Methods of analysis (Probenahme und Analyse von Eisen, Stahl und anderen Eisenmetallen — Teil 3: Analysenverfahren)

A.3 CEN/CR 10261 ECISS-Mitteilung 11 — Eisen und Stahl — Überblick von verfügbaren chemischen Analysenverfahren

Mai 1996

Schweißzusätze
Pulver zum Unterpulverschweißen
Einteilung
Deutsche Fassung EN 760 : 1996

DIN

EN 760

ICS 25.160.20

Deskriptoren: Schweißzusatz, Pulver, Unterpulverschweißen, Einteilung, Schweißtechnik

Ersatz für
DIN 32522 : 1981-04

Welding consumables – Fluxes for submerged arc welding – Classification;
German version EN 760 : 1996
Produits consommables pour le soudage – Flux pour le soudage à l'arc sous flux –
Classification;
Version allemande EN 760 : 1996

Die Europäische Norm EN 760 : 1996 hat den Status einer Deutschen Norm.

Nationales Vorwort

Aufbau und Inhalt der EN 760 entsprechen weitgehend der ersetzten DIN 32522.

Die Normbezeichnung der Schweißpulver ist aus sieben Merkmalen zusammengesetzt. Abweichend von DIN 32522 ist diese Bezeichnung in zwei Teile, einen verbindlichen und einen nichtverbindlichen Teil, gegliedert (siehe Abschnitt 3). Dabei sind die wesentlichen Kennzeichen, und zwar jene für das Produkt, die Herstellungsart, den Pulvertyp und die Pulverklasse in der Reihenfolge wie in DIN 32522 unverändert enthalten. Folgende sachliche Änderungen sind zu beachten:

Die aus DIN 32522 bekannten Pulvertypen wurden durch drei weitere Silikat-Typen, ZS, RS und AS sowie den aluminatfluoridbasischen Typ, AF, ergänzt. Letzterer ist in der Praxis von besonderer Bedeutung, da sich Schweißpulver dieses Typs sehr gut für das UP-Schweißen von nichtrostenden Stählen und Nickellegierungen bewährt haben.

Die Pulverklassen wurden von sieben auf drei reduziert, wobei in der Klasse 1 alle Anwendungen des Unterpulverschweißens an unlegierten und niedriglegierten Baustählen zusammengefaßt sind.

Das wichtige Merkmal des metallurgischen Verhaltens der Schweißpulver konnte nur als Bestandteil des nichtverbindlichen Teils der Bezeichnung erhalten bleiben.

Von den weiteren in DIN 32522 bezeichneten Pulvereigenschaften sind im nichtverbindlichen Teil nur noch die Merkmale Stromart und Wasserstoffgehalt berücksichtigt. Die Kennzeichen für "sonstige Eigenschaften" und die Strombelastbarkeit entfallen also.

Im Abschnitt 4.7, Tabelle 4, werden für den Wasserstoffgehalt die auch für Stabelektroden eingeführten Kennzeichen H 5, H 10 und H 15 benutzt. Hierzu ist zu bemerken, daß die diesbezüglichen Prüfbedingungen nicht ausreichend definiert sind. Es wird deshalb darauf hingewiesen, daß die Bedeutung der Wasserstoffkennzeichen dieser Norm mit den Kurzzeichen HP in DIN 32522 identisch ist. Jedoch wurde das Kennzeichen H 7, entsprechend HP 7 in DIN 32522, nicht aufgenommen.

In Tabelle 4 wird der Wasserstoffgehalt auf reine Schweißgut bezogen. Zwischenzeitlich hat sich CEN/TC 121/SC 3 darauf verständigt, das aufgetragene Schweißgut als Bezugsgröße anzugeben.

Für die im Abschnitt 2 zitierten Europäischen Norm-Entwürfe, soweit die Norm-Nummer geändert ist, und die Internationale Norm wird im folgenden auf die entsprechenden Deutschen Normen hingewiesen:

prEN 1597-1 siehe E DIN 32525-1
ISO 3690 siehe DIN 8572-1

Änderungen

Gegenüber DIN 32522 : 1981-04 wurden folgende Änderungen vorgenommen:
– Inhalt der Europäischen Norm übernommen. Siehe nationales Vorwort.

Frühere Ausgaben
DIN 8557: 1961-08
DIN 8557-1: 1981-04
DIN 32522: 1981-04

Nationaler Anhang NA (informativ)
Literaturhinweise

DIN 8572-1
 Bestimmung des diffusiblen Wasserstoffs im Schweißgut – Lichtbogenhandschweißen
E DIN 32525-1
 Prüfung von Schweißzusätzen – Prüfstück zur Entnahme von Schweißgutproben an Stahl, Nickel und Nickellegierungen (Vorschlag für eine Europäische Norm)

Fortsetzung 7 Seiten EN

Normenausschuß Schweißtechnik (NAS) im DIN Deutsches Institut für Normung e.V.

EUROPÄISCHE NORM
EUROPEAN STANDARD
NORME EUROPÉENNE

EN 760

März 1996

ICS 25.160.20

Deskriptoren: Lichtbogenschweißen, Unterpulverschweißen, Schweißpulver, unlegierter Stahl, niedriglegierter Stahl, hochlegierter Stahl, Schweißdraht, Einteilung, Kennzeichen, Kennzeichnung

Deutsche Fassung

Schweißzusätze
Pulver zum Unterpulverschweißen
Einteilung

Welding consumables — Fluxes for submerged arc welding — Classification

Produits consommables pour le soudage — Flux pour le soudage à l'arc sous flux — Classification

Diese Europäische Norm wurde von CEN am 1996-02-12 angenommen.

Die CEN-Mitglieder sind gehalten, die CEN/CENELEC-Geschäftsordnung zu erfüllen, in der die Bedingungen festgelegt sind, unter denen dieser Europäischen Norm ohne jede Änderung der Status einer nationalen Norm zu geben ist.

Auf dem letzten Stand befindliche Listen dieser nationalen Normen mit ihren bibliographischen Angaben sind beim Zentralsekretariat oder bei jedem CEN-Mitglied auf Anfrage erhältlich.

Diese Europäische Norm besteht in drei offiziellen Fassungen (Deutsch, Englisch, Französisch). Eine Fassung in einer anderen Sprache, die von einem CEN-Mitglied in eigener Verantwortung durch Übersetzung in seine Landessprache gemacht und dem Zentralsekretariat mitgeteilt worden ist, hat den gleichen Status wie die offiziellen Fassungen.

CEN-Mitglieder sind die nationalen Normungsinstitute von Belgien, Dänemark, Deutschland, Finnland, Frankreich, Griechenland, Irland, Island, Italien, Luxemburg, Niederlande, Norwegen, Österreich, Portugal, Schweden, Schweiz, Spanien und dem Vereinigten Königreich.

CEN

EUROPÄISCHES KOMITEE FÜR NORMUNG
European Committee for Standardization
Comité Européen de Normalisation

Zentralsekretariat: rue de Stassart 36, B-1050 Brüssel

© 1996. Das Copyright ist den CEN-Mitgliedern vorbehalten.　　Ref. Nr. EN 760:1996 D

Inhalt

	Seite
Vorwort	2
1 Anwendungsbereich	2
2 Normative Verweisungen	2
3 Einteilung	2
4 Kennzeichen und Anforderungen	3
4.1 Kurzzeichen für das Produkt/den Schweißprozeß	3
4.2 Kennbuchstabe für die Herstellungsart	3
4.3 Kennzeichen für den Pulvertyp, charakteristische chemische Bestandteile	3
4.4 Kennzahl für die Anwendung, Pulverklasse	4
4.5 Kennziffer für das metallurgische Verhalten	4
4.6 Kennzeichen für die Stromart	4
4.7 Kennzeichen für Wasserstoffgehalt des reinen Schweißgutes	4
4.8 Strombelastbarkeit	5
5 Korngrößenbereich	5
6 Technische Lieferbedingungen	5
7 Kennzeichnung	5
8 Bezeichnung	5
Anhang A (informativ) Beschreibung der Pulvertypen	6

Vorwort

Diese Europäische Norm wurde vom Technischen Komitee CEN/TC 121 "Schweißen" erarbeitet, dessen Sekretariat vom DS betreut wird.

Diese Europäische Norm muß den Status einer nationalen Norm erhalten; entweder durch Veröffentlichung eines identischen Textes oder durch Anerkennung bis September 1996, und etwaige entgegenstehende nationale Normen müssen bis September 1996 zurückgezogen werden.

Anhang A ist informativ und enthält "Beschreibung der Pulvertypen".

In den normativen Verweisungen wird auf ISO 3690 Bezug genommen. Es sollte beachtet werden, daß eine Europäische Norm zum selben Thema im CEN/TC 121/SC 3 in Vorbereitung ist.

Entsprechend der CEN/CENELEC-Geschäftsordnung sind die nationalen Normungsinstitute der folgenden Länder gehalten, diese Europäische Norm zu übernehmen:

Belgien, Dänemark, Deutschland, Finnland, Frankreich, Griechenland, Irland, Island, Italien, Luxemburg, Niederlande, Norwegen, Österreich, Portugal, Schweden, Schweiz, Spanien und das Vereinigte Königreich.

1 Anwendungsbereich

Diese Norm gilt für Schweißpulver zum Unterpulverschweißen mit Draht- und Bandelektroden von unlegierten, niedriglegierten und hochlegierten nichtrostenden und hitzebeständigen Stählen sowie von Nickel und Nickellegierungen.

2 Normative Verweisungen

Diese Europäische Norm enthält durch datierte oder undatierte Verweisungen Festlegungen aus anderen Publikationen. Diese normativen Verweisungen sind an den jeweiligen Stellen im Text zitiert, und die Publikationen sind nachstehend aufgeführt. Bei datierten Verweisungen gehören spätere Änderungen oder Überarbeitungen dieser Publikationen nur zu dieser Europäischen Norm, falls sie durch Änderung oder Überarbeitung eingearbeitet sind. Bei undatierten Verweisungen gilt die letzte Ausgabe der in Bezug genommenen Publikation.

EN 756
  Schweißzusätze – Drahtelektroden und Draht-Pulver-Kombinationen zum Unterpulverschweißen von unlegierten Stählen und Feinkornstählen – Einteilung

EN 1597-1
  Schweißzusätze – Prüfung zur Einteilung – Teil 1: Prüfstück zur Entnahme von Schweißgutproben an Stahl, Nickel und Nickellegierungen

ISO 3690
  de: Schweißen – Bestimmung des Wasserstoffs im Schweißgut unlegierter und niedriglegierter Stähle
  en: Welding – Determination of hydrogen in deposited weld metal arising from the use of covered electrodes for welding mild and low alloy steels

3 Einteilung

Schweißpulver zum Unterpulverschweißen sind körnige, schmelzbare Produkte mineralischen Ursprungs, die nach unterschiedlichen Methoden hergestellt werden. Schweißpulver beeinflussen die chemische Zusammensetzung und die mechanischen Eigenschaften des Schweißgutes. Die Strombelastbarkeit eines Schweißpulvers ist abhängig von verschiedenen Schweißbedingungen. Sie ist nicht durch ein Kurzzeichen in dieser Pulvereinteilung erfaßt (siehe 4.8).

Die Einteilung der Schweißpulver besteht aus sieben Merkmalen:

1) Das erste Merkmal besteht aus dem Kurzzeichen für das Produkt/den Schweißprozeß;

2) das zweite Merkmal enthält den Kennbuchstaben für die Herstellungsart;

3) das dritte Merkmal enthält das Kennzeichen für den Pulvertyp, chemische Hauptbestandteile;

4) das vierte Merkmal enthält die Kennzahl für die Anwendung, Pulverklasse;

5) das fünfte Merkmal enthält die Kennziffer für das metallurgische Verhalten;

6) das sechste Merkmal enthält das Kennzeichen für die Stromart;

7) das siebte Merkmal enthält das Kennzeichen für den Wasserstoffgehalt des reinen Schweißgutes.

Die Normbezeichnung ist in zwei Teile gegliedert, um den Gebrauch dieser Norm zu erleichtern.

   a) Verbindlicher Teil

   Dieser Teil enthält die Kennzeichen für das Produkt/den Schweißprozeß, die Herstellungsart, die chemischen Hauptbestandteile (Pulvertyp) und die Anwendungen, d. h. die Kennzeichen, die in 4.1, 4.2, 4.3 und 4.4 beschrieben sind.

   b) Nicht verbindlicher Teil

   Dieser Teil enthält die Kennzeichen für das metallurgische Verhalten, die Stromart und den Wasserstoffgehalt, d. h. die Kennzeichen, die in 4.5, 4.6 und 4.7 beschrieben sind.

Eignet sich ein Schweißpulver für mehrere Anwendungsfälle, so ist eine Doppelkennzeichnung zulässig.

4 Kennzeichen und Anforderungen

4.1 Kurzzeichen für das Produkt/den Schweißprozeß

Das Kurzzeichen für Pulver zum Unterpulverschweißen ist der Buchstabe S.

4.2 Kennbuchstabe für die Herstellungsart

Die Kennbuchstaben für die Herstellungsart sind:

   F (fused)   erschmolzenes Pulver;
   A (agglomerated) agglomeriertes Pulver;
   M (mixed)   Mischpulver.

Schmelzpulver werden erschmolzen und gekörnt. Agglomerierte Pulver sind gebundene, körnige Gemische aus gemahlenen Rohstoffen. Mischpulver sind alle Pulver, die vom Hersteller aus zwei oder mehreren Pulvertypen gemischt werden.

Anforderung zur Korngrößen-Kennzeichnung siehe Abschnitt 5

4.3 Kennzeichen für den Pulvertyp, charakteristische chemische Bestandteile

Das Kennzeichen nach Tabelle 1 erfaßt den Pulvertyp entsprechend den charakteristischen chemischen Bestandteilen.

Tabelle 1. Kennzeichen für den Pulvertyp, charakteristische chemische Bestandteile

Kennzeichen	Charakteristische chemische Zusammensetzung Bestandteile	Grenzwerte %
MS Mangan-Silikat	$MnO + SiO_2$	min. 50
	CaO	max. 15
CS Calcium-Silikat	$CaO + MgO + SiO_2$	min. 55
	$CaO + MgO$	min. 15
ZS Zirkon-Silikat	$ZrO_2 + SiO_2 + MnO$	min. 45
	ZrO_2	min. 15
RS Rutil-Silikat	$TiO_2 + SiO_2$	min. 50
	TiO_2	min. 20
AR Aluminat-Rutil	$Al_2O_3 + TiO_2$	min. 40
AB Aluminat-basisch	$Al_2O_3 + CaO + MgO$	min. 40
	Al_2O_3	min. 20
	CaF_2	max. 22
AS Aluminat-Silikat	$Al_2O_3 + SiO_2 + ZrO_2$	min. 40
	$CaF_2 + MgO$	min. 30
	ZrO_2	min. 5
AF Aluminat-Fluorid-basisch	$Al_2O_3 + CaF_2$	min. 70
FB Fluorid-basisch	$CaO + MgO + CaF_2 + MnO$	min. 50
	SiO_2	max. 20
	CaF_2	min. 15
Z	Andere Zusammensetzungen	
ANMERKUNG: Eine Beschreibung der Eigenschaften der einzelnen Pulvertypen enthält Anhang A.		

4.4 Kennzahl für die Anwendung, Pulverklasse

4.4.1 Pulverklasse 1

Schweißpulver für das Unterpulverschweißen von unlegierten und niedriglegierten Stählen, wie allgemeine Baustähle, hochfeste und warmfeste Stähle. Die Pulver enthalten im allgemeinen außer Mn und Si keine Legierungselemente, so daß die Zusammensetzung des Schweißgutes hauptsächlich durch die Zusammensetzung der Drahtelektrode und metallurgische Reaktionen beeinflußt wird. Die Pulver eignen sich für das Verbindungs- und Auftragschweißen. Im Falle des Verbindungsschweißens können die meisten Pulver für das Mehrlagenschweißen sowie das Einlagen- und/oder Lage-/Gegenlageschweißen angewendet werden.

In der Pulverbezeichnung wird die Klasse 1 durch die Ziffer 1 angegeben.

4.4.2 Pulverklasse 2

Schweißpulver zum Verbindungs- und Auftragschweißen von nichtrostenden und hitzebeständigen Cr- und Cr-Ni-Stählen und/oder Nickel und Nickellegierungen.

In der Pulverbezeichnung wird die Klasse 2 durch die Ziffer 2 angegeben.

4.4.3 Pulverklasse 3

Schweißpulver, bevorzugt zum Auftragschweißen, die durch Zubrand von Legierungselementen, wie C, Cr oder Mo, aus dem Pulver ein verschleißfestes Schweißgut ergeben.

In der Pulverbezeichnung wird die Klasse 3 durch die Ziffer 3 angegeben.

4.5 Kennziffer für das metallurgische Verhalten

4.5.1 Allgemein

Das metallurgische Verhalten eines Pulvers ist durch den Zu- und/oder Abbrand von Legierungsbestandteilen gekennzeichnet. Unter Zubrand oder Abbrand wird die Differenz der chemischen Zusammensetzung von reinem Schweißgut und der Drahtelektrode verstanden. Allgemeine Hinweise dazu werden in der Beschreibung der Pulvertypen gegeben.

Für ein Pulver der Klasse 1 wird das metallurgische Verhalten durch Kennziffern nach Tabelle 2 ausgedrückt.

4.5.1.1 Metallurgisches Verhalten, Pulverklasse 1

Zur Ermittlung des Zu- und Abbrandverhaltens nach 4.5.2 wird eine Drahtelektrode EN 756-S2 verwendet. Zu- oder Abbrand der Elemente Silicium und Mangan werden in dieser Reihenfolge angegeben.

Tabelle 2: Kennziffern für das metallurgische Verhalten von Schweißpulvern der Pulverklasse 1

Metallurgisches Verhalten	Kennziffer	Anteil durch Pulver im reinen Schweißgut % (m/m)
Abbrand	1	über 0,7
	2	über 0,5 bis 0,7
	3	über 0,3 bis 0,5
	4	über 0,1 bis 0,3
Zu- und/oder Abbrand	5	0 bis 0,1
Zubrand	6	über 0,1 bis 0,3
	7	über 0,3 bis 0,5
	8	über 0,5 bis 0,7
	9	über 0,7

4.5.1.2 Metallurgisches Verhalten, Pulverklasse 2

Der Zubrand von Legierungselementen, außer Si und Mn, wird mittels des entsprechenden chemischen Symbols angegeben (z. B. Cr).

4.5.1.3 Metallurgisches Verhalten, Pulverklasse 3

Der Zubrand der Legierungselemente wird durch die entsprechenden chemischen Symbole angegeben (z. B. C, Cr).

Das metallurgische Verhalten des Pulvers soll in den technischen Unterlagen oder Kennblättern des Herstellers angegeben werden.

4.5.2 Bestimmung der Kennziffern

Für die Bestimmung der Kennziffern für Pulver der Klasse 1 muß eine Drahtelektrode nach EN 1597-1 oder eine Schweißgut-Auftragprobe aus mindestens acht Lagen mit mindestens zwei Raupen je Lage entsprechend den Angaben in Tabelle 3 hergestellt werden. Die Probe für die Analyse ist der Mitte der Auftragung oder der Prüfstückoberfläche zu entnehmen.

Tabelle 3: Schweißbedingungen für die Herstellung der Schweißgut-Auftragprobe

Bedingungen für Eindraht-Mehrlagenschweißung [1]) [2])	Drahtdurchmesser mm 4,0
Freie Drahtelektrodenlänge, mm	30 ± 5
Länge des Schweißgutes, mm	min. 200
Stromart,	DC
Schweißstromstärke, A	580 ± 20
Schweißspannung, V	29 ± 1
Schweißgeschwindigkeit, mm/min	550 ± 50
Zwischenlagentemperatur, °C	150 ± 50

[1]) Wird AC und DC angegeben, ist die Probeschweißung nur mit AC durchzuführen.
[2]) AC ist das Kennzeichen für Wechselstrom, DC ist das Kennzeichen für Gleichstrom

4.6 Kennzeichen für die Stromart

Die Stromart, für die das Pulver geeignet ist, wird mit folgenden Kennzeichen angegeben:

DC ist das Kennzeichen für Gleichstrom
AC ist das Kennzeichen für Wechselstrom

Die Eignung für Wechselstrom schließt im allgemeinen die mit Gleichstrom ein.

Um die Eignung mit Wechselstrom nachzuweisen, sind Probeschweißungen bei einer Leerlaufspannung von nicht höher als 70 Volt durchzuführen.

4.7 Kennzeichen für Wasserstoffgehalt des reinen Schweißgutes

Das Kennzeichen nach Tabelle 4 enthält den Wasserstoffgehalt, der am reinen Schweißgut in Anlehnung an ISO 3690 bestimmt wird.

Tabelle 4: Kennzeichen für den Wasserstoffgehalt des reinen Schweißgutes

Kennzeichen	Wasserstoffgehalt ml/100 g reines Schweißgut max.
H5	5
H10	10
H15	15

Ist mit Rücksicht auf den zu schweißenden Grundwerkstoff ein wasserstoffarmes Schweißgut erforderlich, so sind die pulverspezifischen Rücktrocknungsbedingungen beim Pulverhersteller zu erfragen.

Übliche Rücktrocknungsbedingungen für Schmelzpulver sind 2 h bei (250 ± 50) °C oder für agglomerierte Pulver 2 h bei (350 ± 50) °C.

4.8 Strombelastbarkeit

Die Strombelastbarkeit eines Pulvers hängt von verschiedenen Schweißbedingungen ab. Die Pulverbezeichnung sieht dafür kein Kennzeichen vor.

ANMERKUNG: Für Vergleichszwecke hat der Hersteller in seinen technischen Unterlagen oder Kennblättern die Strombelastbarkeit des Pulvers anzugeben. Die Strombelastbarkeit ist die höchste Stromstärke für eine Drahtelektrode von 4 mm Durchmesser, die der unter normalen Bedingungen noch ein glattes und gleichmäßiges Nahtaussehen erreicht wird. Die üblichen Bedingungen für eine solche Prüfung sind folgende:

Schweißgeschwindigkeit	550 mm/min
Freie Drahtelektrodenlänge	30 ± 5 mm
Stromart und Polung der Drahtelektrode	DC, Pluspol
Lichtbogenspannung	der Stromstärke angepaßt
Blechdicke	min 20 mm

Während sich auf diese Weise die höchste Stromstärke bestimmen läßt, sollte bedacht werden, daß sich dieser Wert in gewissen Fällen erhöhen kann, z. B. beim Mehrdraht-Verfahren.

5 Korngrößenbereich

Der Korngrößenbereich ist nicht Teil der Pulverbezeichnung, er dient jedoch als Information bei der Kennzeichnung von Verpackungseinheiten.

Die Körnung muß durch das Kennzeichen für die kleinste und größte Korngröße nach Tabelle 5 oder direkt in Millimeter angegeben werden.

Tabelle 5: Korngrößen

Korngrößen mm	Kennzeichen
2,5	25
2,0	20
1,6	16
1,25	12
0,8	8
0,5	5
0,315	3
0,2	2
0,1	1
< 0,1	D

Beispiel eines typischen Korngrößenbereiches ist 2 − 16 oder 0,2 mm − 1,6 mm

6 Technische Lieferbedingungen

Ein Pulver muß körnig und so beschaffen sein, daß es im Pulverzuführungssystem ungestört gefördert werden kann. Die Korngrößenverteilung muß gleichmäßig und in den verschiedenen Verpackungseinheiten gleich sein. Schweißpulver sind in unterschiedlichen Körnungen erhältlich.

Schweißpulver sind verpackt anzuliefern. Die Verpackung muß bei sachgemäßer Beförderung und Lagerung so widerstandsfähig sein, daß der Inhalt vor Schäden weitgehend geschützt ist.

7 Kennzeichnung

Die Verpackung muß deutlich wie folgt gekennzeichnet sein:

− Handelsname;
− Bezeichnung nach dieser Norm;
− Fabrikationsnummer;
− Nettogewicht;
− Hersteller oder Lieferer;
− Korngrößenbereich nach Abschnitt 5.

8 Bezeichnung

Die Bezeichnung eines Pulvers muß den Grundsätzen gemäß nachfolgendem Beispiel entsprechen.

BEISPIEL:

Erschmolzenes Pulver zum Unterpulverschweißen (SF) des Calcium-Silikat-Typs (CS) für den Anwendungsbereich der Klasse 1 (1), mit Zubrand an Silicium 0,2 % (6) und Mangan 0,5 % (7), geeignet für Wechsel- oder Gleichstrom (AC), das im reinen Schweißgut einen Wasserstoffgehalt von 8 ml/ 100 g erzeugt (H10).

Die Bezeichnung lautet:

Schweißpulver EN 760-SF CS 1 67 AC H10

Der verbindliche Teil ist:

Schweißpulver EN 760-SF CS 1

Hierbei bedeuten:

EN 760	− Norm-Nummer
S	= Pulver/Unterpulverschweißen (siehe 4.1)
F	= Erschmolzenes Pulver (siehe 4.2)
CS	= Pulvertyp (siehe Tabelle 1)
1	= Anwendung, Pulverklasse (siehe 4.4)
67	= metallurgisches Verhalten (siehe Tabelle 2)
AC	= Stromart (siehe 4.6)
H10	= Wasserstoffgehalt (siehe Tabelle 4)

Anhang A (informativ)
Beschreibung der Pulvertypen

A.1 Mangan-Silikat-Typ MS

Schweißpulver dieses Typs enthalten im wesentlichen MnO und SiO_2. Sie sind gewöhnlich durch einen hohen Manganzubrand im Schweißgut gekennzeichnet, so daß sie vorzugsweise in Verbindung mit niedrig manganhaltigen Drahtelektroden verwendet werden. Der Siliciumzubrand im Schweißgut ist gleichfalls hoch. Viele Pulver dieses Typs ergeben Schweißgut mit eingeschränkten Zähigkeitswerten, was zum Teil auf einen hohen Sauerstoffgehalt zurückzuführen ist.

Mangan-Silikat-Pulver sind relativ hoch strombelastbar und für hohe Schweißgeschwindigkeiten geeignet. Das Schweißgut ist auch beim Schweißen auf rostigem Grundwerkstoff unempfindlich gegen Porenbildung. Die Schweißnähte zeigen eine regelmäßige Ausbildung, und die Nahtübergänge sind frei von Einbrandkerben.

Einschränkungen hinsichtlich der Zähigkeitswerte schließen die Verwendung dieser Pulver für das Mehrlagenschweißen dicker Abmessungen gewöhnlich aus. Sie sind jedoch gut geeignet für das Schnellschweißen dünner Werkstücke sowie für Kehlnähte.

A.2 Calcium-Silikat-Typ CS

Schweißpulver dieses Typs bestehen im wesentlichen aus CaO, MgO und SiO_2. Diese Gruppe umfaßt eine Reihe von Pulvern, von denen die mehr sauren Typen die höchste Strombelastbarkeit aller Pulver aufweisen und einen hohen Siliciumzubrand bewirken. Diese Pulver eignen sich für das Lage- und Gegenlageschweißen von dicken Werkstücken mit geringeren Anforderungen an die mechanischen Eigenschaften.

Die mehr basischen Pulver der Gruppe bewirken einen geringeren Si-Zubrand und können beim Mehrlagenschweißungen mit höheren Anforderungen an die Festigkeits- und Zähigkeitswerte angewendet werden. Die Strombelastbarkeit der Pulver sinkt mit zunehmendem Basizitätsgrad, die entstehenden Nähte sind glatt ausgebildet und ohne Randkerben.

A.3 Zirkon-Silikat-Typ ZS

Schweißpulver dieses Typs bestehen hauptsächlich aus ZrO_2 und SiO_2.

Diese Pulver werden für das Schnellschweißen von einlagigen Nähten auf sauberen Blechen und Dünnblechen empfohlen. Die gute Benetzungsfähigkeit der Schlacke ist ausschlaggebend für gleichmäßig ausgebildete Nähte ohne Randkerben, bei hoher Geschwindigkeit.

A.4 Rutil-Silikat-Typ RS

Die Hauptbestandteile des Schweißpulvers dieses Typs sind TiO_2 und SiO_2. Neben einem hohen Manganabbrand verursachen diese Pulver einen hohen Siliciumzubrand im Schweißgut. Sie können somit zusammen mit Drahtelektroden mit mittlerem und hohem Mangangehalt verwendet werden. Die Zähigkeit des Schweißgutes bleibt infolge eines relativ hohen Sauerstoffgehaltes eingeschränkt.

Die Strombelastbarkeit dieser Pulver ist ziemlich hoch, sie eignen sich infolgedessen für das Ein- und Mehrdrahtschweißen bei hohen Geschwindigkeiten. Ein typisches Anwendungsgebiet ist das Schweißen von Lage und Gegenlage bei der Herstellung von Großrohren.

A.5 Aluminat-Rutil-Typ AR

Diese Schweißpulver enthalten im wesentlichen Al_2O_3 und TiO_2. Sie ergeben einen mittleren Mangan- und Siliciumzubrand. Aufgrund der hohen Schlackenviskosität verfügen diese Pulver über eine Reihe von vorteilhaften Verarbeitungseigenschaften wie gutes Nahtaussehen, hohe Schweißgeschwindigkeit und sehr gute Schlackenentfernbarkeit, besonders bei Kehlnähten. Die Pulver sind für das Schweißen mit Gleich- und Wechselstrom geeignet und daher für das Ein- und Mehrdrahtschweißen einsetzbar. Infolge des relativ hohen Sauerstoffgehaltes erzeugen sie ein Schweißgut mit mittleren mechanischen Eigenschaften.

Die Hauptanwendungsgebiete umfassen das Schweißen von dünnwandigen Behältern und Rohren, Rohr-Steg-Verbindungen von Flossenrohren, Kehlnähten bei Stahlkonstruktionen und Schiffbau.

A.6 Aluminat-basischer Typ AB

Neben Al_2O_3 als Hauptbestandteil enthalten diese Pulver im wesentlichen noch MgO und CaO. Sie ergeben einen mittleren Manganzubrand im Schweißgut. Aufgrund des hohen Al_2O_3-Anteils ergeben die Pulver eine kurze Schlacke, wobei eine optimale Ausgewogenheit zwischen Schweißgutqualität und Verarbeitungseigenschaften besteht. Die Verarbeitungseigenschaften dieser Pulver sind gut, und infolge der basischen Schlackencharakteristik (mittlerer Sauerstoffgehalt) werden speziell beim Schweißen von Lage und Gegenlage gute Zähigkeitswerte erzielt.

Diese Pulver werden in großem Umfang für das Schweißen von unlegierten und niedriglegierten Baustählen für die unterschiedlichen Anwendungsgebiete eingesetzt. Sie können sowohl mit Gleich- als auch mit Wechselstrom für das Mehrlagenschweißen oder das Schweißen von Lage und Gegenlage eingesetzt werden.

A.7 Aluminat-Silikat-Typ AS

Schweißpulver dieses Typs sind gekennzeichnet durch einen mäßig hohen Anteil an basischen Verbindungen wie MgO und CaF_2 ausgeglichen durch erhebliche Anteile an Silikaten, Al_2O_3 und ZrO_2. Das metallurgische Verhalten dieser Pulver ist meist neutral, jedoch ist Manganabbrand möglich. Es werden daher vorzugsweise Drahtelektroden mit höherem Mangangehalt, wie z. B. S3-Typen, angewendet.

Infolge der mäßig hohen Schlackenbasizität erzeugen diese Pulver ein sehr sauberes, niedrig sauerstoffhaltiges Schweißgut. Wegen ihres basischen Charakters in Verbindung mit einer geringen Schlackenviskosität besitzen diese Pulver entsprechende Verarbeitungseigenschaften wie eingeschränkte Strombelastbarkeit und Schweißgeschwindigkeit. Schlackenlöslichkeit und Nahtaussehen sind gut, auch bei Engspaltschweißung. Obwohl Schweißen mit Gleichstrom vorzuziehen ist (niedriger Wasserstoffgehalt im Schweißgut), können einige dieser Pulver auch mit Wechselstrom und damit für das Mehrdrahtverfahren angewendet werden.

Diese Pulver sind wie die fluoridbasischen Typen für das Mehrlagenschweißen, besonders bei hohen Zähigkeitsanforderungen, zu empfehlen. Ihr bevorzugtes Einsatzgebiet ist daher das Schweißen von hochfesten Feinkornstählen im Druckbehälterbau, bei der Herstellung von Nuklear- und Offshore-Bauteilen.

A.8 Aluminat-Fluorid-basischer Typ AF

Diese Schweißpulver enthalten Al_2O_3 und CaF_2 als Hauptbestandteile. Sie werden hauptsächlich mit legierten Drahtelektroden beim Schweißen nichtrostender Stähle und Nickellegierungen angewendet. Hinsichtlich Mangan, Silicium und anderen Legierungsbestandteilen im Schweißgut verhalten sich diese Pulver neutral. Infolge des hohen Fluoridanteils besitzen die Pulver eine gute Benetzungsfähigkeit und erzeugen ein sauberes Nahtaussehen. Die Lichtbogenspannung muß im Vergleich zum aluminat-basischen Typ höher sein.

A.9 Fluorid-basischer Typ FB

Die Schweißpulver dieses Typs sind durch einen hohen Anteil an basischen Bestandteilen, wie CaO, MgO, MnO und CaF_2 gekennzeichnet. Der Anteil an SiO_2 ist niedrig. Ihr metallurgisches Verhalten ist weitgehend neutral, jedoch ist Manganabbrand möglich, so daß vorzugsweise Drahtelektroden mit einem höheren Mangangehalt, z. B. S3-Typen, angewendet werden sollten.

Als Folge der hohen Schlackenbasizität wird ein metallurgisch sehr sauberes, niedrig sauerstoffhaltiges Schweißgut erzielt. Es können höchste Zähigkeitswerte bis zu sehr tiefen Temperaturen erreicht werden. Wegen der basischen Schlackencharakteristik, in Verbindung mit einer geringen Schlackenviskosität, haben diese Pulver entsprechende Verarbeitungseigenschaften, wie begrenzte Strombelastbarkeit und Schweißgeschwindigkeit. Schlackenlöslichkeit und Nahtaussehen sind auch im Engspaltverfahren gut. Obwohl zur Erzeugung eines niedrigen Wasserstoffgehaltes im Schweißgut das Schweißen mit Gleichstrom bevorzugt wird, können einige dieser Pulver auch mit Wechselstrom und somit für das Mehrdrahtschweißen eingesetzt werden.

Die Pulver werden für das Mehrlagenschweißen empfohlen, besonders wenn hohe Anforderungen an die Zähigkeit gestellt werden. Ein bevorzugtes Anwendungsgebiet ist das Schweißen von hochfesten Feinkornstählen, z. B. im Druckbehälterbau, bei Herstellung von Nuklear- und Offshore-Bauteilen.

Pulver dieses Typs können auch für das Schweißen von nichtrostenden Stählen und Nickellegierungen angewendet werden.

A.10 Typen mit anderen Zusammensetzungen Z

Andere Typen, die durch diese Beschreibung nicht erfaßt sind

April 1998

Schweißen
Empfehlungen zum Schweißen metallischer Werkstoffe
Teil 1: Allgemeine Anleitungen für Lichtbogenschweißen
Deutsche Fassung EN 1011-1 : 1998

DIN
EN 1011-1

ICS 25.160.10

Deskriptoren: Schweißen, Schweißtechnik, metallischer Werkstoff, Anleitung, Lichtbogenschweißen

Welding – Recommendations for welding of metallic materials – Part 1: General guidance for arc welding; German version EN 1011-1 : 1998

Soudage – Recommandations pour le soudage des matériaux métalliques – Partie 1: Lignes directrices générales pour le soudage à l'arc; Version allemande EN 1011-1 : 1998

Die Europäische Norm EN 1011-1 : 1998 hat den Status einer Deutschen Norm.

Nationales Vorwort

Die Europäische Norm EN 1011-1 ist im Technischen Komitee CEN/TC 121 "Schweißen" vom Unterkomitee SC 4 "Qualitätsmanagement für das Schweißen" erarbeitet worden.

Das zuständige deutsche Normungsgremium ist der AA 4.1 "Grundlagen der Qualitätssicherung beim Schweißen" im Normenausschuß Schweißtechnik (NAS).

Mit dieser Norm werden Empfehlungen zum Schmelzschweißen metallischer Werkstoffe zusammengefaßt und in 4 Teile wie folgt gegliedert:

– Teil 1: Allgemeine Anleitungen für Lichtbogenschweißen

– Teil 2: Lichtbogenschweißen von ferritischen Stählen

– Teil 3: Lichtbogenschweißen von nichtrostenden Stählen

– Teil 4: Lichtbogenschweißen von Aluminium und Aluminiumlegierungen

Diese Empfehlungen basieren auf bewährter, schweißtechnischer Praxis im Sinne unterstützender, jedoch nicht verpflichtender Anleitung. Die sind zusammengestellt worden, um allgemeingültige Ausführungen zum Schmelzschweißen metallischer Werkstoffe zusammenzufassen, damit für vergleichbare Angaben in den Ausführungsnormen auf diese Fachgrundnormen Bezug genommen werden kann.

Für die im Abschnitt 2 zitierten Europäischen Normen, soweit die Norm-Nummer geändert ist, wird im folgenden auf die entsprechenden Deutschen Normen hingewiesen:

prEN ISO 9606-3   siehe E DIN 8561-10

prEN ISO 9606-4   siehe E DIN 8561-11

prEN ISO 9606-5   siehe E DIN 8561-12

Fortsetzung Seite 2
und 11 Seiten EN

Normenausschuß Schweißtechnik (NAS) im DIN Deutsches Institut für Normung e.V.

Nationaler Anhang NA (informativ)

Literaturhinweise

E DIN 8561-10 : 1995-10
Prüfung von Schweißern – Schmelzschweißen – Teil 10: Kupfer und Kupferlegierungen (Vorschlag für eine Europäische Norm)

E DIN 8561-11 : 1995-10
Prüfung von Schweißern – Schmelzschweißen – Teil 11: Nickel und Nickellegierungen (Vorschlag für eine Europäische Norm)

E DIN 8561-12 : 1995-10
Prüfung von Schweißern – Schmelzschweißen – Teil 12: Titan und Titanlegierungen (Vorschlag für eine Europäische Norm)

EUROPÄISCHE NORM
EUROPEAN STANDARD
NORME EUROPÉENNE

EN 1011-1

Februar 1998

ICS 25.160.10

Deskriptoren: Schweißen, Lichtbogenschweißen, Schmelzschweißen, Metall, Anforderung

Deutsche Fassung

Schweißen
Empfehlungen zum Schweißen metallischer Werkstoffe
Teil 1: Allgemeine Anleitungen für Lichtbogenschweißen

Welding – Recommendations for welding of metallic materials – Part 1: General guidance for arc welding

Soudage – Recommandations pour le soudage des matériaux métallique – Partie 1: Lignes directrices générales pour le soudage à l'arc

Diese Europäische Norm wurde von CEN am 1998-01-26 angenommen.

Die CEN-Mitglieder sind gehalten, die CEN/CENELEC-Geschäftsordnung zu erfüllen, in der die Bedingungen festgelegt sind, unter denen dieser Europäischen Norm ohne jede Änderung der Status einer nationalen Norm zu geben ist.

Auf dem letzten Stand befindliche Listen dieser nationalen Normen mit ihren bibliographischen Angaben sind beim Zentralsekretariat oder bei jedem CEN-Mitglied auf Anfrage erhältlich.

Diese Europäische Norm besteht in drei offiziellen Fassungen (Deutsch, Englisch, Französisch). Eine Fassung in einer anderen Sprache, die von einem CEN-Mitglied in eigener Verantwortung durch Übersetzung in seine Landessprache gemacht und dem Zentralsekretariat mitgeteilt worden ist, hat den gleichen Status wie die offiziellen Fassungen.

CEN-Mitglieder sind die nationalen Normungsinstitute von Belgien, Dänemark, Deutschland, Finnland, Frankreich, Griechenland, Irland, Island, Italien, Luxemburg, Niederlande, Norwegen, Österreich, Portugal, Schweden, Schweiz, Spanien, der Tschechischen Republik und dem Vereinigten Königreich.

CEN

EUROPÄISCHES KOMITEE FÜR NORMUNG
European Committee for Standardization
Comité Européen de Normalisation

Zentralsekretariat: rue de Stassart 36, B-1050 Brüssel

© 1998 CEN – Alle Rechte der Verwertung, gleich in welcher Form und in welchem Verfahren, sind weltweit den Mitgliedern von CEN vorbehalten.

Ref. Nr. EN 1011-1 : 1998 D

Inhalt

	Seite
Vorwort	2
Einleitung	3
1 Anwendungsbereich	3
2 Normative Verweisungen	3
3 Definitionen	4
4 Abkürzungen und Symbole	5
5 Bereitstellung von Qualitätsanforderungen	5
6 Lagerung und Handhabung der Grundwerkstoffe	5
7 Schmelzschweißprozesse	5
8 Schweißzusätze	6
8.1 Allgemeines	6
8.2 Lieferung, Handhabung und Lagerung	6
9 Einrichtungen	6
10 Fertigung	6
10.1 Allgemeines	6
10.2 Stumpfnähte	7
10.3 Kehlnähte	7
11 Nahtvorbereitung	7
12 Zusammenstellen zum Schweißen	7
13 Vorwärmen und Zwischenlagentemperatur	7
14 Heftschweißungen	8
15 Aufbauhilfsmittel	8
16 Anlauf- und Auslaufstücke	8
17 Lichtbogenzündung	8
18 Zwischenlagenreinigung und Nachbehandlung	8
19 Wärmeeinbringung	9
20 Schweißverfahren	9
21 Rückverfolgbarkeit	9
22 Hämmern	9
23 Überwachung und Prüfung	10
24 Qualitätsanforderungen	10
25 Ausbesserung von Mängeln	10
26 Verzug	10
27 Wärmenachbehandlung	10
28 Säubern nach dem Schweißen	10
Anhang A (informativ) Vor Fertigungsbeginn zu vereinbarende und verfügbare Informationen und Angaben	11

Vorwort

Diese Europäische Norm wurde vom Technischen Komitee CEN/TC 121 "Schweißen", dessen Sekretariat vom DS betreut wird, erarbeitet.

Diese Europäische Norm muß den Status einer nationalen Norm erhalten, entweder durch Veröffentlichung eines identischen Textes oder durch Anerkennung bis August 1998, und etwaige entgegenstehende nationale Normen müssen bis August 1998 zurückgezogen werden.

Diese Europäische Norm wurde unter einem Mandat erarbeitet, das die Kommission der Europäischen Gemeinschaften und das Sekretariat der Europäischen Freihandelszone dem CEN erteilt haben, und unterstützt grundlegende Anforderungen der EG-Richtlinien.

Diese Norm besteht zur Zeit aus folgenden Teilen:
- Teil 1: Allgemeine Anleitungen für Lichtbogenschweißen
- Teil 2: Lichtbogenschweißen von ferritischen Stählen
- Teil 3: Lichtbogenschweißen von nichtrostenden Stählen
- Teil 4: Lichtbogenschweißen von Aluminium und Aluminiumlegierungen

Entsprechend der CEN/CENELEC-Geschäftsordnung sind die nationalen Normungsinstitute der folgenden Länder gehalten, diese Europäische Norm zu übernehmen:

Belgien, Dänemark, Deutschland, Finnland, Frankreich, Griechenland, Irland, Island, Italien, Luxemburg, Niederlande, Norwegen, Österreich, Portugal, Schweden, Schweiz, Spanien, die Tschechische Republik und das Vereinigte Königreich.

Seite 3
EN 1011-1 : 1998

Einleitung

Diese Europäische Norm ist in mehreren Teilen erstellt worden, um die verschiedenen Arten schweißgeeigneter metallischer Werkstoffe, die nach Europäischen Normen erzeugt werden, erfassen zu können.

Wenn diese Norm zu Vertragszwecken herangezogen wird, sollten die bestellende Dienststelle oder die Vertragspartner die notwendige Übereinstimmung mit dem entsprechenden Normteil und den dafür geeigneten Anhängen festlegen.

Diese Norm gibt allgemeine Anleitungen für eine einwandfreie Fertigung und Überwachung der Schweißtechnik. Sie beschreibt Einzelheiten über mögliche nachteilige Auswirkungen, die auftreten können und gibt Hinweise für Verfahren zu ihrer Verhinderung. Sie ist für das Schmelzschweißen von metallischen Werkstoffen allgemein anwendbar und ungeachtet der Fertigungsart geeignet, auch wenn die Anwendungsnorm oder der Vertrag zusätzliche Anforderungen beinhalten können. Weitere Informationen sind in den anderen Teilen dieser Norm enthalten. Zulässige Konstruktionsbeanspruchungen in den Schweißungen, Prüfungsarten und Bewertungsgruppen sind nicht enthalten, weil diese von den Betriebsbedingungen abhängig sind. Derartige Einzelheiten sollten der entsprechenden Anwendungsnorm entnommen oder zwischen den Vertragspartnern vereinbart werden.

Bei der Erstellung dieser Norm wurde vorausgesetzt, daß zur Erfüllung ihrer Bedingungen entsprechend geeignete, ausgebildete und erfahrene Mitarbeiter eingesetzt werden.

1 Anwendungsbereich

Diese Europäische Norm enthält allgemeine Anleitungen an das Schmelzschweißen von metallischen Werkstoffen für alle Erzeugnisformen (z. B. gegossen, gewalzt, stranggepreßt, geschmiedet).

Die in diesem Teil der EN 1011 erwähnten Schweißprozesse und -techniken sind nicht immer für alle Werkstoffe anwendbar, für spezielle Werkstoffe werden zusätzliche Informationen in entsprechenden Teilen dieser Norm wiedergegeben.

2 Normative Verweisungen

Diese Norm enthält durch datierte oder undatierte Verweisungen Festlegungen aus anderen Publikationen. Diese normativen Verweisungen sind an den jeweiligen Stellen im Text zitiert, und die Publikationen sind nachstehend aufgeführt. Bei datierten Verweisungen gehören spätere Änderungen oder Überarbeitungen dieser Publikationen nur zu dieser Norm, falls sie durch Änderung oder Überarbeitung eingearbeitet sind. Bei undatierten Verweisungen gilt die letzte Ausgabe der in Bezug genommenen Publikation.

EN 287-1
    Prüfung von Schweißern – Schmelzschweißen – Teil 1: Stähle

EN 287-2
    Prüfung von Schweißern – Schmelzschweißen – Teil 2: Aluminium und Aluminiumlegierungen

prEN ISO 9606-3
    Prüfung von Schweißern – Schmelzschweißen – Teil 3: Kupfer und Kupferlegierungen

prEN ISO 9606-4
    Prüfung von Schweißern – Schmelzschweißen – Teil 4: Nickel und Nickellegierungen

prEN ISO 9606-5
    Prüfung von Schweißern – Schmelzschweißen – Teil 5: Titan und Titanlegierungen

EN 288-2
    Anforderung und Anerkennung von Schweißverfahren für metallische Werkstoffe – Teil 2: Schweißanweisung für das Lichtbogenschweißen

EN 439
    Schweißzusätze – Schutzgase zum Lichtbogenschweißen und Schneiden

EN 729-1
    Schweißtechnische Qualitätsanforderungen – Schmelzschweißen metallischer Werkstoffe – Teil 1: Richtlinien zur Auswahl und Verwendung

EN 729-2
    Schweißtechnische Qualitätsanforderungen – Schmelzschweißen metallischer Werkstoffe – Teil 2: Umfassende Qualitätsanforderungen

EN 729-3
Schweißtechnische Qualitätsanforderungen – Schmelzschweißen metallischer Werkstoffe – Teil 3: Standard-Qualitätsanforderungen

EN 729-4
Schweißtechnische Qualitätsanforderungen – Schmelzschweißen metallischer Werkstoffe – Teil 4: Elementar-Qualitätsanforderungen

EN 1418
Schweißpersonal – Prüfung von Bedienern von Schweißeinrichtungen zum Schmelzschweißen und von Einrichtern für das Widerstandsschweißen für vollmechanisches und automatisches Schweißen von metallischen Werkstoffen

EN 22553
Schweißnähte – Symbolische Darstellung in Zeichnungen (ISO 2553 : 1992)

EN 24063
Schweißen, Hartlöten, Weichlöten, Fugenlöten von Metallen – Liste der Verfahren und Ordnungsnummern für zeichnerische Darstellung (ISO 4063 : 1990)

EN ISO 13916
Schweißen – Anleitung zur Messung der Vorwärm-, Zwischenlagen- und Haltetemperatur (ISO 13916 : 1996)

3 Definitionen

Für die Anwendung dieser Norm gelten folgende Definitionen:

3.1 Schweißstromstärke I: Stromstärke des Stroms, der durch die Elektrode fließt.

3.2 Lichtbogenspannung U: Elektrische Spannungsdifferenz zwischen Kontaktspitze oder Elektrodenhalter und Werkstück.

3.3 Zwischenlagentemperatur T_i: Temperatur in einer Mehrlagenschweißung und im angrenzenden Grundwerkstoff unmittelbar vor dem Schweißen der nächsten Raupe.

3.4 Wärmeeinbringung Q: Energie, bezogen auf die Längeneinheit, die beim Schweißen in den Schweißbereich eingebracht wird.

3.5 Vorwärmtemperatur T_p: Temperatur im Schweißbereich des Werkstücks unmittelbar vor jedem Schweißvorgang.

3.6 Thermischer Wirkungsgrad k: Verhältnis zwischen der in die Schweißung eingebrachten Wärmeenergie und der für den Lichtbogen benötigten elektrischen Energie.

3.7 Schweißgeschwindigkeit v: Vorschubgeschwindigkeit des Schweißbades.

3.8 Nachteilige Auswirkungen: Unregelmäßigkeiten oder andere schädliche Einflüsse im Schweißbereich.

3.9 Anlaufstück: Metallstück, das so angelegt wird, daß das Schweißgut bereits am Anfang einer Verbindung den gesamten Querschnitt erfassen kann.

3.10 Auslaufstück: Metallstück, das so angelegt wird, daß das Schweißgut auch am Ende einer Verbindung den gesamten Querschnitt beinhalten kann.

3.11 Drahtvorschubgeschwindigkeit w_f: Verbrauchte Drahtlänge je Zeiteinheit.

3.12 Vertrag: Ein Vertrag enthält

– entweder die vereinbarten Anforderungen an die Konstruktion, die vom Anwender verlangt werden

– oder die grundlegenden Konstruktionsfestlegungen des Herstellers bei der Serienfertigung für mehrere Anwender, wenn diese dem Hersteller zum Zeitpunkt der Entwicklung und Fertigung unbekannt sind.

In beiden Fällen setzt der Vertrag voraus, daß alle in Betracht kommenden vorgeschriebenen Anforderungen enthalten sind, und auf sie Bezug genommen wird.

ANMERKUNG: Die Aufgabe der unabhängigen Organisation ist durch die Vertragspartner und/oder durch die Anwendungsnorm festgelegt.

3.13 Schweißzusätze: Werkstoffe einschließlich Zusatzwerkstoffe, Schweißpulver und Gase, die beim Herstellen einer Schweißnaht verbraucht werden.

4 Abkürzungen und Symbole

Abkürzungen und Symbole	Benennung	Einheit
I	Schweißstromstärke	A
k	Thermischer Wirkungsgrad	-,-
l	Raupenlänge	mm
Q	Wärmeeinbringung	kJ/mm
d	Werkstückdicke	mm
T_i	Zwischenlagentemperatur	°C
T_p	Vorwärmtemperatur	°C
U	Lichtbogenspannung	V
v	Schweißgeschwindigkeit	mm/s
w_f	Drahtvorschubgeschwindigkeit	mm/min oder m/min
WPS	Schweißanweisung	–

5 Bereitstellung von Qualitätsanforderungen

Der Vertrag muß die notwendigen Informationen zur Ausführung der Schweißung enthalten. Falls dem Hersteller empfohlen wird, über ein Qualitätssicherungssystem zu verfügen, sollten die Informationen mit dem entsprechenden Teil der EN 729 übereinstimmen (siehe Anhang A zur weiteren Information).

6 Lagerung und Handhabung der Grundwerkstoffe

Die Lagerung und Handhabung ist so auszuführen, daß der Grundwerkstoff nicht nachteilig beeinflußt wird.

7 Schmelzschweißprozesse

Diese Norm schließt Schweißungen ein, die durch einen der folgenden Schweißprozesse nach EN 24063 oder durch Kombination dieser Prozesse ausgeführt werden:

111	Lichtbogenhandschweißen;
114	Metall-Lichtbogenschweißen mit Fülldrahtelektrode;
12	Unterpulverschweißen;
131	Metall-Inertgasschweißen; MIG-Schweißen;
135	Metall-Aktivgasschweißen; MAG-Schweißen;
136	Metall-Aktivgasschweißen mit Fülldrahtelektrode;
137	Metall-Inertgasschweißen mit Fülldrahtelektrode;
138	Metall-Aktivgasschweißen mit metallgefüllter Drahtelektrode;
139	Metall-Inertgasschweißen mit metallgefüllter Drahtelektrode;
141	Wolfram-Inertgasschweißen; WIG-Schweißen;
15	Plasmaschweißen;

andere Schmelzschweißprozesse nach Vereinbarung.

8 Schweißzusätze

8.1 Allgemeines

Die Schweißzusätze sollten nach der entsprechenden Europäischen Norm bezeichnet werden. Die Zusatzwerkstoffe müssen hinsichtlich ihrer spezifischen Anwendung ausgewählt werden, z. B. Stoßart, Schweißposition und geforderte Eigenschaften, um die Betriebsbedingungen zu erfüllen. Irgendwelche besonderen Hinweise, die vom Hersteller/ Lieferanten gegeben werden, müssen beachtet werden.

Schweißen ohne Zusatzwerkstoff ist in einigen Fällen möglich.

8.2 Lieferung, Handhabung und Lagerung

Alle Schweißzusätze müssen sorgfältig und in Übereinstimmung mit den entsprechenden Normen und/oder den Empfehlungen des Herstellers/Lieferanten gelagert und gehandhabt werden.

Wenn die Stabelektroden, Drahtelektroden, Schweißstäbe, Schweißpulver usw. oder ihre Verpackungen Anzeichen von Beschädigungen oder Beeinträchtigungen aufweisen, dürfen sie nicht verwendet werden.

Beispiele für Beschädigungen oder Beeinträchtigungen sind gerissene oder abgeblätterte Umhüllungen von Stabelektroden, rostige oder schmutzige Drahtelektroden und Drähte mit abgeblätterten oder beschädigten Schutzüberzügen.

Schweißzusätze, die dem Lager zurückgegeben werden, müssen vor der erneuten Ausgabe in Übereinstimmung mit den Empfehlungen des Herstellers/Lieferanten behandelt werden.

9 Einrichtungen

Der Hersteller, der die Fertigung ausführt, ist für die Leistungsfähigkeit der Schweißwerkstatt verantwortlich. Die Hilfseinrichtungen müssen für das eingesetzte Schweißverfahren geeignet sein. Die Schweißwerkstatt muß regelmäßig gewartet werden.

Alle elektrischen Einrichtungen, die mit der Durchführung von Schweißungen zusammenhängen, müssen entsprechend geerdet sein. Die Schweißstromrückleitung, die mit dem Werkstück verbunden ist, muß einen entsprechenden Querschnitt haben und so nahe wie möglich am Schweißort angeschlossen sein.

Geräte zur Messung der Schweißparameter müssen entweder als Teil des Schweißgerätes oder durch Bereitstellung von tragbaren Instrumenten verfügbar sein. Die Parameter können sich auf die Lichtbogenspannung, die Schweißstromstärke, die Drahtvorschubgeschwindigkeit, die Schweißgeschwindigkeit, die Durchflußmenge des Schutzgases und des Wurzelschutzgases, die Temperatur des Grundwerkstoffs und des Schweißgutes beziehen.

10 Fertigung

10.1 Allgemeines

Die Fertigungseinrichtungen müssen gegen nachteilige Witterungsbedingungen, z. B. Wind, Regen, Schnee und Zugluft, geschützt und trocken gehalten werden. Die Einrichtungen müssen der Arbeitsaufgabe entsprechen. Es müssen geeignete Vorkehrungen getroffen werden, um sicherzustellen, daß keine Verunreinigungen durch andere Werkstoffe auftreten.

Die Oberflächen müssen trocken und von Kondensaten sowie anderen Werkstoffen frei sein, die die Qualität der Schweißungen nachteilig beeinflussen würden. Falls notwendig, sollten Umformwerkzeuge, Spann- und Klemmittel für das Schweißen sowie Dreh- und Wendeeinrichtungen vor Gebrauch gesäubert werden.

Beim Einsatz von Schutzgas-Schweißprozessen muß der Schweißbereich vor der Einwirkung von Zugluft und anderen Luftbewegungen geschützt werden. Luftströmungen, selbst bei geringen Geschwindigkeiten, können das Schutzgas wegblasen, deshalb müssen die Schweißbereiche dagegen geschützt werden.

Wenn eine Schweißbadsicherung durch Schutzgas notwendig ist, um einer Oxidation auf der Gegenseite vorzubeugen, muß der Wurzelschutz durch ein geeignetes Gas nach EN 439 erfolgen.

10.2 Stumpfnähte

Die Angaben für alle Stumpfnähte, z. B. für die Stoßart, die auch nicht durchgeschweißte Stöße enthalten können, für den Öffnungswinkel und für den Stegabstand, müssen so festgelegt werden, daß der Einsatz eines geeigneten Schweißverfahrens möglich ist, und die Kombination von Schweißangaben und Schweißverfahren eine Verbindung ergibt, die die Anforderungen an die Konstruktion erfüllt.

Die Enden von Stumpfnähten müssen so geschweißt werden, daß die volle Nahtdicke erfaßt wird. Dies kann durch die Verwendung von Nahtanlauf- und/oder -auslaufstücken erfolgen.

Der Werkstoff für die Beilagen zur Schweißbadsicherung muß mit dem Zusatz- und Grundwerkstoff metallurgisch verträglich sein. Die Schweißbadsicherung kann entweder ein Bestandteil der Konstruktion oder ein Zusatzteil sein. Die Schweißbadsicherungen müssen so dick sein, daß die Schweißung ohne Durchbrennen möglich ist.

Der Werkstoff für die Unterlagen als Schweißbadsicherung muß so ausgewählt werden, daß eine Beeinflussung des Grundwerkstoffs/Schweißgutes vermieden wird; weitere Angaben sind in den entsprechenden Teilen dieser Norm aufgeführt.

Die beidseitige Schweißung von vollständig durchgeschweißten Stumpfnähten ist bei einigen Schweißverfahren ohne Ausfugen, Ausschleifen oder Ausarbeiten mit dem Meißel erlaubt. Wenn jedoch keine vollständige Durchschweißung erzielt werden kann, muß die Unterseite der ersten Raupe durch geeignete Verfahren bis zum Erreichen einwandfreien Werkstoffes ausgearbeitet werden, bevor mit dem Schweißen der Gegenseite begonnen wird.

Unter Umständen kann es sinnvoll sein, durch geeignete zerstörungsfreie Rißprüfverfahren festzustellen, ob sauberer einwandfreier Werkstoff vorliegt.

10.3 Kehlnähte

Wenn nicht anders festgelegt ist, müssen bei Kehlnähten die zu verbindenden Kanten und Oberflächen einen möglichst geringen Abstand haben.

Die Maße einer geschweißten Kehlnaht dürfen nicht kleiner sein als festgelegt. Sie sind je nach Zweckmäßigkeit durch die Nahtdicke und/oder Schenkellänge eindeutig zu bemaßen, dabei ist die Anwendung von Tiefeinbrandprozessen oder von zusätzlichen Nahtvorbereitungen zu beachten.

11 Nahtvorbereitung

Die Vorbereitung der Fugenflanken muß so sein, daß die Genauigkeitsgrenzen, die für das entsprechende Schweißverfahren erforderlich sind, eingehalten werden können.

Oberflächen und Kanten müssen frei von Rissen und Kerben sein.

Eine Unregelmäßigkeit, die bei der Nahtvorbereitung auftritt, kann durch ein vereinbartes Verfahren ausgebessert werden.

ANMERKUNG: Siehe die entsprechende Europäische Norm zur Nahtvorbereitung.

12 Zusammenstellen zum Schweißen

Die zu schweißenden Teile müssen so zusammengestellt werden, daß die Schweißstöße für die beteiligten Schweißer und/oder Bediener zugänglich und einsehbar sind. Vorrichtungen sowie Dreh- und Wendeeinrichtungen müssen, wenn es möglich ist, eingesetzt werden, damit das Schweißen in der am besten geeigneten Schweißposition ausgeführt werden kann.

Die Reihenfolge des Zusammenbaus und des Schweißens muß so erfolgen, daß alle Schweißungen in Übereinstimmung mit den entsprechenden Anforderungen untersucht werden können (siehe Anhang A).

Um den Verzug und/oder die Eigenspannung zu minimieren, empfiehlt es sich, vorab Schweißbrücken herzustellen oder Vorbiegungen der Konstruktionsteile durchzuführen und/oder die Schweißfolge so festzulegen, so daß der Verzug und die Schrumpfung überwacht werden können.

13 Vorwärmen und Zwischenlagentemperatur

Für die Temperaturmessung und für weitere Informationen muß auf EN ISO 13916 Bezug genommen werden.

Die einzelnen Angaben für die Vorwärm- und die Zwischenlagentemperatur hängen von den Werkstoffvorschriften ab. Sie sind in den entsprechenden Teilen dieser Norm festgelegt.

14 Heftschweißungen

Falls erforderlich, müssen Heftschweißungen angewendet werden, damit die Bauteile während des Schweißens ihre Ausrichtung beibehalten. Die Länge der einzelnen Heftnähte und deren Häufigkeit sollte in der entsprechenden Schweißanweisung (WPS) oder in anderen Unterlagen festgelegt werden. Bei Verbindungen, die durch vollmechanische oder automatische Prozesse geschweißt werden, müssen die Bedingungen für das Herstellen von Heftschweißungen in die WPS eingeschlossen sein. Die Heftschweißungen müssen in einer ausgewogenen Reihenfolge ausgeführt werden, um die Schrumpfgefahr zu verringern und eine gute Montage zu ermöglichen.

Wenn eine Heftschweißung in eine Schweißverbindung einzubeziehen ist, muß die Form der Heftschweißung zur Einbindung in die endgültige Schweißnaht geeignet sein. Sie muß von anerkannten Schweißern ausgeführt werden. Die Heftschweißungen müssen frei von Rissen und anderen unzulässigen Unregelmäßigkeiten im Schweißgut sein. Sie muß vor der endgültigen Schweißung gründlich gesäubert werden. Heftschweißungen, die Risse oder andere Unregelmäßigkeiten, wie Kaltstart und Kraterrisse aufweisen, müssen vor dem Schweißen entfernt werden. Alle Heftschweißungen, die nicht in die endgültige Schweißung einbezogen werden, müssen beseitigt werden.

15 Aufbauhilfsmittel

Wenn das Verfahren zum Zusammen- oder Aufbau den Einsatz von zeitweiligen Aufbauhilfsmitteln erfordert, müssen diese so gestaltet sein, daß sie ohne Beschädigung der Bauteile leicht entfernt werden können. Die Lage der zeitweiligen Aufbauhilfsmittel muß beachtet werden. Der Werkstoff der Aufbauhilfsmittel und die verwendeten Schweißzusätze müssen mit dem Grundwerkstoff verträglich sein.

Wenn schriftliche Anweisungen für die Schweißnähte an den zeitweiligen Aufbauhilfsmitteln gefordert werden, sind diese in Übereinstimmung mit diesen Anweisungen herzustellen. Es sollte sichergestellt sein, daß derartige Schweißungen nur ausgeführt werden, wenn sie vertraglich zulässig sind, und daß unbeabsichtigte nachteilige Auswirkungen, z. B. Spannungserhöhungen und/oder Schrumpfspannungen vermieden werden.

Die Oberfläche des Grundwerkstoffes muß nach dem Entfernen der zeitweiligen Aufbauhilfsmittel sorgfältig geschliffen werden.

Falls notwendig, kann eine Oberflächenprüfung durchgeführt werden, um festzustellen, ob der Werkstoff frei von unzulässigen Unregelmäßigkeiten ist.

16 Anlauf- und Auslaufstücke

Wenn Anlauf- und Auslaufstücke erforderlich sind, müssen sie aus einer Werkstoffart hergestellt werden, die mit dem in der Fertigung verwendeten verträglich ist. Die Dicke und die Nahtvorbereitung muß den in der Verbindung eingesetzten angeglichen sein. Die Länge der Anlauf- und Auslaufstücke hängt von der Dicke des Werkstückes und vom Schweißverfahren ab. Das Anlauf- und Auslaufstück muß eine genügend große Länge aufweisen, um sicherzustellen, daß die Unregelmäßigkeiten, die am Schweißnahtbeginn und -ende entstehen, in diesem enthalten sind.

17 Lichtbogenzündung

Jeder Zündbeginn eines Lichtbogens sollte in der Schweißfuge oder auf dem Anlaufstück erfolgen. Es sind Vorsichtsmaßnahmen zu treffen, um Streulichtbögen zu vermeiden.

Streulichtbögen zwischen dem Werkstück und der Stromrückführung oder anderen Teilen am Erdpotential können durch eine feste Erdung, die nahe der Schweißverbindung angebracht wird, vermieden werden. Eine sichere Isolation des Kabels und der Kabelverbinder ist erforderlich. Im Falle eines zufälligen Lichtbogens muß die Metalloberfläche leicht bearbeitet und, falls notwendig, einer Sichtprüfung und/oder einem Rißprüfungsverfahren unterworfen werden.

18 Zwischenlagenreinigung und Nachbehandlung

Wenn ein Prozeß Schlacke erzeugt, um das Schweißgut zu schützen, muß die Schlacke jeder Raupe des Schweißgutes entfernt werden, bevor sie von einer weiteren Raupe abgedeckt wird, es sei denn, daß anderes durch die WPS gestattet ist. Die Verbindung zwischen dem Schweißgut und den Fugenflanken ist ebenfalls aufmerksam zu beobachten. Sichtbare Unregelmäßigkeiten, wie Risse, Hohlräume und andere unzulässige Schweißnahtunregelmäßigkeiten, müssen beseitigt werden, bevor weiteres Schweißgut aufgebracht wird.

Bei Schutzgasschweißprozessen kann es notwendig sein, anhaftende Oxide vor dem Schweißen der nachfolgenden Raupen zu entfernen.

Für die Zwischenlagenreinigung sind geeignete Werkzeuge zu verwenden.

19 Wärmeeinbringung

Die Wärmeeinbringung während des Schweißens kann als ein Haupteinflußfaktor auf die Eigenschaften der Schweißungen angesehen werden. Sie beeinflußt den Temperatur-Zeit-Zyklus, der sich während des Schweißens abspielt.

Falls erforderlich, kann der Wert für die Wärmeeinbringung Q wie folgt berechnet werden:

$$Q = k \frac{U \cdot I}{v} \cdot 10^{-3} \text{ in } kJ/mm$$

Tabelle 1: Thermischer Wirkungsgrad von Schweißprozessen

Prozeß-Nr	Prozeß	Faktor k
121	Unterpulverschweißen mit Drahtelektrode	1,0
111	Lichtbogenhandschweißen	0,8
131	MIG-Schweißen	0,8
135	MAG-Schweißen	0,8
114	Metall-Lichtbogenschweißen mit Fülldrahtelektrode	0,8
136	Metall-Aktivgasschweißen mit Fülldrahtelektrode	0,8
137	Metall-Inertgasschweißen mit Fülldrahtelektrode	0,8
138	Metall-Aktivgasschweißen mit metallgefüllter Drahtelektrode	0,8
139	Metall-Inertgasschweißen mit metallgefüllter Drahtelektrode	0,8
141	WIG-Schweißen	0,6
15	Plasmaschweißen	0,6

Wenn der Faktor k von den in der Tabelle 1 angegebenen Werten abweicht, sind die Informationen den entsprechenden Teilen dieser Norm zu entnehmen.

20 Schweißverfahren

Wenn schriftliche Verfahrensbeschreibungen gefordert werden, müssen sie alle schweißtechnischen Tätigkeiten einschließlich der zeitweiligen Aufbauhilfsmittel und die Verbesserungen bei mangelnder Übereinstimmung umfassen. Die Verfahrensbeschreibung muß mit EN 288-2 übereinstimmen. Wenn anwendbar, muß die Schweißanweisung mit der entsprechenden Europäischen Norm übereinstimmen.

Die Schweißer/Bediener müssen Informationen erhalten, damit sie das Schweißverfahren zufriedenstellend ausführen können. Wenn möglich, müssen sie nach dem entsprechenden Teil der EN 287, prEN ISO 9606 oder EN 1418 anerkannt werden.

21 Rückverfolgbarkeit

Wenn es festgelegt ist, müssen geeignete Maßnahmen zur Kennzeichnung entweder durch eine Markierung oder durch andere Verfahren vorgesehen werden, damit für jede Schweißung der (die) Schweißer oder Bediener, der (die) sie ausgeführt hat (haben), ermittelt werden kann (können). Hartes Stempeln sollte vermieden werden. Wenn es trotzdem angewendet wird, ist der Einsatz in hochbeanspruchten und korrosionsgefährdeten Bereichen zu vermeiden.

22 Hämmern

Hämmern darf nur in Übereinstimmung mit der Anwendungsnorm oder gemäß Vertrag angewendet werden.

23 Überwachung und Prüfung

Das Verfahren und der Umfang der Überwachungen und Prüfungen müssen mit der Anwendungsnorm oder mit dem Vertrag übereinstimmen.

24 Qualitätsanforderungen

Die geschweißten Verbindungen müssen von unzulässigen Unregelmäßigkeiten frei sein, die die Einsatzmöglichkeiten des Bauteils beeinträchtigen würden. Die Bewertungsgruppen müssen mit dem Vertrag übereinstimmen.

25 Ausbesserung von Mängeln

Wenn Schweißungen die Bewertungsgruppen nach Abschnitt 24 nicht erfüllen, müssen Abhilfemaßnahmen, die durch den Vertrag anerkannt sind, und erneute Überprüfungen nach dem ursprünglichen oder nach einem vereinbarten Verfahren durchgeführt werden.

Wenn Einbrandkerben oder andere Fehler durch Schleifen oder andere mechanische Verfahren ausgeglichen werden, muß dafür gesorgt werden, daß die Solldicke des Grundwerkstoffes nicht unterschritten wird.

Unter gewissen Umständen können unzulässige Einbrandkerben oder zu große Stegabstände bei Kehlnähten durch Auftragen von zusätzlichem Schweißgut in Übereinstimmung mit den entsprechenden Teilen dieser Norm ausgebessert werden.

Falsch zusammengefügte Teile können auseinandergeschnitten und entsprechend dieser Norm und der Anwendungsnorm, falls eine besteht, erneut zusammengeschweißt werden.

26 Verzug

Teile, die sich durch das Schweißen über die festgelegten Grenzmaße verzogen haben, können nur durch ein im Vertrag vereinbartes Verfahren gerichtet werden. Das Verfahren zur Behebung des Verzuges sollte sich für das Bauteil nicht schädlich auswirken.

27 Wärmenachbehandlung

Wenn Wärmenachbehandlung und/oder Aushärtung gefordert werden, müssen diese entsprechend dem Vertrag durchgeführt werden.

Die Auswirkungen auf die Eigenschaften des Grundwerkstoffs, der Wärmeeinflußzone (WEZ) und des Schweißgutes müssen beachtet werden.

28 Säubern nach dem Schweißen

Falls eine Säuberung nach dem Schweißen notwendig ist, muß diese entsprechend dem Vertrag ausgeführt werden.

Der Korrosionswiderstand wird durch die Oberflächenqualität entscheidend beeinflußt. Die Art des Säuberungsverfahrens ist von den Qualitätsanforderungen an die Schweißung abhängig.

Anhang A (informativ)
Vor Fertigungsbeginn zu vereinbarende und verfügbare Informationen und Angaben

A.1 Allgemeines

Wenn EN 729 als Vertragsgrundlage dient, sind die entsprechenden Bedingungen dieser Norm zu beachten. Wenn EN 729 keine Vertragsgrundlage ist, sollten die Informationen nach A.2 bereitgestellt und die Angaben nach A.3 vereinbart werden.

A.2 Vom Kunden beizustellende Informationen[1])

Die folgenden Informationen, die vom Kunden beizustellen sind, sind vollständig aufzuzeichnen:

a) Die Anwendungsnorm, die zusammen mit etwaigen Zusatzanforderungen anzuwenden ist.

b) Die Schweißanweisungen, zerstörungsfreie Prüfverfahren und Verfahren für die Wärmebehandlung.

c) Lage aller Schweißungen.

d) Schweißungen, die in der Werkstatt oder anderweitig hergestellt werden.

e) Das Verfahren, das zur Erstellung der Schweißanweisung verwendet wird.

f) Ob anerkannte Schweißer gefordert werden.

g) Auswahl, Kennzeichnung und/oder Rückverfolgbarkeit, z. B. für Werkstoffe, Schweißer und Schweißungen.

h) Oberflächenbearbeitung und Nahtprofil.

i) Qualität und Abnahmeanforderung für Schweißungen.

j) Behandlung von Mängeln, z. B. Ausbesserung von fehlerhaften Schweißungen oder Verzügen.

ANMERKUNG: Die Angaben dieses Abschnittes können einen entscheidenen Einfluß auf die Durchführung der Fertigung haben, und der Kunde sollte sicherstellen, daß sie sich für die einzelnen Nähte und für die vorgesehene Lebensdauer des Endproduktes eignen.

A.3 Zu vereinbarende Angaben

Die folgenden Angaben, die zwischen den Vertragsparteien zu vereinbaren sind, sind vollständig aufzuzeichnen:

a) Maße, Einzelheiten und Grenzmaße, d. h. Stoßart, Öffnungswinkel, Stegabstand usw. für alle Schweißungen, wenn sie nicht in der Anwendungsnorm festgelegt sind. Wenn Symbole für genormte Nahtformen verwendet werden, sollten sie mit EN 22553 übereinstimmen.

b) Die Anwendung von besonderen Verfahren, um z. B. beim einseitigen Schweißen eine vollständige Durchschweißung ohne Badsicherung zu erreichen.

c) Der Werkstoff für die Badsicherung, wenn diese kein Teil des Bauteils ist.

d) Alternative Verfahren zum Vorbereiten und zum Schneiden des Werkstoffes.

e) Andere besondere Anforderungen, z. B. Zulässigkeit des Hämmerns.

f) Verfahren und Umfang der Überwachung und Prüfung beim Fehlen einer entsprechenden Anwendungsnorm.

g) Abnahmeanforderungen für geschweißte Verbindungen beim Fehlen einer entsprechenden Anwendungsnorm.

h) Verfahren zum Richten verzogener Teile.

---

[1]) Bei der Massenfertigung von Teilen für den allgemeinen Vertrieb kann der Kunde die Konstruktions- und Vertriebsabteilungen des Herstellers nur geringfügig beeinflussen.

Januar 1998

	Schweißpersonal Prüfung von Bedienern von Schweißeinrichtungen zum Schmelzschweißen und von Einrichtern für das Widerstandsschweißen für vollmechanisches und automatisches Schweißen von metallischen Werkstoffen Deutsche Fassung EN 1418 : 1997	**DIN** **EN 1418**

ICS 25.160.10

Deskriptoren: Personal, Schweißeinrichtung, Schmelzschweißen, Widerstandsschweißen, Schweißen

Welding personnel — Approval testing of welding operators for fusion welding
and resistance weld setters for fully mechanized and automatic welding of metallic materials;
German version EN 1418 : 1997

Personnel en soudage — Epreuve de qualification des opérateurs soudeurs pour le soudage
par fusion et des régleurs en soudage par résistance pour le soudage totalement mécanisé
et automatique des matériaux métalliques;
Version allemande EN 1418 : 1997

Die Europäische Norm EN 1418 : 1997 hat den Status einer Deutschen Norm.

Nationales Vorwort

Die Europäische Norm EN 1418 ist vom Unterkomitee 2 "Abnahmefestlegungen für das Personal für Schweißen und verwandte Verfahren" (Sekretariat: Deutschland) im Technischen Komitee CEN/TC 121 "Schweißen" (Sekretariat: Dänemark) des Europäischen Komitees für Normung (CEN) erarbeitet worden.

Basierend auf und inhaltsgleich mit EN 1418 wird eine Internationale Norm erarbeitet, die als Entwurf ISO/DIS 14732 : 1997-01 vorliegt. Die vorliegende Europäische Norm gilt für Bediener von Schweißeinrichtungen zum Schmelzschweißen und für Einrichter für das Widerstandsschweißen.

Hierbei ist zu beachten, daß im Sprachgebrauch beim Widerstandsschweißen der Einrichter dem Bediener von Schweißeinrichtungen zum Schmelzschweißen entspricht, der vollmechanische oder automatische Schweißungen ausführt, während der Bediener von Widerstandsschweißeinrichtungen lediglich die Schweißeinrichtungen zum Schweißen benutzt und deshalb auch nur aufgabenbezogen angelernt wird.

Im Text der Norm wird die Benennung "Bediener von Schweißeinrichtungen zum Schmelzschweißen" häufig verkürzt zwecks Vereinfachung mit "Bediener" benutzt; dies sollte nicht zu Mißverständnissen führen.

Die im Abschnitt 2 zitierten Europäischen und Internationalen Normen sind mit gleichem Nummernblock als Deutsche Normen übernommen.

Fortsetzung 8 Seiten EN

Normenausschuß Schweißtechnik (NAS) im DIN Deutsches Institut für Normung e.V.

EUROPÄISCHE NORM
EUROPEAN STANDARD
NORME EUROPÉENNE

EN 1418

Dezember 1997

ICS 25.160.160

Deskriptoren: Schweißen, Laser, Lichtbogenschmelzschweißen, Elektronenstrahlschweißen, Unter-Pulver-Schweißen, Schutzgasschweißen, Preßschweißen, Schweißverbindung, Metall, Befähigung, Bescheinigung, Schweißer, Erträglichkeit, Prüfung, Prüfbedingung

Deutsche Fassung

Schweißpersonal

Prüfung von Bedienern von Schweißeinrichtungen zum Schmelzschweißen und von Einrichtern für das Widerstandsschweißen für vollmechanisches und automatisches Schweißen von metallischen Werkstoffen

Welding personnel — Approval testing of welding operators for fusion welding and resistance weld setters for fully mechanized and automatic welding of metallic materials

Personnel en soudage — Epreuve de qualification des opérateurs soudeurs pour le soudage par fusion et des régleurs en soudage par résistance pour le soudage totalement mécanisé et automatique des matériaux métalliques

Diese Europäische Norm wurde von CEN am 1997-11-03 angenommen.

Die CEN-Mitglieder sind gehalten, die CEN/CENELEC-Geschäftsordnung zu erfüllen, in der die Bedingungen festgelegt sind, unter denen dieser Europäischen Norm ohne jede Änderung der Status einer nationalen Norm zu geben ist.

Auf dem letzten Stand befindliche Listen dieser nationalen Normen mit ihren bibliographischen Angaben sind beim Zentralsekretariat oder bei jedem CEN-Mitglied auf Anfrage erhältlich.

Diese Europäische Norm besteht in drei offiziellen Fassungen (Deutsch, Englisch, Französisch). Eine Fassung in einer anderen Sprache, die von einem CEN-Mitglied in eigener Verantwortung durch Übersetzung in seine Landessprache gemacht und dem Zentralsekretariat mitgeteilt worden ist, hat den gleichen Status wie die offiziellen Fassungen.

CEN-Mitglieder sind die nationalen Normungsinstitute von Belgien, Dänemark, Deutschland, Finnland, Frankreich, Griechenland, Irland, Island, Italien, Luxemburg, Niederlande, Norwegen, Österreich, Portugal, Schweden, Schweiz, Spanien, der Tschechischen Republik und dem Vereinigten Königreich.

CEN

EUROPÄISCHES KOMITEE FÜR NORMUNG
European Committee for Standardization
Comité Européen de Normalisation

Zentralsekretariat: rue de Stassart 36, B-1050 Brüssel

© 1997 CEN — Alle Rechte der Verwertung, gleich in welcher Form und in welchem Verfahren, sind weltweit den nationalen Mitgliedern von CEN vorbehalten.

Ref. Nr. EN 1418 : 1997 D

Inhalt

	Seite
Vorwort	2
Einleitung	2
1 Anwendungsbereich	3
2 Normative Verweisungen	3
3 Definitionen	3
3.1 Automatisches Schweißen	3
3.2 Funktionsprüfung	3
3.3 Vollmechanisches Schweißen	3
3.4 Schweißtechnische Prüfung vor Fertigungsbeginn	3
3.5 Fertigungsprüfung	3
3.6 Stichprobenprüfung	3
3.7 Programmierung	3
3.8 Roboterschweißen	3
3.9 Einrichten	4
3.10 Bediener von Schweißeinrichtungen	4
3.11 Einrichter für das Widerstandsschweißen	4
3.12 Schweißeinrichtung	4
3.13 Arbeitsweise der Schweißeinrichtung	4
3.14 Prüfer und Prüfstelle	4
4 Anerkennung	4
4.1 Allgemeines	4
4.2 Wesentliche Einflußgrößen und Geltungsbereiche	4
4.3 Gültigkeitsdauer	5
5 Verlängerung	5
6 Prüfungsbescheinigung	5
7 Dokumentation	5
Anhang A (informativ) Fachkunde über die Technologie beim Schweißen	6
Anhang B (normativ) Funktionskenntnisse bezogen auf die Schweißeinrichtung	7
Anhang C (informativ) Prüfungsbescheinigung für Bediener von Schweißeinrichtungen/ Einrichter für das Widerstandsschweißen	8

Vorwort

Diese Europäische Norm wurde vom Technischen Komitee CEN/TC 121 "Schweißen" erarbeitet, dessen Sekretariat vom DS gehalten wird.

Diese Europäische Norm muß den Status einer nationalen Norm erhalten, entweder durch Veröffentlichung eines identischen Textes oder durch Anerkennung bis Juni 1998, und etwaige entgegenstehende nationale Normen müssen bis Juni 1998 zurückgezogen werden.

Entsprechend der CEN/CENELEC-Geschäftsordnung sind die nationalen Normungsinstitute der folgenden Länder gehalten, diese Europäische Norm zu übernehmen:

Belgien, Dänemark, Deutschland, Finnland, Frankreich, Griechenland, Irland, Island, Italien, Luxemburg, Niederlande, Norwegen, Österreich, Portugal, Schweden, Schweiz, Spanien, die Tschechische Republik und das Vereinigte Königreich.

Einleitung

Mit dieser Norm ist beabsichtigt, die Grundlage für die gegenseitige Anerkennung von Prüfungen über das Können der Bediener von Schweißgeräten und der Einrichter für das Widerstandsschweißen in den verschiedenen Anwendungsgebieten durch die Prüfstellen zu schaffen. Die Prüfungen sind in Übereinstimmung mit dieser Norm durchzuführen, es sei denn, daß gemäß der in Betracht kommenden Anwendungsnormen schwierigere Prüfungen verlangt werden.

Damit diese Norm für das Schmelz- und das Widerstandsschweißen verwendbar ist, wurde die Terminologie besonders hinsichtlich des Bedieners von Schweißeinrichtungen für das Schmelzschweißen und des Einrichters für das Widerstandsschweißen geklärt.

Das Können und die Fachkenntnisse des Bedieners/Einrichters von Widerstandsschweißanlagen bleiben nur dann erhalten, wenn dieser regelmäßig Schweißarbeiten innerhalb des Zulassungsbereiches ausführt.

Alle neuen Prüfungen müssen vom Tag der Veröffentlichung dieser Norm mit ihr übereinstimmen.

Diese Norm setzt jedoch bestehende Prüfungen, die nach früheren nationalen Normen oder Regeln abgelegt worden sind, nicht außer Kraft, vorausgesetzt, die technischen Anforderungen sind erfüllt und die früheren Prüfungen entsprechen der Anwendung und der Fertigung, in der sie verwendet werden.

Wenn zusätzliche Prüfungen verlangt werden, um die Prüfung den technischen Gegebenheiten anzupassen, sind nur die zusätzliche Prüfungen notwendig, die in Übereinstimmung mit dieser Norm durchgeführt werden sollten.

Bestehende Prüfungen nach früheren nationalen Normen oder Regeln sollten zum Zeitpunkt der Anfrage oder Bestellung berücksichtigt und zwischen den Vertragspartnern anerkannt werden.

1 Anwendungsbereich

Diese Norm legt die Anforderungen für die Anerkennung von Bedienern für das Schmelzschweißen und von Einrichtern für das Widerstandsschweißen bei vollmechanischen und automatischen Schweißprozessen an metallischen Werkstoffen fest. Es sind nur die Bediener von Schweißgeräten/Einrichter für das Widerstandsschweißen anzuerkennen, die für das Einrichten und/oder Einstellen beim Schweißen verantwortlich sind. Personen, die ausschließlich die Schweißeinrichtung programmieren oder sie beschicken, benötigen keine besondere Anerkennung.

Diese Norm ist anzuwenden, wenn eine Prüfung des Bedieners/Einrichters für das Widerstandsschweißen durch den Vertrag oder durch die Anwendungsnorm verlangt wird.

Diese Norm ist nicht für Bediener für das Widerstandsschweißen (siehe 3.10) oder unter Überdruckbedingungen anzuwenden.

2 Normative Verweisungen

Diese Europäische Norm enthält durch datierte oder undatierte Verweisungen Festlegungen aus anderen Publikationen. Diese normativen Verweisungen sind an den jeweiligen Stellen im Text zitiert, und die Publikationen sind nachstehend aufgeführt. Bei datierten Verweisungen gehören spätere Änderungen oder Überarbeitungen dieser Publikationen nur zu dieser Europäischen Norm, falls sie durch Änderung oder Überarbeitung eingearbeitet sind. Bei undatierten Verweisungen gilt die letzte Ausgabe der in Bezug genommenen Publikation.

EN 288-2
  Anforderung und Anerkennung von Schweißverfahren für metallische Werkstoffe — Teil 2: Schweißanweisung für das Lichtbogenschweißen

EN 288-3
  Anforderung und Anerkennung von Schweißverfahren für metallische Werkstoffe — Teil 3: Schweißverfahrensprüfungen für das Lichtbogenschweißen von Stählen

EN 288-4
  Anforderung und Anerkennung von Schweißverfahren für metallische Werkstoffe — Teil 4: Schweißverfahrensprüfungen für das Lichtbogenschweißen von Aluminium und seinen Legierungen

EN 288-8
  Anforderung und Anerkennung von Schweißverfahren für metallische Werkstoffe — Teil 8: Anerkennung durch eine Schweißprüfung vor Fertigungsbeginn

EN 719
  Schweißaufsicht — Aufgaben und Verantwortung

EN ISO 9956-10
  Anforderung und Anerkennung von Schweißverfahren für metallische Werkstoffe — Teil 10: Schweißanweisung für das Elektronenstrahlschweißen (ISO 9956-10 : 1996)

EN ISO 9956-11
  Anforderung und Anerkennung von Schweißverfahren für metallische Werkstoffe — Teil 11: Schweißanweisung für das Laserstrahlschweißen (ISO 9956-11 : 1996)

ISO/DIS 857 : 1995
  de: Schweißen und verwandte Verfahren — Schweiß- und Lötverfahren — Begriffe
  en: Welding and allied processes — Welding, brazing and soldering processes — Vocabulary

ISO 10447
  de: Schweißen — Verfahren für den Schäl- und Meißelversuch an Punkt-, Buckel- und Rollennahtschweißungen
  en: Welding — Peel and chisel testing of resistance spot, projection and seam welds

3 Definitionen

Für die Anwendung dieser Norm gelten die Einteilung für das manuelle Schweißen und das teilmechanische Schweißen nach Tabelle 1 der ISO/DIS 857 : 1995 und die folgenden Definitionen.

3.1 Automatisches Schweißen: Schweißungen, bei denen alle Vorgänge selbsttätig ablaufen. Nachstellen schweißtechnischer Werte während des Schweißvorganges von Hand ist nicht möglich.

3.2 Funktionsprüfung: Prüfung einer Schweißeinrichtung in Übereinstimmung mit einer Schweißanweisung (WPS).

3.3 Vollmechanisches Schweißen: Schweißen, bei dem alle wichtigen Vorgänge selbsttätig ablaufen (außer Handhabung der Werkstücke). Nachstellen schweißtechnischer Werte während des Schweißvorganges von Hand ist möglich.

3.4 Schweißtechnische Prüfung vor Fertigungsbeginn: Die Prüfung einer Schweißung, die die gleiche Bedeutung wie eine Schweißverfahrensprüfung hat, jedoch auf einem nichtgenormten Prüfstück mit nachgeahmten Fertigungsbedingungen beruht.

3.5 Fertigungsprüfung: Prüfung, die im Fertigungsbereich an der Schweißeinrichtung, an vorliegenden Teilen in der Fertigung oder an vereinfachten Prüfstücken ausgeführt werden. Das Hauptmerkmal einer Fertigungsprüfung ist, daß die normale Fertigung während dieser Prüfung unterbrochen wird.

3.6 Stichprobenprüfung: Prüfung an vorliegenden schweißtechnischen Erzeugnissen, die beim Einsatz einer Schweißeinrichtung aus der fortlaufenden Fertigung entnommen werden. Eine Unterbrechung der normalen Fertigung während der Entnahme ist nicht notwendig.

3.7 Programmierung: Einbinden der anerkannten Schweißanweisung und/oder der festgelegten Bewegungen der Schweißeinrichtung in ein Programm.

3.8 Roboterschweißen: Automatisches Schweißen mit Verwendung eines Handhabungsgerätes, das für verschiedene Schweißaufgaben und Fertigungsgeometrien vorprogrammiert werden kann.

3.9 Einrichten: Richtiges Einstellen der Schweißeinrichtung vor dem Schweißen und, falls erforderlich, beim Einspeisen des Roboterprogramms.

3.10 Bediener von Schweißeinrichtungen: Beim Schmelzschweißen ist er eine Person, die vollmechanische oder automatische Schweißungen ausführt. Zum Widerstandsschweißen benutzt der Bediener Einrichtungen, bei denen z. B. die Schweißzangen und das Werkstück sich mechanisch oder vollmechanisch zueinander bewegen; er wird nur aufgabenbezogen angelernt (siehe auch Abschnitt 1).

3.11 Einrichter für das Widerstandsschweißen: Person, die mechanische und automatische Widerstandsschweißeinrichtungen einrichtet.

3.12 Schweißeinrichtung: Die gesamte Einrichtung, mit der die Schweißungen ausgeführt werden. Die Schweißeinrichtung kann Vorrichtungen und Spanneinheiten, einen oder mehrere Roboter, Vorschubeinrichtungen und andere Hilfseinrichtungen einschließen. Die Schweißeinrichtung kann die Be- und Entladung der Werkstücke umfassen.

3.13 Arbeitsweise der Schweißeinrichtung: Starten und, falls notwendig, Stoppen des Fertigungsablaufes. Die Arbeitsweise kann das Be- und Entladen der Werkstücke einschließen.

3.14 Prüfer und Prüfstelle: Eine Person oder Organisation, die die Übereinstimmung mit der angewendeten Norm bestätigt. Der Prüfer/die Prüfstelle muß für die Vertragsparteien akzeptierbar sein.

4 Anerkennung

4.1 Allgemeines

Die Bediener/Einrichter für das Widerstandsschweißen müssen nach einem der folgenden Verfahren, die in 4.2 näher beschrieben sind, anerkannt werden.
— Anerkennung auf der Grundlage einer Schweißverfahrensprüfung, siehe 4.2.1;
— Anerkennung auf der Grundlage einer schweißtechnischen Prüfung vor Fertigungsbeginn oder Fertigungsprüfung, siehe 4.2.2;
— Anerkennung auf der Grundlage von Stichprobenprüfungen, siehe 4.2.3;
— Anerkennung auf der Grundlage einer Funktionsprüfung, siehe 4.2.4.

Jedes Anerkennungsverfahren kann durch eine Prüfung der schweißtechnologischen Kenntnisse ergänzt werden. Eine derartige Prüfung wird empfohlen, sie ist jedoch nicht vorgeschrieben.

Anhang A enthält eine Empfehlung für eine derartige Prüfung.

Die Verfahren müssen durch eine Prüfung der Kenntnisse über die Arbeitsweise der eingesetzten Schweißeinrichtung ergänzt werden, siehe Anhang B.

Die wesentlichen Einflußgrößen und Geltungsbereiche sind in den entsprechenden Unterabschnitten von 4.2 sowie deren Gültigkeit in 4.3 festgelegt.

4.2 Wesentliche Einflußgrößen und Geltungsbereiche

4.2.1 Prüfung auf der Grundlage einer Schweißverfahrensprüfung

Ein Bediener/Einrichter von Widerstandsschweißanlagen, der eine Schweißverfahrensprüfung in Übereinstimmung mit dem entsprechenden Teil 3 oder Teil 4 der EN 288 erfolgreich durchgeführt hat, muß für diese eingesetzte Art der Schweißeinrichtung als geeignet anerkannt werden.

Vorausgesetzt, daß der Bediener/Einrichter von Widerstandsschweißanlagen seine Arbeit nach einer anerkannten Schweißanweisung (WPS) durchführt und die Art der eingesetzten Schweißeinrichtung sowie der Schweißprozeß nicht geändert werden, besteht für die Anerkennung keine Begrenzung.

Einen empfohlenen Vordruck für die Prüfbescheinigung enthält Anhang C.

4.2.2 Prüfung auf der Grundlage einer schweißtechnischen Prüfung vor Fertigungsbeginn oder Fertigungsprüfung

Ein Bediener/Einrichter von Widerstandsschweißanlagen, der eine schweißtechnische Prüfung vor Fertigungsbeginn nach EN 288-8 oder eine Fertigungsprüfung erfolgreich durchgeführt hat, muß für diese eingesetzte Art der Schweißeinrichtung als geeignet anerkannt werden.

Vorausgesetzt, daß der Bediener/Einrichter von Widerstandsschweißanlagen seine Arbeit nach einer anerkannten Schweißanweisung (WPS) durchführt und die Art der eingesetzten Schweißeinrichtung sowie der Schweißprozeß nicht geändert werden, besteht für die Anerkennung keine Begrenzung.

Einen empfohlenen Vordruck für die Prüfungsbescheinigung enthält Anhang C.

4.2.3 Prüfung auf der Grundlage von Stichprobenprüfung

Ein Bediener/Einrichter von Widerstandsschweißanlagen, der die Fertigung erfolgreich vorbereitet hat, muß als geeignet anerkannt werden, wenn die repräsentativen Teile zufriedenstellend gefertigt wurden. Diese Stichprobenprüfung ist in Übereinstimmung mit den Anforderungen der Vertragsparteien festzulegen.

Vorausgesetzt, daß der Bediener/Einrichter von Widerstandsschweißanlagen seine Arbeit nach einer anerkannten Schweißanweisung (WPS) durchführt und die Art der eingesetzten Schweißeinrichtung sowie der Schweißprozeß nicht geändert werden, besteht für die Anerkennung keine Begrenzung.

Einen empfohlenen Vordruck für die Prüfungsbescheinigung enthält Anhang C.

4.2.4 Prüfung auf der Grundlage der Funktionsprüfung

Ein Bediener/Einrichter von Widerstandsschweißanlagen, der eine Funktionsprüfung erfolgreich durchgeführt hat, muß für diese eingesetzte Art der Schweißeinrichtung als geeignet anerkannt werden. Eine Funktionsprüfung muß folgendes umfassen:
— Kenntnis über den Zusammenhang zwischen den Parameterabweichungen und den Schweißergebnissen;
— Überwachen der Einstellparameter der Schweißeinrichtung entsprechend der WPS;
— Prüfen der Bedienungsangaben der Schweißeinrichtung entsprechend der WPS;
— Berichten über jede Fehlfunktion der Schweißeinrichtung, die die Schweißung beeinflußt.

Vorausgesetzt, daß der Bediener/Einrichter von Widerstandsschweißanlagen seine Arbeit nach einer anerkannten Schweißanweisung (WPS) durchführt und die Art der eingesetzten Schweißeinrichtung sowie der Schweißprozeß nicht geändert werden, besteht für die Anerkennung keine Begrenzung.

Einen empfohlenen Vordruck für die Prüfungsbescheinigung enthält Anhang C.

4.2.5 Automatisches und Roboter-Schweißen

Die folgenden Änderungen erfordern eine erneute Anerkennung:

— Schweißen mit oder ohne Lichtbogen- und/oder Nahtsensor;
— Wechsel von der Einzellagen- zur Mehrlagentechnik;
— Wechsel der Roboterart und des -systems einschließlich der numerischen Steuerung;
— Andere wesentliche Einflußgrößen, die für den eingesetzten Prozeß spezifisch sind.

Schweißen ohne Nahtsensor schließt auch das Schweißen mit Nahtsensor ein, jedoch nicht umgekehrt. Schweißen in Mehrlagentechnik schließt ebenfalls das Schweißen von Einzelraupen ein, jedoch nicht umgekehrt.

4.3 Gültigkeitsdauer

Die Gültigkeit der Anerkennung für den Bediener/Einrichter für das Widerstandsschweißen beginnt mit dem Tage, an dem die geforderten Prüfungen zufriedenstellend bestanden sind.

Die Anerkennung für den Bediener/Einrichter für das Widerstandsschweißen bleibt zwei Jahre gültig, vorausgesetzt, die folgenden Bedingungen sind erfüllt und durch den Arbeitgeber/die Aufsichtsperson nach EN 719 bestätigt.

a) Der Bediener/Einrichter für das Widerstandsschweißen muß möglichst regelmäßig mit Schweißarbeiten im gegebenen Geltungsbereich beschäftigt sein. Eine Unterbrechung von höchstens sechs Monaten ist zulässig.

b) Es besteht kein triftiger Grund, die Kenntnisse des Bedieners/Einrichters für das Widerstandsschweißen in Frage zu stellen.

Wenn eine dieser Bedingungen nicht erfüllt wird, ist die Anerkennung für ungültig zu erklären.

Der Arbeitgeber/die Schweißaufsicht darf im Hinblick auf die vorhergehenden Feststellungen die entsprechenden Prüfungsbescheinigungen in Zeiträumen von sechs Monaten abzeichnen.

5 Verlängerung

Die Gültigkeit der Anerkennung kann auf der Prüfungsbescheinigung für weitere Zeitspannen von jeweils zwei Jahren innerhalb des ursprünglichen Geltungsbereiches verlängert werden, wenn jede der folgenden Bedingungen entsprechend 4.3 erfüllt ist:

— die Fertigungsschweißungen entsprechen der geforderten Qualität;
— die Prüfberichte, z. B. halbjährliche Dokumentation über Durchstrahlungs- oder Ultraschallprüfungen sowie Prüfberichte über Bruchprüfungen bzw. Berichte über Schäl- und Meißelprüfungen nach ISO 10447, sind mit den Prüfungsbescheinigungen für die Bediener/Einrichter für das Widerstandsschweißen verfügbar aufzubewahren.

Der Prüfer oder die Prüfstelle hat die Übereinstimmung mit den vorgenannten Bedingungen zu überprüfen und die Verlängerung auf der Prüfungsbescheinigung des Bedieners/Einrichters für das Widerstandsschweißen zu bestätigen.

6 Prüfungsbescheinigung

Der Prüfer oder die Prüfstelle muß bescheinigen, daß der Bediener/Einrichter für das Widerstandsschweißen die Prüfung erfolgreich bestanden hat. Alle entscheidenden Prüfbedingungen müssen auf der Prüfungsbescheinigung aufgeführt werden. Wenn der Bediener/Einrichter für das Widerstandsschweißen eine der vorgeschriebenen Prüfungen nicht bestanden hat, darf keine Prüfungsbescheinigung ausgestellt werden.

Die Prüfungsbescheinigung muß unter der alleinigen Verantwortung des Prüfers oder der Prüfstelle ausgestellt werden und muß alle in Anhang C aufgeführten Angaben enthalten. Es wird empfohlen, den geeigneten Vordruck gemäß dem Anhang C als Prüfungsbescheinigung für die Prüfung des Bedieners/Einrichters für das Widerstandsschweißen zu verwenden.

Falls andere Vordrucke für die Prüfungsbescheinigung des Bedieners/Einrichters für das Widerstandsschweißen verwendet werden, müssen sie die in Anhang C geforderten Angaben enthalten. Die WPS des Herstellers, wie sie in EN 288-2, EN ISO 9956-10 oder EN ISO 9956-11 enthalten ist, muß der Information über Werkstoffe, Schweißpositionen, Schweißprozesse, Bereich der Schweißparameter usw. entsprechend dieser Norm enthalten.

Die Prüfungsbescheinigung für den Bediener/Einrichter für das Widerstandsschweißen muß zumindest in einer der folgenden Sprachen (Englisch, Französisch, Deutsch) ausgestellt werden.

Jede Änderung der wesentlichen Einflußgrößen für die Prüfung außerhalb des zulässigen Geltungsbereiches erfordert eine neue Prüfung und eine neue Prüfungsbescheinigung.

7 Dokumentation

Prüfungsbescheinigungen und Prüfberichte/Berichte über die Prüfung von Schweißungen sowie Verlängerungen sind verfügbar aufzubewahren.

Anhang A (informativ)

Fachkunde über die Technologie beim Schweißen

A.1 Allgemeines

Die Fachkundeprüfung wird empfohlen, ist aber nicht vorgeschrieben.

Einige Länder können jedoch verlangen, daß sich der Bediener/Einrichter für das Widerstandsschweißen einer Fachkundeprüfung unterzieht. Wenn die Fachkundeprüfung durchgeführt wurde, sollte dies auf der Prüfungsbescheinigung für den Bediener/Einrichter für das Widerstandsschweißen vermerkt werden.

Dieser Anhang erfaßt die Fachkunde, die ein Bediener/Einrichter für das Widerstandsschweißen haben sollte, um sicherzustellen, daß die Verfahrensvorgaben befolgt und die üblichen Praktiken erfüllt werden. Bei der Fachkunde, auf die in diesem Anhang hingewiesen wird, handelt es sich nur um die notwendigen Grundkenntnisse.

Infolge der unterschiedlichen Ausbildungsprogramme in den verschiedenen Ländern können nur allgemeine Ziele und Kategorien der Fachkunde zur Vereinheitlichung vorgeschlagen werden. Die tatsächlich gestellten Fragen sollten von jedem einzelnen Land aufgestellt werden, jedoch sollten sie die Fragen entsprechend der anstehenden Prüfung des Bedieners/Einrichters für das Widerstandsschweißen aus dem Bereich von A.2 enthalten.

Die tatsächlichen Prüfungen über die fachkundlichen Kenntnisse eines Bedieners/Einrichters für das Widerstandsschweißen können nach einer der folgenden Methoden oder Kombination aus diesen durchgeführt werden:

a) schriftliche Zielsetzungsprüfung (Auswahlfragen);
b) mündliche Befragung entsprechend einem schriftlichen Fragenkatalog;
c) Prüfung entsprechend EDV-Programm;
d) Vorführungs-/Beobachtungsprüfung entsprechend einem schriftlichen Merkmalskatalog.

Die Fachkundeprüfung beschränkt sich inhaltlich auf den in der Prüfung benutzten Schweißprozeß.

A.2 Anforderungen

A.2.1 Schweißeinrichtungen

A.2.1.1 Lichtbogenschweißen
a) Kennzeichnung der Gasflaschen;
b) Kennzeichnung und Zusammenbau der wesentlichen Bestandteile;
c) Auswahl der richtigen Düsen und Schweißbrenner;
d) Verfahren zur Überwachung des Drahtvorschubes.

A.2.1.2 Strahlschweißen
a) Elektronenstrahlschweißeinrichtung;
b) Laserstrahlschweißeinrichtung.

A.2.1.3 Preßschweißen
a) Art und Einrichtung;
b) Kennzeichnung und Zusammenbau der wesentlichen Bestandteile.

A.2.1.4 Widerstandsschweißen
a) Kennzeichnung und Zusammenbau der wesentlichen Bestandteile;
b) Auswahl der richtigen Elektroden;
c) Kühlsystem;
d) Wartung der Einrichtung.

A.2.2 Schweißprozesse[1])

A.2.2.1 Schutzgasschweißen (114, 131, 135, 136, 137, 141, 15)
a) Verfahren;
b) Typ und Durchmesser der Elektroden;
c) Bestimmung des Schutzgases und Durchflußmenge (ohne 114);
d) Typ, Größe und Wartung der Gas-/Kontakt-Düse;
e) Auswahl und Grenzen der Art des Werkstoffüberganges;
f) Schutz des Lichtbogens vor Zugluft.

A.2.2.2 Unterpulverschweißen (121, 122)
a) Verfahren;
b) Trocknung, Zufuhr und richtige Wiederaufbereitung des Pulvers;
c) Richtige Ausrichtung und Vorschub des Schweißkopfes;
d) Einzeldraht- oder Mehrdrahtprozeß;
e) Einfluß von Schweißstrom und -spannung.

A.2.2.3 Elektronenstrahlschweißen (76)
a) Verfahren;
b) Parameter und ihr Einfluß auf den Schweißprozeß;
c) Fokussierungssystem;
d) Überwachung der Parameter;
e) Vorbereitung des Grundwerkstoffs;
f) Vakuumsystem einschließlich Leckprüfung.

A.2.2.4 Laserstrahlschweißen (751)
a) Verfahren;
b) Parameter und ihr Einfluß auf den Schweißprozeß;
c) Fokussierungssystem;
d) Überwachung der Parameter;
e) Vorbereitung des Grundwerkstoffs;
f) Auswahl des entsprechenden Gases;
g) Arbeitsweise mit den verschiedenen Laserarten;
h) Art des Arbeitsmodes.

A.2.2.5 Preßschweißen (41, 42, 44, 45)
a) Verfahren;
b) Art der Einrichtung;
c) Oberflächenvorbereitung;
d) Überwachungssystem.

A.2.2.6 Widerstandsschweißen (21, 22, 23, 24, 25, 29)
a) Verfahren;
b) Oberflächenvorbereitung;
c) Parameter;
d) Elektrodenwerkstoffe, Elektrodenform, Kontaktfläche und Befestigung der Elektroden;
e) Art der Schweißung;
f) Steuerung und Überwachungssystem;
g) Fehlerursachen;
h) Prüfverfahren.

---

[1]) Die Zahlen beziehen sich auf EN 24063

A.2.3 Grundwerkstoffe
a) Bestimmung des Werkstoffs;
b) Verfahren und Überwachung der Vorwärmung;
c) Überwachung der Zwischenlagentemperatur.

A.2.4 Schweißzusätze
a) Bestimmung der Schweißzusätze;
b) Lagerung, Handhabung und Beschaffenheit der Schweißzusätze;
c) Auswahl der richtigen Abmessung;
d) Sauberkeit der Draht- und Fülldrahtelektroden;
e) Kontrolle der Drahtspulung;
f) Überwachung und Beobachtung der Gas-Durchflußmenge und -Qualität;
g) Wirkungsweise des Schweißens ohne Schweißzusätze.

A.2.5 Sicherheit und Unfallverhütung
A.2.5.1 Allgemeines
a) Elektrische Gefahr;
b) Mechanische Gefahr;
c) Gefahr durch Schweißrauche und -gase;
d) Lärmgefahr;
e) Gefahr durch radiographische Strahlung (falls angewendet).

A.2.5.2 Alle Lichtbogenschweißprozesse
a) Bereich einer erhöhten Gefährdung durch Elektroschock;
b) Lichtbogenstrahlung;
c) Auswirkung vagabundierender elektrischer Ströme;
d) Auswirkung schlechter Erdung.

A.2.6 Sichtprüfung der Schweißnähte
a) Kenntnis der Sichtprüfungen.

Anhang B (normativ)

Funktionskenntnisse bezogen auf die Schweißeinrichtung

Im Hinblick auf die Schweißeinrichtung werden in diesem Anhang die Funktionskenntnisse beschrieben, die ein Bediener/Einrichter für das Widerstandsschweißen haben sollte, um sicherzustellen, daß Verfahren befolgt werden und daß sie der üblichen Praxis entsprechen.

B.1 Schweißfolgen/Verfahren bei dem entsprechenden Prozeß
Verständnis für die Anforderungen an das Schweißverfahren und für den Einfluß der Schweißparameter.

B.2 Fugenvorbereitung und Beschreibung des Schweißens bei dem entsprechenden Prozeß
a) Übereinstimmung der Nahtvorbereitung zum Schweißen mit der Schweißanweisung (WPS);
b) Sauberkeit der Fugenflanken.

B.3 Schweißnaht-Unregelmäßigkeiten bei dem entsprechenden Prozeß
a) Bestimmung der Schweißnaht-Unregelmäßigkeiten;
b) Gründe;
c) Verhüten und Abhilfemaßnahmen.

B.4 Prüfung des Bedieners/Einrichters
Der Bediener/Einrichter für das Widerstandsschweißen muß über den Geltungsbereich unterrichtet sein.

B.5 Verfahrensablauf
a) Programmierungskenntnis (falls sinnvoll);
b) Kenntnis des Überwachungssystems und der Signale, die dieses System abgibt;
c) Bewegungssystem;
d) Hilfseinrichtungen;
e) Vorrichtungen und Spanneinheiten sowie Einrichten derselben;
f) Parameter und Einstellung innerhalb der vorliegenden Verfahren;
g) Sicherheitsregeln und Vorsichtsmaßnahmen;
h) Start-Stopp-Verfahren.

Anhang C (informativ)

Prüfungsbescheinigung für Bediener von Schweißeinrichtungen/Einrichter für das Widerstandsschweißen

Hersteller-Schweißanweisung   Prüfer oder Prüfstelle

Beleg-Nr (falls verfügbar) _____   Beleg-Nr _____

Name des Bedieners/Einrichters für das
Widerstandsschweißen: _____

Legitimation: _____

Art der Legitimation: _____

Geburtsdatum und -ort: _____   Foto
                                                               (falls gefordert)
Beschäftigt bei: _____

Vorschrift/Prüfnorm: _____

Fachkunde: Bestanden / Nicht geprüft (Unzutreffendes durchstreichen)

Schweißdaten-Angaben	Geltungsbereich
Schweißprozeß Schweißeinrichtung	
Angaben nach 4.2.5	
Nahtsensor Einzelraupen-/Mehrfachraupentechnik Art des Roboters	

Zusätzliche Informationen sind auf beigefügtem Blatt und/oder auf der Schweißanweisung Nr: _____ verfügbar.

Der Anerkennung liegt zugrunde: — Schweißverfahrensprüfung nach 4.2.1 ☐ — Schweißtechnische Prüfung vor Fertigungsbeginn oder Fertigungsprüfung nach 4.2.2 ☐ — Stichprobenprüfung nach 4.2.3 ☐ — Funktionsprüfung nach 4.2.4 ☐ Ergebnisse der Prüfung für die Anerkennung siehe Dokument-Nr: _____ (Bericht über die Anerkennung des Schweißverfahrens oder andere Prüfdokumente)	Name, Datum und Unterschrift: Prüfer oder Prüfstelle: Tag der Ausgabe: _____ Ort: _____ gültig bis: _____

Verlängerung der Anerkennung für Prüfer oder die Prüfstelle (siehe Abschnitt 5).			Verlängerung der Anerkennung für die folgenden 6 Monate durch den Arbeitgeber/Schweißaufsicht (siehe Abschnitt 5).		
Datum	Unterschrift	Stellung oder Titel	Datum	Unterschrift	Stellung oder Titel

Oktober 1997

Schweißzusätze
Umhüllte Stabelektroden zum Lichtbogenhandschweißen von nichtrostenden und hitzebeständigen Stählen
Einteilung
Deutsche Fassung EN 1600 : 1997

DIN
EN 1600

ICS 25.160.20

Teilweise Ersatz für
DIN 8556-1 : 1986-05

Deskriptoren: Lichtbogenhandschweißen, Schweißzusatz, Stabelektrode, nichtrostender Stahl, hitzebeständiger Stahl

Welding consumables —
Covered electrodes for manual metal arc welding of stainless and heat resisting steels —
Classification; German version EN 1600 : 1997

Produits consommables pour le soudage —
Electrodes enrobées pour le soudage manuel à l'arc des aciers inoxydables et résistant aux températures élevées —
Classification; Version allemande EN 1600 : 1997

Die Europäische Norm EN 1600 : 1997 hat den Status einer Deutschen Norm.

Nationales Vorwort

Die Europäische Norm EN 1600 wurde im Technischen Komitee CEN/TC 121 "Schweißen" vom Unterkomitee 3 "Schweißzusätze" erarbeitet. Das zuständige deutsche Normungsgremium ist der Arbeitsausschuß AA 3.1/AG W 5.1 "Schweißzusätze für Stähle" im Normenausschuß Schweißtechnik (NAS).

Die Europäische Norm ist, bezogen auf umhüllte Stabelektroden, vergleichbar mit DIN 8556-1 "Schweißzusätze für das Schweißen nichtrostender und hitzebeständiger Stähle — Bezeichnung, Technische Lieferbedingungen".

Für die genormten Schweißstäbe, Schweißdrähte und Drahtelektroden zum Schutzgasschweißen und zum Unterpulverschweißen ist eine Europäische Norm entsprechend prEN 12072 "Schweißzusätze — Drahtelektroden, Drähte und Stäbe zum Lichtbogenschweißen nichtrostender und hitzebeständiger Stähle — Einteilung" in Vorbereitung.

Für die im Abschnitt 2 zitierte Internationale Norm wird im folgenden auf die entsprechende Deutsche Norm hingewiesen:

ISO 31-0 siehe DIN 1313

Änderungen

Gegenüber DIN 8556-1 : 1986-05 wurden folgende Änderungen vorgenommen:

a) Titel und Inhalt der Europäischen Norm übernommen.

b) Inhalt auf umhüllte Stabelektroden eingeschränkt. Weitere Normen für die verschiedenen Verfahren sind in Vorbereitung.

c) Bei vergleichbarer Erfassung und Einteilung nach den kennzeichnenden Eigenschaften der Stabelektroden/ ihres Schweißgutes sind Kurzzeichen und Bezeichnung geändert.

Frühere Ausgaben

DIN 8556-1: 1965-04, 1976-03, 1986-05

Nationaler Anhang NA (informativ)
Literaturhinweise

DIN 1313
    Physikalische Größen und Gleichungen — Begriffe, Schreibweisen

Fortsetzung 7 Seiten EN

Normenausschuß Schweißtechnik (NAS) im DIN Deutsches Institut für Normung e.V.

EUROPÄISCHE NORM
EUROPEAN STANDARD
NORME EUROPÉENNE

EN 1600

August 1997

ICS 25.160.20

Deskriptoren: Schweißen, Lichtbogenhandschweißen, Stabelektrode, Mantelelektrode, nichtrostender Stahl, Schweißgut, Schweißzusatzwerkstoff, hitzebeständiger Stahl, Eigenschaft, chemische Zusammensetzung, mechanische Eigenschaft, Einteilung, Formelzeichen, mechanische Prüfung, Bezeichnung

Deutsche Fassung

Schweißzusätze

Umhüllte Stabelektroden zum Lichtbogenhandschweißen von nichtrostenden und hitzebeständigen Stählen

Einteilung

Welding consumables — Covered electrodes for manual metal arc welding of stainless and heat resisting steels — Classification

Produits consommables pour le soudage — Electrodes enrobées pour le soudage manuel à l'arc des aciers inoxydables et résistant aux températures élevées — Classification

Diese Europäische Norm wurde von CEN am 1997-07-24 angenommen.

Die CEN-Mitglieder sind gehalten, die CEN/CENELEC-Geschäftsordnung zu erfüllen, in der die Bedingungen festgelegt sind, unter denen dieser Europäischen Norm ohne jede Änderung der Status einer nationalen Norm zu geben ist.

Auf dem letzten Stand befindliche Listen dieser nationalen Normen mit ihren bibliographischen Angaben sind beim Zentralsekretariat oder bei jedem CEN-Mitglied auf Anfrage erhältlich.

Diese Europäische Norm besteht in drei offiziellen Fassungen (Deutsch, Englisch, Französisch). Eine Fassung in einer anderen Sprache, die von einem CEN-Mitglied in eigener Verantwortung durch Übersetzung in seine Landessprache gemacht und dem Zentralsekretariat mitgeteilt worden ist, hat den gleichen Status wie die offiziellen Fassungen.

CEN-Mitglieder sind die nationalen Normungsinstitute von Belgien, Dänemark, Deutschland, Finnland, Frankreich, Griechenland, Irland, Island, Italien, Luxemburg, Niederlande, Norwegen, Österreich, Portugal, Schweden, Schweiz, Spanien, Tschechische Republik und dem Vereinigten Königreich.

CEN

EUROPÄISCHES KOMITEE FÜR NORMUNG
European Committee for Standardization
Comité Européen de Normalisation

Zentralsekretariat: rue de Stassart 36, B-1050 Brüssel

© 1997 CEN — Alle Rechte der Verwertung, gleich in welcher Form und in welchem Verfahren, sind weltweit den nationalen Mitgliedern von CEN vorbehalten.

Ref. Nr. EN 1600 : 1997 D

Inhalt

	Seite
Vorwort	2
Einleitung	2
1 Anwendungsbereich	2
2 Normative Verweisungen	2
3 Einteilung	2
4 Kennzeichen und Anforderungen	3
4.1 Kurzzeichen für das Produkt/den Schweißprozeß	3
4.2 Kurzzeichen für die chemische Zusammensetzung des reinen Schweißgutes	3
4.3 Kurzzeichen für den Umhüllungstyp	6
4.4 Kennziffer für Ausbringen und Stromart	6
4.5 Kennziffer für die Schweißposition	6

	Seite
5 Mechanische Prüfungen	6
5.1 Allgemeines	6
5.2 Vorwärm- und Zwischenlagentemperaturen	6
5.3 Lagenfolge	6
6 Chemische Analyse	6
7 Technische Lieferbedingungen	6
8 Bezeichnung	7
Anhang A (informativ) Beschreibung der Umhüllungstypen	7
Anhang B (informativ) Literaturhinweise	7

Vorwort

Diese Europäische Norm wurde vom Technischen Komitee CEN/TC 121 "Schweißen" erarbeitet, dessen Sekretariat vom DS gehalten wird.

Diese Europäische Norm muß den Status einer nationalen Norm erhalten, entweder durch Veröffentlichung eines identischen Textes oder durch Anerkennung bis Februar 1998, und etwaige entgegenstehende nationale Normen müssen bis Februar 1998 zurückgezogen werden.

Entsprechend der CEN/CENELEC-Geschäftsordnung sind die nationalen Normungsinstitute der folgenden Länder gehalten, diese Europäische Norm zu übernehmen:
Belgien, Dänemark, Deutschland, Finnland, Frankreich, Griechenland, Irland, Island, Italien, Luxemburg, Niederlande, Norwegen, Österreich, Portugal, Schweden, Schweiz, Spanien, Tschechische Republik und das Vereinigte Königreich.

Einleitung

Diese Norm enthält eine Einteilung zur Bezeichnung von umhüllten Stabelektroden mit Hilfe der chemischen Zusammensetzung des reinen Schweißgutes.

Es sollte beachtet werden, daß die für die Einteilung der Stabelektroden benutzten mechanischen Eigenschaften des reinen Schweißgutes abweichen können von denen, die an Fertigungsschweißungen erreicht werden. Dies ist bedingt durch Unterschiede bei der Durchführung des Schweißens, wie z. B. Stabelektrodendurchmesser, Pendelung, Schweißposition und Werkstoffzusammensetzung.

1 Anwendungsbereich

Diese Norm legt Anforderungen für die Einteilung von umhüllten Stabelektroden — basierend auf dem reinen Schweißgut im Schweißzustand oder nach Wärmebehandlung — für das Lichtbogenhandschweißen von nichtrostenden und hitzebeständigen Stählen fest.

2 Normative Verweisungen

Diese Europäische Norm enthält durch datierte oder undatierte Verweisungen Festlegungen aus anderen Publikationen. Diese normativen Verweisungen sind an den jeweiligen Stellen im Text zitiert, und die Publikationen sind nachstehend aufgeführt. Bei datierten Verweisungen gehören spätere Änderungen oder Überarbeitungen dieser Publikation nur zu dieser Europäischen Norm, falls sie durch Änderung oder Überarbeitung eingearbeitet sind. Bei undatierten Verweisungen gilt die letzte Ausgabe der in Bezug genommenen Publikation.

EN 759
Schweißzusätze — Technische Lieferbedingungen für metallische Schweißzusätze — Art des Produktes, Maße, Grenzabmaße und Kennzeichnung

EN 1597-1
Schweißzusätze — Prüfmethoden — Teil 1: Prüfstück zur Entnahme von Proben aus reinem Stahl an Stahl, Nickel und Nickellegierungen

EN 1597-3
Schweißzusätze — Prüfmethoden — Teil 3: Prüfung der Eignung für Schweißpositionen an Kehlnahtschweißungen

EN 22401
Umhüllte Stabelektroden — Bestimmung der Ausbringung, der Gesamtausbringung und des Abschmelzkoeffizienten (ISO 2401 : 1972)

EN ISO 13916
Schweißen — Messung der Vorwärm-, Zwischenlagen- und Haltetemperatur beim Schweißen

ISO 31-0 : 1992
de: Größen und Einheiten — Teil 0: Allgemeine Grundsätze
en: Quantities and units — Part 0: General principles

3 Einteilung

Die Einteilung enthält die Eigenschaften des reinen Schweißgutes, die mit einer umhüllten Stabelektrode erreicht werden, wie unten beschrieben. Der Einteilung liegt der Stabelektrodendurchmesser von 4 mm zugrunde mit Ausnahme der Prüfung für die Schweißpositionen, für die der Durchmesser 3,2 mm die Grundlage ist.

Die Einteilung besteht aus fünf Merkmalen:

1) das erste Merkmal besteht aus dem Kurzzeichen für das Produkt/den Schweißprozeß;

Seite 3
EN 1600 : 1997

2) das zweite Merkmal enthält das Kurzzeichen für die chemische Zusammensetzung des reinen Schweißgutes;
3) das dritte Merkmal besteht aus dem Kurzzeichen für den Umhüllungstyp;
4) das vierte Merkmal besteht aus einer Kennziffer für das Ausbringen und die Stromart;
5) das fünfte Merkmal besteht aus der Kennziffer für die Schweißposition.

Die Normbezeichnung ist in zwei Teile gegliedert, um den Gebrauch dieser Norm zu erleichtern:

a) Verbindlicher Teil
Dieser Teil enthält die Kennzeichen für die Art des Produktes, die chemische Zusammensetzung und den Umhüllungstyp, d. h. die Kennzeichen, die in 4.1, 4.2 und 4.3 beschrieben sind;

b) Nicht verbindlicher Teil
Dieser Teil enthält die Kennziffern für das Ausbringen, die Stromart und die Schweißpositionen, für die die Stabelektrode geeignet ist, d. h. die Kennziffern, die in 4.4 und 4.5 beschrieben sind.

Die vollständige Normbezeichnung (siehe Abschnitt 8) ist auf Verpackungen und in den Unterlagen sowie Datenblättern des Herstellers anzugeben.

4 Kennzeichen und Anforderungen

4.1 Kurzzeichen für das Produkt/den Schweißprozeß

Das Kurzzeichen für die umhüllte Stabelektrode zum Lichtbogenhandschweißen ist der Buchstabe E.

4.2 Kurzzeichen für die chemische Zusammensetzung des reinen Schweißgutes

Das Kurzzeichen in Tabelle 1 erfaßt die chemische Zusammensetzung des Schweißgutes nach den in Abschnitt 6 angegebenen Bedingungen. Das reine Schweißgut der umhüllten Stabelektroden in Tabelle 1 muß unter den in Abschnitt 5 enthaltenen Bedingungen auch die mechanischen Eigenschaften nach Tabelle 2 erfüllen.

Tabelle 1: Kurzzeichen für die chemische Zusammensetzung des reinen Schweißgutes

Legierungs-kurzzeichen	Chemische Zusammensetzung[1] [2] [3] % (m/m)								
	C	Si	Mn	P[4]	S[4]	Cr	Ni[5]	Mo[5]	Andere Elemente[5]
Martensitisch/ferritisch									
13	0,12	1,0	1,5	0,030	0,025	11,0 bis 14,0	—	—	—
13 4	0,06	1,0	1,5	0,030	0,025	11,0 bis 14,5	3,0 bis 5,0	0,4 bis 1,0	—
17	0,12	1,0	1,5	0,030	0,025	16,0 bis 18,0	—	—	—
Austenitisch									
19 9	0,08	1,2	2,0	0,030	0,025	18,0 bis 21,0	9,0 bis 11,0	—	—
19 9 L	0,04	1,2	2,0	0,030	0,025	18,0 bis 21,0	9,0 bis 11,0	—	—
19 9 Nb	0,08	1,2	2,0	0,030	0,025	18,0 bis 21,0	9,0 bis 11,0	—	Nb[6]
19 12 2	0,08	1,2	2,0	0,030	0,025	17,0 bis 20,0	10,0 bis 13,0	2,0 bis 3,0	—
19 12 3 L	0,04	1,2	2,0	0,030	0,025	17,0 bis 20,0	10,0 bis 13,0	2,5 bis 3,0	—
19 12 3 Nb	0,08	1,2	2,0	0,030	0,025	17,0 bis 20,0	10,0 bis 13,0	2,5 bis 3,0	Nb[6]
19 13 4 N L[7]	0,04	1,2	1,0 bis 5,0	0,030	0,025	17,0 bis 20,0	12,0 bis 15,0	3,0 bis 4,5	N 0,20
Austenitisch-ferritisch. Hohe Korrosionsbeständigkeit									
22 9 3 N L[8]	0,04	1,2	2,5	0,030	0,025	21,0 bis 24,0	7,5 bis 10,5	2,5 bis 4,0	N 0,08 bis 0,20
25 7 2 N L	0,04	1,2	2,0	0,035	0,025	24,0 bis 28,0	6,0 bis 8,0	1,0 bis 3,0	N 0,20
25 9 3 Cu N L[8]	0,04	1,2	2,5	0,030	0,025	24,0 bis 27,0	7,5 bis 10,5	2,5 bis 4,0	N 0,10 bis 0,25; Cu 1,5 bis 3,5
25 9 4 N L[8]	0,04	1,2	2,5	0,030	0,025	24,0 bis 27,0	8,0 bis 10,5	2,5 bis 4,5	N 0,20 bis 0,30; Cu 1,5; W 1,0
Voll austenitisch. Hohe Korrosionsbeständigkeit									
18 15 3 L[7]	0,04	1,2	1,0 bis 4,0	0,030	0,025	16,5 bis 19,5	14,0 bis 17,0	2,5 bis 3,5	—
18 16 5 N L[4]	0,04	1,2	1,0 bis 4,0	0,035	0,025	17,0 bis 20,0	15,5 bis 19,0	3,5 bis 5,0	N 0,20
20 25 5 Cu N L[7]	0,04	1,2	1,0 bis 4,0	0,030	0,025	19,0 bis 22,0	24,0 bis 27,0	4,0 bis 7,0	Cu 1,0 bis 2,0; N 0,25
20 16 3 Mn N L[7]	0,04	1,2	5,0 bis 8,0	0,035	0,025	18,0 bis 21,0	15,0 bis 18,0	2,5 bis 3,5	N 0,20
25 22 2 N L[7]	0,04	1,2	1,0 bis 5,0	0,030	0,025	24,0 bis 27,0	20,0 bis 23,0	2,0 bis 3,0	N 0,20
27 31 4 Cu L[7]	0,04	1,2	2,5	0,030	0,025	26,0 bis 29,0	30,0 bis 33,0	3,0 bis 4,5	Cu 0,6 bis 1,5

(fortgesetzt)

Tabelle 1 (abgeschlossen)

Legierungs-kurzzeichen	Chemische Zusammensetzung[1] [2] [3] % (m/m)								
	C	Si	Mn	P[4]	S[4]	Cr	Ni[5]	Mo[5]	Andere Elemente[5]
Spezialsorten 18 8 Mn[7]	0,20	1,2	4,5 bis 7,5	0,035	0,025	17,0 bis 20,0	7,0 bis 10,0	–	–
18 9 MnMo	0,04 bis 0,14	1,2	3,0 bis 5,0	0,035	0,025	18,0 bis 21,5	9,0 bis 11,0	0,5 bis 1,5	–
20 10 3	0,10	1,2	2,5	0,030	0,025	18,0 bis 21,0	9,0 bis 12,0	1,5 bis 3,5	–
23 12 L	0,04	1,2	2,5	0,030	0,025	22,0 bis 25,0	11,0 bis 14,0	–	–
23 12 Nb	0,10	1,2	2,5	0,030	0,025	22,0 bis 25,0	11,0 bis 14,0	–	Nb[6]
23 12 2 L	0,04	1,2	2,5	0,030	0,025	22,0 bis 25,0	11,0 bis 14,0	2,0 bis 3,0	–
29 9	0,15	1,2	2,5	0,035	0,025	27,0 bis 31,0	8,0 bis 12,0	–	–
Hitzebeständige Sorten 16 8 2	0,08	1,0	2,5	0,030	0,025	14,5 bis 16,5	7,5 bis 9,5	1,5 bis 2,5	–
19 9 H	0,04 bis 0,08	1,2	2,0	0,030	0,025	18,0 bis 21,0	9,0 bis 11,0	–	–
25 4	0,15	1,2	2,5	0,030	0,025	24,0 bis 27,0	4,0 bis 6,0	–	–
22 12	0,15	1,2	2,5	0,030	0,025	20,0 bis 23,0	10,0 bis 13,0	–	–
25 20[7]	0,06 bis 0,20	1,2	1,0 bis 5,0	0,030	0,025	23,0 bis 27,0	18,0 bis 22,0	–	–
25 20 H[7]	0,35 bis 0,45	1,2	2,5	0,030	0,025	23,0 bis 27,0	18,0 bis 22,0	–	–
18 36[7]	0,25	1,2	2,5	0,030	0,025	14,0 bis 18,0	33,0 bis 37,0	–	–

[1] Einzelwerte in der Tabelle sind Höchstwerte.
[2] Nicht in der Tabelle aufgeführte umhüllte Stabelektroden sind ähnlich zu kennzeichnen, wobei der Buchstabe "Z" voranzustellen ist.
[3] Die Ergebnisse sind auf dieselbe Stelle zu runden wie die festgelegten Werte unter Anwendung von Regel A nach Anhang B von ISO 31-0 : 1992.
[4] Die Summe von P und S darf 0,050% nicht übersteigen; dies gilt nicht für 25 7 2 N L, 18 16 5 N L, 20 16 3 Mn N L, 18 8 Mn, 18 9 MnMo und 29 9.
[5] Falls nicht festgelegt: Mo < 0,75 %, Cu < 0,75 % und Ni < 0,60 %.
[6] Nb min. 8 × % C, max. 1,1 %; bis 20 % des Anteils an Nb können durch Ta ersetzt werden.
[7] Das reine Schweißgut ist weitgehend vollaustenitisch und kann deshalb anfällig sein für Mikrorisse und Erstarrungsrisse. Das Auftreten von Rissen wird dadurch reduziert, daß der Mangananteil im reinen Schweißgut erhöht wird. Deshalb ist der Mangananteil für einige Legierungstypen höher.
[8] Unter diesem Kurzzeichen aufgeführte Stabelektroden werden gewöhnlich für bestimmte Eigenschaften ausgewählt und sind nicht direkt austauschbar.

Tabelle 2: Mechanische Eigenschaften des reinen Schweißgutes

Legierungs-kurzzeichen	Mindest-Streckgrenze $R_{p0,2}$ N/mm²	Mindest-Zugfestigkeit R_m N/mm²	Mindest-Bruchdehnung[1] A %	Wärmebehandlung
13	250	450	15	[2]
13 4	500	750	15	[3]
17	300	450	15	[4]
19 9	350	550	30	keine
19 9 L	320	510	30	keine
19 9 Nb	350	550	25	keine
19 12 2	350	550	25	keine
19 12 3 L	320	510	25	keine
19 12 3 Nb	350	550	25	keine
19 13 4 N L	350	550	25	keine
22 9 3 N L	450	550	20	keine
25 7 2 N L	500	700	15	keine
25 9 3 Cu N L	550	620	18	keine
25 9 4 N L	550	620	18	keine
18 15 3 L	300	480	25	keine
18 16 5 N L	300	480	25	keine
20 25 5 Cu N L	320	510	25	keine
20 16 3 Mn N L	320	510	25	keine
25 22 2 N L	320	510	25	keine
27 31 4 Cu L	240	500	25	keine
18 8 Mn	350	500	25	keine
18 9 MnMo	350	500	25	keine
20 10 3	400	620	20	keine
23 12 L	320	510	25	keine
23 12 Nb	350	550	25	keine
23 12 2 L	350	550	25	keine
29 9	450	650	15	keine
16 8 2	320	510	25	keine
19 9 H	350	550	30	keine
25 4	400	600	15	keine
22 12	350	550	25	keine
25 20	350	550	20	keine
25 20 H	350	550	10[5]	keine
18 36	350	550	10[5]	keine

[1]) Die Meßlänge entspricht dem Fünffachen des Probendurchmessers.
[2]) 840°C bis 870°C für 2 h — Ofenabkühlung bis auf 600°C, dann Luftabkühlung.
[3]) 580°C bis 620°C für 2 h — Luftabkühlung.
[4]) 760°C bis 790°C für 2 h — Ofenabkühlung bis auf 600°C, dann Luftabkühlung.
[5]) Diese Stabelektroden haben im Schweißgut einen hohen Kohlenstoffanteil für den Einsatz bei hohen Temperaturen. Die Bruchdehnung bei Raumtemperatur ist von geringer Bedeutung für solche Anwendungen.

ANMERKUNG: Die Bruchdehnung und Zähigkeit des reinen Schweißgutes können niedriger als die des Grundwerkstoffes sein.

4.3 Kurzzeichen für den Umhüllungstyp

Der Umhüllungstyp einer Stabelektrode bestimmt maßgeblich die Gebrauchseigenschaften der Stabelektrode und die Eigenschaften des Schweißgutes.
Zwei Kurzzeichen werden zur Beschreibung des Umhüllungstyps verwendet:
— R rutilumhüllt;
— B basischumhüllt.
ANMERKUNG: Anhang A enthält eine Beschreibung der Merkmale für jeden Umhüllungstyp.

4.4 Kennziffer für Ausbringen und Stromart

Die Kennziffer in Tabelle 3 erfaßt das Ausbringen bestimmt nach EN 22401 mit der Stromart nach Tabelle 3.

Tabelle 3: Kennziffer für Ausbringen und Stromart

Kennziffer	Ausbringen %	Stromart[1])
1	≤ 105	Wechsel- und Gleichstrom
2	≤ 105	Gleichstrom
3	> 105 ≤ 125	Wechsel- und Gleichstrom
4	> 105 ≤ 125	Gleichstrom
5	> 125 ≤ 160	Wechsel- und Gleichstrom
6	> 125 ≤ 160	Gleichstrom
7	> 160	Wechsel- und Gleichstrom
8	> 160	Gleichstrom

[1]) Um die Eignung für Wechselstrom nachzuweisen, sind die Prüfungen mit einer Leerlaufspannung von max. 65 V durchzuführen.

4.5 Kennziffer für die Schweißposition

Die Schweißpositionen, für die eine Stabelektrode nach EN 1597-3 überprüft wurde, werden durch eine Kennziffer wie folgt angegeben:
1 alle Positionen;
2 alle Positionen, außer Fallposition;
3 Stumpfnaht in Wannenposition, Kehlnaht in Wannen- und Horizontalposition;
4 Stumpfnaht in Wannenposition, Kehlnaht in Wannenposition;
5 Fallposition und Positionen wie Kennziffer 3.

5 Mechanische Prüfungen

5.1 Allgemeines

Zugversuche sowie alle geforderten Nachprüfungen sind mit Schweißgut mit den in Tabelle 2 festgelegten Bedingungen (am Prüfstück Form 3 im Schweißzustand oder nach der Wärmebehandlung) nach EN 1597-1 und wie in 5.2 und 5.3 beschrieben durchzuführen.

5.2 Vorwärm- und Zwischenlagentemperaturen

Vorwärm- und Zwischenlagentemperaturen für den geeigneten Schweißguttyp sind nach Tabelle 4 auszuwählen.

Tabelle 4: Vorwärm- und Zwischenlagentemperatur

Legierungskurzzeichen nach Tabelle 1	Schweißguttyp	Vorwärm- und Zwischenlagentemperaturen °C
13 17	martensitischer und ferritischer Chrom-Stahl	200 bis 300
13 4	weichmartensitischer nichtrostender Stahl	100 bis 180
Alle anderen	austenitischer und austenitisch-ferritischer nichtrostender Stahl	max. 150

Die Zwischenlagentemperatur ist mit Temperaturanzeigestiften, Oberflächen-Thermometern oder Thermoelementen zu messen, siehe EN ISO 13916.
Die Zwischenlagentemperatur darf die in Tabelle 4 angegebene Temperatur nicht überschreiten. Wenn die Zwischenlagentemperatur bei einer Raupe überschritten wird, muß das Prüfstück bis zu einer Temperatur innerhalb des Bereichs der Zwischenlagentemperatur an der Luft abgekühlt werden.

5.3 Lagenfolge

Die Lagenfolge muß wie in Tabelle 5 angegeben sein.
Die Schweißrichtung zur Herstellung einer aus 2 Raupen bestehenden Lage darf nicht gewechselt werden, aber nach jeder Lage ist die Richtung zu wechseln. Jede Lage ist mit 90 % der höchsten, vom Hersteller empfohlenen Stromstärke zu schweißen.
Unabhängig vom Umhüllungstyp ist mit Wechselstrom zu schweißen, wenn sowohl Wechsel- als auch Gleichstrom empfohlen wird, und mit Gleichstrom mit der Elektrode am Pluspol, wenn nur Gleichstrom empfohlen wird.

Tabelle 5: Lagenfolge

Stabelektroden-Durchmesser mm	Lagenaufbau		
	Lagen Nr	Raupen je Lage	Anzahl der Lagen
4,0	1 bis oben	2	7 bis 9

6 Chemische Analyse

Die chemische Analyse darf an jeder geeigneten Schweißgutprobe durchgeführt werden. Jede analytische Methode darf angewendet werden. Im Zweifelsfall muß sie nach eingeführten, veröffentlichten Verfahren vorgenommen werden.

ANMERKUNG: Siehe Anhang B.

7 Technische Lieferbedingungen

Die technischen Lieferbedingungen müssen den Anforderungen nach EN 759 entsprechen.

8 Bezeichnung

Die Bezeichnung einer umhüllten Stabelektrode muß den Grundsätzen gemäß nachfolgendem Beispiel entsprechen.

BEISPIEL:
Bezeichnung einer umhüllten Stabelektrode für das Lichtbogenhandschweißen mit einer chemischen Zusammensetzung des Schweißgutes von 19 % Cr, 12 % Ni und 2 % Mo (19 12 2) nach Tabelle 1. Die Stabelektrode ist rutilumhüllt (R) und verschweißbar an Wechsel- oder Gleichstrom, Ausbringen 120 % (3), und ist geeignet für Stumpf- und Kehlnähte in Wannenposition (4).

Die Bezeichnung ist wie folgt:

Umhüllte Stabelektrode EN 1600-E 19 12 2 R 3 4

Der verbindliche Teil ist:

Umhüllte Stabelektrode EN 1600-E 19 12 2 R

Hierbei bedeuten:
EN 1600 = Norm-Nummer;
E = umhüllte Stabelektroden/Lichtbogenhandschweißen (siehe 4.1);
19 12 2 = chemische Zusammensetzung des reinen Schweißgutes (siehe Tabelle 1);
R = Umhüllungstyp (siehe 4.3);
3 = Ausbringen und Stromart (siehe Tabelle 3);
4 = Schweißposition (siehe 4.5).

Anhang A (informativ)
Beschreibung der Umhüllungstypen

A.1 Rutilumhüllte Stabelektroden

Diese Stabelektroden enthalten in der Umhüllung als wesentlichen Bestandteil Titandioxid, meistens in Form von Rutil, veränderliche Silikatanteile und kleine Mengen von Karbonaten und Fluoriden.
Rutilumhüllte Stabelektroden sind geeignet für Gleich- und Wechselstrom. Sie sind leicht zu zünden und wiederzuzünden und weisen einen stabilen Lichtbogen auf. Die Oberfläche der Schweißnaht ist glatt und fein geschuppt, die Schlackenentfernung ist gut.

A.2 Basischumhüllte Stabelektroden

Die Umhüllung weist einen hohen Anteil von Karbonaten und Fluoriden auf.
Basischumhüllte Stabelektroden werden üblicherweise nur für Gleichstrom mit Stabelektrode am Pluspol verwendet.

Anhang B (informativ)
Literaturhinweise

B.1 Handbuch für das Eisenhüttenlaboratorium, VdEh, Düsseldorf.

B.2 BS 6200-3 Probenahme und Analyse von Eisen, Stahl und anderen Eisenmetallen — Teil 3: Analyseverfahren.

B.3 CEN/CR 10261 ECISS-Mitteilung 11 — Eisen und Stahl — Überblick von verfügbaren chemischen Analyseverfahren.

DK 669.14.001.33:001.4 September 1989

Begriffsbestimmungen für die Einteilung der Stähle
Deutsche Fassung EN 10 020 : 1988

DIN EN 10 020

Definition and classification of grades of steel; German Version EN 10 020 : 1988
Définition et classification des nuances d'acier; Version allemande EN 10 020 : 1988

Die Europäische Norm EN 10 020 hat den Status einer Deutschen Norm

Nationales Vorwort

Die Europäische Norm EN 10 020 ist vom Technischen Komitee ECISS/TC 6a „Begriffsbestimmung und Einteilung der Stahlsorten" (Sekretariat: Frankreich) des Europäischen Komitees für Eisen- und Stahlnormung (ECISS) ausgearbeitet worden.

Das zuständige deutsche Normungsgremium ist der Unterausschuß „Einteilung, Benennung und Benummerung von Stählen" des Normenausschusses Eisen und Stahl (FES).

DIN EN 10 020 ersetzt die in zahlreichen DIN-Normen für Stähle aufgeführte EURONORM 20.

Zitierte Normen
Siehe Anhang D

Internationale Patentklassifikation
C 22 C 38/00

Fortsetzung Seite 2 bis 15

Normenausschuß Eisen und Stahl (FES) im DIN Deutsches Institut für Normung e.V.

EUROPÄISCHE NORM
EUROPEAN STANDARD
NORME EUROPÉENNE

EN 10 020
November 1988

DK 669.14.001.33 : 001.4

Deskriptoren: Eisen- und Stahlerzeugnisse; Stahl; legierter Stahl; unlegierter Stahl; Stahlgüte; Begriffsbestimmung; Klassifizierung; chemische Zusammensetzung; Güteklasse;

Deutsche Fassung

Begriffsbestimmungen für die Einteilung der Stähle

Definition and classification of grades of steel

Définition et classification des nuances d'acier

Diese Europäische Norm wurde von CEN am 88-11-05 angenommen. Die CEN-Mitglieder sind gehalten, die Forderungen der Gemeinsamen CEN/CENELEC-Regeln zu erfüllen, in denen die Bedingungen festgelegt sind, unter denen dieser Europäischen Norm ohne jede Änderung der Status einer nationalen Norm zu geben ist.

Auf dem letzten Stand befindliche Listen dieser nationalen Normen mit ihren bibliographischen Angaben sind beim CEN-Zentralsekretariat oder bei jedem CEN-Mitglied auf Anfrage erhältlich.

Diese Europäische Norm besteht in den drei offiziellen Fassungen (Deutsch, Englisch, Französisch). Eine Fassung in einer anderen Sprache, die von einem CEN-Mitglied in eigener Verantwortung durch Übersetzung in die Landessprache gemacht und dem CEN-Zentralsekretariat mitgeteilt worden ist, hat den gleichen Status wie die offiziellen Fassungen.

CEN-Mitglieder sind die nationalen Normenorganisationen von Belgien, Dänemark, Deutschland, Finnland, Frankreich, Griechenland, Irland, Island, Italien, Luxemburg, Niederlande, Norwegen, Österreich, Portugal, Schweden, Schweiz, Spanien und dem Vereinigten Königreich.

CEN

EUROPÄISCHES KOMITEE FÜR NORMUNG
European Committee for Standardization
Comité Européen de Normalisation

Zentralsekretariat: Rue Bréderode 2, B-1000 Brüssel

© CEN 1988. Das Copyright ist allen CEN-Mitgliedern vorbehalten.

Ref. Nr. EN 10 020 : 1988 D

Entstehungsgeschichte

Diese Europäische Norm wurde vom Technischen Komitee ECISS/TC 6a „Begriffsbestimmung und Einteilung der Stahlsorten" ausgearbeitet, mit dessen Sekretariat die Association Française de Normalisation (AFNOR) betraut ist.

Sie wurde nach Annahme durch den Koordinierungsausschuß (COCOR) des Europäischen Komitees für Eisen- und Stahlnormung (ECISS) dem CEN im November 1988 zur formellen Abstimmung vorgelegt.

Am 1988-11-05 wurde sie vom CEN BT angenommen und ratifiziert.

Entsprechend den Gemeinsamen CEN/CENELEC-Regeln sind folgende Länder gehalten, diese Europäische Norm zu übernehmen:

Belgien, Dänemark, Deutschland, Finnland, Frankreich, Griechenland, Irland, Island, Italien, Luxembourg, Niederlande, Norwegen, Österreich, Portugal, Schweden, Schweiz, Spanien und das Vereinigte Königreich.

Inhaltsverzeichnis

	Seite
1 Zweck und Anwendungsbereich	3
2 Verweisungen auf andere Normen	3
3 Begriffsbestimmung für Stahl	3
4 Einteilung nach der chemischen Zusammensetzung	3
4.1 Maßgebende Gehalte	3
4.2 Begriffsbestimmungen	4
4.2.1 Unlegierte Stähle	4
4.2.2 Legierte Stähle	4
5 Einteilung nach Hauptgüteklassen	4
5.1 Hauptgüteklassen der unlegierten Stähle	4
5.1.1 Grundstähle	4
5.1.2 Unlegierte Qualitätsstähle	5
5.1.3 Unlegierte Edelstähle	5
5.2 Hauptgüteklassen der legierten Stähle	6
5.2.1 Legierte Qualitätsstähle	6
5.2.2 Legierte Edelstähle	6
6 Beispiele für die Einteilung der Stähle	7
Anhang A – Gruppen der unlegierten Stähle (Beispiele)	8
Anhang B – Gruppen der legierten Stähle (Beispiele)	10
Anhang C – Anmerkungen zum Kapitel 72 „Eisen und Stahl" des harmonisierten Systems der Zollnomenklatur des Brüsseler Zollrats	12
Anhang D – Zitierte EURONORMEN und ISO-Normen	13
Anhang E – Erläuterungen	15

1 Anwendungsbereich und Zweck

Diese Norm definiert den Begriff „Stahl" (siehe Abschnitt 3) und beschreibt

- die Einteilung der Stahlsorten nach ihrer chemischen Zusammensetzung in unlegierte und legierte Stähle (siehe Abschnitt 4);
- die Einteilung der unlegierten und legierten Stähle nach Hauptgüteklassen (siehe Abschnitt 5) aufgrund ihrer Haupteigenschafts- und -anwendungsmerkmale.

Anmerkung: Die für die Ausarbeitung der Gütenormen zuständigen Technischen Ausschüsse sollen die in diesen Gütenormen aufgeführten Stahlsorten entsprechend den Angaben im Abschnitt 4 der Gruppe der unlegierten Stähle oder der Gruppe der legierten Stähle und entsprechend den Angaben in Abschnitt 5 einer der Hauptgüteklassen zuordnen und das Ergebnis in der betreffenden Norm angeben.

Wenn die in einer Gütenorm enthaltenen Angaben nicht vergleichbar sind mit den in Abschnitt 5 angegebenen Merkmalen und sich aufgrund dessen Zweifel bezüglich der richtigen Einteilung der betreffenden Stähle ergeben, so soll der für EN 10 020 zuständige Technische Ausschuß einen Vorschlag für deren Einteilung unterbreiten. Bei Meinungsverschiedenheiten zwischen diesem Ausschuß und dem für die Gütenorm zuständigen Technischen Ausschuß entscheidet der Koordinierungsausschuß.

Die in der Gütenorm angegebene Einteilung gilt unabhängig davon, ob der Stahl entsprechend dieser Einteilung erzeugt wird. Voraussetzung ist allerdings, daß seine chemische Zusammensetzung den Anforderungen der betreffenden Gütenorm entspricht.

2 Verweisungen auf andere Normen

Siehe Anhang D

3 Begriffsbestimmung für Stahl

Als Stahl werden Werkstoffe bezeichnet, deren Massenanteil an Eisen größer ist als der jedes anderen Elementes und die im allgemeinen weniger als 2 % C aufweisen und andere Elemente enthalten. Einige Chromstähle enthalten mehr als 2 % C. Der Wert von 2 % wird jedoch im allgemeinen als Grenzwert für die Unterscheidung zwischen Stahl und Gußeisen betrachtet.

4 Einteilung nach der chemischen Zusammensetzung

4.1 Maßgebende Gehalte

4.1.1 Bei der Einteilung der Stähle nach ihrer chemischen Zusammensetzung ist von den in der Norm oder Lieferbedingung für die Schmelze vorgeschriebenen Mindestgehalten der Elemente auszugehen.

Anmerkung: Das harmonisierte System der Zollnomenklatur geht von anderen Werten aus (siehe Anhang C, Abschnitt C.1).

4.1.2 Falls für die Elemente nur ein Höchstwert für den Gehalt der Schmelze vorgeschrieben ist, sind mit Ausnahme bei Mangan 70% dieses Höchstwerts für die Einteilung des Stahles maßgebend. Für Mangan gilt in einem derartigen Fall Fußnote 3 der Tabelle 1.

4.1.3 Wenn in der Norm oder Lieferbedingung nur die chemische Zusammensetzung des Erzeugnisses und nicht die der Schmelze vorgeschrieben ist, so sind unter Zugrundelegung der in der Norm oder Lieferbedingung oder der entsprechenden Euro- oder EN-Norm angegebenen zulässigen Abweichungen die für die Schmelze zugrunde zu legenden Grenzgehalte zu ermitteln.

4.1.4 Wenn der Stahl nicht genormt oder in einer Lieferbedingung erfaßt ist oder genaue Vorschriften für seine chemische Zusammensetzung fehlen, stützt sich die Einordnung auf die vom Hersteller angegebenen Ergebnisse der Schmelzenanalyse.

4.1.5 Bei der Nachprüfung der chemischen Zusammensetzung am Stück dürfen die Ergebnisse in dem in der jeweiligen Erzeugnisnorm festgelegten Ausmaß von den Werten der Schmelzenanalyse abweichen, ohne daß dies Einfluß auf die Einordnung in die Gruppe der unlegierten oder legierten Stähle hätte.

Ergibt die Stückanalyse einen Wert, nach dem die Stahlsorte anders eingeordnet werden müßte als erwartet, so ist gegebenenfalls die Zugehörigkeit zu der ursprünglich vorgesehenen Gruppe gesondert und glaubhaft nachzuweisen.

4.1.6 Wenn es sich um Mehrlagenerzeugnisse oder um Erzeugnisse mit Überzügen oder Beschichtungen handelt, ist die chemische Zusammensetzung des Grundwerkstoffes ausschlaggebend.

4.1.7 Die maßgeblichen Gehalte müssen mit derselben Stellenzahl hinter dem Komma angegeben werden, wie die in Tabelle 1 für das betreffende Element angegebenen Grenzgehalte. Zum Beispiel ist bei der Anwendung dieser Norm ein Gehalt von 0,3 bis 0,5% Cr als 0,30 bis 0,50% Cr und ein Gehalt von 2% Mn als 2,00% Mn zu werten.

4.2 Begriffsbestimmungen

4.2.1 Unlegierte Stähle

Als unlegiert gilt ein Stahl, wenn die nach Abschnitt 4.1 maßgebenden Gehalte der einzelnen Elemente in keinem Fall die in Tabelle 1 und deren Fußnoten für die Elemente bzw. die Kombinationen der Elemente angegebenen Grenzgehalte erreichen.

4.2.2 Legierte Stähle

Als legiert gilt ein Stahl, wenn die nach Abschnitt 4.1 maßgebenden Gehalte der einzelnen Elemente zumindest in einem Fall die in Tabelle 1 und deren Fußnoten für die Elemente bzw. die Kombinationen der Elemente angegebenen Grenzgehalte erreichen oder überschreiten.

5 Einteilung nach Hauptgüteklassen

5.1 Hauptgüteklassen der unlegierten Stähle

5.1.1 Grundstähle

5.1.1.1 Allgemeine Beschreibung

Grundstähle sind Stahlsorten mit Güteanforderungen, deren Erfüllung keine besonderen Maßnahmen bei der Herstellung erforderf.

Tabelle 1. **Grenzgehalte für die Einteilung in unlegierte und legierte Stähle (siehe 4.2)**

Vorgeschriebene Elemente		Grenzgehalt Massenanteil in %
Al	Aluminium	0,10
B	Bor	0,0008
Bi	Bismuth	0,10
Co	Kobalt	0,10
Cr	Chrom[1]	0,30
Cu	Kupfer[1]	0,40
La	Lanthanide (einzeln gewertet)	0,05
Mn	Mangan	1,65[3]
Mo	Molybdän[1]	0,08
Nb	Niob[2]	0,06
Ni	Nickel[1]	0,30
Pb	Blei	0,40
Se	Selen	0,10
Si	Silizium	0,50
Te	Tellur	0,10
Ti	Titan[2]	0,05
V	Vanadium[2]	0,10
W	Wolfram	0,10
Zr	Zirkon[2]	0,05
Sonstige (mit Ausnahme von Kohlenstoff, Phosphor, Schwefel, Stickstoff) jeweils		0,05

[1] Wenn für den Stahl zwei, drei oder vier der durch diese Fußnote gekennzeichneten Elemente vorgeschrieben und deren maßgebliche Gehalte (siehe 4.1) kleiner als die in der Tabelle angegebenen Grenzgehalte sind, so ist für die Einteilung zusätzlich ein Grenzgehalt in Betracht zu ziehen, der 70 % der Summe der Grenzgehalte der zwei, drei oder vier Elemente beträgt.

[2] Die in Fußnote 1 angegebene Regel gilt entsprechend auch für die mit Fußnote 2 gekennzeichneten Elemente.

[3] Falls für den Mangangehalt nur ein Höchstwert angegeben ist, gilt als Grenzgehalt 1,80 Gewichtsprozent.

5.1.1.2 Begriffsbestimmung für Grundstähle

Grundstähle sind unlegierte Stahlsorten, die alle vier im folgenden aufgeführten Bedingungen erfüllen:
a) Die Stähle sind nicht für eine Wärmebehandlung[1]) bestimmt.
b) Die nach den Normen oder Lieferbedingungen für den unbehandelten oder normalgeglühten Zustand einzuhaltenden Anforderungen liegen in den in Tabelle 2 angegebenen Grenzen.
c) Weitere besondere Gütemerkmale (wie Eignung zum Tiefziehen, Ziehen, Kaltprofilieren . . .) sind nicht vorgeschrieben.
d) Abgesehen von den Silizium- und Mangangehalten sind keine weiteren Gehalte für Legierungselemente vorgeschrieben.

Anmerkung: In Form von Feinstblech, Weißblech oder spezialverchromtem Feinstblech gelieferte Stähle zählen in keinem Fall zu den Grundstählen.

5.1.2 Unlegierte Qualitätsstähle
5.1.2.1 Allgemeine Beschreibung

Unlegierte Qualitätsstähle sind Stahlsorten, für die im allgemeinen kein gleichmäßiges Ansprechen auf eine Wärmebehandlung und keine Anforderungen an den Reinheitsgrad bezüglich nichtmetallischer Einschlüsse vorgeschrieben sind. Aufgrund der Beanspruchungen, denen sie beim Gebrauch ausgesetzt sind, bestehen jedoch im Vergleich zu den Grundstählen schärfere oder zusätzliche Anforderungen, zum Beispiel hinsichtlich der Sprödbruchunempfindlichkeit, der Korngröße, der Verformbarkeit usw., so daß die Herstellung der Stähle besondere Sorgfalt erfordert.

5.1.2.2 Begriffsbestimmung für unlegierte Qualitätsstähle

Zu den unlegierten Qualitätsstählen zählen alle unlegierten Stahlsorten, die nicht unter Abschnitt 5.1.1 (Grundstähle) und 5.1.3 (Edelstähle) fallen.

5.1.3 Unlegierte Edelstähle
5.1.3.1 Allgemeine Beschreibung

Unlegierte Edelstähle sind Stahlsorten, die gegenüber Qualitätsstählen einen höheren Reinheitsgrad, insbesondere bezüglich nichtmetallischer Einschlüsse, aufweisen. Sie sind meist für eine Vergütung oder Oberflächenhärtung bestimmt und zeichnen sich dadurch aus, daß sie auf diese Behandlung gleichmäßig ansprechen. Durch genaue Einstellung der chemischen Zusammensetzung und durch besondere Herstellungs- und Prüfbedingungen werden unterschiedlichste Verarbeitungs- und Gebrauchseigenschaften – häufig in Kombination und in eingeengten Grenzen – erreicht, z. B. hohe oder eng begrenzte Festigkeit oder Härtbarkeit, verbunden mit hohen Anforderungen an die Verformbarkeit, Schweißeignung, Zähigkeit usw.

5.1.3.2 Begriffsbestimmung für unlegierte Edelstähle

Zu den Edelstählen zählen die im folgenden aufgeführten unlegierten Stähle:
a) Stähle mit Anforderungen an die Kerbschlagarbeit im vergüteten Zustand.
b) Stähle mit Anforderungen an die Einhärtungstiefe oder Oberflächenhärte im gehärteten oder oberflächengehärteten und gegebenenfalls angelassenen Zustand.
c) Stähle mit Anforderungen an besonders niedrige Gehalte an nichtmetallischen Einschlüssen.

Anmerkung: Hierzu gehören auch Stähle, für welche die Erzeugnisnorm die Möglichkeit einer Vereinbarung des Reinheitsgrades bezüglich nichtmetallischer Einschlüsse vorsieht. Anforderungen bezüglich der Brucheinschnürung in Dickenrichtung wirken sich nicht auf die Einteilung der Stähle aus.

---

[1]) Das Glühen (z. B. Spannungsarmglühen, Weichglühen oder Normalglühen) wird im Rahmen dieser EN-Norm nicht als Wärmebehandlung betrachtet (siehe Euronorm 52).

Tabelle 2. Grenzwerte für die Einteilung von Stahlsorten als Grundstähle

Anforderung Art	gültig für Dicken mm	Prüfung nach EU	Grenzwert
– Mindestzugfestigkeit	$\leq$ 16	2 oder 11	$\leq$ 690 N/mm^2
– Mindeststreckgrenze	$\leq$ 16	2 oder 11	$\leq$ 360 N/mm^2
– Mindestbruchdehnung[1])	$\leq$ 16	2 oder 11	$\leq$ 26 %
– Mindestdorndurchmesser	$\geq$ 3	6	$\geq 1 \times e^{2})$
– Mindestenergieverbrauch beim Kerbschlagbiegeversuch, bezogen auf ISO-V-Längsproben bei 20 °C	$\geq 10 \leq 16$	45	$\leq$ 27 Joules
– höchstzulässiger Kohlenstoffgehalt			$\geq$ 0,10 %
– höchstzulässiger Phosphorgehalt			$\geq$ 0,045 %
– höchstzulässiger Schwefelgehalt			$\geq$ 0,045 %

[1]) Falls die Anforderungen in der betreffenden Norm oder Lieferbedingungen sich nicht auf eine Meßlänge von $L_0 = 5{,}65 \sqrt{S_0}$ (S_0 = Anfangsquerschnitt der Probe) beziehen, sind die dort angegebenen Werte nach ISO 2566 auf diese Meßlänge umzurechnen.
[2]) e = Probendicke.

d) Stähle mit einem vorgeschriebenen Höchstgehalt an Phosphor und Schwefel von $\leq$ 0,020 % in der Schmelze und 0,025 % am Stück (z. B. Walzdraht für hochbeanspruchte Federn, Schweißzusatzwerkstoffe, Reifenkorddraht).

e) Stähle mit Mindestwerten von über 27 J für den Energieverbrauch beim Kerbschlagbiegeversuch an ISO-V-Längsproben bei – 50 °C.[2]

f) Kernreaktorstähle mit gleichzeitiger Begrenzung der Gehalte an Kupfer, Kobalt und Vanadium auf folgende für die Stückanalyse geltenden Werte: $Cu \leq 0{,}10\,\%$, $Co \leq 0{,}05\,\%$, $V \leq 0{,}05\,\%$.

g) Stähle mit einem vorgeschriebenen Mindestwert der elektrischen Leitfähigkeit über 9 S m/mm^2.

h) ferritisch-perlitische Stähle mit einem vorgeschriebenen Mindestkohlenstoffgehalt in der Schmelze von gleich oder größer 0,25 %, die zwecks Erzielung einer Aushärtung bei einer kontrollierten Abkühlung von Warmformgebungstemperatur ein oder mehrere Mikrolegierungselemente, z. B. Vanadium und/oder Niob, in den für unlegierte Stähle noch zulässigen Gehalten enthalten.

i) Spannbetonstähle.

5.2 Hauptgüteklassen der legierten Stähle

5.2.1 Legierte Qualitätsstähle

5.2.1.1 Allgemeine Beschreibung

In dieser Stahlgruppe werden die Stähle erfaßt, die für ähnliche Verwendungszwecke wie die unlegierten Qualitätsstähle vorgesehen sind, aber um besonderen Anwendungsbedingungen zu genügen, Legierungselemente in Gehalten enthalten, die sie zu legierten Stählen machen (siehe Tabelle 1).

Die legierten Qualitätsstähle sind im allgemeinen nicht für eine Vergütung oder Oberflächenhärtung bestimmt.

5.2.1.2 Begriffsbestimmung für legierte Qualitätsstähle

Zu den Qualitätsstählen zählen die in den Abschnitten 5.2.1.2.1 bis 5.2.1.2.5 aufgeführten legierten Stähle:

5.2.1.2.1 Für den Stahlbau einschließlich dem Druckbehälter- und Rohrleitungsbau bestimmte schweißbare Feinkornbaustähle, die gleichzeitig folgenden Anforderungen genügen und nicht unter die Stähle nach Abschnitt 5.2.1.2.4 fallen:

– Der für Dicken $\leq$ 16 mm vorgeschriebene Mindestwert der Streckgrenze ist < 380 N/mm^2.
– Die nach Abschnitt 4.1 maßgebenden Gehalte müssen unter den in Tabelle 3 angegebenen Grenzwerten liegen.
– Der Mindestwert der Kerbschlagarbeit für ISO-V-Längsproben bei – 50 °C beträgt $\leq$ 27 J.[3]

5.2.1.2.2 Nur mit Silizium oder Silizium und Aluminium legierte Stähle mit besonderen Anforderungen an höchstzulässige Ummagnetisierungsverluste und/oder an die Mindestwerte der magnetischen Induktion oder Polarisation oder der Permeabilität.

5.2.1.2.3 Legierte Stähle für Schienen, für Spundwanderzeugnisse und für Grubenausbauprofile.

5.2.1.2.4 Stähle für warmgewalzte oder kaltgewalzte Flacherzeugnisse, die für schwierigere Kaltumformarbeiten[3] bestimmt sind und mit B, Nb, Ti, V oder Z – einzeln oder in Kombination – legiert sind, sowie Dualphasenstähle.[4]

5.2.1.2.5 Stähle, die nur Kupfer als Legierungselement aufweisen.

5.2.2 Legierte Edelstähle

5.2.2.1 Allgemeine Beschreibung

In dieser Gruppe sind die Stähle erfaßt, denen durch eine genaue Einstellung der chemischen Zusammensetzung sowie der Herstellungs- und Prüfbedingungen die unterschiedlichsten Verarbeitungs- und Gebrauchseigenschaften – häufig in Kombination miteinander und in eingeengten Grenzen – verliehen werden.

Zu dieser Gruppe gehören insbesondere die nichtrostenden Stähle, die hitzebeständigen Stähle, die warmfesten Stähle, die Wälzlagerstähle, die Werkzeugstähle, die Stähle für den Stahlbau und den Maschinenbau, die Stähle mit besonderen physikalischen Eigenschaften usw.

5.2.2.2 Begriffsbestimmung für legierte Edelstähle

Zu den Edelstählen gehören alle legierten Stähle mit Ausnahme der Sorten nach Abschnitt 5.2.1. Innerhalb dieser Gruppe kann man nach ihrer chemischen Zusammensetzung unter Berücksichtigung der in 4.1 wiedergegebenen Festlegungen für die maßgeblichen Gehalte zwischen folgenden Untergruppen unterscheiden:

Tabelle 3. **Grenzgehalte für die Unterteilung der legierten schweißgeeigneten Feinkornbaustähle in Qualitäts- und Edelstähle (siehe 5.2.1.2.1).**

Vorgeschriebene Elemente		Grenzgehalt Massenanteil in %
Cr	Chrom[1]	0,50
Cu	Kupfer[1]	0,50
La	Lanthanide (einzeln gewertet)	0,06
Mn	Mangan	1,80
Mo	Molybdän[1]	0,10
Nb	Niob[2]	0,08
Ni	Nickel[1]	0,50
Ti	Titan[2]	0,12
V	Vanadium[2]	0,12
Zr	Zirkon[2]	0,12
Sonstige nicht erwähnte Elemente, einzeln gewertet		(siehe Tabelle 1)

[1]) Wenn für den Stahl zwei, drei oder vier der durch diese Fußnote gekennzeichneten Elemente vorgeschrieben und deren maßgeblichen Gehalte (siehe 4.1) kleiner als die in der Tabelle angegebenen Grenzgehalte sind, so ist für die Einteilung zusätzlich ein Grenzgehalt in Betracht zu ziehen, der 70 % der Summe der Grenzgehalte der zwei, drei oder vier Elemente beträgt.

[2]) Die in Fußnote 1 angegebene Regel gilt entsprechend auch für die mit Fußnote 2 gekennzeichneten Elemente.

---

[2]) Falls für – 50 °C kein Kerbschlagarbeitswert angegeben ist, ist der zwischen – 50 °C und – 60 °C liegende Wert zugrunde zu legen.

[3]) Hierunter ist nicht die für die Herstellung von Rohren oder Druckbehältern bestimmten Stähle erfaßt.

[4]) Das Gefüge von Flacherzeugnissen aus Dualphasenstählen besteht aus Ferrit mit etwa 10 bis 35 % inselförmig eingelagertem Martensit.

5.2.2.2.1 Nichtrostende Stähle: Dies sind Stähle mit $\leq 1{,}20\%$ C, $\geq 10{,}5\%$ Cr. Sie werden je nach Nickelgehalt wie folgt in zwei Untergruppen unterteilt:

    a) Ni $< 2{,}5\%$
    b) Ni $\geq 2{,}5\%$

5.2.2.2.2 Schnellarbeitsstähle: Dies sind Stähle, die gegebenenfalls neben anderen Elementen mindestens zwei der folgenden drei Elemente enthalten: Molybdän, Wolfram und/oder Vanadium mit einem Gesamtmassengehalt von $\geq 7\%$. Sie weisen darüber hinaus einen Kohlenstoffgehalt von $\geq 0{,}60\%$ und einen Chromgehalt von 3 bis 6 % auf.

5.2.2.2.3 Sonstige legierte Edelstähle

6 Beispiele für die Einteilung der Stähle

Anhang A gibt Beispiele für die Einteilung der unlegierten Stähle nach den im Abschnitt 5.1 definierten Hauptgüteklassen, wobei zusätzlich die Stähle entsprechend ihren wesentlichsten Eigenschafts- und Anwendungsmerkmalen in Hauptmerkmalsgruppen unterteilt wurden. Entsprechend gibt Anhang B Beispiele für die Einteilung der legierten Stähle in Abhängigkeit von den in Abschnitt 5.2 definierten Hauptgüteklassen und den in Anhang B, Zeile 2, genannten Hauptmerkmalsgruppen.

Anhang A
Gruppen der unlegierten Stähle (Beispiele)

Haupt-Merkmale	Zusätzliche Merkmale	Hauptgüteklassen		und insbesondere in
		B Grundstähle (siehe Definition in 5.1.1.2)	Q Unlegierte Qualitätsstähle (siehe Definition in 5.1.2.2)	S Unlegierte Edelstähle (siehe Definition in 5.1.3.2)
			Beispiele	
1 — $R_{e,\,max}$, $R_{m,\,max}$ oder HB_{max} (weiche unlegierte Stähle)		Stähle für Flacherzeugnisse, die im wesentlichen nur zum Kaltbiegen in Betracht kommen (Handelsgüte). Sorte FeP 10 nach EU 111 und Sorten P 01 nach EU 130, 142, 153 und 154	Stähle für Flacherzeugnisse zum Ziehen (Zieh- und Tiefziehgüten): Andere Sorten der EU 111, 130, 139, 142, 153 und 154 als die im Feld B1 aufgeführten.	
2 — $R_{e,\,min}$ oder $R_{m,\,min}$	Stähle für den Stahlbau einschließlich Druckbehälterstähle	Stähle der Gütegruppe 0, 2 oder B nach EU 25	a) Stähle mit P_{max} und $S_{max} < 0{,}045\,\%$, sofern sie nicht unter 5.1.3.2 erfaßt sind, z. B. — Stähle der Gütegruppe C nach EU 25, — Sorten FeE 235 bis einschließlich FeE 355 der schweißbaren Feinkornbaustähle nach EU 113 in allen Gütegruppen, — Schiffbaustähle nach EU 156, — feuerverzinkte Flacherzeugnisse nach EU 147, — Stähle für geschweißte Gasflaschen nach EU 120, — unlegierte warmfeste Stähle für Flacherzeugnisse nach EU 28, b) Stähle mit besonderen Anforderungen an die Verformbarkeit, z. B. die Kaltprofilier-(KP-), Abkant-(KO-) und Zieh-(KZ-)Güten nach EU 25 c) unlegierte Stähle mit vorgeschriebenen Mindestgehalten an Kupfer	a) Stähle mit Mindestwerten über 27 J für die Kerbschlagarbeit an ISO-V-Längsproben bei – 50 °C. c) bestimmte Stähle für Kernreaktoren	5.1.3.2 e 5.1.3.2 f
	Betonstähle		d) Betonstähle nach EU 80	c) Spannbetonstähle nach EU 138	5.1.3.2 i
	Schienenstähle		e) Stähle nach ISO 5003		

DIN EN 10 020 Seite 9

	Automatenstähle		Alle Stähle nach EU 87	5.1.3.2 c
	Ziehgüten		Alle Stähle der Gütegruppe 2 nach EU 16	5.1.3.2 a, b, c[3]
	Kaltstauchgüten	Stahl 1 CD 9 nach EU 16	Nicht für eine Wärmebehandlung bestimmte Stähle nach EU 119, Teil 3	5.1.3.2 a, b, c[3]
3	Einsatzstähle[1]			5.1.3.2 a, b, c[3]
Kohlenstoff-gehalt	Vergütungsstähle[1, 2]		Die unlegierten Stähle der Gütegruppe 1 nach EU 83	5.1.3.2 a, c[3]
	Federstähle		Die unlegierten Stähle der Gütegruppe 1 nach EU 132	5.1.3.2 c
	Werkzeugstähle		Die unlegierten Stähle nach EU 96	5.1.3.2 b
4	Anforderungen an die magnetischen oder elektrischen Eigenschaften		a) Stähle mit Anforderungen bezüglich höchstzulässiger Ummagnetisierungsverluste und/oder Mindestwerten der magnetischen Induktion, der Polarisation oder Permeabilität (siehe EU 126) b) Stähle mit Mindestwerten für die elektrische Leitfähigkeit von ≤ 9 S/mm²	5.1.3.2 g
5	Verwendung	für Verpackungszwecke	a) Stähle für Feinstblech, Weißblech oder spezialverchromtes Feinstblech (siehe EU 145, 146, 158, 170, 171, 172, 173) b) Stähle für Schweißzusätze mit P_{max} und $S_{max} > 0{,}020$ % nach EN 133	
		Schweißzusätze		5.1.3.2 d

[1] Siehe auch „Kaltstauchgüten".
[2] Siehe auch die Zeilen „Kaltstauchgüten", „Federstähle" und „Werkzeugstähle".
[3] Die derzeitigen Ausgaben der Euronorm 83, 84, 119 Teil 3 und 4 beinhalten wegen der zur Zeit noch ausstehenden Harmonisierung der nationalen Normen für die Ermittlung des mikroskopischen Reinheitsgrades der Stähle noch keine Begrenzung der Gehalte an nichtmetallischen Einschlüssen. Trotzdem werden die hier in Spalte S genannten Stähle dieser Normen seit jeher nach dem für Edelstahl üblichen Herstellungsverfahren erschmolzen, um einen entsprechenden Reinheitsgrad einzustellen.

Anhang B
Gruppen der legierten Stähle (Beispiele)[1],[2]

	Hauptgüteklasse						
Qualitätsstähle (siehe 5.2.1)		Edelstähle (siehe 5.2.2)					
Stähle für den Stahlbau (EU 113, 155)	Sonstige	Einteilung nach Haupteigenschafts- und -anwendungsmerkmalen (= Hauptmerkmalsgruppen)					
		Stähle für den Stahlbau	Maschinenbaustähle (EU 83, 84, 85, 86, 89, 119)	Nichtrostende Stähle (einschl. hitzebeständige und warmfeste Stähle) (EU 88, 90, 95)		Werkzeugstähle (EU 96)	Wälzlagerstähle (EU 94)	Stähle mit besonderen physikalischen Eigenschaften
				Cr 411/421	Ni < 2,5 %[3]	Cr 511	Cr	
				CrNi(x) 412/422		CrNi(x) 512		
				CrMo(x) 413/423 CrCo(x)		CrMo(x) 513	CrMo(x)	
				CrAl(x) 414/424 CrSi(x)				
				Sonstige 415/425		Sonstige 516		⎫
				CrNi 431	Ni ≥ 2,5 %[4]			⎬ 61
				CrNiMo 432				⎭
				CrNiTi oder CrNiNb 433				
				CrNiMoTi oder CrNiMoNb 434				
				+ V, W, Co 435				
				CrNiSi 436				
				Sonstige 437				
						Mo-(W)-V-Co 521 Mo-(W)-V	80 MoCrV 40 16 X 80 WMoCrV 6 5 4 X 75 WCrV 18 4 1	62 a Amagnetische Stähle
						W-(Mo)-V-Co 522 W-(Mo)-V		

Beispiele für eine weitere Unterteilung: nichtrostende Stähle (siehe 5.2.2.2.1); Schnellarbeitsstähle (siehe 5.2.2.2.2)

Einteilung nach der chemischen Zusammensetzung

DIN EN 10 020 Seite 11

	(11)	(21)						
	Den Bedingungen in 5.2.1.2.1 entsprechende Feinkornbaustähle	Den Bedingungen in 5.2.1.2.1 nicht entsprechende schweißbare Feinkornbaustähle		Mn(x)	31	X 40 CrAl 7	Cr(x)	511	
	(12)	(22)		Cr(x)	32	X 45 CrSi 8	Ni(x)	512	
	Nur mit Kupfer legierte Stähle (siehe 5.2.1.2.5)	Nicht nur mit Kupfer legierte wetterfeste Stähle (s. 5.2.1.2.5)		CrMo(x)	33	X 40 CrSiMo 10	CrNi(x)		
	15	(13)		CrNiMo(x) NiCrMo(x)	34		Mo(x) CrMo(x)	513	61
	Den Bedingungen in 5.2.1.2.2 entsprechende Stähle mit besonderen magnetischen Eigenschaften	Legierte Stähle für Schienen, Spundwanderzeugnisse u. Grubenausbauprofile (siehe 5.2.1.2.3)		Ni(x)	35		V(x) CrV(x)	514	Nicht in 5.2.1.2.2 erfaßte Stähle mit besonderen magnetischen Eigenschaften
		(16)		Sonstige Mo(x) Si(x) . usw	36		W(x) CrW(x)	515	1 C – 1,5 Cr
		Den Bedingungen in 5.2.1.2.4 entsprechende Stähle für Flacherzeugnisse für schwierigere Kaltumformarbeiten		B			Sonstige	516	Einsatzstähle
									62 b Stähle mit bes. Wärmeausdehnungskoeffizienten
									62 c

3) Diese Gruppe enthält die ferritischen und martensitischen nichtrostenden Stähle.
4) Diese Gruppe enthält fast nur austenitische Stähle.

1) Die in den Feldern angegebenen Nummern entsprechen den Feldnummern in ISO 4948/2, Tabelle 2. Wenn die Begriffsbestimmungen in der erwähnten ISO-Norm und in dieser EN-Norm für die in dem betreffenden Feld angegebene Stahlgruppe nicht übereinstimmen, sind die Feldnummern in Klammern gesetzt worden.
2) Das Zeichen (x) bedeutet, daß in der betreffenden Stahlgruppe auch Stähle einzuordnen sind, die zusätzlich zu den angegebenen noch weitere Legierungselemente enthalten und für die keine Gruppe vorgesehen ist.

289

Anhang C

Anmerkungen zum Kapitel 72 „Eisen und Stahl" des Harmonisierten Systems der Zollnomenklatur des Brüsseler Zollrats

C.1 Einteilung in unlegierte und legierte Stähle

Während die Zollnomenklatur bei der Einteilung der Stähle im Zweifelsfalle von den am Stück ermittelten Gehalten der chemischen Elemente ausgeht, bezieht sich EN 10 020, da sie vor allem für die Einteilung der Stähle in den Normen gilt, auf die für die Schmelze vorgeschriebenen Mindestgehalte (siehe auch Erläuterungen).

Aufgrund dieses grundsätzlichen Unterschiedes kann die Einteilung der Stähle nach den beiden genannten Unterlagen zu unterschiedlichen Ergebnissen führen, obwohl in diesen für die meisten Elemente dieselben Grenzwerte angegeben sind.

Für folgende Elemente sind in der Zollnomenklatur und in EN 10 020 für die Einteilung in unlegierte und legierte Stähle auch unterschiedliche Grenzwerte angegeben:

Elemente	EN 10 020	Zollnomenklatur
	Grenzwerte für	
	den Mindestgehalt der Schmelze %	den tatsächlichen Gehalt des Stücks %
Al	0,10	0,30
Co	0,10	0,30
Lanthanide jeweils	0,05	0,10
Si	0,50	0,60
W	0,10	0,30
Sonstige (außer C, P, S und N)	0,05	0,10

Außerdem enthält die Zollnomenklatur nicht die Fußnoten der Tabelle 1 der EN 10 020.
Für die anderen Elemente (Bi, B, Cr, Cu, Mn, Ni, Nb, Pb, Se, Te, Ti, V, Zr) sind die Grenzwerte identisch.

C.2 Begriffsbestimmungen des Harmonisierten Systems

Das harmonisierte System enthält für die folgenden Stahlgruppen die nachstehend angegebenen Begriffsbestimmungen:

C.2.1 Unlegierte Automatenstähle
(in EN 10 020 nicht getrennt aufgeführt)

Unlegierte Stähle, die ein oder mehrere der nachstehenden Elemente mit den angegebenen Prozentzahlen enthalten:
- 0,08 % oder mehr Schwefel,
- 0,1 % oder mehr Blei,
- mehr als 0,05 % Selen,
- mehr als 0,01 % Tellur,
- mehr als 0,05 % Bismut.

C.2.2 Siliziumstähle mit besonderen magnetischen Eigenschaften
(in EN 10 020 nicht getrennt aufgeführt)

Legierte Stähle, die 0,6 Gewichtsprozent oder mehr, jedoch nicht mehr als 6 Gewichtsprozent Silizium und nicht mehr als 0,08 Gewichtsprozent Kohlenstoff enthalten. Mit Ausnahme von 1 Gewichtsprozent Aluminium oder weniger dürfen sie andere Elemente nicht mit einem Anteil enthalten, der ihnen den Charakter anderer legierter Stähle verleiht.

C.2.3 Schnellarbeitsstahl

Legierte Stähle, die mindestens zwei der drei Elemente Molybdän, Wolfram und Vanadium mit insgesamt 7 Gewichtsprozent oder mehr sowie Kohlenstoff mit 0,6 Gewichtsprozent oder mehr und Chrom mit 3 bis 6 Gewichtsprozent enthalten. Sie dürfen andere Elemente enthalten (siehe auch die Begriffsbestimmung in Abschnitt 5.2.2.2.2 der EN 10 020).

C.2.4 Mangan-Silizium-Stahl
(in EN 10 020 nicht getrennt aufgeführt)

Legierte Stähle, die
- 0,35 Gewichtsprozent oder mehr, jedoch nicht mehr als 0,70 Gewichtsprozent Kohlenstoff,
- 0,50 Gewichtsprozent oder mehr, jedoch nicht mehr als 1,20 Gewichtsprozent Mangan und
- 0,60 Gewichtsprozent oder mehr, jedoch nicht mehr als 2,30 Gewichtsprozent Silizium enthalten. Sie dürfen andere Elemente nur mit einem Anteil enthalten, der ihnen nicht den Charakter anderer legierter Stähle verleiht.

C.2.5 Nichtrostender Stahl

Legierte Stähle, die 1,20 Gewichtsprozent oder weniger Kohlenstoff und 10,50 Gewichtsprozent oder mehr Chrom enthalten, auch mit anderen Elementen (siehe auch die Begriffsbestimmung in Abschnitt 5.2.2.2.1 der EN 10 020).

DIN EN 10 020 Seite 13

Anhang D
Zitierte EURONORMEN und ISO-Normen

D.1 EURONORMEN

Dieser Abschnitt enthält eine Liste
- der EURONORMEN, die in dieser Norm zitiert sind und
- der EURO-Gütenormen, deren Stahlsorten unter Zugrundelegung der EN 10 020 eingeteilt werden können,

mit Angabe der zur Zeit der Drucklegung gültigen Ausgabe.

Diese EURONORMEN werden vor ihrer Überführung in eine Europäische Norm voraussichtlich überarbeitet. Wenn das geschehen ist, sollte der Leser die betreffende Europäische Norm anstelle der hier angegebenen EURONORM in Betracht ziehen.

prEN 10 002-1[1])	Metallische Werkstoffe – Zugversuch
EU 6-55	Faltversuch für Stahl
EU 11-80[1])	Zugversuch an Stahlblechen und -bändern mit Dicken unter 3 mm
EU 16-87[2])	Walzdraht aus unlegiertem Stahl zum Kaltziehen und/oder Kaltwalzen
prEN 10 025[1])	Warmgewalzte Erzeugnisse aus unlegierten Stählen für den allgemeinen Stahlbau
EU 28-85[2])	Blech und Band aus warmfesten Stählen – Technische Lieferbedingungen
prEN 10 045-1[1])	Kerbschlagbiegeversuch nach Charpy
EU 52-83	Begriffe der Wärmebehandlung von Eisenwerkstoffen
EU 80-85[2])	Betonstahl für nicht vorgespannte Bewehrung – Technische Lieferbedingungen
EU 83-70[2])	Vergütungsstähle – Gütevorschriften
EU 84-70	Einsatzstähle – Gütevorschriften
EU 85-70	Nitrierstähle – Gütevorschriften
EU 86-70	Stähle für Flamm- und Induktionshärtung – Gütevorschriften
EU 87-70	Automatenstähle
	Blatt 1: Allgemeine Gütevorschriften
	Blatt 2: Gütevorschriften für die nicht für eine Wärmebehandlung bestimmten Sorten
	Blatt 3: Gütevorschriften für Vergütungsstähle
	Blatt 4: Gütevorschriften für Einsatzstähle
EU 88-86	Nichtrostende Stähle
	Teil 1: Technische Lieferbedingungen für Stabstahl, Walzdraht und Schmiedestücke
	Teil 2: Technische Lieferbedingungen für Blech und Band für allgemeine Verwendung
	Teil 3: Technische Lieferbedingungen für Blech und Band für Dampfkessel und Druckbehälter
EU 89-71	Legierte Stähle für warmgeformte vergütbare Federn – Gütevorschriften
EU 90-71	Stähle für Auslaßventile von Verbrennungskraftmaschinen – Gütevorschriften
EU 94-73	Wälzlagerstähle – Gütevorschriften
EU 95-79	Hitzebeständige Stähle – Technische Lieferbedingungen
EU 96-79	Werkzeugstähle – Technische Lieferbedingungen
EU 106-84	Elektroblech und -band, nicht kornorientiert, kaltgewalzt
EU 107-86	Kornorientiertes Elektroblech und -band
EU 111-77	Kontinuierlich warmgewalztes Blech und Band ohne Überzug aus weichen unlegierten Stählen für Kaltumformung – Gütevorschriften
EU 113-72[2])	Schweißbare Feinkornbaustähle
	Blatt 1: Allgemeine Gütevorschriften
	Blatt 2: Ergänzende Gütevorschriften für Flacherzeugnisse (Band, Blech und Breitflachstahl)
	Blatt 3: Ergänzende Gütevorschriften für Formstahl und Stabstahl)
EU 119-74	Kaltstauch- und Kaltfließpreßstähle
	Teil 1: Gütevorschriften; Allgemeines
	Teil 2: Gütevorschriften für die nicht für eine Wärmebehandlung bestimmten Stähle
	Teil 3: Gütevorschriften für Einsatzstähle
	Teil 4: Gütevorschriften für Vergütungsstähle
	Teil 5: Gütevorschriften für nichtrostende Stähle
EU 120-83	Blech und Band aus Stahl für geschweißte Gasflaschen
EU 126-77	Nichtschlußgeglühtes Elektroband für magnetische Kreise
EU 129-76	Blech und Band aus nickellegierten Stählen für die Verwendung bei tiefen Temperaturen; Gütevorschriften
EU 130-77[2])	Kaltgewalztes Flachzeug ohne Überzug aus weichen unlegierten Stählen für Kaltumformung; Gütevorschriften
EU 132-79	Kaltgewalzte Stahlbänder für Federn – Technische Lieferbedingungen
EU 133-79	Runder Walzdraht aus unlegierten und legierten Stählen zur Herstellung von umhüllten Stabelektroden sowie zum Schutzgas- und Unter-Pulver-Schweißen; Technische Lieferbedingungen
EU 137-83	Bleche und Breitflachstahl aus vergüteten schweißgeeigneten Feinkornbaustählen; Technische Lieferbedingungen
	Teil I: Allgemeine Festlegungen
	Teil II: Ergänzende Festlegungen für Bleche und Breitflachstahl für den allgemeinen Stahlbau
	Teil III: Ergänzende Festlegungen für Bleche für Druckbehälter und besondere Verwendungszwecke
EU 138-79[2])	Spannstähle

[1]) Die folgenden im Hauptteil der Norm zitierten EU sind ersetzt durch: EU 2 und EU 11: EN 10 002-1, EU 25: EN 10 025 und EN 45: EN 10 045-1.

[2]) In der Überarbeitung zwecks Überführung in eine EN-Norm.

291

EU 139-81	Kaltband ohne Überzug in gewalzten Breiten unter 600 mm aus weichen unlegierten Stählen für Kaltumformung – Gütenorm
EU 142-79[2]	Kontinuierlich feuerverzinktes Blech und Band aus weichen unlegierten Stählen für Kaltumformung; Technische Lieferbedingungen
EU 144-79	Runder Walzdraht aus nichtrostendem und hitzebeständigem Stahl zur Herstellung von Schweißzusätzen; Technische Lieferbedingungen
EU 145 78[3]	Weißblech und Feinstblech in Tafeln; Sorten, Maße und zulässige Abweichungen
EU 146-80[3]	Weißblech und Feinstblech in Rollen für das Schneiden zu Tafeln; Sorten, Maße und zulässige Abweichungen
EU 147-79[2]	Kontinuierlich feuerverzinktes Blech und Band aus unlegierten Baustählen mit vorgeschriebener Mindest-Streckgrenze – Gütenorm
EU 149-80	Flachzeug aus Stählen mit hoher Streckgrenze für Kaltumformung; Breitflachstahl, Blech und Band
EU 150-87	Patentiert-gezogener Federdraht aus unlegierten Stählen; Technische Lieferbedingungen
EU 152-80	Elektrolytisch verzinktes Flachzeug aus Stahl
EU 153-80	Kaltgewalztes feuerverbleites Flachzeug (Ternblech und -band) aus weichen unlegierten Stählen für Kaltumformung; Technische Lieferbedingungen
EU 154-80	Feueraluminiertes Band und Blech aus weichen unlegierten Stählen für Kaltumformung; Technische Lieferbedingungen
EU 155-80[2]	Wetterfeste Baustähle; Gütenorm
EU 156-80	Schiffbaustähle; Übliche und höherfeste Sorten
EU 158-83[3]	Doppeltreduziertes elektrolytisch verzinntes Weißblech in Tafeln; Sorten, Maße und zulässige Abweichungen
EU 159-86[3]	Doppelt reduziertes elektrolytisch verzinntes Weißblech in Rollen
EU 165-81	Nicht schlußgeglühtes, nichtkornorientiertes kaltgewalztes Elektroband aus legierten Stählen
EU 169-86	Organisch bandbeschichtetes Flachzeug aus Stahl
EN 10 202	Kaltgewalzter elektrolytisch spezialverchromter Stahl

D.2 ISO-Normen

– ISO 2566-84 Stahl; Umrechnung von Bruchdehnungswerten

Teil 1: Unlegierte und niedriglegierte Stähle

Teil 2: Austenitische Stähle

– ISO 5003-80 Breitfußschienen und besondere Schienenquerschnitte aus unbehandeltem Stahl für Weichen und Kreuzungen; Technische Lieferbedingungen

– ISO 4948/2-81 Einteilung von Stählen

Teil 2: Einteilung unlegierter und legierter Stähle in Grund-, Qualitäts- und Edelstähle und nach ihren wesentlichsten Eigenschaftsmerkmalen und Verwendungszwecken

---

[2] Siehe Seite 13

[3] In Überarbeitung zwecks Überführung in eine EN-Norm. Dabei sollen die Normen EU 145, 146, 158 und 159 zu einer EN-Norm (EN 10 203) zusammengefaßt werden.

Anhang E

Erläuterungen

E.1 Ziel der Überarbeitung

Der Überarbeitung der Ausgabe 1974 der EURONORM 20 lagen folgende Ziele zugrunde. Sie sollte, soweit möglich,

a) dem harmonisierten System der Zollnomenklatur des Brüsseler Zollrats (siehe Anhang C) und

b) der ISO 4948

angeglichen werden sowie

c) die in der Vergangenheit gesammelten Erfahrungen und die neueren technischen Entwicklungen berücksichtigen.

E.2 Ergebnisse bezüglich der Bestrebungen einer Angleichung der EN 10 020 an das harmonisierte System der Zollnomenklatur

E.2.1 Während in den Normen und Lieferbedingungen die Einteilung der Stähle in unlegiert und legiert nur aufgrund der für die chemische Zusammensetzung vorgeschriebenen Werte erfolgen kann, können die Zollbehörden in Zweifelsfällen nur von den tatsächlich am Stück ermittelten Werten ausgehen. Trotz dieses Unterschieds besteht zwischen der Einteilung nach EN 10 020 und der Zollnomenklatur im großen und ganzen eine gute Übereinstimmung (siehe Anhang C, Abschnitt 1).

E.2.2 Das harmonisierte System der Zollnomenklatur unterscheidet zusätzlich aufgrund der am Stück ermittelten chemischen Zusammensetzung zwischen den in Anhang C, Abschnitt 2, erwähnten Untergruppen der unlegierten oder legierten Stähle.

Darüber hinaus sieht das harmonisierte System für die unlegierten Stähle bei Langerzeugnissen eine zusätzliche Unterteilung nach dem Kohlenstoffgehalt und bei den Flacherzeugnissen eine Unterteilung nach der Streckgrenze vor.

In der EN 10 020 ist auf eine entsprechende Unterteilung verzichtet worden; denn dadurch, daß es getrennte Normen für Einsatzstähle, für Vergütungsstähle, Federstähle und Werkzeugstähle gibt, ist hierbei bereits eine Unterteilung nach Kohlenstoffgehalten vorgenommen worden. Auf eine Unterteilung nach der Festigkeit wurde verzichtet, weil diese zu sehr von der technischen Entwicklung abhängt.

E.3 Ergebnisse der Bestrebungen einer Angleichung der EN 10 020 an ISO 4948

Insgesamt betrachtet wurde eine gute Übereinstimmung erzielt, zum Beispiel wurden

– die Grenzgehalte für Mangan und Niob der ISO übernommen, so daß nun sämtliche Grenzgehalte der einzelnen Elemente in den Tabellen 1 und 3 der EN 10 020 mit den Werten der ISO 4948 übereinstimmen

– wie in der ISO-Norm die unlegierten Qualitätsstähle einfach als Stähle definiert, die nicht unter die Begriffsbestimmungen für die unlegierten Grund- und Edelstähle fallen und

– zusätzlich die Einteilung nach Haupteigenschafts- und -anwendungsmerkmalen eingeführt.

Jedoch erscheinen folgende noch verbliebene Unterschiede erwähnenswert:

E.3.1 Die Fußnoten 1 und 2 der Tabellen 1 und 3 der EN 10 020, in denen für verschiedene Kombinationen von Elementen Grenzgehalte angegeben sind, wurden, obwohl sie in ISO 4948 nicht berücksichtigt sind, beibehalten; denn sie scheinen vom technischen Standpunkt aus berechtigt.

E.3.2 Für Stähle mit zusätzlichen Anforderungen an die Unempfindlichkeit gegen Terrassenbruch (z. B. Anforderungen an die Brucheinschnürung in Dickenrichtung) sind in den Gütenormen keine besonderen Kurznamen oder Werkstoffnummern angegeben. Daher wurden in EN 10 020, anders als in ISO 4948 Teil 2, Abschnitt 4.2.4.2, diese Sonderanforderungen nicht besonders berücksichtigt.

E.3.3 Die Unterscheidung in ISO 4948/2, Abschnitt 4.2.4.2 a) und b), zwischen für eine Vergütung oder Oberflächenhärtung bestimmten Stählen und sonstigen Stählen erscheint nicht in jedem Fall sinnvoll und ist folglich in EN 10 020 nicht übernommen worden.

E.3.4 Wegen weiterer Unterschiede siehe E.4.

E.4 Verbesserungen aufgrund der in der Vergangenheit gesammelten Erfahrungen sowie neuerer Entwicklungen in der Stahlindustrie

E.4.1 In der Vergangenheit sind die Stähle einer Eigenschafts- oder Anwendungsgruppe mitunter wegen geringfügiger Anteile einer Hauptgüteklasse in zwei verschiedene Hauptgüteklassen unterteilt worden. Dieses führt z. B. bei statistischen Auswertungen zu Unannehmlichkeiten. Aus diesem Grunde, teils aber aus anderen pragmatischen Gründen und der größeren Klarheit wegen, wurden folgende Verbesserungen vereinbart:

a) Alle unlegierten Spannbetonstähle sind als Edelstähle einzustufen (siehe 5.1.3.2 i)).

b) Der Grenzwert für die Mindeststreckgrenze für die Einteilung der legierten schweißbaren Feinkornbaustähle in Qualitäts- und Edelstähle ist von 420 auf 380 N/mm^2 herabgesetzt worden (siehe 5.2.1.2.1).

c) Nicht nur die Siliziumstähle oder silizium- und aluminiumlegierten Stähle mit Anforderungen bezüglich der Ummagnetisierungsverluste, sondern auch derartig legierte Stähle mit Anforderungen an die magnetische Induktion, Polarisation oder Permeabilität sind als Qualitätsstähle einzustufen (siehe 5.2.1.2.2).

d) Alle legierten Stähle für Spundwanderzeugnisse und für Grubenausbauprofile sind, wie schon bisher alle legierten Schienenstähle, als Qualitätsstähle einzustufen (siehe 5.2.1.2.3).

e) Alle Flacherzeugnisse, die für schwierigere Kaltumformarbeiten bestimmt und nur mit Bor, Niob, Titan, Vanadium und/oder Zirkon legiert sind sowie alle Dualphasenstähle wurden den Qualitätsstählen zugeordnet.

E.4.2 Eine neue Gruppe von unlegierten ausscheidungshärtenden Stählen wurde den Edelstählen zugeordnet (siehe 5.1.3.2 h)).

DK 669.14.018.291-122.4-4 : 620.1   März 1994

Warmgewalzte Erzeugnisse aus
unlegierten Baustählen
Technische Lieferbedingungen
(enthält Änderung A1 : 1993)   Deutsche Fassung EN 10 025 : 1990

EN 10 025

Hot rolled products of non-alloy structural steels; Technical delivery conditions;
(includes amendment A1 : 1993); German version EN 10 025 : 1990
Produits laminés à chaud en aciers de construction non alliés; Conditions
techniques de livraison; (inclut l'amendment A1 : 1993); Version allemande
EN 10 025 : 1990

Ersatz für Ausgabe 01.91

Die Europäische Norm EN 10 025 : 1990 + A1 : 1993 hat den Status einer Deutschen Norm.

Nationales Vorwort

Die Europäische Norm EN 10 025 : 1990 und die Änderung A1 : 1993 wurden vom Technischen Komitee (TC) 10 „Allgemeine Baustähle — Gütenormen" (Sekretariat: Niederlande) des Europäischen Komitees für die Eisen- und Stahlnormung (ECISS) ausgearbeitet.

Das zuständige deutsche Normungsgremium ist der Unterausschuß 04/1 — Stähle für den Stahlbau — des Normenausschusses Eisen und Stahl.

Die Überarbeitung der DIN EN 10 025, Ausgabe 01.91, wurde erforderlich, um die in Änderung A1 (Entwurf wurde unter dem Ausgabedatum Juni 1992 veröffentlicht) enthaltenen Änderungen einzuarbeiten. Gleichzeitig konnten nach Abschluß der Arbeiten an EN 10 027-1 und EN 10 027-2 sowie ECISS-Mitteilung IC 10 (siehe DIN V 17 006 Teil 100) die damit verbundenen Änderungen der jetzt in allen CEN-Mitgliedsländern geltenden Kurznamen und die Einführung der jetzt ebenfalls in allen CEN-Mitgliedsländern geltenden Werkstoffnummern gleichfalls in diese Folgeausgabe eingearbeitet werden. Damit steht dem Anwender dieser Norm eine komplette Unterlage zur Verfügung. Um die Einführung der neuen Kurznamen zu erleichtern, enthält Tabelle C.1 eine Vergleichsliste mit den neuen Kurznamen und Werkstoffnummern sowie den früheren nationalen Bezeichnungen; bei den früheren deutschen Bezeichnungen bezieht sich der Vergleich auf DIN 17 100/01.80. Die Werkstoffnummern stimmen, soweit die Sorten bereits in DIN 17 100/01.80 enthalten waren, mit den alten Werkstoffnummern überein.

Für die in DIN 17 100/01.80 enthaltenen Schmiedestücke aus allgemeinen Baustählen ist bisher keine Europäische Norm in Arbeit. Es wird daher empfohlen, diese bei Bedarf weiterhin nach der zwar zurückgezogenen, bei den Werken aber noch vorhandenen DIN 17 100/01.80 zu bestellen.

Für die im Abschnitt 2 genannten Europäischen Normen, soweit die Norm-Nummer geändert ist, und EURONORMEN wird in folgenden auf die entsprechenden Deutschen Normen hingewiesen:

EURONORM 17	siehe DIN 59 110
EURONORM 19	siehe DIN 1025 Teil 5
EURONORM 24	siehe DIN 1026
EURONORM 53	siehe DIN 1025 Teil 2 bis Teil 4
EURONORM 54	siehe DIN 1026
EURONORM 56	siehe DIN 1028
EURONORM 57	siehe DIN 1029
EURONORM 58	siehe DIN 1017 Teil 1
EURONORM 59	siehe DIN 1014 Teil 1
EURONORM 60	siehe DIN 1013 Teil I
EURONORM 61	siehe DIN 1015
EURONORM 65	siehe DIN 59 130
EURONORM 66	siehe DIN 1018
EURONORM 91	siehe DIN 59 200
EURONORM 103	siehe DIN 50 601
EURONORM 162	siehe DIN 17 118 und DIN 59 413
EN 10 204	siehe DIN 50 049
ECISS-Mitteilung IC 10	siehe DIN V 17 006 Teil 100

Fortsetzung Seite 2
und 24 Seiten EN

Normenausschuß Eisen und Stahl (FES) im DIN Deutsches Institut für Normung e.V.

Zitierte Normen und andere Unterlagen
— in der Deutschen Fassung:
Siehe Abschnitt 2
— in nationalen Zusätzen:

DIN 1013 Teil 1	Stabstahl; warmgewalzter Rundstahl für allgemeine Verwendung; Maße, zulässige Maß- und Formabweichungen
DIN 1014 Teil 1	Stabstahl; Warmgewalzter Vierkantstahl für allgemeine Verwendung, Maße, zulässige Maß- und Formabweichungen
DIN 1015	Stabstahl; Warmgewalzter Sechskantstahl, Maße, Gewichte, zulässige Abweichungen
DIN 1017 Teil 1	Stabstahl; Warmgewalzter Flachstahl für allgemeine Verwendung; Maße, Gewichte, zulässige Abweichungen
DIN 1018	Stabstahl; Warmgewalzter Halbrundstahl und Flachhalbrundstahl; Maße, Gewichte, zulässige Abweichungen
DIN 1025 Teil 2	Warmgewalzte I-Träger, breite I-Träger, IPB- und IB-Reihe; Maße, Masse, statische Werte
DIN 1025 Teil 3	Warmgewalzte I-Träger, breite I-Träger, leichte Ausführung, IPB-Reihe; Maße, Masse, statische Werte
DIN 1025 Teil 4	Warmgewalzte I-Träger, breite I-Träger, verstärkte Ausführung, IPBv-Reihe; Maße, Masse, statische Werte
DIN 1025 Teil 5	Warmgewalzte I-Träger, mittelbreite I-Träger, IPE-Reihe; Maße, Masse, statische Werte
DIN 1026	Stabstahl; Formstahl; Warmgewalzter rundkantiger U-Stahl; Maße, Gewichte, zulässige Abweichungen, statische Werte
DIN 1028	Warmgewalzter gleichschenkliger rundkantiger Winkelstahl; Maße, Masse, statische Werte
DIN 1029	Warmgewalzter ungleichschenkliger rundkantiger Winkelstahl; Maße, Masse, statische Werte
DIN V 17 006 Teil 100	Bezeichnungssysteme für Stähle; Zusatzsymbole für Kurznamen; Deutsche Fassung ECISS-IC 10 : 1991
DIN 17 118	Kaltprofile aus Stahl; Technische Lieferbedingungen
DIN 50 049	Metallische Erzeugnisse; Arten von Prüfbescheinigungen; Deutsche Fassung EN 10 204 : 1991
DIN 50 601	Metallographische Prüfverfahren; Ermittlung der Ferrit- oder Austenitkorngröße von Stahl und Eisenwerkstoffen
DIN 59 110	Walzdraht aus Stahl; Maße, zulässige Abweichungen, Gewichte
DIN 59 130	Stabstahl; Warmgewalzter Rundstahl für Schrauben und Niete; Maße, zulässige Maß- und Formabweichungen
DIN 59 200	Flachzeug aus Stahl; Warmgewalzter Breitflachstahl; Maße, zulässige Maß-, Form- und Gewichtsabweichungen
DIN 59 413	Kaltprofile aus Stahl; Zulässige Maß-, Form- und Gewichtsabweichungen

Frühere Ausgaben
DIN 1611: 09.24, 01.28, 04.29, 08.30, 12.35
DIN 1612: 01.32, 03.43x
DIN 1620: 09.24, 03.58
DIN 1621: 09.24
DIN 1622: 12.33
DIN 17 100: 10.57, 09.66, 01.80
DIN EN 10 025: 01.91

Änderungen
Gegenüber der Ausgabe Januar 1991 wurden folgende Änderungen vorgenommen:
 a) Kurznamen geändert und Werkstoffnummern aufgenommen (siehe Vergleichsliste in Tabelle C.1).
 b) Höchstwerte für das Kohlenstoffäquivalent der Sorten S235, S275 und S355 festgelegt (siehe 7.3.3.1 und Tabelle 4).
 c) Höchstwerte für den Mn-Gehalt der Sorten S235 und S275 festgelegt (siehe Tabellen 2 und 3).
 d) Normative Verweisungen überarbeitet (siehe Abschnitt 2).

EUROPÄISCHE NORM
EUROPEAN STANDARD
NORME EUROPÉENNE

EN 10025
März 1990
+ A1
August 1993

DK 669.14.018.291-122.4-4 : 620.1

Deskriptoren: Eisen- und Stahl-Erzeugnis, Baustahl, unlegierter Stahl, Warmumformen, Güteklasse, Bezeichnung, Anforderung, chemische Zusammensetzung, mechanische Prüfung, Kontrolle, Kennzeichnung

Deutsche Fassung

Warmgewalzte Erzeugnisse aus unlegierten Baustählen
Technische Lieferbedingungen
(enthält Änderung A1 : 1993)

Hot rolled products of non-alloy structural steels — Technical delivery conditions (includes amendment A1 : 1993)

Produits laminés à chaud en aciers de construction non alliés — Conditions techniques de livraison (inclut l'amendement A1 : 1993)

Diese Europäische Norm einschließlich Änderung A1 wurde von CEN am 1993-08-10 angenommen.

Die CEN-Mitglieder sind gehalten, die CEN/CENELEC-Geschäftsordnung zu erfüllen, in der die Bedingungen festgelegt sind, unter denen dieser Europäischen Norm ohne jede Änderung der Status einer nationalen Norm zu geben ist.

Auf dem letzten Stand befindliche Listen dieser nationalen Normen mit ihren bibliographischen Angaben sind beim Zentralsekretariat oder bei jedem CEN-Mitglied auf Anfrage erhältlich.

Diese Europäische Norm einschließlich Änderung A1 besteht in drei offiziellen Fassungen (Deutsch, Englisch, Französisch). Eine Fassung in einer anderen Sprache, die von einem CEN-Mitglied in eigener Verantwortung durch Übersetzung in seine Landessprache gemacht und dem Zentralsekretariat mitgeteilt worden ist, hat den gleichen Status wie die offiziellen Fassungen.

CEN-Mitglieder sind die nationalen Normungsinstitute von Belgien, Dänemark, Deutschland, Finnland, Frankreich, Griechenland, Irland, Island, Italien, Luxemburg, Niederlande, Norwegen, Österreich, Portugal, Schweden, Schweiz, Spanien und dem Vereinigten Königreich.

EUROPÄISCHES KOMITEE FÜR NORMUNG
European Committee for Standardization
Comité Européen de Normalisation

Zentralsekretariat: rue de Stassart 36, B-1050 Brüssel

© 1993. Das Copyright ist den CEN-Mitgliedern vorbehalten.

Ref.-Nr. EN 10025 : 1990 + A1 : 1993 D

Inhalt

	Seite
Vorwort	2
1 Anwendungsbereich	3
2 Normative Verweisungen	3
2.1 Allgemeine Lieferbedingungen	3
2.2 Normen für die Nennmaße und Grenzabmaße	3
2.3 Prüfnormen	4
3 Definitionen	4
4 Bestellangaben	4
4.1 Allgemeines	4
4.2 Zusätzliche Anforderungen	4
5 Maße, Masse und Grenzabmaße	4
5.1 Maße und Grenzabmaße	4
5.2 Masse	4
6 Sorteneinteilung; Bezeichnung	4
6.1 Stahlsorten und Gütegruppen	4
6.2 Bezeichnung	5
7 Technische Anforderungen	5
7.1 Erschmelzungsverfahren des Stahles	5
7.2 Lieferzustand	5
7.3 Chemische Zusammensetzung	6
7.4 Mechanische Eigenschaften	6
7.5 Technologische Eigenschaften	7
7.6 Oberflächenbeschaffenheit	7
8 Prüfung	7
8.1 Allgemeines	7
8.2 Spezifische Prüfung	8
8.3 Vorlage zur Prüfung	8
8.4 Prüfeinheiten	8
8.5 Nachweis der chemischen Zusammensetzung	8
8.6 Mechanische Prüfungen	8
8.7 Anzuwendende Prüfverfahren	9
8.8 Wiederholungsprüfungen und Wiedervorlage zur Prüfung	9
8.9 Innere Fehler	9
8.10 Prüfbescheinigungen	9
9 Kennzeichnung von Flach- und Langerzeugnissen	9
10 Beanstandungen	9
11 Zusätzliche Anforderungen	9
11.1 Für alle Erzeugnisse	9
11.2 Für Flacherzeugnisse	10
11.3 Für Langerzeugnisse	10
11.4 Für Halbzeug	10
Anhang A (normativ) Lage der Probenabschnitte und Proben (siehe EURONORM 18)	20
Anhang B (informativ) Liste der den zitierten EURO-NORMEN entsprechenden nationalen Normen	23
Anhang C (informativ) Liste der früheren Bezeichnungen vergleichbarer Stähle	24

Vorwort

Diese Europäische Norm wurde von ECISS/TC 10 "Allgemeine Baustähle — Gütenormen", dessen Sekretariat von NNI geführt wird, erstellt.

Dieses vom Sekretariat von ECISS/TC 10 erstellte Dokument nimmt den Text der EN 10025 : 1990 in den Text der Änderung A1 : 1993 auf. Diese Änderung wurde auf Anfrage von CEN/TC 121 "Schweißen" und CEN/TC 135 "Stahlbaubereich" ausgearbeitet. Die neuen Bezeichnungen wurden entsprechend EN 10027, Teile 1 und 2, ECISS Mitteilung IC 10 und dem Corrigendum vom Juli 1991 ebenfalls eingearbeitet.

Diese Europäische Norm muß den Status einer nationalen Norm erhalten, entweder durch Veröffentlichung eines identischen Textes oder durch Anerkennung bis spätestens Februar 1994, und etwaige entgegenstehende nationale Normen müssen bis spätestens Februar 1994 zurückgezogen werden.

Entsprechend der CEN/CENELEC-Geschäftsordnung sind folgende Länder gehalten, diese Europäische Norm zu übernehmen:

Belgien, Dänemark, Deutschland, Finnland, Frankreich, Griechenland, Irland, Island, Italien, Luxemburg, Niederlande, Norwegen, Österreich, Portugal, Schweden, Schweiz, Spanien und das Vereinigte Königreich.

1 Anwendungsbereich

1.1 Diese Europäische Norm enthält Anforderungen an Langerzeugnisse und an Flacherzeugnisse aus warmgewalzten, unlegierten Grund- und Qualitätsstählen der Sorten und Gütegruppen nach den Tabellen 2 und 3 (chemische Zusammensetzung) sowie 5 und 6 (mechanische Eigenschaften) im üblichen Lieferzustand nach 7.2.

Die Stähle nach dieser Europäischen Norm sind (mit den Einschränkungen nach 7.5.1) für die Verwendung bei Umgebungstemperaturen in geschweißten, genieteten und geschraubten Bauteilen bestimmt.

Sie sind — mit Ausnahme der Erzeugnisse im Lieferzustand N — nicht für eine Wärmebehandlung vorgesehen. Spannungsarmglühen ist zulässig. Erzeugnisse im Lieferzustand N können nach der Lieferung normalgeglüht und warm umgeformt werden (siehe Abschnitt 3).

ANMERKUNG 1: Die Anwendung auf Halbzeug zur Herstellung von Walzstahlfertigerzeugnissen nach dieser Europäischen Norm ist bei der Bestellung besonders zu vereinbaren. Dabei können auch besondere Vereinbarungen über die chemische Zusammensetzung im Rahmen der in Tabelle 2 festgelegten Grenzwerte getroffen werden.

ANMERKUNG 2: Bei bestimmten Stahlsorten und Erzeugnisformen kann die Eignung für besondere Verwendung bei der Bestellung vereinbart werden (siehe 7.5.3, 7.5.4 und Tabelle 7).

1.2 Diese Europäische Norm gilt nicht für Erzeugnisse mit Überzügen sowie nicht für Erzeugnisse aus Stählen für den allgemeinen Stahlbau, für die andere EURONORMEN oder Europäische Normen bestehen, z. B.

— Halbzeug zum Schmieden aus allgemeinen Baustählen (siehe EURONORM 30),
— schweißbare Feinkornbaustähle (siehe EN 10113 Teil 1 bis Teil 3),
— wetterfeste Baustähle (siehe EN 10155),
— Blech und Breitflachstahl aus vergüteten schweißgeeigneten Feinkornbaustählen (siehe prEN 10137 Teil 1 bis Teil 3 [1])),
— Flacherzeugnisse aus Stählen mit hoher Streckgrenze für Kaltumformung — Breitflachstahl, Blech und Band — (siehe prEN 10149 [1])),
— Schiffbaustähle, übliche und höherfeste Sorten (siehe EURONORM 156),
— warmgefertigte Hohlprofile (siehe EN 10210-1).

2 Normative Verweisungen

Diese Europäische Norm enthält durch datierte oder undatierte Verweisungen Festlegungen aus anderen Publikationen. Diese normativen Verweisungen sind an den jeweiligen Stellen im Text zitiert und die Publikationen sind nachstehend aufgeführt. Bei starren Verweisungen gehören spätere Änderungen oder Überarbeitungen dieser Publikationen nur zu dieser Europäischen Norm, falls sie durch Änderungen oder Überarbeitung eingearbeitet sind. Bei undatierten Verweisungen gilt die letzte Ausgabe der in Bezug genommenen Publikationen.

2.1 Allgemeine Lieferbedingungen

EN 10020	Begriffsbestimmung für die Einteilung der Stähle
EN 10021	Allgemeine technische Lieferbedingungen für Stahl und Stahlerzeugnisse
EN 10027-1	Bezeichnungssysteme für Stähle — Teil 1: Kurznamen, Hauptsymbole
EN 10027-2	Bezeichnungssysteme für Stähle — Teil 2: Nummernsystem
EN 10079	Begriffsbestimmungen für Stahlerzeugnisse
EN 10163	Lieferbedingungen für die Oberflächenbeschaffenheit von warmgewalzten Stahlerzeugnissen (Blech, Breitflachstahl und Profile) Teil 1: Allgemeine Anforderungen Teil 2: Blech und Breitflachstahl Teil 3: Profile
EN 10164	Stahlerzeugnisse mit verbesserten Verformungseigenschaften senkrecht zur Erzeugnisoberfläche — Technische Lieferbedingungen
EN 10204	Metallische Erzeugnisse — Arten von Prüfbescheinigungen
prEN 10052 [1])	Begriffe der Wärmebehandlung von Eisenwerkstoffen
EURONORM 162 (1981) [2])	Kaltprofile — Technische Lieferbedingungen
EURONORM 168 (1986) [2])	Inhalt von Bescheinigungen über Werkstoffprüfungen für Stahlerzeugnisse
EURONORM-Mitteilung Nr. 2 (1983) [2])	Schweißgeeignete Feinkornbaustähle — Hinweise für die Verarbeitung, besonders für das Schweißen
ECISS-Mitteilung IC 10	Bezeichnungssysteme für Stähle — Zusatzsymbole für Kurznamen

2.2 Normen für die Nennmaße und Grenzabmaße

EN 10029	Warmgewalztes Stahlblech von 3 mm Dicke an — Grenzabmaße, Formtoleranzen, zulässige Gewichtsabweichungen
EN 10051	Kontinuierlich warmgewalztes Blech und Band ohne Überzug aus unlegierten und legierten Stählen — Grenzabmaße und Formtoleranzen
prEN 10024 [1])	I-Profile mit geneigten inneren Flanschflächen — Grenzabmaße und Formtoleranzen
prEN 10034 [1])	I- und U-Profile aus Stahl — Grenzabmaße und Formtoleranzen
prEN 10048 [1])	Warmgewalzter Bandstahl — Grenzabmaße und Formtoleranzen
prEN 10055 [1])	Warmgewalzter gleichschenkliger T-Stahl mit gerundeten Kanten und Übergängen — Grenzabmaße und Formtoleranzen
prEN 10056-2 [1])	Gleichschenklige und ungleichschenklige Winkel aus Stahl — Teil 2: Grenzabmaße und Formtoleranzen

---

[1]) Z. Z. Entwurf

[2]) Bis zu ihrer Umwandlung in Europäische Normen können entweder die genannten EURONORMEN oder die entsprechenden nationalen Normen nach der Liste im Anhang B zur vorliegenden Europäischen Norm angewendet werden.

Seite 4
EN 10025 : 1990 + A1 : 1993

prEN 10067 [1])	Warmgewalzter Wulstflachstahl — Grenzabmaße und Formtoleranzen
EURONORM 17 (1970) [2])	Walzdraht aus üblichen unlegierten Stählen zum Ziehen — Maße und zulässige Abweichungen
EURONORM 19 (1957) [2])	IPE-Träger — I-Träger mit parallelen Flanschflächen
EURONORM 24 (1962) [2]) [3])	Schmale I-Träger, U-Stahl — zulässige Abweichungen
EURONORM 53 (1962) [2])	Warmgewalzte breite I-Träger (Breitflanschträger) mit parallelen Flanschflächen
EURONORM 54 (1980) [2])	Warmgewalzter kleiner U-Stahl
EURONORM 56 (1977) [2]) [4])	Warmgewalzter gleichschenkliger rundkantiger Winkelstahl
EURONORM 57 (1978) [2]) [4])	Warmgewalzter ungleichschenkliger rundkantiger Winkelstahl
EURONORM 58 (1978) [2])	Warmgewalzter Flachstahl für allgemeine Verwendung
EURONORM 59 (1978) [2])	Warmgewalzter Vierkantstahl für allgemeine Verwendung
EURONORM 60 (1979) [2])	Warmgewalzter Rundstahl für allgemeine Verwendung
EURONORM 61 (1982) [2])	Warmgewalzter Sechskantstahl
EURONORM 65 (1980) [2])	Warmgewalzter Rundstahl für Schrauben und Niete
EURONORM 66 (1967) [2])	Warmgewalzter Halbrund- und Flachhalbrundstahl
EURONORM 91 (1981) [2])	Warmgewalzter Breitflachstahl — zulässige Maß-, Form- und Gewichtsabweichungen

2.3 Prüfnormen

EN 10002-1	Metallische Werkstoffe-Zugversuch — Teil 1: Prüfverfahren (bei Raumtemperatur)
EN 10045-1	Metallische Werkstoffe — Kerbschlagbiegeversuch nach Charpy — Teil 1: Prüfverfahren
EURONORM 18 (1979) [2])	Entnahme und Vorbereitung von Probenahme und Proben aus Stahl und Stahlerzeugnissen
EURONORM 103 (1971) [2])	Mikroskopische Ermittlung der Ferrit- oder Austenitkorngröße von Stählen
ISO 2566/1 (1984)	Steel-Conversion of elongation values — Part 1: Carbon and low alloy steels

3 Definitionen

Für die Anwendung dieser Europäischen Norm gelten folgende Definitionen:

3.1 Unlegierte Grund- und Qualitätsstähle: siehe EN 10020.

3.2 Fachausdrücke der Wärmebehandlung: siehe prEN 10052.

3.3 Langerzeugnisse, Flacherzeugnisse (Blech, Band, Warmbreitband und Breitflachstahl) sowie Halbzeug: siehe EN 10079.

3.4 Normalisierendes Walzen: Walzverfahren mit einer Endumformung in einem bestimmten Temperaturbereich, das zu einem Werkstoffzustand führt, der dem nach einem Normalglühen gleichwertig ist, so daß die Sollwerte der mechanischen Eigenschaften auch nach einem zusätzlichen Normalglühen eingehalten werden.
Die Kurzbezeichnung für diesen Lieferzustand ist N.

ANMERKUNG: Im internationalen Schrifttum findet man sowohl für das normalisierende Walzen als auch für das thermomechanische Walzen den Ausdruck "controlled rolling". Im Hinblick auf die unterschiedliche Verwendbarkeit der Erzeugnisse ist jedoch eine Trennung dieser beiden Begriffe erforderlich.

4 Bestellangaben

4.1 Allgemeines

Bei der Bestellung muß der Besteller folgendes angeben:
a) Einzelheiten zur Erzeugnisform und zur Liefermenge,
b) Hinweis auf diese Europäische Norm,
c) Nennmaße und Grenzabmaße (siehe 5.1),
d) Stahlsorte und Gütegruppe (siehe Tabellen 2 und 5),
e) ob die Erzeugnisse einer Prüfung zu unterziehen sind und — bei gewünschter Prüfung — Angabe der Art der Prüfung und der Prüfbescheinigung (siehe 8.1.2),
f) ob bei Erzeugnissen aus Stählen der Gütegruppe JR und aus den Sorten E295, E335 und E360 die Prüfung der mechanischen Eigenschaften nach Losen oder nach Schmelzen erfolgen soll (siehe 8.3.1).

Wenn vom Besteller keine spezifischen Angaben zu a), b), c) und d) gemacht werden, ist eine Rückfrage des Lieferers beim Besteller erforderlich.

4.2 Zusätzliche Anforderungen

In Abschnitt 11 ist eine Reihe zusätzlicher Anforderungen angegeben. Falls der Besteller davon keinen Gebrauch macht und die Bestellung keine entsprechenden Angaben enthält, werden die Erzeugnisse nach den Grundanforderungen dieser Norm geliefert.

5 Maße, Masse und Grenzabmaße

5.1 Maße und Grenzabmaße

Die Maße und Grenzabmaße müssen den Angaben in den Europäischen Normen und EURONORMEN entsprechen (siehe 2.2).

5.2 Masse

Für die Ermittlung der theoretischen Masse ist eine Dichte von 7,85 kg/dm^3 einzusetzen.

6 Sorteneinteilung; Bezeichnung

6.1 Stahlsorten und Gütegruppen

Diese Europäische Norm enthält die Stahlsorten S185, S235, S275, S355, E295, E335 und E360 (siehe Tabelle 5), die sich in ihren mechanischen Eigenschaften unterscheiden.

---

[1]), [2]) Siehe Seite 3

[3]) EURONORM 24 wird hier im Hinblick auf Angaben für U-Stahl genannt.

[4]) Die EURONORMEN 56 und 57 sind hier wegen der in ihnen enthaltenen Nennmaße aufgeführt.

299

Seite 5
EN 10025 : 1990 + A1 : 1993

Tabelle 1: Lieferzustand

Stahlsorten und Gütegruppen	Lieferzustand	
	Flacherzeugnisse	Langerzeugnisse
S185	nach Vereinbarung [1)] [3)]	nach Vereinbarung [1)] [3)]
S235JR, S235JO S275JR, S275JO S355JR, S355JO	nach Vereinbarung [1)] [3)]	nach Vereinbarung [1)] [3)]
S235J2G3 S275J2G3 S355J2G3, S355K2G3	N	nach Vereinbarung [1)] [3)]
S235J2G4 S275J2G4 S355J2G4, S355K2G4	nach Wahl des Herstellers [2)]	nach Wahl des Herstellers [2)]
E295, E335, E360	nach Vereinbarung [1)] [3)]	nach Vereinbarung [1)] [3)]

[1)] Sofern bei der Bestellung nichts vereinbart wird, bleibt der Lieferzustand dem Hersteller überlassen.
[2)] Der Lieferzustand bleibt dem Hersteller überlassen.
[3)] Wenn der Zustand N bestellt und geliefert wurde, ist dies in der Prüfbescheinigung anzugeben.

Die Stahlsorten S235 und S275 können in den Gütegruppen JR, JO und J2 geliefert werden. Die Stahlsorte S355 ist in den Gütegruppen JR, JO, J2 und K2 lieferbar. Bei Erzeugnissen aus den Stahlsorten S235 und S275 der Gütegruppe J2 wird nach J2G3 und J2G4 unterschieden. Bei Erzeugnissen aus der Stahlsorte S355 der Gütegruppen J2 und K2 wird nach J2G3 und J2G4 sowie K2G3 und K2G4 unterschieden (siehe auch 7.2).
Die einzelnen Gütegruppen unterscheiden sich voneinander in der Schweißeignung und in den Anforderungen an die Kerbschlagarbeit (siehe auch 7.5.1).
Die Stahlsorten S185, E295, E335 und E360 sowie die Stahlsorten S235, S275 und S355 der Gütegruppe JR sind Grundstähle, sofern keine Anforderungen an die Eignung zum Kaltumformen gestellt werden.
Bei den Sorten der Gütegruppen JO, J2G3, J2G4, K2G3 und K2G4 handelt es sich um Qualitätsstähle.

6.2 Bezeichnung

6.2.1 Bei den Stahlsorten nach dieser Europäischen Norm sind die Kurznamen nach EN 10027-1 und ECISS-Mitteilung IC10, die Werkstoffnummern nach EN 10027-2 gebildet worden.

ANMERKUNG: Eine Liste der früheren nationalen Bezeichnungen vergleichbarer Stähle sowie der früheren Bezeichnungen nach EN 10025 : 1990 enthält Anhang C, Tabelle C.1.

6.2.2 Die Bezeichnung wird in der genannten Reihenfolge wie folgt gebildet:
− Nummer dieser Europäischen Norm (EN 10025),
− Kennbuchstabe S,
− Kennzahl für den festgelegten Mindestwert der Streckgrenze für Dicken $\leq$ 16 mm in N/mm^2,
− Kennzeichen für die Gütegruppen (siehe 6.1) im Hinblick auf die Schweißeignung und die Kerbschlagarbeit,
− gegebenenfalls (bei der Stahlsorte S235JR) Kennzeichen für die Desoxidationsart (G1 für "unberuhigt" (FU) oder G2 für "unberuhigt nicht zulässig" (FN) (siehe 7.1.3),
− gegebenenfalls Kennbuchstabe C für die Eignung für besondere Verwendungszwecke (siehe Tabelle 7),
− gegebenenfalls Angabe "+N", wenn die Erzeugnisse im Zustand N zu liefern sind (siehe 3.4 und Tabelle 1). (Nicht erforderlich bei Flacherzeugnissen aus Stählen der Gütegruppen J2G3 und K2G3).

BEISPIEL:
Stahl EN 10025 − S355JOC.

7 Technische Anforderungen

7.1 Erschmelzungsverfahren des Stahles

7.1.1 Das Erschmelzungsverfahren des Stahls bleibt dem Hersteller überlassen. Wenn bei der Bestellung vereinbart, ist das Erschmelzungsverfahren des Stahles − außer bei der Stahlsorte S185 − dem Besteller bekanntzugeben.
Zusätzliche Anforderung 1.
Für die Stahlsorten der Gütegruppen JO, J2G3, J2G4, K2G3 und K2G4 kann ein bestimmtes Erschmelzungsverfahren bei der Bestellung vereinbart werden.
Zusätzliche Anforderung 2.

7.1.2 Die Desoxidationsart muß den Angaben in Tabelle 2 entsprechen. Für die Stahlsorte S235JR kann die Desoxidationsart bei der Bestellung vorgeschrieben werden.
Zusätzliche Anforderung 3.

7.1.3 Die Desoxidationsarten sind wie folgt gekennzeichnet:
Freigestellt: Nach Wahl des Herstellers
FU: Unberuhigter Stahl
FN: Unberuhigter Stahl nicht zulässig
FF: Vollberuhigter Stahl mit einem ausreichenden Gehalt an stickstoffabbindenden Elementen (z. B. mindestens 0,020 % Al). Wenn andere Elemente verwendet werden, ist dies in den Prüfbescheinigungen anzugeben.

7.2 Lieferzustand
7.2.1 Allgemeines

Falls eine Prüfbescheinigung gefordert wird (siehe 8.1.2) und die Erzeugnisse im Lieferzustand N bestellt und geliefert wurden, ist dies in der Bescheinigung anzugeben.

7.2.2 Flacherzeugnisse

7.2.2.1 Sofern nicht anders vereinbart, bleibt bei Flacherzeugnissen aus den Stählen S185, E295, E335 und E360 sowie aus den Stählen S235, S275 und S355 der Gütegruppen JR und JO der Lieferzustand dem Hersteller überlassen (siehe 7.4.1).
Zusätzliche Anforderung 17.

7.2.2.2 Flacherzeugnisse aus Stählen der Gütegruppen J2G3 und K2G3 sind im normalgeglühten oder in einem durch normalisierendes Walzen entsprechend der Definition in 3.4 erzielten gleichwertigen Zustand zu liefern.

7.2.2.3 Bei Flacherzeugnissen aus Stählen der Gütegruppen J2G4 und K2G4 bleibt der Lieferzustand dem Hersteller überlassen.

7.2.3 Langerzeugnisse

7.2.3.1 Sofern nicht anders vereinbart, bleibt bei Langerzeugnissen aus den Stählen S185, E295, E335 und E360 sowie aus den Stählen S235, S275 und S355 der Gütegruppen JR, JO, J2G3 und K2G3 der Lieferzustand dem Hersteller überlassen.
Zusätzliche Anforderung 22.

7.2.3.2 Bei Langerzeugnissen aus Stählen der Gütegruppen J2G4 und K2G4 bleibt der Lieferzustand dem Hersteller überlassen.

7.3 Chemische Zusammensetzung

7.3.1 Die chemische Zusammensetzung nach der Schmelzenanalyse muß den Werten in Tabelle 2 entsprechen.

Die für die Stückanalyse geltenden oberen Grenzwerte sind in Tabelle 3 angegeben.

7.3.2 Für die Stahlsorten S235JR, S235JO, S235J2G3, S235J2G4, S355JO, S355J2G3, S355J2G4, S355K2G3 und S355K2G4 kann folgende zusätzliche Anforderung an die chemische Zusammensetzung bei der Bestellung vereinbart werden:
— Kupfergehalt von 0,25 % bis 0,40 %.
Zusätzliche Anforderung 4.

7.3.3 Bei der Bestellung können folgende zusätzliche Anforderungen vereinbart werden:

7.3.3.1 Höchstwert für das Kohlenstoffäquivalent (CEV) nach der Schmelzenanalyse entsprechend Tabelle 4. Das Kohlenstoffäquivalent ist nach der Formel

$$CEV = C + \frac{Mn}{6} + \frac{Cr + Mo + V}{5} + \frac{Ni + Cu}{15}$$

zu ermitteln.

Wenn ein Höchstwert für das Kohlenstoffäquivalent vereinbart wurde, ist der Gehalt an in der Formel genannten Elemente in der Prüfbescheinigung anzugeben.
Zusätzliche Anforderung 5.

7.3.3.2 Bei den Stahlsorten S355JO, S355J2G3, S355J2G4, S355K2G3 und S355K2G4 Angabe der Gehalte an Chrom, Kupfer, Molybdän, Nickel, Niob, Titan und Vanadin (Schmelzenanalyse) in der Prüfbescheinigung.
Zusätzliche Anforderung 6.

7.3.3.3 Bei den Stahlsorten S355JO, S355J2G3, S355J2G4, S355K2G3 und S355K2G4 bei Dicken ≤ 30 mm Begrenzung des Kohlenstoffgehaltes auf maximal 0,18 % in der Schmelzenanalyse und maximal 0,20 % in der Stückanalyse, wenn die Erzeugnisse mehr als 0,02 % Nb oder 0,02 % Ti oder 0,03 % V in der Schmelzenanalyse oder mehr als 0,03 % Nb oder 0,04 % Ti oder 0,05 % V in der Stückanalyse enthalten.
Zusätzliche Anforderung 7.

7.4 Mechanische Eigenschaften

7.4.1 Allgemeines

7.4.1.1 Die mechanischen Eigenschaften müssen im Lieferzustand nach 7.2 und bei der Probenahme und Prüfung nach Abschnitt 8 den Anforderungen nach den Tabellen 5 und 6 entsprechen.

7.4.1.2 Für Erzeugnisse, die im normalgeglühten oder im normalisierend gewalzten Zustand bestellt und geliefert werden, gelten die mechanischen Eigenschaften nach den Tabellen 5 und 6 sowohl für den Lieferzustand als auch nach einem Normalglühen nach der Lieferung.

Bei Walzdraht gelten die mechanischen Eigenschaften nach den Tabellen 5 und 6 für normalgeglühte Bezugsproben.

ANMERKUNG: Spannungsarmglühen bei Temperaturen über 580 °C oder für eine Dauer von mehr als 1 h kann zu einer Verschlechterung der mechanischen Eigenschaften führen. Wenn der Verarbeiter beabsichtigt, die Erzeugnisse bei höheren Temperaturen oder für eine längere Zeitdauer spannungsarmzuglühen, sollten die Mindestwerte für die mechanischen Eigenschaften nach einer solchen Behandlung bei der Bestellung vereinbart werden.

7.4.1.3 Als Dicke gilt bei Flacherzeugnissen die Nenndicke, bei Langerzeugnissen mit ungleichmäßigem Querschnitt die Nenndicke des Teils, aus dem die Probenabschnitte entnommen werden (siehe Anhang A).

7.4.1.4 Bei Flacherzeugnissen aus Stählen der Gütegruppen J2G3 und K2G3, die im Walzzustand geliefert und vom Verarbeiter normalgeglüht werden, sind die Probenabschnitte normalzuglühen. Die an den normalgeglühten Proben ermittelten Ergebnisse müssen den Anforderungen nach dieser Europäischen Norm entsprechen.

ANMERKUNG: Die Ergebnisse dieser Prüfungen repräsentieren nicht die Eigenschaften der gelieferten Erzeugnisse, sie sind aber kennzeichnend für die Eigenschaften, die nach einem ordnungsgemäßen Normalglühen erreicht werden können.

7.4.2 Kerbschlagbiegeversuch

7.4.2.1 Wenn die Nenndicke des Erzeugnisses für die Herstellung üblicher Kerbschlagproben nicht ausreicht, sind Proben von geringerer Breite zu entnehmen (siehe 8.6.3.3) und die einzuhaltenden Werte über die Kerbschlagarbeit aus Bild 1 zu entnehmen.

Bei Erzeugnissen mit Nenndicken < 6 mm können keine Kerbschlagbiegeversuche gefordert werden.

7.4.2.2 Bei Erzeugnissen aus Stählen der Gütegruppen J2G3, J2G4, K2G3 und K2G4 in Dicken < 6 mm muß die Ferritkorngröße ≥ 6 betragen; der Nachweis erfolgt, sofern er bei der Bestellung vorgeschrieben wurde, nach EURONORM 103.
Zusätzliche Anforderung 8.

7.4.2.3 Wenn Aluminium als das kornverfeinernde Element verwendet wird, sind die Anforderungen an die Korngröße als erfüllt anzusehen, wenn der Gehalt in der Schmelzenanalyse mindestens 0,020 % Al_{gesamt} oder mindestens 0,015 % $Al_{löslich}$ beträgt. In diesem Fall ist der Nachweis der Korngröße nicht erforderlich.

7.4.2.4 Die Werte der Kerbschlagarbeit von Erzeugnissen aus Stählen der Gütegruppe JR werden durch Versuche nur dann nachgewiesen, wenn dies bei der Bestellung vereinbart wurde.
Zusätzliche Anforderung 9.

7.4.3 Verbesserte Verformungseigenschaften senkrecht zur Erzeugnisoberfläche

Auf entsprechende Vereinbarung bei der Bestellung müssen die Erzeugnisse aus Stählen der Gütegruppen J2G3, J2G4, K2G3 und K2G4 den Anforderungen an die Eigenschaften in Dickenrichtung nach EN 10164 entsprechen.

Zusätzliche Anforderung 10.

7.5 Technologische Eigenschaften

7.5.1 Schweißeignung

7.5.1.1 Die Stähle nach dieser Europäischen Norm haben keine uneingeschränkte Eignung zum Schweißen nach den verschiedenen Verfahren, da das Verhalten eines Stahles beim und nach dem Schweißen nicht nur vom Werkstoff, sondern auch von den Maßen und der Form sowie den Fertigungs- und Betriebsbedingungen des Bauteils abhängt.

7.5.1.2 Für die Stahlsorten S185, E295, E335 und E360 werden keine Angaben über die Schweißeignung gemacht, da für sie keine Anforderungen an die chemische Zusammensetzung bestehen.

7.5.1.3 Die Stähle der Gütegruppen JR, JO, J2G3, J2G4, K2G3 und K2G4 sind im allgemeinen zum Schweißen nach allen Verfahren geeignet.

Die Schweißeignung verbessert sich bei jeder Sorte von der Gütegruppe JR bis zur Gütegruppe K2.

Bei der Stahlsorte S235JR sind beruhigte Stähle gegenüber den unberuhigten zu bevorzugen, besonders wenn beim Schweißen Seigerungszonen angeschnitten werden können.

ANMERKUNG 1: Mit steigender Erzeugnisdicke und steigender Festigkeit wird das Auftreten von Kaltrissen in der geschweißten Zone zur hauptsächlichen Gefahr. Kaltrissigkeit wird von den folgenden zusammenwirkenden Einflußgrößen verursacht:
- Gehalt an diffusiblem Wasserstoff im Schweißgut,
- sprödes Gefüge in der wärmebeeinflußten Zone,
- hohe Zugspannungskonzentrationen in der Schweißverbindung.

ANMERKUNG 2: Aus Empfehlungen, z. B. EURO-NORM-Mitteilung Nr. 2 [5] oder vergleichbaren nationalen Normen, können die angemessenen Schweißbedingungen und die verschiedenen Bereiche für das Schweißen der Stahlsorten in Abhängigkeit von der Erzeugnisdicke, der eingebrachten Streckenenergie, den Anforderungen an das Bauteil, dem Elektrodenausbringen, dem Schweißverfahren und den Eigenschaften des Schweißgutes ermittelt werden.

7.5.2 Warmumformbarkeit

Nur Erzeugnisse, die im normalgeglühten oder im normalisierend gewalzten Zustand bestellt und geliefert werden, müssen den Anforderungen nach den Tabellen 5 und 6 nach einem Warmumformen nach der Lieferung entsprechen (siehe 7.4.1.2).

7.5.3 Kaltumformbarkeit

Stahlsorten mit gewünschter Eignung zum Kaltumformen sind bei der Bestellung mit dem Buchstaben C zu bezeichnen (siehe 6.2.2).

7.5.3.1 Eignung zum Kaltbiegen, Abkanten, Kaltflanschen oder Kaltbördeln

Auf entsprechende Vereinbarung bei der Bestellung wird Blech, Band und Breitflachstahl in Nenndicken ≤ 20 mm mit Eignung zum Kaltbiegen, Abkanten, Kaltflanschen oder Kaltbördeln ohne Rißbildung bei den Mindestwerten für den Biegehalbmesser nach Tabelle 8 geliefert. Die in Betracht kommenden Stahlsorten und Gütegruppen sind in Tabelle 7 angegeben.

Zusätzliche Anforderung 18.

7.5.3.2 Walzprofilieren

Auf Vereinbarung bei der Bestellung kann Blech und Band in Nenndicken ≤ 8 mm mit Eignung zur Herstellung von Kaltprofilen durch Walzprofilieren (z. B. nach EURO-NORM 162) geliefert werden. Diese Eignung gilt für die in Tabelle 9 angegebenen Biegehalbmesser. Die in Betracht kommenden Stahlsorten und Gütegruppen sind aus Tabelle 7 zu entnehmen.

Zusätzliche Anforderung 19.

ANMERKUNG: Alle zum Walzprofilieren geeigneten Sorten sind auch für die Herstellung von kaltgefertigten quadratischen und rechteckigen Hohlprofilen geeignet.

7.5.3.3 Stabziehen

Auf Vereinbarung bei der Bestellung können Stäbe mit Eignung zum Blankziehen geliefert werden. Die in Betracht kommenden Stahlsorten und Gütegruppen sind aus Tabelle 7 zu entnehmen.

Zusätzliche Anforderung 23.

7.5.4 Sonstige Anforderungen

Bei der Bestellung können die Eignung zum Feuerverzinken oder zum Emaillieren sowie die Güteanforderungen an die entsprechenden Erzeugnisse vereinbart werden.

Zusätzliche Anforderung 11.

Auf entsprechende Vereinbarung bei der Bestellung müssen schwere Profile für das Längstrennen geeignet sein.

Zusätzliche Anforderung 24.

7.6 Oberflächenbeschaffenheit

7.6.1 Band

Durch die Oberflächenbeschaffenheit soll eine der Stahlsorte angemessene Verwendung bei sachgemäßer Verarbeitung des Bandes nicht beeinträchtigt werden.

7.6.2 Blech, Breitflachstahl und Profile

Für Unvollkommenheiten der Oberfläche sowie für das Ausbessern von Oberflächenfehlern durch Schleifen und/oder Schweißen gilt EN 10163 Teil 1 bis Teil 3.

8 Prüfung

8.1 Allgemeines

8.1.1 Die Erzeugnisse können mit Prüfung auf Übereinstimmung mit den Anforderungen dieser Europäischen Norm geliefert werden.

8.1.2 Wenn eine Prüfung gewünscht wird, muß der Besteller bei der Bestellung folgende Angaben machen:
- Art der Prüfung (spezifische oder nichtspezifische Prüfung, siehe EN 10021),
- Art der Prüfbescheinigung (siehe 8.10), siehe 4.1 e) und zusätzliche Anforderung 12.

Für Erzeugnisse aus der Stahlsorte S185 kommt nur eine nichtspezifische Prüfung in Betracht.

8.1.3 Spezifische Prüfungen sind nach den Angaben in 8.2 bis 8.9 durchzuführen.

8.1.4 Wenn bei der Bestellung nicht anders vereinbart, wird die Prüfung der Oberflächenbeschaffenheit und der Maße vom Hersteller durchgeführt.

Zusätzliche Anforderung 13.

---

[5] Wird in die EN 1011 "Empfehlungen für das Lichtbogenschmelzschweißen ferritischer Stähle" umgewandelt.

8.2 Spezifische Prüfung

8.2.1 Wenn eine Bescheinigung über eine spezifische Prüfung gefordert wird, sind in jedem Fall durchzuführen:
- Zugversuch bei allen Erzeugnissen;
- Kerbschlagbiegeversuch bei allen Erzeugnissen aus Stählen der Gütegruppen JO, J2G3, J2G4, K2G3 und K2G4.

8.2.2 Bei der Bestellung können folgende Prüfungen zusätzlich vereinbart werden:
a) Kerbschlagbiegeversuch bei allen Erzeugnissen aus Stählen der Gütegruppe JR (siehe 7.4.2.4);
Zusätzliche Anforderung 9.
b) Stückanalyse, wenn die Erzeugnisse nach Schmelzen geliefert werden (siehe 8.5.2).
Zusätzliche Anforderung 15.

8.3 Vorlage zur Prüfung

8.3.1 Der Nachweis der mechanischen Eigenschaften ist wie folgt zu führen:
- je nach den Angaben bei der Bestellung nach Schmelzen oder nach Losen bei den Stählen der Gütegruppe JR sowie den Stahlsorten E295, E335 und E360, Zusätzliche Anforderung 14;
- nach Schmelzen bei den Stählen der Gütegruppen JO, J2G3, J2G4, K2G3 und K2G4.

8.3.2 Wenn bei der Bestellung die Prüfung nach Losen vereinbart wurde, darf der Hersteller nach eigenem Ermessen eine Prüfung nach Schmelzen durchführen, sofern die Erzeugnisse nach Schmelzen geliefert werden.

8.4 Prüfeinheiten

8.4.1 Die Prüfeinheiten müssen aus Erzeugnissen derselben Stahlsorte, derselben Erzeugnisform und desselben Dickenbereichs für die Streckgrenze entsprechend Tabelle 5 bestehen; sie betragen
- bei der Prüfung nach Losen: 20 t oder kleinere Teilmengen;
- bei der Prüfung nach Schmelzen: 40 t oder kleinere Teilmengen;
60 t oder kleinere Teilmengen bei schweren Profilen mit einer Masse > 100 kg/m.

8.4.2 Wenn bei der Bestellung vorgeschrieben, ist bei Flacherzeugnissen aus Stählen der Gütegruppen J2G3, J2G4, K2G3 und K2G4 die Prüfung entweder nur der Kerbschlagarbeit oder der Kerbschlagarbeit und der Eigenschaften beim Zugversuch an jeder Walztafel oder jeder Rolle durchzuführen.
Zusätzliche Anforderung 20.

8.5 Nachweis der chemischen Zusammensetzung

8.5.1 Für die bei jeder einzelnen Schmelze durchgeführte Schmelzenanalyse gelten die vom Hersteller mitgeteilten Werte.

8.5.2 Die Stückanalyse wird nur durchgeführt, wenn dies bei der Bestellung vorgeschrieben wurde. Der Besteller muß die Anzahl der Proben sowie die zu prüfenden Elemente angeben.
Zusätzliche Anforderung 15.

8.6 Mechanische Prüfungen

8.6.1 Anzahl der Probenabschnitte
Aus jeder Prüfeinheit sind folgende Probenabschnitte zu entnehmen:

- ein Probenabschnitt für die Probe für den Zugversuch (siehe 8.2.1),
- ein zur Herstellung von sechs Kerbschlagproben ausreichender Probenabschnitt bei der Prüfung von Stählen der Gütegruppen JO, J2G3, J2G4, K2G3, K2G4; bei entsprechender Bestellung gilt dies auch für die Prüfung von Stählen der Gütegruppe JR (siehe 8.2.1 und 8.2.2a).

8.6.2 Lage der Probenabschnitte (siehe Anhang A)
Die Probenabschnitte sind dem dicksten Erzeugnis der Prüfeinheit zu entnehmen außer bei Flacherzeugnissen aus Stählen der Gütegruppen J2G3 und J2G3, bei denen die Probenabschnitte einem beliebigen Erzeugnis der Prüfeinheit entnommen werden dürfen.

8.6.2.1 Bei Blech, Breitband und Breitflachstahl sind die Probenabschnitte so zu entnehmen, daß die Proben ungefähr im halben Abstand zwischen Längskante und Mittellinie des Erzeugnisses liegen.
Bei Breitband und Walzdraht ist der Probenabschnitt in angemessenem Abstand vom Ende der Rolle oder des Ringes zu entnehmen.
Bei Bandstahl (< 600 mm Breite) ist der Probenabschnitt im Abstand von einem Drittel der Bandbreite vom Rand in angemessenem Abstand vom Ende der Rolle zu entnehmen.

8.6.2.2 Für Langerzeugnisse gelten die Festlegungen in EURONORM 18 (siehe Anhang A).

8.6.2.3 Wenn für Halbzeug bei der Bestellung zusätzlich zur chemischen Zusammensetzung die Prüfung der mechanischen Eigenschaften vorgeschrieben wird, sind Probenstücke mit einer Kantenlänge oder einem Durchmesser ≤ 20 mm aus dem vollen Erzeugnisquerschnitt durch Warmumformen herzustellen und anschließend normalzuglühen.
Zusätzliche Anforderung 27.

8.6.3 Entnahme und Bearbeitung der Proben

8.6.3.1 Allgemeines
Es gelten die Festlegungen in EURONORM 18 (siehe Anhang A).

8.6.3.2 Zugproben
Es gelten die Festlegungen in EN 10002-1.
Es dürfen nicht-proportionale Proben verwendet werden, in Schiedsfällen sind aber Proportionalproben mit einer Meßlänge
$L_0 = 5,65 \cdot \sqrt{S_0}$ zu verwenden (siehe 8.7.2.1).
Bei Flacherzeugnissen < 3 mm Nenndicke müssen die Proben stets eine Meßlänge $L_0 = 80$ mm und eine Breite von 20 mm aufweisen (Probenform 2 nach EN 10002-1 Anhang A).
Bei Stäben werden üblicherweise Rundproben verwendet, jedoch sind auch andere Probenformen zulässig (siehe EN 10002-1).

8.6.3.3 Kerbschlagbiegeproben
Die Proben sind parallel zur Hauptwalzrichtung zu entnehmen. Die Proben sind nach EN 10045-1 zu bearbeiten und vorzubereiten. Zusätzlich gelten folgende Anforderungen:
a) Bei Nenndicken > 12 mm sind genormte Proben (10 mm × 10 mm) so herzustellen, daß eine Seite nicht mehr als 2 mm von der Walzoberfläche entfernt liegt.
b) Bei Nenndicken ≤ 12 mm muß bei der Verwendung von Proben geringerer Breite die Probenbreite mindestens 5 mm betragen.

8.6.3.4 Proben für die Ermittlung der chemischen Zusammensetzung

Für die Herstellung der Proben für die Stückanalyse gilt EURONORM 18.

8.7 Anzuwendende Prüfverfahren

8.7.1 Chemische Zusammensetzung

Für die Ermittlung der chemischen Zusammensetzung sind in Schiedsfällen die entsprechenden Europäischen Normen oder EURONORMEN anzuwenden (siehe auch Fußnote 2 zum Abschnitt 2).

8.7.2 Mechanische Prüfungen

Die mechanischen Prüfungen sind bei Temperaturen zwischen 10 °C und 35 °C durchzuführen, sofern nicht für den Kerbschlagbiegeversuch eine bestimmte Prüftemperatur festgelegt ist.

8.7.2.1 Zugversuch

Der Zugversuch ist nach EN 10002-1 durchzuführen. Als die in Tabelle 5 festgelegte Streckgrenze ist die obere Streckgrenze (R_{eH}) zu ermitteln.
Bei nicht ausgeprägter Streckgrenze ist die 0,2 % Dehngrenze ($R_{p0,2}$) oder die Gesamtdehnung $R_{t0,5}$ zu ermitteln; in Schiedsfällen ist die 0,2 % Dehngrenze ($R_{p0,2}$) zu ermitteln.
Wenn für Erzeugnisse mit Dicke ≥ 3 mm nichtproportionale Zugproben verwendet werden, ist die ermittelte Bruchdehnung nach den Umrechnungstabellen in ISO 2566/1 auf den für die Meßlänge $L_0 = 5,65 \cdot \sqrt{S_0}$ gültigen Wert umzurechnen.

8.7.2.2 Kerbschlagbiegeversuch

Der Kerbschlagbiegeversuch ist nach EN 10045-1 durchzuführen.
Der Mittelwert aus den drei Prüfergebnissen muß den festgelegten Anforderungen entsprechen. Nur ein Einzelwert darf unter dem festgelegten Mindest-Mittelwert liegen, er muß jedoch mindestens 70 % dieses Wertes betragen.
In folgenden Fällen sind drei zusätzliche Proben dem Probenabschnitt nach 8.6.1 zu entnehmen und zu prüfen:
- wenn der Mittelwert der drei Proben unter dem festgelegten Mindest-Mittelwert liegt,
- wenn die Anforderungen an den Mittelwert zwar erfüllt sind, jedoch zwei Einzelwerte unter dem festgelegten Mindest-Mittelwert liegen,
- wenn einer der Einzelwerte weniger als 70 % des festgelegten Mindest-Mittelwertes beträgt.

Der Mittelwert aller sechs Prüfungen darf nicht kleiner sein als der festgelegte Mindest Mittelwert. Von den sechs Einzelwerten dürfen höchstens zwei unter diesem Mindest-Mittelwert liegen, davon darf jedoch höchstens ein Einzelwert weniger als 70 % des Mindest-Mittelwertes betragen.

8.8 Wiederholungsprüfungen und Wiedervorlage zur Prüfung

Für alle Wiederholungsprüfungen sowie für die Wiedervorlage zur Prüfung gilt EN 10021.
Bei Band und Walzdraht sind die Wiederholungsprüfungen an der zurückgewiesenen Rolle nach Abtrennen eines zusätzlichen Erzeugnisabschnitts von maximal 20 m vorzunehmen, um den Einfluß des Rollenendes zu beseitigen.

8.9 Innere Fehler

Für die Prüfung auf innere Fehler gilt EN 10021.

8.10 Prüfbescheinigungen

8.10.1 Für die Stahlsorte S185 kommt nur die Ausstellung einer Werksbescheinigung, und zwar nach entsprechender Vereinbarung bei der Bestellung, in Betracht.

8.10.2 Für alle anderen Stahlsorten ist bei entsprechender Vereinbarung bei der Bestellung eine der in EN 10204 genannten Prüfbescheinigungen auszustellen. In diesen Bescheinigungen sind die Angabenblöcke A, B und Z sowie die Kennnummern C01 bis C03, C10 bis C13, C40 bis C43 und C71 bis C92 nach EURONORM 168 zu erfassen.
Siehe 4.1 e) und zusätzliche Anforderung 12.

9 Kennzeichnung von Flach- und Langerzeugnissen

9.1 Wenn bei der Bestellung nichts anderes vereinbart wurde, sind die Erzeugnisse durch Farbauftrag, Stempelung, dauerhafte Klebezettel oder Anhängeschilder mit folgenden Angaben zu kennzeichnen:
- Kurzname für die Stahlsorte (z. B. S275JO),
- Schmelzennummer (falls nach Schmelzen geprüft wird),
- Name oder Kennzeichen des Herstellers.

Zusätzliche Anforderung 16.

9.2 Die Kennzeichnung ist nach Wahl des Herstellers in der Nähe eines Ende jeden Stückes oder auf der Stirnfläche anzubringen.

9.3 Es ist zulässig, leichte Erzeugnisse in festen Bunden zu liefern. In diesem Fall muß die Kennzeichnung durch einem Anhängeschild erfolgen, das am Bund oder an dem oben liegenden Stück des Bundes angebracht wird.

10 Beanstandungen

Für Beanstandungen nach der Lieferung und deren Bearbeitung gilt EN 10021.

11 Zusätzliche Anforderungen (siehe 4.2)

11.1 Für alle Erzeugnisse

1) Angabe des Erschmelzungsverfahrens des Stahles, außer bei der Stahlsorte S185 (siehe 7.1.1).
2) Forderung eines bestimmten Erschmelzungsverfahrens bei Stählen der Gütegruppen JO, J2G3, J2G4, K2G3 und K2G4 (siehe 7.1.1).
3) Vorschrift einer bestimmten Desoxidationsart bei der Stahlsorte S235JR (siehe 7.1.2).
4) Forderung eines Kupfergehaltes von 0,25 % bis 0,40 % (siehe 7.3.2).
5) Höchstwert für das Kohlenstoffäquivalent nach Tabelle 4 für die Stähle S235, S275 und S355 (siehe 7.3.3.1).
6) Angabe des Gehaltes an zusätzlichen chemischen Elementen in der Prüfbescheinigung beim Stahl S355 (siehe 7.3.3.2).
7) Höchstwert von 0,18 % C in der Schmelzenanalyse bei den Stahlsorten S355JO, S355J2 und S355K2 bei Dicken ≤ 30 mm (siehe 7.3.3.3).
8) Nachweis der Korngröße bei Erzeugnissen mit Nenndicken < 6 mm aus Stählen der Gütegruppen J2G3, J2G4, K2G3 und K2G4 (siehe 7.4.2.2).
9) Prüfung der Kerbschlagarbeit bei Stählen der Gütegruppe JR (siehe 7.4.2.4, 8.2.2a und Tabelle 6).
10) Anforderungen an die Eigenschaften in Dickenrichtung entsprechend EN 10164 bei Erzeugnissen aus Stählen der Gütegruppen J2G3, J2G4, K2G3 und K2G4 (siehe 7.4.3).
11) Anforderungen an die Eignung des Stahls zum Feuerverzinken oder Emaillieren (siehe 7.5.4).
12) Prüfung der Erzeugnisse und — bei gewünschter

Prüfung — Angabe der Art der Prüfung und der gewünschten Prüfbescheinigung (siehe 4.1 e) und 8.1.2).

13) Vom Besteller gewünschte Prüfung der Oberfläche und der Maße im Herstellerwerk (siehe 8.1.4).

14) Prüfung der mechanischen Eigenschaften nach Schmelzen oder nach Losen bei Erzeugnissen aus Stählen der Gütegruppe JR sowie bei den Stahlsorten E295, E335 und E360 (siehe 4.1 f) und 8.3.1).

15) Durchführung der Stückanalyse mit Angaben über die Anzahl der Prüfungen und die nachzuweisenden Elemente (siehe 8.5.2).

16) Etwaige besondere Arten der Kennzeichnung (siehe Abschnitt 9.1).

11.2 Für Flacherzeugnisse

17) Gewünschter Lieferzustand N bei Erzeugnissen aus den Stahlsorten S185, E295, E335 und E360 sowie aus den Stählen S235, S275 und S355 der Gütegruppen JR und JO (siehe 7.2.2.1).

18) Lieferung mit Eignung zum Kaltbiegen, Abkanten, Kaltflanschen oder Kaltbördeln bei Blech, Band und Breitflachstahl ≤ 20 mm Nenndicke (siehe 7.5.3.1).

19) Nur bei Blech und Band: Lieferung mit Eignung zur Herstellung von Kaltprofilen bei Nenndicken ≤ 8 mm mit Biegehalbmessern entsprechend Tabelle 9 (siehe 7.5.3.2).

20) Durchführung des Kerbschlagbiegeversuchs oder des Kerbschlagbiege- und des Zugversuchs bei jeder Walztafel oder jeder Rolle bei Flacherzeugnissen aus Stählen der Gütegruppe J2G3 (siehe 8.4.2).

21) Verwendung einer Rundprobe für den Zugversuch bei Flacherzeugnissen mit einer Nenndicke > 30 mm (siehe Bild A.3).

11.3 Für Langerzeugnisse

22) Gewünschter Lieferzustand N bei Erzeugnissen aus den Stahlsorten S185, E295, E335 und E360 sowie aus den Stählen S235, S275 und S355 der Gütegruppen JR und JO (siehe 7.2.3.1).

23) Nur bei Stäben: Lieferung mit Eignung zum Blankziehen (siehe 7.5.3.3).

24) Anforderungen an die Eignung zum Längstrennen bei schweren Profilen (siehe 7.5.4).

25) Nur bei Profilen: maximaler Kohlenstoffgehalt bei Nenndicken > 100 mm (siehe Tabellen 2 und 3).

26) Mindestwerte der Kerbschlagarbeit bei Profilen in Nenndicken > 100 mm (siehe Tabelle 6).

11.4 Für Halbzeug

27) Etwaige Prüfung von Halbzeug (siehe 8.6.2.3).

Tabelle 2: Chemische Zusammensetzung nach der Schmelzenanalyse für Flacherzeugnisse und Langerzeugnisse [1]

Stahlsorte Bezeichnung nach EN 10027-1 und ECISS IC 10	nach EN 10027-2	Desoxidationsart	Stahlart [4]	Massenanteile in %, max. C für Erzeugnis-Nenndicken in mm ≤ 16	> 16 ≤ 40	> 40 [5]	Mn	Si	P	S	N [2] [3]
S185 [6]	1.0035	freigestellt	BS	–	–	–	–	–	–	–	–
S235JR [6]	1.0037	freigestellt	BS	0,17	0,20	–	1,40	–	0,045	0,045	0,009
S235JRG1 [6]	1.0036	FU	BS	0,17	0,20	–	1,40	–	0,045	0,045	0,007
S235JRG2	1.0038	FN	BS	0,17	0,17	0,20	1,40	–	0,045	0,045	0,009
S235JO	1.0114	FN	QS	0,17	0,17	0,17	1,40	–	0,040	0,040	0,009
S235J2G3	1.0116	FF	QS	0,17	0,17	0,17	1,40	–	0,035	0,035	–
S235J2G4	1.0117	FF	QS	0,17	0,17	0,17	1,40	–	0,035	0,035	–
S275JR	1.0044	FN	BS	0,21	0,21	0,22	1,50	–	0,045	0,045	0,009
S275JO	1.0143	FN	QS	0,18	0,18	0,18 [7]	1,50	–	0,040	0,040	0,009
S275J2G3	1.0144	FF	QS	0,18	0,18	0,18 [7]	1,50	–	0,035	0,035	–
S275J2G4	1.0145	FF	QS	0,18	0,18	0,18 [7]	1,50	–	0,035	0,035	–
S355JR	1.0045	FN	BS	0,24	0,24	0,24	1,60	0,55	0,045	0,045	0,009
S355JO [8]	1.0553	FN	QS	0,20	0,20 [9]	0,22	1,60	0,55	0,040	0,040	0,009
S355J2G3 [8]	1.0570	FF	QS	0,20	0,20 [9]	0,22	1,60	0,55	0,035	0,035	–
S355J2G4 [8]	1.0577	FF	QS	0,20	0,20 [9]	0,22	1,60	0,55	0,035	0,035	–
S355K2G3 [8]	1.0595	FF	QS	0,20	0,20 [9]	0,22	1,60	0,55	0,035	0,035	–
S355K2G4 [8]	1.0596	FF	QS	0,20	0,20 [9]	0,22	1,60	0,55	0,035	0,035	–
E295	1.0050	FN	BS	–	–	–	–	–	0,045	0,045	0,009
E335	1.0060	FN	BS	–	–	–	–	–	0,045	0,045	0,009
E360	1.0070	FN	BS	–	–	–	–	–	0,045	0,045	0,009

[1] Siehe 7.3.
[2] Die angegebenen Werte dürfen überschritten werden, wenn je 0,001 % N der Höchstwert für den Phosphorgehalt um 0,005 % unterschritten wird; der Stickstoffgehalt darf jedoch einen Wert von 0,012 % in der Schmelzenanalyse nicht übersteigen.
[3] Der Höchstwert für den Stickstoffgehalt gilt nicht, wenn der Stahl einen Gesamtgehalt an Aluminium von mindestens 0,020 % oder genügend andere stickstoffabbindende Elemente enthält. Die stickstoffabbindenden Elemente sind in der Prüfbescheinigung anzugeben.
[4] BS: Grundstahl; QS: Qualitätsstahl.
[5] Bei Profilen mit einer Nenndicke > 100 mm ist der Kohlenstoffgehalt zu vereinbaren. Zusätzliche Anforderung 25.
[6] Nur in Nenndicken ≤ 25 mm lieferbar.
[7] Maximal 0,20 % C bei Nenndicken > 150 mm.
[8] Siehe 7.3.3.2 und 7.3.3.3.
[9] Maximal 0,22 % C bei Nenndicken > 30 mm und bei den zum Walzprofilieren geeigneten Sorten (siehe 7.5.3.2).

Tabelle 3: Chemische Zusammensetzung nach der Stückanalyse entsprechend den Festlegungen in Tabelle 2 [1])

Stahlsorte Bezeichnung nach EN 10027-1 und ECISS IC 10	nach EN 10027-2	Desoxi- dations- art	Stahl- art [4])	Massenanteile in %, max.							
				C für Erzeugnis-Nenndicken in mm			Mn	Si	P	S	N [2])[3])
				≤ 16	> 16 ≤ 40	> 40 [5])					
S185 [6])	1.0035	freigestellt	BS	–	–	–	–	–	–	–	–
S235JR [6])	1.0037	freigestellt	BS	0,21	0,25	–	1,50	–	0,055	0,055	0,011
S235JRG1 [6])	1.0036	FU	BS	0,21	0,25	–	1,50	–	0,055	0,055	0,009
S235JRG2	1.0038	FN	BS	0,19	0,19	0,23	1,50	–	0,055	0,055	0,011
S235JO	1.0114	FN	QS	0,19	0,19	0,19	1,50	–	0,050	0,050	0,011
S235J2G3	1.0116	FF	QS	0,19	0,19	0,19	1,50	–	0,045	0,045	–
S235J2G4	1.0117	FF	QS	0,19	0,19	0,19	1,50	–	0,045	0,045	–
S275JR	1.0044	FN	BS	0,24	0,24	0,25	1,60	–	0,055	0,055	0,011
S275JO	1.0143	FN	QS	0,21	0,21	0,21 [7])	1,60	–	0,050	0,050	0,011
S275J2G3	1.0144	FF	QS	0,21	0,21	0,21 [7])	1,60	–	0,045	0,045	–
S275J2G4	1.0145	FF	QS	0,21	0,21	0,21 [7])	1,60	–	0,045	0,045	–
S355JR	1.0045	FN	BS	0,27	0,27	0,27	1,70	0,60	0,055	0,055	0,011
S355JO [8])	1.0553	FN	QS	0,23	0,23 [9])	0,24	1,70	0,60	0,050	0,050	0,011
S355J2G3 [8])	1.0570	FF	QS	0,23	0,23 [9])	0,24	1,70	0,60	0,045	0,045	–
S355J2G4 [8])	1.0577	FF	QS	0,23	0,23 [9])	0,24	1,70	0,60	0,045	0,045	–
S355K2G3 [8])	1.0595	FF	QS	0,23	0,23 [9])	0,24	1,70	0,60	0,045	0,045	–
S355K2G4 [8])	1.0596	FF	QS	0,23	0,23 [9])	0,24	1,70	0,60	0,045	0,045	–
E295	1.0050	FN	BS	–	–	–	–	–	0,055	0,055	0,011
E335	1.0060	FN	BS	–	–	–	–	–	0,055	0,055	0,011
E360	1.0070	FN	BS	–	–	–	–	–	0,055	0,055	0,011

[1]) Siehe 7.3.
[2]) Die angegebenen Werte dürfen überschritten werden, wenn je 0,001 % N der Höchstwert für den Phosphorgehalt um 0,005 % unterschritten wird; der Stickstoffgehalt darf jedoch einen Wert von 0,014 % in der Stückanalyse nicht übersteigen.
[3]) Der Höchstwert für den Stickstoffgehalt gilt nicht, wenn der Stahl einen Gesamtgehalt an Aluminium von mindestens 0,020 % oder genügend andere stickstoffabbindende Elemente enthält. Die stickstoffabbindenden Elemente sind in der Prüfbescheinigung anzugeben.
[4]) BS: Grundstahl; QS: Qualitätsstahl.
[5]) Bei Profilen mit einer Nenndicke > 100 mm ist der Kohlenstoffgehalt zu vereinbaren.
Zusätzliche Anforderung 25.
[6]) Nur in Nenndicken ≤ 25 mm lieferbar.
[7]) Maximal 0,23 % C bei Nenndicken > 150 mm.
[8]) Siehe 7.3.3.2 und 7.3.3.3.
[9]) Maximal 0,24 % C bei Nenndicken > 30 mm und bei den zum Walzprofilieren geeigneten Sorten (siehe 7.5.3.2).

Seite 13
EN 10025 : 1990 + A1 : 1993

Tabelle 4: Höchstwerte für das Kohlenstoffäquivalent (CEV) nach der Schmelzenanalyse, sofern bei der Bestellung vereinbart.
Zusätzliche Anforderung 5

Stahlsorte Bezeichnung		Desoxi-dations-art	Stahl-art [1]	Kohlenstoffäquivalent %, max. für Nenndicken in mm		
nach EN 10027-1 und ECISS IC 10	nach EN 10027-2			≤ 40	> 40 ≤ 150	> 150 ≤ 250
S235JR [2]	1.0037	freigestellt	BS	0,35	–	–
S235JRG1 [2]	1.0036	FU	BS	0,35	–	–
S235JRG2	1.0038	FN	BS	0,35	0,38	0,40
S235JO	1.0114	FN	QS	0,35	0,38	0,40
S235J2G3	1.0116	FF	QS	0,35	0,38	0,40
S235J2G4	1.0117	FF	QS	0,35	0,38	0,40
S275JR	1.0044	FN	BS	0,40	0,42	0,44
S275JO	1.0143	FN	QS	0,40	0,42	0,44
S275J2G3	1.0144	FF	QS	0,40	0,42	0,44
S275J2G4	1.0145	FF	QS	0,40	0,42	0,44
S355JR	1.0045	FN	BS	0,45	0,47	0,49
S355JO	1.0553	FN	QS	0,45	0,47	0,49
S355J2G3	1.0570	FF	QS	0,45	0,47	0,49
S355J2G4	1.0577	FF	QS	0,45	0,47	0,49
S355K2G3	1.0595	FF	QS	0,45	0,47	0,49
S355K2G4	1.0596	FF	QS	0,45	0,47	0,49

[1] BS: Grundstahl; QS: Qualitätsstahl.
[2] Nur in Nenndicken ≤ 25 mm lieferbar.

Tabelle 5: Mechanische Eigenschaften der Flach- und Langerzeugnisse

Stahlsorte Bezeichnung nach EN 10027-1 und ECISS IC 10	nach EN 10027-2	Desoxidationsart	Stahlart [2]	Streckgrenze R_{eH} N/mm², min. [1] für Nenndicken in mm								Zugfestigkeit R_m N/mm² [1] für Nenndicken in mm			
				≤ 16	> 16 ≤ 40	> 40 ≤ 63	> 63 ≤ 80	> 80 ≤ 100	> 100 ≤ 150	> 150 ≤ 200	> 200 ≤ 250	< 3	≥ 3 ≤ 100	> 100 ≤ 150	> 150 ≤ 250
S185 [3]	1.0035	freigestellt	BS	185	175	–	–	–	–	–	–	310 bis 540	290 bis 510	–	–
S235JR [3]	1.0037	freigestellt	BS	235	225	–	–	–	–	–	–			–	–
S235JRG1 [3]	1.0036	FU	BS	235	225	–	–	–	–	–	–	360 bis 510	340 bis 470	–	–
S235JRG2	1.0038	FN	BS	235	225	215	215	215	195	185	175			340 bis 470	320 bis 470
S235J0	1.0114	FN	QS	235	225	215	215	215	195	185	175				
S235J2G3	1.0116	FF	QS	235	225	215	215	215	195	185	175				
S235J2G4	1.0117	FF	QS	235	225	215	215	215	195	185	175				
S275JR	1.0044	FN	BS	275	265	255	245	235	225	215	205	430 bis 580	410 bis 560	400 bis 540	380 bis 540
S275J0	1.0143	FN	QS												
S275J2G3	1.0144	FF	QS												
S275J2G4	1.0145	FF	QS												
S355JR	1.0045	FN	BS	355	345	335	325	315	295	285	275	510 bis 680	490 bis 630	470 bis 630	450 bis 630
S355J0	1.0553	FN	QS												
S355J2G3	1.0570	FF	QS												
S355J2G4	1.0577	FF	QS												
S355K2G3	1.0595	FF	QS												
S355K2G4	1.0596	FF	QS												
E295 [4]	1.0050	FN	BS	295	285	275	265	255	245	235	225	490 bis 660	470 bis 610	450 bis 610	440 bis 610
E335 [4]	1.0060	FN	BS	335	325	315	305	295	275	265	255	590 bis 770	570 bis 710	550 bis 710	540 bis 710
E360 [4]	1.0070	FN	BS	360	355	345	335	325	305	295	285	690 bis 900	670 bis 830	650 bis 830	640 bis 830

[1] Die Werte für den Zugversuch in der Tabelle gelten für Längsproben (l), bei Band, Blech und Breitflachstahl in Breiten ≥ 600 mm für Querproben (t).
[2] BS: Grundstahl; QS: Qualitätsstahl.
[3] Nur in Nenndicken ≤ 25 mm lieferbar.
[4] Diese Stahlsorten kommen üblicherweise nicht für Profilerzeugnisse (I-, U-Winkel) in Betracht.

(fortgesetzt)

Seite 15
EN 10025 : 1990 + A1 : 1993

Tabelle 5 (abgeschlossen): **Mechanische Eigenschaften der Flach- und Langerzeugnisse**

Stahlsorte Bezeichnung nach EN 10027-1 und ECISS IC 10	nach EN 10027-2	Desoxidationsart	Stahlart [2]	Probenlage [1]	Bruchdehnung, %, min. [1]								
					$L_0 = 80$ mm für Nenndicken in mm					$L_0 = 5{,}65 \sqrt{S_0}$ für Nenndicken in mm			
					≤ 1	> 1 $\leq 1{,}5$	$> 1{,}5$ ≤ 2	> 2 $\leq 2{,}5$	$> 2{,}5$ < 3	≥ 3 ≤ 40	> 40 ≤ 63	> 63 ≤ 100	> 100 ≤ 150	> 150 ≤ 250
S185 [3]	1.0035	freigestellt	BS	l t	10 8	11 9	12 10	13 11	14 12	18 16	– –	– –	– –	– –
S235JR [3]	1.0037	freigestellt	BS											
S235JRG1 [3]	1.0036	FU	BS	l	17	18	19	20	21	26	25	24	22	21
S235JRG2	1.0038	FN	BS	t	15	16	17	18	19	24	23	22	22	21
S235J0	1.0114	FN	QS											
S235J2G3	1.0116	FF	QS											
S235J2G4	1.0117	FF	QS											
S275JR	1.0044	FN	BS											
S275J0	1.0143	FN	QS	l	14	15	16	17	18	22	21	20	18	17
S275J2G3	1.0144	FF	QS	t	12	13	14	15	16	20	19	18	18	17
S275J2G4	1.0145	FF	QS											
S355JR	1.0045	FN	BS											
S355J0	1.0553	FN	QS											
S355J2G3	1.0570	FF	QS	l	14	15	16	17	18	22	21	20	18	17
S355J2G4	1.0577	FF	QS	t	12	13	14	15	16	20	19	18	18	17
S355K2G3	1.0595	FF	QS											
S355K2G4	1.0596	FF	QS											
E295 [4]	1.0050	FN	BS	l t	12 10	13 11	14 12	15 13	16 14	20 18	19 17	18 16	16 15	15 14
E335 [4]	1.0060	FN	BS	l t	8 6	9 7	10 8	11 9	12 10	16 14	15 13	14 12	12 11	11 10
E360 [4]	1.0070	FN	BS	l t	4 3	5 4	6 5	7 6	8 7	11 10	10 9	9 8	8 7	7 6

[1] Die Werte für den Zugversuch in der Tabelle gelten für Längsproben (l), bei Band, Blech und Breitflachstahl in Breiten ≥ 600 mm für Querproben (t).
[2] BS: Grundstahl; QS: Qualitätsstahl.
[3] Nur in Nenndicken ≤ 25 mm lieferbar.
[4] Diese Stahlsorten kommen üblicherweise nicht für Profilerzeugnisse (I-, U-Winkel) in Betracht.

Seite 16
EN 10025 : 1990 + A1 : 1993

Tabelle 6: Kerbschlagarbeit (Spitzkerb-Längsproben) für Flach- und Langerzeugnisse [1]

Stahlsorte Bezeichnung		Desoxidations-art	Stahlart [2]	Temperatur °C	Kerbschlagarbeit, J, min. für Nenndicken in mm	
nach EN 10027-1 und ECISS IC 10	nach EN 10027-2				> 10 ≤ 150 [3]	> 150 ≤ 250 [3]
S185 [4]	1.0035	freigestellt	BS	–	–	–
S235JR [4] [5]	1.0037	freigestellt	BS	20	27	–
S235JRG1 [4] [5]	1.0036	FU	BS	20	27	–
S235JRG2 [5]	1.0038	FN	BS	20	27	23
S235JO	1.0114	FN	QS	0	27	23
S235J2G3	1.0116	FF	QS	–20	27	23
S235J2G4	1.0117	FF	QS	–20	27	23
S275JR [5]	1.0044	FN	BS	20	27	23
S275JO	1.0143	FN	QS	0	27	23
S275J2G3	1.0144	FF	QS	–20	27	23
S275J2G4	1.0145	FF	QS	–20	27	23
S355JR [5]	1.0045	FN	BS	20	27	23
S355JO	1.0553	FN	QS	0	27	23
S355J2G3	1.0570	FF	QS	–20	27	23
S355J2G4	1.0577	FF	QS	–20	27	23
S355K2G3	1.0595	FF	QS	–20	40	33
S355K2G4	1.0596	FF	QS	–20	40	33
E295	1.0050	FN	BS	–	–	–
E335	1.0060	FN	BS	–	–	–
E360	1.0070	FN	BS	–	–	–

[1] Für Proben mit geringerer Breite gelten die Werte nach Bild 1.
[2] BS: Grundstahl; QS: Qualitätsstahl.
[3] Bei Profilen mit einer Nenndicke > 100 mm sind die Werte zu vereinbaren.
 Zusätzliche Anforderung 26.
[4] Nur in Nenndicken ≤ 25 mm lieferbar.
[5] Die Kerbschlagarbeit von Erzeugnissen aus Stählen der Gütegruppe JR wird nur auf Vereinbarung bei der Bestellung geprüft.
 Zusätzliche Anforderung 9.

Tabelle 7: Technologische Eigenschaften

Stahlsorte Bezeichnung nach EN 10027-1 und ECISS IC 10	nach EN 10027-2	Stahlart [1]	Eignung zum Abkanten	Eignung zum Walzprofilieren	Eignung zum Kaltziehen
S235JRC	1.0120	QS	X	X	X
S235JRG1C	1.0121	QS	X	X	X
S235JRG2C	1.0122	QS	X	X	X
S235JOC	1.0115	QS	X	X	X
S235J2G3C	1.0118	QS	X	X	X
S235J2G4C	1.0119	QS	X	X	X
S275JRC	1.0128	QS	X	X	X
S275JOC	1.0140	QS	X	X	X
S275J2G3C	1.0141	QS	X	X	X
S275J2G4C	1.0142	QS	X	X	X
S355JRC	1.0551	QS	–	–	X
S355JOC	1.0554	QS	X	X	X
S355J2G3C	1.0569	QS	X	X	X
S355J2G4C	1.0579	QS	X	X	X
S355K2G3C	1.0593	QS	X	X	X
S355K2G4C	1.0594	QS	X	X	X
E295GC	1.0533	QS	–	–	X
E335GC	1.0543	QS	–	–	X
E360GC	1.0633	QS	–	–	X

[1] QS: Qualitätsstahl nach EN 10020

Tabelle 8: Mindestwerte für die Biegehalbmesser beim Abkanten von Flacherzeugnissen

Stahlsorte Bezeichnung nach EN 10027-1 und ECISS IC 10	nach EN 10027-2	Richtung der Biegekante[1]	Empfohlener kleinster innerer Biegehalbmesser für Nenndicken in mm											
			>1 ≤1,5	>1,5 ≤2,5	>2,5 ≤3	>3 ≤4	>4 ≤5	>5 ≤6	>6 ≤7	>7 ≤8	>8 ≤10	>10 ≤12	>12 ≤14	>14 ≤16	>16 ≤18	>18 ≤20
S235JRC S235JRG1C S235JRG2C S235JOC S235J2G3C S235J2G4C	1.0120 1.0121 1.0122 1.0115 1.0118 1.0119	t l	1,6 1,6	2,5 2,5	3 3	5 6	6 8	8 10	10 12	12 16	16 20	20 25	25 28	28 32	36 40	40 45
S275JRC S275JOC S275J2G3C S275J2G4C	1.0128 1.0140 1.0141 1.0142	t l	2 2	3 3	4 4	5 6	8 10	10 12	12 16	16 20	20 25	25 32	28 36	32 40	40 45	45 50
S355JOC S355J2G3C S355J2G4C S355K2G3C S355K2G4C	1.0554 1.0569 1.0579 1.0593 1.0594	t l	2,5 2,5	4 4	5 5	6 8	8 10	10 12	12 16	16 20	20 25	25 32	32 36	36 40	45 50	50 63

[1] t: Quer zur Walzrichtung
l: Parallel zur Walzrichtung

Tabelle 9: Walzprofilieren von Flacherzeugnissen

Stahlsorte Bezeichnung		Empfohlener kleinster Biegehalbmesser bei Nenndicken (s) [1]	
nach EN 10027-1 und ECISS IC 10	nach EN 10027-2	$s \leq 6\,mm$	$6\,mm < s \leq 8\,mm$
S235JRC S235JRG1C S235JRG2C S235JOC S235J2G3C S235J2G4C	1.0120 1.0121 1.0122 1.0115 1.0118 1.0119	1 s	1,5 s
S275JRC S275JOC S275J2G3C S275J2G4C	1.0128 1.0140 1.0141 1.0142	1,5 s	2 s
S355JOC S355J2G3C S355J2G4C S355K2G3C S355K2G4C	1.0554 1.0569 1.0579 1.0593 1.0594	2 s	2,5 s

[1]) Die Werte gelten für Biegewinkel $\leq 90°$.

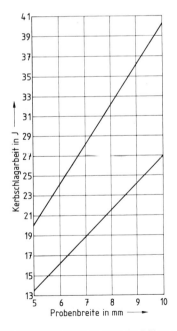

Bild 1: Mindestwert der Kerbschlagarbeit (in J) bei der Prüfung von Spitzkerbproben mit einer Breite zwischen 5 mm und 10 mm.

Anhang A (normativ)

Lage der Probenabschnitte und Proben (siehe EURONORM 18)

Dieser Anhang gilt für folgende Erzeugnisgruppen:
- Träger, U-Stahl, Winkelstahl, T-Stahl und Z-Stahl (siehe Bild A.1);
- Stäbe und Draht (einschließlich Walzdraht) (siehe Bild A.2);
- Flacherzeugnisse (siehe Bild A.3).

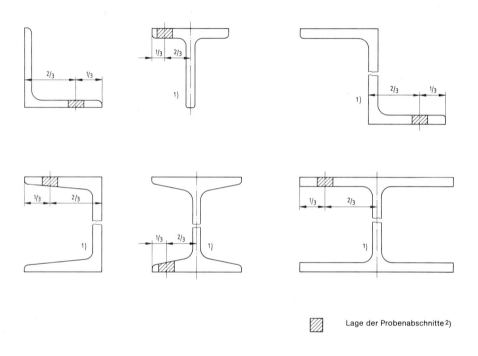

[1] Nach entsprechender Vereinbarung kann der Probenabschnitt auch aus dem Steg entnommen werden, und zwar in ¼ der Gesamthöhe.

[2] Die Entnahme der Proben aus den Probenabschnitten erfolgt nach den Angaben in Bild A.3. Bei Profilen mit geneigten Flanschflächen darf die geneigte Seite zur Erreichung paralleler Flanschflächen bearbeitet werden.

Bild A.1: Träger, U-Stahl, Winkelstahl, T-Stahl und Z-Stahl

Seite 21
EN 10025 : 1990 + A1 : 1993

Maße in mm

Stahlgruppe	Probenart	Erzeugnisse mit rundem Querschnitt		Erzeugnisse mit rechteckigem Querschnitt	
Stähle für den Stahlbau	Zugproben	$d \leq 25$ [1]	$d > 25$ [2] 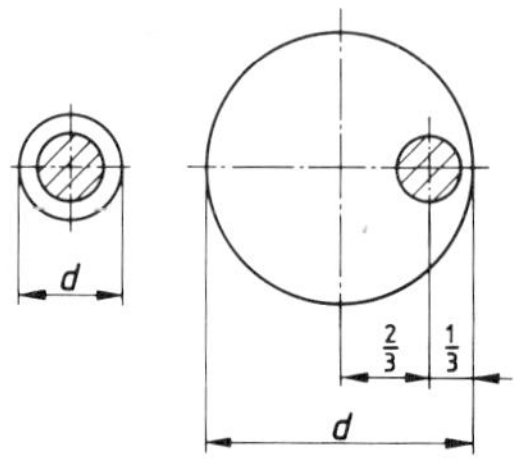	$b \leq 25$ [1]	$b > 25$ [2] 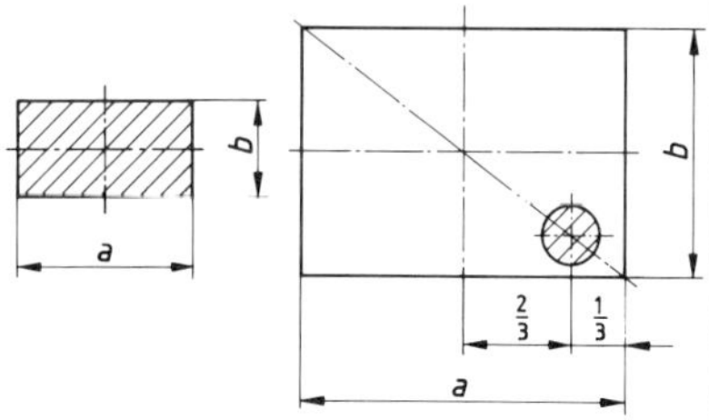
	Kerbschlagproben [3]	$d \geq 16$ 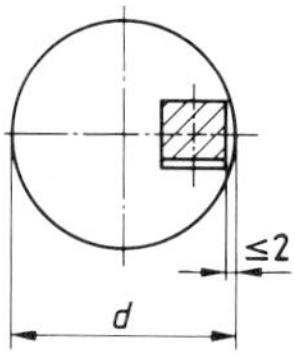		$b \geq 12$ 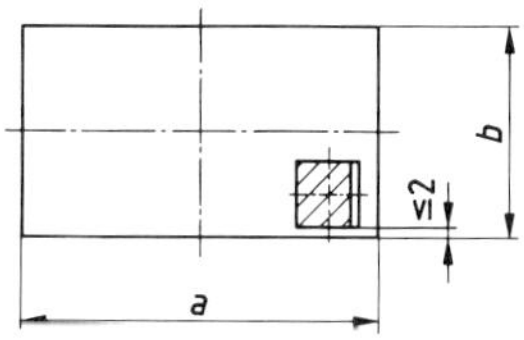	

[1] Bei Erzeugnissen mit kleinen Abmessungen (d oder $b \leq 25$ mm) sollte möglichst der unbearbeitete Probenabschnitt als Probe verwendet werden.

[2] Bei Erzeugnissen mit einem Durchmesser oder einer Dicke ≤ 40 mm kann nach Wahl des Herstellers die Probe
  — entweder entsprechend den für Durchmesser oder Dicken ≤ 25 mm geltenden Regeln
  — oder an einer näher zum Mittelpunkt gelegenen Stelle als die im Bild angegebene entnommen werden.

[3] Bei Erzeugnissen mit rundem Querschnitt muß die Längsachse des Kerbes annähernd in Richtung eines Durchmessers verlaufen; bei Erzeugnissen mit rechteckigem Querschnitt muß sie senkrecht zur breiteren Walzoberfläche stehen.

Bild A.2: Stäbe und Draht (einschließlich Walzdraht)

Maße in mm

Probenart	Erzeugnis-dicke	Lage der Probenlängsachse bei einer Erzeugnisbreite von		Abstand der Proben von der Walzoberfläche
		< 600 mm	≥ 600 mm	
Zugproben[1]	≤ 30	längs	quer	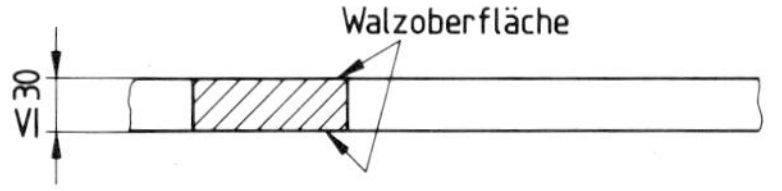
	> 30			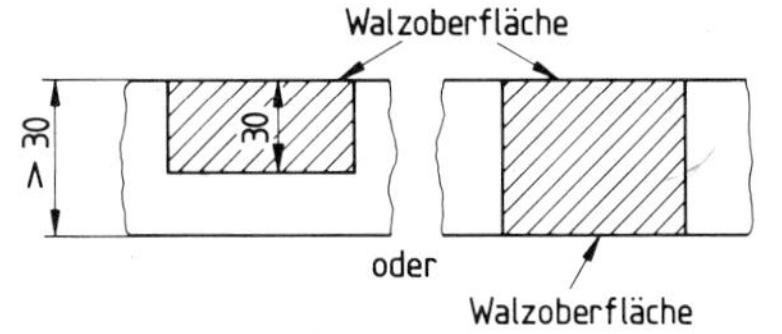
Kerbschlag-proben[2]	> 12	längs	längs	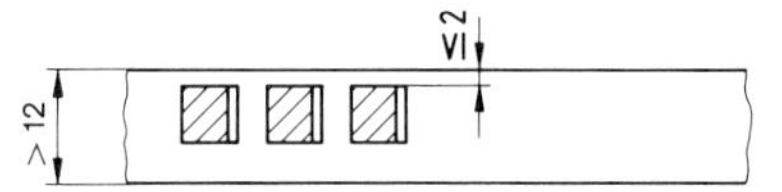

[1] In Zweifels- und Schiedsfällen muß bei den Proben aus Erzeugnissen mit ≥ 3 mm Dicke die Meßlänge $L_o = 5{,}65\sqrt{S_o}$ betragen.
Für den Regelfall sind jedoch wegen der einfacheren Anfertigung auch Proben mit konstanter Meßlänge zulässig, vorausgesetzt, daß die an diesen Proben ermittelten Bruchdehnungswerte nach einer anerkannten Beziehung umgerechnet werden (siehe zum Beispiel ISO 2566 – Umrechnung von Bruchdehnungswerten).
Bei Erzeugnisdicken über 30 mm kann nach Vereinbarung eine Rundprobe verwendet werden.
Zusätzliche Anforderung 21.

[2] Die Längsachse des Kerbes muß jeweils senkrecht zur Walzoberfläche des Erzeugnisses stehen.

Bild A.3: Flacherzeugnisse

Seite 23
EN 10025 : 1990 + A1 : 1993

Anhang B (informativ)

Liste der den zitierten EURONORMEN entsprechenden nationalen Normen

Bis zu ihrer Umwandlung in Europäische Normen können entweder die genannten EURONORMEN oder die entsprechenden nationalen Normen nach Tabelle B.1 angewendet werden.

Tabelle B.1: EURONORMEN und entsprechende nationale Normen

EURONORM	Entsprechende nationale Norm in				
	Deutschland	Frankreich	Vereinigtes Königreich	Spanien	Italien
17	DIN 59110	NF A 45-051	–	UNE 36-089	UNI 5598
18	–	NF A 03 111	BS 4360	UNE 36-300 UNE 36-400	UNI-EU 18
19	DIN 1025 T5	NF A 45 205	–	UNE 36-526	UNI 5398
24	DIN 1025 T1 DIN 1026	NF A 45 210	BS 4	UNE 36-521 UNE 36-522	UNI 5679 UNI 5680
53	DIN 1025 T2 DIN 1025 T3 DIN 1025 T4	NF A 45 201	BS 4	UNE 36-527 UNE 36-528 UNE 36-529	UNI 5397
54	DIN 1026	NF A 45 007	BS 4	UNE 36-525	UNI-EU 54
56	DIN 1028	NF A 45 009 [1])	BS 4848	UNE 36-531	UNI-EU 56
57	DIN 1029	NF A 45 010 [1])	BS 4848	UNE 36-532	UNI-EU 57
58	DIN 1017 T1	NF A 45 005 [1])	BS 4360	UNE 36-543	UNI-EU 58
59	DIN 1014 T1	NF A 45 004 [1])	BS 4360	UNE 36-542	UNI-EU 59
60	DIN 1013 T1	NF A 45 003 [1])	BS 4360	UNE 36-541	UNI-EU 60
61	DIN 1015	NF A 45 006 [1])	BS 970	UNE 36-547	UNI 7061
65	DIN 59130	NF A 45 075 [1])	BS 3111	UNE 36-546	UNI 7356
66	DIN 1018	–	–	–	UNI 6630
91	DIN 59200	NF A 46 012	BS 4360	–	UNI-EU 91
103	DIN 50601	NF A 04 102	BS 4490	UNE 7-280	–
162	DIN 17118 DIN 59413	NF A 37 101	BS 2994	UNE 36-570	UNI 7344
168	–	NF A 03 116	BS 4360	UNE 36-800	UNI-EU 168
EU-Mitt.	SEW 088	NF A 36 000	BS 5135	–	–

EURONORM	Entsprechende nationale Norm in				
	Belgien NBN	Portugal NP-	Schweden	Österreich	Norwegen NS
17	524	330	–	–	–
18	A 03-001	2451	SS 11 01 20 SS 11 01 05	–	10 005
19	533	2116	SS 21 27 40	M 3262	10 006
24	632-01	–	SS 21 27 25 SS 21 27 35	M 3261	911
53	633	2117	SS 21 27 50 SS 21 27 51 SS 21 27 52	–	1907 1908
54	A 24-204	338	–	M 3260	–
56	A 24-201	335	SS 21 27 11	M 3246	1903
57	A 24-202	336	SS 21 27 12	M 3247	1904
58	A 34-201	–	SS 21 21 50	M 3230	1902
59	A 34-202	333 + 334	SS 21 27 25	M 3226	1901
60	A 34-203	331	SS 21 25 02	M 3221	1900
61	A 34-204	–	–	M 3237/M 3228	–
65	A 24-206	–	–	M 3223	–
66	–	–	–	–	–
91	A 43-301	–	SS 21 21 50	M 3231	–
103	A 14-101	1787	–	–	–
162	A 02-002	–	–	M 3316	–
168	–	–	SS 11 00 12	–	–
EU-Mitt. 2	–	–	SS 06 40 25	–	–

[1]) Für die Grenzabmaße gelten zusätzlich NF A 45 001 und NF A 45 101.

Seite 24
EN 10025 : 1990 + A.1 : 1993

Anhang C (informativ)

Liste der früheren Bezeichnungen vergleichbarer Stähle

Tabelle C.1: Liste vergleichbarer früherer Stahlbezeichnungen

Stahlsorte Bezeichnung nach EN 10027-1 und ECISS IC 10	nach EN 10027-2	EN 10025:1990	\multicolumn{10}{c}{Vergleichbare frühere Bezeichnungen in}										
			Deutschland	Frankreich	Vereinigtes Königreich	Spanien	Italien	Belgien	Schweden	Portugal	Österreich	Norwegen
S185	1.0035	Fe 310-0	St 33	A 33		A 310-0	Fe 320	A 320	13 00-00	Fe 310-0	St 320	
S235JR	1.0037	Fe 360 B	St 37-2	E 24-2	40 B	AE 235 B-FU	Fe 360 B	AE 235-B	13 11-00	Fe 360-B	USt 360 B	NS 12 120
S235JRG1	1.0036	Fe 360 BFU	USt 37-2			AE 235 B-FN					RSt 360 B	NS 12 122
S235JRG2	1.0038	Fe 360 BFN	RSt 37-2								St 360 C	NS 12 123
S235JO	1.0114	Fe 360 C	St 37-3 U	E 24-3	40 C	AE 235 C	Fe 360 C	AE 235-C	13 12-00	Fe 360-C	St 360 CE	NS 12 124
S235J2G3	1.0116	Fe 360 D1	St 37-3 N	E 24-4	40 D	AE 235 D	Fe 360 D	AE 235-D		Fe 360-D	St 360 D	NS 12 124
S235J2G4	1.0117	Fe 360 D2	—									
S275JR	1.0044	Fe 430 B	St 44-2	E 28-2	43 B	AE 275 B	Fe 430 B	AE 255-B	14 12-00	Fe 430-B	St 430 B	NS 12 142
S275JO	1.0143	Fe 430 C	St 44-3 U	E 28-3	43 C	AE 275 C	Fe 430 C	AE 255-C		Fe 430-C	St 430 C	NS 12 143
S275J2G3	1.0144	Fe 430 D1	St 44-3 N	E 28-4	43 D	AE 275 D	Fe 430 D	AE 255-D	14 14-00 14 14-01	Fe 430 D	St 430 CE	NS 12 143
S275J2G4	1.0145	Fe 430 D2	—									
S355JR	1.0045	Fe 510 B	—	E 36-2	50 B	AE 355 B	Fe 510-B	AE 355-B		Fe 510-B	St 510 C	NS 12 153
S355JO	1.0553	Fe 510 C	St 52-3 U	E 36-3	50 C	AE 355 C	Fe 510-C	AE 355-C		Fe 510-C	St 510 D	NS 12 153
S355J2G3	1.0570	Fe 510 D1	St 52-3 N		50 D	AE 355 D	Fe 510-D	AE 355-D		Fe 510-D		
S355J2G4	1.0577	Fe 510 D2	—									
S355K2G3	1.0595	Fe 510 DD1	—	E 36-4	50 DD			AE 355-DD		Fe-510-DD		
S355K2G4	1.0596	Fe 510 DD2	—									
E295	1.0050	Fe 490-2	St 50-2	A 50-2		A 490	Fe 490	A 490-2	15 50-00 15 50-01	Fe 490-2	St 490	
E335	1.0060	Fe 590-2	St 60-2	A 60-2		A 590	Fe 590	A 590-2	16 50-00 16 50-01	Fe 590-2	St 590	
E360	1.0070	Fe 690-2	St 70-2	A 70-2		A 690	Fe 690	A 690-2	16 55-00 16 55-01	Fe 690-2	St 690	

DK 669.14-41 : 621.642-98 : 620.1   April 1993

Flacherzeugnisse aus Druckbehälterstählen	
Teil 1: Allgemeine Anforderungen	EN 10 028
Deutsche Fassung EN 10 028-1 : 1992	Teil 1

Flat products made of steels for pressure purposes; Part 1: General requirements; German version EN 10 028-1 : 1992

Produits plats en aciers pour appareils à pression; Partie 1: Prescriptions générales; Version allemande EN 10 028-1 : 1992

Teilweise Ersatz für
DIN 17 280/07.85
und mit
DIN EN 10 028 T2/04.93
Ersatz für
DIN 17 155/10.83
und mit
DIN EN 10 028 T3/04.93,
DIN EN 10 113 T 1/04.93 und
DIN EN 10 113 T2/04.93
Ersatz für
DIN 17 102/10.83

Die Europäische Norm EN 10 028-1 : 1992 hat den Status einer Deutschen Norm.

Nationales Vorwort

Die Europäische Norm EN 10 028-1 : 1992 wurde vom Technischen Komitee (TC) 22 „Stähle für Druckbehälter; Gütenormen" (Sekretariat: Deutschland) des Europäischen Komitees für die Eisen- und Stahlnormung (ECISS) ausgearbeitet.

Das zuständige deutsche Normungsgremium ist der Arbeitsausschuß 04/2 „Stähle für den Druckbehälterbau" des Normenausschusses Eisen und Stahl (FES).

Der Inhalt der Norm war als Entwurf DIN 17155 T1/06.89 der deutschen Öffentlichkeit zur Prüfung und Stellungnahme vorgelegt worden. Zusätzlich enthält diese Norm aber auch die für den Entwurf EN 10 028-1 geltenden allgemeinen Anforderungen.

Die wesentlichen Änderungen gegenüber den im Ersatzvermerk aufgeführten DIN-Normen sind auf dieser Seite genannt.

Für die im Abschnitt 2 zitierte Europäische Norm (EN) wird im folgenden auf die entsprechende Deutsche Norm hingewiesen.

Hinweis auf SEW 028

Im Stahl-Eisen-Werkstoffblatt 028 sind einige weitere in der Bundesrepublik Deutschland vom Verband der Technischen Überwachungsvereine (VdTÜV) für den Druckbehälterbau zugelassene Stähle enthalten.

Das Blatt ist beim Verlag Stahleisen mbH, Postfach 10 51 64, 4000 Düsseldorf, zu beziehen.

Zitierte Normen

— in der Deutschen Fassung:
Siehe Abschnitt 2
— in nationalen Zusätzen:
DIN 50 049   Metallische Erzeugnisse; Arten von Prüfbescheinigungen; Deutsche Fassung EN 10 204 : 1991

Frühere Ausgaben

DIN 17 102: 10.83;   DIN 17 155 Teil 1: 10.51, 01.59;   DIN 17 155 Teil 2: 10.51, 01.59x;   Beiblatt zu DIN 17 155: 05.52; Beiblatt zu DIN 17 155 Teil 2: 03.64, 06.69;   DIN 17 155: 10.83;   DIN 17 280: 07.85.

Änderungen

Gegenüber DIN 17 102/10.83, DIN 17 155/10.83 und DIN 17 280/07.85 wurden folgende Änderungen vorgenommen:
   a) Der für Flacherzeugnisse aus Druckbehälterstählen in Betracht kommende Inhalt der vorgenannten Normen wurde auf DIN EN 10 028 Teil 1 bis Teil 3 sowie den Entwurf DIN EN 10 028 Teil 4 aufgeteilt und redaktionell überarbeitet.
   b) Angaben zum Prüfumfang überarbeitet.
   c) Wegen weiterer Änderungen siehe DIN EN 10 028 Teil 2 und Teil 3 sowie Entwurf DIN EN 10 028 Teil 4.

Internationale Patentklassifikation

G 01 L 7/00
G 01 N 33/20

Fortsetzung 8 Seiten EN-Norm

Normenausschuß Eisen und Stahl (FES) im DIN Deutsches Institut für Normung e.V.

EUROPÄISCHE NORM
EUROPEAN STANDARD
NORME EUROPÉENNE

EN 10028-1

Dezember 1992

DK 669.14-41 : 621.642-98 : 620.1

Deskriptoren: Eisen- und Stahlerzeugnisse, Metallblech, Bandstahl, Stahl, Druckapparat, Bezeichnung, Anforderung, Lieferzustand, Prüfung, Kennzeichnung

Deutsche Fassung

Flacherzeugnisse aus Druckbehälterstählen
Teil 1: Allgemeine Anforderungen

Flat products made of steels for pressure purposes; Part 1: General requirements

Produits plats en aciers pour appareils à pression; Partie 1: Prescriptions générales

Diese Europäische Norm wurde von CEN am 1992-12-21 angenommen.

Die CEN-Mitglieder sind gehalten, die CEN/CENELEC-Geschäftsordnung zu erfüllen, in der die Bedingungen festgelegt sind, unter denen dieser Europäischen Norm ohne jede Änderung der Status einer nationalen Norm zu geben ist.

Auf dem letzten Stand befindliche Listen dieser nationalen Normen mit ihren bibliographischen Angaben sind beim Zentralsekretariat oder bei jedem CEN-Mitglied auf Anfrage erhältlich.

Diese Europäische Norm besteht in drei offiziellen Fassungen (Deutsch, Englisch, Französisch). Eine Fassung in einer anderen Sprache, die von einem CEN-Mitglied in eigener Verantwortung durch Übersetzung in die Landessprache gemacht und dem Zentralsekretariat mitgeteilt worden ist, hat den gleichen Status wie die offiziellen Fassungen.

CEN-Mitglieder sind die nationalen Normungsinstitute von Belgien, Dänemark, Deutschland, Finnland, Frankreich, Griechenland, Irland, Island, Italien, Luxemburg, Niederlande, Norwegen, Österreich, Portugal, Schweden, Schweiz, Spanien und dem Vereinigten Königreich.

CEN

EUROPÄISCHES KOMITEE FÜR NORMUNG
European Committee for Standardization
Comité Européen de Normalisation

Zentralsekretariat: rue de Stassart 36, B-1050 Brüssel

© 1992. Das Copyright ist den CEN-Mitgliedern vorbehalten.

Ref.-Nr. EN 10028-1 : 1992 D

Inhalt

	Seite
Vorwort	2
1 Anwendungsbereich	3
2 Normative Verweisungen	3
3 Definitionen	3
3.1 Unlegierter und legierter Stahl, Qualitätsstahl und Edelstahl	3
3.2 Erzeugnisformen	3
3.3 Wärmebehandlungsarten	3
4 Maße und Grenzabmaße	4
5 Gewichtserrechnung	4
6 Bezeichnung und Bestellung	4
6.1 Bezeichnung der Stahlsorten	4
6.2 Bestellung	4
7 Sorteneinteilung	4
8 Anforderungen	4
8.1 Erschmelzungsverfahren	4
8.2 Lieferzustand	4
8.3 Chemische Zusammensetzung	4
8.4 Mechanische Eigenschaften	4
8.5 Oberflächenbeschaffenheit	4
8.6 Innere Beschaffenheit	4
9 Prüfung	4
9.1 Art und Inhalt der Prüfbescheinigungen	4
9.2 Durchzuführende Prüfungen	5
9.3 Prüfumfang	5
9.4 Probenahme und Probenvorbereitung	5
9.5 Durchführung der Prüfungen	5
9.6 Wiederholungsprüfungen	6
10 Kennzeichnung	6
Anhang A (informativ) Liste der den zitierten EURONORMEN entsprechenden nationalen Normen	8

ANMERKUNG: Die mit einem Punkt (●) gekennzeichneten Abschnitte enthalten Angaben über Vereinbarungen, die bei der Bestellung zu treffen sind. Die mit zwei Punkten (●●) gekennzeichneten Abschnitte enthalten Angaben über Vereinbarungen, die bei der Bestellung getroffen werden können.

Vorwort

Diese Europäische Norm wurde von ECISS/TC 22 — Stähle für Druckbehälter; Gütenormen —, dessen Sekretariat vom Normenausschuß Eisen und Stahl (FES) im DIN geführt wird, ausgearbeitet.

Im Rahmen des Arbeitsprogramms des ECISS (Europäisches Komitee für die Eisen- und Stahlnormung) wurde das Technische Komitee TC 22 beauftragt, EURONORM 28-85 "Blech und Band aus warmfesten Stählen; Technische Lieferbedingungen" und (soweit für den Druckbehälterbau zutreffend) EURONORM 113-72 "Schweißbare Feinkornbaustähle" zu überarbeiten und durch eine Europäische Norm zu ersetzen.

ECISS/TC 22 hat dieses Schriftstück in seinen Sitzungen im Juli und November 1990 angenommen. Folgende ECISS-Mitglieder waren in den Sitzungen vertreten:

Deutschland, Finnland, Frankreich, Großbritannien, Italien, Norwegen, Österreich, Schweden.

Diese Europäische Norm wurde angenommen und entsprechend der CEN/CENELEC-Geschäftsordnung sind folgende Länder gehalten diese Europäische Norm zu übernehmen:

Belgien, Dänemark, Deutschland, Finnland, Frankreich, Griechenland, Irland, Island, Italien, Luxemburg, Niederlande, Norwegen, Österreich, Portugal, Schweden, Schweiz, Spanien und das Vereinigte Königreich.

Diese Europäische Norm muß den Status einer nationalen Norm erhalten, entweder durch Veröffentlichung eines identischen Textes oder durch Anerkennung bis Juni 1993, und etwaige entgegenstehende nationale Normen müssen bis Juni 1993 zurückgezogen werden.

1 Anwendungsbereich

1.1 Dieser Teil der EN 10028 enthält die allgemeingültigen technischen Lieferbedingungen für die vornehmlich im Druckbehälterbau verwendeten Flacherzeugnisse aus

a) den warmfesten schweißgeeigneten unlegierten und legierten Stählen nach EN 10028-2

b) den normalgeglühten schweißgeeigneten Feinkornbaustählen nach EN 10028-3 und

c) den kaltzähen Ni-legierten Stählen nach EN 10028-4.

ANMERKUNG: Ebenso wie die in den Teilen 2, 3 und 4 dieser EN enthaltenen Stähle für Druckbehälter werden national für den gleichen Verwendungszweck auch andere Stähle eingesetzt. Diese anderen Stähle sollen unter der Voraussetzung, daß sie der europäischen oder nationalen Norm für den Druckbehälterbau entsprechen, nicht durch diese EN von der Verwendung ausgeschlossen werden.

1.2 Bei Lieferungen nach dieser Europäischen Norm gelten ebenfalls die allgemeinen technischen Lieferbedingungen nach EN 10021.

2 Normative Verweisungen

Diese Europäische Norm enthält durch datierte oder undatierte Verweisungen Festlegungen aus anderen Publikationen. Diese normativen Verweisungen sind an den jeweiligen Stellen im Text zitiert und die Publikationen sind nachstehend aufgeführt. Bei starren Verweisungen gehören spätere Änderungen oder Überarbeitungen dieser Publikationen nur dann zu dieser Europäischen Norm, falls sie durch Änderung oder Überarbeitung eingearbeitet sind. Bei undatierten Verweisungen gilt die letzte Ausgabe der in Bezug genommenen Publikation.

EN 10002-1	Metallische Werkstoffe; Zugversuch; Teil 1: Prüfverfahren (bei Raumtemperatur)
EN 10002-5	Metallische Werkstoffe; Zugversuch; Teil 5: Prüfverfahren bei erhöhter Temperatur
EN 10020	Begriffsbestimmungen für die Einteilung der Stähle
EN 10021 [1])	Allgemeine technische Lieferbedingungen für Stahl und Stahlerzeugnisse
EN 10027-1	Bezeichnungssysteme für Stähle; Teil 1: Kurznamen; Hauptsymbole
EN 10027-2 [1])	Bezeichnungssysteme für Stähle; Teil 2: Nummernsystem
EN 10028-2	Flacherzeugnisse aus Druckbehälterstählen; Teil 2: Unlegierte und legierte warmfeste Stähle
EN 10028-3	Flacherzeugnisse aus Druckbehälterstählen; Teil 3: Schweißgeeignete Feinkornbaustähle, normalgeglüht
EN 10028-4 [1])	Flacherzeugnisse aus Druckbehälterstählen; Teil 4: Nickellegierte kaltzähe Stähle
EN 10029	Warmgewalztes Stahlblech von 3 mm Dicke an; Grenzabmaße, Formtoleranzen, zulässige Gewichtsabweichungen
EN 10045-1	Metallische Werkstoffe; Kerbschlagbiegeversuch; Teil 1: Prüfverfahren
EN 10051	Kontinuierlich warmgewalztes Blech und Band ohne Überzug aus unlegierten und legierten Stählen; Grenzabmaße und Formtoleranzen
EN 10052 [1])	Begriffe der Wärmebehandlung von Eisenwerkstoffen
EN 10079	Begriffsbestimmungen für Stahlerzeugnisse
EN 10163-2	Lieferbedingungen für die Oberflächenbeschaffenheit von warmgewalzten Stahlerzeugnissen (Blech, Breitflachstahl und Profile); Teil 2: Blech und Breitflachstahl
EN 10164 [1])	Stahlerzeugnisse mit verbesserten Verformungseigenschaften senkrecht zur Erzeugnisoberfläche
EN 10204	Metallische Erzeugnisse; Arten von Prüfbescheinigungen
EURONORM 18 [2])	Entnahme und Vorbereitung von Probenabschnitten und Proben aus Stahl und Stahlerzeugnissen
EURONORM 48 [2])	Warmgewalzter Bandstahl; Zulässige Maß- und Formabweichungen
EURONORM 160 [2])	Ultraschallprüfung von Stahl-Blech in Dicken $\geq$ 6 mm (Reflexionsverfahren)
EURONORM 168 [2])	Inhalt von Bescheinigungen über Werkstoffprüfungen für Stahlerzeugnisse
ISO 2566-1	Steel; Conversion of elongation values; Part 1: Carbon and low alloy steels

3 Definitionen

Im Rahmen dieser Europäischen Norm gelten folgende Definitionen:

3.1 Unlegierter und legierter Stahl, Qualitätsstahl und Edelstahl

Für die Einteilung in unlegierte und legierte Stähle sowie in Qualitätsstähle und Edelstähle gelten die Definitionen in EN 10020.

3.2 Erzeugnisformen

Für die verschiedenen Erzeugnisformen gelten die Definitionen nach EN 10079.

3.3 Wärmebehandlungsarten

3.3.1 Es gelten die in EN 10052 enthaltenen Definitionen.

3.3.2 Normalisierendes Walzen ist ein Walzverfahren mit einer Endumformung in einem bestimmten Temperaturbereich, das zu einem Werkstoffzustand führt, der dem nach dem Normalglühen gleichwertig ist, so daß die Sollwerte der mechanischen Eigenschaften auch nach einem zusätzlichen Normalglühen eingehalten werden.

Die Kurzbezeichnung für diesen Lieferzustand sowie für den normalgeglühten Zustand ist N.

ANMERKUNG: Im internationalen Schrifttum findet man sowohl für das normalisierende Walzen als auch für das thermomechanische Walzen den Ausdruck "controlled rolling". Im Hinblick auf die unterschiedliche Verwendbarkeit der Erzeugnisse ist jedoch eine Trennung dieser beiden Begriffe erforderlich.

---

[1]) Z. Z. Entwurf

[2]) ●● Bis zur Überführung dieser EURONORM in eine Europäische Norm kann – je nach Vereinbarung bei der Bestellung – entweder diese EURONORM oder eine entsprechende nationale Norm zur Anwendung kommen (siehe Anhang A).

4 • Maße und Grenzabmaße

Die Nennmaße und die Grenzabmaße der Erzeugnisse sind unter Bezugnahme auf die nachstehend aufgeführten Maßnormen bei der Bestellung zu vereinbaren:

4.1 Bei warmgewalztem Blech unter Bezugnahme auf EN 10029 oder EN 10051.

4.2 Bei kontinuierlich warmgewalztem Breitband (Walzbreite $\geq$ 600 mm) und aus Breitband hergestelltem warmgewalzten Spaltband in Breiten < 600 mm unter Bezugnahme auf EN 10051.

4.3 Bei warmgewalztem Bandstahl (Walzbreite < 600 mm) unter Bezugnahme auf EURONORM 48.

4.4 •• Wenn bei der Bestellung nicht anders vereinbart, gilt für die Dickentoleranz von Blechen die Klasse B der EN 10029.

5 Gewichtserrechnung

Für die Errechnung des Nenngewichts aus den Nennmaßen ist bei allen Stählen nach EN 10028-2, EN 10028-3 und EN 10028-4 eine Dichte von 7,85 kg/dm^3 zugrunde zu legen.

6 Bezeichnung und Bestellung

6.1 Bezeichnung der Stahlsorten

Die Kurznamen der Stähle (siehe EN 10028-2, EN 10028-3 und EN 10028-4) wurden nach EN 10027-1 gebildet.

Die Werkstoffnummern (siehe EN 10028-2, EN 10028-3 und EN 10028-4) wurden nach EN 10027-2 gebildet.

6.2 • Bestellung

Die vollständige Bestellung eines Erzeugnisses nach dieser Europäischen Norm muß folgende Angaben enthalten:

a) die gewünschte Menge,
b) die Art des Flacherzeugnisses,
c) die zu beachtende Europäische Norm oder EURONORM für die Grenzabmaße, Formtoleranzen und zulässigen Gewichtsabweichungen (siehe Abschnitt 4) sowie, falls die betreffende Europäische Norm oder EURONORM dem Besteller gewisse Auswahlmöglichkeiten, zum Beispiel zwischen verschiedenen Kantenausführungen oder Toleranzklassen, bietet, auch eindeutige Angaben hierzu,
d) die Nennmaße des Erzeugnisses,
e) die Nummer dieser Europäischen Norm,
f) den Kurznamen für die Stahlsorte,
g) den Lieferzustand, falls er von dem nach EN 10028-2, EN 10028-3 und EN 10028-4 üblichen abweicht.

Zu den mit zwei Punkten (••) gekennzeichneten Abschnitten können bei der Bestellung besondere Vereinbarungen getroffen werden.

7 Sorteneinteilung

7.1 Für die Einteilung der Stähle in unlegierte und legierte Stähle sowie in Qualitätsstähle und Edelstähle gelten die Angaben in Teil 2, 3 und 4 dieser Europäischen Norm.

7.2 • Die Stahlauswahl ist Angelegenheit des Bestellers.

8 Anforderungen

8.1 Erschmelzungsverfahren

Die Stähle sind entweder nach dem Sauerstoffblas-Verfahren oder im Elektro-Ofen oder nach technisch gleichwertigen Verfahren zu erschmelzen. Die Stähle müssen beruhigt sein.

8.2 Lieferzustand

Siehe EN 10028-2, EN 10028-3 und EN 10028-4 (siehe auch 3.3.2).

8.3 Chemische Zusammensetzung

Siehe EN 10028-2, EN 10028-3 und EN 10028-4.

8.4 Mechanische Eigenschaften

8.4.1 Für Proben, die entsprechend 9.4.2 entnommen und vorbereitet werden, gelten die in EN 10028-2 bzw. EN 10028-3 bzw. EN 10028-4 angegebenen Werte. Die Werte beziehen sich auf die Nenndicken (Bestelldicken) der Erzeugnisse und gelten für den üblichen Lieferzustand (siehe EN 10028-2 bzw. EN 10028-3 bzw. EN 10028-4).

•• Über die nach einer bestimmten zusätzlichen Wärmebehandlung einzuhaltenden mechanischen Eigenschaften können bei der Bestellung Vereinbarungen getroffen werden.

8.4.2 Die Kerbschlagarbeitswerte gelten bei den Stahlsorten nach EN 10028-2 für Querproben, bei den Stahlsorten nach EN 10028-3 und EN 10028-4 für Längs- und Querproben.

8.4.3 Wenn infolge entsprechend geringer Erzeugnisdicken der Kerbschlagbiegeversuch nur an Proben mit einer Breite von unter 10 mm, jedoch mindestens 5 mm durchgeführt werden kann, verringern sich die in EN 10028-2 bzw. EN 10028-3 bzw. EN 10028-4 angegebenen Mindestwerte proportional dem Probenquerschnitt.

8.4.4 •• Bei der Bestellung kann für Erzeugnisse in Dicken $\geq$ 15 mm die Einhaltung einer der durch eine Mindestbrucheinschnürung senkrecht zur Erzeugnisoberfläche gekennzeichneten Güteklassen Z 15, Z 25 oder Z 35 nach EN 10164 vereinbart werden.

8.5 Oberflächenbeschaffenheit

Für Bleche gelten die Anforderungen der Oberflächengüteklasse B 2 nach EN 10163-2.

8.6 •• Innere Beschaffenheit

Für Bleche in Dicken $\geq$ 6 mm können auf Grundlage der EURONORM 160 besondere Vereinbarungen getroffen werden.

9 Prüfung

9.1 Art und Inhalt der Prüfbescheinigungen

9.1.1 • Für Erzeugnisse nach dieser Europäischen Norm ist eine Bescheinigung über spezifische Prüfungen nach EN 10204 auszustellen. Die Art der gewünschten Bescheinigung ist bei der Bestellung anzugeben.

9.1.2 Die Bescheinigung muß folgende Angaben enthalten:
a) Die Angabenblöcke A, B und Z von EURONORM 168, wobei bei vergüteten oder angelassenen Erzeugnissen auch die Anlaßtemperatur anzugeben ist.
b) Das Erschmelzungsverfahren (Feld C 70 von EURONORM 168).
c) Die Ergebnisse der Schmelzenanalyse entsprechend den Feldern C 71 bis C 92 von EURONORM 168.
d) Das Ergebnisse eines Zugversuches bei Raumtemperatur entsprechend den Feldern C 00 bis C 03 und C 10 bis C 13 von EURONORM 168.
e) Für Erzeugnisse, denen für den Kerbschlagbiegeversuch Spitzkerbproben mit einer Breite $\geq$ 5 mm und einer Höhe von 10 mm entnommen werden können:

Die Ergebnisse solcher Prüfungen entsprechend den Feldern C 00 bis C 03 und C 40 bis C 43 von EURONORM 168.

f) Das Ergebnis der visuellen Prüfung der Erzeugnisse (siehe Angabenblock D von EURONORM 168).

g) Wenn eine oder mehrere der folgenden wahlweisen Prüfungen bei der Bestellung vereinbart wurden, die betreffenden Angaben für

g1) die Stückanalyse (Felder C 71 bis C 92 von EURONORM 168),

g2) den Nachweis der 0,2 %-Dehngrenze bei erhöhter Temperatur (Felder C 00 bis C 03, C 10 und C 11 von EURONORM 168),

g3) den Nachweis der Mindestbrucheinschnürung senkrecht zur Erzeugnisoberfläche (Felder C 00 bis C 03, C 10 und C 14 bis C 29),

g4) die Ultraschallprüfung auf innere Beschaffenheit (Angabenblock D von EURONORM 168).

9.2 Durchzuführende Prüfungen

Durchzuführen sind
- der Zugversuch bei Raumtemperatur,
- der Kerbschlagbiegeversuch bei einer Prüftemperatur,
- die Maßprüfung,
- die Sichtkontrolle auf äußere Beschaffenheit,
- die bei der Bestellung besonders vereinbarten Prüfungen, z. B. Stückanalyse, Zugversuch bei erhöhter Temperatur, Zugversuch in Dickenrichtung, Ultraschallprüfung.

9.3 Prüfumfang

9.3.1 Falls der Nachweis der chemischen Zusammensetzung nach der Stückanalyse bei der Bestellung vereinbart wurde, ist, sofern nichts anderes vereinbart wurde, eine Probe je Schmelze für die Ermittlung der in EN 10028-2 bzw. EN 10028-3 bzw. EN 10028-4 für die betreffende Stahlsorte mit Zahlenwerten ausgewiesenen Elemente zu entnehmen.

9.3.2 Für den Zugversuch bei Raumtemperatur und den Kerbschlagbiegeversuch gelten als Prüfeinheit
- bei Band und daraus geschnittenem Blech: die Rolle,
- bei Blech: die Walztafel.

Wird bei Flüssigkeitsvergütung eine Walztafel oder eine Rolle auf mehrere Wärmebehandlungslose aufgeteilt, dann gilt jedes einzelne Wärmebehandlungslos als Prüfeinheit. Für die Zahl der je Prüfeinheit zu entnehmenden Probenabschnitte gelten die Festlegungen in Bild 1.

9.3.3 Falls bei der Bestellung besonders vereinbart, ist die 0,2 %-Dehngrenze bei erhöhter Temperatur nachzuweisen. In diesem Falle ist, falls nicht anders vereinbart, 1 Probe je Schmelze zu prüfen.

9.3.4 Der Hersteller hat geeignete Maßnahmen zu ergreifen, um Werkstoffverwechslungen zu vermeiden.

9.3.5 Die Erzeugnisse sind einer Maßprüfung zu unterziehen.

9.3.6 Alle Erzeugnisse sind auf ihre äußere Beschaffenheit zu prüfen.

9.4 Probenahme und Probenvorbereitung

9.4.1 Bei der Probenahme und Probenvorbereitung sind die Angaben der EURONORM 18 zu beachten. Für die mechanischen Prüfungen gelten außerdem die Angaben in 9.4.2.

9.4.2 Für den Zugversuch bei Raumtemperatur, den Kerbschlagbiegeversuch und den Zugversuch bei erhöhter Temperatur sind die Probenabschnitte in ¼ Erzeugnisbreite zu entnehmen (siehe Bild 1). Bei Band sind die Probenabschnitte in hinreichender Entfernung vom Bandende zu entnehmen.

ANMERKUNG: Wenn bei Anforderungen in Dickenrichtung entsprechend EN 10164 Probenabschnitte aus dem mittleren Bereich, bezogen auf die Erzeugnisbreite, entnommen werden müssen, dürfen, außer in Schiedsfällen, auch die nach 9.4.2 zu entnehmenden Probenabschnitte dort entnommen werden.

9.4.2.1 Wenn nach Vereinbarung bei der Bestellung die Erzeugnisse nicht im üblichen Lieferzustand geliefert werden, ist der Probenabschnitt vor der Prüfung in den üblichen Lieferzustand zu überführen.

9.4.2.2 Für den Zugversuch bei Raumtemperatur ist jedem Probenabschnitt eine Querprobe zu entnehmen, und zwar eine Flachprobe, falls nicht eine Rundprobe verwendet wird (siehe zweiten Absatz). An rechteckigen Proben muß mindestens eine Walzoberfläche erhalten bleiben. Jedoch sind bei Erzeugnissen bis 40 mm Dicke im allgemeinen beide Walzoberflächen an der Probe zu belassen.

Rundproben sind zulässig, sollten aber nur bei Erzeugnisdicken über 40 mm vorgesehen werden und müssen dann einen Durchmesser von mindestens 10 mm haben. Diese Proben sollen so entnommen werden, daß ihre Achse in einem Abstand von einem Viertel der Erzeugnisdicke von der Oberfläche entfernt oder so nahe wie möglich an dieser Stelle liegt.

9.4.2.3 Für den Kerbschlagbiegeversuch sind den Probenabschnitten je 3 Querproben bzw. — nur bei den Stahlsorten nach EN 10028-3 und EN 10028-4 — nach entsprechender Vereinbarung 3 Längsproben zu entnehmen. Bei Erzeugnisdicken bis 40 mm ist eine Probenseite möglichst nahe an die Walzoberfläche zu legen.

Bei Erzeugnisdicken über 40 mm werden die Proben so entnommen, daß ihre Längsachse in einem Abstand von einem Viertel der Erzeugnisdicke von der Oberfläche entfernt oder so nahe wie möglich an dieser Stelle liegt.

Der Kerb ist senkrecht zur Erzeugnisoberfläche anzuordnen.

9.4.2.4 Für die Durchführung des Zugversuches bei erhöhter Temperatur ist die Prüfeinheit (siehe Abschnitt 9.3.3) einem Probenabschnitt eine Probe zu entnehmen und in Übereinstimmung mit EN 10002-5 vorzubereiten.

9.5 Durchführung der Prüfungen

9.5.1 Für die Ermittlung der Stückanalyse bleibt, wenn bei der Bestellung nichts anderes vereinbart wurde, dem Hersteller die Wahl eines geeigneten physikalischen oder chemischen Analyseverfahrens überlassen. In Schiedsfällen ist die Analyse von einem von beiden Seiten anerkannten Laboratorium durchzuführen. Das anzuwendende Analyseverfahren muß in diesem Falle, möglichst unter Bezugnahme auf entsprechende Europäische Normen oder EURONORMEN, vereinbart werden.

9.5.2 Der Zugversuch bei Raumtemperatur ist nach EN 10002-1 durchzuführen, und zwar im Regelfall mit einem Proportionalstab von der Meßlänge $L_0 = 5,65 \sqrt{S_0}$ (S_0 = Probenquerschnitt). Proben mit konstanter Meßlänge dürfen verwendet werden; die Bruchdehnungswerte sind in diesem Falle entsprechend ISO 2566-1 umzurechnen. In Schiedsfällen müssen bei Erzeugnisdicken $\geq$ 3 mm Proben mit einer Meßlänge $L_0 = 5,65 \sqrt{S_0}$ verwendet werden.

Als Streckgrenze ist die obere Streckgrenze (R_{eH}) oder, wenn diese sich nicht ausprägt, die 0,2 %-Dehngrenze ($R_{p0,2}$) zu ermitteln.

9.5.3 Der Kerbschlagbiegeversuch an Spitzkerbproben ist nach EN 10045-1 durchzuführen. Für die Prüftemperaturen gelten die Angaben in EN 10028-2, EN 10028-3 und EN 10028-4.

Die in Tabelle 3 von EN 10028-2 bzw. Tabelle 5 von EN 10028-3 bzw. Tabelle 4 von EN 10028-4 angegebenen Mindestwerte der Kerbschlagarbeit gelten für das Mittel aus drei Proben. Ein Einzelwert darf kleiner sein als der festgelegte Wert, vorausgesetzt, daß er nicht kleiner ist als 70 % dieses Wertes.

Falls die vorstehend wiedergegebenen Bedingungen nicht erfüllt sind, ist ein zusätzlicher Satz von 3 Proben demselben Probenabschnitt zu entnehmen und zu prüfen. Um die Prüfeinheit nach Prüfung des zweiten Satzes als annehmbar zu betrachten, müssen die folgenden Bedingungen gleichzeitig erfüllt sein:

1) Der Mittelwert aus sechs Versuchen muß gleich oder größer sein als der festgelegte Mindestwert.

2) Nicht mehr als 2 der 6 Einzelwerte dürfen niedriger sein als der festgelegte Mindestwert.

3) Nicht mehr als einer der 6 Einzelwerte darf niedriger sein als 70 % des festgelegten Mindestwertes.

Falls diese Bedingungen nicht erfüllt sind, wird das Probestück zurückgewiesen und am Rest der Prüfeinheit werden Wiederholungsprüfungen durchgeführt.

Bei Erzeugnisdicken von 5 bis 10 mm sind Kerbschlagproben zu prüfen, deren Breite entweder gleich der Erzeugnisdicke ist oder 5 oder 7,5 mm beträgt (siehe 8.4.3).

Bei Dicken unter 5 mm entfällt die Durchführung des Kerbschlagbiegeversuches.

9.5.4 Die 0,2 %-Dehngrenze bei erhöhter Temperatur ist nach EN 10002-5 zu ermitteln. Der Nachweis, falls verlangt, erfolgt bei **einer** der in Tabelle 4 von EN 10028-2 bzw. EN 10028-3 angegebenen Temperaturen.

●● Diese Temperatur kann bei der Bestellung vereinbart werden; geschieht dies nicht, erfolgt die Prüfung bei 300 °C.

9.5.5 Die Sichtkontrolle auf äußere Beschaffenheit ist ohne optische Hilfsmittel vorzunehmen.

9.5.6 Falls für Blech in Dicken $\geq$ 6 mm eine Ultraschallprüfung auf innere Beschaffenheit vereinbart wurde, gelten hierfür die Angaben in EURONORM 160.

9.6 Wiederholungsprüfungen
Siehe EN 10021.

10 Kennzeichnung

10.1 Die Erzeugnisse sind zu kennzeichnen mit
- dem Zeichen des Herstellerwerkes,
- dem Kurznamen für die Stahlsorte,
- entweder mit der Schmelzennummer und der Probennummer oder mit einer fortlaufenden Nummer, die den Rückgriff auf diese Angaben erlaubt, und
- dem Zeichen des Abnahmebeauftragten (bei Werkssachverständigen nur, wenn dies zwischen Hersteller und Verbraucher vereinbart wurde).

Bleche sind durch Einprägen zu kennzeichnen; dünne Bleche (etwa unter 5 mm) dürfen auch durch Farbauftrag gekennzeichnet werden.

Bei gebündelten Blechen und Bändern erfolgt die Kennzeichnung auf einem sicher angebrachten Anhängeschild.

10.2 Auf Blechen, die nicht gebündelt geliefert werden, ist die Kennzeichnung an einem Ende so anzubringen, daß sie aufrecht steht und dadurch die Hauptwalzrichtung erkennen läßt. Falls dies nicht möglich ist, ist die Walzrichtung zu kennzeichnen.

●● Falls bei der Bestellung nicht anders vereinbart, ist eine durch Einprägen aufgebrachte Kennzeichnung mit Farbe zu umrahmen.

10.3 ●● Falls weitere Kennzeichnungen vorgenommen werden sollen, ist das bei der Bestellung zu vereinbaren.

Erzeugnis	Stahlsorte	Blechdicke mm	Gelieferte Erzeugnislänge je Walztafel m	Jeder Prüfeinheit ist zur Herstellung der in 9.4 angegebenen Proben an den im folgenden durch ▨ gekennzeichneten Stellen ein Probenabschnitt zu entnehmen.
Blech	unlegiert	≤ 50	keine Begrenzung	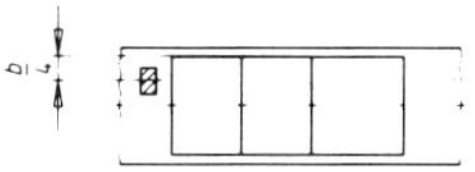
		> 50	≤ 7	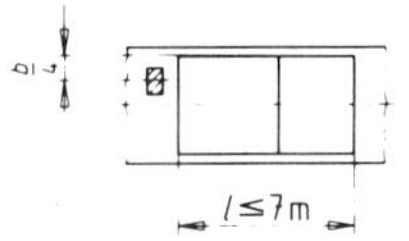 $l ≤ 7$ m
			> 7	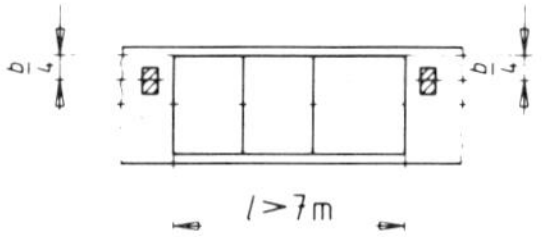 $l > 7$ m [1)]
	legiert	keine Begrenzung	≤ 7	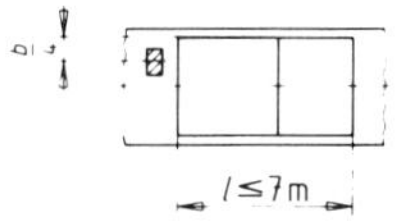 $l ≤ 7$ m
			> 7	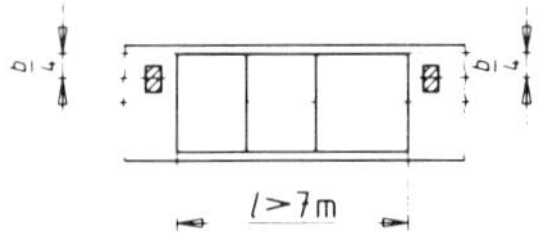 $l > 7$ m [1)]
Band	keine Unterscheidung	keine Begrenzung	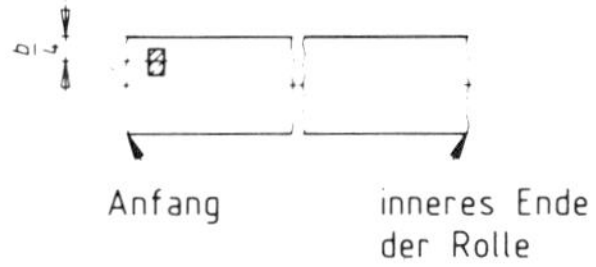 –	Anfang inneres Ende der Rolle [2)]

[1)] Die Probenabschnitte können auch auf der anderen Erzeugnisseite entnommen werden.
[2)] Bei aus Band geschnittenen Blechen bleibt das Band die Prüfeinheit, sofern die Bleche nicht flüssigkeitsvergütet werden.

Bild 1: Übersicht über die Probenentnahmeorte

Anhang A (informativ)

Liste der den zitierten EURONORMEN entsprechenden nationalen Normen

Bis zu ihrer Umwandlung in Europäische Normen können entweder die genannten EURONORMEN oder die entsprechenden nationalen Normen nach Tabelle A.1 angewendet werden.

Tabelle A.1: EURONORMEN und entsprechende nationale Normen

EURO-NORM	Entsprechende nationale Norm in								
	Deutschland	Frankreich	Groß-britannien	Spanien	Italien	Belgien NBN	Portugal NP-	Schweden	Österreich	Norwegen
18		NF A 03 111	BS 1501 BS 1502	UNE 36-300 UNE 36-400	UNI-EU 18	A 03-001	2451	SS 11 01 20 SS 11 01 05	–	10 005 10 006
48		NF A 46 100	BS 1449	UNE 36-553	UNI 6685	–	–	–		–
160		NF A 04 305	BS 5996	UNE 36-100	UNI 5329					
168		NF A 03 116	BS 1501 BS 1502	UNE 36-800	UNI-EU 168	–	–	SS 11 00 12	–	–

DK 669.14.018.44-41 : 621.642-98 April 1993

Flacherzeugnisse aus Druckbehälterstählen
Teil 2: Unlegierte und legierte warmfeste Stähle
Deutsche Fassung EN 10 028-2 : 1992

DIN EN 10 028
Teil 2

Flat products made of steels for pressure purposes; Part 2: Non-alloy and alloy steels with specified elevated temperature properties;
German version EN 10 028-2 : 1992
Produits plats en aciers pour appareils à pression; Partie 2: Aciers non alliés et alliés avec caractéristiques spécifiées à température élevée;
Version allemande EN 10 028-2 : 1992

Mit
DIN EN 10 028 T 1/04.92
Ersatz für
DIN 17155/10.83

Die Europäische Norm EN 10 028-2 : 1992 hat den Status einer Deutschen Norm.

Nationales Vorwort

Die Europäische Norm EN 10 028-2 : 1992 wurde vom Technischen Komitee (TC) 22 „Stähle für den Druckbehälterbau; Gütenormen" (Sekretariat: Deutschland) des Europäischen Komitees für die Eisen- und Stahlnormung (ECISS) ausgearbeitet.

Das zuständige deutsche Normungsgremium ist der Arbeitsausschuß 04/2 „Stähle für den Druckbehälterbau" des Normenausschusses Eisen und Stahl (FES).

Der Inhalt der Norm war als Entwurf DIN 17 155 T 2/06.89 der deutschen Öffentlichkeit zur Prüfung und Stellungnahme vorgelegt worden.

Die wesentlichen Änderungen gegenüber DIN 17 155/10.83 sind auf Seite 2 genannt.

Fortsetzung Seite 2
und 10 Seiten EN-Norm

Normenausschuß Eisen und Stahl (FES) im DIN Deutsches Institut für Normung e.V.

Zitierte Normen
— in der Deutschen Fassung:
Siehe Abschnitt 2

Frühere Ausgaben
DIN 17 155 Teil 1: 10.51, 01.59
DIN 17 155 Teil 2: 10.51, 01.59x
Beiblatt zu DIN 17 155 Teil 2: 03.64, 06.69
DIN 17 155: 10.83

Änderungen
Gegenüber DIN 17 155/10.83 wurden folgende Änderungen vorgenommen:
- a) Inhalt auf DIN EN 10 028 Teil 1 und Teil 2 aufgeteilt und redaktionell überarbeitet.
- b) Sorte UH I (Werkstoffnummer 1.0348) gestrichen, Sorte 11 CrMo 9–10 aufgenommen.
- c) Angaben zur chemischen Zusammensetzung und den mechanischen Eigenschaften teilweise geändert.
- d) Anhaltsangaben über die Langzeitwarmfestigkeitswerte des Stahles 16 Mo 3 gegenüber dem Stahl 15 Mo 3 (1.5415) teilweise geändert.
- e) Anhaltsangaben für das Spannungsarmglühen gestrichen.
- f) Hinweise für die Weiterverarbeitung gestrichen.
- g) Kurznamen geändert (siehe nachstehende Vergleichstabelle).

Stahlsorte nach DIN EN 10 028 Teil 2	Vergleichbare Stahlsorte nach DIN 17 155/10.83 Kurzname	Werkstoffnummer
P235GH	H I	1.0345
P265GH	H II	1.0425
P295GH	17 Mn 4	1.0481
P355GH	19 Mn 6	1.0473
16Mo3	15 Mo 3	1.5415
13CrMo4–5	13 CrMo 4 4	1.7335
10CrMo9–10	10 CrMo 9 10	1.7380
11CrMo9–10	—	1.7383

Internationale Patentklassifikation
C 22 C 38/00
C 22 C 38/22
C 21 D 1/55
G 01 N 33/20

EUROPÄISCHE NORM
EUROPEAN STANDARD
NORME EUROPÉENNE

EN 10028-2

Dezember 1992

DK 669.14.018.44-41 : 621.642-98

Deskriptoren: Eisen und Stahl, Metallblech, Bandstahl, unlegierter Stahl, hitzebeständiger Stahl, Druckapparat, Bezeichnung, Anforderung, Lieferzustand, Prüfung, Kennzeichnung

Deutsche Fassung

Flacherzeugnisse aus Druckbehälterstählen
Teil 2: Unlegierte und legierte warmfeste Stähle

Flat products made of steels for pressure purposes; Part 2: Non-alloy and alloy steels with specified elevated temperature properties

Produits plats en aciers pour appareils à pression; Partie 2: Aciers non alliés et alliés avec caractéristiques spécifiées à température élevée

Diese Europäische Norm wurde von CEN am 1992-12-21 angenommen.

Die CEN-Mitglieder sind gehalten, die CEN/CENELEC-Geschäftsordnung zu erfüllen, in der die Bedingungen festgelegt sind, unter denen dieser Europäischen Norm ohne jede Änderung der Status einer nationalen Norm zu geben ist.

Auf dem letzten Stand befindliche Listen dieser nationalen Normen mit ihren bibliographischen Angaben sind beim Zentralsekretariat oder bei jedem CEN-Mitglied auf Anfrage erhältlich.

Diese Europäische Norm besteht in drei offiziellen Fassungen (Deutsch, Englisch, Französisch). Eine Fassung in einer anderen Sprache, die von einem CEN-Mitglied in eigener Verantwortung durch Übersetzung in die Landessprache gemacht und dem Zentralsekretariat mitgeteilt worden ist, hat den gleichen Status wie die offiziellen Fassungen.

CEN-Mitglieder sind die nationalen Normungsinstitute von Belgien, Dänemark, Deutschland, Finnland, Frankreich, Griechenland, Irland, Island, Italien, Luxemburg, Niederlande, Norwegen, Österreich, Portugal, Schweden, Schweiz, Spanien und dem Vereinigten Königreich.

CEN

EUROPÄISCHES KOMITEE FÜR NORMUNG
European Committee for Standardization
Comité Européen de Normalisation

Zentralsekretariat: rue de Stassart 36, B-1050 Brüssel

© 1992. Das Copyright ist den CEN-Mitgliedern vorbehalten.

Ref.-Nr. EN 10028-2 : 1992 D

Inhalt

	Seite
Vorwort	2
1 Anwendungsbereich	3
2 Normative Verweisungen	3
3 Definitionen	3
4 Maße und Grenzabmaße	3
5 Gewichtserrechnung	3
6 Bezeichnung und Bestellung	3
7 Sorteneinteilung	3
8 Anforderungen	3
8.1 Erschmelzungsverfahren	3
8.2 Lieferzustand	3
8.3 Chemische Zusammensetzung	3
8.4 Mechanische Eigenschaften	3
8.5 Oberflächenbeschaffenheit	3
8.6 Innere Beschaffenheit	3
9 Prüfung	3
9.1 Art und Inhalt der Prüfbescheinigungen	3
9.2 Durchzuführende Prüfungen	3
9.3 Prüfumfang	3
9.4 Probenahme und Probenvorbereitung	3
9.5 Durchführung der Prüfungen	3
9.6 Wiederholungsprüfungen	3
10 Kennzeichnung	3
Anhang A (informativ) Vorläufige Angaben über die Langzeitwarmfestigkeitswerte	8
Anhang B (informativ) Hinweise für die Wärmebehandlung	10

ANMERKUNG: Die mit zwei Punkten (●●) gekennzeichneten Abschnitte enthalten Angaben über Vereinbarungen, die bei der Bestellung getroffen werden können.

Vorwort

Diese Europäische Norm wurde von ECISS/TC 22 – Stähle für Druckbehälter; Gütenormen –, dessen Sekretariat vom Normenausschuß Eisen und Stahl (FES) im DIN geführt wird, ausgearbeitet.

Im Rahmen des Arbeitsprogramms des ECISS (Europäisches Komitee für die Eisen- und Stahlnormung) wurde das Technische Komitee TC 22 beauftragt, EURONORM 22-85 "Blech und Band aus warmfesten Stählen; Technische Lieferbedingungen" und (soweit für den Druckbehälterbau zutreffend) EURONORM 113-72 "Schweißbare Feinkornbaustähle" zu überarbeiten und durch eine Europäische Norm zu ersetzen.

ECISS/TC 22 hat dieses Schriftstück in seiner Sitzung im November 1990 angenommen. Folgende ECISS-Mitglieder waren in der Sitzung vertreten:

Deutschland, Finnland, Frankreich, Großbritannien, Italien, Norwegen, Österreich, Schweden.

Diese Europäische Norm wurde angenommen und entsprechend der CEN/CENELEC-Geschäftsordnung sind folgende Länder gehalten diese Europäische Norm zu übernehmen:

Belgien, Dänemark, Deutschland, Finnland, Frankreich, Griechenland, Irland, Island, Italien, Luxemburg, Niederlande, Norwegen, Österreich, Portugal, Schweden, Schweiz, Spanien und das Vereinigte Königreich.

Diese Europäische Norm muß den Status einer nationalen Norm erhalten, entweder durch Veröffentlichung eines identischen Textes oder durch Anerkennung bis Juni 1993, und etwaige entgegenstehende nationale Normen müssen bis Juni 1993 zurückgezogen werden.

1 Anwendungsbereich

1.1 Dieser Teil 2 der EN 10028 enthält die Anforderungen an Flacherzeugnisse für Druckbehälter aus den schweißgeeigneten unlegierten und legierten warmfesten Stählen nach Tabelle 1.

1.2 Zusätzlich gelten die Angaben in EN 10028-1.

2 Normative Verweisungen

Diese Europäische Norm enthält durch datierte oder undatierte Verweisungen Festlegungen aus anderen Publikationen. Diese normativen Verweisungen sind an den jeweiligen Stellen im Text zitiert und die Publikationen sind nachstehend aufgeführt. Bei starren Verweisungen gehören spätere Änderungen oder Überarbeitungen dieser Publikationen nur dann zu dieser Europäischen Norm, falls sie durch Änderung oder Überarbeitung eingearbeitet sind. Bei undatierten Verweisungen gilt die letzte Ausgabe der in Bezug genommenen Publikation.

EN 10020 Begriffsbestimmungen für die Einteilung der Stähle

EN 10028-1 Flacherzeugnisse aus Druckbehälterstählen; Teil 1: Allgemeine Anforderungen

3 Definitionen
Siehe EN 10028-1

4 Maße und Grenzabmaße
Siehe EN 10028-1

5 Gewichtserrechnung
Siehe EN 10028-1

6 Bezeichnung und Bestellung
Siehe EN 10028-1

7 Sorteneinteilung

Diese Europäische Norm umfaßt die in Tabelle 1 angegebenen Stahlsorten. Entsprechend EN 10020 handelt es sich bei den Stahlsorten P235GH, P265GH, P295GH und P355GH um unlegierte Qualitätsstähle, bei den Stahlsorten 16Mo3, 13CrMo4-5, 10CrMo9-10 und 11CrMo9-10 um legierte Edelstähle.

8 Anforderungen
8.1 Erschmelzungsverfahren
Siehe EN 10028-1

8.2 Lieferzustand

8.2.1 ●● Wenn bei der Bestellung nicht anders vereinbart, werden die Erzeugnisse nach dieser Europäischen Norm in den in Tabelle 3 angegebenen üblichen Zuständen geliefert.

8.2.2 Bei den Stahlsorten P235GH, P265GH, P295GH und P355GH kann das Normalglühen durch das normalisierende Walzen ersetzt werden. Das bedeutet, daß auch nach einem nachträglichen Normalglühen die Anforderungen wieder erfüllt sein müssen.

8.2.3 ●● Auf besondere Vereinbarung können Erzeugnisse aus den Stahlsorten P235GH, P265GH, P295GH, P355GH und 16Mo3 auch im unbehandelten Zustand geliefert werden. Für Erzeugnisse aus den Stahlsorten 13CrMo4-5, 10CrMo9-10 und 11CrMo9-10 kann die Lieferung im angelassenen oder normalgeglühten oder — in Ausnahmefällen — im unbehandelten Zustand vereinbart werden. (Anhang B enthält zur Information des Verbrauchers Hinweise für die Wärmebehandlung.)
In solchen Fällen erfolgt die Prüfung an Proben im üblichen Lieferzustand nach Tabelle 3.

ANMERKUNG: Eine solche Prüfung von Proben im simulierend wärmebehandelten Zustand befreit den Weiterverarbeiter nicht vom Nachweis der Eigenschaften am fertigen Erzeugnis.

8.3 Chemische Zusammensetzung

8.3.1 Für die chemische Zusammensetzung nach der Schmelzenanalyse gelten die Angaben in Tabelle 1.

8.3.2 Die Stückanalyse darf von den Grenzwerten der Schmelzenanalyse nach Tabelle 1 um die in Tabelle 2 angegebenen Werte abweichen.

8.3.3 ●● Für die Stahlsorten P235GH, P265GH, P295GH und P355GH kann bei der Bestellung ein Höchstwert für das Kohlenstoffäquivalent vereinbart werden.

8.4 Mechanische Eigenschaften

Es gelten die in den Tabellen 3 und 4 angegebenen Werte (siehe auch EN 10028-1).

Anhang A enthält zur Information des Verbrauchers vorläufige Anhaltsangaben über die Langzeitwarmfestigkeitswerte.

8.5 Oberflächenbeschaffenheit
Siehe EN 10028-1

8.6 Innere Beschaffenheit
Siehe EN 10028-1

9 Prüfung
9.1 Art und Inhalt der Prüfbescheinigungen
Siehe EN 10028-1

9.2 Durchzuführende Prüfungen
Siehe EN 10028-1

9.3 Prüfumfang
Siehe EN 10028-1

9.4 Probenahme und Probenvorbereitung
Siehe EN 10028-1

9.5 Durchführung der Prüfungen
Siehe EN 10028-1

9.6 Wiederholungsprüfungen
Siehe EN 10028-1

10 ●● Kennzeichnung
Siehe EN 10028-1

Seite 4
EN 10028-2:1992

Tabelle 1: Chemische Zusammensetzung (Schmelzenanalyse)

Stahlsorte		Sorten-einteilung[1]	Massenanteil in %[2]											
Kurzname	Werkstoffnummer		C	Si max.	Mn	P max.	S max.	Al$_{ges}$	Cr	Cu[3] max.	Mo	Nb	Ni	Ti max.	V	Cr + Cu + Mo + Ni max.
P235GH	1.0345	UQ	max. 0,16	0,35	0,40 bis 1,20	0,030	0,025	min. 0,020	max. 0,30	0,30	max. 0,08	0,010	0,30	0,03	0,02	0,70
P265GH	1.0425	UQ	max. 0,20	0,40	0,50 bis 1,40	0,030	0,025	min. 0,020	max. 0,30	0,30	max. 0,08	0,010	0,30	0,03	0,02	0,70
P295GH	1.0481	UQ	0,08 bis 0,20	0,40	0,90 bis 1,50	0,030	0,025	min. 0,020	max. 0,30	0,30	max. 0,08	0,010	0,30	0,03	0,02	0,70
P355GH	1.0473	UQ	0,10 bis 0,22	0,60	1,00 bis 1,70	0,030	0,025	min. 0,020	max. 0,30	0,30	max. 0,08	0,010	0,30	0,03	0,02	0,70
16Mo3	1.5415	LE	0,12 bis 0,20	0,35	0,40 bis 0,90	0,030	0,025	[4]	max. 0,30	0,30	0,25 bis 0,35	–	0,30	–	–	–
13CrMo4–5	1.7335	LE	0,08 bis 0,18	0,35	0,40 bis 1,00	0,030	0,025	[4]	0,7C bis 1,15[5]	0,30	0,40 bis 0,60	–	–	–	–	–
10CrMo9-10	1.7380	LE	0,08[6] bis 0,14[7]	0,50	0,40 bis 0,80	0,030	0,025	[4]	2,00 bis 2,50	0,30	0,90 bis 1,10	–	–	–	–	–
11CrMo9-10	1.7383	LE	0,08[6] bis 0,15	0,50	0,40 bis 0,80	0,030	0,025	[4]	2,00 bis 2,50	0,30	0,90 bis 1,10	–	–	–	–	–

[1]) UQ = unlegierter Qualitätsstahl; LE = legierter Edelstahl
[2]) In dieser Tabelle nicht aufgeführte Elemente dürfen dem Stahl außer zum Fertigbehandeln der Schmelze ohne Zustimmung des Bestellers nicht absichtlich zugesetzt werden. Es sind alle angemessenen Vorkehrungen zu treffen, um die Zufuhr solcher Elemente aus dem Schrott und anderen bei der Herstellung verwendeten Stoffen zu vermeiden, die die mechanischen Eigenschaften und die Verwendbarkeit beeinträchtigen.
[3]) ●● Bei der Bestellung kann, im Hinblick auf z. B. Umformbarkeit, ein niedrigerer Cu-Gehalt und ein Höchstgehalt für Zinn vereinbart werden.
[4]) Der Al-Gehalt der Schmelze ist zu ermitteln und ir der Bescheinigung anzugeben.
[5]) ●● Wenn die Druckwasserstoffbeständigkeit von Bedeutung ist, kann bei der Bestellung ein Mindestmassenanteil Cr von 0,80 % vereinbart werden.
[6]) ●● Für Erzeugnisdicken unter 10 mm kann bei der Bestellung ein Mindestgehalt von 0,06 % C vereinbart werden.
[7]) ●● Für Erzeugnisdicken über 150 mm kann bei der Bestellung ein Höchstgehalt von 0,17 % C vereinbart werden.

Tabelle 2: Grenzabweichungen der chemischen Zusammensetzung nach der Stückanalyse von den nach der Schmelzenanalyse gültigen Grenzwerten (siehe Tabelle 1)

Element	Grenzwert nach der Schmelzenanalyse nach Tabelle 1 Massenanteil in %	Grenzabweichungen[1]) nach der Stückanalyse von den Grenzwerten nach der Schmelzenanalyse nach Tabelle 1 Massenanteil in %	Element	Grenzwert nach der Schmelzenanalyse nach Tabelle 1 Massenanteil in %	Grenzabweichungen[1]) nach der Stückanalyse von den Grenzwerten nach der Schmelzenanalyse nach Tabelle 1 Massenanteil in %
C	≤ 0,22	± 0,02	Mo	≤ 0,35 > 0,35 bis ≤ 1,10	± 0,03 ± 0,04
Si	≤ 0,35 > 0,35 bis ≤ 0,60	+ 0,05 + 0,06	Cu	≤ 0,30	+ 0,05
Mn	≤ 1,00 > 1,00 bis ≤ 1,70	± 0,05 ± 0,10	Nb	≤ 0,010	+ 0,005
P	≤ 0,030	+ 0,005	Ni	≤ 0,30	+ 0,05
S	≤ 0,025	+ 0,005			
Al	≥ 0,020	− 0,005	Ti	≤ 0,03	+ 0,01
Cr	≤ 1,00 > 1,00 bis ≤ 2,50	± 0,05 ± 0,10	V	≤ 0,02	+ 0,01

[1]) Werden bei einer Schmelze mehrere Stückanalysen durchgeführt und werden dabei für ein einzelnes Element Gehalte außerhalb des nach der Schmelzenanalyse zulässigen Bereiches der chemischen Zusammensetzung festgestellt, so sind entweder nur Überschreitungen des zulässigen Höchstwertes oder nur Unterschreitungen des zulässigen Mindestwertes gestattet, nicht jedoch bei einer Schmelze beides gleichzeitig.

Seite 6
EN 10028-2 : 1992

Tabelle 3: Mechanische Eigenschaften (gültig für Querproben)

Stahlsorte		Üblicher Lieferzustand [1]	Erzeugnisdicke mm		Streckgrenze [2] R_{eH} N/mm²	Zugfestigkeit R_m N/mm²	Bruchdehnung ($L_0 = 5{,}65 \sqrt{S_0}$) A %	Kerbschlagarbeit (Spitzkerbproben) KV	
Kurzname	Werkstoffnummer		über	bis	min.		min.	Prüftemperatur °C	Mittelwert aus drei Proben J min.
P235GH	1.0345	N [3]		16	235	360 bis 480	25 [5]	0	27
			16	40	225				
			40	60	215				
			60	100	200		24		
			100	150	185	350 bis 480			
			150		[4]	[4]	[4]		[4]
P265GH	1.0425	N [3]		16	265	410 bis 530	23 [6]	0	27
			16	40	255				
			40	60	245				
			60	100	215		22		
			100	150	200	400 bis 530			
			150		[4]	[4]	[4]		[4]
P295GH	1.0481	N [3]		16	295	460 bis 580	22	0	27
			16	40	290				
			40	60	285				
			60	100	260		21		
			100	150	235	440 bis 570			
			150		[4]	[4]	[4]		[4]
P355GH	1.0473	N [3]		16	355	510 bis 650	21	0	27
			16	40	345				
			40	60	335				
			60	100	315	490 bis 630	20		
			100	150	295	480 bis 630			
			150		[4]	[4]	[4]		[4]
16Mo3	1.5415	N [7]		16	275	440 bis 590	24	+ 20	31 [8]
			16	40	270				
			40	60	260		23		
			60	100	240	430 bis 580	22		27 [8]
			100	150	220	420 bis 570	19		
			150		[4]	[4]	[4]		[4]
13CrMo4-5	1.7335	N + T		16	300	450 bis 600	20	+ 20	31 [9]
			16	60	295				
		N + T oder QA oder QL	60	100	275	440 bis 590	19		27 [8]
		QL	100	150	255	430 bis 580			
			150		[4]	[4]	[4]		[4]
10CrMo9-10	1.7380	N + T		16	310	480 bis 630	18	+ 20	31
			16	40	300				
			40	60	290				
		N + T oder QA oder QL	60	100	270	470 bis 620	17		27
		QL	100	150	250	460 bis 610			
			150		[4]	[4]	[4]		[4]
11CrMo9-10	1.7383	N + T oder QA oder QL		60	310	520 bis 670	18	+ 20	31 [9]
		QL	60	100			17		27 [8]

[1] N = normalgeglüht; QA = luftvergütet; QL = flüssigkeitsvergütet; T = angelassen
[2] Bis zur Harmonisierung der Kriterien für die Streckgrenze in den verschiedenen nationalen Codes kann die Bestimmung von R_{eH} durch die Bestimmung von $R_{p0,2}$ ersetzt werden. Für $R_{p0,2}$ gelten dann um 10 N/mm² niedrigere Mindestwerte.
[3] Beachte 8.2.2
[4] ●● Nach Vereinbarung
[5] Wenn für Erzeugnisdicken über 2 bis unter 3 mm die Bruchdehnung an Zugproben mit einer Anfangsmeßlänge $L_0 = 80$ mm und einer Breite von 20 mm ermittelt wird, gilt ein Mindestwert von 19 % für Erzeugnisdicken über 2 bis 2,5 mm und ein Mindestwert von 20 % für Erzeugnisdicken über 2,5 bis unter 3 mm.
[6] Wenn für Erzeugnisdicken über 2 bis 3 mm die Bruchdehnung an Zugproben mit einer Anfangsmeßlänge $L_0 = 80$ mm und einer Breite von 20 mm ermittelt wird, gilt ein Mindestwert von 17 % für Erzeugnisdicken über 2 bis 2,5 mm und ein Mindestwert von 18 % für Erzeugnisdicken über 2,5 bis unter 3 mm.
[7] Nach Wahl des Herstellers kann dieser Stahl auch im Zustand N + T geliefert werden.
[8] ●● Falls eine Prüfung bei 0 °C vereinbart wurde, gilt ein Mindestwert von 24 J.
[9] ●● Falls eine Prüfung bei 0 °C vereinbart wurde, gilt ein Mindestwert von 27 J.

Tabelle 4: 0,2%-Dehngrenze bei erhöhten Temperaturen [1])

Stahlsorte	Erzeugnis-dicke		0,2%-Dehngrenze bei der Temperatur ...°C								
	mm		50	100	150	200	250	300	350	400	450	500
Kurzname	über	bis	N/mm^2 min.									
P235GH		60	206	190	180	170	150	130	120	110	–	–
	60	100	191	175	165	160	140	125	115	105	–	–
	100	150	176	160	155	150	130	115	110	100	–	–
P265GH		60	234	215	205	195	175	155	140	130	–	–
	60	100	207	195	185	175	160	145	135	125	–	–
	100	150	192	180	175	165	155	135	130	120	–	–
P295GH		60	272	250	235	225	205	185	170	155	–	–
	60	100	249	230	220	210	195	180	165	145	–	–
	100	150	226	210	200	195	185	170	155	135	–	–
P355GH		60	318	290	270	255	235	215	200	180	–	–
	60	100	298	270	255	240	220	200	190	165	–	–
	100	150	278	250	240	230	210	195	175	155	–	–
16Mo3		60	–	–	–	215	200	170	160	150	145	140
	60	100	–	–	–	200	185	165	155	145	140	135
	100	150	–	–	–	190	175	155	145	140	135	130
13CrMo4-5		60	–	–	–	230	220	205	190	180	170	165
	60	100	–	–	–	220	210	195	185	175	165	160
	100	150	–	–	–	210	200	185	175	170	160	155
10CrMo9-10		60	–	–	–	245	230	220	210	200	190	180
	60	100	–	–	–	225	220	210	195	185	175	165
	100	150	–	–	–	215	205	195	185	175	165	155
11CrMo9-10		100	–	–	–	–	255	235	225	215	205	195

[1]) Die in dieser Tabelle angegebenen 0,2%-Dehngrenzenwerte wurden nicht nach dem in ISO 2605-1 angegebenen Auswerteverfahren abgeleitet.

Anhang A (informativ)

Vorläufige Anhaltsangaben über die Langzeitwarmfestigkeitswerte [1])

ANMERKUNG 1: Die in Tabelle A.1 enthaltenen Werte dienen nur zur Information. Durch Bezugnahme im Regelwerk werden sie jedoch für Berechnungszwecke verbindlich.

ANMERKUNG 2: Die Angabe von 1%-Zeitdehngrenzen bzw. Zeitstandfestigkeitswerten bis zu den in Tabelle A.1 aufgeführten hohen Temperaturen bedeutet nicht, daß die Stähle im Dauerbetrieb bis zu diesen Temperaturen eingesetzt werden können. Maßgebend dafür sind die Gesamtbeanspruchung im Betrieb, besonders die Verzunderungsbedingungen.

Tabelle A.1

Stahlsorte	Temperatur	1%-Zeitdehngrenze [2]) für		Zeitstandfestigkeit [3]) für		
Kurzname	°C	10 000 h N/mm^2	100 000 h N/mm^2	10 000 h N/mm^2	100 000 h N/mm^2	200 000 h N/mm^2
P235GH P265GH	380	164	118	229	165	145
	390	150	106	211	148	129
	400	136	95	191	132	115
	410	124	84	174	118	101
	420	113	73	158	103	89
	430	101	65	142	91	78
	440	91	57	127	79	67
	450	80	49	113	69	57
	460	72	42	100	59	48
	470	62	35	86	50	40
	480	53	30	75	42	33
P295GH P355GH	380	195	153	291	227	206
	390	182	137	266	203	181
	400	167	118	243	179	157
	410	150	105	221	157	135
	420	135	92	200	136	115
	430	120	80	180	117	97
	440	107	69	161	100	82
	450	93	59	143	85	70
	460	83	51	126	73	60
	470	71	44	110	63	52
	480	63	38	96	55	44
	490	55	33	84	47	37
	500	49	29	74	41	30
16Mo3	450	216	167	298	239	217
	460	199	146	273	208	188
	470	182	126	247	178	159
	480	166	107	222	148	130
	490	149	89	196	123	105
	500	132	73	171	101	84
	510	115	59	147	81	69
	520	99	46	125	66	55
	530	84	36	102	53	45

[1]), [2]) und [3]) siehe Seite 9   (fortgesetzt)

Tabelle A.1 (abgeschlossen)

Stahlsorte Kurzname	Temperatur °C	1%-Zeitdehngrenze [2] für		Zeitstandfestigkeit [3] für		
		10 000 h N/mm²	100 000 h N/mm²	10 000 h N/mm²	100 000 h N/mm²	200 000 h N/mm²
13CrMo4-5	450	245	191	370	285	260
	460	228	172	348	251	226
	470	210	152	328	220	195
	480	193	133	304	190	167
	490	173	116	273	163	139
	500	157	98	239	137	115
	510	139	83	209	116	96
	520	122	70	179	94	76
	530	106	57	154	78	62
	540	90	46	129	61	50
	550	76	36	109	49	39
	560	64	30	91	40	32
	570	53	24	76	33	26
10CrMo9-10	450	240	166	306	221	201
	460	219	155	286	205	186
	470	200	145	264	188	169
	480	180	130	241	170	152
	490	163	116	219	152	136
	500	147	103	196	135	120
	510	132	90	176	118	105
	520	119	78	156	103	91
	530	107	68	138	90	79
	540	94	58	122	78	68
	550	83	49	108	68	58
	560	73	41	96	58	50
	570	65	35	85	51	43
	580	57	30	75	44	37
	590	50	26	68	38	32
	600	44	22	61	34	28
11CrMo9-10	450	–	–	–	221	–
	460	–	–	–	205	–
	470	–	–	–	188	–
	480	–	–	–	170	–
	490	–	–	–	152	–
	500	–	–	–	135	–
	510	–	–	–	118	–
	520	–	–	–	103	–

[1]) Die in der Tabelle aufgeführten Werte sind die **Mittelwerte** des bisher erfaßten Streubereiches, die nach Vorliegen weiterer Versuchsergebnisse von Zeit zu Zeit überprüft und unter Umständen berichtet werden. Nach den bisher zur Verfügung stehenden Unterlagen aus Langzeit-Standversuchen kann angenommen werden, daß die **untere Grenze** dieses Streubereichs bei den angegebenen Temperaturen für die aufgeführten Stahlsorten um rund 20 % tiefer liegt als der angegebene Mittelwert.

[2]) Das ist die auf den Ausgangsquerschnitt bezogene Spannung, die zu einer bleibenden Dehnung von 1 % nach 10 000 bzw. 100 000 Stunden (h) führt.

[3]) Das ist die auf den Ausgangsquerschnitt bezogene Spannung, die zum Bruch nach 10 000, 100 000 bzw. 200 000 Stunden (h) führt.

Anhang B (informativ)

Hinweise für die Wärmebehandlung

Anhaltsangaben für die bei der Wärmebehandlung anzuwendenden Temperaturen gehen aus Tabelle B.1 hervor.

ANMERKUNG: Die Bedingungen für das Spannungsarmglühen werden z.Z. unter Fachleuten von CEN/TC 54 – Unbefeuerte Druckbehälter – und Fachleuten von ECISS/TC 22 – Stähle für Druckbehälter – erörtert. Die Ergebnisse dieser Erörterungen werden wahrscheinlich zunächst als Anhang zur EN für unbefeuerte nicht einfache Druckbehälter veröffentlicht und später in eine Neufassung dieser Norm EN 10028-2 aufgenommen. Bis dahin kann der betreffende Anhang der EN für unbefeuerte nicht einfache Druckbehälter auch zusätzliche oder abweichende Angaben oder Anforderungen bezüglich der Anlaßbehandlung der Stähle enthalten.

Tabelle B.1: Anhaltsangaben für die Wärmebehandlung

Stahlsorte	Temperaturbereich für das		
	Normalglühen	Vergüten	
Kurzname	1)	Austenitisieren	Anlassen 2)
P235GH	890 bis 950	–	–
P265GH	890 bis 950	–	–
P295GH	890 bis 950	–	–
P355GH	890 bis 950	–	–
16Mo3	890 bis 950	–	– 3)
13CrMo4–5	–	890 bis 950	630 bis 730
10CrMo9–10	–	920 bis 980	680 bis 760
11CrMo9–10	–	920 bis 980	670 bis 750

1) Beim Normalglühen ist nach Erreichen der angegebenen Temperaturen über den ganzen Querschnitt ein weiteres Halten nicht erforderlich und im allgemeinen zu vermeiden.
2) Beim Anlassen sind die angegebenen Temperaturen nach Erreichen über den ganzen Querschnitt mindestens 30 min zu halten.
3) In bestimmten Fällen kann ein Anlassen bei 590 bis 650 °C erforderlich sein.

Flacherzeugnisse aus Druckbehälterstählen

Teil 3: Schweißgeeignete Feinkornbaustähle, normalgeglüht
Deutsche Fassung EN 10 028-3 : 1992

EN 10 028
Teil 3

Flat products made of steels for pressure purposes; Part 3: Weldable fine grain steels, normalized; German version EN 10 028-3 : 1992

Produits plats en aciers pour appareils à pression; Partie 3: Aciers soudables à grains fins, normalisés; Version allemande EN 10 028-3 : 1992

Mit DIN EN 10 028 T 1/04.93,
DIN EN 10 113 T 1/04.93 und
DIN EN 10 113 T 2/04.93
Ersatz für DIN 17 102/10.83

Die Europäische Norm EN 10 028-3 : 1992 hat den Status einer Deutschen Norm.

Nationales Vorwort

Die Europäische Norm EN 10 028-3 : 1992 wurde vom Technischen Komitee (TC) 22 „Stähle für den Druckbehälterbau; Gütenormen" (Sekretariat: Deutschland) des Europäischen Komitees für die Eisen- und Stahlnormung (ECISS) ausgearbeitet.

Das zuständige deutsche Normungsgremium ist der Arbeitsausschuß 04/2 „Stähle für den Druckbehälterbau" des Normenausschusses Eisen und Stahl (FES).

Der Inhalt der Norm war als Entwurf DIN 17 102 T 10/06.89 der deutschen Öffentlichkeit zur Prüfung und Stellungnahme vorgelegt worden. Die wesentlichen Änderungen gegenüber DIN 17 102/10.83 sind auf Seite 2 genannt.

Für die im Abschnitt 2 zitierte Europäische Norm wird im folgenden auf die entsprechende Deutsche Norm hingewiesen:

EURONORM 103 siehe DIN 50 601

Fortsetzung Seite 2
und 7 Seiten EN-Norm

Normenausschuß Eisen und Stahl (FES) im DIN Deutsches Institut für Normung e.V.

Zitierte Normen

— in der Deutschen Fassung:
Siehe Abschnitt 2

— in nationalen Zusätzen:
DIN 50 601 Metallographische Prüfverfahren; Ermittlung der Ferrit- oder Austenitkorngröße von Stahl und Eisenwerkstoffen

Frühere Ausgaben

DIN 17102: 10.83

Änderungen

Gegenüber DIN 17102/10.83 wurden folgende Änderungen vorgenommen:

a) Inhalt, soweit für die Verwendung der Stähle in Form von Flacherzeugnissen für den Druckbehälterbau in Betracht kommend, auf die Normen DIN EN 10 028 Teil 1 und Teil 3 aufgeteilt und redaktionell überarbeitet.
b) Diese Norm gilt nicht für schweißgeeignete Feinkornbaustähle für die Verwendung im Stahlbau (siehe hierfür DIN EN 10113 Teil 1 und Teil 2, z. Z. Entwürfe).
c) Entfallen sind alle Sorten mit einer Mindeststreckgrenze von 255, 315, 380, 420 und 500 N/mm^2.
d) Aufgenommen wurden Sorten mit einer Mindeststreckgrenze von 275 N/mm^2 anstelle derer mit 285 N/mm^2.
e) Angaben zur chemischen Zusammensetzung und den mechanischen Eigenschaften teilweise geändert.
f) Kurznamen geändert (siehe nachstehende Vergleichstabelle).

Stahlsorte nach DIN EN 10 028 Teil 3	Vergleichbare Stahlsorte nach DIN 17 102/10.83 Kurzname	Werkstoffnummer
P275N	StE 285	1.0486
P275NH	WStE 285	1.0487
P275NL1	TStE 285	1.0488
P275NL2	EStE 285	1.1104
P355N	StE 355	1.0562
P355NH	WStE 355	1.0565
P355NL1	TStE 355	1.0566
P355NL2	EStE 355	1.1106
P460N	StE 460	1.8905
P460NH	WStE 460	1.8935
P460NL1	TStE 460	1.8915
P460NL2	EStE 460	1.8918

Internationale Patentklassifikation

C 22 C 38/00
C 21 D 1/55
G 01 N 33/20

EUROPÄISCHE NORM
EUROPEAN STANDARD
NORME EUROPÉENNE

EN 10028-3

Dezember 1993

DK 669.14.018.29-41 : 621.642-98

Deskriptoren: Eisen- und Stahlerzeugnisse, Metallblech, Bandstahl, Stahl, Schweißkonstruktion, Druckapparat, Bezeichnung, Anforderung, Lieferzustand, Prüfung, Kennzeichnung

Deutsche Fassung

Flacherzeugnisse aus Druckbehälterstählen
Teil 3: Schweißgeeignete Feinkornbaustähle, normalgeglüht

Flat products made of steels for pressure purposes; Part 3: Weldable fine grain steels, normalized

Produits plats en aciers pour appareils à pression; Partie 3: Aciers soudables à grains fins, normalisés

Diese Europäische Norm wurde von CEN am 1992-12-21 angenommen.

Die CEN-Mitglieder sind gehalten, die CEN/CENELEC-Geschäftsordnung zu erfüllen, in der die Bedingungen festgelegt sind, unter denen dieser Europäischen Norm ohne jede Änderung der Status einer nationalen Norm zu geben ist.

Auf dem letzten Stand befindliche Listen dieser nationalen Normen mit ihren bibliographischen Angaben sind beim Zentralsekretariat oder bei jedem CEN-Mitglied auf Anfrage erhältlich.

Diese Europäische Norm besteht in drei offiziellen Fassungen (Deutsch, Englisch, Französisch). Eine Fassung in einer anderen Sprache, die von einem CEN-Mitglied in eigener Verantwortung durch Übersetzung in die Landessprache gemacht und dem Zentralsekretariat mitgeteilt worden ist, hat den gleichen Status wie die offiziellen Fassungen.

CEN-Mitglieder sind die nationalen Normungsinstitute von Belgien, Dänemark, Deutschland, Finnland, Frankreich, Griechenland, Irland, Island, Italien, Luxemburg, Niederlande, Norwegen, Österreich, Portugal, Schweden, Schweiz, Spanien und dem Vereinigten Königreich.

CEN

EUROPÄISCHES KOMITEE FÜR NORMUNG
European Committee for Standardization
Comité Européen de Normalisation

Zentralsekretariat: rue de Stassart 36, B-1050 Brüssel

© 1992. Das Copyright ist den CEN-Mitgliedern vorbehalten.

Ref.-Nr. EN 10028-3 : 1992 D

Inhalt

	Seite
Vorwort	2
1 Anwendungsbereich	3
2 Normative Verweisungen	3
3 Definitionen	3
4 Maße und Grenzabmaße	3
5 Gewichtserrechnung	3
6 Bezeichnung und Bestellung	3
7 Sorteneinteilung	3
8 Anforderungen	3
8.1 Erschmelzungsverfahren	3
8.2 Lieferzustand	3
8.3 Chemische Zusammensetzung	3
8.4 Mechanische Eigenschaften	3
8.5 Oberflächenbeschaffenheit	4
8.6 Innere Beschaffenheit	4
9 Prüfung	4
9.1 Art und Inhalt der Prüfbescheinigungen	4
9.2 Durchzuführende Prüfungen	4
9.3 Prüfumfang	4
9.4 Probenahme und Probenvorbereitung	4
9.5 Durchführung der Prüfungen	4
9.6 Wiederholungsprüfungen	4
10 Kennzeichnung	4

ANMERKUNG: Die mit einem Punkt (●) gekennzeichneten Abschnitte enthalten Angaben über Vereinbarungen, die bei der Bestellung zu treffen sind. Die mit zwei Punkten (●●) gekennzeichneten Abschnitte enthalten Angaben über Vereinbarungen, die bei der Bestellung getroffen werden können.

Vorwort

Diese Europäische Norm wurde von ECISS/TC 22 – Stähle für Druckbehälter, Gütenormen –, dessen Sekretariat vom Normenausschuß Eisen und Stahl (FES) im DIN geführt wird, ausgearbeitet.

Im Rahmen des Arbeitsprogramms des ECISS (Europäisches Komitee für die Eisen- und Stahlnormung) wurde das Technische Komitee TC 22 beauftragt, EURONORM 28-85 "Blech und Band aus warmfesten Stählen; Technische Lieferbedingungen" und (soweit für den Druckbehälterbau zutreffend) EURONORM 113-72 "Schweißbare Feinkornbaustähle" zu überarbeiten und durch eine Europäische Norm zu ersetzen.

ECISS/TC 22 hat dieses Schriftstück in seiner Sitzung im Januar 1991 angenommen. Folgende ECISS-Mitglieder waren in der Sitzung vertreten:

Belgien, Deutschland, Finnland, Frankreich, Großbritannien, Italien, Norwegen, Österreich, Schweden.

Diese Europäische Norm wurde angenommen und entsprechend der CEN/CENELEC-Geschäftsordnung sind folgende Länder gehalten diese Europäische Norm zu übernehmen:

Belgien, Dänemark, Deutschland, Finnland, Frankreich, Griechenland, Irland, Island, Italien, Luxemburg, Niederlande, Norwegen, Österreich, Portugal, Schweden, Schweiz, Spanien und das Vereinigte Königreich.

Diese Europäische Norm muß den Status einer nationalen Norm erhalten, entweder durch Veröffentlichung eines identischen Textes oder durch Anerkennung bis Juni 1993, und etwaige entgegenstehende nationale Normen müssen bis Juni 1993 zurückgezogen werden.

1 Anwendungsbereich

1.1 Dieser Teil 3 der EN 10028 enthält die Anforderungen an Flacherzeugnisse für Druckbehälter aus den schweißgeeigneten Feinkornbaustählen nach Tabelle 1.

ANMERKUNG: Unter "Feinkornbaustählen" versteht man hier Stähle, die eine Ferritkorngröße von 6 und feiner bei Prüfung nach EURONORM 103 aufweisen.

1.2 Zusätzlich gelten die Angaben in EN 10028-1.

2 Normative Verweisungen

Diese Europäische Norm enthält durch datierte oder undatierte Verweisungen Festlegungen aus anderen Publikationen. Diese normativen Verweisungen sind an den jeweiligen Stellen im Text zitiert und die Publikationen sind nachstehend aufgeführt. Bei starren Verweisungen gehören spätere Änderungen oder Überarbeitungen dieser Publikation nur dann zu dieser Europäischen Norm, falls sie durch Änderung oder Überarbeitung eingearbeitet sind. Bei undatierten Verweisungen gilt die letzte Ausgabe der in Bezug genommenen Publikation.

EURONORM 103 [1]	Mikroskopische Ermittlung der Ferrit- oder Austenitkorngröße von Stählen
EN 10020	Begriffsbestimmungen und Einteilung der Stahlsorten
EN 10028-1	Flacherzeugnisse aus Druckbehälterstählen; Teil 1: Allgemeine Anforderungen

3 Definitionen

Siehe EN 10028-1

4 Maße und Grenzabmaße

Siehe EN 10028-1

5 Gewichtserrechnung

Siehe EN 10028-1

6 Bezeichnung und Bestellung

Siehe EN 10028-1

7 Sorteneinteilung

7.1 Diese Europäische Norm umfaßt die in Tabelle 1 angegebenen Stahlsorten in 4 Reihen:
- a) die Grundreihe (P ... N),
- b) die warmfeste Reihe (P ... NH),
- c) die kaltzähe Reihe (P ... NL1),
- d) die kaltzähe Sonderreihe (P ... NL2).

7.2 Entsprechend EN 10020 handelt es sich bei den Stahlsorten P275N, P275NH, P275NL1, P355N, P355NH und P355NL1 um unlegierte Qualitätsstähle, bei den Stahlsorten P275NL2 und P355NL2 um unlegierte Edelstähle und bei den übrigen Stahlsorten um legierte Edelstähle.

8 Anforderungen

8.1 Erschmelzungsverfahren

Siehe EN 10028-1

8.2 Lieferzustand

8.2.1 •• Wenn bei der Bestellung nicht anders vereinbart, werden die Erzeugnisse nach dieser Europäischen Norm im normalgeglühten Zustand geliefert.

Bei Stählen mit einer Mindeststreckgrenze $\geq 460\,N/mm^2$ kann bei geringen Erzeugnisdicken und in Sonderfällen eine verzögerte Abkühlung oder ein zusätzliches Anlassen erforderlich sein.

8.2.2 Das Normalglühen kann durch das normalisierende Walzen ersetzt werden. Das bedeutet, daß auch nach einem nachträglichen Normalglühen die Anforderungen wieder erfüllt sein müssen.

8.2.3 •• Auf besondere Vereinbarung können Erzeugnisse nach dieser Europäischen Norm auch im unbehandelten Zustand geliefert werden.

In solchen Fällen erfolgt die Prüfung an Proben im üblichen Lieferzustand nach Tabelle 4.

ANMERKUNG: Eine solche Prüfung von Proben im simulierend wärmebehandelten Zustand befreit den Weiterverarbeiter nicht vom Nachweis der Eigenschaften am fertigen Erzeugnis.

8.2.4 Hinweise für die Verarbeitung sind in der Mitteilung Nr 2 – Schweißgeeignete Feinkornbaustähle – Hinweise für die Verarbeitung, besonders für das Schweißen – enthalten; diese Unterlage wird z. Z. in CEN/TC 121 überarbeitet und dann unter einer anderen Nummer veröffentlicht.

ANMERKUNG: Eine Mitteilung mit Angaben über zweckmäßige Spannungsarmglühbedingungen ist in Vorbereitung (siehe z. Z. Schriftstück ISO/TC 17/SC 10 N 495).

8.3 Chemische Zusammensetzung

8.3.1 In Tabelle 1 ist die chemische Zusammensetzung nach der Schmelzenanalyse angegeben.

8.3.2 Die Stückanalyse darf von den Grenzwerten der Schmelzenanalyse nach Tabelle 1 um die in Tabelle 2 angegebenen Werte abweichen.

8.3.3 •• Bei der Bestellung kann vereinbart werden, daß der Höchstwert für das Kohlenstoffäquivalent nach Tabelle 3 gelten soll.

8.4 Mechanische Eigenschaften

8.4.1 Es gelten die in den Tabellen 4 bis 6 angegebenen Werte (siehe auch EN 10028-1).

ANMERKUNG: Es sollte beachtet werden, daß die Werte für das Kohlenstoffäquivalent sich auf die für den Lieferzustand festgelegten mechanischen Eigenschaften beziehen.

8.4.2 •• Bei der Bestellung kann für die Stähle der kaltzähen Reihe und der kaltzähen Sonderreihe zusätzlich die Geltung der für die Stähle der warmfesten Reihe in Tabelle 5 angegebenen Mindestwerte der 0,2%-Dehngrenze bei erhöhten Temperaturen vereinbart werden.

---

[1] •• Bis zur Überführung dieser EURONORM in eine Europäische Norm kann – je nach Vereinbarung bei der Bestellung – entweder diese EURONORM oder eine entsprechende nationale Norm zur Anwendung kommen.

Seite 4
EN 10028-3 : 1992

8.5 Oberflächenbeschaffenheit
Siehe EN 10028-1

8.6 Innere Beschaffenheit
Siehe EN 10028-1

9 Prüfung

9.1 Art und Inhalt der Prüfbescheinigungen
Siehe EN 10028-1

9.2 Durchzuführende Prüfungen
Siehe EN 10028-1

9.3 Prüfumfang
Siehe EN 10028-1

9.4 Probenahme und Probenvorbereitung
9.4.1 Siehe EN 10028-1

9.4.2 •• Abweichend von EN 10028-1 kann vereinbart werden, daß der Kerbschlagbiegeversuch an Längs- statt an Querproben durchzuführen ist.

9.5 Durchführung der Prüfungen
9.5.1 Siehe EN 10028-1

9.5.2 Der Nachweis der in Tabelle 6 angegebenen Kerbschlagarbeitswerte kann bei den in der Tabelle angegebenen Temperaturen erfolgen.

•• Der Kerbschlagbiegeversuch wird bei einer, bei der Bestellung zu vereinbarenden Temperatur und für eine Probenrichtung (Querproben, wenn nicht anders vereinbart) erbracht. Falls nichts vereinbart wurde, erfolgt der Nachweis der Werte für die Grundreihe und die warmfeste Reihe bei $-20\,°C$, für die kaltzähe Reihe und die kaltzähe Sonderreihe bei $-50\,°C$.

9.6 Wiederholungsprüfungen
Siehe EN 10028-1

10 •• Kennzeichnung
Siehe EN 10028-1

Tabelle 1: Chemische Zusammensetzung (Schmelzenanalyse)

Stahlsorte		Sorteneinteilung[1])	Massenanteil in %												
Kurzname	Werkstoffnummer		C max.	Si max.	Mn	P max.	S max.	Al$_{ges.}$ min.	Cr max.	Cu max.	Mo max.	N max.	Nb max.	Ni max.	Ti max.	V max.	Nb+Ti+V max.
P275N	1.0486	UQ	0,18	0,40	0,50 bis 1,40	0,030	0,025	0,020[2])	0,30[3])	0,30[3])	0,08[3])	0,020	0,05	0,50	0,03	0,05	0,05
P275NH	1.0487	UQ															
P275NL1	1.0488	UQ	0,16		0,50 bis 1,50	0,030	0,020										
P275NL2	1.1104	UE				0,025	0,015										
P355N	1.0562	UQ	0,20	0,50	0,90 bis 1,70	0,030	0,025	0,020[2])	0,30[3])	0,30[3])	0,08[3])	0,020	0,05	0,50	0,03	0,10	0,12
P355NH	1.0565	UQ															
P355NL1	1.0566	UQ	0,18			0,030	0,020										
P355NL2	1.1106	UE				0,025	0,015										
P460N	1.8905	LE	0,20	0,60	1,00 bis 1,70	0,030	0,025	0,020[2])	0,30	0,70[4])	0,10	0,025	0,05	0,80	0,03	0,20	0,22
P460NH	1.8935	LE															
P460NL1	1.8915	LE				0,030	0,020										
P460NL2	1.8918	LE				0,025	0,015										

[1]) UQ = unlegierter Qualitätsstahl; UE = unlegierter Edelstahl; LE = legierter Edelstahl
[2]) Wenn Stickstoff zusätzlich durch Niob, Titan oder Vanadium abgebunden wird, entfällt die Festlegung für den Mindestgehalt an Aluminium.
[3]) Die Summe der Massenanteile der drei Elemente Chrom, Kupfer und Molybdän darf zusammen höchstens 0,45 % betragen.
[4]) Wenn der Massenanteil an Kupfer größer ist als 0,30 %, muß der Massenanteil an Nickel mindestens halb so groß sein wie der Massenanteil an Kupfer.

Tabelle 2: Grenzabweichungen der chemischen Zusammensetzung nach der Stückanalyse von den nach der Schmelzenanalyse gültigen Grenzwerten (siehe Tabelle 1)

Element	Grenzwert nach der Schmelzenanalyse nach Tabelle 1 Massenanteil in %	Grenzabweichung [1] nach der Stückanalyse von den Grenzwerten nach der Schmelzenanalyse nach Tabelle 1 Massenanteil in %	Element	Grenzwert nach der Schmelzenanalyse nach Tabelle 1 Massenanteil in %	Grenzabweichung [1] nach der Stückanalyse von den Grenzwerten nach der Schmelzenanalyse nach Tabelle 1 Massenanteil in %
C	≤ 0,20	+ 0,02	Cu	≤ 0,30 > 0,30 bis ≤ 0,70	+ 0,05 + 0,07
Si	≤ 0,60	+ 0,05	Mo	≤ 0,10	+ 0,03
Mn	≤ 1,70	+ 0,10 − 0,05	N	≤ 0,025	+ 0,002
P	≤ 0,030	+ 0,005	Nb	≤ 0,05	+ 0,01
S	≤ 0,015 > 0,015 bis ≤ 0,025	+ 0,003 + 0,005	Ni	≤ 0,80	+ 0,05
Al	≥ 0,020	− 0,005	Ti	≤ 0,03	+ 0,01
Cr	≤ 0,30	+ 0,05	V	≤ 0,20	+ 0,02

[1] Werden bei einer Schmelze mehrere Stückanalysen durchgeführt und werden dabei für ein einzelnes Element Gehalte außerhalb des nach der Schmelzenanalyse zulässigen Bereiches der chemischen Zusammensetzung festgestellt, so sind entweder nur Überschreitungen des zulässigen Höchstwertes oder nur Unterschreitungen des zulässigen Mindestwertes gestattet, nicht jedoch bei einer Schmelze beides gleichzeitig.

Tabelle 3: ●● **Höchstwert für das Kohlenstoffäquivalent**
(sofern bei der Bestellung vereinbart,
siehe Abschnitt 8.3.3 und
Anmerkung zu Abschnitt 8.4.1)

Stahlsorte Kurzname	Kohlenstoffäquivalent [1] max. für Nenndicken in mm		
	≤ 63	> 63 bis ≤ 100	> 100 bis ≤ 150
P275N P275NH P275NL1 P275NL2	0,40	0,40	0,42
P355N P355NH P355NL1 P355NL2	0,43	0,45	0,45
P460N [2] P460NH [2] P460NL1 [2] P460NL2 [2]	−	−	−

[1] Kohlenstoffäquivalent:

$$CEV = C + \frac{Mn}{6} + \frac{Cr + Mo + V}{5} + \frac{Ni + Cu}{15}$$

[2] ●● Wenn bei der Bestellung vereinbart, gilt statt des Kohlenstoffäquivalentes folgende Anforderung:
V + Nb + Ti ≤ 0,22 %; Mo + Cr ≤ 0,30 %.

Tabelle 4: Mechanische Eigenschaften bei Raumtemperatur im Zugversuch

Stahlsorte		üblicher Lieferzustand	Streckgrenze R_{eH} [1]) für die Erzeugnisdicke in mm						Zugfestigkeit R_m für die Erzeugnisdicke in mm				Bruchdehnung A ($L_0 = 5{,}65 \cdot \sqrt{S_0}$) für die Erzeugnisdicke in mm		
Kurzname	Werkstoffnummer		≤ 16	> 16 bis ≤ 35	> 35 bis ≤ 50	> 50 bis ≤ 70	> 70 bis ≤ 100	> 100 bis ≤ 150	> 150	≤ 70	> 70 bis ≤ 100	> 100 bis ≤ 150	> 150	≤ 70	> 70 bis ≤ 150	> 150
			N/mm² min.							N/mm²				% min.		
P275N P275NH P275NL1 P275NL2	1.0486 1.0487 1.0488 1.1104	normalgeglüht [2])	275	275	265	255	235	225	[3])	390 bis 510	370 bis 490	350 bis 470	[3])	24	23	[3])
P355N P355NH P355NL1 P355NL2	1.0562 1.0565 1.0566 1.1106	normalgeglüht [2])	355	355	345	325	315	295	[3])	490 bis 630	470 bis 610	450 bis 590	[3])	22	21	[3])
P460N P460NH P460NL1 P460NL2	1.8905 1.8935 1.8915 1.8918	normalgeglüht [4])	460	450	440	420	400	380	[3])	570 bis 720 [5])	540 bis 710	520 bis 690	[3])	17	16	[3])

[1]) Bis zur Harmonisierung der Kriterien für die Streckgrenze in den verschiedenen nationalen Codes kann die Bestimmung von R_{eH} durch die Bestimmung von $R_{p0,2}$ ersetzt werden. Für $R_{p0,2}$ gelten dann bei R_{eH}-Werten bis 355 N/mm² um 10 N/mm² und bei R_{eH}-Werten über 355 N/mm² um 15 N/mm² niedrigere Werte.
[2]) Beachte Abschnitt 8.2.2
[3]) •• Nach Vereinbarung
[4]) Beachte Abschnitt 8.2.1
[5]) Für Dicken bis 16 mm ist ein Höchstwert von 730 N/mm² zugelassen.

Tabelle 5: 0,2 %-Dehngrenze bei erhöhten Temperaturen [1])

Stahlsorte Kurzname	Erzeugnisdicke mm	0,2 %-Dehngrenze bei der Temperatur ... °C							
		50	100	150	200	250	300	350	400
		N/mm² min.							
P275NH	≤ 35	264	245	226	196	177	147	127	108
	> 35 bis ≤ 70	247	235	216					
	> 70 bis ≤ 100	229	216	196	176	157	127	108	88
	> 100 bis ≤ 150	214	196	176	157	137	108	88	69
P355NH	≤ 35	336	304	284	245	226	216	196	167
	> 35 bis ≤ 70	313	294	275					
	> 70 bis ≤ 100	300	275	255	235	216	196	177	147
	> 100 bis ≤ 150	280	255	235	216	196	177	157	127
P460NH	≤ 35	–	402	373	333	314	294	265	235
	> 35 bis ≤ 70	–	392	363					
	> 70 bis ≤ 100	–	373	343	324	294	275	245	216
	> 100 bis ≤ 150	–	353	324	304	275	255	226	196

[1]) Die in dieser Tabelle angegebenen 0,2 %-Dehngrenzenwerte wurden nicht nach dem in ISO 2605-1 angegebenen Auswerteverfahren abgeleitet.

Tabelle 6: Mindestwerte der Kerbschlagarbeit (gültig für Spitzkerbproben)

Stahlsorten	Behandlungs-zustand	Erzeugnis-dicke	Mindestwerte der Kerbschlagarbeit KV in J [1] ermittelt an									
			Längsproben					Querproben				
			bei Prüftemperaturen in °C									
		mm	−50	−40	−20	0	+20	−50	−40	−20	0	+20
P...N P...NH	normal-geglüht [2]	5 bis 150 [3]	−	−	40	47	55	−	−	20	27	31
P...NL1			27	34	47	55	63	16	20	27	34	40
P...NL2			30	40	65	90	100	27	30	40	60	70

[1] Siehe EN 10028-1
[2] Beachte Abschnitt 8.2.1 und Abschnitt 8.2.2
[3] Für Erzeugnisdicken bis 10 mm siehe EN 10028-1

DK 669.14.018.29.018.62-122.4-4 : 620.1   April 1993

Warmgewalzte Erzeugnisse aus schweißgeeigneten Feinkornbaustählen
Teil 1: Allgemeine Lieferbedingungen
Deutsche Fassung EN 10 113-1 : 1993

DIN EN 10 113
Teil 1

Hot-rolled products in weldable fine grain structural steels;
Part 1: General delivery conditions;
German version EN 10 113-1 : 1993

Produits laminés à chaud en aciers de construction soudable à grains fins;
Partie 1: Conditions générales de livraison;
Version allemande EN 10 113-1 : 1993

Mit DIN EN 10 028 T 1/04.93,
DIN EN 10 028 T3/04.93 und
DIN EN 10 113 T2/04.93
Ersatz für DIN 17 102/10.83

Die Europäische Norm EN 10 113-1 : 1993 hat den Status einer Deutschen Norm.

Nationales Vorwort

Die Europäische Norm EN 10 113-1 ist vom Technischen Komitee (TC) 10 „Baustähle, Gütenormen" (Sekretariat Niederlande) des Europäischen Komitees für die Eisen- und Stahlnormung (ECISS) ausgearbeitet worden.

Das zuständige deutsche Normungsgremium ist der Arbeitsausschuß 04/1 „Stähle für den Stahlbau" des Normenausschusses Eisen und Stahl (FES).

DIN EN 10 113 Teil 1 enthält die allgemeinen Lieferbedingungen für warmgewalzte Erzeugnisse aus schweißgeeigneten Feinkornbaustählen; die spezifischen ergänzenden Anforderungen sind in

DIN EN 10 113 Teil 2 für normalgeglühte Stähle

und in

DIN EN 10 113 Teil 3 für thermomechanisch gewalzte Stähle

festgelegt. Die Teile 1 und 2 ersetzen DIN 17 102 „Schweißgeeignete Feinkornbaustähle, normalgeglüht; Technische Lieferbedingungen für Blech, Band, Breitflach-, Form- und Stabstahl" (Ausgabe Oktober 1983), soweit die Erzeugnisse für den Stahlbau in Betracht kommen. Für die Erzeugnisse aus Feinkornstählen für Druckbehälter, die ebenfalls zum Anwendungsbereich der früheren DIN 17 102 gehörten, gilt inzwischen DIN EN 10 020 Teil 3.

Für die im Abschnitt 2 zitierten Europäischen Normen, soweit die Norm-Nummer geändert ist, und EURONORMEN wird im folgenden auf die entsprechenden Deutschen Normen verwiesen:

prEN 10 052	siehe DIN 17 014 Teil 1	EURONORM 58	siehe DIN 1017 Teil 1
prEN 10 056	siehe DIN EN 10 056 (z. Z. Entwurf), DIN 1028 und DIN 1029	EURONORM 59	siehe DIN 1014 Teil 1
EN 10 204	siehe DIN 50 049	EURONORM 60	siehe DIN 1013 Teil 1
EURONORM 19	siehe DIN 1025 Teil 5	EURONORM 61	siehe DIN 1015
EURONORM 24	siehe DIN 1025 Teil 1	EURONORM 65	siehe DIN 59 130
EURONORM 48	siehe DIN EN 10 048 (z. Z. Entwurf)	EURONORM 66	siehe DIN 1018
EURONORM 53	siehe DIN 1025 Teil 2, DIN 1025 Teil 3, DIN 1025 Teil 4	EURONORM 67	siehe DIN EN 10 067 (z. Z. Entwurf)
EURONORM 54	siehe DIN 1026	EURONORM 91	siehe DIN 59 200
EURONORM 55	siehe DIN EN 10 055 (z. Z. Entwurf)	EURONORM 103	siehe DIN 50 601
EURONORM 56	siehe DIN EN 10 056-2 (z. Z. Entwurf) und DIN 1028	EURONORM 162	siehe DIN 59 413
EURONORM 57	siehe DIN EN 10 056-2 (z. Z. Entwurf) und DIN 1029	EURONORM-Mitt. Nr. 2	siehe Stahl-Eisen-Werkstoffblatt 088
		ECISS-Mitteilung IC 10	siehe DIN V 17 006 Teil 100

Zitierte Normen

— in der Deutschen Fassung:
Siehe Abschnitt 2 und Anhang B

— in nationalen Zusätzen:

DIN 1013 Teil 1	Stabstahl; Warmgewalzter Rundstahl für allgemeine Verwendung; Maße, zulässige Maß- und Formabweichungen
DIN 1014 Teil 1	Stabstahl; Warmgewalzter Vierkantstahl für allgemeine Verwendung; Maße, zulässige Maß- und Formabweichungen
DIN 1015	Stabstahl; Warmgewalzter Sechskantstahl, Maße, Gewichte, zulässige Abweichungen
DIN 1017 Teil 1	Stabstahl; Warmgewalzter Flachstahl für allgemeine Verwendung; Maße, Gewichte, zulässige Abweichungen

Fortsetzung Seite 2
und 13 Seiten EN-Norm

Normenausschuß Eisen und Stahl (FES) im DIN Deutsches Institut für Normung e.V.

DIN 1018	Stabstahl; Warmgewalzter Halbrundstahl und Flachhalbrundstahl; Maße, Gewichte, zulässige Abweichungen
DIN 1025 Teil 1	Stabstahl; Warmgewalzte I-Träger; Schmale I-Träger, I-Reihe; Maße, Gewichte, zulässige Abweichungen, statische Werte
DIN 1025 Teil 2	Stabstahl; Warmgewalzte I-Träger; Breite I-Träger, IPB- und IB-Reihe; Maße, Gewichte, zulässige Abweichungen, statische Werte
DIN 1025 Teil 3	Formstahl; Warmgewalzte I-Träger; Breite I-Träger, leichte Ausführung, IPBL-Reihe; Maße, Gewichte, zulässige Abweichungen, statische Werte
DIN 1025 Teil 4	Formstahl; Warmgewalzte I-Träger; Breite I-Träger, verstärkte Ausführung, IPBv-Reihe; Maße, Gewichte, zulässige Abweichungen, statische Werte
DIN 1025 Teil 5	Formstahl; Warmgewalzte I-Träger; Mittelbreite I-Träger, IPE-Reihe; Maße, Gewichte, zulässige Abweichungen, statische Werte
DIN 1026	Stabstahl; Formstahl; Warmgewalzter rundkantiger U-Stahl; Maße, Gewichte, zulässige Abweichungen, statische Werte
DIN 1028	Stabstahl; Warmgewalzter gleichschenkliger rundkantiger Winkelstahl; Maße, Gewichte, zulässige Abweichungen, statische Werte
DIN 1029	Stabstahl; Warmgewalzter ungleichschenkliger rundkantiger Winkelstahl; Maße, Gewichte, zulässige Abweichungen, statische Werte
DIN V 17 006 Teil 100	(Vornorm) Bezeichnungssysteme für Stähle; Zusatzsymbole für Kurznamen; (Identisch mit ECISS-Mitteilung IC 10 : 1991)
DIN 17 014 Teil 1	Wärmebehandlung von Eisenwerkstoffen; Begriffe
DIN 50 049	Metallische Erzeugnisse; Arten von Prüfbescheinigungen; Deutsche Fassung EN 10 204 : 1991
DIN 50 601	Metallographische Prüfverfahren; Ermittlung der Ferrit- oder Austenitkorngröße von Stahl und Eisenwerkstoffen
DIN 59 130	Stabstahl; Warmgewalzter Rundstahl für Schrauben und Niete; Maße, zulässige Maß- und Formabweichungen
DIN 59 200	Flachzeug aus Stahl; Warmgewalzter Breitflachstahl; Maße, zulässige Maß-, Form- und Gewichtsabweichungen
DIN 59 413	Kaltprofile aus Stahl; Zulässige Maß-, Form- und Gewichtsabweichungen
DIN EN 10 028 Teil 3	Flacherzeugnisse aus Druckbehälterstählen; Teil 3: Schweißgeeignete Feinkornbaustähle, normalgeglüht; Deutsche Fassung EN 10 028-3 : 1992
DIN EN 10 048	(z. Z. Entwurf) Warmgewalzter Bandstahl; Grenzabmaße und Formtoleranzen; Deutsche Fassung prEN 10 048 : 1992
DIN EN 10 055	(z. Z. Entwurf) Warmgewalzter gleichschenkliger T-Stahl mit gerundeten Kanten und Übergängen; Grenzabmaße und Formtoleranzen; Deutsche Fassung prEN 10 055 : 1992
DIN EN 10 056 Teil 2	(z. Z. Entwurf) Gleichschenklige und ungleichschenklige Winkel aus Stahl – Teil 2: Grenzabmaße und Formtoleranzen; Deutsche Fassung prEN 10 056-2 : 1992
DIN EN 10 067	(z. Z. Entwurf) Warmgewalzter Wulstflachstahl; Grenzabmaße und Formtoleranzen; Deutsche Fassung prEN 10 067 : 1992
DIN EN 10 113 Teil 2	Warmgewalzte Erzeugnisse aus schweißgeeigneten Feinkornbaustählen; Teil 2: Lieferbedingungen für normalgeglühte/normalisierend gewalzte Stähle; Deutsche Fassung EN 10 113-2 : 1993
DIN EN 10 113 Teil 3	Warmgewalzte Erzeugnisse aus schweißgeeigneten Feinkornbaustählen; Teil 3: Lieferbedingungen für thermomechanisch gewalzte Stähle; Deutsche Fassung EN 10 113-3 : 1993
Stahl-Eisen-Werkstoffblatt 088 *)	Schweißgeeignete Feinkornbaustähle; Richtlinien für die Verarbeitung, besonders für das Schmelzschweißen

Frühere Ausgaben

DIN 17 102: 10.83

Änderungen

Gegenüber DIN 17 102/10.83 wurden folgende Änderungen vorgenommen:
- a) Beschränkung des Anwendungsbereichs auf Stähle für den Stahlbau
- b) Aufteilung der Lieferbedingungen für die normalgeglühten Erzeugnisse auf DIN EN 10 113 Teil 1 und Teil 2
- c) Neuaufnahme von Festlegungen für thermomechanisch gewalzte Erzeugnisse (siehe DIN EN 10 113 Teil 3)
- d) Vollständige Neufassung des Textes.

Internationale Patentklassifikation

C 21 D 001/00   B 22 D 011/06   G 01 B 021/02   G 01 N 033/20

---

*) Zu beziehen durch: Verlag Stahleisen mbH, Sohnstraße 65, 4000 Düsseldorf 1

EUROPÄISCHE NORM
EUROPEAN STANDARD
NORME EUROPÉENNE

EN 10113-1

März 1993

DK 669.14.018.29.018.62-122.4-4 : 620.1

Deskriptoren: Eisen- und Stahlerzeugnis, warmgewalztes Erzeugnis, Baustahl, geschweißtes Bauwerk, Lieferzustand, Bezeichnung, Stahlsorte, Gütegruppe, chemische Zusammensetzung, mechanische Eigenschaften, Prüfung, Prüfverfahren, Kennzeichnung

Deutsche Fassung

Warmgewalzte Erzeugnisse aus schweißgeeigneten Feinkornbaustählen
Teil 1: Allgemeine Lieferbedingungen

Hot-rolled products in weldable fine grain structural steels — Part 1: General delivery conditions

Produits laminés à chaud en aciers de construction soudable à grains fins — Partie 1: Conditions générales de livraison

Diese Europäische Norm wurde von CEN am 1993-03-05 angenommen

Die CEN-Mitglieder sind gehalten, die CEN/CENELEC-Geschäftsordnung zu erfüllen, in der die Bedingungen festgelegt sind, unter denen dieser Europäischen Norm ohne jede Änderung der Status einer nationalen Norm zu geben ist.

Auf dem letzten Stand befindliche Listen dieser nationalen Normen mit ihren bibliographischen Angaben sind beim Zentralsekretariat oder bei jedem CEN-Mitglied auf Anfrage erhältlich.

Diese Europäische Norm besteht in drei offiziellen Fassungen (Deutsch, Englisch, Französisch). Eine Fassung in einer anderen Sprache, die von einem CEN-Mitglied in eigener Verantwortung durch Übersetzung in die Landessprache gemacht und dem Zentralsekretariat mitgeteilt worden ist, hat den gleichen Status wie die offiziellen Fassungen.

CEN-Mitglieder sind die nationalen Normungsinstitute von Belgien, Dänemark, Deutschland, Finnland, Frankreich, Griechenland, Irland, Island, Italien, Luxemburg, Niederlande, Norwegen, Österreich, Portugal, Schweden, Schweiz, Spanien und dem Vereinigten Königreich.

CEN

EUROPÄISCHES KOMITEE FÜR NORMUNG
European Committee for Standardization
Comité Européen de Normalisation

Zentralsekretariat: rue de Stassart 36, B-1050 Brüssel

© 1993. Das Copyright ist den CEN-Mitgliedern vorbehalten.

Ref.-Nr. EN 10113-1 : 1993 D

Inhalt

	Seite
Vorwort	2
1 Anwendungsbereich	2
2 Normative Verweisungen	3
3 Definitionen	4
4 Bestellangaben	4
4.1 Allgemeines	4
4.2 Zusätzliche Anforderungen	4
5 Maße, Grenzabmaße und Masse	4
5.1 Maße und Grenzabmaße	4
5.2 Masse	4
6 Sorteneinteilung; Bezeichnung	4
6.1 Sorteneinteilung	4
6.2 Bezeichnung	4
7 Technische Anforderungen	5
7.1 Erschmelzungsverfahren des Stahles	5
7.2 Lieferzustand	5
7.3 Chemische Zusammensetzung	5
7.4 Mechanische Eigenschaften	5
7.5 Technologische Eigenschaften	5
7.6 Oberflächenbeschaffenheit	6
7.7 Innere Fehler	6

	Seite
8 Prüfung	6
8.1 Allgemeines	6
8.2 Vorlage zur Prüfung	6
8.3 Prüfeinheiten	6
8.4 Nachweis der chemischen Zusammensetzung	6
8.5 Mechanische Prüfungen	6
8.6 Anzuwendende Prüfverfahren	7
8.7 Wiederholungsprüfungen und Wiedervorlage zur Prüfung	7
8.8 Prüfbescheinigungen	7
9 Kennzeichnung von Flach- und Langerzeugnissen	7
10 Beanstandungen	8
11 Zusätzliche Anforderungen	8
11.1 Für alle Erzeugnisse	8
11.2 Für Flacherzeugnisse	8
11.3 Für Langerzeugnisse	8
Anhang A (normativ) Lage der Probenabschnitte und Proben (siehe EURONORM 18)	9
Anhang B (informativ) Liste der den zitierten EURONORMEN entsprechenden nationalen Normen	12
Anhang C (informativ) Liste der früheren Bezeichnungen vergleichbarer Stähle	13

Vorwort

Diese Europäische Norm wurde von ECISS/TC 10 "Baustähle, Gütenormen", dessen Sekretariat von Nederlands Normalisatie-Instituut geführt wird, ausgearbeitet.

Diese Europäische Norm ersetzt EURONORM 113-72 "Schweißbare Feinkornbaustähle; Gütevorschriften".

In einer Sitzung von ECISS/TC 10 im Juni 1991 in Brüssel wurde dem Text für die Veröffentlichung zur Schlußabstimmung innerhalb des CEN zugestimmt. An dieser Sitzung nahmen folgende Länder teil: Belgien, Dänemark, Deutschland, Finnland, Frankreich, Italien, Luxemburg, Niederlande, Österreich, Schweden, Spanien und das Vereinigte Königreich.

Diese Europäische Norm muß den Status einer nationalen Norm erhalten, entweder durch Veröffentlichung eines identischen Textes oder durch Anerkennung bis September 1993, und etwaige entgegenstehende nationale Normen müssen bis September 1993 zurückgezogen werden.

Diese Europäische Norm wurde angenommen und entsprechend der CEN/CENELEC-Geschäftsordnung sind folgende Länder gehalten, diese Europäische Norm zu übernehmen:

Belgien, Dänemark, Deutschland, Finnland, Frankreich, Griechenland, Irland, Island, Italien, Luxemburg, Niederlande, Norwegen, Österreich, Portugal, Schweden, Schweiz, Spanien und das Vereinigte Königreich.

1 Anwendungsbereich

1.1 Diese Europäische Norm enthält die Anforderungen an Langerzeugnisse und Flacherzeugnisse aus warmgewalzten schweißgeeigneten Feinkornbaustählen, die als Qualitäts- und Edelstähle gelten.

Teil 1 dieser Europäischen Norm enthält die allgemeinen Lieferbedingungen.

Teil 2 dieser Europäischen Norm enthält die Lieferbedingungen für normalgeglühte Stähle der in Tabelle 1 (chemische Zusammensetzung) sowie in den Tabellen 3 und 4 (mechanische Eigenschaften) des Teiles 2 genannten Sorten und Gütegruppen.

ANMERKUNG: Bei der Angabe "normalgeglüht" ist immer auch das normalisierende Walzen eingeschlossen (siehe 7.2 in Teil 2).

Teil 3 dieser Europäischen Norm enthält die Lieferbedingungen für thermomechanisch gewalzte Stähle der in Tabelle 1 (chemische Zusammensetzung) sowie in den Tabellen 3 und 4 (mechanische Eigenschaften) des Teiles 3 genannten Sorten und Gütegruppen.

Die in dieser Europäischen Norm erfaßten Stähle sind vorwiegend für die Verwendung in hochbeanspruchten geschweißten Bauteilen, z. B. Brücken, Schleusentore, Lagerbehälter, Wassertanks usw. bei Umgebungstemperaturen und niedrigen Temperaturen bestimmt.

1.2 Diese Europäische Norm gilt nicht für Erzeugnisse aus Stählen für den allgemeinen Stahlbau, für die andere EURONORMEN bestehen oder Europäische Normen in Vorbereitung sind, z. B.
— warmgewalzte Erzeugnisse aus unlegierten Baustählen (siehe EN 10025),
— Halbzeug zum Schmieden aus allgemeinen Baustählen (siehe EURONORM 30),
— wetterfeste Baustähle (siehe EN 10155),
— Blech und Breitflachstahl aus vergüteten schweißgeeigneten Feinkornbaustählen (siehe prEN 10137),

- Flacherzeugnisse aus Stählen mit hoher Streckgrenze für Kaltumformung – Breitflachstahl, Blech und Band – (siehe prEN 10149),
- Schiffbaustähle, übliche und höherfeste Sorten (siehe EURONORM 156),
- warmgeformte Hohlprofile für den Stahlbau (siehe prEN 10210-1).

2 Normative Verweisungen

Diese Europäische Norm enthält durch datierte oder undatierte Verweisungen Festlegungen aus anderen Publikationen. Diese normativen Verweisungen sind an den jeweiligen Stellen im Text zitiert und die Publikationen sind nachstehend aufgeführt. Bei starren Verweisungen gehören spätere Änderungen oder Überarbeitungen dieser Publikationen nur zu dieser Europäischen Norm, falls sie durch Änderungen oder Überarbeitungen eingearbeitet sind. Bei undatierten Verweisungen gilt die letzte Ausgabe der in Bezug genommenen Publikation.

2.1 Allgemeine Lieferbedingungen

EN 10020	Begriffsbestimmungen für die Einteilung der Stähle
prEN 10021	Allgemeine technische Lieferbedingungen für Stahl und Stahlerzeugnisse
EN 10027-1	Bezeichnungssysteme für Stähle – Teil 1: Kurznamen, Hauptsymbole
EN 10027-2	Bezeichnungssysteme für Stähle – Teil 2: Nummernsystem
EN 10079	Begriffsbestimmungen für Stahlerzeugnisse
EN 10163	Lieferbedingungen für die Oberflächenbeschaffenheit von warmgewalzten Stahlerzeugnissen – Teil 1: Allgemeine Anforderungen –, Teil 2: Blech- und Breitflachstahl –, Teil 3: Profile –
EN 10204	Metallische Erzeugnisse – Arten von Prüfbescheinigungen
prEN 10052 [1])	Begriffe der Wärmebehandlung von Eisenwerkstoffen
EURONORM 162 (1981) [2])	Kaltprofile. Technische Lieferbedingungen
EURONORM 168 (1986) [2])	Inhalt von Bescheinigungen über Werkstoffprüfungen für Stahlerzeugnisse
EURONORM-Mitteilung Nr. 2 (1983) [2])	Schweißgeeignete Feinkornbaustähle – Hinweise für die Verarbeitung, besonders für das Schweißen
ECISS-Mitteilung IC 10	Bezeichnungssysteme für Stähle – Zusatzsymbole für Kurznamen

2.2 Normen für die Nennmaße und Grenzabmaße

EN 10029	Warmgewalztes Stahlblech von 3 mm Dicke an – Grenzabmaße, Formtoleranzen, zulässige Gewichtsabweichungen
EN 10051	Kontinuierlich warmgewalztes Blech und Band ohne Überzug aus unlegierten und legierten Stählen – Grenzabmaße und Formtoleranzen
prEN 10034 [1])	I- und H-Profile aus Stahl – Grenzabmaße und Formtoleranzen
prEN 10056-2 [1])	Gleichschenklige und ungleichschenklige Winkel aus Stahl – Teil 2: Grenzabmaße und Formtoleranzen
EURONORM 19 (1957) [2])	IPE-Träger – I-Träger mit parallelen Flanschflächen
EURONORM 24 (1962) [2])	Schmale I-Träger, U-Stahl – zulässige Abweichungen
EURONORM 48 (1984) [2])	Warmgewalzter Bandstahl – zulässige Maß- und Formabweichungen
EURONORM 53 (1962) [2])	Warmgewalzte breite I-Träger (Breitflanschträger) mit parallelen Flanschflächen
EURONORM 54 (1980) [2])	Warmgewalzter kleiner U-Stahl
EURONORM 55 (1980) [2])	Warmgewalzter gleichschenkliger rundkantiger T-Stahl
EURONORM 56 (1977) [2]) [3])	Warmgewalzter gleichschenkliger rundkantiger Winkelstahl
EURONORM 57 (1978) [2]) [3])	Warmgewalzter ungleichschenkliger rundkantiger Winkelstahl
EURONORM 58 (1978) [2])	Warmgewalzter Flachstahl für allgemeine Verwendung
EURONORM 59 (1978) [2])	Warmgewalzter Vierkantstahl für allgemeine Verwendung
EURONORM 60 (1979) [2])	Warmgewalzter Rundstahl für allgemeine Verwendung
EURONORM 61 (1982) [2])	Warmgewalzter Sechskantstahl
EURONORM 65 (1980) [2])	Warmgewalzter Rundstahl für Schrauben und Niete
EURONORM 66 (1967) [2])	Warmgewalzter Halbrund- und Flachhalbrundstahl
EURONORM 67 (1978) [2])	Warmgewalzter Wulstflachstahl
EURONORM 91 (1981) [2])	Warmgewalzter Breitflachstahl – zulässige Maß-, Form- und Gewichtsabweichungen

---
[1]) Z. Z. Entwurf
[2]) Bis zu ihrer Umwandlung in Europäische Normen können entweder die genannten EURONORMEN oder die entsprechenden nationalen Normen nach der Liste im Anhang B zur vorliegenden Europäischen Norm angewendet werden.
[3]) Die EURONORMEN 56 und 57 sind im Hinblick auf die in ihnen enthaltenen Nennmaße angeführt.

2.3 Prüfnormen

EN 10002-1	Metallische Werkstoffe – Zugversuch. Teil 1: Prüfverfahren (bei Raumtemperatur)
EN 10045-1	Metallische Werkstoffe – Kerbschlagbiegeversuch nach Charpy. Teil 1: Prüfverfahren
EURONORM 18 (1979) [2]	Entnahme und Vorbereitung von Probeabschnitten und Proben aus Stahl und Stahlerzeugnissen
EURONORM 103 (1971) [2]	Mikroskopische Ermittlung der Ferrit- oder Austenitkorngröße von Stählen
EURONORM 160 (1985) [2]	Ultraschallprüfungen von Stahlblechen mit Dicken größer oder gleich 6 mm (Reflexionsverfahren)
EURONORM 186 (1987) [2]	Ultraschallprüfung von I-Profilen mit breiten und mittelbreiten (IPE) parallelen Flanschen
ISO 2566/1 (1984)	Steel – Conversion of elongation values. Part 1: Carbon and low alloy steels

3 Definitionen

Im Rahmen dieser Europäischen Norm gelten folgende Definitionen:

3.1 Unlegierter Qualitätsstahl und legierter Edelstahl: siehe EN 10020.

3.2 Langerzeugnisse, Flacherzeugnisse (Blech, Bandstahl, Warmbreitband und Breitflachstahl) sowie Halbzeug: siehe EN 10079.

3.3 Fachausdrücke der Wärmebehandlung: siehe prEN 10052.

3.4 Feinkornstähle; Stähle mit feinkörnigem Gefüge mit einer Ferritkorngröße von 6 oder feiner bei der Ermittlung nach EURONORM 103.

3.5 Normalisierendes Walzen

Walzverfahren mit einer Endumformung in einem bestimmten Temperaturbereich, das zu einem Werkstoffzustand führt, der dem nach einem Normalglühen gleichwertig ist, so daß die Sollwerte der mechanischen Eigenschaften auch nach einem zusätzlichen Normalglühen eingehalten werden.

Die Kurzbezeichnung für diesen Lieferzustand ist N.

ANMERKUNG: Im internationalen Schrifttum findet man sowohl für das normalisierende Walzen als auch für das thermomechanische Walzen den Ausdruck "controlled rolling". Im Hinblick auf die unterschiedliche Verwendbarkeit der Erzeugnisse ist jedoch eine Unterscheidung dieser beiden Begriffe erforderlich.

3.6 Thermomechanisches Walzen

Walzverfahren mit einer Endumformung in einem bestimmten Temperaturbereich, das zu einem Werkstoffzustand mit bestimmten Eigenschaften führt, der durch eine Wärmebehandlung allein nicht erreicht wird und nicht wiederholbar ist.

Die Kurzbezeichnung dieses Lieferzustandes ist M.

ANMERKUNG 1: Nachträgliches Erwärmen oberhalb 580 °C kann die Festigkeitseigenschaften vermindern. Wenn Temperaturen über 580 °C angewendet werden müssen, sind Rückfragen beim Lieferer erforderlich.

ANMERKUNG 2: Das zum Lieferzustand M führende thermomechanische Walzen kann Verfahren mit erhöhter Abkühlgeschwindigkeit ohne oder mit Anlassen einschließlich Selbstanlassen, nicht aber das Direkthärten und Flüssigkeitsvergüten einschließen.

4 Bestellangaben
4.1 Allgemeines

Bei der Bestellung muß der Besteller folgendes angeben:
  a) Einzelheiten zur Erzeugnisform und zur Liefermenge;
  b) Hinweis auf diese Europäische Norm;
  c) Nennmaße und Grenzabmaße (siehe 5.1);
  d) Stahlsorte, Gütegruppe und Lieferzustand des Stahls (siehe Teil 2 und Teil 3 dieser Europäischen Norm);
  e) Art der gewünschten Prüfbescheinigung (siehe 8.8).

Wenn vom Besteller keine spezifischen Angaben zu a), b), c), d) und e) gemacht werden, ist eine Rückfrage des Lieferers beim Besteller erforderlich.

4.2 Zusätzliche Anforderungen

In Abschnitt 11 ist eine Anzahl zusätzlicher Anforderungen angegeben. Falls der Besteller davon keinen Gebrauch macht und die Bestellung keine entsprechende Anforderungen enthält, werden die Erzeugnisse nach den allgemeingültigen Festlegungen dieser Norm geliefert.

5 Maße, Grenzabmaße und Masse
5.1 Maße und Grenzabmaße

Die Nennmaße und Grenzabmaße müssen den Festlegungen in den Europäischen Normen und EURONORMEN entsprechen (siehe 2.2).

5.2 Masse

Für die Ermittlung der theoretischen Masse ist eine Dichte von $7{,}85 \, \text{kg/dm}^3$ einzusetzen.

6 Sorteneinteilung; Bezeichnung
6.1 Sorteneinteilung
6.1.1 Hauptgüteklassen

Entsprechend der Einteilung in den Teilen 2 und 3 dieser Europäischen Norm gehören die Stahlsorten zu den unlegierten Qualitätsstählen oder zu den legierten Edelstählen nach EN 10020.

6.1.2 Gütegruppen

Die Stähle für Flach- und Langerzeugnisse nach den Teilen 2 und 3 dieser Europäischen Norm sind nach dem festgelegten Mindestwert der Streckgrenze bei Raumtemperatur geordnet. Alle Stahlsorten können je nach der Bestellung in den folgenden Gütegruppen geliefert werden:

  – mit festgelegten Mindestwerten der Kerbschlagarbeit bei Temperaturen bis – 20 °C,
  – mit festgelegten Mindestwerten der Kerbschlagarbeit bei Temperaturen bis – 50 °C.

6.2 Bezeichnung

6.2.1 Bei den Stahlsorten nach dieser Europäischen Norm sind die Kurznamen nach EN 10027-1 und ECISS-Mitteilung IC 10, die Werkstoffnummern nach EN 10027-2 gebildet worden.

ANMERKUNG: Eine Liste der früheren nationalen Bezeichnungen vergleichbarer Stähle sowie die früheren Bezeichnungen nach EURONORM 113 (1972) enthält Anhang C, Tabelle C.1.

---

[2] Siehe Seite 3

6.2.2 Die Bezeichnung wird wie folgt gebildet:
- Nummer dieser Europäischen Norm (EN 10113-2 oder EN 10113-3),
- Kennbuchstabe S,
- festgelegter Mindestwert der Streckgrenze für Dicken $\leq$ 16 mm in N/mm^2,
- Kennbuchstabe (N oder M) für den Lieferzustand (siehe Teil 2 und Teil 3 dieser Europäischen Norm),
- Kennbuchstabe L bei der Gütegruppe mit festgelegten Mindestwerten der Kerbschlagarbeit bei Temperaturen bis − 50 °C.

7 Technische Anforderungen
7.1 Erschmelzungsverfahren des Stahles
7.1.1 Das Erschmelzungsverfahren des Stahls bleibt dem Hersteller überlassen. Wenn bei der Bestellung vereinbart, ist das Erschmelzungsverfahren des Stahles dem Besteller bekanntzugeben.
Zusätzliche Anforderung 1.

7.1.2 Die Stähle müssen feinkörnig sein und ausreichende Gehalte an stickstoffabbindenden Elementen haben.

7.2 Lieferzustand
7.2.1 Normalgeglühte Stähle
Der Lieferzustand für normalgeglühte Flach- und Langerzeugnisse nach der Definition im Abschnitt 3 ist im Teil 2 dieser Europäischen Norm festgelegt.

7.2.2 Thermomechanisch gewalzte Stähle
Der Lieferzustand für thermomechanisch gewalzte Flach- und Langerzeugnisse nach der Definition im Abschnitt 3 ist im Teil 3 dieser Europäischen Norm festgelegt.

7.3 Chemische Zusammensetzung
7.3.1 Die chemische Zusammensetzung nach der Schmelzenanalyse muß den in den Teilen 2 und 3 dieser Europäischen Norm angegebenen Werten entsprechen.

7.3.2 Bei den Werten für die chemische Zusammensetzung nach den Teilen 2 und 3 dieser Europäischen Norm handelt es sich um Grenzwerte oder um Bereiche, innerhalb derer die verschiedenen Stahlsorten liegen können. Der Hersteller muß den Besteller bei der Bestellung unterrichten, welche der der gewünschten Stahlsorte angemessenen Legierungselemente dem gelieferten Werkstoff absichtlich zugesetzt werden.

7.3.3 Auf entsprechende Vereinbarung bei der Bestellung gelten die Anforderungen an den Höchstwert für das Kohlenstoffäquivalent (CEV) nach Tabelle 2 in den Teilen 2 und 3. Für die Ermittlung ist folgende Formel anzuwenden:

$$CEV = C + \frac{Mn}{6} + \frac{Cr + Mo + V}{5} + \frac{Ni + Cu}{15}$$

Zusätzliche Anforderung 2.

7.3.4 Die Stückanalyse wird durchgeführt, wenn dies bei der Bestellung gefordert wird.
Zusätzliche Anforderung 3.
Die zulässigen Abweichungen der Werte der Stückanalyse von den festgelegten Grenzwerten für die Schmelzenanalyse sind in Tabelle 1 angegeben.

7.4 Mechanische Eigenschaften
7.4.1 Allgemeines
7.4.1.1 Die mechanischen Eigenschaften und die Kerbschlagarbeit bei der für den Nachweis vorgesehenen Prüftemperatur müssen im Lieferzustand nach 7.2 und bei der Probenahme und Prüfung nach Abschnitt 8 den jeweiligen Anforderungen nach den Teilen 2 und 3 dieser Europäischen Norm entsprechen.

ANMERKUNG: Spannungsarmglühen bei Temperaturen über 580 °C oder für eine Dauer von mehr als 1 h kann zu einer Verschlechterung der mechanischen Eigenschaften führen. Wenn der Verarbeiter beabsichtigt, die Erzeugnisse bei höheren Temperaturen oder für eine längere Zeitdauer spannungsarmzuglühen, sollten die Mindestwerte für die mechanischen Eigenschaften nach einer solchen Behandlung bei der Bestellung vereinbart werden.

7.4.1.2 Als Dicke gilt bei Flacherzeugnissen die Nenndicke, bei Langerzeugnissen mit ungleichmäßigem Querschnitt die Nenndicke des Teils, aus dem die Probenabschnitte entnommen werden (siehe Anhang A).

7.4.2 Kerbschlagarbeit
7.4.2.1 Wenn bei der Bestellung nicht anders vereinbart (siehe 7.4.2.2 und 7.4.2.3), erfolgt der Nachweis der Kerbschlagarbeit an Längsproben bei
- − 20 °C für die Gütegruppen N und M,
- − 50 °C für die Gütegruppen NL und ML.

7.4.2.2 Bei der Bestellung kann eine andere Prüftemperatur (nach den Tabellen 4 und 5 in den Teilen 2 und 3) vereinbart werden.

7.4.2.3 Wenn bei der Bestellung vereinbart, gelten statt der Längswerte die in Tabelle 5 der Teile 2 und 3 dieser Europäischen Norm angegebenen Querwerte für die Kerbschlagarbeit.
Zusätzliche Anforderung 5.

7.4.2.4 Wenn die Nenndicke des Erzeugnisses für die Herstellung üblicher Kerbschlagproben nicht ausreicht, sind Proben von geringerer Breite zu entnehmen (siehe 8.5.2.3); die einzuhaltenden Werte für die Kerbschlagarbeit sind dann proportional zu vermindern.

ANMERKUNG: Bei Erzeugnissen mit Nenndicken < 6 mm können keine Kerbschlagbiegeversuche gefordert werden.

7.4.3 Verbesserte Verformungseigenschaften senkrecht zur Erzeugnisoberfläche
Wenn bei der Bestellung vereinbart, müssen die Flach- und Langerzeugnisse den Anforderungen an die verbesserten Verformungseigenschaften senkrecht zur Erzeugnisoberfläche nach EN 10164 entsprechen.
Zusätzliche Anforderung 6.

7.5 Technologische Eigenschaften
7.5.1 Schweißeignung
Die Stähle nach dieser Europäischen Norm müssen für das Schweißen nach gebräuchlichen Verfahren geeignet sein.

ANMERKUNG 1: Mit zunehmender Erzeugnisdicke und Festigkeit können Kaltrisse auftreten. Kaltrissigkeit wird von den folgenden zusammenwirkenden Einflußgrößen verursacht:
- Gehalt an diffusiblem Wasserstoff im Schweißgut,
- sprödes Gefüge in der wärmebeeinflußten Zone,
- hohe Zugspannungskonzentrationen in der Schweißverbindung.

ANMERKUNG 2: Aus Empfehlungen, z. B. EURO-NORM-Mitteilung Nr. 2[4]) oder entsprechenden nationalen Normen, können die angemessenen Schweißbedingungen und die verschiedenen Bereiche für das Schweißen der Stahlsorten in Abhängigkeit von der Erzeugnisdicke, der eingebrachten Streckenenergie, den Anforderungen an das Bauteil, dem Elektrodenausbringen, dem Schweißverfahren und den Eigenschaften des Schweißgutes ermittelt werden.

7.5.2 Umformbarkeit

ANMERKUNG: Empfehlungen für das Warm- und Kaltumformen sind in der EURONORM-Mitteilung Nr. 2 enthalten.

7.5.2.1 Warmumformbarkeit

Die Eignung zum Warmumformen ist in den Teilen 2 und 3 dieser Europäischen Norm angegeben.

7.5.2.2 Kaltumformbarkeit

7.5.2.2.1 Eignung zum Kaltbiegen, Abkanten, Kaltflanschen oder Kaltbördeln

Wenn bei der Bestellung gefordert, muß Blech, Band und Breitflachstahl zum Kaltbiegen, Abkanten, Kaltflanschen oder Kaltbördeln ohne Rißbildung entsprechend den Angaben in den Teilen 2 und 3 dieser Europäischen Norm geeignet sein.

Zusätzliche Anforderung 11.

7.5.2.2.2 Walzprofilieren

Wenn bei der Bestellung gefordert, muß Blech und Band zur Herstellung von Kaltprofilen durch Walzprofilieren (z. B. nach EURONORM 162) entsprechend den Angaben in den Teilen 2 und 3 dieser Europäischen Norm geeignet sein.

Zusätzliche Anforderung 12.

ANMERKUNG: Alle für das Walzprofilieren geeigneten Sorten sind auch für die Herstellung von kaltgefertigten quadratischen und rechteckigen Hohlprofilen geeignet.

7.5.3 Sonstige Anforderungen

7.5.3.1 Wenn bei der Bestellung gefordert, müssen die Stahlsorten S275 und S355 zum Feuerverzinken geeignet sein und den entsprechenden Güteanforderungen an die Erzeugnisse genügen.

Zusätzliche Anforderung 7.

7.5.3.2 Auf entsprechende Vereinbarung bei der Bestellung müssen schwere Profile für das Längstrennen geeignet sein.

Zusätzliche Anforderung 15.

7.6 Oberflächenbeschaffenheit

7.6.1 Band

Durch die Oberflächenbeschaffenheit soll eine der Stahlsorte angemessene Verwendung bei sachgemäßer Verarbeitung des Bandes nicht beeinträchtigt werden.

7.6.2 Blech, Breitflachstahl und Langerzeugnisse

Für Unvollkommenheiten der Oberfläche sowie für das Ausbessern von Oberflächenfehlern durch Schleifen und/oder Schweißen gilt EN 10163.

Sofern nicht vorher mit dem Besteller anders vereinbart, ist das Ausbessern durch Schweißen nicht erlaubt.

Zusätzliche Anforderung 8.

7.7 Innere Fehler

Die Erzeugnisse müssen frei von inneren Fehlern sein, die ihre übliche Verwendung ausschließen würden.

Bei der Bestellung kann eine Ultraschallprüfung vereinbart werden (siehe 8.6.3).

Zusätzliche Anforderung 13 (für Flacherzeugnisse).

Zusätzliche Anforderung 16 (für Langerzeugnisse).

8 Prüfung

8.1 Allgemeines

8.1.1 Die Erzeugnisse sind mit spezifischer Prüfung auf Übereinstimmung mit den Anforderungen dieser Europäischen Norm zu liefern.

8.1.2 Der Besteller muß bei der Bestellung die gewünschte Prüfbescheinigung angeben (siehe 4.1 und 8.8).

8.1.3 Die spezifischen Prüfungen sind nach den Angaben in 8.2 bis 8.7 durchzuführen.

8.1.4 Wenn bei der Bestellung nicht anders vereinbart, wird die Prüfung der Oberflächenbeschaffenheit und der Maße vom Hersteller durchgeführt.

Zusätzliche Anforderung 9.

8.2 Vorlage zur Prüfung

Der Nachweis der mechanischen Eigenschaften erfolgt nach Schmelzen getrennt.

8.3 Prüfeinheiten

Die Prüfeinheiten müssen aus Erzeugnissen derselben Stahlsorte, derselben Erzeugnisform und desselben Dickenbereichs für die Streckgrenze entsprechend Tabelle 3 des Teiles 2 oder Tabelle 3 des Teiles 3 dieser Europäischen Norm bestehen.

Für den Nachweis der mechanischen Eigenschaften gelten die in den Teilen 2 und 3 dieser Europäischen Norm festgelegten Prüfeinheiten.

8.4 Nachweis der chemischen Zusammensetzung

8.4.1 Für die bei jeder einzelnen Schmelze durchgeführte Schmelzenanalyse gelten die vom Hersteller mitgeteilten Werte.

8.4.2 Die Stückanalyse wird nur durchgeführt, wenn dies bei der Bestellung vereinbart wurde. Der Besteller muß die Anzahl der Proben sowie die zu prüfenden Elemente angeben.

Zusätzliche Anforderung 3.

8.5 Mechanische Prüfungen

8.5.1 Entnahme der Probenabschnitte

8.5.1.1 Folgende Probenabschnitte sind aus einem Erzeugnis jeder Prüfeinheit zu entnehmen:

— ein Probenabschnitt für die Probe für den Zugversuch,

— ein Probenabschnitt, der zur Herstellung von sechs Kerbschlagproben ausreicht.

8.5.1.2 Für die Entnahme kann jedes beliebige Erzeugnis der Prüfeinheit dienen.

8.5.1.3 Bei Blech, Breitband und Breitflachstahl sind die Probenabschnitte etwa im halben Abstand zwischen Längskante und Mittellinie des Erzeugnisses zu entnehmen.

Bei Breitband ist der Probenabschnitt in angemessenem Abstand vom Ende der Rolle zu entnehmen.

Bei Bandstahl (< 600 mm Breite) ist der Probenabschnitt im Abstand von einem Drittel der Bandbreite vom Rand und in angemessenem Abstand vom Ende der Rolle zu entnehmen.

---

[4]) Wird in EN..."Empfehlungen für das Lichtbogenschweißen ferritischer Stähle" umgewandelt.

8.5.1.4
Für Langerzeugnisse gelten die Festlegungen in EURONORM 18 (siehe Anhang A).

8.5.2 Probenvorbereitung
8.5.2.1 Allgemeines
Es gelten die Festlegungen in EURONORM 18 (siehe Anhang A).

8.5.2.2 Zugproben
Es gelten die Festlegungen in EN 10002-1.

Es dürfen nicht-proportionale Proben verwendet werden, in Schiedsfällen sind aber Proportionalproben mit einer Meßlänge $L_0 = 5,65 \sqrt{S_0}$ zu verwenden (siehe 8.6.2.1).

Bei Flacherzeugnissen < 3 mm Nenndicke müssen die Proben stets eine Meßlänge $L_0 = 80$ mm und eine Breite von 20 mm aufweisen (Probenform 2 nach EN 10002-1).

8.5.2.3 Kerbschlagproben
Die Proben sind nach EN 10045-1 zu bearbeiten und vorzubereiten.

Zusätzlich gelten folgende Anforderungen:

a) Bei Nenndicken > 12 mm sind genormte Proben (10 mm × 10 mm) so herzustellen, daß eine Seite nicht mehr als 2 mm von der Walzoberfläche entfernt liegt (siehe Bild A.3).

b) Bei Nenndicken ≤ 12 mm muß bei der Verwendung von Proben geringerer Breite die Probenbreite ≥ 5 mm betragen (siehe 7.4.2.4).

c) Bei Blech mit einer Nenndicke ≥ 40 mm sind die Proben in einem Abstand von einem Viertel der Erzeugnisdicke von der Oberfläche entfernt zu entnehmen.

8.5.2.4 Proben für die Ermittlung der chemischen Zusammensetzung
Für die Vorbereitung der Proben für die Stückanalyse gilt EURONORM 18.

8.6 Anzuwendende Prüfverfahren
8.6.1 Chemische Zusammensetzung
Für die Ermittlung der chemischen Zusammensetzung sind in Schiedsfällen die entsprechenden Europäischen Normen oder EURONORMEN anzuwenden (siehe Fußnote 2 zum Abschnitt 2).

ANMERKUNG: Bis zu ihrer Umwandlung in Europäische Normen können entweder die EURONORMEN oder die entsprechenden nationalen Normen angewendet werden.

8.6.2 Mechanische Prüfungen
Die mechanischen Prüfungen sind bei Temperaturen zwischen 10 °C und 35 °C durchzuführen, sofern nicht für den Kerbschlagbiegeversuch eine bestimmte Prüftemperatur festgelegt ist (siehe 7.4.2.1 und 7.4.2.2).

8.6.2.1 Zugversuch
Der Zugversuch ist nach EN 10002-1 durchzuführen. Als die in Tabelle 3 des Teiles 2 und in Tabelle 3 des Teiles 3 dieser Europäischen Norm festgelegte Streckgrenze ist die obere Streckgrenze (R_{eH}) zu ermitteln.

Bei nicht ausgeprägter Streckgrenze ist die 0,2 % Dehngrenze ($R_{p0,2}$) bzw. $R_{t0,5}$ zu ermitteln. In Schiedsfällen ist die 0,2 % Dehngrenze ($R_{p0,2}$) zu ermitteln.

Wenn für Erzeugnisse mit einer Dicke ≥ 3 mm nicht-proportionale Zugproben verwendet werden, ist die ermittelte Bruchdehnung nach den Umrechnungstabellen in ISO 2566/1 auf den für die Meßlänge $L_0 = 5,65 \sqrt{S_0}$ gültigen Wert umzurechnen.

8.6.2.2 Kerbschlagbiegeversuch
Der Kerbschlagbiegeversuch ist nach DIN 10045-1 durchzuführen.

Der Mittelwert aus den drei Prüfergebnissen muß dem festgelegten Mindestwert entsprechen. Nur ein Einzelwert darf unter diesem festgelegten Mindestwert liegen, er muß jedoch mindestens 70 % dieses Wertes betragen.

In folgenden Fällen sind drei zusätzliche Proben dem Probenabschnitt nach 8.5.1 zu entnehmen und zu prüfen:

– wenn der Mittelwert der drei Proben unter dem festgelegten Mindest-Mittelwert liegt,

– wenn die Anforderungen an den Mittelwert zwar erfüllt sind, jedoch zwei Einzelwerte unter dem festgelegten Mindest-Mittelwert liegen,

– wenn einer der Einzelwerte weniger als 70 % des festgelegten Mindest-Mittelwertes beträgt.

Der Mittelwert aller sechs Prüfungen darf nicht kleiner sein als der festgelegte Mindest-Mittelwert. Von den sechs Einzelwerten dürfen höchstens zwei unter diesem Mindest-Mittelwert liegen, davon darf jedoch höchstens ein Einzelwert weniger als 70 % des Mindest-Mittelwertes betragen.

8.6.3 Ultraschallprüfung
Wenn bei der Bestellung gefordert (siehe 7.7), ist eine Ultraschallprüfung wie folgt durchzuführen:

– bei Blech in Dicken ≥ 6 mm nach EURONORM 160;

– bei I-Profilen mit breiten und mittelbreiten Flanschen nach EURONORM 186.

8.7 Wiederholungsprüfungen und Wiedervorlage zur Prüfung
Für alle Wiederholungsprüfungen und die Wiedervorlage zur Prüfung gilt prEN 10021.

Bei Band sind die Wiederholungsprüfungen an der zurückgewiesenen Rolle nach Abtrennen eines zusätzlichen Erzeugnisabschnitts von maximal 20 m vorzunehmen, um den Einfluß des Rollenendes zu beseitigen.

8.8 Prüfbescheinigungen
Es ist der in EN 10204 für spezifische Prüfungen genannten Prüfbescheinigungen auszustellen. In diesen Bescheinigungen sind die Angabenblöcke A, B und Z sowie die Kennummern C01 bis C03, C10 bis C13, C40 bis C43 und C71 bis C92 nach EURONORM 168 zu erfassen.

9 Kennzeichnung von Flach- und Langerzeugnissen

9.1 Die Erzeugnisse sind nach einem geeigneten Verfahren dauerhaft z. B. durch Farbauftrag, Stempelung, dauerhafte Klebezettel oder Anhängeschilder mit folgenden Angaben zu kennzeichnen:

– Kurzbezeichnung der Stahlsorte, Gütegruppe und des Lieferzustands (z. B. S355 M),

– Nummer, durch die Schmelze und Probenabschnitt zugeordnet werden können,

– Name oder Kennzeichen des Herstellers,

– Zeichen der externen Prüfstelle (soweit zutreffend).

9.2 Die Kennzeichnung ist nach Wahl des Herstellers in der Nähe eines Endes jeden Stückes oder auf der Stirnfläche anzubringen.

9.3 Bei entsprechender Angabe bei der Bestellung ist die Kennzeichnung durch Einprägen nicht oder nur an den vom Besteller genannten Stellen gestattet.

Zusätzliche Anforderung 10.

9.4 Wenn leichte Erzeugnisse in festen Bunden geliefert werden, muß die Kennzeichnung auf einem Anhängeschild erfolgen, das am Bund oder an dem oben liegenden Stück des Bundes angebracht wird.

Seite 8
EN 10113-1 : 1993

10 Beanstandungen

Für Beanstandungen nach der Lieferung und deren Bearbeitung gilt EN 10021.

11 Zusätzliche Anforderungen (siehe 4.2)

11.1 Für alle Erzeugnisse

1) Angabe des Erschmelzungsverfahrens des Stahles (siehe 7.1.1).

2) Anforderungen an den Maximalwert für das Kohlenstoffäquivalent (siehe 7.3.3).

3) Durchführung der Stückanalyse und gegebenenfalls Angabe der Anzahl der Proben und der zu prüfenden Elemente (siehe 7.3.4 und 8.4.2).

4) Andere Prüftemperatur für den Nachweis der Kerbschlagarbeit als nach 7.4.2.1 (siehe 7.4.2.2).

5) Etwaige Prüfung der Kerbschlagarbeit an Querproben (siehe 7.4.2.3).

6) Anforderungen an verbesserte Verformungseigenschaften senkrecht zur Erzeugnisoberfläche entsprechend EN 10164 (siehe 7.4.3).

7) Anforderungen an die Eignung der Stähle S275 oder S355 zum Feuerverzinken (siehe 7.5.3.1).

8) Erlaubnis für das Ausbessern durch Schweißen (siehe 7.6.2).

9) Vom Besteller gewünschte Prüfung der Oberflächenbeschaffenheit und der Maße im Herstellerwerk durch eigene oder beauftragte Prüfer (siehe 8.1.4).

10) Untersagung der Kennzeichnung durch Einprägen oder Position der Einprägung nach Angabe des Bestellers (siehe 9.3).

11.2 Für Flacherzeugnisse

11) Lieferung mit Eignung zum Kaltbiegen, Abkanten, Kaltflanschen oder Kaltbördeln (siehe 7.5.2.2.1).

12) Lieferung mit Eignung zum Walzprofilieren (siehe 7.5.2.2.2).

13) Prüfung von Blech $\geq$ 6 mm Dicke auf innere Fehler nach EURONORM 160 (siehe 7.7 und 8.6.3).

14) Verwendung einer Rundprobe für den Zugversuch bei Flacherzeugnissen mit einer Nenndicke > 30 mm (siehe Bild A.3).

11.3 Für Langerzeugnisse

15) Anforderungen an die Eignung zum Längstrennen bei schweren Profilen (siehe 7.5.3.2).

16) Prüfung von I-Profilen mit breiten und mittelbreiten parallelen Flanschen auf innere Fehler nach EURONORM 186 (siehe 7.7 und 8.6.3).

Tabelle 1: Grenzabweichungen der chemischen Zusammensetzung nach der Stückanalyse von den festgelegten Grenzwerten für die Schmelzenanalyse

Element	Grenzwert nach der Schmelzenanalyse Massenanteil in %	Grenzabweichungen nach der Stückanalyse von den Grenzwerten nach der Schmelzenanalyse Massenanteil in %
C	$\leq$ 0,20	+ 0,02
Si	$\leq$ 0,60	+ 0,05
Mn	$\leq$ 1,70	− 0,05 + 0,10
P	$\leq$ 0,035	+ 0,005
S	$\leq$ 0,030	+ 0,005
Nb	$\leq$ 0,05	+ 0,010
V	$\leq$ 0,20	+ 0,02
Ti	$\leq$ 0,05	+ 0,01
Cr	$\leq$ 0,30	+ 0,05
Ni	$\leq$ 0,80	+ 0,05
Mo	$\leq$ 0,20	+ 0,03
Cu	$\leq$ 0,35 > 0,35 $\leq$ 0,70	+ 0,04 + 0,07
N	$\leq$ 0,025	+ 0,002
Al_{gesamt}	$\geq$ 0,02	− 0,005

Seite 9
EN 10113-1 : 1993

Anhang A (normativ)

Lage der Probenabschnitte und Proben (siehe EURONORM 18)

Dieser Anhang gilt für folgende drei Erzeugnisgruppen:
- für Träger, für U-Stahl, für Winkelstahl, für T-Stahl und für Z-Stahl (siehe Bild A.1)
- für Stäbe (siehe Bild A.2)
- für Flacherzeugnisse (siehe Bild A.3).

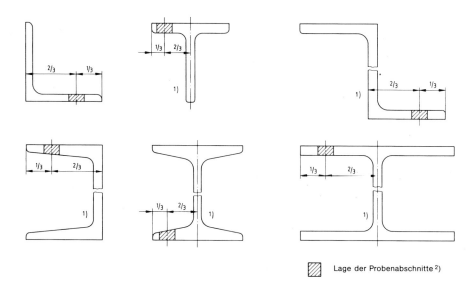

Lage der Probenabschnitte [2]

Bild A.1: Träger, U-Stahl, Winkelstahl, T-Stahl und Z-Stahl

---

[1] Nach entsprechender Vereinbarung kann der Probenabschnitt auch aus dem Steg entnommen werden, und zwar in ¼ der Gesamthöhe.

[2] Die Entnahme der Proben aus den Probenabschnitten erfolgt nach den Angaben in Bild A.3. Bei Profilen mit geneigten Flanschflächen darf die geneigte Seite zur Erreichung paralleler Flanschflächen bearbeitet werden.

Maße in mm

Stahlgruppe	Probenart	Erzeugnisse mit rundem Querschnitt	Erzeugnisse mit rechteckigem Querschnitt
Stähle für den Stahlbau	Zugproben	$d \leq 25$ [1] $d > 25$ [2] 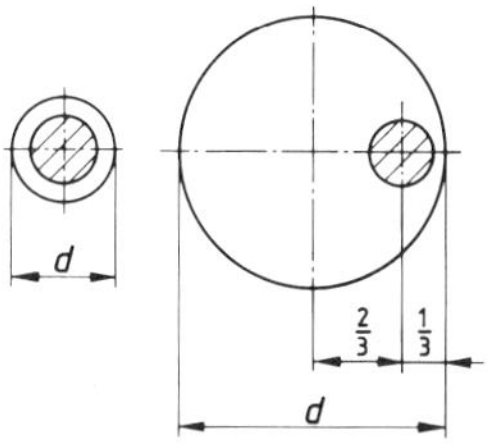	$b \leq 25$ [1] $b > 25$ [2] 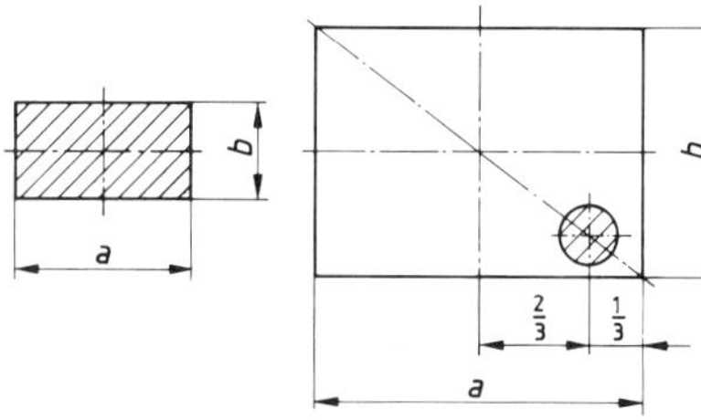
	Kerbschlagproben [3]	$d \geq 16$ 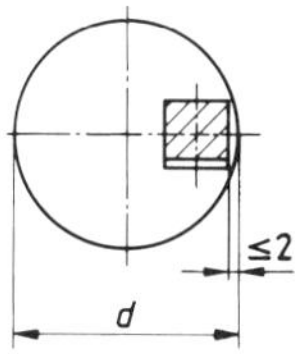	$b \geq 12$ 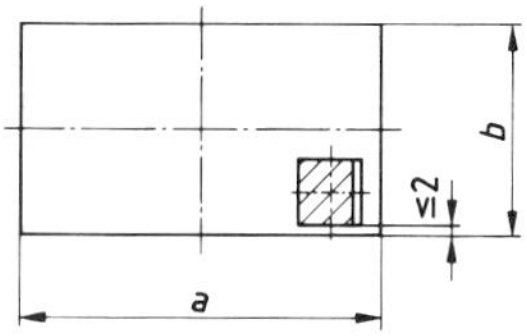

[1] Bei Erzeugnissen mit kleinen Abmessungen (d oder $b \leq 25$ mm) sollte möglichst der unbearbeitete Probenabschnitt als Probe verwendet werden.

[2] Bei Erzeugnissen mit einem Durchmesser oder einer Dicke ≤ 40 mm kann nach Wahl des Herstellers die Probe
 – entweder entsprechend den für Durchmesser oder Dicken ≤ 25 mm geltenden Regeln
 – oder an einer näher zum Mittelpunkt gelegenen Stelle als die im Bild angegebene entnommen werden.

[3] Bei Erzeugnissen mit rundem Querschnitt muß die Längsachse des Kerbes annähernd in Richtung eines Durchmessers verlaufen; bei Erzeugnissen mit rechteckigem Querschnitt muß sie senkrecht zur breiteren Walzoberfläche stehen.

Bild A.2: Stäbe

Seite 11
EN 10113-1 : 1993

Art der Prüfung	Erzeugnis-dicke mm	Lage der Probenlängsachse bei einer Erzeugnisbreite von		Abstand der Proben von der Walzoberfläche mm
		< 600 mm	≥ 600 mm	
Zug-versuch [1]	≤ 30	längs	quer	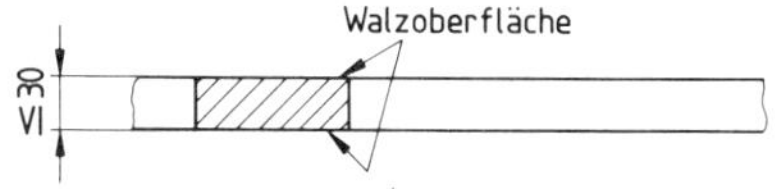 Walzoberfläche
	> 30			Walzoberfläche oder Walzoberfläche
Kerb-schlag-biege-versuch [2]	> 12	längs	längs	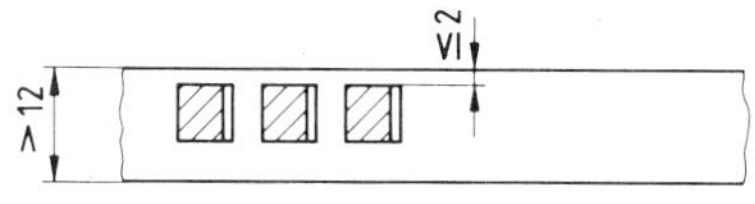

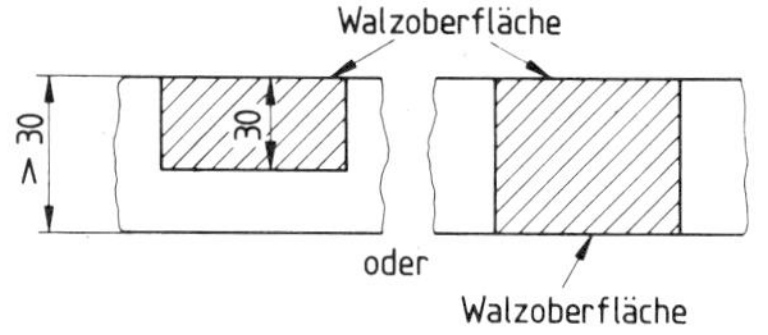

[1] In Zweifels- und Schiedsfällen muß bei den Proben aus Erzeugnissen mit ≥ 3 mm Dicke die Meßlänge $L_0 = 5,65\sqrt{S_0}$ betragen.
Für den Regelfall sind jedoch wegen der einfacheren Anfertigung auch Proben mit konstanter Meßlänge zulässig, vorausgesetzt, daß die an diesen Proben ermittelten Bruchdehnungswerte nach einer anerkannten Beziehung umgerechnet werden (siehe zum Beispiel ISO 2566 – Umrechnung von Bruchdehnungswerten). Bei Erzeugnisdicken über 30 mm kann nach Vereinbarung eine Rundprobe verwendet werden.
Zusätzliche Anforderung 14.

[2] Die Längsachse des Kerbes muß jeweils senkrecht zur Walzoberfläche des Erzeugnisses stehen.

Bild A.3: Flacherzeugnisse

Anhang B (informativ)

Liste der den zitierten EURONORMEN entsprechenden nationalen Normen.

Bis zu ihrer Umwandlung in Europäische Normen können entweder die genannten EURONORMEN oder die entsprechenden nationalen Normen nach Tabelle B.1 angewendet werden.

Tabelle B.1: EURONORMEN und entsprechende nationale Normen

EURONORM	Deutschland	Frankreich	Groß-britannien	Spanien	Italien	Belgien NBN	Portugal NP-	Schweden	Österreich	Norwegen NS
18		NF A 03 111	BS 4360	UNE 36-300 UNE 36-400	UNI-EU 18	A 03-001	2451	SS 11 01 20 SS 11 01 05		10 005 10 006
19	DIN 1025 T 5	NF A 45 205	–	UNE 36-526	UNI 5398	533	2116	SS 21 27 40	M 3262	–
24	DIN 1025 T 1	NF A 45 210	BS 4	UNE 36-521 UNE 36-522	UNI 5679 UNI 5680	632-01	–	SS 21 27 25 SS 21 27 35	M 3261	911
48	DIN 1016	NF A 46 100	BS 1449	UNE 36-553	UNI 6685	–	–		DIN 1016	–
53	DIN 1025 T 2 DIN 1025 T 3 DIN 1025 T 4	NF A 45 201	BS 4	UNE 36-527 UNE 36-528 UNE 36-529	UNI 5397	633	2117	SS 21 27 50 SS 21 27 51 SS 21 27 52	–	1907 1908
54	DIN 1026	NF A 45 007	BS 4	UNE 36-525	UNI-EU 54	A 24-204	338	SS 21 27 20	M 3260	–
55	DIN 1024	NF A 45 008[1]	BS 4	UNE 36-533	UNI-EU 55	A 24-205	337	SS 21 27 11	–	1905
56	DIN 1028	NF A 45 009[1]	BS 4848	UNE 36-531	UNI-EU 56	A 24-201	335	SS 21 21 12	M 3246	1903
57	DIN 1029	NF A 45 010[1]	BS 4848	UNE 36-532	UNI-EU 57	A 34-202	336	SS 21 21 50	M 3247	1904
58	DIN 1017 T 1	NF A 45 005[1]	BS 4360	UNE 36-543	UNI-EU 58	A 34-201	–	SS 21 27 25	M 3230	1902
59	DIN 1014 T 1	NF A 45 004[1]	BS 4360	UNE 36-542	UNI-EU 59	A 34-202	333 + 334	SS 21 25 02	M 3226	1901
60	DIN 1013 T 1	NF A 45 003[1]	BS 4360	UNE 36-541	UNI-EU 60	A 34-203	331	–	M 3221	1900
61	DIN 1015	NF A 45 006[1]	BS 970	UNE 36-547	UNI 7061	A 24-204	–	–	M 3237/M 3228	–
65	DIN 59 130	NF A 45 075[1]	BS 3111	UNE 36-546	UNI 7356	A 24-206	–	–	M 3223	–
66	DIN 1018	–	–	–	UNI 6630	–	–	–	–	–
67	DIN 1019	NF A 45 011	BS 4848	UNE 36-548	UNI-EU 67	A 24-203	–	SS 21 11 70	–	6034
91	DIN 59 200	NF A 46 012	BS 4360	–	UNI-EU 91	A 43-301	–	SS 21 21 50	M 3231	–
103	DIN 50 601	NF A 04 102	BS 4490	UNE 7-280	UNI 3245	A 14-101	1787	–	–	–
160	–	NF A 04 305	BS 5996	–	UNI-EU 160	–	–	SS 11 42 01	–	–
162	DIN 17 118	NF A 37 101	BS 2994	UNE 36-570	UNI 7344	A 02-002	–	–	M 3316	–
168	DIN 59 413	NF A 03 116	BS 4360	UNE 36-800	UNI-EU 168	–	–	SS 11 00 12	–	–
186	SEW 088	NF A 36 000	BS 5135	–	–	–	–	SS 06 40 25	–	–
EURONORM-Mitt. Nr 2										

[1]) Für die Grenzabmaße gelten zusätzlich NF A 45 001 und NF A 45 101.

Seite 13
EN 10113-1 : 1993

Anhang C (informativ)
Liste der früheren Bezeichnungen vergleichbarer Stähle

Tabelle C.1: Liste vergleichbarer früherer Stahlbezeichnungen

Stahlsorte		Vergleichbare frühere Bezeichnungen in					
Kurzname nach EN 10027-1 und ECISS-IC 10	Werkstoffnummer nach EN 10027-2	EURONORM 113-72	Deutschland	Frankreich	Vereinigtes Königreich	Italien	Schweden
S275N	1.0490	FeE 275 KGN	StE 285	–	–	FeE 275 KGN	–
S275NL	1.0491	FeE 275 KTN	TStE 285	–	40 EE	FeE 275 KTN	–
S355N	1.0545	FeE 355 KGN	StE 355	E 355 R	–	FeE 355 KGN	2134-01
S355NL	1.0546	FeE 355 KTN	TStE 355	E 355 FP	50 EE	FeE 355 KTN	2135-01
S420N	1.8902	FeE 420 KGN	StE 420	E 420 R	–	–	–
S420NL	1.8912	FeE 420 KTN	TStE 420	E 420 FP	–	–	–
S460N	1.8901	FeE 460 KGN	StE 460	E 460 R	–	FeE 460 KGN	–
S460NL	1.8903	FeE 460 KTN	TStE 460	E 460 FP	55 EE	FeE 460 KTN	–
S275M	1.8818	FeE 275 KGTM	–	–	–	FeE 275 KGTM	–
S275ML	1.8819	FeE 275 KTTM	–	–	–	FeE 275 KTTM	–
S355M	1.8823	FeE 355 KGTM	StE 355 TM	–	–	FeE 355 KGTM	–
S355ML	1.8834	FeE 355 KTTM	TStE 355 TM	–	–	FeE 355 KTTM	–
S420M	1.8825	FeE 420 KGTM	StE 420 TM	–	–	–	–
S420ML	1.8836	FeE 420 KTTM	TStE 420 TM	–	–	–	–
S460M	1.8827	FeE 460 KGTM	StE 460 TM	–	–	FeE 460 KGTM	–
S460ML	1.8838	FeE 460 KTTM	TStE 460 TM	–	–	FeE 460 KTTM	–

DK 669.14.018.29.018.62-122.4-153.65-4 : 620.1   April 1993

Warmgewalzte Erzeugnisse aus schweißgeeigneten Feinkornbaustählen
Teil 2: Lieferbedingungen für normalgeglühte/normalisierend gewalzte Stähle   Deutsche Fassung EN 10 113-2 : 1993

DIN EN 10 113
Teil 2

Hot-rolled products in weldable fine grain structural steels;
Part 2: Delivery conditions for normalized/normalized rolled steels;
German version EN 10113-2 : 1993
Produits laminés à chaud en aciers de construction soudable à grains fins;
Partie 2: Conditions de livraison des aciers à l'état normalisé/laminage normalisé;
Version allemande EN 10113-2 : 1993

Mit DIN EN 10 028 T1/04.93,
DIN EN 10 028 T3/04.93 und
DIN EN 10 113 T1/04.93
Ersatz für DIN 17 102/10.83

Die Europäische Norm EN 10 113-2 : 1993 hat den Status einer Deutschen Norm.

Nationales Vorwort

Die Europäische Norm EN 10113-2 ist vom Technischen Komitee (TC) 10 „Baustähle, Gütenormen" (Sekretariat Niederlande) des Europäischen Komitees für die Eisen- und Stahlnormung (ECISS) ausgearbeitet worden.

Das zuständige deutsche Normungsgremium ist der Arbeitsausschuß 04/1 „Stähle für den Stahlbau" des Normenausschusses Eisen und Stahl (FES).

Die vorliegende Norm enthält zusammen mit DIN EN 10113 Teil 1 die Anforderungen an normalgeglühte Feinkornbaustähle, die im Stahlbau verwendet werden und früher in DIN 17 102 „Schweißgeeignete Feinkornbaustähle, normalgeglüht; Technische Lieferbedingungen für Blech, Band, Breitflach-, Form- und Stabstahl" erfaßt waren. Für die normalgeglühten Erzeugnisse aus Feinkornstählen für Druckbehälter, die ebenfalls zum Anwendungsbereich der früheren DIN 17 102 gehörten, gilt inzwischen DIN EN 10 028 Teil 3.

Die Lieferbedingungen für Feinkornstähle für den Stahlbau sind um Festlegungen für thermomechanisch gewalzte Erzeugnisse erweitert worden (siehe DIN EN 10 113 Teil 3).

Zitierte Normen

— in der Deutschen Fassung:
Siehe Abschnitt 2

— in nationalen Zusätzen:

DIN EN 10 113 Teil 1   Warmgewalzte Erzeugnisse aus schweißgeeigneten Feinkornbaustählen; Teil 1: Allgemeine Lieferbedingungen; Deutsche Fassung EN 10113-1 : 1993

DIN EN 10 113 Teil 3   Warmgewalzte Erzeugnisse aus schweißgeeigneten Feinkornbaustählen; Teil 3: Lieferbedingungen für thermomechanisch gewalzte Stähle; Deutsche Fassung EN 10 113-3 : 1993

DIN EN 10 028 Teil 3   Flacherzeugnisse aus Druckbehälterstählen; Teil 3: Schweißgeeignete Feinkornbaustähle, normalgeglüht; Deutsche Fassung EN 10 028-3 : 1992

Frühere Ausgaben

DIN 17 102: 10.83

Änderungen

Gegenüber DIN 17 102/10.83 wurden folgende Änderungen vorgenommen:

a) Beschränkung des Anwendungsbereichs auf Stähle für den Stahlbau.
b) Aufteilung der Lieferbedingungen für normalgeglühte Stähle auf DIN EN 10113 Teil 1 und Teil 2.
c) Entfall der Sorten mit einer Mindeststreckgrenze von 255, 285, 315, 380 und 500 N/mm^2; Aufnahme einer Stahlsorte mit einer Mindeststreckgrenze von 275 N/mm^2.
d) Teilweise Änderung der Festlegungen zur chemischen Zusammensetzung und zu den mechanischen Eigenschaften.
e) Änderung der Kurznamen und der Werkstoffnummern der Stähle.

Internationale Patentklassifikation

C 21 D 001/00
B 22 D 011/06
G 01 B 021/02
G 01 N 033/20

Fortsetzung 6 Seiten EN-Norm

Normenausschuß Eisen und Stahl (FES) im DIN Deutsches Institut für Normung e.V.

EUROPÄISCHE NORM
EUROPEAN STANDARD
NORME EUROPÉENNE

EN 10113-2

März 1993

DK 669.14.018.29.018.62-122.4-153.65-4 : 620.1

Deskriptoren: Eisen- und Stahlerzeugnis, warmgewalztes Erzeugnis, Baustahl, geschweißtes Bauwerk, Lieferzustand, Bezeichnung, Stahlsorte, Gütegruppe, chemische Zusammensetzung, mechanische Eigenschaften, Prüfung, Prüfverfahren

Deutsche Fassung

Warmgewalzte Erzeugnisse aus schweißgeeigneten Feinkornbaustählen
Teil 2: Lieferbedingungen für normalgeglühte/normalisierend gewalzte Stähle

Hot-rolled products in weldable fine grain structural steels — Part 2: Delivery conditions for normalized/normalized rolled steels

Produits laminés à chaud en aciers de construction soudable à grains fins — Partie 2: Conditions de livraison des aciers à l'état normalisé/laminage normalisé

Diese Europäische Norm wurde von CEN am 1993-03-05 angenommen.

Die CEN-Mitglieder sind gehalten, die CEN/CENELEC-Geschäftsordnung zu erfüllen, in der die Bedingungen festgelegt sind, unter denen dieser Europäischen Norm ohne jede Änderung der Status einer nationalen Norm zu geben ist.

Auf dem letzten Stand befindliche Listen dieser nationalen Normen mit ihren bibliographischen Angaben sind beim Zentralsekretariat oder bei jedem CEN-Mitglied auf Anfrage erhältlich.

Diese Europäische Norm besteht in drei offiziellen Fassungen (Deutsch, Englisch, Französisch). Eine Fassung in einer anderen Sprache, die von einem CEN-Mitglied in eigener Verantwortung durch Übersetzung in die Landessprache gemacht und dem Zentralsekretariat mitgeteilt worden ist, hat den gleichen Status wie die offiziellen Fassungen. CEN-Mitglieder sind die nationalen Normungsinstitute von Belgien, Dänemark, Deutschland, Finnland, Frankreich, Griechenland, Irland, Island, Italien, Luxemburg, Niederlande, Norwegen, Österreich, Portugal, Schweden, Schweiz, Spanien und dem Vereinigten Königreich.

CEN

EUROPÄISCHES KOMITEE FÜR NORMUNG
European Committee for Standardization
Comité Européen de Normalisation

Zentralsekretariat: rue de Stassart 36, B-1050 Brüssel

© 1993. Das Copyright ist den CEN-Mitgliedern vorbehalten.

Ref.-Nr. EN 10113-2 : 1993 D

Inhalt

	Seite
0 Vorwort	2
1 Anwendungsbereich	2
2 Normative Verweisungen	2
3 Definitionen	2
4 Bestellangaben	2
4.1 Allgemeines	2
4.2 Zusätzliche Anforderungen	2
5 Maße, Grenzabmaße und Masse	2
5.1 Maße und Grenzabmaße	2
5.2 Masse	2
6 Sorteneinteilung; Bezeichnung	2
6.1 Hauptgüteklassen	2
6.2 Bezeichnung	2
7 Technische Anforderungen	3
7.1 Erschmelzungsverfahren des Stahls	3
7.2 Lieferzustand	3
7.3 Chemische Zusammensetzung	3
7.4 Mechanische Eigenschaften	3

	Seite
7.5 Technologische Eigenschaften	3
7.6 Oberflächenbeschaffenheit	3
7.7 Innere Fehler	3
8 Prüfung	3
8.1 Allgemeines	3
8.2 Vorlage zur Prüfung	3
8.3 Prüfeinheiten	3
8.4 Nachweis der chemischen Zusammensetzung	4
8.5 Mechanische Prüfungen	4
8.6 Anzuwendende Prüfverfahren	4
8.7 Wiederholungsprüfungen und Wiedervorlage zur Prüfung	4
8.8 Prüfbescheinigungen	4
9 Kennzeichnung von Flach- und Langerzeugnissen	4
10 Beanstandungen	4
11 Zusätzliche Anforderungen	4
11.1 Für alle Erzeugnisse	4
11.2 Flacherzeugnisse	4
11.3 Langerzeugnisse	4

Vorwort

Diese Europäische Norm wurde von ECISS/TC 10 "Baustähle, Gütenormen", dessen Sekretariat von Nederlands Normalisatie-Instituut geführt wird, ausgearbeitet.

Diese Europäische Norm ersetzt EURONORM 113-72 "Schweißbare Feinkornbaustähle; Gütevorschriften".

In einer Sitzung von ECISS/TC 10 im Juni 1991 in Brüssel wurde dem Text für die Veröffentlichung zur Schlußabstimmung innerhalb des CEN zugestimmt. An dieser Sitzung nahmen folgende Länder teil: Belgien, Dänemark, Deutschland, Finnland, Frankreich, Italien, Luxemburg, Niederlande, Österreich, Schweden, Spanien und Vereinigtes Königreich.

Diese Europäische Norm muß den Status einer nationalen Norm erhalten, entweder durch Veröffentlichung eines identischen Textes oder durch Anerkennung bis September 1993, und etwaige entgegenstehende nationale Normen müssen bis September 1993 zurückgezogen werden.

Diese Europäische Norm wurde angenommen und entsprechend der CEN/CENELEC-Geschäftsordnung sind folgende Länder gehalten, diese Europäische Norm zu übernehmen: Belgien, Dänemark, Deutschland, Finnland, Frankreich, Griechenland, Irland, Island, Italien, Luxemburg, Niederlande, Norwegen, Österreich, Portugal, Schweden, Schweiz, Spanien und das Vereinigte Königreich.

1 Anwendungsbereich

Der Teil 2 dieser Europäischen Norm enthält in Verbindung mit Teil 1 die Anforderungen an Flach- und Langerzeugnisse aus warmgewalzten schweißgeeigneten Feinkornbaustählen der Sorten und Gütegruppen nach Tabelle 1 (chemische Zusammensetzung) sowie nach den Tabellen 3, 4 und 5 (mechanische Eigenschaften) im normalgeglühten Zustand für Dicken $\leq$ 150 mm bei den Stahlsorten S275, S355 und S420 und für Dicken $\leq$ 100 mm bei der Stahlsorte S460.

2 Normative Verweisungen

Es gelten die normativen Verweisungen in EN 10113-1.

3 Definitionen

Es gelten die Definitionen in EN 10113-1.

4 Bestellangaben
4.1 Allgemeines

Bei der Bestellung muß der Besteller folgendes angeben:
- a) Einzelheiten zur Erzeugnisform und zur Liefermenge;
- b) Nummer dieser Europäischen Norm;
- c) Nennmaße und Grenzabmaße (siehe 5.1);
- d) Stahlsorte und Gütegruppe des Stahls (siehe Tabellen 1 bis 5);
- e) Art der gewünschten Prüfbescheinigung (siehe 8.8).

Wenn zu den Punkten a), b), c), d) und e) keine spezifischen Angaben vom Besteller gemacht werden, ist eine Rückfrage des Lieferers beim Besteller erforderlich.

4.2 Zusätzliche Anforderungen

In Abschnitt 11 ist eine Anzahl zusätzlicher Anforderungen angegeben. Falls der Besteller davon keinen Gebrauch macht und die Bestellung keine entsprechenden Anforderungen enthält, werden die Erzeugnisse nach den allgemeingültigen Festlegungen dieser Norm geliefert.

5 Maße, Grenzabmaße und Masse
5.1 Maße und Grenzabmaße

Die Maße und Grenzabmaße müssen den Festlegungen in den entsprechenden Europäischen Normen und EURONORMEN entsprechen (siehe 2.2 in EN 10113-1).

5.2 Masse

Die Masse muß den Angaben in EN 10113-1 entsprechen.

6 Sorteneinteilung; Bezeichnung
6.1 Hauptgüteklassen

Die Stahlsorten S275 und S355 des Teils 2 dieser Europäischen Norm sind unlegierte Qualitätsstähle, die Stahlsorten S420 und S460 sind legierte Edelstähle nach EN 10020.

6.2 Bezeichnung

Für die Bezeichnung gilt EN 10113-1.

BEISPIEL:

Normalgeglühter Stahl mit einem festgelegten Mindestwert der Streckgrenze bei Raumtemperatur von 355 N/mm^2 und einem festgelegten Mindestwert der Kerbschlagarbeit bei $-50\,°C$:

Stahl EN 10113-2 — S355NL

7 Technische Anforderungen

7.1 Erschmelzungsverfahren des Stahls

Für das Erschmelzungsverfahren gelten die Festlegungen in EN 10113-1.

Zusätzliche Anforderung 1.

7.2 Lieferzustand

Die Erzeugnisse sind im normalgeglühten oder in einem durch normalisierendes Walzen entsprechend der Definition in Abschnitt 3 erzielten gleichwertigen Zustand zu liefern.

7.3 Chemische Zusammensetzung

7.3.1 Die chemische Zusammensetzung nach der Schmelzenanalyse muß den in Tabelle 1 festgelegten Werten entsprechen.

7.3.2 Für die zulässigen Abweichungen der Werte der Stückanalyse von den festgelegten Grenzwerten für die Schmelzenanalyse gilt Tabelle 1 in EN 10113-1. Der Hersteller muß den Besteller bei der Bestellung unterrichten, welche der der gewünschten Stahlsorte angemessenen Legierungselemente dem gelieferten Werkstoff absichtlich zugesetzt werden.

7.3.3 Falls bei der Bestellung vereinbart, gilt auf der Grundlage der Schmelzenanalyse der Höchstwert für das Kohlenstoffäquivalent nach Tabelle 2.

Zusätzliche Anforderung 2.

7.4 Mechanische Eigenschaften

7.4.1 Allgemeines

Im Lieferzustand nach 7.2 wie auch nach einem Normalglühen bei einer Wärmebehandlung nach der Lieferung müssen die mechanischen Eigenschaften unter den Bedingungen der Probenahme und Prüfung nach Abschnitt 8 den in den Tabellen 3 und 4 festgelegten Werten entsprechen.

7.4.2 Kerbschlagarbeit

Für den Nachweis der Werte für die Kerbschlagarbeit gelten die Angaben in EN 10113-1.

Zusätzliche Anforderung 4.

Zusätzliche Anforderung 5.

7.5 Technologische Eigenschaften

7.5.1 Schweißeignung

Es gelten die Angaben in EN 10113-1.

7.5.2 Umformbarkeit

ANMERKUNG: Empfehlungen für das Warm- und Kaltumformen sind in der EURONORM-Mitteilung Nr 2 enthalten.

7.5.2.1 Warmumformbarkeit

Für die Erzeugnisse gelten die Anforderungen nach den Tabellen 3 und 4 bei einem Warmumformen nach der Lieferung (siehe 7.4.1).

7.5.2.2 Kaltumformbarkeit

7.5.2.2.1 Eignung zum Kaltbiegen, Abkanten, Kaltflanschen oder Kaltbördeln

Auf entsprechende Vereinbarung bei der Bestellung wird Blech, Band und Breitflachstahl im normalgeglühten Zustand in Nenndicken $\leq 16\,mm$ mit Eignung zum Kaltbiegen, Abkanten, Kaltflanschen und Kaltbördeln ohne Rißbildung bei folgenden Mindestwerten für die Biegehalbmesser geliefert:

— 2 × Nenndicke bei der Biegeachse in Querrichtung und 2,5 × Nenndicke bei der Biegeachse in Längsrichtung bei den Stahlsorten S275 und S355,

— 4 × Nenndicke bei der Biegeachse in Querrichtung und 5 × Nenndicke bei der Biegeachse in Längsrichtung bei den Stahlsorten S420 und S460.

Zusätzliche Anforderung 11.

7.5.2.2.2 Walzprofilieren

Auf Vereinbarung bei der Bestellung kann Blech und Band in Nenndicken $\leq 8\,mm$ mit Eignung zur Herstellung von Kaltprofilen (z. B. nach EURONORM 162) durch Walzprofilieren geliefert werden. Diese Eignung gilt für die Biegehalbmesser nach 7.5.2.2.1.

Zusätzliche Anforderung 12.

ANMERKUNG: Die zum Walzprofilieren geeigneten Stähle sind auch für die Herstellung von kaltgefertigten quadratischen und rechteckigen Hohlprofilen geeignet.

7.5.3 Sonstige Anforderungen

7.5.3.1 Wenn bei der Bestellung gefordert, müssen die Stahlsorten S275 und S355 zum Feuerverzinken geeignet sein und den entsprechenden Güteanforderungen an die Erzeugnisse genügen.

Zusätzliche Anforderung 7.

7.5.3.2 Auf entsprechende Vereinbarung bei der Bestellung müssen schwere Profile für das Längstrennen geeignet sein.

Zusätzliche Anforderung 15.

7.6 Oberflächenbeschaffenheit

Es gelten die Festlegungen in EN 10113-1.

Zusätzliche Anforderung 8.

7.7 Innere Fehler

Es gelten die Festlegungen in EN 10113-1.

Zusätzliche Anforderung 13 (für Flacherzeugnisse).

Zusätzliche Anforderung 16 (für Langerzeugnisse).

8 Prüfung

8.1 Allgemeines

Die Erzeugnisse sind nach den Festlegungen in 8.1 von EN 10113-1 zu liefern.

Zusätzliche Anforderung 9.

8.2 Vorlage zur Prüfung

Die Vorlage zur Prüfung muß den Angaben in EN 10113-1 entsprechen.

8.3 Prüfeinheiten

8.3.1 Die Prüfeinheit muß aus Erzeugnissen derselben Stahlsorte, derselben Erzeugnisform und desselben Dickenbereichs für die Streckgrenze entsprechend Tabelle 3 bestehen.

Die Prüfeinheit für den Nachweis der mechanischen Eigenschaften beträgt 40 t oder eine kleinere Teilmenge.

8.3.2 Auf entsprechende Vereinbarung bei der Bestellung ist bei Flacherzeugnissen die Prüfung entweder nur der Kerbschlagarbeit oder der Kerbschlagarbeit und der Eigenschaften beim Zugversuch an jeder Walztafel oder jeder Rolle durchzuführen.

Zusätzliche Anforderungen 19a und 19b.

8.4 Nachweis der chemischen Zusammensetzung
Es gelten die Festlegungen in EN 10113-1.
Zusätzliche Anforderung 3.

8.5 Mechanische Prüfungen
Es gelten die Festlegungen in EN 10113-1.

8.6 Anzuwendende Prüfverfahren
Es gelten die Festlegungen in EN 10113-1.

8.7 Wiederholungsprüfungen und Wiedervorlage zur Prüfung
Es gelten die Festlegungen in EN 10113-1.

8.8 Prüfbescheinigungen
Es gelten die Festlegungen in EN 10113-1.

9 Kennzeichnung von Flach- und Langerzeugnissen
Es gelten die Festlegungen in EN 10113-1.
Zusätzliche Anforderung 10.

10 Beanstandungen
Es gelten die Festlegungen in EN 10113-1.

11 Zusätzliche Anforderungen

11.1 Für alle Erzeugnisse
Siehe zusätzliche Anforderungen 1 bis 10 in EN 10113-1.

17) Mechanische Eigenschaften von Erzeugnissen in Dicken >100 mm bei der Stahlsorte S460 und in Dicken >150 mm bei den Stahlsorten S275, S355 und S420 (siehe Tabellen 3, 4 und 5).

18) Schwefelgehalt von max. 0,007 % für Erzeugnisse ≤ 16 mm Dicke für den Eisenbahnbau (siehe Tabelle 1).

11.2 Flacherzeugnisse
Siehe zusätzliche Anforderungen 11 bis 14 in EN 10113-1.

19a) Nachweis der Kerbschlagarbeit an jeder Walztafel oder an jeder Rolle (siehe 8.3.2).

19b) Nachweis der Kerbschlagarbeit und der Eigenschaften beim Zugversuch an jeder Walztafel oder an jeder Rolle (siehe 8.3.2).

11.3 Langerzeugnisse
Siehe zusätzliche Anforderungen 15 und 16 in EN 10113-1.

Tabelle 1: Chemische Zusammensetzung der normalgeglühten Stähle (Schmelzenanalyse)

Bezeichnung		Massenanteile in %												
Kurzname nach EN 10027-1 und ECISS-IC 10	Werkstoffnummer nach EN 10027-2	C max.	Si max.	Mn	P max.	S max.[1]	Nb max.	V max.	Al_{gesamt} min.[2]	Ti	Cr	Ni	Mo	Cu	N max.
S275N	1.0490	0,18	0,40	0,50 bis 1,40	0,035	0,030	0,05	0,05	0,02	0,03	0,30	0,30	0,10	0,35	0,015
S275NL	1.0491	0,16			0,030	0,025									
S355N	1.0545	0,20	0,50	0,90 bis 1,65	0,035	0,030	0,05	0,12	0,02	0,03	0,30	0,50	0,10	0,35	0,015
S355NL	1.0546	0,18			0,030	0,025									
S240N	1.8902	0,20	0,60	1,00 bis 1,70	0,035	0,030	0,05	0,20	0,02	0,03	0,30	0,80	0,10	0,70[3]	0,025
S420NL	1.8912				0,030	0,025									
S460N	1.8901	0,20	0,60	1,00 bis 1,70	0,035	0,030	0,05	0,20	0,02	0,03	0,30	0,80	0,10	0,70[3]	0,025
S460NL	1.8903				0,030	0,025									

[1] Für den Eisenbahnbau kann ein Schwefelgehalt von max. 0,007 % für alle Erzeugnisse mit einer Dicke ≤ 16 mm bei der Bestellung vereinbart werden. Zusätzliche Anforderung 18.

[2] Der Mindestwert für den Gehalt an Al_{gesamt} gilt nicht, wenn ausreichende Gehalte an stickstoffabbindenden Elementen vorhanden sind.

[3] Bei Kupfergehalten über 0,35 % muß der Nickelgehalt mindestens die Hälfte des Kupfergehaltes betragen.

Tabelle 2: Höchstwert für das Kohlenstoffäquivalent nach der Schmelzenanalyse der normalgeglühten Stähle (sofern bei der Bestellung vereinbart). Zusätzliche Anforderung 2.

Bezeichnung		Kohlenstoffäquivalent %, max. für Nenndicken in mm		
Kurzname nach EN 10027-1 und ECISS-IC 10	Werkstoffnummer nach EN 10027-2	≤ 63	> 63 ≤ 100	> 100 ≤ 150
S275N S275NL	1.0490 1.0491	0,40	0,40	0,42
S355N S355NL	1.0545 1.0546	0,43	0,45	0,45
S420N S420NL	1.8902 1.8912	0,48	0,50	0,52
S460N [1] S460NL [1]	1.8901 1.8903	–	–	–

[1] Wenn bei der Bestellung vereinbart, gelten folgende Anforderungen:
V + Nb + Ti $\leq 0,22\%$ und Mo + Cr $\leq 0,30\%$

Tabelle 3: Mechanische Eigenschaften der normalgeglühten Stähle bei Raumtemperatur

Bezeichnung		Mechanische Eigenschaften [1]							
		Zugfestigkeit R_m für Nenndicken in mm		Obere Streckgrenze R_{eH} für Nenndicken in mm					Bruchdehnung [2] ($L_0 = 5,65\sqrt{S_0}$)
Kurzname nach EN 10027-1 und ECISS-IC 10	Werkstoffnummer nach EN 10027-2	≤ 100	> 100 ≤ 150	≤ 16	> 16 ≤ 40	> 40 ≤ 63	> 63 ≤ 80	> 80 ≤ 100	> 100 ≤ 150
		N/mm²		N/mm² min.					% min.
S275N S275NL	1.0490 1.0491	370 bis 510	350 bis 480	275	265	255	245	235	225	24
S355N S355NL	1.0545 1.0546	470 bis 630	450 bis 600	355	345	335	325	315	295	22
S420N S420NL	1.8902 1.8912	520 bis 680	500 bis 650	420	400	390	370	360	340	19
S460N S460NL	1.8901 1.8903	550 bis 720	–	460	440	430	410	400	–	17

[1] Für die Stahlsorte S460 in Dicken > 100 mm sowie für die Stahlsorten S275, S355 und S420 in Dicken > 150 mm sind die Werte bei der Bestellung zu vereinbaren.
Zusätzliche Anforderung 17 (Teil 2).

[2] Für Dicken < 3 mm, bei denen Proben mit einer Anfangsmeßlänge $L_0 = 80$ mm zu prüfen sind, müssen die Werte bei der Bestellung vereinbart werden.

Tabelle 4: Mindestwert der Kerbschlagarbeit an Spitzkerb-Längsproben für normalgeglühte Stähle

Bezeichnung		Mindestwert [1]) der Kerbschlagarbeit in J						
Kurzname nach EN 10027-1 und ECISS-IC 10	Werkstoff- nummer nach EN 10027-2	bei der Prüftemperatur in °C						
		+20	0	−10	−20	−30	−40	−50
S275N S355N S420N S460N	1.0490 1.0545 1.8902 1.8901	55	47	43	40	−	−	−
S275NL S355NL S420NL S460NL	1.0491 1.0546 1.8912 1.8903	63	55	51	47	40	31	27

[1]) Für die Stahlsorte S460 in Dicken > 100 mm sowie für die Stahlsorten S275, S355 und S420 in Dicken > 150 mm sind die Werte bei der Bestellung zu vereinbaren. Zusätzliche Anforderung 17 (Teil 2).

Tabelle 5: Mindestwert der Kerbschlagarbeit an Spitzkerb-Querproben für normalgeglühte Stähle
(sofern bei der Bestellung vereinbart). Zusätzliche Anforderung 5.

Bezeichnung		Mindestwert [1]) der Kerbschlagarbeit in J						
Kurzname nach EN 10027-1 und ECISS-IC 10	Werkstoff- nummer nach EN 10027-2	bei der Prüftemperatur in °C						
		+20	0	−10	−20	−30	−40	−50
S275N S355N S420N S460N	1.0490 1.0545 1.8902 1.8901	31	27	24	20	−	−	−
S275NL S355NL S420NL S460NL	1.0491 1.0546 1.8912 1.8903	40	34	30	27	23	20	16

[1]) Für die Stahlsorte S460 in Dicken > 100 mm sowie für die Stahlsorten S275, S355 und S420 in Dicken > 150 mm sind die Werte bei der Bestellung zu vereinbaren. Zusätzliche Anforderung 17 (Teil 2).

August 1995

Metallische Erzeugnisse
Arten von Prüfbescheinigungen
(enthält Änderung A1 : 1995)
Deutsche Fassung EN 10204 : 1991 + A1 : 1995

DIN
EN 10204

ICS 77.140.00

Ersatz für
DIN 50049 : 1992-04

Deskriptoren: metallisch, Erzeugnis, Prüfbescheinigung, Materialprüfung, Nichteisenmetall

Metallic products — Types of inspection documents (includes amendment A1 : 1995);
German version EN 10204 : 1991 + A1 : 1995
Produits métalliques — Types de documents de contrôle (inclut l'amendement A1 : 1995);
Version allemande EN 10204 : 1991 + A1 : 1995

Die Europäische Norm EN 10204 : 1991 hat den Status einer Deutschen Norm, einschließlich der eingearbeiteten Änderung A1 : 1995, die von CEN getrennt veröffentlicht wurde.

Nationales Vorwort

Die Europäische Norm EN 10204 wurde im Technischen Komitee (TC) 9 (Technische Lieferbedingungen und Qualitätssicherung — Sekretariat: Belgien) von ECISS (Europäisches Komitee für Eisen- und Stahlnormung) auf der Grundlage von DIN 50049 unter intensiver Mitwirkung der Normenausschüsse Eisen und Stahl (FES) und Materialprüfung (NMP) ausgearbeitet. Dabei blieb der Inhalt der DIN 50049 weitgehend, wenn auch nicht vollständig, erhalten.

Das zuständige deutsche Normungsgremium ist der Arbeitsausschuß NMP 892 (Probenahme; Abnahme) des Normenausschusses Materialprüfung (NMP).

Die Annahme der Änderung 1 zu EN 10204 hat der NMP zum Anlaß genommen, eine Folgeausgabe der DIN 50049 herauszugeben, in der außer der Korrektur einiger Druckfehler auch diese Änderung berücksichtigt und — wie vorgesehen — die Umstellung auf die Norm-Nummer DIN EN 10204 vollzogen wurde.

Änderungen
Gegenüber DIN 50049 : 1992-04 wurden folgende Änderungen vorgenommen:
  a) EN 10204 : 1991/A1 : 1995 eingearbeitet.
  b) Norm-Nummer geändert.

Frühere Ausgaben
DIN 50049 : 1951-12, 1955-04, 1960-04, 1972-07, 1982-07, 1986-08, 1991-11, 1992-04

Fortsetzung 4 Seiten EN

Normenausschuß Materialprüfung (NMP) im DIN Deutsches Institut für Normung e.V.
Normenausschuß Eisen und Stahl (FES) im DIN
Normenausschuß Nichteisenmetalle (FNNE) im DIN

EUROPÄISCHE NORM
EUROPEAN STANDARD
NORME EUROPÉENNE

EN 10204

August 1991

+ A1 Juni 1995

ICS 77.140.00

Deskriptoren: Metallisches Erzeugnis, Eisen- und Stahlerzeugnis, Stahl, Dokument, Kontrolle, Abnahmebescheinigung, Werksprüfzeugnis

Deutsche Fassung

Metallische Erzeugnisse

Arten von Prüfbescheinigungen

(enthält Änderung A1 : 1995)

Metallic products — Types of inspection documents (includes amendment A1 : 1995)

Produits métalliques — Types de documents de contrôle (inclut l'amendement A1 : 1995)

Diese Europäische Norm wurde von CEN am 1991-08-21 und die Änderung A1 am 1995-05-11 angenommen.

Die CEN-Mitglieder sind gehalten, die CEN/CENELEC-Geschäftsordnung zu erfüllen, in der die Bedingungen festgelegt sind, unter denen dieser Europäischen Norm ohne jede Änderung der Status einer nationalen Norm zu geben ist.

Auf dem letzten Stand befindliche Listen dieser nationalen Normen mit ihren bibliographischen Angaben sind beim Zentralsekretariat oder bei jedem CEN-Mitglied auf Anfrage erhältlich.

Diese Europäische Norm besteht in drei offiziellen Fassungen (Deutsch, Englisch, Französisch). Eine Fassung in einer anderen Sprache, die von einem CEN-Mitglied in eigener Verantwortung durch Übersetzung in seine Landessprache gemacht und dem Zentralsekretariat mitgeteilt worden ist, hat den gleichen Status wie die offiziellen Fassungen.

CEN-Mitglieder sind die nationalen Normungsinstitute von Belgien, Dänemark, Deutschland, Finnland, Frankreich, Griechenland, Irland, Island, Italien, Luxemburg, Niederlande, Norwegen, Österreich, Portugal, Schweden, Schweiz, Spanien und dem Vereinigten Königreich.

CEN

EUROPÄISCHES KOMITEE FÜR NORMUNG
European Committee for Standardization
Comité Européen de Normalisation

Zentralsekretariat: rue de Stassart 36, B-1050 Brüssel

© 1995. Das Copyright ist den CEN-Mitgliedern vorbehalten.

Ref. Nr. EN 10204 : 1991 + A1 : 1995 D

Inhalt

	Seite
1 Allgemeines	2
1.1 Zweck und Anwendungsbereich	2
1.2 Definitionen	2
2 Bescheinigungen über Prüfungen, die vom Personal durchgeführt wurden, das vom Hersteller beauftragt ist und der Fertigungsabteilung angehören kann	3
2.1 Werksbescheinigung "2.1"	3
2.2 Werkszeugnis "2.2"	3
2.3 Werksprüfzeugnis "2.3"	3
3 Bescheinigungen über Prüfungen, die von dazu beauftragtem Personal durchgeführt oder beaufsichtigt wurden, das von der Fertigungsabteilung unabhängig ist, auf der Grundlage spezifischer Prüfung	3

	Seite
3.1 Abnahmeprüfzeugnis	3
3.2 Abnahmeprüfprotokoll	3
4 Ausstellung von Prüfbescheinigungen durch einen Verarbeiter oder einen Händler	3
5 Bestätigung der Prüfbescheinigungen	3
6 Zusammenstellung der Prüfbescheinigungen	4
Tabelle 1	4
Anhang A (informativ) Benennung der Prüfbescheinigungen nach DIN 10204 in den einzelnen Sprachen	4

Vorwort zu EN 10204 : 1991

Das Europäische Komitee für Eisen- und Stahlnormung (ECISS) hat das Technische Komitee ECISS/TC 9 (Sekretariat: Belgien) beauftragt, eine Europäische Norm zur Festlegung der verschiedenen Arten von Prüfbescheinigungen zur Verwendung für den Besteller bei Lieferung von Eisen- und Stahlerzeugnissen aufzustellen.

Die Veröffentlichung des Entwurfs prEN 10204 wurde auf der Sitzung im Dezember 1988 beschlossen.

Auf seiner Sitzung am 21. Mai 1990 hat das Komitee ECISS/TC 9 unter Berücksichtigung der zu prEN 10204 während des CEN-Umfrageverfahrens mit sechsmonatiger Laufzeit erhaltenen Stellungnahmen beschlossen, den Anwendungsbereich der Europäischen Norm grundsätzlich auf Erzeugnisse aus allen metallischen Werkstoffen auszudehnen.

Diese Europäische Norm EN 10204 wurde am 1991-03-16 angenommen und ratifiziert.

Entsprechend den Gemeinsamen CEN/CENELEC-Regeln, die Teil der Geschäftsordnung des CEN sind, sind folgende Länder gehalten, diese Europäische Norm zu übernehmen:

Belgien, Dänemark, Deutschland, Finnland, Frankreich, Griechenland, Irland, Island, Italien, Luxemburg, die Niederlande, Norwegen, Österreich, Portugal, Schweden, Schweiz, Spanien und das Vereinigte Königreich.

Vorwort zu EN 10204 : 1991/A1 : 1995

Diese Änderung 1 von EN 10204 : 1991 wurde vom ECISS/TC 9 "Technische Lieferbedingungen und Qualitätssicherung" erarbeitet, dessen Sekretariat von IBN betreut wird.

Diese Europäische Norm muß den Status einer nationalen Norm erhalten; entweder durch Veröffentlichung eines identischen Textes oder durch Anerkennung bis Dezember 1995, und etwaige entgegenstehende nationale Normen müssen bis Dezember 1995 zurückgezogen werden.

Entsprechend der CEN/CENELEC-Geschäftsordnung, sind folgende Länder gehalten, diese Europäische Norm zu übernehmen:

Belgien, Dänemark, Deutschland, Finnland, Frankreich, Griechenland, Irland, Island, Italien, Luxemburg, Niederlande, Norwegen, Österreich, Portugal, Schweden, Schweiz, Spanien und das Vereinigte Königreich.

1 Allgemeines

1.1 Zweck und Anwendungsbereich

1.1.1 In dieser Europäischen Norm sind die verschiedenen Arten von Prüfbescheinigungen festgelegt, die dem Besteller in Übereinstimmung mit den Vereinbarungen bei der Bestellung mit der Lieferung von Erzeugnissen aus allen metallischen Werkstoffen zur Verfügung gestellt werden, wie immer sie auch hergestellt sein mögen.

1.1.2 Wenn jedoch bei der Bestellung vereinbart, darf diese Norm auch auf andere Erzeugnisse als solche aus metallischen Werkstoffen angewendet werden.

1.1.3 Diese Norm ist in Verbindung mit den Normen anzuwenden, in denen die technischen Lieferbedingungen für die Erzeugnisse festgelegt sind.

1.2 Definitionen

Die Definitionen der verwendeten Begriffe stimmen mit der Europäischen Norm EN 10021 überein; zur Erleichterung der Anwendung sind sie nachfolgend wiedergegeben:

1.2.1 Nichtspezifische Prüfung

Vom Hersteller nach ihm geeignet erscheinenden Verfahren durchgeführte Prüfungen, durch die ermittelt werden soll, ob die nach einem bestimmten Verfahren hergestellten Erzeugnisse den in der Bestellung festgelegten Anforderungen genügen. Die geprüften Erzeugnisse müssen nicht notwendigerweise aus der Lieferung selbst stammen.

1.2.2 Spezifische Prüfung

Prüfungen, die vor der Lieferung nach den in der Bestellung festgelegten technischen Bedingungen an den zu liefernden Erzeugnissen oder an Prüfeinheiten, von denen diese ein Teil sind, durchgeführt werden, um festzustellen, ob die Erzeugnisse den in der Bestellung festgelegten Anforderungen genügen.

2 Bescheinigungen über Prüfungen, die von Personal durchgeführt wurden, das vom Hersteller beauftragt ist und der Fertigungsabteilung angehören kann

2.1 Werksbescheinigung "2.1"

Bescheinigung, in welcher der Hersteller bestätigt, daß die gelieferten Erzeugnisse den Vereinbarungen bei der Bestellung entsprechen, ohne Angabe von Prüfergebnissen.

Die Werksbescheinigung "2.1" wird auf der Grundlage nichtspezifischer Prüfung ausgestellt.

2.2 Werkszeugnis "2.2"

Bescheinigung, in welcher der Hersteller bestätigt, daß die gelieferten Erzeugnisse den Vereinbarungen bei der Bestellung entsprechen, mit Angabe von Prüfergebnissen auf der Grundlage nichtspezifischer Prüfung.

2.3 Werksprüfzeugnis "2.3"

Bescheinigung, in welcher der Hersteller bestätigt, daß die gelieferten Erzeugnisse den Vereinbarungen bei der Bestellung entsprechen, mit Angabe von Prüfergebnissen auf der Grundlage spezifischer Prüfung.

Das Werksprüfzeugnis "2.3" wird nur von einem Hersteller herausgegeben, der über keine dazu beauftragte, von der Fertigungsabteilung unabhängige, Prüfabteilung verfügt.

Wenn der Hersteller über eine von der Fertigungsabteilung unabhängige Prüfabteilung verfügt, so muß er anstelle des Werksprüfzeugnisses "2.3" ein Abnahmeprüfzeugnis "3.1.B" herausgeben.

3 Bescheinigungen über Prüfungen, die von dazu beauftragtem Personal durchgeführt oder beaufsichtigt wurden, das von der Fertigungsabteilung unabhängig ist, auf der Grundlage spezifischer Prüfung

3.1 Abnahmeprüfzeugnis

Bescheinigung, herausgegeben auf der Grundlage von Prüfungen, die entsprechend den in der Bestellung angegebenen technischen Lieferbedingungen und/oder nach amtlichen Vorschriften und den zugehörigen Technischen Regeln durchgeführt wurden. Die Prüfungen müssen an den gelieferten Erzeugnissen oder an Erzeugnissen der Prüfeinheit, von der die Lieferung ein Teil ist, durchgeführt worden sein.

Die Prüfeinheit wird in der Produktnorm, in amtlichen Vorschriften und den zugehörigen Technischen Regeln oder in der Bestellung festgelegt.

Es gibt verschiedene Formen:

Abnahmeprüfzeugnis "3.1.A"

herausgegeben und bestätigt von einem in den amtlichen Vorschriften genannten Sachverständigen, in Übereinstimmung mit diesen und den zugehörigen Technischen Regeln.

Abnahmeprüfzeugnis "3.1.B"

herausgegeben von einer von der Fertigungsabteilung unabhängigen Abteilung und bestätigt von einem dazu beauftragten, von der Fertigungsabteilung unabhängigen, Sachverständigen des Herstellers ("Werksachverständigen").

Abnahmeprüfzeugnis "3.1.C"

herausgegeben und bestätigt von einem durch den Besteller beauftragten Sachverständigen in Übereinstimmung mit den Lieferbedingungen in der Bestellung.

3.2 Abnahmeprüfprotokoll

Ein Abnahmeprüfzeugnis, das aufgrund einer besonderen Vereinbarung sowohl von dem vom Hersteller beauftragten Sachverständigen als auch von dem vom Besteller beauftragten Sachverständigen bestätigt ist, heißt Abnahmeprüfprotokoll "3.2".

4 Ausstellung von Prüfbescheinigungen durch einen Verarbeiter oder einen Händler

Wenn ein Erzeugnis durch einen Verarbeiter oder einen Händler geliefert wird, so müssen diese dem Besteller die Bescheinigungen des Herstellers nach dieser Europäischen Norm EN 10204, ohne sie zu verändern, zur Verfügung stellen.

Diesen Bescheinigungen des Herstellers muß ein geeignetes Mittel zur Identifizierung des Erzeugnisses beigefügt werden, damit die eindeutige Zuordnung von Erzeugnis und Bescheinigungen sichergestellt ist.

Wenn der Verarbeiter oder der Händler den Zustand oder die Maße des Erzeugnisses in irgendeiner Weise verändert hat, müssen diese besonderen neuen Eigenschaften in einer zusätzlichen Bescheinigung bestätigt werden.

Das gleiche gilt für besondere Anforderungen in der Bestellung, die nicht in den Bescheinigungen des Herstellers enthalten sind.

5 Bestätigung der Prüfbescheinigungen

Die Prüfbescheinigungen müssen von der (den) für die Bestätigung verantwortlichen Person (Personen) unterschrieben oder in geeigneter Weise gekennzeichnet sein. Wenn jedoch die Bescheinigungen mittels eines geeigneten Datenverarbeitungssystems erstellt worden sind, darf die Unterschrift ersetzt werden durch die Angabe des Namens und der Dienststellung der Person, die für die Bestätigung der Bescheinigung verantwortlich ist.

6 Zusammenstellung der Prüfbescheinigungen

Siehe Tabelle 1.

Tabelle 1: Zusammenstellung der Prüfbescheinigungen

Norm-Bezeichnung	Bescheinigung	Art der Prüfung	Inhalt der Bescheinigung	Lieferbedingungen	Bestätigung der Bescheinigung durch
2.1	Werksbescheinigung	Nichtspezifisch	Keine Angabe von Prüfergebnissen	Nach den Lieferbedingungen der Bestellung, oder, falls verlangt, auch nach amtlichen Vorschriften und den zugehörigen Technischen Regeln	den Hersteller
2.2	Werkszeugnis		Prüfergebnisse auf der Grundlage nichtspezifischer Prüfung		
2.3	Werksprüfzeugnis	Spezifisch	Prüfergebnisse auf der Grundlage spezifischer Prüfung		
3.1.A	Abnahmeprüfzeugnis 3.1.A			Nach amtlichen Vorschriften und den zugehörigen Technischen Regeln	den in den amtlichen Vorschriften genannten Sachverständigen
3.1.B	Abnahmeprüfzeugnis 3.1.B			Nach den Lieferbedingungen der Bestellung, oder, falls verlangt, auch nach amtlichen Vorschriften und den zugehörigen Technischen Regeln	den vom Hersteller beauftragten, von der Fertigungsabteilung unabhängigen Sachverständigen ("Werksachverständigen")
3.1.C	Abnahmeprüfzeugnis 3.1.C			Nach den Lieferbedingungen der Bestellung	den vom Besteller beauftragten Sachverständigen
3.2	Abnahmeprüfprotokoll 3.2				den vom Hersteller beauftragten, von der Fertigunsabteilung unabhängigen Sachverständigen und den vom Besteller beauftragten Sachverständigen

Anhang A (informativ)

Benennung der Prüfbescheinigungen nach EN 10204 in den einzelnen Sprachen

Deutsch	Englisch	Französisch
Werksbescheinigung	Certificate of compliance with the order	Attestation de conformité à la commande
Werkszeugnis	Test report	Relevé de contrôle
Werksprüfzeugnis	Specific test report	Relevé de contrôle spécifique
Abnahmeprüfzeugnis	Inspection certificate	Certificat de réception
Abnahmeprüfprotokoll	Inspection report	Procès-verbal de réception

März 1997

Schweiß- und Lötnähte
Symbolische Darstellung in Zeichnungen
(ISO 2553 : 1992)
Deutsche Fassung EN 22553 : 1994

DIN

EN 22553

Diese Norm enthält die deutsche Übersetzung der Internationalen Norm **ISO 2553**

ICS 01.100.20; 25.160.40

Ersatz für
Ausgabe 1994-08

Deskriptoren: Schweißnaht, Lötnaht, Zeichnung, Darstellung, Symbol

Welded, brazed and soldered joints – Symbolic representation on drawings
(ISO 2553 : 1992)
German version EN 22553 : 1994

Joints soudés et brasés – Représentations symboliques sur les dessins
(ISO 2553 : 1992)
Version allemande EN 22553 : 1994

Diese Europäische Norm EN 22553 : 1994 hat den Status einer Deutschen Norm.

Nationales Vorwort

Nachdem mit DIN 1912-5 : 1987-12 der sachliche Inhalt von ISO 2553 : 1984 vollständig übernommen worden war und die wichtigen, in DIN 1912-5 markierten Ergänzungen in die Neufassung von ISO 2553 eingebracht werden konnten, enthält die vorliegende Norm keine wesentlichen inhaltlichen Abweichungen zu DIN 1912-5.

Bewährt hat sich die Trennung von Nahtart und Verfahren. Das Symbol für die Nahtart kennzeichnet nur die Nahtvorbereitung. Damit gibt es kein spezielles Symbol für eine widerstandsgeschweißte oder eine schmelzgeschweißte Punktnaht ebensowenig wie für eine geschweißte oder gelötete Naht. Diese Vereinfachungen führen zu einem logisch-systematischen Aufbau und zu einer Verringerung der Symbole.

Es ist jedoch auf die wesentliche Änderung zur Darstellung hinzuweisen. Während bisher geregelt war, daß die Symbole immer an der Bezugs-Vollinie anzuordnen sind, d. h. für auf der Gegenseite dargestellte Nähte wurde die Bezugs-Strichlinie im Bereich des Nahtsymbols unterbrochen, ist jetzt festgelegt, daß für diese Fälle das Nahtsymbol an der Bezugs-Strichlinie angeordnet wird.

Gegenüber ISO 2553 ist auf eine Korrektur hinzuweisen. Im Anhang B ist in Bild B.2 das Symbol für die Kehlnaht auf der Bezugs-Vollinie angeordnet und nicht auf der Bezugs-Strichlinie, weil für nachträglich zu ändernde Zeichnungen nur die Strichlinie nachgetragen werden soll.

Die vorliegende Norm enthält keine Einzelheiten über die bildliche Darstellung von Schweißnähten und über vereinfachte Schweißangaben in Zeichnungen, läßt solche Festlegungen jedoch gemäß Abschnitt 3.4, 7.4 und 4.3, Anmerkung 2, zu. Da für die Zeichnungserstellung Einzelheiten hierzu wichtig sein können, sind nachfolgend Vorschläge zur einheitlichen Handhabung enthalten, die bei einer Überarbeitung der zugrundeliegenden ISO-Norm eingebracht werden sollen. Nachfolgend wird ein Überblick über die möglichen Ergänzungen gegeben.

Fortsetzung Seite 2 bis 4
und 30 Seiten EN

Normenausschuß Schweißtechnik (NAS) im DIN Deutsches Institut für Normung e. V.
Normenausschuß Technische Produktdokumentation (NATPD) im DIN

- **Zur bildlichen Darstellung von Schweißnähten**

Die Darstellung des Nahtquerschnittes wird
- geschwärzt, z. B. durch eine Schraffur oder
- mit Punktmuster versehen.

Beispiele siehe Bilder 1 und 2

Bild 1   Bild 2

In der Ansicht wird die Naht durch kurze, gerade, der Nahtform angepaßte Querstriche dargestellt. Beispiele siehe Bilder 3 und 4.

Bild 3   Bild 4

- **Zu Sammelangaben**

Schweißangaben, die für alle oder die Mehrzahl der Nähte gelten, können in einer Tabelle in der Nähe des Schriftfeldes angegeben werden. Die Tabelle enthält z. B. folgende Angaben: Nahtform und Nahtdicke, Schweißverfahren, Bewertungsgruppe, Schweißposition, Zusatzwerkstoff, Vorwärmung, Nachbehandlung, Prüfung, Allgemeintoleranzen. Ausnahmen werden in diesem Fall am Bezugszeichen angegeben.

Bei gleichen Angaben für alle Nähte in der Zeichnung können die Nähte vereinfacht dargestellt und mit erläuternden Angaben zu den Nähten nur einmal in der Nähe des Schriftfeldes oder einer Tabelle eingetragen werden (Bild 5).

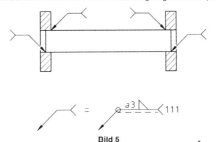

Bild 5

Bei Gruppen gleicher Nähte kann zu deren Kennzeichnung die Bezugsangabe in einer geschlossenen Gabel nach Bild 12 der Norm mit einem Großbuchstaben oder einer Großbuchstaben-Ziffern-Kombination angewendet werden, deren Bedeutung in der Nähe des Schriftfeldes oder in einer Tabelle erläutert wird (Bild 6).

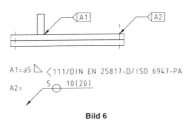

Bild 6

- **Zur Lage des Grundsymbols zur Bezugslinie**

Nach den Festlegungen der Norm für symbolische Darstellung sind 4 Varianten für dieselbe Naht möglich (siehe Bild 7).

a) Naht dargestellt mit Pfeillinie auf die Naht weisend

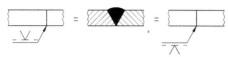

b) Naht dargestellt mit Pfeillinie auf die Naht-Gegenseite weisend

Bild 7

Um hier zu einer möglichst verständlichen Nahtdarstellung zu gelangen und diesbezügliche Interpretationsschwierigkeiten zu vermeiden, ist zu empfehlen, auf einer Zeichnung, oder bei Bearbeitung eines gesamten Auftrages, nur eine der möglichen Darstellungsarten zu verwenden.

Dabei sollte beachtet werden, daß
- die Pfeillinie auf die Naht und nicht auf die Naht-Gegenseite weist, so daß das Grundsymbol auf der Bezugs-Vollinie steht;
- für im Schnitt oder in der Ansicht von vorn dargestellte Nähte das Symbol so angeordnet wird, daß der Nahtquerschnitt mit der Stellung des Symbols übereinstimmt (Bild 8).

Bild 8

Für die im Abschnitt 2 zitierten Internationalen Normen wird im folgenden auf die entsprechenden Deutschen Normen hingewiesen:

ISO 128	siehe DIN ISO 10209-2, DIN 6-1 und DIN 6-2, DIN 15-1 und DIN 15-2
ISO 544	siehe DIN EN 20544
ISO 1302	siehe DIN ISO 1302
ISO 2560	siehe teilweise DIN EN 499
ISO 3098-1	siehe DIN 6776-1
ISO 3581	siehe teilweise DIN 8556-1
ISO 4063	siehe DIN EN 24063
ISO 5817	siehe DIN EN 25817
ISO 6947	siehe E DIN ISO 6947
ISO 8167	siehe DIN EN 28167
ISO 10042	siehe DIN EN 30042

Änderungen

Gegenüber der Ausgabe August 1994 wurden folgende Änderungen vorgenommen:
- Bei unverändertem Inhalt Fehlerberichtigungen zur Anpassung an ISO 2553 und redaktionelle Verbesserungen vorgenommen, siehe Nationales Vorwort.

Frühere Ausgaben

DIN 1911: 1927-04, 1959-10
DIN 1912-1: 1927-04, 1932-05, 1937-05, 1956-05, 1960-07
DIN 1912-2: 1927-04, 1932-05, 1937-05
DIN 1912-3: 1961-03, 1982-08
DIN 1912-5: 1976-06, 1979-02, 1987-12
Beiblatt 1 zu DIN 1912-5: 1987-12
DIN 1912-6: 1976-06, 1979-02
DIN EN 22553: 1994-08

Nationaler Anhang NA (informativ)

Literaturhinweise

DIN 6-1
Technische Zeichnungen – Darstellungen in Normalprojektion – Ansichten und besondere Darstellungen

DIN 6-2
Technische Zeichnungen – Darstellung in Normalprojektion – Schnitte

DIN 15-1
Technische Zeichnungen – Linien – Grundlagen

DIN 15-2
Technische Zeichnungen – Linien – Allgemeine Anwendung

DIN 8556-1
Schweißzusätze für das Schweißen nichtrostender und hitzebeständiger Stähle – Bezeichnung, Technische Lieferbedingungen

DIN 6776-1
Technische Zeichnungen – Beschriftung – Schriftzeichen

DIN EN 499
Schweißzusätze – Umhüllte Stabelektroden zum Lichtbogenhandschweißen von unlegierten Stählen und Feinkornstählen – Einteilung – Deutsche Fassung EN 499 : 1994

DIN EN 20544
Zusätze zum Handschweißen – Maße – (ISO 544 : 1989) – Deutsche Fassung EN 20544 : 1991

DIN EN 24063
Schweißen, Hartlöten, Weichlöten und Fugenlöten von Metallen – Liste der Verfahren und Ordnungsnummern für zeichnerische Darstellung – (ISO 4063 : 1990) – Deutsche Fassung EN 24063 : 1992

DIN EN 25817
Lichtbogenschweißverbindungen an Stahl – Richtlinie für die Bewertungsgruppen von Unregelmäßigkeiten – (ISO 5817 : 1992) – Deutsche Fassung EN 25817 : 1992

DIN EN 28167
Buckel zum Widerstandsschweißen – (ISO 8167 : 1989) – Deutsche Fassung EN 28167 : 1992

DIN EN 30042
Lichtbogenschweißverbindungen an Aluminium und seinen schweißgeeigneten Legierungen – Richtlinie für die Bewertungsgruppen von Unregelmäßigkeiten – (ISO 10042 : 1992) – Deutsche Fassung EN 30042 : 1994

DIN ISO 1302
Technische Zeichnungen – Angabe der Oberflächenbeschaffenheit in Zeichnungen

E DIN ISO 6947
Schweißen – Arbeitspositionen – Definitionen der Winkel von Neigung und Drehung – Identisch mit ISO 6947 : 1990

DIN ISO 10209-2
Technische Produktdokumentation – Begriffe – Teil 2: Begriffe für Projektionsmethoden – Identisch mit ISO 10209-2 : 1993

EUROPÄISCHE NORM
EUROPEAN STANDARD
NORME EUROPÉENNE

EN 22553

Mai 1994

DK 621.791 : 744.44.003.62

Deskriptoren: Zeichnungen, technische Zeichnungen, Schweißnähte, Lötnähte, Symbole, graphische Symbole

Deutsche Fassung

Schweiß- und Lötnähte
Symbolische Darstellung in Zeichnungen
(ISO 2553 : 1992)

Welded, brazed and soldered joints – Symbolic representation on drawings (ISO 2553 : 1992)

Joints soudés et brasés – Représentations symboliques sur les dessins (ISO 2553 : 1992)

Diese Europäische Norm wurde von CEN am 1994-05-12 angenommen.

Die CEN-Mitglieder sind gehalten, die CEN/CENELEC-Geschäftsordnung zu erfüllen, in der die Bedingungen festgelegt sind, unter denen dieser Europäischen Norm ohne jede Änderung der Status einer nationalen Norm zu geben ist.

Auf dem letzten Stand befindliche Listen dieser nationalen Normen mit ihren bibliographischen Angaben sind beim Zentralsekretariat oder bei jedem CEN-Mitglied auf Anfrage erhältlich.

Diese Europäische Norm besteht in drei offiziellen Fassungen (Deutsch, Englisch, Französisch). Eine Fassung in einer anderen Sprache, die von einem CEN-Mitglied in eigener Verantwortung durch Übersetzung in seine Landessprache gemacht und dem Zentralsekretariat mitgeteilt worden ist, hat den gleichen Status wie die offiziellen Fassungen.

CEN-Mitglieder sind die nationalen Normungsinstitute von Belgien, Dänemark, Deutschland, Finnland, Frankreich, Griechenland, Irland, Island, Italien, Luxemburg, Niederlande, Norwegen, Österreich, Portugal, Schweden, Schweiz, Spanien und dem Vereinigten Königreich.

CEN

EUROPÄISCHES KOMITEE FÜR NORMUNG
European Committee for Standardization
Comité Européen de Normalisation

Zentralsekretariat: rue de Stassart 36, B-1050 Brüssel

© 1994. Das Copyright ist den CEN-Mitgliedern vorbehalten.

Ref. Nr. EN 22553 : 1994 D

Seite 2
EN 22553 : 1994

Inhalt

	Seite
1 Anwendungsbereich	3
2 Normative Verweisungen	3
3 Allgemeines	3
4 Symbole	3
4.1 Grundsymbole	3
4.2 Kombinationen von Grundsymbolen	4
4.3 Zusatzsymbole	5
5 Lage der Symbole in Zeichnungen	5
5.1 Allgemeines	5
5.2 Beziehung zwischen der Pfeillinie und dem Stoß	6
5.3 Lage der Pfeillinie	7
5.4 Lage der Bezugslinie	7
5.5 Lage des Symbols zur Bezugslinie	7
6 Bemaßung der Nähte	8
6.1 Allgemeine Regeln	8
6.2 Einzutragende Hauptmaße	8
7 Ergänzende Angaben	11
7.1 Ringsum-Naht	11
7.2 Baustellennaht	11
7.3 Angabe des Schweißprozesses	11
7.4 Reihenfolge der Angaben in der Gabel des Bezugszeichens	11
8 Anwendungsbeispiele für Punkt- und Liniennaht	12
Anhang A Anwendungsbeispiele für Symbole	14
Anhang B Regeln für die Umstellung von Zeichnungen nach ISO 2553-1974 auf das neue System nach ISO 2553 : 1992	30
Anhang ZA Normative Verweisungen auf internationale Publikationen mit ihren entsprechenden europäischen Publikationen	30

Vorwort

Der vom ISO/TC 44 "Welding and allied processes" erarbeitete Text der Internationalen Norm ISO 2553 : 1992 wurde zur Formellen Abstimmung vorgelegt. Er wurde als EN 22553 am 1994-05-12 ohne jegliche Änderung angenommen.

Diese Europäische Norm muß den Status einer nationalen Norm erhalten; entweder durch Veröffentlichung eines identischen Textes oder durch Anerkennung bis November 1994, und etwaige entgegenstehende nationale Normen müssen bis November 1994 zurückgezogen werden.

Diese Europäische Norm wurde unter einem Mandat erarbeitet, das die Kommission der Europäischen Gemeinschaften und das Sekretariat der Europäischen Freihandelszone dem CEN erteilt haben, und unterstützt grundlegende Anforderungen der EG-Richtlinien.

Entsprechend der CEN/CENELEC-Geschäftsordnung sind folgende Länder gehalten, diese Europäische Norm zu übernehmen: Belgien, Dänemark, Deutschland, Finnland, Frankreich, Griechenland, Irland, Island, Italien, Luxemburg, Niederlande, Norwegen, Österreich, Portugal, Schweden, Schweiz, Spanien und das Vereinigte Königreich.

Anerkennungsnotiz

Der Text der Internationalen Norm ISO 2553 : 1992 wurde vom CEN als Europäische Norm mit der Korrektur der Zeichnung B2 im Anhang B angenommen.

ANMERKUNG: Die normativen Verweisungen auf internationale Publikationen sind im Anhang ZA (normativ) aufgeführt.

1 Anwendungsbereich

Diese Internationale Norm enthält die Regeln, die bei der symbolischen Darstellung von Schweiß- und Lötnähten auf Zeichnungen anzuwenden sind.

2 Normative Verweisungen

Die folgenden Normen enthalten Festlegungen, die durch Bezugnahme zum Bestandteil dieser Internationalen Norm werden. Die angegebenen Ausgaben sind die beim Erscheinen dieser Norm gültigen. Da Normen von Zeit zu Zeit überarbeitet werden, wird dem Anwender dieser Norm empfohlen, immer auf die jeweils neueste Fassung der zitierten Normen zurückzugreifen. IEC- und ISO-Mitglieder haben Verzeichnisse der jeweils gültigen Ausgaben der Internationalen Normen.

ISO 128 : 1982
 Technische Zeichnungen — Allgemeine Grundregeln für die Darstellung
ISO 544 : 1989
 Zusätze zum Handschweißen — Maße
ISO 1302 : 1978
 Angabe der Oberflächenbeschaffenheit in Zeichnungen
ISO 2560 : 1973
 Symbolisierung für umhüllte Stabelektroden zum Lichtbogenhandschweißen von unlegierten und niedriglegierten Stählen
ISO 3098-1 : 1974
 Technische Zeichnungen — Schrift — Teil 1: Laufend verwendete Schriftzeichen
ISO 3581 : 1976
 Umhüllte Stabelektroden zum Lichtbogenhandschweißen von nichtrostenden und anderen ähnlich hochlegierten Stählen — Schema zur Symbolisierung
ISO 4063 : 1990
 Schweißen, Hartlöten, Weichlöten und Fugenlöten von Metallen — Liste der Verfahren und Ordnungsnummern für zeichnerische Darstellung
ISO 5817 : 1992
 Lichtbogenschweißverbindungen an Stahl — Richtlinie für Bewertungsgruppen von Unregelmäßigkeiten
ISO 6947 : 1990
 Schweißnähte — Arbeitspositionen, Begriffe der Winkel von Neigung und Drehung
ISO 8167 : 1989
 Buckel zum Widerstandsschweißen
ISO 10 042 : 1992
 Lichtbogenschweißverbindungen an Aluminium und seinen schweißgeeigneten Legierungen — Richtlinie für Bewertungsgruppen von Unregelmäßigkeiten

3 Allgemeines

3.1 Nähte sollen entsprechend den allgemeinen Regeln für technische Zeichnungen angegeben werden. Der Einfachheit halber ist es jedoch ratsam, für gebräuchliche Nähte die in dieser Internationalen Norm beschriebene symbolische Darstellung anzuwenden.

3.2 Die symbolische Darstellung soll alle notwendigen Angaben über die jeweilige Naht klar zum Ausdruck bringen, ohne die Zeichnung mit Anmerkungen oder einer zusätzlichen Ansicht zu überlasten.

3.3 Die symbolische Darstellung besteht aus einem Grundsymbol, das ergänzt werden kann durch
— ein Zusatzsymbol;
— Angabe der Maße;
— einige ergänzende Angaben (besonders bei Werkstattzeichnungen).

3.4 Um die Zeichnungen weitgehend zu vereinfachen, wird empfohlen, auf spezielle Anweisungen oder besondere Festlegungen hinzuweisen, in denen alle Einzelheiten der Nahtvorbereitung und/oder Verfahren angegeben sind, anstatt diese Angaben in die Zeichnungen der zu schweißenden Teile einzutragen.

Falls es solche Anweisungen nicht gibt, sind die Fugenmaße und/oder die Verfahren nahe dem Symbol einzutragen.

4 Symbole

4.1 Grundsymbole

Die verschiedenen Nahtarten werden durch jeweils ein Symbol gekennzeichnet, das im allgemeinen der jeweiligen Naht ähnlich ist.

Das Symbol soll nichts über das anzuwendende Verfahren aussagen.

Die Grundsymbole enthält Tabelle 1.

Sofern nicht die Nahtart angegeben werden sollen, sondern nur dargestellt werden soll, daß die Naht geschweißt oder gelötet wird, ist folgendes Symbol anzuwenden:

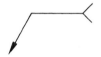

Tabelle 1: Grundsymbole

Nr	Benennung	Darstellung	Symbol
1	Bördelnaht[1]) (die Bördel werden ganz niedergeschmolzen)		⏝
2	I-Naht		||
3	V-Naht		V
4	HV-Naht		V

[1]) Bördelnähte (Symbol 1), die nicht durchgeschweißt sind, werden als I-Nähte (Symbol 2) mit der Nahtdicke s dargestellt (siehe Tabelle 5).

(fortgesetzt)

Tabelle 1 (fortgesetzt)

Nr	Benennung	Darstellung	Symbol
5	Y-Naht		Y
6	HY-Naht		⊬
7	U-Naht		⊻
8	HU-Naht (Jot-Naht)		⊦
9	Gegenlage		⌣
10	Kehlnaht		⊿
11	Lochnaht		⊓
12	Punktnaht		○
13	Liniennaht		⊖
14	Steilflankennaht		⋁

(fortgesetzt)

Tabelle 1 (abgeschlossen)

Nr	Benennung	Darstellung	Symbol
15	Halb-Steilflankennaht		⋁
16	Stirnflachnaht		|||
17	Auftragung		⌒
18	Flächennaht		=
19	Schrägnaht		//
20	Falznaht		⊋

4.2 Kombinationen von Grundsymbolen

Falls erforderlich, dürfen Kombinationen von Grundsymbolen angewendet werden. Bei von beiden Seiten geschweißten Nähten werden die Grundsymbole so zusammengesetzt, daß sie symmetrisch zur Bezugslinie stehen. Typische Beispiele sind in Tabelle 2 angegeben, Anwendung für symbolische Darstellung siehe Tabelle A.2.

ANMERKUNG 1: Tabelle 2 enthält ausgewählte Kombinationen von Grundsymbolen für symmetrische Nähte. Zur symbolischen Darstellung werden die Grundsymbole symmetrisch an der Bezugslinie angeordnet (siehe Tabelle A.2). Bei der Anwendung von Symbolen außerhalb der symbolischen Darstellung ist keine Bezugslinie erforderlich.

Tabelle 2: Zusammengesetzte Symbole für symmetrische Nähte (Beispiele)

Benennung	Darstellung	Symbol
D(oppel)-V-Naht (X-Naht)		╳
D(oppel)-HV-Naht (K-Naht)		K
D(oppel)-Y-Naht		⋈
D(oppel)-HY-Naht (K-Stegnaht)		K
D(oppel)-U-Naht		⋎

4.3 Zusatzsymbole

Grundsymbole dürfen durch ein Symbol, das die Form der Oberfläche oder der Naht kennzeichnet, ergänzt werden.
Die empfohlenen Zusatzsymbole enthält Tabelle 3.
Ist kein Zusatzsymbol vorhanden, so bedeutet dies, daß die Oberflächenform der Naht freigestellt ist.
Beispiele für Kombinationen von Grund- und Zusatzsymbolen enthalten die Tabellen 4 und A.3.

ANMERKUNG 2: Obwohl die Kombination mehrerer Symbole nicht verboten ist, ist es besser, die Naht gesondert zu zeichnen, wenn die symbolische Darstellung zu schwierig wird.

Tabelle 3: Zusatzsymbole

Form der Oberflächen oder der Naht	Symbol
a) flach (üblicherweise flach nachbearbeitet)	—
b) konvex (gewölbt)	⌒
c) konkav (hohl)	⌣
d) Nahtübergänge kerbfrei	⌄⌣
e) verbleibende Beilage benutzt	[M]
f) Unterlage benutzt	[MR]

Tabelle 4 enthält Anwendungsbeispiele der Zusatzsymbole.

Tabelle 4: Anwendungsbeispiele für Zusatzsymbole

Benennung	Darstellung	Symbol
Flache V-Naht		▽̄
Gewölbte Doppel-V-Naht		⋈
Hohlkehlnaht		⌒
Flache V-Naht mit flacher Gegenlage		⋈̄
Y-Naht mit Gegenlage		Y̱
Flach nachbearbeitete V-Naht		▽/ ¹)
Kehlnaht mit kerbfreiem Nahtübergang		⌒

¹) Symbol nach ISO 1302; es kann auch das Hauptsymbol √ benutzt werden.

5 Lage der Symbole in Zeichnungen
5.1 Allgemeines

Die Symbole bilden nur einen Teil der vollständigen Darstellungsart (siehe Bild 1), die zusätzlich zum Symbol (3) noch folgendes umfaßt:
— eine Pfeillinie (1) je Stoß (siehe Bild 2 und Bild 3);
— eine Bezugslinie, bestehend aus zwei Parallellinien, und zwar einer Vollinie (Bezugs-Vollinie) und einer Strichlinie (Bezugs-Strichlinie) (2) (Ausnahme siehe Anmerkung 3);
— eine bestimmte Anzahl von Maßen und üblichen Angaben.

ANMERKUNG 3: Die Strichlinie kann entweder über oder unter der Vollinie angegeben werden (siehe auch 5.5 und Anhang B).

Bei symmetrischen Nähten darf die Strichlinie entfallen.

ANMERKUNG 4: Die Breite der Linien für die Pfeillinie, die Bezugslinie, das Symbol und die Beschriftung soll derjenigen für die Maßeintragung nach ISO 128 bzw. ISO 3098-1 entsprechen.

Seite 6
EN 22553 : 1994

Zweck der folgenden Regeln ist es, die Anordnung der Naht zu beschreiben durch Festlegung
- der Lage der Pfeillinie;
- der Lage der Bezugslinie;
- der Lage des Symbols.

Pfeillinie und Bezugslinie bilden das Bezugszeichen. Die Bezugslinie wird an ihrem Ende durch eine Gabel ergänzt, wenn Einzelheiten, z. B. über Prozesse, Bewertungsgruppe, Arbeitsposition, Zusatzwerkstoffe und Hilfsstoffe, eingetragen werden (siehe Abschnitt 7).

5.2 Beziehung zwischen der Pfeillinie und dem Stoß

Die Beispiele in Bild 2 und Bild 3 erläutern die Begriffe
- "Pfeilseite" des Stoßes;
- "Gegenseite" des Stoßes.

ANMERKUNG 5: Die Lage des Pfeiles in diesen Bildern wurde der Deutlichkeit halber gewählt. Üblicherweise würde die Pfeilspitze unmittelbar an den Stoß angrenzen.

ANMERKUNG 6: Siehe Bild 2

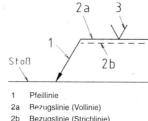

1   Pfeillinie
2a Bezugslinie (Vollinie)
2b Bezugslinie (Strichlinie)
3   Symbol

Bild 1: Darstellungsart

a) Naht auf der Pfeilseite   b) Naht auf der Gegenseite

Bild 2: T-Stoß mit einer Kehlnaht

Bild 3: Doppel-T-Stoß mit zwei Kehlnähten

5.3 Lage der Pfeillinie

Die Lage der Pfeillinie zur Naht hat im allgemeinen keine besondere Bedeutung (siehe Bild 4a und Bild 4b). Bei den Nähten der Ausführung 4, 6 und 8 (siehe Tabelle 1) jedoch muß die Pfeillinie auf das Teil zeigen, an dem die Nahtvorbereitung vorgenommen wird (siehe Bild 4c und Bild 4d).
- schließt an die Bezugs-Vollinie an und bildet mit ihr einen Winkel;
- wird durch eine Pfeilspitze vervollständigt.

5.4 Lage der Bezugslinie

Die Bezugslinie ist vorzugsweise parallel zur Unterkante der Zeichnung zu zeichnen, oder, falls dies nicht möglich ist, senkrecht dazu.

5.5 Lage des Symbols zur Bezugslinie

Das Symbol darf – entsprechend folgender Regel – entweder über oder unter der Bezugslinie angeordnet werden:
- Wenn das Symbol auf der Seite der Bezugs-Vollinie angeordnet wird, befindet sich die Naht (die Nahtoberseite) auf der Pfeilseite des Stoßes (siehe Bild 5a).
- Wenn das Symbol auf der Seite der Bezugs-Strichlinie angeordnet wird, befindet sich die Naht (die Nahtoberseite) auf der Gegenseite des Stoßes (siehe Bild 5b).

ANMERKUNG 7: Bei Punktschweißungen, die durch Buckelschweißen hergestellt werden, gilt die Buckelseite als Nahtoberseite.

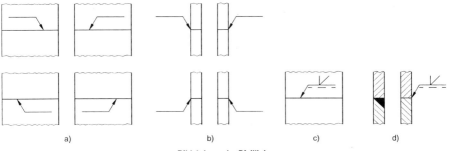

a)   b)   c)   d)

Bild 4: Lage der Pfeillinie

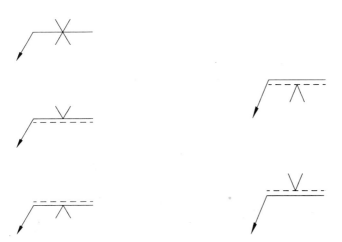

a) Naht, ausgeführt von der Pfeilseite   b) Naht, ausgeführt von der Gegenseite

Bild 5: Lage des Symbols zur Bezugslinie

6 Bemaßung der Nähte

6.1 Allgemeine Regeln

Jedem Nahtsymbol darf eine bestimmte Anzahl von Maßen zugeordnet werden. Diese Maße werden nach Bild 6 wie folgt eingetragen:
1. Die Hauptquerschnittsmaße werden auf der linken Seite des Symbols (d. h. vor dem Symbol) eingetragen.
2. Die Längenmaße werden auf der rechten Seite des Symbols (d. h. hinter dem Symbol) eingetragen.

Die Eintragungsart für die Hauptmaße ist in Tabelle 5 festgelegt. Außerdem enthält diese Tabelle die Regeln für das Festlegen dieser Maße. Weitere Maße von geringerer Bedeutung dürfen ebenfalls angegeben werden, sofern dies notwendig ist.

Bild 6: Eintragungsbeispiel

6.2 Einzutragende Hauptmaße

Das Maß, das den Abstand der Naht zum Werkstückrand festlegt, erscheint nicht in der Symbolisierung, sondern in der Zeichnung.

6.2.1 Das Fehlen einer Angabe nach dem Symbol bedeutet, daß die Naht durchgehend über die gesamte Länge des Werkstückes verläuft.

6.2.2 Wenn nicht anders angegeben, gelten Stumpfnähte als voll angeschlossen.

6.2.3 Bei Kehlnähten gibt es für die Angabe von Maßen zwei Methoden (siehe Bild 7). Deshalb ist der Buchstabe a oder z stets vor das entsprechende Maß zu setzen.

Für Kehlnähte mit tiefem Einbrand wird die Nahtdicke mit s angegeben (siehe Bild 8).

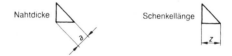

6.2.4 Bei einer Loch- oder Schlitznaht mit schrägen Flanken gilt das Maß am Grund des Loches.

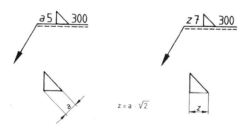

Bild 7: Eintragungsart für Kehlnähte

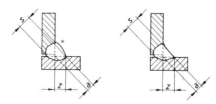

ANMERKUNG: Für Kehlnähte mit tiefem Einbrand werden die Maße z. B. angegeben mit $s8a6$◿.

Bild 8: Eintragungsart für Kehlnähte mit tiefem Einbrand

Tabelle 5: Hauptmaße

Nr	Benennung	Darstellung	Definition	Eintragung
1	Stumpfnaht		s: Mindestmaß von der Werkstückoberfläche bis zur Unterseite des Einbrandes; es kann nicht größer sein als die Dicke des dünneren Werkstückes.	(Siehe 6.2.1 und 6.2.2) $s\|$ (Siehe 6.2.1) sY (Siehe 6.2.1)
2	Bördelnaht		s: Mindestmaß von der Nahtoberfläche bis zur Unterseite des Einbrandes.	(Siehe 6.2.1 und Tabelle 1, Fußnote 1)
3	Durchgehende Kehlnaht		a: Höhe des größten gleichschenkligen Dreiecks, das sich in die Schnittdarstellung eintragen läßt. z: Schenkel des größten gleichschenkligen Dreiecks, das sich in die Schnittdarstellung eintragen läßt.	(Siehe 6.2.1 und 6.2.3)
4	Unterbrochene Kehlnaht		l: Einzelnahtlänge (ohne Krater) (e): Nahtabstand n: Anzahl der Einzelnähte $\genfrac{}{}{0pt}{}{a}{z}$ (Siehe Nr 3)	$a\triangle n\times l(e)$ $z\triangle n\times l(e)$ (Siehe 6.2.3)

(fortgesetzt)

Tabelle 5 (abgeschlossen)

Nr	Benennung	Darstellung	Definition	Eintragung
5	Versetzte, unterbrochene Kehlnaht		l (e) n a z : (Siehe Nr 4) (Siehe Nr 3)	(Siehe 6.2.3)
6	Langlochnaht		l (e) n c : (Siehe Nr 4) Lochbreite	(Siehe 6.2.4)
7	Liniennaht		l (e) n c : (Siehe Nr 4) Breite der Naht	
8	Lochnaht		n: (Siehe Nr 4) (e): Abstand d: Lochdurchmesser	
9	Punktnaht		n: (Siehe Nr 4) (e): Abstand d: Punktdurchmesser	

7 Ergänzende Angaben

Ergänzende Angaben können erforderlich sein, um weitere charakteristische Merkmale der Naht festzulegen, z. B.:

7.1 Ringsum-Naht

Wenn eine Naht um ein Teil ganz herumgeführt wird, ist das Ergänzungssymbol ein Kreis (siehe Bild 9).

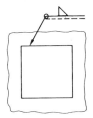

Bild 9: Angabe für Ringsum-Naht

7.2 Baustellennaht

Zur Kennzeichnung der Baustellennaht dient eine Fahne (siehe Bild 10).

Bild 10: Angabe für Baustellennaht

7.3 Angabe des Schweißprozesses

Falls erforderlich, ist der Schweißprozeß durch eine Nummer zu kennzeichnen, die zwischen den Schenkeln einer Gabel am Ende der Bezugs-Vollinie eingetragen wird (siehe Bild 11).
ISO 4063 enthält die Zuordnung der Kennzahlen zu den Prozessen.

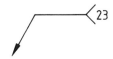

Bild 11: Angabe des Schweißprozesses

7.4 Reihenfolge der Angaben in der Gabel des Bezugszeichens

Die Angaben für Nahtarten und Maße können durch weitere Angaben in der Gabel ergänzt werden, und zwar in folgender Reihenfolge:
— Prozeß (z. B. nach ISO 4063);
— Bewertungsgruppe (z. B. nach ISO 5817 und ISO 10 042);
— Arbeitsposition (z. B. nach ISO 6947);
— Zusatzwerkstoffe (z. B. nach ISO 544, ISO 2560 und ISO 3581).

Die einzelnen Angaben sind durch Schrägstriche (/) voneinander abzugrenzen.
Zusätzlich ist eine geschlossene Gabel möglich, die eine spezielle Anweisung (z. B. Fertigungsunterlage) durch ein Bezugszeichen enthält (siehe Bild 12).

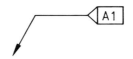

Bild 12: Bezugsangabe

BEISPIEL:
V-Naht mit Gegenlage (siehe Bild 13), hergestellt durch Lichtbogenhandschweißen (Kennzahl 111 nach ISO 4063), geforderte Bewertungsgruppe nach ISO 5817, Wannenposition PA nach ISO 6947, umhüllte Stabelektrode ISO 2560-E 51 2 RR 22.

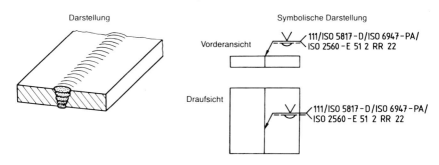

Bild 13. V-Naht mit Gegenlage

8 Anwendungsbeispiele für Punkt- und Liniennaht

Bei Punkt- und Liniennähten (geschweißt oder gelötet) entsteht die Verbindung entweder an der Grenzfläche zwischen den beiden überlappt angeordneten Teilen oder durch Durchschmelzen eines der beiden Teile (siehe Bilder 14 und 15).

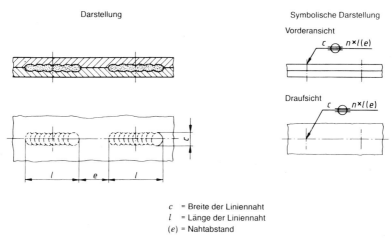

c = Breite der Liniennaht
l = Länge der Liniennaht
(e) = Nahtabstand

Bild 14: Widerstandsgeschweißte unterbrochene Liniennaht

Darstellung   Symbolische Darstellung

Vorderansicht

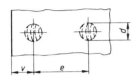

a) Widerstandsgeschweißte Punktnähte

Darstellung   Symbolische Darstellung

Vorderansicht

Draufsicht

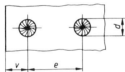

b) Schmelzgeschweißte Punktnähte

Darstellung   Symbolische Darstellung

Vorderansicht

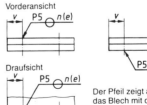

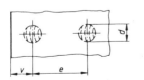

Der Pfeil zeigt auf
das Blech mit dem Buckel

d = Punktdurchmesser
v = Vormaß
(e) = Punktabstand

ANMERKUNG: Beispiel für die Darstellung eines Buckels (P) nach ISO 8167 mit Buckeldurchmesser d = 5 mm, n = Schweißelementen mit Punktabstand (e) dazwischen.

c) Punktnähte mit vorgeformten Buckeln

Bild 15: Punktnähte

Seite 14
EN 22553 : 1994

Anhang A (informativ)

Anwendungsbeispiele für Symbole

Die Tabellen A.1 bis A.4 zeigen einige Beispiele für die Anwendung der Symbole. Die Darstellungen dienen nur der Erläuterung.

Tabelle A.1: Anwendungsbeispiele für Grundsymbole

Nr	Benennung Symbol (Nr nach Tabelle 1)	Darstellung räumlich	Darstellung erläuternd	Symbolische Darstellung wahlweise	
1	Bördelnaht ⌒ 1				
2					
3	I-Naht ‖ 2				
4					

(fortgesetzt)

394

Seite 15
EN 22553 : 1994

Tabelle A.1 (fortgesetzt)

Nr	Benennung Symbol (Nr nach Tabelle 1)	Darstellung		Symbolische Darstellung wahlweise
		räumlich	erläuternd	
5	V-Naht ∨ 3			
6				
7	HV-Naht ⌵ 4			
8				

(fortgesetzt)

Seite 16
EN 22553 : 1994

Tabelle A.1 (fortgesetzt)

Nr	Benennung Symbol (Nr nach Tabelle 1)	Darstellung räumlich	Darstellung erläuternd	Symbolische Darstellung wahlweise
9	HV-Naht $\vee$ 4			
10	Y-Naht Y 5			
11	Y-Naht Y 5			
12	HY-Naht $\vee$ 6			

(fortgesetzt)

Seite 17
EN 22553 : 1994

Tabelle A.1 (fortgesetzt)

Nr	Benennung Symbol (Nr nach Tabelle 1)	Darstellung räumlich	Darstellung erläuternd	Symbolische Darstellung wahlweise
13	HY-Naht 6			
14	U-Naht 7			
15	HU-Naht (Jot-Naht) 8			
16				

(fortgesetzt)

Seite 18
EN 22553 : 1994

Tabelle A.1 (fortgesetzt)

Nr	Benennung Symbol (Nr nach Tabelle 1)	Darstellung räumlich	Darstellung erläuternd	Symbolische Darstellung wahlweise	
17	Kehlnaht $\triangle$ 10				
18					
19					
20					

(fortgesetzt)

Tabelle A.1 (fortgesetzt)

Nr	Benennung Symbol (Nr nach Tabelle 1)	Darstellung räumlich	Darstellung erläuternd	Symbolische Darstellung wahlweise
21	Kehlnaht △ 10			
22	Lochnaht ▢ 11			
23	Lochnaht ▢ 11			

(fortgesetzt)

Seite 20
EN 22553 : 1994

Tabelle A.1 (fortgesetzt)

Nr	Benennung Symbol (Nr nach Tabelle 1)	Darstellung räumlich	Darstellung erläuternd	Symbolische Darstellung wahlweise
24				
25	Punktnaht ◯ 12			
26	Liniennaht ⌽ 13			

(fortgesetzt)

400

Seite 21
EN 22553 : 1994

Tabelle A.1 (abgeschlossen)

Nr	Benennung Symbol (Nr nach Tabelle 1)	Darstellung räumlich	Darstellung erläuternd	Symbolische Darstellung wahlweise
27	Liniennaht ⌀ 13			

401

Tabelle A.2: Beispiele für Kombinationen von Grundsymbolen

Nr	Benennung Symbol (Nr nach Tabelle 1)	Darstellung räumlich	Darstellung erläuternd	Symbolische Darstellung wahlweise
1	Bördelnaht ⌣1 mit Gegenlage ⌒ 1-9			
2	I-Naht ‖2 geschweißt von beiden Seiten 2-2			
3	V-Naht ∨3			
4	mit Gegenlage ⌒ 3-9			

(fortgesetzt)

Seite 23
EN 22553 : 1994

Tabelle A.2 (fortgesetzt)

Nr	Benennung Symbol (Nr nach Tabelle 1)	Darstellung räumlich	Darstellung erläuternd				Symbolische Darstellung	wahlweise
5	Doppel-V-Naht ∨³ (X-Naht) 3-3							
6	Doppel-HV-Naht ∨⁴ (K-Naht) 4-4							
7								
8	Doppel-Y-Naht Y⁵ 5-5							

(fortgesetzt)

Seite 24
EN 22553 : 1994

Tabelle A.2 (fortgesetzt)

Nr	Benennung Symbol (Nr nach Tabelle 1)	Darstellung räumlich	Darstellung erläuternd			Symbolische Darstellung	Symbolische Darstellung wahlweise
9	Doppel-HY-Naht ⊬ 6 (K-Stegnaht) 6-6						
10	Doppel-U-Naht ⊃⊂ 7 7-7						
11	Doppel-HU-Naht ⊃ 8 (Doppel-Jot-Naht) 8-8						
12	V-U-Naht ∨ 3 ⊃ 7 3-7						

(fortgesetzt)

404

Seite 25
EN 22553 : 1994

Tabelle A.2 (abgeschlossen)

Nr	Benennung Symbol (Nr nach Tabelle 1)	räumlich	Darstellung erläuternd			Symbolische Darstellung wahlweise	
13	Doppel-Kehlnaht $\triangle$ 10						
14	$\triangle$ 10 10-10						

Seite 26
EN 22553 : 1994

Tabelle A.3: Beispiele für die Kombination von Grund- und Zusatzsymbolen

(fortgesetzt)

406

Seite 27
EN 22553 : 1994

Tabelle A.3 (abgeschlossen)

Nr	Symbol	Darstellung räumlich	Darstellung erläuternd	Symbolische Darstellung wahlweise
5	⇾⫤			
6	(✕)			
7	↲			
8	⊳ MR			

407

Tabelle A.4: Beispiele für Ausnahmefälle

(fortgesetzt)

Seite 29
EN 22553 : 1994

Tabelle A.4: (abgeschlossen)

Nr	Darstellung räumlich	Darstellung erläuternd	Symbolische Darstellung wahlweise		falsch
5			nicht empfohlen		
6			nicht empfohlen		
7			nicht empfohlen		
8					

ANMERKUNG 1: Wenn der Pfeil nicht auf eine Verbindung zeigen kann, kann die symbolische Darstellung nicht angewendet werden.

Anhang B (informativ)

Regeln für die Umstellung von Zeichnungen nach ISO 2553 : 1974 auf das neue System nach ISO 2553 : 1992

Als Zwischenlösung für die Umstellung alter Zeichnungen nach ISO 2553 : 1974 zeigen folgende Beispiele die zulässigen Methoden. Dies ist jedoch als eine provisorische Lösung nur während der Übergangszeit zu betrachten.

Für neue Zeichnungen ist für einseitig zu schweißende Nähte stets die doppelte Bezugslinie zu verwenden.

Bild B.1: Die Naht ist auf der Pfeilseite

Bild B.2: Die Naht ist auf der Gegenseite

ANMERKUNG: Bei der Umstellung von Zeichnungen entsprechend Methode E oder A nach ISO 2553 : 1974 auf dieses neue System ist bei Kehlnähten besonders wichtig, den Buchstaben a oder z vor das jeweilige Maß zu setzen, da die Bemaßung des Nahtschenkels (z) oder der Nahtdicke (a) mit der Lage des Schweißsymbols auf der Bezugslinie verbunden wurde.

Anhang ZA (normativ)

Normative Verweisungen auf internationale Publikationen mit ihren entsprechenden europäischen Publikationen

Diese Europäische Norm enthält datierte und undatierte Verweisungen, Festlegungen aus anderen Publikationen. Diese normativen Verweisungen sind an den jeweiligen Stellen im Text zitiert, und die Publikationen sind nachstehend aufgeführt. Bei datierten Verweisungen gehören spätere Änderungen oder Überarbeitungen dieser Publikationen nur zu dieser Europäischen Norm, falls sie durch Änderung oder Überarbeitung eingearbeitet sind. Bei undatierten Verweisungen gilt die letzte Ausgabe der in Bezug genommenen Publikation.

Publikation	Jahr	Titel	EN/HD	Jahr
ISO 544	1989	Zusätze zum Handschweißen – Maße	20544	1991
ISO 4063	1990	Schweißen, Hartlöten, Weichlöten und Fugenlöten von Metallen – Liste der Verfahren und Ordnungsnummern für zeichnerische Darstellung	24063	1991
ISO 5817	1992	Lichtbogenschweißverbindungen an Stahl – Richtlinie für die Bewertungsgruppen von Unregelmäßigkeiten	25817	1992
ISO 8167	1989	Buckel zum Widerstandsschweißen	28167	1992

DK 621.791.75.053 : 669.14 : 621.791.019   September 1992

Lichtbogenschweißverbindungen an Stahl
Richtlinie für die Bewertungsgruppen von Unregelmäßigkeiten
(ISO 5817 : 1992)
Deutsche Fassung EN 25 817 : 1992

DIN
EN 25 817

Diese Norm enthält die deutsche Übersetzung der Internationalen Norm ISO 5817

Arc-welded joints in steel; Guidance on quality levels for imperfections;
(ISO 5817 : 1992);
German version EN 25 817 : 1992
Assemblages en acier soudés à l'arc; Guide des niveaux d'acceptation
des défauts; (ISO 5817 : 1992);
Version allemande EN 25 817 : 1992

Ersatz für DIN 8563 T3/ 10.85

Die Europäische Norm EN 25 817 : 1992 hat den Status einer Deutschen Norm.

Nationales Vorwort

Diese Norm ist als Referenznorm vorgesehen für die Festlegungen zur Bewertung von Schweißnähten sowohl für die verschiedenen Anwendungsgebiete, z. B. für Stahlbau, Druckbehälterbau, als auch für Prüfungsnachweise, z. B. für die Prüfung der Schweißer, Verfahrensprüfung.

Aufgrund des umfassenden Anwendungsbereiches und des Erfordernisses zur Konsensfindung waren Kompromisse erforderlich, die nicht jeden Einzelfall erfassen können. Andererseits ist gelungen, mit der zukünftigen Norm eine gemeinsame Basis zu schaffen für die Bewertung von Schmelzschweißverbindungen und damit die Anforderungen an die Schweißnaht als Verbindungselement und an den ausführenden Fertigungsbetrieb vergleichbar festzulegen.

Dieser Norm liegt eine schweißtechnische Fertigung zugrunde, bei der geeignete Schweißverfahren und geübte Schweißer eingesetzt werden.

Damit wird der Festlegung anwendungsbezogener, in Umfang, Auswahl und Bewertung abweichender, die Fertigung belastender Regelungen vorgebeugt.

Für die im Abschnitt 2 zitierten Internationalen Normen wird im folgenden auf die entsprechenden Deutschen Normen hingewiesen:

ISO 2553   siehe DIN 1912 Teil 5
ISO 4063   siehe DIN EN 24 063
ISO 6520   siehe DIN EN 26 520

Fortsetzung Seite 2
und 8 Seiten EN-Norm

Normenausschuß Schweißtechnik (NAS) im DIN Deutsches Institut für Normung e.V.

Zitierte Normen

— in der Deutschen Fassung:
Siehe Abschnitt 2

— in nationalen Zusätzen:

DIN 1912 Teil 5	Zeichnerische Darstellung Schweißen, Löten; Symbole, Bemaßung; ISO 2553, Ausgabe 1984 modifiziert
DIN EN 24 063	Schweißen, Hartlöten, Weichlöten und Fugenlöten von Metallen; Liste der Verfahren und Ordnungsnummern für zeichnerische Darstellung (ISO 4063 : 1990); Deutsche Fassung EN 24 063 : 1992
DIN EN 26 520	Einteilung und Erklärungen von Unregelmäßigkeiten in Schmelzschweißungen an Metallen (ISO 6520 : 1982); Deutsche Fassung EN 26 520 : 1991

Frühere Ausgaben

DIN 1912 Teil 1: 04.27, 05.32, 05.37, 05.56, 07.60
DIN 8563 Teil 1: 06.64
DIN 8563 Teil 3: 04.72, 07.75, 01.79, 10.85

Änderungen

Gegenüber DIN 8563 T3/10.85 wurden folgende Änderungen vorgenommen:
Bei erhaltenem Konzept, Bewertungsgruppen durch abgestufte Anforderungen an die Unregelmäßigkeiten zu beschreiben, und deutlicher Überarbeitung des Textes wurden

a) die Bewertungsgruppen für Stumpf- und Kehlnähte zusammengefaßt
b) Kurzzeichen der Bewertungsgruppen in B, C und D geändert
c) die Bewertungsgruppen AS und AK gestrichen
d) Anzahl, Auswahl und Bewertung der Merkmale geändert.

EUROPÄISCHE NORM
EUROPEAN STANDARD
NORME EUROPÉENNE

EN 25817

Juli 1992

DK 621.791.75.053 : 669.14 : 621.791.019

Deskriptoren: Schweißverbindung, Lichtbogenschweißen, Stahl, Abnahmeprüfung, Schweißfehler, Abnahme

Deutsche Fassung

Lichtbogenschweißverbindungen an Stahl
Richtlinie für die Bewertungsgruppen von Unregelmäßigkeiten
(ISO 5817 : 1992)

Arc-welded joints in steel; Guidance on quality levels for imperfections (ISO 5817 : 1992)

Assemblages en acier soudés à l'arc; Guide des niveaux d'acceptation des défauts (ISO 5817 : 1992)

Diese Europäische Norm wurde von CEN am 1992-07-03 angenommen.

Die CEN-Mitglieder sind gehalten, die CEN/CENELEC-Geschäftsordnung zu erfüllen, in der die Bedingungen festgelegt sind, unter denen dieser Europäischen Norm ohne jede Änderung der Status einer nationalen Norm zu geben ist.

Auf dem letzten Stand befindliche Listen dieser nationalen Normen mit ihren bibliographischen Angaben sind beim Zentralsekretariat oder bei jedem CEN-Mitglied auf Anfrage erhältlich.

Diese Europäische Norm besteht in drei offiziellen Fassungen (Deutsch, Englisch, Französisch). Eine Fassung in einer anderen Sprache, die von einem CEN-Mitglied in eigener Verantwortung durch Übersetzung in die Landessprache gemacht und dem Zentralsekretariat mitgeteilt worden ist, hat den gleichen Status wie die offiziellen Fassungen.

CEN-Mitglieder sind die nationalen Normungsinstitute von Belgien, Dänemark, Deutschland, Finnland, Frankreich, Griechenland, Irland, Island, Italien, Luxemburg, Niederlande, Norwegen, Österreich, Portugal, Schweden, Schweiz, Spanien und dem Vereinigten Königreich.

CEN

EUROPÄISCHES KOMITEE FÜR NORMUNG
European Committee for Standardization
Comité Européen de Normalisation

Zentralsekretariat: rue de Stassart 36, B-1050 Brüssel

© 1992. Das Copyright ist den CEN-Mitgliedern vorbehalten.

Ref.-Nr. EN 25817 : 1992 D

Vorwort

1991 hat das CEN Technische Komitee CEN/TC 121 „Schweißen" beschlossen, die Internationale Norm

ISO 5817:1992   Lichtbogenschweißverbindungen an Stahl; Richtlinie für die Bewertungsgruppen von Unregelmäßigkeiten

dem Einstufigen Annahmeverfahren vorzulegen.
Das Ergebnis war positiv.

Mit dieser Europäischen Norm übereinstimmende nationale Normen sollen spätestens bis zum 1993-01-31 veröffentlicht werden, und entgegenstehende nationale Normen sollen spätestens bis zum 1993-01-31 zurückgezogen werden.

Entsprechend der CEN/CENELEC-Geschäftsordnung sind folgende Länder gehalten, diese Europäische Norm zu übernehmen: Belgien, Dänemark, Deutschland, Finnland, Frankreich, Griechenland, Irland, Island, Italien, Luxemburg, Niederlande, Norwegen, Österreich, Portugal, Schweden, Schweiz, Spanien und das Vereinigte Königreich.

Anerkennungsnotiz

Der Text der Internationalen Norm ISO 5817:1992 wurde von CEN als Europäische Norm ohne irgendeine Abänderung genehmigt.

Einleitung

Diese Norm soll als Bezug bei der Erstellung von Anwendungsregeln und/oder Anwendungsnormen dienen. Sie kann in einem umfassenden Qualitätssystem zur Fertigung zufriedenstellender Schweißverbindungen verwendet werden. Sie legt drei Gruppen von Werten für die Abmessungen fest, aus denen eine Auswahl für eine bestimmte Anwendung getroffen werden kann. Die Bewertungsgruppe, die für den Einzelfall notwendig ist, sollte durch die Anwendungsnorm oder durch den verantwortlichen Konstrukteur zusammen mit dem Hersteller, Anwender und/oder anderen betroffenen Stellen festgelegt werden. Die Bewertungsgruppe ist vor Fertigungsbeginn, vorzugsweise im Angebots- und Bestellstadium, festzulegen. In Sonderfällen können Zusatzangaben erforderlich sein.

Die Absicht dieser Norm ist es, Bewertungsgruppen als verweisungsfähige Grunddaten festzulegen. Sie haben keinen Bezug auf irgendeine spezifische Anwendung. Sie beziehen sich auf die Schweißnahtarten in der Fertigung und nicht auf das ganze Erzeugnis oder Bauteil. Es ist deshalb möglich, für Bewertungsgruppen des gleichen Erzeugnisses oder Bauteiles unterschiedliche Bewertungsgruppen vorzuschreiben.

Die Bewertungsgruppen sind in Tabelle 0.1 aufgeführt.

Tabelle 0.1: Bewertungsgruppen für Unregelmäßigkeiten

Gruppe/Symbol	Bewertungsgruppe
D	niedrig
C	mittel
B	hoch

Die drei Bewertungsgruppen sind willkürlich mit D, C und B bezeichnet mit der Absicht, die Mehrzahl der praktischen Anwendungen abzudecken.

Im Normalfall ist anzunehmen, daß für eine einzelne Schweißnaht die Toleranzwerte für die Unregelmäßigkeiten durch Festlegen einer Bewertungsgruppe bestimmt werden kann. Jedoch kann es, z.B. bei einigen Stahlarten und Bauteilen, manchmal nötig sein, sowohl für die Dauerbelastungen als auch bei Anforderungen an die Lecksicherheit, die verschiedenen unterschiedlichen Unregelmäßigkeiten in der gleichen Schweißverbindung vorzuschreiben oder zusätzliche Anforderungen einzubeziehen.

Bei der Auswahl der Bewertungsgruppe für eine bestimmte Anwendung sollten die Konstruktionsgegebenheiten, die nachfolgenden Verfahren (z.B. Oberflächenbehandlung), die Beanspruchungsarten (z.B. statisch, dynamisch), die Betriebsbedingungen (z.B. Temperatur, Umgebung) und die Fehlerfolgen beachtet werden. Wirtschaftliche Faktoren sind ebenfalls wichtig und sollten nicht allein die Kosten für das Schweißen, sondern auch die für das Beaufsichtigen, Prüfen und Ausbessern enthalten.

Obwohl diese Norm verschiedene Arten von Unregelmäßigkeiten enthält, brauchen nur die berücksichtigt zu werden, die für das eingesetzte Verfahren und die betreffende Anwendung in Betracht kommen.

Die Unregelmäßigkeiten sind hinsichtlich ihrer wirklichen Größe angegeben, und ihr Nachweis sowie ihre Bewertung können den Einsatz eines oder mehrerer zerstörungsfreier Prüfverfahren erfordern. Der Nachweis und die Größenbestimmung der Unregelmäßigkeiten sind abhängig vom Prüfverfahren und vom Umfang der Prüfung, wie sie in der Anwendungsnorm oder im Vertrag festgelegt sind.

Diese Norm enthält keine Einzelheiten über die zu empfehlenden Verfahren zum Nachweis und zur Größenbestimmung und benötigt deshalb Ergänzungen durch Anforderungen an die Durchführung, Überwachung und Prüfung. Es sollte beachtet werden, daß zerstörungsfreie Prüfverfahren nicht geeignet sein können für den notwendigen Nachweis der Bestimmung, Kennzeichnung und Größe von bestimmten Unregelmäßigkeiten nach Tabelle 1.

Obwohl diese Norm nur für Werkstoffe in einem Dickenbereich von 3 mm bis 63 mm gilt, ist sie für dickere oder dünnere Verbindungen anwendbar, wenn die technischen Bedingungen, die sie beeinflussen, beachtet werden.

414

1 Anwendungsbereich

Diese Internationale Norm ist eine Richtlinie für Bewertungsgruppen von Unregelmäßigkeiten in lichtbogengeschweißten Verbindungen an Stahl.

Die drei Bewertungsgruppen sind so festgelegt, daß sie eine breite Anwendung in der schweißtechnischen Fertigung erlauben. Die Bewertungsgruppen beziehen sich auf die Fertigungsqualität und nicht auf die Gebrauchstauglichkeit (siehe 3.1) der gefertigten Erzeugnisse.

Diese Norm bezieht sich auf:

— unlegierte und legierte Stähle
— die nachfolgend genannten Gruppen von Schweißprozessen und die ihr zugeordneten Einzelprozesse in Übereinstimmung mit ISO 4063:
  11 Metall-Lichtbogenschweißen ohne Gasschutz
  12 Unterpulverschweißen
  13 Metall-Schutzgasschweißen
  14 Wolfram-Schutzgasschweißen
  15 Plasmaschweißen
— Handschweißen, mechanisches und automatisches Schweißen
— alle Schweißpositionen
— Stumpfnähte, Kehlnähte und Nähte an Rohrabzweigungen
— Dickenbereich der Grundwerkstoffe 3 mm bis 63 mm.

Wenn im geschweißten Erzeugnis entscheidende Abweichungen hinsichtlich der Nahtgeometrien und der in dieser Norm beschriebenen Maße bestehen, ist der Umfang abzuschätzen, in dem die Bedingungen dieser Norm angewendet werden können.

Metallurgische Gesichtspunkte, z. B. Korngröße, werden von dieser Norm nicht erfaßt.

2 Normative Verweisungen

Die folgenden Normen enthalten Festlegungen, die durch Bezugnahme zum Bestandteil dieser Internationalen Norm werden. Die angegebene Ausgabe ist die beim Erscheinen dieser Norm gültige. Da Normen von Zeit zu Zeit überarbeitet werden, wird dem Anwender dieser Norm empfohlen, immer auf die jeweils neueste Fassung der zitierten Norm zurückzugreifen. IEC- und ISO-Mitglieder haben Verzeichnisse der jeweils gültigen Ausgabe der Internationalen Norm.

ISO 2553 : 1984	Schweißen; Symbolhafte Darstellung in Zeichnungen
ISO 4063 : 1990	Schweißen, Hartlöten, Weichlöten und Fugenlöten von Metallen; Liste der Verfahren und Ordnungsnummern für zeichnerische Darstellung
ISO 6520 : 1982	Einteilung und Erklärungen von Unregelmäßigkeiten in Schmelzschweißungen an Metallen

3 Definitionen

Für diese Internationale Norm gelten die nachfolgenden Definitionen.

3.1 Gebrauchstauglichkeit

Ein Erzeugnis ist für den beabsichtigten Zweck tauglich, wenn es im Betrieb während der vorgesehenen Lebensdauer zufriedenstellend funktioniert. Das Erzeugnis kann sich im Betrieb verschlechtern, aber nicht so weit, daß Bruch und nachfolgende Fehler auftreten. Selbstverständlich können die Erzeugnisse mißbraucht oder überlastet werden; es wird vorausgesetzt, daß die tatsächlichen Bedingungen während des Betriebs mit den vorgesehenen, einschließlich der statistischen Schwankungen, z. B. Betriebsbeanspruchungen, übereinstimmen.

3.2 Schweißnahtdicke

3.2.1 Kehlnahtdicke, a, Sollnahtdicke:
Höhe des größten gleichschenkligen Dreiecks, das in den Nahtquerschnitt eingetragen werden kann (siehe ISO 2553).

ANMERKUNG 1: In Ländern, in denen die Schenkellänge z zur Bemaßung einer Kehlnaht benutzt wird, sollten die Grenzen für die Unregelmäßigkeiten so geändert werden, daß sie sich auf die Schenkellänge beziehen.

3.2.2 Stumpfnahtdicke, s:
Kleinster Abstand von der Oberseite des Teiles bis zur Unterseite des Einbrandes, er kann nicht größer sein als die Dicke des dünneren Teils (siehe ISO 2553).

3.3 Kurze Unregelmäßigkeiten:
Eine oder mehrere Unregelmäßigkeiten mit einer Gesamtlänge nicht größer als 25 mm, bezogen auf jeweils 100 mm Nahtlänge, oder mit einem Größtmaß von 25 % der Gesamtlänge bei einer Schweißnaht, die kürzer als 100 mm ist.

3.4 Lange Unregelmäßigkeit:
Eine oder mehrere Unregelmäßigkeiten mit einer Gesamtlänge größer als 25 mm, bezogen auf jeweils 100 mm Nahtlänge, oder mit einem Kleinstmaß von 25 % der Gesamtlänge bei einer Schweißnaht, die kürzer als 100 mm ist.

3.5 Abbildungsfläche:
Eine Fläche, bestehend aus der untersuchten Schweißnahtlänge, multipliziert mit ihrer größten Breite.

3.6 Bruchoberfläche:
Die Fläche, die nach dem Bruch zu beurteilen ist.

4 Kurzzeichen

Die folgenden Kurzzeichen werden in Tabelle 1 verwendet:

a	Sollmaß der Kehlnahtdicke
b	Breite der Nahtüberhöhung
d	Porendurchmesser
h	Größe der Unregelmäßigkeit (Höhe und Breite)
l	Länge der Unregelmäßigkeit
s	Nennmaß der Stumpfnahtdicke oder, bei teilweisem Einbrand, die vorgeschriebene Tiefe des Einbrandes
t	Rohrwand- oder Blechdicke
z	Sollmaß der Schenkellänge von Kehlnähten (bei rechtwinklig gleichschenkligem Querschnitt $z = a \cdot \sqrt{2}$)

5 Bewertung von Schweißnähten

Die Grenzen für Unregelmäßigkeiten sind in Tabelle 1 aufgeführt.

Im Normalfall soll eine Schweißnaht getrennt nach jeder einzelnen Unregelmäßigkeit bewertet werden (Nr 1 bis 25). Treten in einem Nahtquerschnitt verschiedene Arten von Unregelmäßigkeiten auf, sind besondere Beurteilungen notwendig (siehe Nr 26).

Seite 4
EN 25817 : 1992

Tabelle 1: Grenzwerte für Unregelmäßigkeiten

Nr	Unregel-mäßigkeit Benennung	Ordnungs-Nr nach ISO 6520	Bemerkungen	Grenzwerte für die Unregelmäßigkeiten bei Bewertungsgruppen		
				niedrig D	mittel C	hoch B
1	Risse	100	Alle Arten von Rissen, ausgenommen Mikrorisse ($h \cdot l < 1$ mm²), Kraterrisse siehe Nr 2	Nicht zulässig		
2	Endkraterriß	104		Zulässig	Nicht zulässig	
3	Porosität und Poren	2011 2012 2014 2017	Die folgenden Bedingungen und Grenzwerte für Unregelmäßigkeiten müssen erfüllt werden: a) Größtmaß der Summe auf der abgebildeten oder gebrochenen Oberfläche der Unregelmäßigkeit b) Größtmaß einer einzelnen Pore für — Stumpfnähte — Kehlnähte c) Größtmaß für eine einzelne Pore	4 % $d \le 0{,}5\ s$ $d \le 0{,}5\ a$ 5 mm	2 % $d \le 0{,}4\ s$ $d \le 0{,}4\ a$ 4 mm	1 % $d \le 0{,}3\ s$ $d \le 0{,}3\ a$ 3 mm
4	Porennest	2013	Der gesamte Porenbereich innerhalb eines Nestes sollte zusammengefaßt und in Prozent aus den größeren der beiden Bereiche ermittelt werden: Hüllkurve, die alle Poren umfaßt oder einen Kreis mit einem Durchmesser, der der Schweißnahtbreite entspricht. Der zulässige Porenbereich sollte örtlich begrenzt sein. Die Möglichkeit, daß andere Unregelmäßigkeiten verdeckt sind, sollte beachtet werden. Die folgenden Bedingungen und Grenzwerte für Unregelmäßigkeiten müssen erfüllt werden: a) Größtmaß der Summe auf der abgebildeten oder gebrochenen Oberfläche der Unregelmäßigkeit b) Größtmaß einer einzelnen Pore für — Stumpfnähte — Kehlnähte c) Größtmaß für Porennest	16 % $d \le 0{,}5\ s$ $d \le 0{,}5\ a$ 4 mm	8 % $d \le 0{,}4\ s$ $d \le 0{,}4\ a$ 3 mm	4 % $d \le 0{,}3\ s$ $d \le 0{,}3\ a$ 2 mm
5	Gaskanal, Schlauchporen	2015 2016	Lange Unregelmäßigkeiten für — Stumpfnähte — Kehlnähte Größtmaß für Gaskanal, Schlauchporen	$h \le 0{,}5\ s$ $h \le 0{,}5\ a$ 2 mm	Nicht zulässig	Nicht zulässig
			Kurze Unregelmäßigkeiten für — Stumpfnähte — Kehlnähte Größtmaß für Gaskanal, Schlauchporen	$h \le 0{,}5\ s$ $h \le 0{,}5\ a$ 4 mm oder nicht größer als die Dicke	$h \le 0{,}4\ s$ $h \le 0{,}4\ a$ 3 mm oder nicht größer als die Dicke	$h \le 0{,}3\ s$ $h \le 0{,}3\ a$ 2 mm oder nicht größer als die Dicke
6	Feste Einschlüsse (außer Kupfer)	300	Lange Unregelmäßigkeiten für — Stumpfnähte — Kehlnähte Größtmaß für feste Einschlüsse	$h \le 0{,}5\ s$ $h \le 0{,}5\ a$ 2 mm	Nicht zulässig	Nicht zulässig
			Kurze Unregelmäßigkeiten für — Stumpfnähte — Kehlnähte Größtmaß für feste Einschlüsse	$h \le 0{,}5\ s$ $h \le 0{,}5\ a$ 4 mm oder nicht größer als die Dicke	$h \le 0{,}4\ s$ $h \le 0{,}4\ a$ 3 mm oder nicht größer als die Dicke	$h \le 0{,}3\ s$ $h \le 0{,}3\ a$ 2 mm oder nicht größer als die Dicke

fortgesetzt

Tabelle 1 (fortgesetzt)

Nr	Unregel-mäßigkeit Benennung	Ordnungs-Nr nach ISO 6520	Bemerkungen	Grenzwerte für die Unregelmäßigkeiten bei Bewertungsgruppen		
				niedrig D	mittel C	hoch B
7	Kupfer-Einschlüsse	3042		Nicht zulässig		
8	Bindefehler	401		Zulässig, aber nur unterbrochene und keine bis zur Oberfläche	Nicht zulässig	
9	Unge-nügende Durch-schweißung	402	Bild A, Bild B, Bild C	Lange Unregelmäßigkeiten: Nicht zulässig Kurze Unregelmäßigkeiten: $h \leq 0{,}2\,s$, max. 2 mm	$h \leq 0{,}1\,s$, max. 1,5 mm	Nicht zulässig
10	Schlechte Passung, Kehlnähte	—	Ein übermäßiger oder ungenügender Stegabstand zwischen den zu verbindenden Teilen. Stegabstände, die den zugehörigen Grenzwert überschreiten, dürfen in bestimmten Fällen durch eine entsprechend größere Nahtdicke ausgeglichen werden.	$h \leq 1\,\text{mm} + 0{,}3\,a$, max. 4 mm	$h \leq 0{,}5\,\text{mm} + 0{,}2\,a$, max. 3 mm	$h \leq 0{,}5\,\text{mm} + 0{,}1\,a$, max. 2 mm
11	Einbrand-kerbe	5011 5012	Weicher Übergang wird verlangt.	$h \leq 1{,}5\,\text{mm}$	$h \leq 1{,}0\,\text{mm}$	$h \leq 0{,}5\,\text{mm}$

fortgesetzt

Seite 6
EN 25817 : 1992

Tabelle 1 (fortgesetzt)

Nr	Unregelmäßigkeit Benennung	Ordnungs-Nr nach ISO 6520	Bemerkungen	Grenzwerte für die Unregelmäßigkeiten bei Bewertungsgruppen		
				niedrig D	mittel C	hoch B
12	Zu große Nahtüberhöhung	502	Weicher Übergang wird verlangt.	$h \leq 1$ mm + 0,25 b, max. 10 mm	$h \leq 1$ mm + 0,15 b, max. 7 mm	$h \leq 1$ mm + 0,1 b, max. 5 mm
13	Zu große Nahtüberhöhung	503	tatsächliche Nahtdicke / Sollnahtdicke	$h \leq 1$ mm + 0,25 b, max. 5 mm	$h \leq 1$ mm + 0,15 b, max. 4 mm	$h \leq 1$ mm + 0,1 b, max. 3 mm
14	Nahtdickenüberschreitung (Kehlnaht)	—	Für viele Anwendungen ist eine Überschreitung der Nahtdicke über das Sollmaß kein Grund für eine Zurückweisung	$h \leq 1$ mm + 0,3 a, max. 5 mm	$h \leq 1$ mm + 0,2 a, max. 4 mm	$h \leq 1$ mm + 0,15 a, max. 3 mm
15	Nahtdickenunterschreitung (Kehlnaht)	—	Eine Kehlnaht mit sichtlich kleinerer Nahtdicke soll nicht als fehlerhaft betrachtet werden, wenn die tatsächliche Nahtdicke durch einen tieferen Einbrand ausgeglichen und damit das Sollmaß erfüllt wird.	Lange Unregelmäßigkeiten: Nicht zulässig	Nicht zulässig	Nicht zulässig
				Kurze Unregelmäßigkeiten: $h \leq 0,3$ mm + 0,1 a		
				max. 2 mm	max. 1 mm	
16	Zu große Wurzelüberhöhung	504		$h \leq 1$ mm + 1,2 b, max. 5 mm	$h \leq 1$ mm + 0,6 b, max. 4 mm	$h \leq 1$ mm + 0,3 b, max. 3 mm
17	Örtlicher Vorsprung	5041		Zulässig	Gelegentliche örtliche Überschreitungen zulässig.	

fortgesetzt

Seite 7
EN 25817 : 1992

Tabelle 1 (fortgesetzt)

Nr	Unregelmäßigkeit Benennung	Ordnungs-Nr nach ISO 6520	Bemerkungen	Grenzwerte für die Unregelmäßigkeiten bei Bewertungsgruppen		
				niedrig D	mittel C	hoch B
18	Kantenversatz	507	Die Grenzwerte für die Abweichungen beziehen sich auf die einwandfreie Lage. Wenn nicht anderweitig vorgeschrieben, ist die einwandfreie Lage gegeben, wenn die Mittellinien übereinstimmen (siehe auch Abschnitt 1). t bezieht sich auf die geringere Dicke. Bild A — Bleche und Längsschweißnähte	$h \leq 0{,}25\ t$, max. 5 mm	$h \leq 0{,}15\ t$, max. 4 mm	$h \leq 0{,}1\ t$, max. 3 mm
			Bild A Bild B — Umfangsschweißnähte $h \leq 0{,}5\ t$	max. 4 mm	max. 3 mm	max. 2 mm
			Bild B			
19	Decklagenunterwölbung	511	Weicher Übergang wird verlangt.	Lange Unregelmäßigkeiten: Nicht zulässig		
	Verlaufenes Schweißgut	509		Kurze Unregelmäßigkeiten:		
				$h \leq 0{,}2\ t$, max. 2 mm	$h \leq 0{,}1\ t$, max. 1 mm	$h \leq 0{,}05\ t$, max. 0,5 mm
20	Übermäßige Ungleichschenkligkeit bei Kehlnähten	512	Es wird vorausgesetzt, daß eine asymmetrische Kehlnaht nicht ausdrücklich vorgeschrieben ist.	$h \leq 2\ \text{mm} + 0{,}2\ a$	$h \leq 2\ \text{mm} + 0{,}15\ a$	$h \leq 1{,}5\ \text{mm} + 0{,}15\ a$
21	Wurzelrückfall Wurzelkerbe	515 5013	Weicher Übergang wird verlangt.	$h \leq 1{,}5\ \text{mm}$	$h \leq 1\ \text{mm}$	$h \leq 0{,}5\ \text{mm}$

fortgesetzt

Tabelle 1 (abgeschlossen)

Nr	Unregel-mäßigkeit Benennung	Ordnungs-Nr nach ISO 6520	Bemerkungen	Grenzwerte für die Unregelmäßigkeiten bei Bewertungsgruppen		
				niedrig D	mittel C	hoch B
22	Schweißgut-überlauf	506		Kurze Unregel-mäßigkeiten zulässig	Nicht zulässig	
23	Ansatzfehler	517		Zulässig	Nicht zulässig	
24	Zündstelle	601		Die Zulässigkeit kann von einer nachfolgenden Behandlung beeinflußt werden. Die Zulässigkeit hängt von der Art des Grundwerkstoffes und insbesondere von der Rißanfälligkeit ab.		
25	Schweißspritzer	602		Die Zulässigkeit hängt von der Anwendung ab.		
26	Mehrfach-unregel-mäßigkeiten im Querschnitt[1]	—	Für Dicken s oder $a \leq 10$ mm können besondere Bedingungen notwendig sein. $h_1 + h_2 + h_3 + h_4 + h_5 = \sum h$ $h_1 + h_2 + h_3 + h_4 + h_5 + h_6 = \sum h$	Gesamtgröße von kurzen Unregelmäßigkeiten $\sum h$		
				0,25 s oder 0,25 a, max. 10 mm	0,2 s oder 0,2 a, max. 10 mm	0,15 s oder 0,15 a, max. 10 mm

[1]) Siehe Anhang A.

Anhang A (informativ)
Zusätzliche Informationen und Richtlinien zum Gebrauch dieser Internationalen Norm

Diese Internationale Norm legt die Anforderungen für drei Bewertungsgruppen von Unregelmäßigkeiten in Schweißverbindungen von Stahl für Lichtbogenschweißprozesse entsprechend dem Anwendungsbereich und für Schweißnahtdicken zwischen 3 mm und 63 mm fest. Sie kann auch, wenn zutreffend, für andere Schmelzschweißprozesse oder Schweißnahtdicken benutzt werden.

Sehr oft werden in der gleichen Werkstatt unterschiedliche Teile für unterschiedliche Anwendungen nach gleichartigen Anforderungen hergestellt. Jedoch sollten die gleichen Anforderungen für dieselben Teile auch für unterschiedliche Werkstätten gelten, um sicherzustellen, daß die Arbeiten unter Benutzung der gleichen Kriterien ausgeführt werden. Die folgerichtige Anwendung dieser Norm ist einer der entscheidenden Eckpunkte eines Qualitätssicherungssystems, das für die Erstellung geschweißter Bauteile eingesetzt wird.

In Tabelle 1 (Nr 26) wird eine Mehrfachunregelmäßigkeit dargestellt, sie zeigt eine theoretisch mögliche Überlagerung einzelner Unregelmäßigkeiten. In einem solchen Fall sollte die volle Summierung aller zulässigen Abweichungen für die festgelegten Werte der verschiedenen Bewertungsgruppen eingeschränkt werden. Jedoch sollte der Wert für eine einzelne Unregelmäßigkeit $\geq h$, z. B. für eine einzelne Pore, nicht überschritten werden.

Die Internationale Norm kann in Verbindung mit einem Katalog von realistischen Abbildungen benutzt werden; sie zeigen die Größe der zulässigen Unregelmäßigkeiten der verschiedenen Bewertungsgruppen anhand von Fotos der Ober- und Wurzelseite und/oder Reproduktion von Durchstrahlungsaufnahmen und Fotos von Makroschliffen der Nahtquerschnitte. Der Katalog kann durch Referenzkarten zur Abschätzung der verschiedenen Unregelmäßigkeiten benutzt werden und kann verwendet werden, wenn die Meinungen über die zulässige Größe der Unregelmäßigkeiten auseinandergehen.

April 1994

Lichtbogenhandschweißen
Schutzgasschweißen und Gasschweißen
Schweißnahtvorbereitung für Stahl
(ISO 9692 : 1992) Deutsche Fassung EN 29 692 : 1994

DIN
EN 29 692

Diese Norm enthält die deutsche Übersetzung der Internationalen Norm **ISO 9692**

ICS 25.160.10

Metal-arc welding with covered electrode, gas-shielded metal-arc welding and gas welding; Joint preparations for steel; (ISO 9692 : 1992); German version EN 29 692 : 1994
Soudage à l'arc avec électrode enrobée, soudage à l'arc sous protection gazeuse et soudage aux gaz; Préparations de joint sur acier; (ISO 9692 : 1992); Version allemande EN 29 692 : 1994

Ersatz für DIN 8551 T 1/06.76

Diese Europäische Norm EN 29 692 : 1994 hat den Status einer Deutschen Norm.

Nationales Vorwort

Diese Europäische Norm stimmt mit ISO 9692 : 1992 überein.

Die angegebenen Maße und Maßbereiche sind Erfahrungswerte. Angesichts des angestrebten umfassenden Anwendungsbereiches konnten die Zahlenwerte für den Öffnungswinkel, den Stegabstand und die Steghöhe nur in weiten Grenzen festgelegt werden. Die Auswahl der Fugenformen richtet sich im wesentlichen nach Werkstoff, Schweißposition und Schweißverfahren unter der Voraussetzung, daß die Querschnitte für Stumpfstöße voll angeschlossen werden. Dies setzt die Wahl geeigneter Schweißparameter voraus und bei beidseitiger Ausführung gegebenenfalls Ausarbeiten der Wurzel.

Die Kurzbezeichnung für die Fugenform ist kein Ersatz für die Detailzeichnung, erleichtert jedoch die Verständigung. Falls erforderlich, kann die Bezeichnung der Fugenform durch Einzelangaben der gewünschten Maße ergänzt werden.

Bestimmte Vereinbarungen sind für das Verständnis der Norm wichtig. Danach ist der angegebene Stegabstand als das Maß für den gehefteten Zustand zu verstehen, das beim Schweißen in der Regel gerade vorhanden ist. Außerdem wurde die V-Naht mit gebrochener Steg-Längskante gegen die Y-Naht so abgegrenzt, daß von einer Fugenform für eine Y-Naht erst gesprochen wird, wenn die Steghöhe > 2 mm beträgt. Die gleiche Voraussetzung gilt für die Abgrenzung einer D-V-Naht gegen die D-Y-Naht.

Fortsetzung Seite 2
und 12 Seiten EN

Normenausschuß Schweißtechnik (NAS) im DIN Deutsches Institut für Normung e.V.

Für die im Abschnitt 2 zitierten Internationalen Normen wird im folgenden auf die entsprechenden Deutschen Normen hingewiesen:

ISO 2553 siehe DIN 1912 Teil 5 und Bbl. 1 zu DIN 1912 Teil 5
ISO 4063 siehe DIN EN 24 063
ISO 6947 siehe DIN ISO 6947 (z. Z. Entwurf)

Zitierte Normen

in der Deutschen Fassung:
Siehe Abschnitt 2
— in nationalen Zusätzen:

DIN 1912 Teil 5	Zeichnerische Darstellung Schweißen, Löten; Symbole, Bemaßung; ISO 2553, Ausgabe 1984 modifiziert
Bbl. 1 zu DIN 1912 Teil 5	Zeichnerische Darstellung Schweißen, Löten; Symbole, Bemaßung; Anwendungsbeispiele für Symbole für Nahtarten nach ISO 2553
DIN EN 24 063	Schweißen, Hartlöten, Weichlöten und Fugenlöten von Metallen; Liste der Verfahren und Ordnungsnummern für zeichnerische Darstellung; (ISO 4063 : 1990); Deutsche Fassung EN 24 063 : 1992
DIN ISO 6947	(z. Z. Entwurf) Schweißen; Arbeitspositionen; Definitionen der Winkel von Neigung und Drehung; Identisch mit ISO 6947 : 1990

Frühere Ausgaben

DIN 8551 Teil 1: 01.59, 06.76
DIN 8551 Teil 2: 01.59
DIN 8551 Teil 5: 09.67

Änderungen

Gegenüber DIN 8551 T 1/06.76 wurden folgende Änderungen vorgenommen:
a) Inhalt der Europäischen Norm übernommen.
b) Maße und Fugenformen überarbeitet, klarer gegliedert und Fugenformen für Kehlnähte ergänzt.

Internationale Patentklassifikation

B 23 K 009/00
B 23 K 003/16
B 23 K 009/235
B 23 K 005/00
B 23 K 005/02
B 23 K 031/00

EUROPÄISCHE NORM
EUROPEAN STANDARD
NORME EUROPÉENNE

EN 29692

Februar 1994

DK [621.791.5+.75]:621.791.02

Deskriptoren: Schweißen, Lichtbogenschweißen, Schutzgasschweißen, Gasschweißen, Verbindungen, Fugenvorbereitung, Beschreibungen

Deutsche Fassung

Lichtbogenhandschweißen Schutzgasschweißen und Gasschweißen

Schweißnahtvorbereitung für Stahl
(ISO 9692 : 1992)

Metal-arc welding with covered electrode, gas-shielded metal-arc welding and gas welding — Joint preparations for steel (ISO 9692 : 1992)

Soudage à l'arc avec électrode enrobée, soudage à l'arc sous protection gazeuse et soudage aux gaz — Préparations de joint sur acier (ISO 9692 : 1992)

Diese Europäische Norm wurde von CEN am 1994-02-04 angenommen.

Die CEN-Mitglieder sind gehalten, die CEN/CENELEC-Geschäftsordnung zu erfüllen, in der die Bedingungen festgelegt sind, unter denen dieser Europäischen Norm ohne jede Änderung der Status einer nationalen Norm zu geben ist.

Auf dem letzten Stand befindliche Listen dieser nationalen Normen mit ihren bibliographischen Angaben sind beim Zentralsekretariat oder bei jedem CEN-Mitglied auf Anfrage erhältlich.

Diese Europäische Norm besteht in drei offiziellen Fassungen (Deutsch, Englisch, Französisch). Eine Fassung in einer anderen Sprache, die von einem CEN-Mitglied in eigener Verantwortung durch Übersetzung in seine Landessprache gemacht und dem Zentralsekretariat mitgeteilt worden ist, hat den gleichen Status wie die offiziellen Fassungen.

CEN-Mitglieder sind die nationalen Normungsinstitute von Belgien, Dänemark, Deutschland, Finnland, Frankreich, Griechenland, Irland, Island, Italien, Luxemburg, Niederlande, Norwegen, Österreich, Portugal, Schweden, Schweiz, Spanien und dem Vereinigten Königreich.

CEN

EUROPÄISCHES KOMITEE FÜR NORMUNG
European Committee for Standardization
Comité Européen de Normalisation

Zentralsekretariat: rue de Stassart 36, B-1050 Brüssel

© 1994. Das Copyright ist den CEN-Mitgliedern vorbehalten.

Ref.-Nr. EN 29692 : 1994 D

Vorwort

Diese Europäische Norm, die auf der Internationalen Norm "Lichtbogenhandschweißen, Schutzgasschweißen und Gasschweißen — Schweißnahtvorbereitung für Stahl (ISO 9692 : 1992)" basiert, wurde gemäß Resolution Nr. C48/1992 des BTS 2 "Maschinenbau" dem einstufigen Annahmeverfahren vorgelegt.
Das Ergebnis des einstufigen Annahmeverfahrens (UAP) war positiv.

Diese Europäische Norm muß den Status einer nationalen Norm erhalten, entweder durch Veröffentlichung eines identischen Textes oder durch Anerkennung bis August 1994, und etwaige entgegenstehende nationale Normen müssen bis August 1994 zurückgezogen werden.

Entsprechend der CEN/CENELEC-Geschäftsordnung sind folgende Länder gehalten, diese Europäische Norm zu übernehmen:

Belgien, Dänemark, Deutschland, Finnland, Frankreich, Griechenland, Irland, Island, Italien, Luxemburg, Niederlande, Norwegen, Österreich, Portugal, Schweden, Schweiz, Spanien und das Vereinigte Königreich.

Anerkennungsnotiz

Der Text der Internationalen Norm ISO 9692 : 1992 wurde von CEN als Europäische Norm ohne jegliche Abänderungen genehmigt.

    ANMERKUNG: Die normativen Verweisungen auf internationale Publikationen sind im Anhang ZA (normativ) aufgeführt.

Einleitung

Diese Internationale Norm enthält Rahmenfestlegungen zur Beschreibung der Nahtvorbereitung und eine Sammlung von bewährten Maßen und Formen. Die angegebenen Maßbereiche stellen Grenzen für die Konstruktion dar und sind keine Grenzabmaße für die Fertigung.

Die Anforderungen in dieser Internationalen Norm sind aufgrund von Erfahrungen aufgestellt worden und enthalten Maße für Fugenformen, die in der Regel den günstigsten Schweißbedingungen entsprechen. Angesichts des umfassenden Anwendungsbereiches sind jedoch die Zahlenwerte nur in Grenzen festgelegt. Die festgelegten Maßreihen stellen Konstruktionsgrenzen dar und sind keine Grenzabmaße für Fertigungszwecke. Fertigungsgrenzen hängen z.B. ab von Schweißprozeß, Grundwerkstoff, Schweißposition, Bewertungsgruppe usw. Deshalb sind die Anforderungen mehr eine Empfehlung als eine Vorschrift. Wegen des allgemeinen Charakters dieser Internationalen Norm können die angegebenen Beispiele nicht als die alleinige Lösung für die Auswahl einer Fugenform angesehen werden.

Für die verschiedenen Anwendungsgebiete und Fertigungsaufgaben (z.B. Rohrleitungsbau) können Auswahlreihen in besonderen Normen aufgestellt werden, die an diese grundlegende Norm angepaßt sind.

1 Anwendungsbereich

Diese Internationale Norm enthält Fugenformen für Stahl für Lichtbogenhandschweißen, Metallschutzgasschweißen und Gasschweißen (siehe Abschnitte 3 und 4).

Sie gilt für Fugenformen für vollangeschlossene Querschnitte an Stumpfnähten, ausgenommen einige empfohlene Formen (Kennzahlen 3.10A, 3.10B und 4.10.10C).

Falls eine Stumpfnaht nicht möglich oder notwendig ist, sind besondere Vereinbarungen zu treffen. Für nicht vollangeschlossene Querschnitte können die Fugenformen und Maße abweichend von dieser Internationalen Norm festgelegt werden.

Die Stegabstände in dieser Internationalen Norm sind als diejenigen nach dem Heftschweißen zu verstehen, falls angewendet.

Zu beachten sind Änderungen von Einzelheiten zur Nahtvorbereitung (wo zutreffend), um nichtverbleibende Unterlagen, "einseitiges Schweißen" usw. zu ermöglichen.

2 Normative Verweisungen

Die folgenden Normen enthalten Festlegungen, die durch Bezugnahme zum Bestandteil dieser Internationalen Norm werden. Die angegebenen Ausgaben sind die beim Erscheinen dieser Norm gültigen. Da Normen von Zeit zu Zeit überarbeitet werden, wird dem Anwender dieser Norm empfohlen, immer auf die jeweils neueste Fassung der zitierten Norm zurückzugreifen. IEC- und ISO-Mitglieder haben Verzeichnisse der jeweils gültigen Ausgabe der Internationalen Norm.

ISO 2553 : 1992   Schweiß- und Lötnähte; Symbolische Darstellung in Zeichnungen

ISO 4063 : 1990   Schweißen, Hartlöten, Weichlöten und Fugenlöten von Metallen; Liste der Verfahren und Ordnungsnummern für zeichnerische Darstellung

ISO 6947 : 1990   Schweißnähte; Arbeitspositionen, Begriffe der Winkel von Nahtneigung und Nahtdrehung

3 Werkstoffe

Die in dieser Internationalen Norm empfohlenen Fugenformen sind für alle Stahlsorten geeignet.

4 Schweißprozesse

Die in dieser Internationalen Norm empfohlenen Fugenformen sind für folgende Prozesse (siehe Tabellen 1 bis 4) geeignet; Kombinationen der verschiedenen Prozesse sind möglich:

a) (3) Gasschmelzschweißen (Gasschweißen)
b) (111) Lichtbogenhandschweißen
c) (13) Metall-Schutzgasschweißen
    — (131) Metall-Inertgasschweißen; MIG-Schweißen
    — (135) Metall-Aktivgasschweißen; MAG-Schweißen
d) (141) Wolfram-Inertgasschweißen; WIG-Schweißen

    ANMERKUNG 1: Die in Klammern angegebenen Nummern der Schweißprozesse beziehen sich auf die in ISO 4063 aufgeführten Ordnungsnummern.

5 Ausführung

Die Steg-Längskanten sollen entgratet und können gebrochen sein (bis 2 mm).

6 Fugenformen

Fugenformen und Maße siehe Tabellen 1 bis 4.

    ANMERKUNG 2: Die Kennzahlen sind nach folgendem Schema festgelegt:
    Die erste Ziffer bezieht sich auf die Nummer der Tabelle, die zweite Ziffer oder Nummerngruppe auf diejenige in ISO 2553, die dritte Angabe (Buchstabe) betrifft Varianten der Fugenform.

Seite 3
EN 29692 : 1994

Tabelle 1: Fugenformen für Stumpfnähte, einseitig geschweißt

Maße in mm

Naht				Fugenform					Empfohlener Schweißprozeß[3]) (nach ISO 4063)	Bemerkungen
Kennzahl Nr	Werkstückdicke t	Benennung	Symbol (nach ISO 2553)	Darstellung	Schnitt	Winkel[1]) α, β	Spalt[2]) b	Steghöhe c	Flankenhöhe h		
1.1	$t \leq 2$	Bördelnaht	) (			—	—	—	—	3 111 141 131 135	Meist ohne Zusatzwerkstoff
1.2	$t \leq 4$	I-Naht	||			—	$b \approx t$	—	—	3 111 141	—
	$3 < t \leq 8$					—	$6 \leq h \leq 8$	—	—	131 135 141[3])	Mit Badsicherung
1.3	$3 \leq t \leq 10$	V-Naht	V			$40° \leq \alpha \leq 60°$	$b \leq 4$	$c \leq 2$	—	3[4])	Gegebenenfalls mit Badsicherung
1.14	$t > 16$	Steilflankennaht	[5])			$5° \leq \beta \leq 20°$	$5 \leq h \leq 15$	—	—	111 131 135	Mit Badsicherung

[1]) bis [5]) siehe Seite 5

(fortgesetzt)

Tabelle 1 (fortgesetzt)

Maße in mm

Naht				Fugenform						Bemerkungen
Kennzahl Nr	Werkstückdicke t	Benennung	Symbol (nach ISO 2553)	Darstellung	Schnitt	Maße			Empfohlener Schweißprozeß[3] (nach ISO 4063)	
						Winkel[1] α, β	Spalt[2] b	Steghöhe c	Flankenhöhe h	
1.5	$5 \leq t \leq 40$	Y-Naht	Y			$\alpha \approx 60°$	$1 \leq b \leq 4$	$2 \leq c \leq 4$	—	111 131 135 141	—
1.3.7	$t > 12$	U-Naht auf V-Wurzel	⋎[5]			$60° \leq \alpha \leq 90°$ $8° \leq \beta \leq 12°$	$1 \leq b \leq 3$	—	$h \approx 4$	111 131 135 141	R = 6 bis 9
1.3.3	$t > 12$	V-Naht auf V-Wurzel	⋙[5]			$70° \leq \alpha \leq 90°$ $10° \leq \beta \leq 15°$	$2 \leq b \leq 4$	$c \approx 3$	—	111 131 135 141	—
1.7	$t > 12$	U-Naht	⊃			$8° \leq \beta \leq 12°$	$1 \leq b \leq 4$	$c \leq 3$	—	111 131 135 141	—

(fortgesetzt)

[1]) bis [5]) siehe Seite 5

Seite 5
EN 29692 : 1994

Maße in mm

Tabelle 1 (abgeschlossen)

Naht				Fugenform					Empfohlener Schweißprozeß[3] (nach ISO 4063)	Bemerkungen
Kennzahl Nr	Werkstückdicke t	Benennung	Symbol (nach ISO 2553)	Darstellung	Schnitt	Winkel[1] α, β	Spalt[2] b	Steghöhe c	Flankenhöhe h		
1.4	$3 < t \leq 10$	HV-Naht	V			$35° \leq \beta \leq 60°$	$2 \leq b \leq 4$	$1 \leq c \leq 2$	—	111 131 135 141	—
1.15	$t > 16$	Halb-Steilflankennaht	V			$15° \leq \beta \leq 30°$	$6 \leq b \leq 12$	—	—	111	
							$b \approx 12$			131 135	Mit Badsicherung
1.8	$t > 16$	HU-Naht (Jot-Naht)	U			$10° \leq \beta \leq 20°$	$2 \leq b \leq 4$	$1 \leq c \leq 2$	—	111 131 135 141[3]	—

[1] Für Schweißen in Position PC nach ISO 6947 (Querposition) auch größer und/oder unsymmetrisch.
[2] Die angegebenen Maße gelten für den gehefteten Zustand.
[3] Der Hinweis auf den Schweißprozeß bedeutet nicht, daß er für den gesamten Bereich der Werkstückdicken anwendbar ist.
[4] In besonderen Fällen auch anwendbar für 111, 131, 135, 141.
[5] Symbol in ISO 2553 noch nicht genormt.

Seite 6
EN 29692 : 1994

Tabelle 2: Fugenformen für Stumpfnähte, beidseitig geschweißt

Maße in mm

Naht					Fugenform					Empfohlener Schweißprozeß[3] (nach ISO 4063)	Bemerkungen
Kennzahl Nr	Werkstückdicke t	Benennung	Symbol (nach ISO 2553)	Darstellung	Schnitt	Winkel[1] α, β	Spalt[2] b	Steghöhe c	Flankenhöhe h		
2.2	$t \leq 8$	I-Naht	=			—	$b \approx \dfrac{t}{2}$	—	—	111 141	—
2.3.9	$3 \leq t \leq 40$	V-Naht mit Gegenlage				$\alpha \approx 60°$	$b \leq \dfrac{t}{2}$	—	—	131 135 111 141	—
2.5.9	$t > 10$	Y-Naht mit Wurzel- und Gegenlage				$40° \leq \alpha \leq 60°$ $\alpha \approx 60°$	$b \leq 3$ $1 \leq b \leq 3$	$c \leq 2$ $2 \leq c \leq 4$	—	131 135 111 141 131 135	In Sonderfällen auch für kleinere Werkstückdicken und Prozeß 3 möglich
2.5.5	$t > 10$	D(oppel)-Y-Naht	⋈			$40° \leq \alpha \leq 60°$ $\alpha \approx 60°$ $40° \leq \alpha \leq 60°$	$1 \leq b \leq 4$	$2 \leq c \leq 6$	$h_1 = h_2$ $= \dfrac{t-c}{2}$	111 -41 131 135	—

(fortgesetzt)

[1]) bis [3]) siehe Seite 9

Seite 7
EN 29692 : 1994

Tabelle 2 (fortgesetzt)

Maße in mm

Naht				Fugenform					Empfohlener Schweißprozeß[3] (nach ISO 4063)	Bemerkungen
Kennzahl Nr	Werkstückdicke t	Benennung	Symbol (nach ISO 2553)	Darstellung	Schnitt	Winkel[1] α, β	Spalt[2] b	Steghöhe c	Flankenhöhe h		
2.3.3	$t > 10$	D(oppel)-V-Naht (X-Naht)	✕			$\alpha \approx 60°$ $40° \leq \alpha \leq 60°$	$1 \leq b \leq 3$	$c \leq 2$	$h = \dfrac{t}{2}$	111 141 131 135	—
2.3.3	$t > 10$	Unsymmetrische D(oppel)-V-Naht	✕			$\alpha_1 \approx 60°$ $\alpha_2 \approx 60°$ $40° \leq \alpha_1 \leq 60°$ $40° \leq \alpha_2 \leq 60°$	$1 \leq b \leq 3$	$c \leq 2$	$h = \dfrac{t}{3}$	111 141 131 135	—
2.7.9	$t > 12$	U-Naht mit Gegenlage	⊃⊂			$8° \leq \beta \leq 12°$	$1 \leq b \leq 3$	$c \approx 5$	—	111 131 135 141	—
2.7.7	$t \geq 30$	D(oppel)-U-Naht	⊃⊂			$8° \leq \beta \leq 12°$	$b \leq 3$	$c \approx 3$	$h \approx \dfrac{t-c}{2}$	111 131 135 141	Diese Fugenform kann auch unsymmetrisch hergestellt werden, ähnlich der unsymmetrischen D(oppel)-V-Naht

(fortgesetzt)

[1] bis [3] siehe Seite 9

Tabelle 2 (fortgesetzt)

Maße in mm

Naht				Fugenform						
Kennzahl Nr	Werkstückdicke t	Benennung	Symbol (nach ISO 2553)	Darstellung	Schnitt	Winkel[1] α, β	Maße Spalt[2] b	Steghöhe c	Flankenhöhe h	Empfohlener Schweißprozeß[3] (nach ISO 4063)	Bemerkungen
2.4.9	$3 \leq t \leq 30$	HV-Naht mit Gegenlage				$35° \leq \beta \leq 60°$	$1 \leq b \leq 4$	$c \leq 2$	—	111 131 135 141	—
2.4.4	$t > 10$	D(oppel)-HV-Naht (K-Naht)				$35° \leq \beta \leq 60°$	$1 \leq b \leq 4$	$c \leq 2$	$h = \dfrac{t}{2}$ oder $h = \dfrac{t}{3}$	111 131 135 141	Diese Fugenform kann auch unsymmetrisch hergestellt werden, ähnlich der unsymmetrischen D(oppel)-V-Naht
2.8.9	$t > 16$	HU-Naht (Jot-Naht) mit Gegenlage				$10° \leq \beta \leq 20°$	$1 \leq b \leq 3$	$c \geq 2$	—	111 131 135 141[3]	—

(fortgesetzt)

[1]) bis [3]) siehe Seite 9

Maße in mm

Tabelle 2 (abgeschlossen)

Naht				Fugenform					Empfohlener Schweiß-prozeß[3] (nach ISO 4063)	Bemerkungen
Kenn-zahl Nr	Werkstück-dicke t	Benennung	Symbol (nach ISO 2553)	Darstellung	Schnitt		Maße			
						Winkel[1] α, β	Spalt[2] b	Steghöhe c	Flanken-höhe h	
2.8.8	$t > 30$	DHU-Naht				$10° \leq \beta \leq 20°$	$b \leq 3$	$c \geq 2$	—	111 131 135 141[3]	Diese Fugen-form kann auch unsymmetrisch hergestellt werden, ähnlich der unsymme-trischen D(op-pel)-V-Naht

[1]) Für Schweißen in Position PC nach ISO 6947 (Querposition) auch größer und/oder unsymmetrisch.
[2]) Die angegebenen Maße gelten für den gehefteten Zustand.
[3]) Der Hinweis auf den Schweißprozeß bedeutet nicht, daß er für den gesamten Bereich der Werkstückdicken anwendbar ist.

Seite 10
EN 29692 : 1994

Tabelle 3: Fugenformen für Kehlnähte, einseitig geschweißt

Maße in mm

Naht				Fugenform			Empfohlener Schweißprozeß[1]) (nach ISO 4063)
Kennzahl Nr	Werkstückdicke t	Benennung	Symbol (nach ISO 2553)	Darstellung	Schnitt	Maße	
						Winkel α, β	Spalt b	
3.10A	$t_1 > 2$ $t_2 > 2$	Kehlnaht, T-Stoß				$70° \leq \alpha \leq 100°$	$b \leq 2$	3 111 131 135 141
3.10B	$t_1 > 2$ $t_2 > 2$	Kehlnaht, Überlappstoß	◿			—	$b \leq 2$	3 111 131 135 141
3.10C	$t_1 > 2$ $t_2 > 2$	Kehlnaht, Eckstoß				$60° \leq \alpha \leq 120°$	$b \leq 2$	3 111 131 135 141

[1]) Der Hinweis auf den Schweißprozeß bedeutet nicht, daß er für den gesamten Bereich der Werkstückdicken anwendbar ist.

Seite 11
EN 29692 : 1994

Tabelle 4: Fugenformen für Kehlnähte, beidseitig geschweißt

Maße in mm

Naht				Fugenform				Empfohlener Schweißprozeß[1]) (nach ISO 4063)
Kennzahl Nr	Werkstückdicke t	Benennung	Symbol (nach ISO 2553)	Darstellung	Schnitt	Maße		
						Winkel α, β	Spalt b	
4.10.10A	$t_1 > 3$ $t_2 > 3$	Doppelkehlnaht, Eckstoß (mit Spalt)	△			$70° \leq \alpha \leq 110°$	$b \leq 2$	3 111 131 135 141
4.10.10B	$t_1 > 2$ $t_2 > 5$	Doppelkehlnaht, Eckstoß (ohne Spalt)				$60° \leq \alpha \leq 120°$	—	3 111 131 135 141
4.10.10C	$2 \leq t_1 \leq 4$ $2 \leq t_2 \leq 4$ $t_1 > 2$ $t_2 > 2$	Doppelkehlnaht				—	$b \leq 2$	
						—	—	3 111 131 135 141

[1]) Der Hinweis auf den Schweißprozeß bedeutet nicht, daß er für den gesamten Bereich der Werkstückdicken anwendbar ist.

Seite 12
EN 29692 : 1994

Anhang ZA (normativ)

Normative Verweisungen auf internationale Publikationen mit ihren entsprechenden europäischen Publikationen

Diese Europäische Norm enthält durch datierte oder undatierte Verweisungen Festlegungen aus anderen Publikationen. Diese normativen Verweisungen sind an den jeweiligen Stellen im Text zitiert, und die Publikationen sind nachstehend aufgeführt. Bei starren Verweisungen gehören spätere Änderungen oder Überarbeitungen dieser Publikationen nur zu dieser Europäischen Norm, falls sie durch Änderung oder Überarbeitung eingearbeitet sind. Bei undatierten Verweisungen gilt die letzte Ausgabe der in Bezug genommenen Publikation.

Publikation	Jahr	Titel	EN	Jahr
ISO 2553	1992	en: Welded, brazed and soldered joints — Symbolic representation on drawings de: Schweiß- und Lötnähte — Symbolische Darstellung in Zeichnungen	prEN 22553	1993
ISO 4063	1990	en: Welding, brazing, soldering and braze welding of metals — Nomenclature of processes and reference numbers for symbolic representation on drawings de: Schweißen, Hartlöten, Weichlöten und Fugenlöten von Metallen — Liste der Verfahren und Ordnungsnummern für zeichnerische Darstellung	EN 24063	1992
ISO 6947	1990	en: Welds — Working positions — Definitions of angles of slope and rotation de: Schweißnähte — Arbeitspositionen — Begriffe der Winkel von Nahtneigung und Nahtdrehung	prEN 1157	1993

Mai 1995

Schweißen und verwandte Verfahren
Güteeinteilung und Maßtoleranzen für autogene
Brennschnittflächen (ISO 9013 : 1992)
Deutsche Fassung EN ISO 9013 : 1995

DIN
EN ISO 9013

ICS 25.160.10

Deskriptoren: Schweißtechnik, Brennschneiden,
Autogenschneiden, Güteeinteilung, Maßtoleranz

Teilweise Ersatz für
DIN 2310-1 : 1987-11
und Ersatz für
DIN 2310-3 : 1987-11

Welding and allied processes — Quality classification
and dimensional tolerances of thermally cut (oxygen/fuel
gas flame) surfaces (ISO 9013 : 1992);
German version EN ISO 9013 : 1995

Soudage et techniques connexes — Niveaux de qualité
et tolérances dimensionnelles des surfaces découpées
thermiquement (à la flamme d'oxygène/gaz de chauffe)
(ISO 9013 : 1992);
Version allemande EN ISO 9013 : 1995

Diese Europäische Norm EN ISO 9013 : 1995 hat den Status einer Deutschen Norm.

Nationales Vorwort

Die Internationale Norm ISO 9013 : 1992 wurde im SC 8 "Einrichtungen für Gasschweißen, Schneiden und verwandte Verfahren" des ISO/TC 44 "Schweißen und verwandte Verfahren" erarbeitet.
Gegenüber DIN 2310-3 wird das Kurzzeichen für die gemittelte Rauhtiefe nicht mehr mit Rz angegeben, sondern mit Ry_5. Beide Werte sind identisch, denn sie beziehen sich auf die Auswertung des Rauheitsprofils bezogen auf fünf Rauheits-Einzelmeßstrecken. Für das Ermitteln der Güte von Schnittflächen gilt DIN 2310-2.
Die vergleichbaren Begriffe aus DIN 2310-1 und die Norm DIN 2310-3 sind identisch übernommen worden.
Für die im Abschnitt 2 zitierten Internationalen Normen wird im folgenden auf die entsprechenden Deutschen Normen hingewiesen.

ISO 1302   entspricht DIN ISO 1302
ISO 4287-1 entspricht DIN 4762
ISO 8015   entspricht DIN ISO 8015

Änderungen

Gegenüber DIN 2310-1 : 1987-11 und DIN 2310-3 : 1987-11 wurden folgende Änderungen vorgenommen:
  a) Europäische Norm förmlich und inhaltlich übernommen.
  b) Einige Begriffe aus DIN 2310-1 : 1987-11 ergänzt.

Frühere Ausgaben

DIN 2310-1: 1965-02, 1975-02, 1987-11,
DIN 2310-3: 1975-02, 1987-11

Nationaler Anhang NA   (informativ)
Literaturhinweise in nationalen Zusätzen

DIN ISO 1302   Technische Zeichnungen — Angabe der Oberflächenbeschaffenheit; Identisch mit ISO 1302 : 1992
DIN 2310-1   Thermisches Schneiden — Allgemeine Begriffe und Benennungen
DIN 2310-2   Thermisches Schneiden — Ermitteln der Güte von Schnittflächen
DIN 2310-3   Thermisches Schneiden — Autogenes Brennschneiden — Verfahrensgrundlagen, Güte, Maßtoleranzen
DIN 4762   Oberflächenrauheit — Begriffe — Oberfläche und ihre Kenngrößen; Identisch mit ISO 4287-1 : 1984
DIN ISO 8015   Technische Zeichnungen — Tolerierungsgrundsätze; Identisch mit ISO 8015 : 1985

Fortsetzung 7 Seiten EN

Normenausschuß Schweißtechnik (NAS) im DIN Deutsches Institut für Normung e.V.

EUROPÄISCHE NORM
EUROPEAN STANDARD
NORME EUROPÉENNE

EN ISO 9013

März 1995

ICS 25.160.10

Deskriptoren: Gasschneiden, Sauerstoffschneiden, Güte (Qualität), Maßtoleranzen

Deutsche Fassung

Schweißen und verwandte Verfahren
Güteeinteilung und Maßtoleranzen für autogene
Brennschnittflächen (ISO 9013 : 1992)

Welding and allied processes — Quality classification and dimensional tolerances of thermally cut (oxygen/fuel gas flame) surfaces (ISO 9013 : 1992)

Soudage et techniques connexes — Niveaux de qualité et tolérances dimensionnelles des surfaces découpées thermiquement (à la flamme d'oxygène/gaz de chauffe) (ISO 9013 : 1992)

Diese Europäische Norm wurde von CEN am 1995-01-09 angenommen.

Die CEN-Mitglieder sind gehalten, die CEN/CENELEC-Geschäftsordnung zu erfüllen, in der die Bedingungen festgelegt sind, unter denen dieser Europäischen Norm ohne jede Änderung der Status einer nationalen Norm zu geben ist.

Auf dem letzten Stand befindliche Listen dieser nationalen Normen mit ihren bibliographischen Angaben sind beim Zentralsekretariat oder bei jedem CEN-Mitglied auf Anfrage erhältlich.

Diese Europäische Norm besteht in drei offiziellen Fassungen (Deutsch, Englisch, Französisch). Eine Fassung in einer anderen Sprache, die von einem CEN-Mitglied in eigener Verantwortung durch Übersetzung in seine Landessprache gemacht und dem Zentralsekretariat mitgeteilt worden ist, hat den gleichen Status wie die offiziellen Fassungen.

CEN-Mitglieder sind die nationalen Normungsinstitute von Belgien, Dänemark, Deutschland, Finnland, Frankreich, Griechenland, Irland, Island, Italien, Luxemburg, Niederlande, Norwegen, Österreich, Portugal, Schweden, Schweiz, Spanien und dem Vereinigten Königreich.

CEN

EUROPÄISCHES KOMITEE FÜR NORMUNG
European Committee for Standardization
Comité Européen de Normalisation

Zentralsekretariat: rue de Stassart 36, B-1050 Brüssel

© 1995. Das Copyright ist den CEN-Mitgliedern vorbehalten.

Ref. Nr. EN ISO 9013 : 1995 D

Vorwort

Diese Europäische Norm wurde vom Technischen Komitee CEN/TC 121 "Schweißen" aus der Arbeit des Technischen Komitees ISO/TC 44 "Schweißen und verwandte Verfahren" der "International Organization for Standardization" (ISO) übernommen.

Diese Europäische Norm muß den Status einer nationalen Norm erhalten; entweder durch Veröffentlichung eines identischen Textes oder durch Anerkennung bis September 1995, und etwaige entgegenstehende nationale Normen müssen bis September 1995 zurückgezogen werden.

Entsprechend der CEN/CENELEC-Geschäftsordnung sind folgende Länder gehalten, diese Europäische Norm zu übernehmen:

Belgien, Dänemark, Deutschland, Finnland, Frankreich, Griechenland, Irland, Island, Italien, Luxemburg, Niederlande, Norwegen, Österreich, Portugal, Schweden, Schweiz, Spanien und das Vereinigte Königreich.

Anerkennungsnotiz

Der Text der Internationalen Norm ISO 9013 : 1992 wurde vom CEN als Europäische Norm ohne irgendeine Abänderung genehmigt.

1 Anwendungsbereich

Diese Internationale Norm gilt für Werkstoffe, die zum autogenen Brennschneiden geeignet sind, und für Werkstückdicken von 3 mm bis 300 mm. Sie gilt für autogene Brennschnittflächen und enthält die Güteeinteilung sowie Maßtoleranzen.

2 Normative Verweisungen

Die folgenden Normen enthalten Festlegungen, die durch die Verweisungen in diesem Text auch für diese Internationale Norm gelten. Zum Zeitpunkt der Veröffentlichung waren die angegebenen Ausgaben gültig. Alle Normen unterliegen der Überarbeitung. Vertragspartner, deren Vereinbarungen auf dieser Internationalen Norm basieren, sind gehalten, nach Möglichkeit die neuesten Ausgaben der nachfolgend aufgeführten Normen anzuwenden. IEC- und ISO-Mitglieder verfügen über Verzeichnisse der gegenwärtig gültigen Internationalen Normen.

ISO 1302 : 1978
   en: Technical drawings — Method of indicating surface
   de: Technische Zeichnungen — Angabe der Oberflächenbeschaffenheit in Zeichnungen

ISO 4287-1:-[1])
   en: Surface roughness — Terminology — Part 1: Surface and its parameters
   de: Oberflächenrauheit — Terminologie — Teil 1: Begriffe und ihre Kenngrößen

ISO 8015 : 1985
   en: Technical drawings — Fundamental tolerancing principle
   de: Technische Zeichnungen — Tolerierungsgrundsatz

3 Verfahrensgrundlage

3.1 Verfahren

Autogenes Brennschneiden umfaßt die thermischen Schneidverfahren, bei denen die Schnittfuge dadurch entsteht, daß

— der Werkstoff dort überwiegend oxidiert wird,
— die entstehenden Produkte von einem Sauerstoffstrahl hoher Geschwindigkeit ausgeblasen werden.

3.2 Voraussetzungen

Der Werkstoff muß an der Reaktionsstelle auf eine Temperatur gebracht werden, bei der er spontan mit Sauerstoff reagiert (Entzündungstemperatur).

Der Verfahrensablauf muß soviel Wärme liefern, daß die in Schneidrichtung liegenden Werkstoffbereiche bis zur Entzündungstemperatur erwärmt werden. Die Entzündungstemperatur muß unter der Schmelztemperatur des Werkstoffes liegen. Die Schneidschlacke muß so dünnflüssig sein, daß sie vom Schneidsauerstoffstrahl ausgetrieben werden kann.

3.3 Werkstoff

Die nach 3.2 genannten Voraussetzungen sind bei reinem Eisen, unlegierten und mehreren legierten Stählen sowie bei Titan und einigen Titanlegierungen erfüllt. Der Schneidvorgang wird durch Legierungsbestandteile, Mangan ausgenommen, erschwert, und zwar zunehmend mit steigenden Anteilen, z.B. an Chrom, Kohlenstoff, Molybdän und Silicium. Deshalb lassen sich unter anderem hochlegierte Chrom-Nickel- oder Silicium-Stähle und Gußeisen ohne besondere Maßnahmen nicht brennschneiden. Derartige Werkstoffe können mit anderen Verfahren thermisch geschnitten werden, z.B. durch Metallpulver-Brennschneiden, Plasmaschmelzschneiden.

4 Bezeichnung

Die Bezeichnung eines Brennschnittes muß folgende Informationen in der angegebenen Reihenfolge enthalten:

   a) die Benennung, z.B. "Brennschnitt";
   b) die Nummer dieser Internationalen Norm;
   c) die Angabe der Güte mit Rechtwinkligkeits- und Neigungstoleranz sowie gemittelte Rauhtiefe nach 5.1 oder 5.2;
   d) Angabe der Toleranzklasse nach Abschnitt 6.

BEISPIEL
Bezeichnung eines autogenen Brennschnittes der Güte I und der Toleranzklasse A:

            Brennschnitt ISO 9013 — IA

---

[1]) In Vorbereitung (Revision von ISO 4287-1 : 1984).

5 Güte der Schnittfläche

5.1 Kenngrößen und Erklärungen

Für die Einteilung der Güte von Schnittflächen werden folgende Kenngrößen verwendet:
  a) Rechtwinkligkeitstoleranz u (siehe Bild 1) oder Neigungstoleranz u (siehe Bild 2);
  b) gemittelte Rauhtiefe R_{y5} (siehe Bild 3).

Die folgenden Kenngrößen können zur visuellen Beurteilung mit herangezogen werden:
  c) Rillennachlauf n (siehe Bild 4);
  d) Anschmelzung r (siehe Bild 5).

Die Rechtwinkligkeits- oder die Neigungstoleranz, u, ist der Abstand zweier paralleler Geraden, zwischen denen das Schnittflächenprofil unter dem theoretisch richtigen Winkel (d. h. bei Senkrechtschnitten unter 90°) liegen muß.

Die parallelen Geraden liegen in einer Ebene, die sowohl auf der Werkstückoberfläche als auch auf der Schnittfläche senkrecht steht.

In der Rechtwinkligkeits- und Neigungstoleranz sind sowohl die Geradheits- als auch die Ebenheitsabweichungen enthalten.

Die gemittelte Rauhtiefe, R_{y5}, ist das arithmetische Mittel aus den Einzelrauhtiefen fünf aneinandergrenzender Einzelmeßstrecken (aus ISO 4287-1).

Der Rillennachlauf, n, ist der größte Abstand zweier Punkte einer Schnittrille in Schneidrichtung (siehe Bild 4).

Die Anschmelzung, r, ist das bestimmende Maß für die Form der Schnitt-Oberkante. Diese kann eine scharfe Kante, eine Schmelzkante mit Überhang oder eine Schmelzperlenkette mit Überhang sein (siehe Bild 5).

Bild 1: Rechtwinkligkeitstoleranz

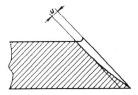

Bild 2: Neigungstoleranz

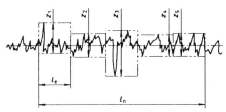

Erläuterung

l_n Gesamtmeßstrecke
Z_1 bis Z_5 Einzelrauhtiefe
l_e Einzelmeßstrecke ($1/5$ von l_n)

Bild 3: Gemittelte Rauhtiefe

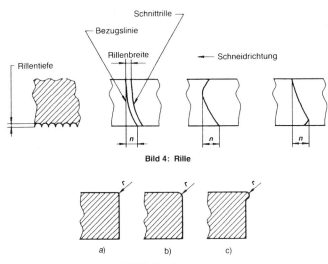

Bild 4: Rille

Bild 5: Anschmelzung

Der Bereich zur Bestimmung der Rechtwinkligkeits- und Neigungstoleranz soll um das Maß Δa nach Tabelle 1 von der oberen und von der unteren Schnittflächenkante abgesetzt sein (siehe Bild 6).

Bild 6: Definition des Meßbereiches für Rechtwinkligkeits- und Neigungstoleranz

Tabelle 1: Maße für Δa für die unterschiedlichen Schnittdicken a

Maße in Millimeter

Schnittdicke a	Δa
$3 \leq a \leq 6$	0,3
$6 < a \leq 10$	0,6
$10 < a \leq 20$	1,0
$20 < a \leq 40$	1,5
$40 < a \leq 100$	2,0
$100 < a \leq 150$	3,0
$150 < a \leq 200$	5,0
$200 < a \leq 250$	8,0
$250 < a \leq 300$	10,0

Vereinzelte Fehler, z.B. Kolkungen, sind für die Festlegung der Gütewerte in dieser Internationalen Norm nicht berücksichtigt.

Bei Mehrflankenschnitten, z.B. für V-, Doppel-V- oder Doppel-HV-Nähte oder K-Nähte, ist jede Schnittfläche für sich zu beurteilen.

Zur Einteilung der Schnittflächengüte nach Tabelle 2 ist die Festlegung für Feld 1 für Rechtwinkligkeits- und Neigungstoleranz u und für die zulässige gemittelte Rauhtiefe R_{y5} nicht notwendig. Die Einteilung ist beibehalten, um auf die Möglichkeit des Erreichens der geringen Werte und damit auf die Leistungsfähigkeit des Verfahrens hinzuweisen.

5.2 Güte der Schnittflächen

Die Schnittflächen werden nach Tabelle 2 in Güte I oder Güte II eingeteilt. Die Rechtwinkligkeits- und Neigungstoleranz, u, und die gemittelte Rauhtiefe, R_{y5}, sind in den Bildern 7 und 8 enthalten. Vergrößerte Darstellung von u und R_{y5} für Schnittdicken bis 20 mm sind in Bild A.1 und in Bild A.2 (siehe Anhang A) dargestellt.

Tabelle 2: Güteeinteilung

Güte der Schnittfläche	Rechtwinkligkeits- und Neigungstoleranz, u, nach Bild 7	Gemittelte Rauhtiefe, R_{y5}, nach Bild 8
I	Felder 1 und 2	Felder 1 und 2
II	Felder 1 bis 3	Felder 1 bis 3

5.3 Vereinbarte Güte

Um frühere Vereinbarungen oder Anwendungsbedingungen zu berücksichtigen, kann von den Güten I und II abgewichen werden. Für die vereinbarte Güte sind die Felder für die Rechtwinkligkeits- und Neigungstoleranz, u, und die gemittelte Rauhtiefe, R_{y5}, in der Reihenfolge u, R_{y5} anzugeben. Wo auf die Festlegung eines Wertes verzichtet wird, ist eine "0" (Null) zu setzen.

BEISPIEL 1
Feld 1 für u
Feld 1 für R_{y5}
Kurzzeichen: 11

BEISPIEL 2
Feld 2 für u
0 für R_{y5} (d.h. keine Festlegung)
Kurzzeichen: 20

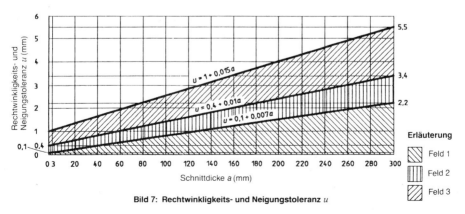

Bild 7: Rechtwinkligkeits- und Neigungstoleranz u

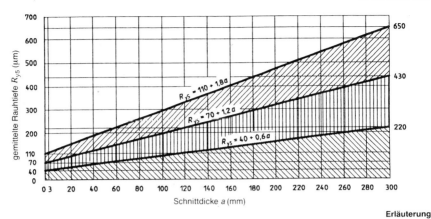

Bild 8: Zulässige gemittelte Rauhtiefe R_{y5}

6 Maßtoleranzen

Als Nennmaß gilt das Zeichnungsmaß. Die Istmaße werden an den gesäuberten Schnittflächen festgestellt. Die Grenzabmaße nach Tabelle 3 und Tabelle 4 gelten für Maße ohne Toleranzangabe, wenn auf Zeichnungen oder in sonstigen Unterlagen (z. B. Lieferbedingungen) auf diese Norm verwiesen ist. Die Grenzabmaße in Tabelle 3 gelten nur für die in den Tabellen genannten Werkstückdicken an Teilen, deren Seitenverhältnis (Länge: Breite) höchstens 4 : 1 ist, und für Schnittlängen (Umfang) von mindestens 350 mm.

Für Werkstücke, deren Verhältnis Länge zu Breite 4 : 1 überschreitet, sind die Grenzabmaße zwischen Hersteller und Abnehmer in Anlehnung an diese Norm zu vereinbaren.

Die Festlegungen für die Grenzabmaße basieren auf dem Unabhängigkeitsprinzip nach ISO 8015, wonach die Maß-, Form- und Lagetoleranzen unabhängig voneinander gelten. Der durch Rechtwinkligkeits- und Neigungsabweichungen in Schneidstrahlrichtung verursachte Anteil der Abweichungen muß innerhalb der Grenzabmaße liegen. Wenn andere Form- und Lagetoleranzen, z. B. Geradheitstoleranz, Rechtwinkligkeitstoleranz in Schnittlängenrichtung, eingehalten werden sollen, sind sie besonders zu vereinbaren.

Für gleichzeitig geschnittene parallele Geradschnitte mit senkrechten Schnittflächen gelten die Grenzabmaße der Tabelle 4.

Tabelle 3: Grenzabmaße für Nennmaße

Maße in Millimeter

Toleranzklasse	Werkstückdicke t	Grenzabmaße für Nennmaße			
		35 bis unter 315	315 bis unter 1 000	1 000 bis unter 2 000	2 000 bis unter 4 000
A	$3 < t \leq 12$	± 1,0	± 1,5	± 2,0	± 3,0
	$12 < t \leq 50$	± 0,5	± 1,0	± 1,5	± 2,0
	$50 < t \leq 100$	± 1,0	± 2,0	± 2,5	± 3,0
	$100 < t \leq 150$	± 2,0	± 2,5	± 3,0	± 4,0
	$150 < t \leq 200$	± 2,5	± 3,0	± 3,5	± 4,5
	$200 < t \leq 250$	—	± 3,0	± 3,5	± 4,5
	$250 < t \leq 300$	—	± 4,0	± 5,0	± 6,0
B	$3 < t \leq 12$	± 2,0	± 3,5	± 4,5	± 5,0
	$12 < t \leq 50$	± 1,5	± 2,5	± 3,0	± 3,5
	$50 < t \leq 100$	± 2,5	± 3,5	± 4,0	± 4,5
	$100 < t \leq 150$	± 3,0	± 4,0	± 5,0	± 6,0
	$150 < t \leq 200$	± 3,0	± 4,5	± 6,0	± 7,0
	$200 < t \leq 250$	—	± 4,5	± 6,0	± 7,0
	$250 < t \leq 300$	—	± 5,0	± 7,0	± 8,0

Tabelle 4: Grenzabmaße für gleichzeitig geschnittene parallele Geradschnitte

Maße in Millimeter

Toleranzklasse	Werkstückdicke t	Grenzabmaße für Nennmaße bis 10 000
F	$10 < t \leq 100$	± 0,2
G	$6 < t \leq 100$	± 0,5
H	$6 < t \leq 100$	± 1,5

7 Angaben in technischen Unterlagen

7.1 Schnittgüte und Toleranzklasse

7.1.1 Darstellung in technischen Zeichnungen

Die geforderte Güte und die Toleranzklasse durch Brennschneiden sind auf einem Symbol nach ISO 1302 wie folgt in Bild 9 anzugeben.

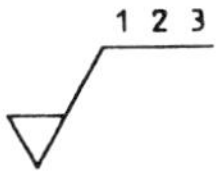

Erläuterung
1 Nummer dieser Internationalen Norm, d. h. ISO 9013
2 Güteeinteilung nach Abschnitt 5
3 Toleranzklasse nach Abschnitt 6

Bild 9: Darstellung in technischen Zeichnungen

Werden vereinbarte Abweichungen von der Norm gewünscht, so ist dies besonders anzugeben (siehe auch 5.3).

BEISPIEL 1
Verlangt werden die Güteeinteilung I und die Toleranzklasse A. Die Darstellung ist in Bild 10 angegeben.

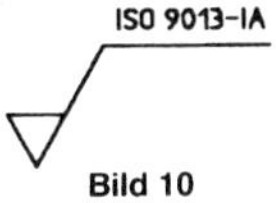

Bild 10

BEISPIEL 2
Verlangt werden die vereinbarte Güte mit Kurzzeichen 23 (Feld 2 für u, Feld 3 für R_{y5}) und die Toleranzklasse A. Die Darstellung ist in Bild 11 angegeben.

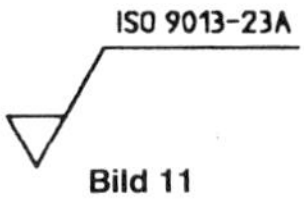

Bild 11

7.1.2 Darstellung im Schriftfeld technischer Unterlagen

Die geforderte Güteeinteilung und die geforderte Toleranzklasse unter Hinweis auf die ISO-Nummer dieser Internationalen Norm sind wie folgt anzugeben:

BEISPIEL
Verlangt werden die Güteeinteilung II und die Toleranzklasse G.
ISO 9013 — IIG

Anhang A (informativ)

Vergrößerte Darstellung von u und R_{y5} für Schnittdicken bis 20 mm

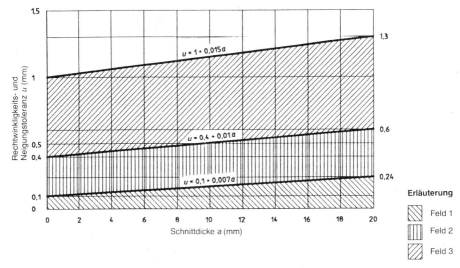

Bild A.1: Rechtwinkligkeits- und Neigungstoleranz u

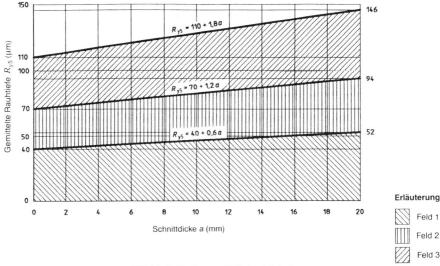

Bild A.2: Zulässige gemittelte Rauhtiefe R_{y5}

November 1996

Allgemeintoleranzen für Schweißkonstruktionen
Schweißen
Längen- und Winkelmaße Form und Lage
(ISO 13920 : 1996) Deutsche Fassung EN ISO 13920 : 1996

DIN EN ISO 13920

ICS 25.160.00

Deskriptoren: Schweißkonstruktion, Allgemeintoleranz, Längenmaß, Winkelmaß, Toleranzklasse

Ersatz für
DIN 8570-1: 1987-10
und
DIN 8570-3: 1987-10

Welding — General tolerances for welded constructions — Dimensions for lengths and angles, Shape and position (ISO 13920 : 1996);
German version EN ISO 13920 : 1996
Soudage — Tolérances générales relatives aux constructions soudées — Dimensions des longueurs et angles, Formes et positions (ISO 13920 : 1996);
Version allemande EN ISO 13920 : 1996

Die Europäische Norm EN ISO 13920 : 1996 hat den Status einer Deutschen Norm.

Nationales Vorwort

Die Europäische Norm EN ISO 13920: 1996 wurde im Technischen Komitee CEN/TC 121 "Schweißen" vom Unterkomitee SC 4 "Qualitätsmanagement für das Schweißen" erarbeitet. Das zuständige deutsche Normungsgremium ist der Arbeitsausschuß AA 4.5 "Zulässige Abweichungen und Toleranzen" gemeinsam mit AA 4.1 "Grundlagen der Qualitätssicherung beim Schweißen" im Normenausschuß Schweißtechnik (NAS).

Die Norm enthält ohne Einschränkung des Anwendungsgebiete Allgemeintoleranzen für Längen- und Winkelmaße sowie für Form und Lage bei Schweißkonstruktionen. Diese Norm ist für geschweißte Konstruktionen anzuwenden, es sei denn, daß hierfür besondere Regelwerke mit abweichenden Anforderungen bestehen.

Die Festlegung von Toleranzklassen nimmt Rücksicht auf die unterschiedlichen Anforderungen in den verschiedenen Anwendungsgebieten, ihnen liegen jedoch die werkstattüblichen Genauigkeiten zugrunde. Dennoch ist zur Einhaltung der Toleranzklasse unterschiedlicher Aufwand erforderlich.

Der Aufwand wächst mit der jeweils höheren Toleranzklasse. Anforderungen und Toleranzklasse sind deshalb aufeinander abzustimmen.

Es können in einer Zeichnung für die Längen- und Winkeltoleranzen nach Tabelle 1 und 2 und für die Form- und Lagetoleranzen nach Tabelle 3 verschiedene Toleranzklassen gewählt werden. Die Norm enthält für diese Fälle Bezeichnungsbeispiele (siehe Abschnitt 5).

Die Toleranzen brauchen nicht zu jedem Nennmaß angegeben zu werden, es genügt ein allgemeiner Hinweis auf die Toleranzklasse in den Zeichnungen und/oder sonstigen Unterlagen, z. B. Lieferbedingungen, Arbeitsunterlagen.

Für die Feststellung der Winkelabweichung wurden die beiden Maßsysteme Grad und Minuten oder gerechnet und gerundet in Millimeter gleichberechtigt nebeneinander zugelassen, um die Anwendung der jeweils günstigeren und zweckmäßigeren Meßmethode sowie den Einsatz vorhandener Meßinstrumente zu ermöglichen.

Bei Angabe von Winkeln kann die Lage des Schnittpunktes der beiden Schenkel so wichtig sein, daß sie als "Bezugspunkt" besonders gekennzeichnet und bemaßt werden sollte (siehe Bilder 1 bis 5).

Für die im Abschnitt 2 zitierten Internationalen Normen wird im folgenden auf die entsprechenden Deutschen Normen hingewiesen:

ISO/DIS 463	entspricht E DIN EN ISO 463
prEN ISO 1101	entspricht E DIN EN ISO 1101
ISO 3599	entspricht E DIN EN 13385
ISO 6906	entspricht E DIN EN 13385
ISO 8015	entspricht DIN ISO 8015

Fortsetzung Seite 2
und 5 Seiten EN

Normenausschuß Schweißtechnik (NAS) im DIN Deutsches Institut für Normung e.V.
Normenausschuß Länge und Gestalt (NLG) im DIN
Normenausschuß Schienenfahrzeuge (FSF) im DIN

Änderungen

Gegenüber DIN 8570-1 : 1987-10 und DIN 8570-3 : 1987-10 wurden folgende Änderungen vorgenommen:
— Anwendungsbereiche der Teile 1 und 3 zusammengefaßt.
— Toleranzklasse Z für besondere Fälle, z.B. bei dünnen Blechen in Triebwerksbau, ist entfallen.

Frühere Ausgaben

DIN 8570-1: 1971-04, 1974-10, 1987-10
DIN 8570-3: 1974-10, 1987-10
DIN 25029: 1962-04

Nationaler Anhang NA (informativ)

Literaturhinweise

E DIN EN 13385
Geometrische Produktspezifikationen (GPS) — Längenmeßgeräte: Meßschieber und Tiefenmeßschieber — Bauformen und meßtechnische Anforderungen (ISO/DIS 13385 : 1996); Deutsche Fassung prEN ISO 13385 : 1996

E DIN EN ISO 463
Geometrische Produktspezifikationen (GPS) — Längenmeßgeräte: Meßuhren — Bauformen und meßtechnische Anforderungen (ISO/DIS 463 : 1996); Deutsche Fassung prEN ISO 463 : 1996

E DIN ISO 1101
Technische Zeichnungen — Form- und Lagetolerierung — Tolerierung von Form, Richtung, Ort und Lauf — Allgemeines, Definitionen, Symbole, Zeichnungseintragungen (ISO/DIS 1101 : 1995)

DIN ISO 8015 : 1986
Technische Zeichnungen — Tolerierungsgrundsatz; Identisch mit ISO 8015 : 1985

EUROPÄISCHE NORM
EUROPEAN STANDARD
NORME EUROPÉENNE

EN ISO 13920

August 1996

ICS 25.160.00

Deskriptoren: Schweißen, Schweißkonstruktion, Form, Lage, Maße, Länge, Winkel, Maßtoleranzen, Winkeltoleranzen, Prüfungen

Deutsche Fassung

Schweißen

Allgemeintoleranzen für Schweißkonstruktionen
Längen- und Winkelmaße   Form und Lage
(ISO 13920: 1996)

Welding — General tolerances for welded constructions — Dimensions for lengths and angles, Shape and position (ISO 13920 : 1996)

Soudage — Tolérances générales relatives aux constructions soudées — Dimensions des longueurs et angles, Formes et positions (ISO 13920 : 1996)

Diese Europäische Norm wurde von CEN am 1996-06-20 angenommen.

Die CEN-Mitglieder sind gehalten, die CEN/CENELEC-Geschäftsordnung zu erfüllen, in der die Bedingungen festgelegt sind, unter denen dieser Europäischen Norm ohne jede Änderung der Status einer nationalen Norm zu geben ist.

Auf dem letzten Stand befindliche Listen dieser nationalen Normen mit ihren bibliographischen Angaben sind beim Zentralsekretariat oder bei jedem CEN-Mitglied auf Anfrage erhältlich.

Diese Europäische Norm besteht in drei offiziellen Fassungen (Deutsch, Englisch, Französisch). Eine Fassung in einer anderen Sprache, die von einem CEN-Mitglied in eigener Verantwortung durch Übersetzung in seine Landessprache gemacht und dem Zentralsekretariat mitgeteilt worden ist, hat den gleichen Status wie die offiziellen Fassungen.

CEN-Mitglieder sind die nationalen Normungsinstitute von Belgien, Dänemark, Deutschland, Finnland, Frankreich, Griechenland, Irland, Island, Italien, Luxemburg, Niederlande, Norwegen, Österreich, Portugal, Schweden, Schweiz, Spanien und dem Vereinigten Königreich.

CEN

EUROPÄISCHES KOMITEE FÜR NORMUNG
European Committee for Standardization
Comité Européen de Normalisation

Zentralsekretariat: rue de Stassart 36, B-1050 Brüssel

© 1996. Das Copyright ist den CEN-Mitgliedern vorbehalten.

Ref. Nr. EN ISO 13920 : 1996 D

Inhalt

Seite

Vorwort 2

1 Anwendungsbereich 2

2 Normative Verweisungen 2
3 Definitionen 3
4 Allgemeintoleranzen 3
4.1 Grenzabmaße für Längenmaße 3
4.2 Grenzabmaße für Winkelmaße 3
4.3 Geradheits-, Ebenheits- und Parallelitätstoleranzen 3

5 Zeichnungsangaben 3

6 Prüfung 4
6.1 Allgemeines 4
6.2 Geradheit 5
6.3 Ebenheit 5
6.4 Parallelität 5

7 Mangelnde Übereinstimmung 5

Vorwort

Der Text der EN ISO 13920 : 1996 wurde vom Technischen Komitee CEN/TC 121 "Schweißen", dessen Sekretariat vom DS betreut wird, in Zusammenarbeit mit dem Technischen Komitee ISO/TC 44 "Schweißen und verwandte Verfahren" erarbeitet.

Diese Europäische Norm muß den Status einer nationalen Norm erhalten, entweder durch Veröffentlichung eines identischen Textes oder durch Anerkennung bis Februar 1997, und etwaige entgegenstehende nationale Normen müssen bis Februar 1997 zurückgezogen werden.

Entsprechend der CEN/CENELEC-Geschäftsordnung sind die nationalen Normungsinstitute der folgenden Länder gehalten, diese Europäische Norm zu übernehmen:

Belgien, Dänemark, Deutschland, Finnland, Frankreich, Griechenland, Irland, Island, Italien, Luxemburg, Niederlande, Norwegen, Österreich, Portugal, Schweden, Schweiz, Spanien und das Vereinigte Königreich.

1 Anwendungsbereich

Diese Europäische Norm legt Allgemeintoleranzen für Längen- und Winkelmaße sowie für Form und Lage an Schweißkonstruktionen in vier Toleranzklassen fest, die auf werkstattüblichen Genauigkeiten basieren. Das Hauptkriterium für die Auswahl einer bestimmten Toleranzklasse sollte sich auf die einzuhaltenden funktionellen Anforderungen beziehen.

Die anzuwendenden Toleranzen/Grenzabmaße sind in jedem Fall diejenigen, die in der Zeichnung angegeben sind. Statt einzelne Toleranzen/Grenzabmaße festzulegen, können die Toleranzklassen nach dieser Norm angewendet werden. Allgemeintoleranzen für Längen- und Winkelmaße sowie Form und Lage, wie sie in dieser Norm festgelegt sind, gelten für Schweißteile, Schweißgruppen, geschweißte Bauteile usw.

Besondere Bedingungen können für komplexe Bauteile notwendig sein.

Die Festlegungen in dieser Norm basieren auf dem Unabhängigkeitsprinzip, das in ISO 8015 festgelegt ist. Danach sind die Maß-Grenzabweichungen und geometrischen Toleranzen unabhängig voneinander anzuwenden.

Fertigungsunterlagen, die Längen- oder Winkelmaße oder Angaben für Form und Lage ohne einzeln eingetragene Toleranzen/Grenzabmaße enthalten, sind als unvollständig anzusehen, wenn sie keinen oder nur einen unvollständigen Bezug auf die Allgemeintoleranzen haben. Dieses ist nicht für zeitweilige Zwischenmaße anzuwenden.

2 Normative Verweisungen

Diese Europäische Norm enthält durch datierte oder undatierte Verweisungen Festlegungen aus anderen Publikationen. Diese normativen Verweisungen sind an den jeweiligen Stellen im Text zitiert, und die Publikationen sind nachstehend aufgeführt. Bei datierten Verweisungen gehören spätere Änderungen oder Überarbeitungen dieser Publikationen nur zu dieser Europäischen Norm, falls sie durch Änderung oder Überarbeitung eingearbeitet sind. Bei undatierten Verweisungen gilt die letzte Ausgabe der in Bezug genommenen Publikation.

ISO/DIS 463
de: Geometrische Produktspezifikation (GPS) — Längenmeßgeräte: Meßuhren — Bauformen und meßtechnische Anforderungen
en: Geometrical product specifications (GPS) – Dimensional measuring instruments: Dial gauges — Design and metrological requirements

prEN ISO 1101
de: Technische Zeichnungen — Form- und Lagetolerierung — Form-, Richtungs-, Orts- und Lauftoleranzen — Allgemeines, Definitionen, Symbole, Zeichnungseintragungen (ISO/DIS 1101 : 1995)
en: Technical drawings — Tolerances of form, orientation, location and run-out — Generalities, definitions, symbols, indications on drawings (ISO/DIS 1101 : 1995)

Tabelle 1: Grenzabmaße für Längenmaße

Toleranz-klasse	Nennmaßbereich l (in mm)									
	2 bis 30	über 30 bis 120	über 120 bis 400	über 400 bis 1 000	über 1 000 bis 2 000	über 2 000 bis 4 000	über 4 000 bis 8 000	über 8 000 bis 12 000	über 12 000 bis 16 000	über 16 000 bis 20 000	über 20 000
	Grenzabmaße t (in mm)									
A	±1	±1	±2	±3	±4	±5	±6	±7	±8	±9
B	±1	±2	±2	±3	±4	±6	±8	±10	±12	±14	±16
C		±3	±4	±6	±8	±11	±14	±18	±21	±24	±27
D		±4	±7	±9	±12	±16	±21	±27	±32	±36	±40

ISO 3599
de: Meßschieber mit Noniusteilung bis 0,1 und 0,05 mm
en: Vernier callipers reading to 0,1 and 0,05 mm

ISO 6906
de: Meßschieber mit Noniusteilung bis 0,02 mm
en: Vernier callipers reading to 0,02 mm

ISO 8015
de: Technische Zeichnungen — Tolerierungsgrundsatz
en: Technical drawings — Fundamental tolerancing principle

3 Definitionen

Für die Anwendung dieser Norm gelten die Definitionen von prEN ISO 1101.

4 Allgemeintoleranzen

4.1 Grenzabmaße für Längenmaße

Siehe Tabelle 1.

4.2 Grenzabmaße für Winkelmaße

Die Länge des kürzeren Winkelschenkels ist zur Bestimmung der Grenzabmaße nach Tabelle 2 anzuwenden. Es kann auch vereinbart werden, die Schenkellänge bis zu einem festgelegten Bezugspunkt auszudehnen. In diesem Fall ist der Bezugspunkt auf der Zeichnung anzugeben.
Siehe Tabelle 2 für die entsprechenden Grenzabmaße.
Die Bilder 1 bis 5 zeigen Beispiele, wie der kürzere Winkelschenkel, l, dargestellt wird.

4.3 Geradheits-, Ebenheits- und Parallelitätstoleranzen

Die Geradheits-, Ebenheits- und Parallelitätstoleranzen sind in der nachfolgenden Tabelle 3 sowohl für die Gesamtabmessung eines Schweißteils, einer Schweißgruppe oder eines geschweißten Bauteils als auch für sonstige bemaßte Teile festgelegt.

Andere Toleranzen für Form und Lage, z. B. Koaxialitäts-, Symmetrietoleranzen, sind nicht festgelegt. Wenn derartige Toleranzen aus Funktionsgründen gefordert werden, sind sie auf den Zeichnungen so anzugeben, wie es in prEN ISO 1101 festgelegt ist.

Tabelle 2: Grenzabmaße für Winkelmaße

Toleranz-klasse	Nennmaßbereich l (in mm) (Länge oder kürzerer Schenkel)		
	bis 400	über 400 bis 1 000	über 1 000
	Grenzabmaße $\Delta \alpha$ (in Grad und Minuten)		
A	±20'	±15'	±10'
B	±45'	±30'	±20'
C	±1°	±45'	±30'
D	±1°30'	±1°15'	±1°
	Gerechnete und gerundete Grenzabmaße t (in mm/m[1])		
A	±6	±4,5	±3
B	±13	±9	±6
C	±18	±13	±9
D	±26	±22	±18

[1]) Die Angabe in mm/m entspricht dem Tangenswert der Grenzabmaße. Sie ist mit der Länge in Meter des kürzeren Schenkels zu multiplizieren.

5 Zeichnungsangaben

Die Bezeichnung der gewählten Toleranzklasse ist — wie es in den Tabellen 1 und 2 (z. B. EN ISO 13920-B) oder in ihrer Kombination mit einer Toleranzklasse nach Tabelle 3 (z. B. EN ISO 13920-BE) festgelegt ist — in das entsprechende Zeichnungsfeld einzutragen.

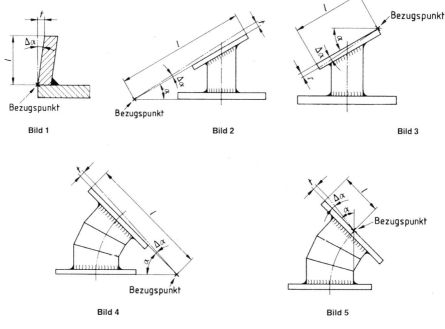

Bild 1   Bild 2   Bild 3

Bild 4   Bild 5

Tabelle 3: Geradheits-, Ebenheits- und Parallelitätstoleranzen

Toleranz-klasse	Nennmaßbereich l (in mm) (bezieht sich auf die längere Seite der Oberfläche)								
	über 30 bis 120	über 120 bis 400	über 400 bis 1 000	über 1 000 bis 2 000	über 2 000 bis 4 000	über 4 000 bis 8 000	über 8 000 bis 12 000	über 12 000 bis 16 000	über 16 000 bis 2 0000	über 2 0000

	Toleranzen t (in mm)								
E	0,5	1	1,5	2	3	4	5	6	7	8
F	1	1,5	3	4,5	6	8	10	12	14	16
G	1,5	3	5,5	9	11	16	20	22	25	25
H	2,5	5	9	14	18	26	32	36	40	40

6 Prüfung

6.1 Allgemeines

Die verwendeten Prüf- und Meßgeräte müssen für den vorgesehenen Zweck geeignet und genau sein.
— Strichmaßstab;
— Meßbänder;
— Lineale;
— Meßwinkel;
— Meßschieber (nach ISO 3599 und ISO 6906);
— Meßuhren (nach ISO/DIS 463).

Andere Prüf- und Meßgeräte können nach Vereinbarung benutzt werden.

Die Meßergebnisse können beeinflußt werden, wenn sie bei ungewöhnlichen Temperaturen oder Witterungsverhältnissen ermittelt werden, z. B. Großbauteile bei starker Sonneneinstrahlung.

Das Istmaß eines Winkels wird durch Anwendung von geeigneten Meßwerkzeugen ermittelt. Sie werden tangential an das Schweißteil, jedoch außerhalb der unmittelbar beeinflußten Zone, angelegt. Die Abweichung wird aus der Differenz zwischen dem Nennmaß und dem Istmaß bestimmt. Die Winkelabweichungen können in Grad und Minuten oder in Millimeter ermittelt werden.

6.2 Geradheit

Die Kante des Schweißteils und das Richtlineal werden so zueinander ausgerichtet, daß der größte Abstand zwischen dem Richtlineal und der tatsächlichen Oberfläche sein Mindestwert ist. Die Abstände zwischen der Kante und dem Richtlineal werden gemessen (siehe Beispiel Bild 6).

6.3 Ebenheit

Die tatsächliche Oberfläche des Schweißteils und die Meßebene werden so zueinander ausgerichtet, daß der größte Abstand zwischen der Meßebene und der tatsächlichen Oberfläche sein Mindestwert ist. Dies kann z. B. durch optische Geräte, Schlauchwasserwaagen, Spanndrähte, Spann- und Meßplatten und Maschinenbetten geschehen.

Die Abstände zwischen der tatsächlichen Oberfläche und der Meßebene sind zu messen (siehe Beispiel Bild 7).

6.4 Parallelität

Die Bezugsfläche ist parallel zur Bezugsebene auszurichten. Parallel zur Bezugsebene ist eine Meßebene außerhalb des Schweißteils unter Verwendung der in 6.3 genannten Meßgeräte zu schaffen. Die Abstände zwischen der tatsächlichen Oberfläche und der Meßebene sind zu messen (siehe Beispiel Bild 8).

7 Mangelnde Übereinstimmung

Eine Entscheidung über die Verwendbarkeit von Bauteilen, die nicht mit dieser Norm übereinstimmen, kann auf der Grundlage der Eignung für ihren vorgesehenen Zweck getroffen werden.

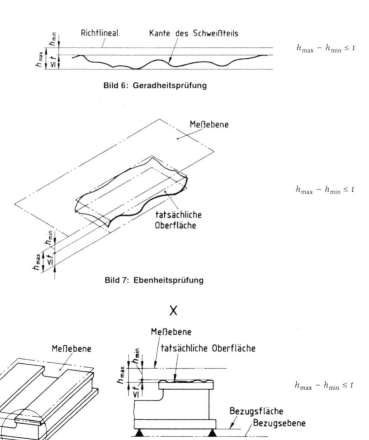

Bild 6: Geradheitsprüfung

Bild 7: Ebenheitsprüfung

Bild 8: Parallelitätsprüfung

FINAL DRAFT

PROJET FINAL

INTERNATIONAL STANDARD

NORME INTERNATIONALE

ISO/FDIS 4063

ISO/TC 44/SC 7

Secretariat/Secrétariat: **DIN**

Voting begins on/ Début de vote: **1998-05-14**

Voting terminates on/ Vote clos le: **1998-07-14**

Welding and allied processes — Nomenclature of processes and reference numbers

Soudage et techniques connexes — Nomenclature et numérotation des procédés

IN ADDITION TO THEIR EVALUATION AS BEING ACCEPTABLE FOR INDUSTRIAL, TECHNOLOGICAL, COMMERCIAL AND USER PURPOSES, DRAFT INTERNATIONAL STANDARDS MAY ON OCCASION HAVE TO BE CONSIDERED IN THE LIGHT OF THEIR POTENTIAL TO BECOME STANDARDS TO WHICH REFERENCE MAY BE MADE IN NATIONAL REGULATIONS.

OUTRE LE FAIT D'ÊTRE EXAMINÉS POUR ÉTABLIR S'ILS SONT ACCEPTABLES A DES FINS INDUSTRIELLES, TECHNOLOGIQUES ET COMMERCIALES, AINSI QUE DU POINT DE VUE DES UTILISATEURS, LES PROJETS DE NORMES INTERNATIONALES DOIVENT PARFOIS ÊTRE CONSIDÉRÉS DU POINT DE VUE DE LEUR POSSIBILITÉ DE DEVENIR DES NORMES POUVANT SERVIR DE RÉFÉRENCE DANS LA RÉGLEMENTATION NATIONALE.

Reference number
Numéro de référence
ISO/FDIS 4063:1998(E/F)

Foreword

ISO (the International Organization for Standardization) is a worldwide federation of national standards bodies (ISO member bodies). The work of preparing International Standards is normally carried out through ISO technical committees. Each member body interested in a subject for which a technical committee has been established has the right to be represented on that committee. International organizations, governmental and non-governmental, in liaison with ISO, also take part in the work. ISO collaborates closely with the International Electrotechnical Commission (IEC) on all matters of electrotechnical standardization.

Draft International Standards adopted by the technical committees are circulated to the member bodies for voting. Publication as an International Standard requires approval by at least 75 % of the member bodies casting a vote.

International Standard ISO 4063 was prepared by Technical Committee ISO/TC 44, *Welding and allied processes,* Subcommittee SC 7, *Representation and terms.*

This third edition cancels and replaces the second edition (ISO 4063:1990), which has been technically revised.

Annex A of this International Standard is for information only.

© ISO 1998

All rights reserved. Unless otherwise specified, no part of this publication may be reproduced or utilized in any form or by any means, electronic or mechanical, including photocopying and microfilm, without permission in writing from the publisher. / Droits de reproduction réservés. Sauf prescription différente, aucune partie de cette publication ne peut être reproduite ni utilisée sous quelque forme que ce soit et par aucun procédé, électronique ou mécanique, y compris la photocopie et les microfilms, sans l'accord écrit de l'éditeur.

International Organization for Standardization
Case postale 56 • CH-1211 Genève 20 • Switzerland
Internet   iso@iso.ch

Printed in Switzerland/Imprimé en Suisse

Avant-propos

L'ISO (Organisation internationale de normalisation) est une fédération mondiale d'organismes nationaux de normalisation (comités membres de l'ISO). L'élaboration des Normes internationales est en général confiée aux comités techniques de l'ISO. Chaque comité membre intéressé par une étude a le droit de faire partie du comité technique créé à cet effet. Les organisations internationales, gouvernementales et non gouvernementales, en liaison avec l'ISO participent également aux travaux. L'ISO collabore étroitement avec la Commission électrotechnique internationale (CEI) en ce qui concerne la normalisation électrotechnique.

Les projets de Normes internationales adoptés par les comités techniques sont soumis aux comités membres pour vote. Leur publication comme Normes internationales requiert l'approbation de 75 % au moins des comités membres votants.

La Norme internationale ISO 4063 a été élaborée par le comité technique ISO/TC 44, *Soudage et techniques connexes*, sous-comité SC 7, *Représentation et terminologie*.

Cette troisième édition annule et remplace la deuxième édition (ISO 4063:1990), dont elle constitue une révision technique.

L'annexe A de la présente Norme internationale est donnée uniquement à titre d'information.

Introduction

This International Standard is an updated edition of ISO 4063:1990, and is largely based on the former version. Some welding processes no longer in general use are given in annex A and are regarded as obsolete. A number of new processes have been included, and are marked " * ". Owing to the increasing significance of laser welding it has been listed under its own numbering (section 5).

The main alteration is the incorporation of a new section (Section 8) covering cutting and gouging. The existing numbering has not been altered.

Introduction

La présente Norme internationale est une édition mise à jour de l'ISO 4063:1990, et est fondée en grande partie sur la première version. Certains procédés de soudage, qui ne sont plus couramment utilisés, sont donnés dans l'annexe A et sont considérés comme dépassés. Des nouveaux procédés ont été intégrés, et sont identifiés par «*». Du fait de l'importance croissante du soudage au laser, celui-ci fait l'objet d'une numérotation spécifique (section 5).

La principale modification réside dans l'introduction d'une nouvelle section (section 8) concernant le coupage et le gougeage. La numérotation existante n'a pas été modifiée.

FINAL DRAFT INTERNATIONAL STANDARD
PROJET FINAL DE NORME INTERNATIONALE

© ISO

ISO/FDIS 4063:1998(E/F)

Welding and allied processes — Nomenclature of processes and reference numbers

Soudage et techniques connexes — Nomenclature et numérotation des procédés

1 Scope

This International Standard establishes a nomenclature, with reference numbers, for welding and allied processes.

Each process is identified by a reference number.

This International Standard covers main groups of processes (one digit), groups (two digits) and sub-groups (three digits). The reference number for any process has a maximum of three digits. This system is intended as an aid in computerisation, drawings, working papers, welding procedure specifications etc.

NOTE — In addition to terms used in two of the three official ISO languages (English and French), this International Standard gives the equivalent terms in the German language; these are published under the responsibility of the member body for Germany (DIN). However only the terms given in the official languages can be considered as ISO terms.

1 Domaine d'application

La présente Norme internationale établit une nomenclature, avec des numéros de référence, pour les procédés de soudage et les techniques connexes.

Chaque procédé est identifié par un numéro de référence.

La présente Norme internationale couvre les groupes principaux de procédés (un chiffre), les groupes (deux chiffres) et les sous-groupes (trois chiffres). Le numéro de référence pour un procédé donné comporte au maximum trois chiffres. Ce système est prévu pour faciliter l'informatisation, les dessins et les documents de travail, les descriptifs de modes opératoires de soudage, etc.

NOTE — En complément des termes utilisés dans deux des trois langues officielles de l'ISO (anglais et français), la présente Norme internationale donne les termes équivalents dans la langue allemande; ces termes sont publiés sous la responsabilité du comité membre de l'Allemagne (DIN). Toutefois, seuls les termes donnés dans les langues officielles peuvent être considérés comme étant des termes de l'ISO.

2 Designation

Where a full designation is required for a weld process, it shall have the following structure.

EXAMPLE

Process 42 "Friction welding" is designed as follows.

Process ISO 4063 - 42

2 Désignation

Lorsqu'une désignation complète est exigée pour un procédé de soudage, elle doit avoir la structure suivante:

EXEMPLE

Le procédé 42 «Soudage par friction» est désigné comme suit:

Procédé ISO 4063 - 42

3 List of processes and reference numbers

NOTE — Terms followed by the indications /B/ and /USA/ are terms used in Belgium and in the USA respectively.

Terms in parentheses should be avoided.

3 Nomenclature et numérotation des procédés

NOTE — Les dénominations suivies par les indications /B/ et /USA/ sont celles utilisées respectivement en Belgique et aux États-Unis.

Il convient d'éviter les termes entre parenthèses.

3 Liste der Verfahren und Ordnungsnummern

ANMERKUNG — Begriffe, nach denen /B/ und /USA/ stehen, sind Begriffe, die in Belgien und in den USA verwendet werden.

Begriffe in Klammern sollten vermieden werden.

---

1 Arc welding

101 Metal arc welding

11 Metal arc welding without gas protection

111 Manual metal arc welding (metal arc welding with covered electrode); shielded metal arc welding /USA/

112 Gravity (arc) welding with covered electrode; gravity feed welding /USA/

114 Self-shielded tubular-cored arc welding

12 Submerged arc welding

121 Submerged arc welding with one wire electrode

122 Submerged arc welding with strip electrode

*123 Submerged arc welding with multiple wire electrodes

124 Submerged arc welding with metallic powder addition

125 Submerged arc welding with tubular cored electrode

---

1 Soudage à l'arc

101 Soudage à l'arc avec électrode fusible

11 Soudage à l'arc avec électrode fusible sans protection gazeuse

111 Soudage manuel à l'arc avec électrode enrobée

112 Soudage à l'arc par gravité

114 Soudage à l'arc avec fil fourré autoprotecteur

12 Soudage à l'arc sous flux (en poudre); soudage à l'arc submergé /B/

121 Soudage à l'arc sous flux (en poudre) avec fil-électrode; soudage à l'arc submergé avec fil-électrode /B/

122 Soudage à l'arc sous flux (en poudre) avec électrode en feuillard; soudage à l'arc submergé avec électrode en bande /B/

*123 Soudage à l'arc sous flux (en poudre) avec fils multiples; soudage à l'arc avec fils-électrodes multiples /B/

124 Soudage à l'arc sous flux (en poudre) avec addition de poudre métallique

125 Soudage à l'arc sous flux (en poudre) avec fil fourré

---

1 Lichtbogenschweißen (Lichtbogenschmelzschweißen)

101 Metall-Lichtbogenschweißen

11 Metall-Lichtbogenschweißen ohne Gasschutz

111 Lichtbogenhandschweißen

112 Schwerkraftlichtbogenschweißen

114 Metall-Lichtbogenschweißen mit Fülldrahtelektrode ohne Schutzgas

12 Unterpulverschweißen

121 Unterpulverschweißen mit Drahtelektrode

122 Unterpulverschweißen mit Bandelektrode

*123 Unterpulverschweißen mit mehreren Drahtelektroden

124 Unterpulverschweißen mit Metallpulverzusatz

125 Unterpulverschweißen mit Fülldrahtelektrode

13 Gas-shielded metal arc welding; gas metal arc welding /USA/	13 Soudage à l'arc avec électrode fusible sous protection gazeuse	13 Metall-Schutzgasschweißen
131 Metal inert gas welding; MIG welding; gas metal arc welding /USA/	131 Soudage MIG (soudage à l'arc sous protection de gaz inerte avec fil-électrode fusible)	131 Metall-Inertgasschweißen; MIG-Schweißen
135 Metal active gas welding; MAG welding; gas metal arc welding /USA/	135 Soudage MAG (soudage à l'arc sous protection de gaz actif avec fil-électrode fusible)	135 Metall-Aktivgasschweißen; MAG-Schweißen
136 Tubular cored metal arc welding with active gas shield; flux cored arc welding /USA/	136 Soudage MAG avec fil fourré (soudage à l'arc sous protection de gaz actif avec fil-électrode fourré)	136 Metall-Aktivgasschweißen mit Fülldrahtelektrode
137 Tubular cored metal arc welding with inert gas shield; flux cored arc welding /USA/	137 Soudage MIG avec fil fourré (soudage à l'arc sous protection de gaz inerte avec fil-électrode fourré)	137 Metall-Inertgasschweißen mit Fülldrahtelektrode
14 Gas-shielded welding with non-consumable electrode	14 Soudage avec électrode réfractaire sous protection gazeuse	14 Wolfram-Schutzgasschweißen
141 Tungsten inert gas welding; TIG welding; gas tungsten arc welding /USA/	141 Soudage TIG (soudage à l'arc en atmosphère inerte avec électrode de tungstène)	141 Wolfram-Inertgasschweißen; WIG-Schweißen
15 Plasma arc welding	15 Soudage plasma	15 Plasmaschweißen
151 Plasma MIG welding	151 Soudage plasma-MIG	151 Plasma-Metall-Inertgas-schweißen
152 Powder plasma arc welding	152 Soudage plasma avec poudre	152 Pulver-Plasma-Lichtbogenschweißen
18 Other arc welding processes	18 Autres procédés de soudage à l'arc	18 Andere Lichtbogenschweißverfahren
185 Magnetically impelled arc butt welding	185 Soudage à l'arc tournant	185 Lichtbogenschweißen mit magnetisch bewegtem Lichtbogen
2 Resistance welding	2 Soudage par résistance	2 Widerstandsschweißen
21 Spot welding; resistance spot welding /USA/	21 Soudage par résistance par points	21 Widerstandspunktschweißen
*211 Indirect spot welding; indirect welding /USA/	*211 Soudage indirect par résistance par points	*211 Einseitiges Widerstandspunktschweißen
*212 Direct spot welding	*212 Soudage direct par résistance par points	*212 Zweiseitiges Widerstandspunktschweißen
22 Seam welding; resistance seam welding /USA/	22 Soudage à la molette; soudage au galet /B/	22 Rollennahtschweißen
221 Lap seam welding	221 Soudage à la molette par recouvrement; soudage au galet par recouvrement /B/	221 Überlapp-Rollennahtschweißen

457

222 Mash seam welding	222 Soudage à la molette par écrasement; soudage au galet par écrasement /B/	222 Quetschnahtschweißen
225 Foil butt-seam welding	225 Soudage à la molette avec feuillard; soudage au galet avec feuillard /B/	225 Folienstumpfnahtschweißen
226 Seam welding with strip	226 Soudage à la molette avec feuillard	226 Folien-Überlappnahtschweißen
23 Projection welding	23 Soudage par bossages	23 Buckelschweißen
*231 Indirect projection welding	*231 Soudage indirect par bossages	*231 Einseitiges Buckelschweißen
*232 Direct projection welding	*232 Soudage direct par bossages	*232 Beidseitiges Buckelschweißen
24 Flash welding	24 Soudage par étincelage	24 Abbrennstumpfschweißen
*241 Flash welding with preheating	*241 Soudage par étincelage avec préchauffage	*241 Abbrennstumpfschweißen mit Vorwärmung
*242 Flash welding without preheating	*242 Soudage par étincelage sans préchauffage	*242 Abbrennstumpfschweißen ohne Vorwärmung
25 Resistance butt welding; upset welding /USA/	25 Soudage en bout par résistance pure	25 Preßstumpfschweißen
29 Other resistance welding processes	29 Autres procédés de soudage par résistance	29 Andere Widerstandsschweißverfahren
291 HF resistance welding (high frequency resistance welding); high frequency upset welding /USA/	291 Soudage par résistance à haute fréquence; soudage par résistance HF	291 Widerstandspreßschweißen mit Hochfrequenz
3 Gas welding; oxyfuel gas welding /USA/	3 Soudage aux gaz	3 Gasschmelzschweißen
31 Oxy-fuel gas welding; oxyfuel gas welding /USA/	31 Soudage oxygaz	31 Gasschweißen mit Sauerstoff-Brenngas-Flamme
311 Oxy-acetylene welding; oxyacetylene welding /USA/	311 Soudage oxyacétylénique	311 Gasschweißen mit Sauerstoff Acetylen-Flamme
312 Oxy-propane welding	312 Soudage oxypropane	312 Gasschweißen mit Sauerstoff-Propan-Flamme
313 Oxy-hydrogen welding; oxyhydrogen welding /USA/	313 Soudage oxhydrique	313 Gasschweißen mit Sauerstoff-Wasserstoff-Flamme
4 Welding with pressure	4 Soudage par pression	4 Preßschweißen
41 Ultrasonic welding	41 Soudage par ultrasons	41 Ultraschallschweißen
42 Friction welding	42 Soudage par friction	42 Reibschweißen
44 Welding by high mechanical energy	44 Soudage par haute énergie mécanique	44 Schweißen mit hoher mechanischer Energie

	441 Explosive welding; explosion welding /USA/		441 Soudage par explosion		441 Sprengschweißen
	45 Diffusion welding		45 Soudage par diffusion		45 Diffusionsschweißen
	47 Oxy-fuel gas pressure welding; pressure gas welding /USA/		47 Soudage aux gaz avec pression		47 Gaspreßschweißen
	48 Cold pressure welding; cold welding /USA/		48 Soudage à froid par pression		48 Kaltpreßschweißen
*1)	5 Beam welding	*1)	5 Soudage par faisceau	*1)	5 Strahlschweißen
*1)	51 Electron beam welding	*1)	51 Soudage par faisceau d'électrons	*1)	51 Elektronenstrahlschweißen
*1)	511 Electron beam welding in vacuum	*1)	511 Soudage par faisceau d'électrons sous vide	*1)	511 Elektronenstrahlschweißen unter Vakuum
*1)	512 Electron beam welding in atmosphere	*1)	512 Soudage par faisceau d'électrons en atmosphère	*1)	512 Elektronenstrahlschweißen in Atmosphäre
*1)	52 Laser welding; laser beam welding /USA/	*1)	52 Soudage laser	*1)	52 Laserstrahlschweißen
*1)	521 Solid state laser welding	*1)	521 Soudage avec laser solide	*1)	521 Festkörper-Laserstrahlschweißen
*1)	522 Gas laser welding	*1)	522 Soudage avec laser à gaz	*1)	522 Gas-Laserstrahlschweißen
	7 Other welding processes		7 Autres procédés de soudage		7 Andere Schweißverfahren
	71 Aluminothermic welding; thermite welding /USA/		71 Soudage aluminothermique (soudage par aluminothermie)		71 Aluminothermisches Schweißen
	72 Electroslag welding		72 Soudage sous laitier (électroconducteur); soudage électroslag /B/		72 Elektroschlackeschweißen
	73 Electrogas welding		73 Soudage électrogaz		73 Elektrogasschweißen
	74 Induction welding		74 Soudage par induction		74 Induktionsschweißen
*	741 Induction butt welding; induction upset welding /USA/	*	741 Soudage en bout par induction	*	741 Induktives Stumpfschweißen
*	742 Induction seam welding	*	742 Soudage à la molette par induction	*	742 Induktives Rollennahtschweißen
	75 Light radiation welding		75 Soudage par rayonnement lumineux		75 Lichtstrahlschweißen
	753 Infrared welding		753 Soudage par infrarouge		753 Infrarotschweißen
	77 Percussion welding		77 Soudage par percussion		77 Perkussionsschweißen
	78 Stud welding		78 Soudage des goujons		78 Bolzenschweißen

---

1) Newly introduced with 5.., (formely 7)

1) Nouveau procédé introduit sous 5 (auparavant 7)

1) Neu unter Sektion 5 aufgeführt (vorhergehend in Sektion 7)

782 Resistance stud welding	782 Soudage par résistance des goujons	782 Widerstandsbolzenschweißen
*783 Drawn arc stud welding with ceramic ferrule or shielding gas; arc stud welding /USA/	*783 Soudage à l'arc des goujons avec cycle long	*783 Hubzündungs-Bolzenschweißen mit Keramikring oder Schutzgas
*784 Short-cycle drawn arc stud welding; arc stud welding /USA/	*784 Soudage à l'arc des goujons avec cycle court	*784 Kurzzeit-Bolzenschweißen mit Hubzündung
*785 Capacitor discharge drawn arc stud welding; arc stud welding /USA/	*785 Soudage à l'arc des goujons par décharge de condensateur	*785 Kondensatorentladungs-Bolzenschweißen mit Hubzündung
*786 Capacitor discharge stud welding with tip ignition; arc stud welding /USA/	*786 Soudage à l'arc des goujons par décharge de condensateur avec amorçage par contact	*786 Kondensatorentladungs-Bolzenschweißen mit Spitzenzündung
*787 Drawn arc stud welding with fusible collar	*787 Soudage à l'arc des goujons en cycle long avec bague fusible	*787 Bolzenschweißen mit Ringzündung
*788 Friction stud welding	*788 Soudage par friction des goujons	*788 Reibbolzenschweißen
*8 Cutting and gouging	*8 Coupage et gougeage	*8 Schneiden und Ausfugen
*81 Flame cutting; oxygen cutting /USA/	*81 Coupage à la flamme	*81 Autogenes Brennschneiden
*82 Arc cutting	*82 Coupage à l'arc	*82 Lichtbogenschneiden
*821 Air arc cutting; air carbon arc cutting /USA/	*821 Coupage air-arc	*821 Lichtbogenschneiden mit Druckluft
*822 Oxygen arc cutting	*822 Oxycoupage à l'arc	*822 Lichtbogenschneiden mit Sauerstoff
*83 Plasma cutting; plasma arc cutting /USA/	*83 Coupage plasma	*83 Plasmaschneiden
*84 Laser cutting; laser beam cutting /USA/	*84 Coupage laser	*84 Laserstrahlschneiden
*86 Flame gouging; thermal gouging /USA/	*86 Gougeage à la flamme	*86 Brennfugen (Flammausfugen)
*87 Arc gouging	*87 Gougeage à l'arc	*87 Lichtbogenausfugen
*871 Air arc gouging; air carbon arc cutting /USA/	*871 Gougeage air-arc	*871 Lichtbogenausfugen mit Druckluft
*872 Oxygen arc gouging; oxygen gouging /USA/	*872 Gougeage à l'arc avec jet d'oxygène	*872 Lichtbogenausfugen mit Sauerstoff
*88 Plasma gouging	*88 Gougeage plasma	*88 Plasmaausfugen
9 Brazing, soldering and braze welding	9 Brasage fort, brasage tendre et soudobrasage	9 Hartlöten, Weichlöten und Fugenlöten
91 Brazing	91 Brasage fort	91 Hartlöten
911 Infrared brazing	911 Brasage fort par infrarouge	911 Infrarothartlöten

912 Flame brazing; torch brazing /USA/	912 Brasage fort aux gaz	912 Flammhartlöten
913 Furnace brazing	913 Brasage fort au four	913 Ofenhartlöten
914 Dip brazing	914 Brasage fort au trempé	914 Lotbadhartlöten
915 Salt-bath brazing; dip brazing /USA/	915 Brasage fort au bain de sel	915 Salzbadhartlöten
916 Induction brazing	916 Brasage fort par induction	916 Induktionshartlöten
918 Resistance brazing	918 Brasage fort par résistance	918 Widerstandshartlöten
919 Diffusion brazing	919 Brasage fort par diffusion	919 Diffusionshartlöten
924 Vacuum brazing	924 Brasage fort sous vide	924 Vakuumhartlöten
93 Other brazing processes	93 Autres procédés de brasage fort	93 Andere Hartlötverfahren
94 Soldering	94 Brasage tendre	94 Weichlöten
941 Infrared soldering	941 Brasage tendre par infrarouge	941 Infrarotweichlöten
942 Flame soldering; torch soldering /USA/	942 Brasage tendre aux gaz	942 Flammweichlöten
943 Furnace soldering	943 Brasage tendre au four	943 Ofenweichlöten
944 Dip soldering	944 Brasage tendre au trempé	944 Lotbadweichlöten
945 Salt-bath soldering	945 Brasage tendre au bain de sel	945 Salzbadweichlöten
946 Induction soldering	946 Brasage tendre par induction	946 Induktionsweichlöten
947 Ultrasonic soldering	947 Brasage tendre par ultrasons	947 Ultraschallweichlöten
948 Resistance soldering	948 Brasage tendre par résistance	948 Widerstandsweichlöten
949 Diffusion soldering	949 Brasage tendre par diffusion	949 Diffusionsweichlöten
951 Wave soldering	951 Brasage tendre à la vague	951 Schwallbadweichlöten
952 Soldering with soldering iron	952 Brasage tendre au fer	952 Kolbenweichlöten
954 Vacuum soldering	954 Brasage tendre sous vide	954 Vakuumweichlöten
956 Drag soldering	956 Brasage tendre à la traîne	956 Schleppflöten
96 Other soldering processes	96 Autres procédés de brasage tendre	96 Andere Weichlötverfahren
97 Braze welding	97 Soudobrasage	97 Fugenlöten
971 Gas braze welding	971 Soudobrasage aux gaz	971 Fugenlöten mit Flamme
972 Arc braze welding	972 Soudobrasage à l'arc	972 Fugenlöten mit Lichtbogen

Annex A
(informative)

Replaced and obsolete processes

This annex contains a list of replaced and obsolete etc. processes which were included in ISO 4063:1990. They are deleted in the updated version but they may be used in special cases or they may be included in various former documents.

Annexe A
(informative)

Procédés remplacés ou dépassés

Cette annexe contient une liste de procédés de soudage soit remplacés, soit dépassés, etc. qui étaient inclus dans l'ISO 4063:1990. Ces procédés ont été supprimés dans cette édition mais peuvent être utilisés dans des cas particuliers ou peuvent être inclus dans divers documents anciens.

Anhang A
(informativ)

Ersetzte und veraltete Verfahren

Dieser Anhang ist eine Liste ersetzter, veralteter usw. Verfahren, die in ISO 4063:1990 enthalten waren. Diese Verfahren sind in der überarbeiteten Fassung gestrichen, obwohl sie in Sonderfällen angewendet werden oder in verschiedenen älteren Dokumenten möglicherweise enthalten sind.

	English	Français	Deutsch
113	Bare wire metal arc welding; bare metal arc welding /USA/	Soudage à l'arc avec fil nu	Metall-Lichtbogenschweißen mit Massivdrahtelektrode
115	Coated wire metal arc welding	Soudage à l'arc avec fil enrobé	Metall-Lichtbogenschweißen mit Netzmantelelektrode
118	Firecracker welding	Soudage avec électrode couchée	Unterschienenschweißen
149	Atomic-hydrogen welding	Soudage à l'hydrogène atomique	Wolfram-Wasserstoffschweißen
181	Carbon-arc welding	Soudage à l'arc avec électrode de carbone	Kohlelichtbogenschweißen
32	Air-fuel gas welding	Soudage aérogaz	Gasschweißen mit Luft-Brenngas-Flamme
321	Air-acetylene welding; air acetylene welding /USA/	Soudage aéroacétylénique	Gasschweißen mit Luft-Acetylen-Flamme
322	Air-propane welding	Soudage aéropropane	Gasschweißen mit Luft-Propan-Flamme
43	Forge welding	Soudage par forgeage	Feuerschweißen
752	Arc image welding	Soudage par image d'arc	Lichtbogenstrahlschweißen
781 [2]	Arc stud welding	Soudage à l'arc des goujons	Lichtbogen-Bolzen-Schweißen
917	Ultrasonic brazing	Brasage fort par ultrasons	Ultraschallhartlöten
923	Friction brazing	Brasage fort par friction	Reibhartlöten
953	Abrasion soldering	Brasage tendre avec abrasion	Reibweichlöten

---

[2] Process 781 is replaced by process 783 to 787.

[2] Le procédé 781 est remplacé par les procédés 783 à 787.

[2] Das Verfahren 781 ist fortan durch die Verfahren 783 bis 787 ersetzt.

Verzeichnis nicht abgedruckter Normen und Norm-Entwürfe
(nach Sachgebieten geordnet)

Dokument	Ausgabe	Titel
		1 Begriffe und zeichnerische Darstellung
DIN 323-1	1974-08	Normzahlen und Normzahlreihen; Hauptwerte, Genauwerte, Rundwerte
DIN 1314	1977-02	Druck; Grundbegriffe, Einheiten
DIN 1910-3	1977-09	Schweißen; Schweißen von Kunststoffen, Verfahren
DIN 1910-5	1986-12	Schweißen; Schweißen von Metallen; Widerstandsschweißen; Verfahren
DIN 1910-10	1981-07	Schweißen; Mechanisierte Lichtbogenschmelzschweißverfahren; Benennungen
DIN 1910-12	1989-08	Schweißen; Fertigungsbedingte Begriffe für Schmelzschweißen von Metallen
DIN 1912-4	1981-05	Zeichnerische Darstellung; Schweißen, Löten; Begriffe und Benennungen für Lötstöße und Lötnähte
DIN 2310-1	1987-11	Thermisches Schneiden; Allgemeine Begriffe und Benennungen
DIN 2310-6	1991-02	Thermisches Schneiden; Einteilung, Verfahren
DIN 4000-1	1992-09	Sachmerkmal-Leisten; Begriffe und Grundsätze
DIN 4761	1978-12	Oberflächencharakter; Geometrische Oberflächentextur-Merkmale, Begriffe, Kurzzeichen
DIN 8505-1	1979-05	Löten; Allgemeines, Begriffe
DIN 8505-2	1979-05	Löten; Einteilung der Verfahren, Begriffe
DIN 8505-3	1983-01	Löten; Einteilung der Verfahren nach Energieträgern, Verfahrensbeschreibungen
DIN 8514-1	1978-07	Lötbarkeit; Begriffe
DIN 8515-1	1979-06	Fehler an Lötverbindungen aus metallischen Werkstoffen; Hart- und Hochtemperatur-Lötverbindungen, Einteilung, Benennungen, Erklärungen
DIN 8518	1995-05	Unregelmäßigkeiten an autogenen Brennschnitten, Laserstrahlschnitten und Plasmaschnitten – Einteilung, Benennungen, Erklärungen
DIN 8571	1981-07	Schweißzusätze und Schweißhilfsstoffe zum Metallschweißen; Begriffe, Einteilung
DIN 8580	1974-06	Fertigungsverfahren; Einteilung
E DIN 8580	1985-07	Fertigungsverfahren; Begriffe, Einteilung
DIN 8590	1978-06	Fertigungsverfahren Abtragen; Einordnung, Unterteilung, Begriffe
DIN 8593-0	1985-09	Fertigungsverfahren Fügen; Einordnung, Unterteilung, Begriffe
DIN 8593-6	1985-09	Fertigungsverfahren Fügen; Fügen durch Schweißen; Einordnung, Unterteilung
DIN 8593-7	1985-09	Fertigungsverfahren Fügen; Fügen durch Löten; Einordnung, Unterteilung

Dokument	Ausgabe	Titel
DIN 32511	1994-06	Elektronen- und Laserstrahlverfahren zur Materialbearbeitung; Begriffe für Verfahren und Geräte
DIN V 32516	1991-01	Laserstrahl-Schneidbarkeit metallischer Bauteile; Begriffe
DIN 32520-1	1987-01	Graphische Symbole für die Schweißtechnik; Allgemeine Bildzeichen, Grundlagen
DIN 32520-3	1989-02	Graphische Symbole für die Schweißtechnik; Bildzeichen für Lichtbogenschmelzschweißen
DIN 32527	1984 01	Wärmen beim Schweißen, Löten, Schneiden und bei verwandten Verfahren; Begriffe, Verfahren
DIN 54119	1981-08	Zerstörungsfreie Prüfung; Ultraschallprüfung; Begriffe
DIN 65118-1	1991-03	Luft- und Raumfahrt; Geschweißte, metallische Bauteile; Angaben in Zeichnungen
DIN 65118-1 Bbl 1	1991-03	Luft- und Raumfahrt; Geschweißte, metallische Bauteile; Angaben in Zeichnungen; Beispiele
DIN EN 657	1994-06	Thermisches Spritzen; Begriffe, Einteilung; Deutsche Fassung EN 657 : 1994
DIN EN 1792	1998-03	Schweißen – Mehrsprachige Liste mit Begriffen für Schweißen und verwandte Prozesse; Deutsche Fassung EN 1792 : 1997
DIN EN 10052	1994-01	Begriffe der Wärmebehandlung von Eisenwerkstoffen; Deutsche Fassung EN 10052 : 1993
E DIN EN 12345	1996-06	Schweißen – Bildliche Darstellung von Begriffen für Schweißverbindungen; Dreisprachige Fassung prEN 12345 : 1996
DIN EN 26520	1991-12	Einteilung und Erklärung von Unregelmäßigkeiten in Schmelzschweißungen an Metallen (ISO 6520 : 1982); Deutsche Fassung EN 26520 : 1991
DIN EN 27286	1991-12	Bildzeichen für Widerstandsschweißgeräte (ISO 7286 : 1986); Deutsche Fassung EN 27286 : 1991
DIN EN ISO 7287	1995-05	Bildzeichen für Einrichtungen zum thermischen Schneiden (ISO 7287 : 1992); Deutsche Fassung EN ISO 7287 : 1995
E DIN ISO 857	1996-06	Schweißen und verwandte Prozesse – Schweißen und Lötprozesse – Begriffe (ISO/DIS 857 : 1995)
DIN ISO 1302	1993-12	Technische Zeichnungen; Angabe der Oberflächenbeschaffenheit; Identisch mit ISO 1302 : 1992
E DIN ISO 6520-1	1996-03	Schweißen und verwandte Verfahren – Unregelmäßigkeiten an Schweißverbindungen – Teil 1: Schmelzschweißungen von Metallen; Einteilung (Überarbeitung der ISO 6520 : 1982) (ISO/DIS 6520-1 : 1995)

2 Fertigung, Sicherung der Güte

DIN 1055-1	1978-07	Lastannahmen für Bauten; Lagerstoffe, Baustoffe und Bauteile, Eigenlasten und Reibungswinkel
DIN 1055-2	1976-02	Lastannahmen für Bauten; Bodenkenngrößen, Wichte, Reibungswinkel, Kohäsion, Wandreibungwinkel

Dokument	Ausgabe	Titel
DIN 1055-3	1971-06	Lastannahmen für Bauten; Verkehrslasten
DIN 1055-4	1986-08	Lastannahmen für Bauten; Verkehrslasten, Windlasten bei nicht schwingungsanfälligen Bauwerken
DIN 1055-4/A1	1987-06	Lastannahmen für Bauten; Verkehrslasten, Windlasten bei nicht schwingungsanfälligen Bauwerken; Änderung 1; Berichtigungen
DIN 1055-5	1975-06	Lastannahmen für Bauten; Verkehrslasten, Schneelast und Eislast
DIN 1055-5/A1	1994-04	Lastannahmen für Bauten; Verkehrslasten, Schneelast und Eislast
DIN 2310-2	1987-11	Thermisches Schneiden; Ermitteln der Güte von Schnittflächen
DIN 2310-4	1987-09	Thermisches Schneiden; Plasmaschneiden; Verfahrensgrundlagen, Begriffe, Güte, Maßtoleranzen
DIN 2310-5	1990-12	Thermisches Schneiden; Laserstrahlschneiden von metallischen Werkstoffen; Verfahrensgrundlagen, Güte, Maßtoleranzen
DIN 2470-1	1987-12	Gasleitungen aus Stahlrohren mit zulässigen Betriebsdrücken bis 16 bar; Anforderungen an Rohrleitungsteile
DIN 2470-2	1983-05	Gasleitungen aus Stahlrohren mit zulässigen Betriebsdrücken von mehr als 16 bar; Anforderungen an die Rohrleitungsteile
DIN 2559-1	1973-05	Schweißnahtvorbereitung; Richtlinien für Fugenformen, Schmelzschweißen von Stumpfstößen an Stahlrohren
DIN 2559-2	1984-02	Schweißnahtvorbereitung; Anpassen der Innendurchmesser für Rundnähte an nahtlosen Rohren
DIN 2559-3	1990-10	Schweißnahtvorbereitung; Anpassen der Innendurchmesser für Rundnähte an geschweißten Rohren
DIN 2559-4	1994-07	Schweißnahtvorbereitung – Teil 4: Anpassen der Innendurchmesser für Rundnähte an nahtlosen Rohren aus nichtrostenden Stählen
DIN 3239-1	1988-10	Schweißenden an Armaturen; Anschweißenden
DIN 3239-2	1978-02	Schweißenden an Armaturen; Schweißmuffen
DIN 4099	1985-11	Schweißen von Betonstahl; Ausführung und Prüfung
E DIN 4099-1	1998-02	Schweißen von Betonstahl – Teil 1: Ausführung
E DIN 4099-2	1998-02	Schweißen von Betonstahl – Teil 2: Qualitätssicherung
DIN 4112	1983-02	Fliegende Bauten; Richtlinien für Bemessung und Ausführung
DIN 4113-1	1980-05	Aluminiumkonstruktionen unter vorwiegend ruhender Belastung; Berechnung und bauliche Durchbildung
DIN 4118	1981-06	Fördergerüste und Fördertürme für den Bergbau; Lastannahmen, Berechnungs- und Konstruktionsgrundlagen
DIN 4119-1	1979-06	Oberirdische zylindrische Flachboden-Tankbauwerke aus metallischen Werkstoffen; Grundlagen, Ausführung, Prüfungen

Dokument	Ausgabe	Titel
DIN 4119-2	1980-02	Oberirdische zylindrische Flachboden-Tankbauwerke aus metallischen Werkstoffen; Berechnung
DIN 4131	1991-11	Antennentragwerke aus Stahl
DIN 4132	1981-02	Kranbahnen; Stahltragwerke; Grundsätze für Berechnung, bauliche Durchbildung und Ausführung
DIN 4133	1991-11	Schornsteine aus Stahl
DIN 4141-1	1984-09	Lager im Bauwesen; Allgemeine Regelungen
DIN 6930-2	1989-04	Stanzteile aus Stahl; Allgemeintoleranzen
DIN 8519	1996-05	Buckel für das Buckelschweißen von Stahlblechen – Langbuckel und Ringbuckel
DIN 8524-2	1979-03	Fehler an Schweißverbindungen aus metallischen Werkstoffen; Preßschweißverbindungen, Einteilung, Benennungen, Erklärungen
DIN 8524-3	1975-08	Fehler an Schweißverbindungen aus metallischen Werkstoffen; Risse, Einteilung, Benennungen, Erklärungen
DIN 8528-2	1975-03	Schweißbarkeit; Schweißeignung der allgemeinen Baustähle zum Schmelzschweißen
DIN 8551-4	1976-11	Schweißnahtvorbereitung; Fugenformen an Stahl, Unter-Pulver-Schweißen
DIN 8552-1	1981-05	Schweißnahtvorbereitung; Fugenformen an Aluminium und Aluminium-Legierungen; Gasschweißen und Schutzgasschweißen
DIN 8552-3	1982-07	Schweißnahtvorbereitung; Fugenformen an Kupfer und Kupferlegierungen; Gasschmelzschweißen und Schutzgasschweißen
DIN 8553	1991-02	Verbindungsschweißen plattierter Stähle; Gestaltung und Ausführung
DIN 8558-1	1967-05	Richtlinien für Schweißverbindungen an Dampfkesseln, Behältern und Rohrleitungen aus unlegierten und legierten Stählen; Ausführungsbeispiele
E DIN 8558-1	1994-12	Schweißen – Verbindungselemente beim Schweißen von Stahl – Teil 1: Drucktragende Bauelemente (Vorschlag für eine Europäische Norm)
DIN 8558-2	1983-09	Gestaltung und Ausführung von Schweißverbindungen; Behälter und Apparate aus Stahl für den Chemie-Anlagenbau
E DIN 8558-10	1997-01	Schweißen – Verbindungselemente beim Schweißen von Stahl – Teil 10: Stahlbauten (Vorschlag für eine Europäische Norm)
DIN 8562	1975-01	Schweißen im Behälterbau; Behälter aus metallischen Werkstoffen, Schweißtechnische Grundsätze
DIN 8563-10	1984-12	Sicherung der Güte von Schweißarbeiten; Bolzenschweißverbindungen an Baustählen; Bolzenschweißen mit Hub- und Ringzündung
E DIN 8563-10	1995-02	Sicherung der Güte von Schweißarbeiten – Teil 10: Bolzenschweißen von metallischen Werkstoffen (Vorschlag für eine Europäische Norm)

Dokument	Ausgabe	Titel
E DIN 8563-12	1995-11	Sicherung der Güte von Schweißarbeiten – Teil 12: Elektronen- und Laserstrahl-Schweißverbindungen an Aluminium und seinen schweißgeeigneten Legierungen; Richtlinie für Bewertungsgruppen für Unregelmäßigkeiten (Vorschlag für eine Europäische Norm)
E DIN 8563-120	1992-11	Sicherung der Güte von Schweißverbindungen; Empfehlungen für das Lichtbogenschweißen von ferritischen Stählen (Vorschlag für eine Europäische Norm)
E DIN 8563-123	1994-06	Sicherung der Güte von Schweißarbeiten; Anforderungen und Anerkennung von Schweißverfahren für metallische Werkstoffe; Schweißverfahrensprüfung für Rohrleitungen auf Baustellen (Vorschlag für eine Europäische Norm)
E DIN 8563-124	1995-08	Sicherung der Güte von Schweißarbeiten – Anforderungen und Anerkennung von Schweißverfahren für metallische Werkstoffe – Teil 124: Schweißverfahrensprüfung für das Lichtbogenschweißen von Stahlguß (Vorschlag für eine Europäische Norm)
E DIN 8563-125	1995-08	Sicherung der Güte von Schweißarbeiten – Anforderungen und Anerkennung von Schweißverfahren für metallische Werkstoffe – Teil 125: Schweißverfahrensprüfung für das Lichtbogenschweißen von Aluminiumguß- und Aluminiumknetlegierungen (Vorschlag für eine Europäische Norm)
E DIN 8563-126	1997-03	Sicherung der Güte von Schweißarbeiten – Anforderungen und Anerkennung von Schweißverfahren für metallische Werkstoffe – Schweißverfahrensprüfungen – Teil 126: Elektronen- und Laserstrahlschweißen (Vorschlag für eine Europäische Norm)
E DIN 8563-127	1997-06	Sicherung der Güte von Schweißarbeiten – Anforderungen und Anerkennung von Schweißverfahren für metallische Werkstoffe; Schweißverfahrensprüfungen – Teil 127: Einschweißen von Rohren in Rohrböden (Vorschlag für eine Europäische Norm)
E DIN 8563-200	1997-03	Sicherung der Güte von Schweißarbeiten – Teil 200: Reibschweißen von metallischen Werkstoffen (Vorschlag für eine Europäische Norm)
DIN 8564-1	1972-04	Schweißen im Rohrleitungsbau; Rohrleitungen aus Stahl, Herstellung, Schweißnahtprüfung
DIN 8567	1994-09	Vorbereitung von Oberflächen metallischer Werkstücke und Bauteile für das thermische Spritzen
DIN 15018-1	1984-11	Krane; Grundsätze für Stahltragwerke; Berechnung
DIN 15428	1978-08	Hebezeuge; Lastaufnahmeeinrichtungen, Technische Lieferbedingungen
DIN 15429	1978-07	Hebezeuge; Lastaufnahmeeinrichtungen, Überwachung im Gebrauch
DIN 16960-1	1974-02	Schweißen von thermoplastischen Kunststoffen; Grundsätze
DIN 17021-1	1976-02	Wärmebehandlung von Eisenwerkstoffen; Werkstoffauswahl, Stahlauswahl aufgrund der Härtbarkeit

Dokument	Ausgabe	Titel
DIN 17023	1976-03	Wärmebehandlung von Eisenwerkstoffen; Vordrucke, Wärmebehandlungs-Anweisung (WBA)
E DIN 17023	1996-12	Wärmebehandlung von Eisenwerkstoffen – Vordruck – Wärmebehandlungs-Anweisung (WBA)
DIN 18800-2	1990-11	Stahlbauten; Stabilitätsfälle; Knicken von Stäben und Stabwerken
DIN 18800-2/A1	1996-02	Stahlbauten – Stabilitätsfälle – Teil 2: Knicken von Stäben und Stabwerken; Änderung A1
DIN 18800-3	1990-11	Stahlbauten; Stabilitätsfälle; Plattenbeulen
DIN 18800-3/A1	1996-02	Stahlbauten – Stabilitätsfälle – Teil 3: Plattenbeulen; Änderung A1
DIN 18800-4	1990-11	Stahlbauten; Stabilitätsfälle; Schalenbeulen
DIN 18801	1983-09	Stahlhochbau; Bemessung, Konstruktion, Herstellung
DIN 18807-1	1987-06	Trapezprofile im Hochbau; Stahltrapezprofile; Allgemeine Anforderungen, Ermittlung der Tragfähigkeitswerte durch Berechnung
DIN 18807-2	1987-06	Trapezprofile im Hochbau; Stahltrapezprofile; Durchführung und Auswertung von Tragfähigkeitsversuchen
DIN 18807-3	1987-06	Trapezprofile im Hochbau; Stahltrapezprofile; Festigkeitsnachweis und konstruktive Ausbildung
DIN 18808	1984-10	Stahlbauten; Tragwerke aus Hohlprofilen unter vorwiegend ruhender Beanspruchung
DIN 18809	1987-09	Stählerne Straßen- und Wegbrücken; Bemessung, Konstruktion, Herstellung
DIN 18914	1985-09	Dünnwandige Rundsilos aus Stahl
DIN 19630	1982-08	Richtlinien für den Bau von Wasserrohrleitungen; Technische Regel des DVGW
DIN 28050	1986-08	Apparate und Behälter; Zulässiger Betriebsdruck –0,2 bar bis 0,1 bar; Technische Lieferbedingungen
DIN 28182	1987-05	Rohrbündel-Wärmeaustauscher; Rohrteilungen, Durchmesser der Bohrungen in Rohrböden, Umlenksegmenten und Stützplatten
DIN 31001-1	1983-04	Sicherheitsgerechtes Gestalten technischer Erzeugnisse; Schutzeinrichtungen; Begriffe, Sicherheitsabstände für Erwachsene und Kinder
DIN 32502	1985-07	Fehler an Schweißverbindungen aus Kunststoffen; Einteilung, Benennungen, Erklärungen
DIN 32510-1	1979-05	Thermisches Trennen; Brennbohren mit Sauerstofflanzen in mineralische Werkstoffe, Verfahrensgrundlagen, Temperaturen, Mindestausrüstung
DIN 32510-2	1979-05	Thermisches Trennen; Metallpulver-Schmelzschneiden in mineralische Werkstoffe, Verfahrensgrundlagen, Temperaturen, Mindestausrüstung
DIN 32515	1991-06	Bewertungsgruppen für Lötverbindungen; Hart- und hochtemperaturgelötete Bauteile

Dokument	Ausgabe	Titel
E DIN 32531-10	1996-12	Thermisches Spritzen – Qualitätsanforderungen an thermisch gespritzte Bauteile – Teil 10: Richtlinien zur Auswahl und Verwendung (Vorschlag für eine Europäische Norm)
E DIN 32531-11	1996-12	Thermisches Spritzen – Qualitätsanforderungen an thermisch gespritzte Bauteile – Teil 11: Umfassende Qualitätsanforderungen (Vorschlag für eine Europäische Norm)
E DIN 32531-12	1996-12	Thermisches Spritzen – Qualitätsanforderungen an thermisch gespritzte Bauteile – Teil 12: Standard-Qualitätsanforderungen (Vorschlag für eine Europäische Norm)
E DIN 32531-13	1996-12	Thermisches Spritzen – Qualitätsanforderungen an thermisch gespritzte Bauteile – Teil 13: Elementar-Qualitätsanforderungen (Vorschlag für eine Europäische Norm)
E DIN 32531-20	1996-02	Thermisches Spritzen – Spritzen und Einschmelzen thermisch gespritzter Schichten von selbstfließenden Legierungen (Vorschlag für eine Europäische Norm)
DIN 50930-1	1993-02	Korrosion der Metalle; Korrosion metallischer Werkstoffe im Innern von Rohrleitungen, Behältern und Apparaten bei Korrosionsbelastung durch Wässer; Allgemeines
DIN 55928-1	1991-05	Korrosionsschutz von Stahlbauten durch Beschichtungen und Überzüge; Allgemeines, Begriffe, Korrosionsbelastungen
DIN 55928-2	1991-05	Korrosionsschutz von Stahlbauten durch Beschichtungen und Überzüge; Korrosionsschutzgerechte Gestaltung
DIN 55928-3	1991-05	Korrosionsschutz von Stahlbauten durch Beschichtungen und Überzüge; Planung der Korrosionsschutzarbeiten
DIN 55928-4	1991-05	Korrosionsschutz von Stahlbauten durch Beschichtungen und Überzüge; Vorbereitung und Prüfung der Oberflächen
DIN 55928-4 Bbl 2	1986-01	Korrosionsschutz von Stahlbauten durch Beschichtungen und Überzüge; Vorbereitung und Prüfung der Oberflächen; Photographische Beispiele für maschinelles Schleifen auf Teilbereichen (Norm-Reinheitsgrad PMa)
DIN 55928-4 Bbl 2/A1	1991-05	Korrosionsschutz von Stahlbauten durch Beschichtungen und Überzüge; Vorbereitung und Prüfung der Oberflächen; Photographische Beispiele für maschinelles Schleifen auf Teilbereichen (Norm-Reinheitsgrad PMa); Änderung 1 zu Beiblatt 2 zu DIN 55928-4
DIN 55928-5	1991-05	Korrosionsschutz von Stahlbauten durch Beschichtungen und Überzüge; Beschichtungsstoffe und Schutzsysteme
DIN 55928-6	1991-05	Korrosionsschutz von Stahlbauten durch Beschichtungen und Überzüge; Ausführung und Überwachung der Korrosionsschutzarbeiten
DIN 55928-7	1991-05	Korrosionsschutz von Stahlbauten durch Beschichtungen und Überzüge; Technische Regeln für Kontrollflächen
DIN 55928-8	1994-07	Korrosionsschutz von Stahlbauten durch Beschichtungen und Überzüge – Teil 8: Korrosionsschutz von tragenden dünnwandigen Bauteilen

Dokument	Ausgabe	Titel
DIN 55928-9	1991-05	Korrosionsschutz von Stahlbauten durch Beschichtungen und Überzüge; Beschichtungsstoffe; Zusammensetzung von Bindemitteln und Pigmenten
DIN 65144	1986-04	Luft- und Raumfahrt; Thermisch gespritzte Bauteile; Technische Lieferbedingungen
DIN EN 288-4	1997-10	Anforderung und Anerkennung von Schweißverfahren für metallische Werkstoffe – Teil 4: Schweißverfahrensprüfungen für das Lichtbogenschweißen von Aluminium und selnen Legierungen (enthält Änderung A1 : 1997); Deutsche Fassung EN 288-4 : 1992 + A1 : 1997
DIN EN 288-5	1994-10	Anforderung und Anerkennung von Schweißverfahren für metallische Werkstoffe – Teil 5: Anerkennung durch Einsatz anerkannter Schweißzusätze für das Lichtbogenschweißen; Deutsche Fassung EN 288-5 : 1994
DIN EN 288-6	1994-10	Anforderung und Anerkennung von Schweißverfahren für metallische Werkstoffe – Teil 6: Anerkennung aufgrund vorliegender Erfahrung; Deutsche Fassung EN 288-6 : 1994
DIN EN 288-7	1995-08	Anforderung und Anerkennung von Schweißverfahren für metallische Werkstoffe – Teil 7: Anerkennung von Normschweißverfahren für das Lichtbogenschweißen, Deutsche Fassung EN 288-7 : 1995
DIN EN 288-8	1995-08	Anforderung und Anerkennung von Schweißverfahren für metallische Werkstoffe – Teil 8: Anerkennung durch eine Schweißprüfung vor Fertigungsbeginn; Deutsche Fassung EN 288-8 : 1995
DIN EN 729-2	1994-11	Schweißtechnische Qualitätsanforderungen – Schmelzschweißen metallischer Werkstoffe – Teil 2: Umfassende Qualitätsanforderungen; Deutsche Fassung EN 729-2 : 1994
DIN EN 729-3	1994-11	Schweißtechnische Qualitätsanforderungen – Schmelzschweißen metallischer Werkstoffe – Teil 3: Standard-Qualitätsanforderungen; Deutsche Fassung EN 729-3 : 1994
DIN EN 729-4	1994-11	Schweißtechnische Qualitätsanforderungen – Schmelzschweißen metallischer Werkstoffe – Teil 4: Elementar-Qualitätsanforderungen; Deutsche Fassung EN 729-4 : 1994
E DIN EN 1011-3	1997-06	Schweißen – Empfehlungen zum Schweißen metallischer Werkstoffe – Teil 3: Lichtbogenschweißen von nichtrostenden Stählen; Deutsche Fassung prEN 1011-3 : 1997
E DIN EN 1011-4	1998-03	Schweißen – Empfehlungen zum Schweißen metallischer Werkstoffe – Teil 4: Lichtbogenschweißen von Aluminium und Aluminiumlegierungen; Deutsche Fassung prEN 1011-4 : 1997
DIN EN 10204	1995-08	Metallische Erzeugnisse – Arten von Prüfbescheinigungen (enthält Änderung A1 : 1995); Deutsche Fassung EN 10204 : 1991 + A1 : 1995
E DIN EN 12732	1997-05	Gasversorgungssysteme – Schweißen von Rohrleitungen aus Stahl – Funktionale Anforderungen; Deutsche Fassung prEN 12732 : 1997

Dokument	Ausgabe	Titel
DIN EN 22063	1994-08	Metallische und andere anorganische Schichten – Thermisches Spritzen – Zink, Aluminium und ihre Legierungen (ISO 2063 : 1991); Deutsche Fassung EN 22063 : 1993
DIN EN 30042	1994-08	Lichtbogenschweißverbindungen an Aluminium und seinen schweißgeeigneten Legierungen – Richtlinie für die Bewertungsgruppen von Unregelmäßigkeiten (ISO 10042 : 1992); Deutsche Fassung EN 30042 : 1994
DIN EN 45001	1990-05	Allgemeine Kriterien zum Betreiben von Prüflaboratorien; Identisch mit EN 45001 : 1989
E DIN EN 45001	1997-06	Allgemeine Anforderungen an die Kompetenz von Prüf- und Kalibrierlaboratorien; Dreisprachige Fassung prEN 45001 : 1997
DIN EN 45002	1990-05	Allgemeine Kriterien zum Begutachten von Prüflaboratorien; Identisch mit EN 45002 : 1989
DIN EN 45003	1995-05	Akkreditierungssysteme für Kalibrier- und Prüflaboratorien – Allgemeine Anforderungen für Betrieb und Anerkennung (ISO/IEC Leitfaden 58 : 1993); Dreisprachige Fassung EN 45003 : 1995
DIN EN 45011	1998-03	Allgemeine Anforderungen an Stellen, die Produktzertifizierungssysteme betreiben (ISO/IEC Guide 65 : 1996); Dreisprachige Fassung EN 45011 : 1998
DIN EN 45012	1998-03	Allgemeine Anforderungen an Stellen, die Qualitätsmanagementsysteme begutachten und zertifizieren (ISO/IEC Guide 62 : 1996); Dreisprachige Fassung EN 45012 : 1998
DIN EN 45013	1990-05	Allgemeine Kriterien für Stellen, die Personal zertifizieren; EN 45013 : 1989
DIN EN 45014	1998-03	Allgemeine Kriterien für Konformitätserklärungen von Anbietern (ISO/IEC Guide 22 : 1996); Dreisprachige Fassung EN 45014 : 1998
DIN EN ISO 9000-1	1994-08	Normen zum Qualitätsmanagement und zur Qualitätssicherung/QM-Darlegung – Teil 1: Leitfaden zur Auswahl und Anwendung (ISO 9000-1 : 1994); Dreisprachige Fassung EN ISO 9000-1 : 1994
DIN EN ISO 9001	1994-08	Qualitätsmanagementsysteme – Modell zur Qualitätssicherung/QM-Darlegung in Design/Entwicklung, Produktion, Montage und Wartung (ISO 9001 : 1994); Dreisprachige Fassung EN ISO 9001 : 1994
DIN EN ISO 9002	1994-08	Qualitätsmanagementsysteme – Modell zur Qualitätssicherung/QM-Darlegung in Produktion, Montage und Wartung (ISO 9002 : 1994); Dreisprachige Fassung EN ISO 9002 : 1994
DIN EN ISO 9003	1994-08	Qualitätsmanagementsysteme – Modell zur Qualitätssicherung/QM-Darlegung bei der Endprüfung (ISO 9003 : 1994); Dreisprachige Fassung EN ISO 9003 : 1994
DIN EN ISO 9004-1	1994-08	Qualitätsmanagement und Elemente eines Qualitätsmanagementsystems – Teil 1: Leitfaden (ISO 9004-1 : 1994); Dreiprachige Fassung EN ISO 9004-1 : 1994

Dokument	Ausgabe	Titel
DIN EN ISO 9956-10	1996-11	Anforderung und Anerkennung von Schweißverfahren für metallische Werkstoffe – Teil 10: Schweißanweisung für das Elektronenstrahlschweißen (ISO 9956-10 : 1996); Deutsche Fassung EN ISO 9956-10 : 1996
DIN EN ISO 9956-11	1996-11	Anforderung und Anerkennung von Schweißverfahren für metallische Werkstoffe – Teil 11: Schweißanweisung für das Laserstrahlschweißen (ISO 9956-11 : 1996); Deutsche Fassung EN ISO 9956-11 : 1996
DIN EN ISO 13916	1996-11	Schweißen – Anleitung zur Messung der Vorwärm-, Zwischenlagen- und Haltetemperatur (ISO 13916 : 1996); Deutsche Fassung EN ISO 13916 : 1996
DIN EN ISO 13919-1	1996-09	Schweißen – Elektronen- und Laserstrahl-Schweißverbindungen; Leitfaden für Bewertungsgruppen für Unregelmäßigkeiten – Teil 1: Stahl (ISO 13919-1 : 1996); Deutsche Fassung EN ISO 13919-1 : 1996
DIN ISO 8015	1986-06	Technische Zeichnungen; Tolerierungsgrundsatz; Identisch mit ISO 8015, Ausgabe 1985
E DIN ISO 8504-1	1995-02	Vorbereitung von Stahloberflächen vor dem Auftragen von Beschichtungsstoffen – Verfahren für die Oberflächenvorbereitung – Teil 1: Allgemeine Grundsätze (ISO 8504-1 : 1992)
E DIN ISO 12944-1	1995-02	Beschichtungsstoffe – Korrosionsschutz von Stahlbauten durch Beschichtungssysteme – Teil 1: Allgemeine Einleitung (ISO/DIS 12944-1 : 1994)

3 Werkstoffe und Halbzeuge

Dokument	Ausgabe	Titel
DIN 1615	1984-10	Geschweißte kreisförmige Rohre aus unlegiertem Stahl ohne besondere Anforderungen; Technische Lieferbedingungen
DIN 1626	1984-10	Geschweißte kreisförmige Rohre aus unlegierten Stählen für besondere Anforderungen; Technische Lieferbedingungen
DIN 1628	1984-10	Geschweißte kreisförmige Rohre aus unlegierten Stählen für besonders hohe Anforderungen; Technische Lieferbedingungen
DIN 1629	1984-10	Nahtlose kreisförmige Rohre aus unlegierten Stählen für besondere Anforderungen; Technische Lieferbedingungen
DIN 1630	1984-10	Nahtlose kreisförmige Rohre aus unlegierten Stählen für besonders hohe Anforderungen; Technische Lieferbedingungen
DIN 1681	1985-06	Stahlguß für allgemeine Verwendungszwecke; Technische Lieferbedingungen
DIN 1694	1981-09	Austenitisches Gußeisen
DIN 1694 Bbl 1	1981-09	Austenitisches Gußeisen; Anhaltsangaben über mechanische und physikalische Eigenschaften
DIN 1725-2	1986-02	Aluminiumlegierungen, Gußlegierungen; Sandguß, Kokillenguß, Druckguß, Feinguß

Dokument	Ausgabe	Titel
DIN 1787	1973-01	Kupfer; Halbzeug
DIN 2410-1	1968-01	Rohre; Übersicht über Normen für Stahlrohre
DIN 11850	1985-07	Rohre aus nichtrostenden Stählen für Lebensmittel; Maße, Werkstoffe
DIN 17111	1980-09	Kohlenstoffarme unlegierte Stähle für Schrauben, Muttern und Niete; Technische Lieferbedingungen
DIN 17121	1984-06	Nahtlose kreisförmige Rohre aus allgemeinen Baustählen für den Stahlbau; Technische Lieferbedingungen
DIN 17124	1986-05	Nahtlose kreisförmige Rohre aus Feinkornbaustählen für den Stahlbau; Technische Lieferbedingungen
E DIN 17172-100	1996-12	Stahlrohre für Rohrleitungen für brennbare Medien – Technische Lieferbedingungen – Teil 3: Rohre der Anforderungsklasse C (Vorschlag für eine Europäische Norm)
DIN 17175	1979-05	Nahtlose Rohre aus warmfesten Stählen; Technische Lieferbedingungen
DIN 17177	1979-05	Elektrisch preßgeschweißte Rohre aus warmfesten Stählen; Technische Lieferbedingungen
DIN 17178	1986-05	Geschweißte kreisförmige Rohre aus Feinkornbaustählen für besondere Anforderungen; Technische Lieferbedingungen
DIN 17179	1986-05	Nahtlose kreisförmige Rohre aus Feinkornbaustählen für besondere Anforderungen; Technische Lieferbedingungen
DIN 17182	1992-05	Stahlgußsorten mit verbesserter Schweißeignung und Zähigkeit für allgemeine Verwendungszwecke; Technische Lieferbedingungen
DIN 17210	1986-09	Einsatzstähle; Technische Lieferbedingungen
DIN 17440	1996-09	Nichtrostende Stähle – Technische Lieferbedingungen für Blech, Warmband und gewalzte Stäbe für Druckbehälter, gezogenen Draht und Schmiedestücke
DIN 17445	1984-11	Nichtrostender Stahlguß; Technische Lieferbedingungen
E DIN 17445	1996-04	Korrosionsbeständiger Stahlguß (Vorschlag für eine Europäische Norm)
DIN 17455	1985-07	Geschweißte kreisförmige Rohre aus nichtrostenden Stählen für allgemeine Anforderungen; Technische Lieferbedingungen
DIN 17456	1985-07	Nahtlose kreisförmige Rohre aus nichtrostenden Stählen für allgemeine Anforderungen; Technische Lieferbedingungen
DIN 17457	1985-07	Geschweißte kreisförmige Rohre aus austenitischen nichtrostenden Stählen für besondere Anforderungen; Technische Lieferbedingungen
DIN 17458	1985-07	Nahtlose kreisförmige Rohre aus austenitischen nichtrostenden Stählen für besondere Anforderungen; Technische Lieferbedingungen
DIN 17465	1993-08	Hitzebeständiger Stahlguß; Technische Lieferbedingungen

Dokument	Ausgabe	Titel
DIN 17660	1983-12	Kupfer-Knetlegierungen; Kupfer-Zink-Legierungen (Messing), (Sondermessing); Zusammensetzung
DIN 17662	1983-12	Kupfer-Knetlegierungen; Kupfer-Zinn-Legierungen (Zinnbronze); Zusammensetzung
DIN 17663	1983-12	Kupfer-Knetlegierungen; Kupfer-Nickel-Zink-Legierungen (Neusilber); Zusammensetzung
DIN 17664	1983-12	Kupfer-Knetlegierungen; Kupfer-Nickel-Legierungen; Zusammensetzung
DIN 17665	1983-12	Kupfer-Knetlegierungen; Kupfer-Aluminium-Legierungen (Aluminiumbronze); Zusammensetzung
DIN 17666	1983-12	Niedriglegierte Kupfer-Knetlegierungen; Zusammensetzung
DIN 17740	1983-02	Nickel in Halbzeug; Zusammensetzung
DIN 17741	1983-02	Niedriglegierte Nickel-Knetlegierungen; Zusammensetzung
DIN 17742	1983-02	Nickel-Knetlegierungen mit Chrom; Zusammensetzung
DIN 17743	1983-02	Nickel-Knetlegierungen mit Kupfer; Zusammensetzung
DIN 17744	1983-02	Nickel-Knetlegierungen mit Molybdän und Chrom; Zusammensetzung
DIN 17745	1973-01	Knetlegierungen aus Nickel und Eisen; Zusammensetzung
DIN 59413	1976-01	Kaltprofile aus Stahl; Zulässige Maß-, Form- und Gewichtsabweichungen
DIN EN 485-1	1994-01	Aluminium und Aluminiumlegierungen; Bänder, Bleche und Platten – Teil 1: Technische Lieferbedingungen; Deutsche Fassung EN 485-1 : 1993
DIN EN 485-2	1995-03	Aluminium und Aluminiumlegierungen – Bänder, Bleche und Platten – Teil 2: Mechanische Eigenschaften; Deutsche Fassung EN 485-2 : 1994
DIN EN 573-1	1994-12	Aluminium und Aluminiumlegierungen – Chemische Zusammensetzung und Form von Halbzeug – Teil 1: Numerisches Bezeichnungssystem; Deutsche Fassung EN 573-1 : 1994
DIN EN 573-2	1994-12	Aluminium und Aluminiumlegierungen – Chemische Zusammensetzung und Form von Halbzeug – Teil 2: Bezeichnungssystem mit chemischen Symbolen; Deutsche Fassung EN 573-2 : 1994
DIN EN 573-3	1994-12	Aluminium und Aluminiumlegierungen – Chemische Zusammensetzung und Form von Halbzeug – Teil 3: Chemische Zusammensetzung; Deutsche Fassung EN 573-3 : 1994
DIN EN 573-4	1994-12	Aluminium und Aluminiumlegierungen – Chemische Zusammensetzung und Form von Halbzeug – Teil 4: Erzeugnisformen; Deutsche Fassung EN 573-4 : 1994
DIN EN 575	1995-09	Aluminium und Aluminiumlegierungen – Vorlegierungen, durch Erschmelzen hergestellt – Spezifikationen; Deutsche Fassung EN 575 : 1995

Dokument	Ausgabe	Titel
DIN EN 576	1995-09	Aluminium und Aluminiumlegierungen – Unlegiertes Aluminium in Masseln – Spezifikationen; Deutsche Fassung EN 576 : 1995
DIN EN 754-1	1997-08	Aluminium und Aluminiumlegierungen – Gezogene Stangen und Rohre – Teil 1: Technische Lieferbedingungen; Deutsche Fassung EN 754-1 : 1997
DIN EN 754-2	1997-08	Aluminium und Aluminiumlegierungen – Gezogene Stangen und Rohre – Teil 2: Mechanische Eigenschaften; Deutsche Fassung EN 754-2 : 1997
DIN EN 755-1	1997-08	Aluminium und Aluminiumlegierungen – Stranggepreßte Stangen, Rohre und Profile – Teil 1: Technische Lieferbedingungen; Deutsche Fassung EN 755-1 : 1997
DIN EN 755-2	1997-08	Aluminium und Aluminiumlegierungen – Stranggepreßte Stangen, Rohre und Profile – Teil 2: Mechanische Eigenschaften; Deutsche Fassung EN 755-2 : 1997
DIN EN 1301-1	1997-11	Aluminium und Aluminiumlegierungen – Gezogene Drähte – Teil 1: Technische Lieferbedingungen; Deutsche Fassung EN 1301-1 : 1997
DIN EN 1301-2	1997-11	Aluminium und Aluminiumlegierungen – Gezogene Drähte – Teil 2: Mechanische Eigenschaften; Deutsche Fassung EN 1301-2 : 1997
DIN EN 1561	1997-08	Gießereiwesen – Gußeisen mit Lamellengraphit; Deutsche Fassung EN 1561 : 1997
DIN EN 1562	1997-08	Gießereiwesen – Temperguß; Deutsche Fassung EN 1562 : 1997
DIN EN 1563	1997-08	Gießereiwesen – Gußeisen mit Kugelgraphit; Deutsche Fassung EN 1563 : 1997
DIN EN 1652	1998-03	Kupfer- und Kupferlegierungen – Platten, Bleche, Bänder, Streifen und Ronden zur allgemeinen Verwendung; Deutsche Fassung EN 1652 : 1997
DIN EN 10021	1993-12	Allgemeine technische Lieferbedingungen für Stahl und Stahlerzeugnisse; Deutsche Fassung EN 10021 : 1993
E DIN EN 10025-1	1998-04	Warmgewalzte Erzeugnisse aus unlegierten Baustählen – Teil 1: Allgemeine Lieferbedingungen; Deutsche Fassung prEN 10025-1 : 1998
E DIN EN 10025-2	1998-04	Warmgewalzte Erzeugnisse aus unlegierten Baustählen – Teil 2: Technische Lieferbedingungen für Flacherzeugnisse; Deutsche Fassung prEN 10025-2 : 1998
E DIN EN 10025-3	1998-04	Warmgewalzte Erzeugnisse aus unlegierten Baustählen – Teil 3: Technische Lieferbedingungen für Langerzeugnisse; Deutsche Fassung prEN 10025-3 : 1998
DIN EN 10027-1	1992-09	Bezeichnungssysteme für Stähle – Teil 1: Kurznamen, Hauptsymbole; Deutsche Fassung EN 10027-1 : 1992
DIN EN 10027-2	1992-09	Bezeichnungssysteme für Stähle – Teil 2: Nummernsystem; Deutsche Fassung EN 10027-2 : 1992

Dokument	Ausgabe	Titel
DIN EN 10028-4	1994-11	Flacherzeugnisse aus Druckbehälterstählen – Teil 4: Nickellegierte kaltzähe Stähle; Deutsche Fassung EN 10028-4 : 1994
DIN EN 10029	1991-10	Warmgewalztes Stahlblech von 3 mm Dicke an; Grenzabmaße, Formtoleranzen, zulässige Gewichtsabweichungen; Deutsche Fassung EN 10029 : 1991
DIN EN 10048	1996-10	Warmgewalzter Bandstahl – Grenzabmaße und Formtoleranzen; Deutsche Fassung EN 10048 : 1996
DIN EN 10051	1997-11	Kontinuierlich warmgewalztes Blech und Band ohne Überzug aus unlegierten und legierten Stählen – Grenzabmaße und Formtoleranzen (enthält Änderung A1 : 1997); Deutsche Fassung EN 10051 : 1991 + A1 : 1997
DIN EN 10083-1	1996-10	Vergütungsstähle – Teil 1: Technische Lieferbedingungen für Edelstähle (enthält Änderung A1 : 1996); Deutsche Fassung EN 10083-1 : 1991 + A1 : 1996
DIN EN 10083-2	1996-10	Vergütungsstähle – Teil 2: Technische Lieferbedingungen für unlegierte Qualitätsstähle (enthält Änderung A1 : 1996); Deutsche Fassung EN 10083-2 : 1991 + A1 : 1996
DIN EN 10113-3	1993-04	Warmgewalzte Erzeugnisse aus schweißgeeigneten Feinkornbaustählen – Teil 3: Lieferbedingungen für thermomechanisch gewalzte Stähle; Deutsche Fassung EN 10113-3 : 1993
DIN EN 10130	1991-10	Kaltgewalzte Flacherzeugnisse aus weichen Stählen zum Kaltumformen; Technische Lieferbedingungen; Deutsche Fassung EN 10130 : 1991
DIN EN 10131	1992-01	Kaltgewalzte Flacherzeugnisse ohne Überzug aus weichen Stählen sowie aus Stählen mit höherer Streckgrenze zum Kaltumformen; Grenzabmaße und Formtoleranzen; Deutsche Fassung EN 10131 : 1991
DIN EN 10143	1993-03	Kontinuierlich schmelztauchveredeltes Blech und Band aus Stahl; Grenzabmaße und Formtoleranzen; Deutsche Fassung EN 10143 : 1993
DIN EN 10203	1991-08	Kaltgewalztes elektrolytisch verzinntes Weißblech; Deutsche Fassung EN 10203 : 1991
DIN EN 10205	1992-01	Kaltgewalztes Feinstblech in Rollen zur Herstellung von Weißblech oder von elektrolytisch spezialverchromtem Stahl; Deutsche Fassung EN 10205 : 1991
DIN EN 10207	1997-09	Stähle für einfache Druckbehälter – Technische Lieferbedingungen für Blech, Band und Stabstahl (enthält Änderung A1 : 1997); Deutsche Fassung EN 10207 : 1991 + A1 : 1997
DIN EN 10210-2	1997-11	Warmgefertigte Hohlprofile für den Stahlbau aus unlegierten Baustählen und aus Feinkornbaustählen – Teil 2: Grenzabmaße, Maße und statische Werte; Deutsche Fassung EN 10210-2 : 1997

Dokument	Ausgabe	Titel
DIN EN 10213-1	1996-01	Technische Lieferbedingungen für Stahlguß für Druckbehälter – Teil 1: Allgemeines; Deutsche Fassung EN 10213-1 : 1995
DIN EN 10213-2	1996-01	Technische Lieferbedingungen für Stahlguß für Druckbehälter – Teil 2: Stahlsorten für die Verwendung bei Raumtemperatur und erhöhten Temperaturen; Deutsche Fassung EN 10213-2 : 1995
DIN EN 10219-1	1997-11	Kaltgefertigte geschweißte Hohlprofile für den Stahlbau aus unlegierten Baustählen und aus Feinkornbaustählen – Teil 1: Technische Lieferbedingungen; Deutsche Fassung EN 10219-1 : 1997
DIN EN 10219-2	1997-11	Kaltgefertigte geschweißte Hohlprofile für den Stahlbau aus unlegierten Baustählen und aus Feinkornbaustählen – Teil 2: Grenzabmaße, Maße und statische Werte; Deutsche Fassung EN 10219-2 : 1997
DIN EN 10258	1997-07	Kaltband und Kaltband in Stäben aus nichtrostendem Stahl – Grenzabmaße und Formtoleranzen; Deutsche Fassung EN 10258 : 1997
DIN EN 10259	1997-07	Kaltbreitband und Blech aus nichtrostendem Stahl – Grenzabmaße und Formtoleranzen; Deutsche Fassung EN 10259 : 1997
DIN EN 20898-1	1992-04	Mechanische Eigenschaften von Verbindungselementen – Teil 1: Schrauben (ISO 898-1 : 1988); Deutsche Fassung EN 20898-1 : 1991
DIN EN 20898-2	1994-02	Mechanische Eigenschaften von Verbindungselementen – Teil 2: Muttern mit festgelegten Prüfkräften; Regelgewinde (ISO 898-2 : 1992); Deutsche Fassung EN 20898-2 : 1993
DIN EN ISO 1127	1997-03	Nichtrostende Stahlrohre – Maße, Grenzabmaße und längenbezogene Masse (ISO 1127 : 1992); Deutsche Fassung EN ISO 1127 : 1996

4 Zusätze und Hilfsstoffe

E DIN 1707-100	1997-08	Weichlote – Chemische Zusammensetzung und Lieferformen
DIN 1732-1	1988-06	Schweißzusätze für Aluminium und Alumimiumlegierungen; Zusammensetzung, Verwendung und Technische Lieferbedingungen
DIN 1732-2	1977-12	Schweißzusatzwerkstoffe für Aluminium; Prüfung an Schweißverbindungen
E DIN 1732-2	1992-06	Schweißzusätze für Aluminium und Aluminiumlegierungen; Prüfstücke, Proben, Mechanisch-technologische Mindestwerte der Schweißverbindung
DIN 1732-3	1988-06	Schweißzusätze für Aluminium und Aluminiumlegierungen; Prüfstücke, Proben, Mechanisch-technologische Mindestwerte des reinen Schweißgutes
DIN 1733-1	1988-06	Schweißzusätze für Kupfer und Kupferlegierungen; Zusammensetzung, Verwendung und Technische Lieferbedingungen

Dokument	Ausgabe	Titel
DIN 1736-1	1985-08	Schweißzusätze für Nickel und Nickellegierungen; Zusammensetzung, Verwendung und Technische Lieferbedingungen
DIN 1736-2	1985-08	Schweißzusätze für Nickel und Nickellegierungen; Prüfstück, Proben, Mechanische Gütewerte
DIN 1737-1	1984-06	Schweißzusätze für Titan und Titan-Palladiumlegierungen; Chemische Zusammensetzung, Technische Lieferbedingungen
E DIN 1913-100	1995-02	Methoden für die Untersuchung der Konformität und der Zertifizierung von Schweißzusätzen – Teil 100: Anerkennung der Hersteller, der Vertriebsorganisationen und der Lieferer von Schweißzusätzen (Vorschlag für eine Europäische Norm)
DIN 8513-2	1979-10	Hartlote; Silberhaltige Lote mit weniger als 20 Gew.-% Silber; Zusammensetzung, Verwendung, Technische Lieferbedingungen
DIN 8513-3	1986-07	Hartlote; Silberhaltige Lote mit mindestens 20 % Silber; Zusammensetzung, Verwendung, Technische Lieferbedingungen
DIN 8513-4	1981-02	Hartlote; Aluminiumbasislote; Zusammensetzung, Verwendung, Technische Lieferbedingungen
DIN 8513-5	1983-02	Hartlote; Nickelbasislote zum Hochtemperaturlöten; Verwendung, Zusammensetzung, Technische Lieferbedingungen
E DIN 8513-10	1993-04	Hartlote (Vorschlag für eine Europäische Norm)
DIN 8554-1	1986-05	Schweißstäbe für das Gasschweißen, unlegiert und niedriglegiert; Bezeichnung, Technische Lieferbedingungen
DIN 8554-3	1986-08	Schweißstäbe für das Gasschweißen, unlegiert und niedriglegiert; Prüfung auf Eignung unter Fertigungsbedingungen
DIN 8555-1	1983-11	Schweißzusätze zum Auftragschweißen; Schweißdrähte, Schweißstäbe, Drahtelektroden, Stabelektroden; Bezeichnung, Technische Lieferbedingungen
E DIN 8556-10	1995-04	Schweißzusätze – Drahtelektroden, Drähte und Stäbe zum Lichtbogenschweißen nichtrostender und hitzebeständiger Stähle – Teil 10: Einteilung (Vorschlag für eine Europäische Norm)
E DIN 8556-11	1995-05	Schweißzusätze – Fülldrahtelektroden zum Metall-Lichtbogenschweißen mit oder ohne Schutzgas von nichtrostenden und hitzebeständigen Stählen – Teil 11: Einteilung (Vorschlag für eine Europäische Norm)
DIN 8566-1	1979-03	Zusätze für das thermische Spritzen; Massivdrähte zum Flammspritzen
DIN 8566-2	1984-12	Zusätze für das thermische Spritzen; Massivdrähte zum Lichtbogenspritzen; Technische Lieferbedingungen
DIN 8566-3	1991-02	Zusätze für das thermische Spritzen; Fülldrähte, Schnüre und Stäbe zum Flammspritzen

Dokument	Ausgabe	Titel
DIN 8572-1	1981-03	Bestimmung des diffusiblen Wasserstoffs im Schweißgut; Lichtbogenhandschweißen
DIN 8572-2	1981-03	Bestimmung des diffusiblen Wasserstoffs im Schweißgut; Unterpulverschweißen
DIN 8573-1	1983-01	Schweißzusätze zum Schweißen unlegierter und niedriglegierter Gußeisenwerkstoffe; Bezeichnung, Technische Lieferbedingungen
E DIN 8575-10	1995-05	Schweißzusätze – Drahtelektroden, Drähte und Stäbe zum Lichtbogenschweißen warmfester Stähle – Teil 10: Einteilung (Vorschlag für eine Europäische Norm)
E DIN 8575-11	1995-05	Schweißzusätze – Fülldrahtelektroden zum Metall-Schutzgasschweißen von warmfesten Stählen – Teil 11: Einteilung (Vorschlag für eine Europäische Norm)
DIN 17145	1980-05	Runder Walzdraht für Schweißzusätze; Technische Lieferbedingungen
DIN 51622	1985-12	Flüssiggase; Propan, Propen, Butan, Buten und deren Gemische; Anforderungen
DIN 53922	1979-07	Calciumcarbid
DIN EN 758	1997-05	Schweißzusätze – Fülldrahtelektroden zum Metall-Lichtbogenschweißen mit und ohne Schutzgas von unlegierten Stählen und Feinkornstählen – Einteilung; Deutsche Fassung EN 758 : 1997
DIN EN 759	1997-08	Schweißzusätze – Technische Lieferbedingungen für metallische Schweißzusätze – Art des Produktes, Maße, Grenzabmaße und Kennzeichnung; Deutsche Fassung EN 759 : 1997
DIN EN 1045	1997-08	Hartlöten – Flußmittel zum Hartlöten – Einteilung und technische Lieferbedingungen; Deutsche Fassung EN 1045 : 1997
DIN EN 1274	1996-08	Thermisches Spritzen – Pulver – Zusammensetzung; Technische Lieferbedingungen; Deutsche Fassung EN 1274 : 1996
DIN EN 1599	1997-10	Schweißzusätze – Umhüllte Stabelektroden zum Lichtbogenhandschweißen von warmfesten Stählen – Einteilung; Deutsche Fassung EN 1599 : 1997
DIN EN 1668	1997-10	Schweißzusätze – Stäbe, Drähte und Schweißgut zum Wolfram-Schutzgasschweißen von unlegierten Stählen und Feinkornstählen – Einteilung; Deutsche Fassung EN 1668 : 1997
E DIN EN 12534	1996-11	Schweißzusätze – Drahtelektroden und Schweißgut zum Metall-Schutzgasschweißen von hochfesten Stählen – Einteilung; Deutsche Fassung prEN 12534 : 1996
E DIN EN 12535	1996-11	Schweißzusätze – Fülldrahtelektroden zum Metall-Schutzgasschweißen von hochfesten Stählen – Einteilung; Deutsche Fassung prEN 12535 : 1996
E DIN EN 12536	1996-11	Schweißzusätze – Stäbe zum Gasschweißen von unlegierten und warmfesten Stählen Einteilung; Deutsche Fassung prEN 12536 : 1996

Dokument	Ausgabe	Titel
DIN EN 22063	1994-08	Metallische und andere anorganische Schichten – Thermisches Spritzen – Zink, Aluminium und ihre Legierungen (ISO 2063 : 1991); Deutsche Fassung EN 22063 : 1993
DIN EN 26847	1994-04	Umhüllte Stabelektroden für das Lichtbogenhandschweißen; Auftragung von Schweißgut zur Bestimmung der chemischen Zusammensetzung (ISO 6847 : 1985); Deutsche Fassung EN 26847 : 1994
DIN EN 29453	1994-02	Weichlote; Chemische Zusammensetzung und Lieferformen (ISO 9453 : 1990); Deutsche Fassung EN 29453 : 1993
DIN EN 29454-1	1994-02	Flußmittel zum Weichlöten; Einteilung und Anforderungen – Teil 1: Einteilung, Kennzeichnung und Verpackung (ISO 9454-1 : 1990); Deutsche Fassung EN 29454-1 : 1993
DIN EN ISO 3677	1995-04	Zusätze zum Weich-, Hart- und Fugenlöten – Bezeichnung (ISO 3677 : 1992); Deutsche Fassung EN ISO 3677 : 1995
E DIN EN ISO 14919	1997-09	Thermisches Spritzen – Drähte, Stäbe und Schnüre zum Flammspritzen und Lichtbogenspritzen; Einteilung – Technische Lieferbedingungen (ISO/DIS 14919 : 1997); Deutsche Fassung prEN ISO 14919 : 1997

5 Geräte, Maschinen und Zubehör

Dokument	Ausgabe	Titel
DIN 477-1	1990-05	Gasflaschenventile für Prüfdrücke bis max. 300 bar; Bauformen, Baumaße, Anschlüsse, Gewinde
DIN 477-5	1990-02	Gasflaschenventile für Prüfdrücke bis max. 450 bar; Bauformen, Baumaße, Anschlüsse, Gewinde
DIN 1340	1990-12	Gasförmige Brennstoffe und sonstige Gase; Arten, Bestandteile, Verwendung
DIN 1871	1980-05	Gasförmige Brennstoffe und sonstige Gase; Dichte und relative Dichte, bezogen auf den Normzustand
E DIN 1871	1997-04	Gasförmige Brennstoffe und sonstige Gase – Dichte und andere volumetrische Größen
DIN 2353	1991-06	Lötlose Rohrverschraubungen mit Schneidring; Vollständige Verschraubungen und Übersicht
E DIN 2353	1997-11	Lötlose Rohrverschraubungen mit Schneidring – Vollständige Verschraubungen und Übersicht
DIN 2500	1966-08	Flansche; Allgemeine Angaben, Übersicht
DIN 3017-1	1998-05	Schlauchschellen – Teil 1: Schellen mit Schneckentrieb; Form A
DIN 3383-1	1990-06	Gasschlauchleitungen und Gasanschlußarmaturen; Sicherheits-Gasschlauchleitungen, Sicherheits-Gasanschlußarmaturen
DIN 3383-2	1996-12	Gasschlauchleitungen und Gasanschlußarmaturen – Teil 2: Gasschlauchleitungen für festen Anschluß
DIN 3537-1	1990-06	Gasabsperrarmaturen bis PN 4; Anforderungen und Anerkennungsprüfung
DIN 4661-1	1968-09	Druckgasflaschen; Geschweißte Stahlflaschen, Flaschen, Prüfdruck 30 atü

Dokument	Ausgabe	Titel
DIN 4661-2	1968-09	Druckgasflaschen; Geschweißte Stahlflaschen, zugelassene Gase
DIN 4661-3	1968-09	Druckgasflaschen; Geschweißte Stahlflaschen, Bodenformen
DIN 4661-4	1968-09	Druckgasflaschen; Geschweißte Stahlflaschen, Ventilmuffen
DIN 4661-5	1968-09	Druckgasflaschen; Geschweißte Stahlflaschen, Füße
DIN 4661-6	1968-09	Druckgasflaschen; Geschweißte Stahlflaschen, Ventilschutz
DIN 4661-7	1978-03	Druckgasflaschen; Geschweißte Stahlflaschen, Kennzeichnung, Schilder, Schildrahmen, Plombenniet
DIN 4664	1989-08	Druckgasbehälter; Nahtlose Flaschen aus Stahl
DIN 4811-1	1978-10	Druckregelgeräte für Flüssiggas
DIN 4811-1	1992-04	Druckregelgeräte für Flüssiggas; Druckregelgeräte für Campinggeräte für Anlagen mit ungeregeltem Eingangsdruck
DIN 4815-1	1979-11	Schläuche für Flüssiggas; Schläuche mit und ohne Einlagen
DIN 4815-2	1979-06	Schläuche für Flüssiggas; Schlauchleitungen
DIN 4817-1	1981-04	Absperrarmaturen für Flüssiggas; Begriffe, Sicherheitstechnische Anforderungen, Prüfung, Kennzeichnung
DIN 8501	1972-01	Lötkolben
DIN 8521-2	1993-08	Sicherheitseinrichtungen gegen Gasrücktritt für den Einsatz von Gasen der öffentlichen Gasversorgung von Luft und Sauerstoff bis zu einem zulässigen Betriebsüberdruck von 0,1 bar, nicht flammendurchschlagsicher; Sicherheitstechnische Anforderungen, Prüfung
E DIN 8521-10	1997-03	Gasschweißgeräte – Acetylenflaschen-Batterieanlagen für Schweißen, Schneiden und verwandte Verfahren – Teil 10: Allgemeine Anforderungen (Vorschlag für eine Europäische Norm)
DIN 8522	1980-09	Fertigungsverfahren der Autogentechnik; Übersicht
DIN 8541-2	1987-12	Schläuche für Schweißen, Schneiden und verwandte Verfahren; Schläuche mit Ummantelung für Brenngase, Sauerstoff und andere nichtbrennbare Gase
DIN 8541-3	1995-01	Schläuche für Schweißen, Schneiden und verwandte Verfahren – Teil 3: Sauerstoffschläuche mit und ohne Ummantelung für besondere Anforderungen; Sicherheitstechnische Anforderungen und Prüfungen
DIN 8541-120	1997-05	Schläuche für Schweißen, Schneiden und verwandte Verfahren – Teil 120: Allbrenngas- und Fluxschläuche; Sicherheitstechnische Anforderungen und Prüfungen
DIN 30693	1980-07	Schlauchbruchsicherungen für Flüssiggasanlagen
DIN 32508	1993-04	Mikro-Löt- und -Schweißgeräte mit eigener Wasserstoff-/Sauerstoff-Erzeugung; Mechanische und gastechnische Anforderungen; Prüfung, Kennzeichnung

Dokument	Ausgabe	Titel
DIN 32509	1998-07	Handbetätigte Absperrarmaturen für Schweißen, Schneiden und verwandte Verfahren – Bauarten, sicherheitstechnische Anforderungen, Prüfung
DIN EN 88	1996-08	Druckregler für Gasgeräte, für einen Eingangsdruck bis zu 200 mbar; Deutsche Fassung EN 88 : 1991 + A1 : 1996
DIN EN 125	1996-08	Flammenüberwachungseinrichtungen für Gasgeräte – Thermoelektrische Zündsicherungen; Deutsche Fassung EN 125 : 1991 + A1 : 1996
DIN EN 161	1996-08	Automatische Absperrventile für Gasbrenner und Gasgeräte; Deutsche Fassung EN 161 : 1991 + A1 : 1996
DIN EN 161/A2	1998-01	Automatische Absperrventile für Gasbrenner und Gasgeräte; Deutsche Fassung EN 161 : 1991/A2 : 1997
DIN EN 257	1996-08	Mechanische Temperaturregler für Gasgeräte; Deutsche Fassung EN 257 : 1992 + A1 : 1996
DIN EN 292-1	1991-11	Sicherheit von Maschinen – Grundbegriffe, allgemeine Gestaltungsleitsätze – Teil 1: Grundsätzliche Terminologie, Methodik; Deutsche Fassung EN 292-1 : 1991
DIN EN 292-2	1995-06	Sicherheit von Maschinen – Grundbegriffe, allgemeine Gestaltungsleitsatze – Teil 2: Technische Leitsätze und Spezifikationen; Deutsche Fassung EN 292-2 : 1991 + A1 : 1995
DIN EN 472	1994-11	Druckmeßgeräte – Begriffe; Deutsche Fassung EN 472 : 1994
E DIN EN 521	1991-11	Flüssiggasgeräte; Tragbare, aus der Dampfphase von Flüssiggasbehältern direkt betriebene Geräte; Deutsche Fassung prEN 521 : 1991
DIN EN 559	1994-09	Gasschweißgeräte – Gummi-Schläuche für Schweißen, Schneiden und verwandte Verfahren; Deutsche Fassung EN 559 : 1994
DIN EN 560	1994-11	Gasschweißgeräte – Schlauchanschlüsse für Geräte und Anlagen für Schweißen, Schneiden und verwandte Verfahren; Deutsche Fassung EN 560 : 1994
DIN EN 561	1994-11	Gasschweißgeräte – Schlauchkupplungen mit selbsttätiger Gassperre für Schweißen, Schneiden und verwandte Verfahren; Deutsche Fassung EN 561 : 1994
DIN EN 562	1994-11	Gasschweißgeräte – Manometer für Schweißen, Schneiden und verwandte Verfahren; Deutsche Fassung EN 562 : 1994
DIN EN 585	1994-11	Gasschweißgeräte – Druckminderer für Gasflaschen für Schweißen, Schneiden und verwandte Verfahren bis 200 bar; Deutsche Fassung EN 585 : 1994
DIN EN 730	1995-08	Gasschweißgeräte – Einrichtungen für Schweißen, Schneiden und verwandte Verfahren, Sicherheitseinrichtungen für Brenngase und Sauerstoff oder Druckluft – Allgemeine Festlegungen, Anforderungen und Prüfungen; Deutsche Fassung EN 730 : 1995

Dokument	Ausgabe	Titel
DIN EN 731	1995-08	Gasschweißgeräte – Handbrenner für angesaugte Luft – Anforderungen und Prüfungen; Deutsche Fassung EN 731 : 1995
DIN EN 874	1995-06	Gasschweißgeräte – Maschinenschneidbrenner mit zylindrischem Schaft für Brenngas/Sauerstoff – Bauarten, allgemeine Anforderungen und Prüfverfahren; Deutsche Fassung EN 874 : 1995
DIN EN 961	1995-10	Gasschweißgeräte – Hauptstellendruckregler für Schweißen, Schneiden und verwandte Verfahren bis 200 bar; Deutsche Fassung EN 961 : 1995
DIN EN 962	1996-09	Ortsbewegliche Gasflaschen – Ventilschutzkappen und Ventilschutzvorrichtungen für Gasflaschen in industriellem und medizinischem Einsatz – Gestaltung, Konstruktion und Prüfungen; Deutsche Fassung EN 962 : 1996
DIN EN 1256	1996-05	Gasschweißgeräte – Festlegungen für Schlauchleitungen für Ausrüstungen zum Schweißen, Schneiden und verwandte Verfahren; Deutsche Fassung EN 1256 : 1996
DIN EN 1326	1996-07	Gasschweißgeräte – Kleingeräte zum Gaslöten und -schweißen; Deutsche Fassung EN 1326 : 1996
DIN EN 1327	1996-07	Gasschweißgeräte – Thermoplastische Schläuche zum Schweißen und für verwandte Verfahren; Deutsche Fassung EN 1327 : 1996
DIN EN 1395	1996-05	Thermisches Spritzen – Abnahmeprüfungen für Anlagen zum thermischen Spritzen; Deutsche Fassung EN 1395 : 1996
DIN EN 28206	1992-08	Abnahmeprüfungen für Brennschneidmaschinen; Nachführgenauigkeit; Funktionseigenschaften (ISO 8206 : 1991); Deutsche Fassung EN 28206 : 1992
E DIN EN ISO 2503	1996-07	Gasschweißgeräte – Druckminderer für Gasflaschen für Schweißen, Schneiden und verwandte Verfahren bis 300 bar (ISO/DIS 2503 : 1996); Deutsche Fassung prEN ISO 2503 : 1996
DIN EN ISO 5172	1997-02	Handbrenner für Gasschweißen, Schneiden und Wärmen – Anforderungen und Prüfungen (ISO 5172 : 1995, einschließlich Änderung 1 : 1995); Deutsche Fassung EN ISO 5172 : 1996
DIN EN ISO 14113	1997-09	Gasschweißgeräte – Gummi- und Kunststoffschlauchleitungen für Druck-Flüssiggase bis zu einem maximalen Betriebsdruck von 450 bar (ISO 14113 : 1997); Deutsche Fassung EN ISO 14113 : 1997
DIN ISO 9090	1990-02	Gasdichtheit von Geräten für Gasschweißen und verwandte Verfahren; Identisch mit ISO 9090 : 1989
DIN ISO 9539	1990-02	Werkstoffe für Geräte für Gasschweißen, Schneiden und verwandte Verfahren; Identisch mit ISO 9539 : 1988

Dokument	Ausgabe	Titel

6 Ausbildung und Prüfung

DIN V 1739	1996-09	Zerstörende Prüfung von Schweißverbindungen an metallischen Werkstoffen – Ätzungen für die makroskopische und mikroskopische Untersuchung (CR 12361 : 1996)
DIN 8516	1967-08	Weichlote mit Flußmittelseelen auf Harzbasis; Zusammensetzung, Technische Lieferbedingungen, Prüfung
DIN 8525-1	1977-11	Prüfung von Hartlötverbindungen; Spaltlötverbindungen, Zugversuch
E DIN 8525-1	1997-05	Prüfung von Hartlötverbindungen – Teil 1: Zerstörende Prüfung (Vorschlag für eine Europäische Norm)
DIN 8525-2	1977-11	Prüfung von Hartlötverbindungen; Spaltlötverbindungen, Scherversuch
DIN 8525-3	1986-07	Prüfung von Hartlötverbindungen; Hochtemperaturgelötete Spaltlötverbindungen; Zugversuch
E DIN 8525-10	1997-05	Prüfung von Hartlötverbindungen – Teil 10: Zerstörungsfreie Prüfung (Vorschlag für eine Europäische Norm)
E DIN 8525-11	1998-02	Hartlöten – Teil 11: Hartlöterprüfung (Vorschlag für eine Europäische Norm)
E DIN 8525-12	1998-02	Hartlöten – Teil 12: Hartlötverfahrensprüfung (Vorschlag für eine Europäische Norm)
DIN 8526	1977-11	Prüfung von Weichlötverbindungen; Spaltlötverbindungen, Scherversuch, Zeitstandscherversuch
E DIN 8561-10	1995-10	Prüfung von Schweißern – Schmelzschweißen – Teil 10: Kupfer und Kupferlegierungen (Vorschlag für eine Europäische Norm)
E DIN 8561-11	1995-10	Prüfung von Schweißern – Schmelzschweißen – Teil 11: Nickel und Nickellegierungen (Vorschlag für eine Europäische Norm)
E DIN 8561-12	1995-10	Prüfung von Schweißern – Schmelzschweißen – Teil 12: Titan und Titanlegierungen (Vorschlag für eine Europäische Norm)
DIN 29591	1996-11	Luft- und Raumfahrt – Prüfung von Schweißern – Schweißen von metallischen Bauteilen
DIN 32505-1	1987-10	Abnahmeprüfungen für Elektronenstrahl-Schweißmaschinen; Grundlagen, Abnahmebedingungen
E DIN 32505-1	1996-12	Schweißen – Abnahmeprüfung von Elektronenstrahl-Schweißmaschinen – Teil 1: Grundlagen und Abnahmebedingungen (Vorschlag für eine Europäische Norm)
DIN 32505-2	1988-08	Abnahmeprüfungen für Elektronenstrahl-Schweißmaschinen; Messung der Beschleunigungsspannung
E DIN 32505-2	1996-12	Schweißen – Abnahmeprüfung von Elektronenstrahl-Schweißmaschinen – Teil 2: Messen der Beschleunigungsspannung (Vorschlag für eine Europäische Norm)
DIN 32505-3	1987-10	Abnahmeprüfungen für Elektronenstrahl-Schweißmaschinen; Messung des Strahlstromes

Dokument	Ausgabe	Titel
E DIN 32505-3	1996-12	Schweißen – Abnahmeprüfung für Elektronenstrahl-Schweißmaschinen – Teil 3: Messen des Strahlstroms (Vorschlag für eine Europäische Norm)
DIN 32505-4	1987-10	Abnahmeprüfungen für Elektronenstrahl-Schweißmaschinen; Messung der Schweißgeschwindigkeit
E DIN 32505-4	1996-12	Schweißen – Abnahmeprüfung von Elektronenstrahl-Schweißmaschinen – Teil 4: Messen der Schweißgeschwindigkeit (Vorschlag für eine Europäische Norm)
DIN 32505-5	1989-04	Abnahmeprüfungen für Elektronenstrahl-Schweißmaschinen; Messung der Führungsgenauigkeit
E DIN 32505-5	1996-12	Schweißen – Abnahmeprüfung von Elektronenstrahl-Schweißmaschinen – Teil 5: Messen der Führungsgenauigkeit (Vorschlag für eine Europäische Norm)
DIN 32505-6	1987-10	Abnahmeprüfungen für Elektronenstrahl-Schweißmaschinen; Messung der Flecklagekonstanz
E DIN 32505-6	1996-12	Schweißen – Abnahmeprüfung von Elektronenstrahl-Schweißmaschinen – Teil 6: Messen der Flecklagekonstanz (Vorschlag für eine Europäische Norm)
DIN 32506-1	1981-07	Lötbarkeitsprüfung für das Weichlöten; Benetzungsprüfungen
DIN 32506-2	1981-07	Lötbarkeitsprüfung für das Weichlöten; Hubtauchprüfung für Proben aus Kupferlegierungen; Prüfung, Beurteilung
DIN 32506-3	1981-07	Lötbarkeitsprüfung für das Weichlöten; Hubtauchprüfung für verzinnte Proben; Prüfung, Beurteilung
DIN 32506-4	1981-07	Lötbarkeitsprüfung für das Weichlöten; Benetzungskraftmessung; Prüfung, Beurteilung
E DIN 32517-1	1995-10	Abnahmeprüfungen für CO_2-Laserstrahlanlagen zum Schweißen und Schneiden – Teil 1: Grundlagen, Abnahmebedingungen
E DIN 32517-2	1994-09	Abnahmeprüfungen für CO_2-Laserstrahlanlagen zum Schweißen und Schneiden – Teil 2: Messen der Strahleigenschaften
E DIN 32517-3	1995-10	Abnahmeprüfungen für CO_2-Laserstrahlanlagen zum Schweißen und Schneiden – Teil 3: Messen der statischen und dynamischen Bewegungseinrichtungen
E DIN 32517-4	1994-09	Abnahmeprüfungen für CO_2-Laserstrahlanlagen zum Schweißen und Schneiden – Teil 4: Messen der prozeßbezogenen Gaskenngrößen
DIN 32525-4	1985-03	Prüfung von Schweißzusätzen mittels Schweißgutproben; Prüfstück für die Ermittlung der Härte für Auftragschweißungen
E DIN 32531-1	1996-02	Thermisches Spritzen – Prüfung von thermischen Spritzern (Vorschlag für eine Europäische Norm)
DIN 50115	1991-04	Prüfung metallischer Werkstoffe; Kerbschlagbiegeversuch; Besondere Probenform und Auswerteverfahren

Dokument	Ausgabe	Titel
E DIN 50120-101	1998-04	Zerstörende Prüfung von Schweißverbindungen an metallischen Werkstoffen – Heißrißprüfverfahren für Schweißungen – Teil 101: Allgemeines (Vorschlag für eine Europäische Norm)
E DIN 50120-102	1998-04	Zerstörende Prüfung von Schweißverbindungen an metallischen Werkstoffen – Heißrißprüfverfahren für Schweißungen – Teil 102: Selbstbeanspruchte Prüfungen (Vorschlag für eine Europäische Norm)
DIN 50121-3	1978-01	Prüfung metallischer Werkstoffe; Technologischer Biegeversuch an Schweißverbindungen und Schweißplattierungen, Schmelzschweißplattierungen
DIN 50123	1977-04	Prüfung von Nichteisenmetallen; Zugversuch an Schweißverbindungen, Schmelzgeschweißte Stumpfnähte
DIN 50124	1977-04	Prüfung metallischer Werkstoffe; Scherzugversuch an Widerstandspunkt-, Widerstandsbuckel- und Schmelzpunktschweißverbindungen
DIN 50125	1991-04	Prüfung metallischer Werkstoffe; Zugproben
DIN 50129	1973-10	Prüfung metallischer Werkstoffe; Prüfung der Rißanfälligkeit von Schweißzusatzwerkstoffen
DIN 50162	1978-09	Prüfung plattierter Stähle; Ermittlung der Haft-Scherfestigkeit zwischen Auflagewerkstoff und Grundwerkstoff im Scherversuch
DIN 50914	1996-09	Prüfung nichtrostender Stähle auf Beständigkeit gegen interkristalline Korrosion – Kupfersulfat-Schwefelsäure-Verfahren – Strauß-Test
DIN 54112	1977-08	Zerstörungsfreie Prüfung; Filme, Aufnahmefolien, Kassetten für Aufnahmen mit Röntgen- und Gammastrahlen, Maße
DIN 54119	1981-08	Zerstörungsfreie Prüfung; Ultraschallprüfung; Begriffe
DIN 54120	1973-07	Zerstörungsfreie Werkstoffprüfung; Kontrollkörper 1 und seine Verwendung zur Justierung und Kontrolle von Ultraschall-Impulsecho-Geräten
DIN 54123	1980-10	Zerstörungsfreie Prüfung; Ultraschallverfahren zur Prüfung von Schweiß-, Walz- und Sprengplattierungen
DIN 54126 2	1982-10	Zerstörungsfreie Prüfung; Regeln zur Prüfung mit Ultraschall; Durchführung der Prüfung
DIN 54130	1974-04	Zerstörungsfreie Prüfung; Magnetische Streufluß-Verfahren, Allgemeines
DIN 54131-1	1984-03	Zerstörungsfreie Prüfung; Magnetisierungsgeräte für die Magnetpulverprüfung; Stationäre und transportable Geräte außer Handmagneten; Eigenschaften und ihre Ermittlung
DIN 54140-1	1976-04	Zerstörungsfreie Prüfung; Induktive Verfahren (Wirbelstromverfahren), Allgemeines
DIN 65228	1986-09	Luft- und Raumfahrt; Prüfung von Lötern; Hartlöten metallischer Bauteile
E DIN 65228	1996-11	Luft- und Raumfahrt – Prüfung von Lötern – Hartlöten metallischer Bauteile

Dokument	Ausgabe	Titel
DIN EN 287-2	1997-09	Prüfung von Schweißern – Schmelzschweißen – Teil 2: Aluminium und Aluminiumlegierungen (enthält Änderung A1 : 1997); Deutsche Fassung EN 287-2 : 1992 + A1 : 1997
DIN EN 444	1994-04	Zerstörungsfreie Prüfung; Grundlagen für die Durchstrahlungsprüfung von metallischen Werkstoffen mit Röntgen- und Gammastrahlen; Deutsche Fassung EN 444 : 1994
DIN EN 462-1	1994-03	Zerstörungsfreie Prüfung; Bildgüte von Durchstrahlungsaufnahmen – Teil 1: Bildgüteprüfkörper (Drahtsteg); Ermittlung der Bildgütezahl; Deutsche Fassung EN 462-1 : 1994
DIN EN 462-2	1994-06	Zerstörungsfreie Prüfung; Bildgüte von Durchstrahlungsaufnahmen – Teil 2: Bildgüteprüfkörper (Stufe/Loch-Typ); Ermittlung der Bildgütezahl; Deutsche Fassung EN 462-2 : 1994
DIN EN 473	1993-07	Qualifizierung und Zertifizierung von Personal der zerstörungsfreien Prüfung; Allgemeine Grundlagen; Deutsche Fassung EN 473 : 1992
DIN EN 571-1	1997-03	Zerstörungsfreie Prüfung – Eindringprüfung – Teil 1: Allgemeine Grundlagen; Deutsche Fassung EN 571-1 : 1997
DIN EN 582	1994-01	Thermisches Spritzen; Ermittlung der Haftzugfestigkeit; Deutsche Fassung EN 582 : 1993
DIN EN 875	1995-10	Zerstörende Prüfung von Schweißverbindungen an metallischen Werkstoffen – Kerbschlagbiegeversuch – Probenlage, Kerbrichtung und Beurteilung; Deutsche Fassung EN 875 : 1995
DIN EN 876	1995-10	Zerstörende Prüfung von Schweißverbindungen an metallischen Werkstoffen – Längszugversuch an Schweißgut in Schmelzschweißverbindungen; Deutsche Fassung EN 876 : 1995
DIN EN 895	1995-08	Zerstörende Prüfung von Schweißverbindungen an metallischen Werkstoffen – Querzugversuch; Deutsche Fassung EN 895 : 1995
DIN EN 910	1996-05	Zerstörende Prüfung von Schweißnähten an metallischen Werkstoffen – Biegeprüfungen; Deutsche Fassung EN 910 : 1996
DIN EN 970	1997-03	Zerstörungsfreie Prüfung von Schmelzschweißnähten – Sichtprüfung; Deutsche Fassung EN 970 : 1997
DIN EN 1043-1	1996-02	Zerstörende Prüfung von Schweißverbindungen an metallischen Werkstoffen – Härteprüfung – Teil 1: Härteprüfung für Lichtbogenschweißverbindungen; Deutsche Fassung EN 1043-1 : 1995
DIN EN 1043-2	1996-11	Zerstörende Prüfung von Schweißverbindungen an metallischen Werkstoffen – Härteprüfung – Teil 2: Mikrohärteprüfung an Schweißverbindungen; Deutsche Fassung EN 1043-2 : 1996
DIN EN 1289	1998-03	Zerstörungsfreie Prüfung von Schweißverbindungen – Eindringprüfung von Schweißverbindungen – Zulässigkeitsgrenzen; Deutsche Fassung EN 1289 : 1998

Dokument	Ausgabe	Titel
DIN EN 1290	1998-03	Zerstörungsfreie Prüfung von Schweißverbindungen – Magnetpulverprüfung von Schweißverbindungen; Deutsche Fassung EN 1290 : 1998
DIN EN 1291	1998-03	Zerstörungsfreie Prüfung von Schweißverbindungen – Magnetpulverprüfung von Schweißverbindungen – Zulässigkeitsgrenzen; Deutsche Fassung EN 1291 : 1998
DIN EN 1320	1996-12	Zerstörende Prüfung von Schweißverbindungen an metallischen Werkstoffen – Bruchprutung; Deutsche Fassung EN 1320 : 1996
DIN EN 1321	1996-12	Zerstörende Prüfung von Schweißverbindungen an metallischen Werkstoffen – Makroskopische und mikroskopische Untersuchungen von Schweißnähten; Deutsche Fassung EN 1321 : 1996
DIN EN 1435	1997-10	Zerstörungsfreie Prüfung von Schweißverbindungen – Durchstrahlungsprüfung von Schmelzschweißverbindungen; Deutsche Fassung EN 1435 : 1997
DIN EN 1597-1	1997-10	Schweißzusätze – Prüfmethoden – Teil 1: Prüfstück zur Entnahme von Proben aus reinem Schweißgut an Stahl, Nickel und Nickellegierungen; Deutsche Fassung EN 1597-1 : 1997
DIN EN 1597-2	1997-10	Schweißzusätze – Prüfmethoden – Teil 2: Vorbereitung eines Prüfstücks für die Prüfung von Einlagen- und Lage/Gegenlage-Proben an Stahl; Deutsche Fassung EN 1597-2 : 1997
DIN EN 1597-3	1997-10	Schweißzusätze – Prüfmethoden – Teil 3: Prüfung der Eignung für Schweißpositionen an Kehlnahtschweißungen; Deutsche Fassung EN 1597-3 : 1997
E DIN EN 1711	1995-02	Zerstörungsfreie Prüfung von Schweißverbindungen – Wirbelstromverfahren mit Phasenauswertung; Deutsche Fassung prEN 1711 : 1994
DIN EN 1712	1997-09	Zerstörungsfreie Prüfung von Schweißverbindungen – Ultraschallprüfung von Schweißverbindungen – Zulässigkeitsgrenzen; Deutsche Fassung EN 1712 : 1997
E DIN EN 1713	1995-02	Zerstörungsfreie Prüfung von Schweißverbindungen – Ultraschallprüfung – Charakterisierung von Fehlern in Schweißnähten; Deutsche Fassung prEN 1713 : 1994
DIN EN 1714	1997-10	Zerstörungsfreie Prüfung von Schweißverbindungen – Ultraschallprüfung von Schweißverbindungen; Deutsche Fassung EN 1714 : 1997
DIN EN 10002-1	1991-04	Metallische Werkstoffe; Zugversuch – Teil 1: Prüfverfahren (bei Raumtemperatur); enthält Änderung AC 1 : 1990; Deutsche Fassung EN 10002-1 : 1990 und AC 1 : 1990
DIN EN 10002-2	1993-07	Metallische Werkstoffe; Zugversuch – Teil 2: Prüfung der Kraftmeßeinrichtungen von Zugprüfmaschinen; Deutsche Fassung EN 10002-2 : 1991
DIN EN 10003-1	1995-01	Metallische Werkstoffe – Härteprüfung nach Brinell – Teil 1: Prüfverfahren; Deutsche Fassung EN 10003-1 : 1994

Dokument	Ausgabe	Titel
DIN EN 10109-1	1995-01	Metallische Werkstoffe – Härteprüfung – Teil 1: Rockwell-Verfahren (Skalen A, B, C, D, E, F, G, H, K, 15N, 30N, 45N, 15T, 30T und 45T); Deutsche Fassung EN 10109-1 : 1994
DIN EN 12062	1997-10	Zerstörungsfreie Prüfung von Schweißverbindungen – Allgemeine Regeln für metallische Werkstoffe; Deutsche Fassung EN 12062 : 1997
DIN EN 22401	1994-04	Umhüllte Stabelektroden; Bestimmung der Ausbringung, der Gesamtausbringung und des Abschmelzkoeffizienten (ISO 2401 : 1972); Deutsche Fassung EN 22401 : 1994
DIN EN 25580	1992-06	Zerstörungsfreie Prüfung; Betrachtungsgeräte für die industrielle Radiographie; Minimale Anforderungen (ISO 5580 : 1985); Deutsche Fassung EN 25580 : 1992
DIN EN ISO 2064	1995-01	Metallische und andere anorganische Schichten – Definitionen und Festlegungen, die die Messung der Schichtdicke betreffen (ISO 2064 : 1980); Deutsche Fassung EN ISO 2064 : 1994
DIN EN ISO 2178	1995-04	Nichtmagnetische Überzüge auf magnetischen Grundmetallen – Messen der Schichtdicke – Magnetverfahren (ISO 2178 : 1982); Deutsche Fassung EN ISO 2178 : 1995
DIN EN ISO 2360	1995-04	Nichtleitende Überzüge auf nichtmagnetischen Grundmetallen – Messen der Schichtdicke – Wirbelstromverfahren (ISO 2360 : 1982); Deutsche Fassung EN ISO 2360 : 1995
DIN EN ISO 3543	1995-01	Metallische und nichtmetallische Schichten – Dickenmessung – Betarückstreu-Verfahren (ISO 3543 : 1981); Deutsche Fassung EN ISO 3543 : 1994
DIN EN ISO 3882	1995-01	Metallische und andere anorganische Schichten – Übersicht von Verfahren der Schichtdickenmessung (ISO 3882 : 1986); Deutsche Fassung EN ISO 3882 : 1994
DIN EN ISO 6507-1	1998-01	Metallische Werkstoffe – Härteprüfung nach Vickers – Teil 1: Prüfverfahren (ISO 6507-1 : 1997); Deutsche Fassung EN ISO 6507-1 : 1997
E DIN EN ISO 15618-2	1998-03	Prüfung von Schweißern für Unterwasserschweißen – Teil 2: Unterwasserschweißer und Bediener von Schweißanlagen für Trockenschweißen unter Überdruck (ISO/DIS 15618-2 : 1997); Deutsche Fassung prEN ISO 15618-2 : 1997

7 Schutzeinrichtung und Arbeitsschutz

Dokument	Ausgabe	Titel
DIN 4841-4	1987-01	Schutzhandschuhe; Schweißerschutzhandschuhe aus Leder; Sicherheitstechnische Anforderungen und Prüfung
DIN 4843-100	1993-08	Sicherheits-, Schutz- und Berufsschuhe; Rutschhemmung, Mittelfußschutz, Schnittschutzeinlage und thermische Beanspruchung; Sicherheitstechnische Anforderungen, Prüfung
E DIN 4843-101	1996-05	Sicherheits-, Schutz- und Berufsschuhe – Teil 101: Sicherheitsschuhe für den Bergbau unter Tage

Dokument	Ausgabe	Titel
DIN 4844-1	1980-05	Sicherheitskennzeichnung; Begriffe, Grundsätze und Sicherheitszeichen
DIN 4844-2	1982-11	Sicherheitskennzeichnung; Sicherheitsfarben
DIN 4844-3	1985-10	Sicherheitskennzeichnung; Ergänzende Festlegungen zu DIN 4844-1 und -2
DIN 6813	1980-07	Strahlenschutzzubehör bei medizinischer Anwendung von Röntgenstrahlen bis 300 kV; Regeln für die Herstellung und Benutzung
DIN 23319	1990-12	Schutzschürzen für Schweiß- und Transportarbeiten für den Bergbau
DIN 23320-1	1998-04	Flammenschutzkleidung für den Bergbau – Schutzkleidung für Gruben-, Gasschutz- und Feuerwehren – Teil 1: Sicherheitstechnische Anforderungen und Prüfungen
DIN 23320-3	1988-05	Flammenschutzkleidung für den Bergbau; Zweiteilige Anzüge
DIN 23320-5	1988-05	Flammenschutzkleidung für den Bergbau; Kopfhauben
DIN 32507	1984-05	Probenahme zur Ermittlung der Konzentration luftverunreinigender Stoffe im Atembereich beim Schweißen und bei verwandten Verfahren
E DIN 32507-1	1996-11	Arbeits- und Gesundheitsschutz beim Schweißen und bei verwandten Verfahren – Probenahme von partikelförmigen Stoffen und Gasen im Atembereich des Schweißers – Teil 1: Probenahme von partikelförmigen Stoffen (Vorschlag für eine Europäische Norm)
E DIN 32507-2	1995-07	Arbeits- und Gesundheitsschutz beim Schweißen und bei verwandten Verfahren – Probenahme von partikelförmigen Stoffen und Gasen im Atembereich des Schweißers – Teil 2: Probenahme von Gasen (Vorschlag für eine Europäische Norm)
E DIN 32507-3	1996-11	Arbeits- und Gesundheitsschutz beim Schweißen und bei verwandten Verfahren – Laborverfahren zum Sammeln von Rauch und Gasen, die beim Lichtbogenschweißen erzeugt werden – Teil 3: Bestimmung der Emissionsrate und Probennahme zur Analyse von partikelförmigem Rauch (Vorschlag für eine Europäische Norm)
DIN 32763	1986-09	Chemikalienschutzanzüge Typ 2; Sicherheitstechnische Anforderungen, Prüfung
DIN 54115-1	1992-08	Zerstörungsfreie Prüfung; Strahlenschutzregeln für die technische Anwendung umschlossener radioaktiver Stoffe; Ortsfester und ortsveränderlicher Umgang
DIN 54115-4	1992-08	Zerstörungsfreie Prüfung; Strahlenschutzregeln für die technische Anwendung umschlossener radioaktiver Stoffe; Herstellung und Prüfung ortsveränderlicher Strahlengeräte für die Gammaradiographie

Dokument	Ausgabe	Titel
DIN 54115-5	1992-08	Zerstörungsfreie Prüfung; Strahlenschutzregeln für die technische Anwendung umschlossener radioaktiver Stoffe; Bautechnische Strahlenschutzvorkehrungen für die Gammaradiographie
DIN 58214	1997-12	Augenschutzgeräte – Schutzhauben – Begriffe, Formen und sicherheitstechnische Anforderungen
DIN 61501	1986-06	Zweiteilige Arbeitsanzüge für Herren
DIN 61506	1987-05	Einteilige Arbeitsanzüge für Herren; Kombinationen und Kesselanzüge
DIN EN 3-1	1996-07	Tragbare Feuerlöscher – Teil 1: Benennung, Funktionsdauer, Prüfobjekte der Brandklassen A und B; Deutsche Fassung EN 3-1 : 1996
DIN EN 3-2	1996-07	Tragbare Feuerlöscher – Teil 2: Dichtheitsprüfung, Prüfung der elektrischen Leitfähigkeit, Verdichtungsprüfung, besondere Anforderungen; Deutsche Fassung EN 3-2 : 1996
DIN EN 3-4	1996-07	Tragbare Feuerlöscher – Teil 4: Füllmengen, Mindestanforderungen an das Löschvermögen; Deutsche Fassung EN 3-4 : 1996
DIN EN 3-5	1997-06	Tragbare Feuerlöscher – Teil 5: Zusätzliche Anforderungen und Prüfungen (enthält Änderung AC : 1997); Deutsche Fassung EN 3-5 : 1996 + AC : 1997
DIN EN 166	1996-05	Persönlicher Augenschutz – Anforderungen; Deutsche Fassung EN 166 : 1995
DIN EN 169	1992-12	Persönlicher Augenschutz; Filter für das Schweißen und verwandte Techniken; Transmissionsanforderungen und empfohlene Verwendung; Deutsche Fassung EN 169 : 1992
DIN EN 170	1992-12	Persönlicher Augenschutz; Ultraviolettschutzfilter; Transmissionsanforderungen und empfohlene Verwendung; Deutsche Fassung EN 170 : 1992
DIN EN 171	1992-12	Persönlicher Augenschutz; Infrarotschutzfilter; Transmissionsanforderungen und empfohlene Verwendung; Deutsche Fassung EN 171 : 1992
DIN EN 207	1993-12	Persönlicher Augenschutz; Filter und Augenschutz gegen Laserstrahlung (Laserschutzbrillen); Deutsche Fassung EN 207 : 1993
E DIN EN 207	1996-01	Persönlicher Augenschutz – Filter und Augenschutz gegen Laserstrahlung (Laserschutzbrillen); Deutsche Fassung prEN 207 : 1995
DIN EN 208	1993-12	Persönlicher Augenschutz; Brillen für Justierarbeiten an Lasern und Laseraufbauten (Laser-Justierbrillen); Deutsche Fassung EN 208 : 1993
E DIN EN 208	1996-01	Persönlicher Augenschutz – Brillen für Justierarbeiten an Lasern und Laseraufbauten (Laser-Justierbrillen); Deutsche Fassung prEN 208 : 1995

Dokument	Ausgabe	Titel
DIN EN 344-1	1997-06	Sicherheits-, Schutz- und Berufsschuhe für den gewerblichen Gebrauch – Teil 1: Anforderungen und Prüfverfahren (enthält Änderung A1 : 1997); Deutsche Fassung EN 344 : 1992 + A1 : 1997
DIN EN 344-2	1996-08	Sicherheits-, Schutz- und Berufsschuhe für den gewerblichen Gebrauch – Teil 2: Zusätzliche Anforderungen und Prüfverfahren; Deutsche Fassung EN 344-2 : 1996
DIN EN 345-1	1997-06	Sicherheitsschuhe für den gewerblichen Gebrauch – Teil 1: Spezifikation (enthält Änderung A1 : 1997); Deutsche Fassung EN 345 : 1992 + A1 : 1997
DIN EN 345-2	1996-08	Sicherheitsschuhe für den gewerblichen Gebrauch – Teil 2: Zusätzliche Spezifikation; Deutsche Fassung EN 345-2 : 1996
DIN EN 348	1992-11	Schutzkleidung; Prüfverfahren; Verhaltensbestimmung von Materialien bei Einwirkung von kleinen Spritzern geschmolzenen Metalls; Deutsche Fassung EN 348 : 1992
DIN EN 366	1993-05	Schutzkleidung; Schutz gegen Hitze und Feuer; Prüfverfahren: Beurteilung von Materialien und Materialkombinationen, die einer Hitze-Strahlungsquelle ausgesetzt sind; Deutsche Fassung EN 366 : 1993
DIN EN 373	1993-04	Schutzkleidung; Beurteilung des Materialwiderstandes gegen flüssige Metallspritzer; Deutsche Fassung EN 373 : 1993
DIN EN 374-1	1994-04	Schutzhandschuhe gegen Chemikalien und Mikroorganismen – Teil 1: Terminologie und Leistungsanforderungen; Deutsche Fassung EN 374-1 : 1994
DIN EN 374-2	1994-04	Schutzhandschuhe gegen Chemikalien und Mikroorganismen – Teil 2: Bestimmung des Widerstandes gegen Penetration; Deutsche Fassung EN 374-2 : 1994
DIN EN 374-3	1994-04	Schutzhandschuhe gegen Chemikalien und Mikroorganismen – Teil 3: Bestimmung des Widerstandes gegen Permeation von Chemikalien; Deutsche Fassung EN 374-3 : 1994
DIN EN 379	1994-06	Anforderungen an Schweißerschutzfilter mit umschaltbarem Lichttransmissionsgrad und Schweißerschutzfilter mit zwei Lichttransmissionsgraden; Deutsche Fassung EN 379-1994
DIN EN 388	1994-08	Schutzhandschuhe gegen mechanische Risiken; Deutsche Fassung EN 388 : 1994
DIN EN 397	1995-05	Industrieschutzhelme; Deutsche Fassung EN 397 : 1995
DIN EN 407	1994-04	Schutzhandschuhe gegen thermische Risiken (Hitze und/oder Feuer); Deutsche Fassung EN 407 : 1994
DIN EN 420	1994-06	Allgemeine Anforderungen für Handschuhe; Deutsche Fassung EN 420 : 1994

Dokument	Ausgabe	Titel
DIN EN 465	1995-05	Schutzkleidung – Schutz gegen flüssige Chemikalien – Leistungsanforderungen an Chemikalienschutzkleidung mit spraydichten Verbindungen zwischen den verschiedenen Teilen der Kleidung (Ausrüstung Typ 4); Deutsche Fassung EN 465 : 1995
E DIN EN 465/A1	1996-07	Schutzkleidung – Schutz gegen flüssige Chemikalien – Leistungsanforderungen an Chemikalienschutzkleidung mit spraydichten Verbindungen zwischen den verschiedenen Teilen der Kleidung (Ausrüstung Typ 4); Deutsche Fassung EN 465 : 1995/prA1 : 1996
DIN EN 466	1995-05	Schutzkleidung – Schutz gegen flüssige Chemikalien – Leistungsanforderungen an Chemikalienschutzkleidung mit flüssigkeitsdichten Verbindungen zwischen den verschiedenen Teilen der Kleidung (Ausrüstung Typ 3); Deutsche Fassung EN 466 : 1995
E DIN EN 466/A1	1996-07	Schutzkleidung – Schutz gegen flüssige Chemikalien – Leistungsanforderungen an Chemikalienschutzkleidung mit flüssigkeitsdichten Verbindungen zwischen den verschiedenen Teilen der Kleidung (Ausrüstung Typ 3); Deutsche Fassung EN 466 : 1995/prA1 : 1996
E DIN EN 466-2	1996-11	Schutzkleidung – Schutz gegen flüssige Chemikalien – Teil 2: Leistungsanforderungen für Chemikalienschutzanzüge mit flüssigkeitsdichten Verbindungen zwischen den verschiedenen Teilen der Chemikalienschutzanzüge für Notfallteams (Typ 3 ET); Deutsche Fassung prEN 466-2 : 1996
DIN EN 467	1995-05	Schutzkleidung – Schutz gegen flüssige Chemikalien – Leistungsanforderungen an Kleidungsstücke, die für Teile des Körpers einen Schutz gegen Chemikalien gewähren; Deutsche Fassung EN 467 : 1995
E DIN EN 467/A1	1996-07	Schutzkleidung – Schutz gegen flüssige Chemikalien – Leistungsanforderungen an Kleidungsstücke, die für Teile des Körpers einen Schutz gegen Chemikalien gewähren; Deutsche Fassung EN 467 : 1995/prA1 : 1996
DIN EN 510	1993-03	Festlegungen für Schutzkleidungen für Bereiche, in denen ein Risiko des Verfangens in beweglichen Teilen besteht; Deutsche Fassung EN 510 : 1993
DIN EN 511	1994-11	Schutzhandschuhe gegen Kälte; Deutsche Fassung EN 511 : 1994
DIN EN 531	1995-04	Schutzkleidung für hitzeexponierte Industriearbeiter (ausschließlich Feuerwehr und Schweißerkleidung); Deutsche Fassung EN 531 : 1995
DIN EN 532	1995-01	Schutzkleidung – Schutz gegen Hitze und Flammen – Prüfverfahren für die begrenzte Flammenausbreitung; Deutsche Fassung EN 532 : 1994
DIN EN 533	1997-02	Schutzkleidung – Schutz gegen Hitze und Flammen – Materialien und Materialkombinationen mit begrenzter Flammenausbreitung; Deutsche Fassung EN 533 : 1996

Dokument	Ausgabe	Titel
DIN EN 1089-1	1997-01	Ortsbewegliche Gasflaschen – Gasflaschen-Kennzeichnung – Teil 1: Stempelung; Deutsche Fassung EN 1089-1 : 1996
DIN EN 1089-2	1997-01	Ortsbewegliche Gasflaschen – Gasflaschen-Kennzeichnung (ausgenommen LPG) – Teil 2: Gefahrzettel; Deutsche Fassung EN 1089-2 : 1996
DIN EN 1089-3	1997-07	Ortsbewegliche Gasflaschen – Gasflaschen-Kennzeichnung – Teil 3: Farbcodierung (enthält Berichtigung AC : 1997); Deutsche Fassung EN 1089-3 : 1997 + AC : 1997
DIN EN 1598	1998-01	Arbeits- und Gesundheitsschutz beim Schweißen und bei verwandten Verfahren – Durchsichtige Schweißvorhänge, -streifen und -abschirmungen für Lichtbogenschweißprozesse; Deutsche Fassung EN 1598 : 1997
DIN EN 60825-1 (VDE 0837 T 1)	1997-03	Sicherheit von Laser-Einrichtungen – Teil 1: Klassifizierung von Anlagen, Anforderungen und Benutzer-Richtlinien (IEC 60825-1 : 1993); Deutsche Fassung EN 60825-1 : 1994 + A11 : 1996

Verzeichnis nicht abgedruckter Verordnungen, technischer Vorschriften, Richtlinien und Merkblätter

Konstruktion, Berechnung, Ausführung

- ■ Gesetz über technische Arbeitsmittel (Gerätesicherheitsgesetz) (TechArbmG)[1]
- ■ Verordnung über Dampfkesselanlagen (Dampfkesselverordnung – DampfkV)[1]
- ■ Technische Regeln für Dampfkessel (TRD)[1]
  - ● TRD der Reihe 200 – Herstellung, z. B.:
    - ● TRD 201 – Schweißen von Bauteilen aus Stahl; Fertigung, Prüfung (06.89 und Entwurf 04.97)
    - ● TRG 201 Anlage 1 – Schweißen von Bauteilen aus Stahl; Richtlinien für die Verfahrensprüfung (12.96 und Entwurf 04.97)
    - ● TRD 203 – Nahtlose Sammler und ähnliche Hohlkörper mit einem Innendurchmesser unter 800 mm; Fertigung und Prüfung (08.96 und Entwurf 04.97)
  - ● TRD der Reihe 300 – Berechnung, z. B.:
    - ● TRD 300 – Festigkeitsberechnung von Dampfkesseln (03.96)
- ■ Verordnung über Druckbehälter, Druckgasbehälter und Füllanlagen (Druckbehälterverordnung – DruckbehV)[1]
- ■ Technische Regeln Druckbehälter (TRB), z. B.:
  - ● ZH 1/613 – TRB 200 – Herstellung (09.95)
- ■ Technische Regeln Druckgase (TRG), z. B.:
  - ● TRG 240 Anlage 1 – Herstellen und betriebsfertiges Herrichten; Zeichnungen und dazugehörige Unterlagen (09.75)
  - ● TRG 241 – Allgemeine Anforderungen an Druckgasbehälter; Herstellen; Schweißen und andere Fügeverfahren (09.75)
  - ● TRG 241 Anlage 1 – Herstellen geschweißter oder nach einem anderen Verfahren gefügter Behälter; Verfahrensprüfung für Schweißverbindungen (09.75)
- ■ Verordnung über Anlagen zur Lagerung, Abfüllung und Beförderung brennbarer Flüssigkeiten zu Lande (Verordnung über brennbare Flüssigkeiten – VbF)[1]
- ■ Technische Regeln für brennbare Flüssigkeiten (TRbF)[2], z. B.:
  - ● TRbF 121 – Ortsfeste Tanks aus metallischen Werkstoffen (06.97)
  - ● TRbF 220 – Ortsfeste Tanks aus metallischen und nichtmetallischen Werkstoffen; Allgemeines (06.97)
  - ● TRbF 221 – Ortsfeste Tanks aus metallischen Werkstoffen (08.94)
  - ● TRbF 301/RFF – Richtlinie für Fernleitungen zum Befördern gefährdender Flüssigkeiten – RFF (04.92)
- ■ Verordnung über Acetylenanlagen und Calciumcarbidlager (Acetylenverordnung – AcetV)[1]
- ■ Technische Regeln für Acetylenanlagen und Calciumcarbidlager (TRAC)[2], z. B.:
  - ● TRAC 204 – Acetylenleitungen (10.90)
  - ● TRAC 206 – Acetylenflaschenbatterieanlagen (06.94)

Fußnoten siehe Seite 502

- ● TRAC 207   – Sicherheitseinrichtungen (10.90)
- ● TRAC 208   – Acetyleneinzelflaschenanlagen (10.90)
- ● TRAC 401   – Richtlinien für die Prüfung von Acetylenanlagen durch Sachverständige (Prüfrichtlinie) (05.78)

■ Verordnung über Gashochdruckleitungen[1)]

■ Technische Regeln für Gashochdruckleitungen (TRGL)[2)], z. B.:
- ● TRGL 101   – Allgemeine Anforderungen an Gashochdruckleitungen (01.78)
- ● TRGL 131   – Rohre; Werkstoffe, Herstellung, Prüfung (01.77)
- ● TRGL 151   – Bau-, Schweiß- und Verlegearbeiten (12.92)
- ● TRGL 161   – Überwachung der Bau-, Schweiß- und Verlegearbeiten (06.77)
- ● TRGL 501   – Richtlinie für die Prüfung von Gashochdruckleitungen (Prüfrichtlinie) (08.78)

■ Unfallverhütungsvorschriften der gewerblichen Berufsgenossenschaften (UVVen)[2)], z. B.:
- ● VBG 61   – Gase (04.95)
- ● VBG 62   – Sauerstoff (01.93)

■ AD-Merkblätter für Druckbehälter
- ● AD-Merkblätter der Reihe B – Berechnung von Druckbehältern
- ● AD-Merkblätter der Reihe HP – Herstellung und Prüfung von Druckbehältern, z. B.:
  - ● AD HP 2/1   – Verfahrensprüfung für Fügeverfahren; Verfahrensprüfung für Schweißverbindungen (12.96)
  - ● AD HP 3   – Schweißaufsicht, Schweißer (04.96)
  - ● AD HP 4   – Prüfaufsicht und Prüfer für zerstörungsfreie Prüfungen (07.89)
  - ● AD HP 5/1   – Herstellung und Prüfung der Verbindungen; Arbeitstechnische Grundsätze (07.95)
  - ● AD HP 5/2   – Herstellung und Prüfung der Verbindungen; Arbeitsprüfung an Schweißnähten, Prüfung des Grundwerkstoffes nach Wärmebehandlung nach dem Schweißen (07.89)
  - ● AD HP 5/3   – Herstellung und Prüfung der Verbindungen; Zerstörungsfreie Prüfung der Schweißverbindungen (07.89)

■ Sicherheitstechnische Regeln des KTA[2)], z. B.:
- ● KTA 3201.3   – Komponenten des Primärkreises von Leichtwasserreaktoren – Teil 3: Herstellung (12.87 und Entwurf 06.97)
- ● KTA 3401.3   – Reaktorsicherheitsbehälter aus Stahl – Teil 3: Herstellung (11.86)

■ Dienstvorschriften der Deutschen Bundesbahn (DS)[3)], z. B.:
- ● DS 804   – Vorschrift für Eisenbahnbrücken und sonstige Ingenieurbauwerke (VEI) (07.96)
- ● DS 82003   – Richtlinie für Oberbauarbeiten/Loseblattsammlung (01.97)

Fußnoten siehe Seite 502

- Vorschriften des Germanischen Lloyd[4] für Klassifikation und Bau von stählernen Seeschiffen
  - Band I — Klassifikationsvorschriften, Schiffskörper
  - Band III — Kapitel 7 – Schweißvorschriften
- Richtlinien für das Flammstrahlen[10], z. B.:
  - DVS 0302 — Flammstrahlen von Beton (07.85)
- Merkblätter über sachgemäße Stahlverwendung[5], z. B.:
  - Merkblatt 252 — Thermisches Schneiden von Stahl
- Technische Vorschriften und Richtlinien für die Einrichtung und Unterhaltung von Niederdruckgasanlagen in Gebäuden und Grundstücken[6] (DVGW-TVR Gas)
- Technische Regeln für Flüssiggas[6] (TRF)
- VdTÜV-Merkblätter[12], z. B.:
  - VdTÜV MB 1151 Blatt 1 — Richtlinie für Verfahrensprüfungen an geschweißten Rohren aus ferritischen Stählen (08.78)
  - VdTÜV MB 1151 Blatt 2 — Richtlinien der Verfahrensprüfungen an geschweißten Rohren aus austenitischen Stählen, NE-Metallen und NE-Metall-Legierungen (09.77)
  - VdTÜV MB 1152 — Hinweise für Schweißverbindungen an nichtartgleichen Werkstoffen (05.73)
  - VdTÜV MB 1154 — Richtlinien für zerstörungsfreie Prüfungen an geschweißten Rohren (05.80)
  - VdTÜV MB 1156 — Verfahrensprüfung für die Auftragschweißung (Weich- und Hartpanzern) (10.79)
  - VdTÜV MB 1157 — Verfahrensprüfung an reibgeschweißten Bauteilen aus Stahl (08.83)
  - VdTÜV MB 1158 — Verfahrensprüfung für das Einschweißen von Rohren in Rohrplatten (06.85)
  - VdTÜV MB 1159 — Verfahrensprüfung und Arbeitsprüfung für elektronenstrahlgeschweißte Bauteile (03.95)
- DVGW-Arbeitsblätter[6], z. B.:
  - DVGW G 461-1 — Errichtung von Gasleitungen bis 4 bar Betriebsüberdruck aus Druckrohren und Formstücken aus duktilem Gußeisen (11.81)
  - DVGW G 462-2 — Gasleitungen aus Stahlrohren von mehr als 4 bar bis 16 bar Betriebsdruck; Errichtung (01.85)
  - DVGW GW 1 — Zerstörungsfreie Prüfung von Baustellenschweißnähten an Stahlrohrleitungen und ihre Beurteilung (05.84)
  - DVGW GW 301 — Verfahren für die Erteilung der DVGW-Bescheinigung für Rohrleitungsbauunternehmen (08.77)
  - DVGW GW 330 — Schweißen von Rohren und Rohrleitungsteilen aus PE-HD für Gas- und Wasserleitungen; Lehr- und Prüfplan (09.88)
- Stahl-Eisen-Prüfblätter[7], z. B.:
  - SEP 1201 — Ermittlung des Einflusses der Schweißbedingungen auf die Zähigkeit in der Wärmeeinflußzone von Einlagenschweißungen (01.86)

Fußnoten siehe Seite 502

- ● SEP 1202 — Ermittlung des Einflusses der Schweißbedingungen auf die Zähigkeit in der Wärmeeinflußzone von Mehrlagenverbindungen (01.86)
- ● SEP 1203 — Ermittlung des Einflusses der Schweißbedingungen auf den Höchstwert der Härte in der Wärmeeinflußzone von Schweißverbindungen (01.86)

■ VGB-Richtlinien[13], z. B.:
- ● VGB R 501 H — Richtlinien für die Herstellung und Bauüberwachung von Hochleistungsdampfkesseln (07.68)
- ● VGB R 503 M — VGB-Richtlinie für die internen Rohrleitungen des Turbosatzes (1986)
- ● VGB R 507 L — VGB-Richtlinie – Bestellung von Rohrleitungsanlagen in Wärmekraftwerken (1992)

■ VG-Normen, z. B.:
- ● VG 95077-1 — Schweißen, Hartlöten und thermisches Spritzen an Wehrmaterial aus metallischen Werkstoffen; Allgemeine Grundsätze, Übersicht (07.88)
- ● VG 95077-2 — Schweißen, Hartlöten und thermisches Spritzen an Wehrmaterial aus metallischen Werkstoffen; Wehrmaterial mit allgemeinen Forderungen (07.88)
- ● VG 95077-3 — Schweißen, Hartlöten und thermisches Spritzen an Wehrmaterial aus metallischen Werkstoffen; Wehrmaterial mit besonderen Forderungen (07.88)
- ● VG 95077-4 — Schweißen, Hartlöten und thermisches Spritzen an Wehrmaterial aus metallischen Werkstoffen; Teile aus Panzerungswerkstoff (07.88)
- ● VG 95077-5 — Schweißen, Hartlöten und thermisches Spritzen an Wehrmaterial aus metallischen Werkstoffen; Luftfahrzeuge und Luftfahrtgerät (07.88)

■ Stahl-Eisen-Werkstoffblätter[7], z. B.:
- ● SEW 088 + Bbl 1 und 2 — Schweißgeeignete Feinkornbaustähle; Richtlinie für die Verarbeitung, besonders für das Schweißen (10.93)

■ Aluminium-Merkblätter[8], z. B.:
- ● ALZ V 1 — Gasschmelzschweißen von Aluminium (04.90)
- ● ALZ V 2 — Lichtbogenschweißen von Aluminium (03.92)
- ● ALZ V 4 — Löten von Aluminium (01.92)

■ Deutsches Kupfer-Institut[9], z. B.:
- ● DKI I 11 — Schweißen von Kupfer (08.91)
- ● DKI I 12 — Schweißen von Kupferlegierungen (04.90)

■ DVS-Merkblätter und -Richtlinien[10], z. B.:
- ● DVS 0702-1 — Anforderungen an Betrieb und Personal in den verschiedenen Anwendungsbereichen der Schweißtechnik in Deutschland (02.97)
- ● DVS 0703 — Bewertung von Stumpf- und Kehlnähten nach EN 25817/ ISO 5817 (09.93)

Fußnoten siehe Seite 502

- ● DVS 0705 – Empfehlungen zur Auswahl von Bewertungsgruppen nach DIN EN 25817 und ISO 5817; Stumpfnähte und Kehlnähte an Stahl (03.94)
- ● DVS 0707 – Anleitung zum Gebrauch der EN-Norm für die Prüfung von Schmelzschweißern an Stahl und Aluminium (06.92)
- ● DVS 0708 – Anleitung zum Gebrauch der DIN EN-Normen über die Anforderung und Anerkennung von Schweißverfahren für metallische Werkstoffe (07.93)
- ● DVS 0907-3 – Ermitteln des Zu- und Abbrandes von UP-Schweißpulvern; Anwendung des Schweißpulverdiagramms (10.94)
- ● DVS 1612 – Gestaltung und Bewertung von Stumpf- und Kehlnähten im Schienenfahrzeugbau; Bauformen-Katalog (01.84)
- ● DVS 1901-1 – Qualitätsanforderungen an Klein- und Mittelbetriebe; Schweißen von Hochbauten, Geräten und Druckbehältern (03.97)
- ● DVS 1901-2 – Qualitätsanforderungen an Klein- und Mittelbetriebe; Anforderungen an den Schweißbetrieb nach DIN EN 729 (06.97)
- ● DVS 2207-1 – Schweißen von thermoplastischem Kunststoffen; Heizelementschweißen von Rohren, Rohrleitungsteilen und Tafeln aus PE-HD (08.95)
- ● DVS 2301 – Thermische Spritzverfahren für metallische und nichtmetallische Werkstoffe (07.87)
- ● DVS 2401-1 – Bruchmechanische Bewertung von Fehlern in Schweißverbindungen; Grundlagen und Vorgehensweise (10.82)
- ● DVS 2401-2 – Bruchmechanische Bewertung von Fehlern in Schweißverbindungen; Praktische Anwendung (04.89)
- ● DVS 2610 – Visuelle Beurteilung von Weichlötstellen; SMD auf Leiterplatte; Technische Unterlagen, eine Übersicht (07.93)
- ● DVS 2611 – Visuelle Beurteilung von Weichlötstellen; SMD auf Leiterplatten; Kriterien im synoptischen Vergleich (05.93)
- ● DVS 2915-1 – Gütesicherung beim Punkt-, Buckel- und Rollennahtschweißen; Grundlagen (03.79)

Werkstoffe
- ■ Technische Regeln für Dampfkessel (TRD)
  - ● TRD der Reihe 100 – Werkstoffe, z. B.:
    - ● TRD 101 – Bleche (12.96)
    - ● TRD 102 – Nahtlose und elektrisch preßgeschweißte Rohre aus Stahl (12.96 und Entwurf 04.97)
- ■ AD-Merkblätter für Druckbehälter
  - ● AD-Merkblätter der Reihe W – Werkstoffe, z. B.:
    - ● AD W2 – Austenitische Stähle (04.96)
    - ● AD W8 – Plattierte Stähle (07.87)

Fußnoten siehe Seite 502

■ Stahl-Eisen-Werkstoffblätter[7], z. B.:
- ● SEW 083 — Schweißgeeignete Feinkornbaustähle für den Stahlbau, thermomechanisch gewalzt; Technische Lieferbedingungen für Flach- und Langerzeugnisse (10.91)
- ● SEW 085 — Schweißgeeignete Feinkornbaustähle für hochbeanspruchte Stahlkonstruktionen; Technische Lieferbedingungen für Formstahl und Stabstahl mit profilförmigem Querschnitt (08.88)
- ● SEW 086 — Unlegierte und legierte warmfeste ferritische Stähle; Vorwärmen beim Schweißen (04.87)

■ VdTÜV-Werkstoffblätter[12], z. B.:
- ● VdTÜV WB 100/1 — Verzeichnis der VdTÜV-Werkstoffblätter, geordnet nach Werkstoffblattnummern (12.97)
- ● VdTÜV WB 482 — Vergüteter Walz- und Schmiedestahl, 34CrMo4 – Werkstoff-Nr. 1.7220 (03.97)

■ Vorschrift des Germanischen Lloyd[4] für Klassifikation und Bau von stählernen Seeschiffen
- ● Band III — Kapitel 6 – Werkstoffvorschriften

■ DASt-Richtlinien[11], z. B.:
- ● DASt 006 — Überschweißen von Fertigungsbeschichtungen (FR) im Stahlbau (01.80)
- ● DASt 009 — Empfehlungen zur Wahl der Stahlgütegruppe für geschweißte Stahlbauten (04.73)
- ● DASt 014 — Empfehlungen zum Vermeiden von Terrassenbrüchen in geschweißen Konstruktionen aus Baustahl (01.81)

Zusatzwerkstoffe

■ VdTÜV-Merkblätter[12], z. B.:
- ● VdTÜV MB 1153 — Richtlinien für die Eignungsprüfung von Schweißzusätzen (11.88)
- ● VdTÜV MB 451-95/1 — Mischverbindungen an warmfesten Stählen (01.95)

■ GL-Schweißzusatzwerkstoffe – Zugelassene Schweißzusätze und Hilfsstoffe für den Schiffbau[4]

■ KTA 1408 – Qualitätssicherung von Schweißzusätzen und -hilfsstoffen durch druck- und aktivitätsführende Komponenten in Kernkraftwerken[2]

Teil 1: Eignungsprüfung (06.85)

Teil 2: Herstellung (06.85)

Teil 3: Verarbeitung (06.85)

■ DVS 2211 – Schweißzusätze für thermoplastische Kunststoffe; Geltungsbereich, Kennzeichnung, Anforderung, Prüfung[10] (11.79)

Fußnoten siehe Seite 502

Geräte, Maschinen, Schweißzubehör

■ DIN-VDE-Bestimmungen, z. B.:

- ● DIN VDE 0100 (VDE 0100) — Bestimmung für das Errichten von Starkstromanlagen mit Nennspannungen bis 1000 V (05.73)
- ● DIN VDE 0543 — Schweißstromquellen zum Lichtbogenhandschweißen für begrenzten Betrieb; Deutsche Fassung EN 50060 : 1989 (06.90) und verwandte Verfahren; Erste Teilveröffentlichung (VDE-Bestimmung)
- ● DIN VDE 0544-1 — Sicherheitsanforderungen für Einrichtungen zum Lichtbogenschweißen; Schweißstromquellen (IEC 974-1 : 1989, modifiziert); Deutsche Fassung EN 60974-1 : 1990 (10.91)
- ● DIN VDE 0544-100 DIN 57544-100 (VDE 0544 T 100) — Schweißeinrichtungen und Betriebsmittel für das Lichtbogenschweißen und verwandte Verfahren; Sicherheitstechnische Festlegungen für den Betrieb (VDE-Bestimmung) (07.83)
- ● DIN VDE 0544-101 DIN 57544-101 (VDE 0544 T 101) — Schweißeinrichtungen und Betriebsmittel für das Lichtbogenschweißen und verwandte Verfahren; Errichtung (VDE-Bestimmung) (07.83)
- ● DIN VDE 0545-1 — Sicherheitsanforderungen für den Bau und die Errichtung von Einrichtungen zum Widerstandsschweißen und für verwandte Verfahren; Deutsche Fassung EN 50063 : 1989 (01.90)

■ DVS-Merkblätter und -Richtlinien[10], z. B.:

- ● DVS 2904 — Steuerung für Punkt-, Buckel- und Rollennahtschweißeinrichtungen (08.95)
- ● DVS 2907 — Empfehlungen für die Auswahl und das Vergleichen von Widerstandspunkt-, Buckel- und Nahtschweißeinrichtungen sowie Widerstandspunkt- und Nahtschweißgeräten (03.91)

Arbeitsschutz und Unfallverhütung

- ■ Verordnung über den Schutz vor Schäden durch Röntgenstrahlen (Röntgenverordnung – RöV)[1]
- ■ Verordnung über den Schutz vor Schäden durch ionisierende Strahlen (Strahlenschutzverordnung – StrlSchV)[1]
- ■ Gesetz zum Schutz vor schädlichen Umwelteinwirkungen durch Luftverunreinigungen, Geräusche, Erschütterungen und ähnliche Vorgänge (Bundes-Immissionsschutzgesetz – BImSchG)
- ■ Verordnung über gefährliche Arbeitsstoffe (Arbeitsstoffverordnung – ArbStoffV)[1]
- ■ Technische Regeln für gefährliche Arbeitsstoffe (TRgA)[1]
- ■ Unfallverhütungsvorschriften der gewerblichen Berufsgenossenschaften[2], z. B.:
  - ● VBG 15 — Schweißen, Schneiden und verwandte Verfahren (01.93)
  - ● VBG 93 — Laserstrahlung (01.93)
  - ● VBG 100 — Arbeitsmedizinische Vorsorge (04.93)
  - ● VBG 113 — Umgang mit krebserzeugenden Gefahrstoffen (10.91)
  - ● VBG 121 — Lärm (10.96)

Fußnoten siehe Seite 502

- Berufsgenossenschaftliche Richtlinien, Merkblätter und Sicherheitslehrbriefe[2]
- DVS-Merkblätter[10], z. B.:
  - DVS 1201 – Absaugen an Schweißerarbeitsplätzen
  - DVS-Fachbuch 29 – Arbeitsschutz beim Schweißen
  - DVS 2307-1 – Arbeitsschutz beim Entfetten und Strahlen von Oberflächen zum thermischen Spritzen (05.79)

ANMERKUNG: Die in Klammern angegebenen Zahlen hinter den Titeln der einzelnen Merkblätter, Richtlinien usw. entsprechen Monat und Jahr der Ausgabe.

Bezugsquellen:

Die mit Fußnotenhinweiszahlen versehenen Vorschriften und Richtlinien sind nicht beim Beuth Verlag GmbH, 10772 Berlin, erhältlich, sondern zu beziehen durch die entsprechend angegebene Quelle.

[1] Deutsches Informationszentrum für technische Regeln (DITR) im DIN Deutsches Institut für Normung e.V., 10772 Berlin

[2] Carl Heymanns Verlag KG, Luxemburger Straße 449, 50939 Köln

[3] Drucksachenzentrale der DB AG, Stuttgarter Straße 61a, 76137 Karlsruhe

[4] Germanischer Lloyd, Vorsetzen 32, 20459 Hamburg

[5] Stahl-Informationszentrum, Postfach 10 51 64, 40042 Düsseldorf

[6] Wirtschafts- und Verlagsgesellschaft Gas und Wasser mbH, Postfach 14 01 51, 53056 Bonn

[7] Verlag Stahleisen mbH, Postfach 10 51 64, 40042 Düsseldorf

[8] Aluminium-Verlag GmbH, Postfach 10 12 62, 40003 Düsseldorf

[9] Deutsches Kupferinstitut e.V., Beethovenstraße 21, 40233 Düsseldorf

[10] Verlag für Schweißen und verwandte Verfahren, DVS-Verlag GmbH, Postfach 10 19 65, 40010 Düsseldorf

[11] Stahlbau-Verlags-GmbH, Ebertplatz 1, 50668 Köln

[12] Verlag TÜV Rheinland GmbH, Postfach 90 30 60, 51123 Köln

[13] VGB-Kraftwerkstechnik GmbH, Klinkerstr. 27–31, 45136 Essen

Verzeichnis über Europäische Normen und Norm-Entwürfe, die überwiegend im CEN/TC 121 "Schweißen" und im CEN/TC 240 "Thermisches Spritzen und thermisch gespritzte Schichten" erstellt wurden, sowie deren Zusammenhang mit DIN- und ISO-Normen (Stand: April 1998)

EN-/prEN-Nummer	Titel	Ausgabe	Zusammenhang mit DIN	*)	ISO
Schweißen – CEN/TC 121					
EN 287-1	Prüfung von Schweißern – Schmelzschweißen – Teil 1: Stahl	1992	DIN EN 287-1	IDT	ISO 9606-1
EN 287-1/A1	Prüfung von Schweißern – Schmelzschweißen – Teil 1: Stahl – Änderung A1	1997	DIN EN 287-1	IDT	ISO 9606-1/ AM 1[1)]
EN 287-2	Prüfung von Schweißern – Schmelzschweißen – Teil 2: Aluminium und Aluminiumlegierungen	1992	DIN EN 287-2	IDT	ISO 9606-2
EN 287-2/A1	Prüfung von Schweißern – Schmelzschweißen – Teil 2: Aluminium und Aluminiumlegierungen – Änderung A1	1997	DIN EN 287-2	IDT	ISO 9606-2/ AM 1[1)]
EN 288-1	Anforderung und Anerkennung von Schweißverfahren für metallische Werkstoffe – Teil 1: Allgemeine Regeln für das Schmelzschweißen	1992	DIN EN 288-1	IDT	ISO 9956-1
EN 288-1/A1	Anforderung und Anerkennung von Schweißverfahren für metallische Werkstoffe – Teil 1: Allgemeine Regeln für das Schmelzschweißen – Änderung A1	1997	DIN EN 288-1	IDT	ISO 9956-1/ AM 1[1)]
EN 288-2	Anforderung und Anerkennung von Schweißverfahren für metallische Werkstoffe – Teil 2: Schweißanweisung für das Lichtbogenschweißen	1992	DIN EN 288-2	IDT	ISO 9956-2
EN 288-2/A1	Anforderung und Anerkennung von Schweißverfahren für metallische Werkstoffe – Teil 2: Schweißanweisung für das Lichtbogenschweißen – Änderung A1	1997	DIN EN 288-2	IDT	ISO 9956-2/ AM 1[1)]
EN 288-3	Anforderung und Anerkennung von Schweißverfahren für metallische Werkstoffe – Teil 3: Schweißverfahrensprüfungen für das Lichtbogenschweißen von Stählen	1992	DIN EN 288-3	IDT	ISO 9956-3
EN 288-3/A1	Anforderung und Anerkennung von Schweißverfahren für metallische Werkstoffe – Teil 3: Schweißverfahrensprüfungen für das Lichtbogenschweißen von Stählen – Änderung A1	1997	DIN EN 288-3	IDT	ISO 9956-3/ AM 1

(Fußnoten siehe Seite 519)

EN-/prEN-Nummer	Titel	Ausgabe	Zusammenhang mit		
			DIN	*)	ISO
EN 288-4	Anforderung und Anerkennung von Schweißverfahren für metallische Werkstoffe – Teil 4: Schweißverfahrensprüfungen für das Lichtbogenschweißen von Aluminium und seinen Legierungen	1992	DIN EN 288-4	IDT	ISO 9956-4
EN 288-4/A1	Anforderung und Anerkennung von Schweißverfahren für metallische Werkstoffe – Teil 4: Schweißverfahrensprüfungen für das Lichtbogenschweißen von Aluminium und seinen Legierungen – Änderung A1	1997	DIN EN 288-4	IDT	ISO 9956-4/AM 1
EN 288-5	Anforderung und Anerkennung von Schweißverfahren für metallische Werkstoffe – Teil 5: Anerkennung durch Einsatz anerkannter Schweißzusätze für das Lichtbogenschweißen	1994	DIN EN 288-5	IDT	ISO 9956-5
EN 288-6	Anforderung und Anerkennung von Schweißverfahren für metallische Werkstoffe – Teil 6: Anerkennung aufgrund vorliegender Erfahrung	1994	DIN EN 288-6	IDT	ISO 9956-6
EN 288-7	Anforderung und Anerkennung von Schweißverfahren für metallische Werkstoffe – Teil 7: Anerkennung von Normschweißverfahren für das Lichtbogenschweißen	1995	DIN EN 288-7	IDT	ISO 9956-7
EN 288-8	Anforderung und Anerkennung von Schweißverfahren für metallische Werkstoffe – Teil 8: Anerkennung durch eine Schweißprüfung vor Fertigungsbeginn	1995	DIN EN 288-8	IDT	ISO 9956-8
prEN 288-9	Anforderung und Anerkennung von Schweißverfahren für metallische Werkstoffe – Teil 9: Schweißverfahrensprüfung für Rohrleitungen auf Baustellen	1994	E DIN 8563-123	IDT	–
EN 439	Schweißzusätze – Schutzgase zum Lichtbogenschweißen und Schneiden	1994	DIN EN 439	IDT	ISO 14175
EN 440	Schweißzusätze – Drahtelektroden und Schweißgut zum Metall-Schutzgasschweißen von unlegierten Stählen und Feinkornstählen – Einteilung	1994	DIN EN 440	IDT	ISO 864 DIS 14341
EN 499	Schweißzusätze – Umhüllte Stabelektroden zum Lichtbogenhandschweißen von unlegierten Stählen und Feinkornstählen – Einteilung	1994	DIN EN 499	IDT	ISO 2560
EN 559	Gasschweißgeräte – Gummi-Schläuche für Schweißen, Schneiden und verwandte Verfahren	1994	DIN EN 559	IDT	ISO 3821

(Fußnoten siehe Seite 519)

EN-/prEN-Nummer	Titel	Ausgabe	Zusammenhang mit		
			DIN	*)	ISO
EN 560	Gasschweißgeräte – Schlauchanschlüsse für Geräte und Anlagen für Schweißen, Schneiden und verwandte Verfahren	1994	DIN EN 560	IDT	ISO 3253
EN 561	Gasschweißgeräte – Schlauchkupplungen mit selbsttätiger Gassperre für Schweißen, Schneiden und verwandte Verfahren	1994	DIN EN 561	IDT	ISO 7289
EN 562	Gasschweißgeräte – Manometer für Schweißen, Schneiden und verwandte Verfahren	1994	DIN EN 562	IDT	ISO 5171
EN 585	Gasschweißgeräte – Druckminderer für Gasflaschen für Schweißen, Schneiden und verwandte Verfahren bis 200 bar	1994	DIN EN 585	IDT	ISO 2503
EN 719	Schweißaufsicht – Aufgaben und Verantwortung	1994	DIN EN 719	IDT	ISO 14731
EN 729-1	Schweißtechnische Qualitätsanforderungen – Schmelzschweißen metallischer Werkstoffe – Teil 1: Richtlinien zur Auswahl und Verwendung	1994	DIN EN 729-1	IDT	ISO 3834-1
EN 729-2	Schweißtechnische Qualitätsanforderungen – Schmelzschweißen metallischer Werkstoffe – Teil 2: Umfassende Qualitätsanforderungen	1994	DIN EN 729-2	IDT	ISO 3834-2
EN 729-3	Schweißtechnische Qualitätsanforderungen – Schmelzschweißen metallischer Werkstoffe – Teil 3: Standard-Qualitätsanforderungen	1994	DIN EN 729-3	IDT	ISO 3834-3
EN 729-4	Schweißtechnische Qualitätsanforderungen – Schmelzschweißen metallischer Werkstoffe – Teil 4: Elementar-Qualitätsanforderungen	1994	DIN EN 729-4	IDT	ISO 3834-4
EN 730	Gasschweißgeräte – Einrichtungen für Schweißen, Schneiden und verwandte Verfahren – Sicherheitseinrichtungen für Brenngase und Sauerstoff oder Druckluft – Allgemeine Festlegungen, Anforderungen und Prüfungen	1995	DIN EN 730	IDT	ISO 5175
EN 731	Gasschweißgeräte – Handbrenner für angesaugte Luft – Anforderungen und Prüfungen	1995	DIN EN 731	IDT	ISO 9012
EN 756	Schweißzusätze – Drahtelektroden und Draht-Pulver-Kombinationen zum Unterpulverschweißen von unlegierten Stählen und Feinkornstählen – Einteilung	1995	DIN EN 756	IDT	DIS 14171

(Fußnoten siehe Seite 519)

EN-/prEN-Nummer	Titel	Ausgabe	Zusammenhang mit DIN	*)	ISO
EN 757	Schweißzusätze – Umhüllte Stabelektroden zum Lichtbogenhandschweißen von hochfesten Stählen – Einteilung	1997	DIN EN 757	IDT	DIS 11837
EN 758	Schweißzusätze – Fülldrahtelektroden zum Lichtbogenschweißen mit und ohne Schutzgas von unlegierten Stählen und Feinkornstählen – Einteilung	1997	DIN EN 758	IDT	WI[4)
EN 759	Schweißzusätze – Technische Lieferbedingungen für Schweißzusätze – Art des Produktes, Maße, Grenzabmaße und Kennzeichnung	1997	DIN EN 759	IDT IDT	ISO 544 ISO 864 WI[4)
EN 760	Schweißzusätze – Pulver zum Unterpulverschweißen – Einteilung	1996	DIN EN 760	IDT	DIS 14174
EN 874	Gasschweißgeräte – Maschinenschneidbrenner mit zylindrischem Schaft für Brenngas/Sauerstoff – Bauarten, allgemeine Anforderungen, Prüfverfahren	1995	DIN EN 874	IDT	ISO 5186
EN 875	Zerstörende Prüfung von Schweißverbindungen an metallischen Werkstoffen – Kerbschlagbiegeversuch – Probenlage, Kerbrichtung und Beurteilung	1995	DIN EN 875	IDT	DIS 9016.3
EN 876	Zerstörende Prüfung von Schweißverbindungen an metallischen Werkstoffen – Längszugversuch an Schweißgut in Schmelzschweißverbindungen	1995	DIN EN 876	IDT	DIS 5178.2
EN 895	Zerstörende Prüfung von Schweißverbindungen an metallischen Werkstoffen – Querzugversuch	1995	DIN EN 895	IDT	DIS 4136.2
EN 910	Zerstörende Prüfung von Schweißverbindungen an metallischen Werkstoffen – Biegeprüfungen	1996	DIN EN 910	IDT	DIS 5173.2
EN 961	Gasschweißgeräte – Hauptstellendruckregler für Schweißen, Schneiden und verwandte Verfahren bis 200 bar	1995	DIN EN 961	IDT	ISO 7291
EN 970	Zerstörungsfreie Prüfung von Schweißnähten – Sichtprüfung	1997	DIN EN 970	IDT	WI[4)
EN 1011-1	Schweißen – Empfehlungen zum Schweißen metallischer Werkstoffe – Teil 1: Allgemeine Anleitungen für das Lichtbogenschweißen	1998	DIN EN 1011-1	IDT	WI[4)
prEN 1011-2[1)	Schweißen – Empfehlungen zum Schweißen metallischer Werkstoffe – Teil 2: Ferritische Stähle zum Lichtbogenschweißen		E DIN EN 1011-2[1)	IDT	WI[4)

(Fußnoten siehe Seite 519)

EN-/prEN-Nummer	Titel	Ausgabe	Zusammenhang mit DIN	*)	ISO
prEN 1011-3	Schweißen – Empfehlungen zum Schweißen metallischer Werkstoffe – Teil 3: Nichtrostende Stähle zum Lichtbogenschweißen	1997	E DIN EN 1011-3	IDT	WI[4]
prEN 1011-4	Schweißen – Empfehlungen zum Schweißen metallischer Werkstoffe – Teil 4: Aluminium und Aluminiumlegierungen zum Lichtbogenschweißen	1997	E DIN EN 1011-4	IDT	WI[4]
EN 1043-1	Zerstörende Prüfung von Schweißverbindungen an metallischen Werkstoffen – Härteprüfung – Teil 1: Härteprüfung für Lichtbogenschweißverbindungen	1995	DIN EN 1043-1	IDT	DIS 9015.3
EN 1043-2	Zerstörende Prüfung von Schweißverbindungen an metallischen Werkstoffen – Härteprüfung – Teil 2: Mikrohärteprüfung an Schweißverbindungen	1996	DIN EN 1043-2	IDT	DIS 9015-2[1]
prEN 1044[3]	Schweißen – Hartlote	1993	E DIN 8513-10 DIN EN 1044[1]	IDT IDT	–
EN 1045	Schweißen – Flußmittel zum Hartlöten – Einteilung	1997	DIN EN 1045	IDT	–
EN 1256	Gasschweißgeräte – Festlegungen für Schlauchleitungen für Ausrüstungen zum Schweißen, Schneiden und verwandte Verfahren	1996	DIN EN 1256	IDT	ISO 8207
EN 1289	Zerstörungsfreie Prüfung von Schweißverbindungen – Eindringprüfung von Schweißverbindungen – Zulässigkeitsgrenzen und Kriterien	1998	DIN EN 1289	IDT	–
EN 1290	Zerstörungsfreie Prüfung von Schweißverbindungen – Magnetpulverprüfung von Schweißverbindungen – Verfahren	1998	DIN EN 1290	IDT	WI[4]
EN 1291	Zerstörungsfreie Prüfung von Schweißverbindungen – Magnetpulverprüfung von Schweißverbindungen – Zulässigkeitsgrenzen und Kriterien	1998	DIN EN 1291	IDT	–
EN 1320	Schweißverbindungen an metallischen Werkstoffen – Bruchprüfungen	1996	DIN EN 1320	IDT	DIS 9017.3
EN 1321	Zerstörende Untersuchungen von Schweißnähten – Mikroskopische und makroskopische Untersuchungen von Schweißnähten	1996	DIN EN 1321	IDT	WI[4]
EN 1326	Gasschweißgeräte – Kleingeräte zum Gaslöten und -schweißen	1996	DIN EN 1326	IDT	ISO 14112
EN 1327	Gasschweißgeräte – Thermoplastische Schläuche zum Schweißen und für verwandte Verfahren	1996	DIN EN 1327	IDT	ISO 12170

(Fußnoten siehe Seite 519)

EN-/prEN-Nummer	Titel	Ausgabe	Zusammenhang mit DIN	*)	ISO
EN 1418	Schweißpersonal – Prüfung von Bedienern von Schweißeinrichtungen zum Schmelzschweißen und von Einrichtern für das Widerstandsschweißen für vollmechanisches und automatisches Schweißen von metallischen Werkstoffen	1997	DIN EN 1418	IDT	DIS 14732
EN 1435	Zerstörungsfreie Prüfung von Schweißverbindungen – Durchstrahlungsprüfung von Schmelzschweißverbindungen	1997	DIN EN 1435	IDT	ISO 1106-1 ISO 1106-2 WI[4]
EN 1597-1	Schweißzusätze – Prüfung zur Einteilung – Teil 1: Prüfstück zur Entnahme von Schweißgutproben an Stahl, Nickel und Nickellegierungen	1997	DIN EN 1597-1	IDT	ISO 10446
EN 1597-2	Schweißzusätze – Prüfung zur Einteilung – Teil 2: Vorbereitung eines Prüfstücks für die Prüfung von Einlagen- und Lage/Gegenlage-Schweißungen an Stahl	1997	DIN EN 1597-2	IDT	WI[4]
EN 1597-3	Schweißzusätze – Prüfung zur Einteilung – Teil 3: Prüfung der Eignung tur Schweißpositionen an Kehlnahtschweißungen	1997	DIN EN 1597-3	IDT	WI[4]
EN 1598	Bereich Sicherheit und Gesundheit in Schweißen und verwandte Verfahren – Durchsichtige Schweißvorhänge und Abschirmungen für Lichtbogen-Schweißverfahren	1997	DIN EN 1598	IDT	CD 10883
EN 1599	Schweißzusätze – Umhüllte Stabelektroden zum Lichtbogenhandschweißen warmfester Stähle, Einteilung	1997	DIN EN 1599	IDT	ISO 3580
EN 1600	Schweißzusätze – Umhüllte Stabelektroden zum Lichtbogenhandschweißen nichtrostender und hitzebeständiger Stähle – Einteilung	1997	DIN EN 1600	IDT	ISO 3581
EN 1668	Schweißzusätze – Stäbe, Drähte und Schweißgut zum Wolfram-Schutzgasschweißen von unlegierten Stählen und Feinkornstählen – Einteilung	1997	DIN EN 1668	IDT	–
prEN 1708-1[3]	Schweißen – Verbindungselemente beim Schweißen von Stahl – Teil 1: Drucktragende Bauelemente	1998	DIN 8558-1 und -2 E DIN 8558-1	VGL IDT	
prEN 1708-2	Schweißen – Verbindungselemente beim Schweißen von Stahl – Teil 2: Stahlbauteile	1997	E DIN 8558-10	IDT	–
prEN 1711	Zerstörungsfreie Prüfung von Schweißverbindungen – Wirbelstromverfahren mit Phasenauswertung	1994	E DIN EN 1711	IDT	–

(Fußnoten siehe Seite 519)

EN-/prEN-Nummer	Titel	Ausgabe	Zusammenhang mit DIN	*)	ISO
EN 1712	Zerstörungsfreie Prüfung von Schweißverbindungen – Zulässigkeitsgrenzen für die Ultraschallprüfung von Schweißverbindungen	1997	DIN EN 1712	IDT	–
prEN 1713	Zerstörungsfreie Prüfung von Schweißverbindungen – Ultraschallprüfung – Charakterisierung von Unregelmäßigkeiten in Schweißnähten	1994	E DIN EN 1713	IDT	–
EN 1714	Zerstörungsfreie Prüfung von Schweißverbindungen – Ultraschallprüfung von Schweißverbindungen	1997	DIN EN 1714	IDT	ISO 1106-2
EN 1792	Schweißen – Mehrsprachige Liste mit Begriffen für Schweißen und verwandte Prozesse – Dreisprachige Fassung	1997	DIN EN 1792	IDT	–
EN ISO 2503	Gasschweißgeräte – Druckminderer für Gasflaschen für Schweißen, Schneiden und verwandte Verfahren bis 300 bar	1998	DIN EN ISO 2503	IDT	ISO 2503
EN ISO 3677	Zusätze zum Weich-, Hart- und Fugenlöten – Bezeichnung	1995	DIN EN ISO 3677	IDT	ISO 3677
EN ISO 5172	Handbrenner für Gasschweißen, Schneiden und Wärmen – Anforderungen und Prüfungen	1996	DIN EN ISO 5172	IDT	ISO 5172 + Amd 1
EN ISO 5828	Widerstandsschweißeinrichtungen – Sekundär-Anschlußleitungen mit wassergekühlten Kabelschuhen – Maße und Kennwerte	1996	DIN ISO 5828	IDT	ISO 5828
prEN ISO 6520-1	Schweißen und verwandte Verfahren – Teil 1: Einteilung von Unregelmäßigkeiten an Schmelzschweißungen von Metallen	1995	DIN EN 26520 E DIN ISO 6520-1	EQV IDT	DIS 6520-1
prEN ISO 6520-2	Schweißen und verwandte Verfahren – Einteilung von Unregelmäßigkeiten an metallischen Werkstoffen – Teil 2: Preßschweißen	1997	DIN 8524-2 E DIN ISO 6520-2	VGL IDT	DIS 6520-2
EN ISO 6947	Schweißnähte – Arbeitspositionen, Begriffe und Winkelwerte für Nahtneigung und Nahtdrehung	1997	DIN EN ISO 6947	IDT	ISO 6947
EN ISO 7284	Widerstandsschweißeinrichtungen – Besondere Festlegungen für Transformatoren mit zwei getrennten Sekundärwicklungen für Vielpunktschweißen, wie in der Automobilindustrie üblich	1996	DIN ISO 7284	IDT	ISO 7284
EN ISO 7287	Bildzeichen für Einrichtungen zum thermischen Schneiden	1995	DIN EN ISO 7287	IDT	ISO 7287

(Fußnoten siehe Seite 519)

EN-/prEN-Nummer	Titel	Ausgabe	Zusammenhang mit DIN	*)	ISO
EN ISO 8205-1	Wassergekühlte Sekundäranschluß-kabel für das Widerstandsschweißen – Teil 1: Abmessungen und Anforderungen für Zweileiter-Anschlußleitungen	1996	DIN EN ISO 8205-1	IDT	ISO 8205-1
EN ISO 8205-2	Wassergekühlte Sekundäranschluß-kabel für das Widerstandsschweißen – Teil 2: Abmessungen und Anforderungen für Einleiter-Anschlußkabel	1996	DIN EN ISO 8205-2	IDT	ISO 8205-2
EN ISO 8205-3	Wassergekühlte Sekundär-Anschluß-kabel für das Widerstandsschweißen – Teil 3: Prüfanforderungen	1996	DIN EN ISO 8205-3	IDT	ISO 8205-3
prEN ISO 8249	Schweißen – Bestimmung der Ferrit-Nummer in nichtrostendem austenitischem und ferritisch-austenitischem (Duplex-) Schweißgut von Cr-Ni-Stählen (ISO/DIS 8249 : 1997)	1997	E DIN EN ISO 8249	IDT	DIS 8249
EN ISO 9013	Schweißen und verwandte Verfahren – Güteeinteilung und Maßtoleranzen für autogene Brennschnittflächen	1995	DIN EN ISO 9013	IDT	ISO 9013
EN ISO 9312	Widerstandsschweißeinrichtungen – Isolierende Zylinderstifte für Unterkupfer (ISO 9312:1990)	1994	DIN EN ISO 9312	EQV	ISO 9312
EN ISO 9455-2	Flußmittel zum Weichlöten – Prüfverfahren – Teil 2: Bestimmung nichtflüchtiger Stoffe, ebulliometrische Methode	1995	DIN EN ISO 9455-2	IDT	ISO 9455-2
EN ISO 9455-3	Flußmittel zum Weichlöten – Prüfverfahren – Teil 3: Bestimmung des Säurewertes, potentiometrische und visuelle Titrationsmethoden	1994	DIN EN ISO 9455-3	IDT	ISO 9455-3
EN ISO 9455-6	Flußmittel zum Weichlöten – Prüfverfahren – Teil 6: Bestimmung und Nachweis des Halogenidgehaltes (außer Fluorid)	1997	DIN EN ISO 9455-6	IDT	ISO 9455-6
EN ISO 9455-9	Flußmittel zum Weichlöten – Prüfverfahren – Teil 9: Bestimmung des Ammoniumgehaltes	1995	DIN EN ISO 9455-9	IDT	ISO 9455-9
EN ISO 9455-12	Flußmittel zum Weichlöten – Prüfverfahren – Teil 12: Stahl-Röhrchen-Korrosionstest	1994	DIN EN ISO 9455-12	IDT	ISO 9455-12
prEN ISO 9606-3[3]	Prüfung von Schweißern – Schmelzschweißen – Teil 3: Kupfer und Kupferlegierungen	1997	E DIN 8561 E DIN 8561-10	VGL IDT	DIS 9606-3
prEN ISO 9606-4[3]	Prüfung von Schweißern – Schmelzschweißen – Teil 4: Nickel und Nickellegierungen	1997	E DIN 8561 E DIN 8561-11	VGL IDT	DIS 9606-4
prEN ISO 9606-5[3]	Prüfung von Schweißern – Schmelzschweißen – Teil 5: Titan und Titanlegierungen	1997	E DIN 8561 E DIN 8561-12	VGL IDT	DIS 9606-5

(Fußnoten siehe Seite 519)

EN-/prEN-Nummer	Titel	Ausgabe	Zusammenhang mit DIN	*)	ISO
EN ISO 9692-2	Schweißen und verwandte Verfahren – Schweißnahtvorbereitung – Teil 2: Unterpulverschweißen von Stahl	1998	DIN EN ISO 9692-2	IDT	ISO 9692-2
EN ISO 9956-10	Anforderung und Anerkennung von Schweißverfahren für metallische Werkstoffe – Teil 10: Schweißanweisung für Elektronenstrahlschweißen	1996	DIN EN ISO 9956-10	IDT	ISO 9956-10
EN ISO 9956-11	Anforderung und Anerkennung von Schweißverfahren für metallische Werkstoffe – Teil 11: Schweißanweisung für Laserstrahlschweißen	1996	DIN EN ISO 9956-11	IDT	ISO 9956-11
EN ISO 10564	Zusätze zum Weich- und Hartlöten – Methoden zur Probenahme von Weichloten für die Analyse	1997	DIN EN ISO 10564	IDT	ISO 10564
prEN ISO 10882-1	Arbeits- und Gesundheitsschutz beim Schweißen und bei verwandten Verfahren – Probenahme von partikelförmigen Stoffen und Gasen im Atembereich des Schweißers – Teil 1: Probenahme von partikelförmigen Stoffen	1997	E DIN 32507-1	IDT	DIS 10882-1
prEN ISO 10882-2	Arbeits- und Gesundheitsschutz beim Schweißen und bei verwandten Verfahren – Probenahme von partikelförmigen Stoffen und Gasen im Atembereich des Schweißers – Teil 2: Probenahme von Gasen	1995	E DIN 32507-2	IDT	DIS 10882-2
EN 12062	Zerstörungsfreie Untersuchung von Schweißverbindungen – Allgemeine Regeln für metallische Werkstoffe	1997	DIN EN 12062	IDT	–
prEN 12070[3]	Schweißzusätze – Drahtelektroden, Drähte und Stäbe zum Lichtbogenschweißen warmfester Stähle – Einteilung	1995	E DIN 8575-10	IDT	–
prEN 12071[3]	Schweißzusätze – Fülldrahtelektroden zum Metall-Schutzgasschweißen von warmfesten Stählen – Einteilung	1995	E DIN 8575-11	IDT	WI[4]
prEN 12072[3]	Schweißzusätze – Drahtelektroden, Drähte und Stäbe zum Lichtbogenschweißen nichtrostender und hitzebeständiger Stähle – Einteilung	1995	E DIN 8556-10	IDT	DIS 14343
prEN 12073[3]	Schweißzusätze – Fülldrahtelektroden zum Metall-Lichtbogenschweißen mit oder ohne Schutzgas von nichtrostenden und hitzebeständigen Stählen – Einteilung	1995	E DIN 8556-11	IDT	WI[4]
prEN 12074[3]	Schweißzusätze – Qualitätsanforderungen für die Herstellung, die Lieferung und den Vertrieb von Zusätzen für das Schweißen und verwandte Verfahren	1995	E DIN 1913-100	IDT	DIS 14344

(Fußnoten siehe Seite 519)

EN-/prEN-Nummer	Titel	Ausgabe	Zusammenhang mit DIN	*)	ISO
prEN 12185 (später EN ISO 13919-2)	Schweißen – Elektronen- und Laserstrahl-Schweißverbindungen an Aluminium und seinen schweißgeeigneten Legierungen – Richtlinie für Bewertungsgruppen für Unregelmäßigkeiten	1995	DIN 8563-12	IDT	DIS 13919-2
CR 12187	Schweißen – Richtlinien für eine Gruppeneinteilung von Werkstoffen zum Schweißen	1995	DIN V 1738	IDT	WI-PV[4)]
prEN ISO 12224-1	Flußmittelgefüllte Röhrenlote – Festlegung und Prüfverfahren – Teil 1: Einteilung und Durchführung	1997	E DIN EN ISO 12224-1	IDT	ISO 12224-1
prEN ISO 12224-2	Flußmittelgefüllte Röhrenlote – Festlegung und Prüfverfahren – Teil 2: Bestimmung des Flußmittelgehaltes	1998	E DIN EN ISO 12224-2	IDT	ISO 12224-2
prEN ISO 12226-1	Weichlotpasten – Teil 1: Einteilung und Prüfverfahren	1997	E DIN EN ISO 12226-1	IDT	DIS 12226-1
prEN 12345[3)]	Schweißen – Bildliche Darstellung von Begriffen für Schweißverbindungen	1998	E DIN EN 12345	IDT	WI[4)]
CR 12361	Zerstörende Prüfung von Schweißnähten an metallischen Werkstoffen – Ätzungen für die makroskopische und mikroskopische Untersuchung	1996	DIN V 1739		WI[4)]
EN 12517	Zerstörungsfreie Prüfung von Schweißverbindungen – Zulässigkeitsgrenzen für die Durchstrahlungsprüfung von Schweißverbindungen	1997	DIN EN 12517	IDT	–
prEN 12534[3)]	Schweißzusätze – Drahtelektroden und Schweißgut zum Metall-Schutzgasschweißen von hochfesten Stählen – Einteilung	1996	E DIN EN 12534	IDT	–
prEN 12535[3)]	Schweißzusätze – Fülldrahtelektroden zum Metall-Schutzgasschweißen von hochfesten Stählen – Einteilung	1996	E DIN EN 12535	IDT	–
prEN 12536[3)]	Schweißzusätze – Schweißdrähte und Stäbe zum Gasschweißen von unlegierten und warmfesten Stählen – Einteilung	1996	DIN 8554 E DIN EN 12536	EQV IDT	–
prEN 12584	Einteilung von Unregelmäßigkeiten an Brennschnitten, Laserstrahlschnitten und Plasmaschnitten mit Erklärungen	1996	DIN 8518	VGL	WI[4)]
prEN 12797	Hartlöten – Zerstörende Prüfung von Hartlötverbindungen	1997	E DIN 8525-1	IDT	–
prEN 12799	Hartlöten – Zerstörungsfreie Prüfung von Hartlötverbindungen	1997	E DIN 8525-10	IDT	–
prEN 13133	Hartlöten – Hartlöterprüfung	1998	E DIN 8525-11	IDT	–
prEN 13134	Hartlöten – Hartlötverfahrensprüfung	1998	E DIN 8525-12	IDT	–

(Fußnoten siehe Seite 519)

EN-/prEN-Nummer	Titel	Ausgabe	Zusammenhang mit DIN	*)	ISO
EN ISO 13916	Schweißen – Anleitung zur Messung der Vorwärm-, Zwischenlagen- und Haltetemperatur	1996	DIN EN ISO 13916	IDT	ISO 13916
prEN ISO 13918[3)]	Schweißen – Bolzen und Keramikringe zum Lichtbogenbolzenschweißen	1998	E DIN 32500-100 DIN 32500-1 bis -6 DIN 32501-1 bis -5	IDT VGL	DIS 13918
EN ISO 13919-1	Schweißen – Elektronen- und Laserstrahl-Schweißverbindungen – Leitfaden für Bewertungsgruppen für Unregelmäßigkeiten – Teil 1: Stahl	1996	DIN EN ISO 13919-1	IDT	ISO 13919-1
EN ISO 13920	Schweißen – Allgemeintoleranzen für Schweißkonstruktionen – Längen- und Winkelmaße – Form und Lage	1996	DIN EN ISO 13920	IDT	ISO 13920
EN ISO 14113	Gasschweißgeräte – Gummi- und Kunststoffschlauchleitungen für Druck- oder Flüssiggase bis zu einem maximalen Betriebsdruck von 450 bar	1997	DIN EN ISO 14113	IDT	ISO 14113
prEN ISO 14114	Gasschweißgeräte – Acetylenflaschen-Batterieanlagen für Schweißen, Schneiden und verwandte Verfahren – Allgemeine Anforderungen	1997	E DIN 8521-10	IDT	DIS 14114
prEN ISO 14554-1[3)]	Schweißtechnische Qualitätsanforderungen – Widerstandsschweißen metallischer Werkstoffe – Teil 1: Umfassende Qualitätsanforderungen	1997	E DIN 8563-201	IDT	DIS 14554-1
prEN ISO 14554-2[3)]	Schweißtechnische Qualitätsanforderungen – Widerstandsschweißen metallischer Werkstoffe – Teil 2: Elementar-Qualitätsanforderungen	1997	E DIN 8563-202	IDT	DIS 14554-2
prEN ISO 14555[3)]	Schweißen – Lichtbogenbolzenschweißen von metallischen Werkstoffen	1995	E DIN 8563-10	IDT	DIS 14555
prEN ISO 14744-1[3)]	Schweißen – Abnahmeprüfung für Elektronenstrahlschweißmaschinen – Teil 1: Grundlagen und Abnahmebedingungen	1997	E DIN 32505-1	IDT	DIS 14744-1
prEN ISO 14744-2[3)]	Schweißen – Abnahmeprüfung für Elektronenstrahlschweißmaschinen – Teil 2: Messen der Beschleunigungsspannung	1997	E DIN 32505-2	IDT	DIS 14744-2
prEN ISO 14744-3[3)]	Schweißen – Abnahmeprüfung für Elektronenstrahlschweißmaschinen – Teil 3: Messen des Strahlstroms	1997	E DIN 32505-3	IDT	DIS 14744-3
prEN ISO 14744-4[3)]	Schweißen – Abnahmeprüfung für Elektronenstrahlschweißmaschinen – Teil 4: Messen der Schweißgeschwindigkeit	1997	E DIN 32505-4	IDT	DIS 14744-4

(Fußnoten siehe Seite 519)

EN-/prEN-Nummer	Titel	Ausgabe	Zusammenhang mit DIN	*)	ISO
prEN ISO 14744-5[3)]	Schweißen – Abnahmeprüfung für Elektronenstrahlschweißmaschinen – Teil 5: Messen der Führungsgenauigkeit	1997	E DIN 32505-5	IDT	DIS 14744-5
prEN ISO 14744-6[3)]	Schweißen – Abnahmeprüfung für Elektronenstrahlschweißmaschinen – Teil 6: Messen der Flecklagekonstanz	1997	E DIN 32505-6	IDT	DIS 14744-6
prEN ISO 15011-1	Arbeits- und Gesundheitsschutz beim Schweißen und bei verwandten Verfahren – Laborverfahren zum Sammeln von Rauch und Gasen, die beim Lichtbogenschweißen erzeugt werden – Teil 1: Bestimmung der Emissionsrate und Probenahme zur Analyse von partikelförmigem Rauch	1997	E DIN 32507-3	IDT	ISO 15011-1
prEN ISO 15011-2[1)]	Arbeits- und Gesundheitsschutz beim Schweißen und bei verwandten Verfahren – Laborverfahren zum Sammeln von Rauch und Gasen, die beim Lichtbogenschweißen erzeugt werden – Teil 2: Bestimmung der Emissionsraten außer Ozon		E DIN 32507-4[1)]	IDT	DIS 15011-2
prEN ISO 15011-3[1)]	Arbeits- und Gesundheitsschutz beim Schweißen und bei verwandten Verfahren – Laborverfahren zum Sammeln von Rauch und Gasen, die beim Lichtbogenschweißen erzeugt werden – Teil 3: Bestimmung der Ozonkonzentration durch Messungen an Festpunkten		E DIN 32507-5[1)]	IDT	DIS 15011-2
prEN ISO 15012-1[1)]	Arbeits- und Gesundheitsschutz beim Schweißen und bei verwandten Verfahren – Anforderungen, Prüfung und Kennzeichnung von Einrichtungen zur Luftfiltrierung – Teil 1: Bestimmung des Abscheidegrades für Schweißrauch		E DIN 32507-6[1)]	IDT	DIS 15012-1
prEN ISO 15609-2	Anforderung und Anerkennung von Schweißverfahren für metallische Werkstoffe – Schweißanweisung – Teil 2: Gasschweißen	1998	E DIN EN ISO 15609-2	IDT	DIS 15609-2
prEN ISO 15609-5[1)]	Anforderung und Anerkennung von Schweißverfahren für metallische Werkstoffe – Schweißanweisung – Teil 5: Widerstandsschweißen		E DIN EN ISO 15609-5[1)]	IDT	DIS 15609-5
prEN ISO 15614-3[1)] (früher prEN 288-12)	Anforderung und Anerkennung von Schweißverfahren für metallische Werkstoffe – Schweißverfahrensprüfungen – Teil 3: Lichtbogenschweißen von Stahlguß	(1995)	E DIN 8563-124	IDT	DIS 15614-3[1)]

(Fußnoten siehe Seite 519)

EN-/prEN-Nummer	Titel	Ausgabe	Zusammenhang mit		
			DIN	*)	ISO
prEN ISO 15614-4[1) (früher prEN 288-13)	Anforderung und Anerkennung von Schweißverfahren für metallische Werkstoffe – Schweißverfahrensprüfungen – Teil 4: Lichtbogenschweißen von Aluminiumguß sowie für Verbindungen zwischen Aluminiumguß- und Aluminiumknetlegierungen	(1995)	E DIN 8563-125	IDT	DIS 15614-4[1)
prEN ISO 15614-7[1)	Anforderung und Anerkennung von Schweißverfahren für metallische Werkstoffe – Schweißverfahrensprüfungen – Teil 7: Auftragschweißen		E DIN 8563-128[1)	IDT	DIS 15614-7[1)
prEN ISO 15614-8	Anforderung und Anerkennung von Schweißverfahren für metallische Werkstoffe – Schweißverfahrensprüfungen – Teil 8: Einschweißen von Rohren in Rohrböden	1997	E DIN 8563-127	IDT	DIS 15614-8
prEN ISO 15614-10[1)	Anforderung und Anerkennung von Schweißverfahren für metallische Werkstoffe – Schweißverfahrensprüfungen – Teil 10: Trockenschweißen unter Überdruck		E DIN EN ISO 15614-10[1)	IDT	DIS 15614-10
prEN ISO 15614-11[3)	Anforderung und Anerkennung von Schweißverfahren für metallische Werkstoffe – Schweißverfahrensprüfungen – Teil 11: Elektronen- und Laserstrahlschweißen	1997	E DIN 8563-126	IDT	DIS 15614-11
prEN ISO 15616-1[1)	Abnahmeprüfungen für CO_2-Laserstrahlanlagen zum Schweißen und Schneiden – Teil 1: Grundlagen, Abnahmebedingungen		E DIN EN ISO 15616-1[1)	IDT	DIS 15616-1
prEN ISO 15616-2[1)	Abnahmeprüfungen für CO_2-Laserstrahlanlagen zum Schweißen und Schneiden – Teil 2: Messen der statischen und dynamischen Genauigkeit		E DIN EN ISO 15616-2[1)	IDT	DIS 15616-2
prEN ISO 15616-3[1)	Abnahmeprüfungen für CO_2-Laserstrahlanlagen zum Schweißen und Schneiden – Teil 3: Kalibrieren von Instrumenten zum Messen des Gasdurchflusses und des Druckes		E DIN EN ISO 15616-3[1)	IDT	DIS 15616-3
prEN ISO 15618-1	Prüfung von Schweißern für Unterwasserschweißen – Teil 1: Unterwasserschweißer für Naßschweißen unter Überdruck	1998	E DIN EN ISO 15618-1	IDT	DIS 15618-1
prEN ISO 15618-2	Prüfung von Schweißern für Unterwasserschweißen – Teil 2: Unterwasserschweißer und Bediener für Trockenschweißen unter Überdruck	1997	E DIN ISO 15618-2	IDT	DIS 15618-2
prEN ISO 15620[3)	Schweißen – Reibschweißen an metallischen Werkstoffen	1997	E DIN 8563-200	IDT	DIS 15620

(Fußnoten siehe Seite 519)

EN-/prEN-Nummer	Titel	Ausgabe	Zusammenhang mit DIN	*)	ISO
EN 20693	Rohlinge für Rollenelektroden – Maße	1991	DIN ISO 693[2)	IDT	ISO 693
EN 20865	T-Nuten in Platten für Buckelschweißmaschinen	1991	DIN EN 20865	IDT	ISO 865
EN 21089	Elektrodensitze für Punktschweißeinrichtungen – Maße	1991	DIN ISO 1089[2)	IDT	ISO 1089
EN 22401	Umhüllte Stabelektroden – Bestimmung der Ausbringung, der Gesamtausbringung und des Abschmelzeffizienten	1994	DIN EN 22401	IDT	ISO 2401
EN 22553	Schweiß- und Lötnähte – Symbolische Darstellung in Zeichnungen	1994	DIN EN 22553	IDT	ISO 2553
EN 24063	Schweißen, Hartlöten, Weichlöten, Fugenlöten von Metallen – Liste der Verfahren und Ordnungsnummern für zeichnerische Darstellung	1992	DIN EN 24063 DIN 1910-2, -4 DIN 8505-3	IDT EQV	ISO 4063
EN 25183-1	Widerstandsschweißen – Elektrodenschäfte mit Außenkegel 1 : 10 – Teil 1: Kegelige Befestigung – Kegel 1 : 10	1991	DIN EN 25183-1	IDT	ISO 5183-1
EN 25183-2	Widerstandsschweißen – Elektrodenschäfte mit Außenkegel 1 : 10 – Teil 2: Zylindrische Befestigung für gerade Beanspruchung	1991	DIN EN 25183-2	IDT	ISO 5183-2
EN 25184	Gerade Punktschweißelektroden	1994	DIN ISO 5184[2)	IDT	ISO 5184
EN 25817	Lichtbogenschweißverbindungen an Stahl – Richtlinie für Bewertungsgruppen für Unregelmäßigkeiten	1992	DIN EN 25817	IDT	ISO 5817
EN 25821	Punktschweiß-Elektrodenkappen	1991	DIN ISO 5821[2)	IDT	ISO 5821
EN 25822	Punktschweißeinrichtungen – Kegellehrdorne und Kegellehrringe	1991	DIN EN 25822	IDT	ISO 5822
EN 25827	Punktschweißen – Keilelektroden und Klemmstücke für Unterkupfer	1992	DIN ISO 5827[2)	IDT	ISO 5827
EN 26847	Umhüllte Stabelektroden für das Lichtbogenhandschweißen – Auftragung von Schweißgut zur Bestimmung der chemischen Zusammensetzung	1994	DIN EN 26847	IDT	ISO 6847
EN 26848	Wolframelektroden für Wolfram-Schutzgasschweißen und für Plasmaschneiden und -schweißen – Kurzzeichen	1991	DIN EN 26848	IDT	ISO 6848
EN 27286	Bildzeichen für Widerstandsschweißgeräte	1991	DIN EN 27286	IDT	ISO 7286
EN 27931	Isolierkappen und Isolierbuchsen für Widerstandsschweißeinrichtungen	1992	DIN ISO 7931[2)	IDT	ISO 7931
EN 28167	Buckel zum Widerstandsschweißen	1992	DIN EN 28167	IDT	ISO 8167

(Fußnoten siehe Seite 519)

EN-/prEN-Nummer	Titel	Ausgabe	Zusammenhang mit DIN	*)	ISO
EN 28206	Abnahmeprüfung für Brennschneidmaschinen – Nachführgenauigkeit, Funktionseigenschaften	1992	DIN EN 28206	IDT	ISO 8206
EN 28430-1	Widerstandspunktschweißen – Elektrodenhalter – Teil 1: Kegelige Befestigung 1 : 10	1992	DIN EN 28430-1	IDT	ISO 8430-1
EN 28430-2	Widerstandspunktschweißen – Elektrodenhalter – Teil 2: Morsekegelbefestigung	1992	DIN EN 28430-2	IDT	ISO 8430-2
EN 28430-3	Widerstandspunktschweißen – Elektrodenhalter – Teil 3: Zylindrische Befestigung für gerade Beanspruchung	1992	DIN EN 28430-3	IDT	ISO 8430-3
EN 29090	Gasdichtheit von Geräten für Gasschweißen und verwandte Verfahren	1992	DIN ISO 9090[2])	IDT	ISO 9090
EN 29313	Widerstandspunkt-Schweißeinrichtungen – Kühlrohre	1992	DIN EN 29313	IDT	ISO 9313
EN 29453	Weichlote – Chemische Zusammensetzung und Lieferformen	1993	DIN EN 29453	IDT	ISO 9453
EN 29454-1	Flußmittel zum Weichlöten – Einteilung und Anforderungen – Teil 1: Einteilung, Kennzeichnung und Verpackung	1993	DIN EN 29454-1	IDT	ISO 9454-1
EN 29455-1	Flußmittel zum Weichlöten – Prüfverfahren – Teil 1: Bestimmung nichtflüchtiger Stoffe, gravimetrische Methode	1993	DIN EN 29455-1	IDT	ISO 9455-1
EN 29455-5	Flußmittel zum Weichlöten – Prüfverfahren – Teil 5: Kupferspiegeltest	1993	DIN EN 29455-5	IDT	ISO 9455-5
EN 29455-8	Flußmittel zum Weichlöten – Prüfverfahren – Teil 8: Bestimmung des Zinkgehaltes	1993	DIN EN 29455-8	IDT	ISO 9455-8
EN 29455-11	Flußmittel zum Weichlöten – Prüfverfahren – Teil 11: Löslichkeit von Flußmittelrückständen	1993	DIN EN 29455-11	IDT	ISO 9455-11
EN 29455-14	Flußmittel zum Weichlöten – Prüfverfahren – Teil 14: Bestimmung des Haftvermögens von Flußmittelrückständen	1993	DIN EN 29455-14	IDT	ISO 9455-14
EN 29539	Werkstoffe für Geräte für Gasschweißen, Schneiden und verwandte Verfahren	1992	DIN ISO 9539[2])	IDT	ISO 9539
EN 29692	Lichtbogenhandschweißen, Schutzgasschweißen und Gasschweißen – Schweißnahtvorbereitung für Stahl	1994	DIN EN 29692	IDT	ISO 9692
EN 30042	Lichtbogenschweißverbindungen an Aluminium und seinen schweißgeeigneten Legierungen – Richtlinie für Bewertungsgruppen für Unregelmäßigkeiten	1994	DIN EN 30042	IDT	ISO 10042

(Fußnoten siehe Seite 519)

EN-/prEN-Nummer	Titel	Ausgabe	Zusammenhang mit DIN	*)	ISO
prEN ...-2[1]	Weichlotpasten – Teil 2: Anforderungen		DIN 32513 E DIN 32513-100	VGL VGL	CD 12226-2
prEN ...[1]	Schweißzusätze – Drahtelektroden, Drähte und Stäbe zum Lichtbogenschweißen für Aluminium und Aluminiumlegierungen – Einteilung		DIN 1732-1	VGL	WI[4]
prEN 15810-1[1]	Zerstörende Prüfung von Schweißnähten an metallischen Werkstoffen – Heißrißprüfverfahren für Schweißungen – Teil 1: Allgemeines		E DIN 50120-101	IDI	
prEN 15810-2[1]	Zerstörende Prüfung von Schweißnähten an metallischen Werkstoffen – Heißrißprüfverfahren für Schweißungen – Teil 2: Selbstbeanspruchte Prüfungen		E DIN 50120-102	IDT	
CR ...[1]	Gasschweißgeräte – Hand- und Maschinenschneidbrenner für den industriellen Einsatz zum Flammwärmen und für verwandte Verfahren			–	

Thermisches Spritzen – CEN/TC 240

EN-/prEN-Nummer	Titel	Ausgabe	Zusammenhang mit DIN	*)	ISO
EN 582	Thermisches Spritzen – Ermittlung der Haftzugfestigkeit	1993	DIN EN 582	IDT	DIS 14916
EN 657	Thermisches Spritzen – Begriffe, Einteilung	1994	DIN EN 657	IDT	DIS 14917
EN 1274	Thermisches Spritzen – Pulver – Zusammensetzung – Technische Lieferbedingungen	1996	DIN EN 1274	IDT	DIS 14232
EN 1395	Thermisches Spritzen – Abnahmeprüfungen für Anlagen zum thermischen Spritzen	1996	DIN EN 1395	IDT	DIS 14231
prEN 13214	Thermisches Spritzen – Aufsicht für das thermische Spritzen – Aufgaben und Verantwortung	1998	E DIN EN 13214	IDT	–
prEN ISO 14918[3]	Thermisches Spritzen – Prüfung von thermischen Spritzern	1996	E DIN 32531-1	IDT	DIS 14918
prEN ISO 14919	Thermisches Spritzen – Drähte, Stäbe und Schnüre zum Flamm- und Lichtbogenspritzen	1997	DIN 8566-1 bis -3 E DIN EN ISO 14919	VGL IDT	DIS 14919
prEN ISO 14920[3]	Thermisches Spritzen – Spritzen und Schmelzen thermisch gespritzter Schichten von selbstfließenden Legierungen	1996	E DIN 32531-20	IDT	DIS 14920
prEN ISO 14921	Thermisches Spritzen – Verfahren und Anwendung thermischer Spritzschichten für Bauteile im Maschinenbau	1998	E DIN ISO 14921	IDT	DIS 14921
prEN ISO 14922-1[3]	Qualitätsanforderungen an thermisch gespritzte Bauteile – Teil 1: Richtlinie zur Auswahl und Anwendung	1997	E DIN 32531-10	IDT	DIS 14922-1

(Fußnoten siehe Seite 519)

EN-/prEN-Nummer	Titel	Ausgabe	Zusammenhang mit DIN	*)	ISO
prEN ISO 14922-2[3]	Qualitätsanforderungen an thermisch gespritzte Bauteile – Teil 2: Umfassende Qualitätsanforderungen beim thermischen Spritzen	1997	E DIN 32531-11	IDT	DIS 14922-2
prEN ISO 14922-3[3]	Qualitätsanforderungen an thermisch gespritzte Bauteile – Teil 3: Standard-Qualitätsanforderungen beim thermischen Spritzen	1997	E DIN 32531-12	IDT	DIS 14922-3
prEN ISO 14922-4[3]	Qualitätsanforderungen an thermisch gespritzte Bauteile – Teil 4: Elementare Qualitätsanforderungen beim thermischen Spritzen	1997	E DIN 32531-13	IDT	DIS 14922-4
EN 22063	Metallische und andere anorganische Schichten – Thermisches Spritzen – Zink, Aluminium und ihre Legierungen	1993	DIN EN 22063	IDT	ISO 2063

Erläuterung der Fußnoten und Abkürzungen:

E DIN = Deutscher Norm-Entwurf
DIN = Deutsche Norm
EN = Europäische Norm
prEN = Europäischer Norm-Entwurf
ISO = Internationale Norm
ISO/DIS = Internationaler Norm-Entwurf
ISO/CD = Internationales Bearbeitungspapier
WI = Normungsvorhaben

[1] In Vorbereitung; Veröffentlichung wird im Laufe des Jahres 1998 erwartet.

[2] Durch Veröffentlichung einer Anerkennungsnotiz in den DIN-Mitteilungen hat die DIN-ISO-Norm den Status einer Europäischen Norm.

[3] Zur formellen Abstimmung angenommen und damit zukünftig als DIN EN mit der Nummer der EN zu erwarten.

[4] Normungsvorhaben (WI) im zuständigen ISO-Normungsgremium zur Übernahme/parallelen Abstimmung (PV) vorgesehen.

*) Art des Zusammenhanges:

IDT DIN ist mit Europäischer Norm/Norm-Entwurf IDENTISCH: Inhalt vollständig und unverändert; Aufbau formgetreu.

EQV DIN ist mit europäischer Vereinbarung ÄQUIVALENT: Inhalt gleichwertig; Abweichungen nur im Aufbau oder unter Wahrung des Gegenseitigkeitsprinzips (was nach der europäischen Vereinbarung zulässig ist, muß auch nach der DIN zulässig sein und umgekehrt).

NEQ DIN ist mit Europäischer Norm/Norm-Entwurf NICHT ÄQUIVALENT: Inhalt verändert (z. B. Umfang kleiner oder größer, Anforderungen geringer oder höher); Gegenseitigkeitsprinzip nicht gewahrt.

VGL DIN ist mit europäischer Vereinbarung vergleichbar.

Druckfehlerberichtigungen abgedruckter DIN-Normen

Folgende Druckfehlerberichtigungen wurden in den DIN-Mitteilungen + elektronorm zu den in diesem DIN-DVS-Taschenbuch enthaltenen Normen veröffentlicht.
Die abgedruckten Normen entsprechen der Originalfassung und wurden nicht korrigiert.
In Folgeausgaben werden die aufgeführten Druckfehler berichtigt.

DIN 18800-1

Seite 19, Element (730)
Bild 13 und Anmerkung 1 sind fälschlicherweise mit einem Raster unterlegt.

Seite 20, Element (739)
Unter Aufzählung c) muß es richtig heißen:
"... Knicklängenbeiwert $\beta = s_K/l$ ..."

Seite 21, Element (740)
In der Anmerkung bezieht sich der Verweis auf DIN 18800 Teil 2, Abschnitt 3.3.3.

Seite 25, Element (749)
In der Elementübersicht muß es richtig heißen:
"... Plastizierung ..."

Seite 26, Element (752)
In Anmerkung 2 muß der Punkt hinter dem Wort Steg entfallen.

Seite 26, Element (753), 9. Zeile
Seite 27, Element (757), 10. Zeile
Seite 28, Element (758), 8. Zeile
Es muß jeweils richtig heißen:
"... Grenzschnittgrößen im plastischen Zustand ..." (statt vollplastischen)

Seite 28, Element (757), Gleichung (41)
Vor dem Zeichen $\leq$ muß das Plus-Zeichen entfallen.

Seite 28, Element (757), Anmerkung 3
In der 4. Zeile muß "nach Tabelle 16" entfallen.

Seite 29, Tabelle 18
In der Tabellenüberschrift fehlt hinter "Plastisch-Plastisch" ein Punkt.

Seite 32, Element (804), Gleichung (48)
muß heißen:

$$\frac{V_a}{V_{a,R,d}} \leq 1$$

Seite 34, Element (810), Gleichung (58)
Vor dem Zeichen $\leq$ muß das Plus-Zeichen entfallen.

Seite 38, Tabelle 19 (Fortsetzung)
In Fußnote 2 muß es richtig heißen:
"... mit einem Öffnungswinkel $<45°$ ..." (statt $<60°$).

Seite 40, Element (826)
In der ersten Zeile muß es richtig heißen:
"... Schweißnahtschubspannungen $\tau_\parallel$ ..."

Seite 43, Element (905)
In Anmerkung 5 muß es richtig heißen:
"... auf die Bruchkraft ..."

DIN EN 288-3

In der Tabelle 5 "Geltungsbereich für die Dicke" ist der Vermerk "$3t$ bis $2t$" durch den Vermerk "3 bis $2t$" zu ersetzen, weil der Bereich 3 mm bis $2t$ gilt.

In Tabelle 6 "Geltungsbereich für Rohr- und Rohrabzweigung" ist anstelle von "D" in der ersten Spalte "D < 168,3" zu setzen.

DIN EN 10025

Entsprechend den Angaben in Tabelle 1 und in Abschnitt 7.2.3.1 und in Übereinstimmung mit der englischen und französischen Fassung der Europäischen Norm EN 10025 müssen am Schluß der in Abschnitt 11.3 enthaltenen zusätzlichen Anforderung 22 auch die Gütegruppen J2G3 und K2G3 genannt werden. Die zusätzliche Anforderung 22 lautet dann wie folgt:

22) Gewünschter Lieferzustand N bei ... sowie aus Stählen S235, S275 und S355 der Gütegruppen JR, JO, J2G3 und K2G3 (Abschnitt 7.2.3.1).

DIN EN 10028-2

In Tabelle 3, Spalte "Zugfestigkeit", fehlt bei Stahl P355GH über den Werten "490 bis 630" der Trennstrich für diese Zeile.

Stichwortverzeichnis

Die hinter den Stichwörtern stehenden Nummern sind die DIN-Nummern (ohne die Buchstaben DIN) der abgedruckten Normen bzw. Norm-Entwürfe.

Allgemeintoleranzen,
Schweißkonstruktionen EN ISO 13920

Bediener von Schweißeinrichtungen
EN 1418

Begriffe, Einteilung von Stählen
EN 10020

Begriffe, Löten 1912-1, EN 22553

Begriffe, Schweißen 1910-1, 1910-2,
1910-4, 1910-11, 1912-1, EN 22553

Bemessung, Stahlbauten 18800-1,
18800-1/A1

Benennungen, Schweißstöße, Schweißfugen, Schweißnähte 1912-1

Bewertungsgruppen, Stahl EN 25817

Brennschnittflächen, Güteeinteilung,
Maßtoleranzen EN ISO 9013

Draht-Pulver-Kombinationen,
Einteilung EN 756

Drahtelektroden, Einteilung EN 440,
EN 756

Druckbehälterstahl EN 10028-1,
EN 10028-2, EN 10028-3

Eignungsnachweise zum Schweißen,
Stahlbauten 18800-7

Einrichter, Widerstandsschweißen
EN 1418

Einteilung, Schweißverfahren 1910-1

Einteilung von Stählen, Begriffe
EN 10020

Feinkornbaustahl, schweißgeeignet,
Flacherzeugnisse aus Druckbehälterstahl EN 10028-1, EN 10028-2,
EN 10028-3

Feinkornbaustahl, schweißgeeignet,
Lieferbedingungen EN 10113-1,
EN 10113-2

Feinkornstahl, Schweißzusätze EN 440,
EN 499, EN 756

Flacherzeugnisse,
Druckbehälterstahl EN 10028-1,
EN 10028-2, EN 10028-3

Form, Allgemeintoleranzen
EN ISO 13920

Gasschweißen,
Schweißnahtvorbereitung EN 29692

Gruppeneinteilung, Werkstoffe V 1738

Güteeinteilung, autogene
Brennschnittflächen EN ISO 9013

Herstellung, Stahlbauten 18800-7

Hitzebeständiger Stahl,
Schweißzusätze EN 1600

Hochfester Stahl, Schweißzusätze
EN 757

Konstruktion, Stahlbauten 18800-1,
18800-1/A1

Krane, Stahltragwerke 15018-2

Lage, Allgemeintoleranzen
EN ISO 13920

Längenmaße, Allgemeintoleranzen
EN ISO 13920

Legierter warmfester Stahl, Flacherzeugnisse aus Druckbehälterstahl
EN 10028-2

Lichtbogenhandschweißen, Schweißnahtvorbereitung EN 29692

Lichtbogenhandschweißen, umhüllte
Stabelektroden EN 499, EN 757,
EN 1600

Lichtbogenschweißen, Schutzgas EN 439

Lichtbogenschweißen, Schweißverfahrensprüfung, Stahl EN 288-3

Lichtbogenschweißen,
Schweißanweisung EN 288-2

Lichtbogenschweißverbindungen,
Bewertungsgruppen, Stahl EN 25817

Löten, Begriffe 1912-1, EN 22553
Lötnähte, Begriffe EN 22553

Maßtoleranzen, autogene
 Brennschnittflächen EN ISO 9013
Metall-Schutzgasschweißen, Draht-
 elektroden EN 440
Metallische Erzeugnisse,
 Prüfbescheinigung EN 10204
Metallschweißen, Begriffe 1910-11

Nichtrostender Stahl, Schweißzusätze
 EN 1600

Personal EN 719, EN 1418
Prozesse, Schweißtechnik
 ISO/FDIS 4063
Prozeßnummer, Schweißtechnik
 ISO/FDIS 4063
Prüfbescheinigung EN 10204
Prüfung, Schweißerprüfung, Stahl
 EN 287-1
Pulver, Einteilung EN 760

Qualitätsanforderungen EN 729-1

Richtlinien, Werkstoffgruppen V 1738
Richtlinien, Schweißen EN 1011-1

Schmelzschweißen, allgemeine Regeln
 EN 288-1
Schmelzschweißen,
 Qualitätsanforderungen EN 729-1
Schutzgas, Lichtbogenschweißen,
 Schneiden EN 439
Schutzgasschweißen, Verfahren 1910-4
Schutzgasschweißen, Schweißnaht-
 vorbereitung EN 29692
Schweißanweisung EN 288-1, EN 288-2
Schweißaufsicht EN 719
Schweißen, Begriffe 1910-1, 1910-2,
 1910-4, 1910-11, 1912-1, EN 22553
Schweißerprüfung, Stahl EN 287-1
Schweißfugen, Begriffe, Benennungen
 1912-1
Schweißkonstruktionen,
 Allgemeintoleranzen EN ISO 13920

Schweißnähte, Begriffe, Benennungen
 1912-1, EN 22553
Schweißnahtvorbereitung, Stahl
 EN 29692
Schweißpersonal, Bediener,
 Einrichter EN 1418
Schweißprozesse ISO/FDIS 4063
Schweißrichtlinien EN 1011-1
Schweißstöße, Begriffe, Benennungen
 1912-1
Schweißverfahren, Einteilung, Begriffe
 1910-1
Schweißverfahrensprüfung EN 288-1,
 EN 288-3
Schweißzusätze EN 439, EN 440,
 EN 499, EN 756, EN 757, EN 760,
 EN 1600
Stabelektroden, umhüllt, Einteilung
 EN 499
Stahl, Bewertungsgruppen,
 Unregelmäßigkeiten EN 25817
Stahl, Schweißnahtvorbereitung
 EN 29692
Stahl, Schweißerprüfung EN 287-1
Stahl, Schweißverfahrensprüfung
 EN 288-3
Stahlbauten 18800-1, 18800-1/A1,
 18800-7
Stähle, Einteilung EN 10020
Stahltragwerke, Krane 15018-2

Technische Lieferbedingungen, warm-
 gewalzte Erzeugnisse EN 10025,
 EN 10113-1, EN 10113-2
Toleranzen, Schweißkonstruktionen
 EN ISO 13920

Umhüllte Stabelektroden, Einteilung
 EN 499, EN 757, EN 1600
Unlegierter Baustahl, technische Liefer-
 bedingungen EN 10025
Unlegierter Stahl, Flacherzeugnisse aus
 Druckbehälterstahl EN 10028-2
Unlegierter Stahl, Schweißzusätze
 EN 440, EN 499, EN 756
Unregelmäßigkeiten, Bewertungs-
 gruppen, Stahl EN 25817

Unterpulverschweißen, Drahtelektroden, Draht-Pulver-Kombinationen   EN 756
Unterpulverschweißen, Pulver   EN 760

Verfahren, Schweißen   1910-2, 1910-4, ISO/FDIS 4063

Warmgewalzte Erzeugnisse, Technische Lieferbedingungen   EN 10025, EN 10113-1, EN 10113-2

Werkstoffbedingte Begriffe, Metallschweißen   1910-11
Werkstoffe, Gruppeneinteilung   V 1738
Winkelmaße, Allgemeintoleranzen   EN ISO 13920

Zeichnerische Darstellung, Begriffe   1912-1, EN 22553

Für Notizen

Für Notizen

Der Fachverlag für die Schweißtechnik und verwandte Verfahren

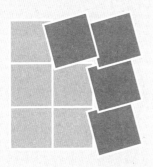

FACHBÜCHER

LEHRMEDIEN

FACHZEITSCHRIFTEN

SOFTWARE

VIDEOS

Bitte fordern Sie unsere Verlagsprogramme an.

Verlag für Schweißen und verwandte Verfahren
DVS-Verlag GmbH · Postfach 10 19 65 · 40010 Düsseldorf
Aachener Straße 172 · 40223 Düsseldorf
Telefon: 02 11/15 91-0 · Fax: 02 11/15 91-150

60 Normen, zwei Ordner, ein Loseblattwerk:
Qualitätssicherung in der Schweißtechnik

Experten aus Theorie und Praxis wissen: Einer durchgängig guten Qualität geschweißter Produkte liegt in der Regel die konsequente Anwendung schweißtechnischer Normen zugrunde. Sie brauchen folglich: Eine durchgängig gut geordnete schweißtechnische Normensammlung.

Beuth Verlag und DVS haben reagiert und gemeinsam mit dem Autorenteam Bärbel Schambach/Frithjof Zentner ein entsprechendes Loseblattwerk konzipiert.
Es heißt: Qualitätssicherung in der Schweißtechnik.

Die Sammlung enthält insgesamt 60 aktuelle Normen und zahlreiche Merkblätter. Im Mittelpunkt stehen die schweißtechnischen Qualitätsanforderungen der Normenreihe DIN EN 729 ff. Sie sind integraler Bestandteil einer Unternehmensplanung auch im Rahmen eines Qualitätsmanagements gemäß DIN EN ISO 9000 ff.

Loseblattwerk
von B. Schambach, F. Zentner
Qualitätssicherung in der Schweißtechnik
Schmelzschweißen
Grundwerk 1998. 1000 S. A4.
In 2 Ringordnern.
458,– DEM / 3343,– ATS / 412,– CHF
ISBN 3-410-14201-0

Fordern Sie weitere Informationen ab:
Tel.: (0 30) 26 01-22 40
Fax: (0 30) 26 01-17 24

Beuth Verlag GmbH
10772 Berlin
Berlin · Wien · Zürich   http://www.din.de/beuth

Die Terminologie zur Schweißtechnik

Jede ordentliche Fachdisziplin, so auch die Schweißtechnik, entwickelt im Laufe der Zeit eine eigene Fachsprache. Solche terminologischen Festlegungen werden über die Buchreihe DIN-TERM des Beuth Verlages – gebündelt und übersichtlich nach Fachgebieten geordnet – der Öffentlichkeit zugänglich gemacht. DIN-TERM-Bände enthalten die in der wissenschaftlichen Kommunikation benötigten und in Normen angegebenen Begriffsbestimmungen (Benennungen, Definitionen). DIN-TERM Schweißtechnik ist nach folgendem Gliederungskonzept aufgebaut:

❒ Hauptteil
– Begriffe, nach der deutschen Benennung geordnet
❒ Register
– invertierte deutsche Benennung
– Benennungen englisch-deutsch
– Benennungen französisch-deutsch
❒ Verzeichnisse
– Abkürzungen und Formelzeichen
– abgelehnte Benennungen
– ausgewertete Normen und Norm-Entwürfe

DIN-TERM
Schweißtechnik
Begriffe aus DIN-Normen
1996. 368 S. A5. Brosch.
92,– DEM / 672,– ATS / 83,– CHF
ISBN 3-410-13728-9

Berlin · Wien · Zürich

Beuth Verlag GmbH
10772 Berlin
Tel. (030) 2601-2260
Fax (030) 2601-1260
http://www.din.de/beuth

Setzen Sie Zeichen....

 .... für geprüfte und überwachte Normenkonformität

 .... für geprüfte und überwachte Normenkonformität
– *plus* weitere qualitative Produkt- und Produktionsmerkmale

 .... für die Übereinstimmung mit dem Gerätesicherheitsgesetz

 .... für branchenspezifische Kennzeichnung Normenkonformität
– z. B. *barrierefreies* Planen und Bauen

.... **mit der Kompetenz des DIN**

DIN CERTCO

Gesellschaft für Konformitätsbewertung mbH
Burggrafenstraße 6
10787 Berlin
Telefon (0 30) 26 01-29 13
Telefax (0 30) 26 01-11 43